수 매씽 개념

MATHING

공통수학1

🔍 이 책을 펴내면서

대치동 1타 강사가 쓴 수매씽 개념!

수매씽 개념은 그동안 집필한 교재들 중 학생들에게 큰 호응을 얻었던 新 수학의 바이블의 **장점을 더욱 개선**하고, 지난 10여 년 동안 대치동에서 고등학생을 직접 가르치면서 얻은 **저만의 수업 노하우를 총 집약**하여 만든 교재입니다.

학생들에게 가장 최적화된 수학 학습 시스템이라 자부하는 〈1+3 시스템〉을 중심으로 2022 개정 교육과정에서 요구하는 바를 정확히 담았습니다. 또한 학교 내신에 완벽히 대비하고 수능 준비의 밑거름이 되는 교재가 되도록 오랜 시간 공들여 집필한 끝에 그동안 출시되었던 교재 중 단연 최고의 교재라 자부하는 **수매씽 개념**을 론칭하게 되었습니다.

유튜브를 통한 저자 직강, 수매씽 개념을 기반으로 한 내신과 수능 자료 업로드, 수매씽 개념 연습 문제에 대한 손풀이 자료 등을 순차적으로 제공하여 기존의 교재와는 **확연히 다른 서비스**와 **차별화된 교재**로 여러분을 만나 뵙겠습니다.

민경도

서울대 수학교육과 졸업

現 강남 종로학원 강사

前 EBS / 대성마이맥 수학영역 강사
前 숙명여자고등학교 교사

新 수학의 바이블 / 新 수학의 바이블 BOB / Pre 수학의 바이블 / 자이스토리 수리영역
/ 올찬수학 / 셀파 시리즈 / 그 외 다수 집필

차별화된 노하우를 담은 수매씽 개념!

저는 일선에서 수많은 고등학생과 만나고 있습니다. 학생들이 왜 수학을 어려워하는지, 어떻게 해결해야 하는지 누구보다 잘 알고 있다고 자부합니다. 이번에 집필한 수매씽 개념에 이러한 학생들의 어려움을 해결해 줄 수 있는 **해결책과 수업 경험, 노하우**를 빠짐없이 담아 집필하였습니다.

수매씽 개념에 담은 수학 실력 향상 시스템은 각 단원별로 개념에 해당하는 내용 설명을 충실히 하고, 중요한 예제로 구분하여 개념과 실력을 더욱 탄탄히 쌓을 수 있는 **학습 시스템(숫자 바꾸기 / 표현 바꾸기 / 개념 넓히기)**을 활용해 문제의 핵심을 정확히 파악하도록 돕고, 변형된 문제가 출제되어도 당황하지 않고 문제를 쉽게 해결할 수 있도록 **반복적이며 체계적으로 구성**하였습니다.

수매씽 개념 전 페이지에 걸쳐 담겨 있는 수학 학습 팁과 노하우를 빠짐없이 살펴보고, 반복적으로 공부한다면 어느샌가 여러분도 수학의 최강자가 되어 있을 것이라 확신합니다.

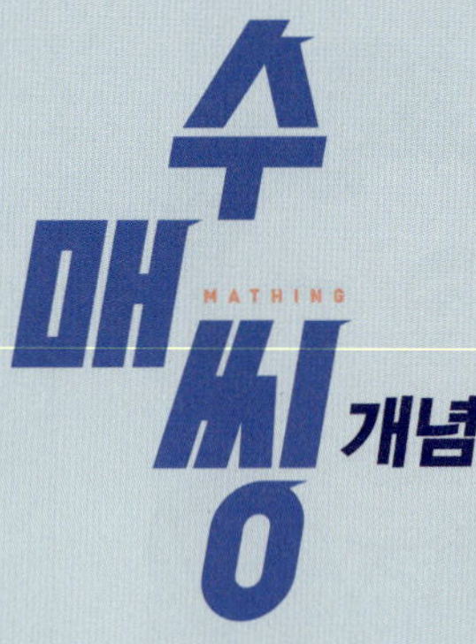

1 체계적인 개념 설명!

교과서보다 쉽고 친절합니다.
개념 흐름이 한눈에 보입니다.
정확하고 상세한 백과사전식 설명으로
이해가 쏙쏙 됩니다.

2 1+3 수학 학습 시스템!

3단계 수준별 개념 유형 학습으로
유형 적응력이 높아집니다.
3단계 해설 학습으로
문제 분석력이 높아집니다.
3단계 수준별 마무리 연습 문제로
문제 해결력이 높아집니다.

3 최신 기출 트렌드 반영!

확실한 개념 학습에 더하여
최신 기출 트렌드를 입혀
내신과 수능 대비가 가능합니다.

독보적이고 체계적인 **개념 설명**으로 수학 원리를 더 쉽고 더 완벽하게!

수학 개념에 대한 설명이 교과서보다 이해하기 쉽고 자세하고 친절하여 수학 원리와 공식을 더 잘 이해할 수 있습니다.

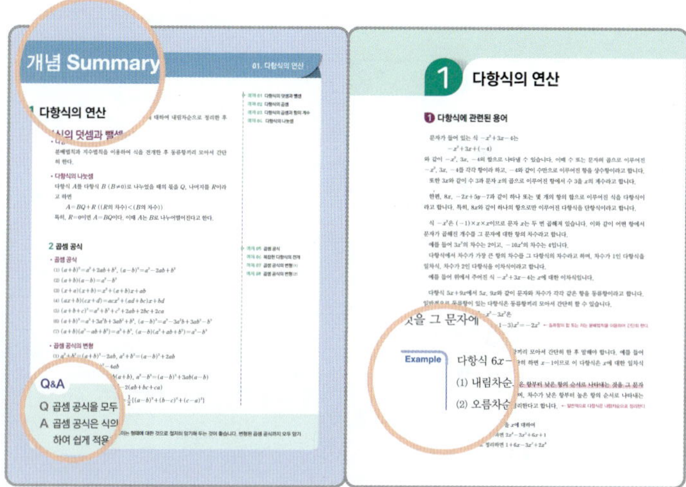

❶ 개념 Summary

중단원의 주요 내용과 알아 두어야 할 공식을 한눈에 확인할 수 있도록 정리하였습니다. 또한 **Q&A**를 통해 개념에 대한 궁금증을 해소시킬 수 있도록 하였습니다.

❷ 개념 설명

새로운 개념에 대한 정확한 용어 정의와 자세하고 친절한 설명, 충분한 **Example**과 **Proof**를 통해 수학 원리 및 공식을 쉽게 이해할 수 있습니다.

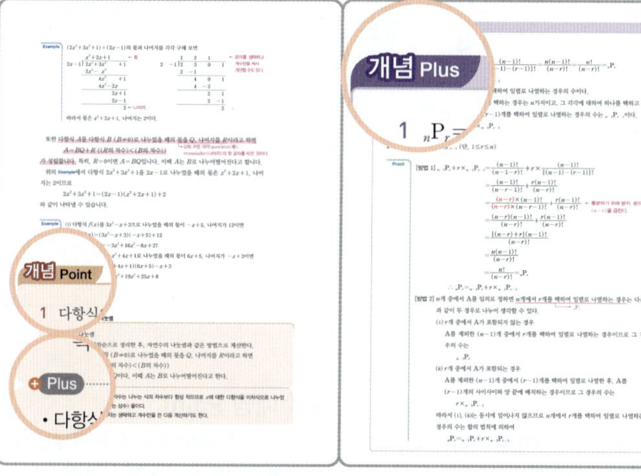

❸ 개념 Point

주요 개념 설명의 핵심만을 한눈에 알아보기 쉽게 정리하였습니다. 또한 **개념 Point** 의 내용 중에서 부연 설명이 필요하거나 알아 두면 좋은 내용을 **+ Plus** 로 제시하였습니다.

❹ 개념 Plus

학습한 주요 개념 외에 혼동하기 쉬운 개념이나 새로운 개념을 이해하는 데 필요한 학습 내용을 제시하여 향후 학습에 결손이 없도록 하였습니다.

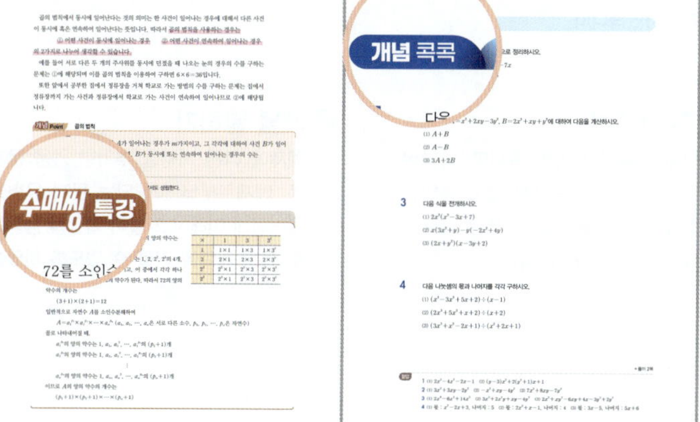

❺ 수매씽 특강

교육과정에서 다루고 있지 않지만 개념 이해나 문제 해결에 유용한 내용을 제시하여 수학적 원리의 이해도를 높일 수 있도록 하였습니다.

❻ 개념 콕콕

소단원의 개념 학습 내용을 확인할 수 있는 문제로 구성하여 개념을 정확하게 이해하였는지 점검할 수 있습니다.

2 단계별 예제와 유제, 단계별 해설로 더 확실하게!

하나의 예제를 숫자 바꾸기 ➡ 표현 바꾸기 ➡ 개념 넓히기 의 3단계 유제로 학습하여 유형에 대한 적응력을 확실히 향상시킬 수 있습니다.

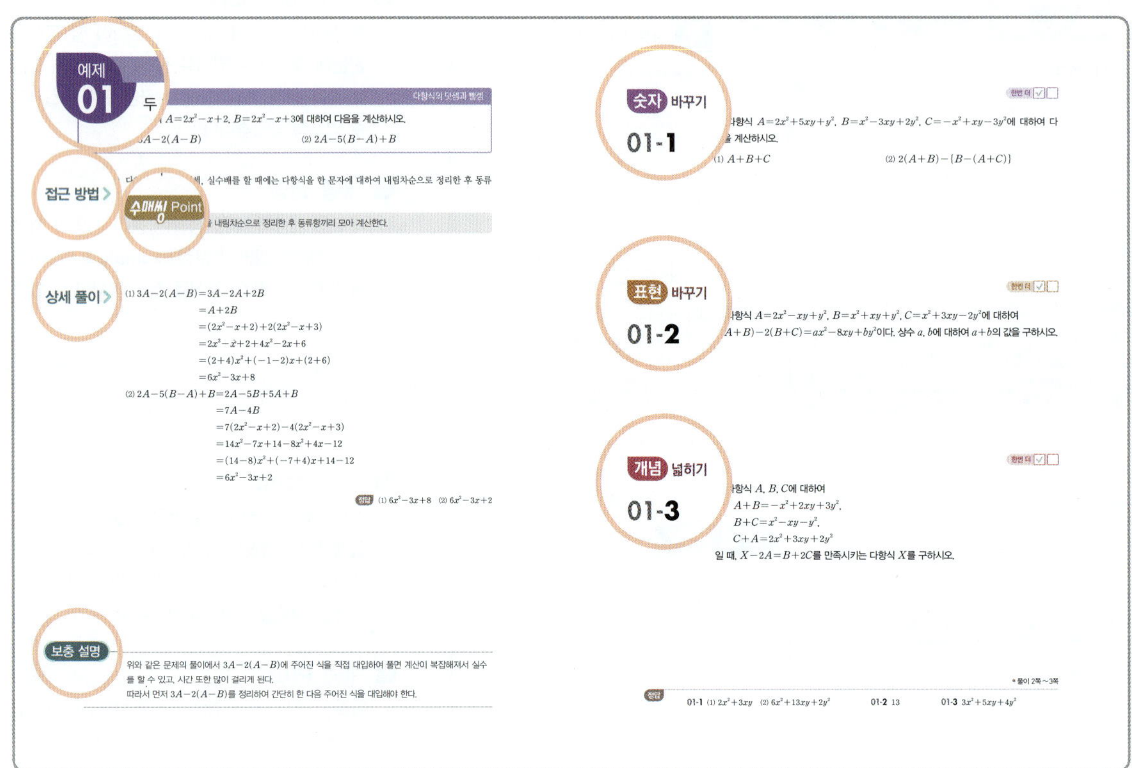

❶ 예제

개념을 적용할 수 있는 핵심 유형 문제를 예제로 제시하고, 출제 가능성이 높은 유형에는 별도 표기하였습니다.

예제에 대한 해설은 접근 방법 – 상세 풀이 – 보충 설명 의 3단계로 제시하여 문제에 대한 접근 방법과 해결 방법을 쉽고 확실하게 이해할 수 있도록 하였습니다.

❷ 수매씽 Point

예제를 해결하기 위한 핵심 개념을 다시 한번 정리할 수 있도록 하였습니다.

❸ 숫자 바꾸기

예제에서 숫자가 바뀐 문제로, 예제를 통해 익힌 풀이 과정을 반복 연습하면서 스스로 문제를 해결할 수 있는 능력을 기를 수 있도록 하였습니다.

❹ 표현 바꾸기

예제에서 표현이 바뀐 문제로, 다양한 수학적 표현에 혼동하지 않고 동일한 해결 과정을 적용시킬 수 있는 능력을 기를 수 있도록 하였습니다.

❺ 개념 넓히기

예제에 다른 개념을 추가한 응용 문제로, 예제로부터 파생되는 문제 유형을 완벽하게 이해하고 풀이 과정을 응용할 수 있는 능력을 기를 수 있도록 하였습니다.

3 **수준별 마무리** 문제로 실력 UP!

   의 3단계 수준별 연습 문제를 통해 기본에서 고난도까지 문제 해결력을 기를 수 있습니다.

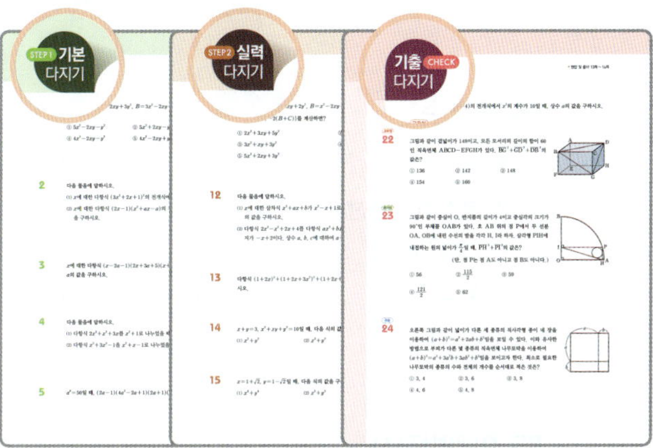

❶ 기본 다지기

내신 기출 문제를 분석하고 학교 시험에 꼭 나오는 내신 필수 유형의 문제들로 구성하여 학교 시험 대비를 확실히 할 수 있습니다.

❷ 실력 다지기

상위권 및 교육 특구의 내신 기출 문제를 분석하여 학교 시험 고득점 대비를 할 수 있습니다.

❸ 기출 다지기

교육청·평가원·수능 기출 문제를 분석하여 내신 및 수능 대비를 위한 필수 문항을 선별하였습니다.

정답 및 풀이

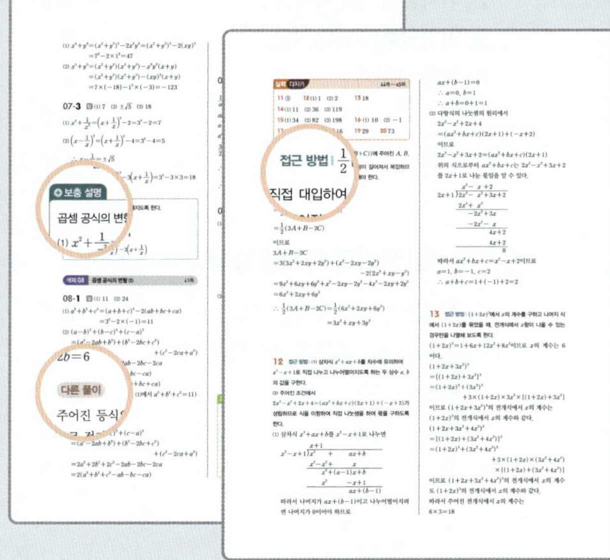

자세하고 친절한 풀이

- 문제 해결 과정을 스스로 확인할 수 있도록 자세한 풀이로 구성하였습니다.

- 다른 풀이가 있는 경우 **다른 풀이** 를 추가하여 다양한 풀이 방법을 확인할 수 있도록 하였습니다.

- 유제(숫자 바꾸기, 표현 바꾸기, 개념 넓히기)에서 문제나 풀이에 대한 추가 설명이 필요한 경우에는 **➕ 보충 설명** 을 추가하여 문제와 풀이에 대한 이해에 도움이 되도록 하였습니다.

- **실력 다지기** 와 **기출 다지기** 는 문제 해결의 포인트를 잡을 수 있도록 해결 tip 또는 아이디어를 **접근 방법** 으로 별도 제시하였습니다.

Contents

Ⅲ 순열과 조합

Ⅳ 행렬

01

다항식의 연산

개념 **Summary**

1 다항식의 연산

- **다항식의 덧셈과 뺄셈**

  괄호가 있는 경우 괄호를 풀고, 한 문자에 대하여 내림차순으로 정리한 후 동류항끼리 모아서 간단히 한다.

- **다항식의 곱셈**

  분배법칙과 지수법칙을 이용하여 식을 전개한 후 동류항끼리 모아서 간단히 한다.

- **다항식의 나눗셈**

  다항식 A를 다항식 B $(B \neq 0)$로 나누었을 때의 몫을 Q, 나머지를 R이라고 하면

  $$A = BQ + R \ ((R의\ 차수) < (B의\ 차수))$$

  특히, $R=0$이면 $A=BQ$이다. 이때 A는 B로 나누어떨어진다고 한다.

2 곱셈 공식

- **곱셈 공식**

  (1) $(a+b)^2 = a^2 + 2ab + b^2$, $(a-b)^2 = a^2 - 2ab + b^2$

  (2) $(a+b)(a-b) = a^2 - b^2$

  (3) $(x+a)(x+b) = x^2 + (a+b)x + ab$

  (4) $(ax+b)(cx+d) = acx^2 + (ad+bc)x + bd$

  (5) $(a+b+c)^2 = a^2 + b^2 + c^2 + 2ab + 2bc + 2ca$

  (6) $(a+b)^3 = a^3 + 3a^2b + 3ab^2 + b^3$, $(a-b)^3 = a^3 - 3a^2b + 3ab^2 - b^3$

  (7) $(a+b)(a^2-ab+b^2) = a^3 + b^3$, $(a-b)(a^2+ab+b^2) = a^3 - b^3$

- **곱셈 공식의 변형**

  (1) $a^2 + b^2 = (a+b)^2 - 2ab$, $a^2 + b^2 = (a-b)^2 + 2ab$

  (2) $(a-b)^2 = (a+b)^2 - 4ab$

  (3) $a^3 + b^3 = (a+b)^3 - 3ab(a+b)$, $a^3 - b^3 = (a-b)^3 + 3ab(a-b)$

  (4) $a^2 + b^2 + c^2 = (a+b+c)^2 - 2(ab+bc+ca)$

  (5) $a^2 + b^2 + c^2 - ab - bc - ca = \dfrac{1}{2}\{(a-b)^2 + (b-c)^2 + (c-a)^2\}$

Q&A

Q 곱셈 공식을 모두 암기해야 하나요?

A 곱셈 공식은 식의 전개에서 많이 쓰이는 형태에 대한 것으로 철저히 암기해 두는 것이 좋습니다. 변형된 곱셈 공식까지 모두 암기하여 쉽게 적용하도록 합니다.

1 다항식의 연산

1 다항식에 관련된 용어

문자가 들어 있는 식 $-x^2+3x-4$는
$$-x^2+3x+(-4)$$
와 같이 $-x^2$, $3x$, -4의 합으로 나타낼 수 있습니다. 이때 수 또는 문자의 곱으로 이루어진 $-x^2$, $3x$, -4를 각각 항이라 하고, -4와 같이 수만으로 이루어진 항을 상수항이라고 합니다.

또한 $3x$와 같이 수 3과 문자 x의 곱으로 이루어진 항에서 수 3을 x의 계수라고 합니다.

한편, $8x$, $-2x+5y-7$과 같이 하나 또는 몇 개의 항의 합으로 이루어진 식을 다항식이라고 합니다. 특히, $8x$와 같이 하나의 항으로만 이루어진 다항식을 단항식이라고 합니다.

식 $-x^2$은 $(-1)\times x\times x$이므로 문자 x는 두 번 곱해져 있습니다. 이와 같이 어떤 항에서 문자가 곱해진 개수를 그 문자에 대한 항의 차수라고 합니다.

예를 들어 $3x^2$의 차수는 2이고, $-10x^4$의 차수는 4입니다.

다항식에서 차수가 가장 큰 항의 차수를 그 다항식의 차수라고 하며, 차수가 1인 다항식을 일차식, 차수가 2인 다항식을 이차식이라고 합니다.

예를 들어 위에서 주어진 식 $-x^2+3x-4$는 x에 대한 이차식입니다.

다항식 $5x+9x$에서 $5x$, $9x$와 같이 문자와 차수가 각각 같은 항을 동류항이라고 합니다. 일반적으로 동류항이 있는 다항식은 동류항끼리 모아서 간단히 할 수 있습니다.

예를 들어 다항식 $2x^2-x^2-3x^2$은
$$2x^2-x^2-3x^2=(2-1-3)x^2=-2x^2 \quad \text{← 동류항의 합 또는 차는 분배법칙을 이용하여 간단히 한다.}$$
과 같이 간단히 할 수 있습니다.

다항식의 차수를 말할 때에는 동류항끼리 모아서 간단히 한 후 말해야 합니다. 예를 들어 다항식 $x^2-2x+3-x^2+3x-4$를 간단히 하면 $x-1$이므로 이 다항식은 x에 대한 일차식입니다.

다항식을 한 문자에 대하여 차수가 높은 항부터 낮은 항의 순서로 나타내는 것을 그 문자에 대하여 내림차순으로 정리한다고 하며, 차수가 낮은 항부터 높은 항의 순서로 나타내는 것을 그 문자에 대하여 오름차순으로 정리한다고 합니다. ← 일반적으로 다항식은 내림차순으로 정리한다.

Example 다항식 $6x-3x^3+1+2x^4$을 x에 대하여

(1) 내림차순으로 정리하면 $2x^4-3x^3+6x+1$

(2) 오름차순으로 정리하면 $1+6x-3x^3+2x^4$

이제 두 문자 x, y에 대한 다항식에 대하여 알아봅시다.

두 문자 x, y에 대한 다항식에서 다항식의 차수, 항의 계수, 상수항은 기준이 되는 문자가 무엇이냐에 따라 달라집니다.

Example

다항식 xy^3+2x+y^3+2y-3은

(1) x에 대한 일차식이다. 이때 x항은
$$xy^3+2x=(y^3+2)x$$
이므로 x의 계수는 y^3+2이다. 또한 상수항은 x를 포함하지 않은 항, 즉 y^3+2y-3이다.

(2) y에 대한 삼차식이다. 이때 y^3항은
$$xy^3+y^3=(x+1)y^3$$
이므로 y^3의 계수는 $x+1$이다. 또한 상수항은 y를 포함하지 않은 항, 즉 $2x-3$이다.

(3) x, y에 대한 사차식이다.

또한 두 문자 x, y에 대한 다항식도 한 문자에 대하여 내림차순 또는 오름차순으로 정리할 수 있습니다.

Example

다항식 $2x^2+xy^2+y^2-x+2y-4$를

(1) x에 대하여 내림차순으로 정리하면
$$2x^2+xy^2+y^2-x+2y-4=2x^2+xy^2-x+y^2+2y-4$$
$$=2x^2+(y^2-1)x+\underline{(y^2+2y-4)}$$

← x에 대한 다항식에서의 상수항

(2) y에 대하여 내림차순으로 정리하면
$$2x^2+xy^2+y^2-x+2y-4=xy^2+y^2+2y+2x^2-x-4$$
$$=(x+1)y^2+2y+\underline{(2x^2-x-4)}$$

← y에 대한 다항식에서의 상수항

개념 Point **다항식에 관련된 용어**

1 항 : 식에서 수 또는 문자의 곱으로 이루어진 것

2 상수항 : 수만으로 이루어진 항 ← 기준이 되는 문자를 포함하지 않은 항

3 다항식 : 하나 또는 몇 개의 항의 합으로 이루어진 식

4 다항식의 차수 : 다항식에서 차수가 가장 큰 항의 차수

5 동류항 : 다항식에서 문자와 차수가 각각 같은 항

6 내림차순 : 다항식을 한 문자에 대하여 차수가 높은 항부터 낮은 항의 순서로 나타내는 것

오름차순 : 다항식을 한 문자에 대하여 차수가 낮은 항부터 높은 항의 순서로 나타내는 것

② 다항식의 덧셈과 뺄셈

두 다항식 A, B에 대하여 $A+B$는 A와 B의 각 항을 동류항끼리 모아서 계산합니다. 또한 $A-B$는 A에 B의 각 항의 부호를 바꾼 $-B$를 더하는 것과 같습니다. 즉,

$$A-B=A+(-B)$$

입니다.

다항식의 덧셈에서는 수의 연산에서와 같이 교환법칙과 결합법칙이 성립합니다. 즉, 세 다항식 A, B, C에 대하여

$$A+B=B+A \text{ (교환법칙)}$$
$$(A+B)+C=A+(B+C) \text{ (결합법칙)}$$

가 성립합니다.

이를 이용하여 다항식의 덧셈과 뺄셈을 할 수 있습니다. 괄호가 있는 경우 괄호를 풀고, 한 문자에 대하여 내림차순으로 정리한 후 동류항끼리 모아서 간단히 하면 됩니다.

Example

다항식 $A=-x^3+2x^2-3$, $B=-x^3-x^2-2$에 대하여

(1) $A+B=(-x^3+2x^2-3)+(-x^3-x^2-2)$

$\qquad =-x^3-x^3+2x^2-x^2-3-2$ ← 괄호를 풀고 x에 대하여 내림차순으로 정리한다.

$\qquad =(-1-1)x^3+(2-1)x^2-5$ ← 동류항끼리 계산한다.

$\qquad =-2x^3+x^2-5$

(2) $A-B=(-x^3+2x^2-3)-(-x^3-x^2-2)$

$\qquad =-x^3+2x^2-3+x^3+x^2+2$ ← 괄호를 푼다.

$\qquad =-x^3+x^3+2x^2+x^2-3+2$ ← x에 대하여 내림차순으로 정리한다.

$\qquad =(-1+1)x^3+(2+1)x^2-1$ ← 동류항끼리 계산한다.

$\qquad =3x^2-1$

개념 Point **다항식의 덧셈과 뺄셈**

1 다항식 A, B에 대하여

  (1) $A+B$는 A와 B의 각 항을 동류항끼리 모아서 계산한다.

  (2) $A-B$는 A에 B의 각 항의 부호를 바꾼 $-B$를 더하는 것과 같다. 즉, $A-B=A+(-B)$

2 다항식 A, B, C에 대하여

  (1) $A+B=B+A$ (교환법칙)

  (2) $(A+B)+C=A+(B+C)$ (결합법칙)

3 다항식의 덧셈과 뺄셈

  ❶ 괄호가 있는 경우 괄호를 풀고, 한 문자에 대하여 내림차순으로 정리한다.

  ❷ 동류항끼리 모아서 간단히 한다.

③ 다항식의 곱셈

일반적으로 실수 a, b와 자연수 m, n에 대하여

$$a^m a^n = a^{m+n}, \quad (a^m)^n = a^{mn}, \quad (ab)^n = a^n b^n$$

과 같이 지수법칙이 성립합니다.

이제 다항식의 곱셈에 대하여 알아봅시다.

다항식의 곱셈에서 괄호를 풀어 하나의 다항식으로 나타내는 것을 전개한다고 합니다.

Example

(1) $3x(2x+7y) = 3x \times 2x + 3x \times 7y = 6x^2 + 21xy$

(2) $(3x+2y)(2x+7y) = 3x \times 2x + 3x \times 7y + 2y \times 2x + 2y \times 7y$
$$= 6x^2 + 21xy + 4xy + 14y^2$$
$$= 6x^2 + 25xy + 14y^2$$

또한 다항식의 곱셈에서는 수의 연산에서와 같이 교환법칙, 결합법칙, 분배법칙이 성립합니다. 즉, 세 다항식 A, B, C에 대하여

$$AB = BA \ (\text{교환법칙})$$
$$(AB)C = A(BC) \ (\text{결합법칙})$$
$$A(B+C) = AB + AC, \ (A+B)C = AC + BC \ (\text{분배법칙})$$

가 성립합니다.

→ 같은 문자가 여러 번 곱해질 경우 지수법칙을 이용한다.

이를 이용하여 다항식의 곱셈을 할 수 있습니다. 분배법칙과 지수법칙을 이용하여 식을 전개한 후 동류항끼리 모아서 간단히 하면 됩니다. 이때 다항식의 항의 개수가 많을수록 계산이 복잡해지므로 전개하여 나온 항을 빠뜨리지 않도록 주의합니다.

Example

$(x^2+x+1)(x^2-x+1) = x^2(x^2-x+1) + x(x^2-x+1) + 1 \times (x^2-x+1)$
$$= x^4 - x^3 + x^2 + x^3 - x^2 + x + x^2 - x + 1$$
$$= x^4 + x^2 + 1$$

개념 Point **다항식의 곱셈**

1 다항식 A, B, C에 대하여

(1) $AB = BA$ (교환법칙)

(2) $(AB)C = A(BC)$ (결합법칙)

(3) $A(B+C) = AB + AC, \ (A+B)C = AC + BC$ (분배법칙)

2 다항식의 곱셈

❶ 분배법칙과 지수법칙을 이용하여 식을 전개한다.

❷ 동류항끼리 모아서 간단히 한다.

④ 다항식의 나눗셈

일반적으로 실수 a $(a \neq 0)$와 자연수 m, n에 대하여

$$a^m \div a^n = \begin{cases} a^{m-n} & (m > n) \\ 1 & (m = n) \\ \dfrac{1}{a^{n-m}} & (m < n) \end{cases}$$

과 같이 지수법칙이 성립합니다.

이제 다항식의 나눗셈에 대하여 알아봅시다.

다항식을 단항식으로 나눌 때에는 다항식의 곱셈을 할 때와 마찬가지로 분배법칙과 지수법칙을 이용합니다.

Example
$$(x^2y^3 + 2x^4y^5) \div xy^2 = (x^2y^3 \div xy^2) + (2x^4y^5 \div xy^2)$$
$$= x^{2-1}y^{3-2} + 2x^{4-1}y^{5-2}$$
$$= xy + 2x^3y^3$$

다항식을 다항식으로 나눌 때에는 각 다항식을 내림차순으로 정리한 후 자연수의 나눗셈과 같은 방법으로 계산합니다.

다항식의 나눗셈 $(2x^3 + 7x^2 + 3) \div (x^2 + 2x + 2)$와 자연수의 나눗셈 $1024 \div 11$을 비교하며 다항식의 나눗셈에 대하여 자세히 알아봅시다.

• 다항식의 나눗셈	• 자연수의 나눗셈

• 다항식의 나눗셈

$(2x^3 + 7x^2 + 3) \div (x^2 + 2x + 2)$
　　　　A　　　　　B

$$\begin{array}{r} 2x + 3 \\ x^2+2x+2 \overline{) 2x^3 + 7x^2 + 3} \\ 2x^3 + 4x^2 + 4x \quad \leftarrow (x^2+2x+2) \times 2x \\ \hline 3x^2 - 4x + 3 \\ 3x^2 + 6x + 6 \quad \leftarrow (x^2+2x+2) \times 3 \\ \hline -10x - 3 \quad \leftarrow \text{나머지} \end{array}$$

$\leftarrow$ 몫

➡ $\underset{A}{2x^3 + 7x^2 + 3} = \underset{B}{(x^2+2x+2)}\underset{(\text{몫})}{(2x+3)} + \underset{(\text{나머지})}{(-10x-3)}$

• 자연수의 나눗셈

$\underset{a}{1024} \div \underset{b}{11}$

$$\begin{array}{r} 93 \quad \leftarrow \text{몫} \\ 11 \overline{) 1024} \\ 99 \quad \leftarrow 11 \times 9 \\ \hline 34 \\ 33 \quad \leftarrow 11 \times 3 \\ \hline 1 \quad \leftarrow \text{나머지} \end{array}$$

➡ $\underset{a}{1024} = \underset{b}{11} \times \underset{(\text{몫})}{93} + \underset{(\text{나머지})}{1}$

왼쪽 상자의 다항식 $2x^3 + 7x^2 + 3$에서 x의 계수는 0이므로 x의 자리는 비워 둡니다. 자연수의 나눗셈과 같은 방법으로 나누고, $x^2 + 2x + 2$보다 차수가 낮아지면 더 이상 나누지 않습니다. 즉, $-10x - 3$은 $x^2 + 2x + 2$보다 차수가 낮으므로 더 이상 나누지 않습니다.

따라서 다항식 $2x^3 + 7x^2 + 3$을 $x^2 + 2x + 2$로 나누었을 때의 몫은 $2x + 3$이고, 나머지는 $-10x - 3$입니다.

$(2x^3+3x^2+1) \div (2x-1)$의 몫과 나머지를 각각 구해 보면

$$
\begin{array}{r}
x^2+2x+1 \quad \leftarrow \text{몫} \\
2x-1\,\overline{)\,2x^3+3x^2+1} \\
\underline{2x^3-x^2} \\
4x^2+1 \\
\underline{4x^2-2x} \\
2x+1 \\
\underline{2x-1} \\
2 \quad \leftarrow \text{나머지}
\end{array}
$$

← 문자를 생략하고 계수만을 써서 계산할 수도 있다.

$$
\begin{array}{r}
2 \quad -1\,\overline{)\,2 \quad 3 \quad 0 \quad 1} \\
\underline{2 \quad -1} \\
4 \quad 0 \quad 1 \\
\underline{4 \quad -2} \\
2 \quad 1 \\
\underline{2 \quad -1} \\
2
\end{array}
$$

따라서 몫은 x^2+2x+1, 나머지는 2이다.

또한 다항식 A를 다항식 B $(B \neq 0)$로 나누었을 때의 몫을 Q, 나머지를 R이라고 하면

$$A=BQ+R \ ((R\text{의 차수}) < (B\text{의 차수}))$$

→ Q와 R은 각각 quotient(몫), remainder(나머지)의 첫 글자를 따온 것이다.

가 성립합니다. 특히, $R=0$이면 $A=BQ$입니다. 이때 A는 B로 나누어떨어진다고 합니다.

위의 **Example**에서 다항식 $2x^3+3x^2+1$을 $2x-1$로 나누었을 때의 몫은 x^2+2x+1, 나머지는 2이므로

$$2x^3+3x^2+1=(2x-1)(x^2+2x+1)+2$$

와 같이 나타낼 수 있습니다.

Example

(1) 다항식 $f(x)$를 $3x^2-x+3$으로 나누었을 때의 몫이 $-x+5$, 나머지가 12이면

$$f(x)=(3x^2-x+3)(-x+5)+12$$
$$\therefore f(x)=-3x^3+16x^2-8x+27$$

(2) 다항식 $g(x)$를 $-x^2+4x+1$로 나누었을 때의 몫이 $6x+5$, 나머지가 $-x+3$이면

$$g(x)=(-x^2+4x+1)(6x+5)-x+3$$
$$\therefore g(x)=-6x^3+19x^2+25x+8$$

개념 Point **다항식의 나눗셈**

1 다항식의 나눗셈

각 다항식을 내림차순으로 정리한 후, 자연수의 나눗셈과 같은 방법으로 계산한다.

2 다항식 A를 다항식 B $(B \neq 0)$로 나누었을 때의 몫을 Q, 나머지를 R이라고 하면

$$A=BQ+R \ ((R\text{의 차수}) < (B\text{의 차수}))$$

특히, $R=0$이면 $A=BQ$이다. 이때 A는 B로 나누어떨어진다고 한다.

Plus

- 다항식의 나눗셈에서 나머지의 차수는 나누는 식의 차수보다 항상 작으므로 x에 대한 다항식을 이차식으로 나누었을 때의 나머지는 $ax+b$ (a, b는 상수) 꼴이다.
- 다항식의 나눗셈을 할 때, 문자는 생략하고 계수만을 쓴 다음 계산하기도 한다.

1 다음 식을 x에 대하여 내림차순으로 정리하시오.

(1) $-3x^2+5x-1-x^2+2x^3-7x$

(2) $2y^2x+1-3x^2+2x+yx^2$

2 두 다항식 $A=x^2+2xy-3y^2$, $B=2x^2+xy+y^2$에 대하여 다음을 계산하시오.

(1) $A+B$

(2) $A-B$

(3) $3A+2B$

3 다음 식을 전개하시오.

(1) $2x^2(x^2-3x+7)$

(2) $x(3x^2+y)-y(-2x^2+4y)$

(3) $(2x+y^2)(x-3y+2)$

4 다음 나눗셈의 몫과 나머지를 각각 구하시오.

(1) $(x^3-3x^2+5x+2)\div(x-1)$

(2) $(2x^3+5x^2+x+2)\div(x+2)$

(3) $(3x^3+x^2-2x+1)\div(x^2+2x+1)$

● 풀이 2쪽

정답

1 (1) $2x^3-4x^2-2x-1$ (2) $(y-3)x^2+2(y^2+1)x+1$

2 (1) $3x^2+3xy-2y^2$ (2) $-x^2+xy-4y^2$ (3) $7x^2+8xy-7y^2$

3 (1) $2x^4-6x^3+14x^2$ (2) $3x^3+2x^2y+xy-4y^2$ (3) $2x^2+xy^2-6xy+4x-3y^3+2y^2$

4 (1) 몫 : x^2-2x+3, 나머지 : 5 (2) 몫 : $2x^2+x-1$, 나머지 : 4 (3) 몫 : $3x-5$, 나머지 : $5x+6$

예제 01

두 다항식 $A = 2x^2 - x + 2$, $B = 2x^2 - x + 3$에 대하여 다음을 계산하시오.

(1) $3A - 2(A - B)$　　　　　　(2) $2A - 5(B - A) + B$

접근 방법 > 다항식의 덧셈, 뺄셈, 실수배를 할 때에는 다항식을 한 문자에 대하여 내림차순으로 정리한 후 동류항끼리 모아 계산한다.

수매씽 Point 다항식을 내림차순으로 정리한 후 동류항끼리 모아 계산한다.

상세 풀이 >

(1) $3A - 2(A - B) = 3A - 2A + 2B$
$$= A + 2B$$
$$= (2x^2 - x + 2) + 2(2x^2 - x + 3)$$
$$= 2x^2 - x + 2 + 4x^2 - 2x + 6$$
$$= (2 + 4)x^2 + (-1 - 2)x + (2 + 6)$$
$$= 6x^2 - 3x + 8$$

(2) $2A - 5(B - A) + B = 2A - 5B + 5A + B$
$$= 7A - 4B$$
$$= 7(2x^2 - x + 2) - 4(2x^2 - x + 3)$$
$$= 14x^2 - 7x + 14 - 8x^2 + 4x - 12$$
$$= (14 - 8)x^2 + (-7 + 4)x + 14 - 12$$
$$= 6x^2 - 3x + 2$$

정답 (1) $6x^2 - 3x + 8$　(2) $6x^2 - 3x + 2$

보충 설명

위와 같은 문제의 풀이에서 $3A - 2(A - B)$에 주어진 식을 직접 대입하여 풀면 계산이 복잡해져서 실수를 할 수 있고, 시간 또한 많이 걸리게 된다.

따라서 먼저 $3A - 2(A - B)$를 정리하여 간단히 한 다음 주어진 식을 대입해야 한다.

01-1

세 다항식 $A=2x^2+5xy+y^2$, $B=x^2-3xy+2y^2$, $C=-x^2+xy-3y^2$에 대하여 다음을 계산하시오.

(1) $A+B+C$　　　　　　　　　　(2) $2(A+B)-\{B-(A+C)\}$

01-2

세 다항식 $A=2x^2-xy+y^2$, $B=x^2+xy+y^2$, $C=x^2+3xy-2y^2$에 대하여 $3(A+B)-2(B+C)=ax^2-8xy+by^2$이다. 상수 a, b에 대하여 $a+b$의 값을 구하시오.

01-3

세 다항식 A, B, C에 대하여

$$A+B=-x^2+2xy+3y^2,$$
$$B+C=x^2-xy-y^2,$$
$$C+A=2x^2+3xy+2y^2$$

일 때, $X-2A=B+2C$를 만족시키는 다항식 X를 구하시오.

● 풀이 2쪽~3쪽

정답　　01-1 (1) $2x^2+3xy$　(2) $6x^2+13xy+2y^2$　　　01-2 13　　　01-3 $3x^2+5xy+4y^2$

예제 02

다음 식을 전개하시오.

(1) $a^2 b(a-3ab+2b^2)$

(2) $(a+3b)(a^2-2ab+3b^2)$

(3) $(x+y^2)(4x^2+y)$

(4) $(x^2-2xy+3y)(x-y)$

접근 방법 〉 식을 전개할 때에는 다항식의 각 항에 분배법칙을 적용하고, 지수법칙을 이용하여 계산한다. 이때 계수 및 부호에 주의하여 계산하여야 하며, 전개한 식을 나타낼 때에는 보통 내림차순으로 정리한다.

수매씽 Point 분배법칙과 지수법칙을 이용하여 다항식을 전개한다.

상세 풀이 〉

(1) $a^2 b(a-3ab+2b^2)=a^3 b-3a^3 b^2+2a^2 b^3$

(2) $(a+3b)(a^2-2ab+3b^2)=a(a^2-2ab+3b^2)+3b(a^2-2ab+3b^2)$
$$=a^3-2a^2 b+3ab^2+3a^2 b-6ab^2+9b^3$$
$$=a^3+a^2 b-3ab^2+9b^3$$

(3) $(x+y^2)(4x^2+y)=x(4x^2+y)+y^2(4x^2+y)$
$$=4x^3+xy+4x^2 y^2+y^3$$

(4) $(x^2-2xy+3y)(x-y)=x^2(x-y)-2xy(x-y)+3y(x-y)$
$$=x^3-x^2 y-2x^2 y+2xy^2+3xy-3y^2$$
$$=x^3-3x^2 y+2xy^2+3xy-3y^2$$

정답 (1) $a^3 b-3a^3 b^2+2a^2 b^3$ (2) $a^3+a^2 b-3ab^2+9b^3$
(3) $4x^3+xy+4x^2 y^2+y^3$ (4) $x^3-3x^2 y+2xy^2+3xy-3y^2$

보충 설명

다항식의 곱셈

➡ 분배법칙과 지수법칙을 이용하여 식을 전개한 후 동류항끼리 모아서 간단히 정리한다.

숫자 바꾸기 한번 더 ✓

02-1

다음 식을 전개하시오.

(1) $ab^3(a-a^2b+b^2)$

(2) $(a-2b)(2a^2-ab+b^2)$

(3) $(x^2+y^2)(3x^2-y)$

(4) $(x^2+3xy-2y)(2x+y)$

표현 바꾸기 한번 더 ✓

02-2

다항식 $(x-2)(x^2+ax+b)$를 전개한 식이 x^3+x-10일 때, ab의 값을 구하시오.

(단, a, b는 상수이다.)

개념 넓히기 한번 더 ✓

02-3

다항식 $(x^2+x+1)(x^2+x-3)$을 전개한 식이 $x^4+2x^3+ax^2+bx-3$일 때, $a-b$의 값을 구하시오. (단, a, b는 상수이다.)

● 풀이 3쪽

정답

02-1 (1) $a^2b^3-a^3b^4+ab^5$ (2) $2a^3-5a^2b+3ab^2-2b^3$ (3) $3x^4-x^2y+3x^2y^2-y^3$
(4) $2x^3+7x^2y+3xy^2-4xy-2y^2$

02-2 10   **02-3** 1

예제 03 — 다항식의 곱셈과 항의 계수

x에 대한 다항식 $(2x^2+3x+k)(x^2+x-3)$의 전개식에서 x의 계수가 7일 때, 상수 k의 값과 x^2의 계수를 각각 구하시오.

접근 방법 ▷ 전개식에서 x항이 나올 수 있는 경우를 생각하여 그 계수가 7임을 이용하여 상수 k의 값을 구한 후 다시 전개식에서 x^2항이 나올 수 있는 경우를 생각하여 x^2의 계수를 구한다.

수매씽 Point 구하고자 하는 항이 나오는 항들만 전개하여 계수를 구한다.

상세 풀이 ▷ $(2x^2+3x+k)(x^2+x-3)$의 전개식에서 x항이 나올 수 있는 경우를 차례대로 쓰면

$3x\times(-3)$, $k\times x$이므로

$$-9x+kx=(-9+k)x$$

주어진 식의 전개식에서 x의 계수가 7이므로

$$k-9=7 \qquad \therefore k=16$$

또, $(2x^2+3x+16)(x^2+x-3)$의 전개식에서 x^2항이 나올 수 있는 경우를 차례대로 쓰면

$2x^2\times(-3)$, $3x\times x$, $16\times x^2$이므로

$$-6x^2+3x^2+16x^2=(-6+3+16)x^2=13x^2$$

따라서 x^2의 계수는 13이다.

정답 $k=16$, x^2의 계수 : 13

보충 설명

$(2x^2+3x+16)(x^2+x-3)$의 전개식에서 상수항을 포함한 모든 항의 계수의 합을 구할 때에는 직접 전개하지 않더라도 $x=1$을 대입하여 구할 수 있다.

즉, 상수항을 포함한 모든 항의 계수의 합은

$$(2+3+16)(1+1-3)=21\times(-1)=-21$$

이다.

03-1 x에 대한 다항식 $(x^3+3x^2-x+1)(2x^2+kx+3)$의 전개식에서 x^2의 계수가 9일 때, 상수 k의 값과 x^4의 계수를 각각 구하시오.

03-2 x에 대한 다항식 $(x^3-2x^2+kx-4)(4x^3+3x^2-2x-1)$의 전개식에서 x^4의 계수가 4일 때, 상수 k의 값은?

① -3 ② -2 ③ 2

④ 3 ⑤ 4

03-3 x에 대한 다항식 $(2x-1)(x^2+ax+b)$의 전개식에서 x^3의 계수와 상수항이 같다. 이 다항식의 상수항을 포함한 모든 항의 계수의 합이 9일 때, x^2의 계수를 구하시오.

• 풀이 4쪽

정답   03-1 $k=2$, x^4의 계수 : 8 03-2 ④   03-3 19

예제 04 — 다항식의 나눗셈

다음 나눗셈의 몫과 나머지를 각각 구하시오.

(1) $(2x^2+7x+8) \div (x+2)$

(2) $(2x^3+3x^2+4) \div (x^2+x+2)$

접근 방법 〉 차수가 높은 다항식을 차수가 낮은 다항식으로 나눌 때에는 각각의 다항식을 내림차순으로 정리한 후 계수가 0인 항의 자리는 비워 두고 자연수의 나눗셈과 같은 방식으로 나눈다.

또한 각각의 다항식을 내림차순으로 정리한 후 그 계수들만으로 나눗셈을 하는 방법도 있다. 이때 계수가 없는 항은 0으로 생각해야 한다.

수매씽 Point 다항식을 내림차순으로 정리한 후 계수가 0인 항의 자리는 비워 두고 나눗셈을 한다.

상세 풀이 〉

(1)
$$
\begin{array}{r}
2x+3 \\
x+2\,\overline{)\,2x^2+7x+8} \\
\underline{2x^2+4x} \\
3x+8 \\
\underline{3x+6} \\
2
\end{array}
$$

$$
\begin{array}{r}
2\ \ 3 \quad \leftarrow 몫 \\
1\ \ 2\,\overline{)\,2\ \ 7\ \ 8} \\
\underline{2\ \ 4} \\
3\ \ 8 \\
\underline{3\ \ 6} \\
2 \quad \leftarrow 나머지
\end{array}
$$

따라서 몫은 $2x+3$, 나머지는 2이다.

(2)
$$
\begin{array}{r}
2x+1 \\
x^2+x+2\,\overline{)\,2x^3+3x^2+4} \\
\underline{2x^3+2x^2+4x} \\
x^2-4x+4 \\
\underline{x^2+\ x+2} \\
-5x+2
\end{array}
$$

$$
\begin{array}{r}
2\ \ \ 1 \quad \leftarrow 몫 \\
1\ \ 1\ \ 2\,\overline{)\,2\ \ 3\ \ 0\ \ 4} \\
\underline{2\ \ 2\ \ 4} \\
1\ -4\ \ 4 \\
\underline{1\ \ 1\ \ 2} \\
-5\ \ 2 \quad \leftarrow 나머지
\end{array}
$$

따라서 몫은 $2x+1$, 나머지는 $-5x+2$이다.

정답 (1) 몫 : $2x+3$, 나머지 : 2

(2) 몫 : $2x+1$, 나머지 : $-5x+2$

보충 설명

자연수의 경우 13을 5로 나누면 몫이 2이고 나머지는 3이므로 $13=5\times2+3$으로 나타낼 수 있다. 다항식의 나눗셈에서도 이와 같은 방법으로 나타낼 수 있다.

(1) 이차식 $2x^2+7x+8$을 일차식 $x+2$로 나눈 몫이 $2x+3$이고 나머지가 2이므로 등식

$2x^2+7x+8=(x+2)(2x+3)+2$가 성립한다.

(2) 삼차식 $2x^3+3x^2+4$를 이차식 x^2+x+2로 나눈 몫이 $2x+1$이고 나머지가 $-5x+2$이므로 등식

$2x^3+3x^2+4=(x^2+x+2)(2x+1)-5x+2$가 성립한다.

04-1

다음 나눗셈의 몫과 나머지를 각각 구하시오.

(1) $(2x^2+3x+1)\div(x+2)$　　　　(2) $(2x^3-3x^2+1)\div(x^2-2x-1)$

04-2

오른쪽은 다항식 $3x^3+x^2+6x+4$를 $ax+1\ (a\neq0)$ 로 나누는 과정을 나타낸 것이다. 상수 a, b, c, d, e에 대하여 $a+b+c+d+e$의 값을 구하시오.

$$
\begin{array}{r}
x^2+c \\
ax+1\,\overline{\smash{)}\,3x^3+x^2+6x+4} \\
\underline{bx^3+x^2} \\
6x+4 \\
\underline{dx+e} \\
2
\end{array}
$$

04-3

다항식 $3x^3-4x^2+x-2$를 x^2-x+1로 나누었을 때의 몫을 $Q(x)$, 나머지를 $R(x)$라고 하자. $Q(3)+R(2)$의 값을 구하시오.

● 풀이 4쪽 ~ 5쪽

정답　04-1 (1) 몫 : $2x-1$, 나머지 : 3　(2) 몫 : $2x+1$, 나머지 : $4x+2$　　04-2 16　　04-3 1

2 곱셈 공식

1 곱셈 공식

앞에서 다루었듯이 다항식을 전개할 때에는 분배법칙을 이용합니다. 즉,

$$m(a+b)=ma+mb, \ (a+b)m=am+bm$$

과 같이 적용하도록 합니다.

이제 특별한 형태의 다항식의 곱을 전개해 봅시다.

다음의 곱셈 공식들은 다항식의 전개에서 많이 사용되므로 공식으로 암기하고, 쉽게 적용할 수 있도록 연습해 놓아야 합니다.

먼저 중학교에서 배운 곱셈 공식을 다시 정리해 봅시다.

(1) $(a+b)^2=a^2+2ab+b^2, \ (a-b)^2=a^2-2ab+b^2$

Proof
$$(a+b)^2=(a+b)(a+b)=a^2+ab+ba+b^2=a^2+2ab+b^2$$
$$(a-b)^2=(a-b)(a-b)=a^2-ab-ba+b^2=a^2-2ab+b^2$$

Example
(1) $(4x+3)^2=(4x)^2+2\times4x\times3+3^2=16x^2+24x+9$

(2) $\left(3x-\dfrac{1}{2}\right)^2=(3x)^2-2\times3x\times\dfrac{1}{2}+\left(\dfrac{1}{2}\right)^2=9x^2-3x+\dfrac{1}{4}$

(2) $(a+b)(a-b)=a^2-b^2$ ← 중요!

Proof
$$(a+b)(a-b)=a^2-ab+ba-b^2=a^2-b^2$$
→ 분배법칙을 이용하여 전개하면 가운데의 두 항이 없어진다.

Example
$$(2x+3y)(2x-3y)=(2x)^2-(3y)^2=4x^2-9y^2$$

(3) $(x+a)(x+b)=x^2+(a+b)x+ab$

Proof
$$(x+a)(x+b)=x^2+bx+ax+ab=x^2+(a+b)x+ab$$

Example
$$(x-3)(x+5)=x^2+(-3+5)x+(-3)\times5=x^2+2x-15$$

(4) $(ax+b)(cx+d)=acx^2+(ad+bc)x+bd$

Proof
$$(ax+b)(cx+d)=acx^2+adx+bcx+bd=acx^2+(ad+bc)x+bd$$

Example
$$(2x+1)(3x+2)=2\times3\times x^2+(2\times2+1\times3)x+1\times2=6x^2+7x+2$$

이제 좀 더 복잡한 곱셈 공식에 대하여 알아봅시다.

(5) $(a+b+c)^2=a^2+b^2+c^2+2ab+2bc+2ca$　←중요!

Proof
$$(a+b+c)^2=\{(a+b)+c\}^2$$
$$=(a+b)^2+2(a+b)c+c^2$$
$$=a^2+2ab+b^2+2ac+2bc+c^2$$
$$=a^2+b^2+c^2+2ab+2bc+2ca$$

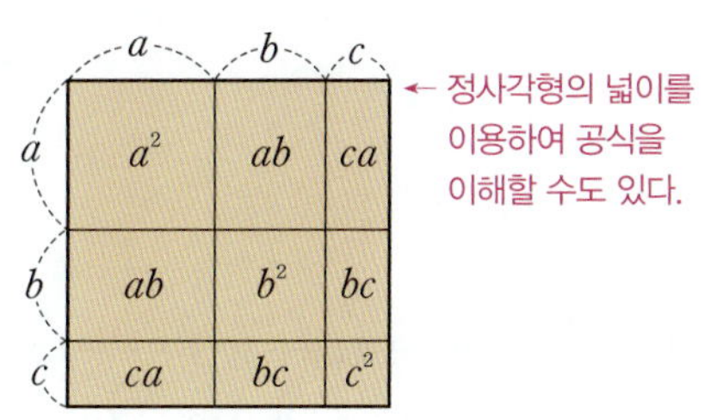

← 정사각형의 넓이를 이용하여 공식을 이해할 수도 있다.

Example
$$(a-2b+c)^2=a^2+(-2b)^2+c^2+2\times a\times(-2b)+2\times(-2b)\times c+2ca$$
$$=a^2+4b^2+c^2-4ab-4bc+2ca$$

(6) $(a+b)^3=a^3+3a^2b+3ab^2+b^3,\ (a-b)^3=a^3-3a^2b+3ab^2-b^3$

Proof
$$(a+b)^3=(a+b)(a+b)^2$$
$$=(a+b)(a^2+2ab+b^2)$$
$$=a^3+2a^2b+ab^2+a^2b+2ab^2+b^3$$
$$=a^3+3a^2b+3ab^2+b^3\quad\cdots\cdots\ \unicode{x24D0}$$
$$(a-b)^3=\{a+(-b)\}^3$$
$$=a^3+3a^2\times(-b)+3a\times(-b)^2+(-b)^3\quad←\unicode{x24D0}에서\ b에\ -b\ 대입$$
$$=a^3-3a^2b+3ab^2-b^3$$

Example
(1) $(x+3)^3=x^3+3\times x^2\times 3+3\times x\times 3^2+3^3=x^3+9x^2+27x+27$

(2) $(2x-5)^3=(2x)^3-3\times(2x)^2\times 5+3\times 2x\times 5^2-5^3=8x^3-60x^2+150x-125$

(7) $(a+b)(a^2-ab+b^2)=a^3+b^3,\ (a-b)(a^2+ab+b^2)=a^3-b^3$　←중요!

Proof
$$(a+b)(a^2-ab+b^2)=a(a^2-ab+b^2)+b(a^2-ab+b^2)$$
$$=a^3-a^2b+ab^2+a^2b-ab^2+b^3$$
$$=a^3+b^3$$
$$(a-b)(a^2+ab+b^2)=a(a^2+ab+b^2)-b(a^2+ab+b^2)$$
$$=a^3+a^2b+ab^2-a^2b-ab^2-b^3$$
$$=a^3-b^3$$

Example
(1) $(x+2y)(x^2-2xy+4y^2)=(x+2y)\{x^2-x\times 2y+(2y)^2\}$
$$=x^3+(2y)^3=x^3+8y^3$$

(2) $(x-1)(x^2+x+1)=(x-1)(x^2+x\times 1+1^2)$
$$=x^3-1^3=x^3-1$$

(8) $(a^2+ab+b^2)(a^2-ab+b^2)=a^4+a^2b^2+b^4$

Proof

$$(a^2+ab+b^2)(a^2-ab+b^2)=\{(a^2+b^2)+ab\}\{(a^2+b^2)-ab\}$$
$$=(a^2+b^2)^2-(ab)^2$$
$$=a^4+2a^2b^2+b^4-a^2b^2$$
$$=a^4+a^2b^2+b^4$$

$(A+B)(A-B)=A^2-B^2$을 이용

Example

$$(9x^2+6xy+4y^2)(9x^2-6xy+4y^2)$$
$$=\{(3x)^2+3x\times2y+(2y)^2\}\{(3x)^2-3x\times2y+(2y)^2\}$$
$$=(3x)^4+(3x)^2(2y)^2+(2y)^4$$
$$=81x^4+36x^2y^2+16y^4$$

(9) $(a+b+c)(a^2+b^2+c^2-ab-bc-ca)=a^3+b^3+c^3-3abc$

Proof

$$(a+b+c)(a^2+b^2+c^2-ab-bc-ca)$$
$$=a(a^2+b^2+c^2-ab-bc-ca)+b(a^2+b^2+c^2-ab-bc-ca)$$
$$+c(a^2+b^2+c^2-ab-bc-ca)$$
$$=a^3+ab^2+ac^2-a^2b-abc-a^2c+a^2b+b^3+bc^2-ab^2-b^2c-abc$$
$$+a^2c+b^2c+c^3-abc-bc^2-ac^2$$
$$=a^3+b^3+c^3-3abc$$

Example

$$(a-2b+c)(a^2+4b^2+c^2+2ab+2bc-ca)$$
$$=\{a+(-2b)+c\}\{a^2+(-2b)^2+c^2-a\times(-2b)-(-2b)\times c-ca\}$$
$$=a^3+(-2b)^3+c^3-3a\times(-2b)\times c$$
$$=a^3-8b^3+c^3+6abc$$

개념 Point　　**곱셈 공식**

1　$(a+b)^2=a^2+2ab+b^2,\ (a-b)^2=a^2-2ab+b^2$

2　$(a+b)(a-b)=a^2-b^2$

3　$(x+a)(x+b)=x^2+(a+b)x+ab$

4　$(ax+b)(cx+d)=acx^2+(ad+bc)x+bd$

5　$(a+b+c)^2=a^2+b^2+c^2+2ab+2bc+2ca$

6　$(a+b)^3=a^3+3a^2b+3ab^2+b^3,\ (a-b)^3=a^3-3a^2b+3ab^2-b^3$

7　$(a+b)(a^2-ab+b^2)=a^3+b^3,\ (a-b)(a^2+ab+b^2)=a^3-b^3$

8　$(a^2+ab+b^2)(a^2-ab+b^2)=a^4+a^2b^2+b^4$

9　$(a+b+c)(a^2+b^2+c^2-ab-bc-ca)=a^3+b^3+c^3-3abc$

Plus

$(x+a)(x+b)(x+c)=x^3+(a+b+c)x^2+(ab+bc+ca)x+abc$　← $(x+A)(x+B)=x^2+(A+B)x+AB$를 이용

2 곱셈 공식의 변형

먼저 두 수에서의 곱셈 공식의 변형에 대하여 알아봅시다.

(1) $a^2+b^2=(a+b)^2-2ab$, $a^2+b^2=(a-b)^2+2ab$

Proof 곱셈 공식 $(a+b)^2=a^2+2ab+b^2$에서
$$a^2+b^2=(a+b)^2-2ab$$
곱셈 공식 $(a-b)^2=a^2-2ab+b^2$에서
$$a^2+b^2=(a-b)^2+2ab$$

(2) $(a-b)^2=(a+b)^2-4ab$ ← 중요!

Proof (1)에서 $(a+b)^2-2ab=(a-b)^2+2ab$이므로
$$(a-b)^2=(a+b)^2-4ab$$

참고로 (2) $(a-b)^2=(a+b)^2-4ab$에 의하여 ← $|a-b|=\sqrt{(a+b)^2-4ab}$
$$(a+b)^2=(a-b)^2+4ab$$ ← $|a+b|=\sqrt{(a-b)^2+4ab}$
가 성립합니다.

(3) $a^3+b^3=(a+b)^3-3ab(a+b)$, $a^3-b^3=(a-b)^3+3ab(a-b)$ ← 중요!

Proof 곱셈 공식 $(a+b)^3=a^3+3a^2b+3ab^2+b^3$에서
$$a^3+b^3=(a+b)^3-3a^2b-3ab^2=(a+b)^3-3ab(a+b)$$
곱셈 공식 $(a-b)^3=a^3-3a^2b+3ab^2-b^3$에서
$$a^3-b^3=(a-b)^3+3a^2b-3ab^2=(a-b)^3+3ab(a-b)$$

Example $x+y=3$, $xy=-3$일 때,

(1) $x^2+y^2=(x+y)^2-2xy=3^2-2\times(-3)=15$

(2) $(x-y)^2=(x+y)^2-4xy=3^2-4\times(-3)=21$

(3) $x^3+y^3=(x+y)^3-3xy(x+y)=3^3-3\times(-3)\times3=54$

이제 세 수에서의 곱셈 공식의 변형에 대하여 알아봅시다.

(4) $a^2+b^2+c^2=(a+b+c)^2-2(ab+bc+ca)$

Proof 곱셈 공식 $(a+b+c)^2=a^2+b^2+c^2+2ab+2bc+2ca$에서
$$a^2+b^2+c^2=(a+b+c)^2-2ab-2bc-2ca$$
$$=(a+b+c)^2-2(ab+bc+ca)$$

$a+b+c=7$, $ab+bc+ca=5$일 때, $a^2+b^2+c^2$의 값은

$$a^2+b^2+c^2=(a+b+c)^2-2(ab+bc+ca)$$
$$=7^2-2\times5=39$$

(5) $a^2+b^2+c^2-ab-bc-ca=\dfrac{1}{2}\{(a-b)^2+(b-c)^2+(c-a)^2\}$ ← 중요!

Proof

$$a^2+b^2+c^2-ab-bc-ca$$
$$=\dfrac{1}{2}(2a^2+2b^2+2c^2-2ab-2bc-2ca)$$
$$=\dfrac{1}{2}\{(a^2-2ab+b^2)+(b^2-2bc+c^2)+(c^2-2ca+a^2)\}$$
$$=\dfrac{1}{2}\{(a-b)^2+(b-c)^2+(c-a)^2\}$$

참고로 (4) $a^2+b^2+c^2=(a+b+c)^2-2(ab+bc+ca)$에 의하여

$$a^2+b^2+c^2-ab-bc-ca$$
$$=(a+b+c)^2-2(ab+bc+ca)-ab-bc-ca$$
$$=(a+b+c)^2-2(ab+bc+ca)-(ab+bc+ca)$$
$$=(a+b+c)^2-3(ab+bc+ca)$$

가 성립합니다.

(6) $a^3+b^3+c^3=(a+b+c)(a^2+b^2+c^2-ab-bc-ca)+3abc$

Proof

곱셈 공식 $(a+b+c)(a^2+b^2+c^2-ab-bc-ca)=a^3+b^3+c^3-3abc$에서

$$a^3+b^3+c^3=(a+b+c)(a^2+b^2+c^2-ab-bc-ca)+3abc$$

(6)에서 특별히 $a+b+c=0$일 때, $a^3+b^3+c^3=3abc$입니다.

개념 Point **곱셈 공식의 변형** ← 곱셈 공식의 변형을 이용하면 a, b, c의 값을 구하지 않고 a, b, c에 대한 식의 값을 구할 수 있다.

1 $a^2+b^2=(a+b)^2-2ab$, $a^2+b^2=(a-b)^2+2ab$

2 $(a-b)^2=(a+b)^2-4ab$

3 $a^3+b^3=(a+b)^3-3ab(a+b)$, $a^3-b^3=(a-b)^3+3ab(a-b)$

4 $a^2+b^2+c^2=(a+b+c)^2-2(ab+bc+ca)$

5 $a^2+b^2+c^2-ab-bc-ca=\dfrac{1}{2}\{(a-b)^2+(b-c)^2+(c-a)^2\}$

6 $a^3+b^3+c^3=(a+b+c)(a^2+b^2+c^2-ab-bc-ca)+3abc$

개념 콕콕

1 다음 식을 전개하시오.

(1) $(x+2y)^2$

(2) $(2x-3)^2$

(3) $(x+3y)(x-3y)$

(4) $(x+4)(x+2)$

(5) $(2x+3)(x+5)$

2 다음 식을 전개하시오.

(1) $(3a+2b+1)^2$

(2) $(a-b-c)^2$

3 다음 식을 전개하시오.

(1) $(x+2)^3$

(2) $(x-1)^3$

(3) $(a+3)(a^2-3a+9)$

(4) $(2x-1)(4x^2+2x+1)$

4 $a+b=2$, $ab=-1$일 때, 다음 □ 안에 알맞은 것을 써넣으시오.

(1) $a^2+b^2=(a+\boxed{})^2-\boxed{}ab=2^2-\boxed{}\times(-1)=\boxed{}$

(2) $(a-b)^2=(\boxed{})^2-4ab=\boxed{}-4\times(-1)=\boxed{}$

(3) $a^3+b^3=(\boxed{})^3-\boxed{}ab(a+b)=\boxed{}-\boxed{}\times(-1)\times2=\boxed{}$

● 풀이 5쪽

정답

1 (1) $x^2+4xy+4y^2$ (2) $4x^2-12x+9$ (3) x^2-9y^2 (4) x^2+6x+8 (5) $2x^2+13x+15$

2 (1) $9a^2+12ab+6a+4b^2+4b+1$ (2) $a^2+b^2+c^2-2ab+2bc-2ca$

3 (1) $x^3+6x^2+12x+8$ (2) x^3-3x^2+3x-1 (3) a^3+27 (4) $8x^3-1$

4 (1) b, 2, 2, 6 (2) $a+b$, 4, 8 (3) $a+b$, 3, 8, 3, 14

예제 05

다음 식을 전개하시오.

(1) $\left(x-\dfrac{1}{2}y\right)^2$

(2) $(2x+6y)(2x-6y)$

(3) $(x-3)^3$

(4) $(x+1)(x^2-x+1)$

접근 방법 〉 대응하는 곱셈 공식을 생각하여 적용한다. 분배법칙을 이용하여 전개할 수도 있지만 공식에 익숙해지면 수식을 다루기가 훨씬 수월해지므로 공식을 적용하는 연습을 해 둔다.

> **수매씨 Point**
> (1) $(a+b)^2=a^2+2ab+b^2$, $(a-b)^2=a^2-2ab+b^2$
> (2) $(a+b)(a-b)=a^2-b^2$
> (3) $(x+a)(x+b)=x^2+(a+b)x+ab$
> (4) $(a+b)^3=a^3+3a^2b+3ab^2+b^3$, $(a-b)^3=a^3-3a^2b+3ab^2-b^3$
> (5) $(a+b)(a^2-ab+b^2)=a^3+b^3$, $(a-b)(a^2+ab+b^2)=a^3-b^3$

상세 풀이 〉

$$(1)\ \left(x-\frac{1}{2}y\right)^2=x^2-2\times x\times\frac{1}{2}y+\left(\frac{1}{2}y\right)^2$$
$$=x^2-xy+\frac{1}{4}y^2$$

$$(2)\ (2x+6y)(2x-6y)=(2x)^2-(6y)^2$$
$$=4x^2-36y^2$$

$$(3)\ (x-3)^3=x^3-3\times x^2\times 3+3\times x\times 3^2-3^3$$
$$=x^3-9x^2+27x-27$$

$$(4)\ (x+1)(x^2-x+1)=(x+1)(x^2-x\times 1+1^2)$$
$$=x^3+1^3=x^3+1$$

정답 (1) $x^2-xy+\dfrac{1}{4}y^2$ (2) $4x^2-36y^2$ (3) $x^3-9x^2+27x-27$ (4) x^3+1

보충 설명

다항식의 곱셈을 계산할 때에는 먼저 곱셈 공식을 이용할 수 있는지 생각해 본 후, 곱셈 공식을 이용하는 것이 쉽지 않을 때에는 분배법칙을 이용한다.

 바꾸기

05-1

다음 식을 전개하시오.

(1) $(x+5y)^2$

(2) $(x+2)(x-2)$

(3) $(2x-3)^3$

(4) $(x+3y)(x^2-3xy+9y^2)$

표현 바꾸기

05-2

다음 식을 전개하시오.

(1) $(x-1)(x+1)(x^2+1)(x^4+1)$

(2) $(x-1)^3(x+1)^3$

개념 넓히기

05-3

다항식 $(2x+1)^3(x-2)^2$의 전개식에서 x의 계수를 a, x^2의 계수를 b라고 할 때, $a+b$의 값은?

① 25 ② 30 ③ 35

④ 40 ⑤ 45

●풀이 5쪽∼6쪽

 정답

05-1 (1) $x^2+10xy+25y^2$ (2) x^2-4 (3) $8x^3-36x^2+54x-27$ (4) x^3+27y^3

05-2 (1) x^8-1 (2) $x^6-3x^4+3x^2-1$ **05-3** ⑤

예제 06

다음 식을 전개하시오.

(1) $(x+y-z)(x-y+z)$

(2) $(x+y-1)(x+y+3)$

(3) $(x+1)(x+2)(x+3)(x+4)$

접근 방법 > (1)에서는 $(x+y-z)(x-y+z)=\{x+(y-z)\}\{x-(y-z)\}$이므로 곱셈 공식 $(a+b)(a-b)=a^2-b^2$을 이용하고, (2)에서는 $x+y$를 한 문자로 치환한 후 곱셈 공식 $(x+a)(x+b)=x^2+(a+b)x+ab$를 이용한다. (3)에서는 공통부분이 생기도록 곱셈의 순서를 바꾼 후에 전개한다.

수매씽 Point 공통부분이 생기도록 항을 묶은 뒤에 식을 전개하고, 공통부분은 한 문자로 치환한 후 식을 전개한다.

상세 풀이 >

(1) $(x+y-z)(x-y+z)=\{x+(y-z)\}\{x-(y-z)\}=x^2-(y-z)^2$
$$=x^2-(y^2-2yz+z^2)=x^2-y^2-z^2+2yz$$

(2) $(x+y-1)(x+y+3)=\{(x+y)-1\}\{(x+y)+3\}$
$$=(x+y)^2+\{(-1)+3\}(x+y)+(-1)\times 3$$
$$=x^2+2xy+y^2+2x+2y-3$$

(3) $(x+1)(x+2)(x+3)(x+4)=\{(x+1)(x+4)\}\{(x+2)(x+3)\}$
$$=(x^2+5x+4)(x^2+5x+6)$$

$x^2+5x=X$로 놓으면

$(x^2+5x+4)(x^2+5x+6)=(X+4)(X+6)$
$$=X^2+10X+24$$
$$=(x^2+5x)^2+10(x^2+5x)+24$$
$$=x^4+10x^3+25x^2+10x^2+50x+24$$
$$=x^4+10x^3+35x^2+50x+24$$

정답 (1) $x^2-y^2-z^2+2yz$ (2) $x^2+2xy+y^2+2x+2y-3$ (3) $x^4+10x^3+35x^2+50x+24$

보충 설명

(3)의 경우, 상수항끼리의 합이 같도록 두 일차식을 묶어 전개해야 한다. 즉, $1+4=2+3$이므로 바깥쪽 두 일차식과 안쪽 두 일차식을 먼저 묶어 전개하면 각 다항식의 이차항과 일차항이 같게 되어 공통부분을 쉽게 찾을 수 있는 모양이 된다.

숫자 바꾸기   한번 더 ✓ ☐

06-1

다음 식을 전개하시오.

(1) $(3x+y-2z)(3x-y+2z)$

(2) $(2x+y-3)(2x+y+1)$

(3) $(x-1)(x-2)(x+3)(x+4)$

표현 바꾸기   한번 더 ✓ ☐

06-2

다음 식을 전개하시오.

(1) $(a+3b+c)^2$ (2) $(2a-3b-c)^2$

개념 넓히기   풀이 6쪽 ➕ 보충 설명   한번 더 ✓ ☐

06-3

$(x^2-y^2)(x^2-xy+y^2)(x^2+xy+y^2)$을 전개하면?

① x^6-y^6 ② x^6+y^6 ③ $x^6-x^4y^2+x^2y^4-y^6$

④ $x^6+x^4y^2+x^2y^4+y^6$ ⑤ $x^6-2x^3y^2-y^6$

• 풀이 6쪽

정답

06-1 (1) $9x^2-y^2-4z^2+4yz$ (2) $4x^2+4xy+y^2-4x-2y-3$ (3) $x^4+4x^3-7x^2-22x+24$

06-2 (1) $a^2+9b^2+c^2+6ab+6bc+2ca$ (2) $4a^2+9b^2+c^2-12ab+6bc-4ca$ **06-3** ①

예제 07 — 곱셈 공식의 변형 (1)

$a+b=4$, $ab=-1$일 때, 다음 식의 값을 구하시오.

(1) a^2+b^2　　　　(2) $(a-b)^2$　　　　(3) a^3+b^3

접근 방법 〉 두 수의 합과 곱이 주어져 있는 경우에는 곱셈 공식의 변형을 이용하여 a^2+b^2, $(a-b)^2$, a^3+b^3의 값을 구할 수 있다.

> **수매씽 Point**
> (1) $a^2+b^2=(a+b)^2-2ab$
> (2) $(a-b)^2=(a+b)^2-4ab$
> (3) $a^3+b^3=(a+b)^3-3ab(a+b)$

상세 풀이 〉

(1) $a^2+b^2=(a+b)^2-2ab$
$\qquad =4^2-2\times(-1)=18$

(2) $(a-b)^2=(a+b)^2-4ab$
$\qquad =4^2-4\times(-1)=20$

(3) $a^3+b^3=(a+b)^3-3ab(a+b)$
$\qquad =4^3-3\times(-1)\times4=76$

정답　(1) 18　(2) 20　(3) 76

보충 설명

두 수의 합(또는 차)과 곱을 알고 있을 때에는 곱셈 공식의 변형을 이용하여 다음의 값들을 구할 수 있도록 충분히 연습해 두어야 한다.

$$a^2+b^2=(a+b)^2-2ab$$
$$(a-b)^2=(a+b)^2-4ab$$
$$a^3+b^3=(a+b)^3-3ab(a+b)$$
$$a^3-b^3=(a-b)^3+3ab(a-b)$$

$x^2-px+1=0 \ (x\neq0)$에서 양변을 x로 나누면 $x-p+\dfrac{1}{x}=0$이므로 $x+\dfrac{1}{x}=p$이다. 이와 같은 분수식에서의 곱셈 공식의 변형에 대해서 알아보자.

① $x^2+\dfrac{1}{x^2}=\left(x+\dfrac{1}{x}\right)^2-2$, $x^2+\dfrac{1}{x^2}=\left(x-\dfrac{1}{x}\right)^2+2$

② $x^3+\dfrac{1}{x^3}=\left(x+\dfrac{1}{x}\right)^3-3\left(x+\dfrac{1}{x}\right)$, $x^3-\dfrac{1}{x^3}=\left(x-\dfrac{1}{x}\right)^3+3\left(x-\dfrac{1}{x}\right)$

07-1　　$a+b=5$, $ab=2$일 때, 다음 식의 값을 구하시오.

(1) a^2+b^2　　　　(2) $(a-b)^2$　　　　(3) a^3+b^3

07-2　　$x+y=-3$, $xy=1$일 때, 다음 식의 값을 구하시오.

(1) x^4+y^4　　　　(2) x^5+y^5

07-3　　$x+\dfrac{1}{x}=3$일 때, 다음 식의 값을 구하시오.

(1) $x^2+\dfrac{1}{x^2}$　　　　(2) $x-\dfrac{1}{x}$　　　　(3) $x^3+\dfrac{1}{x^3}$

정답　　**07-1** (1) 21　(2) 17　(3) 95　　**07-2** (1) 47　(2) -123　　**07-3** (1) 7　(2) $\pm\sqrt{5}$　(3) 18

예제 08

$a+b+c=2$, $ab+bc+ca=1$일 때, 다음 식의 값을 구하시오.

(1) $a^2+b^2+c^2$

(2) $(a-b)^2+(b-c)^2+(c-a)^2$

접근 방법 〉 곱셈 공식 $(a+b+c)^2=a^2+b^2+c^2+2ab+2bc+2ca$에서

$$a^2+b^2+c^2=(a+b+c)^2-2(ab+bc+ca)$$

임을 알 수 있으므로 세 수의 합과 두 수끼리의 곱의 합이 주어진 경우 세 수의 제곱의 합은 곱셈 공식의 변형을 이용하여 구하도록 한다.

수매씽 Point $a^2+b^2+c^2=(a+b+c)^2-2(ab+bc+ca)$

상세 풀이 〉 (1) $a^2+b^2+c^2=(a+b+c)^2-2(ab+bc+ca)$

$$=2^2-2\times1=2$$

(2) $(a-b)^2+(b-c)^2+(c-a)^2$

$$=(a^2-2ab+b^2)+(b^2-2bc+c^2)+(c^2-2ca+a^2)$$

$$=2a^2+2b^2+2c^2-2ab-2bc-2ca$$

$$=2(a^2+b^2+c^2)-2(ab+bc+ca)$$

$$=2\times2-2\times1=2 \ (\because (1)에서\ a^2+b^2+c^2=2)$$

정답 (1) 2 (2) 2

보충 설명

$$a^2+b^2+c^2-ab-bc-ca=\frac{1}{2}(2a^2+2b^2+2c^2-2ab-2bc-2ca)$$

$$=\frac{1}{2}\{(a-b)^2+(b-c)^2+(c-a)^2\}$$

과 같이 변형할 수 있으므로 (2)에서

$$(a-b)^2+(b-c)^2+(c-a)^2=2\{a^2+b^2+c^2-(ab+bc+ca)\}$$

를 이용하여 구할 수도 있다.

08-1

$a+b+c=3$, $ab+bc+ca=-1$일 때, 다음 식의 값을 구하시오.

(1) $a^2+b^2+c^2$

(2) $(a-b)^2+(b-c)^2+(c-a)^2$

08-2

$a+b+c=1$, $a^2+b^2+c^2=\dfrac{3}{2}$, $\dfrac{1}{a}+\dfrac{1}{b}+\dfrac{1}{c}=1$일 때, abc의 값을 구하시오.

08-3

$a+b+c=2$, $a^2+b^2+c^2=6$, $abc=-2$일 때, 다음 식의 값을 구하시오.

(1) $a^3+b^3+c^3$

(2) $(a+b)(b+c)(c+a)$

• 풀이 7쪽

정답　　08-1 (1) 11　(2) 24　　　08-2 $-\dfrac{1}{4}$　　　08-3 (1) 8　(2) 0

1 두 다항식 $A=x^2-2xy+3y^2$, $B=3x^2-2xy+y^2$에 대하여 $X+A=2B$를 만족시키는 다항식 X는?

① $5x^2-2xy-y^2$ ② $5x^2+2xy-y^2$ ③ $5x^2-2xy+y^2$

④ $4x^2-2xy-y^2$ ⑤ $4x^2-2xy+y^2$

2 다음 물음에 답하시오.

(1) x에 대한 다항식 $(3x^2+2x+1)^2$의 전개식에서 x^2의 계수를 구하시오.

(2) x에 대한 다항식 $(2x-1)(x^2+ax-a)$의 전개식에서 x^2항의 계수가 -5일 때, 상수항을 구하시오.

3 x에 대한 다항식 $(x-2a-1)(2x+3a+5)(x+a)$의 전개식에서 x^2의 계수가 18일 때, 상수 a의 값을 구하시오.

4 다음 물음에 답하시오.

(1) 다항식 $2x^3+x^2+3x$를 x^2+1로 나누었을 때 몫과 나머지를 각각 구하시오.

(2) 다항식 x^3+3x^2-1을 x^2+x-1로 나누었을 때 몫과 나머지를 각각 구하시오.

5 $a^6=50$일 때, $(2a-1)(4a^2-2a+1)(2a+1)(4a^2+2a+1)$의 값을 구하시오.

6 $x=2+\sqrt{3}$, $y=2-\sqrt{3}$일 때, 다음 식의 값을 구하시오.

(1) x^2+y^2

(2) x^3+y^3

(3) $\dfrac{y}{x}+\dfrac{x}{y}$

7 $x^2-x-1=0$일 때, 다음 식의 값을 구하시오.

(1) $x-\dfrac{1}{x}$

(2) $x^2+\dfrac{1}{x^2}$

(3) $x^3-\dfrac{1}{x^3}$

(4) $x^4+\dfrac{1}{x^4}$

8 두 실수 a, b가 다음 조건을 만족시킬 때, $(a-b)^2+a^3-b^3$의 값을 구하시오.

> (가) $a+b=2\sqrt{5}$, $ab=1$
>
> (나) $a>b$

9 오른쪽 그림의 직각삼각형 ABC에서 $\angle C=90°$이고, 다음 조건을 만족시킬 때, $\overline{BC}^3+\overline{CA}^3$의 값을 구하시오.

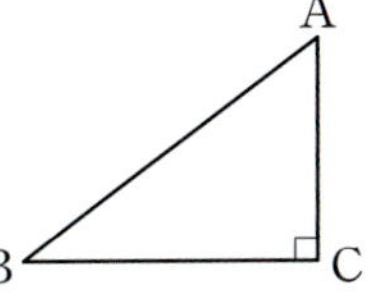

> (가) $\overline{BC}+\overline{CA}=\overline{AB}+2$
>
> (나) 삼각형 ABC의 넓이는 6이다.

10 다음 물음에 답하시오.

(1) $a+b+c=5$, $ab+bc+ca=3$일 때, $(a+b)^2+(b+c)^2+(c+a)^2$의 값을 구하시오.

(2) $a+b+c=1$, $a^2+b^2+c^2=9$, $\dfrac{1}{a}+\dfrac{1}{b}+\dfrac{1}{c}=1$일 때, abc의 값을 구하시오.

11 세 다항식 $A=3x^2+2xy+2y^2$, $B=x^2-2xy-2y^2$, $C=2x^2+xy-y^2$에 대하여
$\dfrac{1}{2}\{3(A+B)-2(B+C)\}$를 계산하면?

① $2x^2+3xy+5y^2$ ② $2x^2+5xy+3y^2$

③ $3x^2+xy+3y^2$ ④ $5x^2+3xy+2y^2$

⑤ $5x^2+2xy+3y^2$

12 다음 물음에 답하시오.

(1) x에 대한 삼차식 x^3+ax+b가 x^2-x+1로 나누어떨어질 때, 상수 a, b에 대하여 $a+b$의 값을 구하시오.

(2) 다항식 $2x^3-x^2+2x+4$를 다항식 ax^2+bx+c로 나누었을 때의 몫이 $2x+1$이고 나머지가 $-x+2$이다. 상수 a, b, c에 대하여 $a+b+c$의 값을 구하시오.

13 다항식 $(1+2x)^3+(1+2x+3x^2)^3+(1+2x+3x^2+4x^3)^3$의 전개식에서 x의 계수를 구하시오.

14 $x+y=3$, $x^2+xy+y^2=10$일 때, 다음 식의 값을 구하시오.

(1) x^2+y^2 (2) x^3+y^3 (3) x^4+y^4

15 $x=1+\sqrt{2}$, $y=1-\sqrt{2}$일 때, 다음 식의 값을 구하시오.

(1) x^4+y^4 (2) x^5+y^5 (3) x^6+y^6

16 다음 물음에 답하시오.

(1) $a+b+c=3$, $a^2+b^2+c^2=7$일 때, $(a+b)(b+c)+(b+c)(c+a)+(c+a)(a+b)$의 값을 구하시오.

(2) $a+b+c=1$, $ab+bc+ca=-3$, $abc=-2$일 때, $(a+b)(b+c)(c+a)$의 값을 구하시오.

17 다음 물음에 답하시오.

(1) $a-b=1+\sqrt{5}$, $b-c=1-\sqrt{5}$일 때, $a^2+b^2+c^2-ab-bc-ca$의 값을 구하시오.

(2) $a+b+c=4$, $ab+bc+ca=5$, $abc=2$일 때, $a^3+b^3+c^3$의 값을 구하시오.

18 $a+b+c=2$, $a^2+b^2+c^2=4$, $a^3+b^3+c^3=8$일 때, $a^4+b^4+c^4$의 값을 구하시오.

19 오른쪽 그림과 같은 사면체 OABC에서 세 선분 OA, OB, OC 는 점 O에서 서로 수직이고, 다음 조건을 만족시킨다.

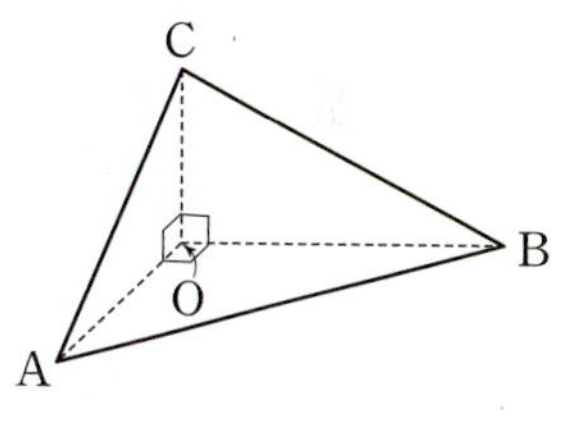

(가) $\overline{OA}+\overline{OB}+\overline{OC}=9$

(나) 세 삼각형 OAB, OBC, OCA의 넓이의 합은 13이다.

$\overline{OA}^2+\overline{OB}^2+\overline{OC}^2$의 값을 구하시오.

20 오른쪽 그림과 같이 대각선의 길이가 $\sqrt{21}$이고 겉넓이가 28, 부 피가 8인 직육면체가 있다. 이 직육면체의 모서리의 길이가 각각 a, b, c일 때, $a^3+b^3+c^3$의 값을 구하시오.

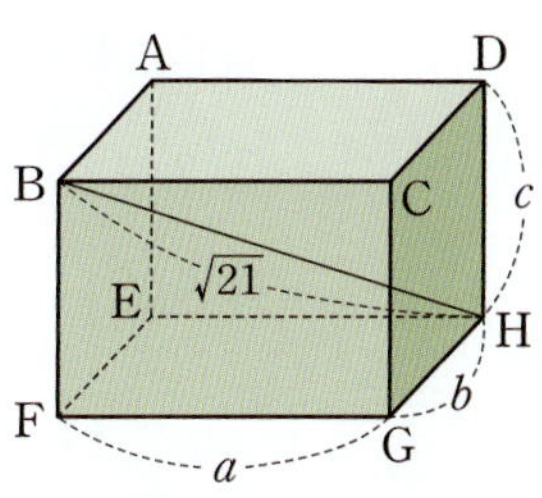

(교육청) 21

다항식 $(x+a)^3+x(x-4)$의 전개식에서 x^2의 계수가 10일 때, 상수 a의 값을 구하시오.

(교육청) 22

그림과 같이 겉넓이가 148이고, 모든 모서리의 길이의 합이 60인 직육면체 ABCD$-$EFGH가 있다. $\overline{BG}^2+\overline{GD}^2+\overline{DB}^2$의 값은?

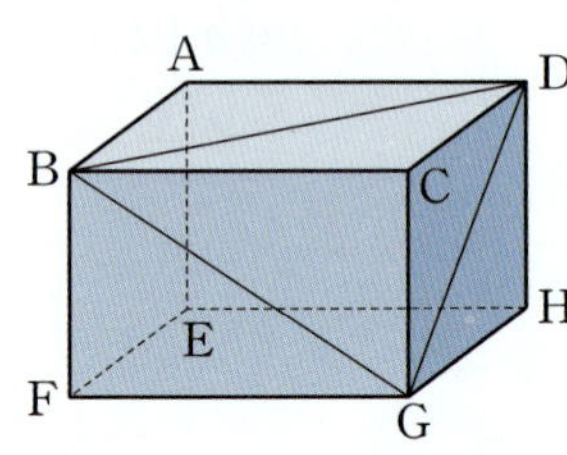

① 136   ② 142   ③ 148

④ 154   ⑤ 160

(평가원) 23

그림과 같이 중심이 O, 반지름의 길이가 4이고 중심각의 크기가 $90°$인 부채꼴 OAB가 있다. 호 AB 위의 점 P에서 두 선분 OA, OB에 내린 수선의 발을 각각 H, I라 하자. 삼각형 PIH에 내접하는 원의 넓이가 $\dfrac{\pi}{4}$일 때, $\overline{PH}^3+\overline{PI}^3$의 값은?

(단, 점 P는 점 A도 아니고 점 B도 아니다.)

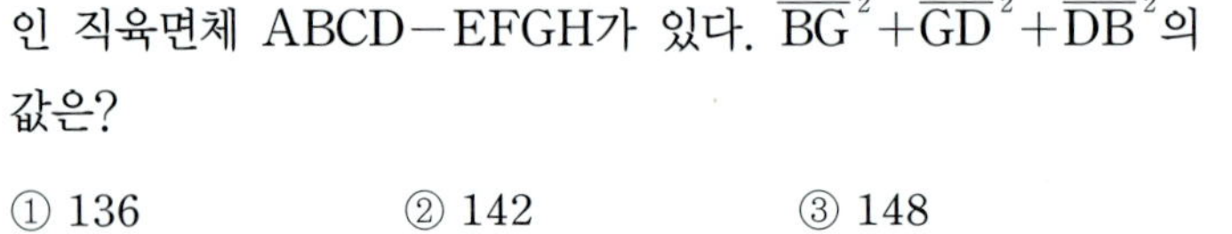

① 56   ② $\dfrac{115}{2}$ ③ 59

④ $\dfrac{121}{2}$ ⑤ 62

(수능) 24

오른쪽 그림과 같이 넓이가 다른 세 종류의 직사각형 종이 네 장을 이용하여 $(a+b)^2=a^2+2ab+b^2$임을 보일 수 있다. 이와 유사한 방법으로 부피가 다른 몇 종류의 직육면체 나무토막을 이용하여 $(a+b)^3=a^3+3a^2b+3ab^2+b^3$임을 보이고자 한다. 최소로 필요한 나무토막의 종류의 수와 전체의 개수를 순서대로 적은 것은?

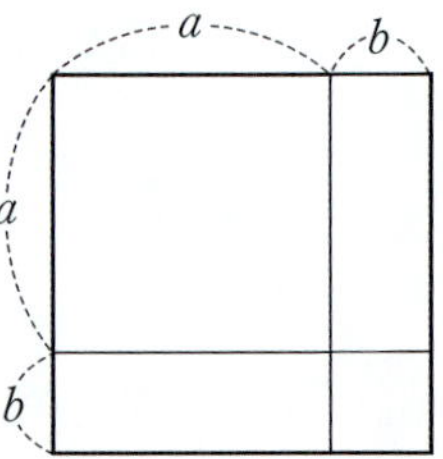

① 3, 4   ② 3, 6   ③ 3, 8

④ 4, 6   ⑤ 4, 8

02

I. 다항식

나머지정리

1 항등식과 미정계수법

• 항등식의 뜻
(1) 항등식 : 등식의 문자에 어떤 값을 대입하여도 항상 성립하는 등식
(2) 방정식 : 등식의 문자에 특정한 값을 대입하였을 때에만 성립하는 등식

• 미정계수법
항등식의 뜻과 성질을 이용하여 주어진 등식에서 미지의 계수를 정하는 방법
(1) 수치대입법 : 항등식의 문자에 적당한 수를 대입하여 미지의 계수를 정하는 방법
(2) 계수비교법 : 항등식의 양변에 있는 동류항의 계수를 비교하여 미지의 계수를 정하는 방법

2 나머지정리와 인수정리

• 나머지정리
다항식 $f(x)$를 일차식 $x-\alpha$로 나누었을 때의 나머지를 R이라고 하면
$$R=f(\alpha)$$

• 인수정리
다항식 $f(x)$에 대하여
(1) $f(\alpha)=0$이면 $f(x)$는 일차식 $x-\alpha$로 나누어떨어진다.
(2) $f(x)$가 일차식 $x-\alpha$로 나누어떨어지면 $f(\alpha)=0$이다.

• 조립제법
(1) 조립제법 : 계수만을 이용하여 다항식을 일차식으로 나누었을 때의 몫과 나머지를 구하는 방법
(2) 다항식 $f(x)$를 일차식 $x+\dfrac{b}{a}\ (a\neq0)$로 나누었을 때의 몫을 $Q(x)$, 나머지를 R이라고 하면 $f(x)$를 일차식 $ax+b$로 나누었을 때의 몫은 $\dfrac{1}{a}Q(x)$, 나머지는 R이다.

Q&A

Q 나머지정리와 인수정리의 차이점은 무엇인가요?

A x에 대한 다항식 $f(x)$에서 일차식으로 나눈 나머지를 함숫값처럼 쉽게 정할 수 있다는 것이 나머지정리이고,
$f(a)=0$일 때 $f(x)$는 $x-a$를 인수로 갖는다는 것이 인수정리입니다.

1 항등식과 미정계수법

1 항등식의 뜻

두 등식 $x=4-x$, $3(x+1)-x-3=2x$의 차이점을 생각해 봅시다.

먼저 등식 $x=4-x$는 $x=2$일 때 성립하지만 x가 그 이외의 값일 때에는 성립하지 않습니다. 이와 같이 x에 특정한 값을 대입하였을 때에만 성립하는 등식을 x에 대한 방정식이라고 합니다.

반면에 등식 $3(x+1)-x-3=2x$의 좌변을 전개하면
$$3(x+1)-x-3=3x+3-x-3=2x$$
이므로 (좌변)=(우변)이 되어 미지수 x에 어떤 수를 대입하여도 항상 성립합니다. 이러한 등식을 x에 대한 항등식이라고 합니다. ← x에 대한 항등식은 ( )$x+$( )=0 꼴, k에 대한 항등식은 ( )$k+$( )=0 꼴이다.

예를 들어 $(x+1)^2=x^2+2x+1$, $(x+1)^3=x^3+3x^2+3x+1$과 같은 등식들은 좌변을 전개하면 우변과 같은 식을 얻을 수 있으므로 x에 대한 항등식입니다.

또한 x에 대한 항등식은 x의 값에 관계없이 항상 성립하므로 모든 실수 x에 대하여 성립한다고 표현할 수도 있습니다.

Example
(1) 등식 $3x-1=2x+1$은 $x=2$일 때는 성립하지만 $x=1$일 때에는 성립하지 않으므로 방정식이다.
(2) 등식 $x^2-3x+3=(x-1)(x-2)+1$에서 우변을 전개하면
$$(x-1)(x-2)+1=x^2-3x+2+1=x^2-3x+3$$
이 되어 좌변과 같은 식을 얻을 수 있으므로 x에 대한 항등식이다.

개념 Point 　**항등식의 뜻**

1 항등식 : 등식의 문자에 어떤 값을 대입하여도 항상 성립하는 등식
2 방정식 : 등식의 문자에 특정한 값을 대입하였을 때에만 성립하는 등식

+ Plus

'x에 대한 항등식'과 같은 표현
① 모든(임의의) x에 대하여 성립하는 등식
② x의 값에 관계없이 항상 성립하는 등식
③ x가 어떤 값을 가지더라도 항상 성립하는 등식

2 항등식의 성질

이제 항등식의 성질에 대하여 알아봅시다.

(1) 등식 $ax+b=0$이 x에 대한 항등식이면 x에 어떤 값을 대입하여도 항상 성립하므로

$x=0$을 대입하면 $b=0$이고, $x=1$을 대입하면 $a+b=0$이므로 $a=0$, $b=0$

(2) 등식 $ax+b=a'x+b'$, 즉 $(a-a')x+(b-b')=0$이 x에 대한 항등식일 때, (1)에 의하여

$$a-a'=0,\ b-b'=0 \qquad \therefore\ a=a',\ b=b'$$

→ 등식의 동류항의 계수가 서로 같다.

(3) 등식 $ax^2+bx+c=0$이 x에 대한 항등식이면 x에 어떤 값을 대입하여도 항상 성립하므로

$x=0$을 대입하면 $c=0$ $\qquad\cdots\cdots$ ㉠

$x=1$을 대입하면 $a+b+c=0$ $\qquad\cdots\cdots$ ㉡

$x=-1$을 대입하면 $a-b+c=0$ $\qquad\cdots\cdots$ ㉢

x에 계산이 간단한 식을 얻을 수 있는 적당한 수를 대입한다.

㉠, ㉡, ㉢을 연립하여 풀면 $a=0$, $b=0$, $c=0$

(4) 등식 $ax^2+bx+c=a'x^2+b'x+c'$, 즉 $(a-a')x^2+(b-b')x+(c-c')=0$이 x에 대한 항등식일 때, (3)에 의하여

$$a-a'=0,\ b-b'=0,\ c-c'=0 \qquad \therefore\ a=a',\ b=b',\ c=c'$$

Example

(1) 등식 $a(x-2)+bx-4=0$이 x에 대한 항등식일 때, 상수 a, b의 값은

$(a+b)x-2a-4=0$이므로 항등식의 성질에 의하여

$$a+b=0,\ -2a-4=0 \qquad \therefore\ a=-2,\ b=2$$

(2) 등식 $ax^2+bx+c=2x^2-x$가 x에 대한 항등식일 때, 상수 a, b, c의 값은

$ax^2+bx+c=2\times x^2-1\times x+0$이므로 항등식의 성질에 의하여

$$a=2,\ b=-1,\ c=0$$

개념 Point 항등식의 성질

1 $ax+b=0$이 x에 대한 항등식이면 $a=0$, $b=0$

2 $ax+b=a'x+b'$이 x에 대한 항등식이면 $a=a'$, $b=b'$

3 $ax^2+bx+c=0$이 x에 대한 항등식이면 $a=0$, $b=0$, $c=0$

4 $ax^2+bx+c=a'x^2+b'x+c'$이 x에 대한 항등식이면 $a=a'$, $b=b'$, $c=c'$

+ Plus

등식 $ax+by+c=0$이 두 문자 x, y에 대한 항등식이면 임의의 실수 x, y에 대하여 성립해야 하므로 x, y의 계수가 모두 0이어야 하고, 상수항도 0이어야 한다.

따라서 임의의 실수 x, y에 대하여 $ax+by+c=0$이면 $a=0$, $b=0$, $c=0$이다.

3 미정계수법

항등식의 뜻과 성질을 이용하여 주어진 등식에서 미지의 계수를 정하는 방법을 **미정계수법**이라고 합니다. 미정계수법에서 '미정(未定)'이란 '아직 정해지지 않음'을 뜻하므로 미정계수란 아직 값이 정해지지 않은 계수를 뜻합니다.

미정계수법에는 수치대입법과 계수비교법이 있습니다.

먼저 수치대입법에 대하여 알아봅시다.

수치대입법은 항등식의 문자에 적당한 수를 대입하여 미지의 계수를 정하는 방법입니다. 이것은 주어진 항등식의 문자에 어떤 값을 대입하여도 등식이 항상 성립하는 것을 이용한 방법으로, 항등식의 미정계수의 개수만큼 문자에 대입하는 수의 개수를 정합니다. 이때 문자에 대입하는 수는 계산이 간단한 식을 얻을 수 있는 것으로 정합니다.

Example

↱ 괄호 안이 0이 되도록 하는 수를 미정계수의 개수만큼 대입한다.

등식 $a(x+1)(x-2)+b(x-1)=x^2-4x+1$이 x에 대한 항등식일 때, 상수 a, b의 값은

등식의 양변에 $x=-1$을 대입하면

$$-2b=6 \qquad \therefore b=-3$$

등식의 양변에 $x=1$을 대입하면

$$-2a=-2 \qquad \therefore a=1$$

수치대입법에서는 어떤 값을 대입하더라도 답을 찾을 수 있지만 앞의 Example에서와 같이 항이 0이 되게 만드는 값들을 대입하면 계산이 간단한 식을 얻을 수 있습니다. 하지만 어떤 수를 대입하였을 때, 양변이 모두 0이 되면 아무런 결과를 찾을 수 없으므로 주의해야 합니다.

다음으로 계수비교법에 대하여 알아봅시다.

계수비교법은 항등식의 양변에 있는 동류항의 계수를 비교하여 미지의 계수를 정하는 방법입니다. 이것은 주어진 항등식의 각 변을 전개한 후, 양변의 동류항의 계수가 서로 같음을 이용한 방법입니다. 주어진 식이 x에 대한 항등식이면 양변을 각각 x에 대하여 내림차순으로 정리하여 동류항의 계수를 비교하고, 주어진 식이 x, y에 대한 항등식이면 양변을 각각 x 또는 y로 묶어 정리하여 동류항의 계수를 비교합니다.

Example

(1) 등식 $ax^2+bx=(x+1)(x-2)+c$가 x에 대한 항등식일 때, 상수 a, b, c의 값은

$ax^2+bx=x^2-x-2+c$에서 양변의 동류항의 계수를 비교하면

$$a=1, \ b=-1, \ 0=-2+c \qquad \therefore a=1, \ b=-1, \ c=2$$

(2) 등식 $(a+1)x+by=3x+y$가 x, y에 대한 항등식일 때, 상수 a, b의 값은

$$a+1=3, \ b=1 \qquad \therefore a=2, \ b=1$$

이제 **01. 다항식의 연산**에서 배웠던 다항식의 나눗셈에 대한 등식을 항등식과 연관지어 생각
해 봅시다.

다항식 A를 다항식 B $(B \neq 0)$로 나누었을 때의 몫을 Q, 나머지를 R이라고 할 때,
$$A = BQ + R \ (\,(R의\ 차수) < (B의\ 차수)\,)$$
과 같은 등식이 성립합니다.

← $R=0$이면 $A=BQ$이다. 이때 A는 B로 나누어떨어진다고 한다.

이때 이 등식은 항등식이므로 이 항등식의 미정계수는 계수비교법이나 수치대입법 중 편리
한 것을 이용하여 구할 수 있습니다.

Example

(1) 다항식 $x^3 + 2x^2 + ax - 3$을 $x^2 + 3x + 5$로 나누었을 때의 몫이 $x-1$이고 나머지가 2
일 때,
$$x^3 + 2x^2 + ax - 3 = (x^2 + 3x + 5)(x-1) + 2$$
가 성립한다. 이 등식은 x에 대한 항등식이므로 양변에 $x=1$을 대입하면
$$1 + 2 + a - 3 = 2 \qquad \therefore a = 2$$

(2) 다항식 $2x^3 + ax^2 - 7$을 $x^2 + x - 2$로 나누었을 때의 몫이 $2x+3$이고 나머지가 $x-1$
일 때,
$$2x^3 + ax^2 - 7 = (x^2 + x - 2)(2x + 3) + x - 1$$
이 성립한다. 이 등식은 x에 대한 항등식이므로 양변에 $x=1$을 대입하면
$$2 + a - 7 = (1 + 1 - 2)(2 + 3) + 1 - 1$$
$$a - 5 = 0 \qquad \therefore a = 5$$

개념 Point   **미정계수법**

미정계수법 : 항등식의 뜻과 성질을 이용하여 주어진 등식에서 미지의 계수를 정하는 방법으로, 수
치대입법과 계수비교법의 두 가지가 있다.

1 수치대입법 : 항등식의 문자에 적당한 수를 대입하여 미지의 계수를 정하는 방법
➡ 미정계수의 개수만큼 항등식에 적당한 수를 대입한다. 이때 문자에 대입하는 수는 계산이
　간단해지는 것을 택한다.

2 계수비교법 : 항등식의 양변에 있는 동류항의 계수를 비교하여 미지의 계수를 정하는 방법
➡ 식의 양변을 각각 내림차순으로 정리한 후 동류항의 계수를 비교한다.

+ Plus

수치대입법과 계수비교법

수치대입법은 '항등식은 문자에 어떤 값을 대입해도 항상 성립한다.'는 항등식의 뜻을 이용한 방법이고, 계수비교법은
'항등식에서 양변의 동류항의 계수는 서로 같다.'는 항등식의 성질을 이용한 방법이다.

일반적으로 양변의 식이 쉽게 정리가 가능하면 계수비교법을 이용하는 것이 좋다. 반면에 다항식의 차수가 높아 전개
가 어려운 경우나 괄호가 있어 식이 복잡한 경우에는 수치대입법을 이용하는 것이 좋다.

개념 콕콕

1 〈보기〉에서 x에 대한 항등식인 것을 모두 고르시오.

> ─〈 보기 〉─
> ㄱ. $x^2 = 2x$
> ㄴ. $x^2 - 3x = (x-1)^2 - (x+1)$
> ㄷ. $(x-2)(x+5) = x^2 + 3x - 10$

2 다음 등식이 x에 대한 항등식일 때, 상수 a, b의 값을 각각 구하시오.

(1) $x^2 + 2x + a = x^2 + bx + 3$

(2) $ax + b(x-1) = x$

(3) $x^2 + 2x + 3 = (x-1)^2 + ax + b$

3 다음 등식이 x의 값에 관계없이 항상 성립할 때, 상수 a, b의 값을 각각 구하시오.

(1) $(x-3)a + (x+2)b = 3x + 1$

(2) $(a+b)x^2 + (a+2)x = (x+1)(x-2) + 2$

4 등식 $a(x+1) + b(y-1) = x + y$가 x, y에 대한 항등식일 때, 상수 a, b의 값을 각각 구하시오.

5 다항식 $x^3 - ax + 1$을 $x + 1$로 나누었을 때의 몫은 $x^2 - x - 6$이고 나머지가 7일 때, 상수 a의 값을 구하시오.

• 풀이 14쪽~15쪽

정답

1 ㄴ, ㄷ   **2** (1) $a=3$, $b=2$ (2) $a=1$, $b=0$ (3) $a=4$, $b=2$

3 (1) $a=1$, $b=2$ (2) $a=-3$, $b=4$ **4** $a=1$, $b=1$ **5** 7

예제 01

x에 대한 항등식

등식 $a(x+1)+b(x-1)=2x$가 x에 대한 항등식일 때, 상수 a, b의 값을 각각 구하시오.

접근 방법 〉 항등식의 뜻과 성질을 이용하여 미지의 계수를 정하는 미정계수법에는 다음 두 가지 방법이 있다.

(1) 수치대입법 : 항등식은 문자에 어떤 값을 대입하여도 항상 성립함을 이용하여 문자에 적당한 수를 대입하여 계수를 정하는 방법

(2) 계수비교법 : 항등식의 양변에 있는 동류항의 계수가 서로 같음을 이용하여 양변의 동류항의 계수를 비교하여 정하는 방법

> **수매씽 Point**
> (1) 항등식의 뜻 : x에 대한 항등식은 모든 x에 대하여, 즉 x의 값에 관계없이 항상 성립하는 등식
> (2) 항등식의 성질 : $ax^2+bx+c=a'x^2+b'x+c'$이 x에 대한 항등식이면
> $$a=a', \ b=b', \ c=c'$$

상세 풀이 〉 주어진 등식이 x에 대한 항등식이므로 양변에 $x=1$을 대입하면

$$2a=2 \quad \therefore \ a=1$$

양변에 $x=-1$을 대입하면

$$-2b=-2 \quad \therefore \ b=1$$

다른 풀이 〉 주어진 등식의 좌변을 전개하여 x에 대하여 내림차순으로 정리하면

$$(a+b)x+a-b=2x$$

이 등식이 x에 대한 항등식이므로

$$a+b=2, \ a-b=0$$

위의 두 식을 연립하여 풀면

$$a=1, \ b=1$$

정답 $a=1, \ b=1$

보충 설명

x에 대한 항등식이란 주어진 식의 x에 어떤 수를 대입하여도 항상 성립하는 등식을 뜻한다.

직접 항등식이라는 표현을 쓰지 않아도 '모든 x에 대하여 성립', 'x의 값에 관계없이 항상 성립', 'x가 어떤 값을 가지더라도 항상 성립'한다는 표현은 모두 x에 대한 항등식을 뜻한다.

또한 x에 대한 항등식에서 미지의 계수를 정하는 미정계수법에는 x에 적당한 수를 대입하여 계수를 정하는 수치대입법과 좌변과 우변을 각각 x에 대하여 내림차순으로 정리하여 양변의 동류항의 계수를 비교하여 계수를 정하는 계수비교법이 있다.

01-1　등식 $a(x-1)+b(x+1)=4x+2$가 x에 대한 항등식일 때, 상수 a, b의 값을 각각 구하시오.

01-2　임의의 실수 x에 대하여 등식 $x^2=a(x-1)^2+b(x-1)+c$가 성립할 때, 상수 a, b, c의 값을 각각 구하시오.

01-3　다항식 $f(x)$에 대하여 등식 $x^4-ax^3+bx^2=(x-1)(x+2)f(x)-x-6$이 x에 대한 항등식일 때, $f(3)$의 값을 구하시오. (단, a, b는 상수이다.)

● 풀이 15쪽

정답　　　**01-1** $a=1$, $b=3$　　　　**01-2** $a=1$, $b=2$, $c=1$　　　　**01-3** 0

임의의 실수 x, y에 대하여 등식

$$(x+y)a+(x-2y)b=5x-y$$

가 성립할 때, 상수 a, b의 값을 각각 구하시오.

접근 방법   임의의 실수 x, y에 대하여 성립하는 등식은 x, y에 대한 항등식이다.

주어진 등식의 양변에 적당한 x, y의 값을 대입하여 미지의 계수를 정하는 수치대입법이나 주어진 등식의 좌변을 x, y에 대하여 정리한 후, 양변의 동류항의 계수를 비교하여 미지의 계수를 정하는 계수비교법을 이용한다.

> **수매씽 Point**   임의의 실수 x, y에 대하여
> (1) $ax+by+c=0$이면 $a=0$, $b=0$, $c=0$
> (2) $ax+by=a'x+b'y$이면 $a=a'$, $b=b'$

상세 풀이   주어진 등식이 임의의 실수 x, y에 대하여 성립하므로 x, y에 대한 항등식이다.

등식의 좌변을 전개하여 x, y에 대하여 정리하면

$$(a+b)x+(a-2b)y=5x-y$$

이 등식이 x, y에 대한 항등식이므로

$$a+b=5, \quad a-2b=-1$$

위의 두 식을 연립하여 풀면

$$a=3, \quad b=2$$

다른 풀이   주어진 등식이 임의의 실수 x, y에 대하여 성립하므로

등식의 양변에 $x=1$, $y=0$을 대입하면

$$(1+0)a+(1-0)b=5-0 \qquad \therefore a+b=5 \qquad \cdots\cdots \ ㉠$$

등식의 양변에 $x=0$, $y=1$을 대입하면

$$(0+1)a+(0-2)b=0-1 \qquad \therefore a-2b=-1 \qquad \cdots\cdots \ ㉡$$

㉠, ㉡을 연립하여 풀면

$$a=3, \quad b=2$$

정답 $a=3$, $b=2$

보충 설명

임의의 실수 x, y에 대하여 성립하는 등식은 x, y에 대한 항등식이므로 등식에서 미지의 계수를 정할 때에는 미정계수법을 이용하여 구할 수 있다.

숫자 바꾸기

02-1

임의의 실수 x, y에 대하여 등식
$$(2x-y)a+(x-y)b=3x-2y$$
가 성립할 때, 상수 a, b의 값을 각각 구하시오.

표현 바꾸기

02-2

$x-y=2$를 만족시키는 모든 실수 x, y에 대하여 등식
$$ax^2+bxy+y^2+x+cy-6=0$$
이 성립할 때, 상수 a, b, c에 대하여 abc의 값을 구하시오.

개념 넓히기

02-3

x, y의 값에 관계없이 $\dfrac{ax+by+3}{x+2y-1}$이 항상 일정한 값을 가질 때, 상수 a, b에 대하여 ab의 값을 구하시오. (단, $x+2y\neq1$)

정답

02-1 $a=1$, $b=1$ 　　　　02-2 2 　　　　02-3 18

예제 03

다항식 x^3+ax+b를 x^2-x+1로 나누었을 때의 나머지가 $2x+3$일 때, 상수 a, b의 값을 각각 구하시오.

접근 방법 ▷ 삼차식 x^3+ax+b를 이차식 x^2-x+1로 나누었을 때의 몫은 일차식이고, x^3+ax+b에서 x^3의 계수가 1이고 x^2-x+1에서 x^2의 계수가 1이므로 몫을 $x+m$ (m은 상수)이라고 할 수 있다.

이때 나머지가 $2x+3$이므로 $x^3+ax+b=(x^2-x+1)(x+m)+2x+3$이고, 이 등식은 x에 대한 항등식이므로 우변을 전개하여 x에 대하여 내림차순으로 정리한 후, 계수비교법을 이용한다.

수매씽 Point 다항식 A를 다항식 B $(B\neq0)$로 나누었을 때의 몫이 Q, 나머지가 R일 때,
$$A=BQ+R \quad ((R\text{의 차수})<(B\text{의 차수}))$$

상세 풀이 ▷ 다항식 x^3+ax+b를 x^2-x+1로 나누었을 때의 몫을 $x+m$ (m은 상수)이라고 하면 나머지가 $2x+3$이므로

$$x^3+ax+b=(x^2-x+1)(x+m)+2x+3$$
$$=x^3+(m-1)x^2+(3-m)x+m+3$$

이 등식이 x에 대한 항등식이므로
$$0=m-1,\ a=3-m,\ b=m+3$$
위의 세 식을 연립하여 풀면
$$m=1,\ a=2,\ b=4$$

다른 풀이 ▷ x^3+ax+b를 x^2-x+1로 나누면 오른쪽과 같다.

이때 나머지가 $2x+3$이므로 $ax+b-1=2x+3$에서
$$a=2,\ b-1=3$$
$$\therefore a=2,\ b=4$$

$$\begin{array}{r}
x+1 \\
x^2-x+1\,\overline{)\,x^3+ax+b} \\
\underline{x^3-x^2+x} \\
x^2+(a-1)x+b \\
\underline{x^2-x+1} \\
ax+b-1
\end{array}$$

정답 $a=2,\ b=4$

보충 설명

다항식 A를 다항식 B $(B\neq0)$로 나누었을 때의 몫이 Q, 나머지가 R일 때,
$$A=BQ+R \quad ((R\text{의 차수})<(B\text{의 차수}))$$
과 같은 등식이 성립하며, 이는 항등식이다.

숫자 바꾸기 한번 더 ☑ ☐

03-1 다항식 $2x^3+ax+b$를 x^2-2x-1로 나누었을 때의 나머지가 $13x+2$일 때, 상수 a, b의 값을 각각 구하시오.

표현 바꾸기 한번 더 ☑ ☐

03-2 다항식 x^3+ax+8이 x^2-4x+b로 나누어떨어질 때, 상수 a, b에 대하여 $a+b$의 값은?

① -16 ② -12 ③ -10

④ 12 ⑤ 16

개념 넓히기 한번 더 ☑ ☐

03-3 다항식 $x^4+4x^3+2x^2-1$을 다항식 $f(x)$로 나누었을 때의 몫이 x^2+4x+3, 나머지가 $4x+2$일 때, $f(x)$를 구하시오.

정답 03-1 $a=3$, $b=-2$ 03-2 ②   03-3 x^2-1

2 나머지정리와 인수정리

1 나머지정리

다항식의 나눗셈에서는 직접 나눗셈을 하여 몫과 나머지를 구했습니다. 하지만 다항식의 나눗셈을 한 결과를 등식으로 나타낸 것은 항등식이므로 항등식의 성질을 이용하면 다항식을 일차식으로 나누었을 때의 나머지를 직접 나눗셈을 하지 않고도 구할 수 있습니다.

먼저 간단한 예를 통하여 알아봅시다.

오른쪽과 같이 다항식 $f(x)=x^3-3x+6$을 일차식 $x-2$로 직접 나누어 계산해 보면 몫은 x^2+2x+1, 나머지는 8임을 알 수 있습니다.

$$
\begin{array}{r}
x^2+2x+1 \\
x-2 \overline{\smash{)}\ x^3 \qquad -3x+6} \\
\underline{x^3-2x^2} \\
2x^2-3x \\
\underline{2x^2-4x} \\
x+6 \\
\underline{x-2} \\
8
\end{array}
$$

반면에 다항식 $f(x)$를 일차식 $x-2$로 나누었을 때의 몫을 $Q(x)$, 나머지를 R이라고 하면

$$f(x)=(x-2)Q(x)+R$$

과 같이 나타낼 수 있습니다.

← 다항식을 일차식으로 나누었을 때의 나머지는 상수이다.

이 등식은 x에 대한 항등식이므로 양변에 $x=2$를 대입하면

$$f(2)=0\times Q(2)+R=R \qquad \therefore R=f(2)$$

이때 $f(2)=2^3-3\times2+6=8$이므로 $R=8$임을 구할 수 있습니다.

즉, 위의 계산에서 $0\times Q(2)=0$이므로 몫 $Q(x)$가 어떤 식인지와는 관계없이 나머지 R의 값을 구할 수 있습니다.

이와 같이 다항식을 일차식으로 나누었을 때의 나머지만을 물을 때, 다항식의 나눗셈을 한 결과를 등식으로 나타낸 것은 항등식이므로 이를 이용하면 나머지를 구할 수 있습니다.

일반적으로 다항식 $f(x)$를 일차식 $x-\alpha$로 나누었을 때의 몫을 $Q(x)$, 나머지를 R이라고 하면

$$f(x)=(x-\alpha)Q(x)+R$$

입니다.

이 등식은 x에 대한 항등식이므로 양변에 $x=\alpha$를 대입하면

$$f(\alpha)=0\times Q(\alpha)+R=R$$

$$\therefore R=f(\alpha) \quad \text{← 나머지가 함숫값이다.}$$

이상을 정리하면 다항식 $f(x)$를 일차식 $x-\alpha$로 나누었을 때의 나머지는 $f(\alpha)$임을 알 수 있으며, 이를 **나머지정리**라고 합니다.

Example

(1) 다항식 $f(x)=x^3-2x^2+x+5$를 $x-2$로 나누었을 때의 나머지는 나머지정리에 의하여
$$f(2)=8-8+2+5=7$$

(2) 다항식 $f(x)=4x^3+3x^2-x+2$를 $x+1$로 나누었을 때의 나머지는 나머지정리에 의하여
$$f(-1)=-4+3+1+2=2$$

이번에는 다항식 $f(x)$를 일차식 $ax+b$로 나누는 경우에 대하여 생각해 봅시다.

다항식 $f(x)$를 일차식 $ax+b$로 나누었을 때의 몫을 $Q(x)$, 나머지를 R이라고 하면
$$f(x)=(ax+b)Q(x)+R$$
입니다.

이 등식은 x에 대한 항등식이므로 양변에 $x=-\dfrac{b}{a}$를 대입하면
$$f\left(-\frac{b}{a}\right)=\left\{a\times\left(-\frac{b}{a}\right)+b\right\}Q\left(-\frac{b}{a}\right)+R=0\times Q\left(-\frac{b}{a}\right)+R=R$$
$$\therefore\ R=f\left(-\frac{b}{a}\right)$$

따라서 다항식 $f(x)$를 일차식 $ax+b$로 나누었을 때의 나머지는 $f\left(-\dfrac{b}{a}\right)$입니다.

Example

다항식 $f(x)=2x^3+x^2-2x+6$을 $2x+1$로 나누었을 때의 나머지는 나머지정리에 의하여
$$f\left(-\frac{1}{2}\right)=2\times\left(-\frac{1}{2}\right)^3+\left(-\frac{1}{2}\right)^2-2\times\left(-\frac{1}{2}\right)+6$$
$$=-\frac{1}{4}+\frac{1}{4}+1+6=7$$

개념 Point 　나머지정리

1 다항식 $f(x)$를 일차식 $x-\alpha$로 나누었을 때의 나머지를 R이라고 하면
$$R=f(\alpha) \quad \leftarrow x-\alpha=0\text{을 만족시키는 }x\text{의 값 대입}$$

2 다항식 $f(x)$를 일차식 $ax+b$로 나누었을 때의 나머지를 R이라고 하면
$$R=f\left(-\frac{b}{a}\right) \quad \leftarrow ax+b=0\text{을 만족시키는 }x\text{의 값 대입}$$

 Plus

나머지정리는 나누는 식이 일차식일 때에만 적용한다.

2 인수정리

이번에는 다항식 $f(x)$가 일차식 $x-\alpha$로 나누어떨어지는 경우에 대하여 알아봅시다. 나눗셈에서 나머지가 0이 되는 경우를 나누어떨어진다고 하므로 다항식 $f(x)$가 일차식 $x-\alpha$로 나누어떨어진다는 것은 그 나머지가 0일 때입니다. 이때 앞에서 배운 나머지정리를 이용하면 주어진 다항식이 일차식으로 나누어떨어지는지를 쉽게 확인할 수 있습니다.

다항식 $f(x)$가 일차식 $x-\alpha$로 나누어떨어질 때, 몫을 $Q(x)$라고 하면
$$f(x)=(x-\alpha)Q(x)$$
입니다.

이 등식은 x에 대한 항등식이므로 양변에 $x=\alpha$를 대입하면
$$f(\alpha)=0\times Q(\alpha)=0 \qquad \therefore f(\alpha)=0$$
즉, 다항식 $f(x)$가 일차식 $x-\alpha$로 나누어떨어지면 $f(\alpha)=0$입니다.
거꾸로 $f(\alpha)=0$이면 다항식 $f(x)$는 일차식 $x-\alpha$로 나누어떨어집니다.

이것을 **인수정리**라고 합니다.

Example

(1) 다항식 $f(x)=x^3+x^2+3x-5$에서 $f(1)=1+1+3-5=0$이므로 인수정리에 의하여 $f(x)$는 $x-1$로 나누어떨어진다. 즉, $x-1$은 $f(x)$의 인수이다.

(2) 다항식 $g(x)=x^3+2x^2+ax-2$가 일차식 $x-1$로 나누어떨어질 때, 인수정리에 의하여 $g(1)=0$이므로
$$g(1)=1+2+a-2=0$$
$$\therefore a=-1$$

개념 Point　　인수정리

다항식 $f(x)$에 대하여
1 $f(x)$가 일차식 $x-\alpha$로 나누어떨어지면 $f(\alpha)=0$이다.　← $x-\alpha$는 $f(x)$의 인수이다.
2 $f(\alpha)=0$이면 다항식 $f(x)$는 일차식 $x-\alpha$로 나누어떨어진다.

Plus

다항식 $f(x)$와 일차식 $x-\alpha$에 대하여 다음은 모두 $f(\alpha)=0$임을 나타낸다.
(1) $f(x)$가 $x-\alpha$로 나누어떨어진다.
(2) $f(x)$를 $x-\alpha$로 나누었을 때의 나머지가 0이다.
(3) $x-\alpha$는 $f(x)$의 인수이다.
(4) $f(x)=(x-\alpha)Q(x)$ ($Q(x)$는 다항식)

③ 조립제법

다항식의 계수만을 이용하여 다항식을 일차식으로 나누었을 때의 몫과 나머지를 구하는 방법을 조립제법이라고 합니다. 다음 예를 통하여 그 방법을 배워 봅시다.

다항식 x^3-3x+6을 일차식 $x-2$로 나누었을 때의 몫과 나머지를 조립제법을 이용하여 구해 봅시다.

우선 오른쪽 그림과 같이 다항식 x^3-3x+6의 x^3의 계수, x^2의 계수, x의 계수, 상수항의 차례대로 1, 0, -3, 6을 쓰고, $x-2=0$이 되도록 하는 x의 값이 2이므로 ②를 그림과 같은 위치에 적습니다.

첫 번째 계수 1은 항상 그대로 내려서 씁니다. 다음부터는 내려쓴 숫자와 ②를 곱한 계산 결과를 화살표 ↗ 방향으로 다음 차수의 계수 아래에 쓰고, 화살표 ↓ 방향으로 더한 계산 결과를 바로 아래 칸에 나타냅니다. 이렇게 하여 마지막까지 계산하였을 때, 마지막 계산 결과인 8은 나머지이며, 이를 제외한 1, 2, 1이 차례대로 x^2의 계수, x의 계수, 상수항으로 몫의 계수가 됩니다.

즉, 다항식 x^3-3x+6을 $x-2$로 나누었을 때의 몫은 x^2+2x+1이고 나머지는 8입니다.

Example 다항식 x^3+5x^2+3x-1을 $x+2$로 나누었을 때의 몫과 나머지를 조립제법을 이용하여 구해 보면 $x+2=0$이 되도록 하는 x의 값이 -2이므로 다음과 같이 계산한다.

따라서 몫은 x^2+3x-3이고 나머지는 5이다.

일반적으로 삼차식 ax^3+bx^2+cx+d를 일차식 $x-\alpha$로 나누었을 때의 몫과 나머지를 조립제법으로 구하면 다음과 같습니다.

위와 같이 조립제법에 의하여 구한 몫과 나머지는

$$\text{몫}: ax^2+(a\alpha+b)x+(a\alpha^2+b\alpha+c), \quad \text{나머지}: a\alpha^3+b\alpha^2+c\alpha+d$$

이므로 이 결과를 식으로 나타내면

$$ax^3+bx^2+cx+d=(x-\alpha)\{ax^2+(a\alpha+b)x+(a\alpha^2+b\alpha+c)\}+a\alpha^3+b\alpha^2+c\alpha+d$$

이고, 이 식은 x에 대한 항등식입니다.

다음으로 다항식을 일차식 $ax+b\ (a\neq1)$로 나누는 경우를 알아봅시다.

다항식 $2x^3-5x^2+6$을 $2x-1$로 나누었을 때의 몫과 나머지를 구해 봅시다.

$2x-1=2\left(x-\dfrac{1}{2}\right)$이므로 먼저 조립제법을 이용하여

$2x^3-5x^2+6$을 $x-\dfrac{1}{2}$로 나누었을 때의 몫과 나머지를 오른쪽과 같이 구하면

$$\dfrac{1}{2}\ \begin{array}{c|rrrr} & 2 & -5 & 0 & 6 \\ & & 1 & -2 & -1 \\ \hline & 2 & -4 & -2 & 5 \end{array}$$

　　　몫 : $2x^2-4x-2$, 나머지 : 5

이므로 이 결과를 식으로 나타내면

　　　　　　　　　　　　　다항식 $2x^3-5x^2+6$을 $x-\dfrac{1}{2}$로 나누었을 때의 몫

$$2x^3-5x^2+6=\left(x-\dfrac{1}{2}\right)(\underline{2x^2-4x-2})+5$$

$$=\left(x-\dfrac{1}{2}\right)\times2(x^2-2x-1)+5=(2x-1)(x^2-2x-1)+5$$

따라서 다항식 $2x^3-5x^2+6$을 $2x-1$로 나누었을 때의 몫은 x^2-2x-1, 나머지는 5입니다.

일반적으로 다항식 $f(x)$를 일차식 $x+\dfrac{b}{a}\ (a\neq0)$로 나누었을 때의 몫이 $Q(x)$, 나머지가 R이라고 하면

$$f(x)=\left(x+\dfrac{b}{a}\right)Q(x)+R=(ax+b)\times\dfrac{1}{a}Q(x)+R$$

이므로 다항식 $f(x)$를 일차식 $ax+b$로 나누었을 때의 몫은 $\dfrac{1}{a}Q(x)$, 나머지는 R입니다.

즉, 다항식 $f(x)$를 일차식 $ax+b$로 나누었을 때의 몫은 일차식 $x+\dfrac{b}{a}$로 나누었을 때의 몫의 $\dfrac{1}{a}$, 나머지는 일차식 $x+\dfrac{b}{a}$로 나누었을 때의 나머지와 같습니다.

개념 Point　　**조립제법**

1　조립제법 : 계수만을 이용하여 다항식을 일차식으로 나누었을 때의 몫과 나머지를 구하는 방법

2　다항식 $f(x)$를 일차식 $x+\dfrac{b}{a}\ (a\neq0)$로 나누었을 때의 몫을 $Q(x)$, 나머지를 R이라고 하면 다항식 $f(x)$를 일차식 $ax+b$로 나누었을 때의 몫은 $\dfrac{1}{a}Q(x)$, 나머지는 R이다.

+ Plus

조립제법을 이용할 때에는 차수별로 모든 항의 계수를 빠짐없이 적어야 한다. 어떤 차수의 항이 없을 때에는 그 항의 계수가 0인 것이므로 그 자리에 0을 적는다.

1 다항식 x^3+2x^2+3x+4를 다음 식으로 나누었을 때의 나머지를 구하시오.

(1) x (2) $x-1$ (3) $x+1$

2 다항식 x^3+ax^2-ax-4가 다음 식으로 나누어떨어질 때, 상수 a의 값을 구하시오.

(1) $x-2$ (2) $x+1$ (3) $x+2$

3 다항식 $3x^3-x^2+ax-2$가 $3x+2$로 나누어떨어질 때, 상수 a의 값을 구하시오.

4 다음 다항식의 나눗셈의 몫과 나머지를 조립제법을 이용하여 구하시오.

(1) $(x^3-2x+5) \div (x-1)$ (2) $(2x^3-x-2) \div (x+2)$

5 다항식 $f(x)$를 $2x+1$로 나누었을 때의 몫을 $Q(x)$, 나머지를 R이라고 할 때, $f(x)$를 $x+\dfrac{1}{2}$로 나누었을 때의 몫과 나머지를 $Q(x)$와 R을 이용하여 나타내시오.

● 풀이 17쪽

정답

1 (1) 4   (2) 10   (3) 2   **2** (1) -2 (2) $\dfrac{5}{2}$ (3) 2   **3** -5

4 (1) 몫 : x^2+x-1, 나머지 : 4   (2) 몫 : $2x^2-4x+7$, 나머지 : -16 **5** 몫 : $2Q(x)$, 나머지 : R

나머지정리

예제 04

다항식 x^3-3x^2+ax+4를 $x+2$로 나누었을 때의 나머지가 8일 때, 다음을 구하시오.

(1) 상수 a의 값

(2) 이 다항식을 $x+1$로 나누었을 때의 나머지

접근 방법 다항식을 일차식으로 나누었을 때의 나머지를 구하는 것이므로 나머지정리를 이용하면 직접 나누어 계산하지 않고도 나머지를 구할 수 있다.

즉, 다항식 $f(x)$를 일차식 $x-\alpha$로 나누었을 때의 몫을 $Q(x)$, 나머지를 R이라고 하면

$$f(x)=(x-\alpha)Q(x)+R$$

이고, 이 식은 x에 대한 항등식이므로 양변에 $x=\alpha$를 대입하면 $R=f(\alpha)$이다.

수매씽 Point 다항식 $f(x)$를 일차식 $x-\alpha$로 나누었을 때의 나머지는 $f(\alpha)$이다.

상세 풀이 (1) $f(x)=x^3-3x^2+ax+4$라고 하면 $f(x)$를 $x+2$로 나누었을 때의 나머지가 8이므로 나머지정리에 의하여 $f(-2)=8$이다. 즉,

$$f(-2)=-8-12-2a+4$$
$$=-2a-16=8$$
$$-2a=24 \qquad \therefore a=-12$$

(2) $f(x)=x^3-3x^2-12x+4$이므로 $f(x)$를 $x+1$로 나누었을 때의 나머지는

$$f(-1)=-1-3+12+4=12$$

정답 (1) -12 (2) 12

보충 설명

다항식 $f(x)$를 일차식 $ax+b$로 나누었을 때의 몫을 $Q(x)$, 나머지를 R이라고 하면

$$f(x)=(ax+b)Q(x)+R$$

이고, 이 등식은 x에 대한 항등식이므로 양변에 $x=-\dfrac{b}{a}$를 대입하면

$$f\left(-\frac{b}{a}\right)=\left\{a\times\left(-\frac{b}{a}\right)+b\right\}Q\left(-\frac{b}{a}\right)+R=R \qquad \therefore R=f\left(-\frac{b}{a}\right)$$

따라서 다항식 $f(x)$를 일차식 $ax+b$로 나누었을 때의 나머지는 $f\left(-\dfrac{b}{a}\right)$이다.

한번 더 ☑ ☐

04-1 다항식 x^3+ax^2+5x+2를 $x-2$로 나누었을 때의 나머지가 12일 때, 다음을 구하시오.

(1) 상수 a의 값

(2) 이 다항식을 $x-3$으로 나누었을 때의 나머지

풀이 18쪽 ➕ 보충 설명   한번 더 ☑ ☐

04-2 다항식 $f(x)=2x^3+3x^2-3ax+3$을 $x-2$로 나누었을 때의 나머지가 1일 때, $f(x)$를 $2x+1$로 나누었을 때의 나머지는? (단, a는 상수이다.)

① -11 ② -8 ③ -5

④ 8 ⑤ 11

한번 더 ☑ ☐

04-3 두 다항식 $f(x)$, $g(x)$에 대하여 $f(x)+g(x)$를 $x-2$로 나누었을 때의 나머지가 7이고, $f(x)-g(x)$를 $x-2$로 나누었을 때의 나머지가 3일 때, 다항식 $f(x)g(x)$를 $x-2$로 나누었을 때의 나머지를 구하시오.

● 풀이 17쪽∼18쪽

 04-1 (1) -2 (2) 26   **04-2** ⑤   **04-3** 10

예제 05

다항식 $x^3-4kx+9$가 다음 일차식으로 나누어떨어질 때, 상수 k의 값을 구하시오.

(1) $x+1$ (2) $x-3$ (3) $2x-1$

접근 방법 > $f(x)=x^3-4kx+9$라고 하면 $f(x)$가 주어진 일차식으로 나누어떨어지므로 나머지는 0이다. 즉, 다항식 $f(x)$가 일차식 $x-\alpha$로 나누어떨어지면 $f(\alpha)=0$임을 이용하여 상수 k의 값을 구한다.

> **수매씽 Point** 다항식 $f(x)$에 대하여
> (1) $f(x)$가 일차식 $x-\alpha$로 나누어떨어지면 $f(\alpha)=0$이다.
> (2) $f(\alpha)=0$이면 다항식 $f(x)$는 일차식 $x-\alpha$로 나누어떨어진다.

상세 풀이 > $f(x)=x^3-4kx+9$라고 하면

(1) 다항식 $f(x)$가 $x+1$로 나누어떨어지므로
$$f(-1)=(-1)^3-4k\times(-1)+9=0$$
$$4k+8=0 \qquad \therefore k=-2$$

(2) 다항식 $f(x)$가 $x-3$으로 나누어떨어지므로
$$f(3)=3^3-4k\times3+9=0$$
$$-12k+36=0 \qquad \therefore k=3$$

(3) 다항식 $f(x)$가 $2x-1$로 나누어떨어지므로
$$f\left(\frac{1}{2}\right)=\left(\frac{1}{2}\right)^3-4k\times\frac{1}{2}+9=0$$
$$-2k+\frac{73}{8}=0 \qquad \therefore k=\frac{73}{16}$$

정답 (1) -2 (2) 3 (3) $\dfrac{73}{16}$

보충 설명

다항식 $f(x)$와 일차식 $x-\alpha$에 대하여 다음은 모두 $f(\alpha)=0$임을 나타낸다.
(1) $f(x)$가 $x-\alpha$로 나누어떨어진다.
(2) $f(x)$를 $x-\alpha$로 나누었을 때의 나머지가 0이다.
(3) $x-\alpha$는 $f(x)$의 인수이다.
(4) $f(x)=(x-\alpha)Q(x)$ ($Q(x)$는 다항식)

05-1

다항식 x^3+5x^2+kx-k가 다음 일차식으로 나누어떨어질 때, 상수 k의 값을 구하시오.

(1) $x+1$ (2) $x-3$ (3) $2x-1$

05-2

다항식 x^3+ax^2-5x+b가 $x+2$, $x-3$으로 각각 나누어떨어질 때, 상수 a, b에 대하여 a^2+b^2의 값을 구하시오.

05-3

다항식 $f(x)=x^3-2x^2+ax+b$에 대하여 $f(x+2)$는 $x+1$로 나누어떨어지고, $f(x-2)$는 $x-1$로 나누어떨어질 때, 상수 a, b의 값을 각각 구하시오.

● 풀이 18쪽∼19쪽

정답

05-1 (1) 2   (2) -36 (3) $\dfrac{11}{4}$ **05-2** 40   **05-3** $a=-1$, $b=2$

예제 06

다항식 $f(x)$를 $x+2$로 나누었을 때의 나머지가 -8이고, $x-2$로 나누었을 때의 나머지가 4일 때, $f(x)$를 $(x+2)(x-2)$로 나누었을 때의 나머지를 구하시오.

접근 방법 > 다항식 $f(x)$를 이차식 $(x+2)(x-2)$로 나누었을 때의 몫을 $Q(x)$, 나머지를 $ax+b$ (a, b는 상수)라고 하면

$$f(x)=(x+2)(x-2)Q(x)+ax+b$$

이고, 이 등식은 x에 대한 항등식이다.

수매씽 Point 다항식 $f(x)$를 이차식으로 나누었을 때의 나머지는 $ax+b$ (a, b는 상수) 꼴이다.

상세 풀이 > $f(x)$를 $x+2$로 나누었을 때의 나머지가 -8이고, $x-2$로 나누었을 때의 나머지가 4이므로 나머지정리에 의하여

$$f(-2)=-8, \ f(2)=4$$

$f(x)$를 $(x+2)(x-2)$로 나누었을 때의 몫을 $Q(x)$, 나머지를 $ax+b$ (a, b는 상수)라고 하면

$$f(x)=(x+2)(x-2)Q(x)+ax+b$$

이므로 양변에 $x=-2$, $x=2$를 각각 대입하면

$$f(-2)=-2a+b=-8 \quad \cdots\cdots \ \text{㉠}$$
$$f(2)=2a+b=4 \quad \cdots\cdots \ \text{㉡}$$

㉠, ㉡을 연립하여 풀면

$$a=3, \ b=-2$$

따라서 구하는 나머지는 $3x-2$이다.

정답 $3x-2$

보충 설명

다항식 $f(x)$를 다항식 $g(x)$로 나누었을 때의 나머지를 $R(x)$라고 하면 나머지는 나누는 다항식의 차수보다 낮아야 하므로 나누는 식의 차수에 따른 나머지의 차수와 이에 따른 다항식의 표현을 정리하면 다음과 같다.

나누는 식 $g(x)$	나머지 $R(x)$	나머지 $R(x)$의 표현
일차식	상수	$R(x)=a$ (a는 상수)
이차식	일차 이하의 다항식	$R(x)=ax+b$ (a, b는 상수)
삼차식	이차 이하의 다항식	$R(x)=ax^2+bx+c$ (a, b, c는 상수)

06-1 다항식 $f(x)$를 $x+2$로 나누었을 때의 나머지가 5이고, $x+1$로 나누었을 때의 나머지가 -2일 때, $f(x)$를 $(x+2)(x+1)$로 나누었을 때의 나머지를 구하시오.

표현 바꾸기

06-2 다항식 $f(x)$를 $x+1$로 나누었을 때의 나머지가 -5이고, $x-1$로 나누었을 때의 나머지가 3일 때, 다항식 $(x^2+2x)f(x)$를 x^2-1로 나누었을 때의 나머지를 구하시오.

개념 넓히기

06-3 다항식 $f(x)$를 x^2+2x-3으로 나누었을 때의 나머지가 $2x+5$이고 x^2-x-2로 나누었을 때의 나머지가 $3x-2$이다. $f(x)$를 x^2+x-6으로 나누었을 때의 나머지를 $R(x)$라고 할 때, $R(x)$를 $x-5$로 나누었을 때의 나머지를 구하시오.

● 풀이 19쪽

정답   06-1 $-7x-9$ 06-2 $2x+7$ 06-3 7

예제 07

다항식 $2x^3+x^2+ax+b$가 $(x+1)(x-2)$로 나누어떨어질 때, 이 다항식을 $x+2$로 나누었을 때의 나머지를 구하시오. (단, a, b는 상수이다.)

접근 방법 $f(x)=2x^3+x^2+ax+b$라 하고 $f(x)$를 $(x+1)(x-2)$로 나누었을 때의 몫을 $Q(x)$라고 하면 $f(x)$가 이차식 $(x+1)(x-2)$로 나누어떨어지므로 $f(x)=(x+1)(x-2)Q(x)$가 성립하고, $f(-1)=0$, $f(2)=0$을 이용하여 상수 a, b의 값을 정하고, 나머지정리에 의하여 나머지를 쉽게 구하도록 한다.

수매씽 Point 다항식 $f(x)$가 $(x-\alpha)(x-\beta)$로 나누어떨어지면 $f(\alpha)=0$, $f(\beta)=0$

상세 풀이 $f(x)=2x^3+x^2+ax+b$라고 하면 $f(x)$가 $(x+1)(x-2)$로 나누어떨어지므로

$$f(-1)=0, \ f(2)=0$$

즉,

$$f(-1)=-2+1-a+b=0 \qquad \therefore \ -a+b=1 \quad \cdots\cdots ㉠$$

$$f(2)=16+4+2a+b=0 \qquad \therefore \ 2a+b=-20 \quad \cdots\cdots ㉡$$

㉠, ㉡을 연립하여 풀면

$$a=-7, \ b=-6$$

$$\therefore \ f(x)=2x^3+x^2-7x-6$$

따라서 $f(x)$를 $x+2$로 나누었을 때의 나머지는

$$f(-2)=-16+4+14-6=-4$$

정답 -4

보충 설명

다항식 $f(x)$를 $(x-\alpha)(x-\beta)$로 나누었을 때의 몫을 $Q(x)$라고 하면 $(x-\alpha)(x-\beta)$로 나누어떨어지므로

$$f(x)=(x-\alpha)(x-\beta)Q(x)$$

가 성립한다. 즉, $f(\alpha)=0$, $f(\beta)=0$이다. 거꾸로 다항식 $f(x)$에 대하여 $f(\alpha)=0$, $f(\beta)=0$이면 $f(x)$는 $(x-\alpha)(x-\beta)$를 인수로 갖는다.

07-1

다항식 x^3+ax^2+3x+b가 $(x-1)(x-2)$로 나누어떨어질 때, 이 다항식을 $x+2$로 나누었을 때의 나머지를 구하시오. (단, a, b는 상수이다.)

07-2

다항식 $f(x)$에 대하여 $f(x)-7$이 $x^2-2x-15$로 나누어떨어질 때, 다항식 $f(2x-1)$을 x^2-2x-3으로 나누었을 때의 나머지를 구하시오.

07-3

삼차식 $f(x)$가 다음 조건을 만족시킨다.

> ㈎ $f(x)$를 $x-1$로 나눈 나머지는 1이다.
> ㈏ $f(x)$를 $(x-1)^2$으로 나눈 몫과 나머지가 같다.

$f(x)$를 $(x-1)^3$으로 나눈 나머지를 $R(x)$라 하자. $R(0)=0$일 때, $R(5)$의 값을 구하시오.

● 풀이 19쪽~20쪽

정답   07-1 -28 07-2 7 07-3 25

예제 08

조립제법을 이용하여 다음 나눗셈의 몫과 나머지를 각각 구하시오.

(1) $(5+3x^2-x^3)\div(x+2)$

(2) $(2x^3-5x^2+7x-4)\div(2x-3)$

접근 방법▶ (1)에서는 나누어지는 식을 내림차순으로 정리하여 계수를 차례대로 쓰고, $x+2=0$이 되도록 하는 x의 값 -2를 왼쪽에 쓴 후, 조립제법을 이용하여 몫과 나머지를 구한다.

(2)에서는 나누는 일차식이 $2x-3=2\left(x-\dfrac{3}{2}\right)$이므로 $x-\dfrac{3}{2}=0$이 되도록 하는 x의 값 $\dfrac{3}{2}$을 왼쪽에 쓰고 조립제법을 이용하여 몫을 구한다. 이때 구하는 나눗셈의 몫은 조립제법을 이용하여 구한 몫의 $\dfrac{1}{2}$이다.

수매씽 Point 계수만을 이용하여 다항식을 일차식으로 나누었을 때의 몫과 나머지를 구하는 방법을 조립제법이라고 한다.

상세 풀이▶ (1) 다항식 $5+3x^2-x^3$을 내림차순으로 정리하면 $-x^3+3x^2+5$이므로 오른쪽과 같이 계수 -1, 3, 0, 5를 차례대로 쓰고, $x+2=0$이 되도록 하는 x의 값 -2를 왼쪽에 쓴다.

따라서 구하는 몫은 $-x^2+5x-10$, 나머지는 25이다.

$$
\begin{array}{r|rrrr}
-2 & -1 & 3 & 0 & 5 \\
   &   & 2 & -10 & 20 \\
\hline
   & -1 & 5 & -10 & \big|\,25
\end{array}
$$

(2) $2x-3=2\left(x-\dfrac{3}{2}\right)$에서 $x-\dfrac{3}{2}=0$이 되도록 하는 x의 값 $\dfrac{3}{2}$을 오른쪽과 같이 왼쪽에 쓰고 몫과 나머지를 구하면 몫은 $2x^2-2x+4$, 나머지는 2이다.

이 나눗셈의 결과를 식으로 나타내면

$$2x^3-5x^2+7x-4=\left(x-\dfrac{3}{2}\right)(2x^2-2x+4)+2$$

$$=(2x-3)(x^2-x+2)+2$$

따라서 구하는 몫은 x^2-x+2, 나머지는 2이다.

$$
\begin{array}{r|rrrr}
\dfrac{3}{2} & 2 & -5 & 7 & -4 \\
   &   & 3 & -3 & 6 \\
\hline
   & 2 & -2 & 4 & \big|\,2
\end{array}
$$

정답 (1) 몫: $-x^2+5x-10$, 나머지: 25 (2) 몫: x^2-x+2, 나머지: 2

보충 설명

다항식을 일차식으로 나누었을 때의 나머지만을 구할 때에는 나머지정리를 이용하고, 일차식으로 나누었을 때의 몫과 나머지를 구할 때에는 조립제법을 이용한다. 하지만 이차 이상의 다항식으로 나누었을 때의 나머지를 구할 때에는 직접 나누거나 나눗셈의 결과를 항등식으로 나타내어 구한다.

08-1 조립제법을 이용하여 다음 나눗셈의 몫과 나머지를 각각 구하시오.

(1) $(2x^3-x^2-4x+5)\div(x+2)$

(2) $(5+6x^2-4x^3)\div(2x+1)$

08-2 오른쪽은 조립제법을 이용하여 다항식 $2x^3+5x^2+3$을 $x+1$로 나누었을 때의 몫과 나머지를 구하는 과정이다. 상수 a, b, c, d에 대하여 $a+b+c+d$의 값을 구하시오.

$$\begin{array}{r|rrrr} a & 2 & 5 & 0 & 3 \\ & & -2 & c & 3 \\ \hline & b & 3 & -3 & d \end{array}$$

08-3 다항식 $2x^3-7x^2+5x+1$을 $2x-1$로 나누었을 때의 몫과 나머지를 각각 $Q(x)$, R이라고 할 때, $Q(2)+R$의 값을 구하시오.

● 풀이 20쪽~21쪽

정답 **08-1** (1) 몫: $2x^2-5x+6$, 나머지: -7 (2) 몫: $-2x^2+4x-2$, 나머지: 7 **08-2** 4 **08-3** 1

예제 09

등식 $x^3-4x^2-2x+5=a(x-2)^3+b(x-2)^2+c(x-2)+d$가 x에 대한 항등식일 때, 조립제법을 이용하여 상수 a, b, c, d의 값을 각각 구하시오.

접근 방법 〉 조립제법을 이용하면 다항식 x^3-4x^2-2x+5를 $x-2$로 나누었을 때의 몫과 나머지를 구할 수 있고, 그때의 몫을 다시 $x-2$로 나누면 새로운 몫과 나머지를 구할 수 있다. 마찬가지 방법으로 조립제법을 이용하면 상수 a, b, c, d의 값을 각각 구할 수 있다.

> **수매씽 Point** $x-\alpha$에 대하여 내림차순으로 정리되어 있으면 조립제법을 반복하여 이용한다.
> x에 대한 다항식을 조립제법을 이용하여 $x-\alpha$에 대하여 내림차순으로 정리한다.

상세 풀이 〉 조립제법을 이용하여 x^3-4x^2-2x+5를 $x-2$로 나누는 과정을 반복하면 다음과 같다.

$$
\begin{array}{r|rrrr}
2 & 1 & -4 & -2 & 5 \\
  &   & 2 & -4 & -12 \\
\hline
2 & 1 & -2 & -6 & \,\,-7 \quad \leftarrow (x-2)(x^2-2x-6)-7 \\
  &   & 2 & 0 & \\
\hline
2 & 1 & 0 & -6 \quad \leftarrow (x-2)\{(x-2)x-6\}-7 \\
  &   & 2 & \\
\hline
  & 1 & 2 \quad \leftarrow (x-2)[(x-2)\{(x-2)+2\}-6]-7 \\
\end{array}
$$

따라서 주어진 다항식을 $x-2$에 대하여 내림차순으로 정리하면

$$x^3-4x^2-2x+5=(x-2)[(x-2)\{(x-2)+2\}-6]-7$$
$$=(x-2)^3+2(x-2)^2-6(x-2)-7$$
$$\therefore a=1,\ b=2,\ c=-6,\ d=-7$$

정답 $a=1,\ b=2,\ c=-6,\ d=-7$

보충 설명

x에 대한 항등식이므로 우변을 전개하여 계수비교법을 이용하거나 수치대입법을 이용하여 상수 a, b, c, d의 값을 구할 수도 있다.

09-1

등식

$$2x^3+x^2-x+3=a(x-1)^3+b(x-1)^2+c(x-1)+d$$

가 x에 대한 항등식일 때, 조립제법을 이용하여 상수 a, b, c, d의 값을 각각 구하시오.

09-2

삼차식 $f(x)$에 대하여 조립제법을 계속 이용한 것이 다음과 같을 때, $f(x)$를 $x-1$로 나누었을 때의 나머지를 구하시오.

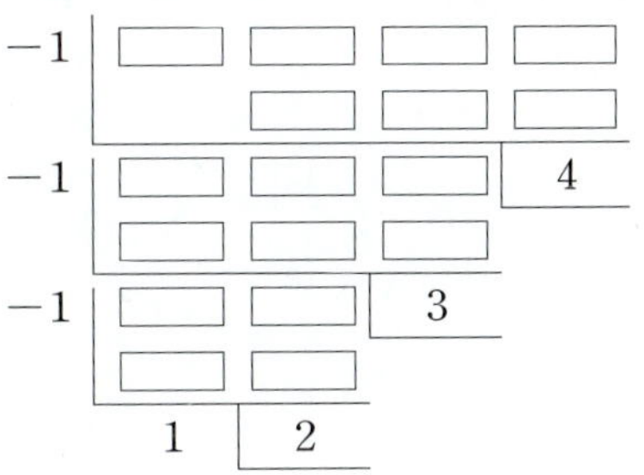

09-3

등식

$$x^4=a_0+a_1(x+1)+a_2(x+1)^2+a_3(x+1)^3+a_4(x+1)^4$$

이 x에 대한 항등식일 때, a_1+a_3의 값은? (단, a_0, a_1, a_2, a_3, a_4는 상수이다.)

① 8   ② 4   ③ 0

④ -4 ⑤ -8

• 풀이 21쪽

정답   **09-1** $a=2$, $b=7$, $c=7$, $d=5$ **09-2** 26   **09-3** ⑤

1 등식 $(2k+3)x+(k-2)y-6k-2=0$이 k의 값에 관계없이 항상 성립할 때, 상수 x, y에 대하여 $x+y$의 값은?

① 1   ② 2   ③ 3

④ 4   ⑤ 5

2 임의의 x에 대하여 $\dfrac{a-3x}{x+b}$가 항상 일정한 값을 가질 때, 실수 a, b에 대하여 $\dfrac{a}{b}$의 값은?

$$(단,\ x\neq-b,\ b\neq0)$$

① -5 ② -4 ③ -3

④ -2 ⑤ -1

3 등식 $a(x-2y)+b(x+y)+2=5x-y+c$가 x, y의 값에 관계없이 항상 성립할 때, 상수 a, b, c에 대하여 abc의 값을 구하시오.

4 다항식 x^3+ax^2-bx+2가 $x+1$로 나누어떨어지고, $x-2$로 나누었을 때의 나머지가 18일 때, 상수 a, b에 대하여 ab의 값을 구하시오.

5 다항식 $f(x)$를 $(x-1)(x-2)$로 나누었을 때의 몫은 $Q(x)$, 나머지는 $x+1$이다. $f(x)$를 $x-3$으로 나누었을 때의 나머지가 8일 때, $Q(x)$를 $x-3$으로 나누었을 때의 나머지를 구하시오.

6 x^3의 계수가 1인 삼차식 $P(x)$에 대하여 $P\left(\dfrac{1}{2}\right)=P\left(\dfrac{1}{3}\right)=P\left(\dfrac{1}{4}\right)=0$일 때, $P(x)$를 $x-1$로 나누었을 때의 나머지는?

① $\dfrac{1}{5}$ ② $\dfrac{1}{4}$ ③ $\dfrac{1}{2}$

④ $\dfrac{4}{5}$ ⑤ 1

7 다항식 $f(x)$를 $x-1$로 나누었을 때의 나머지가 6이고, $(x-2)^2$으로 나누었을 때의 나머지가 $6x+1$일 때, $f(x)$를 $(x-1)(x-2)$로 나누었을 때의 나머지를 구하시오.

8 다항식 $f(x)$는 x^2-2x-3으로 나누어떨어지고, $f(x)-4$는 $x-1$로 나누어떨어진다고 할 때, $f(x)+1$을 x^2-1로 나누었을 때의 나머지를 구하시오.

9 다항식 $f(x)$를 x^2+x-6으로 나누었을 때의 나머지가 $4x-3$일 때, $xf(x-1)$을 $x-3$으로 나누었을 때의 나머지를 구하시오.

10 임의의 실수 x에 대하여 등식 $x^3-3x^2+5x-4=(x-2)^3+a(x-2)^2+b(x-2)+c$가 성립할 때, 상수 a, b, c에 대하여 abc의 값을 구하시오.

11 등식 $(x^2-2x+3)^3=x^6+a_5x^5+\cdots+a_1x+a_0$이 x의 값에 관계없이 항상 성립할 때, $a_0+a_2+a_4$의 값은? (단, a_0, a_1, $\cdots$, a_5는 상수이다.)

① 110   ② 111   ③ 112

④ 113   ⑤ 114

12 다음 물음에 답하시오.

(1) $(x-1)^5$을 x로 나누었을 때의 나머지를 구하시오.

(2) (1)의 결과를 이용하여 69^5을 70으로 나누었을 때의 나머지를 구하시오.

13 이차식 $f(x)$에 대하여 $f(1-x)$를 $x-1$로 나누었을 때의 나머지는 -4이고, $xf(x)$는 $(x+1)(x-4)$로 나누어떨어질 때, $f(x)$를 $x+2$로 나누었을 때의 나머지를 구하시오.

14 다항식 $f(x)$를 $x(x-1)$로 나누었을 때의 나머지는 $2x+1$이고, $(x-1)(x-2)$로 나누었을 때의 나머지는 $4x-1$일 때, $f(x)$를 $x(x-1)(x-2)$로 나누었을 때의 나머지를 구하시오.

15 다항식 x^4+ax+b를 $x-1$로 나누었을 때의 몫은 $Q(x)$이고 나머지는 7이다. $Q(x)$가 $x+1$로 나누어떨어질 때, 상수 a, b에 대하여 a^2+b^2의 값을 구하시오.

16 삼차식 $f(x)$가 다음 조건을 만족시킨다.

> ㈎ $f(0)=4$
>
> ㈏ $f(x+1)=f(x)+2x^2$

이때 $f(x)$를 x^2-3x+2로 나누었을 때의 나머지를 구하시오.

17 삼차식 $f(x)$가 다음 조건을 만족시킨다.

> ㈎ x^3의 계수는 3이다.
>
> ㈏ $f(1)=2$, $f(2)=4$, $f(3)=6$

이때 $f(x)$를 $x-4$로 나누었을 때의 나머지를 구하시오.

18 다항식 $f(x)$를 $(x-1)(x-2)(x-3)$으로 나누었을 때의 나머지는 x^2+x+1이다. $f(6x)$를 $6x^2-5x+1$로 나누었을 때의 나머지를 $ax+b$라고 할 때, 상수 a, b에 대하여 $a+b$의 값을 구하시오.

19 다항식 $f(x)$를 x^2+1로 나누었을 때의 나머지는 $x+1$이고, $x-1$로 나누었을 때의 나머지는 3이다. $f(x)$를 $(x^2+1)(x-1)$로 나누었을 때의 나머지를 $R(x)$라고 할 때, $R(x)$를 $x-3$으로 나누었을 때의 나머지를 구하시오.

20 삼차식 $f(x)$에 대하여 $f(x)-2$는 $(x-1)^2$으로 나누어떨어지고, $f(x)+2$는 $(x+1)^2$으로 나누어떨어질 때, $f(x)$를 $x-2$로 나누었을 때의 나머지를 구하시오.

수능

21 다항식 $f(x)=x^3+x^2+2x+1$에 대하여 $f(x)$를 $x-a$로 나누었을 때의 나머지를 R_1, $f(x)$를 $x+a$로 나누었을 때의 나머지를 R_2라고 하자. $R_1+R_2=6$일 때, $f(x)$를 $x-a^2$으로 나눈 나머지는?

① 13   ② 15   ③ 17   ④ 19   ⑤ 21

교육청

22 최고차항의 계수가 1인 삼차다항식 $f(x)$가 다음 조건을 만족시킬 때, $f(0)$의 값은?

> (개) 다항식 $f(x+3)-f(x)$는 $(x-1)(x+2)$로 나누어떨어진다.
>
> (내) 다항식 $f(x)$를 $x-2$로 나누었을 때의 나머지는 -3이다.

① 13   ② 14   ③ 15   ④ 16   ⑤ 17

교육청

23 x에 대한 이차식 $f(x)$가 다음 조건을 만족시킨다.

> (개) 다항식 x^3+3x^2+4x+2를 $f(x)$로 나누었을 때의 나머지는 $g(x)$이다.
>
> (내) 다항식 x^3+3x^2+4x+2를 $g(x)$로 나누었을 때의 나머지는 $f(x)-x^2-2x$이다.

$g(1)$의 값은?

① 3   ② 4   ③ 5   ④ 6   ⑤ 7

교육청

24 x에 대한 다항식 $x^n(x^2+ax+b)$를 $(x-3)^2$으로 나누었을 때의 나머지가 $3^n(x-3)$일 때, 두 상수 a, b에 대하여 $a+b$의 값을 구하시오. (단, n은 자연수이다.)

교육청

25 다항식 $P(x)$와 최고차항의 계수가 1인 삼차다항식 $Q(x)$가 모든 실수 x에 대하여 $\{Q(x+1)\}^2+\{Q(x)\}^2=(x^2-x)P(x)$를 만족시킨다. $P(x)$를 $Q(x)$로 나눈 나머지를 $R(x)$라 할 때, $R(3)$의 값을 구하시오. (단, 다항식 $Q(x)$의 계수는 실수이다.)

03 인수분해

1 인수분해 공식

• 공통인수 묶기

주어진 식에 공통인수가 있으면 공통인수를 묶어 내어 인수분해한다.

$$ma+mb=m(a+b), \quad ma+mb-mc=m(a+b-c)$$

• 이차식의 인수분해 공식

(1) $a^2+2ab+b^2=(a+b)^2$, $a^2-2ab+b^2=(a-b)^2$

(2) $a^2-b^2=(a+b)(a-b)$

(3) $x^2+(a+b)x+ab=(x+a)(x+b)$

(4) $acx^2+(ad+bc)x+bd=(ax+b)(cx+d)$

(5) $a^2+b^2+c^2+2ab+2bc+2ca=(a+b+c)^2$

• 삼차식의 인수분해 공식

(1) $a^3+3a^2b+3ab^2+b^3=(a+b)^3$, $a^3-3a^2b+3ab^2-b^3=(a-b)^3$

(2) $a^3+b^3=(a+b)(a^2-ab+b^2)$, $a^3-b^3=(a-b)(a^2+ab+b^2)$

(3) $a^3+b^3+c^3-3abc=(a+b+c)(a^2+b^2+c^2-ab-bc-ca)$

2 여러 가지 식의 인수분해

• 치환에 의한 인수분해

공통부분을 한 문자로 치환하여 인수분해한다.

• 여러 개의 문자를 포함하고 있는 식의 인수분해

(1) 문자의 차수가 같지 않을 때 : 차수가 가장 낮은 문자에 대하여 내림차순으로 정리한 후 인수분해한다.

(2) 문자의 차수가 모두 같을 때 : 어느 한 문자에 대하여 내림차순으로 정리한 후 인수분해한다.

• 인수정리를 이용한 인수분해

❶ 다항식 $f(x)$에서 $f(\alpha)=0$이 되는 상수 α의 값을 구한다.

❷ 조립제법을 이용하여 $f(x)$를 $x-\alpha$로 나눈 몫 $Q(x)$를 구한 후 $f(x)=(x-\alpha)Q(x)$와 같이 나타낸다.

❸ 위의 과정을 반복하여 $Q(x)$가 더 이상 나누어지지 않을 때까지 인수분해한다.

Q&A

Q 인수분해는 곱셈 공식을 반대로 적용하는 것인가요?

A 그렇습니다. 전개된 식을 묶어서 표현하는 것이 인수분해입니다.

인수분해 공식

다항식의 전개를 거꾸로 생각하여 하나의 다항식을 두 개 또는 그 이상의 다항식의 곱으로 나타내는 것을 인수분해라고 합니다. 이때 곱을 이루는 각각의 다항식을 원래의 다항식의 인수라고 합니다.

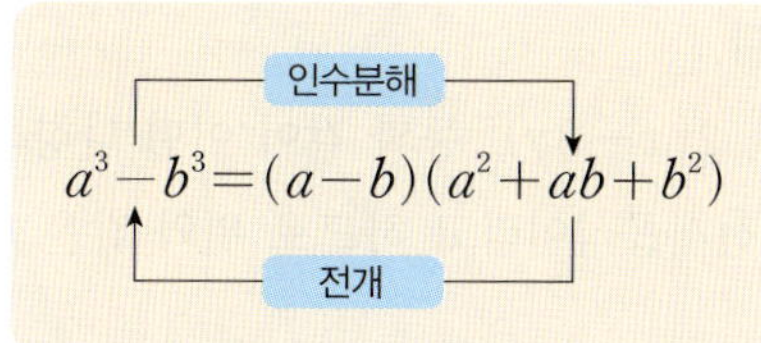

이처럼 곱셈 공식을 거꾸로 하면 인수분해 공식을 얻을 수 있습니다.

1 공통인수 묶기

인수분해의 가장 기초가 되는 것은 분배법칙을 거꾸로 적용하는 공통인수 묶기입니다. 다항식의 각 항에 공통으로 들어 있는 인수를 묶어 내어 인수분해할 수 있습니다. 다음의 세 식을 인수분해하면

$$ma+mb=m(a+b), \quad am-mb=m(a-b), \quad ma+mb-mc=m(a+b-c)$$

입니다.

Example
(1) $ax+ay^2=a(x+y^2)$ ← 공통인수 a
(2) $x^3y^2-xy=xy(x^2y-1)$ ← 공통인수 xy
(3) $-8ab+b^2=-b(8a-b)$ ← 공통인수 $-b$
(4) $x^2y-xy+2xy^2=xy(x-1+2y)$ ← 공통인수 xy
(5) $(a-b)c+(b-a)d=(a-b)c-(a-b)d$
$\qquad\qquad\qquad\quad =(a-b)(c-d)$ ← 공통인수 $a-b$

개념 Point 　공통인수 묶기

다항식의 각 항에 공통인수가 있을 때에는 공통인수를 묶어 내어 인수분해한다.
$$ma+mb=m(a+b), \quad ma+mb-mc=m(a+b-c)$$

+ Plus

인수분해할 때에는 공통인수가 남지 않도록 모두 묶어 낸다.

 이차식의 인수분해 공식

이차식의 인수분해는 중학교 때 배운 인수분해 공식을 이용하거나 인수분해 공식을 직접
이용할 수 없는 경우에는 식을 적절한 꼴로 바꾸어 인수분해할 수 있습니다.

(1) 곱셈 공식 $(a+b)^2=a^2+2ab+b^2$, $(a-b)^2=a^2-2ab+b^2$을 거꾸로 적용하면
$$a^2+2ab+b^2=(a+b)^2,\ a^2-2ab+b^2=(a-b)^2$$
이 성립함을 알 수 있습니다.

다항식 $(x+1)^2$, $(a-2)^2$, $2(x-3y)^2$ 등과 같이 어떤 다항식의 제곱으로 된 식 또는 이
식에 상수를 곱한 식을 완전제곱식이라고 하므로 위와 같은 형태를 완전제곱식으로 인수
분해한다고 합니다.

Example
(1) $64a^2+16a+1=(8a)^2+2\times 8a\times 1+1^2=(8a+1)^2$
(2) $4x^2+12xy+9y^2=(2x)^2+2\times 2x\times 3y+(3y)^2=(2x+3y)^2$
(3) $9a^2-6ab+b^2=(3a)^2-2\times 3a\times b+b^2=(3a-b)^2$
(4) $25x^2-10x+1=(5x)^2-2\times 5x\times 1+1^2=(5x-1)^2$

(2) 곱셈 공식 $(a+b)(a-b)=a^2-b^2$을 거꾸로 적용하면
$$a^2-b^2=(a+b)(a-b)\quad \leftarrow \text{제곱의 차를 합과 차의 곱으로}$$
가 성립함을 알 수 있습니다.

Example
(1) $a^2-16=a^2-4^2=(a+4)(a-4)$
(2) $9x^2-1=(3x)^2-1^2=(3x+1)(3x-1)$
(3) $20x^2-45y^2=5(4x^2-9y^2)$
$$=5\{(2x)^2-(3y)^2\}=5(2x+3y)(2x-3y)$$
(4) $(x+y)^2-(y-z)^2=\{(x+y)+(y-z)\}\{(x+y)-(y-z)\}$
$$=(x+2y-z)(x+z)$$

(3) 곱셈 공식 $(x+a)(x+b)=x^2+(a+b)x+ab$를 거꾸로 적용하면
$$x^2+(a+b)x+ab=(x+a)(x+b)$$
가 성립함을 알 수 있고, 일차항의 계수의 합의 형태와 상수항의 곱의 형태를 관찰하여 적
용하면 됩니다. 이때 좀 더 일반적인 경우의 인수분해는 아래 (4)의 방법과 같습니다.

(4) 곱셈 공식 $(ax+b)(cx+d)=acx^2+(ad+bc)x+bd$를 거꾸로 적용하면
$$acx^2+(ad+bc)x+bd=(ax+b)(cx+d)$$
가 성립함을 알 수 있고, 이러한 형태의 인수분해는 다음과 같은 방식으로 할 수 있습니다.

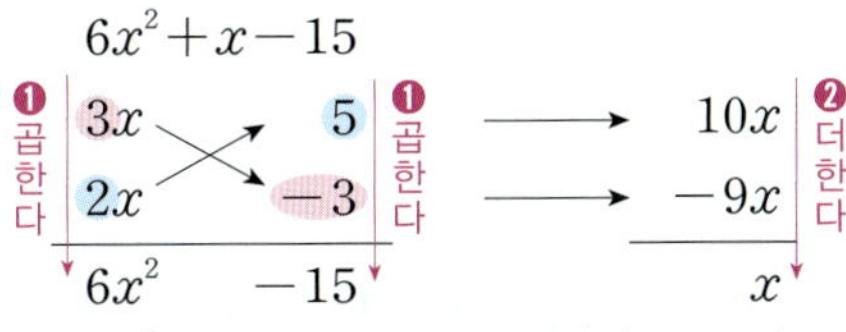

$$6x^2+x-15$$

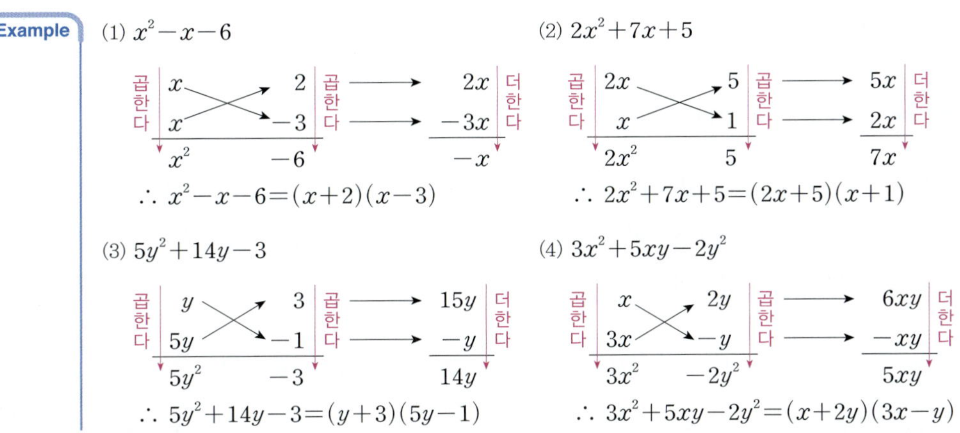

$$\therefore\ 6x^2+x-15=(3x+5)(2x-3)\ \text{❸}$$

❶ $6x^2$, -15의 인수를 세로로 배열한다.

❷ 엇갈려 곱한 후 더한 것이 x항과 같도록 인수를 정한다.

❸ 합과 곱이 맞아 떨어지면 이때의 인수로 식을 정리하면 된다.

Example

(1) x^2-x-6

$$\therefore\ x^2-x-6=(x+2)(x-3)$$

(2) $2x^2+7x+5$

$$\therefore\ 2x^2+7x+5=(2x+5)(x+1)$$

(3) $5y^2+14y-3$

$$\therefore\ 5y^2+14y-3=(y+3)(5y-1)$$

(4) $3x^2+5xy-2y^2$

$$\therefore\ 3x^2+5xy-2y^2=(x+2y)(3x-y)$$

(5) 곱셈 공식 $(a+b+c)^2=a^2+b^2+c^2+2ab+2bc+2ca$를 거꾸로 적용하면

$$a^2+b^2+c^2+2ab+2bc+2ca=(a+b+c)^2$$

이 성립함을 알 수 있고, 이러한 형태도 완전제곱식으로 인수분해한다고 합니다.

Example

(1) $a^2+b^2+4c^2+2ab-4bc-4ca$
$$=a^2+b^2+(-2c)^2+2\times a\times b+2\times b\times(-2c)+2\times(-2c)\times a$$
$$=(a+b-2c)^2$$

(2) $a^2+4b^2+9c^2-4ab-12bc+6ac$
$$=a^2+(-2b)^2+(3c)^2+2\times a\times(-2b)+2\times(-2b)\times 3c+2\times 3c\times a$$
$$=(a-2b+3c)^2$$

개념 Point　　**이차식의 인수분해 공식**

1　$a^2+2ab+b^2=(a+b)^2$, $a^2-2ab+b^2=(a-b)^2$

2　$a^2-b^2=(a+b)(a-b)$

3　$x^2+(a+b)x+ab=(x+a)(x+b)$

4　$acx^2+(ad+bc)x+bd=(ax+b)(cx+d)$

5　$a^2+b^2+c^2+2ab+2bc+2ca=(a+b+c)^2$

+ Plus

인수분해는 특별한 언급이 없으면 계수가 유리수인 범위까지만 한다.

3 삼차식의 인수분해 공식

이제 삼차식의 인수분해를 알아봅시다.

(1) 곱셈 공식 $(a+b)^3=a^3+3a^2b+3ab^2+b^3$, $(a-b)^3=a^3-3a^2b+3ab^2-b^3$을 거꾸로 적용
하면

$$a^3+3a^2b+3ab^2+b^3=(a+b)^3,\ a^3-3a^2b+3ab^2-b^3=(a-b)^3$$

이 성립함을 알 수 있습니다.

Example $\quad x^3+6x^2y+12xy^2+8y^3=x^3+3\times x^2\times 2y+3\times x\times(2y)^2+(2y)^3=(x+2y)^3$

(2) 곱셈 공식 $(a+b)(a^2-ab+b^2)=a^3+b^3$, $(a-b)(a^2+ab+b^2)=a^3-b^3$을 거꾸로 적용하면

$$a^3+b^3=(a+b)(a^2-ab+b^2),\ a^3-b^3=(a-b)(a^2+ab+b^2)$$

이 성립함을 알 수 있습니다.

Example $\quad x^3+1=x^3+1^3=(x+1)(x^2-x+1),\ 27a^3-b^3=(3a)^3-b^3=(3a-b)(9a^2+3ab+b^2)$

(3) 곱셈 공식 $(a+b+c)(a^2+b^2+c^2-ab-bc-ca)=a^3+b^3+c^3-3abc$를 거꾸로 적용하면

$$a^3+b^3+c^3-3abc=(a+b+c)(a^2+b^2+c^2-ab-bc-ca)$$

가 성립함을 알 수 있고, 우변에 있는 $a^2+b^2+c^2-ab-bc-ca$를 변형해 보면

$$a^2+b^2+c^2-ab-bc-ca=\frac{1}{2}\underline{(2a^2+2b^2+2c^2-2ab-2bc-2ac)}$$
$$\underline{=(a^2-2ab+b^2)+(b^2-2bc+c^2)+(c^2-2ca+a^2)}$$
$$=\frac{1}{2}\{(a-b)^2+(b-c)^2+(c-a)^2\}$$

이므로

$$a^3+b^3+c^3-3abc=\frac{1}{2}(a+b+c)\{(a-b)^2+(b-c)^2+(c-a)^2\}$$

이 성립합니다.

Example
$$a^3+8b^3+8c^3-12abc=a^3+(2b)^3+(2c)^3-3\times a\times 2b\times 2c$$
$$=(a+2b+2c)(a^2+4b^2+4c^2-2ab-4bc-2ca)$$
$$=\frac{1}{2}(a+2b+2c)\{(a-2b)^2+(2b-2c)^2+(2c-a)^2\}$$

개념 Point　　**삼차식의 인수분해 공식**

1 $\ a^3+3a^2b+3ab^2+b^3=(a+b)^3,\ a^3-3a^2b+3ab^2-b^3=(a-b)^3$

2 $\ a^3+b^3=(a+b)(a^2-ab+b^2),\ a^3-b^3=(a-b)(a^2+ab+b^2)$

3 $\ a^3+b^3+c^3-3abc=(a+b+c)(a^2+b^2+c^2-ab-bc-ca)$

$$\quad\quad\quad=\frac{1}{2}(a+b+c)\{(a-b)^2+(b-c)^2+(c-a)^2\}$$

1 다음 식을 인수분해하시오.

(1) $(x+1)a-x-1$

(2) $1-x-y+xy$

2 다음 식을 인수분해하시오.

(1) $16x^2+8xy+y^2$

(2) $4x^2-20xy+25y^2$

3 다음 식을 인수분해하시오.

(1) $3x^2-27y^2$

(2) $x^2-3x-40$

(3) $x^2+5xy-6y^2$

(4) $6x^2+7xy-3y^2$

4 다음 식을 인수분해하시오.

(1) $a^2+b^2+c^2-2ab-2bc+2ca$

(2) $x^2+y^2+1+2(xy-y-x)$

5 다음 식을 인수분해하시오.

(1) $x^3+9x^2y+27xy^2+27y^3$

(2) x^3-8

(3) $8x^3+y^3$

• 풀이 29쪽

정답

1 (1) $(x+1)(a-1)$ (2) $(1-y)(1-x)$

2 (1) $(4x+y)^2$ (2) $(2x-5y)^2$

3 (1) $3(x+3y)(x-3y)$ (2) $(x+5)(x-8)$ (3) $(x+6y)(x-y)$ (4) $(2x+3y)(3x-y)$

4 (1) $(a-b+c)^2$ (2) $(x+y-1)^2$

5 (1) $(x+3y)^3$ (2) $(x-2)(x^2+2x+4)$ (3) $(2x+y)(4x^2-2xy+y^2)$

예제 01

다음 식을 인수분해하시오.

(1) $x(2y-3)-2(3-2y)$

(2) $2xy-x^2y+4xy^2$

(3) $(a+b)^2-ac-bc$

(4) $a^2b+(a+b)(a-2b)-2ab^2$

접근 방법 > (1)에서는 $3-2y=-(2y-3)$으로 고치면 $2y-3$이 공통인수임을 알 수 있고 (2)에서는 xy가 공통인수이다. (3)에서는 $-ac-bc=-c(a+b)$로 고치면 $a+b$가 공통인수이다. 또한 (4)에서는 먼저 a^2b-2ab^2에서 공통인수를 묶어 낸 다음 $(a+b)(a-2b)$와 공통인수를 찾아본다.

수매씽 Point 각 항의 공통인수를 묶어 내어 인수분해한다.

$$am+bm-cm=m(a+b-c)$$

상세 풀이 >

(1) $x(2y-3)-2(3-2y)=x(2y-3)+2(2y-3)$
$$=(2y-3)(x+2)$$

(2) $2xy-x^2y+4xy^2=xy\times2-xy\times x+xy\times4y$
$$=xy(2-x+4y)$$

(3) $(a+b)^2-ac-bc=(a+b)^2-c(a+b)$
$$=(a+b)(a+b-c)$$

(4) $a^2b+(a+b)(a-2b)-2ab^2=a^2b-2ab^2+(a+b)(a-2b)$
$$=ab(a-2b)+(a+b)(a-2b)$$
$$=(a-2b)(ab+a+b)$$

정답 (1) $(2y-3)(x+2)$ (2) $xy(2-x+4y)$ (3) $(a+b)(a+b-c)$ (4) $(a-2b)(ab+a+b)$

보충 설명

인수분해의 가장 기본은 분배법칙을 이용하여 공통인수를 찾아내어 묶는 것이다. 인수분해를 할 때에는 공통인수가 남지 않도록 모두 묶어 낸다.

01-1

다음 식을 인수분해하시오.

(1) $x(y-2)-3(2-y)$

(2) $xy+x^2y+2xy^2$

(3) $(a-b)^2-ac+bc$

(4) $a^2b+(a-b)(2a+b)-ab^2$

표현 바꾸기

01-2

다음 식을 인수분해하시오.

(1) $ax+by-ay-bx$

(2) $xy^3+xy+y+y^3$

(3) $ab+a+b+1$

(4) $ab-a-b+1$

개념 넓히기

풀이 30쪽 ➕ 보충 설명   한번 더 ☑ ☐

01-3

삼각형 ABC의 세 변의 길이 a, b, c에 대하여 $ac^3+abc^2-a^2bc-a^2c^2=0$이 성립할 때, 이 삼각형은 어떤 삼각형인지 구하시오.

• 풀이 29쪽 ∼ 30쪽

정답

01-1 (1) $(y-2)(x+3)$　(2) $xy(1+x+2y)$　(3) $(a-b)(a-b-c)$　(4) $(a-b)(ab+2a+b)$

01-2 (1) $(x-y)(a-b)$　(2) $y(x+1)(y^2+1)$　(3) $(b+1)(a+1)$　(4) $(b-1)(a-1)$

01-3 $a=c$인 이등변삼각형

예제 02

다음 식을 인수분해하시오.

(1) $9x^2 - 24x + 16$

(2) $2x^2 + 5x + 2$

(3) $5ax^2 + 30axy + 45ay^2$

(4) $6y^2 + 11yz - 10z^2$

접근 방법 > (1), (3)에서는 인수분해 공식 $a^2 + 2ab + b^2 = (a+b)^2$, $a^2 - 2ab + b^2 = (a-b)^2$을 이용한다.

(2), (4)에서는 인수분해 공식 $acx^2 + (ad+bc)x + bd = (ax+b)(cx+d)$를 이용한다.

> **수매씽 Point**
> (1) $a^2 + 2ab + b^2 = (a+b)^2$, $a^2 - 2ab + b^2 = (a-b)^2$
> (2) $x^2 + (a+b)x + ab = (x+a)(x+b)$
> (3) $acx^2 + (ad+bc)x + bd = (ax+b)(cx+d)$

상세 풀이 > (1) $9x^2 - 24x + 16 = (3x)^2 - 2 \times 3x \times 4 + 4^2 = (3x-4)^2$

(2) $2x^2 + 5x + 2 = (x+2)(2x+1)$

$$
\begin{array}{ccc}
x & \diagdown \quad 2 & \longrightarrow \quad 4x \\
2x & \diagup \quad 1 & \longrightarrow \quad x \\
\hline
2x^2 & 2 & 5x
\end{array}
$$

(3) $5ax^2 + 30axy + 45ay^2 = 5a(x^2 + 6xy + 9y^2)$

$\qquad\qquad\qquad\qquad\quad = 5a\{x^2 + 2 \times x \times 3y + (3y)^2\}$

$\qquad\qquad\qquad\qquad\quad = 5a(x+3y)^2$

(4) $6y^2 + 11yz - 10z^2 = (2y+5z)(3y-2z)$

$$
\begin{array}{ccc}
2y & \diagdown \quad 5z & \longrightarrow \quad 15yz \\
3y & \diagup \quad -2z & \longrightarrow \quad -4yz \\
\hline
6y^2 & -10z^2 & 11yz
\end{array}
$$

정답 (1) $(3x-4)^2$ (2) $(x+2)(2x+1)$ (3) $5a(x+3y)^2$ (4) $(2y+5z)(3y-2z)$

보충 설명

다음 인수분해 공식

$\qquad acx^2 + (ad+bc)x + bd = (ax+b)(cx+d)$

에서 오른쪽의 방법으로 계수를 찾는 연습을 충분히 해두어야 한다.

$$
\begin{array}{ccc}
a & \diagdown \quad b & \longrightarrow \quad bc \\
c & \diagup \quad d & \longrightarrow \quad ad \\
\hline
ac & bd & ad+bc
\end{array}
$$

한번 더 ✓ ☐

숫자 바꾸기

02-1

다음 식을 인수분해하시오.

(1) $16x^2 + 40x + 25$

(2) $7x^2 - 5x - 2$

(3) $18bx^2 + 12bxy + 2by^2$

(4) $8x^2 + 10xy - 3y^2$

표현 바꾸기

한번 더 ✓ ☐

02-2

다음 식을 인수분해하시오.

(1) $x^2 - (2a+3b)x + 6ab$

(2) $12x^2 - 2(3a+b)x + ab$

(3) $x^2 + \dfrac{5}{2}x + 1$

(4) $3x^2 - \dfrac{11}{2}x + 2$

개념 넓히기

한번 더 ✓ ☐

02-3

다음 식을 인수분해하시오.

(1) $2x^2 - (y+7)x - (y-3)(y+2)$

(2) $2x^2 + (8-y)x - (y^2 - y - 6)$

● 풀이 30쪽

정답

02-1 (1) $(4x+5)^2$ (2) $(7x+2)(x-1)$ (3) $2b(3x+y)^2$ (4) $(2x+3y)(4x-y)$

02-2 (1) $(x-2a)(x-3b)$ (2) $(6x-b)(2x-a)$ (3) $(x+2)\left(x+\dfrac{1}{2}\right)$ (4) $(3x-4)\left(x-\dfrac{1}{2}\right)$

02-3 (1) $(x-y-2)(2x+y-3)$ (2) $(x-y+3)(2x+y+2)$

예제 03 — A^2-B^2 꼴의 인수분해

다음 식을 인수분해하시오.

(1) $a^2-(b-c)^2$

(2) a^4-1

(3) $x^2-4xy+4y^2-z^2$

(4) $4a^2(x-y)+b^2(y-x)$

접근 방법 ▷ (1)에서는 $b-c$를 한 문자로 보고, (4)에서는 공통인수 $x-y$로 묶어 내어 $a^2-b^2=(a+b)(a-b)$ 임을 이용하여 인수분해한다.

수매씽 Point $a^2-b^2=(a+b)(a-b)$

상세 풀이 ▷

(1) $a^2-(b-c)^2=\{a+(b-c)\}\{a-(b-c)\}$
$$=(a+b-c)(a-b+c)$$

(2) $a^4-1=(a^2)^2-1$
$$=(a^2+1)(a^2-1)$$
$$=(a^2+1)(a+1)(a-1)$$

(3) $x^2-4xy+4y^2-z^2=(x-2y)^2-z^2$
$$=(x-2y+z)(x-2y-z)$$

(4) $4a^2(x-y)+b^2(y-x)=4a^2(x-y)-b^2(x-y)$
$$=(x-y)(4a^2-b^2)$$
$$=(x-y)\{(2a)^2-b^2\}$$
$$=(x-y)(2a+b)(2a-b)$$

정답 (1) $(a+b-c)(a-b+c)$　　(2) $(a^2+1)(a+1)(a-1)$
(3) $(x-2y+z)(x-2y-z)$　　(4) $(x-y)(2a+b)(2a-b)$

보충 설명

x^4+ax^2+b (a, b는 상수) 꼴의 다항식은 다음과 같이 적당히 이차식을 더하거나 빼서 A^2-B^2 꼴로 변형하여 인수분해한다. 예를 들어

$$a^4+a^2b^2+b^4=a^4+2a^2b^2+b^4-a^2b^2$$
$$=(a^2+b^2)^2-(ab)^2$$
$$=\{(a^2+b^2)+ab\}\{(a^2+b^2)-ab\}$$
$$=(a^2+ab+b^2)(a^2-ab+b^2)$$

03-1

다음 식을 인수분해하시오.

(1) $(a+b)^2-(b+c)^2$　　　　　　　　(2) $16-a^4$

(3) $x^2+2xy+y^2-4z^2$　　　　　　　(4) $x^2(a-b)+9y^2(b-a)$

03-2

다음 식을 인수분해하시오.

(1) x^4-x^2+16　　　　　　　　　　(2) $x^4+4x^2y^2+16y^4$

03-3

〈보기〉에서 x^4+4의 인수인 것을 모두 고르시오.

〈 보기 〉

ㄱ. x^2+2　　　　　　　　　　ㄴ. x^2+2x+2

ㄷ. x^2+2x-2　　　　　　　　ㄹ. x^2-2x+2

● 풀이 30쪽～31쪽

정답
03-1 (1) $(a+2b+c)(a-c)$　　　　(2) $(a^2+4)(2+a)(2-a)$
　　　(3) $(x+y+2z)(x+y-2z)$　　(4) $(a-b)(x+3y)(x-3y)$
03-2 (1) $(x^2+3x+4)(x^2-3x+4)$　　(2) $(x^2+2xy+4y^2)(x^2-2xy+4y^2)$　　　03-3 ㄴ, ㄹ

삼차식의 인수분해

예제 04

다음 식을 인수분해하시오.

(1) x^3+8

(2) $24-3x^3$

(3) $a^3-(b+c)^3$

(4) a^3+3a^2+3a+1

접근 방법 (1)에서는 x^3+2^3과 같이 생각하여 세제곱의 합의 형태로 인수분해 공식을 적용하고, (2)에서는 공통 인수 3으로 묶어 내면 $3(2^3-x^3)$이므로 세제곱의 차의 형태로 인수분해 공식을 적용한다. (3)에서는 $b+c$를 한 문자로 생각하여 세제곱의 차의 형태로 인수분해 공식을 적용하고, (4)에서는 인수분해 공식 $a^3+3a^2b+3ab^2+b^3=(a+b)^3$을 적용한다.

수매씽 Point

(1) $a^3+b^3=(a+b)(a^2-ab+b^2)$, $a^3-b^3=(a-b)(a^2+ab+b^2)$

(2) $a^3+3a^2b+3ab^2+b^3=(a+b)^3$, $a^3-3a^2b+3ab^2-b^3=(a-b)^3$

(3) $a^3+b^3+c^3-3abc=(a+b+c)(a^2+b^2+c^2-ab-bc-ca)$

상세 풀이

(1) $x^3+8=x^3+2^3=(x+2)(x^2-x\times 2+2^2)$

$\qquad =(x+2)(x^2-2x+4)$

(2) $24-3x^3=3(8-x^3)=3(2^3-x^3)$

$\qquad =3(2-x)(2^2+2\times x+x^2)$

$\qquad =-3(x-2)(x^2+2x+4)$

(3) $a^3-(b+c)^3=\{a-(b+c)\}\{a^2+a\times(b+c)+(b+c)^2\}$

$\qquad =(a-b-c)(a^2+ab+ac+b^2+2bc+c^2)$

$\qquad =(a-b-c)(a^2+b^2+c^2+ab+2bc+ca)$

(4) $a^3+3a^2+3a+1=a^3+3\times a^2\times 1+3\times a\times 1^2+1^3$

$\qquad =(a+1)^3$

정답 (1) $(x+2)(x^2-2x+4)$ (2) $-3(x-2)(x^2+2x+4)$

(3) $(a-b-c)(a^2+b^2+c^2+ab+2bc+ca)$ (4) $(a+1)^3$

보충 설명

$a^3+b^3+c^3-3abc=(a+b+c)(a^2+b^2+c^2-ab-bc-ca)$는 다음과 같이 유도할 수 있다.

$a^3+b^3+c^3-3abc=(a+b)^3-3ab(a+b)+c^3-3abc$

$\qquad =(a+b)^3+c^3-3ab(a+b+c)$

$\qquad =\{(a+b)+c\}\{(a+b)^2-(a+b)c+c^2\}-3ab(a+b+c)$

$\qquad =(a+b+c)\{(a+b)^2-(a+b)c+c^2-3ab\}$

$\qquad =(a+b+c)(a^2+b^2+c^2-ab-bc-ca)$

04-1

다음 식을 인수분해하시오.

(1) x^3-64

(2) $8a^3+b^3c^6$

(3) $(a-b)^3+c^3$

(4) $8x^3-36x^2y+54xy^2-27y^3$

04-2

다음 식을 인수분해하시오.

(1) $8x^3+y^3-27z^3+18xyz$

(2) $a^3+8b^3-6ab+1$

04-3

〈보기〉에서 x^6+1의 인수인 것을 모두 고르시오.

〈 보기 〉

ㄱ. x^2+1　　　　ㄴ. x^3+1

ㄷ. x^4+x^2+1　　　　ㄹ. x^4-x^2+1

• 풀이 31쪽

정답

04-1 (1) $(x-4)(x^2+4x+16)$　(2) $(2a+bc^2)(4a^2-2abc^2+b^2c^4)$

(3) $(a-b+c)(a^2+b^2+c^2-2ab+bc-ca)$　(4) $(2x-3y)^3$

04-2 (1) $(2x+y-3z)(4x^2+y^2+9z^2-2xy+3yz+6zx)$　(2) $(a+2b+1)(a^2+4b^2+1-2ab-2b-a)$

04-3 ㄱ, ㄹ

2 여러 가지 식의 인수분해

1 치환에 의한 인수분해

1. 공통부분이 있는 다항식의 인수분해

공통부분이 있거나 적당히 변형하여 공통부분이 생기면 그 공통부분을 한 문자로 치환하여 인수분해합니다.

Example

(1) $x+2y=X$로 놓으면

$$(x+2y)^2+2(x+2y)-35=X^2+2X-35=(X+7)(X-5) \quad \leftarrow \text{이차식의 인수분해}$$
$$=(x+2y+7)(x+2y-5) \quad \leftarrow X \text{ 대신 } x+2y\text{를 대입}$$

(2) $(x+1)(x+2)(x-3)(x-4)+6$

$=\{(x+1)(x-3)\}\{(x+2)(x-4)\}+6 \quad \leftarrow$ 두 일차식의 상수항의 합이 같도록 일차식을 두 개씩 짝 지어 전개

$=(x^2-2x-3)(x^2-2x-8)+6$

$=(X-3)(X-8)+6 \quad \leftarrow x^2-2x=X\text{로 치환}$

$=X^2-11X+30=(X-5)(X-6) \quad \leftarrow$ 이차식의 인수분해

$=(x^2-2x-5)(x^2-2x-6) \quad \leftarrow X \text{ 대신 } x^2-2x\text{를 대입}$

2. x^4+ax^2+b 꼴의 다항식의 인수분해

x^4+ax^2+b (a, b는 상수) 꼴의 다항식은 $x^2=X$로 치환하거나 적당히 이차식을 더하거나 빼서 A^2-B^2 꼴로 변형하여 인수분해합니다.

Example

(1) $x^2=X$로 놓으면

$$x^4-5x^2+4=X^2-5X+4=(X-1)(X-4)$$
$$=(x^2-1)(x^2-4)=(x+1)(x-1)(x+2)(x-2)$$

(2) $x^4+x^2+1=(x^4+2x^2+1)-x^2=(x^2+1)^2-x^2=(x^2+x+1)(x^2-x+1)$

$\longrightarrow A^2-B^2$ 꼴

개념 Point　　치환에 의한 인수분해

1 공통부분이 있는 다항식의 인수분해

공통부분이 있거나 적당히 변형하여 공통부분이 생기면 한 문자로 치환하여 인수분해한다.

2 x^4+ax^2+b 꼴의 다항식의 인수분해

$x^2=X$로 치환하거나 적당히 이차식을 더하거나 빼서 A^2-B^2 꼴로 변형하여 인수분해한다.

❷ 여러 개의 문자를 포함하고 있는 식의 인수분해

여러 개의 문자를 포함하는 복잡한 다항식의 경우 다항식을 차수가 가장 낮은 문자에 대하여 내림차순으로 정리한 다음 인수분해합니다.

Example 다항식 $x^3-x^2y-2xy+y^2-1$에서 x의 차수는 삼차이고, y의 차수는 이차이므로 차수가 낮은 문자 y에 대하여 내림차순으로 정리하면

$$\begin{aligned}
x^3-x^2y-2xy+y^2-1 &= y^2-(x^2+2x)y+x^3-1 \\
&= y^2-(x^2+2x)y+(x-1)(x^2+x+1) \\
&= \{y-(x-1)\}\{y-(x^2+x+1)\} \\
&= (y-x+1)(y-x^2-x-1)
\end{aligned}$$

다음으로 여러 개의 문자가 주어지고 각 문자에 대한 차수가 모두 같은 다항식은 어느 한 문자에 대하여 내림차순으로 정리한 다음 인수분해합니다.

Example 다항식 $ab(a-b)+bc(b-c)+ca(c-a)$에서 세 문자 a, b, c의 차수가 모두 같으므로 문자 a에 대하여 내림차순으로 정리하면

$$\begin{aligned}
ab(a-b)+bc(b-c)+ca(c-a) &= a^2b-ab^2+b^2c-bc^2+c^2a-ca^2 \\
&= (b-c)a^2-(b^2-c^2)a+bc(b-c) \\
&= (b-c)a^2-(b+c)(b-c)a+bc(b-c) \\
&= (b-c)\{a^2-(b+c)a+bc\} \\
&= (b-c)(a-b)(a-c)
\end{aligned}$$

보통 $a \to b \to c \to a$의 순서로 나타낸다. $\to$ $= -(a-b)(b-c)(c-a)$

개념 Point 여러 개의 문자를 포함하고 있는 식의 인수분해

1 문자의 차수가 같지 않을 때 : 차수가 가장 낮은 문자에 대하여 내림차순으로 정리한 후 인수분해한다.

2 문자의 차수가 모두 같을 때 : 어느 한 문자에 대하여 내림차순으로 정리한 후 인수분해한다.

③ 인수정리를 이용한 인수분해

삼차 이상의 다항식 $f(x)$가 일차식인 인수를 가지는 경우의 인수분해에 대하여 알아봅시다.

02. **나머지정리**에서 인수정리 '다항식 $f(x)$에 대하여 $f(\alpha)=0$이면 다항식 $f(x)$는 일차식 $x-\alpha$로 나누어떨어진다.'를 배웠습니다. 즉, 다항식 $f(x)$는 일차식 $x-\alpha$를 인수로 가지므로

$$f(x)=(x-\alpha)Q(x)$$

와 같이 인수분해가 됩니다. 이때 몫 $Q(x)$는 조립제법을 이용하면 구할 수 있습니다.

Example 삼차식 x^3+4x^2-x-4를 인수분해할 때, $f(x)=x^3+4x^2-x-4$로 놓으면

$$f(1)=1+4-1-4=0$$

이므로 인수정리에 의하여 $f(x)$는 $x-1$로 나누어떨어진다.

따라서 오른쪽과 같이 조립제법을 이용하여 인수분해하면

$$f(x)=(x-1)(x^2+5x+4)$$
$$=(x-1)(x+1)(x+4)$$

몫이 인수분해되면 인수분해한다.

1	1	4	-1	-4
		1	5	4
	1	5	4	0

따라서 삼차 이상의 다항식의 인수분해는 인수정리를 이용하여 일차식의 인수를 찾고 조립제법을 이용하여 몫을 구한 후 인수분해를 합니다.

개념 Point 인수정리를 이용한 인수분해

❶ 다항식 $f(x)$에서 $f(\alpha)=0$이 되는 상수 α의 값을 구한다. ← 인수정리에 의하여 $x-\alpha$는 $f(x)$의 인수이다.

❷ 조립제법을 이용하여 $f(x)$를 $x-\alpha$로 나눈 몫 $Q(x)$를 구한 후 $f(x)=(x-\alpha)Q(x)$와 같이 나타낸다.

❸ 위의 과정을 반복하여 $Q(x)$가 더 이상 나누어지지 않을 때까지 인수분해한다.

+ Plus

다항식 $f(x)$의 계수가 모두 정수이고, $f(\alpha)=0$인 유리수 α가 존재할 때, α의 값은

$$\pm\frac{(f(x)\text{의 상수항의 양의 약수})}{(f(x)\text{의 최고차항의 계수의 양의 약수})}$$

중에서 찾을 수 있다.

03

1 다음 식을 인수분해하시오.

(1) $(x^2+3x)(x^2+3x+2)-15$

(2) $(x^2+5x+4)(x^2+5x+2)-24$

2 다음 식을 인수분해하시오.

(1) x^4-10x^2+9

(2) x^4-9x^2+16

3 다음 식을 인수분해하시오.

(1) $xy+y^2+ax-a^2$

(2) $x^2+y^2+2xy+4x+4y+3$

4 다음은 다항식 x^3+x^2-5x+3을 인수분해하는 과정이다.

$f(x)=x^3+x^2-5x+3$이라고 하면 $f(1)=$ (가) 이므로 $x-1$은 $f(x)$의 인수이다.

따라서 조립제법을 이용하여 인수분해하면

(나)	1	1	-5	3
		(나)	(다)	(라)
	1	(다)	(라)	0

$\therefore f(x)=(x-$ (나) $)(x^2+$ (다) $x+$ (라) $)=$ (마)

위의 과정에서 (가)~(마)에 알맞은 것을 써넣으시오.

• 풀이 31쪽~32쪽

정답

1 (1) $(x^2+3x+5)(x^2+3x-3)$　　(2) $(x^2+5x+8)(x^2+5x-2)$

2 (1) $(x+1)(x-1)(x+3)(x-3)$　(2) $(x^2+x-4)(x^2-x-4)$

3 (1) $(y+a)(x+y-a)$　(2) $(x+y+1)(x+y+3)$　　**4** (가) 0　(나) 1　(다) 2　(라) -3　(마) $(x-1)^2(x+3)$

예제 05 치환에 의한 인수분해

다음 식을 인수분해하시오.

(1) $x^4 - 13x^2 + 36$

(2) $(x^2 + 5x + 4)(x^2 + 5x + 6) - 3$

(3) $(x+y)^2 + 6(x+y)z + 9z^2$

(4) $(x-1)(x-2)(x-3)(x-4) + 1$

접근 방법 ▷ (1)에서는 $x^2 = X$로 치환하고 (2)에서는 $x^2 + 5x = X$, (3)에서는 $x+y = X$로 치환하여 인수분해한다. (4)에서는 공통부분이 생기도록 일차식을 두 개씩 짝 지어 전개한 후 공통부분을 치환하여 인수분해한다.

수매씽 Point 공통부분이 있을 때에는 공통부분을 한 문자로 치환하여 인수분해한다.

상세 풀이 ▷ (1) $x^2 = X$로 놓으면
$$x^4 - 13x^2 + 36 = X^2 - 13X + 36 = (X-4)(X-9)$$
$$= (x^2 - 4)(x^2 - 9) = (x+2)(x-2)(x+3)(x-3)$$

(2) $x^2 + 5x = X$로 놓으면
$$(x^2 + 5x + 4)(x^2 + 5x + 6) - 3 = (X+4)(X+6) - 3 = X^2 + 10X + 21$$
$$= (X+7)(X+3) = (x^2 + 5x + 7)(x^2 + 5x + 3)$$

(3) $x+y = X$로 놓으면
$$(x+y)^2 + 6(x+y)z + 9z^2 = X^2 + 6Xz + 9z^2 = (X+3z)^2 = (x+y+3z)^2$$

(4) $(x-1)(x-2)(x-3)(x-4) + 1 = \{(x-1)(x-4)\}\{(x-2)(x-3)\} + 1$
$$= (x^2 - 5x + 4)(x^2 - 5x + 6) + 1$$

$x^2 - 5x = X$로 놓으면
$$(x^2 - 5x + 4)(x^2 - 5x + 6) + 1 = (X+4)(X+6) + 1$$
$$= X^2 + 10X + 25 = (X+5)^2$$
$$= (x^2 - 5x + 5)^2$$

정답 (1) $(x+2)(x-2)(x+3)(x-3)$ (2) $(x^2 + 5x + 7)(x^2 + 5x + 3)$

(3) $(x+y+3z)^2$ (4) $(x^2 - 5x + 5)^2$

보충 설명

(1)에서 인수분해 과정이 익숙해지면
$$x^4 - 13x^2 + 36 = (x^2 - 4)(x^2 - 9) = (x+2)(x-2)(x+3)(x-3)$$
과 같이 굳이 치환으로 식을 바꾸지 않고도 바로 x^2에 대한 이차식으로 생각하여 인수분해할 수 있다.

치환된 문자로 인수분해한 후에는 치환하기 전의 문자로 되돌려 놓았을 때, 각각의 인수가 다시 인수분해되는지 꼭 확인하도록 한다.

숫자 바꾸기

05-1

다음 식을 인수분해하시오.

(1) $4x^4 + 7x^2 - 36$

(2) $(x^2 + 3x - 4)(x^2 + 3x + 6) + 16$

(3) $9(x - y)^2 - 6(x - y)z + z^2$

(4) $(x - 1)(x - 3)(x + 2)(x + 4) + 25$

표현 바꾸기

05-2

다항식 $(x^2 + x)^2 - 8(x^2 + x) + 12$를 인수분해하면 $(x + 2)(x - 2)(x + a)(x + b)$일 때, 상수 a, b에 대하여 $a + b$의 값은?

① 1　　　　② 2　　　　③ 3

④ 4　　　　⑤ 5

개념 넓히기

05-3

다음 식을 인수분해하시오.

(1) $(x + 2)(x - 3)(x + 6)(x - 9) + 21x^2$

(2) $(x^2 + 3x + 2)(x^2 + 9x + 20) - 10$

• 풀이 32쪽

정답

05-1 (1) $(2x + 3)(2x - 3)(x^2 + 4)$　(2) $(x^2 + 3x + 4)(x^2 + 3x - 2)$　(3) $(3x - 3y - z)^2$　(4) $(x^2 + x - 7)^2$

05-2 ②　　　　**05-3** (1) $(x^2 - 18)(x^2 - 4x - 18)$　(2) $(x^2 + 6x + 10)(x^2 + 6x + 3)$

예제 06

다음 식을 인수분해하시오.

(1) $a(b^2-c^2)+b(c^2-a^2)+c(a^2-b^2)$

(2) $a^2-2ab+4ca+b^2-4bc+4c^2$

접근 방법 ❯ (1)과 (2)에서 세 문자 a, b, c의 차수가 모두 같으므로 한 문자 a에 대하여 내림차순으로 정리한다.

수매씽 Point 한 문자에 대한 내림차순으로 정리하고 공통인수를 찾는다.

상세 풀이 ❯ 세 문자 a, b, c의 차수가 모두 같으므로 문자 a에 대하여 내림차순으로 정리한 후 인수분해하면

(1)
$$a(b^2-c^2)+b(c^2-a^2)+c(a^2-b^2)=ab^2-ac^2+bc^2-a^2b+a^2c-b^2c$$
$$=(c-b)a^2+(b^2-c^2)a+bc(c-b) \quad \leftarrow a\text{에 대하여 내림차순으로 정리}$$
$$=(c-b)\{a^2-(c+b)a+bc\}$$
$$=(c-b)(a-b)(a-c) \quad \cdots\cdots(*)$$
$$=(a-b)(b-c)(c-a) \quad \leftarrow a \to b \to c \to a\text{의 순서로 나타내기}$$

참고 $(*)$에서 $(c-b)(a-b)(a-c)$를 그대로 두어도 틀린 것은 아니지만, 일반적으로 $a \to b \to c \to a$의 순서로 나타낸다.

(2)
$$a^2-2ab+4ca+b^2-4bc+4c^2=a^2-2(b-2c)a+b^2-4bc+4c^2$$
$$=a^2-2(b-2c)a+(b-2c)^2$$
$$=\{a-(b-2c)\}^2$$
$$=(a-b+2c)^2$$

정답 (1) $(a-b)(b-c)(c-a)$ (2) $(a-b+2c)^2$

보충 설명

여러 개의 문자를 포함하고 있는 복잡한 다항식의 경우에 차수가 낮은 다항식은 차수가 높은 다항식보다 인수분해하기가 쉽다. 따라서 다항식을 차수가 가장 낮은 문자에 대하여 내림차순으로 정리한 후 인수분해한다. 한편, 문자의 차수가 모두 같을 때에는 어느 한 문자에 대하여 내림차순으로 정리한다.

숫자 바꾸기

06-1 다음 식을 인수분해하시오.

(1) $a^2(b-c)+b^2(c-a)+c^2(a-b)$

(2) $x^2+4xy+4y^2-12yz+9z^2-6zx$

03

표현 바꾸기

한번 더 ✓ ☐

06-2 다음 식을 인수분해하시오.

(1) $(a+b+c)(ab+bc+ca)-abc$

(2) $(a+b)(b+c)(c+a)+abc$

개념 넓히기

한번 더 ✓ ☐

06-3 다음 식을 인수분해하시오.

$$a(b+c)^2+b(c+a)^2+c(a+b)^2-4abc$$

정답

06-1 (1) $-(a-b)(b-c)(c-a)$ (2) $(x+2y-3z)^2$

06-2 (1) $(a+b)(b+c)(c+a)$ (2) $(a+b+c)(ab+bc+ca)$ **06-3** $(a+b)(b+c)(c+a)$

예제 07

인수정리를 이용한 인수분해

다음 식을 인수분해하시오.

(1) x^3-4x^2+x+6

(2) $x^4-9x^2-4x+12$

접근 방법 (1)에서 $f(x)=x^3-4x^2+x+6$이라 하고 $\pm$(6의 양의 약수)에 해당되는 ±1, ±2, ±3, ±6의 값을 차례대로 x에 대입해 보면 $f(-1)=-1-4-1+6=0$이므로 인수정리에 의하여 $x+1$은 $f(x)$의 인수이다. 따라서 $f(x)$는 $x+1$로 나누어떨어지므로 조립제법에 의하여 인수분해할 수 있다.
(2)에서도 마찬가지 방법을 이용하여 인수분해한다.

수매씽 Point 삼차 이상의 다항식 $f(x)$를 인수분해할 때에는 먼저 $f(\alpha)=0$을 만족시키는 α의 값을 구한 후, 조립제법을 이용하여 $f(x)=(x-\alpha)Q(x)$ 꼴로 나타낸다.

상세 풀이 (1) $f(x)=x^3-4x^2+x+6$이라고 하면

$f(-1)=-1-4-1+6=0$이므로 $x+1$은 $f(x)$의 인수이다.

따라서 조립제법을 이용하여 $f(x)$를 인수분해하면

$f(x)=(x+1)(x^2-5x+6)=(x+1)(x-2)(x-3)$

$$
\begin{array}{r|rrrr}
-1 & 1 & -4 & 1 & 6 \\
   &   & -1 & 5 & -6 \\
\hline
   & 1 & -5 & 6 & 0 \\
\end{array}
$$

(2) $f(x)=x^4-9x^2-4x+12$라고 하면

$f(1)=0$, $f(-2)=0$이므로 $x-1$, $x+2$는 $f(x)$의 인수이다.

따라서 조립제법을 이용하여 $f(x)$를 인수분해하면

$f(x)=(x-1)(x+2)(x^2-x-6)$

$\quad\ =(x-1)(x+2)(x+2)(x-3)$

$\quad\ =(x+2)^2(x-1)(x-3)$

$$
\begin{array}{r|rrrrr}
1 & 1 & 0 & -9 & -4 & 12 \\
  &   & 1 & 1 & -8 & -12 \\
\hline
-2 & 1 & 1 & -8 & -12 & 0 \\
  &   & -2 & 2 & 12 & \\
\hline
  & 1 & -1 & -6 & 0 & \\
\end{array}
$$

정답 (1) $(x+1)(x-2)(x-3)$ (2) $(x+2)^2(x-1)(x-3)$

보충 설명

(1)에서 $f(x)=x^3-4x^2+x+6$이라 하고 $x-a$ (a는 정수)가 $f(x)$의 인수이면

$f(x)=x^3-4x^2+x+6=(x-a)(x^2+bx+c)$ (b, c는 정수)

로 나타낼 수 있다. 우변을 전개하여 상수항을 비교하면

$-ac=6$ $\quad\therefore a=\pm$(6의 양의 약수)

한번 더 ✓☐

07-1

다음 식을 인수분해하시오.

(1) x^3+2x+3

(2) $x^4+5x^3+5x^2-5x-6$

한번 더 ✓☐

07-2

다항식 $2x^3+x^2+ax+2$가 세 일차식의 곱 $(x+2)(2x+b)(x+c)$로 인수분해될 때, 상수 a, b, c에 대하여 $a+b+c$의 값을 구하시오.

풀이 34쪽 ➕ 보충 설명　한번 더 ✓☐

07-3

〈보기〉에서 x^4-4x+3의 인수인 것을 모두 고르시오.

┌〈 보기 〉─────────
ㄱ. $x-1$　　　　　　ㄴ. x^2-2x+1

ㄷ. x^2+x+3　　　　ㄹ. x^2+2x+3
└─────────────────

• 풀이 33쪽～34쪽

정답　07-1 (1) $(x+1)(x^2-x+3)$　(2) $(x-1)(x+1)(x+2)(x+3)$　　07-2 -7　　07-3 ㄱ, ㄴ, ㄹ

1 다음 중 $a^3 - a^2c - ab^2 + b^2c$의 인수인 것은?

① $a+c$ ② $a-c$ ③ $b+c$

④ $b-c$ ⑤ a^2+b^2

2 다음 물음에 답하시오.

(1) $49^2 - 51^2 - 99^2 + 101^2 = 2^a \times 3^b \times 5^c$을 만족시키는 음이 아닌 정수 a, b, c에 대하여 $a+b+c$의 값을 구하시오.

(2) $a = \dfrac{200^3 - 1}{201 \times 200 + 1}$ 일 때, $\dfrac{a-1}{a+1}$의 값을 구하시오.

3 다음 식을 인수분해하시오.

(1) $x^2 + \left(a + \dfrac{1}{a}\right)x + 1$ (2) $3x^2 - \left(2a + \dfrac{3}{a}\right)x + 2$

4 다음 중 $x^6 - y^6$의 인수가 <u>아닌</u> 것은?

① $x-y$ ② $x+y$ ③ x^2+y^2

④ x^2-xy+y^2 ⑤ x^2+xy+y^2

5 오른쪽 그림은 한 변의 길이가 각각 $a+x$, $a+y$인 두 정사각형을 겹쳐 놓은 것이고, 색칠한 부분은 가로, 세로의 길이가 각각 x, y인 직사각형일 때, 두 정사각형에서 색칠한 부분을 제외한 두 도형의 넓이의 차는? (단, $x > y$)

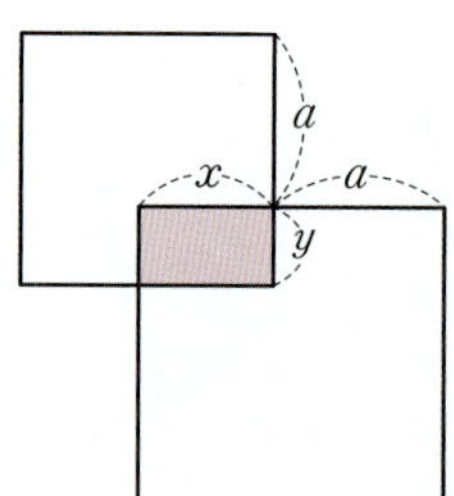

① $a^2(x-y)$ ② $2a(x-y)$

③ $(2a+x+y)(x-y)$ ④ $(2a+x-y)(x+y)$

⑤ $(a-x+y)(a+x-y)$

6 다항식 $x^4 - 8x^2 + 16$을 인수분해하면 $(x+a)^2(x+b)^2$일 때, $\dfrac{100}{a-b}$의 값을 구하시오.

$$(단, \ a > b)$$

7 다항식 $2x^2 - xy - y^2 + 3x + 3y - 2$가 두 일차식의 곱 $(x+ay+b)(2x+cy-1)$로 인수분해될 때, 상수 a, b, c에 대하여 $a+b+c$의 값을 구하시오.

8 다음 물음에 답하시오.

(1) 다항식 $x^3 + 5x^2 + 10x + 6$이 $(x+a)(x^2+4x+b)$로 인수분해될 때, 상수 a, b에 대하여 $a+b$의 값을 구하시오.

(2) 다항식 $x(x+1)(x+2)(x+3) - 8$이 $(x^2+3x+a)(x^2+3x+b)$로 인수분해될 때, 상수 a, b에 대하여 $a+b$의 값을 구하시오.

9 다항식 $2x^3 + ax^2 - 5x + 6$이 $x-1$로 나누어떨어지도록 하는 상수 a의 값을 구하고, 이 다항식을 인수분해하시오.

10 다항식 $x^4 - ax + b$가 $(x-2)^2$을 인수로 가질 때, 상수 a, b에 대하여 $b-a$의 값을 구하시오.

11 다항식 $x^2+(a+1)x+9$가 정수 계수의 두 일차식의 곱으로 인수분해되도록 하는 모든 정수 a의 값의 합은?

① -10 ② -8 ③ -6

④ -4 ⑤ -2

12 다항식 $2x^2-5xy+2y^2+x+y-1$이 두 일차식의 곱으로 인수분해될 때, 두 일차식의 합은?

① $3x+3y$ ② $3x+3y-2$ ③ $3x-3y$

④ $3x-3y-1$ ⑤ $3x-3y+2$

13 다항식 $x(x-1)(x-2)(x-3)-24$를 인수분해하였더니 $(x+1)(x-4)Q(x)$가 되었다. $Q(1)$의 값은?

① -6 ② -4 ③ 4

④ 6 ⑤ 12

14 다음 다항식이 x에 대한 이차식의 완전제곱식이 되도록 하는 상수 a의 값을 구하시오.

(1) $(x+1)(x+3)(x+5)(x+7)+a$

(2) $(x-3)(x-1)^2(x+1)+a$

15 오른쪽 그림과 같이 한 모서리의 길이가 $a+b$인 정육면체에서 한 모서리의 길이가 a인 정육면체와 한 모서리의 길이가 b인 정육면체를 각각 잘라내었을 때, 남은 부분의 부피를 a, b에 대한 식으로 인수분해하여 나타내시오.

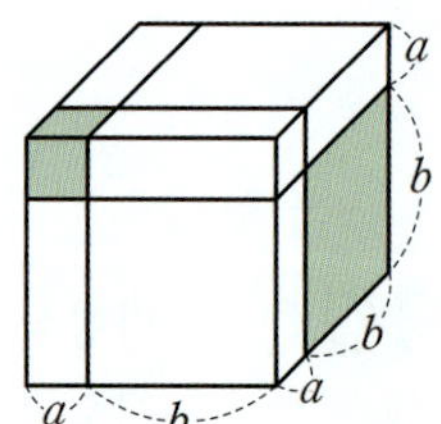

16 다음 식을 인수분해하시오.

(1) $abx^3-(b-a^2)x^2-2ax+1$

(2) $(x-y)^3+(y-z)^3+(z-x)^3$

(3) $(a+b+c)^3-a^3-b^3-c^3$

17 〈보기〉에서 다항식 $a^2(b-c)-b^2(a+c)-c^2(a-b)+2abc$의 인수인 것을 모두 고르시오.

┌─〈 보기 〉─────────────────────────────
ㄱ. $a-b$ ㄴ. $b-c$ ㄷ. $c+a$ ㄹ. $c-a$
└───────────────────────────────────

18 오른쪽 그림과 같은 삼각형 ABC의 세 변의 길이 a, b, c 사이에 다음과 같은 관계가 성립할 때, 삼각형 ABC는 어떤 삼각형인지 구하시오.

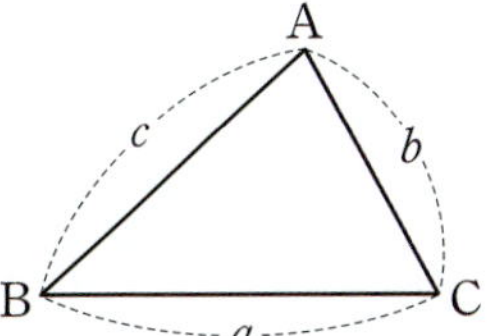

(1) $a^3-ab^2-b^2c+a^2c=0$

(2) $c^3-(a+b)c^2-(a^2+b^2)c+(a+b)(a^2+b^2)=0$

19 한 모서리의 길이가 x인 정육면체 모양의 나무토막이 있다. [그림 1]과 같이 이 나무토막의 윗면의 중앙에서 한 변의 길이가 y인 정사각형 모양으로 아랫면의 중앙까지 구멍을 뚫었다. 구멍은 정사각기둥 모양이고, 각 모서리는 처음 정육면체의 모서리와

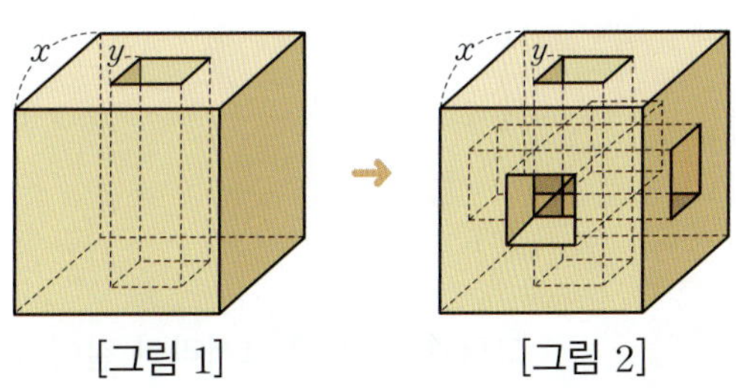

평행하다. 이와 같은 방법으로 각 면에서 구멍을 뚫어 [그림 2]와 같은 입체를 얻었다. 이때 [그림 2]의 입체의 부피를 x, y로 나타내면 $(x-y)^2(ax+by)$이다. $a+b$의 값을 구하시오.
(단, a, b는 상수이다.)

20 x^2의 계수가 1인 두 이차식 $f(x)$, $g(x)$가 다음 조건을 만족시킨다.

┌─────────────────────────────────────
(가) 모든 x에 대하여 $(x-2)f(x)=(x+3)g(x)$

(나) $f(x)g(x)=x^4+3x^3-3x^2-11x-6$
└─────────────────────────────────────

두 이차식의 합 $f(x)+g(x)$를 구하시오.

21 (교육청)

다항식 $(x^2+x)(x^2+x+1)-6$이 $(x+2)(x-1)(x^2+ax+b)$로 인수분해될 때, 두 상수 a, b에 대하여 $a+b$의 값은?

① 1   ② 2   ③ 3

④ 4   ⑤ 5

22 (교육청)

일차식 $f(x)$에 대하여 다항식 $x^3+1-f(x)$가 $(x+1)(x+a)^2$으로 인수분해될 때, $f(7)$의 값은? (단, a는 상수이다.)

① 2   ② 4   ③ 6

④ 8   ⑤ 10

23 (교육청)

x에 대한 다항식 $(x-1)(x-4)(x-5)(x-8)+a$가 $(x+b)^2(x+c)^2$으로 인수분해될 때, 세 정수 a, b, c에 대하여 $a+b+c$의 값은?

① 19   ② 21   ③ 23

④ 25   ⑤ 27

24 (교육청)

그림과 같이 세 모서리의 길이가 각각 x, x, $x+3$인 직육면체 모양에 한 모서리의 길이가 1인 정육면체 모양의 구멍이 두 개 있는 나무 블록이 있다. 세 정수 a, b, c에 대하여 이 나무 블록의 부피를 $(x+a)(x^2+bx+c)$로 나타낼 때, $a\times b\times c$의 값은? (단, $x>1$)

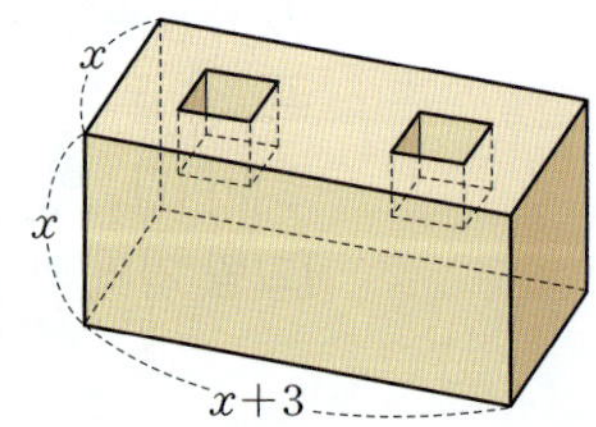

① -5 ② -4 ③ -3

④ -2 ⑤ -1

25 (교육청)

자연수 n^4+n^2-2가 $(n-1)(n-2)$의 배수가 되도록 하는 자연수 n의 최댓값을 구하시오.

04 복소수

1 복소수의 뜻

- **허수단위 i와 음수의 제곱근**

  (1) 제곱하여 -1이 되는 수를 i로 나타내고, 이것을 허수단위라고 한다.
  즉, $i=\sqrt{-1}$

  (2) $a>0$일 때, $\sqrt{-a}=\sqrt{a}i$이고 $-a$의 제곱근은 $\pm\sqrt{a}i$이다.

- **복소수의 정의**

  임의의 두 실수 a, b에 대하여 $a+bi$ 꼴로 나타내어지는 수를 복소수라 하고, a를 이 복소수의 실수부분, b를 이 복소수의 허수부분이라고 한다.

- **복소수가 서로 같을 조건**

  a, b, c, d가 실수일 때,
  $a+bi=c+di$이면 $a=c$, $b=d$이고, $a=c$, $b=d$이면 $a+bi=c+di$이다.

- **켤레복소수**

  복소수 $a+bi$ (a, b는 실수)에 대하여 $a-bi$를 $a+bi$의 켤레복소수라 하고, 이것을 기호로 $\overline{a+bi}$와 같이 나타낸다.

2 복소수의 연산

- **복소수의 사칙연산**

  a, b, c, d가 실수일 때

  (1) $(a+bi)+(c+di)=(a+c)+(b+d)i$

  (2) $(a+bi)-(c+di)=(a-c)+(b-d)i$

  (3) $(a+bi)(c+di)=(ac-bd)+(ad+bc)i$

  (4) $\dfrac{a+bi}{c+di}=\dfrac{(a+bi)(c-di)}{(c+di)(c-di)}=\dfrac{ac+bd}{c^2+d^2}+\dfrac{bc-ad}{c^2+d^2}i$ (단, $c+di\neq0$)

- **켤레복소수의 성질**

  두 복소수 z_1, z_2의 켤레복소수를 각각 $\overline{z_1}$, $\overline{z_2}$라고 할 때

  (1) $\overline{z_1+z_2}=\overline{z_1}+\overline{z_2}$ (2) $\overline{z_1-z_2}=\overline{z_1}-\overline{z_2}$

  (3) $\overline{z_1z_2}=\overline{z_1}\times\overline{z_2}$ (4) $\overline{\left(\dfrac{z_1}{z_2}\right)}=\dfrac{\overline{z_1}}{\overline{z_2}}$ (단, $z_2\neq0$)

- **허수단위 i의 거듭제곱**

  $i^{4n}=1$, $i^{4n+1}=i$, $i^{4n+2}=i^2=-1$, $i^{4n+3}=i^3=-i$ (n은 자연수)

Q&A

Q 복소수에서는 왜 켤레복소수를 구분하여 사용하는 것인가요?

A 어떤 복소수 z의 켤레복소수 $\overline{z}$는 허수부분의 부호만 바뀐 것으로 $z+\overline{z}$, $z\times\overline{z}$가 모두 실수가 되므로 복소수의 연산에서 많이 사용하기 때문입니다.

1 복소수의 뜻

1 허수단위 i와 음수의 제곱근

방정식 $x^2=1$의 근을 실수의 범위에서 구하면 $x=\pm1$입니다. 그러나 임의의 실수 a에 대하여 $a^2\geq0$이므로 실수의 범위에서 방정식 $x^2=-1$의 근은 존재하지 않습니다. 이러한 방정식이 근을 가지도록 제곱하면 음수가 되는 실수 이외의 새로운 수를 생각할 필요가 있습니다.

제곱하여 -1이 되는 새로운 수를 생각하고, 이것을 문자 **i**로 나타내기로 합니다. 즉,

$$i^2=-1$$

이고 i를 **허수단위**라 하고, $i=\sqrt{-1}$입니다.

$$i=\sqrt{-1}$$
$$i^2=-1$$

따라서 방정식 $x^2=-1$의 근을 구하면 다음과 같습니다.

$$x=\sqrt{-1}=i \text{ 또는 } x=-\sqrt{-1}=-i$$

Example 다음 수를 허수단위 i를 사용하여 나타내면

(1) $\sqrt{-2}=\sqrt{2}\,i$ (2) $\sqrt{-25}=\sqrt{25}\,i=5i$ (3) $-\sqrt{-18}=-\sqrt{18}\,i=-3\sqrt{2}\,i$

일반적으로 $a>0$일 때,

$$(\sqrt{a}i)^2=ai^2=-a,\ (-\sqrt{a}i)^2=ai^2=-a$$

가 성립하므로 $\sqrt{a}i$와 $-\sqrt{a}i$는 방정식 $x^2=-a$의 해가 됩니다.

따라서 $-a$의 제곱근은 $\sqrt{a}i$와 $-\sqrt{a}i$이고 $\sqrt{-a}=\sqrt{a}i$, $-\sqrt{-a}=-\sqrt{a}i$와 같이 나타내므로 $-a$의 제곱근은 $\pm\sqrt{-a}=\pm\sqrt{a}i$와 같이 나타낼 수 있습니다.

Example (1) -5의 제곱근은 $\pm\sqrt{5}i$ (2) $-\dfrac{1}{9}$의 제곱근은 $\pm\sqrt{\dfrac{1}{9}}i=\pm\dfrac{1}{3}i$

양의 실수에서의 제곱근은 다음이 성립함을 알고 있습니다.

$$a>0,\ b>0일\ 때,\ \sqrt{a}\sqrt{b}=\sqrt{ab},\ \frac{\sqrt{a}}{\sqrt{b}}=\sqrt{\frac{a}{b}}$$

그런데 이제 근호 안이 음수가 되더라도 수의 확장에 의하여 음수의 제곱근의 곱셈과 나눗셈에 대한 성질이 성립함을 알 수 있습니다.

$$a<0,\ b<0이면\ \sqrt{a}\sqrt{b}=-\sqrt{ab}\ \leftarrow\ -a>0,\ -b>0이므로\ \sqrt{a}\sqrt{b}=\sqrt{-a}i\sqrt{-b}i=\sqrt{(-a)(-b)}i^2=-\sqrt{ab}$$

$$a>0,\ b<0이면\ \frac{\sqrt{a}}{\sqrt{b}}=-\sqrt{\frac{a}{b}}\ \leftarrow\ a>0,\ -b>0이므로\ \frac{\sqrt{a}}{\sqrt{b}}=\frac{\sqrt{a}}{\sqrt{-b}i}=\frac{\sqrt{a}i}{\sqrt{-b}i^2}=-\sqrt{\frac{a}{-b}}i=-\sqrt{\frac{a}{-b}}$$

또한 $a\neq0$, $b\neq0$일 때, 실수 a, b의 부호를 다음 네 가지로 구분할 수 있습니다.

　　① $a>0$, $b>0$　　② $a>0$, $b<0$　　③ $a<0$, $b>0$　　④ $a<0$, $b<0$

$\sqrt{a}\sqrt{b}=\sqrt{ab}$가 성립하는 경우는 ①, ②, ③일 때이고 $\dfrac{\sqrt{a}}{\sqrt{b}}=\sqrt{\dfrac{a}{b}}$가 성립하는 경우는 ①, ③, ④일 때입니다.

개념 Point　　허수단위 i와 음수의 제곱근

1 허수단위 i : 제곱하여 -1이 되는 가상의 수(imaginary number), 즉
$$i^2=-1, \quad i=\sqrt{-1}$$

2 음수의 제곱근 : $a>0$일 때, $\sqrt{-a}=\sqrt{a}\,i$이고 $-a$의 제곱근은 $\pm\sqrt{a}\,i$이다.

---

② 복소수의 정의

임의의 두 실수 a, b에 대하여

　　$a+bi$

꼴로 나타내어지는 수를 **복소수**라 하고, a를 **실수부분**, b를 **허수부분**이라고 합니다.

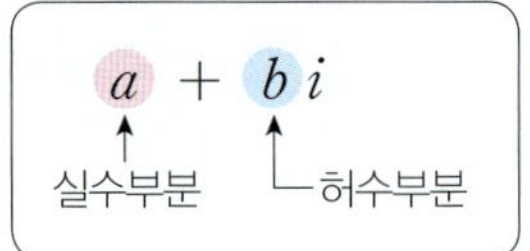

한편, 임의의 실수 a는 $a+0i$로 나타낼 수 있으므로 모든 실수는 복소수라고 할 수 있습니다.

또한 복소수 $a+bi$에서 $b\neq0$이면 $a+bi$는 실수가 아닙니다. 실수가 아닌 복소수를 **허수**라고 합니다. 특히, $a=0$, $b\neq0$인 경우에는 bi 꼴의 복소수가 되는데 이를 순허수라고 합니다.

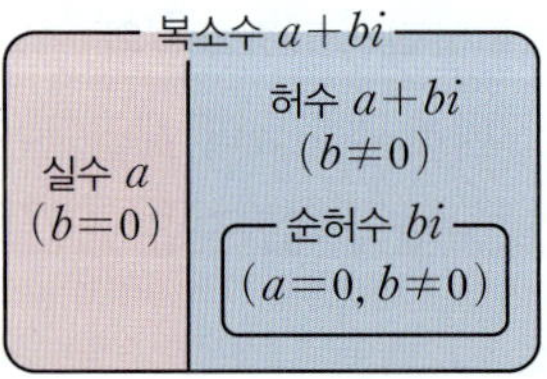

따라서 임의의 두 실수 a, b에 대하여 복소수는 다음과 같이 분류할 수 있습니다.

$$\text{복소수 } a+bi \begin{cases} \text{실수 } a \quad (b=0) \\ \text{허수 } a+bi \ (b\neq0) \begin{cases} \text{순허수 } bi \ (a=0, b\neq0) \\ \text{순허수가 아닌 허수 } a+bi \ (a\neq0, b\neq0) \end{cases} \end{cases}$$

Example　(1) 복소수 $-2-i$에서 실수부분은 -2, 허수부분은 -1이다.

　(2) 복소수 $2i$에서 실수부분은 0, 허수부분은 2이다.　← 실수부분은 없다고 하지 않고 0이라고 함에 주의한다.

　(3) 복소수 $2+\sqrt{3}\,i$에서 실수부분은 2, 허수부분은 $\sqrt{3}$이다.

임의의 두 실수 a, b에 대하여 $a+bi$ 꼴로 나타내어지는 수를 복소수라 하고, a를 이 복소수의 실수부분, b를 이 복소수의 허수부분이라고 한다.

+ Plus

허수의 대소 관계는 존재하지 않는다.

(i) $i>0$이면 $i\times i>0\times i$ $\qquad \therefore\ -1>0$ ➡ 모순

(ii) $i=0$이면 $i\times i=0\times i$ $\qquad \therefore\ -1=0$ ➡ 모순

(iii) $i<0$이면 $i\times i>0\times i$ $\qquad \therefore\ -1>0$ ➡ 모순

(i)~(iii)에서 i는 양수도 아니고, 음수도 아니고, 0도 아니다.

따라서 실수와 허수, 허수와 허수 사이에는 대소 관계가 존재하지 않는다.

3 복소수가 서로 같을 조건

두 복소수의 실수부분과 허수부분이 각각 같을 때, 두 복소수는 서로 같다고 합니다.

즉, a, b, c, d가 실수일 때 두 복소수 $a+bi$, $c+di$에 대하여

$$a=c,\ b=d\text{이면 } a+bi=c+di$$

입니다. 한편,

$$a+bi=c+di\text{이면 } a=c,\ b=d$$

입니다. 특히, 0은 $0+0i$로 나타낼 수 있으므로

$$a+bi=0\text{이면 } a=0,\ b=0$$

$\leftarrow$ $a+bi=0$에서 $b\neq0$이라고 가정하면 $i=-\dfrac{a}{b}$이므로 i가 실수가 되어 모순이다.

입니다. 이때 a, b가 실수라는 조건이 없다면 $a=0$, $b=0$이라고 하면 안 됩니다.

예를 들어 $a=-i$, $b=1$이면 $a+bi=-i+1\times i=0$이므로 0이 아닌 a, b에 대하여 등식 $a+bi=0$이 성립하기 때문입니다.

Example
(1) a, b가 실수일 때, $a+3i=2+bi$이면 $a=2$, $b=3$
(2) a, b가 실수일 때, $a+bi=7$이면 $a=7$, $b=0$
(3) a, b가 실수일 때, $a+bi=-5i$이면 $a=0$, $b=-5$

a, b, c, d가 실수일 때

1 $a+bi=c+di$이면 $a=c$, $b=d$

2 $a+bi=0$이면 $a=0$, $b=0$

4 켤레복소수

복소수 $a+bi$ (a, b는 실수)에 대하여 허수부분의 부호를 바꾼
복소수 $a-bi$를 $a+bi$의 **켤레복소수**라 하고, 이것을 기호로

$$\overline{a+bi}$$

와 같이 나타냅니다. 즉, $\overline{a+bi}=a-bi$입니다. ← 허수부분의 부호만 반대이다.

> 켤레복소수
> $$\overline{a+bi}=a-bi$$

두 복소수 $a+bi$, $a-bi$ (a, b는 실수)에 대하여 $\overline{a+bi}=a-bi$, $\overline{a-bi}=a+bi$이므로
$a+bi$와 $a-bi$는 서로 켤레복소수입니다.

예를 들어 $1+i$와 $1-i$는 서로 켤레복소수입니다. 즉,

$$\overline{1+i}=1-i, \ \overline{1-i}=1+i$$

입니다.

Example
(1) $\overline{-1-2i}=-1+2i$
(2) $\overline{i-1}=\overline{-1+i}=-1-i$
(3) $\overline{i}=-i$
(4) $\overline{5}=5$

실수와 순허수의 켤레복소수의 성질에 대하여 알아봅시다.

복소수 z가 실수이면 $z=a$ (a는 실수), 즉 $a=a+0i$이므로

$$\bar{z}=a-0i=a=z$$

입니다. 따라서 복소수 z가 실수이면 $\bar{z}=z$입니다.

한편, 복소수 z가 순허수이면 $z=bi$ (b는 실수), 즉 $bi=0+bi$이므로

$$\bar{z}=0-bi=-bi=-z$$

입니다. 따라서 복소수 z가 순허수이면 $\bar{z}=-z$입니다.

개념 Point 　켤레복소수

복소수 $a+bi$ (a, b는 실수)에 대하여 $a-bi$를 $a+bi$의 켤레복소수라 하고, 이것을 기호로
$\overline{a+bi}$와 같이 나타낸다.
복소수 z의 켤레복소수를 $\bar{z}$라고 할 때
1 z가 실수이면 $z=\bar{z}$이다.
2 z가 순허수이면 $z=-\bar{z}$이다.
참고 복소수 z의 켤레복소수를 $\bar{z}$로 나타내고 이를 'z bar'라고 읽는다.

1 다음 수를 허수단위 i를 사용하여 나타내시오.

(1) $\sqrt{-3}$　　　　(2) $\sqrt{-9}$　　　　(3) $-\sqrt{-12}$　　　　(4) $\sqrt{-\dfrac{9}{16}}$

2 다음 □ 안에 알맞은 수를 써넣으시오.

(1) 복소수 $5+i$의 실수부분은 □이고, 허수부분은 □이다.

(2) 복소수 $\dfrac{-\sqrt{2}-4i}{3}$ 의 실수부분은 □이고, 허수부분은 □이다.

(3) 복소수 -1의 실수부분은 □이고, 허수부분은 □이다.

3 다음 수를 〈보기〉에서 모두 고르시오.

〈 보기 〉
ㄱ. -1	ㄴ. $1+i$	ㄷ. $5i$
ㄹ. $\sqrt{-4}$	ㅁ. $-1-2i$	ㅂ. $2+\sqrt{3}$

(1) 실수　　　　(2) 허수　　　　(3) 순허수　　　　(4) 복소수

4 다음 등식을 만족시키는 실수 x, y의 값을 각각 구하시오.

(1) $x+yi=-2-2i$　　　　(2) $2x+(y+1)i=6-i$

(3) $x+9i=yi$　　　　(4) $(x-1)+(y+3)i=2+5i$

5 다음 복소수의 켤레복소수를 구하시오.

(1) $3+i$　　　　(2) $1-3i$　　　　(3) -2　　　　(4) $2i$

● 풀이 42쪽

정답

1 (1) $\sqrt{3}i$　(2) $3i$　(3) $-2\sqrt{3}i$　(4) $\dfrac{3}{4}i$　　　　**2** (1) 5, 1　(2) $-\dfrac{\sqrt{2}}{3}$, $-\dfrac{4}{3}$　(3) -1, 0

3 (1) ㄱ, ㅂ　(2) ㄴ, ㄷ, ㄹ, ㅁ　(3) ㄷ, ㄹ　(4) ㄱ, ㄴ, ㄷ, ㄹ, ㅁ, ㅂ

4 (1) $x=-2$, $y=-2$　(2) $x=3$, $y=-2$　(3) $x=0$, $y=9$　(4) $x=3$, $y=2$

5 (1) $3-i$　(2) $1+3i$　(3) -2　(4) $-2i$

예제 01

다음을 $a+bi$ 꼴로 나타내시오. (단, a, b는 실수이다.)

(1) $\sqrt{3}\sqrt{-12}+\sqrt{-3}\sqrt{12}+\sqrt{-3}\sqrt{-12}$

(2) $\dfrac{\sqrt{-12}}{\sqrt{3}}+\dfrac{\sqrt{12}}{\sqrt{-3}}+\dfrac{\sqrt{-12}}{\sqrt{-3}}$

접근 방법 〉 0이 아닌 실수 a, b에 대하여

$a<0$, $b<0$이면 $\sqrt{a}\sqrt{b}=-\sqrt{ab}$이고, 그 외의 경우는 $\sqrt{a}\sqrt{b}=\sqrt{ab}$가 되고,

$a>0$, $b<0$이면 $\dfrac{\sqrt{a}}{\sqrt{b}}=-\sqrt{\dfrac{a}{b}}$이고, 그 외의 경우는 $\dfrac{\sqrt{a}}{\sqrt{b}}=\sqrt{\dfrac{a}{b}}$가 됨을 이용한다.

또한 $k>0$일 때, $\sqrt{-k}=\sqrt{k}i$임을 이용한다.

> **수매씽 Point** $a<0$, $b<0$이면 $\sqrt{a}\sqrt{b}=-\sqrt{ab}$
>
> $a>0$, $b<0$이면 $\dfrac{\sqrt{a}}{\sqrt{b}}=-\sqrt{\dfrac{a}{b}}$

상세 풀이 〉

(1) $\sqrt{3}\sqrt{-12}+\sqrt{-3}\sqrt{12}+\sqrt{-3}\sqrt{-12}=\sqrt{-36}+\sqrt{-36}-\sqrt{(-3)\times(-12)}$

$$=\sqrt{36}\,i+\sqrt{36}\,i-\sqrt{36}$$

$$=6i+6i-6=-6+12i$$

(2) $\dfrac{\sqrt{-12}}{\sqrt{3}}+\dfrac{\sqrt{12}}{\sqrt{-3}}+\dfrac{\sqrt{-12}}{\sqrt{-3}}=\sqrt{\dfrac{-12}{3}}-\sqrt{\dfrac{12}{-3}}+\sqrt{\dfrac{-12}{-3}}$

$$=\sqrt{-4}-\sqrt{-4}+\sqrt{4}$$

$$=\sqrt{4}\,i-\sqrt{4}\,i+\sqrt{4}$$

$$=2i-2i+2=2$$

정답 (1) $-6+12i$ (2) 2

보충 설명

뒤에서 복소수의 연산을 배우고 나면 다음과 같이 간단히 복소수의 연산을 이용하여 계산할 수도 있다.

$\sqrt{-3}=\sqrt{3}\,i$, $\sqrt{-12}=\sqrt{12}\,i=2\sqrt{3}\,i$ 이므로

(1) $\sqrt{3}\sqrt{-12}+\sqrt{-3}\sqrt{12}+\sqrt{-3}\sqrt{-12}=\sqrt{3}\times2\sqrt{3}\,i+\sqrt{3}\,i\times2\sqrt{3}+\sqrt{3}\,i\times2\sqrt{3}\,i$

$$=6i+6i+6i^2=-6+12i$$

(2) $\dfrac{\sqrt{-12}}{\sqrt{3}}+\dfrac{\sqrt{12}}{\sqrt{-3}}+\dfrac{\sqrt{-12}}{\sqrt{-3}}=\dfrac{2\sqrt{3}\,i}{\sqrt{3}}+\dfrac{2\sqrt{3}}{\sqrt{3}\,i}+\dfrac{2\sqrt{3}\,i}{\sqrt{3}\,i}$

$$=2i+\dfrac{2i}{i^2}+2=2$$

 · 한번 더 ✓ ☐

01-1

다음을 $a+bi$ 꼴로 나타내시오. (단, a, b는 실수이다.)

(1) $\sqrt{3}\sqrt{-27}+\dfrac{\sqrt{27}}{\sqrt{-3}}$

(2) $\sqrt{-3}\sqrt{-27}-\dfrac{\sqrt{-27}}{\sqrt{-3}}$

표현 바꾸기 · 풀이 42쪽 ➕ 보충 설명 · 한번 더 ✓ ☐

01-2

0이 아닌 실수 a, b에 대하여 $\sqrt{a}\sqrt{b}=-\sqrt{ab}$일 때, $\sqrt{a}+\sqrt{b}$의 켤레복소수는?

① $-\sqrt{a}+\sqrt{b}$ ② $\sqrt{a}-\sqrt{b}$ ③ $-\sqrt{a}-\sqrt{b}$

④ $\sqrt{-a}+\sqrt{b}$ ⑤ $-\sqrt{-a}-\sqrt{-b}$

개념 넓히기 · 풀이 42쪽 ➕ 보충 설명 · 한번 더 ✓ ☐

01-3

0이 아닌 실수 a, b에 대하여 $\dfrac{\sqrt{a}}{\sqrt{b}}=-\sqrt{\dfrac{a}{b}}$일 때, $\sqrt{(a-b)^2}-2|b|$를 간단히 하면?

① $-a-b$ ② $a+b$ ③ $-a+3b$

④ $a-3b$ ⑤ $a+3b$

• 풀이 42쪽

정답 **01-1** (1) $6i$ (2) -12 **01-2** ③   **01-3** ②

예제 02 복소수가 서로 같을 조건

다음 등식을 만족시키는 실수 x, y의 값을 각각 구하시오.

(1) $(x-2)+(y+1)i=0$

(2) $(x-y)+(2x+3y)i=3-4i$

접근 방법〉 두 복소수가 서로 같으면 두 복소수의 실수부분과 허수부분이 각각 같음을 이용하여 x, y의 값을 구한다.

> **수매씽 Point** a, b, c, d가 실수일 때
> (1) $a+bi=c+di$이면 $a=c$, $b=d$
> (2) $a+bi=0$이면 $a=0$, $b=0$

상세 풀이〉 (1) x, y가 실수일 때, $x-2$, $y+1$도 실수이므로 복소수가 서로 같을 조건에 의하여

$$x-2=0, \; y+1=0$$
$$\therefore x=2, \; y=-1$$

(2) x, y가 실수일 때, $x-y$, $2x+3y$도 실수이므로 복소수가 서로 같을 조건에 의하여

$$x-y=3, \; 2x+3y=-4$$

위의 두 식을 연립하여 풀면

$$x=1, \; y=-2$$

정답 (1) $x=2$, $y=-1$ (2) $x=1$, $y=-2$

보충 설명

복소수가 서로 같을 조건을 이용하려면 복소수에 포함된 문자가 실수라는 조건이 반드시 필요하다.

실수라는 조건이 없다면 (1)에서 $x-2=1$, $y+1=i$, 즉 $x=3$, $y=i-1$인 경우에도 등식이 성립하기 때문이다.

02-1

다음 등식을 만족시키는 실수 x, y의 값을 각각 구하시오.

(1) $(x-y+1)+(2x+y-4)i=0$

(2) $(x-y)+(2x+y)i=5-2i$

02-2

두 실수 x, y가 등식 $(3-i)x+(1+3i)y=2+4i$를 만족시킬 때, $10x+5y$의 값을 구하시오.

02-3

두 자연수 m, n에 대하여 복소수 z를 $z=m(1+i)-n(1-i)-5i$라 하자. $z=\bar{z}$가 되도록 하는 m, n의 모든 순서쌍 (m, n)의 개수를 구하시오. (단, $\bar{z}$는 z의 켤레복소수이다.)

• 풀이 42쪽~43쪽

정답   **02-1** (1) $x=1$, $y=2$ (2) $x=1$, $y=-4$ **02-2** 9   **02-3** 4

예제 03 — 복소수가 실수 또는 순허수가 되는 조건

복소수 $z=(1+i)a-3-2i$에 대하여 다음 물음에 답하시오.

(1) z^2이 음의 실수가 되도록 하는 실수 a의 값을 구하시오.

(2) z^2이 양의 실수가 되도록 하는 실수 a의 값을 구하시오.

접근 방법〉 복소수 $z=a+bi$ (a, b는 실수)에 대하여 $a=0$, $b\neq0$이면 $z=bi$, 즉 순허수이고 $z^2=-b^2<0$이므로 z^2이 음의 실수가 된다. 한편, $a\neq0$, $b=0$이면 $z=a$, 즉 실수이고 $z^2=a^2>0$이므로 z^2이 양의 실수가 된다.

수매씽 Point 복소수 z를 (실수부분)$+$(허수부분)i 꼴로 정리한 다음 조건에 맞게 생각한다.

상세 풀이〉 $z=(1+i)a-3-2i=(a-3)+(a-2)i$이므로

(1) z^2이 음의 실수가 되려면 주어진 복소수에서 실수부분은 0이고, 허수부분은 0이 아닌 실수이어야 한다. 즉, z가 순허수이면 z^2은 음의 실수가 된다.

복소수 z가 순허수가 되기 위해서는 실수 부분이 0이어야 하므로
$$a-3=0 \qquad \therefore a=3$$

(2) z^2이 양의 실수가 되려면 주어진 복소수에서 실수부분은 0이 아닌 실수이고, 허수부분은 0이어야 한다. 즉, z가 실수이면 z^2은 양의 실수가 된다.

복소수 z가 실수가 되기 위해서는 허수부분이 0이어야 하므로
$$a-2=0 \qquad \therefore a=2$$

정답 (1) 3 (2) 2

보충 설명

복소수 $z=a+bi$ (a, b는 실수)에 대하여

z^2이 실수이면 z는 실수 또는 순허수이다. ➡ $b=0$ 또는 $a=0$, $b\neq0$

z^2이 음의 실수이면 z는 순허수이다. ➡ $a=0$, $b\neq0$

03-1　복소수 $z=x^2+x+(x^2-1)i$에 대하여 다음 물음에 답하시오.

(1) z가 실수일 때, 실수 x의 값을 구하시오.

(2) z가 순허수일 때, 실수 x의 값을 구하시오.

03-2　복소수 $z=(1+i)x^2-ix-2(2+i)$와 그 켤레복소수 $\bar{z}$에 대하여 $z=\bar{z}$가 되도록 하는 실수 x의 값을 구하시오.

03-3　복소수 $z=(1+i)x^2-(3+5i)x-4+6i$와 그 켤레복소수 $\bar{z}$에 대하여 $iz-i\bar{z}=0$이 되도록 하는 모든 실수 x의 합을 구하시오.

• 풀이 43쪽

정답　**03-1** (1) $x=1$ 또는 $x=-1$　(2) $x=0$　　**03-2** $x=-1$ 또는 $x=2$　　**03-3** 5

복소수의 연산

1 복소수의 사칙연산

1. 복소수의 덧셈과 뺄셈

복소수의 덧셈과 뺄셈은 허수단위 i를 문자처럼 생각하여 실수부분은 실수부분끼리, 허수부분은 허수부분끼리 각각 계산합니다. 즉,

$$（실수부분）+（허수부분）i$$

꼴로 나타냅니다. a, b, c, d가 실수일 때, 다음과 같이 계산합니다.

(1) $(a+bi)+(c+di)=(a+c)+(b+d)i$

(2) $(a+bi)-(c+di)=(a-c)+(b-d)i$

Example

(1) $(4+i)+(1-2i)=(4+1)+(1-2)i=5-i$

(2) $(8+3i)-(2-i)=(8-2)+(3+1)i=6+4i$

개념 Point   복소수의 덧셈과 뺄셈

a, b, c, d가 실수일 때

1 $(a+bi)+(c+di)=(a+c)+(b+d)i$

2 $(a+bi)-(c+di)=(a-c)+(b-d)i$

＋ Plus

복소수에서도 덧셈에 대한 교환법칙과 결합법칙이 성립한다.

---

2. 복소수의 곱셈과 나눗셈

복소수의 곱셈은 허수단위 i를 문자처럼 생각하고 분배법칙을 이용하여 전개한 후, $i^2=-1$임을 이용하여 계산합니다.

즉, a, b, c, d가 실수일 때, 다음과 같이 계산합니다.

$$(a+bi)(c+di)=ac+adi+bci+bdi^2 \quad \leftarrow \text{분배법칙을 이용하여 전개}$$

$$=ac+adi+bci-bd \quad \leftarrow i^2=-1\text{로 계산}$$

$$=(ac-bd)+(ad+bc)i \quad \leftarrow （실수부분）+（허수부분）i \text{ 꼴로 정리}$$

Example

(1) $(5+i)(2-i)=10-5i+2i-i^2=\{10-(-1)\}+(-5+2)i=11-3i$

(2) $(1-2i)(i-1)=i-1-2i^2+2i=\{-1-(-2)\}+(1+2)i=1+3i$

이제 복소수의 나눗셈에 대하여 알아봅시다. 복소수의 나눗셈은 분모가 실수가 되도록 만들어 계산합니다.

중학교에서 배운 무리수의 나눗셈에서 분모를 유리화하는 것과 같은 방법으로 복소수의 나눗셈은 분모, 분자에 각각 분모의 켤레복소수를 곱하여 분모를 실수가 되도록 만든 후에 계산합니다.

즉, a, b, c, d가 실수이고 $c+di \neq 0$일 때, 다음과 같이 계산합니다.

$$(a+bi) \div (c+di) = \frac{a+bi}{c+di} = \frac{(a+bi)(c-di)}{(c+di)(c-di)}$$

← 분모, 분자에 각각 분모의 켤레복소수를 곱하여 계산

$$= \frac{(ac+bd)+(bc-ad)i}{c^2+d^2}$$

$$= \frac{ac+bd}{c^2+d^2} + \frac{bc-ad}{c^2+d^2}i$$

Example

(1) $\dfrac{4+i}{1-3i} = \dfrac{(4+i)(1+3i)}{(1-3i)(1+3i)} = \dfrac{4+12i+i+3i^2}{1-9i^2} = \dfrac{1+13i}{1+9} = \dfrac{1}{10} + \dfrac{13}{10}i$

(2) $\dfrac{6+2i}{1+i} = \dfrac{(6+2i)(1-i)}{(1+i)(1-i)} = \dfrac{6-6i+2i-2i^2}{1-i^2} = \dfrac{8-4i}{1+1} = 4-2i$

분모에 순허수가 있는 경우에는 분모와 분자에 각각 허수단위 i를 곱하여 계산합니다. 즉, a, b, c가 실수이고 $ci \neq 0$일 때,

$$(a+bi) \div ci = \frac{a+bi}{ci} = \frac{(a+bi)i}{ci \times i}$$

← 분모와 분자에 각각 허수단위 i를 곱하여 계산

$$= \frac{-b+ai}{-c} = \frac{b}{c} - \frac{a}{c}i$$

입니다.

Example

(1) $\dfrac{2}{i} = \dfrac{2i}{i \times i} = \dfrac{2i}{i^2} = \dfrac{2i}{-1} = -2i$

(2) $\dfrac{2+i}{3i} = \dfrac{(2+i)i}{3i \times i} = \dfrac{2i+i^2}{3i^2} = \dfrac{-1+2i}{-3} = \dfrac{1}{3} - \dfrac{2}{3}i$

개념 Point **복소수의 곱셈과 나눗셈**

a, b, c, d가 실수일 때

1 $(a+bi)(c+di) = (ac-bd)+(ad+bc)i$

2 $\dfrac{a+bi}{c+di} = \dfrac{(a+bi)(c-di)}{(c+di)(c-di)} = \dfrac{ac+bd}{c^2+d^2} + \dfrac{bc-ad}{c^2+d^2}i$ (단, $c+di \neq 0$)

+ Plus

복소수에서도 곱셈에 대한 교환법칙, 결합법칙과 분배법칙이 성립한다.

② 켤레복소수의 성질

복소수의 연산을 통하여 복소수와 그 켤레복소수 사이에는 어떠한 관계가 성립하는지 살펴봅시다.

a, b가 실수일 때, 복소수 $z=a+bi$와 그 켤레복소수 $\overline{z}=a-bi$에 대하여

$$z+\overline{z}=(a+bi)+(a-bi)=2a \ \Rightarrow \ \text{실수}$$
$$z\times\overline{z}=(a+bi)\times(a-bi)=a^2+b^2 \ \Rightarrow \ \text{실수}$$

→ (허수부분)=0이므로 실수

입니다. 따라서 복소수와 그 켤레복소수의 합과 곱은 항상 실수가 됩니다.

> **Example**
>
> 두 복소수 $7+3i$, $7-3i$에 대하여
> $$(7+3i)+(7-3i)=14$$
> $$(7+3i)(7-3i)=49-9i^2=49+9=58$$
> 이므로 복소수와 그 켤레복소수의 합과 곱은 실수이다.

두 복소수의 덧셈에 대한 켤레복소수는 두 복소수 각각의 켤레복소수의 덧셈과 같습니다. 즉, a, b, c, d가 실수일 때, 두 복소수 $z_1=a+bi$, $z_2=c+di$와 각각의 켤레복소수 $\overline{z_1}=a-bi$, $\overline{z_2}=c-di$에 대하여

$$\begin{aligned}
\overline{z_1+z_2} &= \overline{(a+bi)+(c+di)} \\
&= \overline{(a+c)+(b+d)i} \\
&= (a+c)-(b+d)i \\
\overline{z_1}+\overline{z_2} &= \overline{a+bi}+\overline{c+di} \\
&= (a-bi)+(c-di) \\
&= (a+c)-(b+d)i
\end{aligned}$$

이므로

$$\overline{z_1+z_2}=\overline{z_1}+\overline{z_2}$$

입니다.

> **Example**
>
> 두 복소수 $3+2i$, $2-i$에 대하여 $(3+2i)+(2-i)=5+i$이므로
> $$\overline{(3+2i)+(2-i)}=\overline{5+i}=5-i$$
> 또한 $\overline{3+2i}=3-2i$, $\overline{2-i}=2+i$이므로
> $$\overline{3+2i}+\overline{2-i}=(3-2i)+(2+i)=5-i$$
> $$\therefore \ \overline{(3+2i)+(2-i)}=\overline{3+2i}+\overline{2-i}$$

마찬가지 방법으로 두 복소수의 뺄셈에 대한 켤레복소수는 두 복소수 각각의 켤레복소수의 뺄셈과 같습니다. 즉, 두 복소수 z_1, z_2의 켤레복소수를 각각 $\overline{z_1}$, $\overline{z_2}$라고 할 때

$$\overline{z_1-z_2}=\overline{z_1}-\overline{z_2}$$

입니다.

또한 두 복소수의 곱셈과 나눗셈에 대한 켤레복소수가 두 복소수 각각의 켤레복소수의 곱셈과 나눗셈과 같은지 다음 **Example**을 통하여 확인해 봅시다.

> **Example** 두 복소수 $2+i$, $1-i$에 대하여
>
> (1) $(2+i)(1-i)=2-i-i^2=2-i+1=3-i$이므로
>
> $$\overline{(2+i)(1-i)}=\overline{3-i}=3+i$$
>
> 또한 $\overline{2+i}=2-i$, $\overline{1-i}=1+i$이므로
>
> $$\overline{2+i}\times\overline{1-i}=(2-i)(1+i)=2+i-i^2=3+i$$
>
> $$\therefore \overline{(2+i)(1-i)}=\overline{2+i}\times\overline{1-i}$$
>
> 두 복소수의 곱셈에 대한 켤레복소수는 두 복소수 각각의 켤레복소수의 곱셈과 같다.
>
> (2) $\dfrac{2+i}{1-i}=\dfrac{(2+i)(1+i)}{(1-i)(1+i)}=\dfrac{2+3i+i^2}{1-i^2}=\dfrac{2+3i-1}{1+1}=\dfrac{1}{2}+\dfrac{3}{2}i$이므로
>
> $$\overline{\left(\dfrac{2+i}{1-i}\right)}=\overline{\dfrac{1}{2}+\dfrac{3}{2}i}=\dfrac{1}{2}-\dfrac{3}{2}i$$
>
> 또한 $\overline{2+i}=2-i$, $\overline{1-i}=1+i$이므로
>
> $$\dfrac{\overline{2+i}}{\overline{1-i}}=\dfrac{2-i}{1+i}=\dfrac{(2-i)(1-i)}{(1+i)(1-i)}=\dfrac{2-3i+i^2}{1-i^2}=\dfrac{2-3i-1}{1+1}=\dfrac{1}{2}-\dfrac{3}{2}i$$
>
> $$\therefore \overline{\left(\dfrac{2+i}{1-i}\right)}=\dfrac{\overline{2+i}}{\overline{1-i}}$$
>
> 두 복소수의 나눗셈에 대한 켤레복소수는 두 복소수 각각의 켤레복소수의 나눗셈과 같다.

개념 Point   켤레복소수의 성질

두 복소수 z_1, z_2의 켤레복소수를 각각 $\overline{z_1}$, $\overline{z_2}$라고 할 때

1 $z_1+\overline{z_1}$, $z_1\times\overline{z_1}$는 실수이다.

2 $\overline{z_1+z_2}=\overline{z_1}+\overline{z_2}$

3 $\overline{z_1-z_2}=\overline{z_1}-\overline{z_2}$

4 $\overline{z_1z_2}=\overline{z_1}\times\overline{z_2}$

5 $\overline{\left(\dfrac{z_1}{z_2}\right)}=\dfrac{\overline{z_1}}{\overline{z_2}}$ (단, $z_2\neq0$)

+ Plus

복소수 $z=a+bi$ (a, b는 실수)와 그 켤레복소수 $\overline{z}$에 대하여 다음이 성립한다.

$$\overline{(\overline{z})}=\overline{(\overline{a+bi})}=\overline{a-bi}=a+bi=z$$

3 허수단위 i의 거듭제곱

허수단위 i의 거듭제곱을 차례대로 구하면 다음과 같습니다.

$$\begin{cases} i=i \\ i^2=i\times i=-1 \\ i^3=i^2\times i=-i \\ i^4=i^2\times i^2=-1\times(-1)=1 \end{cases} \qquad \begin{cases} i^5=i^4\times i=1\times i=i \\ i^6=i^4\times i^2=1\times i^2=i^2=-1 \\ i^7=i^4\times i^3=1\times i^3=i^3=-i \\ i^8=i^4\times i^4=1\times1=1 \end{cases}$$

$$\vdots$$

이와 같이 i의 거듭제곱은 i, -1, $-i$, 1이 순서대로 반복되는 것을 확인할 수 있습니다.

따라서 n이 자연수일 때 i^n의 값은 n을 4로 나누었을 때의 나머지가 같으면 그 값이 같습니다. 즉, $i^{4n}=(i^4)^n=1$이므로

$$i^{4n}=1$$
$$i^{4n+1}=i$$
$$i^{4n+2}=i^2=-1$$
$$i^{4n+3}=i^3=-i$$

입니다. 따라서 위와 같은 규칙성을 이용하면 i의 거듭제곱을 구할 수 있습니다.

Example

(1) $i^{10}=(i^4)^2\times i^2=1\times(-1)=-1$

(2) $i^{103}=(i^4)^{25}\times i^3=1\times(-i)=-i$

(3) $(1+i)^2=1+2i+i^2=2i$이므로
$$(1+i)^6=\{(1+i)^2\}^3=(2i)^3=8i^3=8\times(-i)=-8i$$

(4) $(1-i)^2=1-2i+i^2=-2i$이므로
$$(1-i)^{10}=\{(1-i)^2\}^5=(-2i)^5=-32i^5=-32\times i^4\times i=-32i$$

개념 Point　　허수단위 i의 거듭제곱

i^n(n은 자연수)은 i, -1, $-i$, 1이 반복되어 나타나므로 i의 거듭제곱은 자연수 k에 대하여 다음과 같은 규칙을 가진다.

$$i^{4k}=1$$
$$i^{4k+1}=i$$
$$i^{4k+2}=i^2=-1$$
$$i^{4k+3}=i^3=-i$$

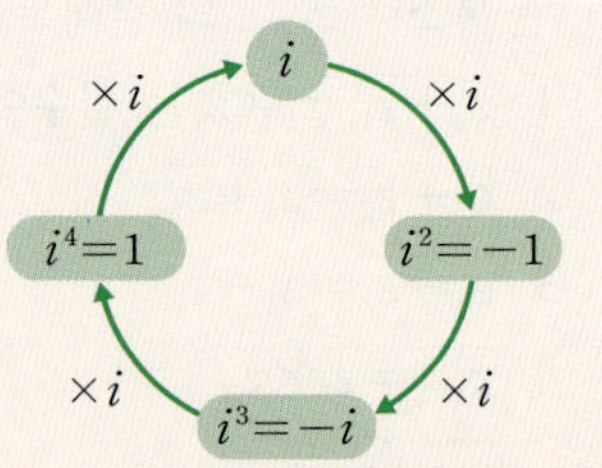

+ Plus

다음은 복소수의 거듭제곱의 계산에서 자주 이용되는 꼴이다.

① $(1+i)^2=2i$, $(1-i)^2=-2i$　　　② $(1+i)(1-i)=2$　　　③ $\dfrac{1+i}{1-i}=i$, $\dfrac{1-i}{1+i}=-i$

1 다음 식을 간단히 하시오.

(1) $(5+2i)+(2-3i)$

(2) $(2i-3)+(3+i)$

(3) $(7-2i)-(4+i)$

(4) $(i-2)-(5i-3)$

2 다음 식을 간단히 하시오.

(1) $(2+i)(2-i)$

(2) $(4+i)(3-2i)$

(3) $(2+3i)(-3-2i)$

(4) $(6+2i)^2$

3 다음을 $a+bi$ (a, b는 실수) 꼴로 나타내시오.

(1) $\dfrac{1}{2-i}$

(2) $\dfrac{1}{4+i}$

(3) $\dfrac{5+i}{5-i}$

(4) $\dfrac{2i}{1-3i}$

4 다음 식을 간단히 하시오.

(1) i^7

(2) i^{121}

(3) $\dfrac{1}{i^3}$

(4) $(-i)^{21}$

(5) $i+2i^2+3i^3+4i^4$

(6) $\dfrac{1}{i}+\dfrac{1}{i^2}+\dfrac{1}{i^3}+\dfrac{1}{i^4}$

● 풀이 43쪽~44쪽

정답

1 (1) $7-i$　(2) $3i$　(3) $3-3i$　(4) $1-4i$　　**2** (1) 5　(2) $14-5i$　(3) $-13i$　(4) $32+24i$

3 (1) $\dfrac{2}{5}+\dfrac{1}{5}i$　(2) $\dfrac{4}{17}-\dfrac{1}{17}i$　(3) $\dfrac{12}{13}+\dfrac{5}{13}i$　(4) $-\dfrac{3}{5}+\dfrac{1}{5}i$

4 (1) $-i$　(2) i　(3) i　(4) $-i$　(5) $2-2i$　(6) 0

예제 04

다음을 $a+bi$ 꼴로 나타내시오. (단, a, b는 실수이다.)

(1) $2+i-(3+i)(1-2i)$

(2) $i(2i-1)-(i-2)i$

(3) $2+i+\dfrac{3+i}{1-i}$

(4) $\dfrac{1-2i}{2+i}+\dfrac{1}{i+1}$

접근 방법 복소수의 덧셈, 뺄셈은 허수단위 i를 문자처럼 생각하여 계산하고, 복소수의 곱셈은 $i^2=-1$임을 이용하여 계산한다. 복소수의 나눗셈은 분모의 켤레복소수를 분모, 분자에 각각 곱하여 계산한다.

수매씽 Point 복소수의 사칙연산은 i를 문자처럼 생각하여 계산한다.

상세 풀이

(1) $2+i-(3+i)(1-2i)=2+i-(3-6i+i-2i^2)$
$$=2+i-(5-5i)=-3+6i$$

(2) $i(2i-1)-(i-2)i=2i^2-i-i^2+2i=i^2+i=-1+i$

(3) $2+i+\dfrac{3+i}{1-i}=2+i+\dfrac{(3+i)(1+i)}{(1-i)(1+i)}=2+i+\dfrac{3+3i+i+i^2}{1^2-i^2}$
$$=2+i+\dfrac{2+4i}{2}=2+i+1+2i=3+3i$$

(4) $\dfrac{1-2i}{2+i}=\dfrac{(1-2i)(2-i)}{(2+i)(2-i)}=\dfrac{2-i-4i+2i^2}{2^2-i^2}=\dfrac{-5i}{5}=-i$

$\dfrac{1}{i+1}=\dfrac{1-i}{(1+i)(1-i)}=\dfrac{1-i}{1^2-i^2}=\dfrac{1-i}{2}=\dfrac{1}{2}-\dfrac{1}{2}i$

$\therefore\ \dfrac{1-2i}{2+i}+\dfrac{1}{i+1}=-i+\left(\dfrac{1}{2}-\dfrac{1}{2}i\right)=\dfrac{1}{2}-\dfrac{3}{2}i$

정답 (1) $-3+6i$　(2) $-1+i$　(3) $3+3i$　(4) $\dfrac{1}{2}-\dfrac{3}{2}i$

보충 설명

a, b, c, d가 실수일 때, 복소수의 덧셈, 뺄셈, 곱셈, 나눗셈은 다음과 같이 계산한다.

(1) 덧셈 : $(a+bi)+(c+di)=(a+c)+(b+d)i$

(2) 뺄셈 : $(a+bi)-(c+di)=(a-c)+(b-d)i$

(3) 곱셈 : $(a+bi)(c+di)=(ac-bd)+(ad+bc)i$

(4) 나눗셈 : $\dfrac{a+bi}{c+di}=\dfrac{(a+bi)(c-di)}{(c+di)(c-di)}=\dfrac{ac+bd}{c^2+d^2}+\dfrac{bc-ad}{c^2+d^2}i$ (단, $c+di\neq0$)

04-1

다음을 $a+bi$ 꼴로 나타내시오. (단, a, b는 실수이다.)

(1) $1+3i+(2+i)(i-2)$

(2) $(2+i)(1-i)-(i-1)$

(3) $(i-1)(1-2i)-\dfrac{5}{1+2i}$

(4) $\dfrac{3-i}{1+i}-\dfrac{5}{i-2}$

04-2

$\alpha=1+\sqrt{2}\,i$, $\beta=1-\sqrt{2}\,i$일 때, 다음 식의 값을 구하시오.

(1) $\alpha^2\beta+\alpha\beta^2$

(2) $\dfrac{\beta}{\alpha}+\dfrac{\alpha}{\beta}$

(3) $\alpha^3+\beta^3$

풀이 45쪽 ➕ 보충 설명 한번 더 ✓

04-3

다음 물음에 답하시오.

(1) $x=-1+2i$일 때, x^3+x^2+3x+4의 값을 구하시오.

(2) 복소수 z가 $z-zi=2$를 만족시킬 때, z^3-2z^2+3z+5의 값을 구하시오.

• 풀이 44쪽 ~ 45쪽

04-1 (1) $-4+3i$ (2) $4-2i$ (3) $5i$ (4) $3-i$ **04-2** (1) 6 (2) $-\dfrac{2}{3}$ (3) -10

04-3 (1) 9 (2) $6+i$

예제 05

복소수 z와 그 켤레복소수 $\bar{z}$에 대하여

$$2z - i\bar{z} = 2 + 2i$$

가 성립할 때, $z\bar{z}$의 값을 구하시오.

접근 방법 ▶ $z = a + bi$ (a, b는 실수)라고 하면 $\bar{z} = a - bi$이므로 주어진 등식에 대입하여 식을 간단히 한 다음 복소수가 서로 같을 조건을 이용하여 a, b의 값을 각각 구한다.

수매씽 Point 복소수 $z = a + bi$ (a, b는 실수)의 켤레복소수는 $\bar{z} = a - bi$이다.

상세 풀이 ▶ $z = a + bi$ (a, b는 실수)라고 하면 $\bar{z} = a - bi$이므로

$$2z - i\bar{z} = 2(a + bi) - i(a - bi)$$
$$= 2a + 2bi - ai + bi^2$$
$$= (2a - b) + (-a + 2b)i$$

따라서 $(2a - b) + (-a + 2b)i = 2 + 2i$이므로

$$2a - b = 2, \quad -a + 2b = 2$$

위의 두 식을 연립하여 풀면

$$a = 2, \ b = 2$$
$$\therefore \ z = 2 + 2i, \ \bar{z} = 2 - 2i$$
$$\therefore \ z\bar{z} = (2 + 2i)(2 - 2i)$$
$$= 2^2 - (2i)^2 = 8$$

정답 8

보충 설명

복소수 $z = a + bi$ (a, b는 실수)에 대하여 허수부분의 부호를 바꾼 $a - bi$를 z의 켤레복소수라 하고, 이것을 기호로 $\bar{z}$와 같이 나타낸다.

복소수 z와 그 켤레복소수 $\bar{z}$ 사이에는 다음과 같은 성질이 성립한다.

(1) $z + \bar{z} = 2a$ ➡ 실수   (2) $z\bar{z} = a^2 + b^2$ ➡ 실수

(3) z가 실수이면 $z = \bar{z}$ (4) z가 순허수이면 $z = -\bar{z}$

05-1

복소수 z와 그 켤레복소수 $\bar{z}$에 대하여

$$2z + i\bar{z} = 1 - i$$

가 성립할 때, $z\bar{z}$의 값을 구하시오.

05-2

복소수 z와 그 켤레복소수 $\bar{z}$에 대하여 $z + \bar{z} = 2$, $z\bar{z} = 5$일 때, 복소수 z를 모두 구하시오.

05-3

복소수 z와 그 켤레복소수 $\bar{z}$가 다음 조건을 만족시킬 때, $z + \bar{z}$의 값을 구하시오.

> (가) $z + 1 + 2i$는 양의 실수이다.
> (나) $z\bar{z} = 20$

• 풀이 45쪽

예제 06

다음 식을 간단히 하시오.

(1) $(1+i)^4$ (2) $\left(\dfrac{1+i}{1-i}\right)^8$ (3) $i^{2023}+i^{2025}$

접근 방법 i의 거듭제곱은 i, -1, $-i$, 1이 순서대로 반복됨을 이용한다.

> **수매씨 Point** i^n (n은 자연수)의 값은 n을 4로 나누었을 때의 나머지가 같으면 그 값이 같다.

상세 풀이

(1) $(1+i)^2=1+2i+i^2=2i$이므로

$$(1+i)^4=\{(1+i)^2\}^2=(2i)^2=4i^2=-4$$

(2) $\dfrac{1+i}{1-i}=\dfrac{(1+i)(1+i)}{(1-i)(1+i)}=\dfrac{1+2i+i^2}{1^2-i^2}=\dfrac{2i}{2}=i$이므로

$$\left(\frac{1+i}{1-i}\right)^8=i^8=(i^4)^2=1$$

(3) $i^{2023}=(i^4)^{505}\times i^3=i^3=-i$

$i^{2025}=(i^4)^{506}\times i=i$

$\therefore i^{2023}+i^{2025}=-i+i=0$

정답 (1) -4 (2) 1 (3) 0

보충 설명

복소수의 거듭제곱은 다음을 이용하여 계산한다. (n은 자연수)

(1) i^n의 합의 꼴은 $i+i^2+i^3+i^4=0$, $\dfrac{1}{i}+\dfrac{1}{i^2}+\dfrac{1}{i^3}+\dfrac{1}{i^4}=0$임을 이용한다.

(2) $\left(\dfrac{1+i}{1-i}\right)^n$, $\left(\dfrac{1-i}{1+i}\right)^n$ 꼴은 $\dfrac{1+i}{1-i}=i$, $\dfrac{1-i}{1+i}=-i$임을 이용한다.

(3) $\left(\dfrac{1\pm i}{\sqrt{2}}\right)^n$ 꼴은 $\left(\dfrac{1\pm i}{\sqrt{2}}\right)^2=\pm i$ (복부호 동순)임을 이용한다.

한번 더 ✓ ☐

숫자 바꾸기

06-1

다음 식을 간단히 하시오.

(1) $(1-i)^8$ (2) $\left(\dfrac{1-i}{1+i}\right)^{18}$ (3) $i^{3011}+i^{3012}$

한번 더 ✓ ☐

표현 바꾸기

06-2

n이 홀수일 때, $\left(\dfrac{1+i}{\sqrt{2}}\right)^{2n}+\left(\dfrac{1-i}{\sqrt{2}}\right)^{2n}$ 을 간단히 하면?

① $-i$ ② -1 ③ 0

④ 1 ⑤ i

한번 더 ✓ ☐

개념 넓히기

06-3

등식 $\dfrac{1}{i}-\dfrac{1}{i^2}+\dfrac{1}{i^3}-\dfrac{1}{i^4}+\cdots+\dfrac{(-1)^{n+1}}{i^n}=1-i$를 만족시키는 50 이하의 자연수 n의 개수를 구하시오.

● 풀이 45쪽 ~ 46쪽

정답   **06-1** (1) 16   (2) -1 (3) $1-i$ **06-2** ③   **06-3** 13

1 $\sqrt{-3}\sqrt{-2}\sqrt{2}\sqrt{3}+\dfrac{\sqrt{6}}{\sqrt{-2}}$ 을 간단히 하면?

① $-6-\sqrt{3}\,i$ ② $-6+\sqrt{3}\,i$ ③ 0

④ $6-\sqrt{3}\,i$ ⑤ $6+\sqrt{3}\,i$

2 다음 계산 과정에서 등호가 성립하지 <u>않는</u> 곳을 고르시오.

(1) $1=\sqrt{1}=\sqrt{(-1)\times(-1)}=\sqrt{-1}\sqrt{-1}=i\times i=-1$

         ㉠   ㉡   ㉢   ㉣   ㉤

(2) $i=\sqrt{-1}=\sqrt{\dfrac{1}{-1}}=\dfrac{\sqrt{1}}{\sqrt{-1}}=\dfrac{1}{i}=-i$

         ㉠   ㉡   ㉢   ㉣   ㉤

3 복소수 $z=(1+i)x-(3+2i)$에 대하여 z^2이 음의 실수일 때, 실수 x의 값을 구하시오.

4 등식 $\dfrac{1}{2}+xi=\dfrac{y+i}{1-i}$를 만족시키는 실수 x, y에 대하여 $4x^2+y^2$의 값을 구하시오.

5 다음 물음에 답하시오.

(1) 등식 $\dfrac{x}{2-i}+\dfrac{y}{2+i}=2-3i$를 만족시키는 실수 x, y에 대하여 x^2+y^2의 값을 구하시오.

(2) 등식 $\dfrac{x}{1-i}+\dfrac{y}{1+i}=\dfrac{3}{i-\sqrt{2}}$을 만족시키는 실수 x, y에 대하여 x^2+y^2의 값을 구하시오.

• 정답 및 풀이 46쪽~48쪽

6 $\alpha=-2+i$, $\beta=1-2i$일 때, $\alpha\overline{\alpha}+\alpha\overline{\beta}+\overline{\alpha}\beta+\beta\overline{\beta}$의 값을 구하시오.

(단, $\overline{\alpha}$, $\overline{\beta}$는 각각 α, β의 켤레복소수이다.)

7 복소수 z와 그 켤레복소수 $\overline{z}$에 대하여 $(1+i)z+3i\overline{z}=2+i$가 성립할 때, $\dfrac{\overline{z}}{z}$의 값을 구하시오.

8 복소수 z와 그 켤레복소수 $\overline{z}$에 대하여 〈보기〉에서 옳은 것을 모두 고르시오.

〈 보기 〉
ㄱ. $z\overline{z}=0$이면 $z=0$이다.
ㄴ. $z^2+(\overline{z})^2=0$이면 $z=0$이다.
ㄷ. $z+\overline{z}=0$이고 $z\neq0$이면 z는 순허수이다.

9 두 복소수 α, β에 대하여 〈보기〉에서 항상 옳은 것을 모두 고르시오.

〈 보기 〉
ㄱ. α^2이 실수이면 α는 실수이다.
ㄴ. $\alpha^2+\beta^2=0$이면 $\alpha=0$이고 $\beta=0$이다.
ㄷ. $\alpha\beta=0$이면 $\alpha=0$ 또는 $\beta=0$이다.

10 등식 $\dfrac{1}{i^3}+\dfrac{2}{i^6}+\dfrac{3}{i^9}=a+bi$를 만족시키는 실수 a, b에 대하여 a^2+b^2의 값을 구하시오.

11 복소수 z와 그 켤레복소수 $\bar{z}$에 대하여 $z \neq 0$일 때, $(1+i)z + 2(1-i)\bar{z} = z\bar{z}$를 만족시키는 복소수 z의 실수부분은?

① 1 　　　　② 3 　　　　③ 5

④ 7 　　　　⑤ 9

12 실수가 아닌 복소수 z에 대하여 $z + \dfrac{4}{z}$가 실수일 때, $z\bar{z}$의 값은? (단, $\bar{z}$는 z의 켤레복소수이다.)

① 1 　　　　② 2 　　　　③ 3

④ 4 　　　　⑤ 5

13 등식 $\dfrac{x+yi}{1+2i} = \dfrac{1}{i^{11}} + \dfrac{1}{i^{21}} + \dfrac{1}{i^{31}}$을 만족시키는 실수 x, y에 대하여 $x-y$의 값은?

① -5 　　　　② -4 　　　　③ -3

④ -2 　　　　⑤ -1

14 복소수 z와 그 켤레복소수 $\bar{z}$에 대하여 $z^2 = \bar{z}$를 만족시키는 복소수 z의 개수를 구하시오.

15 두 복소수 $z_1 = a+bi$, $z_2 = c+di$에 대하여 $z_1\bar{z_1} = 10$, $(z_1+z_2)\overline{(z_1+z_2)} = 41$일 때, $z_2\bar{z_2}$의 최댓값을 구하시오. (단, a, b, c, d는 자연수이다.)

16 복소수 z와 그 켤레복소수 $\bar{z}$에 대하여 $z^2+(\bar{z})^2=-24$, $z\bar{z}=20$이 성립할 때, $z^2-(\bar{z})^2$의 값을 모두 구하시오.

17 복소수 z가 다음 조건을 만족시킬 때, $(z+2)(\bar{z}+2)$의 값을 구하시오.

(단, $\bar{z}$는 z의 켤레복소수이다.)

> (가) $(z-\bar{z})i$는 음수이다.
>
> (나) $\dfrac{z}{1+z^2}$와 $\dfrac{z^2}{1+z}$은 모두 실수이다.

18 $z^3=1+i$를 만족시키는 복소수 z에 대하여 $(\bar{z})^{24}$의 값을 구하시오.

(단, $\bar{z}$는 z의 켤레복소수이다.)

19 $i(1+i)^n$이 양의 실수가 되도록 하는 자연수 n의 최솟값을 구하시오.

20 복소수 $\alpha=\dfrac{3+\sqrt{2}\,i}{\sqrt{2}-3i}$에 대하여 $z=\dfrac{\alpha(1-\bar{\alpha})}{\sqrt{2}}$라고 할 때, $z^n=1$을 만족시키는 100 이하의 자연수 n의 개수를 구하시오. (단, $\bar{\alpha}$는 α의 켤레복소수이다.)

• 정답 및 풀이 51쪽~52쪽

교육청
21

두 실수 a, b에 대하여 $\frac{2a}{1-i}+3i=2+bi$일 때, $a+b$의 값은? (단, $i=\sqrt{-1}$)

① 6 ② 7 ③ 8 ④ 9 ⑤ 10

교육청
22

실수 a에 대하여 복소수 $z=a+2i$가 $\overline{z}=\frac{z^2}{4i}$을 만족시킬 때, a^2의 값을 구하시오.

(단, $i=\sqrt{-1}$이고, $\overline{z}$는 z의 켤레복소수이다.)

교육청
23

복소수 $z=a+bi$ (a, b는 0이 아닌 실수)에 대하여 z^2-z가 실수일 때, **〈보기〉**에서 옳은 것만을 있는 대로 고른 것은? (단, $i=\sqrt{-1}$이고, $\overline{z}$는 z의 켤레복소수이다.)

〈 보기 〉

ㄱ. $\overline{z^2-z}$는 실수이다.　　ㄴ. $z+\overline{z}=1$　　ㄷ. $z\overline{z}>\frac{1}{4}$

① ㄱ ② ㄴ ③ ㄱ, ㄴ
④ ㄱ, ㄷ ⑤ ㄱ, ㄴ, ㄷ

교육청
24

복소수 $z=\frac{i-1}{\sqrt{2}}$에 대하여 $z^n+(z+\sqrt{2})^n=0$을 만족시키는 25 이하의 자연수 n의 개수를 구하시오. (단, $i=\sqrt{-1}$)

교육청
25

50 이하의 두 자연수 m, n에 대하여 $\left\{i^n+\left(\frac{1}{i}\right)^{2n}\right\}^m$의 값이 음의 실수가 되도록 하는 순서쌍 (m, n)의 개수를 구하시오. (단, $i=\sqrt{-1}$)

05 이차방정식

1 이차방정식의 풀이

• **이차방정식의 풀이**

(1) 인수분해를 이용한 풀이 : $(px-q)(rx-s)=0$이면 $x=\dfrac{q}{p}$ 또는 $x=\dfrac{s}{r}$

(2) 완전제곱식을 이용한 풀이 : $(x+m)^2=n$이면 $x=-m\pm\sqrt{n}$

• **이차방정식의 근의 공식**

계수가 실수인 이차방정식 $ax^2+bx+c=0$의 근은 $x=\dfrac{-b\pm\sqrt{b^2-4ac}}{2a}$

2 이차방정식의 판별식

계수가 실수인 이차방정식 $ax^2+bx+c=0$에서 판별식을 $D=b^2-4ac$라고 하면

D의 부호	근의 판별
$D>0$	서로 다른 두 실근을 가진다.
$D=0$	중근을 가진다.
$D<0$	서로 다른 두 허근을 가진다.

3 이차방정식의 근과 계수의 관계

• **이차방정식의 근과 계수의 관계**

이차방정식 $ax^2+bx+c=0$의 두 근을 α, β라고 하면

$$\alpha+\beta=-\frac{b}{a},\ \alpha\beta=\frac{c}{a}$$

• **두 수를 근으로 가지는 이차방정식**

두 수 α, β를 근으로 가지고 x^2의 계수가 1인 이차방정식은

$$x^2-(\alpha+\beta)x+\alpha\beta=0$$

• **이차방정식의 두 근을 이용한 이차식의 인수분해**

이차방정식 $ax^2+bx+c=0$의 두 근을 α, β라고 하면

$$ax^2+bx+c=a(x-\alpha)(x-\beta)$$

Q&A

Q 이차방정식의 판별식을 꼭 암기해야 되는 것인가요?

A 이차방정식을 만났을 때, 판별식의 값이 양수인지, 영인지, 음수인지에 따라 서로 다른 두 실근, 중근, 허근을 갖게 됨을 쉽게 판단할 수 있으므로 꼭 암기해서 사용하도록 합니다.

이차방정식의 풀이

미지수의 값에 따라 참일 수도 있고 거짓일 수도 있는 등식을 방정식이라고 합니다. 이때 방정식을 참이 되게 하는 미지수의 값을 방정식의 해 또는 근이라 하고, 해 또는 근을 구하는 것을 방정식을 푼다고 합니다.

1 방정식 $ax=b$의 풀이

x에 대한 방정식 $ax=b$의 해를 구해 봅시다.

이때 주어진 방정식이 일차방정식인 경우($a\neq0$)와 일차방정식이 아닌 경우($a=0$)로 나누어 해를 구합니다.

(i) $a\neq0$일 때, 방정식 $ax=b$의 양변을 a로 나누면 $x=\dfrac{b}{a}$입니다.

(ii) $a=0$일 때, 양변을 a로 나눌 수 없으므로 $b\neq0$인 경우와 $b=0$인 경우로 나누어서 생각해야 합니다.

$b\neq0$이면, $0\times x=b$가 되어 x에 어떤 수를 대입해도 등식이 성립하지 않습니다.
따라서 방정식의 해는 없고, 이런 경우를 불능(不能)이라고 합니다.

$b=0$이면, $0\times x=0$이 되어 x에 어떤 수를 대입해도 항상 등식이 성립합니다.
따라서 방정식의 해는 무수히 많고, 이런 경우를 부정(不定)이라고 합니다.

Example x에 대한 방정식 $(a-2)x=a(a-2)$를 풀면

(i) $a\neq2$일 때, 양변을 $a-2$로 나누면

$$x=\frac{a(a-2)}{a-2}=a$$

(ii) $a=2$일 때, $0\times x=0$이므로 해가 무수히 많다.

개념 Point　　**방정식 $ax=b$의 풀이**

x에 대한 방정식 $ax=b$의 해는 다음과 같다.

(i) $a\neq0$일 때, $x=\dfrac{b}{a}$

(ii) $a=0$일 때, $\begin{cases} b\neq0$이면 해가 없다. \quad ← 불능 \\ b=0$이면 해가 무수히 많다. \quad ← 부정 \end{cases}$

② 절댓값 기호를 포함한 방정식

절댓값은 수직선 상에서 원점으로부터의 거리를 뜻합니다.

즉, $|x|=a\ (a>0)$의 해는 원점으로부터의 거리가 a인 x의 값을 의미하므로 $x=-a$ 또는 $x=a$가 됩니다.

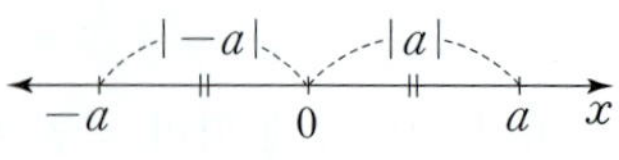

절댓값 기호가 포함된 방정식의 일반적인 풀이에 대하여 알아봅시다.

절댓값 기호를 포함한 방정식을 풀 때에는

$$|x|=\begin{cases} x & (x\geq 0) \\ -x & (x<0) \end{cases}$$

$$|x-a|=\begin{cases} x-a & (x\geq a) \\ -x+a & (x<a) \end{cases}$$

임을 이용하여 절댓값 기호를 없앤 후, 식을 정리하여 해를 구합니다.

즉, 방정식 $|x-a|=bx+c$와 같이 절댓값 기호를 1개 포함한 방정식의 경우, 절댓값 기호 안의 식의 값이 0이 되는 x의 값 $x=a$를 기준으로 x의 값의 범위를 (i) $x<a$, (ii) $x\geq a$와 같이 2개의 범위로 나눕니다.

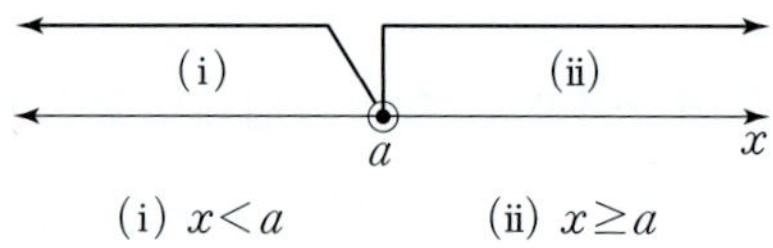

(i), (ii)에서 절댓값 기호를 없앤 후, 식을 만족시키는 x의 값 중에서 방정식 $|x-a|=bx+c$의 해를 구합니다.

이때 (i), (ii)에서 구한 x의 값 중 해당 범위에 속하는 것만 주어진 방정식의 해입니다.

Example　방정식 $|x-1|=3$에서 절댓값 기호 안의 식의 값이 0이 되는 x의 값은

$x=1$이므로 다음과 같이 2개의 범위로 나누어서 풀면

(i) $x<1$일 때, $-(x-1)=3$, $-x+1=3$

　　　　$\therefore x=-2$　← $x<1$에 속하므로 해이다.

(ii) $x\geq 1$일 때, $x-1=3$

　　　　$\therefore x=4$　← $x\geq 1$에 속하므로 해이다.

(i), (ii)에서 방정식 $|x-1|=3$의 해는

　　$x=-2$ 또는 $x=4$

　다른 풀이　$|x|=a\ (a>0)$이면 $x=\pm a$임을 이용하여 풀면

　　　　$|x-1|=3$에서 $x-1=\pm 3$

　　　　　$\therefore x=-2$ 또는 $x=4$

또한 방정식 $|x-a|+|x-b|=cx+d$ $(a<b)$와 같이 절댓값 기호를 2개 포함한 방정식의 경우, 절댓값 기호 안의 식의 값이 0이 되는 x의 값 $x=a$, $x=b$를 기준으로 x의 값의 범위를 (i) $x<a$, (ii) $a\leq x<b$, (iii) $x\geq b$와 같이 3개의 범위로 나눕니다.

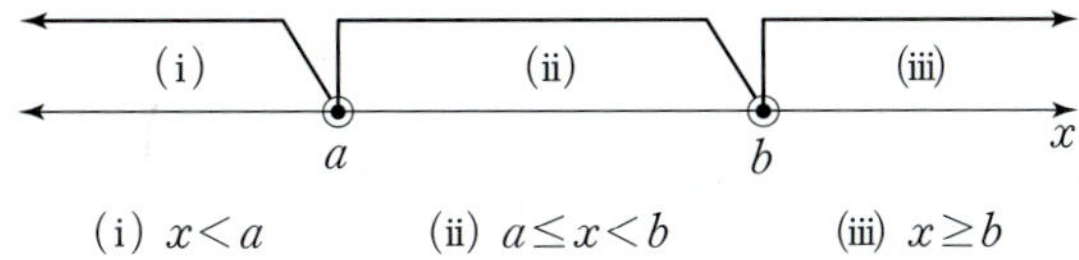

(i) $x<a$ (ii) $a\leq x<b$ (iii) $x\geq b$

(i)~(iii)에서 절댓값 기호를 없앤 후, 식을 만족시키는 x의 값 중에서 방정식 $|x-a|+|x-b|=cx+d$의 해를 구합니다.

이때 절댓값 기호가 1개인 방정식의 경우와 마찬가지로 (i)~(iii)에서 구한 x의 값 중 해당 범위에 속하는 것만 주어진 방정식의 해입니다.

Example   방정식 $|x+1|+|x-2|=4$에서 절댓값 기호 안의 식의 값이 0이 되는 x의 값은

$x=-1$, $x=2$이므로 다음과 같이 3개의 범위로 나누어서 풀면

(i) $x<-1$일 때, $|x+1|=-(x+1)$, $|x-2|=-(x-2)$이므로

$$-x-1-x+2=4,\ 2x=-3$$

$$\therefore x=-\frac{3}{2} \quad \leftarrow x<-1\text{에 속하므로 해이다.}$$

(ii) $-1\leq x<2$일 때, $|x+1|=x+1$, $|x-2|=-(x-2)$이므로

$$x+1-x+2=4,\ 0\times x=1$$

그러므로 이 방정식은 해가 없다.

(iii) $x\geq 2$일 때, $|x+1|=x+1$, $|x-2|=x-2$이므로

$$x+1+x-2=4,\ 2x=5$$

$$\therefore x=\frac{5}{2} \quad \leftarrow x\geq 2\text{에 속하므로 해이다.}$$

(i)~(iii)에서 방정식 $|x+1|+|x-2|=4$의 해는

$$x=-\frac{3}{2}\ \text{또는}\ x=\frac{5}{2}$$

개념 Point   **절댓값 기호를 포함한 방정식**

1 $a>0$일 때, $|x|=a$의 해는 $x=\pm a$

2 a가 실수이고 $b>0$일 때, $|x-a|=b$의 해는 $x=a\pm b$

3 일반적으로 절댓값 기호를 포함한 방정식은 다음과 같은 순서로 푼다.

   ❶ 절댓값 기호 안의 식의 값이 0이 되는 x의 값을 기준으로 x의 값의 범위를 나눈다.

   ❷ 각 범위에서 절댓값 기호를 없앤 후, 식을 만족시키는 x의 값을 구한다.

   ❸ ❷에서 구한 x의 값 중 해당 범위에 속하는 것만 주어진 방정식의 해이다.

③ 이차방정식의 풀이

$ax^2+bx+c=0$ (a, b, c는 상수, $a\neq0$)과 같은 꼴로 나타낼 수 있는 방정식을 x에 대한 이차방정식이라고 합니다.

중학교에서는 이차방정식의 근을 실수의 범위에서 구하므로 이차방정식 $x^2+1=0$의 근이 실수의 범위에서 존재하지 않지만, 근을 복소수 범위까지 확장하여 생각하면 이차방정식 $x^2+1=0$의 근은 $x=i$ 또는 $x=-i$와 같이 존재합니다. 즉, 이차방정식 $x^2+1=0$은 실수의 범위에서는 근이 존재하지 않지만 복소수의 범위에서는 근이 존재합니다.

복소수의 범위에서 근이 존재함을 확인하였으므로 이제부터는 특별한 언급이 없으면 이차방정식의 근을 복소수의 범위에서 구합니다.

x에 대한 이차방정식 $ax^2+bx+c=0$의 좌변이 $(px-q)(rx-s)$ 꼴로 인수분해되면 $px-q=0$ 또는 $rx-s=0$임을 이용하여 두 근이 $x=\dfrac{q}{p}$ 또는 $x=\dfrac{s}{r}$임을 구할 수 있습니다. ┐ 인수분해를 이용한 풀이 ←

그러나 x에 대한 이차방정식 $ax^2+bx+c=0$의 좌변이 인수분해되지 않으면 $(x+m)^2=n$ 꼴의 완전제곱식으로 변형하여 두 근이 $x=-m+\sqrt{n}$ 또는 $x=-m-\sqrt{n}$임 ┐ 완전제곱식을 이용한 풀이 ← 을 구할 수 있습니다.

Example

(1) 이차방정식 $2x^2-5x-3=0$에서 좌변을 인수분해하면

$$(2x+1)(x-3)=0$$

이므로 $2x+1=0$ 또는 $x-3=0$ $\therefore x=-\dfrac{1}{2}$ 또는 $x=3$

(2) 이차방정식 $x^2-6x+10=0$에서 좌변이 인수분해되지 않으므로 좌변을 완전제곱식으로 변형하면

$$x^2-6x+9=-1,\ (x-3)^2=-1,\ x-3=\pm i$$

$\therefore x=3\pm i$ ← 근을 복소수의 범위에서 구한 것이다.

개념 Point   이차방정식의 풀이

x에 대한 이차방정식 $ax^2+bx+c=0$에 대하여

1 인수분해를 이용한 풀이 : 이차방정식의 좌변을 인수분해하면

$$(px-q)(rx-s)=0$$ ← $AB=0$이면 $A=0$ 또는 $B=0$임을 이용

일 때, 두 근은 $x=\dfrac{q}{p}$ 또는 $x=\dfrac{s}{r}$이다.

2 완전제곱식을 이용한 풀이 : 이차방정식이

$$(x+m)^2=n$$ ← $A^2=B$이면 $A=\sqrt{B}$ 또는 $A=-\sqrt{B}$임을 이용

꼴로 변형되면 두 근은 $x=-m+\sqrt{n}$ 또는 $x=-m-\sqrt{n}$이다.

④ 이차방정식의 근의 공식

이차방정식이 인수분해가 되지 않을 때에는 완전제곱식을 이용하여 해를 구하는데 그것을 공식화한 것이 이차방정식의 근의 공식입니다.

그럼 계수가 실수인 이차방정식 $ax^2+bx+c=0$ $(a\neq0)$의 근을 완전제곱식을 이용하여 다음과 같이 구해 봅시다.

$$ax^2+bx+c=0$$

$$x^2+\frac{b}{a}x+\frac{c}{a}=0$$

양변을 x^2의 계수 a로 나눈다.

$$x^2+\frac{b}{a}x=-\frac{c}{a}$$

상수항을 우변으로 이항한다.

$$x^2+\frac{b}{a}x+\left(\frac{b}{2a}\right)^2=\left(\frac{b}{2a}\right)^2-\frac{c}{a}$$

양변에 $\left(\dfrac{b}{2a}\right)^2$을 더한다.

$$\left(x+\frac{b}{2a}\right)^2=\frac{b^2-4ac}{4a^2}$$

좌변을 완전제곱식으로 변형한다.

$$x+\frac{b}{2a}=\pm\frac{\sqrt{b^2-4ac}}{2a}$$

양변에 $\sqrt{}$를 씌워서 제곱근을 구한다.

$$\therefore\ x=\frac{-b\pm\sqrt{b^2-4ac}}{2a}$$

좌변의 상수항을 우변으로 이항하여 해를 구한다.

따라서 이차방정식 $ax^2+bx+c=0$의 근은

$$x=\frac{-b\pm\sqrt{b^2-4ac}}{2a}$$

이고, 이를 이차방정식의 근의 공식이라고 합니다.

한편, 이차방정식의 근의 공식에서

$$b^2-4ac\geq0$$이면 $\sqrt{b^2-4ac}$는 실수,

$$b^2-4ac<0$$이면 $\sqrt{b^2-4ac}$는 허수

이므로 계수가 실수인 이차방정식은 복소수의 범위에서 항상 두 개의 근을 가지게 됩니다.

이때 실수인 근을 **실근**, 허수인 근을 **허근**이라 하고, 두 개의 실근이 같을 때 이 근을 중근이라고 합니다.

Example

(1) 이차방정식 $3x^2-5x+1=0$을 근의 공식을 이용하여 풀면

$$x=\frac{-(-5)\pm\sqrt{(-5)^2-4\times3\times1}}{2\times3}=\frac{5\pm\sqrt{13}}{6}$$

이고, 주어진 이차방정식의 근은 실근이다.

(2) 이차방정식 $2x^2-x+1=0$을 근의 공식을 이용하여 풀면

$$x=\frac{-(-1)\pm\sqrt{(-1)^2-4\times2\times1}}{2\times2}=\frac{1\pm\sqrt{-7}}{4}=\frac{1\pm\sqrt{7}i}{4}$$

이고, 주어진 이차방정식의 근은 허근이다.

특히, 계수가 실수인 이차방정식 $ax^2+bx+c=0$의 x의 계수가 짝수인 경우에는 근의 공식을 변형할 수 있습니다. x의 계수 b가 짝수이므로 b 대신 $2b'$으로 놓고 이차방정식

$$ax^2+2b'x+c=0$$

의 해를 근의 공식을 이용하여 구하면

$$x=\frac{-2b'\pm\sqrt{(2b')^2-4ac}}{2a}=\frac{-2b'\pm2\sqrt{b'^2-ac}}{2a}$$

$$=\frac{-b'\pm\sqrt{b'^2-ac}}{a}$$

입니다.

Example

(1) 이차방정식 $3x^2-6x+2=0$에서 $3x^2-2\times3x+2=0$

x의 계수가 짝수이므로

$$x=\frac{-(-3)\pm\sqrt{(-3)^2-3\times2}}{3}$$

$$=\frac{3\pm\sqrt{3}}{3}$$

이때 주어진 방정식의 근은 실근이다.

(2) 이차방정식 $3x^2-4x+2=0$에서 $3x^2-2\times2x+2=0$

x의 계수가 짝수이므로

$$x=\frac{-(-2)\pm\sqrt{(-2)^2-3\times2}}{3}$$

$$=\frac{2\pm\sqrt{-2}}{3}=\frac{2\pm\sqrt{2}i}{3}$$

이때 주어진 방정식의 근은 허근이다.

개념 Point　　**이차방정식의 근의 공식**

1 계수가 실수인 이차방정식 $ax^2+bx+c=0$의 근은

$$x=\frac{-b\pm\sqrt{b^2-4ac}}{2a}$$

2 계수가 실수인 이차방정식 $ax^2+2b'x+c=0$의 근은

$$x=\frac{-b'\pm\sqrt{b'^2-ac}}{a} \quad \leftarrow \text{일차항의 계수가 짝수일 때}$$

1 x에 대한 방정식 $(a+1)(a-1)x=a+1$에 대하여 다음 물음에 답하시오.

(1) 방정식의 해가 없도록 하는 상수 a의 값을 구하시오.

(2) 방정식의 해가 무수히 많도록 하는 상수 a의 값을 구하시오.

2 다음 방정식을 푸시오.

(1) $|x+1|=3$

(2) $|x-1|+|x-3|=5$

3 인수분해를 이용하여 다음 이차방정식을 푸시오.

(1) $x^2-5x+4=0$

(2) $x^2-6x-7=0$

(3) $4x^2-x-3=0$

(4) $4x^2-8x+3=0$

4 완전제곱식을 이용하여 다음 이차방정식을 푸시오.

(1) $x^2-4x+4=0$

(2) $x^2+2x-2=0$

5 다음 이차방정식을 근의 공식을 이용하여 풀고, 방정식의 근이 실근인지 허근인지 말하시오.

(1) $x^2-3x+1=0$

(2) $x^2-6x+11=0$

(3) $2x^2+5x-1=0$

(4) $3x^2-4x+3=0$

● 풀이 53쪽~54쪽

정답

1 (1) 1 (2) -1　　　　**2** (1) $x=-4$ 또는 $x=2$ (2) $x=-\dfrac{1}{2}$ 또는 $x=\dfrac{9}{2}$

3 (1) $x=1$ 또는 $x=4$ (2) $x=-1$ 또는 $x=7$ (3) $x=-\dfrac{3}{4}$ 또는 $x=1$ (4) $x=\dfrac{1}{2}$ 또는 $x=\dfrac{3}{2}$

4 (1) $x=2$ (중근) (2) $x=-1\pm\sqrt{3}$

5 (1) $x=\dfrac{3\pm\sqrt{5}}{2}$ (실근) (2) $x=3\pm\sqrt{2}\,i$ (허근) (3) $x=\dfrac{-5\pm\sqrt{33}}{4}$ (실근) (4) $x=\dfrac{2\pm\sqrt{5}\,i}{3}$ (허근)

예제 01

다음 x에 대한 방정식을 푸시오.

(1) $a(x-1)=x+1$

(2) $(a-1)(a+5)x=a-8x+3$

접근 방법 x에 대한 방정식이므로 x에 대하여 정리하고, x의 계수가 0이 아닌 경우와 0인 경우로 나누어서 풀어야 한다. x의 계수가 0일 때, $0 \times x=k$에서 $k=0$인 경우에는 해가 무수히 많고, $k \neq 0$인 경우에는 해가 없다.

수매씽 Point 방정식 $ax=b$의 해는 $a \neq 0$인 경우와 $a=0$인 경우로 나누어 생각한다.

상세 풀이 (1) $a(x-1)=x+1$에서

$$ax-a=x+1 \qquad \therefore (a-1)x=a+1$$

(i) $a \neq 1$일 때, 양변을 $a-1$로 나누면 $x=\dfrac{a+1}{a-1}$

(ii) $a=1$일 때, $0 \times x=2$이므로 해가 없다.

(2) $(a-1)(a+5)x=a-8x+3$에서

$$(a^2+4a-5)x=a-8x+3$$
$$(a^2+4a+3)x=a+3$$
$$(a+3)(a+1)x=a+3$$

(i) $a \neq -3$, $a \neq -1$일 때, $x=\dfrac{1}{a+1}$

(ii) $a=-3$일 때, $0 \times x=0$이므로 해가 무수히 많다.

(iii) $a=-1$일 때, $0 \times x=2$이므로 해가 없다.

정답 풀이 참조

보충 설명

일차방정식 $ax=b$와 방정식 $ax=b$라는 표현에는 의미의 차이가 있음에 주의해야 한다.

즉, 일차방정식 $ax=b$는 최고차항이 일차항이라는 의미를 포함하므로 $a \neq 0$이라는 조건을 가진다.

하지만 방정식 $ax=b$에서는 다음과 같이 $a \neq 0$인 경우와 $a=0$인 경우로 나누어 생각해야 한다.

(i) $a \neq 0$일 때, $x=\dfrac{b}{a}$로 하나의 해를 가진다.

(ii) $a=0$일 때, $\begin{cases} b \neq 0$이면 방정식 $ax=b$를 만족시키는 해는 없고, 이를 불능이라고 한다. \\ b=0$이면 방정식 $ax=b$를 만족시키는 해는 무수히 많고, 이를 부정이라고 한다. \end{cases}$

01-1 다음 x에 대한 방정식을 푸시오.

(1) $ax-a^2=bx-b^2$　　　　　　　　(2) $(a^2+2)x+2=a(3x+1)$

01-2 x에 대한 방정식 $(a-1)(a+3)x=a(4x+a-3)$의 해가 무수히 많도록 하는 상수 a의 값은?

① -1　　　　　　② 0　　　　　　③ 1

④ 2　　　　　　⑤ 3

01-3 x에 대한 방정식 $(k+1)(k-2)x=k^2+k(x+2)+6x$의 해가 무수히 많도록 하는 상수 k의 값을 m, 해가 없도록 하는 상수 k의 값을 n이라고 할 때, $m-n$의 값을 구하시오.

● 풀이 54쪽

정답

01-1 (1) (i) $a\neq b$일 때, $x=a+b$　(ii) $a=b$일 때, 해가 무수히 많다.

　　　(2) (i) $a\neq1$, $a\neq2$일 때, $x=\dfrac{1}{a-1}$　(ii) $a=1$일 때, 해가 없다.　(iii) $a=2$일 때, 해가 무수히 많다.

01-2 ⑤　　　　　　**01-3** -6

예제 02

다음 이차방정식을 푸시오.

(1) $x^2-x-2+\sqrt{2}=0$

(2) $(2x+3)(x-1)=(x+2)^2-3$

(3) $\dfrac{x^2+4x}{3}=\dfrac{x^2-3}{2}+1$

(4) $2x^2-\sqrt{3}x+2=0$

접근 방법 (1)은 상수항을 $-\sqrt{2}(\sqrt{2}-1)$로 정리하면 쉽게 인수분해할 수 있다. (2), (3)은 좌변과 우변을 정리한 후 이차방정식의 해를 구한다. 이때 (3), (4)는 좌변이 모두 쉽게 인수분해가 되지 않으므로 근의 공식을 이용한다.

> **수매씽 Point**
>
> 이차방정식 $ax^2+bx+c=0$의 근은 $x=\dfrac{-b\pm\sqrt{b^2-4ac}}{2a}$
>
> 이차방정식 $ax^2+2b'x+c=0$의 근은 $x=\dfrac{-b'\pm\sqrt{b'^2-ac}}{a}$

상세 풀이

(1) $x^2-x-2+\sqrt{2}=0$에서 $x^2-x-\sqrt{2}(\sqrt{2}-1)=0$

좌변을 인수분해하면 $\{x+(\sqrt{2}-1)\}(x-\sqrt{2})=0$

$\therefore x=-\sqrt{2}+1$ 또는 $x=\sqrt{2}$

(2) $(2x+3)(x-1)=(x+2)^2-3$에서 $2x^2+x-3=x^2+4x+1$

$x^2-3x-4=0,\ (x+1)(x-4)=0$

$\therefore x=-1$ 또는 $x=4$

(3) 주어진 이차방정식의 양변에 분모의 최소공배수 6을 곱하면

$2(x^2+4x)=3(x^2-3)+6$

$2x^2+8x=3x^2-9+6,\ x^2-8x-3=0$

근의 공식을 이용하면

$x=-(-4)\pm\sqrt{(-4)^2-1\times(-3)}=4\pm\sqrt{19}$

(4) $2x^2-\sqrt{3}x+2=0$에서 근의 공식을 이용하면

$x=\dfrac{-(-\sqrt{3})\pm\sqrt{(-\sqrt{3})^2-4\times2\times2}}{2\times2}=\dfrac{\sqrt{3}\pm\sqrt{13}i}{4}$

정답 (1) $x=-\sqrt{2}+1$ 또는 $x=\sqrt{2}$ (2) $x=-1$ 또는 $x=4$ (3) $x=4\pm\sqrt{19}$ (4) $x=\dfrac{\sqrt{3}\pm\sqrt{13}i}{4}$

보충 설명

이차방정식의 좌변이 인수분해가 쉽게 되지 않을 때에는 식을 변형하여 좌변을 완전제곱식으로 나타내어 근을 구할 수 있는데, 이를 이용한 것이 근의 공식이다.

한편, 이차방정식에서 x^2의 계수가 무리수 또는 허수인 경우에는 양변에 적절한 수를 곱해서 무리수는 유리수로, 허수는 실수로 바꾸어 해를 구한다.

숫자 바꾸기

02-**1**

다음 이차방정식을 푸시오.

(1) $x^2 - x - 3 + \sqrt{3} = 0$

(2) $(3x-1)(2x+1) = (x+3)^2 - 15$

(3) $\dfrac{x^2 - 2x}{5} + 2 = \dfrac{2}{3}x$

(4) $x^2 - 2\sqrt{2}x + 7 = 0$

표현 바꾸기

02-**2**

다음 x에 대한 이차방정식을 푸시오.

(1) $x^2 - (a-b)x - ab = 0$

(2) $(a+b)x^2 + 2ax + a - b = 0$

개념 넓히기

풀이 55쪽 ➕ 보충 설명

02-**3**

다음 이차방정식을 푸시오.

(1) $(\sqrt{2}+1)x^2 - (3+\sqrt{2})x + \sqrt{2} = 0$

(2) $(\sqrt{3}-1)x^2 + 2x + 3 - \sqrt{3} = 0$

● 풀이 54쪽 ~ 55쪽

정답

02-1 (1) $x = -\sqrt{3} + 1$ 또는 $x = \sqrt{3}$ (2) $x = \dfrac{1 \pm \sqrt{3}\,i}{2}$ (3) $x = \dfrac{8 \pm \sqrt{26}\,i}{3}$ (4) $x = \sqrt{2} \pm \sqrt{5}\,i$

02-2 (1) $x = a$ 또는 $x = -b$ (2) $x = -\dfrac{a-b}{a+b}$ 또는 $x = -1$

02-3 (1) $x = \sqrt{2} - 1$ 또는 $x = \sqrt{2}$ (2) $x = -\sqrt{3}$ 또는 $x = -1$

예제 03
범위를 나누어 푸는 이차방정식

다음 방정식을 푸시오.

(1) $x^2 - |x| - 12 = 0$

(2) $x^2 - 2|x-1| - 1 = 0$

접근 방법 ▷ (1)에서는 $x < 0$일 때와 $x \geq 0$일 때로 나누어 식을 정리하고 (2)에서는 $x < 1$일 때와 $x \geq 1$일 때로 나누어 정리하여 이차방정식의 근을 구한다. 이때 해당 범위에 속하는 것만 주어진 방정식의 근이다.

수매씽 Point 절댓값 기호 안의 식의 값이 0이 되는 x의 값을 기준으로 x의 값의 범위를 나누어 푼다.

상세 풀이 ▷ (1) 절댓값 기호 안의 식의 값이 0이 되는 x의 값 0을 기준으로 x의 값의 범위를 나눈다.

(ⅰ) $x < 0$일 때, $x^2 + x - 12 = 0$

$(x+4)(x-3) = 0$ ∴ $x = -4$ 또는 $x = 3$

그런데 $x < 0$이므로 $x = -4$

(ⅱ) $x \geq 0$일 때, $x^2 - x - 12 = 0$

$(x+3)(x-4) = 0$ ∴ $x = -3$ 또는 $x = 4$

그런데 $x \geq 0$이므로 $x = 4$

(ⅰ), (ⅱ)에서 구하는 방정식의 해는

$x = -4$ 또는 $x = 4$

(2) 절댓값 기호 안의 식의 값이 0이 되는 x의 값 1을 기준으로 x의 값의 범위를 나눈다.

(ⅰ) $x < 1$일 때, $x^2 + 2(x-1) - 1 = 0$이므로 $x^2 + 2x - 3 = 0$

$(x+3)(x-1) = 0$ ∴ $x = -3$ 또는 $x = 1$

그런데 $x < 1$이므로 $x = -3$

(ⅱ) $x \geq 1$일 때, $x^2 - 2(x-1) - 1 = 0$이므로 $x^2 - 2x + 1 = 0$

$(x-1)^2 = 0$ ∴ $x = 1$

(ⅰ), (ⅱ)에서 구하는 방정식의 해는

$x = -3$ 또는 $x = 1$

정답 (1) $x = -4$ 또는 $x = 4$ (2) $x = -3$ 또는 $x = 1$

보충 설명

절댓값 기호를 포함한 방정식은 절댓값 기호 안의 식의 값이 0이 되는 x의 값을 기준으로 x의 값의 범위를 나누어 해를 구한다. 한편, 실수 x에 대하여 x보다 크지 않은 정수를 $[x]$로 나타내는데 기호 $[\ ]$를 가우스 기호라고 한다. 가우스 기호를 포함한 이차방정식은 정수 n에 대하여 $n \leq x < n+1$일 때, $[x] = n$임을 이용할 수 있도록 x의 값의 범위를 나누어 해를 구한다. 이때 반드시 구한 해가 각 범위에 속하는지 확인해야 한다.

03-1

다음 방정식을 푸시오.

(1) $x^2+2|x|-3=0$　　　　　　　(2) $x^2-3|x-1|-7=0$

03-2

방정식 $x^2+|2x-1|=2$의 모든 근의 합을 구하시오.

03-3

$0\leq x<2$일 때, 방정식 $2x^2-[x]-1=0$을 푸시오.

(단, $[x]$는 x보다 크지 않은 최대의 정수이다.)

● 풀이 55쪽 ～56쪽

정답

03-1 (1) $x=-1$ 또는 $x=1$　(2) $x=-5$ 또는 $x=4$　　　　**03-2** $2-\sqrt{2}$

03-3 $x=\dfrac{\sqrt{2}}{2}$ 또는 $x=1$

예제 04

이차방정식의 활용

가로, 세로의 길이가 각각 60 m, 40 m인 직사각형 모양의 땅에 오른쪽 그림과 같이 폭이 일정한 ㄷ자 모양의 길을 만들었다. 남은 땅의 넓이가 1512 m²일 때, 길의 폭은 몇 m인지 구하시오.

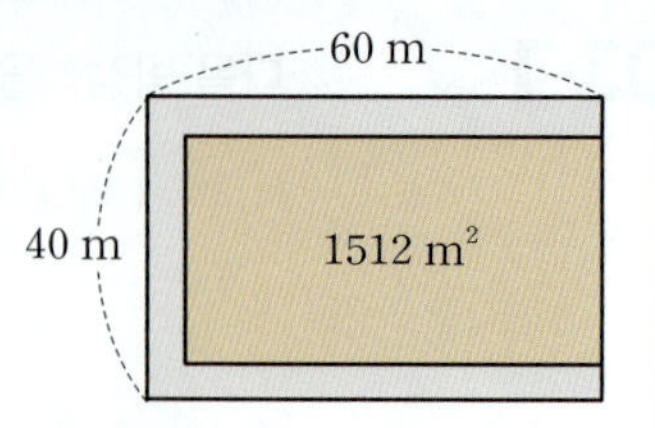

접근 방법 > 길의 폭을 x m라 하고 남은 땅의 넓이를 이용하여 x에 대한 방정식을 세울 수 있다. 이때 방정식을 풀고 나서 구한 미지수의 값이 조건을 만족시키는지 꼭 확인해야 한다.

수매씽 Point 미지수를 x라 하고 주어진 조건에 맞게 방정식을 세운다.

상세 풀이 > 길의 폭을 x m라고 하면 남은 땅의 가로의 길이는 $(60-x)$m, 세로의 길이는 $(40-2x)$m이므로

$$(60-x)(40-2x)=1512$$

좌변을 전개하면

$$2x^2-160x+2400=1512, \quad 2x^2-160x+888=0$$

$$x^2-80x+444=0, \quad (x-6)(x-74)=0$$

$$\therefore x=6 \text{ 또는 } x=74$$

그런데 $0 < x < 20$이므로 $x=6$

따라서 길의 폭은 6 m이다.

정답 6 m

보충 설명

이차방정식의 활용 문제에서는 미지수를 정하고 식을 세운다. 그런데 구하는 값을 x라 하기도 하고, 조건에 의하여 식을 세우기 쉽도록 하는 값을 x라 하기도 하는데, 후자의 경우에는 방정식을 풀고 나서 원래 구하려는 값을 한 번 더 구해 주는 과정을 반드시 확인해야 한다.

한번 더 ☑ ☐

04-1

한 변의 길이가 $10\,\text{m}$인 정사각형 모양의 꽃밭에 오른쪽 그림과 같이 폭이 일정한 T자 모양의 길을 만들었다. 남은 꽃밭의 넓이가 $64\,\text{m}^2$일 때, 길의 폭은 몇 m인지 구하시오.

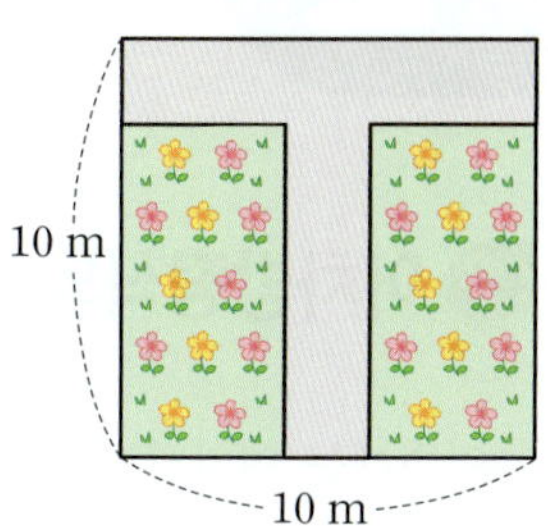

한번 더 ☑ ☐

04-2

오른쪽 그림과 같이 정사각형 모양의 토지에서 가로의 길이는 $3\,\text{m}$ 짧게 하고, 세로의 길이는 $4\,\text{m}$ 길게 하여 직사각형 모양의 토지를 만들었더니 토지의 넓이가 처음 토지의 넓이보다 반으로 줄었다. 처음 정사각형 모양의 토지의 한 변의 길이가 몇 m인지 구하시오.

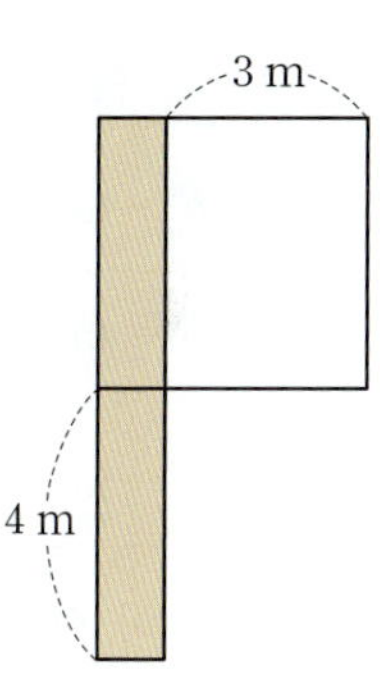

한번 더 ☑ ☐

04-3

고대 그리스 사람들은 황금비를 회화나 조각 등에 활용하여 아름다움을 추구하였다. 오른쪽 그림과 같이 $0<b<a$인 직사각형에서 $\dfrac{b}{a}=\dfrac{a}{a+b}$ 를 만족시키는 $a:b$의 값을 황금비라고 할 때, $a:b=x:1$을 만족시키는 x의 값을 구하시오.

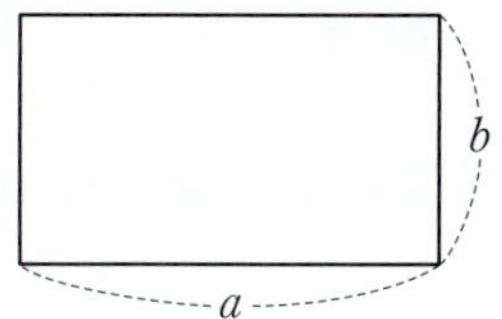

● 풀이 56쪽

04-1 2 m **04-2** 4 m **04-3** $\dfrac{1+\sqrt{5}}{2}$

이차방정식의 판별식

1 이차방정식의 판별식

이번에는 이차방정식의 근을 직접 구하지 않고도 그 근이 실근인지 허근인지 판별하는 방법에 대하여 알아봅시다.

계수가 실수인 이차방정식 $ax^2+bx+c=0\ (a\neq0)$의 근

$$x=\frac{-b\pm\sqrt{b^2-4ac}}{2a}$$

가 실수인지 허수인지는 근호 안에 있는 식 b^2-4ac의 값의 부호에 따라 다음과 같이 결정됩니다.

b^2-4ac의 값의 부호	$\sqrt{b^2-4ac}$	근의 판별
$b^2-4ac>0$	$\sqrt{b^2-4ac}$는 실수	$x=\dfrac{-b\pm\sqrt{b^2-4ac}}{2a}$는 서로 다른 두 실근
$b^2-4ac=0$	$\sqrt{b^2-4ac}=0$ (실수)	$x=-\dfrac{b}{2a}$는 중근 (서로 같은 두 실근)
$b^2-4ac<0$	$\sqrt{b^2-4ac}$는 허수	$x=\dfrac{-b\pm\sqrt{b^2-4ac}}{2a}$는 서로 다른 두 허근

이와 같이 식 b^2-4ac의 값의 부호에 따라 이차방정식의 근이 실근인지 허근인지 판별할 수 있으므로 b^2-4ac를 이차방정식 $ax^2+bx+c=0$의 **판별식**이라 하고, 이것을 기호 D로 나타냅니다.

D는 판별식을 뜻하는 Discriminant의 첫 글자이다.

또한 x의 계수가 짝수인 이차방정식 $ax^2+2b'x+c=0$에서 판별식을 구해 보면

$$D=(2b')^2-4ac=4(b'^2-ac)$$

이므로 식 b'^2-ac의 값의 부호로도 근을 판별할 수 있습니다. 즉, x의 계수가 짝수인 이차방정식은 판별식 $\dfrac{D}{4}=b'^2-ac$만을 이용해서도 근을 판별할 수 있습니다.

Example

(1) 이차방정식 $x^2-3x-1=0$의 판별식을 D라고 하면

$$D=(-3)^2-4\times1\times(-1)=13>0$$

이므로 서로 다른 두 실근을 가진다.

(2) 이차방정식 $4x^2+12x+9=0$의 판별식을 D라고 하면

$$\frac{D}{4}=6^2-4\times9=0$$

이므로 중근(서로 같은 두 실근)을 가진다.

(3) 이차방정식 $x^2+x+1=0$의 판별식을 D라고 하면

$$D=1^2-4\times1\times1=-3<0$$

이므로 서로 다른 두 허근을 가진다.

계수가 실수인 이차방정식 $ax^2+bx+c=0$에서 판별식을 $D=b^2-4ac$라고 하면

(1) $D>0$이면 서로 다른 두 실근을 가진다.

(2) $D=0$이면 중근(서로 같은 두 실근)을 가진다.

$D\geq0$이면 실근을 가진다.

(3) $D<0$이면 서로 다른 두 허근을 가진다.

+ Plus

이차식 ax^2+bx+c가 완전제곱식이면 방정식 $ax^2+bx+c=0$이 중근을 가지고, 판별식 $D=b^2-4ac$에서 $D=0$이다.

개념 콕콕

1 다음 이차방정식의 근을 판별하시오.

(1) $x^2-3x+5=0$

(2) $4x^2+20x+25=0$

(3) $3x^2-5x+2=0$

(4) $\dfrac{1}{4}x^2-x+1=0$

2 다음 a의 값에 따라 이차방정식 $x^2+ax+9=0$의 근을 판별하시오.

(1) $a=3$

(2) $a=6$

(3) $a=9$

3 이차방정식 $x^2+2x+5-2k=0$이 다음과 같은 근을 가질 때, 실수 k의 값 또는 k의 값의 범위를 구하시오.

(1) 서로 다른 두 실근

(2) 중근

(3) 서로 다른 두 허근

• 풀이 56쪽~57쪽

 **정답**

1 (1) 서로 다른 두 허근 (2) 중근 (서로 같은 두 실근) (3) 서로 다른 두 실근 (4) 중근 (서로 같은 두 실근)

2 (1) 서로 다른 두 허근 (2) 중근 (서로 같은 두 실근) (3) 서로 다른 두 실근

3 (1) $k>2$ (2) $k=2$ (3) $k<2$

예제 05

x에 대한 이차방정식 $x^2+(2k-1)x+k^2=0$이 다음과 같은 근을 가지도록 하는 실수 k의 값 또는 그 범위를 구하시오.

(1) 서로 다른 두 실근 (2) 중근 (3) 서로 다른 두 허근

접근 방법 ▷ 이차방정식 $ax^2+bx+c=0$의 판별식 $D=b^2-4ac$의 값의 부호에 따라 이차방정식이 서로 다른 두 실근을 가지는지, 중근을 가지는지, 서로 다른 두 허근을 가지는지를 판별할 수 있다.

> **수매씽 Point** 계수가 실수인 이차방정식 $ax^2+bx+c=0$에서 $D=b^2-4ac$라고 할 때
> (i) $D>0$이면 서로 다른 두 실근을 가진다.
> (ii) $D=0$이면 중근(서로 같은 두 실근)을 가진다.
> (iii) $D<0$이면 서로 다른 두 허근을 가진다.

상세 풀이 ▷ 주어진 이차방정식의 판별식을 D라고 하면
$$D=(2k-1)^2-4\times1\times k^2=4k^2-4k+1-4k^2=-4k+1$$
(1) 서로 다른 두 실근을 가져야 하므로
$$D=-4k+1>0 \qquad \therefore k<\frac{1}{4}$$
(2) 중근을 가져야 하므로
$$D=-4k+1=0 \qquad \therefore k=\frac{1}{4}$$
(3) 서로 다른 두 허근을 가져야 하므로
$$D=-4k+1<0 \qquad \therefore k>\frac{1}{4}$$

정답 (1) $k<\dfrac{1}{4}$ (2) $k=\dfrac{1}{4}$ (3) $k>\dfrac{1}{4}$

보충 설명

판별식을 이용하여 이차방정식의 근을 판별하는 것은 계수가 실수인 이차방정식에서만 가능하다.
허수는 대소 비교를 할 수 없으므로 계수가 허수인 이차방정식의 경우에는 일반적으로는 판별식의 부호로 이차방정식의 근을 판별할 수 없다. 하지만 계수가 허수인 이차방정식이라도 두 근이 서로 같다는 조건에 대해서는 판별식 $D=0$임을 이용할 수 있다.

05-1 x에 대한 이차방정식 $x^2-2(k+1)x+k^2+3=0$이 다음과 같은 근을 가지도록 하는 실수 k의 값 또는 그 범위를 구하시오.

(1) 서로 다른 두 실근　　　　　　(2) 중근　　　　　　(3) 서로 다른 두 허근

05-2 다음 이차방정식이 실근을 가지도록 하는 실수 k의 값의 범위와 허근을 가지도록 하는 실수 k의 값의 범위를 각각 구하시오.

(1) $x^2+4x+3=k$　　　　　　　　　　(2) $(x+3)(x+1)=k-x$

05-3 x에 대한 두 이차방정식 $x^2-x+7+a=0$, $x^2+2ax+a^2-a=0$이 모두 허근을 가지도록 하는 정수 a의 개수를 구하시오.

● 풀이 57쪽

정답

05-1 (1) $k>1$　(2) $k=1$　(3) $k<1$

05-2 (1) 실근 : $k\geq-1$, 허근 : $k<-1$　(2) 실근 : $k\geq-\dfrac{13}{4}$, 허근 : $k<-\dfrac{13}{4}$　　　　**05-3** 6

예제 06 — 이차방정식이 중근을 가질 조건

다음 물음에 답하시오.

(1) 이차방정식 $x^2-2(a+1)x+9=0$이 중근을 가지도록 하는 실수 a의 값을 정하고, 그 때의 해를 구하시오.

(2) 이차식 $x^2+ax+a+3$이 완전제곱식이 될 때, 실수 a의 값을 구하시오.

접근 방법 > (1)에서는 이차방정식이 중근을 가지려면 판별식 $D=0$이 됨을 이용하여 실수 a의 값을 정하고, 그 때의 중근을 구한다. (2)에서는 주어진 이차식이 완전제곱식이 된다는 것은 이차방정식의 판별식 $D=0$이 됨을 이용하여 실수 a의 값을 구한다.

수매씽 Point 이차방정식 $ax^2+bx+c=0$의 판별식 $D=0$이면 이차식 ax^2+bx+c는 완전제곱식이다.

상세 풀이 > (1) 주어진 이차방정식이 중근을 가져야 하므로 판별식을 D라고 하면

$$\frac{D}{4}=\{-(a+1)\}^2-1\times9=0$$

$$a^2+2a-8=0,\ (a+4)(a-2)=0$$

$$\therefore a=-4\ \text{또는}\ a=2$$

(i) $a=-4$일 때, $x^2+6x+9=0$에서 $(x+3)^2=0$ $\therefore x=-3$

(ii) $a=2$일 때, $x^2-6x+9=0$에서 $(x-3)^2=0$ $\therefore x=3$

(i), (ii)에서 $a=-4$일 때 $x=-3$, $a=2$일 때 $x=3$

(2) 주어진 이차식이 완전제곱식이 되려면 이차방정식 $x^2+ax+a+3=0$의 판별식을 D라고 할 때,

$$D=a^2-4(a+3)=0$$

$$a^2-4a-12=0,\ (a+2)(a-6)=0$$

$$\therefore a=-2\ \text{또는}\ a=6$$

정답 (1) $a=-4$일 때 $x=-3$, $a=2$일 때 $x=3$ (2) $a=-2$ 또는 $a=6$

보충 설명

(2)에서 이차식을 완전제곱식이 되도록 다음과 같이 변형하여 구할 수도 있다.

$$x^2+ax+a+3=\left(x+\frac{a}{2}\right)^2-\frac{a^2}{4}+a+3$$

이므로 완전제곱식이 되려면 $-\dfrac{a^2}{4}+a+3=0$

$$a^2-4a-12=0,\ (a+2)(a-6)=0\qquad\therefore a=-2\ \text{또는}\ a=6$$

06-1 다음 물음에 답하시오.

(1) 이차방정식 $4x^2-(a+2)x+1=0$이 중근을 가지도록 실수 a의 값을 정하고, 그때의 해를 구하시오.

(2) 이차식 kx^2+kx+1이 완전제곱식이 될 때, 실수 k의 값을 구하시오.

06-2 이차방정식 $x^2-(k-1)x+2k+3=0$이 중근 a를 가질 때, $k+a$의 값을 구하시오.

(단, k는 양수이다.)

06-3 x에 대한 이차방정식 $x^2-2(m+a)x+m^2-2m+a^2=0$이 실수 m의 값에 관계없이 항상 중근을 가질 때, 실수 a의 값을 구하시오.

● 풀이 57쪽~58쪽

정답

06-1 (1) $a=-6$일 때 $x=-\dfrac{1}{2}$, $a=2$일 때 $x=\dfrac{1}{2}$ (2) 4　　　**06-2** 16　　　**06-3** -1

3 이차방정식의 근과 계수의 관계

❶ 이차방정식의 근과 계수의 관계

근의 공식에서 알 수 있듯이 이차방정식 $ax^2+bx+c=0$의 근은 이차방정식의 계수 a, b, c에 의하여 결정됩니다. 이때 근의 공식을 이용하면 두 근의 합과 곱이 이차방정식의 계수와 어떤 관계가 있는지도 알 수 있습니다.

이차방정식 $ax^2+bx+c=0\ (a\neq0)$의 두 근 α, β를 각각

$$\alpha=\frac{-b+\sqrt{b^2-4ac}}{2a},$$

$$\beta=\frac{-b-\sqrt{b^2-4ac}}{2a}$$

라고 하면 두 근의 합 $\alpha+\beta$와 곱 $\alpha\beta$는 다음과 같습니다.

$$\alpha+\beta=\frac{-b+\sqrt{b^2-4ac}}{2a}+\frac{-b-\sqrt{b^2-4ac}}{2a}=\frac{-2b}{2a}=-\frac{b}{a}$$

$$\alpha\beta=\frac{-b+\sqrt{b^2-4ac}}{2a}\times\frac{-b-\sqrt{b^2-4ac}}{2a}=\frac{4ac}{4a^2}=\frac{c}{a}$$

$$\therefore\ \alpha+\beta=-\frac{b}{a},\ ab=\frac{c}{a}\qquad\cdots\cdots\ \text{㉠}$$

즉, 이차방정식의 두 근 α, β와 계수 a, b, c 사이에는 ㉠과 같은 관계가 성립하는데, 이를 이차방정식의 근과 계수의 관계라고 합니다.

Example 이차방정식 $x^2-4x-3=0$의 두 근을 α, β라고 하면 근과 계수의 관계에 의하여

$$\alpha+\beta=-\frac{-4}{1}=4$$

$$\alpha\beta=\frac{-3}{1}=-3$$

이처럼 이차방정식의 근과 계수의 관계를 이용하면 직접 이차방정식의 근을 구하지 않아도 두 근의 합과 곱을 구할 수 있습니다.

↳ 두 근이 실근인지 허근인지에 관계없이 성립한다.

또한 이차방정식의 근과 계수의 관계와 곱셈 공식의 변형을 이용하면 이차방정식의 두 근이 모두 실근인 경우에 두 근의 차도 구할 수 있습니다.

이차방정식 $ax^2+bx+c=0$ $(a\neq0)$의 두 근을 α, β라고 하면 근과 계수의 관계에 의하여

$$\alpha+\beta=-\frac{b}{a}$$

$$\alpha\beta=\frac{c}{a}$$

이므로 곱셈 공식의 변형을 이용하면

$$(\alpha-\beta)^2=(\alpha+\beta)^2-4\alpha\beta$$

$$=\left(-\frac{b}{a}\right)^2-\frac{4c}{a}$$

$$=\frac{b^2-4ac}{a^2}$$

$$\therefore\ |\alpha-\beta|=\frac{\sqrt{b^2-4ac}}{|a|}\ (a,\ \alpha,\ \beta\text{는 실수})$$

← 판별식 $D=b^2-4ac$이므로 $|\alpha-\beta|=\frac{\sqrt{D}}{|a|}$ 라고 생각할 수도 있다.

Example 이차방정식 $x^2-3x-5=0$의 두 근을 α, β라고 하면 근과 계수의 관계에 의하여

$$\alpha+\beta=-\frac{-3}{1}=3$$

$$\alpha\beta=\frac{-5}{1}=-5$$

이때 곱셈 공식의 변형을 이용하면

$$(\alpha-\beta)^2=(\alpha+\beta)^2-4\alpha\beta$$

$$=3^2-4\times(-5)$$

$$=29$$

$$\therefore\ |\alpha-\beta|=\sqrt{29}$$

개념 Point **이차방정식의 근과 계수의 관계**

이차방정식 $ax^2+bx+c=0$의 두 근을 α, β라고 하면

1 $\alpha+\beta=-\frac{b}{a}$, $\alpha\beta=\frac{c}{a}$

2 $|\alpha-\beta|=\frac{\sqrt{b^2-4ac}}{|a|}$ $(a,\ \alpha,\ \beta\text{는 실수})$

+ Plus

이차방정식의 근과 계수의 관계에서 두 근의 합과 곱은 실근, 허근에 관계없이 항상 구할 수 있지만 두 근의 차는 두 근이 모두 실근일 때에만 구할 수 있다.

2 두 수를 근으로 가지는 이차방정식

지금까지는 이차방정식이 주어졌을 때 근을 구하거나 두 근의 합 또는 곱을 구하는 방법에 대하여 공부했습니다. 이제부터는 거꾸로 두 수가 주어질 때, 그 두 수를 근으로 가지는 이차방정식을 구하는 방법을 알아봅시다.

일반적으로 두 수 α, β를 근으로 가지고 x^2의 계수가 1인 이차방정식은
$$(x-\alpha)(x-\beta)=0$$
으로 나타낼 수 있습니다.

이 식의 좌변을 전개하여 정리하면 다음과 같은 식을 얻을 수 있습니다.
$$x^2-(\alpha+\beta)x+\alpha\beta=0$$

두 근의 합　두 근의 곱

Example

(1) 두 수 3, 5를 근으로 가지고 x^2의 계수가 1인 이차방정식에 대하여

(두 근의 합)$=3+5=8$, (두 근의 곱)$=3\times5=15$

따라서 구하는 이차방정식은
$$x^2-8x+15=0$$

(2) 두 수 $2+i$, $2-i$를 근으로 가지고 x^2의 계수가 1인 이차방정식에 대하여

(두 근의 합)$=(2+i)+(2-i)=4$, (두 근의 곱)$=(2+i)(2-i)=5$

따라서 구하는 이차방정식은
$$x^2-4x+5=0$$

개념 Point　　두 수를 근으로 가지는 이차방정식

두 수 α, β를 근으로 가지고 x^2의 계수가 1인 이차방정식은
$$(x-\alpha)(x-\beta)=0 \Rightarrow x^2-(\alpha+\beta)x+\alpha\beta=0$$

+ Plus

두 수 α, β를 근으로 가지는 이차방정식은
$$a(x-\alpha)(x-\beta)=0 \ (a\neq0), \ \text{즉} \ a\{x^2-(\alpha+\beta)x+\alpha\beta\}=0$$
과 같이 나타낼 수 있다.

예를 들어 두 수 1, $\dfrac{1}{3}$을 근으로 가지고 x^2의 계수가 1인 이차방정식은
$$x^2-\left(1+\frac{1}{3}\right)x+1\times\frac{1}{3}=0 \quad \therefore \ x^2-\frac{4}{3}x+\frac{1}{3}=0 \quad \cdots\cdots \ \text{㉠}$$

이때 ㉠의 양변에 3을 곱하면
$$3x^2-4x+1=0$$

두 수를 근으로 가지는 이차방정식을 작성할 때 계수가 분수로 나타나는 경우에는 양변에 분모의 최소공배수를 곱하여 나타낼 수 있다.

이고, 방정식 $3x^2-4x+1=0$ 또한 두 수 1, $\dfrac{1}{3}$을 근으로 가지는 이차방정식이다.

❸ 이차방정식의 두 근을 이용한 이차식의 인수분해

이차식을 인수분해할 때에는 일반적으로 인수분해 공식을 이용합니다. 하지만 실수의 범위에서 인수분해할 때는 계수가 실수인 이차식 ax^2+bx+c를 인수분해할 수 없는 경우도 있습니다.

예를 들어 이차식 x^2-2x+5에서 이차방정식 $x^2-2x+5=0$의 판별식을 D라고 하면 $\dfrac{D}{4}=(-1)^2-1\times5=-4<0$이므로 실근을 가지지 않습니다. 즉, 이차식 x^2-2x+5는

$D<0$이면 서로 다른 두 허근을 가진다.

실수의 범위에서 두 일차식의 곱으로 인수분해할 수 없습니다.

그러나 복소수의 범위에서는 이 이차식을 두 일차식의 곱으로 인수분해할 수 있습니다.

이차방정식 $x^2-2x+5=0$의 두 근을 근의 공식을 이용하여 구하면
$$1+2i,\ 1-2i$$
이므로
$$x^2-2x+5=\{x-(1+2i)\}\{x-(1-2i)\}=(x-1-2i)(x-1+2i)$$
와 같이 인수분해됩니다.

일반적으로 이차방정식 $ax^2+bx+c=0\ (a\neq0)$의 두 근을 $\alpha,\ \beta$라고 하면
$$\alpha+\beta=-\frac{b}{a},\ \alpha\beta=\frac{c}{a}$$
이므로
$$ax^2+bx+c=a\left(x^2+\frac{b}{a}x+\frac{c}{a}\right)=a\{x^2-(\alpha+\beta)x+\alpha\beta\}=a(x-\alpha)(x-\beta)$$
로 인수분해됩니다. 즉, 계수가 실수인 이차식 ax^2+bx+c는 복소수의 범위에서 항상 두 일차식의 곱으로 인수분해할 수 있습니다.

Example 이차식 $x^2-6x+10$을 복소수의 범위에서 인수분해하면
이차방정식 $x^2-6x+10=0$에서 근의 공식을 이용하여 구한 두 근은 각각
$$3+i,\ 3-i$$
이므로
$$x^2-6x+10=\{x-(3+i)\}\{x-(3-i)\}=(x-3-i)(x-3+i)$$

개념 Point 이차식의 인수분해

계수가 실수인 이차방정식 $ax^2+bx+c=0$의 두 근을 $\alpha,\ \beta$라고 하면
$$ax^2+bx+c=a(x-\alpha)(x-\beta)$$
로 인수분해된다.

❹ 이차방정식의 켤레근

계수가 실수인 이차방정식 $ax^2+bx+c=0$에서 두 근을 α, β라고 하면

$$\alpha=-\frac{b}{2a}+\frac{\sqrt{b^2-4ac}}{2a}=A+B, \quad \beta=-\frac{b}{2a}-\frac{\sqrt{b^2-4ac}}{2a}=A-B$$

로 나타낼 수 있습니다. 이때 $b^2-4ac\neq0$이면 이차방정식 $ax^2+bx+c=0$은 서로 다른 두 실근 또는 서로 다른 두 허근을 가지고, 그때의 두 근은 서로 비슷한 형태가 됩니다. 즉, $A+B$가 근이면 $A-B$도 근이 되고, 거꾸로 $A-B$가 근이면 $A+B$도 근이 됩니다.

위의 성질을 이용하면 다음과 같은 경우 한 근을 알 때 다른 한 근도 구할 수 있습니다.

이차방정식 $ax^2+bx+c=0$에서

$q\neq0$일 때, $p+q\sqrt{m}$과 $p-q\sqrt{m}$을 각각 켤레근이라고 한다.

(1) a, b, c가 유리수일 때, $p+q\sqrt{m}$이 근이면 $p-q\sqrt{m}$도 근입니다.

(p, q는 유리수, $q\neq0$, $\sqrt{m}$은 무리수)

(2) a, b, c가 실수일 때, $p+qi$가 근이면 $p-qi$도 근입니다. (p, q는 실수, $q\neq0$, $i=\sqrt{-1}$)

$q\neq0$일 때, $p+qi$와 $p-qi$를 각각 켤레근이라고 한다.

Example

(1) 유리수 a, b에 대하여 x에 대한 이차방정식 $x^2+ax+b=0$의 한 근이 $2-\sqrt{5}$이면 다른 한 근은 $2+\sqrt{5}$이다. 따라서 근과 계수의 관계에 의하여

$$(2-\sqrt{5})+(2+\sqrt{5})=4=-a \qquad \therefore a=-4$$
$$(2-\sqrt{5})(2+\sqrt{5})=-1=b \qquad \therefore b=-1$$

(2) 실수 a, b에 대하여 x에 대한 이차방정식 $x^2+ax+b=0$의 한 근이 $3-2i$이면 다른 한 근은 $3+2i$이다. 따라서 근과 계수의 관계에 의하여

$$(3-2i)+(3+2i)=6=-a \qquad \therefore a=-6$$
$$(3-2i)(3+2i)=13=b \qquad \therefore b=13$$

개념 Point 　이차방정식의 켤레근

이차방정식 $ax^2+bx+c=0$에서

1 a, b, c가 유리수일 때, $p+q\sqrt{m}$이 근이면 $p-q\sqrt{m}$도 근이다.

(p, q는 유리수, $q\neq0$, $\sqrt{m}$은 무리수)

2 a, b, c가 실수일 때, $p+qi$가 근이면 $p-qi$도 근이다. (p, q는 실수, $q\neq0$, $i=\sqrt{-1}$)

➕ Plus

이차방정식의 계수가 모두 유리수라는 조건이 없으면 $p+q\sqrt{m}$이 방정식의 한 근일 때, 다른 한 근이 반드시 $p-q\sqrt{m}$이 되는 것은 아니다.

예 $x^2+x-2+\sqrt{2}=0$의 두 근은 $\sqrt{2}-1$, $-\sqrt{2}$이다.

1 이차방정식 $x^2+2x-2=0$의 두 근을 α, β라고 할 때, 다음 식의 값을 구하시오.

(1) $\alpha+\beta$

(2) $\alpha\beta$

(3) $\alpha^2+\beta^2$

(4) $|\alpha-\beta|$

2 다음 두 수를 근으로 가지고 x^2의 계수가 1인 이차방정식을 구하시오.

(1) $3+2\sqrt{2}$, $3-2\sqrt{2}$

(2) $1+3i$, $1-3i$

3 다음 이차식을 복소수의 범위에서 인수분해하시오.

(1) x^2+2x-4

(2) x^2+9

(3) x^2-3x+3

(4) $3x^2-6x+1$

4 다음 물음에 답하시오.

(1) 이차방정식 $x^2+ax+b=0$의 한 근이 $1+\sqrt{5}$일 때, 유리수 a, b의 값을 각각 구하시오.

(2) 이차방정식 $x^2+ax+b=0$의 한 근이 $3+2i$일 때, 실수 a, b의 값을 각각 구하시오.

● 풀이 58쪽~59쪽

정답

1 (1) -2 (2) -2 (3) 8 (4) $2\sqrt{3}$ **2** (1) $x^2-6x+1=0$ (2) $x^2-2x+10=0$

3 (1) $(x+1-\sqrt{5})(x+1+\sqrt{5})$ (2) $(x+3i)(x-3i)$ (3) $\left(x-\dfrac{3+\sqrt{3}i}{2}\right)\left(x-\dfrac{3-\sqrt{3}i}{2}\right)$

(4) $3\left(x-\dfrac{3+\sqrt{6}}{3}\right)\left(x-\dfrac{3-\sqrt{6}}{3}\right)$

4 (1) $a=-2$, $b=-4$ (2) $a=-6$, $b=13$

예제 07 이차방정식의 근과 계수의 관계 (1)

이차방정식 $x^2-2x+3=0$의 두 근을 α, β라고 할 때, 다음 식의 값을 구하시오.

(1) $\dfrac{1}{\alpha}+\dfrac{1}{\beta}$

(2) $\alpha^2\beta+\alpha\beta^2$

(3) $\alpha^2+\beta^2$

(4) $\alpha^3+\beta^3$

접근 방법 > 이차방정식의 근과 계수의 관계를 이용하여 두 근의 합과 곱을 구한 다음 곱셈 공식의 변형을 이용하여 각각의 식의 값을 찾는다.

> **수매씽 Point** 이차방정식 $ax^2+bx+c=0$의 두 근을 α, β라고 하면
> $$\alpha+\beta=-\frac{b}{a},\ \alpha\beta=\frac{c}{a}$$

상세 풀이 > 근과 계수의 관계에 의하여

$$\alpha+\beta=-\frac{-2}{1}=2,\ \alpha\beta=\frac{3}{1}=3$$

(1) $\dfrac{1}{\alpha}+\dfrac{1}{\beta}=\dfrac{\alpha+\beta}{\alpha\beta}=\dfrac{2}{3}$

(2) $\alpha^2\beta+\alpha\beta^2=\alpha\beta(\alpha+\beta)$
$\qquad\qquad =3\times2=6$

(3) $\alpha^2+\beta^2=(\alpha+\beta)^2-2\alpha\beta$
$\qquad\qquad =2^2-2\times3=-2$

(4) $\alpha^3+\beta^3=(\alpha+\beta)^3-3\alpha\beta(\alpha+\beta)$
$\qquad\qquad =2^3-3\times3\times2=-10$

정답 (1) $\dfrac{2}{3}$ (2) 6   (3) -2 (4) -10

보충 설명

이차방정식의 근과 계수의 관계를 이용하면 이차방정식의 근을 직접 구하지 않고, 이차방정식의 계수만으로도 두 근의 합과 곱을 쉽게 구할 수 있다.

07-1

이차방정식 $2x^2-4x-1=0$의 두 근을 α, β라고 할 때, 다음 식의 값을 구하시오.

(1) $\dfrac{1}{\alpha}+\dfrac{1}{\beta}$　　　　　　　　　　(2) $(\alpha-\beta)^2$

(3) $\alpha^2+\beta^2$　　　　　　　　　　(4) $\alpha^3+\beta^3$

07-2

이차방정식 $x^2-3x+1=0$의 두 근을 α, β라고 할 때, 다음 식의 값을 구하시오.

(1) $\left(\alpha^2+\dfrac{1}{\beta}\right)\left(\beta^2+\dfrac{1}{\alpha}\right)$　　　　　　(2) $(\alpha^2+5\alpha+2)(\beta^2+5\beta+2)$

07-3

이차방정식 $x^2-ax+b=0$의 두 근을 α, β라고 할 때, 이차방정식
$x^2-(2a+1)x+2=0$의 두 근이 $\alpha+\beta$, $\alpha\beta$이다. 상수 a, b에 대하여 a^2+b^2의 값을 구하시오.

• 풀이 59쪽

정답　　07-1 (1) -4　(2) 6　(3) 5　(4) 11　　　　07-2 (1) 5　(2) 89　　　　07-3 5

이차방정식의 근과 계수의 관계 (2)

예제 08

이차방정식 $x^2-4x+k-1=0$의 두 실근이 다음 조건을 만족시킬 때, 실수 k의 값을 구하시오.

(1) 두 실근의 차가 2

(2) 두 실근의 제곱의 합이 6

접근 방법 두 실근에 대한 조건이 주어진 경우에는 곱셈 공식을 변형하여 조건에 맞는 식을 찾도록 한다. 이차방정식의 두 실근을 α, β라고 하면 (1)에서 두 실근의 차는 $|\alpha-\beta|=\sqrt{(\alpha+\beta)^2-4\alpha\beta}$를 이용하여 구할 수 있고 (2)에서 두 실근의 제곱의 합은 $\alpha^2+\beta^2=(\alpha+\beta)^2-2\alpha\beta$를 이용하여 구할 수 있다.

> **수매씽 Point** 이차방정식의 두 실근을 α, β라고 하면
> $$|\alpha-\beta|=\sqrt{(\alpha+\beta)^2-4\alpha\beta}$$
> $$\alpha^2+\beta^2=(\alpha+\beta)^2-2\alpha\beta$$

상세 풀이 이차방정식 $x^2-4x+k-1=0$의 두 실근을 α, β라고 하면 근과 계수의 관계에 의하여

$$\alpha+\beta=4, \ \alpha\beta=k-1$$

(1) 두 실근의 차가 2이므로

$$|\alpha-\beta|=\sqrt{(\alpha+\beta)^2-4\alpha\beta}=\sqrt{4^2-4(k-1)}=2$$

$$\sqrt{20-4k}=2, \ 4k=16 \qquad \therefore \ k=4$$

(2) 두 실근의 제곱의 합이 6이므로

$$\alpha^2+\beta^2=(\alpha+\beta)^2-2\alpha\beta=4^2-2(k-1)=6$$

$$2k=12 \qquad \therefore \ k=6$$

정답 (1) 4 (2) 6

보충 설명

(1)에서와 같이 이차방정식의 두 실근의 차가 2로 주어진 경우에는 두 실근을 각각 α, $\alpha+2$라고 할 수 있다. 이때 근과 계수의 관계에 의하여

$$\alpha+(\alpha+2)=4, \ \alpha(\alpha+2)=k-1$$

에서 $\alpha=1$이므로 $k=4$임을 알 수 있다.

08-1　이차방정식 $x^2+2x-(k+1)=0$의 두 실근이 다음 조건을 만족시킬 때, 실수 k의 값을 구하시오.

(1) 두 실근의 차가 6

(2) 두 실근의 제곱의 합이 4

08-2　x에 대한 이차방정식 $x^2-2kx+k^2-k=0$의 두 실근의 차의 제곱이 12일 때, 실수 k의 값은?

① -3　　　　　　② -1　　　　　　③ 1

④ 3　　　　　　⑤ 5

08-3　x에 대한 이차방정식 $x^2+(a^2-a-2)x+a=0$의 두 실근의 절댓값이 서로 같고 부호가 서로 다를 때, 실수 a의 값을 구하시오.

● 풀이 60쪽

정답　　08-1 (1) 7　(2) -1　　　　08-2 ④　　　　08-3 -1

예제 09

이차방정식 $x^2-3x+1=0$의 두 근을 α, β라고 할 때, 다음을 두 근으로 가지고 x^2의 계수가 1인 이차방정식을 구하시오.

(1) 2α, 2β (2) $\alpha-2$, $\beta-2$ (3) $\dfrac{1}{\alpha}$, $\dfrac{1}{\beta}$

접근 방법 > 주어진 이차방정식에서 근과 계수의 관계에 의하여 $\alpha+\beta$, $\alpha\beta$의 값을 구한다. 이를 이용하여 주어진 두 값의 합과 곱을 구하여, 구하려는 이차방정식의 계수를 찾는다.

> **수매씽 Point**   두 수 α, β를 근으로 가지고 x^2의 계수가 1인 이차방정식
> $$\Rightarrow x^2-(\alpha+\beta)x+\alpha\beta=0$$

상세 풀이 > 이차방정식 $x^2-3x+1=0$의 두 근이 α, β이므로 근과 계수의 관계에 의하여

$$\alpha+\beta=3, \ \alpha\beta=1$$

(1) 두 근 2α, 2β의 합과 곱을 구하면

$$2\alpha+2\beta=2(\alpha+\beta)=2\times3=6, \ 2\alpha\times2\beta=4\alpha\beta=4\times1=4$$

따라서 2α, 2β를 두 근으로 가지고 x^2의 계수가 1인 이차방정식은

$$x^2-6x+4=0$$

(2) 두 근 $\alpha-2$, $\beta-2$의 합과 곱을 구하면

$$(\alpha-2)+(\beta-2)=(\alpha+\beta)-4=3-4=-1$$
$$(\alpha-2)(\beta-2)=\alpha\beta-2(\alpha+\beta)+4=1-2\times3+4=-1$$

따라서 $\alpha-2$, $\beta-2$를 두 근으로 가지고 x^2의 계수가 1인 이차방정식은 $x^2+x-1=0$

(3) 두 근 $\dfrac{1}{\alpha}$, $\dfrac{1}{\beta}$의 합과 곱을 구하면

$$\frac{1}{\alpha}+\frac{1}{\beta}=\frac{\alpha+\beta}{\alpha\beta}=\frac{3}{1}=3, \ \frac{1}{\alpha}\times\frac{1}{\beta}=\frac{1}{\alpha\beta}=\frac{1}{1}=1$$

따라서 $\dfrac{1}{\alpha}$, $\dfrac{1}{\beta}$을 두 근으로 가지고 x^2의 계수가 1인 이차방정식은

$$x^2-3x+1=0$$

정답   (1) $x^2-6x+4=0$ (2) $x^2+x-1=0$ (3) $x^2-3x+1=0$

보충 설명

이차방정식 $ax^2+bx+c=0$의 두 근을 α, β라고 하면 $ax^2+bx+c=a(x-\alpha)(x-\beta)$로 인수분해된다. 따라서 모든 이차식은 복소수의 범위에서 인수분해된다.

09-1

이차방정식 $x^2-2x-1=0$의 두 근을 α, β라고 할 때, 다음을 두 근으로 가지고 x^2의 계수가 1인 이차방정식을 구하시오.

(1) $2\alpha-1$, $2\beta-1$ (2) α^2, β^2 (3) $2\alpha+\dfrac{1}{\beta}$, $2\beta+\dfrac{1}{\alpha}$

09-2

이차방정식 $x^2+2x+3=0$의 두 근을 α, β라고 할 때, 다음 중 $\alpha+\beta+1$, $\alpha^2+\beta^2$을 두 근으로 가지는 이차방정식은?

① $x^2-2x+1=0$ ② $x^2+2x+1=0$ ③ $x^2-3x+2=0$

④ $x^2+3x-2=0$ ⑤ $x^2+3x+2=0$

09-3

이차방정식 $x^2-5x-3=0$의 두 근을 α, $\dfrac{1}{\beta}$이라고 할 때, $\dfrac{1}{\alpha}$, β를 두 근으로 가지고 x^2의 계수가 3인 이차방정식을 구하시오.

● 풀이 60쪽~61쪽

정답   **09-1** (1) $x^2-2x-7=0$ (2) $x^2-6x+1=0$ (3) $x^2-2x-1=0$ **09-2** ⑤   **09-3** $3x^2+5x-1=0$

예제 10

다음 물음에 답하시오.

(1) 이차방정식 $x^2+(1-a)x+b-3=0$의 한 근이 $2+\sqrt{3}$일 때, 유리수 a, b의 값을 각각 구하시오.

(2) 이차방정식 $x^2-(a-3)x+b+2=0$의 한 근이 $1-i$일 때, 실수 a, b의 값을 각각 구하시오.

접근 방법 ▶ (1)의 이차방정식의 계수가 유리수이고, (2)의 이차방정식의 계수가 실수이므로 이차방정식의 켤레근의 성질을 이용할 수 있다. 또한 주어진 근을 방정식에 대입한 후 무리수가 서로 같을 조건 또는 복소수가 서로 같을 조건을 이용하여 풀 수도 있다.

> **수매씽 Point** 이차방정식 $ax^2+bx+c=0$에서
>
> (1) a, b, c가 유리수일 때, $p+q\sqrt{m}$이 근이면 $p-q\sqrt{m}$도 근이다.
> $(p, q$는 유리수, $q\neq0$, $\sqrt{m}$은 무리수$)$
>
> (2) a, b, c가 실수일 때, $p+qi$가 근이면 $p-qi$도 근이다. $(p, q$는 실수, $q\neq0$, $i=\sqrt{-1})$

상세 풀이 ▶ (1) a, b가 유리수이고 주어진 이차방정식의 한 근이 $2+\sqrt{3}$이므로 다른 한 근은 $2-\sqrt{3}$이다.

근과 계수의 관계에 의하여

$$(2+\sqrt{3})+(2-\sqrt{3})=a-1, \ 4=a-1 \qquad \therefore a=5$$
$$(2+\sqrt{3})(2-\sqrt{3})=b-3, \ 1=b-3 \qquad \therefore b=4$$

(2) a, b가 실수이고 주어진 이차방정식의 한 근이 $1-i$이므로 다른 한 근은 $1+i$이다.

근과 계수의 관계에 의하여

$$(1-i)+(1+i)=a-3, \ 2=a-3 \qquad \therefore a=5$$
$$(1-i)(1+i)=b+2, \ 2=b+2 \qquad \therefore b=0$$

정답 (1) $a=5$, $b=4$ (2) $a=5$, $b=0$

보충 설명

(1)의 이차방정식 $x^2+(1-a)x+b-3=0$에 $x=2+\sqrt{3}$을 대입하면
$$(2+\sqrt{3})^2+(1-a)(2+\sqrt{3})+b-3=0, \ (6-2a+b)+(5-a)\sqrt{3}=0$$
이때 a, b가 유리수이므로 무리수가 서로 같을 조건에 의하여
$$6-2a+b=0, \ 5-a=0 \qquad \therefore a=5, \ b=4$$

10-1

다음 물음에 답하시오.

(1) 이차방정식 $2x^2+ax+b-1=0$의 한 근이 $1-\sqrt{2}$일 때, 유리수 a, b의 값을 각각 구하시오.

(2) 이차방정식 $2x^2+(a-2)x+b=0$의 한 근이 $3+2i$일 때, 실수 a, b의 값을 각각 구하시오.

10-2

이차방정식 $x^2-ax+b=0$의 한 근이 $1+2i$일 때, 이차방정식 $ax^2+bx+2=0$의 두 근의 합을 구하시오. (단, a, b는 실수이다.)

10-3

이차방정식 $x^2+ax+b=0$의 한 근이 $3-\sqrt{3}$일 때, 이차방정식 $x^2+bx+a=0$의 두 근을 α, β라고 하자. $\alpha^2+\beta^2$의 값을 구하시오. (단, a, b는 유리수이다.)

● 풀이 61쪽

정답

10-1 (1) $a=-4$, $b=-1$　(2) $a=-10$, $b=26$　　　　**10-2** $-\dfrac{5}{2}$　　　　**10-3** 48

1 이차방정식 $x^2-mx+2m+1=0$의 한 근이 1일 때, 다른 한 근은? (단, m은 상수이다.)

① -3 ② -2 ③ -1

④ 0 ⑤ 3

2 오른쪽 그림과 같이 한 변의 길이가 10인 두 정사각형 ABCD 와 PQRS가 서로 겹쳐져 있다. 두 정사각형의 겹쳐진 부분은 선분 PB가 대각선인 직사각형이고, 그 넓이는 7이다. 점 P가 선분 AC 위에 있을 때, 선분 AP의 길이를 구하시오.

(단, $\overline{AP}>\overline{PC}$)

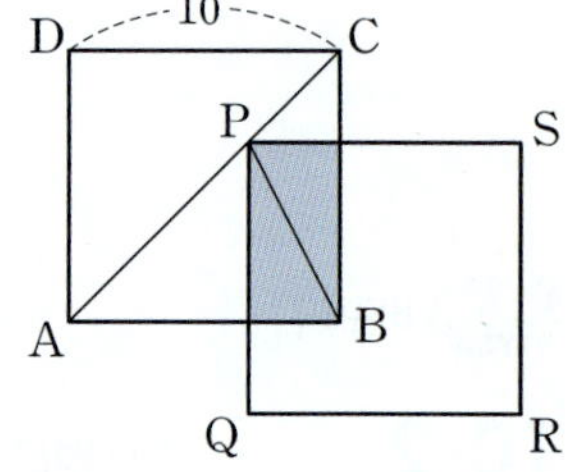

3 x에 대한 이차방정식 $x^2+2(k-1)x+k^2-20=0$이 서로 다른 두 실근을 가지도록 하는 자연수 k의 개수를 구하시오.

4 x에 대한 이차방정식 $x^2-2ax+a^2+a+6=0$이 실근을 가지도록 하는 정수 a의 최댓값을 M, x에 대한 이차방정식 $x^2-(1-2k)x+k^2+k+3=0$이 허근을 가지도록 하는 정수 k의 최솟값을 m이라고 할 때, Mm의 값을 구하시오.

5 이차방정식 $x^2-4=a(x-2)$가 중근을 가지도록 하는 실수 a의 값은?

① 2 ② 3 ③ 4

④ 5 ⑤ 6

● 정답 및 풀이 61쪽~63쪽

6 이차방정식 $x^2-5x-2=0$의 두 근을 α, β라고 할 때, $\dfrac{1}{\alpha+1}+\dfrac{1}{\beta+1}$의 값은?

① $\dfrac{3}{2}$ ② $\dfrac{7}{4}$ ③ 2

④ $\dfrac{9}{4}$ ⑤ $\dfrac{5}{2}$

7 이차방정식 $3x^2-x+6=0$의 두 근을 α, β라고 할 때, $\dfrac{\alpha}{\alpha-1}$, $\dfrac{\beta}{\beta-1}$를 두 근으로 가지는 이차방정식이 $8x^2+ax+b=0$이다. 상수 a, b에 대하여 $a+b$의 값을 구하시오.

8 이차방정식 $x^2-5kx+k+1=0$의 두 근의 비가 $2:3$일 때, 모든 실수 k의 값의 합을 구하시오.

9 x에 대한 이차방정식 $x^2+(a^2-3a-4)x-a+2=0$의 두 실근의 절댓값이 서로 같고 부호가 서로 다를 때, 실수 a의 값을 구하시오.

10 다음 물음에 답하시오.

(1) 이차방정식 $x^2-ax+5b=0$의 한 근이 $3-4i$일 때 실수 a, b에 대하여 ab의 값을 구하시오.

(2) 이차방정식 $x^2+6x+a=0$의 한 근이 $b+\sqrt{3}i$일 때 실수 a, b에 대하여 $a+b$의 값을 구하시오.

11 신원이는 계수가 실수인 이차방정식 $ax^2+bx+c=0$의 근의 공식을 $x=\dfrac{-b\pm\sqrt{b^2-ac}}{2a}$로 잘못 알고 이차방정식 $x^2+px+q=0$을 풀어 두 근 $x=\dfrac{2\pm i}{2}$를 얻었다. 이 이차방정식의 올바른 근을 구하시오. (단, p, q는 실수이다.)

12 다음 물음에 답하시오.

(1) 이차방정식 $x^2+4ix+k-12i=0$의 실근을 $x=\alpha$라고 할 때, $\alpha+k$의 값을 구하시오.
(단, k는 실수이다.)

(2) 이차방정식 $(1+pi)x^2+(1-i)x-6-2i=0$의 한 근이 실수일 때, 양의 실수 p의 값을 구하시오.

13 $[x]$가 x보다 크지 않은 최대의 정수일 때, 다음 물음에 답하시오.

(1) $1<x<3$일 때, 방정식 $x^2-[x]x-2=0$의 해를 구하시오.

(2) $1<x<2$일 때, 방정식 $x^2-x=[x^2]-1$의 해를 구하시오.

14 x에 대한 이차식 $x^2+2(m-a+2)x+m^2+a^2+2b$가 실수 m의 값에 관계없이 항상 완전제곱식이 될 때, 실수 a, b에 대하여 a^2+b^2의 값을 구하시오.

15 신이와 원이 두 학생이 x^2의 계수가 1인 어떤 이차방정식을 푸는데, 신이는 상수항을 잘못 보고 풀어 두 근 -2, 6을 얻었고, 원이는 x의 계수를 잘못 보고 풀어 두 근 $-1\pm\sqrt{2}i$를 얻었다. 이 이차방정식의 올바른 두 근을 구하시오.

16 이차방정식 $f(x)=0$의 두 근 α, β에 대하여 $\alpha+\beta=1$, $\alpha\beta=6$일 때, 이차방정식 $f(2x-1)=0$의 두 근의 곱을 구하시오.

17 이차방정식 $f(2x-1)=1$의 두 근을 α, β라고 하면 $\alpha+\beta=7$이 성립한다. 이때 이차방정식 $f(3x)=1$의 두 근의 합을 구하시오.

18 이차방정식 $x^2-ax+b=0$이 서로 다른 양의 정수근을 가질 때, 〈**보기**〉에서 옳은 것을 있는 대로 고르시오. (단, a, b는 소수이다.)

〈 보기 〉
ㄱ. 두 근의 차는 홀수이다.　　　　　ㄴ. 적어도 한 근은 소수이다.
ㄷ. $a+b$의 값은 소수이다.

19 x에 대한 이차방정식 $x^2-(p^2+q)x+p^2q-10=0$의 한 근이 $4+\sqrt{10}$일 때, $p+q$의 값을 구하시오. (단, p, q는 양의 유리수이다.)

20 허수 α에 대하여 이차방정식 $x^2+ax+b=0$의 한 근은 α이고, 이차방정식 $x^2-bx+a=0$의 한 근은 $\alpha+1$일 때, $10a+b$의 값을 구하시오. (단, a, b는 실수이다.)

● 정답 및 풀이 67쪽~68쪽

(교육청) 21

x에 대한 이차방정식 $x^2-2(m+a)x+m^2+m+b=0$이 실수 m의 값에 관계없이 항상 중근을 가질 때, $12(a+b)$의 값은? (단, a, b는 상수이다.)

① 9   ② 10   ③ 11

④ 12   ⑤ 13

(교육청) 22

x에 대한 이차방정식 $x^2+k(2p-3)x-(p^2-2)k+q+2=0$이 실수 k의 값에 관계없이 항상 1을 근으로 가질 때, 두 상수 p, q에 대하여 $p+q$의 값은?

① -5 ② -2 ③ 1

④ 4   ⑤ 7

(교육청) 23

x에 대한 이차방정식 $x^2+2ax-b=0$의 두 근을 α, β라 할 때, $|\alpha-\beta|<12$를 만족시키는 두 자연수 a, b의 모든 순서쌍 (a, b)의 개수를 구하시오.

(평가원) 24

이차방정식 $x^2+x+1=0$의 두 근 α, β에 대하여 이차함수 $f(x)=x^2+px+q$가 $f(\alpha^2)=-4\alpha$와 $f(\beta^2)=-4\beta$를 만족시킬 때, 두 상수 p, q에 대하여 $p+q$의 값을 구하시오.

(수능) 25

두 실수 a, b에 대하여 이차방정식 $x^2+ax+b=0$의 서로 다른 두 근은 α, β이고, 이차방정식 $x^2+3ax+3b=0$의 서로 다른 두 근은 $\alpha+2$, $\beta+2$이다. 다음 조건을 만족시키는 자연수 n의 최솟값을 구하시오.

(가) $\alpha^n+\beta^n>0$	(나) $\alpha^n+\beta^n=\alpha^{n+1}+\beta^{n+1}$

06 이차방정식과 이차함수

1 이차함수의 그래프

이차함수 $y=ax^2+bx+c$는 $y=a(x-p)^2+q$ 꼴로 변형한 후 그 그래프를 그릴 수 있다.

2 이차방정식과 이차함수

• **이차방정식과 이차함수의 관계**

이차함수 $y=ax^2+bx+c$의 그래프와 x축의 교점의 x좌표는 이차방정식 $ax^2+bx+c=0$의 실근과 같다.

• **이차함수의 그래프와 직선의 위치 관계**

이차함수 $y=ax^2+bx+c$의 그래프와 직선 $y=mx+n$의 위치 관계는 이차방정식 $ax^2+(b-m)x+c-n=0$의 판별식 D의 부호에 따라 다음과 같이 결정된다.

$y=ax^2+bx+c$의 그래프와 직선 $y=mx+n$의 위치 관계	$D>0$	$D=0$	$D<0$
	서로 다른 두 점에서 만난다.	접한다. (한 점에서 만난다.)	만나지 않는다.

3 이차함수의 최대, 최소

(1) 이차함수 $y=a(x-p)^2+q$ $(a>0)$는 $x=p$에서 최솟값 q를 가지고, 최댓값은 없다. 이차함수 $y=a(x-p)^2+q$ $(a<0)$는 $x=p$에서 최댓값 q를 가지고, 최솟값은 없다.

(2) $\alpha\leq x\leq\beta$에서 이차함수 $f(x)=a(x-p)^2+q$의 최대, 최소는 그래프의 꼭짓점의 x좌표 p가 주어진 범위 $\alpha\leq x\leq\beta$에 포함되는지를 확인하여 구한다.

Q&A

Q 이차방정식과 이차함수는 어떤 관계가 있나요?

A 이차함수의 그래프와 x축의 교점의 x좌표는 이차방정식의 실근과 같습니다. 따라서 이차방정식의 판별식의 부호를 조사하면 이차함수의 그래프와 x축의 교점의 개수를 알 수 있습니다.

이차함수의 그래프

1 일차함수의 그래프

일차함수 $y=ax+b$ $(a\neq0)$의 그래프는 기울기가 a이고, y절편이 b인 직선입니다. 이때 직선의 모양은 기울기 a의 부호에 따라 달라집니다. $a>0$이면 왼쪽 아래에서 오른쪽 위로 올라가는 모양의 직선이 되고, $a<0$이면 왼쪽 위에서 오른쪽 아래로 내려가는 모양의 직선이 됩니다.

따라서 기울기 a의 부호에 따른 일차함수 $y=ax+b$의 그래프는 다음과 같습니다.

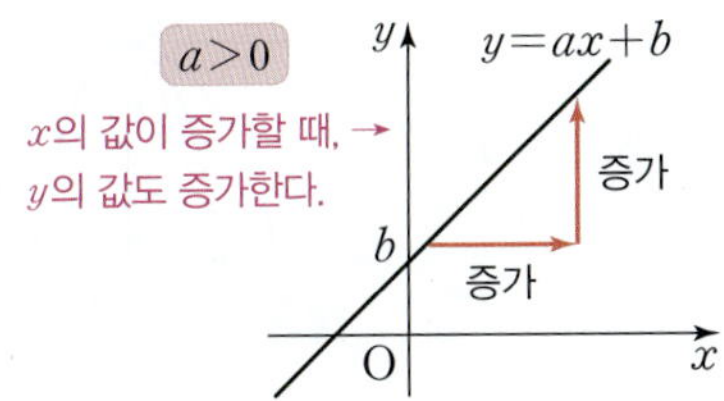

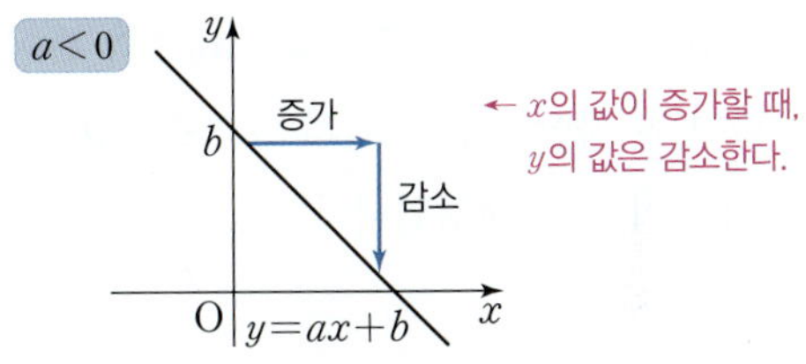

Example 일차함수 $y=-x+4$의 그래프는 기울기가 -1이고, y절편이 4인 직선이므로 오른쪽 그림과 같다.

이때 직선의 기울기는 -1이고, $-1<0$이므로 x의 값이 증가할 때, y의 값은 감소한다.

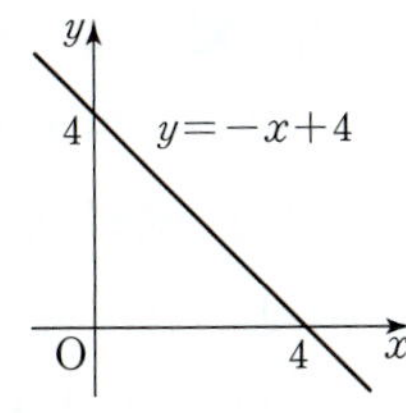

일차함수 $y=ax+b$ $(a\neq0)$의 그래프는

1　기울기가 a이고, y절편이 b인 직선이다.
2　$a>0$이면 왼쪽 아래에서 오른쪽 위로 올라가는 모양의 직선이다.
　$a<0$이면 왼쪽 위에서 오른쪽 아래로 내려가는 모양의 직선이다.

2 이차함수의 그래프

일반적으로 함수 $y=f(x)$에서 y가 x에 대한 이차식
$$y=ax^2+bx+c \ (a, \ b, \ c는 \ 상수, \ a\neq0)$$
로 나타날 때, 이 함수를 x에 대한 이차함수라고 합니다.

오른쪽 그림과 같이 이차함수의 그래프와 같은 모양의 곡선을
포물선이라고 합니다. 포물선은 한 직선에 대하여 대칭인 도형
으로, 그 직선을 포물선의 축이라 하고, 포물선과 축이 만나는
점을 포물선의 꼭짓점이라고 합니다.

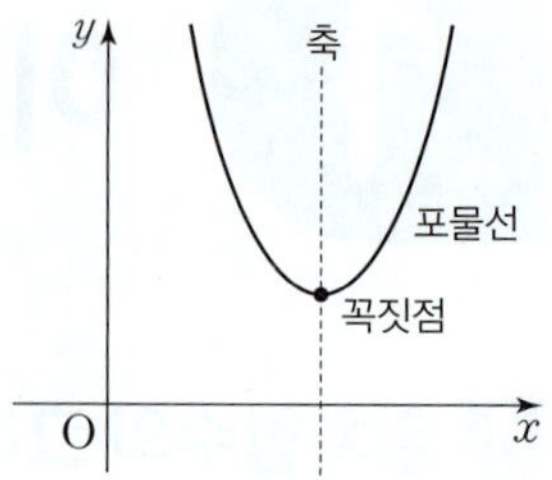

이제 가장 간단한 이차함수의 그래프부터 살펴봅시다.

1. 이차함수 $y=ax^2$의 그래프

이차함수 $y=ax^2$의 그래프는 오른쪽 그림과 같이 원점을 꼭
짓점으로 하고, y축을 축으로 하는 포물선입니다. $a>0$이면 그
래프는 아래로 볼록하고, $a<0$이면 그래프는 위로 볼록합니다.
또한 a의 절댓값이 커질수록 그래프의 폭이 좁아집니다.

한편, 이차함수 $y=ax^2$의 그래프와 $y=-ax^2$의 그래프는 x축
에 대하여 서로 대칭입니다.

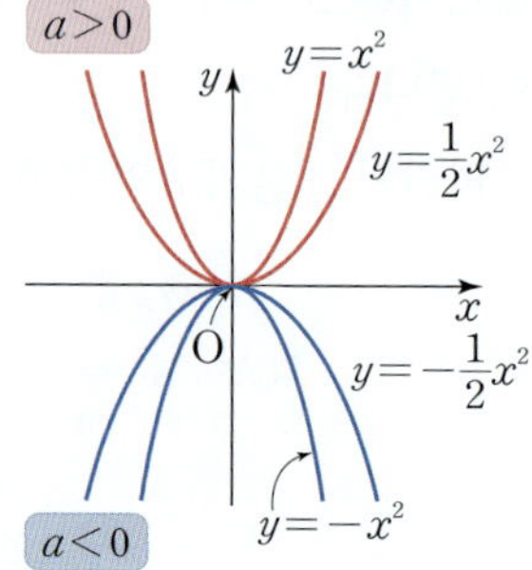

2. 이차함수 $y=a(x-p)^2+q$의 그래프

이차함수 $y=a(x-p)^2+q$의 그래프는 이차함수 $y=ax^2$의
그래프를 x축의 방향으로 p만큼, y축의 방향으로 q만큼 평행이
동한 것입니다. 따라서 $y=a(x-p)^2+q$의 그래프는 점 $(p,\ q)$
를 꼭짓점으로 하고, 직선 $x=p$를 축으로 하는 포물선입니다.

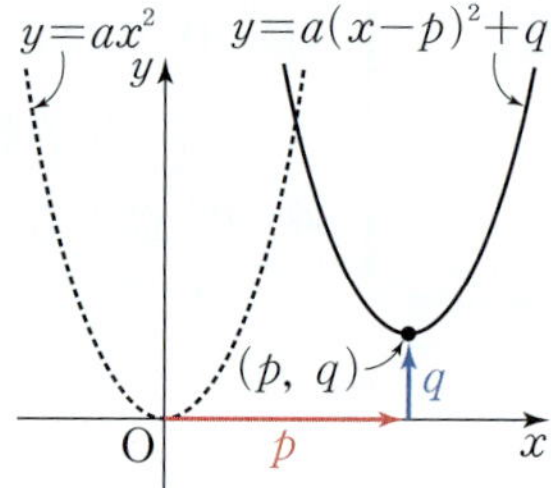

3. 이차함수 $y=ax^2+bx+c$의 그래프

이차함수 $y=ax^2+bx+c$는 $y=a(x-p)^2+q$ 꼴로 변형한 후 그 그래프를 그릴 수 있습
니다.

$$y=ax^2+bx+c$$

$$=a\left(x^2+\frac{b}{a}x\right)+c \quad \leftarrow a로\ 묶어\ 낸다.$$

$$=a\left\{x^2+\frac{b}{a}x+\left(\frac{b}{2a}\right)^2-\left(\frac{b}{2a}\right)^2\right\}+c \quad \leftarrow 완전제곱식으로\ 만들기\ 위해\ 항을\ 더하고\ 뺀다.$$

$$=a\left(x+\frac{b}{2a}\right)^2-\frac{b^2-4ac}{4a} \quad \leftarrow 식을\ 정리한다.$$

즉, 이차함수 $y=ax^2+bx+c$의 그래프는 이차함수 $y=ax^2$의 그래프를 x축의 방향으로
$-\dfrac{b}{2a}$만큼, y축의 방향으로 $-\dfrac{b^2-4ac}{4a}$만큼 평행이동한 그래프입니다.

따라서 이차함수 $y=ax^2+bx+c$의 그래프는 점 $\left(-\dfrac{b}{2a},\ -\dfrac{b^2-4ac}{4a}\right)$를 꼭짓점으로 하

고, 직선 $x=-\dfrac{b}{2a}$를 축으로 하며, 점 $(0,\ c)$를 지나는 포물선입니다.

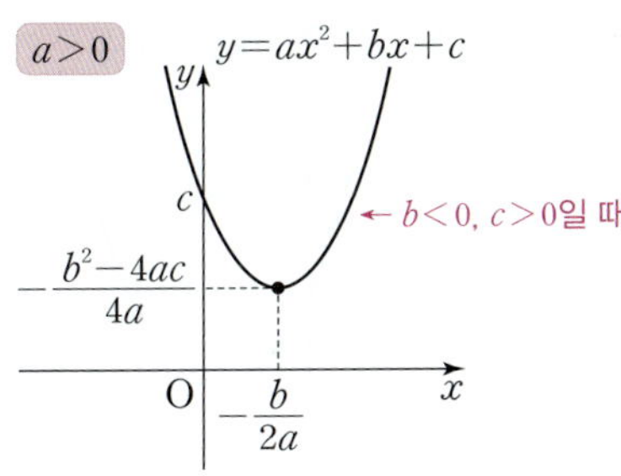
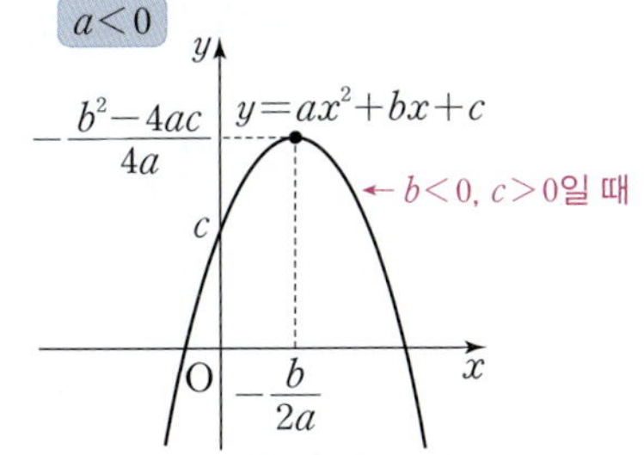

Example 이차함수 $y=2x^2-4x+1$에서

$$y=2(x^2-2x)+1$$
$$=2(x^2-2x+1-1)+1$$
$$=2(x-1)^2-1$$

이므로 이차함수 $y=2x^2-4x+1$의 그래프는 오른쪽 그림과 같

이 점 $(1,\ -1)$을 꼭짓점으로 하고, 직선 $x=1$을 축으로 한다.

또한 점 $(0,\ 1)$을 지나는 아래로 볼록한 포물선이다.

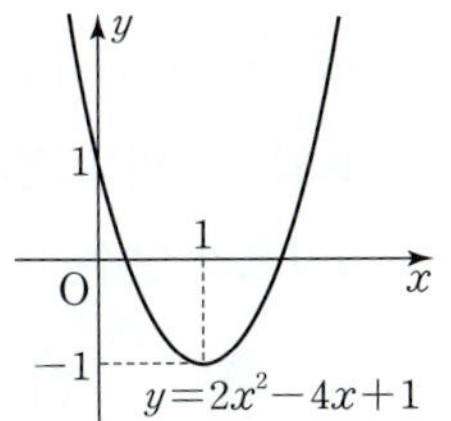

개념 Point **이차함수의 그래프**

이차함수 $y=ax^2+bx+c$, 즉 $y=a\left(x+\dfrac{b}{2a}\right)^2-\dfrac{b^2-4ac}{4a}$의 그래프는

1 점 $\left(-\dfrac{b}{2a},\ -\dfrac{b^2-4ac}{4a}\right)$를 꼭짓점으로 하고, 직선 $x=-\dfrac{b}{2a}$를 축으로 한다.

2 점 $(0,\ c)$를 지난다.

---

❸ 이차함수의 그래프와 식의 계수의 부호

이차함수 $y=ax^2+bx+c$의 그래프와 식의 계수의 부호 사이의 관계에 대하여 알아봅시다.

(1) x^2의 계수 a의 부호는 그래프의 모양($\smile$ 또는 $\frown$)에 따라 결정됩니다.

그래프가 아래로 볼록한 포물선이면 $a>0$, 위로 볼록한 포물선이면 $a<0$입니다.

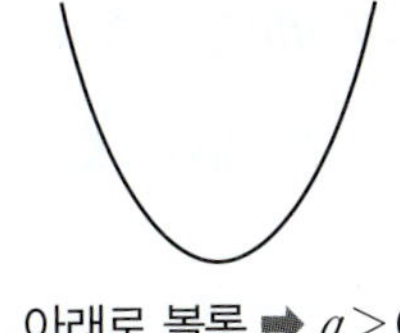
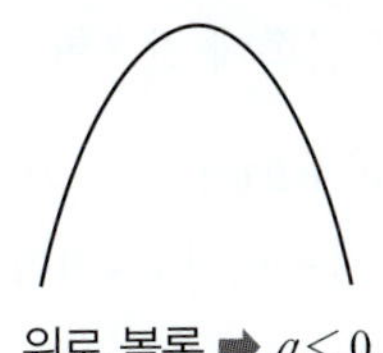

아래로 볼록 ➡ $a>0$　　　　　위로 볼록 ➡ $a<0$

(2) x의 계수 b의 부호는 축 $x=-\dfrac{b}{2a}$의 위치에 따라 결정됩니다.

① 축이 y축의 왼쪽에 있으면 $-\dfrac{b}{2a}<0$이므로 $ab>0$, 즉 a와 b의 부호가 같습니다.

② 축이 y축의 오른쪽에 있으면 $-\dfrac{b}{2a}>0$이므로 $ab<0$, 즉 a와 b의 부호가 다릅니다.

→ 한편, 축이 y축과 일치하면 $-\dfrac{b}{2a}=0$이므로 $b=0$이다.

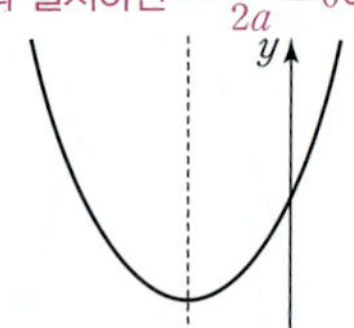

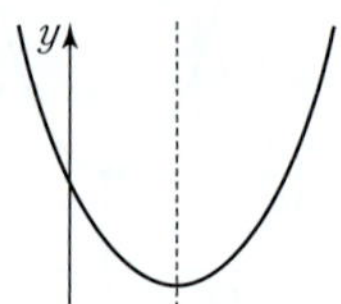

축이 y축의 왼쪽 ➡ $-\dfrac{b}{2a}<0$ 　　　 축이 y축의 오른쪽 ➡ $-\dfrac{b}{2a}>0$

(3) $y=ax^2+bx+c$의 그래프는 점 $(0,\ c)$를 지나므로 상수항 c의 부호는 이차함수의 그래 프와 y축의 교점의 y좌표의 부호에 따라 결정됩니다. 이차함수의 그래프와 y축의 교점의 y좌표가 양수이면 $c>0$, 음수이면 $c<0$입니다.

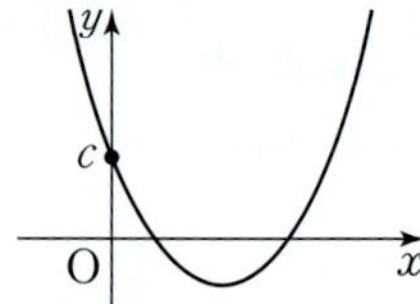

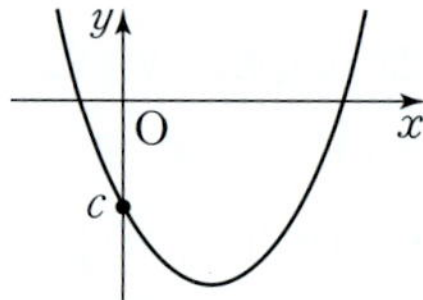

그래프와 y축의 교점의 y좌표가 양수 ➡ $c>0$ 　　 그래프와 y축의 교점의 y좌표가 음수 ➡ $c<0$

Example　이차함수 $y=ax^2+bx+c$의 그래프가 오른쪽 그림과 같을 때

(1) 그래프의 모양이 아래로 볼록하므로 $a>0$

(2) 축이 y축의 오른쪽에 있으므로 $-\dfrac{b}{2a}>0$　　　∴ $b<0$ ($\because a>0$)

(3) 그래프와 y축의 교점의 y좌표가 음수이므로 $c<0$

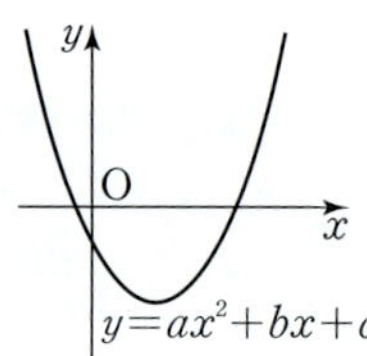

개념 Point　　**이차함수의 그래프와 식의 계수의 부호**

이차함수 $y=ax^2+bx+c$의 그래프가 주어졌을 때, 계수 a, b, c의 부호는 다음과 같이 결정된다.

1 그래프가 아래로 볼록한 포물선이면 $a>0$, 위로 볼록한 포물선이면 $a<0$이다.

2 이차함수 $y=ax^2+bx+c$의 그래프의 축은 직선 $x=-\dfrac{b}{2a}$이다.

(1) 축이 y축의 왼쪽에 있으면 $-\dfrac{b}{2a}<0$이므로 $ab>0$, 즉 a와 b의 부호가 같다.

(2) 축이 y축의 오른쪽에 있으면 $-\dfrac{b}{2a}>0$이므로 $ab<0$, 즉 a와 b의 부호가 다르다.

3 이차함수 $y=ax^2+bx+c$의 그래프가 점 $(0,\ c)$를 지나므로 그래프와 y축의 교점의 y좌표가 양수이면 $c>0$, 음수이면 $c<0$이다.

1 다음 이차함수의 그래프의 꼭짓점의 좌표와 축의 방정식을 각각 구하시오.

(1) $y = 3x^2 - 6x + 1$

(2) $y = -x^2 - x + \dfrac{3}{4}$

(3) $y = \dfrac{1}{3}x^2 - \dfrac{4}{3}x - \dfrac{2}{3}$

2 이차함수 $y = -2x^2$의 그래프를 x축의 방향으로 -3만큼, y축의 방향으로 1만큼 평행이동한 그래프의 식을 구하시오.

3 다음 조건을 만족시키는 이차함수의 식을 구하시오.

(1) 그래프는 점 $(0, 2)$를 꼭짓점으로 하고, 점 $(1, 5)$를 지난다.

(2) 그래프는 점 $(-1, 1)$을 꼭짓점으로 하고, 점 $(0, 3)$을 지난다.

4 이차함수 $y = ax^2 + bx + c$의 그래프가 다음 그림과 같을 때, 상수 a, b, c의 부호를 각각 정하시오.

(1)
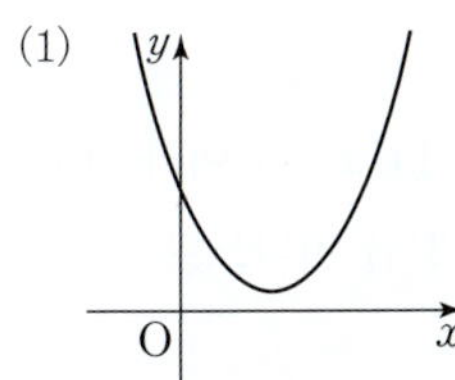

(2)
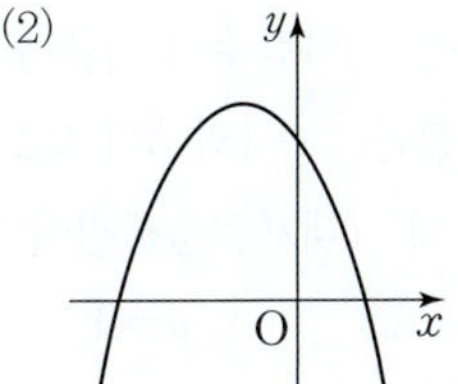

● 풀이 68쪽~69쪽

정답

1 (1) 꼭짓점의 좌표 : $(1, -2)$, 축의 방정식 : $x = 1$ (2) 꼭짓점의 좌표 : $\left(-\dfrac{1}{2}, 1\right)$, 축의 방정식 : $x = -\dfrac{1}{2}$

  (3) 꼭짓점의 좌표 : $(2, -2)$, 축의 방정식 : $x = 2$

2 $y = -2(x+3)^2 + 1$ **3** (1) $y = 3x^2 + 2$ (2) $y = 2x^2 + 4x + 3$

4 (1) $a > 0$, $b < 0$, $c > 0$ (2) $a < 0$, $b < 0$, $c > 0$

예제 01

다음 조건을 만족시키는 이차함수의 식을 구하시오.

(1) 그래프의 꼭짓점의 좌표가 $(1, -1)$이고, y절편이 3이다.

(2) 그래프가 세 점 $(-2, 7)$, $(1, -2)$, $(2, 3)$을 지난다.

(3) 그래프의 x절편이 -1과 3이고, y절편이 -3이다.

접근 방법 주어진 조건을 이용하여 이차함수의 계수를 구해야 한다. 이차함수의 계수를 문자로 놓고 푸는데 조건에 따라 함수식을 다음 **수매씽 Point** 와 같이 놓는다.

> **수매씽 Point** 이차함수의 식 세우기 $(a \neq 0)$
> (1) 꼭짓점 (p, q)가 주어졌을 때 ➡ $y = a(x-p)^2 + q$
> (2) 세 점이 주어졌을 때 ➡ $y = ax^2 + bx + c$
> (3) x축과의 두 교점 $(\alpha, 0)$, $(\beta, 0)$이 주어졌을 때 ➡ $y = a(x-\alpha)(x-\beta)$

상세 풀이 (1) 그래프의 꼭짓점의 좌표가 $(1, -1)$이므로 이차함수의 식을 $y = a(x-1)^2 - 1$이라고 하면 이 이차함수의 그래프의 y절편이 3, 즉 그래프가 점 $(0, 3)$을 지나므로

$$3 = a - 1 \qquad \therefore a = 4$$

따라서 구하는 이차함수의 식은 $y = 4(x-1)^2 - 1 = 4x^2 - 8x + 3$

(2) 이차함수의 식을 $y = ax^2 + bx + c$라고 하면 이 이차함수의 그래프가 세 점 $(-2, 7)$, $(1, -2)$, $(2, 3)$을 지나므로

$$7 = 4a - 2b + c, \quad -2 = a + b + c, \quad 3 = 4a + 2b + c$$

위의 세 식을 연립하여 풀면 $a = 2$, $b = -1$, $c = -3$

따라서 구하는 이차함수의 식은 $y = 2x^2 - x - 3$

(3) 그래프의 x절편이 -1과 3이므로 이차함수의 식을 $y = a(x+1)(x-3)$이라 하고 이 이차함수의 그래프의 y절편이 -3, 즉 그래프가 점 $(0, -3)$을 지나므로

$$-3 = -3a \qquad \therefore a = 1$$

따라서 구하는 이차함수의 식은 $y = (x+1)(x-3) = x^2 - 2x - 3$

정답 (1) $y = 4x^2 - 8x + 3$ (2) $y = 2x^2 - x - 3$ (3) $y = x^2 - 2x - 3$

보충 설명

위의 경우 외에 자주 나오는 유형은 다음과 같다. $(a \neq 0)$

(1) 축의 방정식 $x = p$가 주어졌을 때 ➡ $y = a(x-p)^2 + k$

(2) $x = m$에서 x축과 접할 때 ➡ $y = a(x-m)^2$

01-1

다음 조건을 만족시키는 이차함수의 식을 구하시오.

(1) 그래프의 꼭짓점의 좌표가 $(-1, 3)$이고, y절편이 1이다.

(2) 그래프가 세 점 $(-2, 0)$, $(1, 0)$, $(-1, 2)$를 지난다.

(3) 그래프의 축의 방정식이 $x=-2$이고, 두 점 $(-3, 0)$, $(1, 8)$을 지난다.

01-2

이차함수 $y=ax^2+bx+c$의 그래프가 점 $(3, 1)$을 지나고, 꼭짓점의 좌표가 $(2, -1)$일 때, 상수 a, b, c에 대하여 $a+b+c$의 값은?

① -1 ② 0 ③ 1

④ 2 ⑤ 3

01-3

오른쪽 그림과 같이 이차함수 $y=ax^2+bx+c$의 그래프와 y축과의 교점이 A이고, x축과의 교점이 각각 B$(-1, 0)$, C$(3, 0)$이다. 삼각형 ABC의 넓이가 4일 때, 상수 a, b, c에 대하여 $a+b+c$의 값을 구하시오.

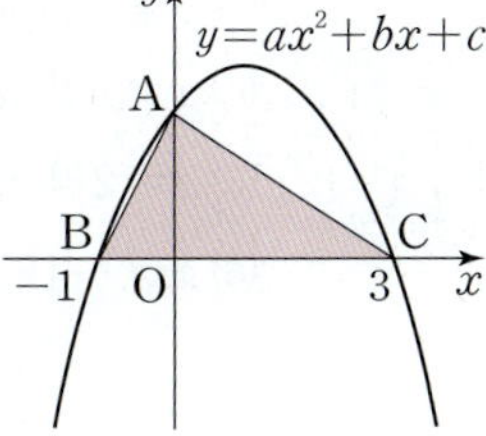

● 풀이 69쪽 ~ 70쪽

정답

01-1 (1) $y=-2x^2-4x+1$ (2) $y=-x^2-x+2$ (3) $y=x^2+4x+3$ **01-2** ③   **01-3** $\dfrac{8}{3}$

예제 02

이차함수 $y=ax^2+bx+c$의 그래프가 오른쪽 그림과 같을 때, 다음 식의 부호를 정하시오.

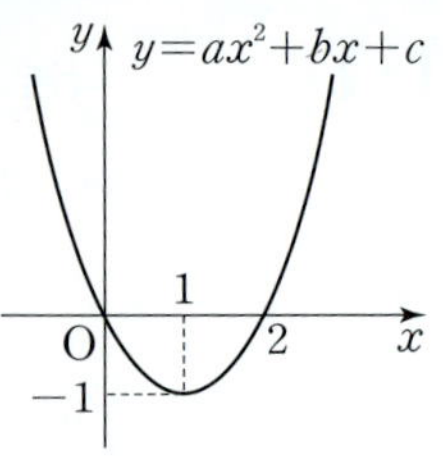

(1) a　　　　　　(2) b　　　　　　(3) c

(4) $a+b+c$　　　　(5) $4a+2b+c$　　　　(6) $a-b+c$

접근 방법 〉 이차함수 $y=ax^2+bx+c$에서

(1) a의 부호 : 아래로 볼록한 포물선이면 $a>0$, 위로 볼록한 포물선이면 $a<0$이다.

(2) b의 부호 : 축의 방정식이 $x=p$일 때

　① $p<0$ ➡ a, b는 서로 같은 부호

　② $p=0$ ➡ $b=0$

　③ $p>0$ ➡ a, b는 서로 다른 부호

(3) c의 부호 : 그래프의 y절편의 부호와 같다.

> **수매씽 Point** 이차함수 $y=ax^2+bx+c$에서
>
> (1) a ➡ $\smile$, $\frown$의 모양　　　(2) b ➡ 축의 위치　　　(3) c ➡ y절편의 부호

상세 풀이 〉 (1) 그래프가 아래로 볼록하므로 $a>0$

(2) 축이 y축의 오른쪽에 있으므로 $-\dfrac{b}{2a}>0$

　그런데 $a>0$이므로 $b<0$

(3) y절편이 0이므로 $c=0$

(4) $x=1$일 때, $y<0$이므로 $a+b+c<0$

(5) $x=2$일 때, $y=0$이므로 $4a+2b+c=0$

(6) $x=-1$일 때, $y>0$이므로 $a-b+c>0$

정답 (1) $a>0$　(2) $b<0$　(3) $c=0$　(4) $a+b+c<0$　(5) $4a+2b+c=0$　(6) $a-b+c>0$

보충 설명

주어진 그래프의 모양을 보고 $a>0$, $b<0$, $c=0$임을 알 수 있지만 이것으로부터 세 식 $a+b+c$, $4a+2b+c$, $a-b+c$의 부호는 알 수 없다. (4)~(6)과 같은 식의 부호는 그 식이 함수 $y=ax^2+bx+c$의 x에 어떤 값을 대입한 것과 같아지는지를 파악하고, 그래프에서 그 함숫값의 부호를 조사한다.

02-1

이차함수 $y=ax^2+bx+c$의 그래프가 오른쪽 그림과 같을 때, 다음 식의 부호를 정하시오.

(1) a (2) b (3) c

(4) $a+b+c$ (5) $a-2b+4c$

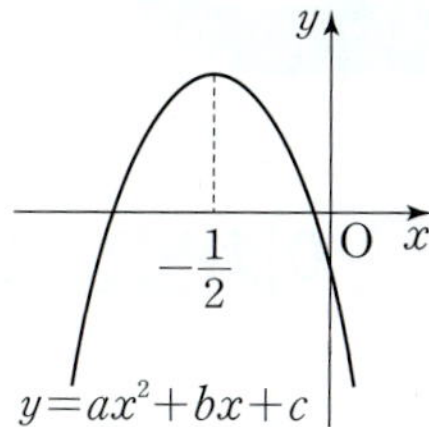

02-2

이차함수 $y=ax^2+bx+c$의 그래프가 오른쪽 그림과 같을 때, 다음 중 함수 $y=cx^2-bx+a$의 그래프의 개형은?

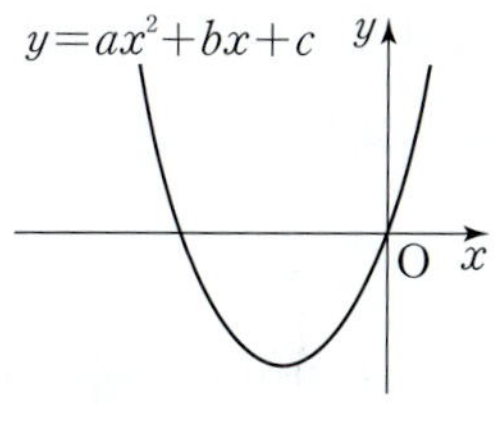

① 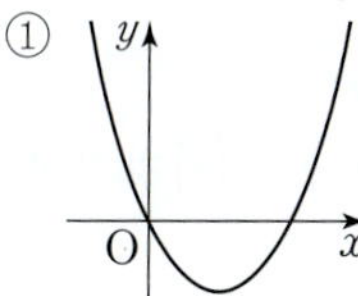   ② 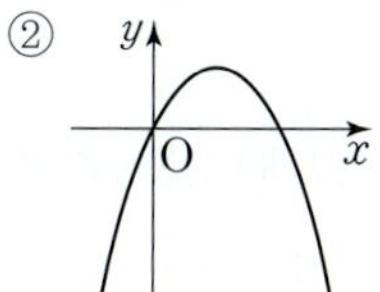

③ 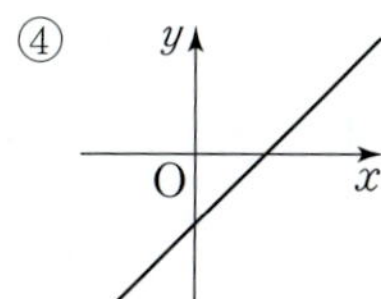   ④   ⑤ 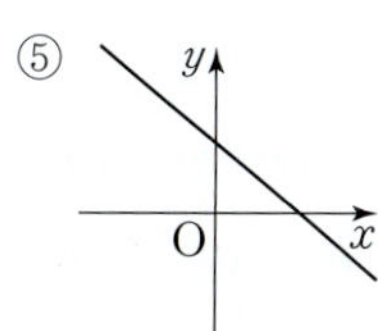

02-3

이차함수 $y=ax^2-2(a+1)x+a+4$의 그래프가 오른쪽 그림과 같을 때, 정수 a의 개수를 구하시오.

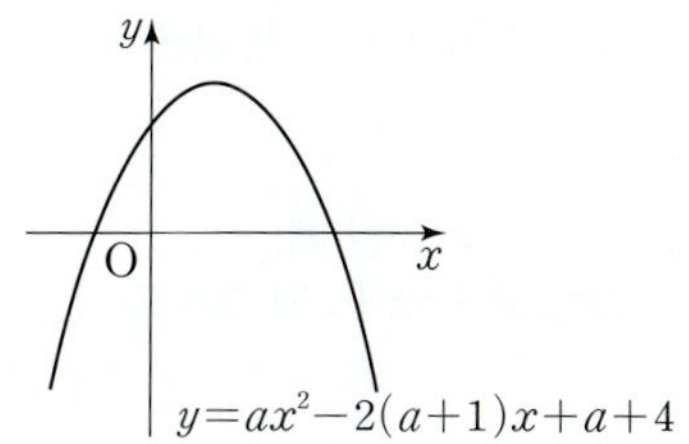

• 풀이 70쪽

정답   **02-1** (1) $a<0$ (2) $b<0$ (3) $c<0$ (4) $a+b+c<0$ (5) $a-2b+4c>0$ **02-2** ⑤   **02-3** 2

2 이차방정식과 이차함수

1 이차방정식과 이차함수의 관계

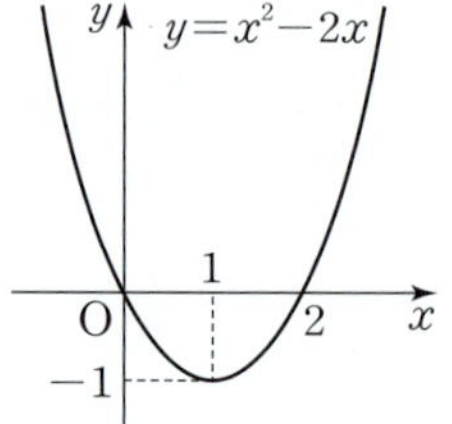

오른쪽 그림과 같이 이차함수 $y=x^2-2x$의 그래프는 x축과 두 점에서 만납니다. 이때 이차함수 $y=x^2-2x$의 그래프와 x축의 교점의 x좌표는 $x=0$, $x=2$입니다.

그런데 이차방정식 $x^2-2x=0$의 근을 구해 보면

$$x^2-2x=0, \quad x(x-2)=0 \qquad \therefore \ x=0 \ \text{또는} \ x=2$$

입니다. 따라서 이차함수 $y=x^2-2x$의 그래프와 x축의 교점의 x좌표는 이차방정식 $x^2-2x=0$의 실근과 같음을 알 수 있습니다.

즉, 이를 구할 때에는 $y=x^2-2x$에서 $y=0$으로 놓고 이차방정식을 풀면 된다.

이와 같이 이차함수 $y=ax^2+bx+c$의 그래프와 x축의 교점의 x좌표는 이차방정식 $ax^2+bx+c=0$의 실근과 같음을 알 수 있습니다.

따라서 이차함수 $y=ax^2+bx+c$의 그래프와 x축의 교점의 개수는 이차방정식 $ax^2+bx+c=0$의 실근의 개수와 같습니다. 그런데 이차방정식 $ax^2+bx+c=0$의 실근의 개수는 판별식 $D=b^2-4ac$의 부호에 따라 결정되므로 판별식 D의 부호를 조사하면 이차함수 $y=ax^2+bx+c$의 그래프와 x축의 교점의 개수를 알 수 있습니다.

이차방정식 $ax^2+bx+c=0$의 판별식 D의 부호와 실근의 개수, 이에 따른 이차함수 $y=ax^2+bx+c$의 그래프와 x축의 위치 관계를 정리하면 다음 표와 같습니다.

	$D>0$	$D=0$	$D<0$
$ax^2+bx+c=0$의 실근	2개 (서로 다른 두 실근)	1개 (중근)	0개 (서로 다른 두 허근)
$a>0$일 때, $y=ax^2+bx+c$의 그래프			
$a<0$일 때, $y=ax^2+bx+c$의 그래프			
$y=ax^2+bx+c$의 그래프와 x축의 위치 관계 (교점의 개수)	서로 다른 두 점에서 만난다. (2개)	한 점에서 만난다. 즉, 접한다. (1개)	만나지 않는다. (0개)

(1) 이차방정식 $x^2-3x+1=0$의 판별식을 D라고 하면

$$D=(-3)^2-4\times1\times1=5>0$$

이므로 이차함수 $y=x^2-3x+1$의 그래프는 x축과 서로 다른 두 점에서 만난다.

(2) 이차방정식 $-4x^2+4x-1=0$의 판별식을 D라고 하면

$$\frac{D}{4}=2^2-(-4)\times(-1)=0$$

이므로 이차함수 $y=-4x^2+4x-1$의 그래프는 x축과 한 점에서 만난다. (접한다.)

(3) 이차방정식 $-2x^2+x-3=0$의 판별식을 D라고 하면

$$D=1^2-4\times(-2)\times(-3)=-23<0$$

이므로 이차함수 $y=-2x^2+x-3$의 그래프는 x축과 만나지 않는다.

개념 Point 이차방정식과 이차함수의 관계

1 이차함수 $y=ax^2+bx+c$의 그래프와 x축의 교점의 x좌표는 이차방정식 $ax^2+bx+c=0$의 실근과 같다.

2 이차함수 $y=ax^2+bx+c$의 그래프와 x축의 교점의 개수는 이차방정식 $ax^2+bx+c=0$의 실근의 개수와 같다.

3 이차함수 $y=ax^2+bx+c$의 그래프와 x축의 위치 관계는 이차방정식 $ax^2+bx+c=0$의 판별식 $D=b^2-4ac$의 부호에 따라 다음과 같이 결정된다.

$y=ax^2+bx+c$의 그래프와 x축의 위치 관계	$D>0$	$D=0$	$D<0$
	서로 다른 두 점에서 만난다.	한 점에서 만난다. (접한다.)	만나지 않는다.

→ $D\geq0$이면 이차함수 $y=ax^2+bx+c$의 그래프와 x축이 적어도 한 점에서 만난다.

2 이차함수의 그래프와 직선의 위치 관계

이차함수의 그래프와 직선의 위치 관계에 대하여 알아봅시다.

일반적으로 이차함수 $y=ax^2+bx+c$의 그래프와 직선 $y=mx+n$의 교점의 x좌표는 이차방정식 $ax^2+bx+c=mx+n$, 즉

$$ax^2+(b-m)x+c-n=0 \quad\cdots\cdots\ \text{㉠}$$

의 실근과 같습니다. 따라서 이차함수 $y=ax^2+bx+c$의 그래프와 직선 $y=mx+n$의 교점의 개수는 이차방정식 ㉠의 실근의 개수와 같으므로 이 이차방정식의 판별식

$$D=(b-m)^2-4a(c-n)$$

의 부호를 조사하면 이차함수의 그래프와 직선의 교점의 개수, 즉 위치 관계를 알 수 있습니다.

이차방정식 ㉠의 판별식 D의 부호와 실근의 개수, 이에 따른 이차함수 $y=ax^2+bx+c$의 그래프와 직선 $y=mx+n$의 위치 관계를 정리하면 다음 표와 같습니다.

	$D>0$	$D=0$	$D<0$
$ax^2+(b-m)x+c-n=0$ 의 실근	2개 (서로 다른 두 실근)	1개 (중근)	0개 (서로 다른 두 허근)
$y=ax^2+bx+c$의 그래프와 직선 $y=mx+n$의 위치 관계	서로 다른 두 점에서 만난다.	한 점에서 만난다. (접한다.)	만나지 않는다.

→ $D\geq0$이면 이차함수 $y=ax^2+bx+c$의 그래프와 직선 $y=mx+n$이 적어도 한 점에서 만난다.

Example 이차함수 $y=2x^2-10x+3$의 그래프와 직선 $y=-2x-5$의 교점의 개수는 이차방정식 $2x^2-10x+3=-2x-5$에서 $2x^2-8x+8=0$, 즉 $x^2-4x+4=0$의 실근의 개수와 같다.

이 이차방정식의 판별식을 D라고 하면

$$\frac{D}{4}=(-2)^2-1\times4=0$$

이므로 이차함수 $y=2x^2-10x+3$의 그래프와 직선 $y=-2x-5$의 교점은 1개이다.

따라서 이차함수 $y=2x^2-10x+3$의 그래프와 직선 $y=-2x-5$는 한 점에서 만난다. (접한다.)

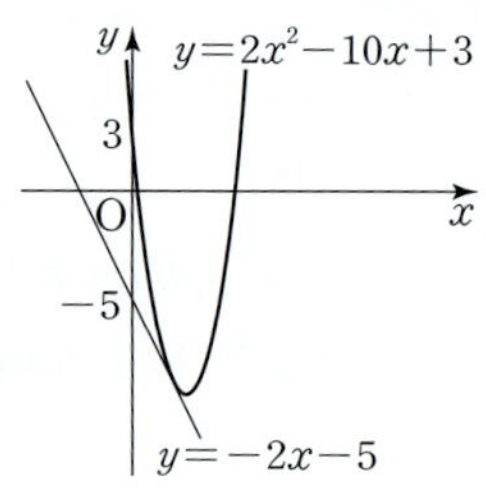

개념 Point　이차함수의 그래프와 직선의 위치 관계

이차함수 $y=ax^2+bx+c$의 그래프와 직선 $y=mx+n$의 위치 관계는 이차방정식 $ax^2+(b-m)x+c-n=0$의 판별식 D의 부호에 따라 다음과 같이 결정된다.

	$D>0$	$D=0$	$D<0$
$y=ax^2+bx+c$의 그래프와 직선 $y=mx+n$의 위치 관계	서로 다른 두 점 에서 만난다.	한 점에서 만난다. (접한다.)	만나지 않는다.

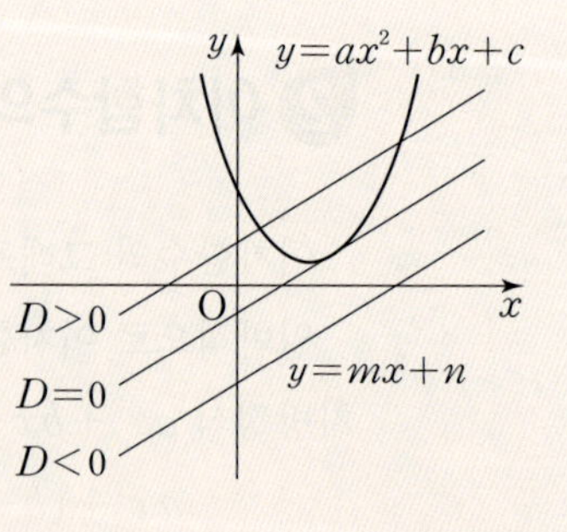

Plus

위에서 판별식 $D=0$이면 이차함수의 그래프와 직선이 한 점에서 만난다. 이때 직선은 이차함수의 그래프에 접한다고 하며, 이 직선을 이차함수의 그래프의 접선, 그 교점을 접점이라고 한다.

1 다음 이차함수의 그래프와 x축의 교점의 x좌표를 구하시오.

(1) $y=x^2-3x$

(2) $y=4x^2+4x+1$

2 다음 이차함수의 그래프와 x축의 교점의 개수를 말하시오.

(1) $y=-2x^2+5x+2$

(2) $y=-2x^2+8x-8$

(3) $y=3x^2-6x+7$

3 다음 이차함수의 그래프와 직선의 교점의 x좌표를 구하시오.

(1) $y=x^2-2x+5,\ y=2x+1$

(2) $y=-x^2+3x+1,\ y=-x+4$

4 이차함수 $y=x^2+x+1$의 그래프와 다음 직선의 위치 관계를 말하시오.

(1) $y=-x+2$

(2) $y=-2x-7$

(3) $y=5x-3$

● 풀이 70쪽 ~ 71쪽

정답

1 (1) 0, 3 (2) $-\dfrac{1}{2}$ **2** (1) 2 (2) 1 (3) 0 **3** (1) 2 (2) 1, 3

4 (1) 서로 다른 두 점에서 만난다. (2) 만나지 않는다. (3) 한 점에서 만난다. (접한다.)

예제 03

이차함수 $y=x^2-4x+2k$의 그래프와 x축의 위치 관계가 다음과 같을 때, 실수 k의 값 또는 k의 값의 범위를 구하시오.

(1) 서로 다른 두 점에서 만난다.

(2) 접한다.

(3) 만나지 않는다.

접근 방법 〉 이차함수 $y=x^2-4x+2k$의 그래프와 x축의 교점의 x좌표는 이차방정식 $x^2-4x+2k=0$의 실근임을 이용한다.

> **수매씽 Point** 이차함수 $y=ax^2+bx+c$의 그래프와 x축의 교점의 x좌표는 이차방정식
> $ax^2+bx+c=0$의 실근과 같다.

상세 풀이 〉 이차방정식 $x^2-4x+2k=0$의 판별식을 D라고 하면

$$\frac{D}{4}=(-2)^2-1\times 2k=4-2k$$

(1) 서로 다른 두 점에서 만나려면 $\dfrac{D}{4}>0$이어야 하므로

$$4-2k>0 \qquad \therefore k<2$$

(2) 접하려면 $\dfrac{D}{4}=0$이어야 하므로

$$4-2k=0 \qquad \therefore k=2$$

(3) 만나지 않으려면 $\dfrac{D}{4}<0$이어야 하므로

$$4-2k<0 \qquad \therefore k>2$$

정답 (1) $k<2$ (2) $k=2$ (3) $k>2$

보충 설명

이차함수 $y=ax^2+bx+c$의 그래프와 x축의 위치 관계는 이차방정식 $ax^2+bx+c=0$의 판별식을 D라고 하면 $D=b^2-4ac$의 부호에 따라 다음과 같이 결정된다.

(1) $D>0$ ➡ 서로 다른 두 점에서 만난다.

(2) $D=0$ ➡ 접한다. (한 점에서 만난다.)

(3) $D<0$ ➡ 만나지 않는다.

03-1 이차함수 $y=-x^2+2(k-1)x-k^2$의 그래프와 x축의 위치 관계가 다음과 같을 때, 실수 k의 값 또는 k의 값의 범위를 구하시오.

(1) 서로 다른 두 점에서 만난다.

(2) 접한다.

(3) 만나지 않는다.

03-2 이차함수 $y=x^2-4x+a$의 그래프가 점 $(1, b)$를 지나고 x축에 접할 때, ab의 값을 구하시오. (단, a는 실수이다.)

03-3 이차함수 $y=x^2-ax+9$의 그래프가 x축과 만나는 두 점 사이의 거리가 8일 때, 양수 a의 값을 구하시오.

● 풀이 71쪽 ～ 72쪽

정답

03-1 (1) $k<\dfrac{1}{2}$ (2) $k=\dfrac{1}{2}$ (3) $k>\dfrac{1}{2}$ **03-2** 4   **03-3** 10

예제 04 — 이차함수의 그래프와 직선의 위치 관계

이차함수 $y=x^2-x-1$의 그래프와 직선 $y=x+k$의 위치 관계가 다음과 같을 때, 실수 k의 값 또는 k의 값의 범위를 구하시오.

(1) 서로 다른 두 점에서 만난다.

(2) 접한다.

(3) 만나지 않는다.

접근 방법 〉 이차함수 $y=x^2-x-1$의 그래프와 직선 $y=x+k$의 교점의 x좌표는 이차방정식 $x^2-x-1=x+k$의 실근임을 이용한다.

> **수매씽 Point** 이차함수 $y=ax^2+bx+c$의 그래프와 직선 $y=mx+n$의 교점의 x좌표는 이차방정식 $ax^2+(b-m)x+c-n=0$의 실근과 같다.

상세 풀이 〉 이차방정식 $x^2-x-1=x+k$, 즉 $x^2-2x-k-1=0$의 판별식을 D라고 하면

$$\frac{D}{4}=(-1)^2-1\times(-k-1)=k+2$$

(1) 서로 다른 두 점에서 만나려면 $\dfrac{D}{4}>0$이어야 하므로

$$k+2>0 \qquad \therefore k>-2$$

(2) 접하려면 $\dfrac{D}{4}=0$이어야 하므로

$$k+2=0 \qquad \therefore k=-2$$

(3) 만나지 않으려면 $\dfrac{D}{4}<0$이어야 하므로

$$k+2<0 \qquad \therefore k<-2$$

정답 (1) $k>-2$ (2) $k=-2$ (3) $k<-2$

보충 설명

방정식의 실근의 개수와 함수의 그래프 사이에는 다음과 같은 관계가 있다.

(1) x에 대한 방정식 $f(x)=g(x)$의 실근의 개수는 두 함수 $y=f(x)$, $y=g(x)$의 그래프의 교점의 개수와 같다.

(2) x에 대한 방정식 $f(x)=0$의 실근의 개수는 함수 $y=f(x)$의 그래프와 x축의 교점의 개수와 같다.

한편, 방정식 $f(x)=g(x)$의 실근의 개수를 구할 때, 방정식 $f(x)=g(x)$를 $f(x)-g(x)=0$으로 변형하여 함수 $y=f(x)-g(x)$의 그래프와 x축의 교점의 개수를 조사할 수도 있다.

한번 더 ✓ □

04-1 이차함수 $y=x^2-2x$의 그래프와 직선 $y=2(x+1)+k$의 위치 관계가 다음과 같을 때, 실수 k의 값 또는 k의 값의 범위를 구하시오.

(1) 서로 다른 두 점에서 만난다.

(2) 접한다.

(3) 만나지 않는다.

한번 더 ✓ □

04-2 이차함수 $y=x^2$의 그래프를 x축의 방향으로 $\dfrac{1}{2}$만큼, y축의 방향으로 a만큼 평행이동한 그래프가 점 $(3, 5)$를 지나고, 직선 $y=3x+b$에 접할 때, 상수 a, b의 값을 각각 구하시오.

풀이 72쪽 ⊕ 보충 설명 한번 더 ✓ □

04-3 이차함수 $y=x^2+ax$의 그래프와 직선 $y=bx+(b-2)^2$이 접할 때, 실수 a, b에 대하여 $a+b$의 값을 구하시오.

● 풀이 72쪽

정답

04-1 (1) $k>-6$ (2) $k=-6$ (3) $k<-6$ 04-2 $a=-\dfrac{5}{4}$, $b=-5$ 04-3 4

예제 05

이차함수의 그래프와 이차방정식의 해

이차함수 $y=f(x)$의 그래프가 오른쪽 그림과 같을 때, 방정식 $f(x+1)=0$의 모든 실근의 합을 구하시오.

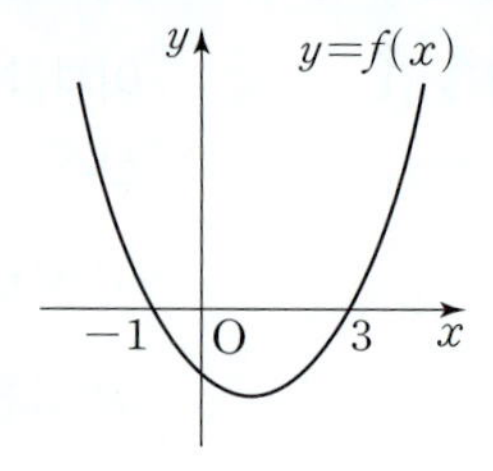

접근 방법 > 주어진 이차함수 $y=f(x)$의 그래프가 x축과 두 점 $(-1,\ 0)$, $(3,\ 0)$에서 만나고 아래로 볼록하므로 이차함수를

$$f(x)=a(x+1)(x-3)\ (a>0)$$

이라고 할 수 있다.

> **수매씽 Point** 이차함수 $y=ax^2+bx+c$의 그래프와 x축의 교점의 x좌표는 이차방정식 $ax^2+bx+c=0$의 실근과 같다.

상세 풀이 > 주어진 조건을 만족시키는 이차함수를

$$f(x)=a(x+1)(x-3)\ (a>0)$$

이라고 하면 방정식 $f(x+1)=0$에서

$$a(x+2)(x-2)=0$$

$$\therefore\ x=-2 \text{ 또는 } x=2$$

따라서 방정식 $f(x+1)=0$의 모든 실근의 합은

$$-2+2=0$$

정답 0

보충 설명

주어진 이차함수 $y=f(x)$의 그래프가 x축과 만나는 점의 x좌표는 -1, 3이므로 -1, 3은 방정식 $f(x)=0$의 두 근이다. 따라서 $f(-1)=0$, $f(3)=0$이므로 $f(x+1)=0$이려면

$$x+1=-1 \text{ 또는 } x+1=3$$

$$\therefore\ x=-2 \text{ 또는 } x=2$$

05-1

이차함수 $y=f(x)$의 그래프가 오른쪽 그림과 같을 때, 방정식 $f(x-2)=0$의 모든 실근의 합을 구하시오.

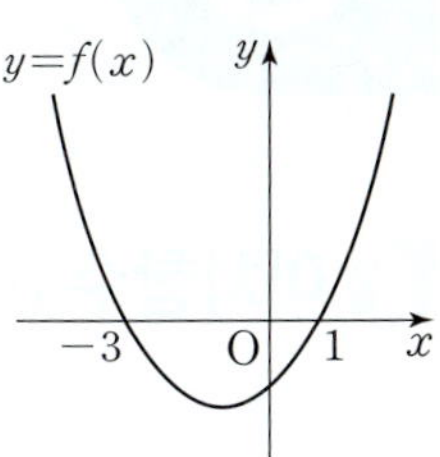

05-2

오른쪽 그림과 같이 이차함수 $y=x^2+ax+48$의 그래프와 직선 $y=mx$가 두 점 A, B에서 만난다. 점 A의 x좌표가 3일 때, 점 B의 x좌표를 구하시오. (단, a, m은 상수이다.)

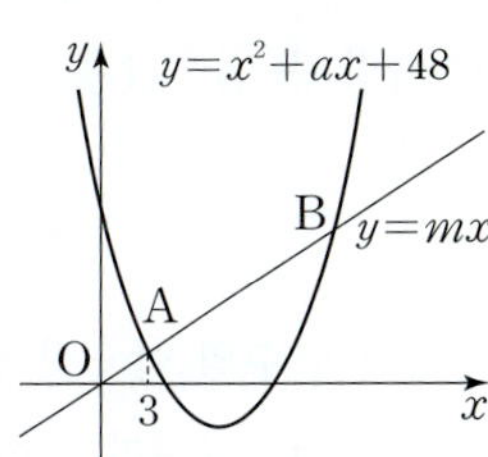

05-3

이차함수 $y=x^2+ax+b$의 그래프는 직선 $y=2x+3$과 서로 다른 두 점에서 만난다. 이 중 한 점의 x좌표가 $2+\sqrt{2}$일 때, 유리수 a, b에 대하여 a^2+b^2의 값을 구하시오.

• 풀이 72쪽~73쪽

05-1 2 **05-2** 16 **05-3** 29

3 이차함수의 최대, 최소

❶ 이차함수 $y=ax^2$의 최대, 최소

이차함수 $y=x^2$의 그래프는 꼭짓점이 $O(0, 0)$이고 아래로 볼록한 포물선이므로 함숫값은 항상 0보다 크거나 같습니다.

따라서 이차함수 $y=x^2$의 함숫값은 $x=0$일 때 가장 작고, 이때 가장 작은 함숫값은 $y=0$입니다. ← x의 값이 한없이 커지거나 작아질 때, y의 값은 한없이 커지므로 가장 큰 함숫값은 없다.

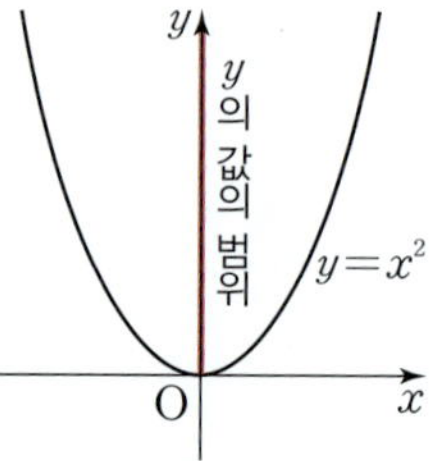

또한 이차함수 $y=-x^2$의 그래프는 꼭짓점이 $O(0, 0)$이고 위로 볼록한 포물선이므로 함숫값은 항상 0보다 작거나 같습니다.

따라서 이차함수 $y=-x^2$의 함숫값은 $x=0$일 때 가장 크고, 이때 가장 큰 함숫값은 $y=0$입니다. ← x의 값이 한없이 커지거나 작아질 때, y의 값은 한없이 작아지므로 가장 작은 함숫값은 없다.

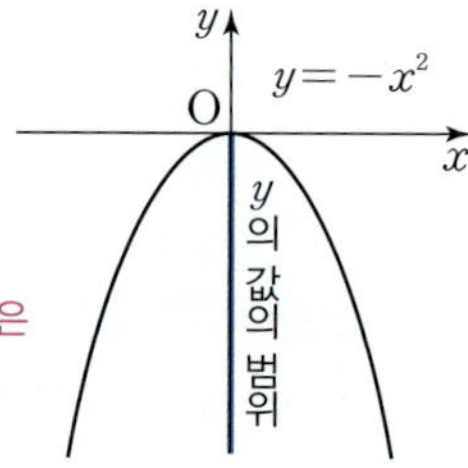

어떤 함수의 함숫값 중에서 가장 큰 값을 그 함수의 **최댓값**이라 하고, 가장 작은 값을 그 함수의 **최솟값**이라고 합니다. 즉, 함수 $y=x^2$의 최솟값은 0, 함수 $y=-x^2$의 최댓값은 0입니다.

Example
(1) 이차함수 $y=2x^2$의 최솟값은 0이고, 최댓값은 없다.
(2) 이차함수 $y=-2x^2$의 최댓값은 0이고, 최솟값은 없다.

개념 Point　　이차함수 $y=ax^2$의 최대, 최소

1 이차함수 $y=ax^2 \ (a>0)$은 $x=0$에서 최솟값 0을 가지고, 최댓값은 없다.

2 이차함수 $y=ax^2 \ (a<0)$은 $x=0$에서 최댓값 0을 가지고, 최솟값은 없다.

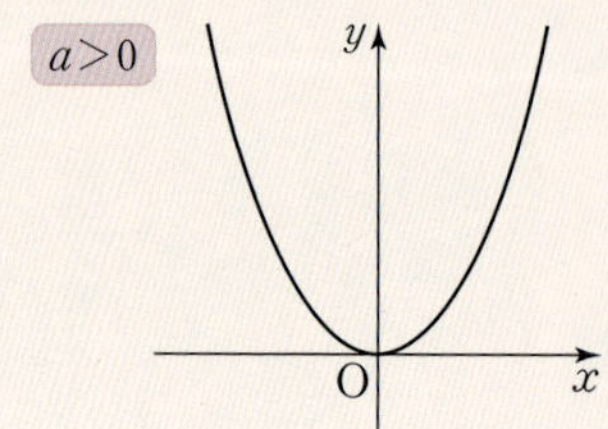

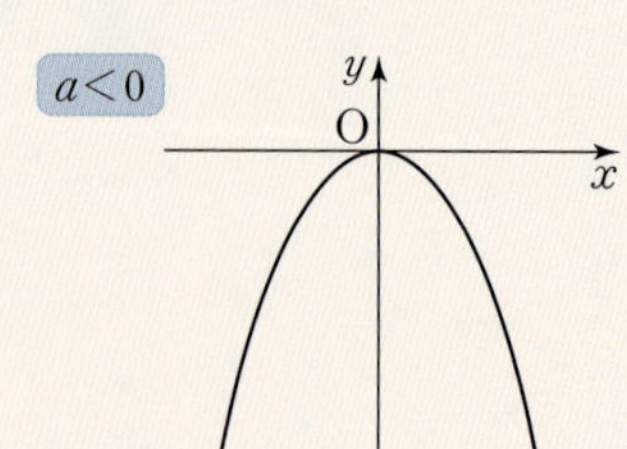

2 이차함수 $y=ax^2+bx+c$의 최대, 최소

이차함수 $y=ax^2+bx+c$의 최댓값과 최솟값은 함수식을 $y=a(x-p)^2+q$ 꼴로 변형한 후 이차함수의 그래프를 그려서 구할 수 있습니다.

일반적으로 x가 모든 실수의 값을 가질 때, 이차함수 $y=a(x-p)^2+q$의 최댓값과 최솟값은 다음과 같습니다.

(1) $a>0$일 때, $y=a(x-p)^2+q$는 $x=p$에서 최솟값 q를 가지고, 최댓값은 없습니다.

(2) $a<0$일 때, $y=a(x-p)^2+q$는 $x=p$에서 최댓값 q를 가지고, 최솟값은 없습니다.

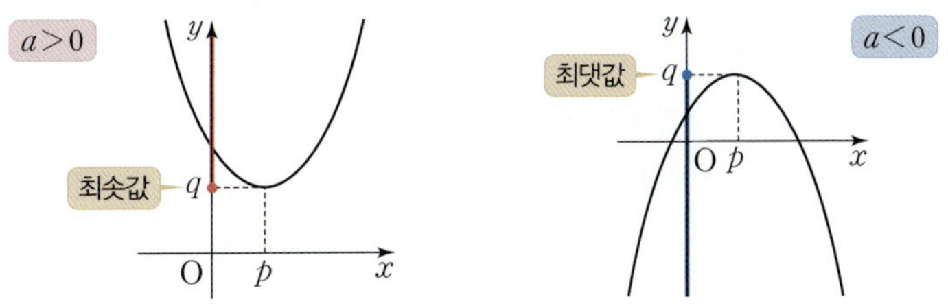

따라서 그래프의 꼭짓점이 점 $(p,\ q)$인 이차함수는 $x=p$에서 최대 또는 최소가 되며, 꼭짓점의 y좌표 q가 최댓값 또는 최솟값이 됨을 알 수 있습니다.

Example 이차함수 $y=-x^2+2x+1$에서

$$y=-x^2+2x+1=-(x-1)^2+2$$

이므로 이차함수 $y=-x^2+2x+1$은 $x=1$에서 최댓값 2를 가지고, 최솟값은 없다. ← x의 값의 범위가 실수 전체일 때

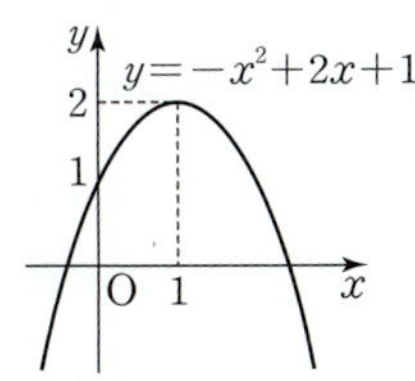

개념 Point　　이차함수 $y=ax^2+bx+c$의 최대, 최소

이차함수 $y=ax^2+bx+c$의 함수식을 $y=a(x-p)^2+q$ 꼴로 변형한 후 최댓값과 최솟값을 구할 수 있다.

1 이차함수 $y=a(x-p)^2+q\ (a>0)$는 $x=p$에서 최솟값 q를 가지고, 최댓값은 없다.

2 이차함수 $y=a(x-p)^2+q\ (a<0)$는 $x=p$에서 최댓값 q를 가지고, 최솟값은 없다.

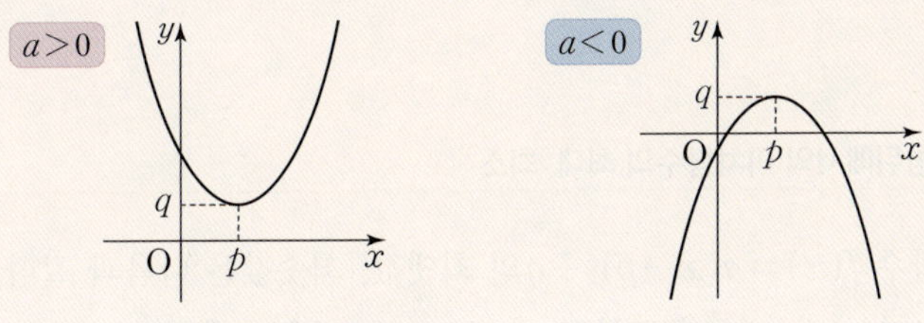

이제 x가 제한된 범위의 값을 가질 때, 이차함수의 최댓값과 최솟값을 구해 봅시다.

$\alpha \leq x \leq \beta$에서 이차함수 $f(x)=a(x-p)^2+q$의 최대, 최소는 그래프의 꼭짓점의 x좌표 p가 주어진 범위 $\alpha \leq x \leq \beta$에 포함되는지의 여부에 따라 나누어 생각할 수 있습니다.

먼저 그래프의 꼭짓점의 x좌표 p가 주어진 범위 $\alpha \leq x \leq \beta$에 포함될 때, 즉 $\alpha \leq p \leq \beta$일 때, 이차함수 $f(x) = a(x-p)^2 + q$의 최댓값과 최솟값은 다음과 같습니다.

⑴ $a > 0$일 때, $f(x)$는 $x = p$에서 최솟값 q를 가지고, $f(\alpha)$, $f(\beta)$ 중 큰 값이 최댓값입니다.

⑵ $a < 0$일 때, $f(x)$는 $x = p$에서 최댓값 q를 가지고, $f(\alpha)$, $f(\beta)$ 중 작은 값이 최솟값입니다.

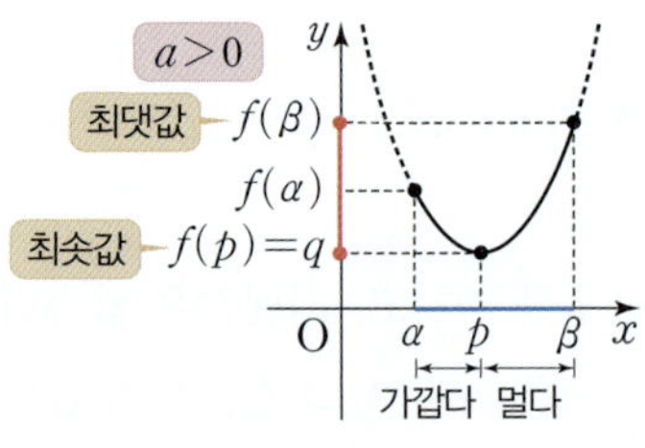

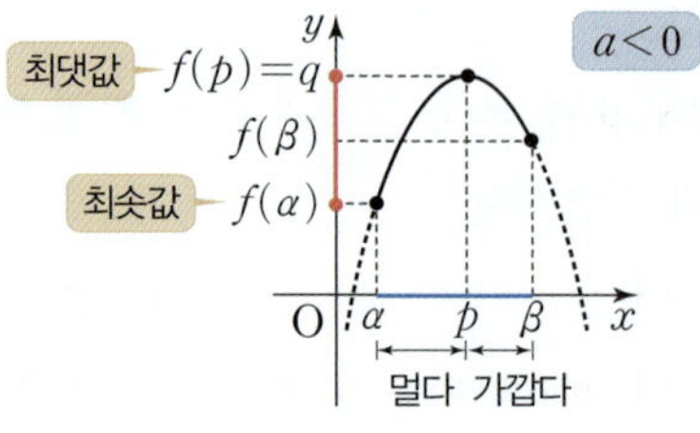

Example $-2 \leq x \leq 1$일 때, 함수 $f(x) = x^2 + 2x - 1 = (x+1)^2 - 2$에 대하여 $y = f(x)$의 그래프의 꼭짓점의 x좌표 -1은 $-2 \leq x \leq 1$에 포함되므로 함수 $f(x)$는 $x = -1$에서 최솟값 $f(-1) = -2$, $x = 1$에서 최댓값 $f(1) = 2$를 가진다.

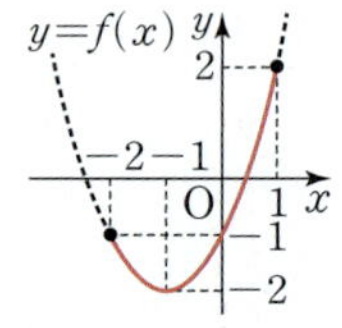

다음으로 그래프의 꼭짓점의 x좌표 p가 주어진 범위 $\alpha \leq x \leq \beta$에 포함되지 않을 때, 즉 $p < \alpha$ 또는 $p > \beta$일 때, 이차함수 $f(x) = a(x-p)^2 + q$의 최댓값과 최솟값은 다음 그림과 같이 $f(\alpha)$, $f(\beta)$ 중에서 큰 값이 최댓값이고, 작은 값이 최솟값입니다.

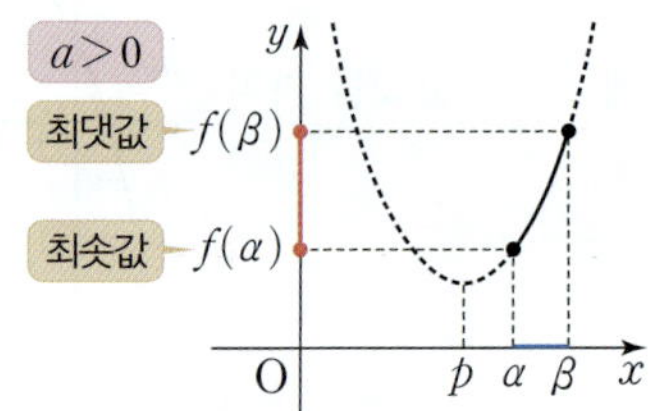

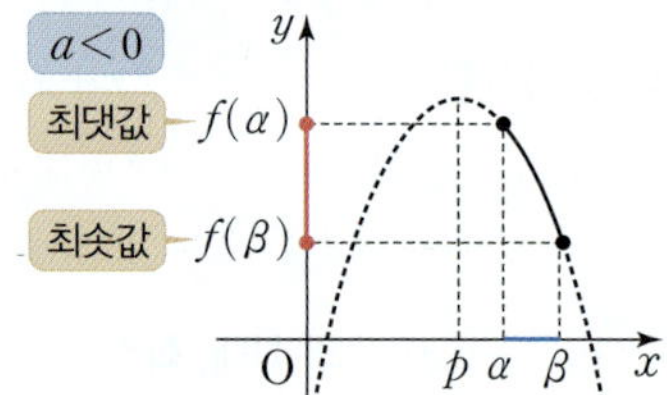

Example $2 \leq x \leq 3$일 때, 함수 $f(x) = x^2 - 2x - 2 = (x-1)^2 - 3$에 대하여 $y = f(x)$의 그래프의 꼭짓점의 x좌표 1은 $2 \leq x \leq 3$에 포함되지 않으므로 함수 $f(x)$는 $x = 2$에서 최솟값 $f(2) = -2$, $x = 3$에서 최댓값 $f(3) = 1$을 가진다.

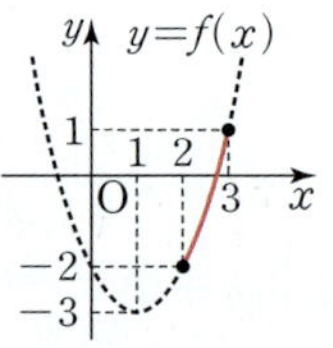

   제한된 범위에서의 이차함수의 최대, 최소

$\alpha \leq x \leq \beta$에서 이차함수 $f(x) = a(x-p)^2 + q$의 최댓값, 최솟값은 다음과 같다.

1 꼭짓점의 x좌표 p가 $\alpha \leq x \leq \beta$에 포함될 때, 즉 $\alpha \leq p \leq \beta$일 때 $f(\alpha)$, $f(p)$, $f(\beta)$ 중에서 가장 큰 값이 최댓값, 가장 작은 값이 최솟값이다.

2 꼭짓점의 x좌표 p가 $\alpha \leq x \leq \beta$에 포함되지 않을 때, 즉 $p < \alpha$ 또는 $p > \beta$일 때 $f(\alpha)$, $f(\beta)$ 중에서 큰 값이 최댓값, 작은 값이 최솟값이다.

→ 함수식이 같아도 x의 값의 범위가 다르면 최댓값과 최솟값이 달라질 수 있다.

1 다음 이차함수의 최댓값 또는 최솟값을 구하시오.

(1) $y=4x^2$

(2) $y=-5x^2$

(3) $y=2(x-1)^2$

(4) $y=-(x+6)^2$

(5) $y=-3x^2+1$

(6) $y=x^2+6$

2 다음 이차함수의 최댓값 또는 최솟값을 구하시오.

(1) $y=(x-5)^2+2$

(2) $y=-3(x+4)^2-7$

(3) $y=x^2+2x+4$

(4) $y=-\dfrac{1}{2}x^2+x-1$

3 이차함수 $y=5(x-p)^2+q$가 $x=3$에서 최솟값 6을 가질 때, 상수 p, q의 값을 각각 구하시오.

4 다음과 같이 주어진 범위에서 이차함수의 최댓값과 최솟값을 각각 구하시오.

(1) $y=(x-2)^2-3 \ (0\le x\le5)$

(2) $y=x^2-x \ (1\le x\le3)$

(3) $y=-x^2+4x-2 \ (-1\le x\le2)$

• 풀이 73쪽∼74쪽

정답

1 (1) 최솟값 : 0, 최댓값 : 없다.   (2) 최댓값 : 0, 최솟값 : 없다.   (3) 최솟값 : 0, 최댓값 : 없다.
(4) 최댓값 : 0, 최솟값 : 없다.   (5) 최댓값 : 1, 최솟값 : 없다.   (6) 최솟값 : 6, 최댓값 : 없다.

2 (1) 최솟값 : 2, 최댓값 : 없다.   (2) 최댓값 : -7, 최솟값 : 없다.   (3) 최솟값 : 3, 최댓값 : 없다.

(4) 최댓값 : $-\dfrac{1}{2}$, 최솟값 : 없다.

3 $p=3$, $q=6$

4 (1) 최댓값 : 6, 최솟값 : -3 (2) 최댓값 : 6, 최솟값 : 0   (3) 최댓값 : 2, 최솟값 : -7

예제 06

다음 물음에 답하시오. (단, a는 상수이다.)

(1) 이차함수 $y=2x^2+4x+a$가 $x=b$에서 최솟값 5를 가질 때, $a+b$의 값을 구하시오.

(2) 이차함수 $y=-3x^2+12ax+5$가 $x=4$에서 최댓값 b를 가질 때, $a-b$의 값을 구하시오.

접근 방법 〉 이차함수 $y=ax^2+bx+c$의 최댓값과 최솟값은 함수식을 $y=a(x-p)^2+q$ 꼴로 변형한 후 구할 수 있다.

> **수매씽 Point** 이차함수 $y=a(x-p)^2+q$는
> (1) $a>0$일 때, $x=p$에서 최솟값 q를 가지고, 최댓값은 없다.
> (2) $a<0$일 때, $x=p$에서 최댓값 q를 가지고, 최솟값은 없다.

상세 풀이 〉 (1) 주어진 이차함수가 $x=b$에서 최솟값 5를 가지므로

$$y=2(x-b)^2+5$$
$$=2(x^2-2bx+b^2)+5$$
$$=2x^2-4bx+2b^2+5$$

이 식이 $y=2x^2+4x+a$와 같으므로

$$-4b=4,\ 2b^2+5=a \qquad \therefore b=-1,\ a=7$$
$$\therefore a+b=7+(-1)=6$$

(2) 주어진 이차함수가 $x=4$에서 최댓값 b를 가지므로

$$y=-3(x-4)^2+b$$
$$=-3(x^2-8x+16)+b$$
$$=-3x^2+24x-48+b$$

이 식이 $y=-3x^2+12ax+5$와 같으므로

$$12a=24,\ -48+b=5 \qquad \therefore a=2,\ b=53$$
$$\therefore a-b=2-53=-51$$

정답 (1) 6　(2) -51

보충 설명

(1)에서 $y=2x^2+4x+a=2(x+1)^2-2+a$로 변형하면 주어진 이차함수는 $x=-1$에서 최솟값 $-2+a$를 가지므로 이를 이용하여 두 상수 a, b의 값을 구할 수도 있다.

06-1　다음 물음에 답하시오. (단, a는 상수이다.)

(1) 이차함수 $y=2x^2-3x+a$가 $x=b$에서 최솟값 $\dfrac{7}{8}$을 가질 때, $a+b$의 값을 구하시오.

(2) 이차함수 $y=-3x^2-2ax+1$이 $x=-1$에서 최댓값 b를 가질 때, $a-b$의 값을 구하시오.

06-2　이차함수 $y=2x^2-8x+k$의 최솟값이 -6일 때, 실수 k의 값을 구하시오.

06-3　이차함수 $f(x)=-2x^2+4ax+8a+3$의 최댓값을 $g(a)$라고 할 때, $g(a)$의 최솟값을 구하시오.

• 풀이 74쪽

정답

06-1 (1) $\dfrac{11}{4}$　(2) -1　　　　**06-2** 2　　　　**06-3** -5

예제 07

다음과 같이 주어진 범위에서 이차함수 $y=x^2-4x+1$의 최댓값과 최솟값을 각각 구하시오.

(1) $1\leq x\leq 4$ (2) $-1\leq x\leq 1$

접근 방법 주어진 이차함수 $y=x^2-4x+1$의 그래프의 축은 직선 $x=2$이다. 이때 (1)의 범위는 축 $x=2$를 포함하므로 꼭짓점에서 최솟값을 가지고 축에서 멀리 떨어진 $x=4$에서 최댓값을 가진다. 한편, (2)의 범위는 축 $x=2$를 포함하지 않으므로 주어진 범위의 양 끝값에서의 함숫값으로 최댓값과 최솟값을 구할 수 있다.

수매씽 Point 축이 주어진 범위 안에 포함되는지를 확인한다.

상세 풀이 $f(x)=x^2-4x+1$이라고 하면

$$f(x)=x^2-4x+1=(x-2)^2-3$$

(1) $1\leq x\leq 4$에서 이차함수 $y=f(x)$의 그래프는 오른쪽 그림과 같다.
따라서 $x=2$에서 최솟값 -3, $x=4$에서 최댓값 1을 가진다.

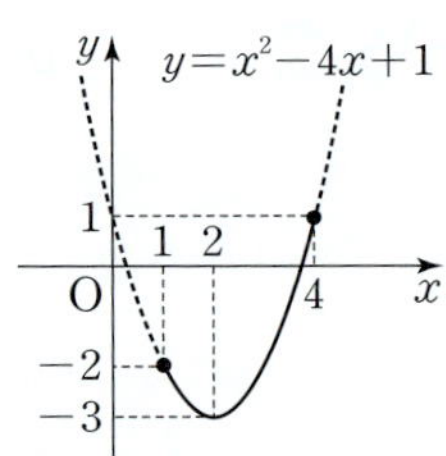

(2) $-1\leq x\leq 1$에서 이차함수 $y=f(x)$의 그래프는 오른쪽 그림과 같다.
따라서 $x=-1$에서 최댓값 6, $x=1$에서 최솟값 -2를 가진다.

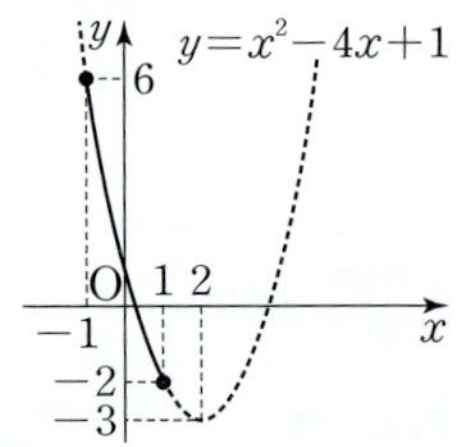

정답 (1) 최댓값 : 1, 최솟값 : -3 (2) 최댓값 : 6, 최솟값 : -2

보충 설명

$\alpha\leq x\leq\beta$에서 이차함수 $y=a(x-p)^2+q$의 최댓값과 최솟값은

(1) $\alpha\leq p\leq\beta$일 때 : $f(\alpha)$, $f(\beta)$, q 중 가장 큰 값이 최댓값, 가장 작은 값이 최솟값이다.

(2) $p<\alpha$ 또는 $p>\beta$일 때 : $f(\alpha)$, $f(\beta)$ 중 큰 값이 최댓값, 작은 값이 최솟값이다.

07-1

다음 이차함수의 최댓값과 최솟값을 각각 구하시오.

(1) $y=2x^2+4x-1 \ (-2\leq x\leq 1)$　　　　(2) $y=-x^2+x \ (1\leq x\leq 3)$

07-2

$-1\leq x\leq 3$에서 이차함수 $f(x)=-2x^2+8x+a$의 최댓값이 5일 때, $f(x)$의 최솟값은?

(단, a는 상수이다.)

① -15　　　　　　② -14　　　　　　③ -13

④ -12　　　　　　⑤ -11

07-3

$1\leq x\leq a$에서 이차함수 $y=x^2-4x+k$의 최댓값이 10, 최솟값은 1일 때, 상수 a, k에 대하여 $a+k$의 값을 구하시오. (단, $a>2$)

●풀이 74쪽~75쪽

정답　**07-1** (1) 최댓값 : 5, 최솟값 : -3　(2) 최댓값 : 0, 최솟값 : -6　　**07-2** ③　　**07-3** 10

예제 08

제한된 범위에서의 이차함수의 최대, 최소 (2)

양수 t에 대하여 $-1\leq x\leq t$에서 이차함수 $f(x)=-x^2+4x+t$의 최댓값과 최솟값의 합을 $g(t)$라고 할 때, 방정식 $g(t)=7$을 만족시키는 모든 양수 t의 값의 합을 구하시오.

접근 방법 〉 주어진 이차함수에서 축이 $x=2$이고, 주어진 범위가 $-1\leq x\leq t$이므로 양수 t의 범위를 $0<t<2$, $2\leq t\leq 5$, $t>5$로 구분한다. 이때 각 범위에서의 최댓값과 최솟값의 합 $g(t)$를 구하여 방정식을 풀도록 한다.

수매씽 Point 이차함수의 축을 기준으로 범위를 구분하여 최대, 최소를 정한다.

상세 풀이 〉 $f(x)=-x^2+4x+t=-(x-2)^2+t+4$에서 축이 $x=2$이고, 주어진 범위가 $-1\leq x\leq t$이므로 양수 t의 범위를 구분하여 최댓값과 최솟값의 합 $g(t)$를 구한 후 t의 값을 구하면 다음과 같다.

(i) $0<t<2$일 때, 주어진 범위 $-1\leq x\leq t$에 축 $x=2$가 포함되지 않으므로

함수 $f(x)$의 최댓값은 $f(t)=-t^2+5t$, 최솟값은 $f(-1)=t-5$

$g(t)=-t^2+6t-5$이므로 $-t^2+6t-5=7$, $t^2-6t+12=0$　∴ $t=3\pm\sqrt{3}\,i$

그런데 t는 양수이어야 하므로 조건을 만족시키는 t는 없다.

(ii) $2\leq t\leq 5$일 때, 주어진 범위 $-1\leq x\leq t$에 축 $x=2$가 포함되므로

함수 $f(x)$의 최댓값은 $f(2)=t+4$, 최솟값은 $f(-1)=t-5$

$g(t)=2t-1$이므로 $2t-1=7$　∴ $t=4$

(iii) $t>5$일 때, 주어진 범위 $-1\leq x\leq t$에 축 $x=2$가 포함되므로

함수 $f(x)$의 최댓값은 $f(2)=t+4$, 최솟값은 $f(t)=-t^2+5t$

$g(t)=-t^2+6t+4$이므로 $-t^2+6t+4=7$, $t^2-6t+3=0$　∴ $t=3\pm\sqrt{6}$

그런데 $t>5$이어야 하므로 $t=3+\sqrt{6}$

(i)~(iii)에서 모든 양수 t의 값의 합은 $4+(3+\sqrt{6})=7+\sqrt{6}$

정답 $7+\sqrt{6}$

보충 설명

함수 $y=g(t)$의 그래프를 그려 보면 오른쪽과 같고, $g(t)=7$을 만족시키는 t의 값은 $2\leq t\leq 5$와 $t>5$에서 구할 수 있음을 쉽게 판단할 수 있다.

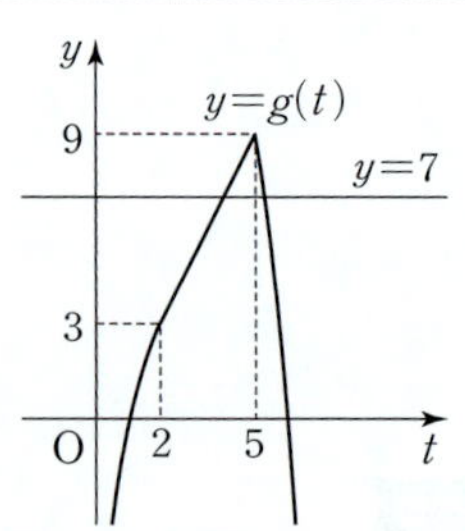

08-1

양수 t에 대하여 $0 \leq x \leq t$에서 이차함수 $f(x) = x^2 - 6x + 2t$의 최댓값과 최솟값의 합을 $g(t)$라고 할 때, 방정식 $g(t) = 39$를 만족시키는 양수 t의 값을 구하시오.

표현 바꾸기

08-2

실수 t에 대하여 $t \leq x \leq t+1$일 때, 함수 $f(x) = x^2 - 6x + 5$의 최댓값을 $g(t)$라고 하자. 방정식 $g(t) = 0$의 두 실근을 α, β라고 할 때, $\alpha^2 + \beta^2$의 값을 구하시오.

개념 넓히기

08-3

이차함수 $f(x)$가 다음 조건을 만족시킨다.

> ㈎ $f(0) = 0$
>
> ㈏ 모든 실수 x에 대하여 $f(x) \leq f(2)$이다.

이때 실수 t에 대하여 $t-2 \leq x \leq t$에서 함수 $f(x)$의 최솟값을 $g(t)$라고 하자. 함수 $g(t)$의 최댓값이 3일 때, $f(1) - g(1)$의 값을 구하시오.

● 풀이 75쪽 ~ 76쪽

정답   08-1 8   08-2 17   08-3 8

예제 09

오른쪽 그림과 같이 상추를 심기 위하여 담장 옆에 길이가 20 m인 철망으로 직사각형 모양의 텃밭을 만들려고 한다. 이때 텃밭의 최대 넓이를 구하시오.

(단, 철망의 두께는 생각하지 않는다.)

접근 방법 > 이차함수의 최대, 최소의 활용 문제는 다음과 같은 순서로 푼다.

❶ 두 변수 x, y를 정한다.

❷ x, y 사이의 관계식을 세우고 x의 값의 범위를 구한다.

❸ 구하려는 것을 한 문자로 나타내고 ❷의 x의 값의 범위에서 최댓값 또는 최솟값을 구한다.

수매씽 Point 구하려는 것을 두 미지수 x, y로 나타낸다.

상세 풀이 > 텃밭의 가로의 길이를 x m, 세로의 길이를 y m라고 하면

$$x+2y=20$$

$$\therefore y=10-\frac{1}{2}x$$

가로와 세로의 길이는 각각 양수이므로

$$x>0,\ 10-\frac{1}{2}x>0 \qquad \therefore 0<x<20$$

텃밭의 넓이를 S m^{2}라고 하면

$$S=xy=x\left(10-\frac{1}{2}x\right)$$

$$=-\frac{1}{2}x^2+10x=-\frac{1}{2}(x-10)^2+50$$

따라서 S는 $x=10$일 때, 최댓값 50을 가지므로 텃밭의 최대 넓이는 50 m^{2}이다.

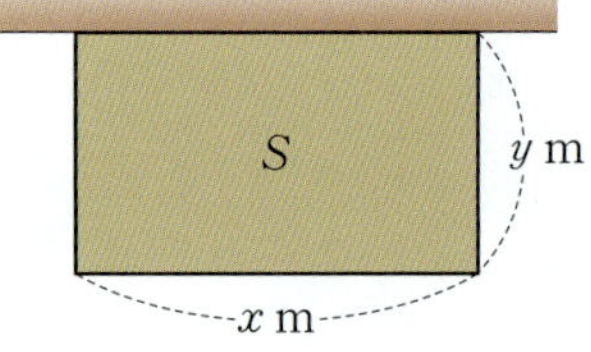

정답 50 m^2

보충 설명

직사각형 모양의 텃밭의 3면에 철망으로 경계를 표시한 것임에 주의한다. 즉, 4면에 철망으로 경계를 표시한 것으로 착각하여 세로의 길이를

$$\frac{20-2x}{2}=10-x\,(\text{m})$$

라고 하지 않도록 주의한다.

09-1
오른쪽 그림과 같이 길이가 400 m인 철망을 사용하여 세 개의 직사각형 모양의 가축우리를 만들려고 한다. 이때 가축우리의 전체 넓이의 최댓값을 구하시오.

(단, 철망의 두께는 생각하지 않는다.)

09-2
오른쪽 그림과 같이 운동장에 길이가 180 m인 끈을 모두 사용하여 직사각형 모양의 두 개의 영역으로 나누어 구분하였다. 큰 영역은 정사각형 모양으로 만들고, 두 개의 영역의 넓이의 합이 최대가 되도록 할 때, 정사각형 영역의 한 변의 길이는 몇 m로 해야 하는지 구하시오. (단, 끈의 두께는 생각하지 않는다.)

09-3
오른쪽 그림과 같이 $\angle A = 90°$이고 $\overline{AB} = 4$인 직각이등변삼각형 ABC가 있다. $\overline{AB}$ 위의 한 점 P에서 $\overline{BC}$에 내린 수선의 발을 Q라 하고, 점 P를 지나고 $\overline{BC}$와 평행한 직선이 $\overline{AC}$와 만나는 점을 R이라 할 때, 사각형 PQCR의 넓이의 최댓값을 구하시오.

(단, 점 P는 꼭짓점 A와 꼭짓점 B가 아니다.)

• 풀이 76쪽 ~ 77쪽

09-1 5000 m²   **09-2** 30 m   **09-3** $\dfrac{16}{3}$

1 이차함수 $y=f(x)$의 그래프가 x축과 두 점 $(-4,\ 0),\ (2,\ 0)$에서 만나고 $f(0)=-8$일 때, 이차함수 $f(x)$를 구하시오.

2 이차함수 $y=2x^2-8x+6$의 그래프가 x축과 만나는 두 점을 각각 A, B라 하고, 이 이차함수의 그래프의 꼭짓점을 C라고 할 때, 삼각형 ACB의 넓이는?

(단, 점 A의 x좌표가 점 B의 x좌표보다 작다.)

① 2 ② 4 ③ 6

④ 8 ⑤ 10

3 이차함수 $y=f(x)$의 그래프가 두 점 $(a,\ 0),\ (b,\ 0)$을 지나고 $a+b=6$일 때, 방정식 $f(2x-3)=0$의 두 근의 합을 구하시오.

4 다음 물음에 답하시오.

(1) 이차함수 $y=x^2-x+5$의 그래프와 직선 $y=-3x+k$가 만나도록 하는 자연수 k의 최솟값을 구하시오.

(2) 이차함수 $y=x^2+ax+3$의 그래프와 직선 $y=2x+b$의 두 교점의 x좌표가 각각 -2, 1일 때, 상수 a, b에 대하여 $a+b$의 값을 구하시오.

5 이차함수 $y=x^2+ax+b$의 그래프가 두 직선 $y=-x+4$, $y=5x+7$에 동시에 접할 때, 상수 a, b에 대하여 ab의 값을 구하시오.

6 오른쪽 그림과 같이 이차함수 $y=x^2-x+a$의 그래프와 직선 $y=x+2$가 서로 다른 두 점에서 만날 때, 한 교점의 x좌표가 3이다. 이때 이차함수 $y=-x^2+4x+a$의 최댓값을 구하시오.

(단, a는 상수이다.)

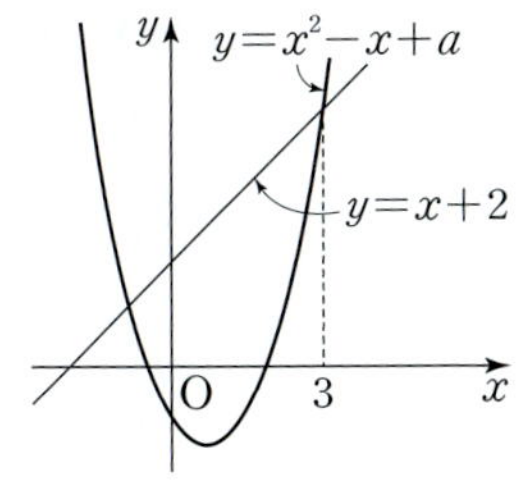

7 오른쪽 그림과 같이 x축에 평행한 직선이 y축과 만나는 점을 P, 두 이차함수 $y=x^2$, $y=ax^2$의 그래프와 제1사분면에서 만나는 점을 각각 Q, R이라고 한다. $\overline{PQ}:\overline{QR}=4:3$일 때, 상수 a의 값을 구하시오. (단, $0<a<1$)

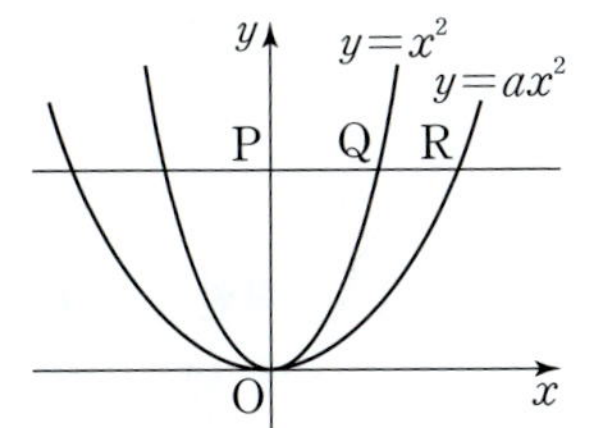

8 $-1\leq x\leq 1$에서 이차함수 $f(x)=x^2-2ax$의 최댓값이 5일 때, $f(x)$의 최솟값을 구하시오.

(단, $a\geq 1$)

9 다음 물음에 답하시오.

(1) $-1\leq x\leq 2$에서 함수 $y=(x^2-2x)^2-4(x^2-2x)+2$의 최댓값과 최솟값을 각각 구하시오.

(2) $-2\leq x\leq 0$에서 함수 $y=(x^2+4x)^2+6(x^2+4x)+3$의 최댓값과 최솟값의 합을 구하시오.

10 오른쪽 그림과 같이 지면에서 비스듬히 쏘아 올린 공이 수직 높이 45 m까지 올라간 다음 수평 방향으로 50 m 떨어진 국기 게양대의 꼭대기를 스치고 60 m 전방에 떨어졌다. 공이 그리는 곡선이 이차함수의 그래프와 같다고 할 때, 국기 게양대의 높이를 구하시오. (단, 공의 크기는 무시한다.)

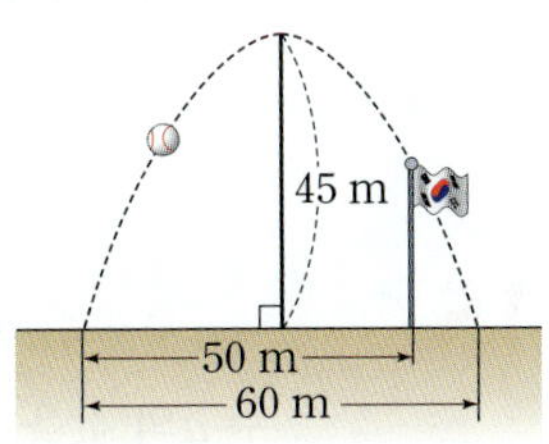

11 오른쪽 그림과 같이 이차함수 $f(x)=ax^2+bx+c$의 그래프가 x축과 두 점 $(-2, 0)$, $(5, 0)$에서 만난다. 〈보기〉에서 옳은 것을 모두 고르시오. (단, a, b, c는 상수이다.)

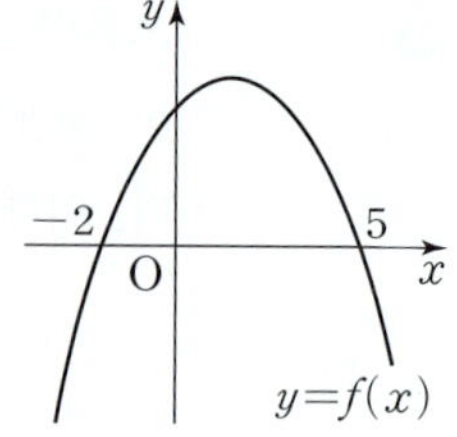

〈보기〉
ㄱ. $ab<0$
ㄴ. $4a+2b+c>0$
ㄷ. 함수 $y=f(x)$의 그래프가 점 $(3, c)$를 지난다.

12 직선 $y=mx+n$이 두 이차함수 $y=x^2-4x+8$, $y=-x^2+4x-4$의 그래프에 동시에 접할 때, 상수 m, n에 대하여 $m-n+2$의 값을 구하시오. (단, $m>0$)

13 오른쪽 그림과 같이 이차함수 $y=2-x^2$의 그래프와 직선 $y=kx$는 서로 다른 두 점 A, B에서 만난다. $\overline{OA}:\overline{OB}=1:2$가 되도록 하는 양수 k의 값은? (단, O는 원점이다.)

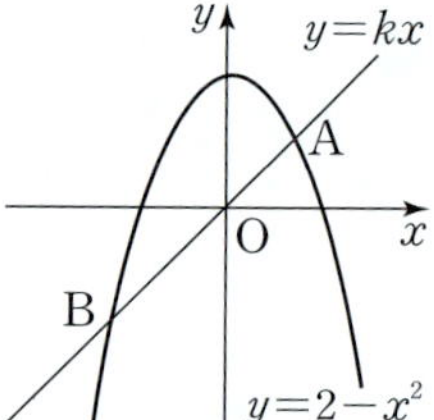

① 1 ② 2 ③ 3
④ 4 ⑤ 5

14 $x=3$에서 최댓값을 가지는 이차함수 $y=f(x)$의 그래프가 직선 $y=x+1$과 서로 다른 두 점에서 만나고 두 교점의 x좌표가 각각 -1, 6이다. 이차함수 $y=f(x)$의 그래프와 직선 $y=2x+a$가 한 점에서 만나도록 하는 상수 a의 값을 구하시오.

15 $-a\leq x\leq a$에서 이차함수 $f(x)=-2x^2+ax+5$의 최댓값과 최솟값의 합이 -13이다. 양수 a의 값을 구하시오.

16 오른쪽 그림과 같이 이차함수 $y=x^2-3x+2$의 그래프가 y축과 만나는 점을 A, x축과 만나는 점을 각각 B, C라고 하자. 점 $P(a, b)$가 점 A에서 이차함수 $y=x^2-3x+2$의 그래프를 따라 점 B를 거쳐 점 C까지 움직일 때, $3a+2b+1$의 최댓값과 최솟값의 차를 구하시오.

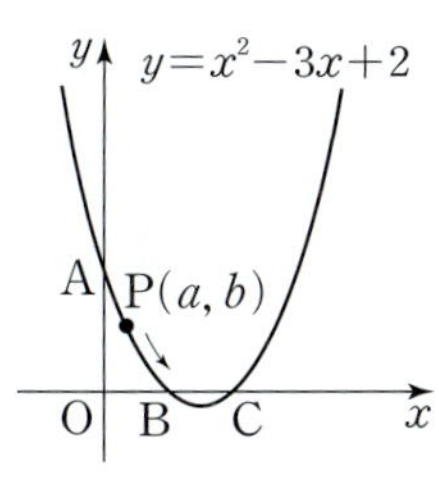

17 실수 t에 대하여 $t\leq x\leq t+1$에서 이차함수 $f(x)=3x^2-2x+5$의 최솟값을 $g(t)$라고 할 때, 방정식 $g(t)=5$를 만족시키는 모든 실수 t의 값의 합을 구하시오.

18 원가가 1개당 1만 원인 제품을 1개당 정가 3만 원에 판매하면 하루에 60개를 팔 수 있다. 정가를 1개당 천 원 올릴 때마다 하루 판매량은 2개씩 감소하고, 천 원 내릴 때마다 하루 판매량은 2개씩 증가한다고 할 때, 하루에 최대의 이익을 얻으려면 정가를 얼마로 해야 하는지 구하시오.

19 오른쪽 그림과 같이 x축에 평행한 두 직선과 이차함수 $y=x^2$의 그래프의 교점을 각각 A, B, C, D라고 하자. 삼각형 ABC와 삼각형 ACD의 넓이의 비가 $1 : 2$이고, 사다리꼴 ABCD의 대각선 AC의 길이가 $6\sqrt{5}$일 때, 사다리꼴 ABCD의 높이를 구하시오.

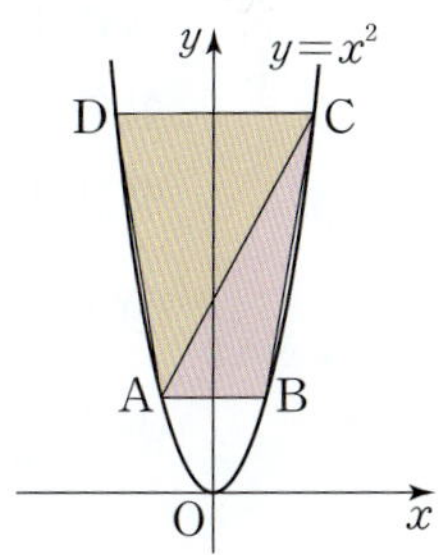

20 오른쪽 그림과 같이 두 함수 $y=-(x-1)^2+1$, $y=x^2$의 그래프 위에 각각 점 A와 점 C를, 직선 $y=x$ 위에 서로 다른 두 점 B와 D를 잡아 사각형 ABCD가 정사각형이 되도록 하였다. 정사각형 ABCD의 넓이를 구하시오.
(단, 네 점 A, B, C, D의 x좌표는 양수이다.)

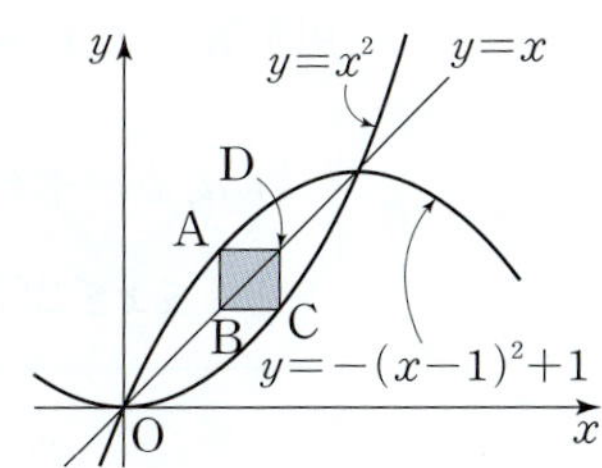

(교육청)
21 두 상수 a, b에 대하여 이차함수 $y=x^2+ax+b$의 그래프가 점 $(1, 0)$에서 x축과 접할 때, 이차함수 $y=x^2+bx+a$의 그래프가 x축과 만나는 두 점 사이의 거리는?

① 1 ② 2 ③ 3

④ 4 ⑤ 5

(교육청)
22 이차함수 $y=\dfrac{1}{2}(x-k)^2$의 그래프와 직선 $y=x$가 서로 다른 두 점 A, B에서 만난다. 두 점 A, B에서 x축에 내린 수선의 발을 각각 C, D라 하자. 선분 CD의 길이가 6일 때, 상수 k의 값은?

① $\dfrac{7}{2}$ ② 4 ③ $\dfrac{9}{2}$

④ 5 ⑤ $\dfrac{11}{2}$

(교육청)
23 그림과 같이 최고차항의 계수의 절댓값이 같은 세 이차함수 $y=f(x)$, $y=g(x)$, $y=h(x)$의 그래프가 있다. 방정식 $f(x)+g(x)+h(x)=0$의 모든 근의 합은?

① 1 ② 2 ③ 3

④ 4 ⑤ 5

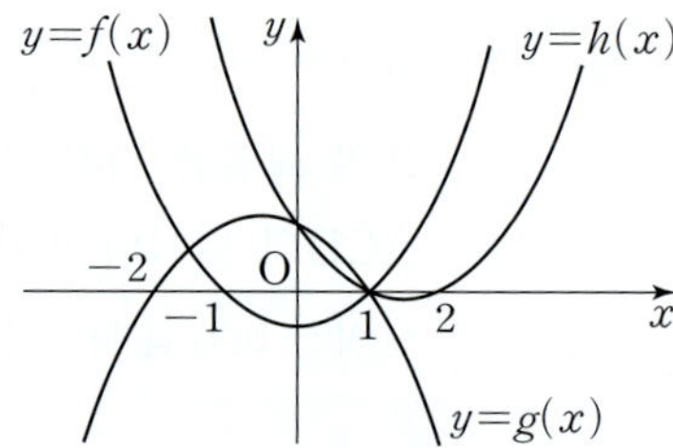

(교육청)
24 이차함수 $f(x)=ax^2+bx+5$가 다음 조건을 만족시킬 때, $f(-2)$의 값을 구하시오.

㈎ a, b는 음의 정수이다.

㈏ $1 \leq x \leq 2$일 때, 이차함수 $f(x)$의 최댓값은 3이다.

07

삼차방정식과 사차방정식

1 삼차방정식과 사차방정식

• 삼차방정식과 사차방정식의 풀이

방정식 $f(x)=0$에서 $f(x)$를 인수분해한 후 다음을 이용하여 해를 구한다.

(1) $ABC=0$이면 $A=0$ 또는 $B=0$ 또는 $C=0$

(2) $ABCD=0$이면 $A=0$ 또는 $B=0$ 또는 $C=0$ 또는 $D=0$

• 인수정리를 이용한 삼ㆍ사차방정식의 풀이

방정식 $f(x)=0$에서 $f(\alpha)=0$이면 $f(x)$는 $x-\alpha$를 인수로 가지므로 $f(\alpha)=0$인 α의 값을 찾아 조립제법을 이용하여 $f(x)$를 인수분해한다.

2 삼차방정식의 근과 계수의 관계

• 삼차방정식의 근과 계수의 관계

삼차방정식 $ax^3+bx^2+cx+d=0$의 세 근을 α, β, γ라고 하면

$$\alpha+\beta+\gamma=-\frac{b}{a}, \ \alpha\beta+\beta\gamma+\gamma\alpha=\frac{c}{a}, \ \alpha\beta\gamma=-\frac{d}{a}$$

• 세 수를 근으로 가지는 삼차방정식

세 수 α, β, γ를 근으로 가지고 x^3의 계수가 1인 삼차방정식은

$$(x-\alpha)(x-\beta)(x-\gamma)=0$$

$$\Rightarrow x^3-(\alpha+\beta+\gamma)x^2+(\alpha\beta+\beta\gamma+\gamma\alpha)x-\alpha\beta\gamma=0$$

• 삼차방정식의 켤레근

삼차방정식 $ax^3+bx^2+cx+d=0$에서

(1) a, b, c, d가 유리수일 때, $p+q\sqrt{m}$이 근이면 $p-q\sqrt{m}$도 근이다.

$$(p, \ q는 \ 유리수, \ q\neq0, \ \sqrt{m}은 \ 무리수)$$

(2) a, b, c, d가 실수일 때, $p+qi$가 근이면 $p-qi$도 근이다.

$$(p, \ q는 \ 실수, \ q\neq0, \ i=\sqrt{-1})$$

• 방정식 $x^3=1$의 허근의 성질

방정식 $x^3=1$의 한 허근을 ω라고 하면 다음 성질이 성립한다.

$$(\overline{\omega}는 \ \omega의 \ 켤레복소수)$$

(1) $\omega^3=1$, $\omega^2+\omega+1=0$　　　(2) $\omega+\overline{\omega}=-1$, $\omega\overline{\omega}=1$

(3) $\omega=\overline{\omega}^2$, $\omega^2=\overline{\omega}=\dfrac{1}{\omega}$

Q&A

Q 삼차방정식과 사차방정식은 근의 공식이 없나요?

A 삼차방정식과 사차방정식도 근의 공식이 존재하지만 그 식이 매우 복잡하고, 근의 공식의 유도 과정이 어려워 고등학교 교육과정에서는 다루지 않습니다.

# 삼차방정식과 사차방정식

이차방정식은 근의 공식을 이용하여 근을 구할 수 있었습니다. 그러나 일반적으로 삼차 이상의 방정식의 근을 구하는 방법은 간단하지 않습니다. 다음과 같이 여러 가지 방법으로 삼차 이상의 방정식의 근을 구해 봅시다.

1 삼차방정식과 사차방정식의 풀이

다항식 $f(x)$가 x에 대한 삼차식일 때 $f(x)=0$을 x에 대한 삼차방정식, 다항식 $f(x)$가 x에 대한 사차식일 때 $f(x)=0$을 x에 대한 사차방정식이라고 합니다. ← 삼차 이상의 방정식을 고차방정식이라고 한다.

여기에서는 인수분해되는 간단한 삼차방정식과 사차방정식의 근을 구하는 방법에 대하여 알아봅시다.

방정식 $f(x)=0$은 $f(x)$를 인수분해한 후

$ABC=0$이면 $A=0$ 또는 $B=0$ 또는 $C=0$

$ABCD=0$이면 $A=0$ 또는 $B=0$ 또는 $C=0$ 또는 $D=0$

임을 이용하여 풀 수 있습니다.

Example

(1) 방정식 $x^3+1=0$의 좌변을 인수분해하면

$$(x+1)(x^2-x+1)=0$$
$$\therefore x+1=0 \text{ 또는 } x^2-x+1=0$$
$$\therefore x=-1 \text{ 또는 } x=\frac{1\pm\sqrt{3}\,i}{2}$$ ← 근의 공식을 이용한다.

(2) 방정식 $x^4-1=0$의 좌변을 인수분해하면

$$(x^2+1)(x^2-1)=0, \ (x^2+1)(x+1)(x-1)=0$$
$$\therefore x^2+1=0 \text{ 또는 } x+1=0 \text{ 또는 } x-1=0$$
$$\therefore x=\pm i \text{ 또는 } x=-1 \text{ 또는 } x=1$$

개념 Point **삼차방정식과 사차방정식의 풀이**

방정식 $f(x)=0$에서 $f(x)$를 인수분해한 후 다음을 이용하여 해를 구한다.

1 $ABC=0$이면 $A=0$ 또는 $B=0$ 또는 $C=0$

2 $ABCD=0$이면 $A=0$ 또는 $B=0$ 또는 $C=0$ 또는 $D=0$

+ Plus

특별한 언급이 없으면 고차방정식의 해는 복소수의 범위에서 구한다.

계수가 실수인 삼차방정식, 사차방정식은 복소수의 범위에서 각각 3개, 4개의 근을 가진다.

② 치환을 이용한 삼 · 사차방정식의 풀이

주어진 삼차방정식과 사차방정식에서 공통부분이 있는 경우에 대하여 알아봅시다.
방정식에 공통부분이 있으면 공통부분을 한 문자로 치환하여 그 문자에 대한 방정식으로 변형한 후 인수분해합니다.

Example

(1) 방정식 $4(x^2+x)-3=(x^2+x)^2$에서 $x^2+x=X$로 놓으면

$$4X-3=X^2,\ X^2-4X+3=0$$
$$(X-1)(X-3)=0$$
$$\therefore\ X=1\ \text{또는}\ X=3$$

(i) $X=1$일 때, $x^2+x=1$에서

$$x^2+x-1=0 \qquad \therefore\ x=\frac{-1\pm\sqrt{5}}{2}$$

(ii) $X=3$일 때, $x^2+x=3$에서

$$x^2+x-3=0 \qquad \therefore\ x=\frac{-1\pm\sqrt{13}}{2}$$

(i), (ii)에서 $x=\dfrac{-1\pm\sqrt{5}}{2}$ 또는 $x=\dfrac{-1\pm\sqrt{13}}{2}$

(2) 방정식 $x(x+2)(x+3)(x+5)+8=0$에서

$$\{x(x+5)\}\{(x+2)(x+3)\}+8=0 \quad \leftarrow\ \text{상수항의 합이 같은 두 식끼리 묶는다.}$$
$$(x^2+5x)(x^2+5x+6)+8=0$$

$x^2+5x=X$로 놓으면

$$X(X+6)+8=0,\ X^2+6X+8=0$$
$$(X+4)(X+2)=0 \qquad \therefore\ X=-4\ \text{또는}\ X=-2$$

(i) $X=-4$일 때, $x^2+5x=-4$에서

$$x^2+5x+4=0,\ (x+4)(x+1)=0$$
$$\therefore\ x=-4\ \text{또는}\ x=-1$$

(ii) $X=-2$일 때, $x^2+5x=-2$에서

$$x^2+5x+2=0 \qquad \therefore\ x=\frac{-5\pm\sqrt{17}}{2}$$

(i), (ii)에서 $x=-4$ 또는 $x=-1$ 또는 $x=\dfrac{-5\pm\sqrt{17}}{2}$

이제 $x^4+ax^2+b=0$ ($a,\ b$는 상수) 꼴의 방정식을 풀어 봅시다.

$x^4+ax^2+b=0$ 꼴의 방정식은 $x^2=X$로 치환한 후 $X^2+aX+b=0$에서 좌변을 인수분해하거나 $x^4+ax^2+b=0$의 이차항 ax^2을 적당히 분리하여 $A^2-B^2=0$ 꼴로 변형한 후 좌변을 인수분해합니다.

Example

(1) 방정식 $x^4-2x^2-3=0$에서 $x^2=X$로 놓으면

$$X^2-2X-3=0, \ (X+1)(X-3)=0$$

$$\therefore \ X=-1 \ \text{또는} \ X=3$$

(i) $X=-1$일 때, $x^2=-1$에서 $x=\pm i$

(ii) $X=3$일 때, $x^2=3$에서 $x=\pm\sqrt{3}$

(i), (ii)에서 $x=\pm i$ 또는 $x=\pm\sqrt{3}$

(2) 방정식 $x^4-3x^2+1=0$에서 $x^4-2x^2+1-x^2=0$

$$(x^2-1)^2-x^2=0, \ (x^2+x-1)(x^2-x-1)=0$$

$$\therefore \ x^2+x-1=0 \ \text{또는} \ x^2-x-1=0$$

$$\therefore \ x=\frac{-1\pm\sqrt{5}}{2} \ \text{또는} \ x=\frac{1\pm\sqrt{5}}{2}$$

(3) 방정식 $x^4+2x^2+9=0$에서 $x^4+6x^2+9-4x^2=0$

$$(x^2+3)^2-(2x)^2=0, \ (x^2+2x+3)(x^2-2x+3)=0$$

$$\therefore \ x^2+2x+3=0 \ \text{또는} \ x^2-2x+3=0$$

$$\therefore \ x=-1\pm\sqrt{2}\,i \ \text{또는} \ x=1\pm\sqrt{2}\,i$$

개념 Point   치환을 이용한 삼·사차방정식의 풀이

1 공통부분이 있는 방정식

방정식에 공통부분이 있으면 공통부분을 한 문자로 치환하여 그 문자에 대한 방정식으로 변형한 후 인수분해한다.

2 $x^4+ax^2+b=0$ (a, b는 상수) 꼴의 방정식 $\leftarrow$ $x^4+ax^2+b=0$ 꼴의 방정식을 복이차방정식이라고 한다.

$x^2=X$로 치환하여 X에 대한 이차방정식을 풀거나 $x^4+ax^2+b=0$의 이차항 ax^2을 적당히 분리하여 $A^2-B^2=0$ 꼴로 변형한 후 좌변을 인수분해한다.

❸ 인수정리를 이용한 삼·사차방정식의 풀이

x에 대한 삼차방정식 $f(x)=0$에서 $f(\alpha)=0$이면 인수정리에 의하여 $f(x)$는 $x-\alpha$를 인수로 가지므로 조립제법을 이용하여 $f(x)=(x-\alpha)Q(x)$ 꼴로 인수분해합니다.

즉, $f(x)=0$에서

$$(x-\alpha)(ax^2+bx+c)=0$$

$$\therefore \ x=\alpha \ \text{또는} \ ax^2+bx+c=0$$

이때 이차방정식 $ax^2+bx+c=0$은 인수분해 또는 근의 공식을 이용하여 풀 수 있습니다.

방정식 $x^3+2x^2-x-2=0$에서 $f(x)=x^3+2x^2-x-2$라고 하면

$$f(1)=1+2-1-2=0$$

이므로 조립제법을 이용하여 $f(x)$를 인수분해하면

$$f(x)=(x-1)(x^2+3x+2)$$

따라서 주어진 방정식은

$$(x-1)(x^2+3x+2)=0$$

$$(x-1)(x+2)(x+1)=0$$

$$\therefore x=1 \text{ 또는 } x=-2 \text{ 또는 } x=-1$$

1	1	2	-1	-2
		1	3	2
	1	3	2	0

또한 x에 대한 사차방정식 $f(x)=0$에서 $f(\alpha)=0$, $f(\beta)=0$이면 $f(x)$는 $x-\alpha$와 $x-\beta$를 인수로 가지므로 조립제법을 두 번 이용하여 그 몫에 해당되는 이차식을 찾아 $f(x)$를 인수분해합니다. 즉, $f(x)=0$에서

$$(x-\alpha)(x-\beta)(ax^2+bx+c)=0$$

$$\therefore x=\alpha \text{ 또는 } x=\beta \text{ 또는 } ax^2+bx+c=0$$

이때 이차방정식 $ax^2+bx+c=0$은 인수분해 또는 근의 공식을 이용하여 풀 수 있습니다.

방정식 $x^4-9x^2-4x+12=0$에서 $f(x)=x^4-9x^2-4x+12$라고 하면

> x^4의 계수가 1이므로 x에 상수항 12의 약수, 즉 ±1, ±2, ±3, ±4, ±6, ±12를 대입하여 (좌변)$=0$을 만족시키는 것을 찾는다.

$$f(1)=1-9-4+12=0, $$

$$f(-2)=16-36+8+12=0$$

이므로 조립제법을 이용하여 $f(x)$를 인수분해하면

$$f(x)=(x-1)(x+2)(x^2-x-6)$$

따라서 주어진 방정식은

$$(x-1)(x+2)(x^2-x-6)=0$$

$$(x-1)(x+2)(x+2)(x-3)=0$$

$$(x+2)^2(x-1)(x-3)=0$$

$$\therefore x=-2 \text{ (중근) 또는 } x=1 \text{ 또는 } x=3$$

1	1	0	-9	-4	12
		1	1	-8	-12
-2	1	1	-8	-12	0
		-2	2	12	
	1	-1	-6	0	

개념 Point · 인수정리를 이용한 삼 · 사차방정식의 풀이

방정식 $f(x)=0$에서 $f(\alpha)=0$이면 $f(x)$는 $x-\alpha$를 인수로 가지므로 $f(\alpha)=0$인 α의 값을 찾아 조립제법을 이용하여 $f(x)$를 인수분해한다.

＋ Plus

방정식 $f(x)=0$에서 $f(\alpha)=0$을 만족시키는 α의 값은

$$\alpha=\pm\frac{(f(x)\text{의 상수항의 양의 약수})}{(f(x)\text{의 최고차항의 계수의 양의 약수})}$$

중에서 찾을 수 있다.

1 다음 방정식을 푸시오.

(1) $x^3-8=0$ (2) $x^3-x^2-2x=0$

(3) $x^4-16=0$ (4) $x^3+3x^2-x-3=0$

2 다음 방정식을 푸시오.

(1) $(2x^2+x)^2-2(2x^2+x)+1=0$

(2) $(x^2-2x)^2+(x^2-2x)-2=0$

3 다음 방정식을 푸시오.

(1) $x^4-3x^2-4=0$

(2) $x^4+3x^2+4=0$

(3) $x^4-7x^2+1=0$

4 다음 방정식을 푸시오.

(1) $x^3-2x^2+1=0$

(2) $x^4+2x^3-2x^2-6x+5=0$

(3) $x^4+x^3-6x^2-4x+8=0$

● 풀이 84쪽~85쪽

정답

1 (1) $x=2$ 또는 $x=-1\pm\sqrt{3}i$ (2) $x=0$ 또는 $x=-1$ 또는 $x=2$ (3) $x=\pm2i$ 또는 $x=-2$ 또는 $x=2$

　(4) $x=-3$ 또는 $x=-1$ 또는 $x=1$

2 (1) $x=-1$ (중근) 또는 $x=\dfrac{1}{2}$ (중근) (2) $x=1\pm i$ 또는 $x=1\pm\sqrt{2}$

3 (1) $x=\pm i$ 또는 $x=\pm2$ (2) $x=\dfrac{-1\pm\sqrt{7}i}{2}$ 또는 $x=\dfrac{1\pm\sqrt{7}i}{2}$ (3) $x=\dfrac{-3\pm\sqrt{5}}{2}$ 또는 $x=\dfrac{3\pm\sqrt{5}}{2}$

4 (1) $x=1$ 또는 $x=\dfrac{1\pm\sqrt{5}}{2}$ (2) $x=1$ (중근) 또는 $x=-2\pm i$ (3) $x=1$ 또는 $x=2$ 또는 $x=-2$ (중근)

예제 01

다음 방정식을 푸시오.

(1) $x^3 - 4x = 0$ (2) $x^3 - 27 = 0$

(3) $16x^4 - 1 = 0$ (4) $x^4 - x^2 - 2 = 0$

접근 방법 〉 (1), (2), (3)은 인수분해 공식을 이용하여 인수분해하고 (4)는 $x^2 = X$로 치환하여 인수분해한다.

수매씽 Point 방정식의 좌변을 인수분해 공식을 이용하여 인수분해한다.

상세 풀이 〉 (1) $x^3 - 4x = 0$의 좌변을 인수분해하면

$$x(x^2 - 4) = 0, \ x(x+2)(x-2) = 0$$

$$\therefore \ x = 0 \text{ 또는 } x = -2 \text{ 또는 } x = 2$$

(2) $x^3 - 27 = 0$의 좌변을 인수분해하면

$$(x-3)(x^2 + 3x + 9) = 0$$

$$\therefore \ x - 3 = 0 \text{ 또는 } x^2 + 3x + 9 = 0$$

$$\therefore \ x = 3 \text{ 또는 } x = \frac{-3 \pm 3\sqrt{3}i}{2}$$

(3) $16x^4 - 1 = 0$의 좌변을 인수분해하면

$$(4x^2 + 1)(4x^2 - 1) = 0, \ (4x^2 + 1)(2x+1)(2x-1) = 0$$

$$\therefore \ 4x^2 + 1 = 0 \text{ 또는 } 2x + 1 = 0 \text{ 또는 } 2x - 1 = 0$$

$$\therefore \ x = \pm \frac{1}{2}i \text{ 또는 } x = -\frac{1}{2} \text{ 또는 } x = \frac{1}{2}$$

(4) $x^2 = X$로 놓으면

$$X^2 - X - 2 = 0, \ (X+1)(X-2) = 0$$

$$\therefore \ X = -1 \text{ 또는 } X = 2$$

(i) $X = -1$일 때, $x^2 = -1$이므로 $x = \pm i$

(ii) $X = 2$일 때, $x^2 = 2$이므로 $x = \pm \sqrt{2}$

(i), (ii)에서 $x = \pm i$ 또는 $x = \pm \sqrt{2}$

정답 (1) $x = 0$ 또는 $x = -2$ 또는 $x = 2$ (2) $x = 3$ 또는 $x = \dfrac{-3 \pm 3\sqrt{3}i}{2}$

(3) $x = \pm \dfrac{1}{2}i$ 또는 $x = -\dfrac{1}{2}$ 또는 $x = \dfrac{1}{2}$ (4) $x = \pm i$ 또는 $x = \pm \sqrt{2}$

보충 설명

삼차방정식 $f(x) = 0$ 또는 사차방정식 $f(x) = 0$에서 다항식 $f(x)$를 인수분해하여 일차식 또는 이차식의 곱으로 바꿔서 풀이하는 것이 삼차방정식과 사차방정식의 풀이의 기본이다.

01-1

다음 방정식을 푸시오.

(1) $x^3 - 9x = 0$　　　　　　　(2) $x^3 + 64 = 0$

(3) $81x^4 - 1 = 0$　　　　　　　(4) $x^4 + 3x^2 - 4 = 0$

01-2

다음 방정식을 푸시오.

(1) $(x^2 + 4x)^2 - 2(x^2 + 4x) - 15 = 0$

(2) $x(x+1)(x+2)(x+3) = 24$

01-3

다음 방정식을 푸시오.

(1) $x^4 + 4 = 0$　　　　　　　(2) $x^4 + x^2 + 1 = 0$

● 풀이 85쪽 ~ 86쪽

정답

01-1 (1) $x=0$ 또는 $x=-3$ 또는 $x=3$　(2) $x=-4$ 또는 $x=2\pm2\sqrt{3}\,i$　(3) $x=\pm\dfrac{1}{3}i$ 또는 $x=\pm\dfrac{1}{3}$

(4) $x=\pm2i$ 또는 $x=\pm1$

01-2 (1) $x=-3$ 또는 $x=-1$ 또는 $x=-5$ 또는 $x=1$　(2) $x=\dfrac{-3\pm\sqrt{15}\,i}{2}$ 또는 $x=-4$ 또는 $x=1$

01-3 (1) $x=-1\pm i$ 또는 $x=1\pm i$　(2) $x=\dfrac{-1\pm\sqrt{3}\,i}{2}$ 또는 $x=\dfrac{1\pm\sqrt{3}\,i}{2}$

예제 02

다음 방정식을 푸시오.

(1) $x^3 - 3x - 2 = 0$

(2) $x^4 - 2x^3 - 4x^2 + 2x + 3 = 0$

접근 방법 ▷ (1)에서는 x에 ± 1, ± 2를 대입하여 삼차식이 0이 되는 값을 찾고, (2)에서는 x에 ± 1, ± 3을 대입하여 사차식이 0이 되는 값을 찾아 조립제법을 이용하여 방정식을 푼다.

수매씽 Point 다항식 $f(x)$에서 $f(\alpha) = 0$이면 $f(x)$는 $x - \alpha$를 인수로 가진다.

상세 풀이 ▷ (1) $f(x) = x^3 - 3x - 2$라고 하면

$$f(-1) = -1 + 3 - 2 = 0$$

이므로 조립제법을 이용하여 $f(x)$를 인수분해하면

$$f(x) = (x+1)(x^2 - x - 2)$$

따라서 주어진 방정식은

$$(x+1)(x^2 - x - 2) = 0$$
$$(x+1)^2(x-2) = 0$$
$$\therefore x = -1 \text{ (중근) 또는 } x = 2$$

-1	1	0	-3	-2
		-1	1	2
	1	-1	-2	0

(2) $f(x) = x^4 - 2x^3 - 4x^2 + 2x + 3$이라고 하면

$$f(1) = 1 - 2 - 4 + 2 + 3 = 0,$$
$$f(-1) = 1 + 2 - 4 - 2 + 3 = 0$$

이므로 조립제법을 이용하여 $f(x)$를 인수분해하면

$$f(x) = (x-1)(x+1)(x^2 - 2x - 3)$$

따라서 주어진 방정식은

$$(x-1)(x+1)(x^2 - 2x - 3) = 0$$
$$(x-1)(x+1)^2(x-3) = 0$$
$$\therefore x = -1 \text{ (중근) 또는 } x = 1 \text{ 또는 } x = 3$$

1	1	-2	-4	2	3
		1	-1	-5	-3
-1	1	-1	-5	-3	0
		-1	2	3	
	1	-2	-3	0	

정답 (1) $x = -1$ (중근) 또는 $x = 2$ (2) $x = -1$ (중근) 또는 $x = 1$ 또는 $x = 3$

보충 설명

방정식 $f(x) = 0$에서 $f(\alpha) = 0$을 만족시키는 α의 값은

$$\pm \frac{(f(x)\text{의 상수항의 양의 약수})}{(f(x)\text{의 최고차항의 계수의 양의 약수})}$$

중에서 찾을 수 있다.

숫자 바꾸기

02-1

다음 방정식을 푸시오.

(1) $x^3 - 4x^2 + 3x + 2 = 0$

(2) $x^4 - 4x + 3 = 0$

(3) $2x^3 - x^2 - 13x - 6 = 0$

(4) $2x^4 - 5x^3 + 5x - 2 = 0$

표현 바꾸기

한번 더 ✔️ ☐

02-2

다음 방정식에서 가장 큰 근과 가장 작은 근의 곱을 구하시오.

(1) $x^3 - 2x^2 - 5x + 6 = 0$

(2) $x^4 - 5x^3 + 5x^2 + 5x - 6 = 0$

개념 넓히기

한번 더 ✔️ ☐

02-3

사차방정식 $x^4 + ax^3 + (a+3)x^2 + 16x + b = 0$의 두 근이 1, 3일 때, 나머지 두 근을 구하시오. (단, a, b는 상수이다.)

● 풀이 86쪽～88쪽

정답

02-1 (1) $x=2$ 또는 $x=1\pm\sqrt{2}$ (2) $x=1$ (중근) 또는 $x=-1\pm\sqrt{2}\,i$ (3) $x=-2$ 또는 $x=-\dfrac{1}{2}$ 또는 $x=3$

(4) $x=1$ 또는 $x=-1$ 또는 $x=\dfrac{1}{2}$ 또는 $x=2$

02-2 (1) -6 (2) -3 **02-3** -2, 2

예제 03

사차방정식 $x^4-2x^3-6x^2-2x+1=0$을 푸시오.

접근 방법 > $ax^4+bx^3+cx^2+bx+a=0$ $(a\neq0)$과 같이 x^2항을 중심으로 계수가 좌우 대칭인 사차방정식은 양변을 x^2으로 나누고 $x+\dfrac{1}{x}=X$로 치환하여 방정식을 푼다.

수매씽 Point 계수가 좌우 대칭인 사차방정식은 양변을 x^2으로 나누고 $x+\dfrac{1}{x}=X$로 치환하여 푼다.

상세 풀이 > $x^4-2x^3-6x^2-2x+1=0$에서 $x\neq0$이므로 양변을 x^2으로 나누면

$$x^2-2x-6-\frac{2}{x}+\frac{1}{x^2}=0,\ \left(x^2+\frac{1}{x^2}\right)-2\left(x+\frac{1}{x}\right)-6=0$$

$$\therefore\ \left(x+\frac{1}{x}\right)^2-2\left(x+\frac{1}{x}\right)-8=0 \quad \leftarrow x^2+\frac{1}{x^2}=\left(x+\frac{1}{x}\right)^2-2$$

$x+\dfrac{1}{x}=X$로 놓으면

$$X^2-2X-8=0,\ (X+2)(X-4)=0$$

$$\therefore\ X=-2 \text{ 또는 } X=4$$

(i) $X=-2$일 때,

$x+\dfrac{1}{x}=-2$이므로 양변에 x를 곱하여 정리하면

$$x^2+2x+1=0,\ (x+1)^2=0 \qquad \therefore\ x=-1 \text{ (중근)}$$

(ii) $X=4$일 때,

$x+\dfrac{1}{x}=4$이므로 양변에 x를 곱하여 정리하면

$$x^2-4x+1=0 \qquad \therefore\ x=2\pm\sqrt{3}$$

(i), (ii)에서 $x=-1$ (중근) 또는 $x=2\pm\sqrt{3}$

정답 $x=-1$ (중근) 또는 $x=2\pm\sqrt{3}$

보충 설명

계수가 좌우 대칭인 오차방정식 $ax^5+bx^4+cx^3+cx^2+bx+a=0$은 $x=-1$이 방정식의 근이 되므로 좌변을 $x+1$로 나누어서 계수가 좌우 대칭인 사차방정식으로 변형하여 풀 수 있다.

한번 더 ✔ ☐

숫자 바꾸기

03-1

사차방정식 $x^4+3x^3-2x^2+3x+1=0$을 푸시오.

표현 바꾸기

03-2

사차방정식 $4x^4-8x^3+3x^2-8x+4=0$의 모든 실근의 합을 구하시오.

개념 넓히기

03-3

오차방정식 $x^5+3x^4+x^3+x^2+3x+1=0$을 만족시키는 실수 x에 대하여 모든 x^2+3x의 값의 합을 구하시오.

정답

03-1 $x=-2\pm\sqrt{3}$ 또는 $x=\dfrac{1\pm\sqrt{3}i}{2}$ 03-2 $\dfrac{5}{2}$ 03-3 -3

삼차방정식의 근과 계수의 관계

1 삼차방정식의 근과 계수의 관계

삼차방정식 $ax^3+bx^2+cx+d=0$ (a, b, c, d는 상수, $a\neq0$)의 세 근을 α, β, γ라고 할 때, 세 근 α, β, γ와 계수 a, b, c, d 사이의 관계를 알아봅시다.

$f(x)=ax^3+bx^2+cx+d$라고 하면 α, β, γ가 주어진 방정식의 세 근이므로 $f(\alpha)=0$, $f(\beta)=0$, $f(\gamma)=0$이 성립합니다. 따라서 인수정리에 의하여 $f(x)$가 일차식 $x-\alpha$, $x-\beta$, $x-\gamma$를 인수로 가지므로

$$f(x)=a(x-\alpha)(x-\beta)(x-\gamma)$$

입니다. 즉,

$$f(x)=ax^3+bx^2+cx+d=a(x-\alpha)(x-\beta)(x-\gamma)$$

이고, 양변을 a로 나누면

$$x^3+\frac{b}{a}x^2+\frac{c}{a}x+\frac{d}{a}=(x-\alpha)(x-\beta)(x-\gamma)$$

$$=x^3-(\alpha+\beta+\gamma)x^2+(\alpha\beta+\beta\gamma+\gamma\alpha)x-\alpha\beta\gamma$$

(→세 근의 합 →두 근끼리의 곱의 합 →세 근의 곱)

입니다. 위의 등식은 x의 값에 관계없이 항상 성립하는 항등식이므로 양변의 계수를 비교하면

$$\alpha+\beta+\gamma=-\frac{b}{a},\ \alpha\beta+\beta\gamma+\gamma\alpha=\frac{c}{a},\ \alpha\beta\gamma=-\frac{d}{a}$$

입니다.

> **Example**
>
> (1) 삼차방정식 $x^3+5x^2+2x-4=0$의 세 근을 α, β, γ라고 하면
>
> $$\alpha+\beta+\gamma=-\frac{5}{1}=-5,\ \alpha\beta+\beta\gamma+\gamma\alpha=\frac{2}{1}=2,\ \alpha\beta\gamma=-\frac{-4}{1}=4$$
>
> (2) 삼차방정식 $2x^3+4x-3=0$의 세 근을 α, β, γ라고 하면
>
> $$\alpha+\beta+\gamma=-\frac{0}{2}=0,\ \alpha\beta+\beta\gamma+\gamma\alpha=\frac{4}{2}=2,\ \alpha\beta\gamma=-\frac{-3}{2}=\frac{3}{2}$$

개념 Point　　삼차방정식의 근과 계수의 관계

삼차방정식 $ax^3+bx^2+cx+d=0$의 세 근을 α, β, γ라고 하면

$$\alpha+\beta+\gamma=-\frac{b}{a},\ \alpha\beta+\beta\gamma+\gamma\alpha=\frac{c}{a},\ \alpha\beta\gamma=-\frac{d}{a}$$

+ Plus

이차방정식 $ax^2+bx+c=0$의 두 근을 α, β라고 하면 $\alpha+\beta=-\frac{b}{a}$, $\alpha\beta=\frac{c}{a}$

② 삼차방정식의 켤레근

삼차방정식 $ax^3+bx^2+cx+d=0$ (a, b, c, d는 상수, $a\neq0$)에서

(1) a, b, c, d가 유리수일 때, $p+q\sqrt{m}$이 근이면 $p-q\sqrt{m}$도 근입니다.
　└▶ 두 근이 서로 켤레근이면 나머지 한 근은 유리수이다.

$$(p,\ q\text{는 유리수},\ q\neq0,\ \sqrt{m}\text{은 무리수})$$

(2) a, b, c, d가 실수일 때, $p+qi$가 근이면 $p-qi$도 근입니다.
　└▶ 두 근이 서로 켤레근이면 나머지 한 근은 실수이다.

$$(p,\ q\text{는 실수},\ q\neq0,\ i=\sqrt{-1})$$

삼차방정식 $a(x+b)(x^2+cx+d)=0$에서 이차방정식 $x^2+cx+d=0$이 켤레근을 가지면 이차방정식 $x^2+cx+d=0$의 두 근은 삼차방정식 $a(x+b)(x^2+cx+d)=0$의 세 근에 포함되므로 주어진 삼차방정식도 켤레근을 갖게 됩니다.

따라서 삼차방정식도 계수가 유리수 또는 실수일 때, 이차방정식의 켤레근의 성질이 똑같이 성립합니다.

Example

(1) a, b, c가 유리수일 때, 삼차방정식 $x^3+ax^2+bx+c=0$이 2와 $2-\sqrt{3}$을 근으로 가지면 나머지 한 근은 $2+\sqrt{3}$이다.

따라서 삼차방정식의 근과 계수의 관계에 의하여 a, b, c의 값을 구하면

$$2+(2-\sqrt{3})+(2+\sqrt{3})=-a \qquad \therefore\ a=-6$$
$$2(2-\sqrt{3})+(2-\sqrt{3})(2+\sqrt{3})+(2+\sqrt{3})\times2=b \qquad \therefore\ b=9$$
$$2(2-\sqrt{3})(2+\sqrt{3})=-c \qquad \therefore\ c=-2$$

(2) a, b, c가 실수일 때, 삼차방정식 $x^3+ax^2+bx+c=0$이 1과 $1-i$를 근으로 가지면 나머지 한 근은 $1+i$이다.

따라서 삼차방정식의 근과 계수의 관계에 의하여 a, b, c의 값을 구하면

$$1+(1-i)+(1+i)=-a \qquad \therefore\ a=-3$$
$$1\times(1-i)+(1-i)(1+i)+(1+i)\times1=b \qquad \therefore\ b=4$$
$$1\times(1-i)(1+i)=-c \qquad \therefore\ c=-2$$

개념 Point　　삼차방정식의 켤레근

삼차방정식 $ax^3+bx^2+cx+d=0$에서

1 a, b, c, d가 유리수일 때, $p+q\sqrt{m}$이 근이면 $p-q\sqrt{m}$도 근이다.

$$(p,\ q\text{는 유리수},\ q\neq0,\ \sqrt{m}\text{은 무리수})$$

2 a, b, c, d가 실수일 때, $p+qi$가 근이면 $p-qi$도 근이다. (p, q는 실수, $q\neq0$, $i=\sqrt{-1}$)

③ 방정식 $x^3=1$의 허근의 성질

방정식 $x^3=1$에서 $x^3-1=0$이므로 $(x-1)(x^2+x+1)=0$

$$\therefore\ x-1=0\ \text{또는}\ x^2+x+1=0$$

$$\therefore\ x=1\ \text{또는}\ x=\frac{-1\pm\sqrt{3}\,i}{2}$$

방정식 $x^3=1$의 한 허근을 $\omega=\dfrac{-1+\sqrt{3}\,i}{2}$라고 하면 다른 한 허근은 $\overline{\omega}=\dfrac{-1-\sqrt{3}\,i}{2}$입니다.

ω는 '오메가'라고 읽습니다.

이때 ω는 허근이므로 이차방정식 $x^2+x+1=0$의 근입니다.

방정식 $x^3=1$의 두 허근 ω, $\overline{\omega}$에 대하여 다음과 같은 성질이 성립합니다.

(1) $\omega^3=1$, $\overline{\omega}^3=1$, $\omega^2+\omega+1=0$, $\overline{\omega}^2+\overline{\omega}+1=0$

Proof　ω, $\overline{\omega}$는 $x^3=1$의 두 허근이므로 $\omega^3=1$, $\overline{\omega}^3=1$

　　　　ω, $\overline{\omega}$는 이차방정식 $x^2+x+1=0$의 두 근이므로 $\omega^2+\omega+1=0$, $\overline{\omega}^2+\overline{\omega}+1=0$

(2) $\omega+\overline{\omega}=-1$, $\omega\overline{\omega}=1$　← 중요!

Proof　ω, $\overline{\omega}$는 $x^2+x+1=0$의 두 근이므로 이차방정식의 근과 계수의 관계에 의하여

$$\omega+\overline{\omega}=-1,\ \omega\overline{\omega}=1$$

(3) $\omega=\overline{\omega}^2$, $\omega^2=\overline{\omega}=\dfrac{1}{\omega}$　← 중요!

Proof　(1), (2)에 의하여 $\omega=\dfrac{1}{\overline{\omega}}=\dfrac{\overline{\omega}^3}{\overline{\omega}}=\overline{\omega}^2$, $\omega^2=\dfrac{\omega^3}{\omega}=\dfrac{1}{\omega}=\overline{\omega}$

Example　방정식 $x^3=1$에서 $(x-1)(x^2+x+1)=0$이므로 ω를 $x^2+x+1=0$의 한 허근이라고 하면

　　　　$\omega^3=1$이므로 $\omega^5=\omega^3\times\omega^2=\omega^2$이고, $\omega^{10}=(\omega^3)^3\times\omega=\omega$

$$\therefore\ \omega^5+\omega^{10}=\omega^2+\omega=-1\ (\because\ \omega^2+\omega+1=0)$$

개념 Point　　**방정식 $x^3=1$의 허근의 성질**

방정식 $x^3=1$의 한 허근을 ω라고 하면 다음 성질이 성립한다. ($\overline{\omega}$는 ω의 켤레복소수)

1　$\omega^3=1$, $\omega^2+\omega+1=0$　　　　**2**　$\omega+\overline{\omega}=-1$, $\omega\overline{\omega}=1$　　　　**3**　$\omega=\overline{\omega}^2$, $\omega^2=\overline{\omega}=\dfrac{1}{\omega}$

◆ Plus

방정식 $x^3=-1$의 한 허근을 ω라고 하면 다음이 성립한다. ($\overline{\omega}$는 ω의 켤레복소수)

① $\omega^3=-1$, $\omega^2-\omega+1=0$　　　　② $\omega+\overline{\omega}=1$, $\omega\overline{\omega}=1$　　　　③ $\omega=-\overline{\omega}^2$, $\omega^2=-\overline{\omega}=-\dfrac{1}{\omega}$

1 삼차방정식 $x^3+2x^2+3x-5=0$의 세 근을 α, β, γ라고 할 때, 다음 식의 값을 구하시오.

(1) $\alpha+\beta+\gamma$

(2) $\alpha\beta+\beta\gamma+\gamma\alpha$

(3) $\alpha\beta\gamma$

2 다음 세 수를 근으로 하고 x^3의 계수가 1인 삼차방정식을 구하시오.

(1) 2, $1+\sqrt{3}$, $1-\sqrt{3}$

(2) 1, $2+i$, $2-i$

3 삼차방정식 $x^3+ax+b=0$의 두 근이 -2, $1+\sqrt{2}$일 때, 유리수 a, b의 값을 각각 구하시오.

4 삼차방정식 $x^3+ax^2+bx+c=0$의 두 근이 2, $1+i$일 때, 실수 a, b, c의 값을 각각 구하시오.

5 방정식 $x^3=1$의 한 허근을 ω라고 할 때, 다음 값을 구하시오. (단, $\overline{\omega}$는 ω의 켤레복소수이다.)

(1) $\omega^2-\overline{\omega}$

(2) $\omega+\dfrac{1}{\omega}$

(3) $\omega^5+\omega^4$

● 풀이 89쪽~90쪽

정답

1 (1) -2 (2) 3 (3) 5 **2** (1) $x^3-4x^2+2x+4=0$ (2) $x^3-5x^2+9x-5=0$

3 $a=-5$, $b=-2$ **4** $a=-4$, $b=6$, $c=-4$ **5** (1) 0 (2) -1 (3) -1

예제 04 — 삼차방정식의 근과 계수의 관계

삼차방정식 $x^3+2x^2+3x-1=0$의 세 근을 α, β, γ라고 할 때, 다음 식의 값을 구하시오.

(1) $\dfrac{1}{\alpha}+\dfrac{1}{\beta}+\dfrac{1}{\gamma}$
(2) $\dfrac{1}{\alpha\beta}+\dfrac{1}{\beta\gamma}+\dfrac{1}{\gamma\alpha}$
(3) $\alpha^2+\beta^2+\gamma^2$

접근 방법 $x^3+2x^2+3x-1=0$의 세 근이 α, β, γ이므로 $x^3+2x^2+3x-1=(x-\alpha)(x-\beta)(x-\gamma)$이다. 따라서 삼차방정식의 세 근의 합과 두 근끼리의 곱의 합, 세 근의 곱의 값을 알 수 있으므로 이를 이용하여 주어진 식의 값을 구한다.

수매씽 Point 삼차방정식 $ax^3+bx^2+cx+d=0$의 세 근을 α, β, γ라고 하면

$$\alpha+\beta+\gamma=-\frac{b}{a},\ \alpha\beta+\beta\gamma+\gamma\alpha=\frac{c}{a},\ \alpha\beta\gamma=-\frac{d}{a}$$

상세 풀이 삼차방정식의 근과 계수의 관계에 의하여

$$\alpha+\beta+\gamma=-\frac{2}{1}=-2$$

$$\alpha\beta+\beta\gamma+\gamma\alpha=\frac{3}{1}=3$$

$$\alpha\beta\gamma=-\frac{-1}{1}=1$$

(1) $\dfrac{1}{\alpha}+\dfrac{1}{\beta}+\dfrac{1}{\gamma}=\dfrac{\alpha\beta+\beta\gamma+\gamma\alpha}{\alpha\beta\gamma}=\dfrac{3}{1}=3$

(2) $\dfrac{1}{\alpha\beta}+\dfrac{1}{\beta\gamma}+\dfrac{1}{\gamma\alpha}=\dfrac{\alpha+\beta+\gamma}{\alpha\beta\gamma}=\dfrac{-2}{1}=-2$

(3) $\alpha^2+\beta^2+\gamma^2=(\alpha+\beta+\gamma)^2-2(\alpha\beta+\beta\gamma+\gamma\alpha)$
$=(-2)^2-2\times3=-2$

정답 (1) 3 (2) -2 (3) -2

보충 설명

삼차방정식의 근과 계수의 관계에 대한 문제에서 다음 곱셈 공식의 변형이 자주 이용된다.

(1) $a^2+b^2+c^2=(a+b+c)^2-2(ab+bc+ca)$
(2) $a^3+b^3+c^3=(a+b+c)(a^2+b^2+c^2-ab-bc-ca)+3abc$

04-1　삼차방정식 $x^3-3x^2+5x-3=0$의 세 근을 α, β, γ라고 할 때, 다음 식의 값을 구하시오.

(1) $\dfrac{1}{\alpha}+\dfrac{1}{\beta}+\dfrac{1}{\gamma}$　　　　(2) $\dfrac{1}{\alpha\beta}+\dfrac{1}{\beta\gamma}+\dfrac{1}{\gamma\alpha}$　　　　(3) $\alpha^2+\beta^2+\gamma^2$

04-2　삼차방정식 $x^3-4x^2+3x+2=0$의 세 근을 α, β, γ라고 할 때, 다음 식의 값을 구하시오.

(1) $(1+\alpha)(1+\beta)(1+\gamma)$　　　　　　(2) $(\alpha+\beta)(\beta+\gamma)(\gamma+\alpha)$

04-3　삼차방정식 $x^3-3x+2=0$의 세 근을 α, β, γ라고 할 때, 다음 식의 값을 구하시오.

(1) $\alpha^3+\beta^3+\gamma^3$　　　　　　　　　(2) $\alpha^4+\beta^4+\gamma^4$

● 풀이 90쪽

정답

04-1 (1) $\dfrac{5}{3}$　(2) 1　(3) -1　　　　**04-2** (1) 6　(2) 14　　　　**04-3** (1) -6　(2) 18

예제 05

삼차방정식 $x^3-x^2-2x+1=0$의 세 근을 α, β, γ라고 할 때, $\alpha+1$, $\beta+1$, $\gamma+1$을 세 근으로 가지고 x^3의 계수가 1인 삼차방정식을 구하시오.

접근 방법 > 삼차방정식의 근과 계수의 관계를 이용하여 $\alpha+\beta+\gamma$, $\alpha\beta+\beta\gamma+\gamma\alpha$, $\alpha\beta\gamma$의 값을 구한 후, 이 값을 이용하여 $\alpha+1$, $\beta+1$, $\gamma+1$에 대하여 세 근의 합, 두 근끼리의 곱의 합, 세 근의 곱을 구한다.

수매씽 Point 세 수 α, β, γ를 근으로 가지고 x^3의 계수가 1인 삼차방정식은
$$x^3-(\alpha+\beta+\gamma)x^2+(\alpha\beta+\beta\gamma+\gamma\alpha)x-\alpha\beta\gamma=0$$

상세 풀이 > 삼차방정식 $x^3-x^2-2x+1=0$의 세 근이 α, β, γ이므로 삼차방정식의 근과 계수의 관계에 의하여
$$\alpha+\beta+\gamma=1$$
$$\alpha\beta+\beta\gamma+\gamma\alpha=-2$$
$$\alpha\beta\gamma=-1$$
구하는 삼차방정식의 세 근이 $\alpha+1$, $\beta+1$, $\gamma+1$이므로
$$(\alpha+1)+(\beta+1)+(\gamma+1)=\alpha+\beta+\gamma+3$$
$$=1+3=4$$
$$(\alpha+1)(\beta+1)+(\beta+1)(\gamma+1)+(\gamma+1)(\alpha+1)=\alpha\beta+\beta\gamma+\gamma\alpha+2(\alpha+\beta+\gamma)+3$$
$$=-2+2\times1+3=3$$
$$(\alpha+1)(\beta+1)(\gamma+1)=\alpha\beta\gamma+(\alpha\beta+\beta\gamma+\gamma\alpha)+(\alpha+\beta+\gamma)+1$$
$$=-1+(-2)+1+1=-1$$
따라서 $\alpha+1$, $\beta+1$, $\gamma+1$을 세 근으로 가지고 x^3의 계수가 1인 삼차방정식은
$$x^3-4x^2+3x+1=0$$

정답 $x^3-4x^2+3x+1=0$

보충 설명

삼차방정식의 근과 계수의 관계를 이용하면 근을 직접 구하지 않고도 세 근의 합과 두 근끼리의 곱의 합, 세 근의 곱을 구할 수 있다.

05-1 삼차방정식 $4x^3-12x^2+8x+1=0$의 세 근을 α, β, γ라고 할 때, $2\alpha-1$, $2\beta-1$, $2\gamma-1$을 세 근으로 가지고 x^3의 계수가 1인 삼차방정식을 구하시오.

05-2 삼차방정식 $x^3-3x^2+2x+1=0$의 세 근을 α, β, γ라고 할 때, $\dfrac{1}{\alpha}$, $\dfrac{1}{\beta}$, $\dfrac{1}{\gamma}$을 세 근으로 가지고 x^3의 계수가 1인 삼차방정식은?

① $x^3+3x^2+2x+1=0$ ② $x^3+3x^2-2x+1=0$ ③ $x^3+2x^2+3x+1=0$

④ $x^3+2x^2-3x+1=0$ ⑤ $x^3-2x^2-3x+1=0$

05-3 삼차방정식 $x^3+ax^2+bx-3=0$의 한 근이 $1+\sqrt{2}\,i$일 때, 실수 a, b에 대하여 a^2+b^2의 값을 구하시오.

● 풀이 90쪽~91쪽

정답   **05-1** $x^3-3x^2-x+5=0$ **05-2** ④   **05-3** 34

예제 06

방정식 $x^3=1$, $x^3=-1$의 허근의 성질

방정식 $x^3=1$의 한 허근을 ω라고 할 때, 다음 식의 값을 구하시오.

(1) $\dfrac{\omega^2}{1+\omega}+\dfrac{1+\omega^2}{\omega}+\dfrac{1}{\omega+\omega^2}$

(2) $1+\omega+\omega^2+\cdots+\omega^{21}$

접근 방법 ▶ 방정식 $x^3=1$은 $x^3-1=0$에서
$$(x-1)(x^2+x+1)=0$$
이므로 $x^3=1$의 한 허근 ω는 이차방정식 $x^2+x+1=0$의 근이다.

수매씽 Point $x^3=1$의 한 허근을 ω라고 하면 $\omega^3=1$, $\omega^2+\omega+1=0$

상세 풀이 ▶ $x^3-1=0$, 즉 $(x-1)(x^2+x+1)=0$의 한 허근이 ω이므로
$$\omega^3=1,\ \omega^2+\omega+1=0$$

(1) $\omega^2+\omega+1=0$에서
$$1+\omega=-\omega^2,\ 1+\omega^2=-\omega,\ \omega+\omega^2=-1$$
$$\therefore\ \dfrac{\omega^2}{1+\omega}+\dfrac{1+\omega^2}{\omega}+\dfrac{1}{\omega+\omega^2}=\dfrac{\omega^2}{-\omega^2}+\dfrac{-\omega}{\omega}+\dfrac{1}{-1}$$
$$=-1+(-1)+(-1)$$
$$=-3$$

(2) $1+\omega+\omega^2+\cdots+\omega^{21}$
$$=(1+\omega+\omega^2)+(\omega^3+\omega^4+\omega^5)+\cdots+(\omega^{18}+\omega^{19}+\omega^{20})+\omega^{21}$$
$$=(1+\omega+\omega^2)+\omega^3(1+\omega+\omega^2)+\cdots+\omega^{18}(1+\omega+\omega^2)+(\omega^3)^7 \quad \leftarrow 1+\omega+\omega^2=0$$
$$=(\omega^3)^7=1^7=1$$

정답 (1) -3 (2) 1

보충 설명

방정식 $x^3=1$의 한 허근을 ω라고 하면 ω는 이차방정식 $x^2+x+1=0$의 근이므로 ω의 켤레복소수 $\overline{\omega}$도 근이 됨을 알 수 있다.

06-1

방정식 $x^3=-1$의 한 허근을 ω라고 할 때, 다음 식의 값을 구하시오.

(1) $\dfrac{\omega^2}{1-\omega}+\dfrac{1+\omega^2}{\omega^4}+\dfrac{\omega^3}{\omega-\omega^2}$

(2) $1-\omega+\omega^2-\omega^3+\cdots+\omega^{14}-\omega^{15}$

06-2

방정식 $x^3+1=0$의 두 허근을 ω, $\overline{\omega}$라고 할 때, 〈보기〉에서 옳은 것을 모두 고르시오.

〈 보기 〉

ㄱ. $\omega^2-\omega+1=0$ ㄴ. $\omega+\overline{\omega}=1$ ㄷ. $\omega\overline{\omega}=-1$

ㄹ. $\omega^2=-\overline{\omega}$ ㅁ. $\omega^3+\overline{\omega}^3=-2$ ㅂ. $\omega^5+\overline{\omega}^5=-1$

06-3

방정식 $x^3+1=0$의 한 허근을 ω라고 할 때,

$$\left(\omega+\frac{1}{\omega}\right)^2+\left(\omega^2+\frac{1}{\omega^2}\right)^2+\left(\omega^3+\frac{1}{\omega^3}\right)^2+\cdots+\left(\omega^{18}+\frac{1}{\omega^{18}}\right)^2$$

의 값을 구하시오.

● 풀이 91쪽~92쪽

정답   **06-1** (1) -3 (2) 1 **06-2** ㄱ, ㄴ, ㄹ, ㅁ   **06-3** 36

1 사차방정식 $(x^2+2x+3)(x^2+2x-2)+4=0$의 두 실근을 α, β, 두 허근을 γ, δ라고 할 때, $\alpha+\beta+\gamma\delta$의 값은?

① -3 ② -1 ③ 0

④ 1 ⑤ 3

2 삼차방정식 $x^3-4x^2+3x+a=0$의 한 근이 2일 때, 나머지 두 근의 곱은?

(단, a는 상수이다.)

① -3 ② -2 ③ -1

④ 1 ⑤ 2

3 오른쪽 그림과 같이 가로, 세로의 길이가 각각 14 cm, 10 cm 인 직사각형 모양의 철판이 있다. 네 귀퉁이에서 합동인 정사각형 모양을 잘라 내고 점선을 따라 접어서 부피가 120 cm³인 뚜껑이 없는 직육면체 모양의 상자를 만들었다. 잘라 낸 정사각형의 한 변의 길이를 구하시오. (단, 철판의 두께는 무시한다.)

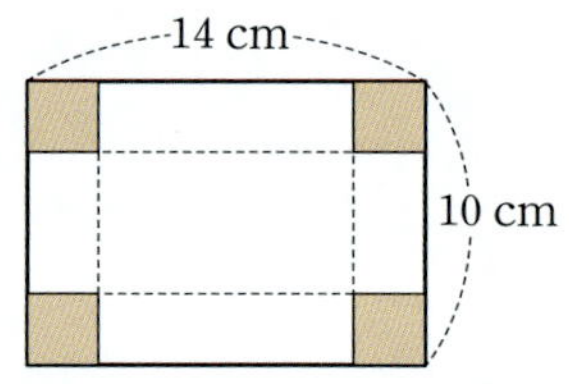

4 사차방정식 $x^4+5x^3-4x^2+5x+1=0$의 한 허근을 α라고 할 때, $\alpha+\dfrac{1}{\alpha}$의 값을 구하시오.

5 삼차방정식 $x^3+2x^2+3x+4=0$의 세 근을 α, β, γ라고 할 때, $(2-\alpha)(2-\beta)(2-\gamma)$의 값을 구하시오.

• 정답 및 풀이 92쪽~94쪽

6 삼차방정식 $x^3+ax^2+bx-64=0$의 세 근의 비가 $1:2:4$일 때, 실수 a, b의 값을 각각 구하시오.

7 삼차방정식 $x^3+ax^2+bx+2=0$의 한 근이 $-1+\sqrt{3}$일 때, 유리수 a, b에 대하여 $a+b$의 값을 구하시오.

8 삼차방정식 $x^3-5x^2+ax+b=0$의 두 근을 $1+i$, k라고 할 때, 실수 a, b, k에 대하여 $a+b+k$의 값을 구하시오. (단, $i=\sqrt{-1}$)

9 삼차방정식 $x^3+1=0$의 한 허근을 ω라고 할 때, $\omega^6+\omega^5-\omega^4+\omega^3-\omega^2=a+b\omega$를 만족시키는 실수 a, b에 대하여 $a-b$의 값을 구하시오.

10 방정식 $x^3=1$의 한 허근을 ω라고 할 때, 다음 식의 값을 구하시오.

(1) $\dfrac{1}{(1+\omega)(1+\omega^2)(1+\omega^3)\times\cdots\times(1+\omega^8)(1+\omega^9)}$

(2) $\dfrac{1}{\omega+1}+\dfrac{1}{\omega^2+1}+\dfrac{1}{\omega^3+1}+\cdots+\dfrac{1}{\omega^{30}+1}$

11 삼차방정식 $x^3+2x^2+3x+2=0$의 세 근을 α, β, γ라고 할 때,
$$(\alpha^2+\alpha+1)(\beta^2+\beta+1)(\gamma^2+\gamma+1)$$
의 값은?

① 1 ② 2 ③ 3

④ 4 ⑤ 5

12 사차방정식 $(x+1)(x+2)^2(x+3)=20$의 두 실근을 α, β라고 할 때, $\alpha^2+\beta^2$의 값을 구하시오.

13 두 실수 a, b가 $a^3=7+5\sqrt{2}$, $b^3=7-5\sqrt{2}$를 만족시킬 때, $a+b$의 값을 구하시오.

14 사차방정식 $(x^2+kx+1)(x^2+kx+6)+4=0$이 실근과 허근을 모두 갖도록 하는 모든 자연수 k의 값의 합을 구하시오.

15 다음 삼차방정식이 중근을 가지도록 하는 상수 a의 값을 모두 구하시오.

(1) $x^3+3x^2+(a-4)x-a=0$

(2) $2x^3-(a+2)x^2+a=0$

16 사차방정식 $x^4-2ax^2+b=0$이 서로 다른 네 실근을 가질 때, 〈**보기**〉에서 항상 옳은 것을 모두 고르시오. (단, a, b는 실수이다.)

> 〈 보기 〉
>
> ㄱ. $a^2>b$ ㄴ. $a>0$이고 $b>0$ ㄷ. $1-2a+b>0$

17 사차방정식 $x^4+5x^3+ax^2+bx-5=0$의 한 근이 $-1+\sqrt{2}$일 때, 유리수 a, b에 대하여 $2a-b$의 값을 구하시오.

18 삼차식 $f(x)=x^3-5x^2+3x-4$에 대하여 서로 다른 세 수 α, β, γ가 $f(\alpha)=f(\beta)=f(\gamma)=3$을 만족시킬 때, $\alpha^2+\beta^2+\gamma^2$의 값을 구하시오.

19 방정식 $x^3=1$의 한 허근을 ω라고 할 때, 이차방정식 $x^2-ax+b=0$의 한 근이 2ω가 되도록 하는 실수 a, b에 대하여 $a+b$의 값은?

① 1   ② 2   ③ 3

④ 4   ⑤ 5

20 $x+\dfrac{1}{x}=-1$일 때, 양의 정수 n에 대하여 $P(n)$을

$$P(n)=(x^2+x)^n+(x^2+1)^n+(x+1)^n$$

이라고 하자. 이때 $P(1)+P(2)+P(3)+\cdots+P(999)$의 값을 구하시오.

• 정답 및 풀이 98쪽~99쪽

(교육청) 21 삼차방정식 $x^3+(k+1)x^2+(4k-3)x+k+7=0$은 서로 다른 세 실근 1, α, β를 갖는다. $|\alpha-\beta|$의 값은? (단, k는 상수이다.)

① 5   ② 7   ③ 9

④ 11   ⑤ 13

(교육청) 22 x에 대한 삼차방정식 $x^3+(k-1)x^2-k=0$의 한 허근을 z라 할 때, $z+\bar{z}=-2$이다. 실수 k의 값은? (단, $\bar{z}$는 z의 켤레복소수이다.)

① $\dfrac{3}{2}$ ② 2   ③ $\dfrac{5}{2}$

④ 3   ⑤ $\dfrac{7}{2}$

(교육청) 23 그림과 같이 $\overline{AD}=4$인 등변사다리꼴 ABCD에 대하여 선분 AB를 지름으로 하는 원과 선분 CD를 지름으로 하는 원이 오직 한 점에서 만난다. 사각형 ABCD의 넓이와 둘레의 길이를 각각 S, l이라 하면 $S^2+8l=6720$이다. $\overline{BD}^2$의 값을 구하시오. (단, $\overline{AD}<\overline{BC}$, $\overline{AB}=\overline{CD}$)

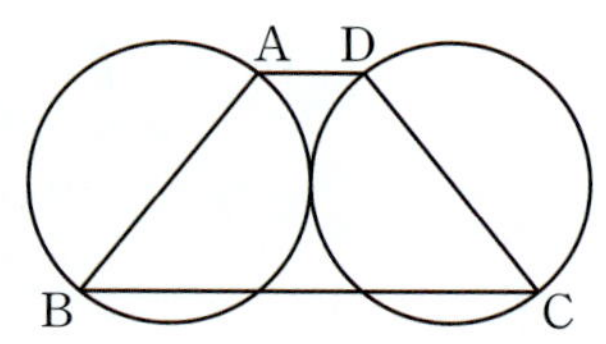

(교육청) 24 삼차방정식 $x^3=1$의 한 허근을 ω라 할 때, 〈**보기**〉에서 옳은 것만을 있는 대로 고른 것은? (단, $\bar{\omega}$는 ω의 켤레복소수이다.)

〈 보기 〉
ㄱ. $\bar{\omega}^3=1$

ㄴ. $\dfrac{1}{\omega}+\left(\dfrac{1}{\omega}\right)^2=\dfrac{1}{\bar{\omega}}+\left(\dfrac{1}{\bar{\omega}}\right)^2$

ㄷ. $(-\omega-1)^n=\left(\dfrac{\bar{\omega}}{\omega+\bar{\omega}}\right)^n$을 만족시키는 100 이하의 자연수 n의 개수는 50이다.

① ㄱ   ② ㄷ   ③ ㄱ, ㄴ

④ ㄴ, ㄷ   ⑤ ㄱ, ㄴ, ㄷ

08

연립방정식

1 연립이차방정식

• 미지수가 2개인 연립이차방정식의 풀이

(1) 일차방정식과 이차방정식으로 이루어진 연립이차방정식

일차방정식에서 한 미지수를 다른 미지수에 대한 식으로 나타낸 후 그것을 이차방정식에 대입하여 푼다.

(2) 두 이차방정식으로 이루어진 연립이차방정식

두 이차방정식 중 인수분해가 가능한 것을 인수분해하여 얻은 두 일차방정식을 다른 이차방정식에 각각 대입하여 푼다.

• x, y에 대한 대칭식인 연립방정식

x, y에 대한 대칭식인 연립방정식의 풀이는 다음과 같은 순서로 푼다.

❶ $x+y=a$, $xy=b$로 놓고 a, b에 대한 연립방정식을 풀어 a, b의 값을 각각 구한다.

❷ x, y는 t에 대한 이차방정식 $t^2-at+b=0$의 두 근임을 이용하여 x, y의 값을 각각 구한다.

2 부정방정식과 공통근

• 부정방정식의 풀이

(1) 정수 조건의 부정방정식

(일차식)×(일차식)=(정수) 꼴로 변형한 후 약수와 배수의 성질을 이용하여 푼다.

(2) 실수 조건의 부정방정식

① A, B가 실수일 때, $A^2+B^2=0$이면 $A=0$, $B=0$임을 이용하여 푼다.

② 한 문자에 대하여 내림차순으로 정리한 후 이차방정식의 판별식 $D\geq0$임을 이용하여 푼다.

• 공통근

두 방정식 $f(x)=0$, $g(x)=0$의 공통근을 α라고 하면 $f(\alpha)=0$, $g(\alpha)=0$이므로 이 두 방정식을 연립하여 최고차항 또는 상수항을 소거한 후 공통근을 구한다.

Q&A

Q x, y에 대한 대칭식인 연립방정식을 왜 이차방정식을 이용해서 푸나요?

A x, y의 합과 곱이 주어지는 경우 이차방정식의 근과 계수의 관계를 이용하면 보다 쉽게 대칭적으로 구할 수 있게 됩니다.
물론, y를 x에 대한 식으로 나타내어 구해도 됩니다.

1

연립이차방정식

❶ 미지수가 2개인 연립일차방정식의 풀이

 미지수가 2개인 두 일차방정식을 한 쌍으로 묶어 놓은 것을 미지수가 2개인 연립일차방정식 또는 간단히 연립방정식이라고 합니다. 이때 두 일차방정식을 동시에 만족시키는 x, y의 값 또는 순서쌍 (x, y)를 연립방정식의 해 또는 근이라 하고, 이것을 구하는 것을 연립방정식을 푼다고 합니다.

 미지수가 2개인 연립일차방정식은 중학교에서 이미 배웠으며, 가감법이나 대입법을 이용하여 한 미지수를 소거하여 풉니다. 가감법은 두 일차방정식을 변끼리 더하거나 빼서 미지수의 개수를 줄여 해를 구하는 방법이고, 대입법은 한 방정식에서 하나의 문자를 다른 문자에 대한 식으로 나타낸 후 나머지 식에 대입하여 해를 구하는 방법입니다.

Example

연립방정식 $\begin{cases} x+y=4 & \cdots\cdots\ \text{㉠} \\ 2x+3y=11 & \cdots\cdots\ \text{㉡} \end{cases}$ 에서

(1) 가감법을 이용한 풀이

 x를 소거하기 위하여 ㉠$\times 2-$㉡을 하면

$$\begin{array}{r} 2x+2y=\ \ 8 \\ -\ )\ \underline{2x+3y=\ 11} \\ -y=-3 \quad \therefore\ y=3 \end{array}$$

x의 계수의 절댓값이 같아지도록 적당한 수를 곱한다.

 $y=3$을 ㉠에 대입하면

$$x+3=4 \quad \therefore\ x=1$$

$$\therefore\ x=1,\ y=3$$

(2) 대입법을 이용한 풀이

 ㉠에서 $y=-x+4$이므로 ㉡에 대입하면

$$2x+3(-x+4)=11,\ -x=-1 \quad \therefore\ x=1$$

 $x=1$을 ㉠에 대입하면

$$1+y=4 \quad \therefore\ y=3$$

$$\therefore\ x=1,\ y=3$$

 미지수가 2개 이상인 연립방정식을 풀 때에는 미지수를 소거하여 미지수의 개수를 줄이는 것이 중요합니다. 가감법과 대입법 중 주어진 방정식의 형태에 따라 편리한 방법을 이용하여 풉니다.

이제 연립일차방정식에서 해가 없거나 해가 무수히 많은 경우에 대해 알아봅시다.

1. 해가 없는 경우

$$\begin{cases} 2x+4y=1 & \cdots\cdots \; \bigcirc \times 2 \;\blacktriangleright \\ 4x+8y=3 & \cdots\cdots \; \bigcirc \times 1 \;\blacktriangleright \end{cases}$$

$$\begin{aligned} & \ 4x+\ \ 8y=\ \ 2 \\ -)&\ \ 4x+\ \ 8y=\ \ 3 \\ \hline & 0\times x+0\times y=-1 \longrightarrow 0=-1 \;(\text{모순}) \end{aligned}$$

위의 경우는 미지수를 소거하는 과정에서 $0=-1$이라는 모순된 식을 가집니다. 따라서 x, y에 어떤 값을 대입해도 주어진 연립방정식을 만족시키지 않습니다. 이런 경우에 주어진 연립방정식의 해가 없다 또는 불능이라고 합니다.

즉, k는 0이 아닌 실수일 때, $0\times x+0\times y=k$를 만족시키는 방정식의 해는 없습니다.

2. 해가 무수히 많은 경우

$$\begin{cases} 2x+4y=1 & \cdots\cdots \; \bigcirc \times 2 \;\blacktriangleright \\ 4x+8y=2 & \cdots\cdots \; \bigcirc \times 1 \;\blacktriangleright \end{cases}$$

$$\begin{aligned} & \ 4x+\ \ 8y=2 \\ -)&\ \ 4x+\ \ 8y=2 \\ \hline & 0\times x+0\times y=0 \longrightarrow 0=0 \end{aligned}$$

이 경우는 연립방정식에서 식 2개가 주어졌지만 한 식의 양변에 적당한 수를 곱해 보니 다른 식과 같게 된 경우입니다. 사실은 식이 하나만 주어져 있는 셈입니다. 따라서 $2x+4y=1$을 만족시키는 모든 x, y의 값이 해가 될 수 있습니다. 즉, $(x,\ y)$는 $\left(\dfrac{1}{2},\ 0\right)$, $\left(0,\ \dfrac{1}{4}\right)$, $\left(-\dfrac{1}{2},\ \dfrac{1}{2}\right)$, $\cdots$의 해를 가집니다. 이런 경우에 주어진 연립방정식의 해가 무수히 많다 또는 부정이라고 합니다.

즉, $0\times x+0\times y=0$을 만족시키는 방정식의 해는 무수히 많습니다.

Example

(1) 연립방정식 $\begin{cases} x-2y=3 & \cdots\cdots \; \bigcirc \\ 2x-4y=3 & \cdots\cdots \; \bigcirc \end{cases}$ 에서

$\bigcirc \times 2 - \bigcirc$을 하면 $0\times x+0\times y=3$

따라서 주어진 연립방정식은 해가 없다. (불능)

(2) 연립방정식 $\begin{cases} 2x+2y=4 & \cdots\cdots \; \bigcirc \\ x+y=2 & \cdots\cdots \; \bigcirc \end{cases}$ 에서

$\bigcirc - \bigcirc \times 2$를 하면 $0\times x+0\times y=0$

따라서 주어진 연립방정식은 해가 무수히 많다. (부정)

개념 Point　　해가 없거나 해가 무수히 많은 연립방정식

연립일차방정식 $\begin{cases} ax+by+c=0 \\ a'x+b'y+c'=0 \end{cases}$ 에 대하여

1 $\dfrac{a}{a'}=\dfrac{b}{b'}\neq\dfrac{c}{c'}$ 이면 해가 없다. (불능)　　　　**2** $\dfrac{a}{a'}=\dfrac{b}{b'}=\dfrac{c}{c'}$ 이면 해가 무수히 많다. (부정)

❷ 미지수가 2개인 연립이차방정식의 풀이

미지수가 2개인 연립방정식에서 차수가 가장 높은 방정식이 이차방정식일 때, 이 연립방정식을 연립이차방정식이라고 합니다.

미지수가 2개인 연립이차방정식은

$$\begin{cases} \text{일차방정식} \\ \text{이차방정식} \end{cases}, \quad \begin{cases} \text{이차방정식} \\ \text{이차방정식} \end{cases}$$

으로 구분할 수 있습니다.

1. 일차방정식과 이차방정식으로 이루어진 연립이차방정식

먼저 일차방정식과 이차방정식으로 이루어진 연립이차방정식은 주어진 일차방정식의 한 미지수를 다른 미지수에 대한 식으로 나타낸 후 그것을 이차방정식에 대입하여 풉니다.

Example

(1) 연립방정식 $\begin{cases} x-y=1 & \cdots\cdots ㉠ \\ x^2+y^2=5 & \cdots\cdots ㉡ \end{cases}$ 를 풀면

㉠에서 $x=y+1$ $\qquad\cdots\cdots$ ㉢

㉢을 ㉡에 대입하면

$$(y+1)^2+y^2=5,\ 2y^2+2y-4=0$$
$$y^2+y-2=0,\ (y+2)(y-1)=0$$
$$\therefore y=-2 \text{ 또는 } y=1$$

$y=-2$를 ㉢에 대입하면 $x=-1$

$y=1$을 ㉢에 대입하면 $x=2$

따라서 구하는 연립방정식의 해는

$$\begin{cases} x=-1 \\ y=-2 \end{cases} \text{ 또는 } \begin{cases} x=2 \\ y=1 \end{cases}$$

(2) 연립방정식 $\begin{cases} x+y=1 & \cdots\cdots ㉠ \\ 3x^2-y^2=-1 & \cdots\cdots ㉡ \end{cases}$ 을 풀면

㉠에서 $y=1-x$ $\qquad\cdots\cdots$ ㉢

㉢을 ㉡에 대입하면

> 일차방정식을 한 문자에 대하여 정리할 때에는 대입할 이차방정식의 꼴을 확인한 후, 계산이 간단해지는 문자를 선택한다.

$$3x^2-(1-x)^2=-1,\ 2x^2+2x=0$$
$$x^2+x=0,\ x(x+1)=0$$
$$\therefore x=0 \text{ 또는 } x=-1$$

$x=0$을 ㉢에 대입하면 $y=1$

$x=-1$을 ㉢에 대입하면 $y=2$

따라서 구하는 연립방정식의 해는

$$\begin{cases} x=0 \\ y=1 \end{cases} \text{ 또는 } \begin{cases} x=-1 \\ y=2 \end{cases}$$

2. 두 이차방정식으로 이루어진 연립이차방정식

이제 이차방정식과 이차방정식으로 이루어진 연립이차방정식을 풀어 봅시다.

두 이차방정식 중에서 어느 한 쪽이 두 일차식의 곱으로 인수분해되는 경우에는 인수분해하여 얻은 두 일차방정식을 다른 이차방정식에 각각 대입하여 풉니다.

Example

연립방정식 $\begin{cases} x^2 + xy - 2y^2 = 0 & \cdots\cdots \ \text{㉠} \\ x^2 - 5xy + 2y^2 = -16 & \cdots\cdots \ \text{㉡} \end{cases}$ 에서

㉠의 좌변을 인수분해하면 $(x+2y)(x-y) = 0$

$$\therefore \ x = -2y \ \text{또는} \ x = y$$

(i) $x = -2y$를 ㉡에 대입하면

$$4y^2 + 10y^2 + 2y^2 = -16$$

$$16y^2 = -16, \ y^2 = -1 \qquad \therefore \ y = \pm i$$

$x = -2y$이므로 $x = \mp 2i, \ y = \pm i$ (복부호동순) ← $x = -2y$에 $y = \pm i$를 대입하여 x의 값을 구한다.

(ii) $x = y$를 ㉡에 대입하면

$$y^2 - 5y^2 + 2y^2 = -16$$

$$-2y^2 = -16, \ y^2 = 8 \qquad \therefore \ y = \pm 2\sqrt{2}$$

$x = y$이므로 $x = \pm 2\sqrt{2}, \ y = \pm 2\sqrt{2}$ (복부호동순) ← $x = y$에 $y = \pm 2\sqrt{2}$를 대입하여 x의 값을 구한다.

(i), (ii)에서 구하는 연립방정식의 해는

$$\begin{cases} x = -2i \\ y = i \end{cases} \text{또는} \begin{cases} x = 2i \\ y = -i \end{cases} \text{또는} \begin{cases} x = 2\sqrt{2} \\ y = 2\sqrt{2} \end{cases} \text{또는} \begin{cases} x = -2\sqrt{2} \\ y = -2\sqrt{2} \end{cases}$$

개념 Point　　**미지수가 2개인 연립이차방정식의 풀이**

1 일차방정식과 이차방정식으로 이루어진 연립이차방정식

일차방정식에서 한 미지수를 다른 미지수에 대한 식으로 나타낸 후 그것을 이차방정식에 대입하여 푼다.

2 두 이차방정식으로 이루어진 연립이차방정식

두 이차방정식 중 인수분해가 가능한 것을 인수분해하여 얻은 두 일차방정식을 다른 이차방정식에 각각 대입하여 푼다.

만약 두 이차방정식이 모두 인수분해되지 않는 경우에는 두 이차방정식에서 이차항을 소거하여 일차방정식을 만든 후 이차방정식과 연립하여 풀거나, 상수항을 소거하여 인수분해가 가능한 이차방정식을 만들어 풉니다.

먼저 두 이차방정식이 모두 인수분해되지 않는 연립이차방정식 중에서 이차항을 소거하는 예를 풀어 봅시다.

Example　연립방정식 $\begin{cases} x^2+y^2-2x-2y=-1 & \cdots\cdots\ \text{㉠} \\ x^2+y^2-4x-4y=-7 & \cdots\cdots\ \text{㉡} \end{cases}$ 에서

㉠$-$㉡을 하면 $2x+2y=6$, $x+y=3$　← 이차항을 소거하여 얻은 일차방정식

$\qquad \therefore\ y=3-x \qquad\qquad\qquad \cdots\cdots\ \text{㉢}$

㉢을 ㉠에 대입하면

$\qquad x^2+(3-x)^2-2x-2(3-x)=-1$

$\qquad x^2-3x+2=0,\ (x-1)(x-2)=0$

$\qquad \therefore\ x=1\ \text{또는}\ x=2$

$x=1$을 ㉢에 대입하면 $y=2$

$x=2$를 ㉢에 대입하면 $y=1$

따라서 구하는 연립방정식의 해는

$\qquad \begin{cases} x=1 \\ y=2 \end{cases} \text{또는} \begin{cases} x=2 \\ y=1 \end{cases}$

다음으로 두 이차방정식이 모두 인수분해되지 않는 연립이차방정식 중에서 상수항을 소거하는 예를 풀어 봅시다.

Example　연립방정식 $\begin{cases} x^2-xy=8 & \cdots\cdots\ \text{㉠} \\ y^2-xy=-4 & \cdots\cdots\ \text{㉡} \end{cases}$ 에서

㉠$+$㉡$\times 2$를 하면 $x^2-3xy+2y^2=0$　← 상수항을 소거하여 얻은 이차방정식

$\qquad (x-y)(x-2y)=0 \qquad \therefore\ x=y\ \text{또는}\ x=2y$

(i) $x=y$를 ㉠에 대입하면 $0=8$이므로 해가 존재하지 않는다.

(ii) $x=2y$를 ㉠에 대입하면

$\qquad 4y^2-2y^2=8,\ y^2=4 \qquad \therefore\ y=\pm 2$

$\qquad\qquad \therefore\ x=\pm 4,\ y=\pm 2\ (\text{복부호동순})$

(i), (ii)에서 구하는 연립방정식의 해는

$\qquad \begin{cases} x=4 \\ y=2 \end{cases} \text{또는} \begin{cases} x=-4 \\ y=-2 \end{cases}$

참고 두 이차방정식으로 이루어진 연립방정식에서 인수분해되는 식이 없는 경우에는 보통 xy항이 없으면 이차항을 소거하고, xy항이 있으면 상수항을 소거한다.

❸ $x,\ y$에 대한 대칭식인 연립방정식의 풀이

다항식 x^3+y^3+3xy에서 x와 y를 서로 바꾸어도 y^3+x^3+3yx가 되어 원래의 식과 같아집니다. 이처럼 두 문자 $x,\ y$를 서로 바꾸어도 원래의 식과 같은 식을 대칭식이라고 합니다.

$x,\ y$에 대한 연립이차방정식에서 각 방정식이 $x,\ y$에 대한 대칭식이면 먼저 $x+y=a$, $xy=b$로 놓고 $a,\ b$에 대한 연립방정식을 풀어 $a,\ b$의 값을 각각 구합니다. 이때 $x,\ y$를 두 근으로 하고 이차항의 계수가 1인 t에 대한 이차방정식은

$$t^2-(x+y)t+xy=0,\ \text{즉}\ t^2-at+b=0$$

입니다. 두 근의 합 두 근의 곱

따라서 이차방정식 $t^2-at+b=0$을 풀면 $x,\ y$의 값을 각각 구할 수 있습니다.

Example 연립방정식 $\begin{cases} x+y+xy=-1 \\ 5x+5y+2xy=1 \end{cases}$ 에서

$x+y=a$, $xy=b$로 놓으면

$$\begin{cases} a+b=-1 & \cdots\cdots\ \bigcirc \\ 5a+2b=1 & \cdots\cdots\ \bigcirc \end{cases}$$

$\bigcirc\times2-\bigcirc$을 하면 $-3a=-3$ $\quad\therefore\ a=1$

$a=1$을 $\bigcirc$에 대입하면

$$1+b=-1 \quad\therefore\ b=-2$$

즉, $x+y=1$, $xy=-2$이므로 $x,\ y$는 t에 대한 이차방정식 $t^2-t-2=0$의 두 근이다.

$t^2-t-2=0$에서 $(t+1)(t-2)=0$

$$\therefore\ t=-1\ \text{또는}\ t=2$$

$$\therefore\ \begin{cases} x=-1 \\ y=2 \end{cases} \text{또는} \begin{cases} x=2 \\ y=-1 \end{cases}$$

---

1 다음 연립방정식을 푸시오.

(1) $\begin{cases} x - y = 4 \\ x + 2y = 1 \end{cases}$
(2) $\begin{cases} 3x + y = 11 \\ 2x - y = 4 \end{cases}$

2 연립방정식 $\begin{cases} x + y = 2 \\ ax + 2y = 3 \end{cases}$ 의 해가 없도록 하는 상수 a의 값을 구하시오.

3 다음 연립방정식을 푸시오.

(1) $\begin{cases} x - y = 1 \\ x^2 + y^2 = 13 \end{cases}$
(2) $\begin{cases} x + y = 4 \\ x^2 + xy + y^2 = 21 \end{cases}$

4 연립방정식 $\begin{cases} x^2 - xy - 2y^2 = 0 \\ 2x^2 + y^2 = 9 \end{cases}$ 를 푸시오.

5 다음 연립방정식을 푸시오.

(1) $\begin{cases} x + y = 7 \\ xy = 12 \end{cases}$
(2) $\begin{cases} x + y = 4 \\ x^2 + y^2 = 10 \end{cases}$

● 풀이 99쪽~100쪽

정답

1 (1) $x=3$, $y=-1$ (2) $x=3$, $y=2$ **2** 2 **3** (1) $\begin{cases} x=-2 \\ y=-3 \end{cases}$ 또는 $\begin{cases} x=3 \\ y=2 \end{cases}$ (2) $\begin{cases} x=-1 \\ y=5 \end{cases}$ 또는 $\begin{cases} x=5 \\ y=-1 \end{cases}$

4 $\begin{cases} x=-\sqrt{3} \\ y=\sqrt{3} \end{cases}$ 또는 $\begin{cases} x=\sqrt{3} \\ y=-\sqrt{3} \end{cases}$ 또는 $\begin{cases} x=2 \\ y=1 \end{cases}$ 또는 $\begin{cases} x=-2 \\ y=-1 \end{cases}$ **5** (1) $\begin{cases} x=3 \\ y=4 \end{cases}$ 또는 $\begin{cases} x=4 \\ y=3 \end{cases}$ (2) $\begin{cases} x=1 \\ y=3 \end{cases}$ 또는 $\begin{cases} x=3 \\ y=1 \end{cases}$

예제 01

연립방정식 $\begin{cases} x+ay=1 \\ ax+4y=2 \end{cases}$ 에 대하여 다음 물음에 답하시오. (단, a는 상수이다.)

(1) 해가 없을 때의 a의 값을 구하시오.

(2) 해가 무수히 많을 때의 a의 값을 구하시오.

접근 방법 ❯ 가감법을 이용하여 한 문자에 대한 일차방정식을 구한 후 해를 구하거나 두 직선의 위치 관계를 이용하여 해를 구한다.

> **수매씽 Point** x에 대한 방정식 $ax=b$에서
>
> (ⅰ) $a\neq0$일 때, $x=\dfrac{b}{a}$
>
> (ⅱ) $a=0$일 때, $\begin{cases} b\neq0$이면 해가 없다. (불능) \\ $b=0$이면 해가 무수히 많다. (부정) \end{cases}$

상세 풀이 ❯ $\begin{cases} x+ay=1 & \quad\cdots\cdots\ ㉠ \\ ax+4y=2 & \quad\cdots\cdots\ ㉡ \end{cases}$

㉠$\times a-$㉡을 하면

$(a^2-4)y=a-2$, $(a+2)(a-2)y=a-2$

(1) $a=-2$일 때, $0\times y=-4$이므로 해가 없다.

(2) $a=2$일 때, $0\times y=0$이므로 해가 무수히 많다.

다른 풀이 ❯ 연립방정식 $\begin{cases} x+ay=1 \\ ax+4y=2 \end{cases}$ 에서

(1) 해가 없으려면 $\dfrac{1}{a}=\dfrac{a}{4}\neq\dfrac{1}{2}$이어야 하므로 $a=-2$

(2) 해가 무수히 많으려면 $\dfrac{1}{a}=\dfrac{a}{4}=\dfrac{1}{2}$이어야 하므로 $a=2$

정답 (1) -2 (2) 2

보충 설명

연립일차방정식 $\begin{cases} ax+by=c \\ a'x+b'y=c' \end{cases}$ 의 해는 다음과 같다.

(ⅰ) $\dfrac{a}{a'}=\dfrac{b}{b'}\neq\dfrac{c}{c'}$일 때, 해가 없다.

(ⅱ) $\dfrac{a}{a'}=\dfrac{b}{b'}=\dfrac{c}{c'}$일 때, 해가 무수히 많다.

01-1　연립방정식 $\begin{cases} ax+y=-3 \\ 2x+(a-1)y=6 \end{cases}$ 에 대하여 다음 물음에 답하시오. (단, a는 상수이다.)

(1) 해가 없을 때의 a의 값을 구하시오.

(2) 해가 무수히 많을 때의 a의 값을 구하시오.

01-2　연립방정식 $\begin{cases} ax+y=a^2 \\ x+ay=a \end{cases}$ 를 푸시오. (단, a는 상수이다.)

01-3　두 연립방정식 $\begin{cases} ax-y=1 \\ x-y=3 \end{cases}$, $\begin{cases} x+y=b \\ 3x+y=13 \end{cases}$ 이 같은 해를 가지도록 하는 상수 a, b의 값을 각각 구하시오.

● 풀이 100쪽 ∼ 101쪽

정답

01-1 (1) 2　(2) -1　　　**01-2** (i) $a=\pm1$일 때, 해가 무수히 많다.　(ii) $a\neq\pm1$일 때, $x=a$, $y=0$

01-3 $a=\dfrac{1}{2}$, $b=5$

예제 02   일차방정식과 이차방정식으로 이루어진 연립방정식

다음 연립방정식을 푸시오.

(1) $\begin{cases} y = x + 3 \\ x^2 + y^2 = 17 \end{cases}$

(2) $\begin{cases} x - y = 1 \\ x^2 - xy + y^2 = 3 \end{cases}$

접근 방법 ▶ 일차방정식과 이차방정식으로 이루어진 연립방정식은 일차방정식을 한 문자에 대하여 정리한 다음 이차방정식에 대입하여 연립방정식의 해를 구하도록 한다.

수매씽 Point   일차방정식을 이차방정식에 대입하여 연립방정식의 해를 구한다.

상세 풀이 ▶ (1) $y = x + 3$을 $x^2 + y^2 = 17$에 대입하면

$$x^2 + (x+3)^2 = 17, \ 2x^2 + 6x - 8 = 0$$

$$x^2 + 3x - 4 = 0, \ (x+4)(x-1) = 0 \qquad \therefore x = -4 \ 또는 \ x = 1$$

$x = -4$일 때 $y = -1$, $x = 1$일 때 $y = 4$

따라서 구하는 해는 $\begin{cases} x = -4 \\ y = -1 \end{cases}$ 또는 $\begin{cases} x = 1 \\ y = 4 \end{cases}$

(2) $x - y = 1$에서 $x = y + 1$ …… ㉠

㉠을 $x^2 - xy + y^2 = 3$에 대입하면 $(y+1)^2 - (y+1)y + y^2 = 3$

$$y^2 + y - 2 = 0, \ (y+2)(y-1) = 0 \qquad \therefore y = -2 \ 또는 \ y = 1$$

$y = -2$를 ㉠에 대입하면 $x = -1$, $y = 1$을 ㉠에 대입하면 $x = 2$

따라서 구하는 해는 $\begin{cases} x = -1 \\ y = -2 \end{cases}$ 또는 $\begin{cases} x = 2 \\ y = 1 \end{cases}$

정답 (1) $\begin{cases} x = -4 \\ y = -1 \end{cases}$ 또는 $\begin{cases} x = 1 \\ y = 4 \end{cases}$ (2) $\begin{cases} x = -1 \\ y = -2 \end{cases}$ 또는 $\begin{cases} x = 2 \\ y = 1 \end{cases}$

보충 설명

(1)에서 주어진 연립방정식의 해는 **공통수학2**의 **03. 원의 방정식**에서 배우게 되는 직선과 원의 교점의 좌표가 된다.

한번 더 ✓ ☐

숫자 바꾸기

02-1

다음 연립방정식을 푸시오.

$$(1) \begin{cases} x-y=2 \\ x^2+y^2=20 \end{cases} \qquad (2) \begin{cases} y-x=2 \\ x^2-3xy+y^2=1 \end{cases}$$

표현 바꾸기

02-2

연립방정식 $\begin{cases} x+2y=3 \\ x^2+xy-y^2=1 \end{cases}$ 을 만족시키는 $x,\ y$에 대하여 $y-x$의 최댓값을 구하시오.

개념 넓히기

02-3

연립방정식 $\begin{cases} -2x+y=a \\ 2x^2+y^2=24 \end{cases}$ 가 오직 한 쌍의 해를 가지도록 하는 양수 a의 값을 구하시오.

정답

02-1 (1) $\begin{cases} x=-2 \\ y=-4 \end{cases}$ 또는 $\begin{cases} x=4 \\ y=2 \end{cases}$ (2) $\begin{cases} x=-3 \\ y=-1 \end{cases}$ 또는 $\begin{cases} x=1 \\ y=3 \end{cases}$ 02-2 21 02-3 $6\sqrt{2}$

예제 03

다음 연립방정식을 푸시오.

(1) $\begin{cases} x^2-4y^2=0 \\ x^2+xy=24 \end{cases}$

(2) $\begin{cases} x^2+xy-6y^2=0 \\ x^2+3xy-2y^2=8 \end{cases}$

접근 방법 > 이차방정식과 이차방정식으로 이루어진 연립방정식은 한 이차방정식을 두 일차식의 곱으로 인수분해하여 얻은 두 일차방정식을 다른 이차방정식에 각각 대입하여 연립방정식의 해를 구하도록 한다.

수매씽 Point 한 이차방정식을 인수분해하여 얻은 두 일차방정식을 다른 이차방정식에 각각 대입한다.

상세 풀이 > (1) $x^2-4y^2=0$의 좌변을 인수분해하면 $(x-2y)(x+2y)=0$ $\qquad \therefore x=2y$ 또는 $x=-2y$

(i) $x=2y$를 $x^2+xy=24$에 대입하면 $4y^2+2y^2=24$, $y^2=4$ $\qquad \therefore y=\pm2$

$\quad x=2y$이므로 $x=\pm4$, $y=\pm2$ (복부호동순)

(ii) $x=-2y$를 $x^2+xy=24$에 대입하면 $4y^2-2y^2=24$, $y^2=12$ $\qquad \therefore y=\pm2\sqrt{3}$

$\quad x=-2y$이므로 $x=\mp4\sqrt{3}$, $y=\pm2\sqrt{3}$ (복부호동순)

(i), (ii)에서 구하는 해는 $\begin{cases} x=4 \\ y=2 \end{cases}$ 또는 $\begin{cases} x=-4 \\ y=-2 \end{cases}$ 또는 $\begin{cases} x=-4\sqrt{3} \\ y=2\sqrt{3} \end{cases}$ 또는 $\begin{cases} x=4\sqrt{3} \\ y=-2\sqrt{3} \end{cases}$

(2) $x^2+xy-6y^2=0$의 좌변을 인수분해하면 $(x-2y)(x+3y)=0$ $\qquad \therefore x=2y$ 또는 $x=-3y$

(i) $x=2y$를 $x^2+3xy-2y^2=8$에 대입하면 $4y^2+6y^2-2y^2=8$, $y^2=1$ $\qquad \therefore y=\pm1$

$\quad x=2y$이므로 $x=\pm2$, $y=\pm1$ (복부호동순)

(ii) $x=-3y$를 $x^2+3xy-2y^2=8$에 대입하면 $9y^2-9y^2-2y^2=8$, $y^2=-4$ $\qquad \therefore y=\pm2i$

$\quad x=-3y$이므로 $x=\mp6i$, $y=\pm2i$ (복부호동순)

(i), (ii)에서 구하는 해는 $\begin{cases} x=2 \\ y=1 \end{cases}$ 또는 $\begin{cases} x=-2 \\ y=-1 \end{cases}$ 또는 $\begin{cases} x=-6i \\ y=2i \end{cases}$ 또는 $\begin{cases} x=6i \\ y=-2i \end{cases}$

정답 (1) $\begin{cases} x=4 \\ y=2 \end{cases}$ 또는 $\begin{cases} x=-4 \\ y=-2 \end{cases}$ 또는 $\begin{cases} x=-4\sqrt{3} \\ y=2\sqrt{3} \end{cases}$ 또는 $\begin{cases} x=4\sqrt{3} \\ y=-2\sqrt{3} \end{cases}$

(2) $\begin{cases} x=2 \\ y=1 \end{cases}$ 또는 $\begin{cases} x=-2 \\ y=-1 \end{cases}$ 또는 $\begin{cases} x=-6i \\ y=2i \end{cases}$ 또는 $\begin{cases} x=6i \\ y=-2i \end{cases}$

보충 설명

두 개의 이차방정식으로 이루어진 연립방정식의 일반적인 풀이는 다음과 같다.

(1) 인수분해되는 식이 있는 경우

$\quad$ 인수분해하여 얻은 두 일차방정식을 다른 이차방정식에 각각 대입하여 해를 구한다.

(2) 인수분해되는 식이 없는 경우

$\quad$ 이차항 또는 상수항을 소거한 후 얻은 일차방정식을 다른 이차방정식에 대입하여 해를 구한다.

03-1 다음 연립방정식을 푸시오.

$$(1)\ \begin{cases} 2x^2 + 3xy - 2y^2 = 0 \\ x^2 + xy = 12 \end{cases} \qquad (2)\ \begin{cases} x^2 + xy - 2y^2 = 0 \\ x^2 + 2xy + y^2 = 4 \end{cases}$$

03-2 연립방정식 $\begin{cases} 2x^2 - xy - y^2 = 0 \\ x^2 - xy + y^2 = 4 \end{cases}$ 를 만족시키는 자연수 $x,\ y$에 대하여 xy의 값을 구하시오.

03-3 다음 연립방정식을 푸시오.

$$(1)\ \begin{cases} x^2 - xy + y^2 = 3 \\ 4x^2 - 7xy + y^2 = -6 \end{cases} \qquad (2)\ \begin{cases} x^2 - 2xy - 3y^2 = 5 \\ 2x^2 + 3xy + y^2 = 3 \end{cases}$$

● 풀이 101쪽~103쪽

정답

03-1 (1) $\begin{cases} x=2 \\ y=4 \end{cases}$ 또는 $\begin{cases} x=-2 \\ y=-4 \end{cases}$ 또는 $\begin{cases} x=-2\sqrt{6} \\ y=\sqrt{6} \end{cases}$ 또는 $\begin{cases} x=2\sqrt{6} \\ y=-\sqrt{6} \end{cases}$

(2) $\begin{cases} x=-4 \\ y=2 \end{cases}$ 또는 $\begin{cases} x=4 \\ y=-2 \end{cases}$ 또는 $\begin{cases} x=1 \\ y=1 \end{cases}$ 또는 $\begin{cases} x=-1 \\ y=-1 \end{cases}$

03-2 4 **03-3** (1) $\begin{cases} x=1 \\ y=2 \end{cases}$ 또는 $\begin{cases} x=-1 \\ y=-2 \end{cases}$ 또는 $\begin{cases} x=\sqrt{3} \\ y=\sqrt{3} \end{cases}$ 또는 $\begin{cases} x=-\sqrt{3} \\ y=-\sqrt{3} \end{cases}$ (2) $\begin{cases} x=-2 \\ y=1 \end{cases}$ 또는 $\begin{cases} x=2 \\ y=-1 \end{cases}$

예제 04

x, y에 대한 대칭식인 연립방정식

다음 연립방정식을 푸시오.

$$(1)\ \begin{cases} x^2+y^2=25 \\ xy=12 \end{cases} \qquad\qquad (2)\ \begin{cases} x^2+y^2=16 \\ x+y-xy=4 \end{cases}$$

접근 방법 ▷ 곱셈 공식의 변형 $x^2+y^2=(x+y)^2-2xy$를 이용하여 $x+y$, xy의 값을 구한 후 $x+y=a$, $xy=b$를 만족시키는 x, y는 t에 대한 이차방정식 $t^2-at+b=0$의 두 근임을 이용한다.

수매씨 Point $x+y=a$, $xy=b$이면 x, y는 t에 대한 이차방정식 $t^2-at+b=0$의 두 근이다.

상세 풀이 ▷ (1) $x+y=a$, $xy=b$로 놓으면 주어진 연립방정식은 $\begin{cases} a^2-2b=25 & \cdots\cdots\ \text{㉠} \\ b=12 & \cdots\cdots\ \text{㉡} \end{cases}$

㉡을 ㉠에 대입하면 $a^2-24=25$, $a^2=49$ $\qquad \therefore a=\pm7$

(ⅰ) $x+y=7$, $xy=12$일 때, x, y는 t에 대한 이차방정식 $t^2-7t+12=0$의 두 근이다.

$\qquad (t-3)(t-4)=0 \qquad \therefore t=3$ 또는 $t=4$

(ⅱ) $x+y=-7$, $xy=12$일 때, x, y는 t에 대한 이차방정식 $t^2+7t+12=0$의 두 근이다.

$\qquad (t+4)(t+3)=0 \qquad \therefore t=-4$ 또는 $t=-3$

(ⅰ), (ⅱ)에서 구하는 해는 $\begin{cases} x=3 \\ y=4 \end{cases}$ 또는 $\begin{cases} x=4 \\ y=3 \end{cases}$ 또는 $\begin{cases} x=-4 \\ y=-3 \end{cases}$ 또는 $\begin{cases} x=-3 \\ y=-4 \end{cases}$

(2) $x+y=a$, $xy=b$로 놓으면 주어진 연립방정식은 $\begin{cases} a^2-2b=16 & \cdots\cdots\ \text{㉠} \\ a-b=4 & \cdots\cdots\ \text{㉡} \end{cases}$

㉡에서 $b=a-4$이므로 ㉠에 대입하여 정리하면 $a^2-2a-8=0$

$\qquad (a+2)(a-4)=0 \qquad \therefore a=-2$ 또는 $a=4$

$a=-2$를 ㉡에 대입하면 $b=-6$, $a=4$를 ㉡에 대입하면 $b=0$

(ⅰ) $x+y=-2$, $xy=-6$일 때, x, y는 t에 대한 이차방정식 $t^2+2t-6=0$의 두 근이다.

$\qquad \therefore t=-1+\sqrt{7}$ 또는 $t=-1-\sqrt{7}$

(ⅱ) $x+y=4$, $xy=0$일 때, x, y는 t에 대한 이차방정식 $t^2-4t=0$의 두 근이다.

$\qquad t(t-4)=0 \qquad \therefore t=0$ 또는 $t=4$

(ⅰ), (ⅱ)에서 구하는 해는 $\begin{cases} x=-1+\sqrt{7} \\ y=-1-\sqrt{7} \end{cases}$ 또는 $\begin{cases} x=-1-\sqrt{7} \\ y=-1+\sqrt{7} \end{cases}$ 또는 $\begin{cases} x=0 \\ y=4 \end{cases}$ 또는 $\begin{cases} x=4 \\ y=0 \end{cases}$

정답 (1) $\begin{cases} x=3 \\ y=4 \end{cases}$ 또는 $\begin{cases} x=4 \\ y=3 \end{cases}$ 또는 $\begin{cases} x=-4 \\ y=-3 \end{cases}$ 또는 $\begin{cases} x=-3 \\ y=-4 \end{cases}$

(2) $\begin{cases} x=-1+\sqrt{7} \\ y=-1-\sqrt{7} \end{cases}$ 또는 $\begin{cases} x=-1-\sqrt{7} \\ y=-1+\sqrt{7} \end{cases}$ 또는 $\begin{cases} x=0 \\ y=4 \end{cases}$ 또는 $\begin{cases} x=4 \\ y=0 \end{cases}$

보충 설명

(1)의 $xy=12$에서 $y=\dfrac{12}{x}$이므로 이 식을 $x^2+y^2=25$에 대입하여 연립방정식을 풀 수도 있다.

04-1

다음 연립방정식을 푸시오.

$$(1) \begin{cases} x^2+y^2=41 \\ xy=20 \end{cases} \qquad (2) \begin{cases} x^2+y^2=10 \\ x+y-xy=1 \end{cases}$$

04-2

연립방정식 $\begin{cases} xy+x+y=-1 \\ x^2+y^2=17 \end{cases}$ 을 만족시키는 실수 x, y에 대하여 $x-y$의 최댓값과 최솟

값을 각각 M, m이라고 할 때, $M-m$의 값을 구하시오.

04-3

연립방정식 $\begin{cases} xy+2x+2y=0 \\ \dfrac{y}{x}+\dfrac{x}{y}=-\dfrac{5}{2} \end{cases}$ 를 만족시키는 실수 x, y의 순서쌍 (x, y)의 개수를 구하

시오. (단, $xy\neq 0$)

• 풀이 103쪽 ∼ 104쪽

정답

04-1 (1) $\begin{cases} x=4 \\ y=5 \end{cases}$ 또는 $\begin{cases} x=5 \\ y=4 \end{cases}$ 또는 $\begin{cases} x=-5 \\ y=-4 \end{cases}$ 또는 $\begin{cases} x=-4 \\ y=-5 \end{cases}$ (2) $\begin{cases} x=-3 \\ y=1 \end{cases}$ 또는 $\begin{cases} x=1 \\ y=-3 \end{cases}$ 또는 $\begin{cases} x=1 \\ y=3 \end{cases}$ 또는 $\begin{cases} x=3 \\ y=1 \end{cases}$

04-2 10

04-3 2

2

부정방정식과 공통근

1 부정방정식의 풀이

일반적으로 방정식을 풀 때 주어진 방정식의 개수와 구해야 하는 미지수의 개수는 같습니다. 그런데 방정식의 개수가 미지수의 개수보다 적을 때에는 그 해가 무수히 많아서 정할 수 없는 경우가 있는데 이러한 방정식을 부정방정식이라고 합니다.

이러한 부정방정식에서는 부족한 방정식을 대신하는 조건, 대표적인 것으로 자연수 조건, 정수 조건, 실수 조건 등이 주어지면 부정방정식의 근을 구할 수 있습니다.
└▶복소수 범위에서 방정식의 해는 무수히 많지만 제한된 범위에서는 그 해가 유한개로 정해질 수도 있다.

이번 단원에서는 미지수가 두 개인데 식은 하나뿐인 부정방정식에 대하여 알아봅시다.

1. 정수 조건의 부정방정식의 풀이

방정식 $xy=6$을 만족시키는 x, y의 값은 무수히 많습니다. 하지만 그중에서 해가 정수인 것은 다음과 같습니다.

x	1	2	3	6	-1	-2	-3	-6
y	6	3	2	1	-6	-3	-2	-1

해가 정수인 부정방정식은 먼저 주어진 식의 좌변을 일차식의 곱의 형태로 바꾸고, 해가 정수라는 조건을 이용하여 우변에 있는 정수의 약수를 찾아서 풉니다.

즉, (일차식)$\times$(일차식)$=$(정수) 꼴로 변형한 다음 약수와 배수의 성질을 이용하여 해를 구합니다.

Example　x, y가 정수일 때, 방정식 $xy+x+y=4$에서

$$x(y+1)+(y+1)=5 \qquad \therefore (x+1)(y+1)=5$$

x, y가 정수이므로 $x+1$, $y+1$도 정수이고 5의 약수이다.

따라서 $x+1$, $y+1$의 값은 다음과 같다.

$x+1$	1	5	-1	-5
$y+1$	5	1	-5	-1

x	0	4	-2	-6
y	4	0	-6	-2

즉, 구하는 방정식의 해는

$$\begin{cases} x=0 \\ y=4 \end{cases} \text{또는} \begin{cases} x=4 \\ y=0 \end{cases} \text{또는} \begin{cases} x=-2 \\ y=-6 \end{cases} \text{또는} \begin{cases} x=-6 \\ y=-2 \end{cases}$$

2. 실수 조건의 부정방정식의 풀이

해가 실수인 부정방정식은 A, B가 실수일 때, $A^2+B^2=0$이면 $A=0$, $B=0$임을 이용하여 풀 수 있습니다.

Example
x, y가 실수일 때, 방정식 $x^2+y^2-6x+8y+25=0$을 $A^2+B^2=0$ 꼴로 변형하면
$$(x^2-6x+9)+(y^2+8y+16)=0$$
$$\therefore (x-3)^2+(y+4)^2=0$$
x, y가 실수이므로 $x-3=0$, $y+4=0$ ← $x-3$, $y+4$도 실수이다.
$$\therefore x=3,\ y=-4$$

해가 실수일 때의 부정방정식은 이차방정식의 판별식을 이용하여 풀 수도 있습니다. 주어진 부정방정식을 한 문자에 대하여 내림차순으로 정리하면 이 이차방정식이 실근을 가지게 되므로 판별식 $D\geq0$임을 이용합니다.
←——실근을 가진다.

Example
위의 **Example**의 방정식 $x^2+y^2-6x+8y+25=0$의 좌변을 x에 대하여 내림차순으로 정리하면
$$x^2-6x+(y^2+8y+25)=0 \quad \cdots\cdots \ \unicode{x1D10}$$
x가 실수이므로 방정식 $\unicode{x1D10}$의 판별식을 D라고 하면
$$\frac{D}{4}=(-3)^2-1\times(y^2+8y+25)\geq0$$
$$9-y^2-8y-25\geq0$$
$$\therefore y^2+8y+16\leq0,\ (y+4)^2\leq0$$
y도 실수이므로 $(y+4)^2=0$ $\therefore y=-4$
$y=-4$를 $\unicode{x1D10}$에 대입하면 $x^2-6x+9=0$, $(x-3)^2=0$ $\therefore x=3$
따라서 구하는 x, y의 값은 $x=3$, $y=-4$

이와 같이 실수 조건의 부정방정식은 위의 두 가지 방법 중 어느 것을 이용해도 그 결과는 같습니다.

개념 Point   **부정방정식의 풀이**

1 정수 조건의 부정방정식

(일차식)$\times$(일차식)$=$(정수) 꼴로 변형한 후 약수와 배수의 성질을 이용하여 푼다.

2 실수 조건의 부정방정식

(1) A, B가 실수일 때, $A^2+B^2=0$이면 $A=0$, $B=0$임을 이용하여 푼다.

(2) 한 문자에 대하여 내림차순으로 정리한 후 이차방정식의 판별식 $D\geq0$임을 이용하여 푼다.

2 공통근

두 개 이상의 방정식을 동시에 만족시키는 미지수의 값을 이들 방정식의 공통근이라고 합니다. 예를 들어 두 이차방정식 $x^2+x-2=0$, $x^2-3x+2=0$의 공통근을 구해 보면

$$x^2+x-2=0, \ (x+2)(x-1)=0 \qquad \therefore \ x=-2 \text{ 또는 } x=1$$
$$x^2-3x+2=0, \ (x-1)(x-2)=0 \qquad \therefore \ x=1 \text{ 또는 } x=2$$

따라서 위의 두 방정식을 모두 만족시키는 공통근은 $x=1$입니다.

그런데 계수에 미지수가 포함되어 있는 방정식은 공통근을 직접 구하기 어렵습니다. 이런 경우에는 공통근을 α로 놓고 $x=\alpha$를 두 방정식에 대입하면 두 등식이 모두 성립하게 되므로 최고차항 또는 상수항을 소거하여 공통근을 먼저 구하고 미지수인 계수를 구하도록 합니다.

Example

(1) 두 이차방정식 $x^2+(m+1)x+2=0$, $x^2+(m-1)x-2=0$이 공통근을 가질 때 그 공통근을 α라고 하면

$$\begin{cases} \alpha^2+(m+1)\alpha+2=0 & \cdots\cdots \ \text{㉠} \\ \alpha^2+(m-1)\alpha-2=0 & \cdots\cdots \ \text{㉡} \end{cases}$$

㉠$-$㉡을 하면 $2\alpha+4=0$ $\quad \therefore \ \alpha=-2$ ← 최고차항을 소거

$\alpha=-2$를 ㉠에 대입하면 $4-2m-2+2=0$, $4-2m=0$ $\quad \therefore \ m=2$

따라서 $m=2$이고, 이때의 공통근은 $x=-2$

(2) 두 이차방정식 $x^2+(k-1)x+k=0$, $2x^2-(k-4)x-k=0$이 공통근을 가질 때 그 공통근을 α라고 하면

$$\begin{cases} \alpha^2+(k-1)\alpha+k=0 & \cdots\cdots \ \text{㉠} \\ 2\alpha^2-(k-4)\alpha-k=0 & \cdots\cdots \ \text{㉡} \end{cases}$$

㉠$+$㉡을 하면 $3\alpha^2+3\alpha=0$, $3\alpha(\alpha+1)=0$ $\quad \therefore \ \alpha=0 \text{ 또는 } \alpha=-1$ ← 상수항을 소거

(ⅰ) $\alpha=0$을 ㉠에 대입하면 $k=0$

(ⅱ) $\alpha=-1$을 ㉠에 대입하면 $2=0$이므로 공통근이 될 수 없다.

(ⅰ), (ⅱ)에서 $k=0$이고, 이때의 공통근은 $x=0$이다.

개념 Point **공통근**

두 방정식 $f(x)=0$, $g(x)=0$의 공통근을 α라고 하면 $f(\alpha)=0$, $g(\alpha)=0$이므로 이 두 방정식을 연립하여 최고차항 또는 상수항을 소거한 후 공통근을 구한다.

+ Plus

최고차항이나 상수항을 소거하여 얻은 방정식의 해 중에는 공통근이 아니거나 주어진 조건에 어긋나는 것도 있으므로 확인이 필요하다.

1 방정식 $2x+y=10$을 만족시키는 자연수 x, y의 순서쌍 (x, y)를 구하시오.

2 방정식 $(x-1)(y-2)=3$을 만족시키는 정수 x, y의 순서쌍 (x, y)를 모두 구하시오.

3 방정식 $xy+2x+y+1=0$을 만족시키는 정수 x, y의 값을 각각 구하시오.

4 방정식 $x^2+y^2-2x+4y+5=0$을 만족시키는 실수 x, y의 값을 각각 구하시오.

5 두 이차방정식 $x^2+(m+4)x-4=0$, $x^2+(m+1)x+2=0$이 공통근을 가지도록 하는 상수 m의 값과 이때의 공통근을 구하시오.

● 풀이 104쪽 ~105쪽

정답

1 $(1, 8)$, $(2, 6)$, $(3, 4)$, $(4, 2)$ **2** $(2, 5)$, $(4, 3)$, $(0, -1)$, $(-2, 1)$

3 $\begin{cases} x=0 \\ y=-1 \end{cases}$ 또는 $\begin{cases} x=-2 \\ y=-3 \end{cases}$ **4** $x=1$, $y=-2$

5 $m=-4$, 공통근 : $x=2$

예제 05

다음 물음에 답하시오.

(1) 방정식 $xy-x-2y-1=0$을 만족시키는 양의 정수 x, y의 값을 각각 구하시오.

(2) 방정식 $xy-2x-y-3=0$을 만족시키는 정수 x, y의 값을 각각 구하시오.

접근 방법 ▶ 주어진 부정방정식을 (일차식)$\times$(일차식)$=$(정수) 꼴로 변형한 후 약수와 배수의 성질을 이용하여 해를 구한다.

수매씽 Point 정수 조건의 부정방정식 ➡ (일차식)$\times$(일차식)$=$(정수) 꼴로 변형

상세 풀이 ▶ (1) $xy-x-2y-1=0$에서 $x(y-1)-2(y-1)-3=0$

$$\therefore (x-2)(y-1)=3$$

x, y가 양의 정수이므로 $x-2$, $y-1$은 $x-2\geq-1$, $y-1\geq0$인 정수이고 3의 약수이다.

따라서 $x-2$, $y-1$의 값은 다음과 같다.

$x-2$	1	3
$y-1$	3	1

➡

x	3	5
y	4	2

즉, 구하는 방정식의 해는 $\begin{cases}x=3\\y=4\end{cases}$ 또는 $\begin{cases}x=5\\y=2\end{cases}$

(2) $xy-2x-y-3=0$에서 $x(y-2)-(y-2)-5=0$

$$\therefore (x-1)(y-2)=5$$

x, y가 정수이므로 $x-1$, $y-2$는 정수이고 5의 약수이다.

따라서 $x-1$, $y-2$의 값은 다음과 같다.

$x-1$	1	5	-1	-5
$y-2$	5	1	-5	-1

➡

x	2	6	0	-4
y	7	3	-3	1

즉, 구하는 방정식의 해는 $\begin{cases}x=2\\y=7\end{cases}$ 또는 $\begin{cases}x=6\\y=3\end{cases}$ 또는 $\begin{cases}x=0\\y=-3\end{cases}$ 또는 $\begin{cases}x=-4\\y=1\end{cases}$

정답 (1) $\begin{cases}x=3\\y=4\end{cases}$ 또는 $\begin{cases}x=5\\y=2\end{cases}$ (2) $\begin{cases}x=2\\y=7\end{cases}$ 또는 $\begin{cases}x=6\\y=3\end{cases}$ 또는 $\begin{cases}x=0\\y=-3\end{cases}$ 또는 $\begin{cases}x=-4\\y=1\end{cases}$

보충 설명

(1)에서 만약 x, y의 조건이 정수라면 $x-2=-3$, $y-1=-1$인 경우와 $x-2=-1$, $y-1=-3$인 경우, 즉 $x=-1$, $y=0$과 $x=1$, $y=-2$도 주어진 방정식의 근이 된다.

05-1

다음 물음에 답하시오.

(1) 방정식 $xy-x-y-5=0$을 만족시키는 양의 정수 x, y의 값을 각각 구하시오.

(2) 방정식 $xy-2x+y-6=0$을 만족시키는 정수 x, y의 값을 각각 구하시오.

05-2

방정식 $\dfrac{1}{x}+\dfrac{1}{y}=\dfrac{1}{5}$을 만족시키는 양의 정수 x, y의 값을 각각 구하시오.

05-3

이차방정식 $x^2+ax-a+1=0$의 두 근이 모두 정수일 때, 상수 a의 값을 모두 구하시오.

● 풀이 105쪽 ～106쪽

정답

05-1 (1) $\begin{cases} x=2 \\ y=7 \end{cases}$ 또는 $\begin{cases} x=7 \\ y=2 \end{cases}$ 또는 $\begin{cases} x=3 \\ y=4 \end{cases}$ 또는 $\begin{cases} x=4 \\ y=3 \end{cases}$

(2) $\begin{cases} x=0 \\ y=6 \end{cases}$ 또는 $\begin{cases} x=1 \\ y=4 \end{cases}$ 또는 $\begin{cases} x=3 \\ y=3 \end{cases}$ 또는 $\begin{cases} x=-2 \\ y=-2 \end{cases}$ 또는 $\begin{cases} x=-3 \\ y=0 \end{cases}$ 또는 $\begin{cases} x=-5 \\ y=1 \end{cases}$

05-2 $\begin{cases} x=6 \\ y=30 \end{cases}$ 또는 $\begin{cases} x=10 \\ y=10 \end{cases}$ 또는 $\begin{cases} x=30 \\ y=6 \end{cases}$

05-3 -5, 1

예제 06

다음 방정식을 만족시키는 실수 x, y의 값을 각각 구하시오.

(1) $x^2 + 2y^2 + 4x - 4y + 6 = 0$

(2) $x^2 + 4xy + 5y^2 + 2y + 1 = 0$

접근 방법 > 주어진 식을 $A^2 + B^2 = 0$ 꼴로 변형하고 실수 조건에 의하여 $A = 0$, $B = 0$임을 이용하여 해를 구한다.

수매씽 Point x, y가 실수일 때, $x^2 + y^2 = 0$이면 $x = 0$, $y = 0$

상세 풀이 > (1) $x^2 + 2y^2 + 4x - 4y + 6 = 0$에서

$$(x^2 + 4x + 4) + 2(y^2 - 2y + 1) = 0$$

$$\therefore (x+2)^2 + 2(y-1)^2 = 0$$

x, y가 실수이므로 $x+2$, $y-1$도 실수이다.

따라서 $x+2 = 0$, $y-1 = 0$이므로

$$x = -2, \ y = 1$$

(2) $x^2 + 4xy + 5y^2 + 2y + 1 = 0$에서

$$(x^2 + 4xy + 4y^2) + (y^2 + 2y + 1) = 0$$

$$\therefore (x+2y)^2 + (y+1)^2 = 0$$

x, y가 실수이므로 $x+2y$, $y+1$도 실수이다.

따라서 $x+2y = 0$, $y+1 = 0$이므로

$$x = -2y, \ y = -1$$

$$\therefore x = 2, \ y = -1$$

정답 (1) $x = -2$, $y = 1$ (2) $x = 2$, $y = -1$

보충 설명

(2)에서 다음과 같이 이차방정식의 판별식에서의 실근 조건을 이용하여 해를 구할 수도 있다.

주어진 방정식의 좌변을 x에 대하여 내림차순으로 정리하면 $x^2 + 4yx + 5y^2 + 2y + 1 = 0$이고, x가 실수이므로 이 이차방정식의 판별식을 D라고 하면

$$\frac{D}{4} = (2y)^2 - 1 \times (5y^2 + 2y + 1) \geq 0$$

$$y^2 + 2y + 1 \leq 0, \ (y+1)^2 \leq 0$$

y도 실수이므로 $y + 1 = 0$ $\qquad \therefore y = -1$

$y = -1$을 주어진 식에 대입하여 정리하면

$$x^2 - 4x + 4 = 0, \ (x-2)^2 = 0 \qquad \therefore x = 2$$

06-1

다음 방정식을 만족시키는 실수 x, y의 값을 각각 구하시오.

(1) $2x^2+y^2-4x+6y+11=0$

(2) $2x^2+3y^2-4xy-4y+4=0$

06-2

방정식 $4x^2+4y^2+4xy-6y+3=0$을 만족시키는 실수 x, y에 대하여 $4x+3y$의 값을 구하시오.

06-3

방정식 $x^2y^2-16xy+x^2+16y^2+16=0$을 만족시키는 실수 x, y에 대하여 x^2+16y^2의 값을 구하시오.

● 풀이 106쪽

06-1 (1) $x=1$, $y=-3$　(2) $x=2$, $y=2$　　　06-2 1　　　06-3 32

예제 07

두 이차방정식
$$x^2+3x+m=0,\ x^2+mx+3=0$$
이 오직 하나의 공통근을 가지도록 하는 상수 m의 값과 이때의 공통근을 구하시오.

접근 방법 ▶ 두 방정식 $f(x)=0$, $g(x)=0$의 공통근이 α이면 $f(\alpha)=0$, $g(\alpha)=0$을 만족시키므로 $f(\alpha)+g(\alpha)=0$, $f(\alpha)-g(\alpha)=0$이다. 따라서 두 방정식 $f(x)+g(x)=0$, $f(x)-g(x)=0$에서도 $x=\alpha$가 근이 된다. 이처럼 문제에서 주어진 방정식의 공통근을 α라고 하면 두 이차방정식의 차도 α를 근으로 가지게 됨을 이용한다.

수매씽 Point 공통근 문제는 최고차항 또는 상수항을 소거한다.

상세 풀이 ▶ 주어진 두 이차방정식의 공통근을 α라고 하면
$$\begin{cases} \alpha^2+3\alpha+m=0 & \cdots\cdots ㉠ \\ \alpha^2+m\alpha+3=0 & \cdots\cdots ㉡ \end{cases}$$
㉠$-$㉡을 하면
$$(3-m)\alpha+m-3=0$$
$$(3-m)(\alpha-1)=0$$
$$\therefore m=3 \text{ 또는 } \alpha=1$$

(i) $m=3$일 때, 두 이차방정식이 $x^2+3x+3=0$으로 일치하므로 공통근이 2개 존재한다.

(ii) $\alpha=1$일 때, $\alpha=1$을 ㉠에 대입하면
$$1+3+m=0 \qquad \therefore m=-4$$

(i), (ii)에서 $m=-4$이고, 이때의 공통근은 $x=1$이다.

정답 $m=-4$, 공통근 : $x=1$

보충 설명

일반적으로 두 방정식 $f(x)=0$, $g(x)=0$의 공통근이 α일 때, $f(\alpha)=0$, $g(\alpha)=0$에서 $af(\alpha)-bg(\alpha)=0$ (a, b는 실수)을 만족시키므로 방정식 $af(x)-bg(x)=0$도 α를 근으로 가지게 됨을 알 수 있다.

07-1　두 이차방정식
$$x^2+4mx-5=0,\ x^2+mx+3m-5=0$$
이 오직 하나의 공통근을 가지도록 하는 상수 m의 값과 이때의 공통근을 구하시오.

07-2　두 이차방정식
$$x^2+(m-1)x+2m=0,\ x^2-(m-3)x-2m=0$$
이 0이 아닌 공통근을 가질 때, 상수 m의 값을 구하시오.

07-3　세 방정식
$$x^3+x^2-5x+3=0,\ x^3+2x^2+ax+b=0,\ x^2+bx+a=0$$
이 공통근을 가질 때, 상수 a, b의 값을 각각 구하시오.

● 풀이 106쪽 ～107쪽

정답

07-1　$m=1$, 공통근 : $x=1$　　　　　07-2　-2　　　　　07-3　$a=-\dfrac{9}{4}$, $b=\dfrac{9}{4}$

1 연립방정식 $\begin{cases} 3x+ay=-3 \\ (a+1)x+2y=2 \end{cases}$ 의 해가 무수히 많을 때의 상수 a의 값을 m, 해가 없을 때의 상수 a의 값을 n이라고 하자. $m-n$의 값은?

① -5 ② -3 ③ -1

④ 1 ⑤ 3

2 연립방정식 $\begin{cases} ax-y=1 \\ x+y=4 \end{cases}$ 의 해가 $\begin{cases} 2x-y=b \\ x^2+y^2=26 \end{cases}$ 을 만족시킬 때, 상수 a, b에 대하여 $a-b$의 최댓값은?

① 0 ② 1 ③ 2

④ 3 ⑤ 4

3 길이가 $160\,\mathrm{cm}$인 철사를 잘라서 한 변의 길이가 각각 $a\,\mathrm{cm}$, $b\,\mathrm{cm}$ $(a>b)$인 두 개의 정사각형을 만들었다. 이 두 정사각형의 넓이의 합이 $850\,\mathrm{cm}^2$일 때, a의 값을 구하시오.

(단, 철사는 모두 사용하고, 굵기는 무시한다.)

4 연립방정식 $\begin{cases} x^2-4xy+3y^2=0 \\ 2x^2+xy+3y^2=24 \end{cases}$ 를 만족시키는 x, y에 대하여 xy의 최댓값은?

① 1 ② 2 ③ 3

④ 4 ⑤ 5

5 연립방정식 $\begin{cases} x^2+y^2=a \\ x+y=-3 \end{cases}$ 을 만족시키는 실수 x, y가 연립방정식 $\begin{cases} bx+ay=1 \\ xy=-4 \end{cases}$ 를 만족시킬 때, 상수 a, b에 대하여 $a+b$의 값을 구하시오. (단, $a>b$)

6 연립방정식 $\begin{cases} xy+x+y+5=0 \\ x^2+xy+y^2=7 \end{cases}$ 을 만족시키는 x, y에 대하여 $x-3y$의 최댓값을 구하시오.

7 $\dfrac{1}{x}+\dfrac{1}{y}=\dfrac{2}{5}$를 만족시키는 양의 정수 x, y의 순서쌍 $(x,\ y)$의 개수는?

① 1 ② 2 ③ 3

④ 4 ⑤ 5

8 이차방정식 $x^2-(m+5)x-m-1=0$의 두 근이 모두 정수일 때, 모든 상수 m의 값의 곱을 구하시오.

9 다음 방정식을 만족시키는 실수 x, y의 값을 각각 구하시오.

(1) $2x^2+4y^2+4xy+2x+1=0$ (2) $2x^2+2xy+5y^2+6x+12y+9=0$

10 두 이차방정식 $x^2+ax-2=0$, $x^2+2x-a=0$이 오직 하나의 공통근을 가지도록 하는 상수 a의 값과 이때의 공통근을 구하시오.

11 연립방정식 $\begin{cases} x+y=a \\ \dfrac{1}{x}+\dfrac{1}{y}=1 \end{cases}$ 이 실근을 가지도록 하는 실수 a의 최솟값은? (단, $a>0$)

① 1   ② 2   ③ 3

④ 4   ⑤ 5

12 두 실수 x, y 중 작지 않은 수를 $\max\{x,\ y\}$, 크지 않은 수를 $\min\{x,\ y\}$라고 하자. 연립방정식 $\begin{cases} \max\{x,\ y\}=x^2+y^2 \\ \min\{x,\ y\}=x+2y-2 \end{cases}$ 의 해를 $x=a$, $y=b$라고 할 때, $a+b$의 값은?

① 1   ② 2   ③ 3

④ 4   ⑤ 5

13 연립방정식 $\begin{cases} x+y+a=2 \\ x^2+y^2+a^2=4 \end{cases}$ 를 만족시키는 실수 x, y가 존재하기 위한 실수 a의 값의 범위를 구하시오.

14 m이 정수일 때, 이차방정식 $x^2-mx+3-2m=0$의 양의 정수해를 구하시오.

15 1에서 20까지의 자연수 중에서 택한 두 자연수 m, n이

$$mn-8m+7n=200$$

을 만족시킬 때, 순서쌍 $(m,\ n)$의 개수를 구하시오.

● 정답 및 풀이 110쪽～113쪽

16 방정식 $x^2+y^2=x+y+2$를 만족시키는 정수 x, y의 순서쌍 (x, y)의 개수를 구하시오.

17 두 이차방정식
$$x^2+ax+b=0,\ x^2+bx+a=0$$
이 오직 하나의 공통근 α를 가지고 공통근이 아닌 나머지 두 근의 비가 $3:5$일 때, 상수 a, b에 대하여 $|a-b|$의 값을 구하시오.

18 두 이차방정식
$$x^2+m^2x+n^2-2m=0,\ x^2-2mx+m^2+n^2=0$$
이 오직 하나의 공통근을 가질 때, 실수 m, n에 대하여 $m+n$의 값을 구하시오.

19 정수 계수를 가지는 이차식 $f(x)$에 대하여 방정식 $f(x)-1=0$의 한 정수인 근이 α이고, 방정식 $f(x)+1=0$의 한 정수인 근이 β일 때, $\alpha-\beta$의 값의 개수를 구하시오.

20 두 삼차방정식
$$x^3+10x^2+mx-12=0,\ x^3+2x^2+nx+2=0$$
이 두 개의 공통근을 가질 때, 공통근이 아닌 나머지 두 근의 합을 구하시오.
(단, m, n은 상수이다.)

● 정답 및 풀이 113쪽~114쪽

(교육청)
21 x, y에 대한 두 연립방정식 $\begin{cases} 3x+y=a \\ 2x+2y=1 \end{cases}$, $\begin{cases} x^2-y^2=-1 \\ x-y=b \end{cases}$ 의 해가 일치할 때, 두 상수 a, b에 대하여 ab의 값은?

① 1   ② 2   ③ 3

④ 4   ⑤ 5

(교육청)
22 x, y에 대한 연립방정식 $\begin{cases} 2x+y=1 \\ x^2-ky=-6 \end{cases}$ 이 오직 한 쌍의 해를 갖도록 하는 양수 k의 값은?

① 1   ② 2   ③ 3

④ 4   ⑤ 5

(평가원)
23 연립방정식 $\begin{cases} x^2-y^2=6 \\ (x+y)^2-2(x+y)=3 \end{cases}$ 을 만족시키는 양수 x, y에 대하여 $20xy$의 값을 구하시오.

(교육청)
24 그림과 같이 직선 위에 $\overline{AB}=6$인 두 점 A, B가 있다. 선분 AB 위의 점 C에 대하여 선분 AC의 중점을 P_1, 선분 CB의 중점을 P_2라 하고 $\overline{P_1C}=a$, $\overline{CP_2}=b$라 하자. 점 P_1을 중심으로 하고 반지름의 길이가 $a+\dfrac{1}{2}$인 반원 O_1, 점 P_2를

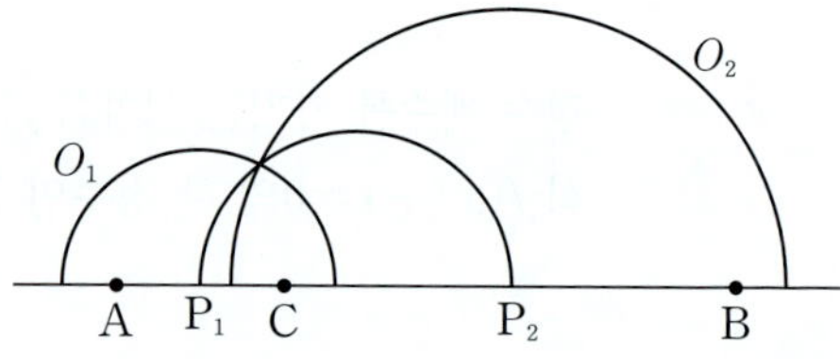

중심으로 하고 반지름의 길이가 $b+\dfrac{1}{2}$인 반원 O_2를 각각 그린 후, 선분 P_1P_2를 지름으로 하는 반원을 그린다. 두 반원 O_1과 O_2의 교점이 호 P_1P_2 위에 있을 때, ab의 값은? (단, $a<b$)

① $\dfrac{5}{4}$ ② $\dfrac{7}{4}$ ③ $\dfrac{9}{4}$

④ $\dfrac{11}{4}$ ⑤ $\dfrac{13}{4}$

09

여러 가지 부등식

1 연립부등식

(1) 연립부등식 : 두 개 이상의 부등식을 한 쌍으로 묶어서 나타낸 것

(2) $A < B < C$ 꼴의 연립부등식은 $\begin{cases} A < B \\ B < C \end{cases}$ 꼴로 바꾸어 푼다.

2 이차부등식

이차방정식 $ax^2 + bx + c = 0 \ (a > 0)$의 판별식을 $D = b^2 - 4ac$라고 할 때, 이차부등식의 해는 다음과 같다.

	$D > 0$	$D = 0$	$D < 0$
$y = ax^2 + bx + c$의 그래프			
$ax^2 + bx + c > 0$의 해	$x < \alpha$ 또는 $x > \beta$	$x \neq \alpha$인 모든 실수	모든 실수
$ax^2 + bx + c < 0$의 해	$\alpha < x < \beta$	해는 없다.	해는 없다.
$ax^2 + bx + c \geq 0$의 해	$x \leq \alpha$ 또는 $x \geq \beta$	모든 실수	모든 실수
$ax^2 + bx + c \leq 0$의 해	$\alpha \leq x \leq \beta$	$x = \alpha$	해는 없다.

3 연립이차부등식

• 연립이차부등식의 풀이

❶ 연립부등식을 이루는 각 부등식의 해를 구한다.

❷ ❶에서 구한 각 부등식의 해를 수직선 위에 나타내어 공통부분을 구한다.

• 이차방정식의 실근의 존재 범위

이차방정식 $ax^2 + bx + c = 0$의 두 실근의 존재 범위를 판별하기 위해서는 이차함수 $f(x) = ax^2 + bx + c$의 그래프에서 다음 세 가지 조건을 확인해야 한다.

(i) 판별식의 부호   (ii) 축의 위치   (iii) 경곗점에서의 함숫값의 부호

Q&A

Q 이차부등식이 항상 성립하기 위한 조건을 어떻게 알 수 있을까요?

A 이차함수의 그래프의 모양을 떠올려 항상 부등식이 성립하도록 최고차항의 계수와 판별식의 부호를 생각해 봅니다.

1 연립부등식

부등호 $<$, $>$, $\leq$, $\geq$를 사용하여 수 또는 식의 대소 관계를 나타낸 식을 부등식이라고 합니다. 허수에서는 대소 관계를 생각할 수 없으므로 부등식에 포함된 모든 문자는 실수입니다.

1 부등식의 기본 성질

(양수)$+$(양수)$=$(양수), (양수)$\times$(양수)$=$(양수)이므로 두 실수 a, b에 대하여

$$a>0,\ b>0\text{이면 } a+b>0,\ ab>0 \quad\cdots\cdots\bigstar$$

입니다. 이를 이용하여 다음과 같은 부등식의 기본 성질이 성립함을 확인해 봅시다.

(1) $a>b$이고 $b>c$이면 $a>c$

> **Proof** $a-b>0$이고 $b-c>0$이므로 ($\bigstar$)에 의하여
> $$(a-b)+(b-c)>0,\ a-c>0 \qquad \therefore a>c$$

(2) $a>b$이면 $a+c>b+c$, $a-c>b-c$

> **Proof** 대소를 비교하기 위하여 차를 구해 보면
> $$(a+c)-(b+c)=a-b>0\ (\because a>b) \qquad \therefore a+c>b+c$$
> $$(a-c)-(b-c)=a-b>0\ (\because a>b) \qquad \therefore a-c>b-c$$

(3) $a>b$이고 $c>0$이면 $ac>bc$, $\dfrac{a}{c}>\dfrac{b}{c}$

> **Proof** $a-b>0$, $c>0$이므로 ($\bigstar$)에 의하여
> $$(a-b)c>0,\ ac-bc>0 \qquad \therefore ac>bc$$
> $$(a-b)\times\dfrac{1}{c}>0,\ \dfrac{a}{c}-\dfrac{b}{c}>0 \qquad \therefore \dfrac{a}{c}>\dfrac{b}{c}$$

(4) $a>b$이고 $c<0$이면 $ac<bc$, $\dfrac{a}{c}<\dfrac{b}{c}$　←　부등식의 양변에 음수를 곱하거나 양변을 음수로 나누면 부등호의 방향이 바뀐다.

> **Proof** $a-b>0$, $c<0$이고 (양수)$\times$(음수)$=$(음수)이므로
> $$(a-b)c<0,\ ac-bc<0 \qquad \therefore ac<bc$$
> $$(a-b)\times\dfrac{1}{c}<0,\ \dfrac{a}{c}-\dfrac{b}{c}<0 \qquad \therefore \dfrac{a}{c}<\dfrac{b}{c}$$

(5) $a>b$일 때, a의 부호와 b의 부호가 같으면 $\dfrac{1}{a}<\dfrac{1}{b}$

> **Proof** a의 부호와 b의 부호가 같으므로 $ab>0$이고, 부등식의 기본 성질 (3)에 의하여
> $$a>b\text{에서 } \dfrac{a}{ab}>\dfrac{b}{ab},\ \dfrac{1}{b}>\dfrac{1}{a} \qquad \therefore \dfrac{1}{a}<\dfrac{1}{b}$$

⑹ $a>b$일 때, a의 부호와 b의 부호가 다르면 $\dfrac{1}{a}>\dfrac{1}{b}$

a의 부호와 b의 부호가 다르므로 $ab<0$이고, 부등식의 기본 성질 ⑷에 의하여

$a>b$에서 $\dfrac{a}{ab}<\dfrac{b}{ab}$, $\dfrac{1}{b}<\dfrac{1}{a}$ $\quad\therefore \dfrac{1}{a}>\dfrac{1}{b}$

 **Point** **부등식의 기본 성질**

1 $a>b$이고 $b>c$이면 $a>c$ $\qquad$ **2** $a>b$이면 $a+c>b+c$, $a-c>b-c$

3 $a>b$이고 $c>0$이면 $ac>bc$, $\dfrac{a}{c}>\dfrac{b}{c}$ $\qquad$ **4** $a>b$이고 $c<0$이면 $ac<bc$, $\dfrac{a}{c}<\dfrac{b}{c}$

+ Plus

a의 부호와 b의 부호가 같으면 $ab>0$, $\dfrac{b}{a}>0$, $\dfrac{a}{b}>0$이 성립하고, 부호가 다르면 $ab<0$, $\dfrac{b}{a}<0$, $\dfrac{a}{b}<0$이 성립한다.

(단, $ab\neq0$)

② 부등식 $ax>b$의 풀이

부등식의 모든 항을 좌변으로 이항하여 정리하였을 때,
$$ax+b>0,\ ax+b<0,\ ax+b\geq0,\ ax+b\leq0\ (a\neq0)$$
과 같이 좌변이 미지수 x에 대한 일차식이 되는 부등식을 x에 대한 일차부등식이라고 합니다.

x에 대한 부등식 $ax>b$의 해는 다음과 같습니다.

(ⅰ) $a>0$일 때, 양변을 양수 a로 나누면 $x>\dfrac{b}{a}$ ← 부등호 방향 그대로

(ⅱ) $a<0$일 때, 양변을 음수 a로 나누면 $x<\dfrac{b}{a}$ ← 부등호 방향 반대로

(ⅲ) $a=0$일 때, 부등식 $ax>b$에서 $0\times x>b$, 즉 $0>b$이므로

① $b\geq0$이면 x에 어떤 값을 대입하여도 부등식이 성립하지 않습니다. ← 즉, 해는 없다.

② $b<0$이면 x에 어떤 값을 대입하여도 부등식이 항상 성립합니다. ← 즉, 해는 모든 실수이다.

x에 대한 부등식 $ax+4>2x+2a$에서 $(a-2)x>2(a-2)$

(ⅰ) $a-2>0$, 즉 $a>2$일 때, $x>2$ $\qquad$ (ⅱ) $a-2<0$, 즉 $a<2$일 때, $x<2$

(ⅲ) $a-2=0$, 즉 $a=2$일 때, $0>0$이므로 부등식의 해는 없다.

Point **부등식 $ax>b$의 풀이**

x에 대한 부등식 $ax>b$의 해는

(ⅰ) $a>0$일 때, $x>\dfrac{b}{a}$ $\qquad$ (ⅱ) $a<0$일 때, $x<\dfrac{b}{a}$ $\qquad$ (ⅲ) $a=0$일 때, $\begin{cases} b\geq0\text{이면 해는 없다.} \\ b<0\text{이면 해는 모든 실수} \end{cases}$

③ 연립부등식

두 일차부등식 $x+2\leq3$, $2x-1>6$을 동시에 만족시키는 미지수 x의 값의 범위를 구하는 경우, 두 일차부등식을 한 쌍으로 묶어서 $\begin{cases} x+2\leq3 \\ 2x-1>6 \end{cases}$ 과 같이 나타냅니다.

이와 같이 두 개 이상의 부등식을 한 쌍으로 묶어서 나타낸 것을 **연립부등식**이라 하고, 연립부등식을 이루는 부등식이 모두 일차부등식인 연립부등식을 연립일차부등식이라고 합니다.

연립부등식의 각 부등식을 동시에 만족시키는 미지수의 값을 그 연립부등식의 해라 하고, 연립부등식의 해를 모두 구하는 것을 연립부등식을 푼다고 합니다.

연립부등식을 풀 때에는 각 일차부등식의 해를 수직선 위에 함께 나타낸 후, 그 공통부분을 찾으면 됩니다. 즉, 실수 a, b $(a<b)$에 대하여

↳ 부등식에 등호가 포함된 경우에는 ●를, 부등식에 등호가 포함되지 않은 경우에는 ○를 이용하여 나타낸다.

(1) 연립부등식 $\begin{cases} x>a \\ x<b \end{cases}$ 의 해는 $a<x<b$

(2) 연립부등식 $\begin{cases} x>a \\ x\leq b \end{cases}$ 의 해는 $a<x\leq b$

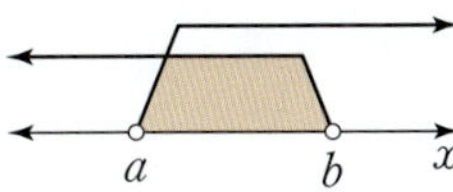

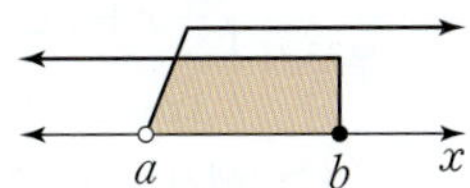

(3) 연립부등식 $\begin{cases} x>a \\ x\geq b \end{cases}$ 의 해는 $x\geq b$

(4) 연립부등식 $\begin{cases} x<a \\ x\leq b \end{cases}$ 의 해는 $x<a$

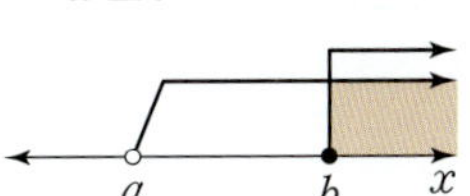

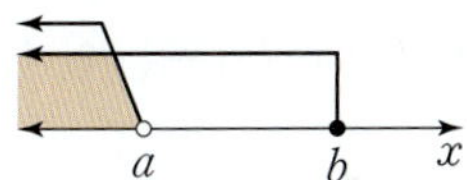

Example

(1) 연립부등식 $\begin{cases} 2x-5\leq1 \\ x-2<2x+1 \end{cases}$ 을 풀면

$2x-5\leq1$에서 $2x\leq6$ $\quad\therefore x\leq3$ $\qquad$ …… ㉠

$x-2<2x+1$에서 $-x<3$ $\quad\therefore x>-3$ $\qquad$ …… ㉡

㉠, ㉡을 수직선 위에 나타내면 오른쪽 그림과 같으므로 연립부등식의 해는

$\qquad -3<x\leq3$

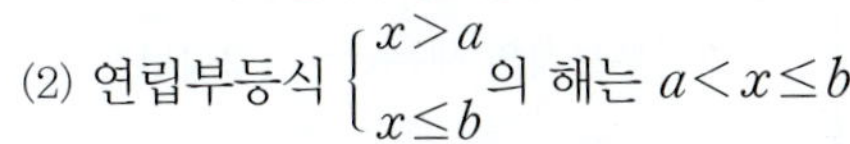

(2) 연립부등식 $\begin{cases} -x-9<2x \\ 5x-2<7x \end{cases}$ 를 풀면

$-x-9<2x$에서 $-3x<9$ $\quad\therefore x>-3$ $\qquad$ …… ㉠

$5x-2<7x$에서 $-2x<2$ $\quad\therefore x>-1$ $\qquad$ …… ㉡

㉠, ㉡을 수직선 위에 나타내면 오른쪽 그림과 같으므로 연립부등식의 해는

$\qquad x>-1$

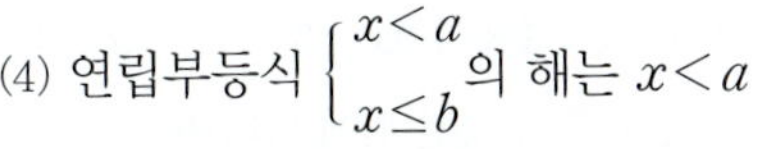

한편, 연립부등식을 풀기 위해 각 일차부등식의 해를 수직선 위에 나타내었을 때, 해가 하나뿐이거나 해가 없는 경우가 있다.

(1) 연립부등식 $\begin{cases} x \leq a \\ x \geq a \end{cases}$ 의 해는 $x=a$

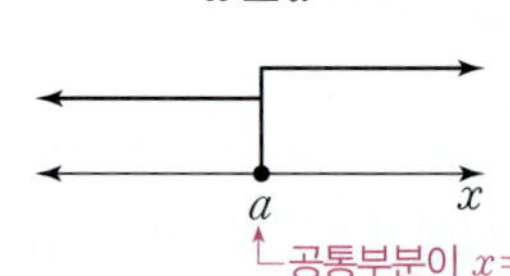

(2) 연립부등식 $\begin{cases} x \leq a \\ x \geq b \end{cases}$ 의 해는 없습니다. (단, $a < b$)

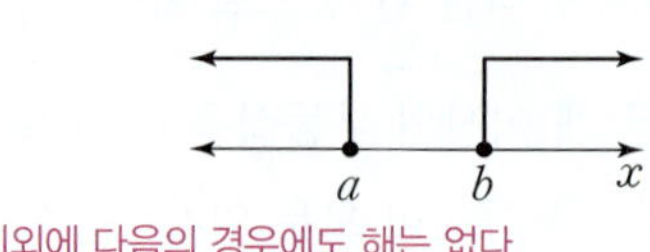

Example

(1) 연립부등식 $\begin{cases} -3x+1 \leq 7 \\ 2x+2 \leq -2 \end{cases}$ 를 풀면

$-3x+1 \leq 7$에서 $-3x \leq 6$

$\therefore x \geq -2 \qquad \cdots\cdots \text{㉠}$

$2x+2 \leq -2$에서 $2x \leq -4$

$\therefore x \leq -2 \qquad \cdots\cdots \text{㉡}$

㉠, ㉡을 수직선 위에 나타내면 오른쪽 그림과 같으므로 연립부등식의 해는 $x=-2$이다.

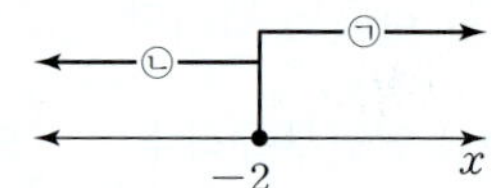

(2) 연립부등식 $\begin{cases} -x+4 \geq 5 \\ 3x-2 > 1 \end{cases}$ 을 풀면

$-x+4 \geq 5$에서 $-x \geq 1 \qquad \therefore x \leq -1 \qquad \cdots\cdots \text{㉠}$

$3x-2 > 1$에서 $3x > 3 \qquad \therefore x > 1 \qquad \cdots\cdots \text{㉡}$

㉠, ㉡을 수직선 위에 나타내면 오른쪽 그림과 같으므로 연립부등식의 해는 없다.

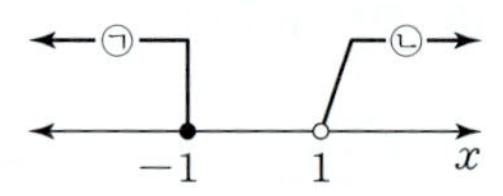

$A < B < C$ 꼴의 연립부등식은 두 개의 부등식 $A < B$와 $B < C$를 하나의 식으로 나타낸 것이므로 $\begin{cases} A < B \\ B < C \end{cases}$ 꼴로 바꾸어 풀면 됩니다. ← $\begin{cases} A < B \\ A < C \end{cases}$ 또는 $\begin{cases} A < C \\ B < C \end{cases}$ 꼴로 바꾸어 풀지 않도록 주의한다.

Example

연립부등식 $5x-6 \leq 2x-3 < 3x+2$에서 $\begin{cases} 5x-6 \leq 2x-3 \\ 2x-3 < 3x+2 \end{cases}$ 이므로

$5x-6 \leq 2x-3$을 풀면 $3x \leq 3 \qquad \therefore x \leq 1 \qquad \cdots\cdots \text{㉠}$

$2x-3 < 3x+2$를 풀면 $-x < 5 \qquad \therefore x > -5 \qquad \cdots\cdots \text{㉡}$

㉠, ㉡을 수직선 위에 나타내면 오른쪽 그림과 같으므로 연립부등식의 해는 $-5 < x \leq 1$

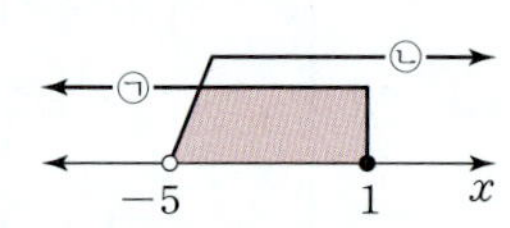

개념 Point **연립부등식**

1 연립부등식 : 두 개 이상의 부등식을 한 쌍으로 묶어서 나타낸 것

2 연립부등식의 풀이 : 각 부등식의 해를 수직선 위에 함께 나타낸 후, 그 공통부분을 찾는다.

3 $A < B < C$ 꼴의 연립부등식은 $\begin{cases} A < B \\ B < C \end{cases}$ 꼴로 바꾸어 푼다.

④ 절댓값 기호를 포함한 부등식

임의의 실수 x의 절댓값 $|x|$는 수직선 위의 원점으로부터 x를 나타내는 점까지의 거리를 뜻합니다. 이를 이용하여 절댓값 기호를 포함한 부등식을 풀 수 있습니다.

두 부등식 $|x|<3$, $|x|>3$의 해를 각각 구해 봅시다.

원점으로부터 부등식 $|x|<3$의 해 x를 나타내는 점까지의 거리는 3보다 작습니다. 따라서 부등식 $|x|<3$의 해는 오른쪽 그림과 같이 $-3<x<3$입니다.

마찬가지 방법으로 원점으로부터 부등식 $|x|>3$의 해 x를 나타내는 점까지의 거리는 3보다 큽니다. 따라서 부등식 $|x|>3$의 해는 오른쪽 그림과 같이 $x<-3$ 또는 $x>3$입니다.

일반적으로 $a>0$일 때, 다음이 성립합니다.

(1) 부등식 $|x|<a$의 해는 ← 원점으로부터의 거리가 a보다 작은 x의 값의 범위
$$-a<x<a$$

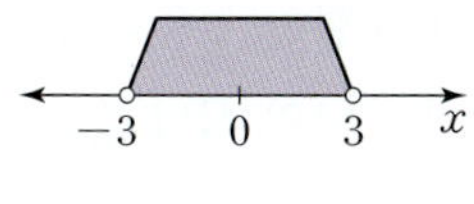

(2) 부등식 $|x|>a$의 해는 ← 원점으로부터의 거리가 a보다 큰 x의 값의 범위
$$x<-a \text{ 또는 } x>a$$

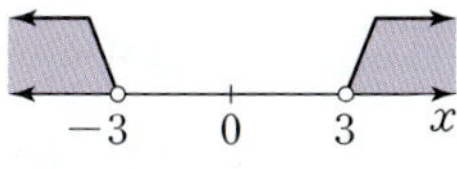

Example

부등식 $|x+3|<2$에서
$$-2<x+3<2$$
즉, $\begin{cases} -2<x+3 \\ x+3<2 \end{cases}$ 를 풀면

$-2<x+3$에서 $-x<5$ $\quad \therefore x>-5$ $\quad$ …… ㉠

$x+3<2$에서 $x<-1$ $\qquad\qquad$ …… ㉡

㉠, ㉡을 수직선 위에 나타내면 오른쪽 그림과 같으므로 구하는 부등식의 해는
$$-5<x<-1$$

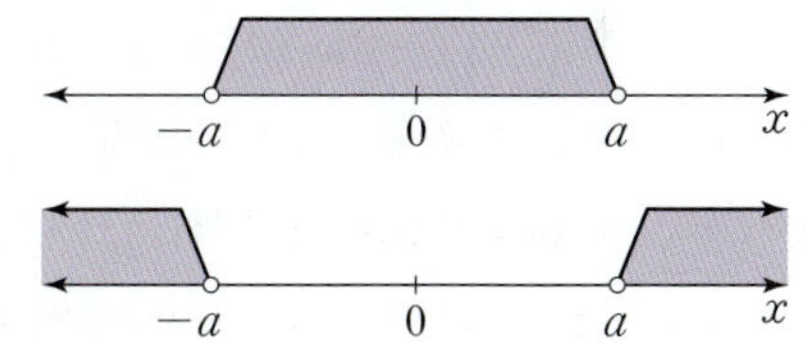

다른 풀이 부등식 $|x+3|<2$에서 $-2<x+3<2$

각 변에서 3을 빼면 $-5<x<-1$

참고 $c>0$일 때

(1) $|ax+b|<c \Rightarrow -c<ax+b<c$

(2) $|ax+b|>c \Rightarrow ax+b<-c$ 또는 $ax+b>c$

(1), (2)에서 $<$, $>$가 각각 $\leq$, $\geq$로 바뀌어도 성립한다.

이제 절댓값 기호가 포함된 부등식의 일반적인 풀이에 대하여 알아봅시다. 절댓값 기호를 포함한 부등식을 풀 때에는

$$|x|=\begin{cases} x & (x \geq 0) \\ -x & (x < 0) \end{cases}, \quad |x-a|=\begin{cases} x-a & (x \geq a) \\ -(x-a) & (x < a) \end{cases}$$

임을 이용하여 절댓값 기호를 없앤 뒤, 식을 정리하여 해를 구합니다.

또한 $|x-a|+|x-b|<c$와 같이 절댓값 기호를 2개 포함한 부등식의 경우, 오른쪽 그림과 같이 절댓값 기호 안의 식의 값이 0이 되도록 하는 x의 값 $x=a$, $x=b$ $(a<b)$를 기준으로 x의 값의 범위를 나누어 해를 구합니다.

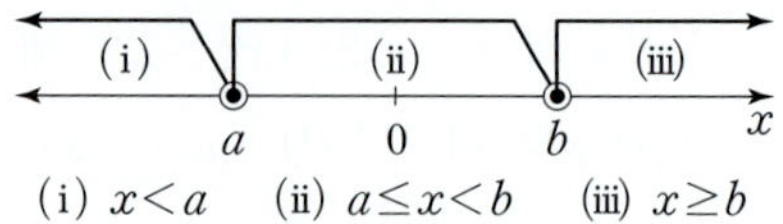

Example 부등식 $|x+1|+|x-2|<5$에서

절댓값 기호 안의 식의 값이 0이 되도록 하는 x의 값은 $x=-1$, $x=2$이므로 다음과 같이

세 구간으로 나누어서 풀면 ← 구간을 나누어 각 부등식의 해를 구할 때, 해당 범위에 속하는 것만을 택해야 한다.

(i) $x<-1$일 때,

  $|x+1|=-(x+1)$, $|x-2|=-(x-2)$이므로

  $\quad -(x+1)-(x-2)<5$, $-2x<4$ $\therefore x>-2$

  그런데 $x<-1$이므로 $-2<x<-1$

(ii) $-1 \leq x < 2$일 때,

  $|x+1|=x+1$, $|x-2|=-(x-2)$이므로

  $\quad (x+1)-(x-2)<5$ $\therefore 3<5$

  따라서 $-1 \leq x < 2$에서 이 부등식은 항상 성립한다.

  $\quad \therefore -1 \leq x < 2$

(iii) $x \geq 2$일 때,

  $|x+1|=x+1$, $|x-2|=x-2$이므로

  $\quad (x+1)+(x-2)<5$, $2x<6$ $\therefore x<3$

  그런데 $x \geq 2$이므로 $2 \leq x < 3$

(i)~(iii)에서 주어진 부등식의 해는 $-2<x<-1$ 또는 $-1 \leq x < 2$ 또는 $2 \leq x < 3$, 즉 $-2<x<3$이다.

개념 Point　　**절댓값 기호를 포함한 부등식**

1 $a>0$일 때,

　(1) 부등식 $|x|<a$의 해는 $-a<x<a$

　(2) 부등식 $|x|>a$의 해는 $x<-a$ 또는 $x>a$

2 절댓값 기호를 포함한 부등식은 절댓값 기호 안의 식의 값이 0이 되도록 하는 x의 값을 기준으로 x의 값의 범위를 나누어 푼다.

1 x에 대한 부등식 $ax+2>x+2a$를 푸시오.

2 다음 연립부등식을 푸시오.

(1) $\begin{cases} x+2>0 \\ 2x-1\geq x+3 \end{cases}$ (2) $\begin{cases} 2x-10<-x+5 \\ 3x-4\geq x+4 \end{cases}$

(3) $\begin{cases} 2x-1\geq x+1 \\ x-10\geq 4x+8 \end{cases}$ (4) $\begin{cases} 7x+2\geq 4x-1 \\ 3x-1\geq 5x+1 \end{cases}$

3 다음 연립부등식을 푸시오.

(1) $-2<\dfrac{2x+5}{3}\leq 3$ (2) $2x-3\leq 3x+1<x+9$

4 다음 부등식을 푸시오.

(1) $|2x+1|\leq 7$ (2) $|x-3|>5$

5 다음 부등식을 푸시오.

(1) $|x-4|<x$ (2) $|x+1|+|x-1|>4$

● 풀이 114쪽 ~ 115쪽

정답

1 $a>1$일 때 $x>2$, $a<1$일 때 $x<2$, $a=1$일 때 해는 없다.

2 (1) $x\geq 4$ (2) $4\leq x<5$ (3) 해는 없다. (4) $x=-1$

3 (1) $-\dfrac{11}{2}<x\leq 2$ (2) $-4\leq x<4$ **4** (1) $-4\leq x\leq 3$ (2) $x<-2$ 또는 $x>8$

5 (1) $x>2$ (2) $x<-2$ 또는 $x>2$

예제 01

x에 대한 부등식 $ax+b<0$의 해가 $x>2$일 때, x에 대한 부등식
$$(a+b)x+(2a-b)>0$$
을 푸시오.

접근 방법 a가 양수라고 하면 부등식 $ax+b<0$, 즉 $ax<-b$의 해는 $x<-\dfrac{b}{a}$이므로 해가 $x>2$가 될 수 없다. 따라서 a는 음수이고 해는 $x>-\dfrac{b}{a}$이므로 $-\dfrac{b}{a}=2$이다.

수매씽 Point 부등식에서 양변에 음수를 곱하거나 음수로 나누면 부등호의 방향이 바뀐다.
$$\Rightarrow a>b,\ c<0\text{이면 } ac<bc,\ \frac{a}{c}<\frac{b}{c}$$

상세 풀이 $ax+b<0$, 즉 $ax<-b$의 해가 $x>2$이므로
$$a<0 \qquad\qquad \cdots\cdots\ \unicode{x326F}$$
$$-\frac{b}{a}=2 \quad \therefore\ b=-2a \quad \cdots\cdots\ \unicode{x3270}$$
$\unicode{x3270}$을 x에 대한 부등식 $(a+b)x+(2a-b)>0$에 대입하면
$$(a-2a)x+(2a+2a)>0$$
$$-ax>-4a$$
$\unicode{x326F}$에서 $a<0$이므로 $-a>0$
따라서 주어진 부등식의 해는
$$x>4$$

정답 $x>4$

보충 설명

x에 대한 부등식 $ax>b$를 풀 때에는 다음과 같이 경우를 나누어 각각의 해를 구해야 한다.

(i) $a>0$일 때, $x>\dfrac{b}{a}$

(ii) $a<0$일 때, $x<\dfrac{b}{a}$

(iii) $a=0$일 때, $\begin{cases} b\geq 0\text{이면 해는 없다.} \\ b<0\text{이면 해는 모든 실수} \end{cases}$

01-1　x에 대한 부등식 $ax-b>0$의 해가 $x<3$일 때, x에 대한 부등식
$$bx+(3a+b)<0$$
을 푸시오.

01-2　x에 대한 부등식 $(a+b)x+(a-3b)>0$의 해가 $x<\dfrac{1}{3}$일 때, x에 대한 부등식
$$(a-3b)x+(a-5b)>0$$
을 푸시오.

01-3　x에 대한 부등식 $a(x-1)-b(x-2)>1$의 해가 존재하지 않을 때, 실수 a의 값의 범위를 구하시오.

● 풀이 115쪽 ~ 116쪽

정답　01-1 $x>-2$　01-2 $x>-3$　01-3 $a\le 1$

예제 02

$4\leq x\leq 8$, $1\leq y\leq 2$일 때, 다음 식의 값의 범위를 구하시오.

(1) $x+y$

(2) $x-y$

(3) xy

(4) $\dfrac{x}{y}$

접근 방법 (1) $x+y$의 값은 x, y의 값이 모두 최소일 때 최소, x, y의 값이 모두 최대일 때 최대이다.

(2) $x-y$의 값은 x가 최소이고 y가 최대일 때 최소, x가 최대이고 y가 최소일 때 최대이다.

(3) x, y가 모두 양수이므로 xy의 값은 x, y의 값이 모두 최소일 때 최소, x, y의 값이 모두 최대일 때 최대이다.

(4) x, y가 모두 양수이므로 $\dfrac{x}{y}$의 값은 x가 최소이고 y가 최대일 때 최소, x가 최대이고 y가 최소일 때 최대이다.

수매씽 Point

$a\leq x\leq b$, $c\leq y\leq d$이면 $\begin{cases} a+c\leq x+y\leq b+d \\ a-d\leq x-y\leq b-c \end{cases}$

상세 풀이 (1) 큰 것끼리 더할 때에 가장 크고, 작은 것끼리 더할 때에 가장 작다. 따라서 왼쪽 값끼리 더하고 오른쪽 값끼리 더하면 된다.

$$\begin{array}{r} 4\leq\ \ x\ \leq 8 \\ +)\ 1\leq\ \ y\ \leq 2 \\ \hline 5\leq x+y\leq 10 \end{array}$$

(2) 큰 것에서 작은 것을 뺄 때에 가장 크고, 작은 것에서 큰 것을 뺄 때에 가장 작다. 따라서 좌우로 엇갈려서 빼면 된다.

$$\begin{array}{r} 4\leq\ \ x\ \leq 8 \\ -)\ 1\leq\ \ y\ \leq 2 \\ \hline 2\leq x-y\leq 7 \end{array}$$

(3) x, y가 모두 양수이므로 큰 것끼리 곱할 때에 가장 크고, 작은 것끼리 곱할 때에 가장 작다.

$$\begin{array}{r} 4\leq\ \ x\ \leq 8 \\ \times)\ 1\leq\ \ y\ \leq 2 \\ \hline 4\leq\ \ xy\ \leq 16 \end{array}$$

(4) x, y가 모두 양수이므로 큰 것을 작은 것으로 나누면 가장 크고, 작은 것을 큰 것으로 나누면 가장 작다.

$$\begin{array}{r} 4\leq\ \ x\ \leq 8 \\ \div)\ 1\leq\ \ y\ \leq 2 \\ \hline 2\leq\ \ \dfrac{x}{y}\ \leq 8 \end{array}$$

정답 (1) $5\leq x+y\leq 10$ (2) $2\leq x-y\leq 7$ (3) $4\leq xy\leq 16$ (4) $2\leq\dfrac{x}{y}\leq 8$

보충 설명

주어진 범위가 양수만 포함할 때에는 (3), (4)와 같이 xy와 $\dfrac{x}{y}$의 값의 범위를 쉽게 구할 수 있지만 주어진 범위가 음수를 포함하고 있을 때에는 곱셈과 나눗셈을 할 때 유의해야 한다.

예를 들어 $-1\leq x\leq 2$, $1\leq y< 2$일 때, xy의 값의 범위는 $-1\leq xy< 4$가 아니라 $-2< xy< 4$이고, $\dfrac{x}{y}$의 값의 범위도 $-\dfrac{1}{2}<\dfrac{x}{y}\leq 2$가 아니라 $-1\leq\dfrac{x}{y}\leq 2$이다.

02-1 $3<x\leq6$, $1\leq y\leq3$일 때, 다음 식의 값의 범위를 구하시오.

(1) $x+y$

(2) $x-y$

(3) xy

(4) $\dfrac{x}{y}$

02-2 $|x-3|\leq1$, $|y-5|<2$일 때, 다음 식의 값의 범위를 구하시오.

(1) $xy+2x$

(2) $\dfrac{x}{y-2}$

02-3 $\dfrac{1}{3}\leq x\leq\dfrac{1}{2}$, $-1\leq y\leq\dfrac{1}{3}$일 때, $a\leq xy\leq b$라고 하자. $\dfrac{2}{ab}$의 값을 구하시오.

● 풀이 116쪽

정답

02-1 (1) $4<x+y\leq9$ (2) $0<x-y\leq5$ (3) $3<xy\leq18$ (4) $1<\dfrac{x}{y}\leq6$

02-2 (1) $10<xy+2x<36$ (2) $\dfrac{2}{5}<\dfrac{x}{y-2}<4$

02-3 -24

예제 03

다음 연립부등식의 해를 구하시오.

(1) $\begin{cases} 2(3-x)+8 \geq x-4 \\ \dfrac{2x+1}{3} > \dfrac{-x+3}{2} \end{cases}$ (2) $2(x-2) \leq x+4 \leq 3(x-2)$

접근 방법 ▷ (1)에서는 주어진 각각의 일차부등식의 해를 구한 후, 수직선 위에 나타내어 공통부분의 해를 구한다.

(2)에서는 $f(x) < g(x) < h(x)$의 해를 구할 때, 두 부등식 $f(x) < g(x)$, $g(x) < h(x)$의 각각의 해의 공통부분임을 이용한다.

> **수매씽 Point** $\begin{cases} f(x) > 0 \\ g(x) > 0 \end{cases}$ 의 해는 두 부등식 $f(x) > 0$, $g(x) > 0$의 각각의 해의 공통부분이다.

상세 풀이 ▷ (1) $2(3-x)+8 \geq x-4$에서

$$6-2x+8 \geq x-4, \quad -3x \geq -18 \qquad \therefore x \leq 6 \quad \cdots\cdots ㉠$$

$\dfrac{2x+1}{3} > \dfrac{-x+3}{2}$에서

$$2(2x+1) > 3(-x+3), \quad 7x > 7 \qquad \therefore x > 1 \quad \cdots\cdots ㉡$$

㉠, ㉡에서 연립부등식의 해는

$$1 < x \leq 6$$

(2) 주어진 부등식에서 $\begin{cases} 2(x-2) \leq x+4 \\ x+4 \leq 3(x-2) \end{cases}$ 이므로

$2x-4 \leq x+4$를 풀면 $x \leq 8$ $\qquad \cdots\cdots ㉠$

$x+4 \leq 3x-6$을 풀면 $-2x \leq -10$ $\qquad \therefore x \geq 5$ $\quad \cdots\cdots ㉡$

㉠, ㉡에서 연립부등식의 해는

$$5 \leq x \leq 8$$

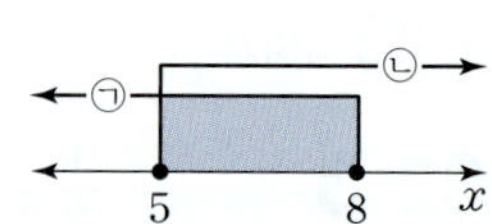

정답 (1) $1 < x \leq 6$ (2) $5 \leq x \leq 8$

보충 설명

연립부등식에서 해가 존재하지 않는 경우

연립부등식에서 각 일차부등식의 해를 수직선 위에 나타내었을 때, 다음과 같이 공통부분이 없으면 연립부등식의 해는 존재하지 않는다. (단, $a < b$)

(1) $\begin{cases} x \leq a \\ x \geq b \end{cases}$ (2) $\begin{cases} x < a \\ x \geq a \end{cases}$ (3) $\begin{cases} x < a \\ x > a \end{cases}$

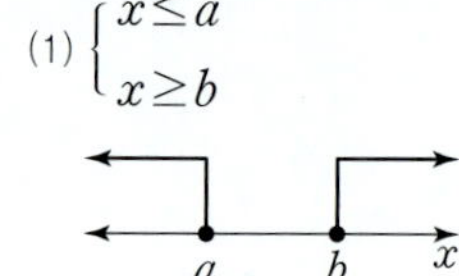 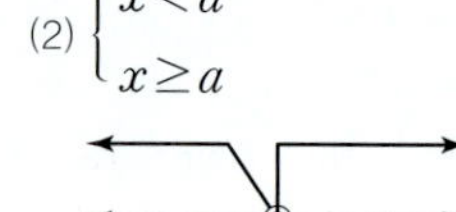 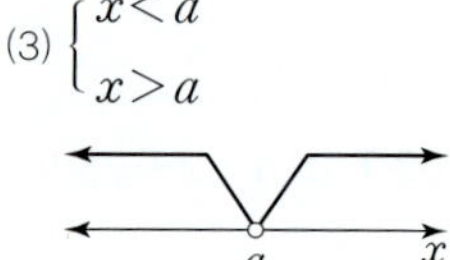

03-1

다음 연립부등식의 해를 구하시오.

(1) $\begin{cases} 6(x+1) > 5x+9 \\ \dfrac{x-1}{2} \le \dfrac{x}{3}+1 \end{cases}$
$\qquad$ (2) $2(x+1) < 4x-2 \le 3(x+1)+5$

03-2

다음 연립부등식의 해가 아래와 같이 주어졌을 때, a, b의 값을 각각 구하시오.

(1) 연립부등식 $\begin{cases} 3x+1 > 3a-5 \\ 2(x-1) \le x+5 \end{cases}$ 의 해가 $2 < x \le b$이다. (단, a는 상수이다.)

(2) 연립부등식 $\begin{cases} 2x-3 < ax+2 \\ x+b > 2x+1 \end{cases}$ 의 해가 $-1 < x < 3$이다. (단, $a > 2$이고 b는 상수이다.)

03-3

연립부등식 $\begin{cases} a+4x < 2a \\ 3(x+1) \ge x+6 \end{cases}$ 의 해가 존재하지 않도록 하는 정수 a의 최댓값은?

① 6 $\qquad$ ② 7 $\qquad$ ③ 8

④ 9 $\qquad$ ⑤ 10

• 풀이 116쪽 ~ 117쪽

예제 04 — 절댓값 기호를 포함한 부등식

다음 부등식을 푸시오.

(1) $|x-2| > 2x-1$　　　　　　　(2) $|x| + |x+2| \leq 4$

접근 방법 (1)에서는 $x<2$일 때와 $x\geq 2$일 때로 나누어 부등식을 풀고 해당 범위에서 공통 범위를 구한 후, 각 범위에서 구한 해를 합친다. (2)에서는 $x<-2$일 때, $-2\leq x<0$일 때, $x\geq 0$일 때로 나누어 부등식을 푼 후 해당 범위에서 공통 범위를 구한 후, 각 범위에서 구한 해를 합친다.

수매씽 Point 절댓값 기호 안의 식의 값이 0이 되는 x의 값을 기준으로 x의 값의 범위를 나누어 푼다.

상세 풀이

(1)(ⅰ) $x<2$일 때, $|x-2| = -(x-2)$이므로

$$-(x-2) > 2x-1, \quad -3x > -3 \qquad \therefore x < 1$$

그런데 $x<2$이므로 $x<1$

(ⅱ) $x\geq 2$일 때, $|x-2| = x-2$이므로

$$x-2 > 2x-1, \quad -x > 1 \qquad \therefore x < -1$$

그런데 $x\geq 2$이므로 해는 없다.

(ⅰ), (ⅱ)에서 주어진 부등식의 해는 $x<1$

(2)(ⅰ) $x<-2$일 때, $|x|=-x$, $|x+2| = -(x+2)$이므로

$$-x-(x+2) \leq 4, \quad -2x \leq 6 \qquad \therefore x \geq -3$$

그런데 $x<-2$이므로 $-3 \leq x < -2$

(ⅱ) $-2\leq x<0$일 때, $|x|=-x$, $|x+2| = x+2$이므로

$$-x+(x+2) \leq 4$$

즉, $0 \times x \leq 2$이므로 해는 모든 실수이다.

그런데 $-2\leq x<0$이므로 $-2 \leq x < 0$

(ⅲ) $x\geq 0$일 때, $|x|=x$, $|x+2| = x+2$이므로

$$x+(x+2) \leq 4, \quad 2x \leq 2 \qquad \therefore x \leq 1$$

그런데 $x\geq 0$이므로 $0 \leq x \leq 1$

(ⅰ)~(ⅲ)에서 주어진 부등식의 해는 $-3 \leq x \leq 1$

정답 (1) $x<1$　(2) $-3 \leq x \leq 1$

보충 설명

절댓값 기호를 포함한 부등식의 해는 다음과 같이 간단하게 구할 수 있다. (단, $a>0$)

(1) $|x| < a$이면 $-a < x < a$

(2) $|x| > a$이면 $x < -a$ 또는 $x > a$

숫자 바꾸기

04-1 다음 부등식을 푸시오.

(1) $2|x-3|<2x+5$

(2) $|x+1|+|x-1|>4$

표현 바꾸기

04-2 부등식 $|2x-a|\le5$의 해가 $1\le x\le b$일 때, $a+b$의 값을 구하시오. (단, a는 상수이다.)

개념 넓히기

04-3 부등식 $||x-2|-1|<3$을 만족시키는 모든 정수 x의 값의 합을 구하시오.

• 풀이 117쪽~118쪽

정답

04-1 (1) $x>\dfrac{1}{4}$ (2) $x<-2$ 또는 $x>2$	**04-2** 13	**04-3** 14

예제 05

두 식품 A, B를 각각 100 g씩 섭취했을 때 얻을 수 있는 열량과 단백질의 양은 오른쪽 표와 같다. 두 식품 A, B를 합하여 200 g을 섭취하고, 열량은 360 kcal 이상, 단백질은 13 g 이상을 얻으려고 한다. 식품 A를 섭취할 수 있는 양의 범위를 구하시오.

	열량(kcal)	단백질(g)
식품 A	120	8
식품 B	320	5

접근 방법 > 섭취해야 하는 식품 A의 양을 x g이라고 하면 섭취해야 하는 식품 B의 양은 $(200-x)$ g이다. 두 식품 A, B를 각각 1 g씩 섭취했을 때 얻을 수 있는 열량과 단백질의 양을 계산한 후, 문제의 조건에 맞게 연립부등식을 세워 해를 구한다.

수매씽 Point 구하려는 것을 x라 하고, 조건에 맞게 연립부등식을 세워 해를 구한다.

상세 풀이 > 두 식품 A, B를 각각 1 g씩 섭취했을 때 얻을 수 있는 열량과 단백질의 양은 오른쪽 표와 같다.

섭취해야 하는 식품 A의 양을 x g이라고 하면 섭취해야 하는 식품 B의 양은 $(200-x)$g이므로

	열량(kcal)	단백질(g)
식품 A	$\dfrac{120}{100}$	$\dfrac{8}{100}$
식품 B	$\dfrac{320}{100}$	$\dfrac{5}{100}$

$$\begin{cases} \dfrac{120}{100}x + \dfrac{320}{100}(200-x) \geq 360 \\ \dfrac{8}{100}x + \dfrac{5}{100}(200-x) \geq 13 \end{cases}$$

즉, $\begin{cases} 12x+32(200-x) \geq 3600 \\ 8x+5(200-x) \geq 1300 \end{cases}$ 을 풀면

$12x+32(200-x) \geq 3600$ 에서 $20x \leq 2800$ $\quad \therefore x \leq 140$ $\quad \cdots\cdots$ ㉠

$8x+5(200-x) \geq 1300$ 에서 $3x \geq 300$ $\quad \therefore x \geq 100$ $\quad \cdots\cdots$ ㉡

㉠, ㉡에서 연립부등식의 해는 $100 \leq x \leq 140$ 이다.

따라서 식품 A를 섭취할 수 있는 양은 100 g 이상 140 g 이하이다.

정답 100 g 이상 140 g 이하

보충 설명

소금물 또는 설탕물의 농도에 대한 문제가 나올 때에는 다음 식을 이용하여 부등식을 세운다.

⑴ (소금물 또는 설탕물의 농도) (%) $= \dfrac{(\text{소금 또는 설탕의 양})}{(\text{소금물 또는 설탕물의 양})} \times 100(\%)$

⑵ (소금 또는 설탕의 양) $= \dfrac{(\text{소금물 또는 설탕물의 농도})}{100} \times (\text{소금물 또는 설탕물의 양})$

05-1 두 식품 A, B를 각각 100 g씩 섭취했을 때 얻을 수 있는 열량과 탄수화물의 양은 오른쪽 표와 같다. 두 식품 A, B를 합하여 600 g을 섭취하고, 열량은 750 kcal 이하, 탄수화물은 18 g 이상을 얻으려고 한다. 식품 A를 섭취할 수 있는 양의 범위를 구하시오.

	열량(kcal)	탄수화물(g)
식품 A	150	6
식품 B	90	2

05-2 1500원짜리 과자와 800원짜리 우유를 합하여 12개를 사려고 한다. 전체 가격은 14700원 이하로 하고, 과자를 우유보다 많이 사려고 할 때, 과자를 몇 개 사면 되는지 구하시오.

05-3 두 제품 A, B를 각각 1개씩 만드는 데 필요한 재료비와 인건비가 오른쪽 표와 같다. 두 제품을 합하여 50개를 만들고, 재료비는 13만 원 이하, 인건비는 14만 원 이하가 되도록 할 때, 제품 A는 최대 M개를 만들 수 있다. M의 값을 구하시오.

	재료비	인건비
제품 A	3000원	2500원
제품 B	2000원	3000원

• 풀이 118쪽

정답

05-1 150 g 이상 350 g 이하   **05-2** 7개   **05-3** 30

2

이차부등식

부등식의 모든 항을 좌변으로 이항하여 정리하였을 때,

$$ax^2+bx+c>0,\ ax^2+bx+c<0,\ ax^2+bx+c\geq0,\ ax^2+bx+c\leq0\ (a\neq0)$$

과 같이 좌변이 미지수 x에 대한 이차식이 되는 부등식을 x에 대한 이차부등식이라고 합니다.

이차부등식의 해는 이차함수의 그래프를 이용하여 구할 수 있습니다.
└▶이차함수의 그래프와 x축과의 교점의 x좌표는 이차방정식의 실근과 같다.

1 이차부등식과 이차함수의 관계

이차함수의 그래프를 이용하여 이차부등식 $x^2-2x-3>0$의 해를 구해 봅시다.

오른쪽 그림과 같이 이차함수 $y=x^2-2x-3$의 그래프가 x축보다 위쪽에 있는 부분의 x의 값의 범위는 $x<-1$ 또는 $x>3$입니다.

즉, 이차함수 $y=x^2-2x-3$에서 $y>0$인 x의 값의 범위가 이차부등식 $x^2-2x-3>0$의 해가 됩니다.

따라서 이차부등식 $x^2-2x-3>0$의 해는 $x<-1$ 또는 $x>3$입니다.

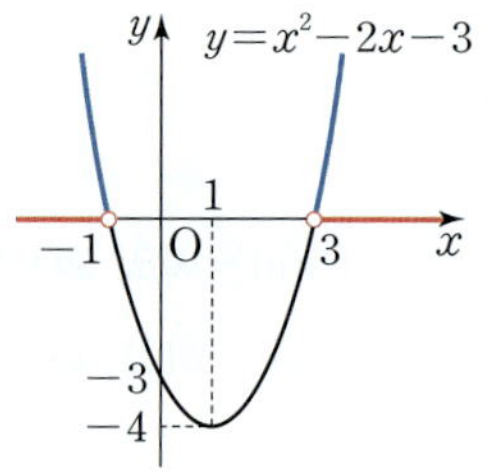

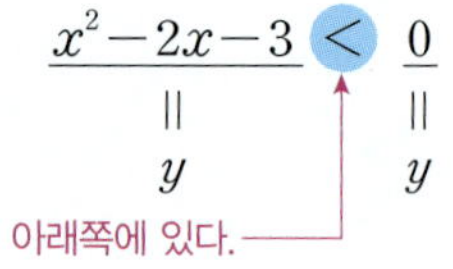

이차함수 $y=x^2-2x-3$의 그래프가 직선 $y=0$(x축)보다 **위쪽**에 있다.

마찬가지 방법으로 이차부등식 $x^2-2x-3<0$의 해를 구해 봅시다.

오른쪽 그림과 같이 이차함수 $y=x^2-2x-3$의 그래프가 x축보다 아래쪽에 있는 부분의 x의 값의 범위는 $-1<x<3$입니다.

즉, 이차함수 $y=x^2-2x-3$에서 $y<0$인 x의 값의 범위가 이차부등식 $x^2-2x-3<0$의 해가 됩니다.

따라서 이차부등식 $x^2-2x-3<0$의 해는 $-1<x<3$입니다.

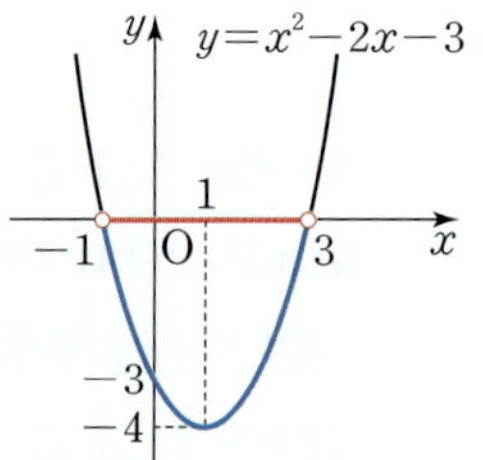

이차함수 $y=x^2-2x-3$의 그래프가 직선 $y=0$(x축)보다 **아래쪽**에 있다.

이차부등식 $ax^2+bx+c>0$의 해는 이차함수 $y=ax^2+bx+c$에서 $y>0$인 x의 값의 범위, 즉 $y=ax^2+bx+c$의 그래프가 x축보다 위쪽에 있는 부분의 x의 값의 범위입니다.

또한 이차부등식 $ax^2+bx+c<0$의 해는 이차함수 $y=ax^2+bx+c$에서 $y<0$인 x의 값의 범위, 즉 $y=ax^2+bx+c$의 그래프가 x축보다 아래쪽에 있는 부분의 x의 값의 범위입니다.

(1) 이차부등식 $x^2-4x-5>0$의 해를 구해 보면

오른쪽 그림과 같이 이차함수 $y=x^2-4x-5$에서 $y>0$, 즉 그래프가 x축보다 위쪽에 있는 부분의 x의 값의 범위는 $x<-1$ 또는 $x>5$이므로 이차부등식 $x^2-4x-5>0$의 해는 $x<-1$ 또는 $x>5$이다.

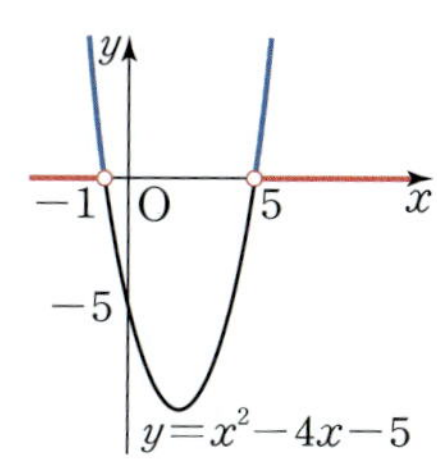

(2) 이차부등식 $x^2-6x+8\leq0$의 해를 구해 보면

오른쪽 그림과 같이 이차함수 $y=x^2-6x+8$에서 $y\leq0$, 즉 그래프가 x축보다 아래쪽에 있거나 x축과 만나는 부분의 x의 값의 범위는 $2\leq x\leq4$이므로 이차부등식 $x^2-6x+8\leq0$의 해는 $2\leq x\leq4$이다.

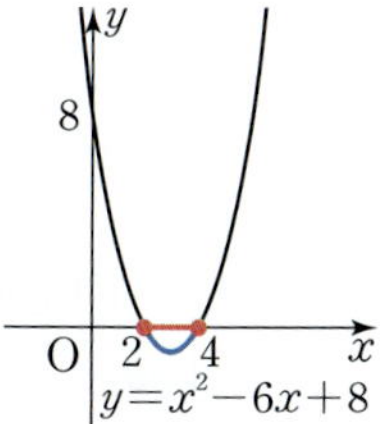

개념 Point 이차부등식과 이차함수의 관계

1 이차부등식 $ax^2+bx+c>0$의 해는 이차함수 $y=ax^2+bx+c$에서 $y>0$인 x의 값의 범위이다.

2 이차부등식 $ax^2+bx+c<0$의 해는 이차함수 $y=ax^2+bx+c$에서 $y<0$인 x의 값의 범위이다.

+ Plus

이차부등식 $ax^2+bx+c\geq0$, $ax^2+bx+c\leq0$의 해는 이차함수 $y=ax^2+bx+c$의 그래프가 x축과 만나는 점의 x좌표를 포함한다.

2 이차부등식의 해

이차함수 $y=ax^2+bx+c$의 그래프와 x축의 위치 관계를 이용하여 이차부등식의 해를 구할 수 있으므로 이차부등식의 해를 구하는 방법은 이차방정식 $ax^2+bx+c=0$ $(a>0)$의 판별식 $D=b^2-4ac$의 값의 부호에 따라 다음 세 가지로 나누어 생각할 수 있습니다.

1. $D>0$인 경우 (이차함수의 그래프와 x축의 교점이 2개인 경우)

이차함수 $y=ax^2+bx+c$ $(a>0)$의 그래프와 x축의 두 교점의 x좌표를 각각 α, β $(\alpha<\beta)$라고 하면

→ 서로 다른 두 실근을 갖는다.

(1) $ax^2+bx+c>0$의 해는 $y>0$, 즉 이차함수 $y=ax^2+bx+c$의 그래프가 x축보다 위쪽에 있는 부분의 x의 값의 범위이므로

$$x<\alpha \text{ 또는 } x>\beta$$

(2) $ax^2+bx+c<0$의 해는 $y<0$, 즉 이차함수 $y=ax^2+bx+c$의 그래프가 x축보다 아래쪽에 있는 부분의 x의 값의 범위이므로

$$\alpha<x<\beta$$

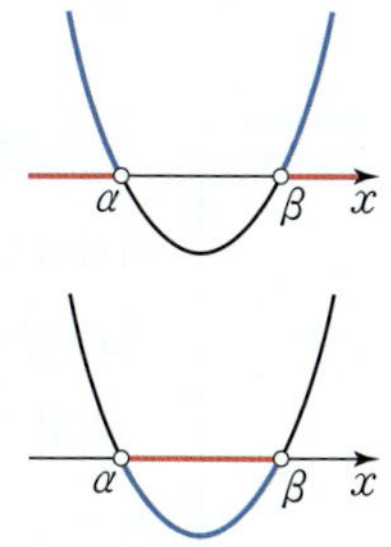

(3) $ax^2+bx+c\geq0$의 해는 $y\geq0$, 즉 이차함수 $y=ax^2+bx+c$의 그래프가 x축보다 위쪽에 있거나 x축과 만나는 부분의 x의 값의 범위이므로

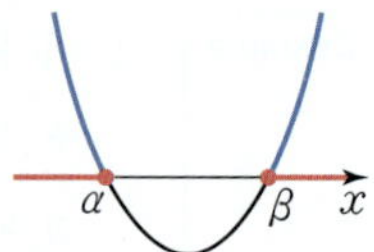

$$x\leq\alpha \text{ 또는 } x\geq\beta$$

(4) $ax^2+bx+c\leq0$의 해는 $y\leq0$, 즉 이차함수 $y=ax^2+bx+c$의 그래프가 x축보다 아래쪽에 있거나 x축과 만나는 부분의 x의 값의 범위이므로

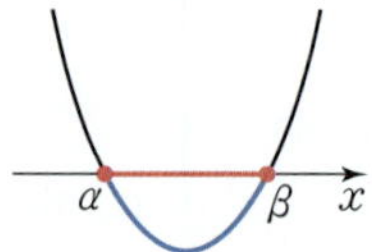

$$\alpha\leq x\leq\beta$$

Example 이차부등식 $x^2-4x+3>0$에서

이차함수 $y=x^2-4x+3$, 즉 $y=(x-1)(x-3)$의 그래프는 오른쪽 그림과 같이 두 점 $(1,\ 0)$, $(3,\ 0)$에서 x축과 만난다.

이차함수 $y=x^2-4x+3$에서 $y>0$인 x의 값의 범위는 $x<1$ 또는 $x>3$이므로 구하는 이차부등식의 해는 $x<1$ 또는 $x>3$이다.

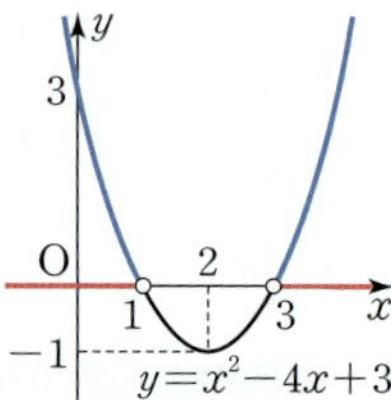

2. $D=0$인 경우 (이차함수의 그래프와 x축의 교점이 1개인 경우)

이차함수 $y=ax^2+bx+c\ (a>0)$의 그래프가 x축에 접하므로 접점의 x좌표를 α라고 하면

(1) $ax^2+bx+c>0$의 해는 $y>0$, 즉 이차함수 $y=ax^2+bx+c$의 그래프가 x축보다 위쪽에 있는 부분의 x의 값의 범위이므로

$$x\neq\alpha\text{인 모든 실수} \quad \leftarrow \text{접점의 } x\text{좌표를 제외한 모든 실수}$$

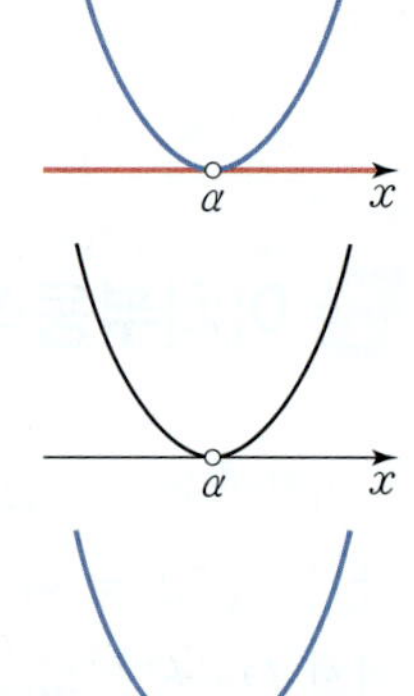

(2) $ax^2+bx+c<0$의 해는 $y<0$, 즉 이차함수 $y=ax^2+bx+c$의 그래프가 x축보다 아래쪽에 있는 부분의 x의 값의 범위이므로 부등식 $ax^2+bx+c<0$의 해는 없습니다.

(3) $ax^2+bx+c\geq0$의 해는 $y\geq0$, 즉 이차함수 $y=ax^2+bx+c$의 그래프가 x축보다 위쪽에 있거나 x축과 만나는 부분의 x의 값의 범위이므로 모든 실수입니다.

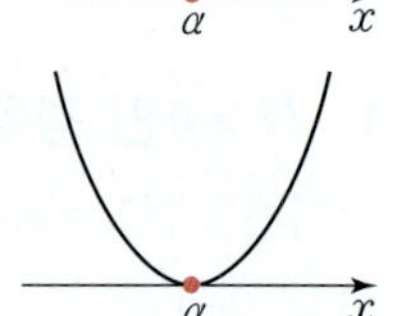

(4) $ax^2+bx+c\leq0$의 해는 $y\leq0$, 즉 이차함수 $y=ax^2+bx+c$의 그래프가 x축보다 아래쪽에 있거나 x축과 만나는 부분의 x의 값의 범위이므로

$$x=\alpha$$

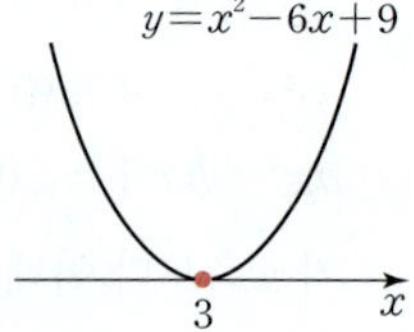

Example 이차부등식 $x^2-6x+9\leq0$에서

이차함수 $y=x^2-6x+9$, 즉 $y=(x-3)^2$의 그래프는 오른쪽 그림과 같이 점 $(3,\ 0)$에서 x축과 접한다.

이차함수 $y=x^2-6x+9$에서 $y\leq0$인 x의 값은 $x=3$뿐이므로 이차부등식 $x^2-6x+9\leq0$의 해는 $x=3$이다.

3. $D<0$인 경우 (이차함수의 그래프와 x축의 교점이 없는 경우)

이차함수 $y=ax^2+bx+c\,(a>0)$의 그래프는 x축과 만나지 않습니다. ← 허근을 갖는다.

(1) $ax^2+bx+c>0$의 해는 $y>0$, 즉 이차함수 $y=ax^2+bx+c$의 그래프가 x축보다 위쪽에 있는 부분의 x의 값의 범위이므로 모든 실수입니다.

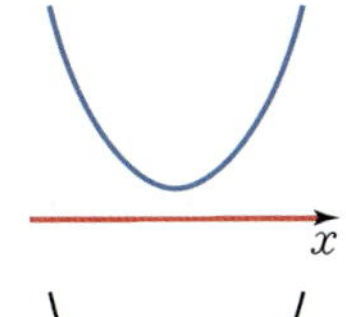

(2) $ax^2+bx+c<0$의 해는 $y<0$, 즉 이차함수 $y=ax^2+bx+c$의 그래프가 x축보다 아래쪽에 있는 부분의 x의 값의 범위이므로 해는 없습니다.

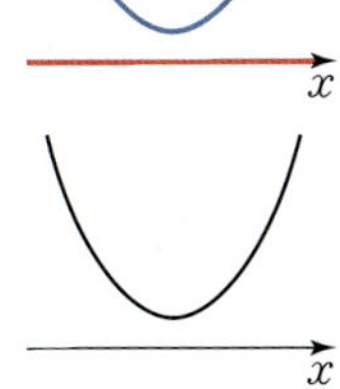

(3) $ax^2+bx+c\geq0$의 해는 $y\geq0$, 즉 이차함수 $y=ax^2+bx+c$의 그래프가 x축보다 위쪽에 있거나 x축과 만나는 부분의 x의 값의 범위이므로 모든 실수입니다.

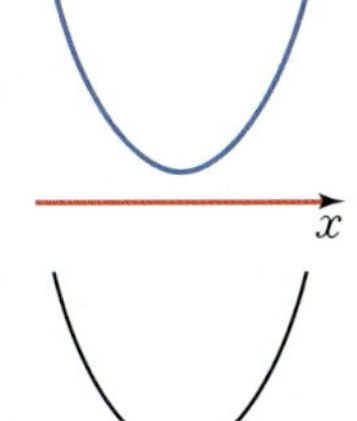

(4) $ax^2+bx+c\leq0$의 해는 $y\leq0$, 즉 이차함수 $y=ax^2+bx+c$의 그래프가 x축보다 아래쪽에 있거나 x축과 만나는 부분의 x의 값의 범위이므로 해는 없습니다.

Example

이차부등식 $x^2-2x+2<0$에서 이차방정식 $x^2-2x+2=0$의 판별식을 D라고 하면

$$\frac{D}{4}=(-1)^2-1\times2=-1<0$$

이므로 이차함수 $y=x^2-2x+2$의 그래프는 x축과 만나지 않는다. 즉, $y<0$인 x의 값의 범위는 존재하지 않으므로 이차부등식 $x^2-2x+2<0$의 해는 없다.

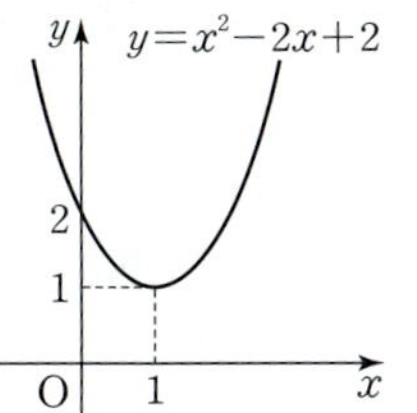

개념 Point　　**이차부등식의 해**

이차방정식 $ax^2+bx+c=0\,(a>0)$의 판별식을 D라고 할 때, 이차부등식의 해는 다음과 같다.

	$D>0$	$D=0$	$D<0$
$y=ax^2+bx+c$의 그래프			
$ax^2+bx+c>0$의 해	$x<\alpha$ 또는 $x>\beta$	$x\neq\alpha$인 모든 실수	모든 실수
$ax^2+bx+c<0$의 해	$\alpha<x<\beta$	해는 없다.	해는 없다.
$ax^2+bx+c\geq0$의 해	$x\leq\alpha$ 또는 $x\geq\beta$	모든 실수	모든 실수
$ax^2+bx+c\leq0$의 해	$\alpha\leq x\leq\beta$	$x=\alpha$	해는 없다.

한편, 마찬가지 방법으로 $a<0$일 때에도 이차부등식의 해는 이차방정식 $ax^2+bx+c=0$의 판별식 $D=b^2-4ac$의 부호에 따라 다음과 같이 구할 수 있습니다.

	$D>0$	$D=0$	$D<0$
$y=ax^2+bx+c$의 그래프	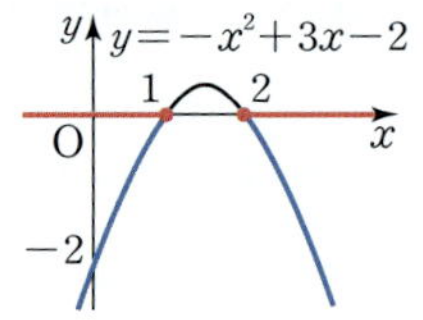		
$ax^2+bx+c>0$의 해	$\alpha<x<\beta$	해는 없다.	해는 없다.
$ax^2+bx+c<0$의 해	$x<\alpha$ 또는 $x>\beta$	$x\neq\alpha$인 모든 실수	모든 실수
$ax^2+bx+c\geq0$의 해	$\alpha\leq x\leq\beta$	$x=\alpha$	해는 없다.
$ax^2+bx+c\leq0$의 해	$x\leq\alpha$ 또는 $x\geq\beta$	모든 실수	모든 실수

또는 더 간편하게 이차부등식의 양변에 -1을 곱하여 x^2의 계수를 양수로 바꾼 후 이차부등식의 해를 구해도 됩니다. ← 부등호의 방향이 바뀜에 주의한다.

Example 이차부등식 $-x^2+3x-2\leq0$의 해를 구해 보면

[방법 1] 이차함수 $y=-x^2+3x-2$, 즉 $y=-(x-1)(x-2)$에서 $y\leq0$인 x의 값의 범위는 $x\leq1$ 또는 $x\geq2$이므로 이차부등식 $-x^2+3x-2\leq0$의 해는 $x\leq1$ 또는 $x\geq2$이다.

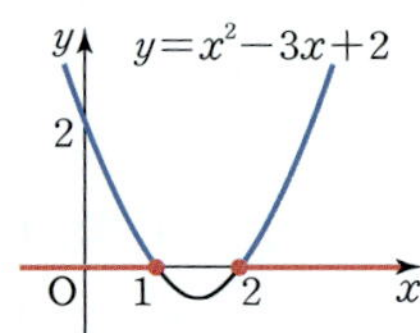

[방법 2] 부등식의 양변에 -1을 곱하여 x^2의 계수를 양수로 바꾸면 $x^2-3x+2\geq0$이다. 이차함수 $y=x^2-3x+2$에서 $y\geq0$인 x의 값의 범위는 $x\leq1$ 또는 $x\geq2$이므로 이차부등식 $-x^2+3x-2\leq0$의 해는 $x\leq1$ 또는 $x\geq2$이다.

❸ 이차부등식이 항상 성립할 조건

모든 실수 x에 대하여 이차부등식이 성립할 조건을 알아봅시다.

이차방정식 $ax^2+bx+c=0$의 판별식을 $D=b^2-4ac$라고 할 때,

(1) 모든 실수 x에 대하여 이차부등식 $ax^2+bx+c>0$이 성립하려면 이차함수 $y=ax^2+bx+c$의 그래프가 항상 x축보다 위쪽에 있어야 합니다. 즉, $y=ax^2+bx+c$의 그래프가 아래로 볼록하고, x축과 만나지 않으므로

$$a>0,\ D<0$$

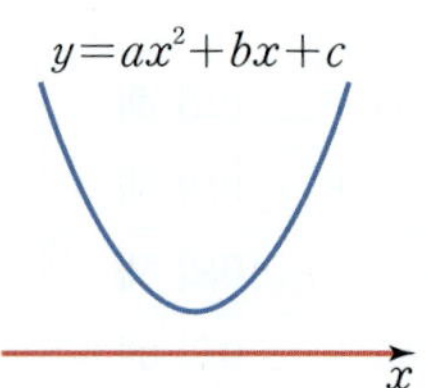

(2) 모든 실수 x에 대하여 이차부등식 $ax^2+bx+c\geq0$이 성립하려면
이차함수 $y=ax^2+bx+c$의 그래프가 항상 x축보다 위쪽에 있거
나 x축에 접해야 합니다. 즉, $y=ax^2+bx+c$의 그래프가 아래로
볼록하고, x축과 만나지 않거나 한 점에서 접하므로
$$a>0,\ D\leq0$$

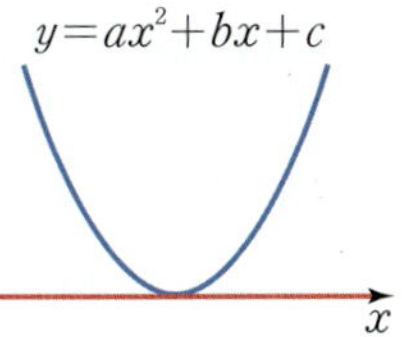

(3) 모든 실수 x에 대하여 이차부등식 $ax^2+bx+c<0$이 성립하려면
이차함수 $y=ax^2+bx+c$의 그래프가 항상 x축보다 아래쪽에 있
어야 합니다. 즉, $y=ax^2+bx+c$의 그래프가 위로 볼록하고, x축
과 만나지 않으므로
$$a<0,\ D<0$$

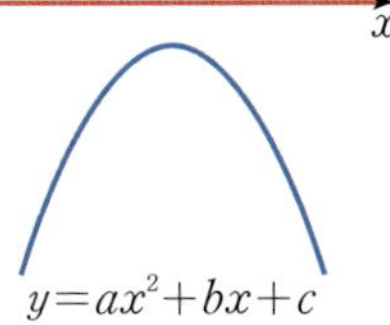

(4) 모든 실수 x에 대하여 이차부등식 $ax^2+bx+c\leq0$이 성립하려면
이차함수 $y=ax^2+bx+c$의 그래프가 항상 x축보다 아래쪽에 있
거나 x축에 접해야 합니다. 즉, $y=ax^2+bx+c$의 그래프가 위로
볼록하고, x축과 만나지 않거나 한 점에서 접하므로
$$a<0,\ D\leq0$$

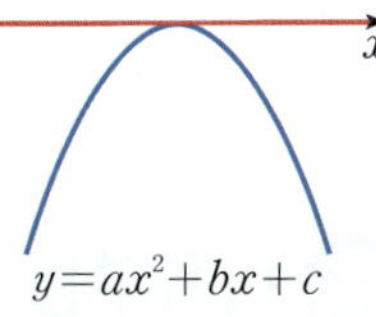

Example

(1) 모든 실수 x에 대하여 이차부등식 $x^2-kx+2k>0$이 성립하려
면 오른쪽 그림과 같이 이차함수 $y=x^2-kx+2k$의 그래프가
항상 x축보다 위쪽에 있어야 한다.

즉, $y=x^2-kx+2k$의 그래프가 x축과 만나지 않아야 하므로
이차방정식 $x^2-kx+2k=0$의 판별식을 D라고 하면 $D<0$이
어야 한다. 따라서 실수 k의 값의 범위는 $D<0$에서
$$D=(-k)^2-4\times1\times2k<0$$
$$k^2-8k<0$$
$$k(k-8)<0$$
$$\therefore\ 0<k<8$$

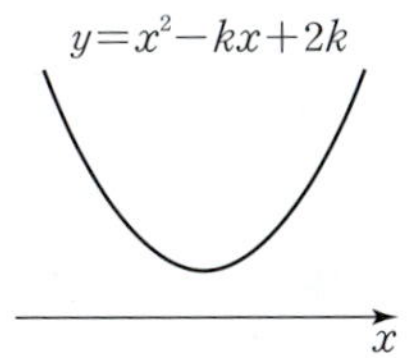

(2) 모든 실수 x에 대하여 이차부등식 $-2x^2+x+k\leq0$이 성립하
려면 오른쪽 그림과 같이 이차함수 $y=-2x^2+x+k$의 그래프
가 항상 x축보다 아래쪽에 있거나 x축에 접해야 한다.

즉, $y=-2x^2+x+k$의 그래프가 x축과 만나지 않거나 x축에
접해야 하므로 이차방정식 $-2x^2+x+k=0$의 판별식을 D라고 하면 $D\leq0$이어야 한다.
따라서 실수 k의 값의 범위는 $D\leq0$에서
$$D=1^2-4\times(-2)\times k\leq0$$
$$1+8k\leq0$$
$$\therefore\ k\leq-\frac{1}{8}$$

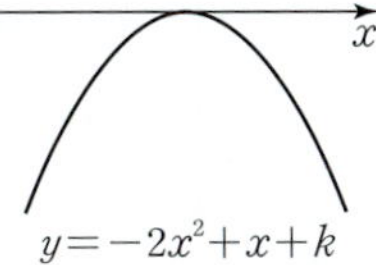

이차방정식 $ax^2+bx+c=0$의 판별식을 D라고 할 때, 모든 실수 x에 대하여 이차부등식이 성립할 조건은 다음과 같다.

$ax^2+bx+c>0$	$ax^2+bx+c\geq 0$	$ax^2+bx+c<0$	$ax^2+bx+c\leq 0$
$a>0,\ D<0$	$a>0,\ D\leq 0$	$a<0,\ D<0$	$a<0,\ D\leq 0$

④ 이차부등식의 작성

이차부등식의 해가 주어지면 그 이차부등식을 찾을 수 있습니다.

두 실수 α, β $(\alpha<\beta)$에 대하여 이차부등식

(1) $(x-\alpha)(x-\beta)<0$의 해는 $\alpha<x<\beta$

(2) $(x-\alpha)(x-\beta)>0$의 해는 $x<\alpha$ 또는 $x>\beta$

임을 알고 있습니다. 따라서 해가 $\alpha<x<\beta$이고 x^2의 계수가 1인 이차부등식은

$$(x-\alpha)(x-\beta)<0 \quad \leftarrow \text{즉, } x^2-(\alpha+\beta)x+\alpha\beta<0$$

해가 $x<\alpha$ 또는 $x>\beta$이고 x^2의 계수가 1인 이차부등식은

$$(x-\alpha)(x-\beta)>0 \quad \leftarrow \text{즉, } x^2-(\alpha+\beta)x+\alpha\beta>0$$

입니다.

Example

(1) 해가 $-1<x<2$이고 x^2의 계수가 1인 이차부등식은
$$(x+1)(x-2)<0 \qquad \therefore\ x^2-x-2<0$$

(2) 해가 $x<2$ 또는 $x>5$이고 x^2의 계수가 1인 이차부등식은
$$(x-2)(x-5)>0 \qquad \therefore\ x^2-7x+10>0$$

개념 Point　이차부등식의 작성

1 해가 $\alpha<x<\beta$이고 x^2의 계수가 1인 이차부등식은
$$(x-\alpha)(x-\beta)<0 \qquad \therefore\ x^2-(\alpha+\beta)x+\alpha\beta<0$$

2 해가 $x<\alpha$ 또는 $x>\beta$ $(\alpha<\beta)$이고 x^2의 계수가 1인 이차부등식은
$$(x-\alpha)(x-\beta)>0 \qquad \therefore\ x^2-(\alpha+\beta)x+\alpha\beta>0$$

1 이차함수 $y=f(x)$의 그래프가 오른쪽 그림과 같을 때, 다음 부등식의 해를 구하시오.

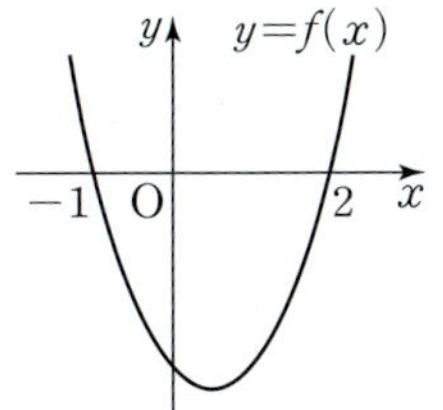

(1) $f(x)\leq 0$　　　　　　(2) $f(x)>0$

2 다음 이차부등식을 푸시오.

(1) $x^2-10x+16\leq 0$　　　　　　(2) $-x^2+x+20<0$

(3) $2x^2-4x+5\geq 0$　　　　　　(4) $x^2-6x+11<0$

3 다음 물음에 답하시오.

(1) 모든 실수 x에 대하여 부등식 $x^2+kx+9\geq 0$이 성립하도록 하는 실수 k의 값의 범위를 구하시오.

(2) 모든 실수 x에 대하여 부등식 $-x^2+4x+k<0$이 성립하도록 하는 실수 k의 값의 범위를 구하시오.

4 x^2의 계수가 1이고, 다음과 같은 해를 가지는 이차부등식을 구하시오.

(1) $1<x<5$　　　　　　(2) $x\leq -2$ 또는 $x\geq 4$

5 해가 $-3<x<5$이고, x^2의 계수가 2인 이차부등식을 구하시오.

• 풀이 118쪽~119쪽

정답

1 (1) $-1\leq x\leq 2$　(2) $x<-1$ 또는 $x>2$

2 (1) $2\leq x\leq 8$　(2) $x<-4$ 또는 $x>5$　(3) 모든 실수　(4) 해는 없다.

3 (1) $-6\leq k\leq 6$　(2) $k<-4$　　**4** (1) $x^2-6x+5<0$　(2) $x^2-2x-8\geq 0$　　**5** $2x^2-4x-30<0$

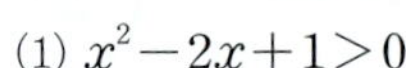

예제 06 이차함수의 그래프와 이차부등식의 해

이차함수 $y=x^2-2x+1$의 그래프가 오른쪽 그림과 같을 때, 다음 이차부등식의 해를 구하시오.

(1) $x^2-2x+1>0$ (2) $x^2-2x+1\geq0$

(3) $x^2-2x+1<0$ (4) $x^2-2x+1\leq0$

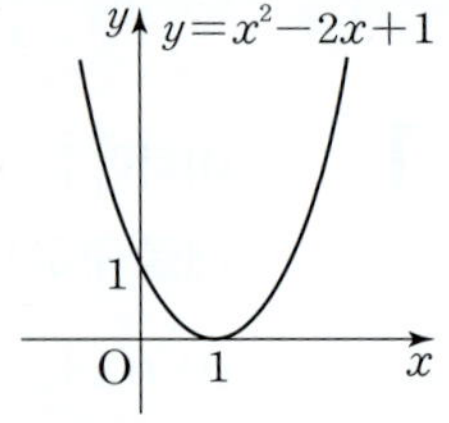

접근 방법 ▷ 이차부등식 $ax^2+bx+c>0$ $(ax^2+bx+c<0)$의 해는 이차함수 $y=ax^2+bx+c$의 그래프에서 $y>0$ $(y<0)$인 x의 값의 범위와 같다. 즉, 이차함수의 그래프가 x축보다 위쪽(아래쪽)에 있는 x의 값의 범위가 이차부등식의 해가 된다.

> **수매씽 Point** 함수 $y=f(x)$의 그래프에서
> (1) $f(x)=0$의 해는 그래프와 x축의 교점의 x좌표
> (2) $f(x)>0$의 해는 그래프가 x축보다 위쪽에 있는 x의 값의 범위
> (3) $f(x)<0$의 해는 그래프가 x축보다 아래쪽에 있는 x의 값의 범위

상세 풀이 ▷ (1) 이차부등식 $x^2-2x+1>0$의 해는 이차함수 $y=x^2-2x+1$의 그래프가 x축보다 위쪽에 있는 x의 값의 범위이다. 따라서 주어진 부등식의 해는 $x\neq1$인 모든 실수이다.

(2) 이차부등식 $x^2-2x+1\geq0$의 해는 모든 실수이다.

(3) 이차부등식 $x^2-2x+1<0$의 해는 이차함수 $y=x^2-2x+1$의 그래프가 x축보다 아래쪽에 있는 x의 값의 범위이다. 따라서 주어진 부등식의 해는 없다.

(4) 이차부등식 $x^2-2x+1\leq0$의 해는 $x=1$이다.

정답 (1) $x\neq1$인 모든 실수   (2) 모든 실수   (3) 해는 없다.   (4) $x=1$

보충 설명

부등식 $f(x)>g(x)$의 해는 다음과 같이 두 가지 방법으로 구할 수 있다.

[방법 1] 함수 $y=f(x)$의 그래프가 함수 $y=g(x)$의 그래프보다 위쪽에 있는 x의 값의 범위를 구한다.

[방법 2] 함수 $y=f(x)-g(x)$의 그래프가 x축보다 위쪽에 있는 x의 값의 범위를 구한다.

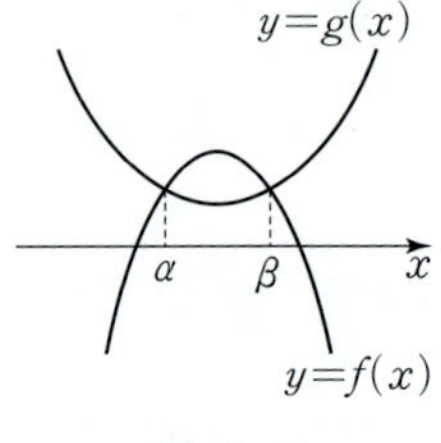

[방법 1]

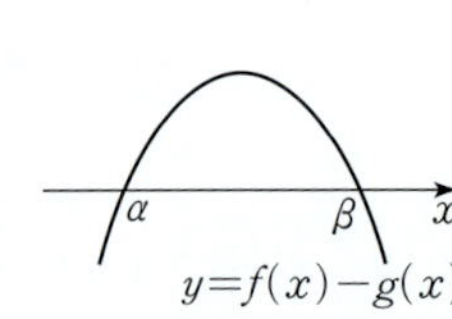

[방법 2]

06-1

이차함수 $y=-x^2+4x-4$의 그래프가 오른쪽 그림과 같을 때, 다음 이차부등식의 해를 구하시오.

(1) $-x^2+4x-4>0$ (2) $-x^2+4x-4\geq0$

(3) $-x^2+4x-4<0$ (4) $-x^2+4x-4\leq0$

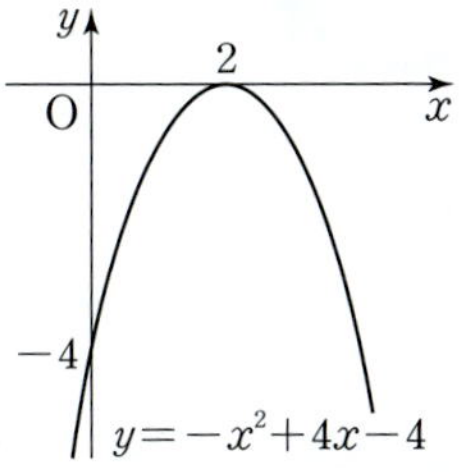

풀이 120쪽 ➕ 보충 설명 한번 더

06-2

이차함수 $y=ax^2+bx+c$의 그래프와 직선 $y=mx+n$이 오른쪽 그림과 같이 두 점 $(-1,\ 0)$, $(2,\ 2)$에서 만날 때, 부등식 $ax^2+bx+c>mx+n$의 해를 구하시오.

(단, a, b, c, m, n은 상수이다.)

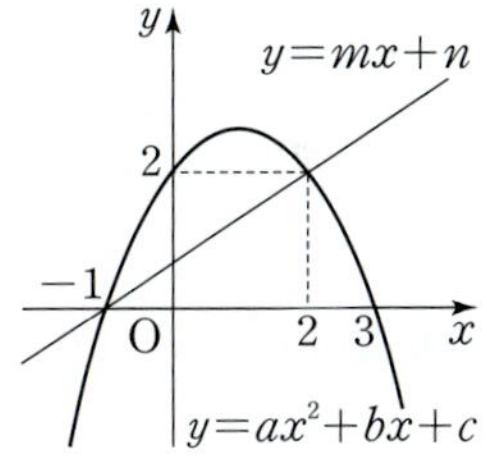

06-3

두 함수 $y=f(x)$, $y=g(x)$의 그래프가 오른쪽 그림과 같을 때, 부등식 $f(x)g(x)>0$의 해는?

① $1<x<4$ ② $1<x<2$ 또는 $x>4$

③ $x<1$ 또는 $x>4$ ④ $x<1$ 또는 $3<x<4$

⑤ $1<x<2$ 또는 $3<x<4$

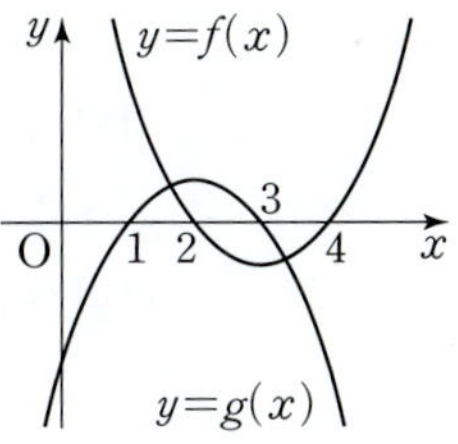

● 풀이 119쪽~120쪽

정답 **06-1** (1) 해는 없다. (2) $x=2$ (3) $x\neq2$인 모든 실수 (4) 모든 실수 **06-2** $-1<x<2$ **06-3** ⑤

예제 07

다음 이차부등식을 푸시오.

(1) $-x^2-3x+4>0$

(2) $x^2-4x+1\geq0$

(3) $x^2-2x+4>0$

(4) $x^2+2x+3<0$

접근 방법 ▶ 이차부등식 $ax^2+bx+c>0$, $ax^2+bx+c<0$, $ax^2+bx+c\geq0$, $ax^2+bx+c\leq0$을 풀 때, $f(x)=ax^2+bx+c$라 하고 이차방정식 $f(x)=0$의 판별식을 D라고 하면 $D>0$일 때는 $f(x)$를 인수분해하거나 근의 공식을 이용하여 x의 값의 범위를 구하고, $D=0$ 또는 $D<0$일 때는 완전제곱꼴로 식을 변형하여 x의 값의 범위를 구한다.

> **수매씽 Point** 이차방정식 $ax^2+bx+c=0$ $(a>0)$의 두 실근이 α, β $(\alpha<\beta)$일 때,
> (1) $ax^2+bx+c=a(x-\alpha)(x-\beta)>0$의 해는 $x<\alpha$ 또는 $x>\beta$
> (2) $ax^2+bx+c=a(x-\alpha)(x-\beta)<0$의 해는 $\alpha<x<\beta$

상세 풀이 ▶ (1) 주어진 부등식의 양변에 -1을 곱하면
$$x^2+3x-4<0, \ (x+4)(x-1)<0$$
$$\therefore \ -4<x<1$$

(2) 이차방정식 $x^2-4x+1=0$의 해는
$$x=2\pm\sqrt{3}$$
이므로 $x^2-4x+1\geq0$에서
$$\{x-(2-\sqrt{3})\}\{x-(2+\sqrt{3})\}\geq0$$
$$\therefore \ x\leq2-\sqrt{3} \ \text{또는} \ x\geq2+\sqrt{3}$$

(3) $x^2-2x+4=(x^2-2x+1)+3=(x-1)^2+3>0$
따라서 $x^2-2x+4>0$의 해는 모든 실수이다.

(4) $x^2+2x+3=(x+1)^2+2>0$
따라서 $x^2+2x+3<0$의 해는 없다.

정답 (1) $-4<x<1$ (2) $x\leq2-\sqrt{3}$ 또는 $x\geq2+\sqrt{3}$ (3) 모든 실수 (4) 해는 없다.

보충 설명

(3)에서 이차방정식 $x^2-2x+4=0$은 허근 $x=1\pm\sqrt{3}i$를 가지므로 $\{x-(1-\sqrt{3}i)\}\{x-(1+\sqrt{3}i)\}>0$으로 생각하여 실수에서와 같이 $x<1-\sqrt{3}i$ 또는 $x>1+\sqrt{3}i$로 이차부등식을 풀지 않도록 주의해야 한다. 왜냐하면 두 수 $1-\sqrt{3}i$와 $1+\sqrt{3}i$는 허수이며 허수에서는 대소 관계가 존재하지 않기 때문이다.

07-1　다음 이차부등식을 푸시오.

(1) $2x^2+5x-12>0$　　　　　　　　(2) $3x^2-6x-1\leq0$

(3) $x^2-4x+5\geq0$　　　　　　　　(4) $-x^2+8x-16<0$

07-2　〈보기〉에서 해가 모든 실수인 부등식을 모두 고르시오.

> 〈 보기 〉
>
> ㄱ. $x^2+x+1>0$　　　　　　ㄴ. $4x^2+12x+9>0$
>
> ㄷ. $-9x^2+6x-1\leq0$　　　　ㄹ. $-x^2+x-1\leq0$

07-3　다음 이차부등식을 푸시오. (단, a는 실수이다.)

(1) $x^2-(a+2)x+2a<0$　　　　　(2) $x^2-ax-a-1\geq0$

• 풀이 120쪽～121쪽

정답

07-1 (1) $x<-4$ 또는 $x>\dfrac{3}{2}$　(2) $\dfrac{3-2\sqrt{3}}{3}\leq x\leq\dfrac{3+2\sqrt{3}}{3}$　(3) 모든 실수　(4) $x\neq4$인 모든 실수

07-2 ㄱ, ㄷ, ㄹ　　**07-3** (1) $\begin{cases} a>2일 \text{ 때}, \ 2<x<a \\ a=2일 \text{ 때}, \ \text{해는 없다.} \\ a<2일 \text{ 때}, \ a<x<2 \end{cases}$　(2) $\begin{cases} a>-2일 \text{ 때}, \ x\leq-1 \text{ 또는 } x\geq a+1 \\ a=-2일 \text{ 때}, \ \text{모든 실수} \\ a<-2일 \text{ 때}, \ x\leq a+1 \text{ 또는 } x\geq-1 \end{cases}$

예제 08

다음 물음에 답하시오.

(1) 이차부등식 $x^2+ax+b<0$의 해가 $-2<x<1$일 때, 상수 a, b의 값을 각각 구하시오.

(2) 이차부등식 $ax^2-4x+b\geq0$의 해가 $x\leq-1$ 또는 $x\geq3$일 때, 상수 a, b의 값을 각각 구하시오.

접근 방법 〉 (1)에서 해가 $-2<x<1$이고 x^2의 계수가 1인 이차부등식은 $(x+2)(x-1)<0$이고, (2)에서 해가 $x\leq-1$ 또는 $x\geq3$이고 x^2의 계수가 1인 이차부등식은 $(x+1)(x-3)\geq0$임을 이용하여 a, b의 값을 각각 구한다.

> **수매씽 Point** 해가 $\alpha<x<\beta$이고 x^2의 계수가 1인 이차부등식은
> $$(x-\alpha)(x-\beta)<0 \Rightarrow x^2-(\alpha+\beta)x+\alpha\beta<0$$
> 해가 $x<\alpha$ 또는 $x>\beta$ $(\alpha<\beta)$이고 x^2의 계수가 1인 이차부등식은
> $$(x-\alpha)(x-\beta)>0 \Rightarrow x^2-(\alpha+\beta)x+\alpha\beta>0$$

상세 풀이 〉 (1) 해가 $-2<x<1$이고 x^2의 계수가 1인 이차부등식은
$$(x+2)(x-1)<0 \qquad \therefore x^2+x-2<0$$
이 부등식이 $x^2+ax+b<0$과 같으므로 $a=1$, $b=-2$

(2) 해가 $x\leq-1$ 또는 $x\geq3$이고 x^2의 계수가 1인 이차부등식은
$$(x+1)(x-3)\geq0 \qquad \therefore x^2-2x-3\geq0 \quad \cdots\cdots\ \unicode{x2299}$$
$\unicode{x2299}$과 주어진 부등식의 부등호 방향이 같으므로 $a>0$
$\unicode{x2299}$의 양변에 a를 곱하면 $ax^2-2ax-3a\geq0$
이 부등식이 $ax^2-4x+b\geq0$과 같으므로
$$-2a=-4,\ -3a=b$$
$$\therefore a=2,\ b=-6$$

정답 (1) $a=1$, $b=-2$ (2) $a=2$, $b=-6$

보충 설명

이차부등식 $ax^2+bx+c<0$의 해가 $\alpha<x<\beta$이면 이차방정식 $ax^2+bx+c=0$의 두 근이 α, β이므로 근과 계수의 관계를 이용하여 a, b의 값을 쉽게 구할 수 있다. (1)에서 이차부등식 $x^2+ax+b<0$의 해가 $-2<x<1$인 것은 이차방정식 $x^2+ax+b=0$의 두 근이 $x=-2$ 또는 $x=1$인 것과 같다.
따라서 근과 계수의 관계에 의하여 $-a=-2+1=-1$, $b=(-2)\times1=-2$이므로 $a=1$, $b=-2$이다.

08-1 다음 물음에 답하시오.

(1) 이차부등식 $3x^2+ax+b \leq 0$의 해가 $1 \leq x \leq 2$일 때, 상수 a, b의 값을 각각 구하시오.

(2) 이차부등식 $ax^2+x+b < 0$의 해가 $x < -2$ 또는 $x > 3$일 때, 상수 a, b의 값을 각각 구하시오.

08-2 이차부등식 $ax^2+bx-2 > 0$의 해가 $\dfrac{1}{3} < x < 2$일 때, x에 대한 부등식 $(a+b)x+ab+1 \geq 0$의 해를 구하시오. (단, a, b는 상수이다.)

08-3 부등식 $x^2-2x-3 > 3|x-1|$의 해가 이차부등식 $ax^2+2x+b < 0$의 해와 같을 때, 상수 a, b에 대하여 $a+b$의 값을 구하시오.

• 풀이 121쪽~122쪽

정답　　**08-1** (1) $a=-9$, $b=6$　(2) $a=-1$, $b=6$　　　　**08-2** $x \geq 5$　　　　**08-3** 14

예제 09 — 이차부등식이 항상 성립할 조건

다음 부등식이 모든 실수 x에 대하여 성립하도록 하는 실수 k의 값의 범위를 구하시오.

(1) $x^2-2(k-1)x+4\geq0$ (2) $kx^2+2kx-2<0$

접근 방법 ▷ (1)에서는 x^2의 계수가 양수이므로 판별식 $D\leq0$을 만족시키는 k의 값의 범위를 구하면 되고, (2)에서는 이차부등식이라는 조건이 없으므로 $k=0$일 때와 $k\neq0$일 때로 나누어서 생각해야 한다. 또한 $k\neq0$일 때, x^2의 계수는 음수이고 판별식 $D<0$이어야 함을 이용하여 k의 값의 범위를 구한다.

> **수매씽 Point** 모든 실수 x에 대하여 이차부등식 $ax^2+bx+c\geq0$이려면
> $$a>0,\ D=b^2-4ac\leq0$$
> 모든 실수 x에 대하여 이차부등식 $ax^2+bx+c<0$이려면
> $$a<0,\ D=b^2-4ac<0$$

상세 풀이 ▷ (1) x^2의 계수가 양수이므로 주어진 부등식이 모든 실수 x에 대하여 성립하려면 이차방정식 $x^2-2(k-1)x+4=0$의 판별식을 D라고 할 때, $D\leq0$이어야 한다. 즉,

$$\frac{D}{4}=\{-(k-1)\}^2-1\times4\leq0,\ k^2-2k-3\leq0$$

$$(k+1)(k-3)\leq0 \qquad \therefore\ -1\leq k\leq3$$

(2) (i) $k=0$일 때, 주어진 부등식은 $0\times x^2+0\times x-2<0$이므로 모든 실수 x에 대하여 성립한다.

(ii) $k\neq0$일 때, 주어진 이차부등식이 모든 실수 x에 대하여 성립하려면 $k<0$이고, 이차방정식 $kx^2+2kx-2=0$의 판별식을 D라고 할 때, $D<0$이어야 한다. 즉,

$$\frac{D}{4}=k^2-k\times(-2)<0,\ k(k+2)<0 \qquad \therefore\ -2<k<0$$

(i), (ii)에서 $-2<k\leq0$

정답 (1) $-1\leq k\leq3$ (2) $-2<k\leq0$

보충 설명

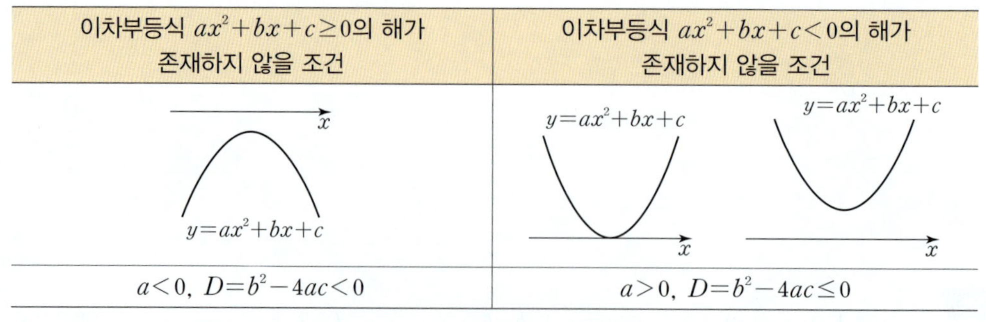

이차부등식 $ax^2+bx+c\geq0$의 해가 존재하지 않을 조건	이차부등식 $ax^2+bx+c<0$의 해가 존재하지 않을 조건
$a<0,\ D=b^2-4ac<0$	$a>0,\ D=b^2-4ac\leq0$

숫자 바꾸기

09-1 다음 부등식이 모든 실수 x에 대하여 성립하도록 하는 실수 k의 값의 범위를 구하시오.

(1) $3x^2 - 6x - k \geq 0$ (2) $kx^2 + 4x + (k+3) < 0$

표현 바꾸기

09-2 x에 대한 부등식 $ax^2 + ax - 1 < 0$의 해가 모든 실수일 때, 실수 a의 값의 범위를 구하시오.

개념 넓히기

09-3 x에 대한 이차부등식 $x^2 - 4ax + a^2 - 2a + 1 < 0$의 해가 존재하지 않도록 하는 실수 a의 값의 범위를 구하시오.

• 풀이 122쪽

정답

09-1 (1) $k \leq -3$ (2) $k < -4$ **09-2** $-4 < a \leq 0$ **09-3** $-1 \leq a \leq \dfrac{1}{3}$

예제 10

지면에서 초속 70 m로 위로 쏘아 올린 어느 물체의 t초 후의 지면으로부터의 높이를 h m라고 할 때, $h=70t-5t^2$인 관계가 성립한다고 한다. 이 물체의 지면으로부터의 높이가 120 m 이상인 시간은 몇 초 동안인지 구하시오.

접근 방법 〉 물체의 t초 후의 지면으로부터의 높이인 h에 대한 관계식이 주어져 있고, 이 물체의 지면으로부터의 높이가 120 m 이상인 시간을 구하는 것이므로 $h\geq120$이어야 함을 이용한다.

수매씽 Point 주어진 관계식에서 조건에 맞게 부등식을 세워서 푼다.

상세 풀이 〉 물체의 지면으로부터의 높이가 120 m 이상인 시간은 $h=70t-5t^2$에서 $h\geq120$이므로

$$70t-5t^2\geq120$$
$$-5t^2+70t-120\geq0$$
$$t^2-14t+24\leq0$$
$$(t-2)(t-12)\leq0$$
$$\therefore\ 2\leq t\leq12$$

따라서 이 물체의 지면으로부터의 높이가 120 m 이상인 시간은 2초에서 12초까지, 즉 10초 동안이다.

정답 10초

보충 설명

실생활 활용 문제는 관계식이 주어진 경우와 관계식을 찾아야 하는 경우로 나눌 수 있으며, 관계식이 주어진 경우에는 주어진 관계식에서 조건에 맞게 식을 세워서 풀고, 관계식을 찾아야 하는 경우에는 미지수를 정하고 주어진 조건에 빠짐이 없는지를 잘 따져 보며 식을 세워서 푼다. 또한 부등식을 풀고 나서는 변수에 제한된 범위가 있는지 꼭 확인해 보아야 한다.

10-1 리듬 체조 선수가 지면에서 $1\,m$ 높이의 위치에서 공을 위로 던져 올릴 때, 공의 t초 후의 지면으로부터의 높이를 $h\,m$라고 하면 $h=-5t^2+14t+1$인 관계가 성립한다고 한다. 공의 지면으로부터의 높이가 $9\,m$ 이상인 시간은 몇 초 동안인지 구하시오.

10-2 오른쪽 그림과 같이 길이가 $40\,cm$인 초와 길이가 $1\,m$인 종이로 만든 봉에 불을 붙이면 x분 동안 초는 $\dfrac{x}{2}\,cm$가 타고, 종이 봉은 $\dfrac{x^2+3x}{2}\,cm$가 탄다고 한다. 초와 종이 봉에 동시에 불을 붙일 때, 종이 봉의 길이가 초의 길이 이하가 되는 것은 몇 분 후부터인지 구하시오.

10-3 어떤 약의 어른에 대한 적정 투여량이 정해져 있을 때, 어린이에 대한 적정 투여량을 결정하는 여러 방식이 있다. 어린이의 나이를 n, 이 약의 어린이에 대한 적정 투여량과 어른에 대한 적정 투여량을 각각 x, y라고 할 때, [방식 A], [방식 B]는 각각

$$[\text{방식 A}]\ x=\frac{3n-8}{2}y, \quad [\text{방식 B}]\ x=\frac{n(n-1)}{6}y$$

인 관계가 성립한다고 한다. [방식 A]에 의한 어린이에 대한 적정 투여량이 [방식 B]에 의한 어린이에 대한 적정 투여량 이상이 되는 나이는 몇 세부터 몇 세까지인지 구하시오.

(단, 적정 투여량이 0인 경우는 없다.)

● 풀이 122쪽 ～ 123쪽

3 연립이차부등식

① 연립이차부등식의 풀이

연립부등식에서 차수가 가장 높은 부등식이 이차부등식일 때, 이 연립부등식을 연립이차부등식이라고 합니다. ← 연립이차부등식은 $\left\{\begin{array}{l}\text{일차부등식} \\ \text{이차부등식}\end{array}\right.$, $\left\{\begin{array}{l}\text{이차부등식} \\ \text{이차부등식}\end{array}\right.$ 중 하나의 꼴이다.

연립일차부등식을 풀 때와 마찬가지로 연립이차부등식을 풀 때에도 각 부등식을 풀어 그 해를 구하고, 이들 해의 공통부분을 구합니다. 수직선 위에 각 부등식의 해를 나타낸 후 공통부분을 찾으면 편리합니다.

Example 연립부등식 $\left\{\begin{array}{l} x^2-7x-8<0 \\ 3x-12\geq0 \end{array}\right.$ 을 풀면

$x^2-7x-8<0$에서 $(x+1)(x-8)<0$ $\quad\therefore\ -1<x<8\quad\cdots\cdots\ \bigcirc$

$3x-12\geq0$에서 $3x\geq12$ $\quad\therefore\ x\geq4\quad\cdots\cdots\ \bigcirc$

$\bigcirc$, $\bigcirc$을 수직선 위에 나타내면 오른쪽 그림과 같으므로 연립부등식의 해는

$$4\leq x<8$$

부등식이 $f(x)<g(x)<h(x)$ 꼴로 주어진 경우, 연립부등식 $\left\{\begin{array}{l} f(x)<g(x) \\ g(x)<h(x) \end{array}\right.$로 변형하여 각 부등식의 해를 구한 후 공통부분을 찾으면 연립부등식의 해가 됩니다.

Example 부등식 $2<x^2+x\leq6$은 $\left\{\begin{array}{l} 2<x^2+x \\ x^2+x\leq6 \end{array}\right.$, 즉 $\left\{\begin{array}{l} x^2+x-2>0 \\ x^2+x-6\leq0 \end{array}\right.$ 이므로

$x^2+x-2>0$에서 $(x+2)(x-1)>0$ $\quad\therefore\ x<-2$ 또는 $x>1\quad\cdots\cdots\ \bigcirc$

$x^2+x-6\leq0$에서 $(x+3)(x-2)\leq0$ $\quad\therefore\ -3\leq x\leq2\quad\cdots\cdots\ \bigcirc$

$\bigcirc$, $\bigcirc$을 수직선 위에 나타내면 오른쪽 그림과 같으므로 연립부등식의 해는

$$-3\leq x<-2\ \text{또는}\ 1<x\leq2$$

개념 Point **연립이차부등식의 풀이**

❶ 연립부등식을 이루는 각 부등식의 해를 구한다.

❷ ❶에서 구한 각 부등식의 해를 수직선 위에 나타내어 공통부분을 구한다.

""

❷ 이차방정식의 실근의 존재 범위

계수가 실수인 이차방정식의 두 근이 실수이면 직접 두 근을 구하지 않고 판별식과 근과 계수의 관계를 이용하여 두 실근의 부호를 판별할 수 있습니다.

계수가 실수인 이차방정식 $ax^2+bx+c=0\ (a>0)$의 두 실근을 α, β라 하고, 판별식을 D라고 하면

두 실근이 모두 양수이면 $D\geq0$, $\alpha+\beta>0$, $\alpha\beta>0$

두 실근이 모두 음수이면 $D\geq0$, $\alpha+\beta<0$, $\alpha\beta>0$

두 실근이 서로 다른 부호이면 $\alpha\beta<0$

입니다.

Example 이차방정식 $x^2-4x+k-2=0$의 두 근이 모두 양수일 때, 두 실근을 α, β라 하고, 판별식을 D라고 하면 실수 k의 값의 범위는

(i) $\dfrac{D}{4}=(-2)^2-1\times(k-2)\geq0$, $-k+6\geq0$ $\therefore\ k\leq6$

(ii) $\alpha+\beta=4>0$

(iii) $\alpha\beta=k-2>0$ $\therefore\ k>2$

(i)~(iii)에서 $2<k\leq6$

이번에는 이차함수의 그래프를 이용하여 이차방정식의 실근의 존재 범위를 구하는 방법에 대하여 알아봅시다.

a, b, c가 실수일 때, 이차방정식 $ax^2+bx+c=0\ (a>0)$의 두 실근 α, β를 모두 양수라 하고, 판별식을 D라고 하면 이차함수 $f(x)=ax^2+bx+c$의 그래프는 오른쪽 그림과 같으며 다음을 모두 만족시킵니다.

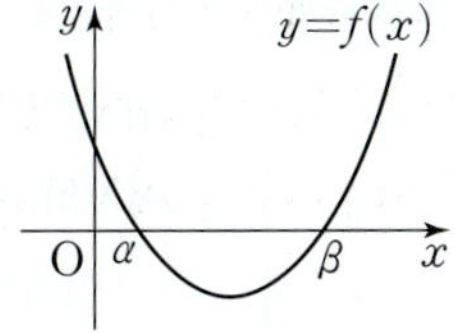

(i) 그래프가 x축과 만나야 하므로 $D=b^2-4ac\geq0$ ← 두 실근이 서로 같을 수도 있고 다를 수도 있다.

(ii) 그래프의 축 $x=-\dfrac{b}{2a}$가 y축의 오른쪽에 있어야 하므로 $-\dfrac{b}{2a}>0$

(iii) $x=0$에서의 함숫값은 양수, 즉 $f(0)=c>0$

(i)~(iii)은 이차방정식 $ax^2+bx+c=0\ (a>0)$의 두 근이 존재하는 범위를 실수 0을 기준으로 나누어 생각한 것이므로 위의 내용을 정리하면 두 근이 모두 0보다 클 때,

(i) 판별식의 부호 : $D\geq0$

(ii) 축의 위치 : $x=-\dfrac{b}{2a}>0$

(iii) 경곗점 $x=0$에서의 함숫값의 부호 : $f(0)>0$

이 성립합니다.

이제 이차함수 $f(x)=ax^2+bx+c\ (a>0)$의 그래프를 이용하여 이차방정식 $ax^2+bx+c=0\ (a,\ b,\ c$는 실수, $a>0)$의 판별식을 D라고 할 때, 두 근의 존재 범위의 기준을 0에서 일반적인 실수 p로 확장하여 생각해 봅시다.

(1) 두 근이 모두 p보다 큰 경우

   (i) 그래프가 x축과 만나야 하므로 $D\geq0$

   (ii) 축 $x=-\dfrac{b}{2a}$가 $x=p$의 오른쪽에 있어야 하므로 $-\dfrac{b}{2a}>p$

   (iii) 경곗점 $x=p$에서의 함숫값이 0보다 커야 하므로 $f(p)>0$

   (i)~(iii)을 모두 만족시키는 공통부분을 구합니다.

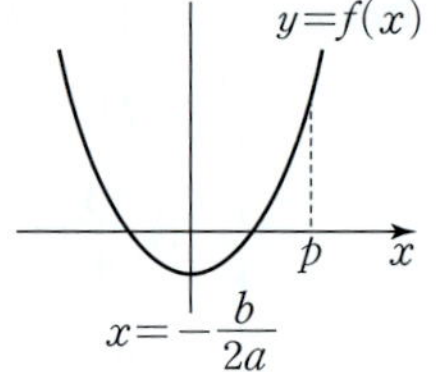

(2) 두 근이 모두 p보다 작은 경우

   (i) 그래프가 x축과 만나야 하므로 $D\geq0$

   (ii) 축 $x=-\dfrac{b}{2a}$가 $x=p$의 왼쪽에 있어야 하므로 $-\dfrac{b}{2a}<p$

   (iii) 경곗점 $x=p$에서의 함숫값이 0보다 커야 하므로 $f(p)>0$

   (i)~(iii)을 모두 만족시키는 공통부분을 구합니다.

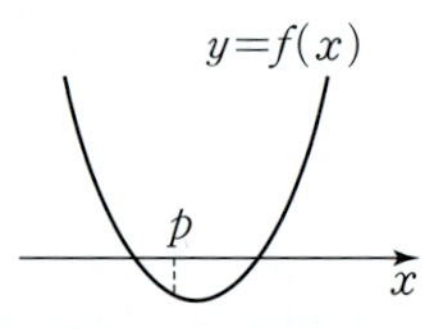

(3) 두 근 사이에 p가 있는 경우

   경곗점 $x=p$에서의 함숫값이 0보다 작아야 하므로 $f(p)<0$

   이때 이차항의 계수가 양수이고 $f(p)<0$이면 이차함수 $y=f(x)$의 그래프가 반드시 x축과 서로 다른 두 점에서 만나므로 $D>0$은 항상 성립합니다.

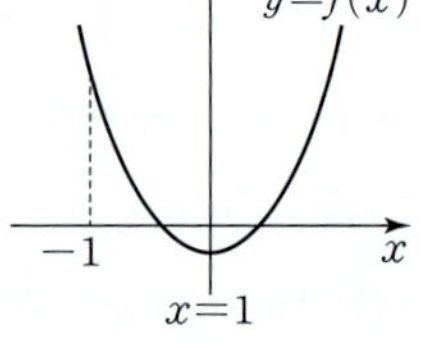

Example 이차방정식 $x^2-2x+k=0\ (k$는 실수)에서 $f(x)=x^2-2x+k$라고 하면

(1) 두 근이 모두 -1보다 클 때,

   이차함수 $y=f(x)$의 그래프는 오른쪽 그림과 같아야 한다.

   (i) 이차방정식 $f(x)=0$의 판별식을 D라고 하면

$$\frac{D}{4}=(-1)^2-1\times k\geq0 \qquad \therefore\ k\leq1$$

   (ii) 축의 방정식 : $x=1>-1$

   (iii) 경곗점에서의 함숫값의 부호 : $f(-1)=1+2+k>0 \qquad \therefore\ k>-3$

   (i)~(iii)에서 구하는 실수 k의 값의 범위는

$$-3<k\leq1$$

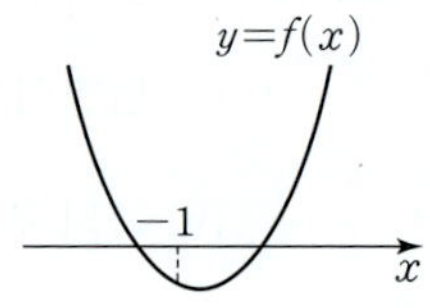

(2) 두 근 사이에 -1이 있을 때,

   이차함수 $y=f(x)$의 그래프는 오른쪽 그림과 같아야 한다.

   따라서 k의 값의 범위는 $f(-1)<0$이어야 하므로

$$f(-1)=1+2+k<0 \qquad \therefore\ k<-3$$

이차방정식 $ax^2+bx+c=0$ $(a,\ b,\ c$는 실수, $a>0)$의 판별식을 D라 하고, $f(x)=ax^2+bx+c$라고 하면 다음이 성립한다. $(p$는 상수$)$

두 근이 모두 p보다 크다.	두 근이 모두 p보다 작다.	두 근 사이에 p가 있다.
$D\geq 0,\ -\dfrac{b}{2a}>p,\ f(p)>0$	$D\geq 0,\ -\dfrac{b}{2a}<p,\ f(p)>0$	$f(p)<0$

개념 콕콕

1 다음 연립이차부등식을 푸시오.

(1) $\begin{cases} 2x+4>x+2 \\ x^2+4x-5<0 \end{cases}$ 　　　　(2) $\begin{cases} 2x^2+1<3x \\ 4x^2+12x+9\geq 0 \end{cases}$

(3) $-6<x^2+5x\leq 0$ 　　　　(4) $5x-1\leq x^2+5<2x+13$

2 이차방정식 $x^2-2kx+2-k=0$이 다음 조건을 만족시킬 때, 실수 k의 값의 범위를 구하시오.

(1) 두 근이 모두 양수　　　(2) 두 근이 모두 음수　　　(3) 두 근이 서로 다른 부호

3 이차방정식 $x^2+ax+3=0$의 두 근 사이에 3이 존재할 때, 실수 a의 값의 범위를 구하시오.

• 풀이 123쪽~124쪽

정답

1 (1) $-2<x<1$　(2) $\dfrac{1}{2}<x<1$　(3) $-5\leq x<-3$ 또는 $-2<x\leq 0$　(4) $-2<x\leq 2$ 또는 $3\leq x<4$

2 (1) $1\leq k<2$　(2) $k\leq -2$　(3) $k>2$　　　　　**3** $a<-4$

예제 11

다음 연립부등식을 푸시오.

(1) $\begin{cases} x^2-3x-10<0 \\ x^2-4x+3\geq 0 \end{cases}$
  (2) $x+2<x^2\leq 5x-4$

접근 방법 ▷ (1)에서는 각각의 이차부등식의 해를 구한 후, 수직선 위에 나타내어 공통부분을 구한다. (2)에서는 부등식을 연립부등식 $\begin{cases} x^2-x-2>0 \\ x^2-5x+4\leq 0 \end{cases}$ 으로 변형하여 각각의 이차부등식의 해를 구한 후, 공통부분을 구한다.

수매씽 Point 연립부등식의 해는 수직선을 이용하여 공통부분을 구한다.

상세 풀이 ▷ (1) $x^2-3x-10<0$에서

$$(x+2)(x-5)<0 \qquad \therefore\ -2<x<5 \qquad \cdots\cdots\ \text{㉠}$$

$x^2-4x+3\geq 0$에서

$$(x-1)(x-3)\geq 0 \qquad \therefore\ x\leq 1\ \text{또는}\ x\geq 3 \qquad \cdots\cdots\ \text{㉡}$$

㉠, ㉡에서 연립부등식의 해는

$$-2<x\leq 1\ \text{또는}\ 3\leq x<5$$

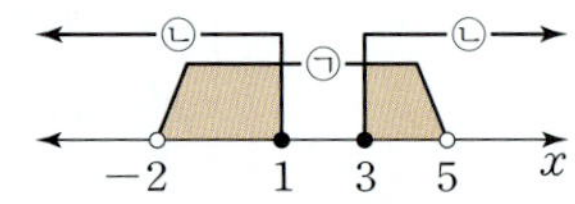

(2) 주어진 부등식에서 $\begin{cases} x+2<x^2 \\ x^2\leq 5x-4 \end{cases}$, 즉 $\begin{cases} x^2-x-2>0 \\ x^2-5x+4\leq 0 \end{cases}$ 이므로

$x^2-x-2>0$을 풀면

$$(x+1)(x-2)>0 \qquad \therefore\ x<-1\ \text{또는}\ x>2 \qquad \cdots\cdots\ \text{㉠}$$

$x^2-5x+4\leq 0$을 풀면

$$(x-1)(x-4)\leq 0 \qquad \therefore\ 1\leq x\leq 4 \qquad \cdots\cdots\ \text{㉡}$$

㉠, ㉡에서 연립부등식의 해는

$$2<x\leq 4$$

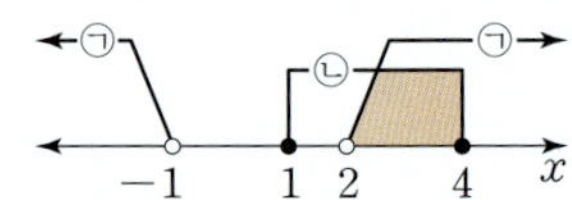

정답 (1) $-2<x\leq 1$ 또는 $3\leq x<5$ (2) $2<x\leq 4$

보충 설명

수직선 위에 부등식의 범위를 나타낼 때에는 경곗점이 범위에 속할 때($\bullet$)와 속하지 않을 때($\circ$)를 구분하여 나타내도록 한다.

11-1

다음 연립부등식을 푸시오.

(1) $\begin{cases} x^2-x-12<0 \\ x^2-5x+4\geq0 \end{cases}$ (2) $2x+1\leq x^2<-2x+15$

11-2

연립부등식 $\begin{cases} x^2-2x-3>0 \\ x^2-(a+4)x+4a\leq0 \end{cases}$의 해가 $3<x\leq4$가 되도록 하는 실수 a의 값의 범위를 구하시오.

11-3

연립부등식 $\begin{cases} x^2-ax+b\leq0 \\ x^2-x-a>0 \end{cases}$의 해가 $2<x\leq3$일 때, 상수 a, b에 대하여 a^2+b^2의 값을 구하시오.

● 풀이 124쪽~125쪽

정답

11-1 (1) $-3<x\leq1$ (2) $-5<x\leq1-\sqrt{2}$ 또는 $1+\sqrt{2}\leq x<3$ **11-2** $-1\leq a\leq3$ **11-3** 13

예제 12

이차방정식 $x^2-2(a-2)x-a+8=0$은 실근을 가지고, 이차방정식
$x^2+(a+2)x+2a+4=0$은 허근을 가지도록 하는 모든 정수 a의 값의 합을 구하시오.

접근 방법 〉 이차방정식이 실근을 가지기 위해서는 판별식 $D\geq0$이고, 이차방정식이 허근을 가지기 위해서는 판별식 $D<0$이므로 연립부등식의 해의 범위를 찾고, 정수 a의 값들의 합을 구하도록 한다.

수매씽 Point 이차방정식 $ax^2+bx+c=0$ $(a,\ b,\ c$는 실수$)$에서

(1) 서로 다른 두 실근 ➡ $D=b^2-4ac>0$

(2) 두 실근 ➡ $D=b^2-4ac\geq0$

(3) 서로 다른 두 허근 ➡ $D=b^2-4ac<0$

상세 풀이 〉 이차방정식 $x^2-2(a-2)x-a+8=0$이 실근을 가지므로 이 이차방정식의 판별식을 D_1이라고 하면

$$\frac{D_1}{4}=\{-(a-2)\}^2-1\times(-a+8)\geq0$$

$$a^2-3a-4\geq0,\ (a+1)(a-4)\geq0$$

$$\therefore\ a\leq-1\ \text{또는}\ a\geq4\ \qquad\cdots\cdots\ \bigcirc$$

이차방정식 $x^2+(a+2)x+2a+4=0$이 허근을 가지므로 이 이차방정식의 판별식을 D_2라고 하면

$$D_2=(a+2)^2-4\times1\times(2a+4)<0$$

$$a^2-4a-12<0,\ (a+2)(a-6)<0$$

$$\therefore\ -2<a<6\ \qquad\cdots\cdots\ \bigcirc\!\!\bigcirc$$

$\bigcirc$, $\bigcirc\!\!\bigcirc$에서 a의 값의 범위는

$$-2<a\leq-1\ \text{또는}\ 4\leq a<6$$

따라서 정수 a는 -1, 4, 5이므로 구하는 합은

$$-1+4+5=8$$

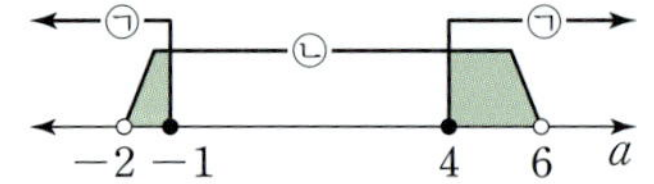

정답 8

보충 설명

이차방정식 $ax^2+bx+c=0$ $(a>0)$의 판별식을 D라고 할 때, 이차방정식이 실근 또는 허근을 가질 조건은 다음과 같다. 그래프의 상황과 대응하여 잘 알아두도록 한다.

이차방정식 $ax^2+bx+c=0$이 실근을 가질 조건	이차방정식 $ax^2+bx+c=0$이 허근을 가질 조건
$y=ax^2+bx+c$	$y=ax^2+bx+c$
$a>0,\ D\geq0$	$a>0,\ D<0$

한번 더 ✓ ☐

숫자 바꾸기

12-1

이차방정식 $x^2-(a-1)x-a+4=0$은 서로 다른 두 실근을 가지고, 이차방정식
$x^2+2(a-2)x+5a+4=0$은 허근을 가지도록 하는 모든 정수 a의 값의 합을 구하시오.

표현 바꾸기

12-2

x에 대한 두 이차방정식 $x^2+2(k-2)x+k^2=0$, $x^2-kx+k=0$이 모두 허근을 가질
때, 모든 정수 k의 값의 합은?

① 1 　　　　　② 3 　　　　　③ 5

④ 7 　　　　　⑤ 9

개념 넓히기

12-3

이차방정식 $x^2-2ax+3a+4=0$이 실근을 가지고, 모든 실수 x에 대하여 이차부등식
$x^2+(a-2)x+a+1\geq0$이 성립하도록 하는 정수 a의 최솟값을 m, 최댓값을 M이라고
할 때, $10m+M$의 값을 구하시오.

● 풀이 125쪽

정답　　12-1 30　　　　　　　12-2 ③　　　　　　12-3 48

예제 13

이차방정식 $x^2-2ax+3a=0$의 두 근이 모두 1보다 클 때, 실수 a의 값의 범위를 구하시오.

접근 방법

이차방정식 $x^2-2ax+3a=0$의 두 근이 모두 1보다 크다는 것은 이차함수 $y=x^2-2ax+3a$의 그래프가 x축과 만나는 두 교점의 x좌표가 모두 1보다 크다는 것을 뜻한다.

따라서 두 교점의 x좌표가 모두 1보다 큰 이차함수 $y=x^2-2ax+3a$의 그래프를 그려 보고 그래프에서 다음 세 가지 조건을 확인해 본다.

(i) 이차방정식 $x^2-2ax+3a=0$의 판별식의 부호

(ii) 축의 위치

(iii) 경곗점 $x=1$에서의 함숫값의 부호

수매씽 Point 이차방정식의 두 근의 존재 범위를 판별하기 위해서는 다음 세 가지 조건을 확인해야 한다.

    (i) 판별식의 부호　　　(ii) 축의 위치　　　(iii) 경곗점에서의 함숫값의 부호

상세 풀이

$f(x)=x^2-2ax+3a$라고 하면 이차방정식 $f(x)=0$의 두 근이 모두 1보다 크므로 이차함수 $y=f(x)$의 그래프는 오른쪽 그림과 같다.

(i) $f(x)=0$의 판별식을 D라고 하면

$$\frac{D}{4}=(-a)^2-1\times 3a\geq 0$$

$$a^2-3a\geq 0,\ a(a-3)\geq 0 \qquad \therefore\ a\leq 0\ \text{또는}\ a\geq 3 \quad \cdots\cdots\ \text{㉠}$$

(ii) $y=f(x)$의 그래프의 축의 방정식이 $x=-\dfrac{-2a}{2\times 1}=a$이므로

$$a>1 \qquad\qquad\qquad\qquad\qquad \cdots\cdots\ \text{㉡}$$

(iii) $f(1)=1-2a+3a>0$에서 $a+1>0 \qquad \therefore\ a>-1 \quad \cdots\cdots\ \text{㉢}$

㉠, ㉡, ㉢에서 구하는 실수 a의 값의 범위는

$$a\geq 3$$

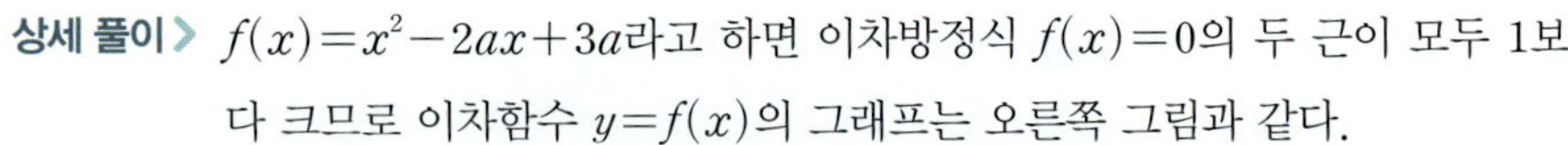

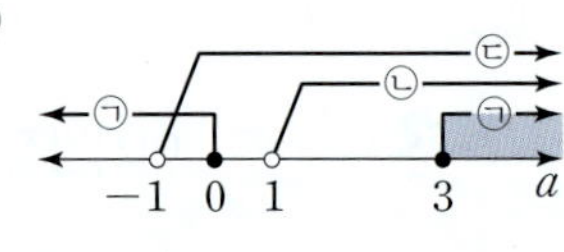

정답 $a\geq 3$

보충 설명

이차방정식의 실근의 존재 범위를 판별하기 위한 **수매씽 Point**의 세 조건 중 어느 하나만 만족시키지 않아도 문제의 조건을 만족시키지 않는 그래프가 생길 수 있다.

예를 들어 오른쪽 그림과 같이 조건 (i), (ii)는 만족시키지만 조건 (iii)을 만족시키지 않는 경우에는 두 실근 중 한 실근이 1보다 작은 그래프가 생긴다.

일반적으로 축의 위치나 함숫값의 부호를 따질 때에 기준이 되는 것은 문제에서 주어진 경곗점 (위의 문제에서는 $x=1$)이다.

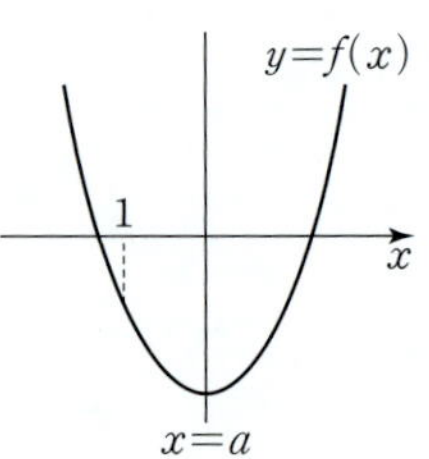

13-1　이차방정식 $x^2+2ax+3a+4=0$의 두 근이 모두 -1보다 작을 때, 실수 a의 값의 범위를 구하시오.

13-2　이차방정식 $x^2-2x+m=0$의 두 근이 모두 이차방정식 $x^2-4x-5=0$의 두 근 사이에 있을 때, 정수 m의 개수는?

① 2　　　　　　② 3　　　　　　③ 4

④ 5　　　　　　⑤ 6

13-3　이차방정식 $2x^2-2(m-1)x+m-1=0$의 두 근 α, β에 대하여 $-1<\alpha\leq\beta<1$이 성립할 때, 실수 m의 값의 범위를 구하시오.

●풀이 125쪽~126쪽

예제 14

x에 대한 이차방정식 $x^2-3ax+a^2-5=0$의 두 근 사이에 1이 있을 때, 실수 a의 값의 범위를 구하시오.

접근 방법

이차방정식 $x^2-3ax+a^2-5=0$의 두 근 사이에 1이 있다는 것은 이차함수 $y=x^2-3ax+a^2-5$의 그래프가 x축과 만나는 두 교점의 x좌표 사이에 1이 있다는 것을 뜻한다.

따라서 두 교점의 x좌표 사이에 1이 있도록 이차함수 $y=x^2-3ax+a^2-5$의 그래프를 그려 보고 그래프에서 $x=1$에서의 함숫값의 부호를 확인해 본다.

> **수매씽 Point** 이차방정식 $ax^2+bx+c=0\ (a>0)$의 두 근 사이에 k가 있을 때,
> $f(x)=ax^2+bx+c$라고 하면 $f(k)<0$

상세 풀이

$f(x)=x^2-3ax+a^2-5$라고 하면 이차방정식 $f(x)=0$의 두 근 사이에 1이 있으므로 이차함수 $y=f(x)$의 그래프는 오른쪽 그림과 같다.

따라서 $f(1)=1-3a+a^2-5<0$에서

$$a^2-3a-4<0,\ (a+1)(a-4)<0$$

$$\therefore\ -1<a<4$$

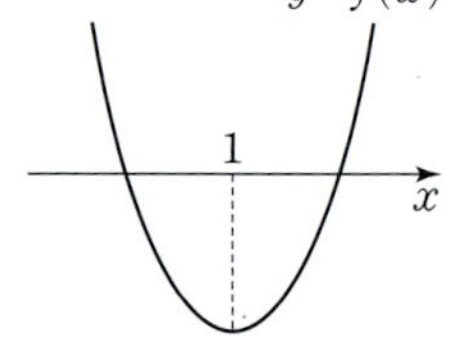

정답 $-1<a<4$

보충 설명

일반적으로 이차방정식의 근이 존재하는 범위에 대한 문제에서 **예제 13**의 **수매씽 Point**에 있는 세 가지 사항을 모두 조사해야 하지만 위의 문제처럼 '두 근 사이에 p가 있다.'의 유형은 판별식이나 축의 위치를 생각할 필요가 없다.

왜냐하면 x^2의 계수가 양수이고 $f(p)<0$이므로 이차함수 $y=f(x)$의 그래프는 당연히 x축과 서로 다른 두 점에서 만나게 되어 $D>0$이 항상 성립하기 때문이다.

또한 축의 방정식만으로는 다음 그림과 같이 그 위치를 정할 수 없으므로 축의 위치를 고려할 필요가 없다.

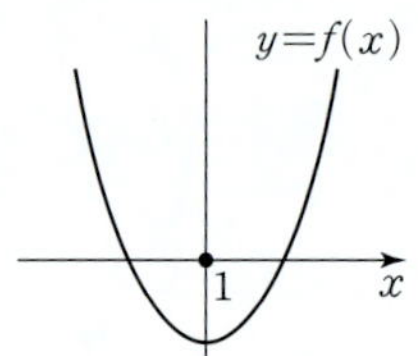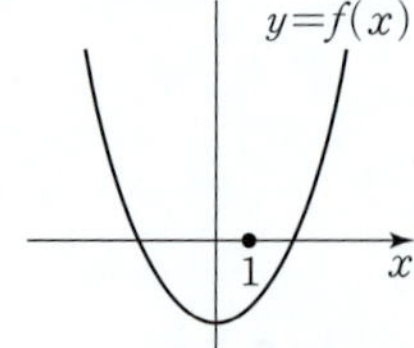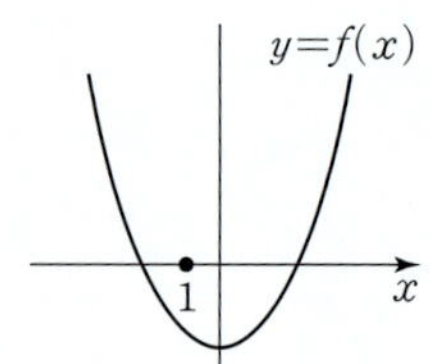

14-1 x에 대한 이차방정식 $x^2+2ax-a^2+7=0$의 두 근 사이에 -1이 있을 때, 실수 a의 값의 범위를 구하시오.

14-2 x에 대한 이차방정식 $x^2+2ax+a^2-1=0$의 두 근 α, β에 대하여 $\alpha<-2<\beta<1$이 성립할 때, 실수 a의 값의 범위는?

① $-2<a<0$ ② $-2<a<1$ ③ $0<a<1$

④ $0<a<2$ ⑤ $1<a<3$

14-3 x에 대한 이차방정식 $x^2-ax+a^2-7=0$의 두 근이 이차부등식 $x^2-1\geq0$의 해의 범위에 존재하도록 하는 정수 a의 개수를 구하시오. (단, 두 근의 부호는 서로 다르다.)

• 풀이 126쪽~127쪽

정답　　14-1 $a<-4$ 또는 $a>2$　　　14-2 ⑤　　　14-3 5

1 연립부등식 $\begin{cases} 4(x-2) \leq 3x \\ 5x \geq 4(x+a) \end{cases}$ 의 해가 $x=b$일 때, $a+b$의 값을 구하시오. (단, a는 상수이다.)

2 다음 물음에 답하시오.

(1) 부등식 $|ax+1| \leq b$의 해가 $-1 \leq x \leq 5$일 때, 상수 a, b의 값을 각각 구하시오. (단, $a<0$)

(2) 부등식 $2|x-1|+3|x+1|<6$의 해가 $a<x<b$일 때, $a+b$의 값을 구하시오.

3 다음 물음에 답하시오. (단, $\alpha < \beta$)

(1) 부등식 $x^2+2x-4<0$의 해가 $\alpha<x<\beta$일 때, $\dfrac{\beta}{\alpha}+\dfrac{\alpha}{\beta}$의 값을 구하시오.

(2) 부등식 $x^2-5x+1>0$의 해가 $x<\alpha$ 또는 $x>\beta$일 때, $\dfrac{1}{\alpha}+\dfrac{1}{\beta}$의 값을 구하시오.

4 이차부등식 $x^2+ax+b>0$의 해가 $x<2$ 또는 $x>3$일 때,
이차부등식 $x^2+(a-1)x+(b-1)<0$의 해를 $\alpha<x<\beta$라고 하자. $\alpha^2+\beta^2$의 값을 구하시오. (단, a, b는 실수이다.)

5 두 이차함수 $y=f(x)$, $y=g(x)$의 그래프가 오른쪽 그림과 같을 때,
부등식 $g(x)>f(x)$의 해는 $x<\alpha$ 또는 $x>\beta$이다. $\alpha+\beta$의 값은?

① 0   ② 1   ③ 2

④ 3   ⑤ 4

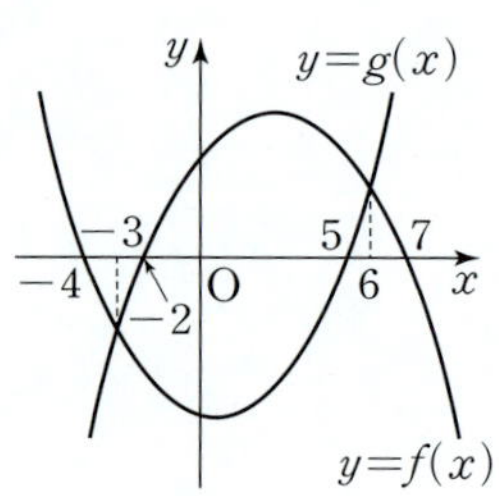

6 이차함수 $y=f(x)$의 그래프가 오른쪽 그림과 같을 때, 부등식
$$f(x)<f(x+1)<f(x+2)$$
를 만족시키는 x의 값의 범위는?

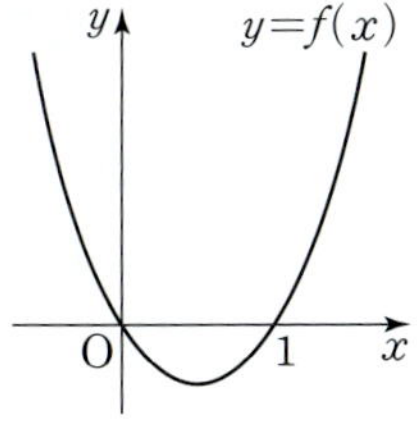

① $x<0$ ② $x>0$ ③ $x>-1$

④ $-1<x<0$ ⑤ $-1<x<1$

7 연립부등식 $\begin{cases} |2x-1|>1 \\ 2x^2-11x+5\le0 \end{cases}$ 을 만족시키는 모든 정수 x의 값의 합을 구하시오.

8 연립부등식 $\begin{cases} x^2-2x-3\le0 \\ (x-4)(x-a)<0 \end{cases}$ 을 만족시키는 정수 x의 개수가 3이 되도록 하는 실수 a의 값의 범위를 구하시오.

9 모든 실수 x에 대하여 부등식 $-x^2+2\le a\le 3x^2+4$가 성립하도록 하는 모든 정수 a의 값의 합을 구하시오.

10 다음 물음에 답하시오.

(1) x에 대한 이차방정식 $x^2-2(k-1)x+2k+1=0$의 두 근이 이차부등식 $x^2-4x-5\le0$의 해의 범위에 존재하도록 하는 정수 k의 개수를 구하시오.

(2) 이차방정식 $x^2-4x+a=0$의 서로 다른 두 실근 중 한 근만이 이차방정식 $x^2-x-2=0$의 두 근 사이에 있을 때, 정수 a의 개수를 구하시오.

11 연립부등식 $\begin{cases} 3a-4x \le 2a \\ 2(x+2) < x+7 \end{cases}$ 을 만족시키는 정수 x가 존재하지 않을 때, 실수 a의 값의 범위를 구하시오.

12 두 회사 A, B의 월 전화 요금은 오른쪽 표에 의하여 기본요금과 추가 요금의 합으로 계산한다. 두 회사 A, B의 월 전화 요금이 같게 되는 통화 수가 존재할 때, A 회사의 x통의 월 전화 요금이 B 회사의 x통의 월 전화 요금보다 적게 되는 통화 수 x의 값의 범위는? (단, $a \ne b$)

회사	기본요금	추가 요금
A	a	한 통화당 a의 1 %
B	b	한 통화당 b의 2 %

① $x > \dfrac{100(b-a)}{a-2b}$ ② $x < \dfrac{100(b-a)}{a-2b}$ ③ $x < \dfrac{100(2b-a)}{a-b}$

④ $x > \dfrac{100(2b-a)}{a-b}$ ⑤ $x < \dfrac{100(b-2a)}{a-b}$

13 x에 대한 이차방정식 $3x^2+5ax-2a^2=0$의 두 실근을 α, β라고 할 때, 부등식 $(\alpha-1)(\beta-1) \le 0$을 만족시키는 실수 a의 값의 범위를 구하시오.

14 두 이차함수 $f(x)=x^2-6x+6$, $g(x)=-x^2-2x+k$에 대하여 다음 조건 ㈎를 만족시킬 때의 실수 k의 최댓값을 M, 조건 ㈏를 만족시킬 때의 실수 k의 최댓값을 N이라고 할 때, $M+N$의 값을 구하시오.

> ㈎ 임의의 실수 x에 대하여 $f(x) \ge g(x)$가 성립한다.
>
> ㈏ 임의의 두 실수 x_1, x_2에 대하여 $f(x_1) \ge g(x_2)$가 성립한다.

15 $[x]$는 x보다 크지 않은 최대의 정수일 때, 다음 물음에 답하시오.

⑴ 부등식 $[x]^2+[x]-2 < 0$을 만족시키는 실수 x의 값의 범위를 구하시오.

⑵ 연립부등식 $\begin{cases} [x]^2-3[x]-4 \le 0 \\ x|x|-4 \ge 0 \end{cases}$ 을 푸시오.

16 x에 대한 이차방정식 $3x^2-(k^2-4k-12)x+k^2+2k-8=0$의 두 실근의 부호가 서로 다르고 절댓값이 같을 때, 실수 k의 값을 구하시오.

17 다음 물음에 답하시오.

(1) x에 대한 연립부등식 $\begin{cases} x^2-3x+2>0 \\ (x+1)(x-|a|)<0 \end{cases}$ 을 만족시키는 정수 x가 한 개만 존재하도록 하는 정수 a의 개수를 구하시오.

(2) x에 대한 연립부등식 $\begin{cases} x^2-10x-24>0 \\ (x+1)(x-a^2+a)<0 \end{cases}$ 을 만족시키는 x의 값이 존재하지 않도록 하는 실수 a의 값의 범위를 구하시오.

18 다음 물음에 답하시오.

(1) $-2\leq x\leq 4$인 모든 실수 x에 대하여 이차부등식 $-x^2+4x+2a\geq 0$이 성립하도록 하는 실수 a의 값의 범위를 구하시오.

(2) 이차부등식 $x^2-3x\leq 0$을 만족시키는 모든 실수 x에 대하여 이차부등식 $x^2-ax+a-5\leq 0$이 성립하도록 하는 실수 a의 값의 범위를 구하시오.

19 다음 물음에 답하시오.

(1) 이차부등식 $x^2+6x+a\geq 0$이 모든 실수 x에 대하여 성립할 때, 이차방정식 $ax^2+bx+1=0$을 만족시키는 실수 x가 존재하도록 하는 실수 b의 값의 범위를 구하시오. (단, a는 실수이다.)

(2) 임의의 실수 x에 대하여 부등식 $x^2-2a|x|+2a^2-4a>0$이 성립하도록 하는 실수 a의 값의 범위를 구하시오.

20 함수 $f(x)=x^2+2x-8$에 대하여 부등식 $\dfrac{|f(x)|}{3}-f(x)\geq m(x-2)$를 만족시키는 정수 x의 개수가 9가 되도록 하는 양수 m의 값의 범위를 구하시오.

21 (교육청)

x에 대한 이차부등식 $(a+b)x^2+(b+c)x+(c+a)>0$의 해가 $1<x<2$일 때, x에 대한 이차부등식 $ax^2+bx+c>0$의 해는 $\alpha<x<\beta$이다. 이때 $\alpha+\beta$의 값은?

① 0 ② $\dfrac{1}{3}$ ③ $\dfrac{1}{2}$

④ $\dfrac{2}{3}$ ⑤ 1

22 (교육청)

연립부등식 $\begin{cases} |x-k|\leq5 \\ x^2-x-12>0 \end{cases}$ 을 만족시키는 모든 정수 x의 값의 합이 7이 되도록 하는 정수 k의 값은?

① -2 ② -1 ③ 0

④ 1 ⑤ 2

23 (평가원)

그림과 같이 이차함수 $f(x)=-x^2+2kx+k^2+4\ (k>0)$의 그래프가 y축과 만나는 점을 A라 하자. 점 A를 지나고 x축에 평행한 직선이 이차함수 $y=f(x)$의 그래프와 만나는 점 중 A가 아닌 점을 B라 하고, 점 B에서 x축에 내린 수선의 발을 C라 하자. 사각형 OCBA의 둘레의 길이를 $g(k)$라 할 때, 부등식 $14\leq g(k)\leq78$을 만족시키는 모든 자연수 k의 값의 합을 구하시오. (단, O는 원점이다.)

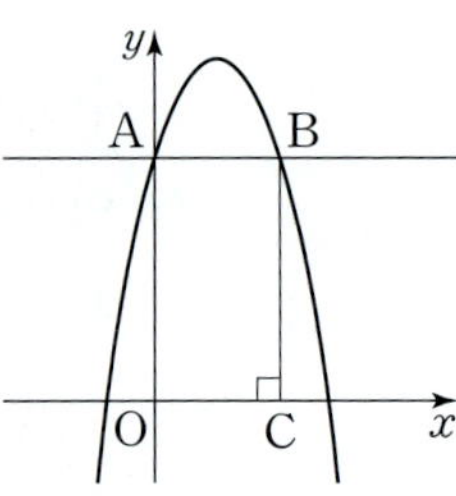

24 (교육청)

다음 조건을 만족시키는 이차함수 $f(x)$에 대하여 $f(3)$의 최댓값을 M, 최솟값을 m이라 할 때, $M-m$의 값은?

> (가) 부등식 $f\left(\dfrac{1-x}{4}\right)\leq0$의 해가 $-7\leq x\leq9$이다.
>
> (나) 모든 실수 x에 대하여 부등식 $f(x)\geq2x-\dfrac{13}{3}$이 성립한다.

① $\dfrac{7}{4}$ ② $\dfrac{11}{6}$ ③ $\dfrac{23}{12}$

④ 2 ⑤ $\dfrac{25}{12}$

10

경우의 수

1 경우의 수

• 사건과 경우의 수

(1) 사건 : 어떤 실험이나 시행에서 일어나는 결과

(2) 경우의 수 : 어떤 사건이 일어날 수 있는 모든 경우의 가짓수

(3) 경우의 수를 구할 때에는 모든 경우를 빠짐없이, 중복되지 않게 찾아야 한다.

• 합의 법칙

(1) 합의 법칙 : 두 사건 A, B가 동시에 일어나지 않을 때, 두 사건 A, B가 일어나는 경우가 각각 m가지, n가지이면 사건 A 또는 사건 B가 일어나는 경우의 수는

$$m+n$$

(2) 합의 법칙은 어느 두 사건도 동시에 일어나지 않는 셋 이상의 사건에 대해서도 성립한다.

(3) 두 사건 A, B가 일어나는 경우의 수가 각각 m, n이고 두 사건 A, B가 동시에 일어나는 경우의 수가 l일 때, 사건 A 또는 사건 B가 일어나는 경우의 수는 $m+n-l$이다.

• 곱의 법칙

(1) 곱의 법칙 : 두 사건 A, B에 대하여 사건 A가 일어나는 경우가 m가지이고, 그 각각에 대하여 사건 B가 일어나는 경우가 n가지일 때, 두 사건 A, B가 동시에 또는 연속하여 일어나는 경우의 수는

$$m \times n$$

(2) 곱의 법칙은 동시에 일어나는 셋 이상의 사건에 대해서도 성립한다.

Q&A

Q 합의 법칙과 곱의 법칙을 어떻게 구별하죠?

A 합의 법칙은 '또는'의 개념으로 이것도 되고 저것도 되는 경우에 사용됩니다. 곱의 법칙은 두 사건이 동시에 일어나는 경우나 연달아 일어나는 경우에 사용됩니다.

1 경우의 수

1 사건과 경우의 수

중학교에서 어떤 시행에 의하여 일어나는 결과를 사건이라 하고, 사건이 일어나는 가짓수를 경우의 수라고 함을 배웠습니다. ↳동일한 상태에서 반복할 수 있는 실험이나 관찰의 결과

서로 다른 두 개의 동전을 동시에 던지는 사건을 생각해 봅시다.

500원짜리 동전 1개와 100원짜리 동전 1개를 동시에 던질 때, 500원짜리 동전은 앞면, 100원짜리 동전은 뒷면이 나오는 것을 순서쌍 (앞, 뒤)로 나타낼 수 있습니다.

서로 다른 두 개의 동전을 동시에 던질 때 나오는 모든 경우를 순서쌍으로 나타내면

$$\text{(앞, 앞), (앞, 뒤), (뒤, 앞), (뒤, 뒤)} \quad \leftarrow \text{(앞, 뒤)와 (뒤, 앞)은 서로 다른 경우이다.}$$

입니다. 이 중 두 개의 동전에서 같은 면이 나오는 경우의 순서쌍은

$$\text{(앞, 앞), (뒤, 뒤)}$$

이므로 서로 다른 두 개의 동전을 동시에 던질 때 두 개의 동전에서 같은 면이 나오는 경우의 수는 2입니다.

이와 같이 어떤 사건이 일어나는 경우의 수를 구할 때에는 그 사건이 일어나는 경우를 빠짐없이, 중복되지 않게 찾는 것이 중요합니다.

Example

서로 다른 두 개의 주사위를 동시에 던질 때 나타나는 두 눈의 수의 합을 표로 나타내면 오른쪽과 같다.

(1) 두 눈의 수의 합이 5가 되는 경우는 오른쪽 표에서 △로 표시한 부분이므로 4가지이다.

(2) 두 눈의 수의 합이 6의 배수가 되는 경우는 오른쪽 표에서 색칠한 부분이므로 6가지이다.

+	⚀	⚁	⚂	⚃	⚄	⚅
⚀	2	3	4	△5	6	7
⚁	3	4	△5	6	7	8
⚂	4	△5	6	7	8	9
⚃	△5	6	7	8	9	10
⚄	6	7	8	9	10	11
⚅	7	8	9	10	11	12

2 합의 법칙

합의 법칙은 동시에 일어나지 않는 사건들에 대하여 가능한 모든 경우의 가짓수를 더하여 경우의 수를 구하는 방법입니다. 두 사건이 동시에 일어나지 않는 경우의 간단한 예를 살펴봅시다.

서로 다른 두 개의 주사위를 동시에 던질 때, 나오는 눈의 수의 합이 4 또는 5인 경우의 수는

두 개의 주사위에서 나오는 두 눈의 수를 각각 a, b라 하고, 이를 순서쌍 (a, b)로 나타내면

　　눈의 수의 합이 4인 경우 : $(1, 3)$, $(2, 2)$, $(3, 1)$ ➡ 3가지

　　눈의 수의 합이 5인 경우 : $(1, 4)$, $(2, 3)$, $(3, 2)$, $(4, 1)$ ➡ 4가지

이때 눈의 수의 합이 4 또는 5가 되는 사건은 동시에 일어날 수 없으므로 구하는 경우의 수는

　　$3+4=7$

즉, 어떤 사건 A와 다른 사건 B가 일어날 때, 'A 또는 B가 일어나는 경우의 수'를 구하는 문제가 바로 합의 법칙을 사용해야 하는 경우인데, 여기서 핵심 단어는 '또는 (or)'입니다. 문제 속에 이러한 의미가 숨어 있는 경우도 있고, '~(이)거나', '혹은' 등과 같이 변형되어 사용되는 경우도 많으므로 문제에서 '또는 (or)'의 의미인지 잘 판단해야 합니다.

한편, 동시에 일어날 수 있는 사건들에 대해서는 합의 법칙을 사용할 때 주의해야 합니다.

1부터 20까지의 자연수 중 하나를 고를 때, 고른 수가 3의 배수 또는 4의 배수인 경우의 수는

　　고른 수가 3의 배수인 경우 : 3, 6, 9, 12, 15, 18 ➡ 6가지

　　고른 수가 4의 배수인 경우 : 4, 8, 12, 16, 20 ➡ 5가지

　　고른 수가 3과 4의 공배수인 경우 : 12 ➡ 1가지

이므로 구하는 경우의 수는

　　$6+5-1=10$　← 3과 4의 공배수인 12를 두 번 세었으므로 1을 뺀다.

이와 같이 사건 A 또는 사건 B가 일어나는 경우의 수는 두 사건 A, B가 각각 일어나는 경우의 수를 더하고, 두 사건 A, B가 동시에 일어나는 경우의 수를 빼는 방법으로 구할 수 있습니다.

개념 Point　　합의 법칙

두 사건 A, B가 동시에 일어나지 않을 때, 두 사건 A, B가 일어나는 경우가 각각 m가지, n가지이면 사건 A 또는 사건 B가 일어나는 경우의 수는

　　$m+n$

+ Plus

① 합의 법칙은 어느 두 사건도 동시에 일어나지 않는 셋 이상의 사건에 대해서도 성립한다.

② 두 사건 A, B가 일어나는 경우의 수가 각각 m, n이고 두 사건 A, B가 동시에 일어나는 경우의 수가 l일 때, 사건 A 또는 사건 B가 일어나는 경우의 수는 $m+n-l$임에 주의한다.

③ 곱의 법칙

곱의 법칙은 동시에 또는 연속하여 일어나는 사건들에 대하여 각각의 사건이 일어나는 경우의 가짓수를 곱하여 경우의 수를 구하는 방법입니다. 두 사건이 연속하여 일어나는 경우의 간단한 예를 살펴봅시다.

오른쪽 그림과 같이 집에서 정류장으로 가는 길은 a, b의 2가지이고, 정류장에서 학교로 가는 버스 노선은 p, q, r의 3가지일 때, 집에서 정류장을 거쳐 학교로 가는 방법의 수는 몇 가지가 있을까요?

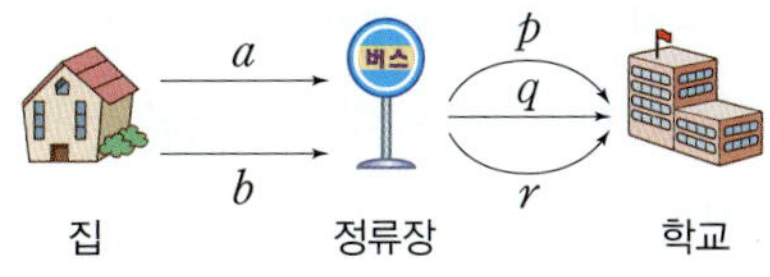

집에서 학교까지 가는 모든 경우를 순서쌍으로 나열해 보면
$$(a, p), (a, q), (a, r), (b, p), (b, q), (b, r)$$
입니다.

즉, 집에서 정류장으로 갈 때는 a, b의 길을 이용하는 방법이 2가지 있고, 정류장에서 학교로 갈 때는 집에서 정류장으로 가는 방법 그 각각에 대하여 p, q, r의 버스 노선을 이용하는 방법이 3가지씩 있으므로 합의 법칙에 의하여
$$3+3=6 \ \leftarrow$$
a의 길을 이용하여 학교로 가는 사건과 b의 길을 이용하여 학교로 가는 사건은 동시에(연속하여) 일어날 수 없기 때문에 합의 법칙을 이용한 것이다.

다른 방법으로 살펴보면 집에서 정류장까지 가는 방법이 a, b의 2가지이고, 정류장에서 학교로 가는 방법이 p, q, r의 3가지이므로
$$2 \times 3 = 6 \ \leftarrow$$
집에서 정류장으로 가는 사건과 정류장에서 학교로 가는 사건은 연속하여 일어나므로 곱한 것이다.

이때 집에서 정류장을 거쳐 학교로 가는 방법을 그림으로 그려 보면 오른쪽과 같습니다. 이 그림을 수형도(tree diagram)라고 하며, 이 수형도를 통해서도 구하는 경우의 수가 6임을 알 수 있습니다.

여러 요소의 관계를 나뭇가지 모양의 그림으로 나타낸 것

$$
\begin{array}{l}
a \left\langle
\begin{array}{l}
p \Rightarrow (a, p) \\
q \Rightarrow (a, q) \\
r \Rightarrow (a, r)
\end{array}
\right. \\[1em]
b \left\langle
\begin{array}{l}
p \Rightarrow (b, p) \\
q \Rightarrow (b, q) \\
r \Rightarrow (b, r)
\end{array}
\right.
\end{array}
$$

$$2 \ \times \ 3 \ = \ 6$$

이와 같은 유형의 문제는 일일이 더해서 계산하는 것보다 곱해서 계산하는 것이 더 편리하다는 것을 알 수 있습니다.

Example 어느 아이스크림 가게에서 체리, 바닐라, 녹차, 망고의 4가지 아이스크림 중 하나에 딸기, 캐러멜, 초콜릿의 3가지 시럽 중 하나를 뿌려서 판매할 때, 4가지 아이스크림 각각에 대하여 3가지 시럽을 뿌릴 수 있으므로 아이스크림을 판매하는 방법은 오른쪽 그림과 같다. 따라서 판매하는 방법의 수는
$$4 \times 3 = 12$$

곱의 법칙에서 동시에 일어난다는 것의 의미는 한 사건이 일어나는 경우에 대해서 다른 사건이 동시에 혹은 연속하여 일어난다는 뜻입니다. 따라서 곱의 법칙을 사용하는 경우는

　　① 어떤 사건이 동시에 일어나는 경우　　② 어떤 사건이 연속하여 일어나는 경우

의 2가지로 나누어 생각할 수 있습니다.

예를 들어 서로 다른 두 개의 주사위를 동시에 던졌을 때 나오는 눈의 경우의 수를 구하는 문제는 ①에 해당되며 이를 곱의 법칙을 이용하여 구하면 $6 \times 6 = 36$입니다.

또한 앞에서 공부한 집에서 정류장을 거쳐 학교로 가는 방법의 수를 구하는 문제는 집에서 정류장까지 가는 사건과 정류장에서 학교로 가는 사건이 연속하여 일어나므로 ②에 해당됩니다.

개념 Point　곱의 법칙

두 사건 A, B에 대하여 사건 A가 일어나는 경우가 m가지이고, 그 각각에 대하여 사건 B가 일어나는 경우가 n가지일 때, 두 사건 A, B가 동시에 또는 연속하여 일어나는 경우의 수는

$$m \times n$$

+Plus

곱의 법칙은 동시에 일어나는 셋 이상의 사건에 대해서도 성립한다.

 수매씽 특강　양의 약수의 개수

72를 소인수분해 하면 $72 = 2^3 \times 3^2$이므로 72의 양의 약수는

$$2^m \times 3^n \ (m = 0, 1, 2, 3, \ n = 0, 1, 2)$$

꼴로 나타낼 수 있다. 이때 2^3의 양의 약수는 1, 2, 2^2, 2^3의 4개, 3^2의 양의 약수는 1, 3, 3^2의 3개이고, 이 중에서 각각 하나씩 택하여 곱한 수는 모두 72의 약수가 된다. 따라서 72의 양의 약수의 개수는

$$(3+1) \times (2+1) = 12$$

$\times$	1	3	3^2
1	1×1	1×3	1×3^2
2	2×1	2×3	2×3^2
2^2	$2^2 \times 1$	$2^2 \times 3$	$2^2 \times 3^2$
2^3	$2^3 \times 1$	$2^3 \times 3$	$2^3 \times 3^2$

일반적으로 자연수 A를 소인수분해 하여

$$A = a_1{}^{p_1} \times a_2{}^{p_2} \times \cdots \times a_n{}^{p_n} \ (a_1, a_2, \cdots, a_n \text{은 서로 다른 소수}, \ p_1, p_2, \cdots, p_n \text{은 자연수})$$

꼴로 나타내어질 때,

$a_1{}^{p_1}$의 양의 약수는 1, a_1, $a_1{}^2$, $\cdots$, $a_1{}^{p_1}$의 $(p_1 + 1)$개

$a_2{}^{p_2}$의 양의 약수는 1, a_2, $a_2{}^2$, $\cdots$, $a_2{}^{p_2}$의 $(p_2 + 1)$개

$$\vdots$$

$a_n{}^{p_n}$의 양의 약수는 1, a_n, $a_n{}^2$, $\cdots$, $a_n{}^{p_n}$의 $(p_n + 1)$개

이므로 A의 양의 약수의 개수는

$$(p_1 + 1) \times (p_2 + 1) \times \cdots \times (p_n + 1)$$

1 어느 영화관에서 한국 영화 4편과 외국 영화 3편을 상영하고 있다. 이 영화관에서 영화 한 편을 보려고 할 때, 선택할 수 있는 경우의 수를 구하시오.

2 서로 다른 세 개의 동전을 던질 때, 앞면이 나온 동전이 1개이거나 뒷면이 나온 동전이 1개인 경우의 수를 구하시오.

3 1부터 10까지의 자연수가 각각 하나씩 적힌 10개의 공 중에서 임의로 하나의 공을 뽑을 때, 다음을 구하시오.

(1) 3의 배수 또는 5의 배수가 적힌 공을 뽑는 경우의 수

(2) 2의 배수 또는 3의 배수가 적힌 공을 뽑는 경우의 수

4 다음을 구하시오.

(1) 다항식 $(a+b)(x+y+z)$의 전개식에서 항의 개수

(2) 두 자리 자연수 중에서 십의 자리의 숫자는 짝수이고, 일의 자리의 숫자는 홀수인 자연수의 개수

5 오른쪽 그림과 같이 등산로가 3개인 산을 매표소에서 출발하여 정상까지 올라갔다가 내려오려고 할 때, 다음을 구하시오.

(1) 올라간 등산로로는 내려올 수 없을 때, 등산로를 정하는 방법의 수

(2) 올라간 등산로로도 내려올 수 있을 때, 등산로를 정하는 방법의 수

● 풀이 137쪽

1 7   **2** 6   **3** (1) 5 (2) 7   **4** (1) 6 (2) 20   **5** (1) 6 (2) 9

예제 01

서로 다른 두 개의 주사위를 동시에 던질 때, 나오는 두 눈의 수의 합이 4의 배수가 되는 경우의 수를 구하시오.

접근 방법 〉 가능한 모든 경우를 빠짐없이 나열해 본다. 우선 두 눈의 수의 합이 가질 수 있는 범위를 알아보고, 범위 내의 4의 배수를 구한 후, 각각의 4의 배수에 대하여 경우의 수를 구하여 각 경우의 수를 합한다.

수매씨 Point 사건 A 또는(이거나, 혹은) 사건 B가 일어나는 경우의 수 ➡ 합의 법칙을 이용

상세 풀이 〉 서로 다른 두 개의 주사위를 동시에 던졌을 때 나오는 두 눈의 수의 합은 2부터 12까지이고, 이 중에서 4의 배수인 경우는 4, 8, 12일 때이다.

서로 다른 두 개의 주사위를 동시에 던져서 나온 두 눈의 수를 각각 a, b라 하고, 이를 순서쌍 (a, b)로 나타내어 각 경우의 수를 구하면

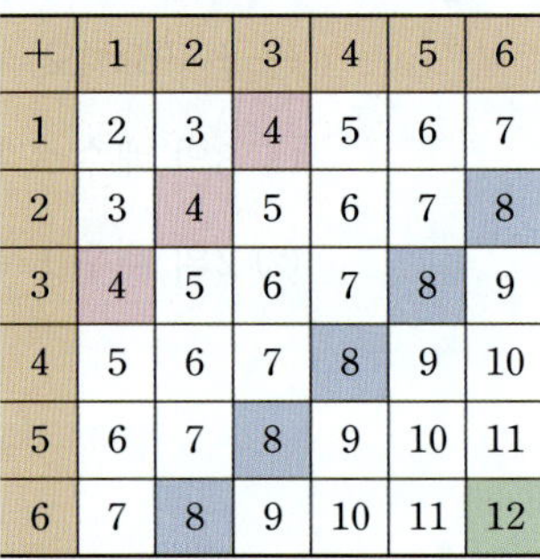

+	1	2	3	4	5	6
1	2	3	4	5	6	7
2	3	4	5	6	7	8
3	4	5	6	7	8	9
4	5	6	7	8	9	10
5	6	7	8	9	10	11
6	7	8	9	10	11	12

(i) 두 눈의 수의 합이 4인 경우는

$$(1, 3), (2, 2), (3, 1)$$

의 3가지

(ii) 두 눈의 수의 합이 8인 경우는

$$(2, 6), (3, 5), (4, 4), (5, 3), (6, 2)$$

의 5가지

(iii) 두 눈의 수의 합이 12인 경우는

$$(6, 6)$$

의 1가지

(i)~(iii)에서 구하는 경우의 수는

$$3+5+1=9$$

정답 9

보충 설명

서로 다른 두 개의 주사위를 동시에 던져서 나온 눈의 수의 합이 각각 4인 사건, 8인 사건, 12인 사건은 어느 것도 동시에 일어날 수 없다. 따라서 합의 법칙을 이용하여 각각의 경우의 수를 모두 더한다. 이때 직접 적어가며 세면 모든 경우를 빠뜨리지 않고 셀 수 있다.

그리고 '두 개의 주사위'처럼 변하는 것이 2개인 것의 개수를 셀 때에는 위의 풀이에서와 같이 표를 만들어 구하면 더욱 편리하다.

01-1

서로 다른 두 개의 주사위를 동시에 던질 때, 나오는 두 눈의 수의 차가 홀수가 되는 경우의 수를 구하시오.

01-2

1부터 50까지의 자연수 중에서 8로 나누었을 때의 나머지가 홀수인 자연수의 개수는?

① 21　　　　　　　② 23　　　　　　　③ 25

④ 27　　　　　　　⑤ 29

01-3

서로 다른 세 개의 주사위를 동시에 던질 때, 다음을 구하시오.

(1) 나오는 세 눈의 수의 곱이 20인 경우의 수

(2) 나오는 세 눈의 수의 합이 9인 경우의 수

● 풀이 137쪽 ~ 138쪽

정답　　　01-1 18　　　　　　　01-2 ③　　　　　　　01-3 (1) 9　(2) 25

예제 02

한 개의 주사위를 두 번 던질 때, 나오는 두 눈의 수의 곱이 짝수인 경우의 수를 구하시오.

접근 방법 〉 두 눈의 수의 곱이 짝수가 되는 경우는 (짝수)×(짝수), (짝수)×(홀수), (홀수)×(짝수)일 때이다. 한 개의 주사위를 두 번 던졌을 때 나오는 두 눈의 수의 곱을 이용해야 하므로

(짝수)×(짝수), (짝수)×(홀수), (홀수)×(짝수)

의 세 가지 경우로 나누어서 각 경우에 대한 경우의 수를 구한다.

수매씽 Point 두 사건 A, B가 동시에(연속하여) 일어나는 경우의 수 ➡ 곱의 법칙을 이용

상세 풀이 〉 두 눈의 수의 곱이 짝수인 경우는 두 눈의 수 중 하나만 짝수이거나 모두 짝수일 때이다.

주사위를 던졌을 때 짝수인 눈이 나오는 경우는 2, 4, 6의 3가지, 홀수인 눈이 나오는 경우는 1, 3, 5의 3가지이므로

(i) (홀수)×(짝수)인 경우의 수는

$$3 \times 3 = 9$$

(ii) (짝수)×(홀수)인 경우의 수는

$$3 \times 3 = 9$$

(iii) (짝수)×(짝수)인 경우의 수는

$$3 \times 3 = 9$$

(i)~(iii)에서 구하는 경우의 수는

$$9 + 9 + 9 = 27$$

다른 풀이 〉 구하는 경우의 수는 전체 경우의 수에서 두 눈의 수의 곱이 홀수인 경우의 수를 뺀 것과 같다.

한 개의 주사위를 두 번 던질 때, 나오는 전체 경우의 수는

$$6 \times 6 = 36$$

두 눈의 수의 곱이 홀수인 경우의 수는 두 눈의 수가 모두 홀수인 경우이므로

$$3 \times 3 = 9$$

따라서 두 눈의 수의 곱이 짝수인 경우의 수는

$$36 - 9 = 27$$

정답 27

보충 설명

경우의 수를 구할 때에는 모든 경우를 빠짐없이, 중복되지 않도록 구하는 것이 중요하다. 경우의 수를 구하는 방법 중에는 전체 경우의 수에서 구하려는 사건이 일어나지 않는 경우의 수를 빼서 구하는 것이 더 편리할 때도 있다.

02-1

두 자리 자연수 중에서 십의 자리의 숫자와 일의 자리의 숫자의 합이 짝수인 것의 개수를 구하시오.

02-2

3개의 상자 A, B, C 안에 1부터 7까지의 자연수가 하나씩 적힌 7장의 카드가 각각 들어 있다. 세 상자 A, B, C에서 한 장씩 꺼낸 세 장의 카드에 적힌 세 수의 곱이 홀수가 되는 경우의 수를 구하시오.

02-3

서로 다른 세 개의 주사위를 동시에 던질 때, 다음을 구하시오.

(1) 나오는 세 눈의 수의 합이 짝수인 경우의 수

(2) 나오는 세 눈의 수의 곱이 짝수인 경우의 수

● 풀이 138쪽～139쪽

정답　　02-1 45　　　　　　　　02-2 64　　　　　　　02-3 (1) 108　(2) 189

예제 03 — 도로망에서의 경우의 수

오른쪽 그림과 같이 네 지점 A, B, C, D를 연결하는 도로가 있을 때, 다음을 구하시오. (단, 한 번 지나간 지점은 다시 지나지 않는다.)

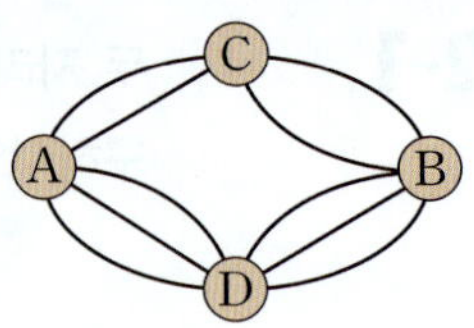

(1) A 지점에서 C 지점을 거쳐 B 지점으로 가는 방법의 수

(2) A 지점에서 B 지점으로 가는 방법의 수

접근 방법〉 도로망 문제에서 경우의 수를 구할 때에는 다음과 같은 순서로 구한다.

❶ 경유 지점을 포함하여 출발지에서 목적지까지의 모든 경로를 찾는다.

❷ 각 경로로 이동하는 경우의 수를 구한다. ← 이어지는 길이므로 곱의 법칙

❸ 각 경로에서 구한 경우의 수를 더한다. ← 동시에 갈 수 없는 길이므로 합의 법칙

> **수매씽 Point** P에서 Q로 가는 방법의 수가 m, Q에서 R로 가는 방법의 수가 n이면
> P에서 Q를 거쳐 R로 가는 방법의 수는
> $$m \times n$$

상세 풀이〉 (1) A $\longrightarrow$ C로 가는 방법의 수는 2이고, 그 각각에 대하여 C $\longrightarrow$ B로 가는 방법의 수는 2이므로 구하는 방법의 수는

$$2 \times 2 = 4$$

(2) A 지점에서 B 지점으로 가는 방법은 A $\longrightarrow$ C $\longrightarrow$ B, A $\longrightarrow$ D $\longrightarrow$ B의 2가지가 있으므로

(ⅰ) A $\longrightarrow$ C $\longrightarrow$ B인 경우

$$2 \times 2 = 4 \ (\because \ (1))$$

(ⅱ) A $\longrightarrow$ D $\longrightarrow$ B인 경우

A $\longrightarrow$ D로 가는 방법의 수는 3이고, 그 각각에 대하여 D $\longrightarrow$ B로 가는 방법의 수는 3이므로

$$3 \times 3 = 9$$

(ⅰ), (ⅱ)에서 구하는 방법의 수는

$$4 + 9 = 13$$

정답 (1) 4 (2) 13

보충 설명

(1)에서 A 지점에서 C 지점을 거쳐 B 지점으로 가는 경로는 이어지는 길로 이동하므로 곱의 법칙을 이용한다. 하지만 (2)에서 C 지점 또는 D 지점을 거쳐서 가는 경로인 (ⅰ), (ⅱ)는 동시에 일어나지 않으므로 합의 법칙을 이용한다.

03-1 오른쪽 그림과 같이 두 산 A, B와 편의점, 학교를 연결하는 도로가 있다. A 산에서 출발하여 B 산으로 가는 방법의 수를 구하시오. (단, 한 번 지나간 지점은 다시 지나지 않는다.)

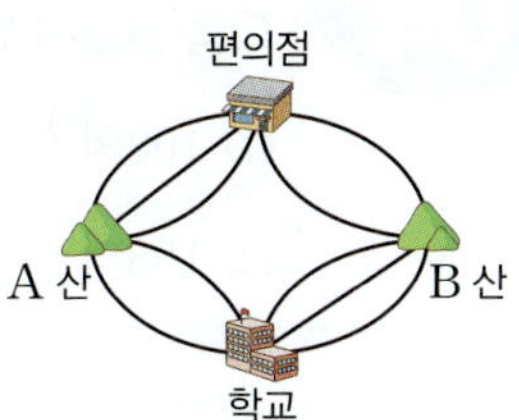

03-2 오른쪽 그림과 같이 세 지점 A, B, C를 연결하는 길이 있다. A 지점에서 출발하여 B 지점과 C 지점을 반드시 한 번씩 지나서 다시 A 지점으로 돌아오는 방법의 수를 구하시오.
 (단, A 지점을 제외하고 한 번 지나간 지점은 다시 지나지 않는다.)

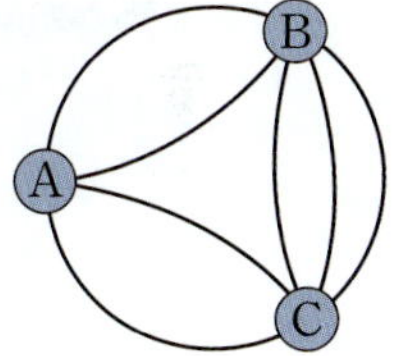

03-3 오른쪽 그림과 같이 네 도시 A, B, C, D를 연결하는 도로망이 있다. A 도시에서 출발하여 B 도시, C 도시, D 도시 중 두 도시를 지나서 다시 A 도시로 돌아오는 방법의 수는?
 (단, A 도시를 제외하고 한 번 지나간 도시는 다시 지나지 않는다.)

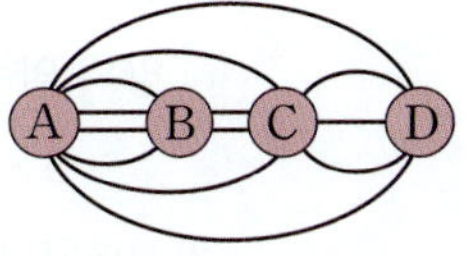

① 56　　　　② 64　　　　③ 72

④ 80　　　　⑤ 98

● 풀이 139쪽~140쪽

예제 04

다음 물음에 답하시오.

(1) 108의 양의 약수의 개수를 구하시오.

(2) 108의 양의 약수의 총합을 구하시오.

접근 방법 〉 자연수를 소인수분해 하여 양의 약수의 개수와 양의 약수의 총합을 구할 수 있다.

예를 들어 $2^m \times 3^n$ (m, n은 자연수)에서 2^m의 양의 약수는 1, 2, 2^2, $\cdots$, 2^m의 $(m+1)$개이고 3^n의 양의 약수는 1, 3, 3^2, $\cdots$, 3^n의 $(n+1)$개이므로 $2^m \times 3^n$의 양의 약수의 개수는 $(m+1)(n+1)$이고 양의 약수의 총합은

$$(1 \times 1 + 1 \times 3 + \cdots + 1 \times 3^n) + (2 \times 1 + 2 \times 3 + \cdots + 2 \times 3^n) + \cdots + (2^m \times 1 + \cdots + 2^m \times 3^n)$$

이므로 $(1 + 2 + \cdots + 2^m)(1 + 3 + \cdots + 3^n)$이다.

> **수매씽 Point**
>
> 자연수 N이 $N = a^p b^q c^r$ (a, b, c는 서로 다른 소수, p, q, r은 자연수)으로 소인수분해 될 때,
>
> (1) 양의 약수의 개수 : $(p+1)(q+1)(r+1)$
>
> (2) 양의 약수의 총합 : $(1 + a + \cdots + a^p)(1 + b + \cdots + b^q)(1 + c + \cdots + c^r)$

상세 풀이 〉 (1) $108 = 2^2 \times 3^3$이므로 108의 양의 약수는

$$(2^2의\ 양의\ 약수) \times (3^3의\ 양의\ 약수)$$

이때 2^2의 양의 약수 중 하나를 택하는 방법의 수는 3이고, 그 각각에 대하여 3^3의 양의 약수 중 하나를 택하는 방법의 수는 4이므로 108의 양의 약수의 개수는

$$3 \times 4 = 12$$

$\times$	1	2	2^2
1	1×1	1×2	1×2^2
3	3×1	3×2	3×2^2
3^2	$3^2 \times 1$	$3^2 \times 2$	$3^2 \times 2^2$
3^3	$3^3 \times 1$	$3^3 \times 2$	$3^3 \times 2^2$

(2) 108의 양의 약수의 총합은

$$(1 + 2 + 2^2) \times (1 + 3 + 3^2 + 3^3)$$

이므로

$$7 \times 40 = 280$$

정답 (1) 12　(2) 280

보충 설명

양의 약수의 개수를 구하는 문제는 모든 양의 약수들의 합으로 이루어진 식에서 항의 개수를 구하는 문제와 같은 것으로 생각할 수 있다.

숫자 바꾸기

04-1

다음 물음에 답하시오.

(1) 720의 양의 약수의 개수를 구하시오.

(2) 720의 양의 약수의 총합을 구하시오.

표현 바꾸기

04-2

216과 360의 양의 공약수의 개수를 구하시오.

개념 넓히기

04-3

980의 양의 약수 중 짝수의 개수를 p, 7의 배수의 개수를 q라고 할 때, $p+q$의 값은?

① 20   ② 22   ③ 24

④ 26   ⑤ 28

● 풀이 140쪽 ～141쪽

정답 **04-1** (1) 30 (2) 2418   **04-2** 12   **04-3** ③

예제 05

방정식 $3x+2y+z=11$을 만족시키는 자연수 x, y, z의 순서쌍 (x, y, z)의 개수를 구하시오.

접근 방법 ▷ 방정식 $3x+2y+z=11$의 자연수 해의 개수를 구할 때에는 x, y, z 중 계수가 가장 큰 x부터 수를 대입하여 문자가 2개인 방정식으로 변형한다.

이때 x의 값에 따라 경우가 나누어지므로 각 경우에서 구한 경우의 수를 합의 법칙을 이용하여 더한다.

수매씽 Point 정수 조건의 부정방정식은 계수의 절댓값이 가장 큰 미지수부터 차례대로 수를 대입해서 구한다.

상세 풀이 ▷ x, y, z가 자연수이므로

$$x \geq 1,\ y \geq 1,\ z \geq 1$$

주어진 방정식에서 x의 계수가 가장 크므로 x가 될 수 있는 자연수를 구하면

$3x < 11$에서 $x = 1,\ 2,\ 3$

(i) $x = 1$일 때,

$2y + z = 8$이므로 순서쌍 (x, y, z)는

$$(1,\ 1,\ 6),\ (1,\ 2,\ 4),\ (1,\ 3,\ 2)$$

의 3개

(ii) $x = 2$일 때,

$2y + z = 5$이므로 순서쌍 (x, y, z)는

$$(2,\ 1,\ 3),\ (2,\ 2,\ 1)$$

의 2개

(iii) $x = 3$일 때,

$2y + z = 2$이므로 이 방정식을 만족시키는 자연수 y, z는 존재하지 않는다.

(i)~(iii)에서 구하는 순서쌍 (x, y, z)의 개수는

$$3 + 2 = 5$$

정답 5

보충 설명

부정방정식 $ax + by + cz = d$ (a, b, c, d는 상수)의 정수인 해의 개수를 구할 때에는 x, y, z 중 계수의 절댓값이 큰 미지수부터 수를 대입한다.

이때 미지수 x, y, z의 조건이 양의 정수인지 음이 아닌 정수인지 구분해야 한다. 양의 정수에는 0이 포함되지 않지만 음이 아닌 정수에는 0이 포함된다.

05-1　　방정식 $x+2y+3z=12$를 만족시키는 자연수 x, y, z의 순서쌍 (x, y, z)의 개수를 구하시오.

05-2　　방정식 $x+2y+2z=8$을 만족시키는 음이 아닌 정수 x, y, z의 순서쌍 (x, y, z)의 개수는?

① 10　　　　　　② 12　　　　　　③ 15

④ 18　　　　　　⑤ 20

05-3　　다음 부등식을 만족시키는 자연수 x, y의 순서쌍 (x, y)의 개수를 구하시오.

(1) $x+3y \leq 7$　　　　　　　　　　　(2) $2 \leq x+y \leq 6$

● 풀이 141쪽~142쪽

정답　　05-1 7　　　　　　05-2 ③　　　　　　05-3 (1) 5　(2) 15

예제 06

10원짜리 동전 4개, 50원짜리 동전 2개, 100원짜리 동전 3개를 일부 또는 전부를 사용하여 지불하려고 할 때, 다음을 구하시오. (단, 0원을 지불하는 경우는 제외한다.)

(1) 지불할 수 있는 방법의 수

(2) 지불할 수 있는 금액의 수

접근 방법 ▶ (1)에서는 10원짜리, 50원짜리, 100원짜리 동전으로 지불할 수 있는 각각의 방법의 수를 구한 다음 곱의 법칙을 이용한다. 이때 0원을 지불하는 경우는 제외해야 한다.

(2)에서는 50원짜리 동전 2개와 100원짜리 동전 1개로 지불할 수 있는 금액이 같아지므로 100원짜리 동전 3개를 50원짜리 동전 6개로 바꾸어서 지불할 수 있는 금액의 수를 생각해야 한다.

> **수매씽 Point**
> (1) 지불할 수 있는 방법의 수 ➡ 지폐나 동전 각각의 개수에 주목
> (2) 지불할 수 있는 금액의 수 ➡ 서로 다른 지폐나 동전으로 지불할 수 있는 금액이 같은 경우에 주목

상세 풀이 ▶ (1) 10원짜리 동전으로 지불할 수 있는 방법은 0개, 1개, 2개, 3개, 4개의 5가지

50원짜리 동전으로 지불할 수 있는 방법은 0개, 1개, 2개의 3가지

100원짜리 동전으로 지불할 수 있는 방법은 0개, 1개, 2개, 3개의 4가지

이때 0원을 지불하는 것은 제외해야 하므로 지불할 수 있는 방법의 수는

$$5 \times 3 \times 4 - 1 = 59$$

(2) 50원짜리 동전 2개로 지불할 수 있는 금액과 100원짜리 동전 1개로 지불할 수 있는 금액이 같으므로 100원짜리 동전 3개를 50원짜리 동전 6개로 바꾸어서 생각하면 구하는 금액의 수는 10원짜리 동전 4개, 50원짜리 동전 8개로 지불할 수 있는 금액의 수와 같다.

10원짜리 동전 4개로 지불할 수 있는 금액은 0원, 10원, 20원, 30원, 40원의 5가지

50원짜리 동전 8개로 지불할 수 있는 금액은 0원, 50원, 100원, …, 400원의 9가지

이때 0원을 지불하는 것은 제외해야 하므로 지불할 수 있는 금액의 수는

$$5 \times 9 - 1 = 44$$

정답 (1) 59 (2) 44

보충 설명

지불할 수 있는 금액의 수를 구할 때에는 서로 다른 화폐로 같은 금액을 지불할 수도 있음에 주의한다. 예를 들어 100원짜리 동전 5개와 500원짜리 동전 1개로 지불할 수 있는 방법의 수는 $6 \times 2 - 1 = 11$이지만 100원짜리 동전 5개로 지불할 수 있는 금액과 500원짜리 동전 1개로 지불할 수 있는 금액은 500원의 1가지이다. 따라서 지불할 수 있는 금액이 중복되는 경우에는 단위가 큰 지폐나 동전을 단위가 작은 지폐나 동전으로 바꾸어서 생각한다.

06-1

10원짜리 동전 2개, 50원짜리 동전 3개, 100원짜리 동전 4개를 일부 또는 전부를 사용하여 지불하려고 할 때, 다음을 구하시오. (단, 0원을 지불하는 경우는 제외한다.)

(1) 지불할 수 있는 방법의 수

(2) 지불할 수 있는 금액의 수

06-2

1000원짜리 지폐 6장, 5000원짜리 지폐 4장, 10000원짜리 지폐 2장, 50000원짜리 지폐 1장을 일부 또는 전부를 사용하여 지불하려고 할 때, 다음을 구하시오.

(단, 0원을 지불하는 경우는 제외한다.)

(1) 지불할 수 있는 방법의 수

(2) 지불할 수 있는 금액의 수

06-3

1000원, 5000원, 10000원짜리 세 종류의 지폐를 최소한 한 장씩은 사용하여 거스름돈 없이 25000원을 지불하는 방법의 수를 구하시오.

● 풀이 142쪽~143쪽

정답　　06-1 (1) 59　(2) 35　　　　06-2 (1) 209　(2) 93　　　　06-3 2

예제 07

색칠하는 방법의 수

오른쪽 그림의 A, B, C, D 4개의 영역을 빨강, 파랑, 노랑, 초록의 4가지 색으로 칠하려고 한다. 같은 색을 여러 번 사용해도 좋으나 인접한 영역은 서로 다른 색을 칠하여 구별하려고 할 때, 칠하는 방법의 수를 구하시오. (단, 한 영역에는 한 가지 색만 칠한다.)

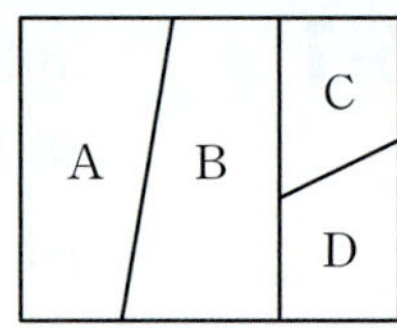

접근 방법 〉 인접한 영역이 가장 많은 영역을 먼저 칠하고 인접한 영역에 같은 색을 칠하지 않도록 색의 개수를 하나씩 줄여 가며 곱한다. 인접한 영역이 가장 많은 영역 B부터 칠하는 방법을 생각하면 편리하다.

> **수매씽 Point** 서로 다른 색을 칠할 때에는 먼저 기준이 되는 한 영역을 색칠하고 기준 영역을 중심으로 나머지 영역을 칠한다.

상세 풀이 〉 영역 B부터 색을 칠한다고 하면 각 영역에 칠할 수 있는 색은 다음과 같다.

(i) 영역 B에 칠할 수 있는 색은 4가지

(ii) 영역 A에 칠할 수 있는 색은 영역 B에 칠한 색을 제외한 3가지

(iii) 영역 C에 칠할 수 있는 색은 영역 B에 칠한 색을 제외한 3가지

(iv) 영역 D에 칠할 수 있는 색은 두 영역 B, C에 칠한 색을 제외한 2가지

(i)~(iv)에서 구하는 방법의 수는

$$4 \times 3 \times 3 \times 2 = 72$$

정답 72

보충 설명

영역 B부터 색을 칠하지 않고 다른 곳부터 칠해도 같은 결과를 얻을 수 있다.

예를 들어 영역 A부터 색을 칠한다고 하면 각 영역에 칠할 수 있는 색은 다음과 같다.

A $\longrightarrow$ 4가지 　　　　　　　　 B $\longrightarrow$ 3가지 (A에 칠한 색 제외)

C $\longrightarrow$ 3가지 (B에 칠한 색 제외) 　　 D $\longrightarrow$ 2가지 (B, C에 칠한 색 제외)

$\therefore 4 \times 3 \times 3 \times 2 = 72$

이때 **07-3**과 같이 그림이 대칭인 형태라면 대칭인 위치의 두 영역 A와 D 또는 두 영역 B와 C에 색을 칠하는 경우를

(i) 같은 색을 칠하는 경우

(ii) 다른 색을 칠하는 경우

로 나누어서 구해야 한다.

07-1 서로 다른 5가지 색의 색연필을 가지고 오른쪽 그림의 A, B, C, D, E 5개의 영역에 색칠을 하려고 한다. 같은 색을 여러 번 사용해도 좋으나 인접한 영역은 서로 다른 색을 칠하여 구별하려고 할 때, 칠하는 방법의 수를 구하시오. (단, 한 영역에는 한 가지 색만 칠한다.)

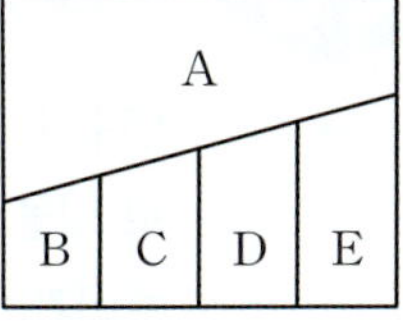

07-2 서로 다른 4가지의 색이 있다. 이 중 4가지 이하의 색을 이용하여 오른쪽 그림의 지도에서 인접한 행정 구역을 구별할 수 있도록 모두 칠하려고 한다. 다섯 개의 구역을 서로 다른 색으로 칠할 수 있는 모든 방법의 수는?

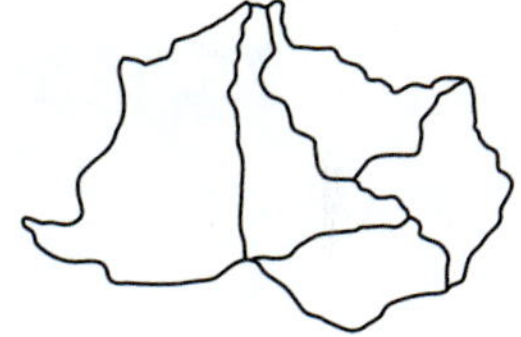

(단, 한 행정 구역에는 한 가지 색만 칠한다.)

① 108 ② 144 ③ 216
④ 288 ⑤ 324

07-3 오른쪽 그림의 A, B, C, D 4개의 영역을 서로 다른 4가지 색으로 칠하려고 한다. 같은 색을 여러 번 사용해도 좋으나 인접한 영역은 서로 다른 색을 칠하여 구별하려고 할 때, 칠하는 방법의 수를 구하시오. (단, 한 영역에는 한 가지 색만 칠한다.)

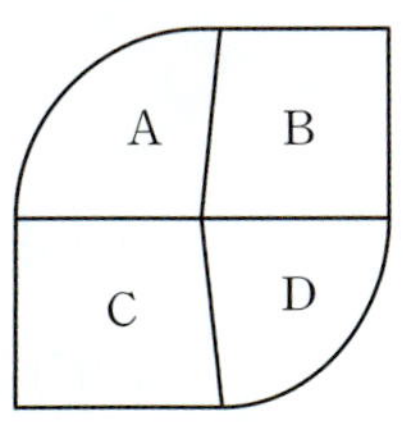

• 풀이 143쪽~144쪽

정답 07-1 540   07-2 ②   07-3 84

예제 08

5장의 카드 1, 2, 3, 4, 5가 각각 하나씩 붙어 있는 5개의 상자와 1부터 5까지의 자연수 1, 2, 3, 4, 5가 각각 하나씩 적힌 5개의 공이 있다. 각 상자마다 각각 1개씩의 공을 임의로 넣을 때, 단 하나의 상자에만 상자에 붙어 있는 카드에 적힌 숫자와 같은 숫자가 적힌 공이 들어가는 경우의 수를 구하시오.

접근 방법 카드 1이 붙어 있는 상자에 1이 적힌 공을 넣고 나머지 4장의 카드 2, 3, 4, 5가 붙어 있는 상자에는 상자에 붙어 있는 카드에 적힌 숫자와 다른 숫자가 적힌 공을 넣으면 된다.

마찬가지 방법으로 카드 2가 붙어 있는 상자에 2가 적힌 공을 넣을 때, …, 카드 5가 붙어 있는 상자에 5가 적힌 공을 넣을 때의 경우가 각각 있음을 생각하면 된다.

수매씽 Point 규칙성을 찾기 어려운 경우의 수 ➡ 수형도나 표를 이용한다.

상세 풀이 5장의 카드 1, 2, 3, 4, 5가 각각 하나씩 붙어 있는 5개의 상자에 1, 2, 3, 4, 5가 각각 하나씩 적힌 5개의 공을 각각 1개씩 넣을 때 카드 1이 붙어 있는 상자에 1이 적힌 공이 들어가고 다른 상자에는 상자에 붙어 있는 카드에 적힌 숫자와 다른 숫자가 적힌 공이 들어가는 경우는 다음과 같다.

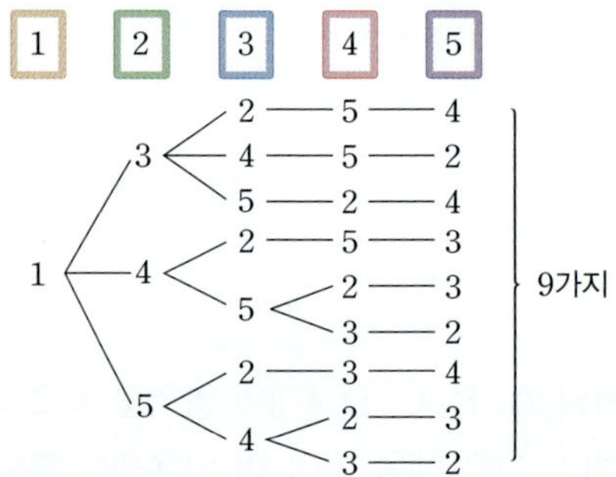

이때 경우의 수는 9이고, 카드 2, 3, 4, 5가 붙어 있는 상자 중 단 하나에만 카드에 적힌 숫자와 같은 숫자가 적힌 공이 들어가는 경우의 수도 각각 9이므로 구하는 경우의 수는

$$9 \times 5 = 45$$

정답 45

보충 설명

여러 가지 경우의 수를 조사할 때, 규칙성을 찾기 어려운 경우에는 수형도나 표를 이용하면 어떤 사건도 빠뜨리지 않고 같은 사건을 중복되지 않게 나열할 수 있다.

08-1 등번호가 1, 2, 3, 4인 네 명의 육상 선수가 이어달리기를 하려고 한다. 네 명의 선수 모두 자신의 등번호와 이어달리기 순번이 다르도록 이어달리기 순번을 결정하는 방법의 수를 구하시오.

08-2 1, 2, 3으로 만들 수 있는 세 자리 자연수는 27개가 있다. 이 중에서 다음 규칙을 만족시키는 세 자리 자연수의 개수를 구하시오.

> ㈎ 1 바로 다음에는 3이다.
>
> ㈏ 2 바로 다음에는 1 또는 3이다.
>
> ㈐ 3 바로 다음에는 1 또는 2 또는 3이다.

08-3 1, 2, 3, 4, 5를 일렬로 나열하였을 때, i번째 숫자를 a_i $(1 \leq i \leq 5)$라고 하자.
$$(a_1-1)(a_2-2)(a_3-3)(a_4-4)(a_5-5) \neq 0$$
이 성립하는 경우의 수를 구하시오.

● 풀이 144쪽 ~145쪽

정답   **08-1** 9   **08-2** 13   **08-3** 44

1   1부터 100까지의 자연수 중에서 3으로 나누어떨어지고, 5로는 나누어떨어지지 않는 자연수의 개수는?

① 25   ② 27   ③ 29

④ 31   ⑤ 33

2   각 면에 1부터 4까지의 숫자가 하나씩 적혀 있는 정사면체가 있다. 이 정사면체를 세 번 연속하여 던질 때, 밑면에 나오는 세 수의 곱이 2 또는 4인 경우의 수를 구하시오.

3   0, 1, 2, 3, 4, 5의 숫자가 각각 하나씩 적힌 6장의 카드 중에서 3장을 택하여 세 자리 자연수를 만들 때, 홀수의 개수를 구하시오.

4   오른쪽 그림과 같이 네 지점 A, B, C, D를 연결하는 도로가 있다. A 지점을 출발하여 D 지점으로 가는 방법의 수를 구하시오.
          (단, 한 번 지나간 지점은 다시 지나지 않는다.)

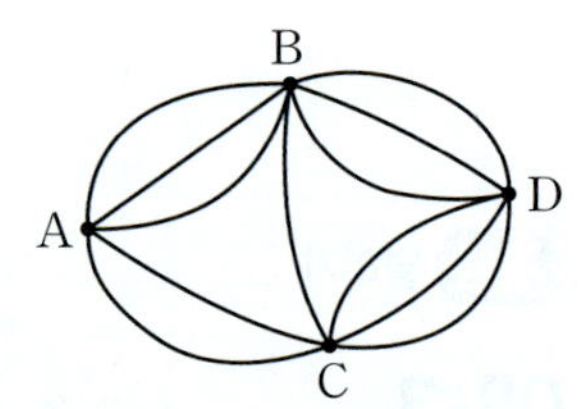

5   두 지점 A, B를 연결하는 도로망이 오른쪽 그림과 같을 때, A 지점에서 출발하여 두 지점 A, B를 왕복하려고 한다. 올 때는 반드시 P 지점을 지나야 한다고 할 때, 두 지점 A, B를 왕복하는 방법의 수를 구하시오.
          (단, 갈 때와 올 때 각각 한 번 지나간 지점은 다시 지나지 않는다.)

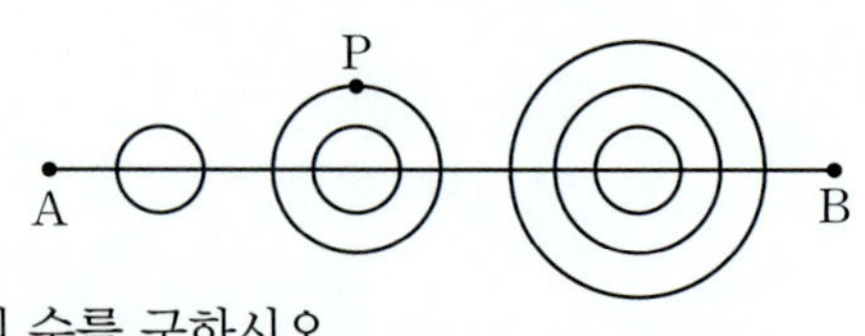

6 다음을 구하시오.

(1) 자연수 $2^2 \times 3^3 \times 5^5$의 양의 약수 중 10의 배수의 개수

(2) 2250의 양의 약수 중 홀수의 개수

7 다음을 구하시오.

(1) 다항식 $(a+b+c)(p+q+r)-(a+b)(s+t)$를 전개할 때의 항의 개수

(2) 다항식 $(x+y+z^2)(p-q)^3$을 전개할 때의 항의 개수

8 은지는 10원짜리 동전 4개, 50원짜리 동전 3개, 100원짜리 동전 3개, 500원짜리 동전 4개를 가지고 있다. 은지가 이 동전의 일부 또는 전부를 사용하여 지불할 수 있는 금액의 수를 구하시오. (단, 0원을 지불하는 경우는 제외한다.)

9 오른쪽 그림의 A, B, C, D, E 5개의 영역을 서로 다른 4가지 색으로 칠하려고 한다. 같은 색을 여러 번 사용해도 좋으나 인접한 영역은 서로 다른 색을 칠하여 구별하려고 할 때, 칠하는 방법의 수를 구하시오. (단, 한 영역에는 한 가지 색만 칠한다.)

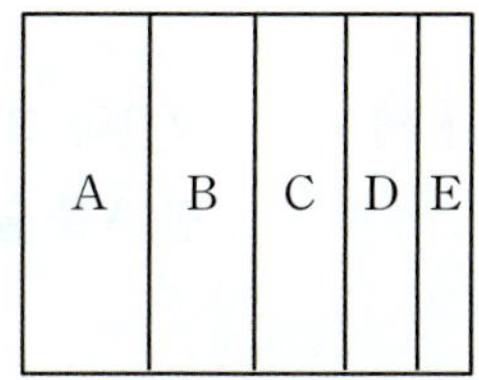

10 오른쪽 그림과 같이 세 면이 막혀 있는 주차장에 A, B, C, D 네 대의 차량이 주차되어 있다. 주차된 네 대의 차량이 한 번에 한 대씩 빠져나오려고 할 때, 차량이 모두 빠져나오는 순서를 정하는 방법의 수를 구하시오. (단, 모든 차량은 주차 구역 내에서 직진만 한다.)

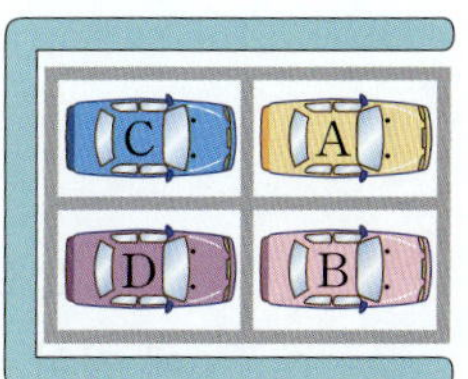

11 1부터 100까지의 자연수 중에서 100과 서로소인 자연수의 개수는?

① 30 ② 40 ③ 50

④ 60 ⑤ 70

12 세 자리 자연수 중 101, 121, 954와 같이 일의 자리의 숫자, 십의 자리의 숫자, 백의 자리의 숫자 중에서 어느 하나의 숫자가 나머지 두 숫자의 합인 자연수의 개수는?

① 100 ② 108 ③ 116

④ 120 ⑤ 126

13 100부터 500까지의 홀수 중에서 각 자리의 숫자가 모두 다른 수의 개수를 구하시오.

14 오른쪽 그림과 같은 도형을 연필을 떼지 않고 한 번에 그릴 때, 점 A를 출발하여 점 A에서 끝나는 경우의 수는?

(단, 같은 구간은 다시 지나지 않는다.)

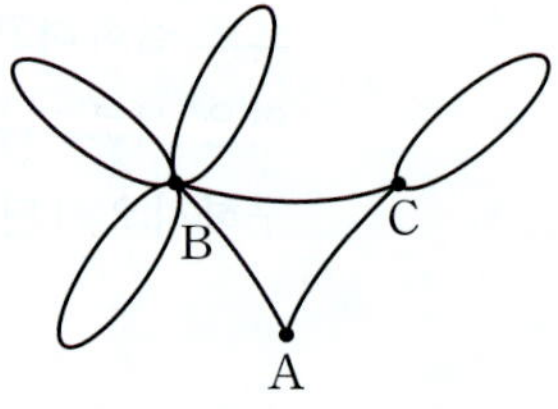

① 48 ② 96 ③ 192

④ 216 ⑤ 240

15 숫자 1, 2, 2, 2, 3, 3, 5가 각각 하나씩 적힌 7장의 카드 중에서 2장 이상을 동시에 뽑아 카드에 적힌 숫자끼리 곱하여 만들 수 있는 서로 다른 자연수의 개수를 구하시오.

16 1을 제외한 모든 자연수는 서로소인 두 자연수의 곱으로 나타낼 수 있다. 예를 들어 자연수 12는 다음과 같은 2가지 방법으로 서로소인 두 자연수의 곱으로 나타낼 수 있다.

$$12 = 1 \times 12 = 3 \times 4$$

자연수 450을 서로소인 두 자연수의 곱으로 나타내는 방법의 수를 구하시오.

17 오른쪽 그림과 같이 5개의 영역으로 나누어진 도형이 있다. 각 영역에 빨간색, 노란색, 파란색 중 한 가지 색을 칠하는데, 인접한 영역은 서로 다른 색을 칠하여 구별하려고 한다. 칠할 수 있는 방법의 수는?

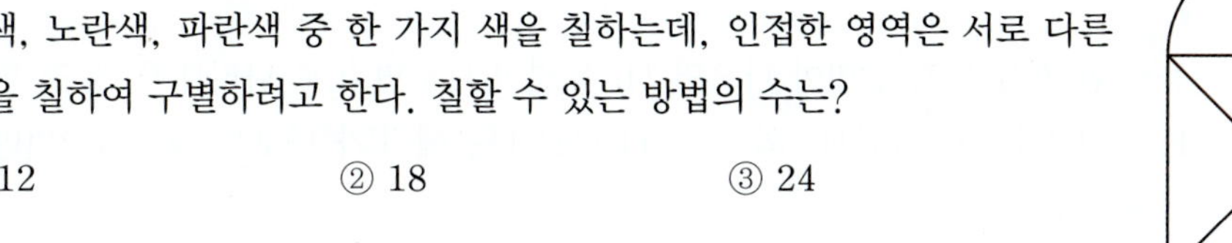

① 12   ② 18   ③ 24

④ 32   ⑤ 36

18 오른쪽 그림과 같은 모양의 도형에 서로 다른 3가지 색을 사용하여 칠하려고 한다. 이웃한 사다리꼴에는 서로 다른 색을 칠하고, 맨 위의 사다리꼴과 맨 아래의 사다리꼴에 서로 다른 색을 칠한다. 5개의 사다리꼴에 색을 칠하는 방법의 수를 구하시오.

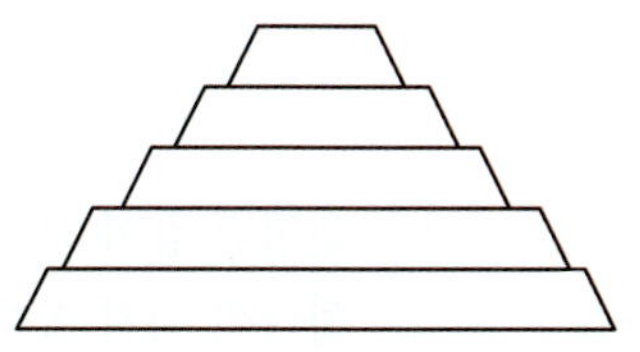

19 오른쪽 그림과 같이 4개의 섬이 있다. 3개의 다리를 건설하여 4개의 섬 모두를 연결하는 방법의 수를 구하시오.

20 어느 고등학교에서는 방학 중 방과 후 학교 강좌를 오른쪽 그림과 같이 개설하였다. 어떤 학생이 하루에 국어, 수학, 영어 세 과목을 각각 한 번씩 수강하려고 할 때, 그 방법의 수를 구하시오.

• 정답 및 풀이 151쪽~152쪽

수능

21 오른쪽 정육면체에서 임의의 세 꼭짓점을 택하여 삼각형을 만들 때, 그림과 같은 정삼각형과 합동인 삼각형을 만들 수 있는 방법의 수는?

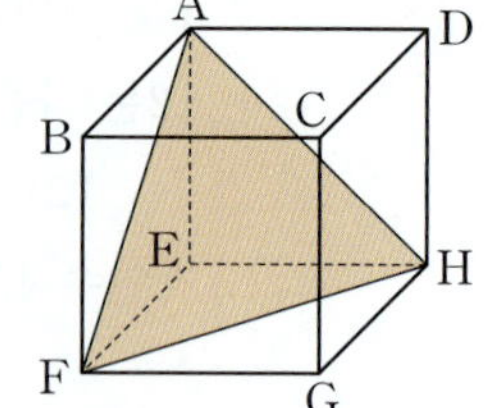

① 4 ② 6 ③ 8

④ 12 ⑤ 24

교육청

22 동전 한 개를 던져 앞면이 나오면 H, 뒷면이 나오면 T로 나타내자. 동전 한 개를 6번 던져 HTHTTT, THTHHT와 같이 H 바로 다음에 T가 나오는 경우가 2번만 나타나는 모든 경우의 수는?

① 19 ② 21 ③ 23

④ 25 ⑤ 27

교육청

23 그림과 같이 크기가 같은 6개의 정사각형에 1부터 6까지의 자연수가 하나씩 적혀 있다. 서로 다른 4가지 색의 일부 또는 전부를 사용하여 다음 조건을 만족시키도록 6개의 정사각형에 색을 칠하는 경우의 수는? (단, 한 정사각형에 한 가지 색만을 칠한다.)

1	2	3
4	5	6

> (가) 1이 적힌 정사각형과 6이 적힌 정사각형에는 같은 색을 칠한다.
>
> (나) 변을 공유하는 두 정사각형에는 서로 다른 색을 칠한다.

① 72 ② 84 ③ 96

④ 108 ⑤ 120

평가원

24 남학생 2명과 여학생 2명이 함께 놀이공원에 가서 어느 놀이 기구를 타려고 한다. 이 놀이 기구는 오른쪽 그림과 같이 한 줄에 2개의 의자가 있고 모두 5줄로 되어 있다. 남학생 1명과 여학생 1명이 짝을 지어 2명씩 같은 줄에 앉을 때, 4명이 모두 놀이 기구의 의자에 앉는 방법의 수를 구하시오.

11 순열

1 순열

• 순열

(1) 순열 : 서로 다른 n개에서 $r\,(0<r\leq n)$개를 택하여 일렬로 나열하는 것을 n개에서 r개를 택하는 순열이라 하고, 이 순열의 수를 기호로 $_n\mathrm{P}_r$과 같이 나타낸다. 즉,

$$_n\mathrm{P}_r=n\times(n-1)\times(n-2)\times\cdots\times(n-r+1)$$

(2) 계승 : 1부터 n까지의 자연수를 차례대로 곱한 것을 n의 계승이라 하고, 기호로 $n!$과 같이 나타낸다. 즉,

$$n!=n\times(n-1)\times(n-2)\times\cdots\times3\times2\times1$$

(3) 순열의 수

① $_n\mathrm{P}_r=\dfrac{n!}{(n-r)!}$ (단, $0\leq r\leq n$)

② $_n\mathrm{P}_n=n!$, $_n\mathrm{P}_0=1$, $0!=1$

(4) '적어도'의 조건이 있는 순열의 수

'적어도'의 조건이 있는 순열의 수는 전체 경우의 수에서 그 사건이 한 번도 일어나지 않는 경우의 수를 빼서 구한다. 즉,

(사건 A가 적어도 한 번 일어나는 경우의 수)

$=$(전체 경우의 수)$-$(사건 A가 일어나지 않는 경우의 수)

• 이웃하거나 이웃하지 않는 순열의 수

(1) 이웃하는 순열의 수

이웃하는 것이 있는 순열의 수는 다음과 같은 순서로 구한다.

❶ 이웃하는 것을 한 묶음으로 생각하여 일렬로 나열하는 경우의 수를 구한다.

❷ ❶의 결과에 이웃하는 것끼리 자리를 바꾸는 경우의 수를 곱한다.

(2) 이웃하지 않는 순열의 수

이웃하지 않는 것이 있는 순열의 수는 다음과 같은 순서로 구한다.

❶ 이웃해도 되는 것을 일렬로 나열하는 경우의 수를 구한다.

❷ ❶에서 나열한 것 사이사이와 양 끝에 이웃하면 안 되는 것을 나열하는 경우의 수를 구하여 ❶의 결과에 곱한다.

Q&A

Q 순열 기호 $_n\mathrm{P}_r$은 어떻게 계산하나요?

A 순서를 고려하여 r개를 나열하기 위해 첫 번째 칸에 들어갈 대상을 n개 중에서 고르고, 그 다음 칸에 들어갈 대상을 첫 번째 칸에 이미 들어간 한 개를 제외한 $(n-1)$개 중 고르고, 마찬가지로 그 다음 칸에 들어갈 대상을 남은 $(n-2)$개 중에 고르기 때문에, $_n\mathrm{P}_r$은 n부터 시작해 r개의 개수만큼 숫자를 줄여나가면서 곱합니다.

1 순열

1 순열

1. 순열의 뜻

지금까지 경우의 수에 대하여 합의 법칙과 곱의 법칙이 성립함을 배웠습니다. 하지만 어떤 것을 일렬로 나열하는 경우의 수를 구할 때, 그 순서를 생각해야 하는 경우가 있습니다. 이러한 경우의 수를 구하는 예로는 숫자 카드를 나열하는 문제나 사람들을 줄 세우는 문제가 있습니다.

먼저 순서를 생각하여 숫자 카드를 나열하는 방법의 수를 예로 들어 생각해 봅시다.

다섯 장의 숫자 카드 1, 2, 3, 4, 5 중에서 서로 다른 3장을 택하여 일렬로 나열하는 경우의 수를 구해 봅시다.

오른쪽 그림과 같이 첫 번째 자리에 들어갈 수 있는 숫자 카드는 1, 2, 3, 4, 5 중 어느 숫자 카드라도 가능하므로 5가지이고, 두 번째 자리에 들어갈 수 있는 숫자 카드는 첫 번째 자리에 들어간 숫자 카드를 제외한 나머지 4가지, 그 다음 세 번째 자리에는 앞의 두 숫자 카드를 제외한 나머지 3가지가 들어갈 수 있습니다.

따라서 구하는 경우의 수는 곱의 법칙에 의하여

$$5 \times 4 \times 3 = 60$$

입니다.
$$5-2=3$$
$$5-1=4$$

이와 같이 서로 다른 n개에서 $r\,(0 < r \leq n)$개를 택하여 일렬로 나열하는 것을 n개에서 r개를 택하는 **순열**이라 하고, 이 순열의 수를 기호로

$$_n\mathrm{P}_r$$

과 같이 나타냅니다. 이때 P는 순서가 있는 배열을 뜻하는 Permutation의 첫 글자입니다.

2. 순열의 수

순열의 수 $_n\mathrm{P}_r$을 구하는 방법을 알아봅시다.

서로 다른 n개에서 r개를 택하는 순열에서 첫 번째 자리에 올 수 있는 경우는 n가지, 두 번째 자리에 올 수 있는 경우는 첫 번째 자리에 놓인 것을 제외한 $(n-1)$가지, 세 번째 자리에 올 수 있는 경우는 앞의 두 자리에 놓인 것을 제외한 $(n-2)$가지입니다.

이와 같은 과정을 계속하면 r번째 자리에 올 수 있는 경우는 이미 놓여진 $(r-1)$가지를 제외한

$$n-(r-1)=n-r+1(가지)$$

임을 알 수 있습니다.

배열의 순서	첫 번째	두 번째	세 번째	…	r번째
	↑	↑	↑		↑
경우의 수	n	$n-1$	$n-2$	…	$n-r+1$

따라서 곱의 법칙에 의하여 서로 다른 n개에서 r개를 택하는 순열의 수 $_n\mathrm{P}_r$은

$$_n\mathrm{P}_r=n\times(n-1)\times(n-2)\times\cdots\times(n-r+1)$$
$$r개 \qquad (0<r\leq n)$$

입니다.

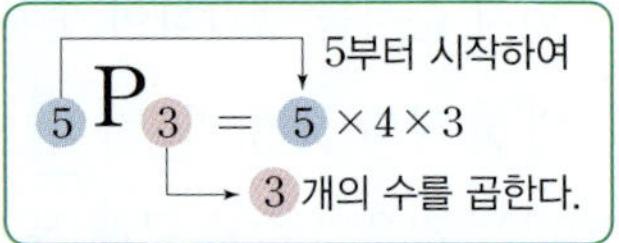

이것을 앞에서 공부한 다섯 장의 숫자 카드 중에서 서로 다른 3장을 택하여 일렬로 나열하는 문제에 적용해 보면 서로 다른 5개에서 3개를 택하여 일렬로 나열하는 것이므로 이 순열의 수를 기호 $_5\mathrm{P}_3$으로 나타낼 수 있습니다.

즉, $_5\mathrm{P}_3=5\times4\times3=60$입니다.

Example

(1) $_6\mathrm{P}_3=6\times5\times4=120$

(2) $_8\mathrm{P}_2=8\times7=56$

(3) $_6\mathrm{P}_1=6$

(4) $_5\mathrm{P}_5=5\times4\times3\times2\times1=120$

(5) $_n\mathrm{P}_2=n\times(n-1)$

(6) $_{n+2}\mathrm{P}_3=(n+2)\times(n+1)\times n$

$n+2$부터 시작해서 하나씩 작아지는 수를 3개 곱한다.

앞으로는 이와 같이 연속한 자연수를 차례대로 곱하는 형태의 곱셈을 많이 하게 될 것입니다. 이러한 형태의 곱셈 중에서 1부터 n까지의 자연수를 차례대로 곱한 것을 n의 **계승**이라 하고, 이것을 기호로 ***n*!** 과 같이 나타냅니다. 즉,

$$n!=n\times(n-1)\times(n-2)\times\cdots\times3\times2\times1$$

← $n!$에서 !은 팩토리얼(factorial)이라고 읽기도 한다.

서로 다른 n장의 숫자 카드를 모두 일렬로 나열하는 경우의 수를 생각해 보면 서로 다른 n장의 카드에서 n장을 택하여 일렬로 나열하는 경우의 수와 같으므로 ($n!$)

$$_n\mathrm{P}_n=n\times(n-1)\times\cdots\times3\times2\times1=n!$$

입니다.

따라서 서로 다른 n개 중에서 n개를 택하여 일렬로 나열하는 순열의 수 $_n\mathrm{P}_n$은 $n!$과 같습니다.

이번에는 순열의 수 $_n\mathrm{P}_r$을 계승을 이용하여 다음과 같이 나타내 봅시다.

$0<r<n$일 때,

$$_n\mathrm{P}_r=n\times(n-1)\times\cdots\times(n-r+1)$$
$$=\frac{n\times(n-1)\times\cdots\times(n-r+1)\times(n-r)\times\cdots\times3\times2\times1}{(n-r)\times\cdots\times3\times2\times1}$$
$$=\frac{n!}{(n-r)!}\quad\cdots\cdots\;\text{㉠}$$

이때 $0!=1$로 정하면 $_n\mathrm{P}_n=\dfrac{n!}{(n-n)!}=\dfrac{n!}{0!}=n!$이므로 ㉠은 $r=n$일 때에도 성립합니다.

또한 $_n\mathrm{P}_0=\dfrac{n!}{(n-0)!}=\dfrac{n!}{n!}=1$이므로 ㉠은 $r=0$일 때에도 성립합니다.

따라서 $0\leq r\leq n$일 때 $_n\mathrm{P}_r=\dfrac{n!}{(n-r)!}$이 성립합니다.

Example

(1) 5개의 숫자 1, 2, 3, 4, 5를 한 번씩만 사용하여 만들 수 있는 다섯 자리 자연수의 개수는
$$_5\mathrm{P}_5=5\times4\times3\times2\times1=120$$
참고 $_5\mathrm{P}_5=5!=120$

(2) 5개의 숫자 1, 2, 3, 4, 5를 한 번씩만 사용하여 만들 수 있는 두 자리 자연수의 개수는 서로 다른 5개의 숫자에서 2개를 택하는 순열의 수와 같으므로
$$_5\mathrm{P}_2=5\times4=20$$
참고 $_5\mathrm{P}_2=\dfrac{5!}{(5-2)!}=\dfrac{5\times4\times3\times2\times1}{3\times2\times1}=20$

(3) 5개의 숫자 1, 2, 3, 4, 5를 한 번씩만 사용하여 만들 수 있는 세 자리 자연수의 개수는 서로 다른 5개의 숫자에서 3개를 택하는 순열의 수와 같으므로
$$_5\mathrm{P}_3=5\times4\times3=60$$
참고 $_5\mathrm{P}_3=\dfrac{5!}{(5-3)!}=\dfrac{5\times4\times3\times2\times1}{2\times1}=60$

개념 Point 순열

1. 순열 : 서로 다른 n개에서 $r\,(0<r\leq n)$개를 택하여 일렬로 나열하는 것을 n개에서 r개를 택하는 순열이라 하고, 이 순열의 수를 기호로 $_n\mathrm{P}_r$과 같이 나타낸다. 즉,
$$_n\mathrm{P}_r=n\times(n-1)\times(n-2)\times\cdots\times(n-r+1)$$

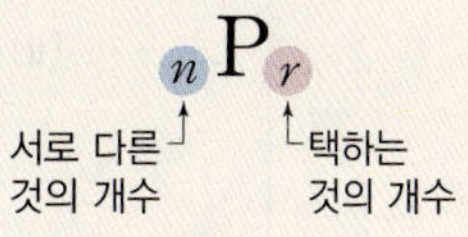

2. 순열의 수

(1) $_n\mathrm{P}_r=\dfrac{n!}{(n-r)!}$ (단, $0\leq r\leq n$)

(2) $_n\mathrm{P}_n=n!$, $0!=1$, $_n\mathrm{P}_0=1$

1 $_n\mathrm{P}_r=n\times{}_{n-1}\mathrm{P}_{r-1}$ (단, $1\leq r\leq n$)

Proof

[방법 1] $n\times{}_{n-1}\mathrm{P}_{r-1}=n\times\dfrac{(n-1)!}{\{(n-1)-(r-1)\}!}=\dfrac{n(n-1)!}{(n-r)!}=\dfrac{n!}{(n-r)!}={}_n\mathrm{P}_r$

$\qquad\therefore {}_n\mathrm{P}_r=n\times{}_{n-1}\mathrm{P}_{r-1}$

[방법 2] $_n\mathrm{P}_r$은 n개에서 r개를 택하여 일렬로 나열하는 경우의 수이다.

이때 n개에서 한 개를 택하는 경우는 n가지이고, 그 각각에 대하여 하나를 택하고 남은 $(n-1)$개에서 $(r-1)$개를 택하여 일렬로 나열하는 경우의 수는 $_{n-1}\mathrm{P}_{r-1}$이다.

$\qquad\therefore {}_n\mathrm{P}_r=n\times{}_{n-1}\mathrm{P}_{r-1}$

2 $_n\mathrm{P}_r={}_{n-1}\mathrm{P}_r+r\times{}_{n-1}\mathrm{P}_{r-1}$ (단, $1\leq r\leq n$)

Proof

[방법 1] $_{n-1}\mathrm{P}_r+r\times{}_{n-1}\mathrm{P}_{r-1}=\dfrac{(n-1)!}{(n-1-r)!}+r\times\dfrac{(n-1)!}{\{(n-1)-(r-1)\}!}$

$\qquad\qquad=\dfrac{(n-1)!}{(n-r-1)!}+\dfrac{r(n-1)!}{(n-r)!}$

$\qquad\qquad=\dfrac{\color{red}{(n-r)}\times(n-1)!}{\color{red}{(n-r)}\times(n-r-1)!}+\dfrac{r(n-1)!}{(n-r)!}$　←　통분하기 위해 분자, 분모에 $(n-r)$을 곱한다.

$\qquad\qquad=\dfrac{(n-r)(n-1)!}{(n-r)!}+\dfrac{r(n-1)!}{(n-r)!}$

$\qquad\qquad=\dfrac{\{(n-r)+r\}(n-1)!}{(n-r)!}$

$\qquad\qquad=\dfrac{n(n-1)!}{(n-r)!}$

$\qquad\qquad=\dfrac{n!}{(n-r)!}={}_n\mathrm{P}_r$

$\qquad\therefore {}_n\mathrm{P}_r={}_{n-1}\mathrm{P}_r+r\times{}_{n-1}\mathrm{P}_{r-1}$

[방법 2] n개 중에서 A를 임의로 정하면 n개에서 r개를 택하여 일렬로 나열하는 경우는 다음과 같이 두 경우로 나누어 생각할 수 있다. ($_n\mathrm{P}_r$)

(i) r개 중에서 A가 포함되지 않는 경우

A를 제외한 $(n-1)$개 중에서 r개를 택하여 일렬로 나열하는 경우이므로 그 경우의 수는

$\qquad {}_{n-1}\mathrm{P}_r$

(ii) r개 중에서 A가 포함되는 경우

A를 제외한 $(n-1)$개 중에서 $(r-1)$개를 택하여 일렬로 나열한 후, A를 $(r-1)$개의 사이사이와 양 끝에 배치하는 경우이므로 그 경우의 수는

$\qquad r\times{}_{n-1}\mathrm{P}_{r-1}$

따라서 (i), (ii)는 동시에 일어나지 않으므로 n개에서 r개를 택하여 일렬로 나열하는 경우의 수는 합의 법칙에 의하여

$\qquad {}_n\mathrm{P}_r={}_{n-1}\mathrm{P}_r+r\times{}_{n-1}\mathrm{P}_{r-1}$

❷ 이웃하거나 이웃하지 않는 순열의 수

이제 순열을 이용하는 문제 유형 중 하나인 이웃하거나 이웃하지 않는 순열의 수에 대하여 알아봅시다.

남학생 4명과 여학생 2명을 일렬로 세울 때, 여학생끼리 이웃하도록 세우는 방법의 수를 구해 보자.

오른쪽 그림과 같이 여학생 2명을 한 묶음으로 생각하여 여학생 묶음 1개와 남학생 4명을 일렬로 세우는 방법의 수는 5!

그 각각에 대하여 여학생 2명이 자리를 바꾸는 방법의 수가 2!이므로 구하는 방법의 수는

$$5! \times 2! = 120 \times 2 = 240$$

이와 같이 이웃하는 순열의 수는 이웃하는 것을 한 묶음으로 생각하여 일렬로 나열하는 방법의 수가 m, 이웃하는 것끼리 자리를 바꾸어 나열하는 방법의 수가 n일 때,

$$(\text{이웃하는 순열의 수}) = m \times n$$

입니다.

이번에는 이웃하지 않는 순열의 수에 대해 알아봅시다.

남학생 4명과 여학생 2명을 일렬로 세울 때, 여학생끼리 이웃하지 않도록 일렬로 세우는 방법의 수를 구해 봅시다.

여학생 2명을 먼저 일렬로 세웠을 때, 여학생끼리 이웃하지 않게 세우려면 여학생들 사이사이에 남학생이 1명 이상이 되도록 세워야 합니다.

반면에 남학생 4명을 먼저 일렬로 세웠을 때, 여학생끼리 이웃하지 않게 세우려면 남학생들 사이에 여학생이 1명 이하가 되도록 세워야 합니다.

그런데 2명의 여학생들 사이에 남학생이 1명 이상이 되도록 세우려면 여학생 사이에 남학생이 1명인 경우, 2명인 경우 등으로 나누어 생각해야 하지만 4명의 남학생들 사이사이에 여학생이 1명 이하가 되도록 세우려면 여학생이 한 명 있거나 없는 경우만 생각하면 됩니다.

즉, 이웃해도 되는 남학생 4명을 먼저 일렬로 세운 후, 그 사이사이와 양 끝에 여학생 2명을 세워 여학생끼리 이웃하지 않게 세우는 방법의 수를 구하면 다음과 같습니다.

먼저 남학생 4명을 일렬로 세우는 순열의 수는 4!이고, 그 각각에 대하여 4명의 남학생들 사이사이와 양 끝에 여학생 2명을 세우는 방법의 수는 $_5\mathrm{P}_2$입니다.

5개의 자리에서 여학생 2명을 세울 2개의 자리를 뽑는 순열의 수와 같다.

따라서 구하는 방법의 수는

$$4! \times _5\mathrm{P}_2 = 24 \times 20 = 480$$

입니다.

　이와 같이 이웃하지 않는 순열의 수는 이웃해도 되는 것을 일렬로 나열하는 방법의 수가 m, 그 사이사이와 양 끝에 이웃하면 안 되는 것을 나열하는 방법의 수가 n일 때,

$$(\text{이웃하지 않는 순열의 수})=m\times n$$

입니다.

　한편, 이 문제에서 여학생 2명은 이웃하거나 이웃하지 않는 두 가지 경우 중 하나이므로 구하는 방법의 수는 남학생 4명과 여학생 2명을 일렬로 세우는 전체 경우의 수 6!에서 여학생끼리 이웃하도록 세우는 방법의 수 5!×2!을 뺀 것과 같습니다. 즉,

$$6!-5!\times 2!=720-240=480$$

이고, 이는 앞에서 구한 결과와 같습니다. 이와 같이 2명(또는 2개)이 이웃하지 않는 순열의 수는

$$(\text{전체 경우의 수})-(\text{이웃하는 순열의 수})$$

를 이용하여 구할 수도 있습니다.

　하지만 이 방법은 3명 이상이 이웃하지 않는 경우의 수를 구할 때는 적용할 수 없는 방법이므로 주의해야 합니다. 왜냐하면 여학생 2명을 일렬로 세울 때는 두 명이 모두 이웃하거나 두 명이 서로 이웃하지 않는 2가지 경우 밖에 없지만 여학생 3명을 일렬로 세울 때는

　　　(i) 3명이 모두 이웃하고 있는 경우

　　　(ii) 2명은 이웃하고 나머지 1명은 떨어져 있는 경우

　　　(iii) 3명이 모두 이웃하지 않는 경우

의 3가지로 나누어지므로 전체 경우의 수에서 3명이 모두 이웃하고 있는 경우의 수만 빼서는 안 됩니다.

개념 Point　　**이웃하거나 이웃하지 않는 순열의 수**

1 이웃하는 순열의 수

이웃하는 것이 있는 순열의 수는 다음과 같은 순서로 구한다.

❶ 이웃하는 것을 한 묶음으로 생각하여 일렬로 나열하는 경우의 수를 구한다.

❷ ❶의 결과에 이웃하는 것끼리 자리를 바꾸는 경우의 수를 곱한다.

2 이웃하지 않는 순열의 수

이웃하지 않는 것이 있는 순열의 수는 다음과 같은 순서로 구한다.

❶ 이웃해도 되는 것을 일렬로 나열하는 경우의 수를 구한다.

❷ ❶에서 나열한 것 사이사이와 양 끝에 이웃하면 안 되는 것을 나열하는 경우의 수를 구하여 ❶의 결과에 곱한다.

1 다음 값을 구하시오.

(1) $_7\mathrm{P}_3$ (2) $_5\mathrm{P}_5$ (3) $_6\mathrm{P}_1$

2 다음 등식을 만족시키는 n 또는 r의 값을 구하시오.

(1) $_n\mathrm{P}_3 = 4 \times {}_n\mathrm{P}_2$ (2) $_9\mathrm{P}_r = 9 \times {}_8\mathrm{P}_3$

3 다음 □ 안에 알맞은 수를 써넣으시오.

(1) $_6\mathrm{P}_3 = \dfrac{6!}{\square}$ (2) $_9\mathrm{P}_\square = \dfrac{9!}{5!}$

4 다음 등식을 만족시키는 n 또는 r의 값을 구하시오.

(1) $_n\mathrm{P}_2 = 72$ (2) $_n\mathrm{P}_n = 120$ (3) $_7\mathrm{P}_r = 42$ (4) $_6\mathrm{P}_r = 1$

5 다음을 구하시오.

(1) 1, 2, 3, 4, 5, 6의 6개의 숫자에서 서로 다른 3개의 숫자를 택하여 만들 수 있는 세 자리 자연수의 개수

(2) 4명의 학생을 일렬로 세우는 방법의 수

(3) 7명의 학생 중에서 회장, 부회장, 총무를 각각 1명씩 뽑는 방법의 수

6 남자 2명, 여자 3명이 한 줄로 서서 버스를 기다릴 때, 다음을 구하시오.

(1) 여자 3명이 이웃하게 서는 방법의 수

(2) 남자 2명이 이웃하지 않게 서는 방법의 수

● 풀이 152쪽~153쪽

정답

1 (1) 210 (2) 120 (3) 6   **2** (1) 6 (2) 4   **3** (1) 3! (2) 4
4 (1) 9 (2) 5 (3) 2 (4) 0   **5** (1) 120 (2) 24 (3) 210   **6** (1) 36 (2) 72

예제 01

advice에 있는 6개의 문자를 일렬로 나열할 때, 다음을 구하시오.

(1) a가 맨 처음에 오고, e가 맨 마지막에 오는 경우의 수

(2) 양 끝에 자음이 오는 경우의 수

(3) 모음과 자음이 교대로 오는 경우의 수

접근 방법 (1)에서는 두 문자 a, e의 자리가 정해졌으므로 이 문자를 제외한 나머지 문자를 일렬로 나열하는 경우의 수를 구한다. (2)에서는 양 끝에 오는 자음을 먼저 나열하고 이 문자를 제외한 나머지 문자를 일렬로 나열하는 경우의 수를 구한다. (3)에서는 모음과 자음의 자리를 먼저 정한 다음, 각 자리에 모음과 자음 각각을 나열하는 경우의 수를 구한다.

수매씽 Point 조건이 주어질 때 ➡ 특정한 자리를 먼저 나열한다.

상세 풀이 (1) a를 맨 처음에, e를 맨 마지막에 고정하고 나머지 4개의 문자 d, v, i, c를 일렬로 나열하는 경우의 수와 같으므로

$$4! = 4 \times 3 \times 2 \times 1 = 24$$

(2) 양 끝에 오는 자음을 먼저 나열하고 이 문자를 제외한 나머지 문자를 나열한다.

자음 d, v, c 중 2개가 양 끝에 오는 경우의 수는

$$_3P_2 = 3 \times 2 = 6$$

양 끝에 오는 2개의 문자를 제외한 나머지 4개의 문자를 일렬로 나열하는 경우의 수는

$$4! = 4 \times 3 \times 2 \times 1 = 24$$

따라서 구하는 경우의 수는 $6 \times 24 = 144$

(3) 자음은 d, v, c의 3개, 모음은 a, i, e의 3개이므로 ○를 자음, ●를 모음이라고 하면 6개의 자리를 다음과 같이 표현할 수 있다.

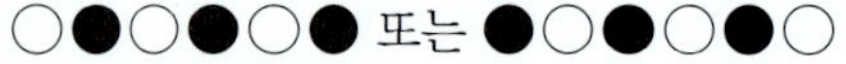

○●○●○● 또는 ●○●○●○

●에 모음 3개를 나열하는 경우의 수는 $3! = 3 \times 2 \times 1 = 6$

○에 자음 3개를 나열하는 경우의 수는 $3! = 3 \times 2 \times 1 = 6$

따라서 구하는 경우의 수는 $2 \times 6 \times 6 = 72$

정답 (1) 24 (2) 144 (3) 72

보충 설명

(1)에서는 a와 e의 위치를 맨 처음과 맨 마지막으로 고정하였지만 만약 'a와 e가 양 끝에 오는 경우의 수'와 같이 양 끝에 대한 조건만 주어졌을 때에는 양 끝에 오는 것이 서로 자리를 바꿀 수 있으므로 이를 빠뜨리지 않도록 주의해야 한다.

01-1

worldcup에 있는 8개의 문자를 일렬로 나열할 때, 다음을 구하시오.

(1) r과 d가 양 끝에 오는 경우의 수

(2) 양 끝에 모음이 오는 경우의 수

(3) 양 끝에 자음이 오는 경우의 수

표현 바꾸기

01-2

3개의 문자 a, b, c와 4개의 숫자 1, 2, 3, 4 중에서 서로 다른 2개의 문자와 서로 다른 3개의 숫자를 뽑아 일렬로 나열할 때, 양 끝에 문자가 오는 경우의 수는?

① 128   ② 132   ③ 136

④ 140   ⑤ 144

개념 넓히기

01-3

7개의 숫자 1, 2, 3, 4, 5, 6, 7을 일렬로 나열할 때, 1과 2 사이에 3개의 숫자가 있는 경우의 수를 구하시오.

● 풀이 153쪽

정답   **01-1** (1) 1440   (2) 1440   (3) 21600   **01-2** ⑤   **01-3** 720

예제 02 자연수의 개수에 대한 순열

다음을 구하시오.

(1) 5개의 숫자 0, 1, 2, 3, 4를 한 번씩 사용하여 만들 수 있는 다섯 자리 자연수의 개수

(2) 5개의 숫자 0, 1, 2, 3, 4 중에서 서로 다른 3개의 숫자를 택하여 만들 수 있는 세 자리 자연수의 개수

접근 방법 주어진 숫자를 나열하여 n자리 자연수를 만들 때, 맨 앞 자리에는 0이 올 수 없다는 점에 주의해야 한다. 이때 각 자리에 올 수 있는 숫자를 택하여 나열하는 것과 같으므로 곱의 법칙을 이용하여 만들 수 있는 자연수의 개수를 구한다.

수매씽 Point 자연수를 만들 때 ➡ 최고 자리에는 0이 올 수 없다.

상세 풀이 (1) 만의 자리에 올 수 있는 숫자는 0을 제외한 1, 2, 3, 4의 4개이다.
각각의 경우에 대하여 나머지 자리에는 만의 자리에 온 숫자를 제외한 4개의 숫자를 나열하면 되므로

$$_4P_4 = 4 \times 3 \times 2 \times 1 = 24$$

따라서 구하는 다섯 자리 자연수의 개수는

$$4 \times 24 = 96$$

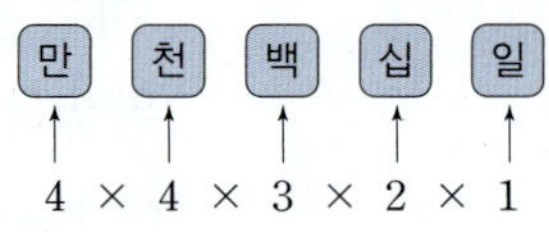

(2) 백의 자리에 올 수 있는 숫자는 0을 제외한 1, 2, 3, 4의 4개이다.
각각의 경우에 대하여 나머지 자리에는 백의 자리에 온 숫자를 제외한 4개의 숫자 중에서 서로 다른 2개의 숫자를 택하여 나열하면 되므로

$$_4P_2 = 4 \times 3 = 12$$

따라서 구하는 세 자리 자연수의 개수는

$$4 \times 12 = 48$$

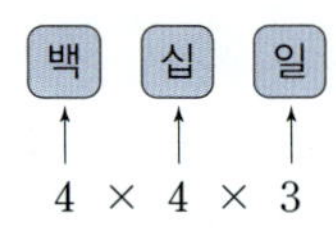

정답 (1) 96 (2) 48

보충 설명

(1) 5개의 숫자를 일렬로 배열하여 만들 수 있는 모든 경우의 수에서 만의 자리의 숫자가 0인 경우를 제외하여도 구할 수 있으므로

$$5! - 4! = 120 - 24 = 96$$

(2) 5개의 숫자 중 3개를 택하는 순열의 수 중에서 백의 자리의 숫자가 0인 경우를 제외하여도 구할 수 있으므로

$$_5P_3 - _4P_2 = 60 - 12 = 48$$

숫자 바꾸기

02-1 다음을 구하시오.

(1) 6개의 숫자 0, 1, 2, 3, 4, 5를 한 번씩 사용하여 만들 수 있는 여섯 자리 자연수의 개수

(2) 6개의 숫자 0, 1, 2, 3, 4, 5 중에서 서로 다른 4개의 숫자를 택하여 만들 수 있는 네 자리 자연수의 개수

표현 바꾸기

02-2 5개의 숫자 0, 1, 2, 3, 4 중에서 서로 다른 4개의 숫자를 택하여 네 자리 자연수를 만들 때, 다음을 구하시오.

(1) 3200보다 큰 자연수의 개수   (2) 홀수의 개수

개념 넓히기

02-3 6개의 숫자 0, 1, 2, 3, 4, 5 중에서 서로 다른 4개의 숫자를 택하여 네 자리 자연수를 만들 때, 4100보다 작은 짝수의 개수를 구하시오.

● 풀이 153쪽~154쪽

정답

02-1 (1) 600   (2) 300   **02-2** (1) 36   (2) 36   **02-3** 99

예제 03

4개의 숫자 0, 2, 3, 4 중에서 서로 다른 3개의 숫자를 택하여 세 자리 자연수를 만들 때, 3의 배수의 개수를 구하시오.

접근 방법 > 3의 배수인 자연수는 각 자리의 숫자의 합이 3의 배수임을 이용한다.

> **수매씽 Point** 배수의 개수를 구하는 문제는 다음과 같은 배수판정법을 이용한다.
> (1) 2의 배수 : 일의 자리의 숫자가 0, 2, 4, 6, 8 중 하나인 자연수
> (2) 3의 배수 : 각 자리의 숫자의 합이 3의 배수인 자연수
> (3) 4의 배수 : 끝의 두 자리의 수가 00 또는 4의 배수인 자연수
> (4) 5의 배수 : 일의 자리의 숫자가 0 또는 5인 자연수
> (5) 6의 배수 : 2의 배수이면서 동시에 3의 배수인 자연수
> (6) 9의 배수 : 각 자리의 숫자의 합이 9의 배수인 자연수

상세 풀이 > 3의 배수인 자연수가 되려면 각 자리의 숫자의 합이 3의 배수이어야 한다.

4개의 숫자 0, 2, 3, 4 중에서 서로 다른 3개를 택했을 때, 그 합이 3의 배수가 되는 경우는

$$(0, 2, 4), (2, 3, 4)$$

의 2가지이다.

(ⅰ) $(0, 2, 4)$로 만들 수 있는 세 자리 자연수의 개수

백의 자리에 올 수 있는 숫자가 0을 제외한 2개, 십의 자리, 일의 자리에 올 수 있는 숫자가 백의 자리에 오는 숫자를 제외한 나머지 2개이므로

$$2 \times 2! = 4$$

(ⅱ) $(2, 3, 4)$로 만들 수 있는 세 자리 자연수의 개수

2, 3, 4의 3개의 숫자를 나열하는 방법의 수와 같으므로

$$3! = 3 \times 2 \times 1 = 6$$

(ⅰ), (ⅱ)에서 구하는 3의 배수의 개수는

$$4 + 6 = 10$$

정답 10

보충 설명

세 자리 자연수 N의 백의 자리의 숫자를 x, 십의 자리의 숫자를 y, 일의 자리의 숫자를 z라고 하면

$$N = 100x + 10y + z = (99+1)x + (9+1)y + z$$
$$= 99x + 9y + (x+y+z) = 9(11x+y) + (x+y+z)$$

따라서 각 자리의 숫자의 합인 $x+y+z$가

3의 배수이면 N도 3의 배수, 9의 배수이면 N도 9의 배수

임을 알 수 있다.

숫자 바꾸기

03-1

6개의 숫자 0, 1, 2, 3, 4, 5 중에서 서로 다른 3개의 숫자를 택하여 세 자리 자연수를 만들 때, 5의 배수의 개수를 구하시오.

표현 바꾸기

한번 더 ✓ ☐

03-2

6개의 숫자 0, 1, 2, 3, 4, 5 중에서 서로 다른 4개의 숫자를 택하여 네 자리 자연수를 만들 때, 2의 배수 또는 9의 배수의 개수는?

① 156　　　　② 160　　　　③ 164

④ 168　　　　⑤ 172

개념 넓히기

한번 더 ✓ ☐

03-3

5개의 숫자 0, 1, 2, 3, 4 중에서 서로 다른 3개의 숫자를 택하여 세 자리 자연수를 만들 때, 다음을 구하시오.

(1) 4의 배수의 개수　　　　　　(2) 6의 배수의 개수

● 풀이 154쪽~156쪽

정답　　03-1 36　　　　　　03-2 ⑤　　　　　03-3 (1) 15　(2) 13

예제 04   이웃하는 순열의 수

남학생 4명과 여학생 3명을 일렬로 세울 때, 다음 물음에 답하시오.

(1) 남학생끼리 이웃하게 세우는 방법의 수를 구하시오.

(2) 여학생끼리 이웃하게 세우는 방법의 수를 구하시오.

접근 방법 ▶ (1)에서는 남학생 4명을 한 묶음으로 생각하여 순열의 수를 구하고, (2)에서는 여학생 3명을 한 묶음으로 생각하여 순열의 수를 구한다. 이때 묶음 안에서 자리를 바꾸는 경우도 생각해야 한다.

> **수매씽 Point** 이웃한다. ➡ 먼저 이웃하는 것을 한 묶음으로 생각하여 나열한 후, 묶음 안에서 자리를 바꾸는 경우를 생각한다.

상세 풀이 ▶ (1) 남학생 4명을 한 묶음으로 생각하여 한 사람으로 보면 여학생 3명과 함께 모두 4명이다.

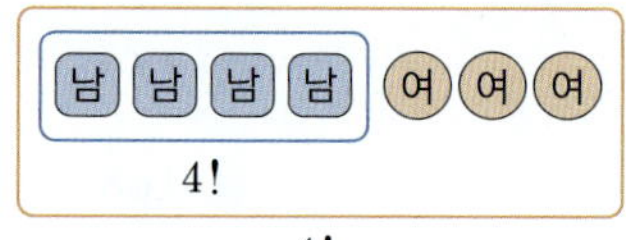

4명을 일렬로 세우는 경우의 수는

$$4!=4\times3\times2\times1=24$$

그 각각에 대하여 남학생 4명이 자리를 바꾸는 방법의 수는

$$4!=4\times3\times2\times1=24$$

따라서 구하는 방법의 수는

$$24\times24=576$$

(2) 여학생 3명을 한 묶음으로 생각하여 한 사람으로 보면 남학생 4명과 함께 모두 5명이다.

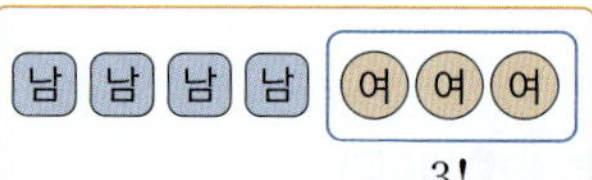

5명을 일렬로 세우는 방법의 수는

$$5!=5\times4\times3\times2\times1=120$$

그 각각에 대하여 여학생 3명이 자리를 바꾸는 방법의 수는

$$3!=3\times2\times1=6$$

따라서 구하는 방법의 수는

$$120\times6=720$$

정답 (1) 576   (2) 720

보충 설명

이웃하는 것들을 한 묶음으로 생각하여 나열하는 방법의 수를 먼저 구한 후, 묶음 안에서 자리를 바꾸어 나열하는 방법의 수를 곱한다.

04-1

농구 선수 3명과 야구 선수 5명을 일렬로 세울 때, 다음 물음에 답하시오.

(1) 야구 선수끼리 이웃하게 세우는 방법의 수를 구하시오.

(2) 농구 선수끼리 이웃하게 세우는 방법의 수를 구하시오.

04-2

1학년 학생 2명, 2학년 학생 2명, 3학년 학생 2명을 일렬로 세울 때, 같은 학년의 학생끼리 이웃하게 세우는 방법의 수는?

① 24　　　　　　　　② 36　　　　　　　　③ 48

④ 168　　　　　　　⑤ 172

04-3

5개의 문자 a, b, c, d, e를 일렬로 나열할 때, a와 b가 이웃하거나 c와 d가 이웃하게 나열하는 방법의 수를 구하시오.

● 풀이 156쪽

정답　　　04-1 (1) 2880　(2) 4320　　　　04-2 ③　　　　04-3 72

예제 05

남학생 4명과 여학생 3명을 일렬로 세울 때, 다음 물음에 답하시오.

(1) 여학생끼리 이웃하지 않게 세우는 방법의 수를 구하시오.

(2) 남학생끼리 이웃하지 않게 세우는 방법의 수를 구하시오.

접근 방법 > (1)에서는 이웃해도 되는 남학생들을 먼저 일렬로 세운 다음 그 사이사이와 양 끝에 이웃하면 안 되는 여학생들을 세우는 방법의 수를 구하고, (2)에서는 이웃해도 되는 여학생들을 먼저 일렬로 세운다음 그 사이사이와 양 끝에 이웃하면 안 되는 남학생들을 세우는 방법의 수를 구한다.

수매씽 Point 이웃하지 않는다. ➡ 이웃해도 되는 것을 먼저 나열한다.

상세 풀이 > (1) 남학생 4명을 일렬로 세우는 방법의 수는
$$4! = 4 \times 3 \times 2 \times 1 = 24$$

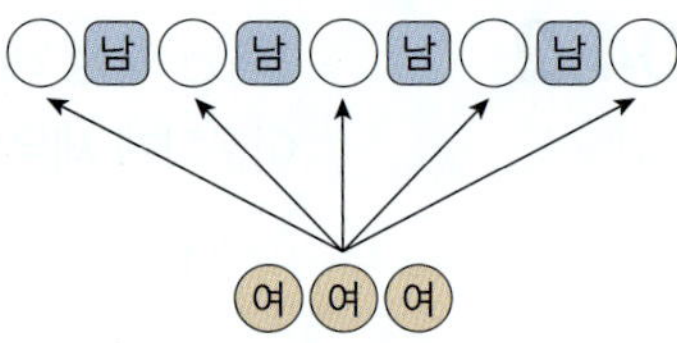

남학생 사이사이와 양 끝의 5개의 자리 중에서 3개의 자리에 여학생 3명을 세우는 방법의 수는
$$_5\mathrm{P}_3 = 5 \times 4 \times 3 = 60$$

따라서 구하는 경우의 수는
$$24 \times 60 = 1440$$

(2) 여학생 3명을 일렬로 세우는 방법의 수는
$$3! = 3 \times 2 \times 1 = 6$$

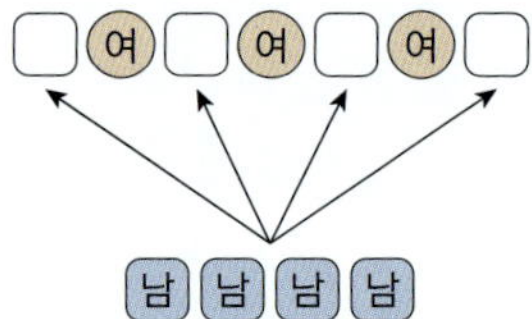

여학생 사이사이와 양 끝의 4개의 자리에 남학생 4명을 세우는 방법의 수는
$$4! = 4 \times 3 \times 2 \times 1 = 24 \quad \leftarrow \text{4명을 일렬로 세우는 방법의 수와 같다.}$$

따라서 구하는 방법의 수는
$$6 \times 24 = 144$$

정답 (1) 1440 (2) 144

보충 설명

남학생 4명과 여학생 2명을 일렬로 세울 때, 여학생끼리 이웃하지 않게 세우는 방법의 수를 구하는 문제라면
$$(\text{전체 경우의 수}) - (\text{여학생이 모두 이웃하는 순열의 수}) = 6! - 5! \times 2!$$
의 방법을 이용하여 구할 수도 있지만, 위의 문제처럼 여학생 3명을 이웃하지 않게 세우는 방법의 수는
$$(\text{전체 경우의 수}) - (\text{여학생이 모두 이웃하는 순열의 수}) = 7! - 5! \times 3!$$
의 방법으로 구할 수 없다. 왜냐하면 여학생이 모두 이웃하는 경우만을 제외하면 | 남 | 여 | 여 | 남 | 여 | 남 | 남 |
처럼 여학생 2명은 이웃하고 나머지 1명은 떨어져 있는 경우는 제외되지 않기 때문이다.

숫자 바꾸기 · 한번 더 ✓☐

05-1

서로 다른 수학책 4권과 서로 다른 영어책 5권을 책꽂이에 일렬로 꽂을 때, 다음 물음에 답하시오.

(1) 수학책끼리 이웃하지 않게 꽂는 방법의 수를 구하시오.

(2) 영어책끼리 이웃하지 않게 꽂는 방법의 수를 구하시오.

표현 바꾸기 · 한번 더 ✓☐

05-2

machine에 있는 7개의 문자를 일렬로 나열할 때, 모음끼리 이웃하지 않도록 나열하는 방법의 수는?

① 1080   ② 1200   ③ 1440

④ 2520   ⑤ 3600

개념 넓히기 · 한번 더 ✓☐

05-3

3명의 학생이 일렬로 놓여 있는 7개의 똑같은 의자에 앉을 때, 어느 2명도 이웃하지 않게 앉는 방법의 수를 구하시오.

정답   **05-1** (1) 43200   (2) 2880   **05-2** ③   **05-3** 60

예제 06

superman에 있는 8개의 문자를 일렬로 나열할 때, 다음을 구하시오.

(1) s와 n 사이에 2개의 문자가 들어가도록 나열하는 방법의 수

(2) 적어도 한쪽 끝에는 모음이 오도록 나열하는 방법의 수

접근 방법 (1)에서는 s□□n을 하나의 문자로 생각하여 방법의 수를 구하고, (2)에서는 구하는 방법의 수가 전체 경우의 수에서 양 끝에 모두 모음이 오지 않는 방법, 즉 양 끝에 자음만 오는 방법의 수를 뺀 것과 같음을 이용한다.

수매씽 Point '적어도…' ➡ (전체 경우의 수) − (구하는 경우의 반대가 되는 경우의 수)

상세 풀이 (1) s와 n을 제외한 나머지 6개의 문자 중에서 2개의 문자를 택하여 s와 n 사이에 나열하는 방법의 수는

$$_6P_2 = 6 \times 5 = 30$$

s□□n을 한 묶음으로 생각하여 하나의 문자로 보면 5개의 문자를 나열하는 방법의 수는

$$5! = 5 \times 4 \times 3 \times 2 \times 1 = 120$$

이때 s와 n의 자리를 바꾸는 방법의 수는 $2! = 2$

따라서 구하는 방법의 수는

$$30 \times 120 \times 2 = 7200$$

(2) 오른쪽 그림과 같이 적어도 한쪽 끝에 모음이 오도록 나열하는 방법의 수는 전체 경우의 수에서 양 끝에 자음만 오도록 나열하는 방법의 수를 빼면 된다.

8개의 문자를 일렬로 나열하는 방법의 수는 $8!$

양 끝에 자음인 s, p, r, m, n 중에서 2개를 나열하는 방법의 수는 $_5P_2$

가운데에 나머지 6개의 문자를 나열하는 방법의 수는 $6!$

따라서 구하는 방법의 수는

$$8! - {_5P_2} \times 6! = 6! \times (8 \times 7 - 5 \times 4) = 720 \times 36 = 25920$$

정답 (1) 7200　(2) 25920

보충 설명

'적어도'의 조건이 있는 경우에는 전체 경우를 분류하여 일일이 방법의 수를 구하는 것과 구하는 경우의 반대가 되는 방법의 수를 구하여 전체 경우의 수에서 빼는 것 중 어느 것이 간단한지 판단하는 것이 중요하다.

06-1

fireman에 있는 7개의 문자를 일렬로 나열할 때, 다음을 구하시오.

(1) f와 n 사이에 2개의 문자가 들어가도록 나열하는 방법의 수

(2) 적어도 한쪽 끝에 자음이 오도록 나열하는 방법의 수

06-2

smile에 있는 5개의 문자를 일렬로 나열할 때, 두 모음 사이에 적어도 하나의 자음이 들어가도록 나열하는 방법의 수는?

① 36   ② 72   ③ 108

④ 144   ⑤ 180

06-3

서로 다른 7개의 알파벳을 일렬로 나열할 때, 적어도 한쪽 끝에 자음이 오도록 나열하는 방법의 수가 3600이다. 7개의 알파벳 중에서 자음의 개수를 구하시오.

● 풀이 157쪽～158쪽

정답

06-1 (1) 960 (2) 4320 **06-2** ② **06-3** 3

예제 07

5개의 문자 a, b, c, d, e를 모두 한 번씩 사용하여 만들 수 있는 문자열을 사전식으로 abcde에서 edcba까지 배열할 때, 다음 물음에 답하시오.

(1) cdabe는 몇 번째의 문자열인지 구하시오.

(2) 80번째에 오는 문자열을 구하시오.

접근 방법 (1)에서는 cdabe보다 앞에 위치하는 문자열은 a□□□□, b□□□□, ca□□□, cb□□□ 꼴이므로 각 문자열의 개수를 구한 다음 더한다. (2)에서는 a로 시작하는 문자열의 개수, b로 시작하는 문자열의 개수 등을 차례대로 구하여 80번째에 오는 문자열이 어떤 문자로 시작하는 문자열인지 찾아본다.

수매씽 Point 사전식 배열법을 이용하는 순열 ➡ 맨 앞에 오는 문자에 따라 배열

상세 풀이 (1) cdabe보다 앞에 위치하는 문자열의 개수를 차례대로 구하면 다음과 같다.

(ⅰ) a□□□□ 꼴인 문자열의 개수는 $4! = 4 \times 3 \times 2 \times 1 = 24$

(ⅱ) b□□□□ 꼴인 문자열의 개수는 $4! = 4 \times 3 \times 2 \times 1 = 24$

(ⅲ) ca□□□ 꼴인 문자열의 개수는 $3! = 3 \times 2 \times 1 = 6$

(ⅳ) cb□□□ 꼴인 문자열의 개수는 $3! = 3 \times 2 \times 1 = 6$

(ⅰ)~(ⅳ)에서 $24 + 24 + 6 + 6 = 60$이므로 cdabe는 61번째의 문자열이다.

(2) (ⅰ) a□□□□ 꼴인 문자열의 개수는 $4! = 4 \times 3 \times 2 \times 1 = 24$

(ⅱ) b□□□□ 꼴인 문자열의 개수는 $4! = 4 \times 3 \times 2 \times 1 = 24$

(ⅲ) c□□□□ 꼴인 문자열의 개수는 $4! = 4 \times 3 \times 2 \times 1 = 24$

(ⅳ) da□□□ 꼴인 문자열의 개수는 $3! = 3 \times 2 \times 1 = 6$

(ⅰ)~(ⅳ)에서 a□□□□ 꼴인 문자열부터 da□□□ 꼴인 문자열까지의 총 개수는

$$24 + 24 + 24 + 6 = 78$$

따라서 80번째에 오는 문자열은 db□□□ 꼴인 문자열 중 두 번째 문자열인 dbaec이다.

정답 (1) 61 (2) dbaec

보충 설명

(2)에서 a□□□□, …, da□□□, db□□□ 꼴인 문자열의 총 개수는

$$4! + 4! + 4! + 3! + 3! = 24 + 24 + 24 + 6 + 6 = 84$$

이므로 80번째에 오는 문자열이 db로 시작하는 문자열임을 추측하고, dbace부터 차례대로 배열하여 80번째에 오는 문자열을 직접 찾은 것이다.

07-1

6개의 문자 a, b, c, d, e, f를 모두 한 번씩 사용하여 만들 수 있는 문자열을 사전식으로 abcdef에서 fedcba까지 배열할 때, 다음 물음에 답하시오.

(1) dceabf는 몇 번째의 문자열인지 구하시오.

(2) 300번째에 오는 문자열을 구하시오.

07-2

N, A, T, U, R, E의 6개의 문자를 모두 한 번씩 사용하여 만들 수 있는 문자열을 사전식으로 배열할 때, NATURE는 몇 번째에 오는 문자열인가?

① 254   ② 256   ③ 258

④ 260   ⑤ 262

07-3

1, 2, 3, 4, 5, 6을 모두 한 번씩 사용하여 만들 수 있는 여섯 자리 자연수를

$$123456, \ 123465, \ 123546, \ \cdots$$

과 같이 작은 것부터 차례대로 배열하여

$$a_1 = 123456, \ a_2 = 123465, \ a_3 = 123546, \ \cdots$$

과 같이 약속할 때, $a_n = 412536$을 만족시키는 자연수 n의 값을 구하시오.

• 풀이 158쪽 ~ 159쪽

1 다음 물음에 답하시오.

(1) 등식 $_{2n}\mathrm{P}_3 = 44 \times {}_n\mathrm{P}_2$를 만족시키는 n의 값을 구하시오.

(2) 서로 다른 n개의 문자를 일렬로 나열하는 방법의 수가 120일 때, n의 값을 구하시오.

2 6개의 숫자 1, 2, 3, 4, 5, 6 중에서 서로 다른 5개의 숫자를 택하여 다섯 자리 자연수를 만들 때, 1과 3 사이에 2개 이상의 숫자가 있는 자연수의 개수는?

① 140 ② 142 ③ 144

④ 146 ⑤ 148

3 서로 다른 숫자로 이루어진 세 자리 자연수의 개수는?

① 612 ② 618 ③ 632

④ 648 ⑤ 652

4 1, 2, 3, 4, 5, 6을 한 번씩만 사용하여 만들 수 있는 여섯 자리 자연수 중에서 일의 자리의 숫자와 백의 자리의 숫자가 모두 3의 배수인 자연수의 개수를 구하시오.

5 오른쪽 그림과 같이 여섯 칸으로 나누어진 직사각형의 각 칸에 6개의 숫자 1, 2, 4, 6, 8, 9를 한 개씩 써넣으려고 한다. 각 가로줄에 있는 세 수의 합이 서로 같은 경우의 수를 구하시오.

● 정답 및 풀이 159쪽~161쪽

6 3인용 소파와 2인용 소파가 각각 1개씩 있다. A, B, C, D, E 5명이 3인용 소파에 3명, 2인용 소파에 2명으로 나누어 앉으려고 할 때, A와 B가 같은 소파에 이웃하여 앉는 방법의 수를 구하시오.

7 어른 3명과 어린이 3명이 한 줄로 서서 함께 사진을 찍으려고 한다. 어른과 어린이가 교대로 서는 방법의 수는?

① 36   ② 48   ③ 60

④ 72   ⑤ 84

8 남학생 4명과 여학생 3명이 야구 경기를 관람하기 위하여 경기장에 갔다. 경기장에서 표를 구입하기 위하여 학생들이 일렬로 설 때, 양 끝에 남학생이 서고 여학생끼리는 서로 이웃하게 서는 방법의 수를 구하시오.

9 어느 시상식에 참석한 가수 3명과 배우 4명에게 한 명씩 차례대로 상을 주려고 할 때, 어떤 2명의 가수도 연속하여 상을 받지 않도록 하는 방법의 수를 구하시오.

10 각 자리의 숫자가 서로 다른 세 자리 자연수를 작은 수부터 차례대로 배열할 때, 419는 몇 번째에 오는 수인가?

① 224   ② 228   ③ 230

④ 232   ⑤ 234

11 5개의 문자 a, b, c, d, e를 일렬로 나열할 때, c가 a와 b 사이에 오는 방법의 수는?

(단, a, b, c가 반드시 이웃할 필요는 없다.)

① 32 ② 36 ③ 40

④ 44 ⑤ 48

12 오른쪽 그림과 같이 3×3칸의 정사각형에 숫자 2와 7이 적혀 있다. 빈 칸에 2와 7을 제외한 1에서 9까지의 자연수를 한 칸에 하나씩 모두 배열할 때, 같은 줄(가로, 세로, 대각선)에는 3의 배수가 1개 이하인 경우의 수를 구하시오.

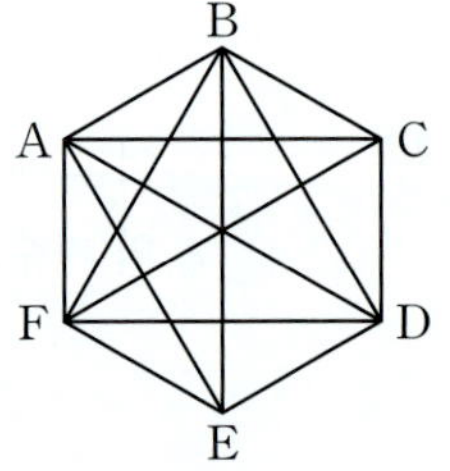

13 다음을 구하시오.

(1) 6개의 숫자 0, 1, 2, 3, 4, 5를 중복하여 사용하여 만들 수 있는 세 자리 자연수의 개수

(2) 5개의 문자 T, I, G, E, R을 한 번씩 이용하여 세 개의 문자로 이루어진 암호를 만들 때, 문자 T가 반드시 포함되어 있는 암호의 개수

14 오른쪽 그림과 같은 도로망을 가진 6개의 도시 A, B, C, D, E, F가 있다. B 도시에서 출발하여 다른 5개의 도시를 직접 연결하는 도로를 따라 한 번씩만 방문하고 되돌아오는 방법의 수를 구하시오.

(단, C 도시와 E 도시를 직접 연결하는 도로는 없다.)

15 어른 2명과 어린이 3명이 함께 놀이공원에 가서 어느 놀이 기구를 타려고 한다. 이 놀이 기구는 그림과 같이 앞줄에 2개, 뒷줄에 3개의 의자가 있다. 어린이가 어른과 반드시 같은 줄에 앉을 때, 5명이 모두 놀이 기구의 의자에 앉는 방법의 수를 구하시오.

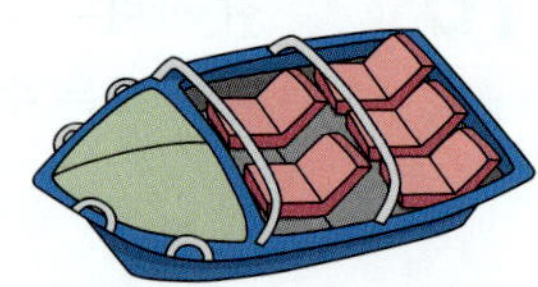

16 교내 댄스 경연대회에 남학생으로 구성된 2개의 팀과 혼성으로 구성된 4개의 팀이 참가신청을 하였다. 이 6개의 팀이 무대에 오르는 순서를 정할 때, 남학생으로 구성된 팀들 사이에 혼성으로 구성된 팀이 2개 이상 들어가도록 하는 방법의 수를 구하시오.

17 오른쪽 그림과 같은 9개의 빈칸에 1부터 9까지의 자연수를 한 칸에 하나씩 써넣으려고 한다. 먼저 가로줄의 맨 왼쪽 칸에는 1, 가운데 칸에는 5를 써넣고, 세로줄의 맨 윗칸에는 2를 써넣었다. 가로줄의 5개의 수들의 합과 세로줄의 5개의 수들의 합이 같게 되도록 나머지 수들을 빈칸에 써넣는 방법의 수를 구하시오.

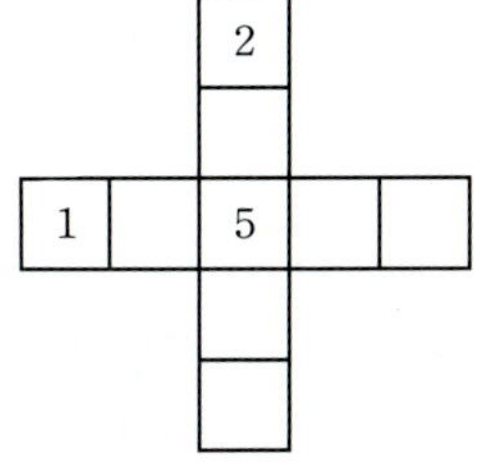

18 어느 동물원에서 오른쪽 그림과 같이 번호가 적혀 있는 6칸의 동물 우리에 호랑이, 사자, 늑대, 여우, 원숭이, 곰을 각각 한 마리씩 넣을 때, 호랑이와 사자는 이웃하지 않게 넣으려고 한다. 예를 들어 <1>의 경우에는 <2>와 <4>가 이웃하는 우리이고, <3>, <5>, <6>은 이웃하지 않는 우리이다. 6마리의 동물들을 서로 다른 우리에 각각 넣는 방법의 수를 구하시오.

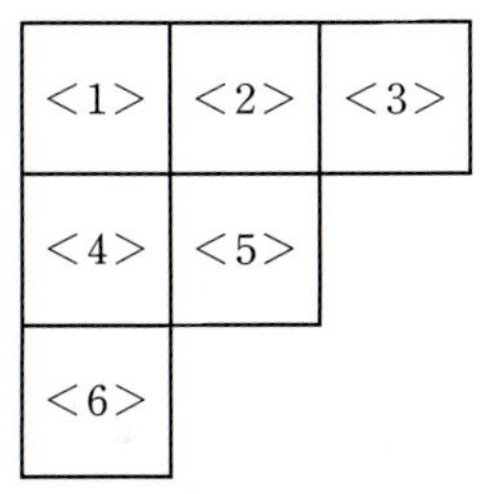

19 다섯 개의 숫자 1, 2, 3, 4, 5를 써서 세 자리 자연수를 만들 때, 다음 조건을 만족시키는 세 자리 자연수의 개수를 구하시오.

> (가) 반드시 1을 포함한다.
>
> (나) 1은 여러 번 쓸 수 있지만 다른 숫자는 한 번만 쓸 수 있다.

20 1부터 999까지의 자연수를 한 번씩 빠짐없이 적을 때, 다음 물음에 답하시오.

(1) 숫자 1은 모두 몇 번 나오는지 구하시오.

(2) 숫자 0은 모두 몇 번 나오는지 구하시오.

교육청 21

숫자 1, 2, 3, 4, 5가 하나씩 적혀 있는 5장의 카드가 있다. 이 5장의 카드를 모두 일렬로 나열할 때, 짝수가 적혀 있는 카드끼리 서로 이웃하지 않도록 나열하는 경우의 수는?

① 24　　　　② 36　　　　③ 48

④ 60　　　　⑤ 72

교육청 22

그림과 같이 한 줄에 3개씩 모두 6개의 좌석이 있는 케이블카가 있다. 두 학생 A, B를 포함한 5명의 학생이 이 케이블카에 탑승하여 A, B는 같은 줄의 좌석에 앉고 나머지 세 명은 맞은편 줄의 좌석에 앉는 경우의 수는?

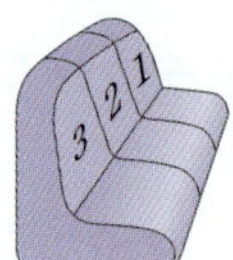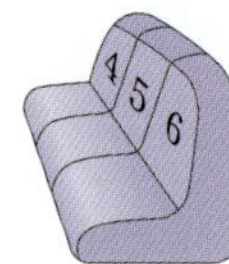

① 48　　　　② 54　　　　③ 60

④ 66　　　　⑤ 72

교육청 23

1학년 학생 2명과 2학년 학생 4명이 있다. 이 6명의 학생이 일렬로 나열된 6개의 의자에 다음 조건을 만족시키도록 모두 앉는 경우의 수는?

> (가) 1학년 학생끼리는 이웃하지 않는다.
>
> (나) 양 끝에 있는 의자에는 모두 2학년 학생이 앉는다.

① 96　　　　② 120　　　　③ 144

④ 168　　　　⑤ 192

교육청 24

그림과 같이 의자 6개가 나란히 설치되어 있다. 여학생 2명과 남학생 3명이 모두 의자에 앉을 때, 여학생이 이웃하지 않게 앉는 경우의 수를 구하시오. (단, 두 학생 사이에 빈 의자가 있는 경우는 이웃하지 않는 것으로 한다.)

12 조합

1 조합

• 조합

(1) 서로 다른 n개에서 순서를 생각하지 않고 $r\,(0<r\leq n)$개를 택하는 것을 조합이라 하고, 이 조합의 수를 기호로 ${}_n\mathrm{C}_r$과 같이 나타낸다.

(2) 조합의 수

① ${}_n\mathrm{C}_r=\dfrac{{}_n\mathrm{P}_r}{r!}=\dfrac{n!}{r!\,(n-r)!}$ (단, $0\leq r\leq n$)

② ${}_n\mathrm{C}_0=1,\ {}_n\mathrm{C}_n=1$

③ ${}_n\mathrm{C}_r={}_n\mathrm{C}_{n-r}$ (단, $0\leq r\leq n$)

④ ${}_n\mathrm{C}_r={}_{n-1}\mathrm{C}_r+{}_{n-1}\mathrm{C}_{r-1}$ (단, $1\leq r<n$)

• 도형의 개수

(1) 직선의 개수

어느 세 점도 일직선 위에 있지 않은 서로 다른 n개의 점 중에서 두 점을 이어서 만들 수 있는 직선의 개수는

$${}_n\mathrm{C}_2$$

(2) 삼각형의 개수

어느 세 점도 일직선 위에 있지 않은 서로 다른 n개의 점 중에서 세 점을 꼭짓점으로 하는 삼각형의 개수는

$${}_n\mathrm{C}_3$$

(3) 평행사변형의 개수

m개의 평행선과 n개의 평행선이 서로 만날 때 만들어지는 평행사변형의 개수는

$${}_m\mathrm{C}_2\times{}_n\mathrm{C}_2$$

• 조 나누기

서로 다른 n개를 p개, q개, r개 $(p+q+r=n)$의 세 묶음으로 나누는(분할하는) 방법의 수는

(1) $p,\ q,\ r$이 서로 다르면 $\qquad\qquad {}_n\mathrm{C}_p\times{}_{n-p}\mathrm{C}_q\times{}_r\mathrm{C}_r$

(2) $p,\ q,\ r$ 중 어느 두 개가 같으면 $\quad {}_n\mathrm{C}_p\times{}_{n-p}\mathrm{C}_q\times{}_r\mathrm{C}_r\times\dfrac{1}{2!}$

(3) $p,\ q,\ r$이 모두 같으면 $\qquad\quad {}_n\mathrm{C}_p\times{}_{n-p}\mathrm{C}_q\times{}_r\mathrm{C}_r\times\dfrac{1}{3!}$

Q&A

Q 순열과 조합의 차이점은 무엇일까요?

A 첫째, 순열은 순서가 있는 조합입니다. 이때 순서를 고려한다는 것은 순서가 바뀌면 서로 다른 것으로 취급한다는 뜻입니다.
둘째, 조합은 순서를 생각하지 않고 단지 선택만 합니다.

1

조합

1 조합

1. 조합의 뜻

한국, 일본, 중국의 세 나라 축구 국가 대표팀이 서로 한 번씩 경기를 할 때, 한국과 일본이 경기를 하는 것과 일본과 한국이 경기를 하는 것은 서로 같으므로 세 나라가 서로 한 번씩 경기를 하는 방법은

$$(한국, 일본), (한국, 중국), (일본, 중국)$$

의 3가지입니다.

이와 같이 서로 다른 n개에서 순서를 생각하지 않고 $r\,(0<r\leq n)$개를 택하는 것을 n개에서 r개를 택하는 **조합**이라 하고, 이 조합의 수를 기호로

$$_n\mathrm{C}_r$$

과 같이 나타냅니다. 이때 C는 조합을 뜻하는 영어 Combination의 첫 글자입니다.

이제 순열과 조합의 관계를 이용하여 조합의 수 $_n\mathrm{C}_r$을 구해 봅시다.

4장의 카드 ①, ②, ③, ④ 중에서 순서를 생각하지 않고 2장의 카드를 택하는 방법은

| ①② | | ①③ | | ①④ | | ②③ | | ②④ | | ③④ |

의 6가지이고, 이것을 조합의 수로 나타내면 $_4\mathrm{C}_2$입니다. 이때 그 각각의 경우에 대하여 선택한 2장의 카드를 일렬로 나열하는 순열의 수는 $2!$입니다.

조합 $_4\mathrm{C}_2$	①②	①③	①④	②③	②④	③④
	↓×2!	↓×2!	↓×2!	↓×2!	↓×2!	↓×2!
순열 $_4\mathrm{P}_2$	①② ②①	①③ ③①	①④ ④①	②③ ③②	②④ ④②	③④ ④③

← 2장의 카드를 일렬로 나열하는 방법의 수

그러므로 서로 다른 4장의 카드 중에서 순서를 생각하지 않고 2장의 카드를 택한 후, 선택한 2장의 카드를 일렬로 나열하는 방법의 수는 $_4\mathrm{C}_2\times2!$입니다.

그런데 이 방법의 수는 순열의 수 $_4\mathrm{P}_2$와 같으므로

$$_4\mathrm{C}_2\times2!=\,_4\mathrm{P}_2$$

입니다. 따라서 조합의 수 $_4\mathrm{C}_2$는

$$_4\mathrm{C}_2=\frac{_4\mathrm{P}_2}{2!}=\frac{4\times3}{2\times1}=6$$

입니다.

이제 이 과정을 일반화해 봅시다.

먼저 순열의 뜻을 한번 떠올려 보면 다음과 같습니다.

> 서로 다른 n개에서 r개를 택하여 일렬로 나열하는 것을 순열이라고 한다.

위의 순열의 과정은 다음 두 개의 과정으로 구성되어 있습니다.

(ⅰ) 서로 다른 n개에서 r개를 뽑는다. ➡ $_n\mathrm{C}_r$

(ⅱ) 뽑은 r개를 일렬로 나열한다. ➡ $r!$

이때 (ⅰ), (ⅱ)는 동시에 일어나야 하므로 곱의 법칙에 의하여 순열의 수 $_n\mathrm{P}_r$은

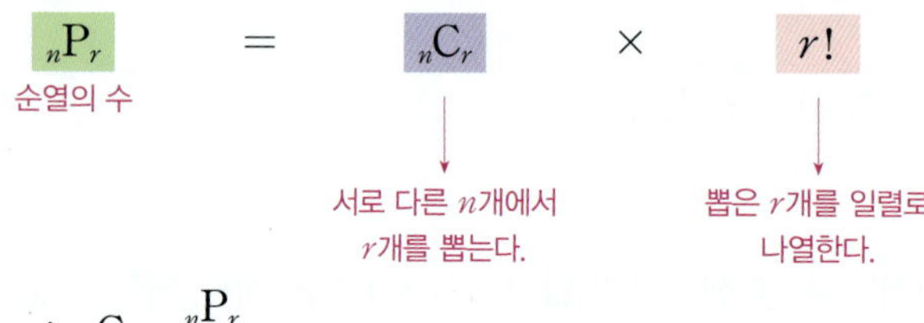

$$\therefore\ _n\mathrm{C}_r=\frac{_n\mathrm{P}_r}{r!}$$

즉,

$$_n\mathrm{C}_r=\frac{_n\mathrm{P}_r}{r!}=\frac{n(n-1)(n-2)\times\cdots\times(n-r+1)}{r!}$$

$$=\frac{n(n-1)(n-2)\times\cdots\times(n-r+1)(n-r)\times\cdots\times3\times2\times1}{r!(n-r)\times\cdots\times3\times2\times1}$$

$$=\frac{n!}{r!(n-r)!}\ (\text{단},\ 0<r\leq n)$$

← 조합은 순열에서 순서를 생각하지 않는 것이며,
순열은 조합에 순서를 부여한 것이다.

입니다.

여기서 $r=0$이면

$$_n\mathrm{C}_0=\frac{_n\mathrm{P}_0}{0!}=1$$

← $_n\mathrm{P}_0=1,\ 0!=1$

이 성립해야 하므로 $_n\mathrm{C}_0=1$로 정합니다. 또한

$$_n\mathrm{C}_n=\frac{n!}{n!(n-n)!}=\frac{n!}{n!0!}=1$$

← n개 중에서 n개를 모두 택하는 방법은 1가지뿐이다.

입니다.

Example

(1) 6명의 학생 중에서 대표 2명을 뽑는 방법의 수는

$$_6\mathrm{C}_2=\frac{_6\mathrm{P}_2}{2!}=\frac{6\times5}{2\times1}=15$$

(2) 6명의 축구 선수 중에서 후보 4명을 뽑는 방법의 수는

$$_6\mathrm{C}_4=\frac{_6\mathrm{P}_4}{4!}=\frac{6\times5\times4\times3}{4\times3\times2\times1}=15$$

(3) 5개국 대표들이 모여 회의를 하려고 할 때, 각 나라 대표가 빠짐없이 서로 악수를 하는
방법의 수는

$$_5\mathrm{C}_2=\frac{_5\mathrm{P}_2}{2!}=\frac{5\times4}{2\times1}=10$$

← 대표 A와 대표 B가 악수하는 것과 대표 B와 대표 A가 악수하는 것은 같은 것이다.

한편, 5개의 서로 다른 알사탕과 5개의 똑같은 박하사탕 중에서 각각 3개를 택하는 방법의 수를 구해 보면 서로 다른 알사탕 5개 중 3개를 택하는 방법의 수는 $_5C_3$, 똑같은 박하사탕 5개 중 3개를 택하는 방법의 수는 1입니다.

 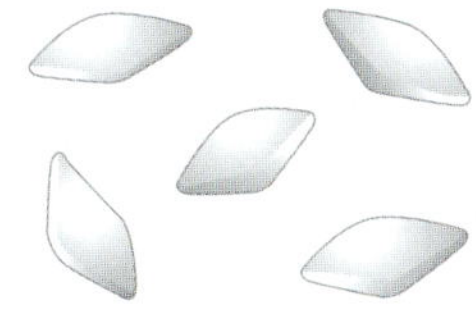

이처럼 "서로 다른" n개 중에서 r개를 택하는 것이 조합이므로 "서로 같은" n개 중에서 r개를 택하는 방법은 항상 1가지라는 점에 주의하도록 합니다.

2. 조합의 수의 성질

이제 조합의 여러 가지 성질에 대하여 알아봅시다.

(1) $_nC_r = {}_nC_{n-r}$ (단, $0 \leq r \leq n$) ← 중요!

Proof

[방법 1] $_nC_{n-r} = \dfrac{n!}{(n-r)!\{n-(n-r)\}!} = \dfrac{n!}{(n-r)!\,r!} = {}_nC_r$

[방법 2] 그림과 같이 서로 다른 n개에서 r개를 택하는 조합의 수 $_nC_r$과 서로 다른 n개에서 $(n-r)$개를 택하는 조합의 수 $_nC_{n-r}$이 서로 같다.

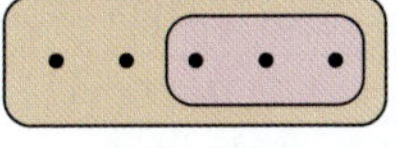 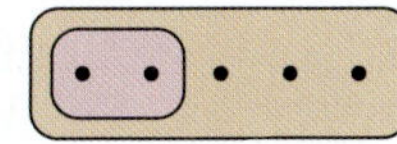

예를 들어 5개의 공 ①, ②, ③, ④, ⑤가 들어 있는 주머니에서 순서를 생각하지 않고 3개의 공을 뽑는 경우의 수를 생각해 봅시다.

뽑힌 공			뽑히지 않은 공	
①	②	③	④	⑤
①	②	④	③	⑤
①	②	⑤	③	④
①	③	④	②	⑤
①	③	⑤	②	④
①	④	⑤	②	③
②	③	④	①	⑤
②	③	⑤	①	④
②	④	⑤	①	③
③	④	⑤	①	②

앞의 그림에서 서로 다른 5개의 공이 들어 있는 주머니에서 3개의 공을 뽑는 방법의 수 $_5\text{C}_3$은 뽑히지 않은 2개의 공을 택하는 방법의 수 $_5\text{C}_2$와 같다는 것을 알 수 있습니다. 즉,

$$_5\text{C}_3 = {}_5\text{C}_{5-3} = {}_5\text{C}_2$$

입니다.

실제로 $_n\text{C}_r = {}_n\text{C}_{n-r}$이므로 $_n\text{C}_r$의 값을 계산할 때 $r > n-r$이면 $_n\text{C}_r$을 $_n\text{C}_{n-r}$로 바꾸어 계산하는 것이 간단합니다.

(1) $_6\text{C}_4 = {}_6\text{C}_2 = \dfrac{_6\text{P}_2}{2!} = \dfrac{6 \times 5}{2 \times 1} = 15$

(2) $_9\text{C}_6 = {}_9\text{C}_3 = \dfrac{_9\text{P}_3}{3!} = \dfrac{9 \times 8 \times 7}{3 \times 2 \times 1} = 84$

(3) $_{10}\text{C}_6 = {}_{10}\text{C}_4 = \dfrac{_{10}\text{P}_4}{4!} = \dfrac{10 \times 9 \times 8 \times 7}{4 \times 3 \times 2 \times 1} = 210$

(2) $_{n-1}\text{C}_r + {}_{n-1}\text{C}_{r-1} = {}_n\text{C}_r$ (단, $1 \le r < n$)　← 중요!

[방법 1] $_{n-1}\text{C}_r + {}_{n-1}\text{C}_{r-1} = \dfrac{(n-1)!}{r!\{(n-1)-r\}!} + \dfrac{(n-1)!}{(r-1)!\{(n-1)-(r-1)\}!}$

$\qquad = \dfrac{(n-1)!}{r!(n-r-1)!} + \dfrac{(n-1)!}{(r-1)!(n-r)!}$

$\qquad = \dfrac{(n-r) \times (n-1)!}{r! \times (n-r) \times (n-r-1)!} + \dfrac{r \times (n-1)!}{r \times (r-1)!(n-r)!}$

통분하기 위해 분자, 분모에 $(n-r)$을 곱한다.　　통분하기 위해 분자, 분모에 r을 곱한다.

$\qquad = \dfrac{(n-r)(n-1)!}{r!(n-r)!} + \dfrac{r(n-1)!}{r!(n-r)!}$

$\qquad = \dfrac{\{(n-r)+r\}(n-1)!}{r!(n-r)!}$

$\qquad = \dfrac{n!}{r!(n-r)!} = {}_n\text{C}_r$

$\therefore {}_{n-1}\text{C}_r + {}_{n-1}\text{C}_{r-1} = {}_n\text{C}_r$

[방법 2] n개 중에서 A를 임의로 정하면 n개에서 r개를 택하는 경우는 다음과 같이 두 경우로 나누어 생각할 수 있다. ($_n\text{C}_r$)

(ⅰ) r개 중에서 A가 포함되지 않는 경우

　　A를 제외한 $(n-1)$개 중에서 r개를 택하는 경우의 수는

　　　$_{n-1}\text{C}_r$

(ⅱ) r개 중에서 A가 포함되는 경우

　　A를 제외한 $(n-1)$개 중에서 $(r-1)$개를 택하는 경우의 수는

　　　$_{n-1}\text{C}_{r-1}$

따라서 (ⅰ), (ⅱ)는 동시에 일어나지 않으므로 n개에서 r개를 택하는 경우의 수는 합의 법칙에 의하여

　　　$_n\text{C}_r = {}_{n-1}\text{C}_r + {}_{n-1}\text{C}_{r-1}$

예를 들어 5개의 공 ①, ②, ③, ④, ⑤가 들어 있는 주머니에서 순서를 생각하지 않고 3개의 공을 뽑는 경우의 수는 다음과 같이 두 가지 경우로 나누어 구할 수도 있습니다.

      (i) ①번 공을 포함하지 않고 3개를 뽑는 경우 $_4C_3$

      (ii) ①번 공을 포함해서 3개를 뽑는 경우 $_4C_2$

즉, 합의 법칙에 의하여 $_5C_3 = {_4C_3} + {_4C_2}$가 성립합니다.

개념 Point   **조합**

1 서로 다른 n개에서 순서를 생각하지 않고 $r\,(0 < r \le n)$개를 택하는 것을 조합이라 하고, 이 조합의 수를 기호로 $_nC_r$과 같이 나타낸다.

2 조합의 수

(1) $_nC_r = \dfrac{_nP_r}{r!} = \dfrac{n!}{r!\,(n-r)!}$ (단, $0 \le r \le n$)

(2) $_nC_0 = 1$, $_nC_n = 1$

(3) $_nC_r = {_nC_{n-r}}$ (단, $0 \le r \le n$)

(4) $_nC_r = {_{n-1}C_r} + {_{n-1}C_{r-1}}$ (단, $1 \le r < n$)

② 도형의 개수

1. 선분의 개수 vs 직선의 개수

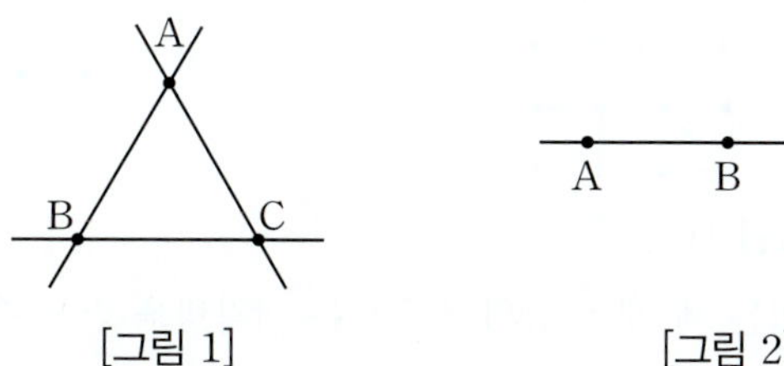

    [그림 1]   [그림 2]

[그림 1]과 같이 일직선 위에 있지 않은 세 점 A, B, C에 대하여 이들 점을 이어서 만들 수 있는 서로 다른 선분의 개수는 $_3C_2$, 즉 $\overline{AB}$, $\overline{BC}$, $\overline{CA}$의 3개입니다. 또한 이들 점을 이어서 만들 수 있는 서로 다른 직선의 개수 역시 $_3C_2$, 즉 $\overleftrightarrow{AB}$, $\overleftrightarrow{BC}$, $\overleftrightarrow{CA}$의 3개입니다.

그러나 [그림 2]와 같이 일직선 위에 있는 세 점 A, B, C에 대하여 이들 점을 이어서 만들 수 있는 선분의 개수와 직선의 개수는 서로 다릅니다. 선분은 $\overline{AB}$, $\overline{BC}$, $\overline{AC}$의 3개이지만 직선은 $\overleftrightarrow{AC}$의 1개뿐입니다.

                $\overleftrightarrow{AC} = \overleftrightarrow{AB} = \overleftrightarrow{BC}$

이와 같이 세 개 이상의 점이 일직선 위에 있으면 선분의 개수와 직선의 개수가 달라지므로 직선의 개수를 셀 때에는 일직선 위에 있는 점들에 주의해야 합니다.

(1) 오른쪽 그림과 같이 같은 간격으로 놓인 6개의 점이 있을 때, 주어

진 점을 이어서 만들 수 있는 서로 다른 선분의 개수는 6개의 점

중에서 2개를 택하는 방법의 수와 같으므로

$$_6C_2 = \frac{_6P_2}{2!} = \frac{6 \times 5}{2 \times 1} = 15$$

한편, 주어진 점을 이어서 만들 수 있는 서로 다른 직선의 개수는

일직선 위에 있는 세 점에서 1개의 직선은 만들어지므로 그 개수를 더한 것이다.

$$_6C_2 - _3C_2 \times 2 + 1 \times 2 = 15 - 6 + 2 = 11$$

일직선 위에 있는 세 점으로 만들 수 있는 직선의 개수를 모두 뺀 것이다.

실제로 가로, 세로, 대각선 방향으로 나누어 직선을 그려 보면 다음과 같다.

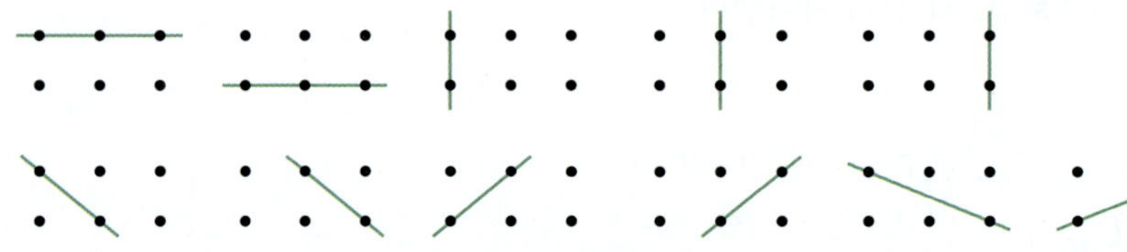

(2) 오른쪽 그림과 같은 육각형에서 대각선의 개수는 6개의 꼭짓점 중에

서 2개를 택하는 경우의 수에서 변의 개수 6을 뺀 값과 같으므로

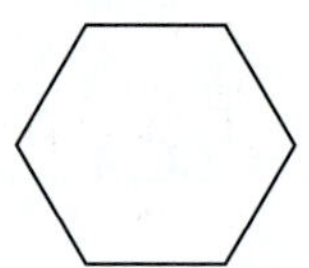

$$_6C_2 - 6 = 15 - 6 = 9$$

2. 삼각형의 개수

[그림 1]과 같이 어느 세 점도 일직선 위에 있지 않은 네 점에서 세 점을 꼭짓점으로 하는 삼각형의 개수는 $_4C_3 = 4$입니다. 그러나 [그림 2]와 같이 일직선 위에 있는 네 점에서는 삼각형이 만들어지지 않습니다.

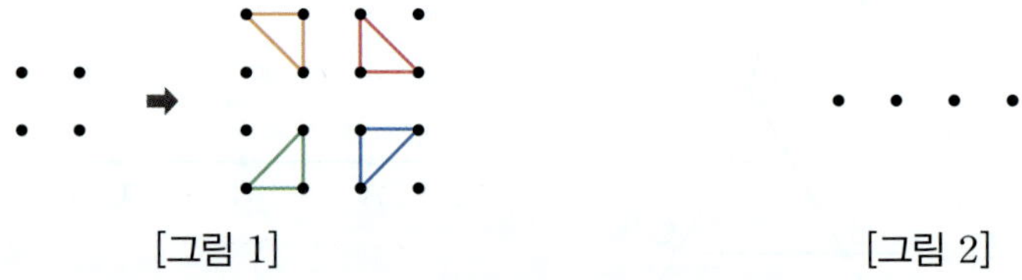

[그림 1]   [그림 2]

이와 같이 일직선 위에 있는 세 개 이상의 점으로는 삼각형을 만들 수 없으므로 삼각형의 개수를 구할 때에는 일직선 위에 있는 점들에 주의해야 합니다.

예를 들어 오른쪽 그림과 같이 원 위에 8개의 점이 놓여 있을 때, 주어진 점을 연결하여 만들 수 있는 삼각형의 개수를 구해 봅시다.

어느 세 점도 일직선 위에 있지 않으므로 구하는 삼각형의 개수는 8개의 점 중에서 3개를 택하는 방법의 수와 같습니다.

따라서 구하는 삼각형의 개수는

$$_8C_3 = \frac{_8P_3}{3!} = \frac{8 \times 7 \times 6}{3 \times 2 \times 1} = 56$$

입니다.

오른쪽 그림과 같이 6개의 점이 일정한 간격으로 놓여 있을 때, 주어진 점을 연결하여 만들 수 있는 삼각형의 개수는 다음과 같이 구할 수 있다.

6개의 점 중에서 3개를 택하는 방법의 수는

$$_6C_3 = \frac{6\times5\times4}{3\times2\times1} = 20$$

그런데 일직선 위에 있는 4개의 점으로는 삼각형을 만들 수 없으므로 일직선 위에 있는 4개의 점 중에서 3개를 택하는 방법의 수는

$$_4C_3 = {}_4C_1 = 4$$

따라서 구하는 삼각형의 개수는

$$20 - 4 = 16$$

3. 평행사변형의 개수

오른쪽 그림과 같이 가로 방향의 평행선 3개와 세로 방향의 평행선 4개가 서로 만날 때, 이 평행선으로 만들어지는 평행사변형의 개수를 구해 봅시다.

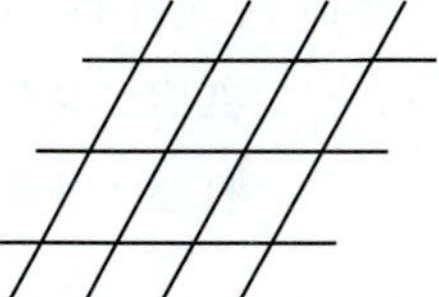

평행사변형의 뜻에서 가로 방향의 평행선 중 2개, 세로 방향의 평행선 중 2개를 택하면 한 개의 평행사변형을 만들 수 있습니다.

즉, 평행사변형의 개수는 가로 방향의 평행선과 세로 방향의 평행선 중에서 각각 2개를 택하는 조합의 수와 같으므로 구하는 평행사변형의 개수는

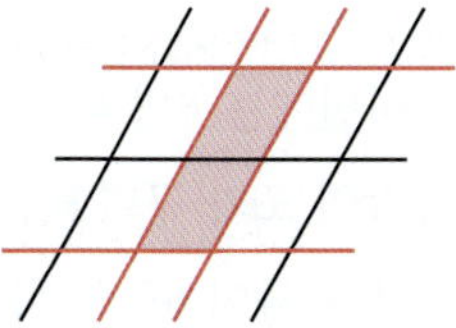

$$_3C_2 \times {}_4C_2 = {}_3C_1 \times {}_4C_2 = 3 \times \frac{4\times3}{2\times1} = 18$$

입니다.

개념 **Point**　　　**도형의 개수**

1　직선의 개수 : 어느 세 점도 일직선 위에 있지 않은 서로 다른 n개의 점 중에서 두 점을 이어서 만들 수 있는 직선의 개수는 $_nC_2$이다.

2　삼각형의 개수 : 어느 세 점도 일직선 위에 있지 않은 서로 다른 n개의 점 중에서 세 점을 꼭짓점으로 하는 삼각형의 개수는 $_nC_3$이다.

3　평행사변형의 개수 : m개의 평행선과 n개의 평행선이 서로 만날 때 만들어지는 평행사변형의 개수는 $_mC_2 \times {}_nC_2$이다.

＋ Plus

조합을 이용하여 직선이나 삼각형의 개수를 구할 때에는 일직선 위에 있는 점에 주의하도록 한다.

　　　　　　→ 일직선 위에 있는 점들 중에서 택할 때, 만들 수 있는 직선은 1개, 삼각형은 없다.

③ 조 나누기

6명의 학생을 2명씩 3개의 조 A, B, C로 나누는 경우를 생각해 봅시다.

간단하게 생각하면 6명 중에서 먼저 2명을 뽑아서 A 조를 만들고, 남은 4명 중에서 2명을 뽑아서 B 조를 만들고, 마지막으로 남은 2명은 저절로 C 조가 됩니다.

이것을 조합의 기호로 나타내면 다음과 같습니다.

$$_6C_2 \times {}_4C_2 \times {}_2C_2 \qquad \cdots\cdots ㉠$$

예를 들어 6명의 학생을 다음과 같이 3개의 조 A, B, C로 나누어 봅시다.

     A 조 : 창희, 경도

     B 조 : 준이, 신원

     C 조 : 은지, 민지

이때 A 조와 B 조의 구성원을 바꾼 다음 방법은 위의 방법과 분명히 다른 배열입니다.

     A 조 : 준이, 신원

     B 조 : 창희, 경도

     C 조 : 은지, 민지

이번에는 6명의 학생을 2명씩 3개의 조로 나누는 경우를 생각해 보면, 위의 경우와 달리 각각의 조가 구별되지 않습니다.

예를 들어 6명의 학생을 다음과 같이 3개의 조로 나누어 봅시다.

     창희, 경도 / 준이, 신원 / 은지, 민지

이때 다음과 같이 3개의 조로 나눈 방법 역시 위의 방법과 같은 배열입니다.

     준이, 신원 / 창희, 경도 / 은지, 민지

즉, 6명의 학생 가, 나, 다, 라, 마, 바를 2명씩 3개의 조로 나누는 방법이 모두 x가지 있다고 하면 오른쪽과 같이 세 조로 나눈 다음 A, B, C 세 조에 배정하는 방법의 수는 3!이므로, 곱의 법칙에 의하여 ㉠에서

가 나	다 라	마 바
A	B	C
A	C	B
B	A	C
B	C	A
C	A	B
C	B	A

$$x \times 3! = {}_6C_2 \times {}_4C_2 \times {}_2C_2$$

세 문자 A, B, C를 일렬로 나열하는 방법의 수

가 성립합니다.

따라서 구하는 방법의 수는 다음과 같습니다.

$$x = {}_6C_2 \times {}_4C_2 \times {}_2C_2 \times \frac{1}{3!}$$

이상에서 조를 나눌 때에는 조합에서와 마찬가지로 각 조에 속하는 사람(사물)의 수가 같을 때 서로 위치를 바꾸어도 구별이 되지 않으므로 서로 구별이 안 되는 조의 개수만큼 나누어 주어야 한다는 것을 알 수 있습니다.

6명의 학생을 다음과 같이 나누는 방법의 수를 각각 구하시오.

(1) A 조 3명, B 조 3명으로 나누는 경우

6명 중에서 A 조에 들어갈 3명을 뽑는 방법의 수는 $_6C_3$이고, B 조는 저절로 결정된다.

$$\therefore \ _6C_3 \times _3C_3 = 20 \times 1 = 20$$

(2) 3명, 3명의 두 조로 나누는 경우

3명씩 두 조로 나누는 방법의 수를 x라고 하면 그 각각에 대하여 두 조를 A, B에 배정하는 방법의 수가 $2!$이므로

$$x \times 2! = _6C_3 \times _3C_3$$

$$\therefore \ x = _6C_3 \times _3C_3 \times \frac{1}{2!} = 10$$

(3) A 조 3명, B 조 2명, C 조 1명으로 나누는 경우

6명 중에서 A 조에 들어갈 3명을 뽑는 방법의 수는 $_6C_3$

나머지 3명 중에서 B 조에 들어갈 2명을 뽑는 방법의 수는 $_3C_2$이고, C 조는 저절로 결정된다.

$$\therefore \ _6C_3 \times _3C_2 \times _1C_1 = 20 \times 3 \times 1 = 60$$

(4) 3명, 2명, 1명의 세 조로 나누는 경우

각 조에 속하는 인원 수가 서로 다르므로 각 조에 명칭 A, B, C를 부여하는 것과 부여하지 않는 것의 방법의 수의 차이는 없다.

즉, 6명을 A 조 3명, B 조 2명, C 조 1명으로 나누는 방법의 수와 같으므로

$$_6C_3 \times _3C_2 \times _1C_1 = 20 \times 3 \times 1 = 60$$

이제 조 나누기를 이용하여 대진표를 만드는 방법의 수를 구해 보겠습니다.

예를 들어 창희, 경도, 준이, 신원 4명의 친구들끼리 서로 한 번씩 가위바위보를 하여 1명의 승자를 뽑는 것을 생각해 봅시다.

창희와 경도가 가위바위보를 하는 것이나 경도와 창희가 가위바위보를 하는 것이 동일하므로, 오른쪽 표와

	창희	경도	준이	신원
창희				
경도				
준이				
신원				

같이 4명의 친구끼리 서로 한 번씩 가위바위보를 하는 방법의 수는 $_4C_2 = 6$입니다.

4명 중에서 2명을 택하는 경우의 수와 같다.

이와 같이 경기에 참가하는 모든 팀끼리 서로 한 번씩 시합하는 방식을 리그(League)라고 하는데 n개의 팀이 시합하는 경우의 수는

$$_nC_2$$

n명이 모든 사람과 서로 한 번씩 악수하는 경우의 수도 $_nC_2$이다.

가 됩니다.

한편, 스포츠나 오락경기 등에서 횟수를 거듭할 때마다 패자는 탈락해 나가고, 최후에 남는 두 사람 또는 두 팀으로 하여금 우승을 결정하게 하는 대진 방식을 토너먼트(tournament)라고 합니다.

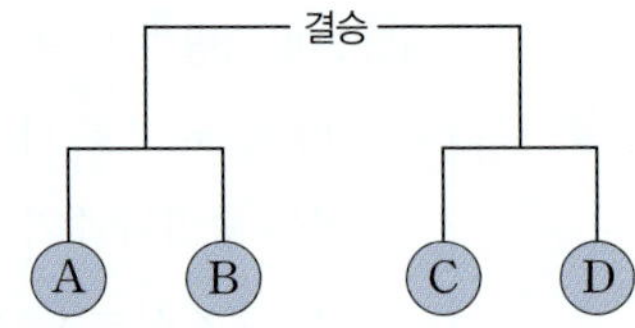

Example
오른쪽 표는 4개의 팀이 참가한 토너먼트 방식을 그림으로 나타낸 것이다. 대진표를 만드는 방법의 수는 다음과 같이 구할 수 있다.

일단 4개의 팀을 결승전을 기준으로 왼쪽에 있을 때 (A, B)와 오른쪽에 있을 때(C, D)로 나눌 수 있는데, 이것은 앞에서 배운 조 나누기의 경우이다. ← 경기하는 두 팀의 순서는 생각하지 않는다.

4개의 팀을 2팀, 2팀의 두 조로 나누는 방법의 수는

$$_4C_2 \times {}_2C_2 \times \frac{1}{2!} = 3$$ ← ABCD / ACBD / ADBC의 3가지

이와 같이 대진표를 만드는 방법은 앞에서 배운 분할을 이용한 조 나누기 방법을 이용하면 어떤 복잡한 형태의 토너먼트 방식의 문제를 풀 수 있습니다.

개념 Point 조합을 이용한 조 나누기

서로 다른 n개를 p개, q개, r개($p+q+r=n$)의 세 묶음으로 나누는(분할하는) 방법의 수는

1 p, q, r이 서로 다르면 $\qquad {}_nC_p \times {}_{n-p}C_q \times {}_rC_r$

2 p, q, r 중 어느 두 개가 같으면 $\qquad {}_nC_p \times {}_{n-p}C_q \times {}_rC_r \times \frac{1}{2!}$

3 p, q, r이 모두 같으면 $\qquad {}_nC_p \times {}_{n-p}C_q \times {}_rC_r \times \frac{1}{3!}$

+ Plus

여러 개의 물건을 몇 개의 묶음으로 나누는 것을 분할이라 하고, 그 묶음을 나누어 주는(일렬로 배열하는) 것을 분배라고 한다.

예를 들어 세 사람에게 각각 p개, q개, r개씩 분배하는(나누어 주는) 방법의 수는

$\qquad$ (p개, q개, r개의 3묶음으로 나누는 방법의 수)×3!

1 다음 물음에 답하시오.

(1) $_n\mathrm{C}_3=56$을 만족시키는 n의 값을 구하시오.

(2) $_7\mathrm{C}_r=_7\mathrm{C}_{2r-2}$를 만족시키는 모든 r의 값의 합을 구하시오.

2 남자 6명, 여자 6명 중에서 남자 3명, 여자 2명을 뽑는 방법의 수를 구하시오.

3 서로 다른 빨간색 공 3개와 서로 다른 파란색 공 4개가 들어 있는 상자에서 2개의 공을 꺼내려고 한다. 빨간색 공 2개를 꺼내는 방법의 수를 a, 빨간색 공과 파란색 공을 각각 한 개씩 꺼내는 방법의 수를 b라고 할 때, $a+b$의 값을 구하시오.

4 정팔각형의 대각선의 개수를 구하시오.

5 오른쪽 그림과 같이 평면 위에 8개의 점이 있다. 이 중 4개의 점은 일직선 위에 있고, 나머지는 어느 세 점도 일직선 위에 있지 않다. 이 점들로 만들 수 있는 삼각형의 개수를 구하시오.

6 오른쪽 그림과 같이 원 위에 있는 5개의 점에 대하여 다음 물음에 답하시오.

(1) 두 점을 이어서 만들 수 있는 서로 다른 직선의 개수를 구하시오.

(2) 세 점을 꼭짓점으로 하는 삼각형의 개수를 구하시오.

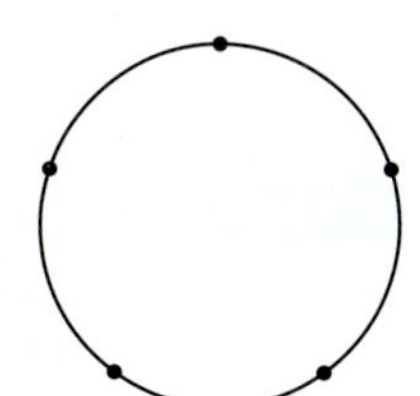

●풀이 166쪽

예제 01

조합

남자 6명, 여자 4명 중에서 4명의 위원을 뽑으려고 할 때, 다음 물음에 답하시오.

(1) 남자 2명, 여자 2명을 뽑는 방법의 수를 구하시오.

(2) 여자가 적어도 한 명은 포함되도록 하는 방법의 수를 구하시오.

(3) 남자 1명, 여자 1명이 반드시 포함되도록 하는 방법의 수를 구하시오.

접근 방법 (2)에서는 '적어도 …'의 조건이 있는 경우이므로 전체 경우의 수에서 여자가 한 명도 포함되지 않는 경우의 수를 빼서 계산한다.

수매씨 Point

$$_n\mathrm{C}_r = \frac{_n\mathrm{P}_r}{r!} = \frac{n!}{r!(n-r)!} \ (\text{단}, \ 0 \le r \le n)$$

상세 풀이 (1) 남자 6명 중에서 2명을 뽑는 방법의 수는 $_6\mathrm{C}_2 = \dfrac{6 \times 5}{2 \times 1} = 15$

여자 4명 중에서 2명을 뽑는 방법의 수는 $_4\mathrm{C}_2 = \dfrac{4 \times 3}{2 \times 1} = 6$

따라서 구하는 방법의 수는 $15 \times 6 = 90$

(2) 전체 10명 중에서 4명의 위원을 뽑는 방법의 수는 $_{10}\mathrm{C}_4 = \dfrac{10 \times 9 \times 8 \times 7}{4 \times 3 \times 2 \times 1} = 210$

남자만 4명을 뽑는 방법의 수는 $_6\mathrm{C}_4 = {_6\mathrm{C}_2} = \dfrac{6 \times 5}{2 \times 1} = 15$

따라서 구하는 방법의 수는 $210 - 15 = 195$

남자 위원	여자 위원
0명	4명
1명	3명
2명	2명
3명	1명
4명	0명

여자가 적어도 한 명은 포함되는 경우

(3) 전체 10명 중에서 4명의 위원을 뽑는 방법의 수는 $_{10}\mathrm{C}_4 = 210$

남자만 4명을 뽑는 방법의 수는 $_6\mathrm{C}_4 = {_6\mathrm{C}_2} = 15$

여자만 4명을 뽑는 방법의 수는 $_4\mathrm{C}_4 = 1$

따라서 구하는 방법의 수는 $210 - (15 + 1) = 194$

정답 (1) 90　(2) 195　(3) 194

보충 설명

(3)에서 남자 1명, 여자 1명이 반드시 포함되도록 하는 것은 특정한 남자나 여자가 아니라 4명의 위원 중에 반드시 남자, 여자 각각 1명씩 포함되어야 한다는 것을 뜻한다.

전체 경우를 분류하여 해당하는 경우의 수를 모두 구해서 더해도 결과는 같다. 즉, (3)에서

(ⅰ) 남자 1명, 여자 3명을 뽑는 방법의 수는 $_6\mathrm{C}_1 \times {_4\mathrm{C}_3} = {_6\mathrm{C}_1} \times {_4\mathrm{C}_1} = 6 \times 4 = 24$

(ⅱ) 남자 2명, 여자 2명을 뽑는 방법의 수는 $_6\mathrm{C}_2 \times {_4\mathrm{C}_2} = 15 \times 6 = 90$

(ⅲ) 남자 3명, 여자 1명을 뽑는 방법의 수는 $_6\mathrm{C}_3 \times {_4\mathrm{C}_1} = 20 \times 4 = 80$

(ⅰ)~(ⅲ)에서 남자 1명, 여자 1명이 반드시 포함되도록 하는 방법의 수는

$$24 + 90 + 80 = 194$$

숫자 바꾸기

01-1 남자 4명, 여자 5명 중에서 4명의 위원을 뽑으려고 할 때, 다음 물음에 답하시오.

(1) 남자 2명, 여자 2명을 뽑는 방법의 수를 구하시오.

(2) 남자가 적어도 한 명은 포함되도록 하는 방법의 수를 구하시오.

(3) 남자 1명, 여자 1명이 반드시 포함되도록 하는 방법의 수를 구하시오.

표현 바꾸기

01-2 8명의 학생 중에서 2명의 위원을 뽑을 때, 여학생이 적어도 한 명은 포함되도록 하는 방법의 수는 18이다. 8명의 학생 중 남학생은 모두 몇 명인지 구하시오.

개념 넓히기

01-3 증권 회사 3개, 통신 회사 3개, 건설 회사 4개가 있다. 증권, 통신, 건설 각 업종별로 적어도 하나의 회사를 택하여 총 4개의 회사에 입사 원서를 내는 방법의 수는?

① 63 ② 126 ③ 189

④ 252 ⑤ 315

● 풀이 166쪽 ～ 167쪽

예제 02

창희와 경도를 포함한 6명 중에서 3명을 뽑을 때, 다음을 구하시오.

(1) 창희와 경도를 모두 뽑는 방법의 수

(2) 창희와 경도 중 1명만 뽑는 방법의 수

(3) 창희와 경도를 모두 뽑지 않는 방법의 수

접근 방법 〉 특정한 대상을 모두 포함하거나 모두 제외시키는 경우이면 이 특정한 대상은 처음부터 없는 것으로 생각한다.

(2)에서는 창희와 경도 중에서 1명을 미리 뽑고, 나머지 4명 중에서 2명을 뽑는 것으로 생각한다.

(3)에서는 창희와 경도는 처음부터 없다고 생각해도 된다.

> **수매씽 Point** 서로 다른 n개에서 $r\,(0<r\leq n)$개를 뽑을 때
> (1) 특정한 x개를 포함하는 방법의 수 ➡ $_{n-x}C_{r-x}$
> (2) 특정한 y개를 제외하는 방법의 수 ➡ $_{n-y}C_r$
> (3) 특정한 x개를 포함하고, 특정한 y개를 제외하는 방법의 수 ➡ $_{n-x-y}C_{r-x}$

상세 풀이 〉 (1) 창희와 경도를 모두 뽑는 경우이므로 창희와 경도를 미리 뽑았다고 생각하고 나머지 4명 중에서 1명을 뽑는 방법의 수와 같다.

따라서 구하는 방법의 수는 $_4C_1=4$

(2) (i) 창희를 뽑고 경도를 뽑지 않는 방법의 수는 창희와 경도를 제외한 4명 중에서 2명을 뽑는 방법의 수와 같으므로 $_4C_2=\dfrac{4\times3}{2\times1}=6$

(ii) 경도를 뽑고 창희를 뽑지 않는 방법의 수는 창희와 경도를 제외한 4명 중에서 2명을 뽑는 방법의 수와 같으므로 $_4C_2=\dfrac{4\times3}{2\times1}=6$

(i), (ii)에서 창희와 경도 중 1명만 뽑는 방법의 수는 $6+6=12$

(3) 창희와 경도를 모두 뽑지 않는 경우이므로 창희와 경도를 제외한 4명 중에서 3명을 뽑는 방법의 수와 같다.

따라서 구하는 방법의 수는 $_4C_3=\,_4C_1=4$

정답 (1) 4 (2) 12 (3) 4

보충 설명

특정한 사람은 이미 정해져 있으므로 특정한 사람은 어떻게 정할 것인가를 고민하면 안 된다.

예를 들어 6명 중에서 특정한 2명을 포함하여 3명을 뽑는 방법의 수는 나머지 4명 중에서 1명을 뽑는 방법의 수와 같고, 이 결과는 위의 문제의 (1)과 같은 결과인 것을 알 수 있다.

02-1

은지와 재욱이를 포함한 10명 중에서 4명을 뽑을 때, 다음을 구하시오.

(1) 은지와 재욱이를 모두 뽑는 방법의 수

(2) 은지와 재욱 중 1명만 뽑는 방법의 수

(3) 은지와 재욱이를 모두 뽑지 않는 방법의 수

02-2

7명 중에서 특정한 2명이 모두 포함되도록 5명을 뽑아 일렬로 세울 때, 다음 물음에 답하시오.

(1) 특정한 2명이 서로 이웃하도록 세우는 방법의 수를 구하시오.

(2) 특정한 2명이 서로 이웃하지 않도록 세우는 방법의 수를 구하시오.

02-3

주머니에 1부터 10까지의 자연수가 각각 하나씩 적혀 있는 구슬 10개가 들어 있다. 이 주머니에서 6개의 구슬을 뽑을 때, 홀수인 소수가 적혀 있는 구슬은 모두 포함하고, 짝수인 소수가 적혀 있는 구슬은 포함하지 않도록 구슬을 뽑는 경우의 수를 구하시오.

● 풀이 167쪽 ~ 168쪽

정답   **02-1** (1) 28   (2) 112   (3) 70   **02-2** (1) 480   (2) 720   **02-3** 20

예제 03

다음 물음에 답하시오.

(1) 12개의 프로 축구팀이 다른 모든 팀과 각각 3번씩 경기를 치를 때, 전체 경기 수를 구하시오.

(2) 어떤 모임에서 각 회원이 나머지 회원들과 꼭 한 번씩 악수를 하였다. 회원들끼리 총 1275회의 악수를 하였을 때, 참석한 회원의 수를 구하시오.

접근 방법 국제축구연맹(FIFA)에서 주관하는 월드컵 대회의 각 조 예선처럼 경기에 참가하는 모든 팀끼리 서로 한 번씩 시합하는 방식을 리그(league)전이라고 한다. 이때 한국과 러시아의 경기와 러시아와 한국의 경기는 서로 같으므로 오른쪽 표와 같이 각 조에 속하는 4팀끼리 서로 한 번씩 경기하는 방법의 수는 4팀 중에서 두 팀을 택하는 방법의 수인 $_4C_2=6$이다.

	한국	벨기에	알제리	러시아
한국				
벨기에				
알제리				
러시아				

수매씽 Point n명(팀)이 서로 한 번씩 악수(경기)하는 방법의 수 ➡ $_nC_2$

상세 풀이 (1) 12개의 프로 축구팀이 서로 한 번씩 경기를 하는 방법의 수는 12개의 팀 중에서 2개의 팀을 택하는 방법의 수와 같으므로 $_{12}C_2=\dfrac{12\times11}{2\times1}=66$

이때 각 팀은 다른 모든 팀과 각각 3번씩 경기를 치르므로 구하는 전체 경기 수는

$$66\times3=198$$

(2) 참석한 회원을 n명이라고 하면 n명이 서로 한 번씩 악수하는 방법의 수는 n명 중에서 2명을 택하는 방법의 수와 같으므로 $_nC_2=\dfrac{n(n-1)}{2\times1}=1275$

$$n^2-n-2550=0,\ (n+50)(n-51)=0 \qquad \therefore n=51\ (\because n\geq2)$$

따라서 참석한 회원의 수는 51이다.

정답 (1) 198 (2) 51

보충 설명

4명의 친구들끼리 서로 한 번씩 가위바위보를 할 때, 비기는 경우가 없다고 가정하면 가위바위보를 한 총 횟수는 $_4C_2=6$인데, 이 역시 리그전의 대표적인 예이다.

한편, 4명의 친구를 2명, 2명으로 나누어 가위바위보를 하고 이 중에서 이긴 사람 2명끼리 다시 가위바위보를 하여 한 명의 승자를 뽑을 때, 비기는 경우가 없다고 가정하면 가위바위보를 한 총 횟수는 $2+1=3$인데, 이러한 방식을 토너먼트(tournament) 방식이라고 한다.

03-1 다음 물음에 답하시오.

(1) 10개의 프로 축구팀이 다른 모든 팀과 각각 4번씩 경기를 치를 때, 전체 경기 수를 구하시오.

(2) 어떤 모임에서 각 회원이 나머지 회원들과 꼭 한 번씩 악수를 하였다. 회원들끼리 총 820회의 악수를 하였을 때, 참석한 회원의 수를 구하시오.

표현 바꾸기

03-2 어떤 모임에 참석한 4쌍의 부부가 배우자를 제외한 다른 모든 사람과 서로 한 번씩 악수를 할 때, 참석한 8명이 한 악수의 총 횟수는?

① 12   ② 16   ③ 20

④ 24   ⑤ 28

개념 넓히기

03-3 여러 개의 지점을 갖고 있는 어떤 회사가 있다. 이 회사의 임의의 두 지점 사이의 통신망은 1가지뿐이다. 예를 들어 세 지점 사이의 통신망은 3가지, 네 지점 사이의 통신망은 6가지이다. 이 회사의 지점과 지점 사이의 통신망이 780가지일 때, 지점의 총 개수는?

① 30   ② 40   ③ 50

④ 60   ⑤ 70

● 풀이 168쪽~169쪽

정답   **03-1** (1) 180   (2) 41   **03-2** ④   **03-3** ②

예제 04

6개의 숫자 1, 2, 3, 4, 5, 6 중에서 중복을 허용하여 3개를 택하여 백의 자리의 숫자, 십의 자리의 숫자, 일의 자리의 숫자가 각각 a, b, c인 세 자리 자연수를 만들 때, $a \leq b < c$인 세 자리 자연수의 개수를 구하시오.

접근 방법 > 예를 들어 5개의 숫자 1, 2, 3, 4, 5 중에서 서로 다른 2개를 택하여 만들 수 있는 두 자리 자연수의 개수는 $_5P_2 = 5 \times 4 = 20$이고, 십의 자리의 숫자, 일의 자리의 숫자를 각각 a, b라고 하면 두 자리 자연수는 다음과 같다.

$a < b$인 것	12, 13, 14, 15, 23, 24, 25, 34, 35, 45
$a > b$인 것	21, 31, 32, 41, 42, 43, 51, 52, 53, 54

이때 $a < b$인 두 자리 자연수의 개수는 10인데 이것은 5개의 숫자 중에서 서로 다른 2개를 택하는 방법의 수 $_5C_2 = 10$과 같다. 왜냐하면 5개의 숫자 1, 2, 3, 4, 5 중에서 서로 다른 2개를 택했을 때, 이것을 크기순으로 나열하는 방법은 한 가지뿐이기 때문이다.

수매씽 Point 크기순으로 나열하는 방법의 수는 뽑는 것만 신경 쓴다.

상세 풀이 > $a \leq b$는 $a < b$ 또는 $a = b$를 뜻하므로

(i) $a < b < c$일 때,

6개의 숫자 1, 2, 3, 4, 5, 6 중에서 서로 다른 3개를 택하기만 하면 되므로

$$_6C_3 = \frac{6 \times 5 \times 4}{3 \times 2 \times 1} = 20$$

(ii) $a = b < c$일 때,

6개의 숫자 1, 2, 3, 4, 5, 6 중에서 서로 다른 2개를 택하기만 하면 되므로

$$_6C_2 = \frac{6 \times 5}{2 \times 1} = 15$$

(i), (ii)에서 구하는 자연수의 개수는

$$20 + 15 = 35$$

정답 35

보충 설명

(i)에서 6개의 숫자 1, 2, 3, 4, 5, 6 중에서 2, 3, 5를 택했을 때, 이 세 수를 나열하여 만들 수 있는 세 자리 자연수 235, 253, 325, 352, 523, 532의 6개 중에서 $a < b < c$를 만족시키는 것은 235뿐이다.

참고로 중복을 허용한다는 것은 같은 숫자를 여러 번 택하여도 된다는 의미이다.

04-1

7개의 숫자 0, 1, 2, 3, 4, 5, 6 중에서 3개를 택하여 백의 자리의 숫자, 십의 자리의 숫자, 일의 자리의 숫자가 각각 a, b, c인 세 자리 자연수를 만들 때, 다음을 구하시오.

(단, 같은 숫자를 여러 번 택하여도 된다.)

(1) $a < b < c$인 세 자리 자연수의 개수

(2) $a > b \geq c$인 세 자리 자연수의 개수

04-2

9 이하의 세 자연수 a, b, c에 대하여 백의 자리의 숫자, 십의 자리의 숫자, 일의 자리의 숫자가 각각 a, b, c인 세 자리 자연수 중 500보다 크고 700보다 작은 모든 자연수의 개수를 구하시오. (단, $c < b < a$)

04-3

1부터 6까지의 자연수 6개를 일렬로 나열하여 왼쪽부터 차례대로 a_1, a_2, a_3, a_4, a_5, a_6이라고 하자. $a_1 > a_3 > a_5$, $a_2 > a_4$를 만족시키는 순서쌍 $(a_1, a_2, a_3, a_4, a_5, a_6)$의 개수는?

① 48　　　　② 52　　　　③ 56

④ 60　　　　⑤ 64

• 풀이 169쪽

예제 05

1부터 15까지의 자연수 중에서 서로 다른 두 수를 택할 때, 두 수의 합이 3의 배수가 되는 경우의 수를 구하시오.

접근 방법〉 1부터 15까지의 자연수 중에서 3의 배수끼리 더하면 3의 배수가 된다. 또한 자연수 1에 대하여

$$1+2=3, \ 1+5=6, \ 1+8=9, \ 1+11=12, \ 1+14=15$$

는 모두 3의 배수가 되는데 여기서 1은 3으로 나누었을 때 나머지가 1이고, 2, 5, 8, 11, 14는 모두 3으로 나누었을 때 나머지가 2이다. 따라서 1부터 15까지의 자연수를 3으로 나눈 나머지가 같은 수끼리 분류한 후, 두 수의 나머지의 합이 3의 배수가 되는 경우를 생각하면 된다.

수매씽 Point 합 또는 곱이 n의 배수인 것은 n으로 나눈 나머지를 생각한다.

상세 풀이〉 1부터 15까지의 자연수 중에서 3으로 나눈 나머지가 0, 1, 2인 수들의 모임을 각각 A_0, A_1, A_2라고 하면

$$A_0 : 3, \ 6, \ 9, \ 12, \ 15$$
$$A_1 : 1, \ 4, \ 7, \ 10, \ 13$$
$$A_2 : 2, \ 5, \ 8, \ 11, \ 14$$

이때 두 수의 합이 3의 배수가 되는 경우는 다음과 같이 두 가지 경우가 있다.

(i) (모임 A_0에 속하는 수)$+$(모임 A_0에 속하는 수)인 경우

$$_5C_2=\frac{5\times4}{2\times1}=10$$

(ii) (모임 A_1에 속하는 수)$+$(모임 A_2에 속하는 수)인 경우

$$_5C_1\times _5C_1=5\times5=25$$

(i), (ii)에서 구하는 경우의 수는

$$10+25=35$$

정답 35

보충 설명

(ii)에서 두 모임 A_1, A_2에 속하는 임의의 수를 각각 p, q라고 하면

$$p=3\triangle+1, \ q=3☆+2 \ (\triangle, \ ☆은 \ 0 \ 또는 \ 자연수)$$

두 수 p, q의 합은

$$p+q=(3\triangle+1)+(3☆+2)=3(\triangle+☆+1)$$

이때 $\triangle+☆+1$은 자연수이므로 $p+q$는 3의 배수이다.

숫자 바꾸기

05-1

1부터 20까지의 자연수 중에서 서로 다른 두 수를 택할 때, 두 수의 합이 4의 배수가 되는 경우의 수를 구하시오.

표현 바꾸기

한번 더 ✓ ☐

05-2

15개의 수 2^1, 2^2, 2^3, $\cdots$, 2^{15}이 오른쪽 표와 같이 배열되어 있다. 각 가로줄에서 한 개씩 임의로 선택한 세 수의 합이 3의 배수인 경우의 수를 구하시오.

2^1	2^2	2^3	2^4	2^5
2^6	2^7	2^8	2^9	2^{10}
2^{11}	2^{12}	2^{13}	2^{14}	2^{15}

개념 넓히기

한번 더 ✓ ☐

05-3

9개의 수 2^1, 2^2, 2^3, $\cdots$, 2^9이 오른쪽 표와 같이 배열되어 있다. 각 가로줄에서 한 개씩 임의로 선택한 세 수의 곱을 3으로 나눈 나머지가 1인 경우의 수는?

2^1	2^2	2^3
2^4	2^5	2^6
2^7	2^8	2^9

① 10   ② 12   ③ 14

④ 16   ⑤ 18

● 풀이 169쪽 ~ 170쪽

정답 05-1 45 05-2 30 05-3 ③

예제 06

오른쪽 그림과 같이 12개의 점이 같은 간격으로 놓여 있을 때, 다음을 구하시오.

(1) 두 점을 이어서 만들 수 있는 서로 다른 직선의 개수

(2) 세 점을 꼭짓점으로 하는 삼각형의 개수

접근 방법 > (1)에서 두 점을 지나는 직선은 1개뿐이므로 직선의 개수는 두 점을 택하는 방법의 수와 같고 일직선 위에 있는 2개 이상의 점으로 만들 수 있는 직선은 오직 1개이다. (2)에서 삼각형의 개수는 세 점을 택하는 방법의 수와 같다. 이때 일직선 위에 있는 3개의 점으로는 삼각형을 만들 수 없음에 주의한다.

> **수매씽 Point** 어느 세 점도 일직선 위에 있지 않은 서로 다른 n개의 점 중에서
> (1) 두 점을 지나는 직선의 개수 ➡ $_n\mathrm{C}_2$
> (2) 세 점을 꼭짓점으로 하는 삼각형의 개수 ➡ $_n\mathrm{C}_3$

상세 풀이 > (1) 12개의 점 중에서 2개를 택하는 방법의 수는 $_{12}\mathrm{C}_2=\dfrac{12\times11}{2\times1}=66$

(ⅰ) 일직선 위에 3개의 점이 있을 때, 2개를 택하는 방법의 수는
$$_3\mathrm{C}_2={}_3\mathrm{C}_1=3$$
이때 3개의 점이 있는 직선은 8개이다.

(ⅱ) 일직선 위에 4개의 점이 있을 때, 2개를 택하는 방법의 수는 $_4\mathrm{C}_2=\dfrac{4\times3}{2\times1}=6$

이때 4개의 점이 있는 직선은 3개이다.

(ⅰ), (ⅱ)에서 일직선 위에 있는 점으로 만들 수 있는 직선은 1개뿐이므로 구하는 직선의 개수는
$$66-(3\times8+6\times3)+8+3=35$$

(2) 12개의 점 중에서 3개를 택하는 방법의 수는 $_{12}\mathrm{C}_3=\dfrac{12\times11\times10}{3\times2\times1}=220$

(ⅰ) 일직선 위에 3개의 점이 있을 때, 3개를 택하는 방법의 수는 $_3\mathrm{C}_3=1$
이때 3개의 점이 있는 직선은 8개이다.

(ⅱ) 일직선 위에 4개의 점이 있을 때, 3개를 택하는 방법의 수는 $_4\mathrm{C}_3={}_4\mathrm{C}_1=4$
이때 4개의 점이 있는 직선은 3개이다.

(ⅰ), (ⅱ)에서 일직선 위에 있는 3개의 점으로는 삼각형을 만들 수 없으므로 구하는 삼각형의 개수는
$$220-(1\times8+4\times3)=200$$

정답 (1) 35 (2) 200

보충 설명

(1)에서 일직선 위에 있는 세 점이나 네 점에서도 한 개의 직선이 만들어지므로 세 점이 일직선 위에 있는 직선의 개수 8과 네 점이 일직선 위에 있는 직선의 개수 3을 더해 준다.

06-1 오른쪽 그림과 같이 15개의 점이 같은 간격으로 놓여 있을 때, 다음을 구하시오.

(1) 두 점을 이어서 만들 수 있는 서로 다른 직선의 개수

(2) 세 점을 꼭짓점으로 하는 삼각형의 개수

06-2 다음 도형 위의 점 중 두 점을 이어서 만들 수 있는 서로 다른 직선의 개수와 세 점을 꼭짓점으로 하는 삼각형의 개수의 합을 구하시오.

(1)
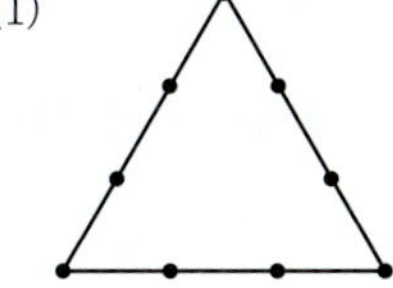

(2)
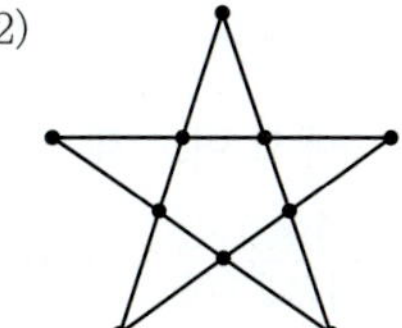

06-3 평면 위에 서로 다른 20개의 점이 있다. 이 중에서 두 점을 이어서 만들 수 있는 서로 다른 직선의 개수가 188일 때, 20개의 점 중에서 세 점을 꼭짓점으로 하는 삼각형의 개수는?

① 1125 ② 1130 ③ 1136

④ 1139 ⑤ 1140

● 풀이 170쪽~171쪽

정답　**06-1** (1) 52　(2) 412　　　**06-2** (1) 93　(2) 120　　　**06-3** ④

예제 07

오른쪽 그림과 같이 원주를 10등분한 점을 각각 P_1, P_2, P_3, $\cdots$, P_{10} 이라고 하자. 이 중에서 세 점을 꼭짓점으로 하는 삼각형을 만들 때, 다음을 구하시오.

(1) 삼각형의 개수

(2) 직각삼각형의 개수

(3) 둔각삼각형의 개수

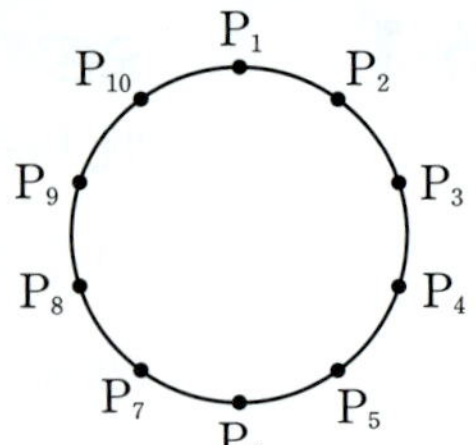

접근 방법 ▷ 반원에 대한 중심각의 크기는 $180°$이므로 원주각의 성질에 의하여 지름에 대한 원주각의 크기는 $90°$이다. 즉, 지름의 양 끝점과 원주 위의 임의의 점을 이어서 만든 삼각형은 직각삼각형이다.

수매씽 Point 원주 위의 직각(둔각)삼각형의 개수 ➡ 지름을 기준으로 생각한다.

상세 풀이 ▷ (1) 10개의 점 중에서 어느 세 점도 일직선 위에 있지 않으므로 구하는 삼각형의 개수는

$$_{10}C_3 = \frac{10 \times 9 \times 8}{3 \times 2 \times 1} = 120$$

(2) 오른쪽 그림과 같이 지름 P_1P_6의 좌우로 만들 수 있는 직각삼각형의 개수는

$$_4C_1 + {_4}C_1 = 4 + 4 = 8$$

원의 지름은 $\overline{P_1P_6}$, $\overline{P_2P_7}$, $\cdots$, $\overline{P_5P_{10}}$의 5개이므로 구하는 직각삼각형의 개수는

$$8 \times 5 = 40$$

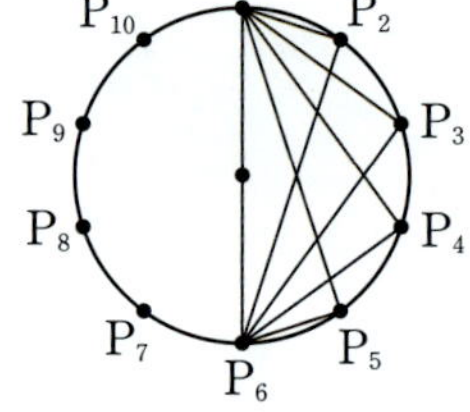

(3) 오른쪽 그림과 같이 지름 P_1P_6을 기준으로 생각해 보면

먼저 점 P_1과 점 P_1의 시계 방향에 있는 4개의 점 P_2, P_3, P_4, P_5 중에서 2개의 점을 택하여 만들 수 있는 둔각삼각형의 개수는

$$_4C_2 = \frac{4 \times 3}{2 \times 1} = 6$$

점 P_6과 점 P_6의 시계 방향에 있는 4개의 점 P_7, P_8, P_9, P_{10} 중에서 2개의 점을 택하여 만들 수 있는 둔각삼각형의 개수는

$$_4C_2 = \frac{4 \times 3}{2 \times 1} = 6$$

따라서 원의 지름은 $\overline{P_1P_6}$, $\overline{P_2P_7}$, $\cdots$, $\overline{P_5P_{10}}$의 5개이므로 구하는 둔각삼각형의 개수는

$$(6+6) \times 5 = 12 \times 5 = 60$$

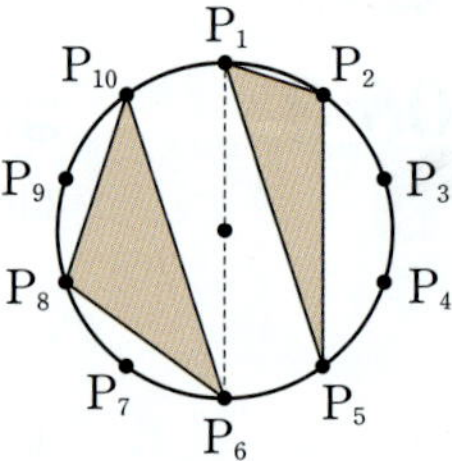

정답 (1) 120 (2) 40 (3) 60

07-1　오른쪽 그림과 같이 원주를 8등분한 점을 각각 P_1, P_2, P_3, $\cdots$, P_8이라고 하자. 8개의 점 중에서 세 점을 꼭짓점으로 하는 삼각형을 만들 때, 다음을 구하시오.

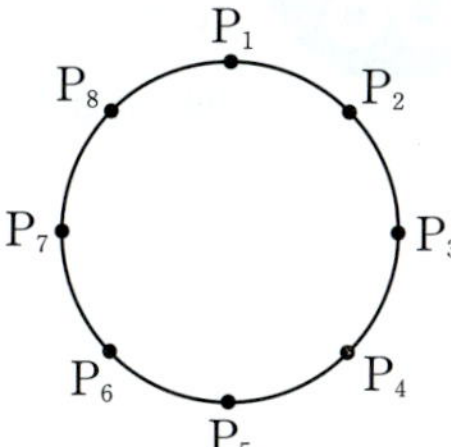

(1) 삼각형의 개수　　　　　(2) 직각삼각형의 개수

(3) 둔각삼각형의 개수　　　(4) 예각삼각형의 개수

07-2　다음 정다각형의 꼭짓점 중에서 3개의 점을 연결하여 만들 수 있는 이등변삼각형의 개수를 구하시오.

(1) 정십이각형　　　　　　　　　　　　(2) 정십각형

07-3　오른쪽 그림과 같이 중심이 O인 반원 위에 8개의 점이 있다. 이 중에서 세 점을 꼭짓점으로 하는 삼각형을 만들 때, 직각삼각형이 아닌 삼각형의 개수는? (단, 호 위의 점은 호 AB의 6등분점이다.)

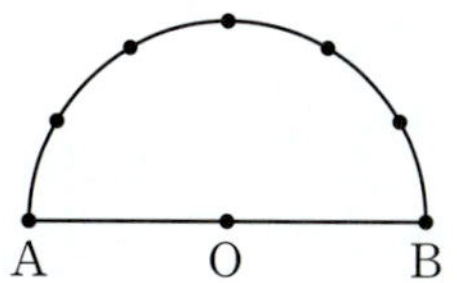

① 36　　　　　　② 40　　　　　　③ 43

④ 46　　　　　　⑤ 49

● 풀이 172쪽～173쪽

정답　　**07-1** (1) 56　(2) 24　(3) 24　(4) 8　　　　　**07-2** (1) 52　(2) 40　　　　**07-3** ④

예제 08

오른쪽 그림과 같이 5개의 평행선과 6개의 평행선이 서로 만날 때, 이들 평행선으로 만들어지는 다음 도형의 개수를 구하시오.

(단, 평행선의 간격은 모두 같다.)

(1) 평행사변형 (2) 마름모

접근 방법 > 평행사변형은 마주 보는 두 쌍의 변이 서로 평행한 사각형이고, 마름모는 네 변의 길이가 모두 같은 사각형이다. 평행사변형의 개수는 조합을 이용하여 구할 수 있지만 마름모의 개수는 조합을 이용하여 구할 수 없으므로 마름모의 크기(넓이)에 따라 차례차례 직접 구하여야 한다.

수매씽 Point m개의 평행선과 n개의 평행선이 서로 만날 때 만들어지는 평행사변형의 개수

➡ $_mC_2 \times _nC_2$

상세 풀이 > (1) 오른쪽 그림과 같이 가로 방향의 평행선 중에서 2개, 세로 방향의 평행선 중에서 2개를 택하면 한 개의 평행사변형이 결정되므로 구하는 평행사변형의 개수는

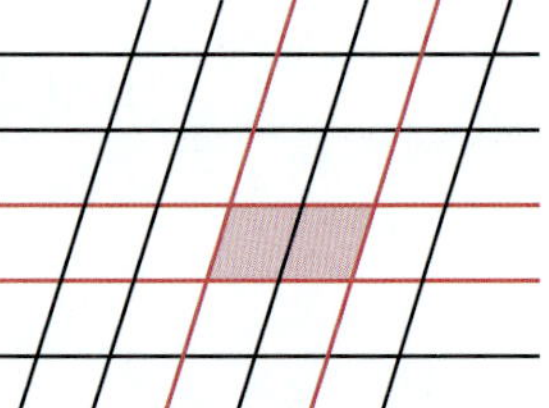

$$_5C_2 \times _6C_2 = \frac{5 \times 4}{2 \times 1} \times \frac{6 \times 5}{2 \times 1} = 10 \times 15 = 150$$

(2) 다음 그림과 같이 마름모의 크기에 따라 직접 세어 보면

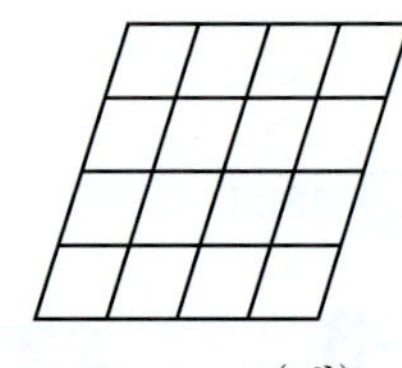

$5 \times 4 = 20$(개) $4 \times 3 = 12$(개) $3 \times 2 = 6$(개) $2 \times 1 = 2$(개)

따라서 구하는 마름모의 개수는

$$20 + 12 + 6 + 2 = 40$$

정답 (1) 150 (2) 40

보충 설명

평행사변형과 마찬가지로 평행선으로 둘러싸인 직사각형의 개수도 조합을 이용하여 구할 수 있다.

한편, 마름모와 마찬가지로 네 변의 길이와 네 내각의 크기가 모두 같은 정사각형 역시 조합을 이용하여 구할 수 없으므로 직접 구하여야 한다.

08-1

오른쪽 그림은 정사각형의 각 변을 4등분하여 얻은 도형이다. 이 도형의 선들로 만들어지는 다음 도형의 개수를 구하시오.

(1) 직사각형   (2) 정사각형

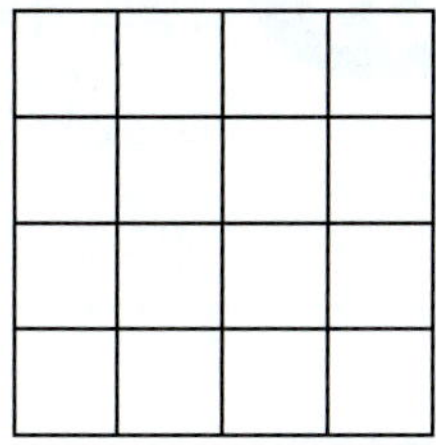

08-2

오른쪽 그림과 같이 16개의 점 P_1, P_2, P_3, $\cdots$, P_{16}이 같은 간격으로 놓여 있다. 이 중에서 네 점을 꼭짓점으로 하는 정사각형의 개수는?

① 13   ② 14

③ 18   ④ 19

⑤ 20

$\bullet P_{13}$ $\bullet P_{14}$ $\bullet P_{15}$ $\bullet P_{16}$

$\bullet P_9$ $\bullet P_{10}$ $\bullet P_{11}$ $\bullet P_{12}$

$\bullet P_5$ $\bullet P_6$ $\bullet P_7$ $\bullet P_8$

$\bullet P_1$ $\bullet P_2$ $\bullet P_3$ $\bullet P_4$

08-3

오른쪽 그림과 같이 합동인 정사각형 16개로 이루어진 도형이 있다. 이 도형의 선들로 만들어지는 사각형의 개수를 구하시오.

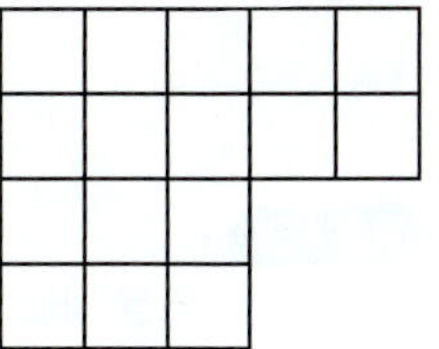

● 풀이 173쪽

정답   **08-1** (1) 100   (2) 30   **08-2** ⑤   **08-3** 87

예제 09 조 나누기

7명의 학생을 다음과 같이 나누는 방법의 수를 구하시오.

(1) A 팀 2명, B 팀 2명, C 팀 3명으로 나눈다.

(2) 2명, 2명, 3명의 세 팀으로 나눈다.

접근 방법 ▷ $_n\mathrm{P}_r = {}_n\mathrm{C}_r \times r!$에서 순열은 뽑아서($_n\mathrm{C}_r$) 나열하는 것($r!$)으로 생각한 것처럼 7명의 학생을 A 팀 2명, B 팀 2명, C 팀 3명으로 나누는 방법은 7명의 학생을 2명, 2명, 3명의 세 팀으로 나눈 후 세 팀에 A, B, C의 이름을 차례대로 붙이는 것과 같다.

수매씨 Point 조를 나눌 때에는 서로 구별이 안 되는 조의 개수만큼 나누어 준다.

상세 풀이 ▷ (1) 7명의 학생 중에서 A 팀에 들어갈 2명을 뽑는 방법의 수는

$$_7\mathrm{C}_2 = \frac{7 \times 6}{2 \times 1} = 21$$

나머지 5명 중에서 B 팀에 들어갈 2명을 뽑는 방법의 수는

$$_5\mathrm{C}_2 = \frac{5 \times 4}{2 \times 1} = 10$$

따라서 A 팀과 B 팀이 정해지면 C 팀은 저절로 결정되므로 구하는 방법의 수는

$$_7\mathrm{C}_2 \times {}_5\mathrm{C}_2 \times {}_3\mathrm{C}_3 = 21 \times 10 \times 1 = 210$$

A 팀	B 팀	C 팀
$_7\mathrm{C}_2$	$_5\mathrm{C}_2$	$_3\mathrm{C}_3 = 1$

(2) 세 팀으로 나누는 방법의 수를 x라고 하면 오른쪽과 같이 그 각각에 대하여 3명이 들어 있는 팀이 C 팀이 될 때, 2명, 2명이 들어 있는 팀을 각각 A, B에 배정하는 방법의 수가 2!이므로 곱의 법칙에 의하여

2명	2명	3명
A	B	C
B	A	C

$2!$

$$x \times 2! = {}_7\mathrm{C}_2 \times {}_5\mathrm{C}_2 \times {}_3\mathrm{C}_3 = 210$$

따라서 구하는 방법의 수는

$$x = 210 \times \frac{1}{2!} = 105$$

정답 (1) 210 (2) 105

보충 설명

조를 나눌 때에는 조합에서와 마찬가지로 각 조에 속하는 사람(사물)의 수가 같을 때 서로 위치를 바꾸어도 구별이 되지 않으므로 서로 구별이 안 되는 조의 개수만큼 나누어 주어야 한다. 또한 순열과 조합의 관계처럼 (1), (2)를 각각 다음과 같이 풀어도 된다.

(1) $\left({}_7\mathrm{C}_2 \times {}_5\mathrm{C}_2 \times {}_3\mathrm{C}_3 \times \dfrac{1}{2!} \right) \times 2! = 105 \times 2 = 210$ ⬅ 순열

(2) $_7\mathrm{C}_2 \times {}_5\mathrm{C}_2 \times {}_3\mathrm{C}_3 \times \dfrac{1}{2!} = 105$ ⬅ 조합

한편, (2)에서 2명, 2명, 3명의 세 팀으로 나눈 후에 A, B, C의 팀으로 배정하는 방법의 수는 3!을 곱한 것과 같으므로

$$105 \times 3! = 105 \times 6 = 630$$

09-1

8명의 학생을 다음과 같이 나누는 방법의 수를 구하시오.

(1) A 조 3명, B 조 3명, C 조 2명으로 나눈다.

(2) 3명, 3명, 2명의 세 팀으로 나눈다.

(3) A 조 2명, B 조 2명, C 조 2명, D 조 2명으로 나눈다.

(4) 2명, 2명, 2명, 2명의 네 팀으로 나눈다.

09-2

수련회에 참가한 여학생 5명과 남학생 6명을 4개의 방에 배정하려고 한다. 여학생은 1호실에 3명, 2호실에 2명을 배정하고, 남학생은 3호실과 4호실에 각각 3명씩 배정하는 방법의 수는?

① 30　　　　　　　　② 50　　　　　　　　③ 100

④ 200　　　　　　　⑤ 400

09-3

서로 다른 5개의 선물을 A, B, C, D 네 사람에게 모두 나누어 주는 방법의 수는?

(단, 네 사람 모두 적어도 한 개의 선물은 받는다.)

① 120　　　　　　　② 180　　　　　　　③ 240

④ 300　　　　　　　⑤ 360

● 풀이 174쪽

정답　　　**09-1** (1) 560　(2) 280　(3) 2520　(4) 105　　　　**09-2** ④　　　**09-3** ③

예제 10

다음 그림과 같은 토너먼트 방식으로 시합을 가질 때, 대진표를 작성하는 방법의 수를 구하시오.

(1) 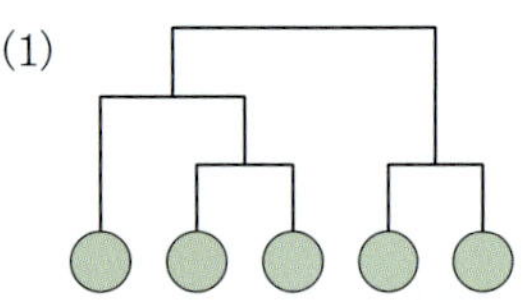

(2) 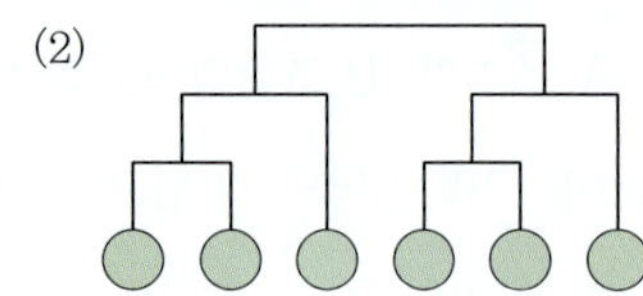

접근 방법 > 토너먼트 방식으로 시합하는 방법의 수를 구할 때에는 좌우가 대칭이 되는 경우를 조심해야 한다. 예를 들어 다음 그림과 같이 시합하는 것은 서로 같은 방법이 되므로 결승전을 기준으로 6개의 팀을 좌우의 2개 조로 나눈 후 2!로 나누어 주어야 한다.

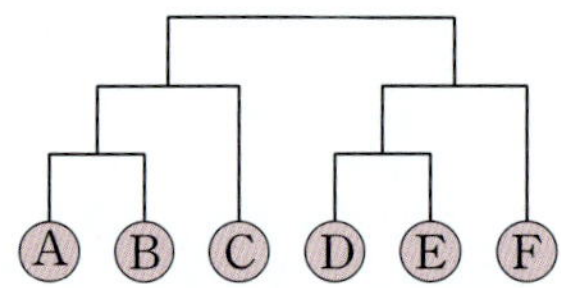

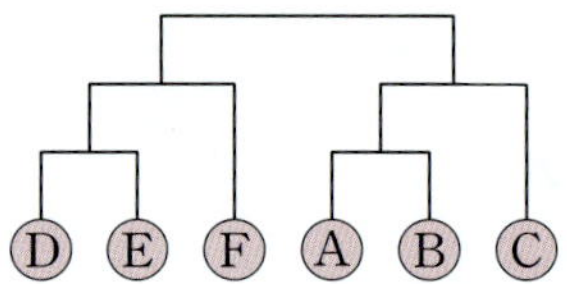

따라서 토너먼트 방식으로 시합하는 방법의 수는

(결승전을 기준으로 2개 조로 나누는 방법의 수) × (각 조에서 시합하는 방법의 수)

이다.

수매씽 Point 토너먼트 ➡ 결승전을 기준으로 좌우로 나눈다.

상세 풀이 > (1) 5개의 팀을 3개, 2개의 두 조로 나누고, 왼쪽 조의 3개의 팀 중 부전승으로 올라가는 한 팀을 뽑으면 되므로 구하는 방법의 수는

$$({}_5C_3 \times {}_2C_2) \times {}_3C_1 = ({}_5C_2 \times 1) \times 3 = \left(\frac{5 \times 4}{2 \times 1} \times 1\right) \times 3 = 30$$

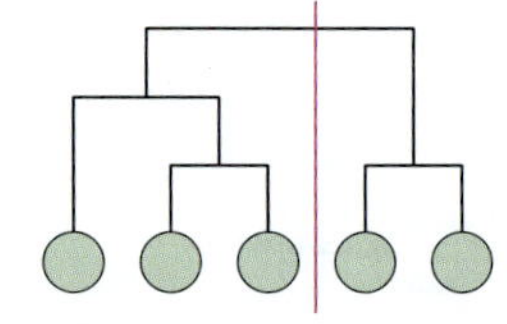

3개의 팀 중 시합할
두 팀을 뽑는 방법의 수인 ${}_3C_2$를 곱해도 된다.

(2) 6개의 팀을 3개, 3개의 두 조로 나누고, 다음에 각 조의 3개의 팀 중 부전승으로 올라가는 팀을 뽑으면 되므로 구하는 방법의 수는

$$\left({}_6C_3 \times {}_3C_3 \times \frac{1}{2!}\right) \times {}_3C_1 \times {}_3C_1 = \left(\frac{6 \times 5 \times 4}{3 \times 2 \times 1} \times 1 \times \frac{1}{2}\right) \times 3 \times 3$$
$$= 90$$

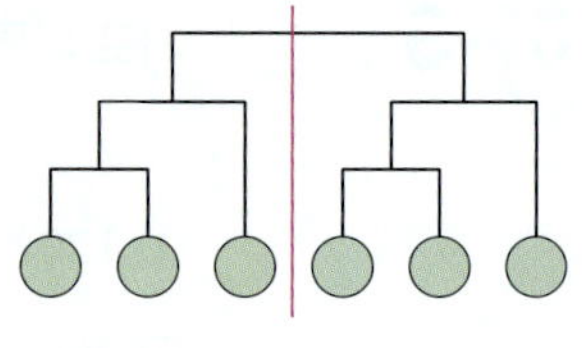

정답 (1) 30 (2) 90

보충 설명

n개의 팀이 참가한 리그전의 1회전에서 시합하는 방법의 수는 ${}_nC_2$이지만 토너먼트 방식의 1회전에서 시합하는 방법의 수는 위의 풀이처럼 조 나누기 방식을 이용하여 구해야 한다.

10-1　다음 그림과 같은 토너먼트 방식으로 시합을 가질 때, 대진표를 작성하는 방법의 수를 구하시오.

(1) 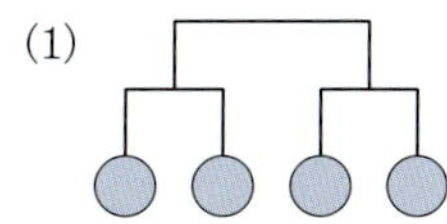　　　(2) 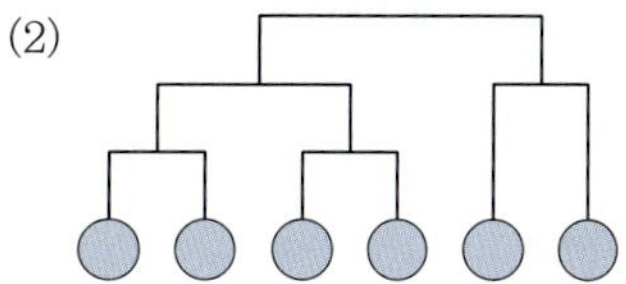

10-2　동아고등학교 2학년 1반부터 6반까지 6개의 학급이 다음 그림과 같은 토너먼트 방식으로 축구 시합을 할 때, 1반과 2반이 1회전에서 맞붙는 방법의 수를 구하시오.

(1) 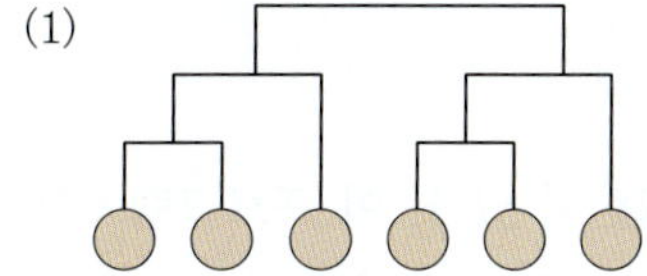　　　(2) 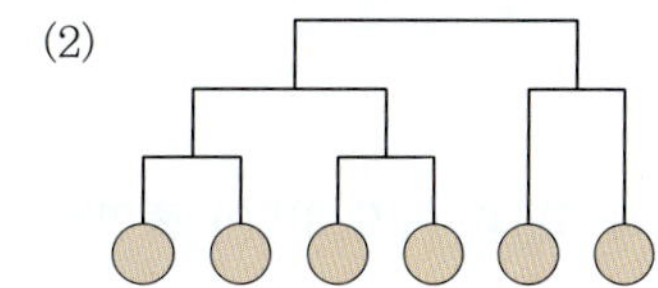

10-3　창희와 경도를 포함한 7명의 선수가 오른쪽 그림과 같은 토너먼트 방식으로 시합을 가질 때, 두 선수 창희와 경도가 준결승 또는 결승에서 만나도록 대진표를 작성하는 방법의 수는?

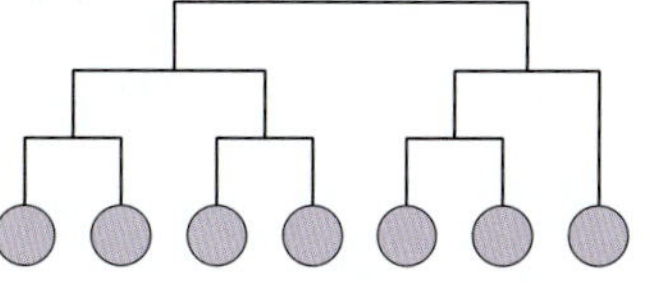

① 90　　　② 180　　　③ 270

④ 360　　　⑤ 450

정답　　**10-1** (1) 3　(2) 45　　　**10-2** (1) 12　(2) 9　　　**10-3** ③

STEP 1 기본 다지기

1 다음 물음에 답하시오.

(1) 등식 $_{n+2}\mathrm{C}_3 = 7{}_n\mathrm{C}_4$를 만족시키는 자연수 n의 값을 구하시오.

(2) $n \times {}_{n-1}\mathrm{C}_{r-1} = r \times {}_n\mathrm{C}_r$임을 증명하시오. (단, $1 \le r \le n$)

2 다원 고등학교의 야구 선수 9명, 농구 선수 5명 중에서 대표 3명을 뽑을 때, 야구 선수와 농구 선수가 적어도 한 명씩 포함되도록 하는 방법의 수는?

① 90 ② 120 ③ 180

④ 240 ⑤ 270

3 남자 5명과 여자 3명이 출연하는 방송 프로그램이 있다. 이 프로그램에서 남자와 여자를 같은 인원수로 선택하여 게임을 시키려고 할 때, 선택할 수 있는 방법의 수를 구하시오.

(단, 한 명도 선택하지 않는 경우는 없다.)

4 은지는 5개의 서로 다른 알사탕과 5개의 똑같은 박하사탕을 가지고 있다. 이 중에서 5개를 택하여 채원이에게 주는 방법의 수를 구하시오.

5 회원 10명이 있는 사진 동아리에서 3명의 대표를 뽑으려고 한다. 남자 회원이 적어도 한 명 포함되도록 뽑는 방법의 수가 100일 때, 이 사진 동아리의 여자 회원은 모두 몇 명인지 구하시오.

6 8명 중에서 4명을 뽑아 일렬로 세울 때, 특정한 2명이 모두 포함되고 그들끼리 이웃하도록 세우는 방법의 수를 구하시오.

7 서로 다른 3개의 주사위를 던져서 나오는 눈의 수를 x, y, z라고 할 때, $x>y$이고 $x>z$를 만족시키는 x, y, z의 순서쌍 $(x,\ y,\ z)$의 개수를 구하시오. (단, $y \neq z$)

8 1부터 10까지의 자연수 중에서 서로 다른 세 수를 뽑을 때, 다음을 구하시오.

(1) 세 수의 합이 짝수가 되도록 하는 방법의 수

(2) 세 수의 곱이 짝수가 되도록 하는 방법의 수

9 1부터 9까지의 자연수 중에서 서로 다른 세 수를 뽑아 세 자리 자연수를 만들 때, 각 자리의 숫자의 곱이 10의 배수가 되는 자연수의 개수는?

① 60   ② 88   ③ 100

④ 132   ⑤ 144

10 8개의 팀이 오른쪽과 같은 토너먼트 방식으로 시합을 가질 때, 대진표를 작성하는 방법의 수는?

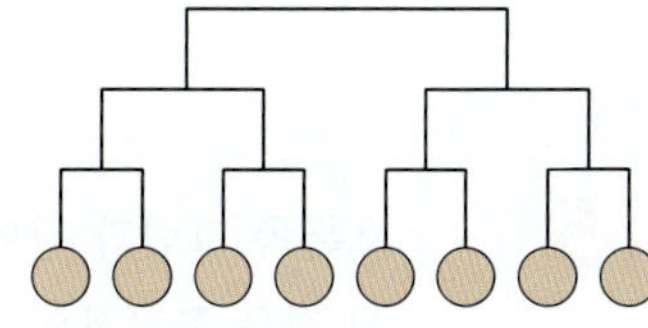

① 300   ② 315

③ 350   ④ 360

⑤ 395

11 선생님 2명, 남학생 3명, 여학생 2명이 한 줄로 된 7개의 의자에 앉으려고 한다. 여학생 2명이 모두 선생님 2명 사이에 앉는다고 할 때, 7명이 의자에 앉는 방법의 수는?

① 600　　　　　② 720　　　　　③ 840

④ 960　　　　　⑤ 1080

12 x_1, x_2, x_3, $\cdots$, x_6은 -1, 1, 2의 세 수 중에서 어느 한 값을 가진다. 방정식 $x_1 \times x_2 \times x_3 \times \cdots \times x_6 = 4$의 해의 개수는?

① 30　　　　　② 60　　　　　③ 90

④ 120　　　　　⑤ 180

13 어느 회사에서 사원 연수를 위하여 서울, 부산, 광주, 대구에서 각각 3명씩 모두 12명의 사원을 선발하였다. 같은 지역에서 선발된 사원끼리는 같은 조에 속하지 않도록 각 지역에서 한 명씩 선택하여 4명으로 구성된 3개의 조로 나누는 방법의 수를 구하시오.

14 오른쪽 그림과 같은 6개의 빈칸에 2^1, 2^2, 2^3, 2^4, 2^5, 2^6의 6개의 수를 하나씩 써넣으려고 한다. 1열, 2열, 3열의 수들의 합을 각각 a_1, a_2, a_3이라고 할 때, $a_1 < a_2 < a_3$이 되도록 빈칸을 채우는 방법의 수를 구하시오.

1열	2열	3열

15 오른쪽 그림과 같이 9개의 점이 일정한 간격으로 놓여 있을 때, 이 중에서 세 점을 꼭짓점으로 하는 이등변삼각형의 개수를 구하시오.

16 오른쪽 그림과 같이 15개의 점이 같은 간격으로 놓여 있다. 이 점 중에서 한 점을 택하여 점 A로 놓고, 나머지 14개의 점 중에서 2개의 점을 뽑아 삼각형을 만들 때, 다음 물음에 답하시오.

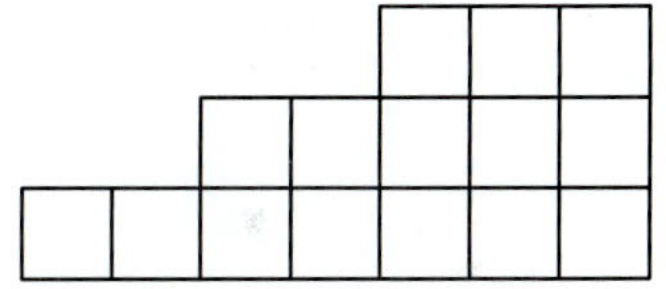

(1) 점 A가 1행 1열에 위치할 때, 만들 수 있는 삼각형의 개수를 a, 점 A가 2행 3열에 위치할 때, 만들 수 있는 삼각형의 개수를 b라고 하자. 이때 $a-b$의 값을 구하시오.

(2) 만들 수 있는 삼각형의 개수의 최댓값은 c이고, 그때의 점 A의 위치는 d군데이다. 이때 $c+d$의 값을 구하시오.

17 원에 내접하는 십각형의 꼭짓점을 연결하여 만들 수 있는 삼각형 중에서 십각형과 공통변을 가지는 삼각형의 개수를 구하시오.

18 오른쪽 그림은 합동인 정사각형 15개를 연결하여 만든 도형을 나타낸 것이다. 이 도형의 선들로 만들 수 있는 직사각형의 개수를 구하시오.

19 다음과 같은 5개의 공을 세 상자 A, B, C에 빈 상자가 없도록 나누어 담는 방법의 수를 구하시오.

(1) 서로 다른 5개의 공

(2) 서로 같은 5개의 공

20 회원이 7명인 어느 모임에서 오른쪽 그림과 같은 방법으로 비상연락망을 만들려고 한다. 만들 수 있는 모든 방법의 수를 구하시오.
(단, 연락을 주고 받는 사람이 같으면 서로 같은 비상연락망으로 본다.)

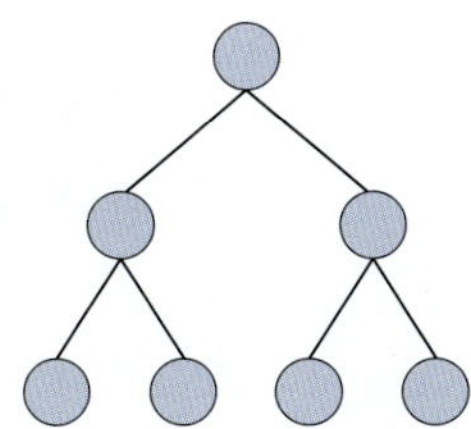

● 정답 및 풀이 181쪽~182쪽

21 (교육청)

9개의 숫자 0, 0, 0, 1, 1, 1, 1, 1, 1을 0끼리는 어느 것도 이웃하지 않도록 일렬로 나열하여 만들 수 있는 아홉 자리의 자연수의 개수는?

① 12 ② 14 ③ 16

④ 18 ⑤ 20

22 (수능)

여덟 개의 a와 네 개의 b를 모두 사용하여 만든 12자리 문자열 중에서 다음 조건을 모두 만족시키는 문자열의 개수는?

> (개) b는 연속해서 나올 수 없다.
>
> (내) 첫째 자리 문자가 b이면 마지막 자리 문자는 a이다.

① 70 ② 105 ③ 140

④ 175 ⑤ 210

23 (평가원)

서로 다른 과일 5개를 3개의 그릇 A, B, C에 남김없이 담으려고 할 때, 그릇 A에는 과일 2개만 담는 경우의 수는? (단, 과일을 하나도 담지 않은 그릇이 있을 수 있다.)

① 60 ② 65 ③ 70

④ 75 ⑤ 80

24 (교육청)

서로 다른 네 종류의 인형이 각각 2개씩 있다. 이 8개의 인형 중에서 5개를 선택하는 경우의 수를 구하시오.
　(단, 같은 종류의 인형끼리는 서로 구별하지 않는다.)

13

행렬과 그 연산

1 행렬의 뜻

· 행렬

수 또는 문자를 직사각형 모양으로 배열하여 괄호로 묶은 것을 행렬이라고 한다. 이때 행렬을 이루는 각각의 수나 문자를 그 행렬의 성분이라고 한다.

$$
\begin{matrix}
 & \text{제1열} & \text{제2열} & \text{제3열} \\
\text{제1행} \rightarrow & \begin{pmatrix} 10 & 12 & 11 \\ 14 & 13 & 15 \end{pmatrix}
\end{matrix}
$$

제2행 →

· 두 행렬이 서로 같을 조건

$A=\begin{pmatrix} a_{11} & a_{12} \\ a_{21} & a_{22} \end{pmatrix}$, $B=\begin{pmatrix} b_{11} & b_{12} \\ b_{21} & b_{22} \end{pmatrix}$일 때,

　　$A=B$이면 $a_{11}=b_{11}$, $a_{12}=b_{12}$, $a_{21}=b_{21}$, $a_{22}=b_{22}$

2 행렬의 덧셈, 뺄셈, 실수배

· 행렬의 덧셈과 뺄셈

$A=\begin{pmatrix} a_{11} & a_{12} \\ a_{21} & a_{22} \end{pmatrix}$, $B=\begin{pmatrix} b_{11} & b_{12} \\ b_{21} & b_{22} \end{pmatrix}$일 때,

$$A+B=\begin{pmatrix} a_{11}+b_{11} & a_{12}+b_{12} \\ a_{21}+b_{21} & a_{22}+b_{22} \end{pmatrix}, \quad A-B=\begin{pmatrix} a_{11}-b_{11} & a_{12}-b_{12} \\ a_{21}-b_{21} & a_{22}-b_{22} \end{pmatrix}$$

· 행렬의 실수배

$A=\begin{pmatrix} a_{11} & a_{12} \\ a_{21} & a_{22} \end{pmatrix}$이고 k가 실수일 때, $kA=\begin{pmatrix} ka_{11} & ka_{12} \\ ka_{21} & ka_{22} \end{pmatrix}$

3 행렬의 곱셈

· 행렬의 곱셈

$A=\begin{pmatrix} a_{11} & a_{12} \\ a_{21} & a_{22} \end{pmatrix}$, $B=\begin{pmatrix} b_{11} & b_{12} \\ b_{21} & b_{22} \end{pmatrix}$일 때,

$$AB=\begin{pmatrix} a_{11}b_{11}+a_{12}b_{21} & a_{11}b_{12}+a_{12}b_{22} \\ a_{21}b_{11}+a_{22}b_{21} & a_{21}b_{12}+a_{22}b_{22} \end{pmatrix}$$

· 행렬의 거듭제곱

정사각행렬 A와 단위행렬 E, 자연수 m, n에 대하여

① $A^2=AA$, $A^3=A^2A$, $\cdots$, $A^n=A^{n-1}A$

② $A^mA^n=A^{m+n}$, $(A^m)^n=A^{mn}$, $E^n=E$

Q&A

Q 행렬의 곱셈은 왜 대응하는 성분의 곱으로 정의하지 않나요?

A 행렬의 곱셈은 행과 열을 엇갈려서 곱하고 더하여 정의하는데, 이는 수학에서 선형관계와 벡터의 내적, 합성함수의 관계를 구현할 수 있게 됩니다.

1 행렬의 뜻

행렬에서 행(行)이란 '가로줄', 열(列)이란 '세로줄'을 의미합니다. 자연스럽게 행렬이란 가로와 세로를 질서 정연하게 배열한 것이라고 생각할 수 있습니다. 이번 단원에서는 행렬의 뜻과 '행렬이 서로 같다'는 의미에 대해 살펴봅시다.

1 행렬의 뜻

오른쪽 그림과 같이 수 또는 문자를 직사각형 모양으로 배열하여 괄호로 묶은 것을 행렬이라고 합니다. 이때 행렬을 이루는 각각의 수나 문자를 그 행렬의 성분이라고 합니다.

$$\begin{array}{ccc} \text{제1열} & \text{제2열} & \text{제3열} \\ \downarrow & \downarrow & \downarrow \end{array}$$

$$\begin{array}{l} \text{제1행} \rightarrow \\ \text{제2행} \rightarrow \end{array} \begin{pmatrix} 10 & 12 & 11 \\ 14 & 13 & 15 \end{pmatrix}$$

행렬에서 성분의 가로줄을 행이라 하고, 위에서부터 차례대로 제1행, 제2행, …이라고 합니다. 또, 세로줄을 열이라 하고, 왼쪽에서부터 차례대로 제1열, 제2열, …이라고 합니다.

일반적으로 행이 m개, 열이 n개인 행렬을 $m \times n$ 행렬이라고 합니다. 특히, 행의 개수와 열의 개수가 같을 때를 정사각행렬이라 하고, 행과 열의 개수가 모두 n일 때, 즉 $n \times n$ 행렬일 때 n차 정사각행렬이라고 합니다. ← 행렬은 직사각형의 모양에 따라 다양한 형태로 존재한다.

Example

(1) 행렬 (3)은 행이 1개, 열이 1개이므로 1×1 행렬이다. ← 괄호를 생략하여 3이라고 쓰기도 한다.

(2) 행렬 $(1 \quad -1)$은 행이 1개, 열이 2개이므로 1×2 행렬이다.

(3) 행렬 $\begin{pmatrix} 2 & -1 \\ 1 & 0 \end{pmatrix}$은 행이 2개, 열이 2개이므로 2×2 행렬(이차정사각행렬)이다.

(4) 행렬 $\begin{pmatrix} 1 & 2 & 3 \\ 4 & 5 & 6 \end{pmatrix}$은 행이 2개, 열이 3개이므로 2×3 행렬이다.

행렬은 대문자 A, B, C, …를 사용하여 나타내고, 행렬의 성분은 소문자 a, b, c, …를 사용하여 나타냅니다. 행렬에서 각각의 성분을 행과 열을 이용하여 나타내는 방법에 대하여 알아봅시다.

행렬 A의 제i행과 제j열이 만나는 위치에 있는 성분을 행렬 A의 (i, j) 성분이라 하고, 기호로 a_{ij}와 같이 나타냅니다.

예를 들어 행렬 A의 성분을 a_{ij}로 나타내면 2×3 행렬 A는

$$A = \begin{pmatrix} a_{11} & a_{12} & a_{13} \\ a_{21} & a_{22} & a_{23} \end{pmatrix}$$

과 같이 나타낼 수 있습니다. ← 2×3 행렬 A를 $A = (a_{ij})$ $(i=1, 2, j=1, 2, 3)$과 같이 나타내기도 한다.

$$\begin{array}{c} \qquad\qquad \text{제}j\text{열} \\ \begin{pmatrix} a_{11} & \cdots & a_{1j} & \cdots \\ \vdots & & \vdots & \\ a_{i1} & \cdots & a_{ij} & \cdots \\ \vdots & & \vdots & \end{pmatrix} \end{array}$$

제i행

이차정사각행렬 A의 (i, j) 성분 a_{ij}가 $a_{ij}=i+j$일 때, 행렬 A를 구해 보면

$$a_{11}=1+1=2,\ a_{12}=1+2=3,\ a_{21}=2+1=3,\ a_{22}=2+2=4$$

이므로 $A=\begin{pmatrix} 2 & 3 \\ 3 & 4 \end{pmatrix}$

개념 Point 행렬의 용어 정리

1 행렬 : 수 또는 문자를 직사각형 모양으로 배열하여 괄호로 묶은 것
2 성분 : 행렬을 이루는 각각의 수나 문자
3 $m \times n$ 행렬 : m개의 행과 n개의 열로 이루어진 행렬
4 정사각행렬 : 행과 열의 개수가 같은 행렬 ← 행과 열의 개수가 모두 n인 정사각행렬을 n차 정사각행렬이라고 한다.
5 행렬의 성분 : $m \times n$ 행렬 A에서 제i행과 제j열이 만나는 곳에 있는 성분을 행렬 A의 (i, j) 성분이라 하고, a_{ij}로 나타낸다.

② 두 행렬이 서로 같을 조건

두 행렬의 행의 개수와 열의 개수가 각각 같을 때, 두 행렬을 서로 같은 꼴의 행렬이라고 합니다. 즉, 행렬 A가 $m \times n$ 행렬이고 행렬 B가 $m \times n$ 행렬이면 두 행렬 A, B는 서로 같은 꼴의 행렬이라고 합니다.

두 행렬 A, B가 같은 꼴의 행렬이고 대응하는 성분이 각각 같을 때, 두 행렬은 서로 같다고 하며, 기호로

$$A=B$$ ← 두 행렬 A, B가 서로 같지 않을 때는 $A \neq B$와 같이 나타낸다.

와 같이 나타냅니다.

즉, $A=\begin{pmatrix} a_{11} & a_{12} \\ a_{21} & a_{22} \end{pmatrix}$, $B=\begin{pmatrix} b_{11} & b_{12} \\ b_{21} & b_{22} \end{pmatrix}$일 때,

$$A=B\text{이면 } a_{11}=b_{11},\ a_{12}=b_{12},\ a_{21}=b_{21},\ a_{22}=b_{22}$$

입니다.

두 행렬 $A=\begin{pmatrix} 1 & 2 \\ -1 & 3 \end{pmatrix}$, $B=\begin{pmatrix} x & 2 \\ -1 & y \end{pmatrix}$에 대하여 $A=B$가 되도록 상수 x, y의 값을 각각 구해 보면 두 행렬 A, B가 서로 같으므로 두 행렬의 대응하는 성분이 각각 같다.

$$\therefore x=1,\ y=3$$

개념 Point 두 행렬이 서로 같을 조건

$A=\begin{pmatrix} a_{11} & a_{12} \\ a_{21} & a_{22} \end{pmatrix}$, $B=\begin{pmatrix} b_{11} & b_{12} \\ b_{21} & b_{22} \end{pmatrix}$일 때,

$A=B$이면 $a_{11}=b_{11},\ a_{12}=b_{12},\ a_{21}=b_{21},\ a_{22}=b_{22}$

1 행렬 $A=\begin{pmatrix} 1 & -1 & 3 \\ 2 & 4 & -2 \\ 0 & 1 & 5 \end{pmatrix}$ 에서 다음을 구하시오.

(1) $(1, 3)$ 성분   (2) a_{23}

(3) $(3, 2)$ 성분   (4) a_{22}

2 행렬 A의 (i, j) 성분 a_{ij}가 $a_{ij}=i+j-1$ $(i=1, 2,\ j=1, 2, 3)$일 때, 행렬 A를 구하시오.

3 이차정사각행렬 A의 (i, j) 성분 $a_{ij}=2i-j$일 때, 행렬 A의 모든 성분의 합을 구하시오.

4 다음 등식이 성립하도록 하는 상수 $x,\ y$의 값을 각각 구하시오.

(1) $\begin{pmatrix} 2x-3 \\ -y+2 \end{pmatrix}=\begin{pmatrix} 5 \\ 6 \end{pmatrix}$ (2) $(2x-y \quad x+y)=(6 \quad 3)$

(2) $(x+y \quad 4)=(-1 \quad 2x-y)$ (4) $\begin{pmatrix} x+1 & x-y \\ 2x+y & 2y \end{pmatrix}=\begin{pmatrix} 3 & 1 \\ 5 & 2 \end{pmatrix}$

● 풀이 183쪽

정답

1 (1) 3   (2) -2 (3) 1   (4) 4   **2** $A=\begin{pmatrix} 1 & 2 & 3 \\ 2 & 3 & 4 \end{pmatrix}$ **3** 6

4 (1) $x=4,\ y=-4$ (2) $x=3,\ y=0$ (3) $x=1,\ y=-2$ (4) $x=2,\ y=1$

예제 01

행렬 A의 (i, j) 성분 a_{ij}가

$$a_{ij}=\begin{cases} i+j-2 & (i>j) \\ ij & (i=j) \\ i+j+2 & (i<j) \end{cases} \quad (i=1, 2, 3, \ j=1, 2)$$

일 때, 행렬 A의 모든 성분의 합을 구하시오.

접근 방법 〉 행렬 A의 성분을 구하는 문제이므로 (i, j) 성분 a_{ij}의 식에

$$i=1, 2, 3, \ j=1, 2$$

를 차례대로 대입하여 6개의 성분을 구한다.

> **수매씨 Point** 행렬 $A=(a_{ij})$에서 a_{ij}는 제i행과 제j열이 만나는 위치에 있는 성분을 뜻한다.
>
> (i, j) 성분, 제j열
> $$\text{제}i\text{행}\begin{pmatrix} \cdots & a_{ij} & \cdots \end{pmatrix}$$

상세 풀이 〉 3×2 행렬 A의 성분을 차례대로 구하면

$$a_{11}=1\times1=1 \ (1=1), \qquad a_{12}=1+2+2=5 \ (1<2),$$
$$a_{21}=2+1-2=1 \ (2>1), \quad a_{22}=2\times2=4 \ (2=2),$$
$$a_{31}=3+1-2=2 \ (3>1), \quad a_{32}=3+2-2=3 \ (3>2)$$

따라서 행렬 $A=\begin{pmatrix} 1 & 5 \\ 1 & 4 \\ 2 & 3 \end{pmatrix}$의 모든 성분의 합은

$$1+5+1+4+2+3=16$$

정답 16

보충 설명

행렬 A의 (i, j) 성분 a_{ij}가 i, j에 대한 식으로 주어졌을 때, i, j의 조건에 주의하여 i와 j의 값을 알맞은 식에 대입하여야 한다.

01-1

행렬 A의 (i, j) 성분 a_{ij}가
$$a_{ij}=\begin{cases} i+j+1 \ (i>j) \\ ij-1 \quad (i=j) \ (i=1,\ 2,\ j=1,\ 2,\ 3) \\ i+j-1 \ (i<j) \end{cases}$$
일 때, 행렬 A의 모든 성분의 합을 구하시오.

01-2

행렬 $A=(a_{ij})$의 (i, j) 성분이
$$a_{ij}=i^2+j \ (i=1,\ 2,\ 3,\ j=1,\ 2,\ 3)$$
일 때, 행렬 A의 모든 성분의 합은?

① 57 ② 60 ③ 63

④ 66 ⑤ 69

01-3

어느 관광지의 1, 2 두 지점 사이에 오른쪽 그림과 같이 a, b, c, d, e, f의 관광 코스가 있다. i 지점에서 j 지점까지 한 번에 갈 수 있는 관광 코스의 수를 (i, j) 성분으로 하는 행렬 $A=(a_{ij})$를 구하시오. (단, $i=1,\ 2,\ j=1,\ 2$이고, 관광 코스는 표시된 화살표 방향으로만 이동한다.)

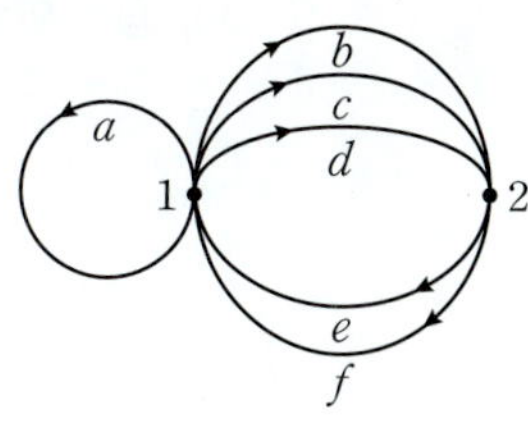

• 풀이 183쪽

정답

01-1 16   01-2 ②   01-3 $A=\begin{pmatrix} 1 & 3 \\ 2 & 0 \end{pmatrix}$

예제 02　두 행렬이 서로 같을 조건

다음 등식을 만족시키는 상수 a, b, c, d의 값을 각각 구하시오.

(1) $\begin{pmatrix} 5 & 3a \\ 2b & -1 \end{pmatrix} = \begin{pmatrix} c+d & -6 \\ -8 & c-d \end{pmatrix}$　　　(2) $\begin{pmatrix} a+b & c-2d \\ 3a+2b & c+d \end{pmatrix} = \begin{pmatrix} 1 & 3 \\ 0 & 0 \end{pmatrix}$

접근 방법　두 행렬 A, B가 서로 같으려면 행렬 A의 (i, j) 성분과 행렬 B의 (i, j) 성분이 같아야 한다. 즉, 같은 위치의 성분끼리 서로 같아야 하므로 이를 이용해서 식을 세운다.

수매씽 Point

$A = \begin{pmatrix} a_{11} & a_{12} \\ a_{21} & a_{22} \end{pmatrix}$, $B = \begin{pmatrix} b_{11} & b_{12} \\ b_{21} & b_{22} \end{pmatrix}$일 때,

$A = B$이면 $a_{11} = b_{11}$, $a_{12} = b_{12}$, $a_{21} = b_{21}$, $a_{22} = b_{22}$

상세 풀이　(1) 두 행렬이 서로 같을 조건에 의하여

$$5 = c+d \quad \cdots\cdots ㉠ \qquad 3a = -6 \quad \cdots\cdots ㉡$$
$$2b = -8 \quad \cdots\cdots ㉢ \qquad -1 = c-d \quad \cdots\cdots ㉣$$

㉡에서 $a = -2$

㉢에서 $b = -4$

㉠, ㉣을 연립하여 풀면 $c = 2$, $d = 3$

(2) 두 행렬이 서로 같을 조건에 의하여

$$a+b = 1 \quad \cdots\cdots ㉠ \qquad c-2d = 3 \quad \cdots\cdots ㉡$$
$$3a+2b = 0 \quad \cdots\cdots ㉢ \qquad c+d = 0 \quad \cdots\cdots ㉣$$

㉠, ㉢을 연립하여 풀면 $a = -2$, $b = 3$

㉡, ㉣을 연립하여 풀면 $c = 1$, $d = -1$

정답　(1) $a = -2$, $b = -4$, $c = 2$, $d = 3$　(2) $a = -2$, $b = 3$, $c = 1$, $d = -1$

보충 설명

두 행렬 A, B의 행의 개수와 열의 개수가 각각 같을 때, 두 행렬을 같은 꼴의 행렬이라고 한다.

두 행렬 A, B가 같은 꼴의 행렬이고 대응하는 성분이 각각 같을 때, 두 행렬은 서로 같다고 한다. 이것을 기호 $A = B$로 나타낸다. 즉,

$\begin{pmatrix} \square & \triangle & \stackrel{\wedge}{\sim} \\ \heartsuit & \spadesuit & \clubsuit \end{pmatrix} = \begin{pmatrix} \blacksquare & \blacktriangle & \bigstar \\ \blacktriangledown & \spadesuit & \clubsuit \end{pmatrix}$이면 $\square = \blacksquare$, $\triangle = \blacktriangle$, $\stackrel{\wedge}{\sim} = \bigstar$, $\heartsuit = \blacktriangledown$, $\square = \spadesuit$, $\clubsuit = \clubsuit$,

02-1

다음 등식을 만족시키는 상수 a, b의 값을 각각 구하시오.

(1) $\begin{pmatrix} 2a & -b \\ a-b & 4 \end{pmatrix} = \begin{pmatrix} 4 & -1 \\ 1 & 2a \end{pmatrix}$

(2) $\begin{pmatrix} a^2 & -6 \\ b^2 & 1 \end{pmatrix} = \begin{pmatrix} 4 & ab \\ 9 & a+b \end{pmatrix}$

표현 바꾸기

02-2

다음 등식을 만족시키는 상수 a, b, c에 대하여 $a+b+c$의 값은?

$$\begin{pmatrix} 2a & 3 \\ b+1 & c^2+5b \end{pmatrix} = \begin{pmatrix} 4 & c^2-ac \\ 0 & 4c \end{pmatrix}$$

① -2 ② -1 ③ 0

④ 1 ⑤ 2

개념 넓히기

02-3

두 행렬 $A = \begin{pmatrix} x^2 & -3 \\ -2 & y^2 \end{pmatrix}$, $B = \begin{pmatrix} a & xy \\ x+y & b \end{pmatrix}$에 대하여 $A=B$일 때, a^3+b^3의 값을 구하시오. (단, a, b, x, y는 상수이다.)

● 풀이 183쪽~184쪽

정답   **02-1** (1) $a=2$, $b=1$ (2) $a=-2$, $b=3$ **02-2** ③   **02-3** 730

2 행렬의 덧셈, 뺄셈, 실수배

실수나 복소수와 같은 수를 다룰 때에는 먼저 그 수의 뜻을 약속한 다음 그 수의 연산을 배웠습니다. 이번에는 행렬의 연산 중 덧셈과 뺄셈에 대해 배우고, 처음 나오는 개념인 행렬의 실수배에 대해서도 알아보도록 하겠습니다.

① 행렬의 덧셈

행렬의 덧셈에 대해 알아봅시다.

대한민국과 이탈리아의 2012년 올림픽과 2016년 올림픽에서의 메달 집계 결과가 다음과 같았습니다.

[2012년 올림픽] (단위 : 개)

	금	은	동
대한민국	13	9	8
이탈리아	8	9	11

[2016년 올림픽] (단위 : 개)

	금	은	동
대한민국	9	3	9
이탈리아	8	12	8

2010년대에 있었던 두 올림픽에서의 대한민국과 이탈리아의 총 메달 집계를 각각 알아보려면 대응하는 각각의 메달 개수를 더해서 알 수 있습니다.

[2010년대 올림픽] (단위 : 개)

	금	은	동
대한민국	13+9=22	9+3=12	8+9=17
이탈리아	8+8=16	9+12=21	11+8=19

이 과정을 행렬로 나타내면 다음과 같습니다.

$$\begin{pmatrix} 13 & 9 & 8 \\ 8 & 9 & 11 \end{pmatrix} + \begin{pmatrix} 9 & 3 & 9 \\ 8 & 12 & 8 \end{pmatrix} = \begin{pmatrix} 22 & 12 & 17 \\ 16 & 21 & 19 \end{pmatrix}$$

2012년 올림픽   2016년 올림픽   2010년대 올림픽

위의 결과를 간단히 정리하면 2010년대 올림픽에서 대한민국이 이탈리아보다 더 많은 금메달을 땄지만, 은메달과 동메달은 대한민국이 이탈리아보다 적게 땄다는 것을 표를 통해서 쉽게 알 수 있습니다. 또한 이를 행렬로 나타내어도 쉽게 판단할 수 있습니다.

일반적으로 같은 꼴의 두 행렬 A, B에 대하여 A와 B의 대응하는 성분의 합을 각 성분으로 하는 행렬을 행렬 A와 B의 합이라 하고, 기호로

$$A+B$$

와 같이 나타냅니다.

즉, 이차정사각행렬 A, B에 대하여

$$A=\begin{pmatrix} a_{11} & a_{12} \\ a_{21} & a_{22} \end{pmatrix}, \ B=\begin{pmatrix} b_{11} & b_{12} \\ b_{21} & b_{22} \end{pmatrix} \text{일 때, } A+B=\begin{pmatrix} a_{11}+b_{11} & a_{12}+b_{12} \\ a_{21}+b_{21} & a_{22}+b_{22} \end{pmatrix}$$

와 같습니다.

이때 행렬의 덧셈은 서로 같은 꼴의 행렬끼리만 가능합니다. ← 같은 꼴이 아니라면 같은 위치에 있는 성분
을 찾을 수 없는 경우가 있기 때문이다.

Example

(1) $A=\begin{pmatrix} 4 & 0 \\ -2 & 5 \end{pmatrix}$, $B=\begin{pmatrix} 3 & -2 \\ 1 & 4 \end{pmatrix}$일 때,

$$A+B=\begin{pmatrix} 4 & 0 \\ -2 & 5 \end{pmatrix}+\begin{pmatrix} 3 & -2 \\ 1 & 4 \end{pmatrix}=\begin{pmatrix} 4+3 & 0-2 \\ -2+1 & 5+4 \end{pmatrix}=\begin{pmatrix} 7 & -2 \\ -1 & 9 \end{pmatrix}$$

(2) $A=\begin{pmatrix} -1 & 0 & 1 \\ 2 & 4 & 6 \end{pmatrix}$, $B=\begin{pmatrix} 3 & 5 & -2 \\ -4 & 1 & -3 \end{pmatrix}$일 때,

$$A+B=\begin{pmatrix} -1 & 0 & 1 \\ 2 & 4 & 6 \end{pmatrix}+\begin{pmatrix} 3 & 5 & -2 \\ -4 & 1 & -3 \end{pmatrix}=\begin{pmatrix} -1+3 & 0+5 & 1+(-2) \\ 2+(-4) & 4+1 & 6+(-3) \end{pmatrix}$$

$$=\begin{pmatrix} 2 & 5 & -1 \\ -2 & 5 & 3 \end{pmatrix}$$

개념 Point 행렬의 덧셈

$$A=\begin{pmatrix} a_{11} & a_{12} \\ a_{21} & a_{22} \end{pmatrix}, \ B=\begin{pmatrix} b_{11} & b_{12} \\ b_{21} & b_{22} \end{pmatrix} \text{일 때, } A+B=\begin{pmatrix} a_{11}+b_{11} & a_{12}+b_{12} \\ a_{21}+b_{21} & a_{22}+b_{22} \end{pmatrix}$$

행렬의 덧셈은 같은 위치에 있는 성분의 합을 구하는 것이고 행렬의 성분은 실수만 다루기 때문에 행렬의 덧셈에서도 실수의 덧셈과 마찬가지로 교환법칙과 결합법칙이 성립합니다.

같은 꼴의 두 행렬 A, B에서 같은 위치에 있는 각각의 성분은 a_{ij}, b_{ij}이고, 실수의 덧셈에 대한 교환법칙에 의하여 $a_{ij}+b_{ij}=b_{ij}+a_{ij}$가 성립합니다. 따라서 행렬의 덧셈에서

$$A+B=B+A$$

가 성립합니다.

같은 꼴의 세 행렬 A, B, C에서 같은 위치에 있는 각각의 성분은 a_{ij}, b_{ij}, c_{ij}이고, 실수의 덧셈에 대한 결합법칙에 의하여 $(a_{ij}+b_{ij})+c_{ij}=a_{ij}+(b_{ij}+c_{ij})$가 성립합니다. 따라서 행렬의 덧셈에서

$$(A+B)+C=A+(B+C)$$

가 성립합니다.

한편, 모든 성분이 0인 행렬을 영행렬이라 하고 기호 O로 나타냅니다. 또한 행렬 A의 모든 성분의 부호를 바꾸어 놓은 행렬을 $-A$로 나타냅니다. 즉,

$$O=\begin{pmatrix} 0 & 0 \\ 0 & 0 \end{pmatrix} \text{이고, } A=\begin{pmatrix} a_{11} & a_{12} \\ a_{21} & a_{22} \end{pmatrix} \text{일 때 } -A=\begin{pmatrix} -a_{11} & -a_{12} \\ -a_{21} & -a_{22} \end{pmatrix}$$

입니다.

② 행렬의 뺄셈

같은 꼴의 두 행렬 A, B에 대하여 행렬 A의 각 성분에서 그에 대응하는 행렬 B의 성분을 뺀 차를 각 성분으로 하는 행렬을 행렬 A에서 B를 뺀 차라 하고, 기호로

$$A-B \quad \leftarrow A+(-B)\text{를 } A-B\text{로 나타낸 것이다.}$$

와 같이 나타냅니다.

즉, 이차정사각행렬 A, B에 대하여

$$A=\begin{pmatrix} a_{11} & a_{12} \\ a_{21} & a_{22} \end{pmatrix},\ B=\begin{pmatrix} b_{11} & b_{12} \\ b_{21} & b_{22} \end{pmatrix}\text{일 때, } A-B=\begin{pmatrix} a_{11}-b_{11} & a_{12}-b_{12} \\ a_{21}-b_{21} & a_{22}-b_{22} \end{pmatrix}$$

와 같습니다.

행렬의 뺄셈 역시 덧셈과 마찬가지로 서로 같은 꼴의 행렬끼리만 가능합니다.

> **Example**
>
> $A=\begin{pmatrix} 2 & 1 \\ 3 & 4 \end{pmatrix},\ B=\begin{pmatrix} -1 & 0 \\ -2 & 3 \end{pmatrix}$일 때,
>
> $$A-B=\begin{pmatrix} 2 & 1 \\ 3 & 4 \end{pmatrix}-\begin{pmatrix} -1 & 0 \\ -2 & 3 \end{pmatrix}=\begin{pmatrix} 2-(-1) & 1-0 \\ 3-(-2) & 4-3 \end{pmatrix}=\begin{pmatrix} 3 & 1 \\ 5 & 1 \end{pmatrix}$$

개념 Point 행렬의 뺄셈

$$A=\begin{pmatrix} a_{11} & a_{12} \\ a_{21} & a_{22} \end{pmatrix},\ B=\begin{pmatrix} b_{11} & b_{12} \\ b_{21} & b_{22} \end{pmatrix}\text{일 때, } A-B=\begin{pmatrix} a_{11}-b_{11} & a_{12}-b_{12} \\ a_{21}-b_{21} & a_{22}-b_{22} \end{pmatrix}$$

같은 꼴의 행렬에 대해서 등식의 양변에 같은 행렬을 더해도 등식이 성립합니다. 즉,

$$A=B\text{이면 } A+C=B+C$$

입니다.

방정식을 풀 때 등식의 성질을 이용하면 이항을 할 수 있습니다. 마찬가지로 행렬의 덧셈과 뺄셈에서도 위의 성질을 이용하여 좌변에 있는 행렬을 우변으로, 우변에 있는 행렬을 좌변으로 옮길 수 있습니다. 물론 이항할 때와 마찬가지로 부호가 바뀐다는 점에 주의해야 합니다.

> **Example**
>
> $A=\begin{pmatrix} 3 & -1 \\ 4 & 2 \end{pmatrix},\ B=\begin{pmatrix} 1 & 7 \\ 5 & -3 \end{pmatrix}$일 때, $A+X=B$를 만족시키는 행렬 X를 구해 보면
>
> $A+X=B$이므로 $X=B-A$
>
> $$\therefore X=\begin{pmatrix} 1 & 7 \\ 5 & -3 \end{pmatrix}-\begin{pmatrix} 3 & -1 \\ 4 & 2 \end{pmatrix}=\begin{pmatrix} -2 & 8 \\ 1 & -5 \end{pmatrix}$$

3 행렬의 실수배

행렬 A의 각 성분에 실수 k를 곱한 것을 각 성분으로 하는 행렬을 행렬 A의 k배라 하고, 기호로

$$kA$$

와 같이 나타냅니다. 즉, 행렬의 (i, j) 성분에 실수 k를 곱해서 새로운 행렬의 (i, j) 위치에 적어 주면 그것이 행렬의 k배가 되는 것입니다.

개념 Point **행렬의 실수배**

$A=\begin{pmatrix} a_{11} & a_{12} \\ a_{21} & a_{22} \end{pmatrix}$ 이고 k가 실수일 때, $kA=\begin{pmatrix} ka_{11} & ka_{12} \\ ka_{21} & ka_{22} \end{pmatrix}$

+ Plus

임의의 행렬 A, B와 영행렬 O가 같은 꼴이고 k, l이 실수일 때, 다음이 성립한다. ← 행렬을 문자처럼 취급해서 실수배 계산을 할 수 있다.

① $1A=A$, $(-1)A=-A$　　　　　② $0A=O$, $kO=O$

③ $(kl)A=k(lA)$　　　　　④ $(k+l)A=kA+lA$, $k(A+B)=kA+kB$

개념 콕콕

1 두 행렬 $A=\begin{pmatrix} 2 & 0 \\ -2 & 4 \end{pmatrix}$, $B=\begin{pmatrix} 3 & -3 \\ 4 & 2 \end{pmatrix}$에 대하여 $B=X-A$를 만족시키는 행렬 X를 구하시오.

2 두 행렬 $A=\begin{pmatrix} -1 & 0 \\ 2 & -3 \end{pmatrix}$, $B=\begin{pmatrix} 4 & 2 \\ -1 & -1 \end{pmatrix}$에 대하여 다음을 계산하시오.

(1) $2(A-B)+3B$　　　　　(2) $2(A+B)-(A-B)$

3 두 행렬 $A=\begin{pmatrix} 5 & 7 \\ 6 & 8 \end{pmatrix}$, $B=\begin{pmatrix} 2 & 3 \\ 1 & 4 \end{pmatrix}$에 대하여 $2(3A-B)-5A$를 계산하시오.

● 풀이 184쪽

정답

1 $\begin{pmatrix} 5 & -3 \\ 2 & 6 \end{pmatrix}$　　　**2** (1) $\begin{pmatrix} 2 & 2 \\ 3 & -7 \end{pmatrix}$ (2) $\begin{pmatrix} 11 & 6 \\ -1 & -6 \end{pmatrix}$　　　**3** $\begin{pmatrix} 1 & 1 \\ 4 & 0 \end{pmatrix}$

행렬의 덧셈, 뺄셈, 실수배

예제 03

다음 물음에 답하시오.

(1) 두 행렬 $A=\begin{pmatrix} 2 & -1 \\ 1 & -6 \end{pmatrix}$, $B=\begin{pmatrix} 5 & -7 \\ 4 & 3 \end{pmatrix}$에 대하여 $A-X=2X-B$를 만족시키는 행렬 X를 구하시오.

(2) 두 행렬 $A=\begin{pmatrix} 2 & 1 \\ -1 & 5 \end{pmatrix}$, $B=\begin{pmatrix} 4 & 2 \\ 7 & 4 \end{pmatrix}$에 대하여 $X+Y=A$, $2X-Y=B$를 만족시키는 행렬 X, Y를 각각 구하시오.

접근 방법 > 주어진 등식의 행렬을 일반 문자식처럼 이항하여 $X=(\quad)$의 꼴로 정리한 후에 행렬을 대입한다.

수매씽 Point 행렬의 덧셈, 뺄셈, 실수배는 행렬을 일반 문자처럼 생각하여 계산한다.

상세 풀이 > (1) $A-X=2X-B$를 X에 대하여 정리하면

$$X=\frac{1}{3}(A+B)$$

$$=\frac{1}{3}\left\{\begin{pmatrix} 2 & -1 \\ 1 & -6 \end{pmatrix}+\begin{pmatrix} 5 & -7 \\ 4 & 3 \end{pmatrix}\right\}=\frac{1}{3}\begin{pmatrix} 7 & -8 \\ 5 & -3 \end{pmatrix}=\begin{pmatrix} \frac{7}{3} & -\frac{8}{3} \\ \frac{5}{3} & -1 \end{pmatrix}$$

(2) 연립방정식을 풀듯이 X, Y에 대하여 정리한다.

$$\begin{cases} X+Y=A & \cdots\cdots\ \text{㉠} \\ 2X-Y=B & \cdots\cdots\ \text{㉡} \end{cases}$$

㉠+㉡을 하면 $3X=A+B$, 즉 $X=\frac{1}{3}(A+B)$이므로

$$X=\frac{1}{3}\left\{\begin{pmatrix} 2 & 1 \\ -1 & 5 \end{pmatrix}+\begin{pmatrix} 4 & 2 \\ 7 & 4 \end{pmatrix}\right\}=\frac{1}{3}\begin{pmatrix} 6 & 3 \\ 6 & 9 \end{pmatrix}=\begin{pmatrix} 2 & 1 \\ 2 & 3 \end{pmatrix}$$

㉠에서 $Y=A-X$이므로

$$Y=\begin{pmatrix} 2 & 1 \\ -1 & 5 \end{pmatrix}-\begin{pmatrix} 2 & 1 \\ 2 & 3 \end{pmatrix}=\begin{pmatrix} 0 & 0 \\ -3 & 2 \end{pmatrix}$$

정답 (1) $\begin{pmatrix} \frac{7}{3} & -\frac{8}{3} \\ \frac{5}{3} & -1 \end{pmatrix}$　(2) $X=\begin{pmatrix} 2 & 1 \\ 2 & 3 \end{pmatrix}$, $Y=\begin{pmatrix} 0 & 0 \\ -3 & 2 \end{pmatrix}$

보충 설명

행렬의 덧셈, 뺄셈, 실수배는 일반적인 수, 식의 계산과 같다. 즉, 뒤에 나오는 행렬의 곱셈과 달리 행렬의 덧셈, 뺄셈, 실수배는 수나 식처럼 교환법칙이나 결합법칙 등을 이용하여 적절하게 정리할 수 있다.

또한 위와 같은 문제를 풀 때 처음부터 행렬을 대입하여 계산을 하는 것이 아니라 주어진 식을 정리한 후에 행렬을 대입하는 것이 계산을 더 간단히 할 수 있다.

한번 더 ✓

숫자 바꾸기

03-1

다음 물음에 답하시오.

(1) 두 행렬 $A=\begin{pmatrix} 2 & 3 \\ 4 & 1 \end{pmatrix}$, $B=\begin{pmatrix} 4 & 3 \\ 2 & -1 \end{pmatrix}$에 대하여 $3(X+A)=2(A+B)$를 만족시키는 행렬 X를 구하시오.

(2) 두 행렬 $A=\begin{pmatrix} 2 & 3 \\ -1 & 4 \end{pmatrix}$, $B=\begin{pmatrix} 3 & 1 \\ -1 & 2 \end{pmatrix}$에 대하여 $X-Y=4A$, $X+3Y=4B$를 만족시키는 행렬 X, Y를 각각 구하시오.

표현 바꾸기

03-2

두 행렬 $A=\begin{pmatrix} 4 & 2 \\ -3 & 0 \end{pmatrix}$, $B=\begin{pmatrix} 3 & 0 \\ -1 & 2 \end{pmatrix}$에 대하여

$$2(3X-2B)+A=4X-A$$

를 만족시키는 행렬 X의 모든 성분의 합은?

① -10 ② -5 ③ 0

④ 5 ⑤ 10

개념 넓히기

03-3

세 행렬 $A=\begin{pmatrix} 2 & 1 \\ 1 & 0 \end{pmatrix}$, $B=\begin{pmatrix} 4 & 5 \\ 2 & 3 \end{pmatrix}$, $C=\begin{pmatrix} -2 & -7 \\ -1 & -6 \end{pmatrix}$에 대하여

$$xA+yB=C$$

를 만족시킬 때, $x+y$의 값을 구하시오. (단, x, y는 실수이다.)

• 풀이 184쪽~185쪽

정답

03-1 (1) $\begin{pmatrix} 2 & 1 \\ 0 & -1 \end{pmatrix}$ (2) $X=\begin{pmatrix} 9 & 10 \\ -4 & 14 \end{pmatrix}$, $Y=\begin{pmatrix} 1 & -2 \\ 0 & -2 \end{pmatrix}$ **03-2** ④   **03-3** 1

3 행렬의 곱셈

행렬의 곱셈은 그 계산 방식이 수의 곱셈과는 달라 처음 배울 때는 조금 어렵게 느껴질 수도 있습니다. 이제 행렬의 곱셈과 성질에 대하여 알아봅시다.

1 행렬의 곱셈

지현이네 가족과 태현이네 가족이 영화를 보려고 합니다. 관람료가 얼마나 필요한지 알아보기 위해서 두 가족의 구성과 시간에 따른 영화 관람료를 아래와 같이 표로 나타내었습니다.

[가족 구성]　　　　　　　　　(단위 : 명)

	어른	어린이
지현이네	3	2
태현이네	4	1

[영화 관람료]　　　　　　　　(단위 : 천 원)

	조조할인	일반
어른	12	15
어린이	8	10

위의 표에서 영화 관람료 총액을 구하는 과정을 나타내면 다음과 같습니다.

[영화 관람료 총액]　　　　　　　　(단위 : 천 원)

	조조할인	일반
지현이네	$3 \times 12 + 2 \times 8 = 52$	$3 \times 15 + 2 \times 10 = 65$
태현이네	$4 \times 12 + 1 \times 8 = 56$	$4 \times 15 + 1 \times 10 = 70$

위에서 가족 구성과 영화 관람료에 해당하는 요소만을 따로 떼어 행렬로 바꾸고 영화 관람료 총액을 구하는 과정을 행렬로 나타내면 다음과 같습니다.

$$\underset{\text{가족 구성}}{\begin{pmatrix} 3 & 2 \\ 4 & 1 \end{pmatrix}} \times \underset{\text{영화 관람료}}{\begin{pmatrix} 12 & 15 \\ 8 & 10 \end{pmatrix}} = \underset{\text{영화 관람료 총액}}{\begin{pmatrix} 52 & 65 \\ 56 & 70 \end{pmatrix}}$$

이와 같은 연산을 행렬의 곱셈이라고 합니다.

위의 행렬의 곱셈을 단계적으로 살펴봅시다.

(i) 지현이네 가족이 조조 영화를 볼 경우

$$\begin{pmatrix} 3 & 2 \\ 4 & 1 \end{pmatrix}\begin{pmatrix} 12 & 15 \\ 8 & 10 \end{pmatrix} = \begin{pmatrix} 3 \times 12 + 2 \times 8 & \bigcirc \\ \diamondsuit & \star \end{pmatrix} = \begin{pmatrix} 52 & \bigcirc \\ \diamondsuit & \star \end{pmatrix}$$

좌변의 앞에 있는 행렬의 1행과 뒤에 있는 행렬의 1열의 성분을 차례대로 곱하여 더한 것이 우변의 행렬의 $(1, 1)$ 성분입니다.

(ii) 지현이네 가족이 일반 영화를 볼 경우

$$\begin{pmatrix} 3 & 2 \\ 4 & 1 \end{pmatrix}\begin{pmatrix} 12 & 15 \\ 8 & 10 \end{pmatrix}=\begin{pmatrix} 3\times12+2\times8 & 3\times15+2\times10 \\ \diamondsuit & \star \end{pmatrix}=\begin{pmatrix} 52 & 65 \\ \diamondsuit & \star \end{pmatrix}$$

좌변의 앞에 있는 행렬의 1행과 뒤에 있는 행렬의 2열의 성분을 차례대로 곱하여 더한 것이 우변의 행렬의 (1, 2) 성분입니다.

(iii) 태현이네 가족이 조조 영화를 볼 경우

$$\begin{pmatrix} 3 & 2 \\ 4 & 1 \end{pmatrix}\begin{pmatrix} 12 & 15 \\ 8 & 10 \end{pmatrix}=\begin{pmatrix} 3\times12+2\times8 & 3\times15+2\times10 \\ 4\times12+1\times8 & \star \end{pmatrix}=\begin{pmatrix} 52 & 65 \\ 56 & \star \end{pmatrix}$$

좌변의 앞에 있는 행렬의 2행과 뒤에 있는 행렬의 1열의 성분을 차례대로 곱하여 더한 것이 우변의 행렬의 (2, 1) 성분입니다.

(iv) 태현이네 가족이 일반 영화를 볼 경우

$$\begin{pmatrix} 3 & 2 \\ 4 & 1 \end{pmatrix}\begin{pmatrix} 12 & 15 \\ 8 & 10 \end{pmatrix}=\begin{pmatrix} 3\times12+2\times8 & 3\times15+2\times10 \\ 4\times12+1\times8 & 4\times15+1\times10 \end{pmatrix}=\begin{pmatrix} 52 & 65 \\ 56 & 70 \end{pmatrix}$$

좌변의 앞에 있는 행렬의 2행과 뒤에 있는 행렬의 2열의 성분을 차례대로 곱하여 더한 것이 우변의 행렬의 (2, 2) 성분입니다.

일반적으로 $m\times n$ 행렬 A와 $n\times l$ 행렬 B에 대하여 행렬 A의 제i행과 행렬 B의 제j열의 성분을 차례대로 곱하여 더한 값을 (i, j) 성분으로 가지는 행렬을 행렬 A, B의 곱이라 하고, 기호로

$$AB$$

와 같이 나타냅니다.

행렬의 덧셈이 서로 같은 꼴의 행렬끼리만 가능하듯이 행렬의 곱셈을 할 때에도 행과 열에 대해 조건이 있습니다.

두 행렬의 곱 $(a \quad b \quad c)\begin{pmatrix} x \\ y \end{pmatrix}$를 생각해 보면 a와 b는 x와 y에 차례대로 곱할 수 있지만 c에 곱해지는 성분은 뒤에 있는 행렬에서 찾을 수 없습니다. 이러한 이유로 이 두 행렬은 곱셈을 할 수 없습니다. 따라서 행렬 A와 B의 곱 AB를 구하기 위해서는 행렬 A의 열의 개수와 행렬 B의 행의 개수가 같아야 합니다.

즉, 행렬 A가 $m\times n$ 행렬이고 행렬 B가 $n\times l$ 행렬이면 두 행렬의 곱 AB는 $m\times l$ 행렬이 됩니다. ↳ 행렬 A의 열의 개수가 n ↳ 행렬 B의 행의 개수가 n

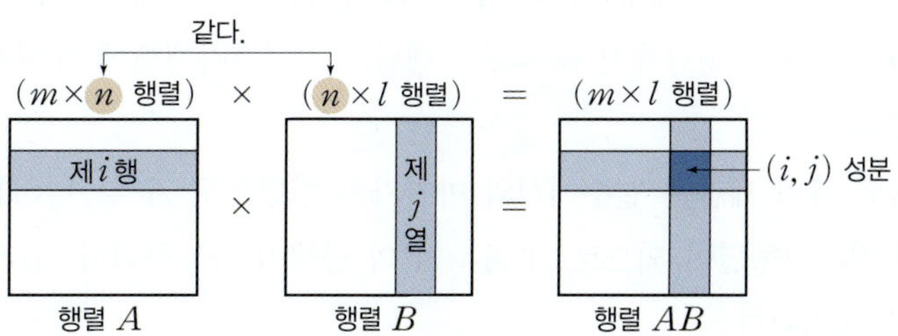

행렬의 곱셈에서는 어느 행과 어느 열을 곱해서 어느 위치에 적을 것인지를 정확히 알아야 합니다. 또한 계산 과정에서 실수할 경우가 많으므로 실제 계산을 반복 연습하여 익숙해지도록 해야 합니다.

간단한 몇 가지 형태의 행렬의 곱셈을 살펴보면 다음과 같습니다.

$$(a \quad b)\begin{pmatrix} x \\ y \end{pmatrix} = (ax+by)$$

(1×2 행렬)×(2×1 행렬)=(1×1 행렬)

$$\begin{pmatrix} a \\ b \end{pmatrix}(x \quad y) = \begin{pmatrix} ax & ay \\ bx & by \end{pmatrix}$$

(2×1 행렬)×(1×2 행렬)=(2×2 행렬)

$$(a \quad b)\begin{pmatrix} x & u \\ y & v \end{pmatrix} = (ax+by \quad au+bv)$$

(1×2 행렬)×(2×2 행렬)=(1×2 행렬)

$$\begin{pmatrix} a & b \\ c & d \end{pmatrix}\begin{pmatrix} x \\ y \end{pmatrix} = \begin{pmatrix} ax+by \\ cx+dy \end{pmatrix}$$

(2×2 행렬)×(2×1 행렬)=(2×1 행렬)

$$\begin{pmatrix} a & b \\ c & d \end{pmatrix}\begin{pmatrix} x & u \\ y & v \end{pmatrix} = \begin{pmatrix} ax+by & au+bv \\ cx+dy & cu+dv \end{pmatrix}$$

(2×2 행렬)×(2×2 행렬)=(2×2 행렬)

Example

(1) $(5 \quad 3)\begin{pmatrix} 2 \\ -1 \end{pmatrix} = (5 \times 2 + 3 \times (-1)) = (7)$

(2) $\begin{pmatrix} 1 & 1 \\ 0 & -1 \end{pmatrix}\begin{pmatrix} 2 & 3 \\ 1 & 1 \end{pmatrix} = \begin{pmatrix} 1 \times 2 + 1 \times 1 & 1 \times 3 + 1 \times 1 \\ 0 \times 2 + (-1) \times 1 & 0 \times 3 + (-1) \times 1 \end{pmatrix} = \begin{pmatrix} 3 & 4 \\ -1 & -1 \end{pmatrix}$

(3) $\begin{pmatrix} 1 & 2 \\ 3 & 2 \end{pmatrix}\begin{pmatrix} 1 \\ 2 \end{pmatrix} = \begin{pmatrix} 1 \times 1 + 2 \times 2 \\ 3 \times 1 + 2 \times 2 \end{pmatrix} = \begin{pmatrix} 5 \\ 7 \end{pmatrix}$

개념 Point　　**행렬의 곱셈**

$$A = \begin{pmatrix} a_{11} & a_{12} \\ a_{21} & a_{22} \end{pmatrix}, \quad B = \begin{pmatrix} b_{11} & b_{12} \\ b_{21} & b_{22} \end{pmatrix}$$ 일 때, $AB = \begin{pmatrix} a_{11}b_{11}+a_{12}b_{21} & a_{11}b_{12}+a_{12}b_{22} \\ a_{21}b_{11}+a_{22}b_{21} & a_{21}b_{12}+a_{22}b_{22} \end{pmatrix}$

실수의 곱셈에서 같은 수를 곱하는 경우 거듭제곱을 써서 간단하게 표현하였습니다. 마찬가지로 행렬의 곱셈에서도 거듭제곱을 생각할 수 있습니다.

앞에서 두 행렬 A와 B의 곱셈을 하기 위해서는 A의 열의 개수와 B의 행의 개수가 같아야 한다는 것을 배웠습니다. 따라서 $m \times n$ 행렬 A의 거듭제곱, 즉 $A \times A$를 하기 위해서는 왼쪽에 곱해진 A의 열의 개수와 오른쪽에 곱해진 A의 행의 개수가 같아져야 합니다.

그러므로 우리는 $m \times n$ 행렬에서 $m=n$인 행렬, 즉 정사각행렬에 대해서만 거듭제곱을 이야기할 수 있습니다.

m차 정사각행렬 A의 제곱은 실수에서와 마찬가지 방법으로 $A^2 = A \times A$로 나타냅니다. A^2은 다시 m차 정사각행렬이 되므로 $A^2 A = A^3$의 곱셈이 가능합니다. 같은 방법으로 A^4, A^5, …도 구할 수 있습니다.

행렬 $A=\begin{pmatrix} 0 & -1 \\ 1 & -1 \end{pmatrix}$에 대하여 A^2과 A^3을 구하면

$$A^2=AA=\begin{pmatrix} 0 & -1 \\ 1 & -1 \end{pmatrix}\begin{pmatrix} 0 & -1 \\ 1 & -1 \end{pmatrix}=\begin{pmatrix} -1 & 1 \\ -1 & 0 \end{pmatrix}$$

$$A^3=A^2A=\begin{pmatrix} -1 & 1 \\ -1 & 0 \end{pmatrix}\begin{pmatrix} 0 & -1 \\ 1 & -1 \end{pmatrix}=\begin{pmatrix} 1 & 0 \\ 0 & 1 \end{pmatrix}$$

개념 Point   행렬의 거듭제곱

행렬 A가 정사각행렬이고 n이 자연수일 때,

$$A^2=AA,\ A^3=A^2A,\ A^4=A^3A,\ \cdots,\ A^n=A^{n-1}A$$

+ Plus

행렬 A가 정사각행렬이고 m, n이 자연수일 때, 다음이 성립한다.

① $A^mA^n=A^{m+n}$ ② $(A^m)^n=A^{mn}$

② 행렬의 곱셈의 여러 가지 성질

1. 교환법칙

행렬의 연산에서 실수의 연산과 구별되는 가장 큰 특징은 일반적으로 곱셈에 대한 교환법칙이 성립하지 않는다는 것입니다. 즉, 실수의 곱셈에서는 $ab=ba$이지만 행렬의 곱셈에서는 $AB\neq BA$입니다.   ← 항상 $AB\neq BA$인 것은 아니다. $AB=BA$가 성립하는 경우도 있다.

Proof   두 행렬 $A=\begin{pmatrix} 2 & -1 \\ 0 & 4 \end{pmatrix}$, $B=\begin{pmatrix} 1 & 5 \\ -2 & 0 \end{pmatrix}$에 대하여

$$AB=\begin{pmatrix} 2 & -1 \\ 0 & 4 \end{pmatrix}\begin{pmatrix} 1 & 5 \\ -2 & 0 \end{pmatrix}=\begin{pmatrix} 4 & 10 \\ -8 & 0 \end{pmatrix},\ BA=\begin{pmatrix} 1 & 5 \\ -2 & 0 \end{pmatrix}\begin{pmatrix} 2 & -1 \\ 0 & 4 \end{pmatrix}=\begin{pmatrix} 2 & 19 \\ -4 & 2 \end{pmatrix}$$

따라서 $\begin{pmatrix} 4 & 10 \\ -8 & 0 \end{pmatrix}\neq\begin{pmatrix} 2 & 19 \\ -4 & 2 \end{pmatrix}$이므로 $AB\neq BA$임을 확인할 수 있다.

참고   두 행렬 $A=\begin{pmatrix} 1 & 2 \\ 2 & 3 \end{pmatrix}$, $B=\begin{pmatrix} 1 & 4 \\ 4 & 5 \end{pmatrix}$에 대하여

$$AB=\begin{pmatrix} 1 & 2 \\ 2 & 3 \end{pmatrix}\begin{pmatrix} 1 & 4 \\ 4 & 5 \end{pmatrix}=\begin{pmatrix} 9 & 14 \\ 14 & 23 \end{pmatrix},\ BA=\begin{pmatrix} 1 & 4 \\ 4 & 5 \end{pmatrix}\begin{pmatrix} 1 & 2 \\ 2 & 3 \end{pmatrix}=\begin{pmatrix} 9 & 14 \\ 14 & 23 \end{pmatrix}$$

과 같이 $AB=BA$가 성립하는 경우도 있다.

2. 결합법칙

실수의 곱셈에서 결합법칙 $(ab)c=a(bc)$가 성립하듯이 행렬의 곱셈에서도 결합법칙이 성립합니다. 즉, 곱이 가능한 행렬 A, B, C에 대하여 다음의 결합법칙이 성립합니다.

$$(AB)C=A(BC)$$

결합법칙을 증명하는 것은 상당히 복잡하기 때문에 2×2 행렬로 예를 들어 확인해 봅시다.

세 행렬 $A=\begin{pmatrix} 1 & 3 \\ -3 & 0 \end{pmatrix}$, $B=\begin{pmatrix} -2 & 0 \\ 5 & -1 \end{pmatrix}$, $C=\begin{pmatrix} 0 & 2 \\ 1 & -4 \end{pmatrix}$에 대하여

$$(AB)C=\left\{\begin{pmatrix} 1 & 3 \\ -3 & 0 \end{pmatrix}\begin{pmatrix} -2 & 0 \\ 5 & -1 \end{pmatrix}\right\}\begin{pmatrix} 0 & 2 \\ 1 & -4 \end{pmatrix}=\begin{pmatrix} 13 & -3 \\ 6 & 0 \end{pmatrix}\begin{pmatrix} 0 & 2 \\ 1 & -4 \end{pmatrix}=\begin{pmatrix} -3 & 38 \\ 0 & 12 \end{pmatrix}$$

$$A(BC)=\begin{pmatrix} 1 & 3 \\ -3 & 0 \end{pmatrix}\left\{\begin{pmatrix} -2 & 0 \\ 5 & -1 \end{pmatrix}\begin{pmatrix} 0 & 2 \\ 1 & -4 \end{pmatrix}\right\}=\begin{pmatrix} 1 & 3 \\ -3 & 0 \end{pmatrix}\begin{pmatrix} 0 & -4 \\ -1 & 14 \end{pmatrix}=\begin{pmatrix} -3 & 38 \\ 0 & 12 \end{pmatrix}$$

$$\therefore (AB)C=A(BC)$$

이때 결합법칙인 $(AB)C=A(BC)$가 성립한다는 것은 행렬끼리의 곱셈에서도 실수의 곱셈에서와 같이 괄호를 없앨 수 있다는 것을 의미합니다. 즉, $(2\times3)\times4=2\times(3\times4)$이므로 괄호를 없애고 $2\times3\times4$로 쓸 수 있습니다. 마찬가지로 세 행렬 A, B, C의 곱셈도 괄호 없이 ABC로 쓸 수 있습니다.

3. 분배법칙

실수에서의 분배법칙과 마찬가지로 행렬에서도 합과 곱이 가능한 행렬 A, B, C에 대하여 다음의 분배법칙이 성립합니다.

$$A(B+C)=AB+AC$$

$$(A+B)C=AC+BC$$

분배법칙을 증명하는 것도 상당히 복잡하기 때문에 2×2 행렬로 예를 들어 확인해 봅시다.

세 행렬 $A=\begin{pmatrix} 1 & 3 \\ -3 & 0 \end{pmatrix}$, $B=\begin{pmatrix} -2 & 0 \\ 5 & -1 \end{pmatrix}$, $C=\begin{pmatrix} 0 & 2 \\ 1 & -4 \end{pmatrix}$에 대하여

(1) $A(B+C)=\begin{pmatrix} 1 & 3 \\ -3 & 0 \end{pmatrix}\left\{\begin{pmatrix} -2 & 0 \\ 5 & -1 \end{pmatrix}+\begin{pmatrix} 0 & 2 \\ 1 & -4 \end{pmatrix}\right\}=\begin{pmatrix} 1 & 3 \\ -3 & 0 \end{pmatrix}\begin{pmatrix} -2 & 2 \\ 6 & -5 \end{pmatrix}=\begin{pmatrix} 16 & -13 \\ 6 & -6 \end{pmatrix}$

$\quad AB+AC=\begin{pmatrix} 1 & 3 \\ -3 & 0 \end{pmatrix}\begin{pmatrix} -2 & 0 \\ 5 & -1 \end{pmatrix}+\begin{pmatrix} 1 & 3 \\ -3 & 0 \end{pmatrix}\begin{pmatrix} 0 & 2 \\ 1 & -4 \end{pmatrix}$

$\qquad\qquad\quad =\begin{pmatrix} 13 & -3 \\ 6 & 0 \end{pmatrix}+\begin{pmatrix} 3 & -10 \\ 0 & -6 \end{pmatrix}=\begin{pmatrix} 16 & -13 \\ 6 & -6 \end{pmatrix}$

$\quad \therefore A(B+C)=AB+AC$

(2) $(A+B)C=\left\{\begin{pmatrix} 1 & 3 \\ -3 & 0 \end{pmatrix}+\begin{pmatrix} -2 & 0 \\ 5 & -1 \end{pmatrix}\right\}\begin{pmatrix} 0 & 2 \\ 1 & -4 \end{pmatrix}=\begin{pmatrix} -1 & 3 \\ 2 & -1 \end{pmatrix}\begin{pmatrix} 0 & 2 \\ 1 & -4 \end{pmatrix}=\begin{pmatrix} 3 & -14 \\ -1 & 8 \end{pmatrix}$

$\quad AC+BC=\begin{pmatrix} 1 & 3 \\ -3 & 0 \end{pmatrix}\begin{pmatrix} 0 & 2 \\ 1 & -4 \end{pmatrix}+\begin{pmatrix} -2 & 0 \\ 5 & -1 \end{pmatrix}\begin{pmatrix} 0 & 2 \\ 1 & -4 \end{pmatrix}$

$\qquad\qquad\quad =\begin{pmatrix} 3 & -10 \\ 0 & -6 \end{pmatrix}+\begin{pmatrix} 0 & -4 \\ -1 & 14 \end{pmatrix}=\begin{pmatrix} 3 & -14 \\ -1 & 8 \end{pmatrix}$

$\quad \therefore (A+B)C=AC+BC$

또한 곱셈이 가능한 행렬 A, B와 실수 k에 대하여

$$k(AB)=(kA)B=A(kB)$$

가 성립합니다. 이를 2×2 행렬로 예를 들어 확인해 봅시다.

Example 두 행렬 $A=\begin{pmatrix} 1 & 3 \\ -3 & 0 \end{pmatrix}$, $B=\begin{pmatrix} -2 & 0 \\ 5 & -1 \end{pmatrix}$과 실수 k에 대하여

$$k(AB)=k\left\{\begin{pmatrix} 1 & 3 \\ -3 & 0 \end{pmatrix}\begin{pmatrix} -2 & 0 \\ 5 & -1 \end{pmatrix}\right\}=k\begin{pmatrix} 13 & -3 \\ 6 & 0 \end{pmatrix}=\begin{pmatrix} 13k & -3k \\ 6k & 0 \end{pmatrix}$$

$$(kA)B=\begin{pmatrix} k & 3k \\ -3k & 0 \end{pmatrix}\begin{pmatrix} -2 & 0 \\ 5 & -1 \end{pmatrix}=\begin{pmatrix} 13k & -3k \\ 6k & 0 \end{pmatrix}$$

$$A(kB)=\begin{pmatrix} 1 & 3 \\ -3 & 0 \end{pmatrix}\begin{pmatrix} -2k & 0 \\ 5k & -k \end{pmatrix}=\begin{pmatrix} 13k & -3k \\ 6k & 0 \end{pmatrix}$$

$$\therefore\ k(AB)=(kA)B=A(kB)$$

개념 Point　행렬의 곱셈의 성질

합과 곱이 가능한 행렬 A, B, C와 임의의 실수 k에 대하여

1 일반적으로 교환법칙이 성립하지 않는다. ➡ $AB \neq BA$

2 결합법칙 : $(AB)C=A(BC)$

3 분배법칙 : $A(B+C)=AB+AC$, $(A+B)C=AC+BC$

4 $k(AB)=(kA)B=A(kB)$

4. 단위행렬

n차 정사각행렬 중에서 왼쪽 위에서 오른쪽 아래로 향하는 대각선 위에 있는 성분이 모두 1이고 그 밖의 성분이 모두 0인 행렬을 단위행렬이라 하고, 기호 E로 나타냅니다.　　(i, i) 성분

Example

$$(1)\qquad \begin{pmatrix} 1 & 0 \\ 0 & 1 \end{pmatrix} \qquad \begin{pmatrix} 1 & 0 & 0 \\ 0 & 1 & 0 \\ 0 & 0 & 1 \end{pmatrix} \qquad \begin{pmatrix} 1 & 0 & \cdots & 0 \\ 0 & 1 & \cdots & 0 \\ \vdots & \vdots & \ddots & 0 \\ 0 & 0 & 0 & 1 \end{pmatrix}$$

1차 단위행렬　　　　2차 단위행렬　　　　3차 단위행렬　　　　n차 단위행렬

이때 두 행렬 $A=\begin{pmatrix} a_{11} & a_{12} \\ a_{21} & a_{22} \end{pmatrix}$, $E=\begin{pmatrix} 1 & 0 \\ 0 & 1 \end{pmatrix}$에 대하여

$$AE=\begin{pmatrix} a_{11} & a_{12} \\ a_{21} & a_{22} \end{pmatrix}\begin{pmatrix} 1 & 0 \\ 0 & 1 \end{pmatrix}=\begin{pmatrix} a_{11} & a_{12} \\ a_{21} & a_{22} \end{pmatrix}=A$$

$$EA=\begin{pmatrix} 1 & 0 \\ 0 & 1 \end{pmatrix}\begin{pmatrix} a_{11} & a_{12} \\ a_{21} & a_{22} \end{pmatrix}=\begin{pmatrix} a_{11} & a_{12} \\ a_{21} & a_{22} \end{pmatrix}=A$$

입니다. 즉, $AE=EA=A$가 성립하는 것을 확인할 수 있습니다.

또한 단위행렬 E의 거듭제곱을 살펴보면

$$E=\begin{pmatrix} 1 & 0 \\ 0 & 1 \end{pmatrix}$$에 대하여 $E^2=\begin{pmatrix} 1 & 0 \\ 0 & 1 \end{pmatrix}\begin{pmatrix} 1 & 0 \\ 0 & 1 \end{pmatrix}=\begin{pmatrix} 1 & 0 \\ 0 & 1 \end{pmatrix}=E$이므로

$$E^3=E^2E=EE=E, \quad E^4=E^3E=EE=E, \quad \cdots, \quad E^n=E \ (n\text{은 자연수})$$

입니다. 즉, 단위행렬의 거듭제곱은 단위행렬이 됩니다.

개념 Point   **단위행렬**

1 단위행렬 : 정사각행렬 중 왼쪽 위에서 오른쪽 아래로 향하는 대각선 위의 성분이 모두 1이고 그 밖의 성분이 모두 0인 행렬로, 기호 E로 나타낸다.

2 단위행렬 E는 임의의 정사각행렬 A에 대하여
$$AE=EA=A$$

3 단위행렬의 거듭제곱은 단위행렬이다. 즉, $E^n=E \ (n\text{은 자연수})$

---

5. 행렬의 곱셈과 실수의 곱셈의 차이점

다음과 같이 실수의 곱셈에서는 성립하지만, 행렬의 곱셈에서는 성립하지 않는 성질들이 있으므로 행렬의 연산에 항상 주의합니다.

(1) $(AB)^2 \neq A^2B^2$ $\leftarrow (AB)^2=ABAB$

실수의 지수법칙에서 $(ab)^2=a^2b^2$이 성립하지만 행렬의 곱셈에서는 $(AB)^2 \neq A^2B^2$입니다.

Proof   두 행렬 $A=\begin{pmatrix} 1 & -2 \\ 0 & 1 \end{pmatrix}$, $B=\begin{pmatrix} 3 & -1 \\ 1 & 1 \end{pmatrix}$에 대하여

$$(AB)^2=\left\{\begin{pmatrix} 1 & -2 \\ 0 & 1 \end{pmatrix}\begin{pmatrix} 3 & -1 \\ 1 & 1 \end{pmatrix}\right\}^2=\begin{pmatrix} 1 & -3 \\ 1 & 1 \end{pmatrix}^2=\begin{pmatrix} -2 & -6 \\ 2 & -2 \end{pmatrix}$$

$$A^2B^2=\begin{pmatrix} 1 & -2 \\ 0 & 1 \end{pmatrix}^2\begin{pmatrix} 3 & -1 \\ 1 & 1 \end{pmatrix}^2=\begin{pmatrix} 1 & -4 \\ 0 & 1 \end{pmatrix}\begin{pmatrix} 8 & -4 \\ 4 & 0 \end{pmatrix}=\begin{pmatrix} -8 & -4 \\ 4 & 0 \end{pmatrix}$$

$$\therefore (AB)^2 \neq A^2B^2$$

(2) $(A+B)^2 \neq A^2+2AB+B^2$, $(A+B)(A-B) \neq A^2-B^2$

Proof   행렬의 곱셈에서 교환법칙이 성립하지 않으므로 $AB \neq BA$이다. 따라서

$$(A+B)^2=A^2+AB+BA+B^2 \neq A^2+2AB+B^2$$

$$(A+B)(A-B)=A^2-AB+BA-B^2 \neq A^2-B^2$$

결과적으로 등식 $(A+B)^2=A^2+2AB+B^2$, $(A+B)(A-B)=A^2-B^2$이 성립한다는 것은 $AB=BA$라는 것을 의미합니다.

(3) $AB=O$이지만 $A\neq O$이고 $B\neq O$인 경우가 있습니다.

실수의 곱셈에서 $ab=0$이면 $a=0$ 또는 $b=0$이지만 행렬의 곱셈에서는 $AB=O$라고 해서 $A=O$ 또는 $B=O$가 되는 것은 아닙니다.

Proof 두 행렬 $A=\begin{pmatrix} 0 & -2 \\ 0 & 1 \end{pmatrix}$, $B=\begin{pmatrix} 2 & -1 \\ 0 & 0 \end{pmatrix}$에 대하여

$$AB=\begin{pmatrix} 0 & -2 \\ 0 & 1 \end{pmatrix}\begin{pmatrix} 2 & -1 \\ 0 & 0 \end{pmatrix}=\begin{pmatrix} 0 & 0 \\ 0 & 0 \end{pmatrix}$$

이지만 $A\neq O$, $B\neq O$

위의 예와 같이 두 행렬 모두 영행렬이 아니더라도 곱한 결과는 영행렬이 될 수 있습니다. 이러한 두 행렬을 영인자(zero divisor)라고 합니다.

(4) $A^2=O$이지만 $A\neq O$인 경우가 있습니다.

Proof 행렬 $A=\begin{pmatrix} 1 & -1 \\ 1 & -1 \end{pmatrix}$에 대하여

$$A^2=\begin{pmatrix} 1 & -1 \\ 1 & -1 \end{pmatrix}\begin{pmatrix} 1 & -1 \\ 1 & -1 \end{pmatrix}=\begin{pmatrix} 0 & 0 \\ 0 & 0 \end{pmatrix}$$

이므로 $A^2=O$이지만 $A\neq O$

(5) $C\neq O$일 때, $AC=BC$이지만 $A\neq B$인 경우가 있습니다.

Proof 세 행렬 $A=\begin{pmatrix} 2 & 1 \\ 1 & 0 \end{pmatrix}$, $B=\begin{pmatrix} 1 & 0 \\ 2 & 1 \end{pmatrix}$, $C=\begin{pmatrix} 1 & 1 \\ -1 & -1 \end{pmatrix}$에 대하여

$$AC=\begin{pmatrix} 2 & 1 \\ 1 & 0 \end{pmatrix}\begin{pmatrix} 1 & 1 \\ -1 & -1 \end{pmatrix}=\begin{pmatrix} 1 & 1 \\ 1 & 1 \end{pmatrix},\ BC=\begin{pmatrix} 1 & 0 \\ 2 & 1 \end{pmatrix}\begin{pmatrix} 1 & 1 \\ -1 & -1 \end{pmatrix}=\begin{pmatrix} 1 & 1 \\ 1 & 1 \end{pmatrix}$$

이므로 $AC=BC$이지만 $A\neq B$

개념 Point 　행렬의 곱셈과 실수의 곱셈의 차이점

1 $(AB)^2\neq A^2B^2$ ← $(AB)^2=ABAB$

2 $(A+B)^2\neq A^2+2AB+B^2$, $(A+B)(A-B)\neq A^2-B^2$ ← $(A+B)^2=A^2+AB+BA+B^2$
$(A+B)(A-B)=A^2-AB+BA-B^2$

3 $AB=O$이지만 $A\neq O$이고 $B\neq O$인 경우가 있다.

4 $A^2=O$이지만 $A\neq O$인 경우가 있다.

5 $C\neq O$일 때, $AC=BC$이지만 $A\neq B$인 경우가 있다.

+ Plus

행렬의 곱셈에서는 교환법칙이 성립하지 않기 때문에 실수에서 일반적으로 성립하는 법칙들이 행렬에서는 성립하지 않는 경우가 많다. 위에서 언급한 것들이 그중 몇 가지 예이다. 주어진 성질이 항상 성립하는 성질인지 혼동되는 경우에는 임의로 행렬을 만들어서 대입해 보는 것도 좋다.

$A=\begin{pmatrix} a & b \\ c & d \end{pmatrix}$, $E=\begin{pmatrix} 1 & 0 \\ 0 & 1 \end{pmatrix}$, $O=\begin{pmatrix} 0 & 0 \\ 0 & 0 \end{pmatrix}$일 때, 다음 등식이 성립한다.

$$A^2-(a+d)A+(ad-bc)E=O$$

이를 케일리–해밀턴의 정리라 하고, 주로 행렬에 대한 거듭제곱의 값을 구할 때 이용한다.

Proof

$A^2-(a+d)A+(ad-bc)E$

$=\begin{pmatrix} a & b \\ c & d \end{pmatrix}\begin{pmatrix} a & b \\ c & d \end{pmatrix}-(a+d)\begin{pmatrix} a & b \\ c & d \end{pmatrix}+(ad-bc)\begin{pmatrix} 1 & 0 \\ 0 & 1 \end{pmatrix}$

$=\begin{pmatrix} a^2+bc & ab+bd \\ ac+cd & bc+d^2 \end{pmatrix}-\begin{pmatrix} a^2+ad & ab+bd \\ ac+cd & ad+d^2 \end{pmatrix}+\begin{pmatrix} ad-bc & 0 \\ 0 & ad-bc \end{pmatrix}$

$=\begin{pmatrix} 0 & 0 \\ 0 & 0 \end{pmatrix}=O$

그러나 거꾸로 $A^2-pA+qE=O$를 만족시키는 모든 행렬 $A=\begin{pmatrix} a & b \\ c & d \end{pmatrix}$에 대하여 $a+d=p$, $ad-bc=q$가 성립하는 것은 아니다.

Example

$A=\begin{pmatrix} 2 & 0 \\ 0 & 2 \end{pmatrix}$일 때, $A^2-3A+2E=O$가 성립하지만

$$a+d=4, \ ad-bc=4$$

이다. 즉, 케일리–해밀턴의 정리가 거꾸로 성립하지 않는다.

이와 같이 케일리–해밀턴의 정리가 거꾸로 성립하지 않는 행렬은 $A=kE$ (k는 실수)의 꼴이다.

한편, $A\neq kE$일 때에는 케일리–해밀턴의 정리를 거꾸로 하여 $A^2-pA+qE=O$를 만족시키는 모든 행렬 $A=\begin{pmatrix} a & b \\ c & d \end{pmatrix}$에 대하여 $a+d=p$, $ad-bc=q$가 성립한다.

Proof

행렬 $A=\begin{pmatrix} a & b \\ c & d \end{pmatrix}$ ($A\neq kE$, k는 실수)에서 케일리–해밀턴의 정리에 의하여

$A^2-(a+d)A+(ad-bc)E=O$가 성립한다. 이 식에서 $A^2-pA+qE=O$를 빼면

$$(a+d-p)A=(ad-bc-q)E$$

(i) $a+d-p\neq 0$이면

$A=\dfrac{ad-bc-q}{a+d-p}E$이므로 $A=kE$의 꼴이 된다. (거짓)

(ii) $a+d-p=0$이면

$(ad-bc-q)E=(a+d-p)A=O$이므로 $ad-bc-q=0$이다.

$\therefore \ a+d=p, \ ad-bc=q$

그러므로 케일리–해밀턴의 정리를 거꾸로 이용할 때에는 실수 k에 대하여 $A\neq kE$일 때와 $A=kE$일 때를 구분하여 사용해야 한다.

1 행렬 A는 3×2 행렬, 행렬 B는 2×3 행렬, 행렬 C는 2×2 행렬일 때, 다음 〈보기〉 중 행렬의 곱셈이 가능한 것을 모두 쓰고, 행렬의 결과가 어떤 행렬인지를 구하시오.

〈 보기 〉

$$AB \quad BA \quad BC \quad CB \quad CA$$

2 다음을 계산하시오.

(1) $\begin{pmatrix} 3 & 1 \\ 2 & 4 \end{pmatrix}\begin{pmatrix} 1 & 2 \\ 5 & -4 \end{pmatrix} + \begin{pmatrix} 3 & 1 \\ 2 & 4 \end{pmatrix}\begin{pmatrix} 4 & -2 \\ -1 & 3 \end{pmatrix}$
(2) $\begin{pmatrix} 1 & 1 \\ 0 & 1 \end{pmatrix}\begin{pmatrix} 1 & -2 \\ 3 & 1 \end{pmatrix} + \begin{pmatrix} 0 & 2 \\ -1 & 0 \end{pmatrix}\begin{pmatrix} 1 & -2 \\ 3 & 1 \end{pmatrix}$

3 세 행렬 $A=\begin{pmatrix} 1 & -2 \\ 0 & 1 \end{pmatrix}$, $B=\begin{pmatrix} -1 & 0 \\ 0 & 1 \end{pmatrix}$, $C=\begin{pmatrix} 1 & 1 \\ -2 & 3 \end{pmatrix}$에 대하여 다음을 계산하시오.

(1) $(3A)B - A(2B)$
(2) $(BC)A - A(CA)$

4 행렬 $A=\begin{pmatrix} 1 & 0 \\ 2 & 1 \end{pmatrix}$에 대하여 다음을 계산하시오.

(1) A^2
(2) A^3
(3) A^4

5 두 행렬 $A=\begin{pmatrix} 0 & 1 \\ 1 & 0 \end{pmatrix}$, $B=\begin{pmatrix} a & b \\ 2 & 3 \end{pmatrix}$에 대하여 $AB=BA$일 때, $a+b$의 값을 구하시오.

(단, a, b는 실수이다.)

• 풀이 185쪽 ~ 186쪽

정답

1 $AB : 3\times3$ 행렬, $BA : 2\times2$ 행렬, $CB : 2\times3$ 행렬 **2** (1) $\begin{pmatrix} 19 & -1 \\ 26 & -4 \end{pmatrix}$ (2) $\begin{pmatrix} 10 & 1 \\ 2 & 3 \end{pmatrix}$

3 (1) $\begin{pmatrix} -1 & -2 \\ 0 & 1 \end{pmatrix}$ (2) $\begin{pmatrix} -6 & 16 \\ 0 & 0 \end{pmatrix}$ **4** (1) $\begin{pmatrix} 1 & 0 \\ 4 & 1 \end{pmatrix}$ (2) $\begin{pmatrix} 1 & 0 \\ 6 & 1 \end{pmatrix}$ (3) $\begin{pmatrix} 1 & 0 \\ 8 & 1 \end{pmatrix}$

5 5

예제 04

$A=\begin{pmatrix} 3 & 1 \\ 2 & 4 \end{pmatrix}$, $B=\begin{pmatrix} 1 & 2 \\ 5 & -3 \end{pmatrix}$일 때, 다음을 구하시오.

(1) AB　　　　　(2) BA　　　　　(3) $AB-BA$

접근 방법〉 두 행렬 A, B에 대하여 곱셈 AB는 행렬 A의 제i행과 행렬 B의 제j열의 성분을 차례대로 곱하여 더한 값을 (i, j) 성분으로 하여야 하고, 곱셈 BA는 행렬 B의 제i행과 행렬 A의 제j열의 성분을 차례대로 곱하여 더한 값을 (i, j) 성분으로 하여야 한다는 것에 주의한다.

수매씽 Point 행렬의 곱셈에서는 일반적으로 $AB \neq BA$이다.

상세 풀이〉 (1) $AB=\begin{pmatrix} 3 & 1 \\ 2 & 4 \end{pmatrix}\begin{pmatrix} 1 & 2 \\ 5 & -3 \end{pmatrix}$

$=\begin{pmatrix} 3+5 & 6-3 \\ 2+20 & 4-12 \end{pmatrix}=\begin{pmatrix} 8 & 3 \\ 22 & -8 \end{pmatrix}$

(2) $BA=\begin{pmatrix} 1 & 2 \\ 5 & -3 \end{pmatrix}\begin{pmatrix} 3 & 1 \\ 2 & 4 \end{pmatrix}$

$=\begin{pmatrix} 3+4 & 1+8 \\ 15-6 & 5-12 \end{pmatrix}=\begin{pmatrix} 7 & 9 \\ 9 & -7 \end{pmatrix}$

(3) $AB-BA=\begin{pmatrix} 8 & 3 \\ 22 & -8 \end{pmatrix}-\begin{pmatrix} 7 & 9 \\ 9 & -7 \end{pmatrix}=\begin{pmatrix} 1 & -6 \\ 13 & -1 \end{pmatrix}$

정답 (1) $\begin{pmatrix} 8 & 3 \\ 22 & -8 \end{pmatrix}$　(2) $\begin{pmatrix} 7 & 9 \\ 9 & -7 \end{pmatrix}$　(3) $\begin{pmatrix} 1 & -6 \\ 13 & -1 \end{pmatrix}$

보충 설명

위의 예제에서 두 행렬 A, B의 곱셈 AB와 BA의 결과가 다르다는 것을 알 수 있다. 또한 (3)에서 $AB-BA$의 계산 결과도 O가 아니다.

단, 두 행렬 A, B에 대하여 $A+B=kE$ (k는 실수)의 꼴일 때에는

$$AB=A(kE-A)=kA-A^2,\ BA=(kE-A)A=kA-A^2$$

이므로 $AB=BA$가 성립하게 된다.

04-1

$A=\begin{pmatrix} 2 & -1 \\ 3 & 2 \end{pmatrix}$, $B=\begin{pmatrix} -1 & 1 \\ -3 & -1 \end{pmatrix}$일 때, 다음을 구하시오.

(1) AB　　　　　(2) BA　　　　　(3) $AB-BA$

04-2

두 행렬 A, B에 대하여

$$A+B=\begin{pmatrix} 2 & 0 \\ 2 & -2 \end{pmatrix},\ A-B=\begin{pmatrix} 2 & 2 \\ -2 & 4 \end{pmatrix}$$

일 때, 행렬 A^2+AB의 모든 성분의 합을 구하시오.

04-3

두 이차정사각행렬 A, B가

$$(A-B)^2=\begin{pmatrix} 4 & 2 \\ 2 & 3 \end{pmatrix},\ A^2+B^2=\begin{pmatrix} 5 & 1 \\ 2 & 1 \end{pmatrix}$$

을 만족시킬 때, 행렬 $(A+B)^2$의 모든 성분의 합을 구하시오.

● 풀이 186쪽

정답

04-1 (1) $\begin{pmatrix} 1 & 3 \\ -9 & 1 \end{pmatrix}$　(2) $\begin{pmatrix} 1 & 3 \\ -9 & 1 \end{pmatrix}$　(3) $\begin{pmatrix} 0 & 0 \\ 0 & 0 \end{pmatrix}$　　　04-2 4　　　04-3 7

예제 05

두 행렬 $A=\begin{pmatrix} 2 & 1 \\ x & 1 \end{pmatrix}$, $B=\begin{pmatrix} 6 & 2 \\ -2 & y \end{pmatrix}$에 대하여 $AB=BA$가 성립할 때, $x+y$의 값을 구하시오. (단, x, y는 실수이다.)

접근 방법 〉 두 행렬 A, B의 곱 AB, BA를 구한 후, 두 행렬이 서로 같을 조건을 이용하여 실수 x, y의 값을 각각 구한다.

수매씽 Point

$A=\begin{pmatrix} a_{11} & a_{12} \\ a_{21} & a_{22} \end{pmatrix}$, $B=\begin{pmatrix} b_{11} & b_{12} \\ b_{21} & b_{22} \end{pmatrix}$에 대하여

$AB=BA$이면 $\begin{pmatrix} a_{11} & a_{12} \\ a_{21} & a_{22} \end{pmatrix}\begin{pmatrix} b_{11} & b_{12} \\ b_{21} & b_{22} \end{pmatrix}=\begin{pmatrix} b_{11} & b_{12} \\ b_{21} & b_{22} \end{pmatrix}\begin{pmatrix} a_{11} & a_{12} \\ a_{21} & a_{22} \end{pmatrix}$

상세 풀이 〉 두 행렬 $A=\begin{pmatrix} 2 & 1 \\ x & 1 \end{pmatrix}$, $B=\begin{pmatrix} 6 & 2 \\ -2 & y \end{pmatrix}$에 대하여

$$AB=\begin{pmatrix} 2 & 1 \\ x & 1 \end{pmatrix}\begin{pmatrix} 6 & 2 \\ -2 & y \end{pmatrix}=\begin{pmatrix} 10 & y+4 \\ 6x-2 & 2x+y \end{pmatrix}$$

$$BA=\begin{pmatrix} 6 & 2 \\ -2 & y \end{pmatrix}\begin{pmatrix} 2 & 1 \\ x & 1 \end{pmatrix}=\begin{pmatrix} 2x+12 & 8 \\ xy-4 & y-2 \end{pmatrix}$$

이때 $AB=BA$이므로 $\begin{pmatrix} 10 & y+4 \\ 6x-2 & 2x+y \end{pmatrix}=\begin{pmatrix} 2x+12 & 8 \\ xy-4 & y-2 \end{pmatrix}$

두 행렬이 서로 같을 조건에 의하여

$$10=2x+12, \ y+4=8,$$
$$6x-2=xy-4, \ 2x+y=y-2$$

위의 식을 연립하여 풀면

$$x=-1, \ y=4$$
$$\therefore x+y=-1+4=3$$

정답 3

보충 설명

행렬의 곱셈에서 교환법칙이 성립하지 않는다는 것은 모든 행렬의 곱셈에서 교환법칙이 성립하지 않는다는 것이 아니다.

수학에서 어떤 법칙이 성립하지 않는다는 것은 주어진 법칙을 만족시키지 않는 경우가 적어도 한 개 존재한다는 의미이므로 행렬 중에는 곱셈에서의 교환법칙을 만족시키는 것도 있고 만족시키지 않는 것도 있다는 의미로 받아들인다.

05-1 두 행렬 $A=\begin{pmatrix} 1 & 2 \\ 2 & 3 \end{pmatrix}$, $B=\begin{pmatrix} 1 & 1 \\ x & y \end{pmatrix}$에 대하여 $AB=BA$가 성립할 때, $x+y$의 값을 구하시오. (단, x, y는 실수이다.)

표현 바꾸기

05-2 두 행렬 $A=\begin{pmatrix} a & -1 \\ 2 & 3 \end{pmatrix}$, $B=\begin{pmatrix} 2 & b \\ 1 & -1 \end{pmatrix}$에 대하여

$$(A+B)^2=A^2+2AB+B^2$$

이 성립할 때, $\dfrac{a}{b}$의 값을 구하시오. (단, a, b는 실수이다.)

개념 넓히기

풀이 187쪽 ➕ 보충 설명 · 한번 더

05-3 두 행렬 $A=\begin{pmatrix} a & 1 \\ 2 & 0 \end{pmatrix}$, $B=\begin{pmatrix} 0 & 1 \\ b & 0 \end{pmatrix}$에 대하여 $AB=BA$가 성립할 때, 다음 중 A^2B^3과 같은 것은? (단, a, b는 실수이고, E는 단위행렬이다.)

① $2B$ ② $4B$ ③ $8B$

④ $4E$ ⑤ $8E$

● 풀이 186쪽 ～ 187쪽

정답   **05-1** 3   **05-2** -18 **05-3** ②

예제 06

다음 물음에 답하시오.

(1) 행렬 $A=\begin{pmatrix} -2 & 3 \\ -1 & 1 \end{pmatrix}$에 대하여 A^{10}의 모든 성분의 합을 구하시오.

(2) 행렬 $B=\begin{pmatrix} 1 & 2 \\ 0 & 1 \end{pmatrix}$에 대하여 B^{20}을 구하시오.

접근 방법 > 행렬 A가 정사각행렬이고 n이 자연수일 때,

$$A^2=AA, \ A^3=A^2A, \ \cdots, \ A^n=A^{n-1}A$$

이므로 단위행렬 E에 대하여

$$E^3=E^2E=EE=E, \ \cdots, \ E^n=E$$

가 성립한다.

수매씽 Point $A^m=E$이면 $A^{mn}=E^n=E$이다. (단, m, n은 자연수, E는 단위행렬이다.)

상세 풀이 > (1) 행렬 A의 거듭제곱을 차례대로 구하면

$$A^2=\begin{pmatrix} -2 & 3 \\ -1 & 1 \end{pmatrix}\begin{pmatrix} -2 & 3 \\ -1 & 1 \end{pmatrix}=\begin{pmatrix} 1 & -3 \\ 1 & -2 \end{pmatrix}$$

$$A^3=A^2A=\begin{pmatrix} 1 & -3 \\ 1 & -2 \end{pmatrix}\begin{pmatrix} -2 & 3 \\ -1 & 1 \end{pmatrix}=\begin{pmatrix} 1 & 0 \\ 0 & 1 \end{pmatrix}=E$$

이때 $10=3\times3+1$에서

$$A^{10}=(A^3)^3A=E^3A=EA=A=\begin{pmatrix} -2 & 3 \\ -1 & 1 \end{pmatrix}$$

따라서 A^{10}의 모든 성분의 합은 $(-2)+3+(-1)+1=1$

(2) $B^2=\begin{pmatrix} 1 & 2 \\ 0 & 1 \end{pmatrix}\begin{pmatrix} 1 & 2 \\ 0 & 1 \end{pmatrix}=\begin{pmatrix} 1 & 4 \\ 0 & 1 \end{pmatrix}$, $B^3=B^2B=\begin{pmatrix} 1 & 4 \\ 0 & 1 \end{pmatrix}\begin{pmatrix} 1 & 2 \\ 0 & 1 \end{pmatrix}=\begin{pmatrix} 1 & 6 \\ 0 & 1 \end{pmatrix}$, $\cdots$

이므로 자연수 n에 대하여 $B^n=\begin{pmatrix} 1 & 2n \\ 0 & 1 \end{pmatrix}$ $\quad \therefore \ B^{20}=\begin{pmatrix} 1 & 40 \\ 0 & 1 \end{pmatrix}$

정답 (1) 1 (2) $\begin{pmatrix} 1 & 40 \\ 0 & 1 \end{pmatrix}$

보충 설명

이차정사각행렬 A의 거듭제곱에서 $A^m=kE$ (k는 상수) 꼴이 나오는지 확인하거나 다음과 같은 거듭제곱의 규칙성을 찾아보도록 한다.

$$\begin{pmatrix} 1 & a \\ 0 & 1 \end{pmatrix}^n=\begin{pmatrix} 1 & na \\ 0 & 1 \end{pmatrix}, \ \begin{pmatrix} 1 & 0 \\ a & 1 \end{pmatrix}^n=\begin{pmatrix} 1 & 0 \\ na & 1 \end{pmatrix}, \ \begin{pmatrix} a & 0 \\ 0 & b \end{pmatrix}^n=\begin{pmatrix} a^n & 0 \\ 0 & b^n \end{pmatrix} \ \text{(단, }n\text{은 자연수이다.)}$$

숫자 바꾸기

06-1

다음 물음에 답하시오.

(1) 행렬 $A=\begin{pmatrix} -1 & -3 \\ 1 & 2 \end{pmatrix}$에 대하여 A^{20}의 모든 성분의 합을 구하시오.

(2) 행렬 $B=\begin{pmatrix} 2 & 0 \\ 0 & 1 \end{pmatrix}$에 대하여 B^{10}을 구하시오.

표현 바꾸기

06-2

행렬 $A=\begin{pmatrix} 1 & 0 \\ 3 & 1 \end{pmatrix}$에 대하여 A^n의 모든 성분의 합이 200일 때, 자연수 n의 값을 구하시오.

개념 넓히기

06-3

행렬 $A=\begin{pmatrix} 4 & 5 \\ -3 & -4 \end{pmatrix}$가

$$A^{11}+A^{12}+A^{13}+A^{14}+A^{15}+A^{16}=aA+bE$$

를 만족시킬 때, 상수 a, b에 대하여 $a+b$의 값을 구하시오. (단, E는 단위행렬이다.)

정답

06-1 (1) -3 (2) $\begin{pmatrix} 2^{10} & 0 \\ 0 & 1 \end{pmatrix}$　　06-2 66　　06-3 6

예제 07

다음 표는 두 지역 사이를 연결하는 버스 노선의 개수를 나타낸 것이다.

(단위 : 개)

	P 지역	Q 지역
K 지역	4	3
L 지역	5	2

(단위 : 개)

	X 지역	Y 지역
P 지역	3	2
Q 지역	2	4

예를 들면 K 지역과 P 지역을 연결하는 버스 노선의 개수는 4이다. 두 행렬 A, B를

$A=\begin{pmatrix} 4 & 3 \\ 5 & 2 \end{pmatrix}$, $B=\begin{pmatrix} 3 & 2 \\ 2 & 4 \end{pmatrix}$ 라고 할 때, 행렬 AB의 성분 중에서 P 지역 또는 Q 지역을 거치면

서 K 지역과 Y 지역을 연결하는 버스 노선의 개수를 나타내는 것을 구하시오.

접근 방법 〉 P 지역을 거치면서 K 지역과 Y 지역을 연결하는 버스 노선의 개수와 Q 지역을 거치면서 K 지역과 Y 지역을 연결하는 버스 노선의 개수를 더한 것이 행렬 AB의 어떤 성분인지를 구한다.

수매씨 Point 행렬의 곱셈은 행과 열을 곱하는 것이다.

상세 풀이 〉 두 행렬 $A=\begin{pmatrix} 4 & 3 \\ 5 & 2 \end{pmatrix}$, $B=\begin{pmatrix} 3 & 2 \\ 2 & 4 \end{pmatrix}$ 에서

$$AB=\begin{pmatrix} 4 & 3 \\ 5 & 2 \end{pmatrix}\begin{pmatrix} 3 & 2 \\ 2 & 4 \end{pmatrix}=\begin{pmatrix} 4\times3+3\times2 & 4\times2+3\times4 \\ 5\times3+2\times2 & 5\times2+2\times4 \end{pmatrix}$$

주어진 표에서 K 지역과 P 지역을 연결하는 버스 노선의 개수가 4, P 지역과 Y 지역을 연결하는 버스 노선의 개수가 2이므로 P 지역을 거치면서 K 지역과 Y 지역을 연결하는 버스 노선의 개수는 4×2이다.

같은 방법으로 Q 지역을 거치면서 K 지역과 Y 지역을 연결하는 버스 노선의 개수는 3×4이다.

따라서 P 지역 또는 Q 지역을 거치면서 K 지역과 Y 지역을 연결하는 버스 노선의 개수는 $4\times2+3\times4$이고, 이것은 행렬 AB의 $(1, 2)$ 성분이다.

정답 $(1, 2)$ 성분

보충 설명

행렬 AB에서

$(1, 1)$ 성분 : P 지역 또는 Q 지역을 거치면서 K 지역과 X 지역을 연결하는 버스 노선의 개수

$(2, 1)$ 성분 : P 지역 또는 Q 지역을 거치면서 L 지역과 X 지역을 연결하는 버스 노선의 개수

$(2, 2)$ 성분 : P 지역 또는 Q 지역을 거치면서 L 지역과 Y 지역을 연결하는 버스 노선의 개수

숫자 바꾸기

07-1

두 종류의 제품 A, B를 생산하는 공장이 있다. [표 1]은 제품 A, B를 생산하는 데 필요한 원료 P, Q의 양을 나타낸 것이고, [표 2]는 원료 공급 회사 갑, 을에서의 원료 P, Q의 단위량에 대한 공급 가격을 나타낸 것이다.

[표 1] (단위 : kg)

제품 \ 원료	P	Q
A	a	b
B	c	d

[표 2] (단위 : 원)

원료 \ 회사	갑	을
P	e	f
Q	g	h

두 행렬 X, Y를 $X = \begin{pmatrix} a & b \\ c & d \end{pmatrix}$, $Y = \begin{pmatrix} e & f \\ g & h \end{pmatrix}$ 라고 할 때, 행렬 XY의 $(2, 2)$ 성분이 나타내는 것은?

① 갑 회사로부터 원료를 공급받아 A 제품을 생산하는 데 필요한 비용

② 갑 회사로부터 원료를 공급받아 B 제품을 생산하는 데 필요한 비용

③ 을 회사로부터 원료를 공급받아 A 제품을 생산하는 데 필요한 비용

④ 을 회사로부터 원료를 공급받아 B 제품을 생산하는 데 필요한 비용

⑤ 을 회사로부터 원료를 공급받아 A, B 제품을 생산하는 데 필요한 비용

표현 바꾸기

07-2

다음은 지난해에 어느 회사에서 생산한 두 제품 가와 나의 제품 한 개당 제조 원가와 판매 가격 및 그해 판매량을 나타낸 표이다.

(단위 : 원)

가격 \ 제품명	가	나
제조 원가	a_{11}	a_{12}
판매 가격	a_{21}	a_{22}

(단위 : 개)

제품명 \ 시기	상반기	하반기
가	b_{11}	b_{12}
나	b_{21}	b_{22}

위의 표를 각각 행렬 $A = \begin{pmatrix} a_{11} & a_{12} \\ a_{21} & a_{22} \end{pmatrix}$, $B = \begin{pmatrix} b_{11} & b_{12} \\ b_{21} & b_{22} \end{pmatrix}$ 로 나타내고, 이 두 행렬의 곱 AB를 $AB = \begin{pmatrix} a & b \\ c & d \end{pmatrix}$ 라고 하자. 이때 지난 1년 동안 판매된 두 제품의 제조 원가 총액과 지난 1년 동안 판매된 두 제품의 판매 가격 총액을 각각 행렬 AB의 성분을 이용하여 차례대로 나타내면?

① a, c ② b, d ③ $a+b$, $c+d$

④ $a+c$, $b+d$ ⑤ $a+d$, $b+c$

● 풀이 188쪽

정답   07-1 ④   07-2 ③

예제 08

행렬 $A=\begin{pmatrix} x & 2 \\ 1 & y \end{pmatrix}$ 가

$$A^2-6A+6E=O$$

를 만족시킬 때, x^2+y^2의 값을 구하시오.

(단, x, y는 실수이고 E는 단위행렬, O는 영행렬이다.)

접근 방법 ▶ 케일리─해밀턴의 정리를 이용하여 행렬 A에 대한 이차식을 구한 후 두 이차식을 비교한다.

수매씽 Point

임의의 이차정사각행렬 $A=\begin{pmatrix} a & b \\ c & d \end{pmatrix}$ 에 대하여

$$A^2-(a+d)A+(ad-bc)E=O$$

상세 풀이 ▶ 행렬 $A=\begin{pmatrix} x & 2 \\ 1 & y \end{pmatrix}$ 에서 케일리─해밀턴의 정리에 의하여

$$A^2-(x+y)A+(xy-2)E=O$$

이때 $A \neq kE$ (k는 실수)이므로 $A^2-6A+6E=O$에서

$$x+y=6, \ xy-2=6$$

$$\therefore \ x+y=6, \ xy=8$$

$$\therefore \ x^2+y^2=(x+y)^2-2xy=6^2-2\times 8=20$$

정답 20

보충 설명

행렬 $A=\begin{pmatrix} x & 2 \\ 1 & y \end{pmatrix}$ 를 $A^2-6A+6E=O$에 대입하연

$$\begin{pmatrix} x & 2 \\ 1 & y \end{pmatrix}\begin{pmatrix} x & 2 \\ 1 & y \end{pmatrix}-6\begin{pmatrix} x & 2 \\ 1 & y \end{pmatrix}+6\begin{pmatrix} 1 & 0 \\ 0 & 1 \end{pmatrix}=\begin{pmatrix} 0 & 0 \\ 0 & 0 \end{pmatrix}$$

이므로 이 식을 정리하여 두 행렬이 서로 같을 조건을 이용해도 같은 결과를 얻을 수 있다.

하지만 위의 풀이와 같이 케일리─해밀턴의 정리를 이용하는 것이 간편하다.

한편, 케일리─해밀턴의 정리는 거꾸로 하면 성립하지 않으므로

$$A^2-(a+d)A+(ad-bc)E=O$$

를 만족시키는 행렬 A를 구할 때에는

$$A=kE \ (k는 \ 실수)인 \ 경우와 \ A \neq kE인 \ 경우$$

로 나누어 생각해야 한다는 것에 주의한다.

08-1

행렬 $A=\begin{pmatrix} x & -3 \\ 3 & y \end{pmatrix}$ 에 대하여

$$A^2-3A+4E=O$$

가 성립할 때, x^2+y^2의 값을 구하시오.

(단, $x,\ y$는 실수이고 E는 단위행렬, O는 영행렬이다.)

08-2

행렬 $A=\begin{pmatrix} 1 & 2 \\ 3 & 4 \end{pmatrix}$ 에 대하여

$$A^2+pA+qE=O$$

가 성립할 때, p^2+q^2의 값을 구하시오. (단, E는 단위행렬이고 O는 영행렬이다.)

08-3

행렬 $A=\begin{pmatrix} a & 1 \\ b & 2 \end{pmatrix}$ 에 대하여 $A^2-A+E=O$가 성립할 때,

$$X=A+A^2+A^3+\cdots+A^{20}$$

을 만족시키는 행렬 X를 구하시오. (단, $a,\ b$는 실수이고 E는 단위행렬, O는 영행렬이다.)

● 풀이 188쪽~189쪽

정답

08-1 19　　　　　　　　　08-2 29　　　　　　　　　08-3 $\begin{pmatrix} -3 & 2 \\ -6 & 3 \end{pmatrix}$

1 행렬 A의 (i, j) 성분 a_{ij}가
$$a_{ij}=\begin{cases} 2i-j \ (i\geq j) \\ \quad k \quad (i<j) \end{cases} (i=1,\ 2,\ j=1,\ 2)$$
이고 행렬 A의 모든 성분의 합이 15일 때, 상수 k의 값을 구하시오.

2 두 행렬 $A=\begin{pmatrix} 9 & 8 \\ 3 & 7 \end{pmatrix}$, $B=\begin{pmatrix} 7 & 8 \\ 3 & 5 \end{pmatrix}$에 대하여 A^2-AB의 모든 성분의 합은?

① 50   ② 52   ③ 54

④ 56   ⑤ 58

3 두 행렬 $A=\begin{pmatrix} a & b \\ c & d \end{pmatrix}$, $B=\begin{pmatrix} a-1 & b \\ c & d-1 \end{pmatrix}$에 대하여 $A^2=B^2$이 성립할 때, 행렬 A의 모든 성분의 합을 구하시오. (단, $a,\ b,\ c,\ d$는 실수이다.)

4 두 행렬 $A=\begin{pmatrix} 1 & x \\ 0 & 1 \end{pmatrix}$, $B=\begin{pmatrix} 1 & y \\ 0 & 1 \end{pmatrix}$에 대하여 $A^2+B^2=kAB$가 성립할 때, 상수 k의 값을 구하시오. (단, $x,\ y,\ k$는 실수이다.)

5 두 이차정사각행렬 A, B에 대하여
$$A+B=\begin{pmatrix} 2 & 1 \\ 1 & 3 \end{pmatrix},\ A-B=\begin{pmatrix} 0 & 1 \\ -1 & 1 \end{pmatrix}$$
이 성립할 때, 행렬 A^2-B^2의 모든 성분의 합을 구하시오.

6 두 행렬 A, B에 대하여 $A-B=\begin{pmatrix} 2 & 0 \\ 0 & 2 \end{pmatrix}$, $AB=\begin{pmatrix} -1 & -1 \\ 1 & -2 \end{pmatrix}$일 때, 행렬 $(A+B)^2$의 $(2,\ 1)$ 성분을 구하시오.

7 행렬 $A=\begin{pmatrix} 1 & 1 \\ a & -1 \end{pmatrix}$에 대하여 $A^9=A$를 만족시키는 모든 실수 a의 값의 합을 구하시오.

8 이차정사각행렬 A에 대하여 $A^2+A+E=O$일 때, $A+A^2+A^3+\cdots+A^{99}$과 같은 행렬은? (단, E는 단위행렬이고 O는 영행렬이다.)

① $-A-E$ ② $-A$ ③ O

④ A ⑤ $A+E$

9 이차방정식 $x^2-3x+1=0$의 두 근을 각각 α, β라고 하자. 행렬 A가 $A=\begin{pmatrix} \alpha & 1 \\ 1 & \beta \end{pmatrix}$일 때, 행렬 A^3의 모든 성분의 합을 구하시오.

10 아래 [표 1]은 A, B 두 문구점에서 판매하는 연필과 볼펜 한 자루의 가격을, [표 2]는 신이와 원이가 구입한 연필과 볼펜의 수량을 나타낸 것이다. 신이와 원이가 각자 A 문구점에서 연필과 볼펜을 구입하고 지불한 금액이 2400원으로 같을 때, 신이가 B 문구점에서 연필과 볼펜을 구입하고 지불한 금액을 구하시오.

[표 1] (단위 : 원)

	연필	볼펜
A	150	300
B	200	400

[표 2] (단위 : 자루)

	신이	원이
연필	$x-2$	x
볼펜	y	5

11 두 지점 1, 2에서의 관광 코스는 오른쪽 그림과 같다. i 지점
에서 j 지점으로 가는 관광 코스의 수를 (i, j) 성분으로 하는
2×2 행렬이 $\begin{pmatrix} 1 & 1 \\ 2 & 2 \end{pmatrix}$일 때, i 지점에서 어느 한 지점을 거쳐 j 지점으로 가는 관광 코스의
수를 (i, j) 성분으로 하는 2×2 행렬을 구하시오. (단, 중복 코스를 허락한다.)

12 두 행렬의 곱 $(n-1 \quad 12-3n)\begin{pmatrix} n^2-6n+9 \\ n-1 \end{pmatrix}$의 성분이 소수가 되도록 하는 모든 자연수 n
의 값의 합을 구하시오.

13 $ab=1$을 만족시키는 두 양수 a, b에 대하여 행렬 A는 $A=\begin{pmatrix} a & 1 \\ 1 & b \end{pmatrix}$이다. $A^3=\begin{pmatrix} x & 25 \\ 25 & y \end{pmatrix}$일 때,
$x+y$의 값을 구하시오. (단, x, y는 실수이다.)

14 두 행렬 $A=\begin{pmatrix} 1 & a \\ b & -1 \end{pmatrix}$, $B=\begin{pmatrix} -1 & b-12 \\ a-12 & 1 \end{pmatrix}$에 대하여
$$A+B=O$$
가 성립한다. 이때 $A^2=kE$를 만족시키는 실수 k의 최댓값을 구하시오.
(단, a, b는 실수이고 E는 단위행렬, O는 영행렬이다.)

15 두 이차정사각행렬 A, B에 대하여
$$A+B=AB=2E$$
가 성립할 때, $A^5+B^5=kE$이다. 이때 상수 k의 값을 구하시오. (단, E는 단위행렬이다.)

16 행렬 $A=\begin{pmatrix} 2 & -3 \\ 1 & -1 \end{pmatrix}$에 대하여 $B=A+A^2+A^3+\cdots+A^{200}$일 때, 행렬 B의 모든 성분의 합을 구하시오.

17 영행렬이 아닌 두 이차정사각행렬 A, B가

$$A(A+B)=(A-B)B$$

를 만족시킬 때, 옳은 것을 〈보기〉에서 모두 고르시오. (단, O는 영행렬이다.)

> 〈 보기 〉
> ㄱ. $A^2+B^2=O$　　　　ㄴ. $AB=BA$　　　　ㄷ. $A^3B+AB^3=O$

18 두 이차정사각행렬 A, B가 $A+B=O$, $AB=E$를 만족시킨다. 행렬 A^n+B^n의 모든 성분의 합을 $f(n)$이라고 할 때,

$$f(1)+f(2)+\cdots+f(50)$$

의 값을 구하시오. (단, n은 자연수이고 E는 단위행렬, O는 영행렬이다.)

19 다음 두 조건을 만족시키는 행렬 $A=\begin{pmatrix} a & b \\ c & d \end{pmatrix}$의 개수를 구하시오. (단, a, b, c, d는 정수이다.)

> (가) $A^2=E$　　　　　　　　　　(나) $0\leq a\leq 2$, $bc\neq 0$

20 행렬 $A=\begin{pmatrix} x & y \\ 1 & z \end{pmatrix}$에 대하여

$$A+B=4E, \quad AB=E$$

를 만족시키는 행렬 B가 존재할 때, $x^2+y^2+z^2$의 최솟값을 구하시오.

(단, x, y, z는 실수이고 E는 단위행렬이다.)

수능 21

두 행렬 $A=\begin{pmatrix} 1 & 1 \\ 1 & 0 \end{pmatrix}$, $B=\begin{pmatrix} 1 & 2 \\ 3 & 4 \end{pmatrix}$에 대하여 $2A+X=AB$를 만족하는 행렬 X는?

① $\begin{pmatrix} 1 & 5 \\ 3 & -1 \end{pmatrix}$
② $\begin{pmatrix} 2 & 4 \\ -1 & 2 \end{pmatrix}$
③ $\begin{pmatrix} 2 & 5 \\ 7 & 0 \end{pmatrix}$

④ $\begin{pmatrix} 2 & 7 \\ 4 & 5 \end{pmatrix}$
⑤ $\begin{pmatrix} 4 & 6 \\ 1 & 2 \end{pmatrix}$

수능 22

이차정사각행렬 A의 (i, j) 성분 a_{ij}가
$$a_{ij}=i-j \ (i=1, 2, j=1, 2)$$
이다. 행렬 $A+A^2+A^3+\cdots+A^{2010}$의 $(2, 1)$ 성분은?

① -2010
② -1
③ 0

④ 1
⑤ 2010

수능 23

다음 세 조건을 만족시키는 영행렬이 아닌 모든 이차정사각행렬 A, B에 대하여 B^3+2BA^3과 항상 같은 행렬은? (단, E는 단위행렬이다.)

(가) $AB=BA$	(나) $(E-B)^2=E-B$	(다) $AB=-B$

① $2A$
② $-A$
③ E

④ $2B$
⑤ $-B$

수능 24

이차정사각행렬 A는 모든 성분의 합이 0이고
$$A^2+A^3=-3A-3E$$
를 만족시킨다. 행렬 A^4+A^5의 모든 성분의 합을 구하시오. (단, E는 단위행렬이다.)

Ⅰ. 다항식

01. 다항식의 연산

기본 다지기　42쪽～43쪽

1 ①　　**2** (1) 10　(2) -2　　**3** 15

4 (1) 몫 : $2x+1$, 나머지 : $x-1$

　　(2) 몫 : $x+2$, 나머지 : $-x+1$　　**5** 3199

6 (1) 14　(2) 52　(3) 14

7 (1) 1　(2) 3　(3) 4　(4) 7　　**8** 92

9 91　　**10** (1) 44　(2) -4

실력 다지기　44쪽～45쪽

11 ③　　**12** (1) 1　(2) 2　　**13** 18

14 (1) 11　(2) 36　(3) 119

15 (1) 34　(2) 82　(3) 198

16 (1) 10　(2) -1　　**17** (1) 8　(2) 10

18 16　　**19** 29　　**20** 73

기출 다지기　46쪽

21 3　　**22** ④　　**23** ②　　**24** ⑤

02. 나머지정리

기본 다지기　78쪽～79쪽

1 ④　　**2** ③　　**3** 12　　**4** -2

5 2　　**6** ②　　**7** $7x-1$　　**8** $2x+3$

9 15　　**10** 30

실력 다지기　80쪽～81쪽

11 ②　　**12** (1) -1　(2) 69　　**13** 6

14 x^2+x+1　　**15** 36　　**16** $2x+2$

17 26　　**18** 31　　**19** 9　　**20** -2

기출 다지기　82쪽

21 ③　　**22** ①　　**23** ②　　**24** 1

25 54

03. 인수분해

기본 다지기　108쪽～109쪽

1 ②　　**2** (1) 5　(2) $\dfrac{99}{100}$

3 (1) $(x+a)\left(x+\dfrac{1}{a}\right)$　(2) $(3x-2a)\left(x-\dfrac{1}{a}\right)$

4 ③　　**5** ③　　**6** 25　　**7** 2

8 (1) 7　(2) 2

9 $a=-3,\ (x-1)(x-2)(2x+3)$　　**10** 16

실력 다지기　110쪽～111쪽

11 ④　　**12** ③　　**13** ③

14 (1) 16　(2) 4　　**15** $3ab(a+b)$

16 (1) $(ax-1)(bx^2+ax-1)$

　　(2) $3(x-y)(y-z)(z-x)$

　　(3) $3(a+b)(b+c)(c+a)$

17 ㄱ, ㄴ, ㄷ

18 (1) $a=b$인 이등변삼각형

　　(2) 빗변의 길이가 c인 직각삼각형

19 3　　**20** $2x^2+3x+1$

기출 다지기　112쪽

21 ④　　**22** ③　　**23** ⑤　　**24** ②

25 20

Ⅱ. 방정식과 부등식

04. 복소수

1 ①   **2** (1) ㉢ (2) ㉡   **3** 3
4 13   **5** (1) 125 (2) 6   **6** 2
7 -1 **8** ㄱ, ㄷ   **9** ㄷ   **10** 8

11 ②   **12** ④   **13** ③   **14** 4
15 17   **16** $\pm32i$ **17** 3   **18** 16
19 6   **20** 12

21 ②   **22** 12   **23** ⑤   **24** 6
25 150

05. 이차방정식

1 ①   **2** $6+5\sqrt{2}$ **3** 10   **4** 6
5 ③   **6** ②   **7** -5 **8** $\dfrac{1}{6}$
9 4   **10** (1) 30 (2) 9

11 $x=1\pm2i$ **12** (1) -6 (2) 1
13 (1) $x=1+\sqrt{3}$ (2) $x=\dfrac{1+\sqrt{5}}{2}$ **14** 8
15 $x=1$ 또는 $x=3$ **16** 2   **17** 4
18 ㄱ, ㄴ, ㄷ   **19** 6   **20** 11

21 ①   **22** ②   **23** 120   **24** 10
25 6

06. 이차방정식과 이차함수

1 $f(x)=x^2+2x-8$ **2** ①   **3** 6
4 (1) 4 (2) 8   **5** 24   **6** 3
7 $\dfrac{16}{49}$ **8** -3
9 (1) 최댓값 : 7, 최솟값 : -2 (2) -3
10 25 m

11 ㄱ, ㄴ, ㄷ   **12** $6\sqrt{2}$ **13** ①
14 11   **15** $2\sqrt{2}$ **16** $\dfrac{25}{8}$ **17** $-\dfrac{1}{3}$
18 35000원   **19** 12   **20** $9-4\sqrt{5}$

21 ③   **22** ②   **23** ④   **24** 3

07. 삼차방정식과 사차방정식

1 ③   **2** ③

3 2 cm 또는 $(5-\sqrt{10})$ cm

4 1 **5** 26 **6** $a=-14,\ b=56$

7 -3 **8** 5 **9** 3

10 (1) $\dfrac{1}{8}$ (2) 15

11 ①   **12** 18 **13** 2 **14** 7

15 (1) $-5,\ 4$ (2) $-8,\ 0,\ 1$ **16** ㄱ, ㄴ

17 13 **18** 19 **19** ②   **20** -3

21 ①   **22** ②   **23** 164 **24** ⑤

08. 연립방정식

1 ①   **2** ②   **3** 25 **4** ④

5 21 **6** 10 **7** ③   **8** 13

9 (1) $x=-1,\ y=\dfrac{1}{2}$ (2) $x=-1,\ y=-1$

10 $a=-1$, 공통근 : $x=-1$

실력 다지기

11 ④   **12** ①   **13** $-\dfrac{2}{3}\le a\le 2$

14 $x=5$ **15** 4 **16** 8 **17** $\dfrac{1}{4}$

18 1 **19** 4 **20** $-\dfrac{40}{7}$

21 ②   **22** ②   **23** 25 **24** ②

09. 여러 가지 부등식

1 10 **2** (1) $a=-\dfrac{1}{2},\ b=\dfrac{3}{2}$ (2) $-\dfrac{2}{5}$

3 (1) -3 (2) 5 **4** 26 **5** ④

6 ②   **7** 14 **8** $0\le a<1$

9 9 **10** (1) 2 (2) 8

11 $a>8$ **12** ①   **13** $a\le -\dfrac{1}{2}$ 또는 $a\ge 3$

14 0 **15** (1) $-1\le x<1$ (2) $2\le x<5$

16 -2 **17** (1) 6 (2) $-3\le a\le 4$

18 (1) $a\ge 6$ (2) $2\le a\le 5$

19 (1) $b\le -6$ 또는 $b\ge 6$ (2) $a<0$ 또는 $a>4$

20 $\dfrac{4}{3}\le m<2$

21 ④   **22** ④   **23** 15 **24** ⑤

Ⅲ. 순열과 조합

10. 경우의 수

11. 순열

12. 조합

Ⅳ. 행렬

13. 행렬과 그 연산

개념 공통수학 1

내신과 등업을 위한 강력한 한 권!

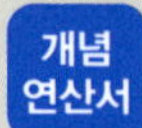

수매씽 개념연산
중등 : 1~3학년 1·2학기

수매씽 개념
중등 : 1~3학년 1·2학기
고등(22개정) : 공통수학1, 공통수학2, 대수, 미적분I,
확률과 통계, 미적분II, 기하

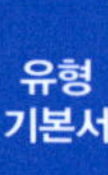

수매씽 유형
중등 : 1~3학년 1·2학기
고등(15개정) : 수학I, 수학II, 확률과 통계, 미적분
고등(22개정) : 공통수학1, 공통수학2, 대수, 미적분I,
확률과 통계, 미적분II

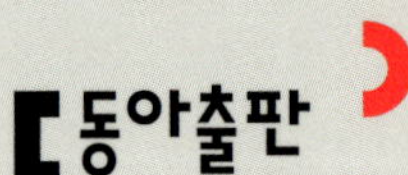

☎ Telephone 1644-0600
⌂ Homepage www.bookdonga.com
✉ Address 서울시 영등포구 은행로 30 (우 07242)

• 정답 및 풀이는 동아출판 홈페이지 내 학습자료실에서 내려받을 수 있습니다.
• 교재에서 발견된 오류는 동아출판 홈페이지 내 정오표에서 확인 가능하며, 잘못 만들어진 책은 구입처에서 교환해 드립니다.
• 학습 상담, 제안 사항, 오류 신고 등 어떠한 이야기라도 들려주세요.

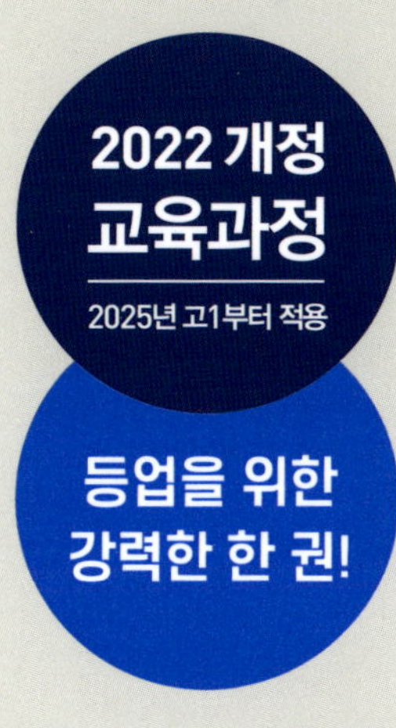

정답 및 풀이

공통수학 1

동아출판

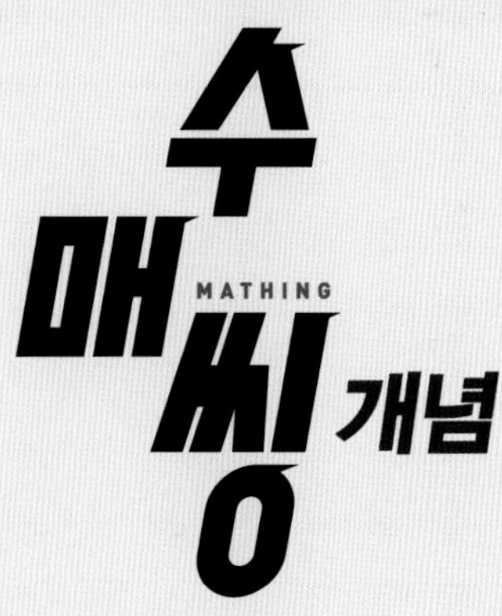

○ 학습자 중심의 친절한 해설

○ 빠른 정답 안내

QR 코드를 찍으면 정답 및 풀이를 쉽고 빠르게 확인할 수 있습니다.

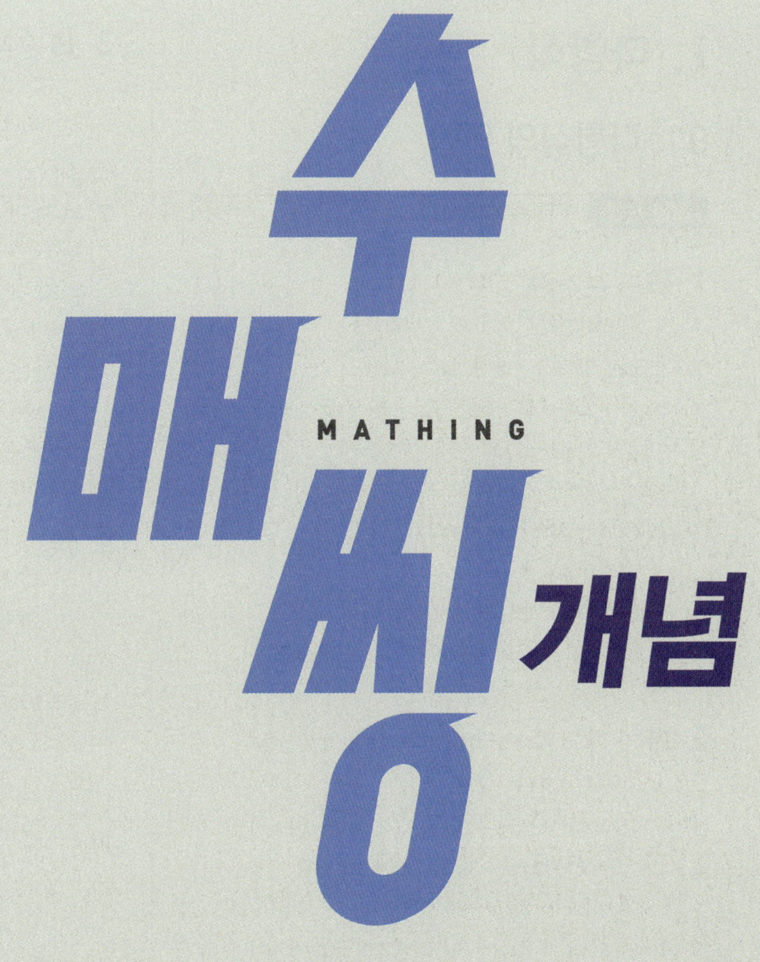
수
매씽 개념
MATHING
정답 및 풀이
공통수학 1

Ⅰ. 다항식

01. 다항식의 연산

1 답 (1) $2x^3-4x^2-2x-1$

(2) $(y-3)x^2+2(y^2+1)x+1$

(1) $-3x^2+5x-1-x^2+2x^3-7x$

$\quad=2x^3-3x^2-x^2+5x-7x-1$

$\quad=2x^3+(-3-1)x^2+(5-7)x-1$

$\quad=2x^3-4x^2-2x-1$

(2) $2y^2x+1-3x^2+2x+yx^2$

$\quad=-3x^2+yx^2+2y^2x+2x+1$

$\quad=(-3+y)x^2+(2y^2+2)x+1$

$\quad=(y-3)x^2+2(y^2+1)x+1$

2 답 (1) $3x^2+3xy-2y^2$　(2) $-x^2+xy-4y^2$

(3) $7x^2+8xy-7y^2$

(1) $A+B=(x^2+2xy-3y^2)+(2x^2+xy+y^2)$

$\quad\quad\quad=x^2+2xy-3y^2+2x^2+xy+y^2$

$\quad\quad\quad=3x^2+3xy-2y^2$

(2) $A-B=(x^2+2xy-3y^2)-(2x^2+xy+y^2)$

$\quad\quad\quad=x^2+2xy-3y^2-2x^2-xy-y^2$

$\quad\quad\quad=-x^2+xy-4y^2$

(3) $3A+2B$

$\quad=3(x^2+2xy-3y^2)+2(2x^2+xy+y^2)$

$\quad=3x^2+6xy-9y^2+4x^2+2xy+2y^2$

$\quad=7x^2+8xy-7y^2$

다른 풀이

동류항의 위치를 맞추어 다음과 같이 세로로 계산할
수도 있다.

(1)
$$\begin{array}{r} x^2+2xy-3y^2 \\ +)\ 2x^2+\ xy+\ y^2 \\ \hline 3x^2+3xy-2y^2 \end{array}$$

(2)
$$\begin{array}{r} x^2+2xy-3y^2 \\ -)\ 2x^2+\ xy+\ y^2 \\ \hline -x^2+\ xy-4y^2 \end{array}$$

(3)
$$\begin{array}{r} 3x^2+6xy-9y^2 \\ +)\ 4x^2+2xy+2y^2 \\ \hline 7x^2+8xy-7y^2 \end{array}$$

3 답 (1) $2x^4-6x^3+14x^2$

(2) $3x^3+2x^2y+xy-4y^2$

(3) $2x^2+xy^2-6xy+4x-3y^3+2y^2$

(1) $2x^2(x^2-3x+7)=2x^4-6x^3+14x^2$

(2) $x(3x^2+y)-y(-2x^2+4y)$

$\quad=3x^3+xy+2x^2y-4y^2$

$\quad=3x^3+2x^2y+xy-4y^2$

(3) $(2x+y^2)(x-3y+2)$

$\quad=2x(x-3y+2)+y^2(x-3y+2)$

$\quad=2x^2-6xy+4x+xy^2-3y^3+2y^2$

$\quad=2x^2+xy^2-6xy+4x-3y^3+2y^2$

4 답 (1) 몫 : x^2-2x+3, 나머지 : 5

(2) 몫 : $2x^2+x-1$, 나머지 : 4

(3) 몫 : $3x-5$, 나머지 : $5x+6$

(1)
$$\begin{array}{r} x^2-2x\ +3 \\ x-1\overline{)x^3-3x^2+5x+2} \\ \underline{x^3-\ x^2\quad\quad} \\ -2x^2+5x+2 \\ \underline{-2x^2+2x\quad} \\ 3x+2 \\ \underline{3x-3} \\ 5 \end{array}$$

$\therefore$ 몫 : x^2-2x+3, 나머지 : 5

(2)
$$\begin{array}{r} 2x^2+x-1 \\ x+2\overline{)2x^3+5x^2+\ x+2} \\ \underline{2x^3+4x^2\quad\quad} \\ x^2+\ x+2 \\ \underline{x^2+2x\quad} \\ -\ x+2 \\ \underline{-\ x-2} \\ 4 \end{array}$$

$\therefore$ 몫 : $2x^2+x-1$, 나머지 : 4

(3)
$$\begin{array}{r} 3x-5 \\ x^2+2x+1\overline{)3x^3+\ x^2-\ 2x+1} \\ \underline{3x^3+6x^2+\ 3x\quad\quad} \\ -5x^2-\ 5x+1 \\ \underline{-5x^2-10x-5} \\ 5x+6 \end{array}$$

$\therefore$ 몫 : $3x-5$, 나머지 : $5x+6$

01-1 답 (1) $2x^2+3xy$　(2) $6x^2+13xy+2y^2$

(1) $A+B+C$
$\quad=(2x^2+5xy+y^2)+(x^2-3xy+2y^2)$
$\qquad\qquad\qquad\qquad\quad+(-x^2+xy-3y^2)$
$\quad=(2+1-1)x^2+(5-3+1)xy+(1+2-3)y^2$
$\quad=2x^2+3xy$

(2) $2(A+B)-\{B-(A+C)\}$
$\quad=2A+2B-(B-A-C)$
$\quad=3A+B+C$
$\quad=2A+(A+B+C)$
$\quad=2(2x^2+5xy+y^2)+(2x^2+3xy)$
$\qquad\qquad(\because$ (1)에서 $A+B+C=2x^2+3xy)$
$\quad=(4+2)x^2+(10+3)xy+2y^2$
$\quad=6x^2+13xy+2y^2$

01-2 답 13

$3(A+B)-2(B+C)$
$=3A+3B-2B-2C$
$=3A+B-2C$
$=3(2x^2-xy+y^2)+(x^2+xy+y^2)$
$\qquad\qquad\qquad\qquad-2(x^2+3xy-2y^2)$
$=6x^2-3xy+3y^2+x^2+xy+y^2-2x^2-6xy+4y^2$
$=(6+1-2)x^2+(-3+1-6)xy+(3+1+4)y^2$
$=5x^2-8xy+8y^2$
따라서 $a=5$, $b=8$이므로
$a+b=5+8=13$

01-3 답 $3x^2+5xy+4y^2$

$X-2A=B+2C$에서
$X=2A+B+2C$
$\quad=(A+B+C)+(A+C)$
이므로
$$
\begin{array}{rl}
A+B & =-x^2+2xy+3y^2 \\
B+C & =\ x^2-\ xy-\ y^2 \\
+\ )\quad A\quad +C & =2x^2+3xy+2y^2 \\
\hline
2(A+B+C) & =2x^2+4xy+4y^2
\end{array}
$$
$\therefore A+B+C=x^2+2xy+2y^2$
$\therefore X=(A+B+C)+(A+C)$
$\quad=(x^2+2xy+2y^2)+(2x^2+3xy+2y^2)$
$\quad=3x^2+5xy+4y^2$

02-1 답 (1) $a^2b^3-a^3b^4+ab^5$
$\qquad\qquad$ (2) $2a^3-5a^2b+3ab^2-2b^3$
$\qquad\qquad$ (3) $3x^4-x^2y+3x^2y^2-y^3$
$\qquad\qquad$ (4) $2x^3+7x^2y+3xy^2-4xy-2y^2$

(1) $ab^3(a-a^2b+b^2)=a^2b^3-a^3b^4+ab^5$

(2) $(a-2b)(2a^2-ab+b^2)$
$\quad=a(2a^2-ab+b^2)-2b(2a^2-ab+b^2)$
$\quad=2a^3-a^2b+ab^2-4a^2b+2ab^2-2b^3$
$\quad=2a^3-5a^2b+3ab^2-2b^3$

(3) $(x^2+y^2)(3x^2-y)$
$\quad=x^2(3x^2-y)+y^2(3x^2-y)$
$\quad=3x^4-x^2y+3x^2y^2-y^3$

(4) $(x^2+3xy-2y)(2x+y)$
$\quad=x^2(2x+y)+3xy(2x+y)-2y(2x+y)$
$\quad=2x^3+x^2y+6x^2y+3xy^2-4xy-2y^2$
$\quad=2x^3+7x^2y+3xy^2-4xy-2y^2$

02-2 답 10

$(x-2)(x^2+ax+b)$
$=x(x^2+ax+b)-2(x^2+ax+b)$
$=x^3+ax^2+bx-2x^2-2ax-2b$
$=x^3+(a-2)x^2+(b-2a)x-2b$
$=x^3+x-10$
따라서 $a-2=0$, $b-2a=1$, $-2b=-10$이므로
$a=2$, $b=5$
$\therefore ab=2\times5=10$

02-3 답 1

$x^2+x=t$로 놓으면
$(x^2+x+1)(x^2+x-3)$
$=(t+1)(t-3)$
$=t^2-2t-3$
$=(x^2+x)^2-2(x^2+x)-3$
$=x^4+2x^3+x^2-2x^2-2x-3$
$=x^4+2x^3-x^2-2x-3$
$=x^4+2x^3+ax^2+bx-3$
따라서 $a=-1$, $b=-2$이므로
$a-b=(-1)-(-2)=1$

03-1　탑 $k=2$, x^4의 계수 : 8

$(x^3+3x^2-x+1)(2x^2+kx+3)$의 전개식에서 x^2항
이 나올 수 있는 경우를 차례대로 쓰면
$3x^2\times3$, $(-x)\times kx$, $1\times2x^2$이므로
$9x^2-kx^2+2x^2=(9-k+2)x^2=(11-k)x^2$
x^2의 계수가 9이므로 $11-k=9$　　∴ $k=2$
$(x^3+3x^2-x+1)(2x^2+2x+3)$의 전개식에서
x^4항이 나올 수 있는 경우를 차례대로 쓰면 $x^3\times2x$,
$3x^2\times2x^2$이므로
$2x^4+6x^4=(2+6)x^4=8x^4$
따라서 x^4의 계수는 8이다.

03-2　탑 ④

$(x^3-2x^2+kx-4)(4x^3+3x^2-2x-1)$의 전개식에서
x^4항은 $x^3\times(-2x)$, $(-2x^2)\times3x^2$, $kx\times4x^3$이므로
$-2x^4-6x^4+4kx^4=(4k-8)x^4$
x^4의 계수는 4이므로
$4k-8=4$　　∴ $k=3$

03-3　탑 19

$(2x-1)(x^2+ax+b)$의 전개식에서 x^3의 계수와 상
수항이 같으므로
$2=-b$　　∴ $b=-2$
$f(x)=(2x-1)(x^2+ax-2)$라고 하면
다항식 $f(x)$의 상수항을 포함한 모든 계수의 합은
$f(1)$과 같으므로
$f(1)=(2-1)(1+a-2)=a-1=9$　　∴ $a=10$
$(2x-1)(x^2+10x-2)$의 전개식에서 x^2항은
$2x\times10x-x^2=19x^2$이므로 x^2의 계수는 19이다.

⊕ 보충 설명

자연수 n에 대하여 다항식
$$f(x)=a_nx^n+a_{n-1}x^{n-1}+\cdots+a_2x^2+a_1x+a_0$$
$$(a_0, a_1, a_2, \cdots, a_n\text{은 상수})$$
의 상수항을 포함한 모든 항의 계수의 합은
$$a_n+a_{n-1}+\cdots+a_2+a_1+a_0$$
이다. 그런데 $f(1)$ 역시
$$f(1)=a_n+a_{n-1}+\cdots+a_2+a_1+a_0$$
이므로 다항식 $f(x)$의 상수항을 포함한 모든 항의 계수의
합은 $f(1)$이다.

04-1　탑 (1) 몫 : $2x-1$, 나머지 : 3
　　　　　　(2) 몫 : $2x+1$, 나머지 : $4x+2$

(1)
$$
\begin{array}{r}
2x-1 \\
x+2\,\overline{)\,2x^2+3x+1} \\
\underline{2x^2+4x} \\
-x+1 \\
\underline{-x-2} \\
3
\end{array}
$$
∴ 몫 : $2x-1$, 나머지 : 3

(2)
$$
\begin{array}{r}
2x+1 \\
x^2-2x-1\,\overline{)\,2x^3-3x^2+1} \\
\underline{2x^3-4x^2-2x} \\
x^2+2x+1 \\
\underline{x^2-2x-1} \\
4x+2
\end{array}
$$
∴ 몫 : $2x+1$, 나머지 : $4x+2$

다른 풀이

(1)
$$
\begin{array}{r}
2\quad-1\qquad \leftarrow 몫 \\
1\ \ 2\,\overline{)\,2\quad3\quad1} \\
\underline{2\quad4} \\
-1\quad1 \\
\underline{-1\quad-2} \\
3\quad \leftarrow 나머지
\end{array}
$$

(2)
$$
\begin{array}{r}
2\quad1\qquad\qquad \leftarrow 몫 \\
1\ -2\ -1\,\overline{)\,2\quad-3\quad0\quad1} \\
\underline{2\quad-4\quad-2} \\
1\quad2\quad1 \\
\underline{1\quad-2\quad-1} \\
4\quad2\quad \leftarrow 나머지
\end{array}
$$

04-2　탑 16

$3x^3+x^2-x^2(ax+1)=0$이므로
$a=3$
∴ $a=b=3$
$6x+4-(dx+e)=2$에서
$d=6$, $e=2$
$c\times(3x+1)=6x+2$에서
$c=2$
∴ $a+b+c+d+e=3+3+2+6+2$
　　　　　　$=16$

04-3 답 1

$$
\begin{array}{r}
3x-1 \\
x^2-x+1\overline{)3x^3-4x^2+\ x-2} \\
\underline{3x^3-3x^2+3x} \\
-\ x^2-2x-2 \\
\underline{-\ x^2+\ x-1} \\
-3x-1
\end{array}
$$

따라서 $Q(x)=3x-1$, $R(x)=-3x-1$이므로
$Q(3)=3\times3-1=8$, $R(2)=(-3)\times2-1=-7$
$\therefore\ Q(3)+R(2)=8+(-7)=1$

개념 콕콕 2 곱셈 공식 33쪽

1 답 (1) $x^2+4xy+4y^2$ (2) $4x^2-12x+9$
(3) x^2-9y^2 (4) x^2+6x+8
(5) $2x^2+13x+15$

(1) $(x+2y)^2=x^2+2\times x\times2y+(2y)^2$
$\qquad\quad=x^2+4xy+4y^2$
(2) $(2x-3)^2=(2x)^2-2\times2x\times3+3^2$
$\qquad\quad=4x^2-12x+9$
(3) $(x+3y)(x-3y)=x^2-(3y)^2=x^2-9y^2$
(4) $(x+4)(x+2)=x^2+(4+2)x+4\times2$
$\qquad\qquad\quad=x^2+6x+8$
(5) $(2x+3)(x+5)=2x^2+(10+3)x+3\times5$
$\qquad\qquad\qquad=2x^2+13x+15$

2 답 (1) $9a^2+12ab+6a+4b^2+4b+1$
(2) $a^2+b^2+c^2-2ab+2bc-2ca$

(1) $(3a+2b+1)^2$
$=(3a)^2+(2b)^2+1^2+2\times3a\times2b+2\times2b\times1$
$\qquad\qquad\qquad\qquad\qquad\qquad+2\times1\times3a$
$=9a^2+4b^2+1+12ab+4b+6a$
$=9a^2+12ab+6a+4b^2+4b+1$
(2) $(a-b-c)^2$
$=\{a+(-b)+(-c)\}^2$
$=a^2+(-b)^2+(-c)^2+2\times a\times(-b)$
$\qquad\qquad+2\times(-b)\times(-c)+2\times(-c)\times a$
$=a^2+b^2+c^2-2ab+2bc-2ca$

3 답 (1) $x^3+6x^2+12x+8$
(2) x^3-3x^2+3x-1
(3) a^3+27
(4) $8x^3-1$

(1) $(x+2)^3=x^3+3x^2\times2+3x\times2^2+2^3$
$\qquad\quad=x^3+6x^2+12x+8$
(2) $(x-1)^3=x^3-3\times x^2\times1+3\times x\times1^2-1^3$
$\qquad\quad=x^3-3x^2+3x-1$
(3) $(a+3)(a^2-3a+9)=(a+3)(a^2-a\times3+3^2)$
$\qquad\qquad\qquad\qquad=a^3+3^3=a^3+27$
(4) $(2x-1)(4x^2+2x+1)$
$=(2x-1)\{(2x)^2+2x\times1+1^2\}$
$=(2x)^3-1$
$=8x^3-1$

4 답 (1) b, 2, 2, 6 (2) $a+b$, 4, 8
(3) $a+b$, 3, 8, 3, 14

(1) $a^2+b^2=(a+\boxed{b})^2-\boxed{2}\,ab$
$\qquad\quad=2^2-\boxed{2}\times(-1)=\boxed{6}$
(2) $(a-b)^2=(\boxed{a+b})^2-4ab$
$\qquad\quad=\boxed{4}-4\times(-1)=\boxed{8}$
(3) $a^3+b^3=(\boxed{a+b})^3-\boxed{3}\,ab(a+b)$
$\qquad\quad=\boxed{8}-\boxed{3}\times(-1)\times2=\boxed{14}$

예제 05 곱셈 공식 35쪽

05-1 답 (1) $x^2+10xy+25y^2$ (2) x^2-4
(3) $8x^3-36x^2+54x-27$ (4) x^3+27y^3

(1) $(x+5y)^2=x^2+2\times x\times5y+(5y)^2$
$\qquad\quad=x^2+10xy+25y^2$
(2) $(x+2)(x-2)=x^2-2^2=x^2-4$
(3) $(2x-3)^3$
$=(2x)^3-3\times(2x)^2\times3+3\times2x\times3^2-3^3$
$=8x^3-36x^2+54x-27$
(4) $(x+3y)(x^2-3xy+9y^2)$
$=(x+3y)\{x^2-x\times3y+(3y)^2\}$
$=x^3+(3y)^3$
$=x^3+27y^3$

05-2 답 (1) x^8-1 (2) $x^6-3x^4+3x^2-1$

(1) $(x-1)(x+1)(x^2+1)(x^4+1)$
$=\{(x-1)(x+1)\}(x^2+1)(x^4+1)$
$=\{(x^2-1)(x^2+1)\}(x^4+1)$
$=(x^4-1)(x^4+1)=x^8-1$

(2) $(x-1)^3(x+1)^3$
$=\{(x-1)(x+1)\}^3$
$=(x^2-1)^3$
$=(x^2)^3-3\times(x^2)^2\times1+3\times x^2\times1^2-1^3$
$=x^6-3x^4+3x^2-1$

05-3 답 ⑤

$(2x+1)^3(x-2)^2$
$=(8x^3+12x^2+6x+1)(x^2-4x+4)$ ······ ㉠
㉠의 전개식에서 x항은
$6x\times4+1\times(-4x)=24x-4x=20x$
$\therefore a=20$
x^2항은
$12x^2\times4+6x\times(-4x)+1\times x^2=48x^2-24x^2+x^2$
$\qquad\qquad\qquad\qquad\qquad\qquad\quad=25x^2$
$\therefore b=25$
$\therefore a+b=20+25=45$

06-1 답 (1) $9x^2-y^2-4z^2+4yz$
(2) $4x^2+4xy+y^2-4x-2y-3$
(3) $x^4+4x^3-7x^2-22x+24$

(1) $(3x+y-2z)(3x-y+2z)$
$=\{3x+(y-2z)\}\{3x-(y-2z)\}$
$=(3x)^2-(y-2z)^2$
$=9x^2-(y^2-4yz+4z^2)$
$=9x^2-y^2-4z^2+4yz$
(2) $(2x+y-3)(2x+y+1)$
$=\{(2x+y)-3\}\{(2x+y)+1\}$
$=(2x+y)^2+\{(-3)+1\}(2x+y)+(-3)\times1$
$=4x^2+4xy+y^2-4x-2y-3$
(3) $(x-1)(x-2)(x+3)(x+4)$
$=\{(x-1)(x+3)\}\{(x-2)(x+4)\}$
$=(x^2+2x-3)(x^2+2x-8)$
$x^2+2x=X$로 놓으면
$(x^2+2x-3)(x^2+2x-8)$
$=(X-3)(X-8)$
$=X^2-11X+24$
$=(x^2+2x)^2-11(x^2+2x)+24$
$=x^4+4x^3+4x^2-11x^2-22x+24$
$=x^4+4x^3-7x^2-22x+24$

06-2 답 (1) $a^2+9b^2+c^2+6ab+6bc+2ca$
(2) $4a^2+9b^2+c^2-12ab+6bc-4ca$

(1) $(a+3b+c)^2$
$=a^2+(3b)^2+c^2+2\times a\times3b+2\times3b\times c$
$\qquad\qquad\qquad\qquad\qquad\qquad+2\times c\times a$
$=a^2+9b^2+c^2+6ab+6bc+2ca$
(2) $(2a-3b-c)^2$
$=(2a)^2+(-3b)^2+(-c)^2+2\times2a\times(-3b)$
$\qquad\qquad+2\times(-3b)\times(-c)+2\times(-c)\times2a$
$=4a^2+9b^2+c^2-12ab+6bc-4ca$

다른 풀이

다음과 같이 항을 묶어 $(x+y)^2$, $(x-y)^2$ 꼴로 변형한 후 곱셈 공식을 이용하여 전개할 수도 있다.
(1) $(a+3b+c)^2=\{a+(3b+c)\}^2$
$\qquad\qquad\qquad=a^2+2a(3b+c)+(3b+c)^2$
(2) $(2a-3b-c)^2=\{2a-(3b+c)\}^2$
$\qquad\qquad\qquad=4a^2-4a(3b+c)+(3b+c)^2$

06-3 답 ①

$(x^2-y^2)(x^2-xy+y^2)(x^2+xy+y^2)$
$=(x+y)(x-y)(x^2-xy+y^2)(x^2+xy+y^2)$
$=\{(x+y)(x^2-xy+y^2)\}\{(x-y)(x^2+xy+y^2)\}$
$=(x^3+y^3)(x^3-y^3)=x^6-y^6$

➕ 보충 설명

다음 곱셈 공식은 꼭 알아두도록 한다.
(1) $(x+y)(x-y)=x^2-y^2$
(2) $(x-y)(x^2+xy+y^2)=x^3-y^3$
(3) $(x+y)(x^2-xy+y^2)=x^3+y^3$

07-1 답 (1) 21　(2) 17　(3) 95
(1) $a^2+b^2=(a+b)^2-2ab=5^2-2\times2=21$
(2) $(a-b)^2=(a+b)^2-4ab=5^2-4\times2=17$
(3) $a^3+b^3=(a+b)^3-3ab(a+b)$
$\qquad\qquad=5^3-3\times2\times5=95$

07-2 답 (1) 47　(2) -123
$x^2+y^2=(x+y)^2-2xy=(-3)^2-2\times1=7$
$x^3+y^3=(x+y)^3-3xy(x+y)$
$\qquad\qquad=(-3)^3-3\times1\times(-3)=-18$

(1) $x^4+y^4=(x^2+y^2)^2-2x^2y^2=(x^2+y^2)^2-2(xy)^2$
$$=7^2-2\times1^2=47$$
(2) $x^5+y^5=(x^2+y^2)(x^3+y^3)-x^2y^2(x+y)$
$$=(x^2+y^2)(x^3+y^3)-(xy)^2(x+y)$$
$$=7\times(-18)-1^2\times(-3)=-123$$

07-3 답 (1) 7 (2) $\pm\sqrt{5}$ (3) 18

(1) $x^2+\dfrac{1}{x^2}=\left(x+\dfrac{1}{x}\right)^2-2=3^2-2=7$

(2) $\left(x-\dfrac{1}{x}\right)^2=\left(x+\dfrac{1}{x}\right)^2-4=3^2-4=5$

$\quad\therefore x-\dfrac{1}{x}=\pm\sqrt{5}$

(3) $x^3+\dfrac{1}{x^3}=\left(x+\dfrac{1}{x}\right)^3-3\left(x+\dfrac{1}{x}\right)=3^3-3\times3=18$

➕ 보충 설명

곱셈 공식의 변형 공식에 익숙해지도록 한다.

(1) $x^2+\dfrac{1}{x^2}=\left(x+\dfrac{1}{x}\right)^2-2$

(2) $\left(x-\dfrac{1}{x}\right)^2=\left(x+\dfrac{1}{x}\right)^2-4$

(3) $x^3+\dfrac{1}{x^3}=\left(x+\dfrac{1}{x}\right)^3-3\left(x+\dfrac{1}{x}\right)$

예제 08 곱셈 공식의 변형 (2) 41쪽

08-1 답 (1) 11 (2) 24

(1) $a^2+b^2+c^2=(a+b+c)^2-2(ab+bc+ca)$
$$=3^2-2\times(-1)=11$$
(2) $(a-b)^2+(b-c)^2+(c-a)^2$
$$=(a^2-2ab+b^2)+(b^2-2bc+c^2)$$
$$+(c^2-2ca+a^2)$$
$$=2a^2+2b^2+2c^2-2ab-2bc-2ca$$
$$=2(a^2+b^2+c^2-ab-bc-ca)$$
$$=2(a^2+b^2+c^2)-2(ab+bc+ca)$$
$$=2\times11-2\times(-1)\ (\because (1)\text{에서 } a^2+b^2+c^2=11)$$
$$=24$$

다른 풀이

(2) $(a-b)^2+(b-c)^2+(c-a)^2$
$$=(a^2-2ab+b^2)+(b^2-2bc+c^2)$$
$$+(c^2-2ca+a^2)$$
$$=2a^2+2b^2+2c^2-2ab-2bc-2ca$$
$$=2(a^2+b^2+c^2-ab-bc-ca)$$

$$=2\{(a+b+c)^2-3(ab+bc+ca)\}$$
$$=2\{3^2-3\times(-1)\}=24$$

08-2 답 $-\dfrac{1}{4}$

$\dfrac{1}{a}+\dfrac{1}{b}+\dfrac{1}{c}=1$의 양변에 abc를 곱하면

$ab+bc+ca=abc$ $\qquad\cdots\cdots$ ㉠

$a+b+c=1$의 양변을 제곱하면

$a^2+b^2+c^2+2(ab+bc+ca)=1$

$\dfrac{3}{2}+2(ab+bc+ca)=1$

$\therefore ab+bc+ca=-\dfrac{1}{4}$

$\therefore abc=-\dfrac{1}{4}\ (\because ㉠)$

08-3 답 (1) 8 (2) 0

(1) $(a+b+c)^2=a^2+b^2+c^2+2(ab+bc+ca)$에서

$\quad 2^2=6+2(ab+bc+ca)$

$\quad\therefore ab+bc+ca=-1 \qquad\cdots\cdots$ ㉠

$\quad\therefore a^3+b^3+c^3$

$\qquad=(a+b+c)(a^2+b^2+c^2-ab-bc-ca)$
$$+3abc$$
$\qquad=2\times\{6-(-1)\}+3\times(-2)=8$

(2) $a+b+c=2$에서

$\quad a+b=2-c,\ b+c=2-a,\ c+a=2-b$

$\quad\therefore (a+b)(b+c)(c+a)$

$\qquad=(2-c)(2-a)(2-b)$

$\qquad=2^3-2^2\times(a+b+c)+2\times(ab+bc+ca)$
$$-abc$$
$\qquad=8-4\times2+2\times(-1)-(-2)\ (\because ㉠)$

$\qquad=0$

기본 다지기 42쪽 ~ 43쪽

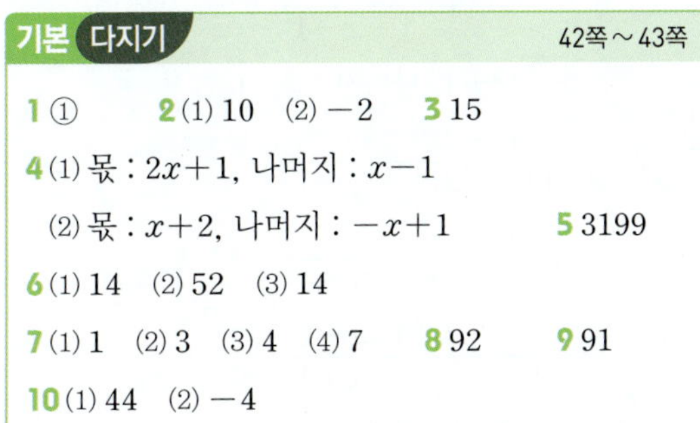

1 ① **2** (1) 10 (2) -2 **3** 15

4 (1) 몫 : $2x+1$, 나머지 : $x-1$

　(2) 몫 : $x+2$, 나머지 : $-x+1$ **5** 3199

6 (1) 14 (2) 52 (3) 14

7 (1) 1 (2) 3 (3) 4 (4) 7 **8** 92 **9** 91

10 (1) 44 (2) -4

1 $X+A=2B$에서

$X=2B-A$

$\quad=2(3x^2-2xy+y^2)-(x^2-2xy+3y^2)$

$\quad=6x^2-4xy+2y^2-x^2+2xy-3y^2$

$\quad=5x^2-2xy-y^2$

＋ 보충 설명

실수 a와 두 다항식 A, B에 대하여
(1) $a(A+B)=aA+aB$
(2) $aX=A$이면 $X=\dfrac{1}{a}A$ $(a\neq0)$

2 (1) $(3x^2+2x+1)(3x^2+2x+1)$의 전개식에서 x^2항은

$3x^2\times1+2x\times2x+1\times3x^2=10x^2$

따라서 x^2의 계수는 10이다.

(2) $(2x-1)(x^2+ax-a)$의 전개식에서 x^2항은

$2x\times ax+(-1)\times x^2=(2a-1)x^2$

따라서 $2a-1=-5$에서 $a=-2$

이때 주어진 식의 전개식에서 상수항은

$(-1)\times(-a)=a=-2$

3 $(x-2a-1)(2x+3a+5)(x+a)$의 전개식에서 x^2항은

$x\times2x\times a+x\times(3a+5)\times x+(-2a-1)\times2x\times x$

$=2ax^2+(3a+5)x^2+(-4a-2)x^2$

$=\{2a+(3a+5)+(-4a-2)\}x^2$

$=(a+3)x^2$

따라서 $a+3=18$이므로 $a=15$

4 (1)
$$\begin{array}{r}
2x\phantom{{}^2}+1\phantom{{}x} \\
x^2+1\,\overline{)\,2x^3+x^2+3x} \\
\underline{2x^3+2x} \\
x^2+x \\
\underline{x^2+1} \\
x-1
\end{array}$$

$\therefore$ 몫 : $2x+1$, 나머지 : $x-1$

(2)
$$\begin{array}{r}
x\phantom{{}^2}+2\phantom{{}x} \\
x^2+x-1\,\overline{)\,x^3+3x^2-1} \\
\underline{x^3+x^2-x} \\
2x^2+x-1 \\
\underline{2x^2+2x-2} \\
-x+1
\end{array}$$

$\therefore$ 몫 : $x+2$, 나머지 : $-x+1$

5 $(2a-1)(4a^2-2a+1)(2a+1)(4a^2+2a+1)$

$=(2a+1)(4a^2-2a+1)(2a-1)(4a^2+2a+1)$

$=(2a+1)\{(2a)^2-2a+1\}(2a-1)\{(2a)^2+2a+1\}$

$=\{(2a)^3+1^3\}\{(2a)^3-1^3\}$

$=\{(2a)^3+1\}\{(2a)^3-1\}$

$=\{(2a)^3\}^2-1^2$

$=(2a)^6-1$

$=64a^6-1$

$=64\times50-1$

$=3199$

6 $x+y=(2+\sqrt{3})+(2-\sqrt{3})=4$

$xy=(2+\sqrt{3})(2-\sqrt{3})=2^2-(\sqrt{3})^2=1$

(1) $x^2+y^2=(x+y)^2-2xy$

$\qquad\quad=4^2-2\times1=14$

(2) $x^3+y^3=(x+y)^3-3xy(x+y)$

$\qquad\quad=4^3-3\times1\times4=52$

(3) $\dfrac{y}{x}+\dfrac{x}{y}=\dfrac{x^2+y^2}{xy}=\dfrac{14}{1}=14$

＋ 보충 설명

주어진 값을 직접 대입하여 구할 수도 있으나 다음의 곱셈 공식의 변형을 이용하도록 한다.
(1) $a^2+b^2=(a+b)^2-2ab$
$\quad a^2+b^2=(a-b)^2+2ab$
(2) $(a-b)^2=(a+b)^2-4ab$
$\quad |a-b|=\sqrt{(a+b)^2-4ab}$
(3) $a^3+b^3=(a+b)^3-3ab(a+b)$
$\quad a^3-b^3=(a-b)^3+3ab(a-b)$

7 (1) $x^2-x-1=0$에서 $x\neq0$이므로 양변을 x로 나누면

$x-1-\dfrac{1}{x}=0 \qquad \therefore x-\dfrac{1}{x}=1$

(2) $x^2+\dfrac{1}{x^2}=\left(x-\dfrac{1}{x}\right)^2+2$

$\qquad\quad=1^2+2=3$

(3) $x^3-\dfrac{1}{x^3}=\left(x-\dfrac{1}{x}\right)^3+3\left(x-\dfrac{1}{x}\right)$

$\qquad\quad=1^3+3\times1=4$

(4) $x^4+\dfrac{1}{x^4}=\left(x^2+\dfrac{1}{x^2}\right)^2-2$

$\qquad\quad=3^2-2=7$

$x^2+\dfrac{1}{x^2},\ x^3-\dfrac{1}{x^3},\ x^4+\dfrac{1}{x^4}$의 값을 구할 때에는 $x+\dfrac{1}{x}$

또는 $x-\dfrac{1}{x}$의 값을 이용할 수 있도록 식을 변형한다.

(1) $x^2+\dfrac{1}{x^2}=\left(x+\dfrac{1}{x}\right)^2-2=\left(x-\dfrac{1}{x}\right)^2+2$

(2) $x^3-\dfrac{1}{x^3}=\left(x-\dfrac{1}{x}\right)^3+3\left(x-\dfrac{1}{x}\right)$

(3) $x^4+\dfrac{1}{x^4}=\left(x^2+\dfrac{1}{x^2}\right)^2-2$

8 조건 ㈎에서 $a+b=2\sqrt{5},\ ab=1$이므로
$$(a-b)^2=(a+b)^2-4ab$$
$$=(2\sqrt{5})^2-4\times1$$
$$=16$$
조건 ㈏에 의하여 $a-b>0$이므로
$$a-b=\sqrt{(a-b)^2}$$
$$=\sqrt{16}=4$$
$$a^3-b^3=(a-b)^3+3ab(a-b)$$
$$=4^3+3\times1\times4$$
$$=76$$
$$\therefore\ (a-b)^2+a^3-b^3=16+76=92$$

9 $\overline{BC}=a,\ \overline{CA}=b,\ \overline{AB}=c$라고 하면
조건 ㈎에 의하여 $a+b=c+2$
$$\therefore\ c=a+b-2 \qquad \cdots\cdots\ \text{㉠}$$
조건 ㈏에 의하여
$$\triangle ABC=\dfrac{1}{2}ab=6$$
$$\therefore\ ab=12 \qquad \cdots\cdots\ \text{㉡}$$
또한 삼각형 ABC는 $\angle C=90°$인 직각삼각형이므로
피타고라스 정리에 의하여
$$a^2+b^2=c^2 \qquad \cdots\cdots\ \text{㉢}$$
㉠을 ㉢에 대입하면
$$a^2+b^2=(a+b-2)^2$$
$$=a^2+b^2+4+2ab-4b-4a$$
$$4(a+b)=2ab+4$$
$$=2\times12+4=28\ (\because\ \text{㉡})$$
$$\therefore\ a+b=7$$
$$\therefore\ \overline{BC}^3+\overline{CA}^3=a^3+b^3$$
$$=(a+b)^3-3ab(a+b)$$
$$=7^3-3\times12\times7$$
$$=91$$

$a,\ b,\ c$의 각각의 값을 연립방정식을 이용하여 구해 보자.
$$a+b=7,\ ab=12$$
이므로 $b=7-a$를 $ab=12$에 대입하면
$$a(7-a)=12$$
$$a^2-7a+12=0$$
$$(a-3)(a-4)=0$$
$$\therefore\ a=3\ \text{또는}\ a=4$$
$$\therefore\ a=3,\ b=4,\ c=5\ \text{또는}\ a=4,\ b=3,\ c=5$$

10 (1) $(a+b)^2+(b+c)^2+(c+a)^2$
$$=(a^2+2ab+b^2)+(b^2+2bc+c^2)$$
$$\qquad\qquad\qquad\quad+(c^2+2ac+a^2)$$
$$=2a^2+2b^2+2c^2+2ab+2bc+2ca$$
$$=2(a^2+b^2+c^2+ab+bc+ca)$$
$$=2\{a^2+b^2+c^2+2ab+2bc+2ca$$
$$\qquad\qquad\qquad\quad-(ab+bc+ca)\}$$
$$=2\{(a+b+c)^2-(ab+bc+ca)\}$$
$$=2\times(5^2-3)$$
$$=44$$

(2) $\dfrac{1}{a}+\dfrac{1}{b}+\dfrac{1}{c}=1$의 양변에 abc를 곱하면
$$ab+bc+ca=abc \qquad \cdots\cdots\ \text{㉠}$$
$a+b+c=1$의 양변을 제곱하면
$$a^2+b^2+c^2+2(ab+bc+ca)=1$$
이므로
$$9+2(ab+bc+ca)=1$$
$$ab+bc+ca=-4$$
$$\therefore\ abc=-4\ (\because\ \text{㉠})$$

(1) $a^2+b^2+c^2=(a+b+c)^2-2(ab+bc+ca)$
$$=5^2-2\times3$$
$$=19$$
이므로
$$(a+b)^2+(b+c)^2+(c+a)^2$$
$$=(a^2+2ab+b^2)+(b^2+2bc+c^2)$$
$$\qquad\qquad\qquad\quad+(c^2+2ac+a^2)$$
$$=2a^2+2b^2+2c^2+2ab+2bc+2ca$$
$$=2(a^2+b^2+c^2)+2(ab+bc+ca)$$
$$=2\times19+2\times3$$
$$=44$$

<table>
<tr><td>실력 다지기</td></tr>
</table>

11 ③ **12** (1) 1 (2) 2 **13** 18
14 (1) 11 (2) 36 (3) 119
15 (1) 34 (2) 82 (3) 198 **16** (1) 10 (2) -1
17 (1) 8 (2) 10 **18** 16 **19** 29 **20** 73

11 접근 방법 | $\dfrac{1}{2}\{3(A+B)-2(B+C)\}$에 주어진 A, B,
C를 직접 대입하여 계산하면 계산 과정이 길어져서 복잡하므로 먼저 주어진 식을 정리한 다음 대입해야 한다.

$$\dfrac{1}{2}\{3(A+B)-2(B+C)\}$$
$$=\dfrac{1}{2}(3A+3B-2B-2C)$$
$$=\dfrac{1}{2}(3A+B-2C)$$

이므로
$$3A+B-2C$$
$$=3(3x^2+2xy+2y^2)+(x^2-2xy-2y^2)$$
$$\qquad\qquad\qquad\qquad-2(2x^2+xy-y^2)$$
$$=9x^2+6xy+6y^2+x^2-2xy-2y^2-4x^2-2xy+2y^2$$
$$=6x^2+2xy+6y^2$$
$$\therefore \dfrac{1}{2}(3A+B-2C)=\dfrac{1}{2}(6x^2+2xy+6y^2)$$
$$\qquad\qquad\qquad\qquad=3x^2+xy+3y^2$$

12 접근 방법 | (1) 삼차식 x^3+ax+b를 차수에 유의하여 x^2-x+1로 직접 나누고 나누어떨어지도록 하는 두 상수 a, b의 값을 구한다.
(2) 주어진 조건에서
$2x^3-x^2+2x+4=(ax^2+bx+c)(2x+1)+(-x+2)$가 성립하므로 식을 이항하여 직접 나눗셈을 하여 몫을 구하도록 한다.
(1) 삼차식 x^3+ax+b를 x^2-x+1로 나누면

$$
\begin{array}{r}
x+1 \\
x^2-x+1\ \overline{)\ x^3\qquad\ +\ \ ax+b} \\
\underline{x^3-x^2+\qquad x\quad} \\
x^2+(a-1)x+b \\
\underline{x^2\qquad-x+1} \\
ax+(b-1)
\end{array}
$$

따라서 나머지가 $ax+(b-1)$이고 나누어떨어지려면 나머지가 0이어야 하므로

$ax+(b-1)=0$
$$\therefore a=0,\ b=1$$
$$\therefore a+b=0+1=1$$

(2) 다항식의 나눗셈의 원리에서
$$2x^3-x^2+2x+4$$
$$=(ax^2+bx+c)(2x+1)+(-x+2)$$
이므로
$$2x^3-x^2+3x+2=(ax^2+bx+c)(2x+1)$$
위의 식으로부터 ax^2+bx+c는 $2x^3-x^2+3x+2$를 $2x+1$로 나눈 몫임을 알 수 있다.

$$
\begin{array}{r}
x^2-\ x+2 \\
2x+1\ \overline{)\ 2x^3-\ x^2+3x+2} \\
\underline{2x^3+\ x^2\qquad\quad} \\
-2x^2+3x \\
\underline{-2x^2-\ x\quad} \\
4x+2 \\
\underline{4x+2} \\
0
\end{array}
$$

따라서 $ax^2+bx+c=x^2-x+2$이므로
$a=1$, $b=-1$, $c=2$
$$\therefore a+b+c=1+(-1)+2=2$$

13 접근 방법 | $(1+2x)^3$에서 x의 계수를 구하고 나머지 식에서 $(1+2x)$를 묶었을 때, 전개식에서 x항이 나올 수 있는 경우만을 나열해 보도록 한다.
$(1+2x)^3=1+6x+12x^2+8x^3$이므로 x의 계수는 6이다.
$$(1+2x+3x^2)^3$$
$$=\{(1+2x)+3x^2\}^3$$
$$=(1+2x)^3+(3x^2)^3$$
$$\qquad\qquad+3\times(1+2x)\times3x^2\times\{(1+2x)+3x^2\}$$
이므로 $(1+2x+3x^2)^3$의 전개식에서 x의 계수는 $(1+2x)^3$의 전개식에서 x의 계수와 같다.
$$(1+2x+3x^2+4x^3)^3$$
$$=\{(1+2x)+(3x^2+4x^3)\}^3$$
$$=(1+2x)^3+(3x^2+4x^3)^3$$
$$\qquad\qquad+3\times(1+2x)\times(3x^2+4x^3)$$
$$\qquad\qquad\qquad\times\{(1+2x)+(3x^2+4x^3)\}$$
이므로 $(1+2x+3x^2+4x^3)^3$의 전개식에서 x의 계수도 $(1+2x)^3$의 전개식에서 x의 계수와 같다.
따라서 주어진 전개식에서 x의 계수는
$6\times3=18$

식을 모두 전개하여 x의 계수를 찾아내려면 계산이 복잡하므로 $(a+b+c)^3$과 $(a+b+c+d)^3$ 같은 식들은 괄호 안의 식을 묶은 다음 전개해 보도록 한다.

14 **접근 방법 |** 주어진 조건에서 xy의 값을 구하고 곱셈 공식의 변형을 이용하여 값을 정하도록 한다.

곱셈 공식 $(x+y)^2=x^2+2xy+y^2$에서 우변의 $2xy$를 분리하면

$$(x+y)^2=(x^2+xy+y^2)+xy$$

문제에서 주어진 조건을 대입하면

$$3^2=10+xy$$

$$\therefore xy=-1$$

(1) 곱셈 공식의 변형을 이용하여

$$x^2+y^2=(x+y)^2-2xy$$
$$=3^2-2\times(-1)=11$$

(2) 곱셈 공식의 변형을 이용하여

$$x^3+y^3=(x+y)^3-3xy(x+y)$$
$$=3^3-3\times(-1)\times3=36$$

(3) $xy=-1$이고 (1)에서 $x^2+y^2=11$이므로

$$x^4+y^4=(x^2+y^2)^2-2x^2y^2=(x^2+y^2)^2-2(xy)^2$$
$$=11^2-2\times(-1)^2=119$$

다음 곱셈 공식의 변형을 잘 기억한다.
(1) $x^2+y^2=(x+y)^2-2xy=(x-y)^2+2xy$
(2) $x^3+y^3=(x+y)^3-3xy(x+y)$
(3) $x^3-y^3=(x-y)^3+3xy(x-y)$

15 **접근 방법 |** x^n+y^n (n은 자연수) 꼴의 값을 구하기 위해서는 $x+y$, xy의 값을 알아야 한다.

$$x+y=(1+\sqrt{2})+(1-\sqrt{2})=2$$
$$xy=(1+\sqrt{2})(1-\sqrt{2})=1^2-(\sqrt{2})^2=-1$$
$$x^2+y^2=(x+y)^2-2xy$$
$$=2^2-2\times(-1)=6$$
$$x^3+y^3=(x+y)^3-3xy(x+y)$$
$$=2^3-3\times(-1)\times2=14$$

(1) $x^4+y^4=(x^2+y^2)^2-2x^2y^2$
$$=(x^2+y^2)^2-2(xy)^2$$
$$=6^2-2\times(-1)^2=34$$

(2) $x^5+y^5=(x^2+y^2)(x^3+y^3)-x^2y^2(x+y)$
$$=(x^2+y^2)(x^3+y^3)-(xy)^2(x+y)$$
$$=6\times14-(-1)^2\times2=82$$

(3) $x^6+y^6=(x^2+y^2)^3-3x^2y^2(x^2+y^2)$
$$=(x^2+y^2)^3-3(xy)^2(x^2+y^2)$$
$$=6^3-3\times(-1)^2\times6=198$$

(3) $x^6+y^6=(x^3+y^3)^2-2x^3y^3$
$$=(x^3+y^3)^2-2(xy)^3$$
$$=14^2-2\times(-1)^3=198$$

16 **접근 방법 |** (1) $ab+bc+ca$

$=\dfrac{1}{2}\{(a+b+c)^2-(a^2+b^2+c^2)\}$임을 이용하고, 주어진 식을 전개하여 주어진 조건에 의하여 값을 구하도록 한다.

(2) $a+b+c=1$에서 $a+b=1-c$, $b+c=1-a$, $c+a=1-b$임을 이용하여 식을 전개해 보도록 한다.

(1) $a+b+c=3$, $a^2+b^2+c^2=7$에서

$$ab+bc+ca=\frac{1}{2}\{(a+b+c)^2-(a^2+b^2+c^2)\}$$
$$=\frac{1}{2}\times(3^2-7)=1$$

이므로

$$(a+b)(b+c)+(b+c)(c+a)+(c+a)(a+b)$$
$$=(ab+ac+b^2+bc)+(bc+ab+c^2+ac)$$
$$+(ac+bc+a^2+ab)$$
$$=a^2+b^2+c^2+3(ab+bc+ca)$$
$$=7+3\times1=10$$

(2) $a+b+c=1$에서

$$a+b=1-c,\ b+c=1-a,\ c+a=1-b$$이므로
$$(a+b)(b+c)(c+a)$$
$$=(1-c)(1-a)(1-b)$$
$$=(1-a-c+ac)(1-b)$$
$$=1-b-a+ab-c+bc+ac-abc$$
$$=1-a-b-c+ab+bc+ca-abc$$
$$=1-(a+b+c)+(ab+bc+ca)-abc$$
$$=1-1+(-3)-(-2)=-1$$

$a+b+c=k$ (k는 상수)가 주어졌을 때, $(a+b)(b+c)(c+a)$를 전개하여 a, b, c의 값을 찾으려고 하면 식이 복잡하게 전개되므로 다음과 같이 변형하여 전개하는 것이 좋다.
$a+b=k-c$, $b+c=k-a$, $c+a=k-b$이므로
$$(a+b)(b+c)(c+a)$$
$$=(k-c)(k-a)(k-b)$$
$$=k^3-(a+b+c)k^2+(ab+bc+ca)k-abc$$

17 접근 방법 | (1) 곱셈 공식에 의하여

$a^2+b^2+c^2-ab-bc-ca$

$=\dfrac{1}{2}\{(a-b)^2+(b-c)^2+(c-a)^2\}$

으로 변형할 수 있다.

(2) 곱셈 공식

$(a+b+c)(a^2+b^2+c^2-ab-bc-ca)$
$=a^3+b^3+c^3-3abc$

를 이용한다. 한편, $a^2+b^2+c^2$의 값은 $a+b+c=4$, $ab+bc+ca=5$를 이용하여 구할 수 있다.

(1) $a-b=1+\sqrt{5}$, $b-c=1-\sqrt{5}$이므로

$\quad c-a=-\{(a-b)+(b-c)\}$

$\qquad\quad =-\{(1+\sqrt{5})+(1-\sqrt{5})\}$

$\qquad\quad =-2$

$\quad \therefore a^2+b^2+c^2-ab-bc-ca$

$\qquad =\dfrac{1}{2}\{(a-b)^2+(b-c)^2+(c-a)^2\}$

$\qquad =\dfrac{1}{2}\{(1+\sqrt{5})^2+(1-\sqrt{5})^2+(-2)^2\}$

$\qquad =\dfrac{1}{2}\times 16=8$

(2) $a^2+b^2+c^2=(a+b+c)^2-2(ab+bc+ca)$

$\qquad\qquad\qquad =4^2-2\times 5=6$

$\quad \therefore a^3+b^3+c^3$

$\qquad =(a+b+c)(a^2+b^2+c^2-ab-bc-ca)$

$\qquad\qquad\qquad\qquad\qquad\qquad\qquad +3abc$

$\qquad =4\times(6-5)+3\times 2$

$\qquad =10$

<hr>

● 보충 설명

(1) $a^2+b^2+c^2-ab-bc-ca$

$=\dfrac{1}{2}(2a^2+2b^2+2c^2-2ab-2bc-2ca)$

$=\dfrac{1}{2}\{(a^2-2ab+b^2)+(b^2-2bc+c^2)$

$\qquad\qquad\qquad\qquad\qquad +(c^2-2ca+a^2)\}$

$=\dfrac{1}{2}\{(a-b)^2+(b-c)^2+(c-a)^2\}$

(2) $(a+b+c)(a^2+b^2+c^2-ab-bc-ca)$

$=a(a^2+b^2+c^2-ab-bc-ca)$

$\qquad +b(a^2+b^2+c^2-ab-bc-ca)$

$\qquad +c(a^2+b^2+c^2-ab-bc-ca)$

$=(a^3+ab^2+ac^2-a^2b-abc-a^2c)$

$\qquad +(a^2b+b^3+bc^2-ab^2-b^2c-abc)$

$\qquad +(a^2c+b^2c+c^3-abc-bc^2-ac^2)$

$=a^3+b^3+c^3-3abc$

18 접근 방법 | 곱셈 공식의 변형을 이용하여 식의 값을 구할 수 있다.

$a^2+b^2+c^2=(a+b+c)^2-2(ab+bc+ca)$

이므로 $4=2^2-2(ab+bc+ca)$

$\therefore ab+bc+ca=0$

$a^3+b^3+c^3$

$=(a+b+c)(a^2+b^2+c^2-ab-bc-ca)+3abc$

이므로

$8=2\times(4-0)+3abc \qquad \therefore abc=0$

$\therefore a^4+b^4+c^4$

$\quad =(a^2+b^2+c^2)^2-2(a^2b^2+b^2c^2+c^2a^2)$

$\quad =(a^2+b^2+c^2)^2$

$\qquad\qquad -2\{(ab+bc+ca)^2-2abc(a+b+c)\}$

$\quad =4^2-2\times(0^2-2\times 0\times 2)$

$\quad =16$

19 접근 방법 | $\overline{OA}=a$, $\overline{OB}=b$, $\overline{OC}=c$라 하고 조건 ㈎와 ㈏를 a, b, c에 대한 식으로 나타낸다.

$\overline{OA}=a$, $\overline{OB}=b$, $\overline{OC}=c$라고 할 때,

조건 ㈎에 의하여 $a+b+c=9$

조건 ㈏에 의하여

$\dfrac{1}{2}ab+\dfrac{1}{2}bc+\dfrac{1}{2}ca=13$

$\therefore ab+bc+ca=26$

$\therefore \overline{OA}^2+\overline{OB}^2+\overline{OC}^2$

$\quad =a^2+b^2+c^2$

$\quad =(a+b+c)^2-2(ab+bc+ca)$

$\quad =9^2-2\times 26$

$\quad =29$

<hr>

● 보충 설명

실수의 합(또는 차)과 곱을 알 수 있을 때에는 곱셈 공식의 변형에 의하여 다음의 값들을 구할 수 있다.

(1) $a^2+b^2=(a+b)^2-2ab$

$\quad (a-b)^2=(a+b)^2-4ab$

(2) $a^3+b^3=(a+b)^3-3ab(a+b)$

$\quad a^3-b^3=(a-b)^3+3ab(a-b)$

(3) $a^2+b^2+c^2=(a+b+c)^2-2(ab+bc+ca)$

(4) $a^3+b^3+c^3$

$\quad =(a+b+c)\{(a+b+c)^2-3(ab+bc+ca)\}+3abc$

20 접근 방법 | 직육면체의 모서리의 길이가 a, b, c이므로 대각선의 길이는 $\sqrt{a^2+b^2+c^2}$, 겉넓이는 $2(ab+bc+ca)$, 부피는 abc가 됨을 이용하여 곱셈 공식의 변형에 의해 구하도록 한다.

대각선의 길이가 $\sqrt{21}$이므로 $a^2+b^2+c^2=21$

겉넓이가 28이므로 $2(ab+bc+ca)=28$에서

$ab+bc+ca=14$

부피가 8이므로 $abc=8$

곱셈 공식에 의하여

$$(a+b+c)^2=a^2+b^2+c^2+2(ab+bc+ca)$$
$$=21+28=49$$

$a+b+c>0$이므로 $a+b+c=7$

$$\therefore\ a^3+b^3+c^3$$
$$=(a+b+c)(a^2+b^2+c^2-ab-bc-ca)+3abc$$
$$=7\times(21-14)+3\times8=73$$

21 **접근 방법** $(x+a)^3$을 전개하고 식을 내림차순으로 정리하여 구한다.

$$(x+a)^3+x(x-4)$$
$$=(x^3+3ax^2+3a^2x+a^3)+(x^2-4x)$$
$$=x^3+(3a+1)x^2+(3a^2-4)x+a^3$$

x^2의 계수는 $3a+1$이므로

$3a+1=10$　　$\therefore\ a=3$

22 **접근 방법** 직육면체 $\mathrm{ABCD-EFGH}$에서 $\overline{\mathrm{AB}}$, $\overline{\mathrm{BC}}$, $\overline{\mathrm{BF}}$의 길이를 각각 a, b, c라고 하면 직육면체의 겉넓이는 $2(ab+bc+ca)$, 모든 모서리의 길이의 합은 $4(a+b+c)$이므로 곱셈 공식의 변형을 이용하여 구한다.

$\overline{\mathrm{AB}}$, $\overline{\mathrm{BC}}$, $\overline{\mathrm{BF}}$의 길이를 각각 a, b, c라고 하면

직육면체의 겉넓이가 148이므로

$2(ab+bc+ca)=148$

$\therefore\ ab+bc+ca=74$

모든 모서리의 길이의 합이 60이므로

$4(a+b+c)=60$

$\therefore\ a+b+c=15$

$$a^2+b^2+c^2=(a+b+c)^2-2(ab+bc+ca)$$
$$=15^2-2\times74=77$$

이므로

$$\overline{\mathrm{BG}}^2+\overline{\mathrm{GD}}^2+\overline{\mathrm{DB}}^2=(b^2+c^2)+(a^2+c^2)+(a^2+b^2)$$
$$=2(a^2+b^2+c^2)$$
$$=154$$

23 **접근 방법** $\overline{\mathrm{PH}}=x$, $\overline{\mathrm{PI}}=y$라 하고, $\overline{\mathrm{HI}}=4$이므로 먼저 x, y 사이의 관계식을 구한다. 삼각형 PIH의 넓이에 대한 관계식에서 $x+y$, xy의 값을 정하여 곱셈 공식의 변형을 이용하여 구한다.

$\angle\mathrm{HPI}=90°$이므로 $\overline{\mathrm{HI}}=\overline{\mathrm{OP}}=4$

$\overline{\mathrm{PH}}=x$, $\overline{\mathrm{PI}}=y$라고 하면 삼각형 PIH에서

$x^2+y^2=16$　　　　　……㉠

삼각형 PIH의 내접원의 반지름의 길이를 r이라 하면

$\pi r^2=\dfrac{\pi}{4}$에서

$r=\dfrac{1}{2}\ (\because\ r>0)$

삼각형 PIH의 넓이에서

$\dfrac{1}{2}xy=\dfrac{1}{2}\times\dfrac{1}{2}\times(x+y+4)$이므로

$xy=\dfrac{1}{2}(x+y+4)$

$\therefore\ x+y=2(xy-2)$　　　　　……㉡

㉠에서 $(x+y)^2-2xy=16$이므로 ㉡을 대입하면

$4(xy-2)^2-2xy=16$

$xy(2xy-9)=0$

이때 $xy\neq0$이므로

$xy=\dfrac{9}{2}$　　　　　……㉢

㉡, ㉢에서

$x+y=2\times\left(\dfrac{9}{2}-2\right)=5$

$$\therefore\ \overline{\mathrm{PH}}^3+\overline{\mathrm{PI}}^3=x^3+y^3$$
$$=(x+y)^3-3xy(x+y)$$
$$=5^3-3\times\dfrac{9}{2}\times5=\dfrac{115}{2}$$

24 **접근 방법** $(a+b)^2=a^2+2ab+b^2$임을 보이는 직사각형에서 넓이가 a^2인 정사각형 1개, 넓이가 ab인 직사각형 2개, 넓이가 b^2인 정사각형 1개임을 의미하므로 $(a+b)^3=a^3+3a^2b+3ab^2+b^3$에서의 부피가 다른 직육면체의 종류와 전체 나무토막의 개수를 정하도록 한다.

한 모서리의 길이가 $a+b$인 정육면체를 하나의 큰 정육면체로 생각한다면 부피는 $(a+b)^3$이다.

한 모서리의 길이가 $a+b$인 정육면체를 다음과 같이 여러 개의 직육면체들로 나누면 정육면체의 부피는 작은 직육면체들의 부피의 합이다.

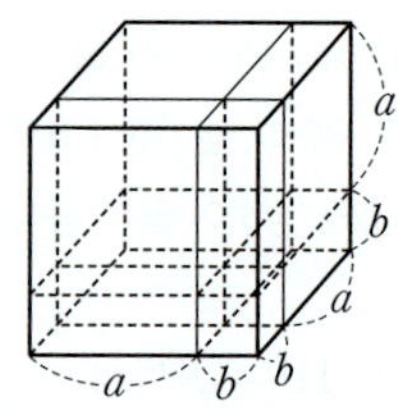

위의 그림에서
(ⅰ) 세 모서리의 길이가 각각 a, a, a인 정육면체 1개
  (정육면체 중 큰 것)
(ⅱ) 세 모서리의 길이가 각각 a, b, a인 직육면체 3개
  (넓은 판처럼 생긴 것)
(ⅲ) 세 모서리의 길이가 각각 a, b, b인 직육면체 3개
  (좁게 기둥처럼 생긴 것)
(ⅳ) 세 모서리의 길이가 각각 b, b, b인 정육면체 1개
  (정육면체 중 작은 것)
(ⅰ)~(ⅳ)의 직육면체들의 부피의 합은
$a^3+3a^2b+3ab^2+b^3$이다.
두 가지 방식으로 구한 부피는 같으므로
$(a+b)^3=a^3+3a^2b+3ab^2+b^3$이다.
이때 최소로 필요한 나무토막의 종류의 수는 4, 전체 나무토막의 개수는 8이다.

02. 나머지정리

1 답 ㄴ, ㄷ

ㄱ. $x^2=2x$에서
  $x^2-2x=0$, $x(x-2)=0$
  $\therefore\ x=0$ 또는 $x=2$
  즉, ㄱ은 x에 대한 방정식이다.
ㄴ. 주어진 등식의 우변을 전개하여 정리하면
$$(x-1)^2-(x+1)=x^2-2x+1-x-1$$
$$=x^2-3x$$
  이므로 x의 값에 관계없이 등식이 항상 성립한다.
  즉, ㄴ은 x에 대한 항등식이다.
ㄷ. 주어진 등식의 좌변을 전개하여 정리하면
$$(x-2)(x+5)=x^2+3x-10$$
  이므로 x의 값에 관계없이 등식이 항상 성립한다.
  즉, ㄷ은 x에 대한 항등식이다.
따라서 x에 대한 항등식인 것은 ㄴ, ㄷ이다.

2 답 (1) $a=3$, $b=2$
   (2) $a=1$, $b=0$
   (3) $a=4$, $b=2$

주어진 등식이 x에 대한 항등식이므로
(1) 동류항의 계수를 비교하면
  $a=3$, $b=2$
(2) 주어진 등식의 양변에 $x=0$을 대입하면
  $-b=0$ $\therefore\ b=0$
  주어진 등식의 양변에 $x=1$을 대입하면
  $a=1$
(3) 주어진 등식의 양변에 $x=0$을 대입하면
  $3=1+b$ $\therefore\ b=2$
  주어진 등식의 양변에 $x=1$을 대입하면
  $6=a+b$, $6=a+2$
  $\therefore\ a=4$

다른 풀이

(2) $ax+b(x-1)=x$에서
  $(a+b)x-b=x$
  이 등식이 x에 대한 항등식이므로
  $a+b=1$, $-b=0$
  $\therefore\ a=1$, $b=0$

3 탭 ⑴ $a=1$, $b=2$ ⑵ $a=-3$, $b=4$

⑴ 주어진 등식이 x에 대한 항등식이므로
양변에 $x=-2$를 대입하면
$-5a=-5$ $\quad\therefore\ a=1$
양변에 $x=3$을 대입하면
$5b=10$ $\quad\therefore\ b=2$

⑵ $(a+b)x^2+(a+2)x=(x+1)(x-2)+2$에서
$(a+b)x^2+(a+2)x=x^2-x$
이 등식이 x에 대한 항등식이므로
$a+b=1$, $a+2=-1$ $\quad\therefore\ a=-3$, $b=4$

4 탭 $a=1$, $b=1$

$a(x+1)+b(y-1)=ax+by+a-b$이므로
$ax+by+a-b=x+y$
이 등식이 x, y에 대한 항등식이므로 $a=1$, $b=1$

5 탭 7

$x^3-ax+1=(x+1)(x^2-x-6)+7$
이 등식이 x에 대한 항등식이므로 양변에 $x=-1$을
대입하면
$-1+a+1=7$ $\quad\therefore\ a=7$

55쪽

01-1 탭 $a=1$, $b=3$

주어진 등식이 x에 대한 항등식이므로
양변에 $x=-1$을 대입하면
$-2a=-2$ $\quad\therefore\ a=1$
양변에 $x=1$을 대입하면
$2b=6$ $\quad\therefore\ b=3$

다른 풀이

주어진 등식의 좌변을 전개하여 x에 대하여 내림차순
으로 정리하면
$(a+b)x+(-a+b)=4x+2$
이 등식이 x에 대한 항등식이므로
$a+b=4$, $-a+b=2$
위의 두 식을 연립하여 풀면
$a=1$, $b=3$

01-2 탭 $a=1$, $b=2$, $c=1$

주어진 등식이 x에 대한 항등식이므로

양변에 $x=1$을 대입하면
$1=c$
양변에 $x=2$를 대입하면
$4=a+b+c$ $\quad\therefore\ a+b=3$ $\quad\cdots\cdots$ ㉠
양변에 $x=0$을 대입하면
$0=a-b+c$ $\quad\therefore\ a-b=-1$ $\quad\cdots\cdots$ ㉡
㉠, ㉡을 연립하여 풀면
$a=1$, $b=2$

다른 풀이

주어진 등식의 우변을 전개하여 x에 대하여 내림차순
으로 정리하면
$a(x-1)^2+b(x-1)+c$
$=ax^2-2ax+a+bx-b+c$
$=ax^2-(2a-b)x+a-b+c$
즉, $x^2=ax^2-(2a-b)x+a-b+c$이고, 이 등식이
x에 대한 항등식이므로
$a=1$, $-(2a-b)=0$, $a-b+c=0$
위의 세 식을 연립하여 풀면
$a=1$, $b=2$, $c=1$

01-3 탭 0

등식 $x^4-ax^3+bx^2=(x-1)(x+2)f(x)-x-6$이
x에 대한 항등식이므로
양변에 $x=-2$를 대입하면
$16+8a+4b=-4$, $8a+4b=-20$
$\therefore\ 2a+b=-5$ $\quad\cdots\cdots$ ㉠
양변에 $x=1$을 대입하면
$1-a+b=-7$
$\therefore\ -a+b=-8$ $\quad\cdots\cdots$ ㉡
㉠, ㉡을 연립하여 풀면
$a=1$, $b=-7$
$\therefore\ x^4-x^3-7x^2=(x-1)(x+2)f(x)-x-6$
위의 등식의 양변에 $x=3$을 대입하면
$81-27-63=2\times5\times f(3)-3-6$
$-9=10f(3)-9$
$\therefore\ f(3)=0$

57쪽

02-1 탭 $a=1$, $b=1$

주어진 등식이 임의의 실수 x, y에 대하여 성립하므

로 x, y에 대한 항등식이다.

등식의 좌변을 전개하여 x, y에 대하여 정리하면

$(2a+b)x-(a+b)y=3x-2y$

이 등식이 x, y에 대한 항등식이므로

$2a+b=3$, $a+b=2$

위의 두 식을 연립하여 풀면

$a=1$, $b=1$

주어진 등식이 임의의 실수 x, y에 대하여 성립하므로

등식의 양변에 $x=1$, $y=0$을 대입하면

$(2-0)a+(1-0)b=3-0$

$\therefore 2a+b=3$ …… ㉠

등식의 양변에 $x=1$, $y=1$을 대입하면

$(2-1)a+(1-1)b=3-2$

$\therefore a=1$

$a=1$을 ㉠에 대입하면

$2+b=3$ $\therefore b=1$

02-2 답 2

$x-y=2$이므로 $y=x-2$

$y=x-2$를 등식 $ax^2+bxy+y^2+x+cy-6=0$에 대입하면

$ax^2+bx(x-2)+(x-2)^2+x+c(x-2)-6=0$

$ax^2+bx^2-2bx+x^2-4x+4+x+cx-2c-6=0$

$\therefore (a+b+1)x^2-(2b-c+3)x-2c-2=0$

이 등식이 x에 대한 항등식이므로

$a+b+1=0$, $2b-c+3=0$, $2c+2=0$

위의 세 식을 연립하여 풀면

$a=1$, $b=-2$, $c=-1$

$\therefore abc=1\times(-2)\times(-1)=2$

02-3 답 18

$\dfrac{ax+by+3}{x+2y-1}=k$ (k는 상수)라고 하면

$ax+by+3=k(x+2y-1)$

$\therefore (a-k)x+(b-2k)y+3+k=0$

이 등식이 x, y에 대한 항등식이므로

$a-k=0$, $b-2k=0$, $3+k=0$

$\therefore k=-3$, $a=-3$, $b=-6$

$\therefore ab=(-3)\times(-6)=18$

03-1 답 $a=3$, $b=-2$

다항식 $2x^3+ax+b$를 x^2-2x-1로 나누었을 때의 몫은 일차식이고, 최고차항인 x^3의 계수가 2이므로 몫을 $2x+m$ (m은 상수)이라고 할 수 있다.

이때 나머지가 $13x+2$이므로

$2x^3+ax+b$

$=(x^2-2x-1)(2x+m)+13x+2$

$=2x^3+(m-4)x^2+(-2m+11)x+(-m+2)$

이 등식이 x에 대한 항등식이므로

$0=m-4$, $a=-2m+11$, $b=-m+2$

$\therefore m=4$, $a=3$, $b=-2$

03-2 답 ②

다항식 x^3+ax+8을 x^2-4x+b로 나누었을 때의 몫을 $x+m$ (m은 상수)이라고 하면 나머지가 0이므로

x^3+ax+8

$=(x^2-4x+b)(x+m)$

$=x^3+(m-4)x^2+(b-4m)x+bm$

이 등식이 x에 대한 항등식이므로

$0=m-4$, $a=b-4m$, $8=bm$

$\therefore m=4$, $a=-14$, $b=2$

$\therefore a+b=-14+2=-12$

03-3 답 x^2-1

사차식을 다항식 $f(x)$로 나누었을 때의 몫이 이차식이므로 다항식 $f(x)$는 이차식이다. 즉,

$f(x)=x^2+ax+b$ (a, b는 상수)라고 할 수 있다.

이때 나머지가 $4x+2$이므로

$x^4+4x^3+2x^2-1$

$=(x^2+ax+b)(x^2+4x+3)+4x+2$

$=x^4+(a+4)x^3+(4a+b+3)x^2$
$\qquad\qquad\qquad +(3a+4b+4)x+3b+2$

이 등식이 x에 대한 항등식이므로

$4=a+4$, $2=4a+b+3$

$0=3a+4b+4$, $-1=3b+2$

$\therefore a=0$, $b=-1$

$\therefore f(x)=x^2-1$

다항식 $x^4+4x^3+2x^2-1$을 다항식 $f(x)$로 나누었을

때의 몫이 x^2+4x+3, 나머지가 $4x+2$이므로
$$x^4+4x^3+2x^2-1=f(x)(x^2+4x+3)+4x+2$$
$$\therefore f(x)(x^2+4x+3)$$
$$=x^4+4x^3+2x^2-1-(4x+2)$$
$$=x^4+4x^3+2x^2-4x-3$$
즉, 다항식 $x^4+4x^3+2x^2-4x-3$을 x^2+4x+3으로 나누었을 때의 몫이 $f(x)$와 같으므로

$$\begin{array}{r} x^2\qquad\quad -1 \\ x^2+4x+3\,\overline{)\,x^4+4x^3+2x^2-4x-3} \\ \underline{x^4+4x^3+3x^2\qquad\qquad} \\ -x^2-4x-3 \\ \underline{-x^2-4x-3} \\ 0 \end{array}$$

$$\therefore f(x)=(x^4+4x^3+2x^2-4x-3)\div(x^2+4x+3)$$
$$=x^2-1$$

 2 나머지정리와 인수정리   65쪽

1 답 (1) 4   (2) 10   (3) 2

$f(x)=x^3+2x^2+3x+4$라고 하면

(1) $f(x)$를 x로 나누었을 때의 나머지는 나머지정리에 의하여
$$f(0)=4$$

(2) $f(x)$를 $x-1$로 나누었을 때의 나머지는 나머지정리에 의하여
$$f(1)=1+2+3+4=10$$

(3) $f(x)$를 $x+1$로 나누었을 때의 나머지는 나머지정리에 의하여
$$f(-1)=-1+2-3+4=2$$

2 답 (1) -2 (2) $\dfrac{5}{2}$ (3) 2

$f(x)=x^3+ax^2-ax-4$라고 하면

(1) $f(x)$가 $x-2$로 나누어떨어지므로 인수정리에 의하여
$$f(2)=2^3+a\times 2^2-a\times 2-4=0$$
$$2a+4=0 \qquad \therefore a=-2$$

(2) $f(x)$가 $x+1$로 나누어떨어지므로 인수정리에 의하여
$$f(-1)=(-1)^3+a\times(-1)^2-a\times(-1)-4=0$$
$$2a-5=0 \qquad \therefore a=\dfrac{5}{2}$$

(3) $f(x)$가 $x+2$로 나누어떨어지므로 인수정리에 의하여
$$f(-2)=(-2)^3+a\times(-2)^2-a\times(-2)-4=0$$
$$6a-12=0 \qquad \therefore a=2$$

3 답 -5

$f(x)=3x^3-x^2+ax-2$라고 하면 $f(x)$가 $3x+2$로 나누어떨어지므로
$$f\left(-\dfrac{2}{3}\right)=3\times\left(-\dfrac{2}{3}\right)^3-\left(-\dfrac{2}{3}\right)^2+a\times\left(-\dfrac{2}{3}\right)-2=0$$
$$-8-4-6a-18=0, \; -30-6a=0$$
$$\therefore a=-5$$

4 답 (1) 몫 : x^2+x-1, 나머지 : 4
      (2) 몫 : $2x^2-4x+7$, 나머지 : -16

(1)
$$\begin{array}{r|rrrr} 1 & 1 & 0 & -2 & 5 \\ & & 1 & 1 & -1 \\ \hline & 1 & 1 & -1 & 4 \end{array}$$
$$\therefore \text{몫} : x^2+x-1, \text{나머지} : 4$$

(2)
$$\begin{array}{r|rrrr} -2 & 2 & 0 & -1 & -2 \\ & & -4 & 8 & -14 \\ \hline & 2 & -4 & 7 & -16 \end{array}$$
$$\therefore \text{몫} : 2x^2-4x+7, \text{나머지} : -16$$

5 답 몫 : $2Q(x)$, 나머지 : R

다항식 $f(x)$를 $2x+1$로 나누었을 때의 몫이 $Q(x)$, 나머지가 R이므로
$$f(x)=(2x+1)Q(x)+R$$
$$=\left(x+\dfrac{1}{2}\right)\times 2Q(x)+R$$

따라서 $f(x)$를 $x+\dfrac{1}{2}$로 나누었을 때의 몫은 $2Q(x)$이고, 나머지는 R이다.

 나머지정리   67쪽

04-1 답 (1) -2 (2) 26

(1) $f(x)=x^3+ax^2+5x+2$라고 하면 $f(x)$를 $x-2$로 나누었을 때의 나머지가 12이므로 나머지정리에 의하여 $f(2)=12$이다. 즉,
$$f(2)=8+4a+10+2=4a+20=12$$
$$4a=-8 \qquad \therefore a=-2$$

(2) $f(x)=x^3-2x^2+5x+2$이므로 $f(x)$를 $x-3$으로
나누었을 때의 나머지는
$$f(3)=27-18+15+2=26$$

04-2 답 ⑤

$f(x)=2x^3+3x^2-3ax+3$을 $x-2$로 나누었을 때의
나머지가 1이므로 나머지정리에 의하여 $f(2)=1$이다.
즉,
$$\begin{aligned} f(2)&=16+12-6a+3 \\ &=-6a+31=1 \end{aligned}$$
$-6a=-30$ $\quad\therefore a=5$
$\therefore f(x)=2x^3+3x^2-15x+3$

$f(x)$를 $2x+1$로 나누었을 때의 나머지는 $f\left(-\dfrac{1}{2}\right)$이
므로
$$\begin{aligned} f\left(-\frac{1}{2}\right)&=2\times\left(-\frac{1}{2}\right)^3+3\times\left(-\frac{1}{2}\right)^2-15\times\left(-\frac{1}{2}\right)+3 \\ &=-\frac{1}{4}+\frac{3}{4}+\frac{15}{2}+3 \\ &=11 \end{aligned}$$

다항식 $f(x)$를 $2x+1$로 나누었을 때의 몫을 $Q(x)$, 나머지
를 R이라고 하면
$$\begin{aligned} f(x)&=(2x+1)Q(x)+R \\ &=2\left(x+\frac{1}{2}\right)Q(x)+R \end{aligned}$$
$$\therefore f\left(-\frac{1}{2}\right)=R$$

04-3 답 10

$f(x)+g(x)$를 $x-2$로 나누었을 때의 나머지가 7이
므로
$$f(2)+g(2)=7 \qquad\cdots\cdots \text{㉠}$$
또한 $f(x)-g(x)$를 $x-2$로 나누었을 때의 나머지가
3이므로
$$f(2)-g(2)=3 \qquad\cdots\cdots \text{㉡}$$
㉠, ㉡을 연립하여 풀면
$$f(2)=5,\ g(2)=2$$
따라서 다항식 $f(x)g(x)$를 $x-2$로 나누었을 때의 나
머지는 나머지정리에 의하여
$$f(2)g(2)=5\times 2=10$$

05-1 답 (1) 2   (2) -36 (3) $\dfrac{11}{4}$

$f(x)=x^3+5x^2+kx-k$라고 하면
(1) 다항식 $f(x)$가 $x+1$로 나누어떨어지므로
$$f(-1)=(-1)^3+5\times(-1)^2+k\times(-1)-k=0$$
$$4-2k=0 \qquad\therefore k=2$$
(2) 다항식 $f(x)$가 $x-3$으로 나누어떨어지므로
$$f(3)=3^3+5\times 3^2+k\times 3-k=0$$
$$72+2k=0 \qquad\therefore k=-36$$
(3) 다항식 $f(x)$가 $2x-1$로 나누어떨어지므로
$$f\left(\frac{1}{2}\right)=\left(\frac{1}{2}\right)^3+5\times\left(\frac{1}{2}\right)^2+k\times\frac{1}{2}-k=0$$
$$\frac{11}{8}-\frac{1}{2}k=0 \qquad\therefore k=\frac{11}{4}$$

05-2 답 40

$f(x)=x^3+ax^2-5x+b$라고 하면 다항식 $f(x)$가
$x+2$, $x-3$으로 각각 나누어떨어지므로
$$f(-2)=0,\ f(3)=0$$
즉,
$$f(-2)=(-2)^3+a\times(-2)^2-5\times(-2)+b=0$$
$$\therefore 4a+b=-2 \qquad\cdots\cdots \text{㉠}$$
$$f(3)=3^3+a\times 3^2-5\times 3+b=0$$
$$\therefore 9a+b=-12 \qquad\cdots\cdots \text{㉡}$$
㉠, ㉡을 연립하여 풀면
$$a=-2,\ b=6$$
$$\therefore a^2+b^2=(-2)^2+6^2=40$$

05-3 답 $a=-1,\ b=2$

$f(x+2)$를 $x+1$로 나누었을 때의 몫을 $Q_1(x)$라고 하
면
$$f(x+2)=(x+1)Q_1(x) \qquad\cdots\cdots \text{㉠}$$
㉠의 양변에 $x=-1$을 대입하면
$$f(1)=0$$
$f(x-2)$를 $x-1$로 나누었을 때의 몫을 $Q_2(x)$라고
하면
$$f(x-2)=(x-1)Q_2(x) \qquad\cdots\cdots \text{㉡}$$
㉡의 양변에 $x=1$을 대입하면
$$f(-1)=0$$
즉, $f(1)=0,\ f(-1)=0$이므로 $f(x)$의 양변에 $x=1$,

$x=-1$을 각각 대입하면

$f(1)=1^3-2\times1^2+a\times1+b=0$

$\therefore\ a+b=1$ $\qquad\qquad\cdots\cdots$ ㉢

$f(-1)=(-1)^3-2\times(-1)^2+a\times(-1)+b=0$

$\therefore\ -a+b=3$ $\qquad\qquad\cdots\cdots$ ㉣

㉢, ㉣을 연립하여 풀면

$a=-1,\ b=2$

06-1　답 $-7x-9$

$f(x)$를 $x+2$로 나누었을 때의 나머지가 5이고, $x+1$로 나누었을 때의 나머지가 -2이므로 나머지정리에 의하여

$f(-2)=5,\ f(-1)=-2$

$f(x)$를 $(x+2)(x+1)$로 나누었을 때의 몫을 $Q(x)$, 나머지를 $ax+b$ (a, b는 상수)라고 하면

$f(x)=(x+2)(x+1)Q(x)+ax+b$

이므로 양변에 $x=-2,\ x=-1$을 각각 대입하면

$f(-2)=-2a+b=5$ $\qquad\cdots\cdots$ ㉠

$f(-1)=-a+b=-2$ $\qquad\cdots\cdots$ ㉡

㉠, ㉡을 연립하여 풀면

$a=-7,\ b=-9$

따라서 구하는 나머지는 $-7x-9$이다.

06-2　답 $2x+7$

$f(x)$를 $x+1$로 나누었을 때의 나머지가 -5이고, $x-1$로 나누었을 때의 나머지가 3이므로 나머지정리에 의하여

$f(-1)=-5,\ f(1)=3$ $\qquad\cdots\cdots$ ㉠

$(x^2+2x)f(x)$를 x^2-1로 나누었을 때의 몫을 $Q(x)$, 나머지를 $ax+b$ (a, b는 상수)라고 하면

$(x^2+2x)f(x)=(x^2-1)Q(x)+ax+b$

$\qquad\qquad\quad=(x+1)(x-1)Q(x)+ax+b$

이므로 양변에 $x=-1,\ x=1$을 각각 대입하면

$-f(-1)=-a+b$

$3f(1)=a+b$

이때 ㉠에 의하여

$-a+b=5,\ a+b=9$

위의 두 식을 연립하여 풀면

$a=2,\ b=7$

따라서 구하는 나머지는 $2x+7$이다.

06-3　답 7

$f(x)$를 x^2+2x-3, x^2-x-2로 나누었을 때의 몫을 각각 $Q_1(x)$, $Q_2(x)$라고 하면

$f(x)=(x^2+2x-3)Q_1(x)+2x+5$

$\qquad=(x+3)(x-1)Q_1(x)+2x+5$ $\qquad\cdots\cdots$ ㉠

$f(x)=(x^2-x-2)Q_2(x)+3x-2$

$\qquad=(x+1)(x-2)Q_2(x)+3x-2$ $\qquad\cdots\cdots$ ㉡

㉠의 양변에 $x=-3$을 대입하면

$f(-3)=2\times(-3)+5=-1$

㉡의 양변에 $x=2$를 대입하면

$f(2)=3\times2-2=4$

$f(x)$를 x^2+x-6으로 나누었을 때의 몫을 $Q(x)$, 나머지를 $ax+b$ (a, b는 상수)라고 하면

$f(x)=(x^2+x-6)Q(x)+ax+b$

$\qquad=(x+3)(x-2)Q(x)+ax+b$

이므로 양변에 $x=-3,\ x=2$를 각각 대입하면

$f(-3)=-3a+b=-1$ $\qquad\cdots\cdots$ ㉢

$f(2)=2a+b=4$ $\qquad\cdots\cdots$ ㉣

㉢, ㉣을 연립하여 풀면

$a=1,\ b=2$

$\therefore\ R(x)=x+2$

따라서 $R(x)$를 $x-5$로 나누었을 때의 나머지는 나머지정리에 의하여

$R(5)=5+2=7$

07-1　답 -28

$f(x)=x^3+ax^2+3x+b$라고 하면

$f(x)$가 $(x-1)(x-2)$로 나누어떨어지므로

$f(1)=0,\ f(2)=0$

즉,

$f(1)=1+a+3+b=0$

$\therefore\ a+b=-4$ $\qquad\qquad\cdots\cdots$ ㉠

$f(2)=8+4a+6+b=0$

$\therefore\ 4a+b=-14$ $\qquad\qquad\cdots\cdots$ ㉡

㉠, ㉡을 연립하여 풀면

$a=-\dfrac{10}{3},\ b=-\dfrac{2}{3}$

$\therefore\ f(x)=x^3-\dfrac{10}{3}x^2+3x-\dfrac{2}{3}$

따라서 $f(x)$를 $x+2$로 나누었을 때의 나머지는
$$f(-2)=-8-\frac{40}{3}-6-\frac{2}{3}$$
$$=-28$$

07-2 답 7

$f(x)-7$이 $x^2-2x-15$, 즉 $(x+3)(x-5)$로 나누어
떨어지므로
$$f(-3)-7=0,\ f(5)-7=0$$
$$\therefore f(-3)=7,\ f(5)=7 \qquad \cdots\cdots ㉠$$
$f(2x-1)$을 x^2-2x-3으로 나누었을 때의 몫을
$Q(x)$, 나머지를 $ax+b$ (a, b는 상수)라고 하면
$$f(2x-1)=(x^2-2x-3)Q(x)+ax+b$$
$$=(x+1)(x-3)Q(x)+ax+b$$
이 등식의 양변에 $x=-1$, $x=3$을 각각 대입하면
$$f(-3)=-a+b$$
$$f(5)=3a+b$$
이때 ㉠에 의하여
$$-a+b=7,\ 3a+b=7$$
위의 두 식을 연립하여 풀면
$$a=0,\ b=7$$
따라서 구하는 나머지는 7이다.

07-3 답 25

조건 ㈎에서 $f(1)=1$
조건 ㈏에서
$$f(x)=(x-1)^2(ax+b)+(ax+b) \ (a,\ b는\ 상수)$$
$$\cdots\cdots ㉠$$

라고 하면 $f(1)=1$이므로
$$f(1)=a+b=1$$
$$\therefore b=1-a$$
즉, $ax+b=a(x-1)+1$이고, 이 식을 ㉠에 대입하
여 정리하면
$$f(x)=(x-1)^2\{a(x-1)+1\}+a(x-1)+1$$
$$=a(x-1)^3+(x-1)^2+a(x-1)+1$$
그러므로 $f(x)$를 $(x-1)^3$으로 나눈 나머지는
$$R(x)=(x-1)^2+a(x-1)+1$$
이때 $R(0)=0$이므로
$$1-a+1=0$$
$$\therefore a=2$$
따라서 $R(x)=(x-1)^2+2(x-1)+1$이므로
$$R(5)=16+8+1=25$$

08-1 답 (1) 몫 : $2x^2-5x+6$, 나머지 : -7
(2) 몫 : $-2x^2+4x-2$, 나머지 : 7

(1) $x+2=0$이 되도록 하는 x의 값 -2를 다음과 같이
왼쪽에 쓰고 몫과 나머지를 구하면

$$
\begin{array}{r|rrrr}
-2 & 2 & -1 & -4 & 5 \\
   &   & -4 & 10 & -12 \\
\hline
   & 2 & -5 & 6 & \,|\ -7
\end{array}
$$

따라서 구하는 몫은 $2x^2-5x+6$, 나머지는 -7이다.

(2) 다항식 $5+6x^2-4x^3$을 내림차순으로 정리하면
$-4x^3+6x^2+5$이므로 다음과 같이 계수 -4, 6,
0, 5를 차례대로 쓰고, $2x+1=2\left(x+\dfrac{1}{2}\right)$에서

$x+\dfrac{1}{2}=0$이 되도록 하는 x의 값 $-\dfrac{1}{2}$을 왼쪽에 쓴

후, 몫과 나머지를 구하면

$$
\begin{array}{r|rrrr}
-\frac{1}{2} & -4 & 6 & 0 & 5 \\
   &   & 2 & -4 & 2 \\
\hline
   & -4 & 8 & -4 & \,|\ 7
\end{array}
$$

몫은 $-4x^2+8x-4$, 나머지는 7이다.
이 나눗셈의 결과를 식으로 나타내면
$$-4x^3+6x^2+5$$
$$=\left(x+\frac{1}{2}\right)(-4x^2+8x-4)+7$$
$$=(2x+1)(-2x^2+4x-2)+7$$
따라서 구하는 몫은 $-2x^2+4x-2$, 나머지는 7이다.

08-2 답 4

다항식 $2x^3+5x^2+3$을 $x+1$로 나누었을 때의 몫과
나머지를 조립제법을 이용하여 구하는 과정은 다음과
같다.

$$
\begin{array}{r|rrrr}
-1 & 2 & 5 & 0 & 3 \\
   &   & -2 & -3 & 3 \\
\hline
   & 2 & 3 & -3 & \,|\ 6
\end{array}
$$

따라서 $a=-1$, $b=2$, $c=-3$, $d=6$이므로
$$a+b+c+d=-1+2+(-3)+6=4$$

08-3 답 1

다항식 $2x^3-7x^2+5x+1$을 $x-\dfrac{1}{2}$로 나누었을 때의

몫과 나머지를 조립제법을 이용하여 구하면

$$\begin{array}{r|rrrr}
\frac{1}{2} & 2 & -7 & 5 & 1 \\
 & & 1 & -3 & 1 \\
\hline
 & 2 & -6 & 2 & \boxed{2}
\end{array}$$

이 나눗셈의 결과를 식으로 나타내면
$$2x^3-7x^2+5x+1$$
$$=\left(x-\frac{1}{2}\right)(2x^2-6x+2)+2$$
$$=(2x-1)(x^2-3x+1)+2$$
따라서 $Q(x)=x^2-3x+1$, $R=2$이므로
$$Q(2)+R=(4-6+1)+2=1$$

예제 09   조립제법의 활용   77쪽

09-1   답 $a=2$, $b=7$, $c=7$, $d=5$

조립제법을 이용하여 계산하면 다음과 같다.

$$\begin{array}{r|rrrr}
1 & 2 & 1 & -1 & 3 \\
 & & 2 & 3 & 2 \\
\hline
1 & 2 & 3 & 2 & \boxed{5} \\
 & & 2 & 5 & \\
\hline
1 & 2 & 5 & \boxed{7} & \\
 & & 2 & & \\
\hline
 & 2 & \boxed{7} & &
\end{array}$$

따라서 주어진 다항식을 $x-1$에 대하여 내림차순으로 정리하면
$$2x^3+x^2-x+3$$
$$=(x-1)(2x^2+3x+2)+5$$
$$=(x-1)\{(x-1)(2x+5)+7\}+5$$
$$=(x-1)[(x-1)\{2(x-1)+7\}+7]+5$$
$$=(x-1)\{2(x-1)^2+7(x-1)+7\}+5$$
$$=2(x-1)^3+7(x-1)^2+7(x-1)+5$$
$$\therefore a=2,\ b=7,\ c=7,\ d=5$$

09-2   답 26

주어진 조립제법에 의하여
$$f(x)=(x+1)[(x+1)\{(x+1)+2\}+3]+4$$
$$\qquad =(x+1)^3+2(x+1)^2+3(x+1)+4$$
따라서 $f(x)$를 $x-1$로 나누었을 때의 나머지는 나머지정리에 의하여
$$f(1)=2^3+2\times2^2+3\times2+4$$
$$\qquad =8+8+6+4=26$$

09-3   답 ⑤

$$x^4$$
$$=a_0+a_1(x+1)+a_2(x+1)^2+a_3(x+1)^3+a_4(x+1)^4$$
$$=(x+1)\{a_1+a_2(x+1)+a_3(x+1)^2+a_4(x+1)^3\}$$
$$\qquad\qquad\qquad\qquad\qquad\qquad\quad +a_0$$
$$=(x+1)[(x+1)\{a_2+a_3(x+1)+a_4(x+1)^2\}+a_1]$$
$$\qquad\qquad\qquad\qquad\qquad\qquad\quad +a_0$$
$$=(x+1)[(x+1)[(x+1)\{a_3+a_4(x+1)\}+a_2]+a_1]$$
$$\qquad\qquad\qquad\qquad\qquad\qquad\quad +a_0$$

이므로 다음과 같이 조립제법을 이용하면

$$\begin{array}{r|rrrrr}
-1 & 1 & 0 & 0 & 0 & 0 \\
 & & -1 & 1 & -1 & 1 \\
\hline
-1 & 1 & -1 & 1 & -1 & \boxed{1}=a_0 \\
 & & -1 & 2 & -3 & \\
\hline
-1 & 1 & -2 & 3 & \boxed{-4}=a_1 & \\
 & & -1 & 3 & & \\
\hline
-1 & 1 & -3 & \boxed{6}=a_2 & & \\
 & & -1 & & & \\
\hline
a_4=1 & & \boxed{-4}=a_3 & & &
\end{array}$$

따라서 $a_1=-4$, $a_3=-4$이므로
$$a_1+a_3=-4+(-4)=-8$$

다른 풀이

주어진 등식이 x에 대한 항등식이므로 양변에 $x=0$, $x=-2$를 각각 대입하면
$$0=a_0+a_1+a_2+a_3+a_4 \qquad\cdots\cdots\ \text{㉠}$$
$$16=a_0-a_1+a_2-a_3+a_4 \qquad\cdots\cdots\ \text{㉡}$$
㉠$-$㉡을 하면
$$-16=2(a_1+a_3)$$
$$\therefore a_1+a_3=-8$$

기본 다지기   78쪽~79쪽

1 ④	2 ③	3 12	4 -2	5 2
6 ②	7 $7x-1$	8 $2x+3$	9 15	10 30

1 $(2k+3)x+(k-2)y-6k-2=0$의 좌변을 전개하여 k에 대하여 정리하면
$$(2x+y-6)k+(3x-2y-2)=0$$
이 등식이 k에 대한 항등식이므로
$$2x+y-6=0,\ 3x-2y-2=0$$
위의 두 식을 연립하여 풀면

$x=2,\ y=2$

$\therefore\ x+y=2+2=4$

> **⊕ 보충 설명**
>
> 다음과 같은 표현은 모두 x에 대한 항등식을 의미한다.
> (1) 임의의 x에 대하여 성립한다.
> (2) 모든 x에 대하여 성립한다.
> (3) x의 값에 관계없이 항상 성립한다.
> (4) x가 어떤 값을 가지더라도 항상 성립한다.

2 $\dfrac{a-3x}{x+b}=k$ (k는 상수)라고 하면

$kx+bk=-3x+a$

이 등식이 x에 대한 항등식이므로

$k=-3,\ bk=a$ $\therefore\ -3b=a$

$\therefore\ \dfrac{a}{b}=-3$

> **⊕ 보충 설명**
>
> 주어진 식 $\dfrac{a-3x}{x+b}$가 임의의 x에 대하여 일정한 값을 가지려면 분모가 약분되어 식의 값이 상수가 되어야 한다. 즉, 분자가 분모의 실수배가 되어야 하며 분자에서 x의 계수가 -3이므로
> $a-3x=-3(x+b),\ a=-3b$
> $\therefore\ \dfrac{a}{b}=-3$

3 $a(x-2y)+b(x+y)+2=5x-y+c$의 좌변을 전개하여 $x,\ y$에 대하여 정리하면

$(a+b)x+(-2a+b)y+2=5x-y+c$

이 등식이 $x,\ y$에 대한 항등식이므로

$a+b=5,\ -2a+b=-1,\ 2=c$

위의 세 식을 연립하여 풀면

$a=2,\ b=3,\ c=2$

$\therefore\ abc=2\times3\times2=12$

다른 풀이

주어진 등식이 $x,\ y$의 값에 관계없이 항상 성립하므로
등식의 양변에 $x=0,\ y=0$을 대입하면

$c=2$

등식의 양변에 $x=1,\ y=-1$을 대입하면

$3a+2=6+c$ $\therefore\ a=2$

등식의 양변에 $x=2,\ y=1$을 대입하면

$3b+2=9+c$ $\therefore\ b=3$

$\therefore\ abc=2\times3\times2=12$

4 $f(x)=x^3+ax^2-bx+2$라고 하면 나머지정리에 의하여

$f(-1)=0,\ f(2)=18$

이므로 $f(x)$의 양변에 $x=-1,\ x=2$를 각각 대입하면

$f(-1)=(-1)^3+a\times(-1)^2-b\times(-1)+2=0$

$\therefore\ a+b=-1$ $\cdots\cdots$ ㉠

$f(2)=2^3+a\times2^2-b\times2+2=18$

$\therefore\ 2a-b=4$ $\cdots\cdots$ ㉡

㉠, ㉡을 연립하여 풀면

$a=1,\ b=-2$

$\therefore\ ab=1\times(-2)=-2$

> **⊕ 보충 설명**
>
> 다항식 $f(x)$를 일차식 $x-\alpha$로 나누었을 때의 나머지를 R이라고 하면
> $R=f(\alpha)$

5 $f(x)$를 $(x-1)(x-2)$로 나누었을 때의 몫은 $Q(x)$, 나머지는 $x+1$이므로

$f(x)=(x-1)(x-2)Q(x)+x+1$ $\cdots\cdots$ ㉠

이때 $f(x)$를 $x-3$으로 나누었을 때의 나머지가 8이므로 나머지정리에 의하여 $f(3)=8$이다.

㉠의 양변에 $x=3$을 대입하면

$f(3)=(3-1)(3-2)Q(3)+3+1=8$

$2Q(3)+4=8$

$\therefore\ Q(3)=2$

따라서 $Q(x)$를 $x-3$으로 나누었을 때의 나머지는 2이다.

> **⊕ 보충 설명**
>
> 주어진 조건을 이용하여 $f(x)$와 $Q(x)$를 이용한 식을 세우면 나머지정리에 의하여 $Q(x)$가 어떤 식인지 알지 못해도 $x-3$으로 나누었을 때의 나머지를 구할 수 있다.

6 삼차식 $P(x)$의 x^3의 계수가 1이고

$P\!\left(\dfrac{1}{2}\right)=P\!\left(\dfrac{1}{3}\right)=P\!\left(\dfrac{1}{4}\right)=0$이므로

$P(x)=\left(x-\dfrac{1}{2}\right)\left(x-\dfrac{1}{3}\right)\left(x-\dfrac{1}{4}\right)$

따라서 $P(x)$를 $x-1$로 나누었을 때의 나머지는 나머지정리에 의하여

$$P(1)=\left(1-\frac{1}{2}\right)\left(1-\frac{1}{3}\right)\left(1-\frac{1}{4}\right)$$

$$=\frac{1}{2}\times\frac{2}{3}\times\frac{3}{4}=\frac{1}{4}$$

7 $f(x)$를 $(x-1)(x-2)$로 나누었을 때의 몫을 $Q_1(x)$, 나머지를 $ax+b$ (a, b는 상수)라고 하면

$$f(x)=(x-1)(x-2)Q_1(x)+ax+b \qquad \cdots\cdots \text{㉠}$$

또한 ㉠은 x에 대한 항등식이고, $f(x)$를 $x-1$로 나누었을 때의 나머지가 6이므로 나머지정리에 의하여

$$f(1)=6$$

㉠의 양변에 $x=1$을 대입하면

$$a+b=6 \qquad \cdots\cdots \text{㉡}$$

또한 $f(x)$를 $(x-2)^2$으로 나누었을 때의 몫을 $Q_2(x)$라고 하면 나머지가 $6x+1$이므로

$$f(x)=(x-2)^2Q_2(x)+6x+1$$

이 식의 양변에 $x=2$를 대입하면

$$f(2)=6\times2+1=13$$

이때 ㉠의 양변에 $x=2$를 대입하면

$$f(2)=2a+b$$

$$\therefore 2a+b=13 \qquad \cdots\cdots \text{㉢}$$

㉡, ㉢을 연립하여 풀면

$$a=7,\ b=-1$$

따라서 구하는 나머지는 $7x-1$이다.

이차 이상의 다항식을 이차식으로 나누었을 때의 나머지는 일차식이거나 상수이므로 $ax+b$ (a, b는 상수)라고 할 수 있다.

8 $f(x)$를 x^2-2x-3으로 나누었을 때의 몫을 $Q_1(x)$라고 하면

$$f(x)=(x^2-2x-3)Q_1(x)$$

$$=(x+1)(x-3)Q_1(x) \qquad \cdots\cdots \text{㉠}$$

$f(x)-4$를 $x-1$로 나누었을 때의 몫을 $Q_2(x)$라고 하면

$$f(x)-4=(x-1)Q_2(x)$$

$$\therefore f(x)=(x-1)Q_2(x)+4 \qquad \cdots\cdots \text{㉡}$$

이때 $f(x)+1$을 x^2-1로 나누었을 때의 몫을 $Q_3(x)$, 나머지를 $ax+b$ (a, b는 상수)라고 하면

$$f(x)+1=(x^2-1)Q_3(x)+ax+b$$

$$=(x+1)(x-1)Q_3(x)+ax+b \qquad \cdots\cdots \text{㉢}$$

㉢의 양변에 $x=-1$, $x=1$을 차례대로 대입하면

$$f(-1)+1=-a+b,\ f(1)+1=a+b$$

또한 ㉠의 양변에 $x=-1$을 대입하면

$$f(-1)=0$$

㉡의 양변에 $x=1$을 대입하면

$$f(1)=4$$

$$\therefore -a+b=1,\ a+b=5$$

위의 두 식을 연립하여 풀면

$$a=2,\ b=3$$

따라서 구하는 나머지는 $2x+3$이다.

다항식 A를 다항식 B ($B\neq0$)로 나누었을 때의 몫을 Q, 나머지를 R이라고 할 때,

$$A=BQ+R\ ((R\text{의 차수})<(B\text{의 차수}))$$

과 같은 등식이 항상 성립한다.

9 $f(x)$를 x^2+x-6으로 나누었을 때의 몫을 $Q(x)$라고 하면 나머지가 $4x-3$이므로

$$f(x)=(x^2+x-6)Q(x)+4x-3$$

$$=(x+3)(x-2)Q(x)+4x-3 \qquad \cdots\cdots \text{㉠}$$

$g(x)=xf(x-1)$이라고 하면 $g(x)$를 $x-3$으로 나누었을 때의 나머지는 나머지정리에 의하여

$$g(3)=3f(3-1)=3f(2)$$

이때 ㉠의 양변에 $x=2$를 대입하면

$$f(2)=(2+3)\times(2-2)Q(2)+4\times2-3=5$$

따라서 구하는 나머지는

$$g(3)=3f(2)=3\times5=15$$

다른 풀이

$f(x)$를 x^2+x-6으로 나누었을 때의 몫을 $Q(x)$라고 하면 나머지가 $4x-3$이므로

$$f(x)=(x^2+x-6)Q(x)+4x-3$$

$$=(x+3)(x-2)Q(x)+4x-3$$

양변에 x 대신 $x-1$을 대입하면

$$f(x-1)$$

$$=(x-1+3)(x-1-2)Q(x-1)+4(x-1)-3$$

$$=(x+2)(x-3)Q(x-1)+4x-7$$

$$\therefore xf(x-1)$$

$$=x(x+2)(x-3)Q(x-1)+x(4x-7)$$

위의 식의 양변에 $x=3$을 대입하면

$$3f(3-1)$$

$$=3(3+2)(3-3)Q(3-1)+3(4\times3-7)$$

$$=3\times5=15$$

10

$$\begin{array}{r|rrrr} 2 & 1 & -3 & 5 & -4 \\ & & 2 & -2 & 6 \\ \hline 2 & 1 & -1 & 3 & \boxed{2} \\ & & 2 & 2 & \\ \hline 2 & 1 & 1 & \boxed{5} & \\ & & 2 & & \\ \hline & 1 & \boxed{3} & & \end{array}$$

이때 주어진 다항식을 $x-2$에 대하여 내림차순으로 정리하면

x^3-3x^2+5x-4
$=(x-2)(x^2-x+3)+2$
$=(x-2)\{(x-2)(x+1)+5\}+2$
$=(x-2)[(x-2)\{(x-2)+3\}+5]+2$
$=(x-2)^3+3(x-2)^2+5(x-2)+2$

따라서 $a=3$, $b=5$, $c=2$이므로
$abc=3\times5\times2=30$

다른 풀이

등식
$x^3-3x^2+5x-4=(x-2)^3+a(x-2)^2+b(x-2)+c$
가 항등식이므로

양변에 $x=2$를 대입하면
$8-12+10-4=c$ $\therefore c=2$

양변에 $x=0$을 대입하면
$-4=-8+4a-2b+c$
$\therefore 2a-b=1\ (\because c=2)$ $\cdots\cdots$ ㉠

양변에 $x=1$을 대입하면
$1-3+5-4=-1+a-b+c$
$\therefore a-b=-2\ (\because c=2)$ $\cdots\cdots$ ㉡

㉠, ㉡을 연립하여 풀면
$a=3$, $b=5$
따라서 $a=3$, $b=5$, $c=2$이므로
$abc=3\times5\times2=30$

80쪽~81쪽

11 ②	**12** (1) -1 (2) 69	**13** 6
14 x^2+x+1	**15** 36	**16** $2x+2$
17 26	**18** 31	**19** 9	**20** -2

11 **접근 방법** 주어진 등식은 x의 값에 관계없이 항상 성립하므로 x에 대한 항등식이다.

등식
$(x^2-2x+3)^3=x^6+a_5x^5+\cdots+a_1x+a_0$
의 양변에 $x=1$을 대입하면
$(1-2+3)^3=1+a_5+\cdots+a_1+a_0$
$\therefore 8=1+a_5+\cdots+a_1+a_0$ $\cdots\cdots$ ㉠
양변에 $x=-1$을 대입하면
$(1+2+3)^3=1-a_5+\cdots-a_1+a_0$
$\therefore 216=1-a_5+\cdots-a_1+a_0$ $\cdots\cdots$ ㉡
㉠+㉡을 하면
$224=2(1+a_4+a_2+a_0)$
$112=1+a_4+a_2+a_0$
$\therefore a_0+a_2+a_4=111$

⊕ 보충 설명

복잡하게 주어진 x에 대한 다항식에서 전체 계수의 합은 양변에 $x=1$을 대입하면 쉽게 알 수 있으며, 양변에 $x=-1$을 대입하면 짝수차항의 계수의 총합에서 홀수차항의 계수의 총합을 뺐을 때의 결과를 알 수 있다.

12 **접근 방법** (1) 몫은 $Q(x)$, 나머지는 상수항이므로 R로 놓고 등식을 세운 후 항등식임을 이용하여 R의 값을 구한다.
(2) (1)의 식에 적당한 값을 대입하여 본다.

(1) $(x-1)^5$을 x로 나누었을 때의 몫을 $Q(x)$, 나머지를 R이라고 하면
$(x-1)^5=xQ(x)+R$ $\cdots\cdots$ ㉠
㉠의 양변에 $x=0$을 대입하면 $R=-1$
따라서 구하는 나머지는 -1이다.

(2) ㉠의 양변에 $x=70$을 대입하면
$69^5=70Q(70)-1$
$=70\{Q(70)-1\}+70-1$
$=70\{Q(70)-1\}+69$
따라서 구하는 나머지는 69이다.

13 **접근 방법** 주어진 조건을 이용하여 등식을 세운 후 나머지정리를 이용한다.

$f(1-x)$를 $x-1$로 나누었을 때의 몫을 $Q_1(x)$라고 하면 나머지가 -4이므로
$f(1-x)=(x-1)Q_1(x)-4$
양변에 $x=1$을 대입하면
$f(0)=-4$ $\cdots\cdots$ ㉠
또한 $xf(x)$는 $(x+1)(x-4)$로 나누어떨어지므로 몫을 $Q_2(x)$라고 하면
$xf(x)=(x+1)(x-4)Q_2(x)$

양변에 $x=-1$을 대입하면
$$-f(-1)=0 \quad \therefore f(-1)=0 \qquad \cdots\cdots \text{©}$$
양변에 $x=4$를 대입하면
$$4f(4)=0 \quad \therefore f(4)=0 \qquad \cdots\cdots \text{©}$$
©, ©에서 $f(x)$는 $x+1$, $x-4$를 인수로 가지는 이차
식이므로
$$f(x)=a(x+1)(x-4) \ (a\neq 0)$$
이 식의 양변에 $x=0$을 대입하면
$$f(0)=-4a, \ -4a=-4 \ (\because \text{①})$$
$$\therefore a=1$$
따라서 $f(x)=(x+1)(x-4)$이므로 $x+2$로 나누었
을 때의 나머지는 나머지정리에 의하여
$$f(-2)=(-2+1)(-2-4)=6$$

14 **접근 방법 |** 다항식 $f(x)$를 $x(x-1)$, $(x-1)(x-2)$,
$x(x-1)(x-2)$로 나누었을 때의 몫을 각각 $Q_1(x)$, $Q_2(x)$,
$Q(x)$로 놓고 등식을 세운다.

$f(x)$를 $x(x-1)$로 나누었을 때의 몫을 $Q_1(x)$라고
하면 나머지가 $2x+1$이므로
$$f(x)=x(x-1)Q_1(x)+2x+1 \qquad \cdots\cdots \text{①}$$
$f(x)$를 $(x-1)(x-2)$로 나누었을 때의 몫을 $Q_2(x)$
라고 하면 나머지가 $4x-1$이므로
$$f(x)=(x-1)(x-2)Q_2(x)+4x-1 \qquad \cdots\cdots \text{©}$$
$f(x)$를 $x(x-1)(x-2)$로 나누었을 때의 몫을
$Q(x)$, 나머지를 $ax^2+bx+c \ (a, \ b, \ c$는 상수)라고
하면
$$f(x)=x(x-1)(x-2)Q(x)+ax^2+bx+c$$
$$\qquad \cdots\cdots \text{©}$$
①의 양변에 $x=0$, $x=1$을 각각 대입하면
$$f(0)=1, \ f(1)=3$$
©의 양변에 $x=2$를 대입하면
$$f(2)=7$$
©의 양변에 $x=0$, $x=1$, $x=2$를 차례대로 대입하여
정리하면
$$c=1, \ a+b+c=3, \ 4a+2b+c=7$$
위의 세 식을 연립하여 풀면
$$a=1, \ b=1, \ c=1$$
따라서 구하는 나머지는 x^2+x+1이다.

15 **접근 방법 |** 다항식 x^4+ax+b를 $x-1$로 나누었을 때
의 몫과 나머지를 이용하여 등식을 세울 수 있다.

다항식 x^4+ax+b를 $x-1$로 나누었을 때의 몫이

$Q(x)$이고 나머지가 7이므로
$$x^4+ax+b=(x-1)Q(x)+7 \qquad \cdots\cdots \text{①}$$
이때 $Q(x)$는 $x+1$로 나누어떨어지므로 $Q(x)$를
$x+1$로 나누었을 때의 몫을 $Q_1(x)$라고 하면
$$Q(x)=(x+1)Q_1(x) \qquad \cdots\cdots \text{©}$$
©을 ①에 대입하면
$$x^4+ax+b=(x-1)(x+1)Q_1(x)+7$$
이 등식이 x에 대한 항등식이므로
양변에 $x=1$을 대입하면
$$1^4+a\times 1+b=7$$
$$\therefore a+b=6 \qquad \cdots\cdots \text{©}$$
양변에 $x=-1$을 대입하면
$$(-1)^4+a\times(-1)+b=7$$
$$\therefore -a+b=6 \qquad \cdots\cdots \text{②}$$
©, ②을 연립하여 풀면
$$a=0, \ b=6$$
$$\therefore a^2+b^2=0^2+6^2=36$$

$f(x)=x^4+ax+b$라고 하면 나머지정리에 의하여
$f(1)=7$이므로
$$f(1)=1+a+b=7$$
$$\therefore a+b=6 \qquad \cdots\cdots \text{①}$$
또한 $Q(x)$는 $x+1$로 나누어떨어지므로 나머지정리에
의하여
$$Q(-1)=0$$
$$\therefore f(x)=(x-1)Q(x)+7$$
이 등식이 x에 대한 항등식이므로 양변에 $x=-1$을
대입하면
$$f(-1)=-2\times 0+7$$
$$f(-1)=1-a+b=7$$
$$\therefore -a+b=6 \qquad \cdots\cdots \text{©}$$
①, ©을 연립하여 풀면 $a=0$, $b=6$
$$\therefore a^2+b^2=0^2+6^2=36$$

16 **접근 방법 |** 삼차식 $f(x)$를 이차식으로 나누었을 때의 나
머지는 일차식이므로 $ax+b \ (a, \ b$는 상수)라고 할 수 있다.

삼차식 $f(x)$를 x^2-3x+2로 나누었을 때의 몫을
$Q(x)$, 나머지를 $ax+b \ (a, \ b$는 상수)라고 하면
$$f(x)=(x^2-3x+2)Q(x)+ax+b$$
$$\qquad =(x-1)(x-2)Q(x)+ax+b \qquad \cdots\cdots \text{①}$$
①의 양변에 $x=1$, $x=2$를 차례대로 대입하면

$f(1)=a+b$, $f(2)=2a+b$ $\qquad\qquad$ …… ㉠

조건 ㈏에서

$f(x+1)=f(x)+2x^2$ $\qquad\qquad$ …… ㉢

이므로 ㉢의 양변에

(i) $x=0$을 대입하면

$\quad f(1)=f(0)+0=4$ $(\because$ ㉮ $f(0)=4)$

(ii) $x=1$을 대입하면

$\quad f(2)=f(1)+2=6$ $(\because$ (i) $f(1)=4)$

(i), (ii)에서

$a+b=4$, $2a+b=6$ $(\because$ ㉠$)$

위의 두 식을 연립하여 풀면

$a=2$, $b=2$

따라서 $f(x)$를 x^2-3x+2로 나누었을 때의 나머지는

$2x+2$이다.

다항식 A를 다항식 B $(B\neq0)$로 나누었을 때의 몫을 Q, 나머지를 R이라고 하면

$A=BQ+R$ $((R$의 차수$)<(B$의 차수$))$

이고, 나누는 식의 차수에 따른 나머지의 차수와 이에 따른 나머지의 다항식의 표현은 다음과 같다.

나누는 식	나머지	나머지의 다항식의 표현
일차식	상수	$R=a$ (a는 상수)
이차식	일차 이하의 다항식	$R(x)=ax+b$ (a, b는 상수)
삼차식	이차 이하의 다항식	$R(x)=ax^2+bx+c$ (a, b, c는 상수)

17 **접근 방법** | 조건 ㈏에서 $f(1)-2=0$, $f(2)-4=0$, $f(3)-6=0$이므로 $f(x)-2x$는 $x-1$, $x-2$, $x-3$으로 각각 나누어떨어지게 된다.

조건 ㈏에서 $f(1)=2$, $f(2)=4$, $f(3)=6$이므로

$f(1)-2=0$, $f(2)-4=0$, $f(3)-6=0$

즉, $f(x)-2x$는 $x-1$, $x-2$, $x-3$으로 각각 나누어떨어지므로 인수정리에 의하여

$f(x)-2x$는 $x-1$, $x-2$, $x-3$을 각각 인수로 가진다.

조건 ㈎에서 $f(x)$의 x^3의 계수가 3이므로

$f(x)-2x=3(x-1)(x-2)(x-3)$

$\therefore f(x)=3(x-1)(x-2)(x-3)+2x$

따라서 $f(x)$를 $x-4$로 나누었을 때의 나머지는

$f(4)=3(4-1)(4-2)(4-3)+8$

$\qquad =18+8=26$

삼차식 $f(x)$가 실수 α, β, γ, k에 대하여 $f(\alpha)=k\alpha$, $f(\beta)=k\beta$, $f(\gamma)=k\gamma$와 같이 주어진 경우에는 다음과 같은 식을 세울 수 있습니다.

$f(x)-kx=a(x-\alpha)(x-\beta)(x-\gamma)$ (a는 0이 아닌 상수)

18 **접근 방법** | 다항식 A를 다항식 B $(B\neq0)$로 나누었을 때의 몫과 나머지를 각각 Q, R이라고 하면

$A=BQ+R$ $((R$의 차수$)<(B$의 차수$))$

$f(x)$를 $(x-1)(x-2)(x-3)$으로 나누었을 때의 몫을 $Q_1(x)$라고 하면 나머지가 x^2+x+1이므로

$f(x)=(x-1)(x-2)(x-3)Q_1(x)+x^2+x+1$

위의 식의 양변에 $x=2$, $x=3$을 차례대로 대입하면

$f(2)=7$, $f(3)=13$

또한 다항식 $f(6x)$를 $6x^2-5x+1$로 나누었을 때의 몫을 $Q_2(x)$라고 하면 나머지가 $ax+b$이므로

$f(6x)=(6x^2-5x+1)Q_2(x)+ax+b$

$\qquad\quad =(3x-1)(2x-1)Q_2(x)+ax+b$

양변에 $x=\dfrac{1}{3}$을 대입하면

$f(2)=\dfrac{1}{3}a+b$

$\therefore \dfrac{1}{3}a+b=7$ $(\because f(2)=7)$ $\qquad$ …… ㉠

양변에 $x=\dfrac{1}{2}$을 대입하면

$f(3)=\dfrac{1}{2}a+b$

$\therefore \dfrac{1}{2}a+b=13$ $(\because f(3)=13)$ $\qquad$ …… ㉡

㉠, ㉡을 연립하여 풀면

$a=36$, $b=-5$

$\therefore a+b=36+(-5)=31$

19 **접근 방법** | 다항식의 나눗셈에서 나머지의 차수는 항상 나누는 다항식의 차수보다 낮으므로 $R(x)=ax^2+bx+c$ (a, b, c는 상수)라고 할 수 있다.

$f(x)$를 x^2+1, $(x^2+1)(x-1)$로 나누었을 때의 몫을 차례대로 $Q_1(x)$, $Q_2(x)$,

$R(x)=ax^2+bx+c$ (a, b, c는 상수)라고 하면

$f(x)=(x^2+1)Q_1(x)+x+1$

$\qquad =(x^2+1)(x-1)Q_2(x)+ax^2+bx+c$

$\qquad\qquad\qquad\qquad\qquad\qquad$ …… ㉠

이때 $f(x)$를 x^2+1로 나누었을 때의 나머지가 $x+1$
이므로 ax^2+bx+c를 x^2+1로 나누었을 때의 나머지
도 $x+1$이어야 한다. 즉,

$$ax^2+bx+c=a(x^2+1)+x+1 \qquad \cdots\cdots \ \text{ⓛ}$$

ⓛ을 ㉠에 대입하면

$$f(x)=(x^2+1)(x-1)Q_2(x)+a(x^2+1)+x+1$$

위의 식의 양변에 $x=1$을 대입하면

$$f(1)=2a+2$$

이때 $f(x)$를 $x-1$로 나누었을 때의 나머지가 3이므로

$$f(1)=3$$

즉, $2a+2=3$이므로 $a=\dfrac{1}{2}$

또한 ⓛ의 우변을 전개하여 정리하면

$$ax^2+bx+c=ax^2+x+a+1$$

이고, 이 등식이 x에 대한 항등식이므로

$$b=1,\ c=a+1=\dfrac{3}{2}$$

$$\therefore R(x)=\dfrac{1}{2}x^2+x+\dfrac{3}{2}$$

$$\therefore R(3)=\dfrac{1}{2}\times3^2+3+\dfrac{3}{2}=9$$

➕ 보충 설명

다항식 $f(x)$를 $(x^2+1)(x-1)$로 나누었을 때의 나머지를
$R(x)$라고 하면 $f(x)$를 x^2+1로 나누었을 때의 나머지와
$R(x)$를 x^2+1로 나누었을 때의 나머지가 같아야 한다.

20 **접근 방법** | $f(x)$가 삼차식이고 $f(x)-2$는 $(x-1)^2$으로,
$f(x)+2$는 $(x+1)^2$으로 나누어떨어지므로 몫은 일차식이다.

$f(x)-2$는 $(x-1)^2$으로 나누어떨어지므로 몫을
$ax+b\ (a,\ b$는 상수)라고 하면

$$f(x)-2=(x-1)^2(ax+b)$$

$$\therefore f(x)=(x-1)^2(ax+b)+2 \qquad \cdots\cdots \ \text{㉠}$$

이때 $f(x)+2$가 $(x+1)^2$으로 나누어떨어지므로

$$\begin{aligned}
f(x)+2&=(x-1)^2(ax+b)+2+2\\
&=\{(x+1)^2-4x\}(ax+b)+4\\
&=(x+1)^2(ax+b)-4x(ax+b)+4\\
&=(x+1)^2(ax+b)-4(ax^2+bx-1)
\end{aligned}$$

이때 다항식 ax^2+bx-1도 $(x+1)^2$으로 나누어떨어
져야 하므로 $(x+1)^2$이 ax^2+bx-1의 인수이어야 한
다. 즉,

$$\begin{aligned}
ax^2+bx-1&=a(x+1)^2\\
&=ax^2+2ax+a
\end{aligned}$$

이 등식이 x에 대한 항등식이므로

$$b=2a,\ a=-1$$

$$\therefore a=-1,\ b=-2$$

이것을 ㉠에 대입하면

$$f(x)=(x-1)^2(-x-2)+2$$

따라서 $f(x)$를 $x-2$로 나누었을 때의 나머지는 나머
지정리에 의하여

$$f(2)=1^2\times(-4)+2=-2$$

21 **접근 방법** | 나머지정리에 의하여 $f(a)=R_1, f(-a)=R_2$
임을 이용하여 $R_1,\ R_2$를 a에 대한 식으로 나타낼 수 있다.

나머지정리에 의하여

$$f(a)=a^3+a^2+2a+1=R_1,$$

$$f(-a)=-a^3+a^2-2a+1=R_2$$

이므로

$$R_1+R_2=2a^2+2=6에서\ a^2=2$$

따라서 $f(x)$를 $x-a^2$으로 나눈 나머지는

$$f(a^2)=f(2)=2^3+2^2+2\times2+1=17$$

22 **접근 방법** | 조건 ㈎에서 $f(x+3)-f(x)$는 $x-1,\ x+2$
로 각각 나누어떨어지므로 인수정리에 의하여 등식을 세운 후
조건 ㈏에서 나머지정리를 이용하여 $f(2)=-3$임을 이용한다.

조건 ㈎에서 인수정리에 의하여

다항식 $f(x+3)-f(x)$에

$x=1$을 대입하면 $f(4)-f(1)=0 \qquad \therefore f(4)=f(1)$

$x=-2$를 대입하면

$f(1)-f(-2)=0 \qquad \therefore f(1)=f(-2)$

$$\therefore f(-2)=f(1)=f(4)$$

$$f(-2)=f(1)=f(4)=k\ (k는 상수)$$

라고 하면

$$f(x)=(x+2)(x-1)(x-4)+k$$

조건 ㈏에서 나머지정리에 의하여

$$f(2)=4\times1\times(-2)+k=-3$$

$$-8+k=-3$$

$$\therefore k=5$$

따라서 $f(x)=(x+2)(x-1)(x-4)+5$이므로

$$f(0)=2\times(-1)\times(-4)+5=13$$

23 **접근 방법** 조건 ㈎에서 이차식 $f(x)$로 나눈 나머지가 $g(x)$이므로 $g(x)$는 일차식이고, 조건 ㈏에서 일차식 $g(x)$로 나눈 나머지가 상수이므로 $f(x)-x^2-2x=a$라 놓고, $g(x)$를 찾는다.

조건 ㈎에서 다항식 x^3+3x^2+4x+2를 $f(x)$로 나누었을 때의 몫을 $Q_1(x)$라 하면 나머지가 $g(x)$이므로
$$x^3+3x^2+4x+2=f(x)Q_1(x)+g(x) \quad \cdots\cdots ㉠$$
이때 $f(x)$가 이차식이므로 나머지인 $g(x)$는 일차 이하의 다항식이다.

조건 ㈏에서 다항식 x^3+3x^2+4x+2를 $g(x)$로 나누었을 때의 몫을 $Q_2(x)$라 하면 나머지가 $f(x)-x^2-2x$이므로
$$x^3+3x^2+4x+2=g(x)Q_2(x)+f(x)-x^2-2x$$
$$\quad \cdots\cdots ㉡$$

이때 $g(x)$가 일차 이하의 다항식이므로 나머지인 $f(x)-x^2-2x$는 상수이다.

따라서 $f(x)=x^2+2x+a$ (a는 상수)라 하면 다항식 x^3+3x^2+4x+2를 $f(x)=x^2+2x+a$로 나누었을 때의 몫이 $x+1$이고, 나머지가 $(2-a)x+(2-a)$이므로

㉠에서 $g(x)=(2-a)(x+1)$

그러므로 ㉡에서
$$x^3+3x^2+4x+2=(2-a)(x+1)Q_2(x)+a$$
이 등식은 x에 대한 항등식이므로 위의 등식의 양변에 $x=-1$을 대입하면
$$a=0$$
따라서 $g(x)=2(x+1)$이므로
$$g(1)=4$$

24 **접근 방법** $x^n(x^2+ax+b)$를 $(x-3)^2$으로 나누었을 때의 몫을 $Q(x)$라 하고 이를 이용하여 식을 세울 수 있다. 이때 자연수 n에 대하여 $3^n>0$임을 이용하여 a, b 사이의 관계식을 구한다.

다항식 $x^n(x^2+ax+b)$를 $(x-3)^2$으로 나누었을 때의 몫을 $Q(x)$라고 하면 나머지가 $3^n(x-3)$이므로
$$x^n(x^2+ax+b)=(x-3)^2Q(x)+3^n(x-3)$$
$$\quad \cdots\cdots ㉠$$

㉠의 양변에 $x=3$을 대입하면
$$3^n(9+3a+b)=0$$
자연수 n에 대하여 $3^n>0$이므로
$$9+3a+b=0, \ b=-3(a+3) \quad \cdots\cdots ㉡$$
㉡을 ㉠에 대입하면

$$x^n\{x^2+ax-3(a+3)\}$$
$$=(x-3)^2Q(x)+3^n(x-3)$$
$$x^n(x^2-9+ax-3a)$$
$$=(x-3)^2Q(x)+3^n(x-3)$$
$$x^n\{(x+3)(x-3)+a(x-3)\}$$
$$=(x-3)^2Q(x)+3^n(x-3)$$
$$x^n(x-3)(x+a+3)$$
$$=(x-3)^2Q(x)+3^n(x-3)$$

양변을 $x-3$으로 나누면
$$x^n(x+a+3)=(x-3)Q(x)+3^n \quad \cdots\cdots ㉢$$
㉢의 양변에 $x=3$을 대입하면
$$3^n(a+6)=3^n$$
$$a+6=1 \quad \therefore \ a=-5$$
$a=-5$를 ㉡에 대입하면
$$b=(-3)\times(-2)=6$$
$$\therefore \ a+b=-5+6=1$$

25 **접근 방법** 주어진 등식은 x에 대한 항등식이므로 $x=0$, $x=1$을 대입하여도 성립한다. 이때 최고차항의 계수가 1인 삼차다항식은 $(x-\alpha)(x-\beta)(x-\gamma)$로 놓을 수 있음을 이용하여 $Q(x)$를 구한다.
$$\{Q(x+1)\}^2+\{Q(x)\}^2=x(x-1)P(x) \quad \cdots\cdots ㉠$$
㉠의 양변에 $x=0$, $x=1$을 각각 대입하여 정리하면
$$\{Q(1)\}^2+\{Q(0)\}^2=0$$
$$\{Q(2)\}^2+\{Q(1)\}^2=0$$
$$\therefore \ Q(0)=Q(1)=Q(2)=0$$
다항식 $Q(x)$는 최고차항의 계수가 1인 삼차다항식이므로
$$Q(x)=x(x-1)(x-2) \quad \cdots\cdots ㉡$$
㉠, ㉡에서
$$\{(x+1)x(x-1)\}^2+\{x(x-1)(x-2)\}^2$$
$$=x(x-1)P(x)$$
이므로
$$P(x)=(x+1)^2x(x-1)+x(x-1)(x-2)^2$$
$$=x(x-1)\{(x+1)^2+(x-2)^2\}$$
$$=x(x-1)(2x^2-2x+5)$$
$$=x(x-1)\{2(x-2)(x+1)+9\}$$
$$=2x(x-1)(x-2)(x+1)+9x(x-1)$$
$$=2(x+1)Q(x)+9x(x-1) \ (\because ㉡)$$
따라서 $R(x)=9x(x-1)$이므로
$$R(3)=9\times3\times2=54$$

03. 인수분해

1 답 (1) $(x+1)(a-1)$ (2) $(1-y)(1-x)$

(1) $(x+1)a-x-1=(x+1)a-(x+1)$
$$=(x+1)(a-1)$$
(2) $1-x-y+xy=1-y-x(1-y)$
$$=(1-y)(1-x)$$

2 답 (1) $(4x+y)^2$ (2) $(2x-5y)^2$

(1) $16x^2+8xy+y^2=(4x)^2+2\times4x\times y+y^2$
$$=(4x+y)^2$$
(2) $4x^2-20xy+25y^2=(2x)^2-2\times2x\times5y+(5y)^2$
$$=(2x-5y)^2$$

3 답 (1) $3(x+3y)(x-3y)$ (2) $(x+5)(x-8)$
      (3) $(x+6y)(x-y)$ (4) $(2x+3y)(3x-y)$

(1) $3x^2-27y^2=3(x^2-9y^2)$
$$=3(x+3y)(x-3y)$$
(2) $x^2-3x-40=(x+5)(x-8)$
(3) $x^2+5xy-6y^2=(x+6y)(x-y)$
(4) $6x^2+7xy-3y^2=(2x+3y)(3x-y)$

4 답 (1) $(a-b+c)^2$ (2) $(x+y-1)^2$

(1) $a^2+b^2+c^2-2ab-2bc+2ca$
$$=a^2+(-b)^2+c^2+2\times a\times(-b)$$
$$+2\times(-b)\times c+2\times c\times a$$
$$=(a-b+c)^2$$
(2) $x^2+y^2+1+2(xy-y-x)$
$$=x^2+y^2+(-1)^2+2\times x\times y$$
$$+2\times y\times(-1)+2\times(-1)\times x$$
$$=(x+y-1)^2$$

5 답 (1) $(x+3y)^3$
      (2) $(x-2)(x^2+2x+4)$
      (3) $(2x+y)(4x^2-2xy+y^2)$

(1) $x^3+9x^2y+27xy^2+27y^3$
$$=x^3+3\times x^2\times3y+3\times x\times(3y)^2+(3y)^3$$
$$=(x+3y)^3$$
(2) $x^3-8=x^3-2^3=(x-2)(x^2+2x+4)$

(3) $8x^3+y^3=(2x)^3+y^3$
$$=(2x+y)\{(2x)^2-2x\times y+y^2\}$$
$$=(2x+y)(4x^2-2xy+y^2)$$

01-1 답 (1) $(y-2)(x+3)$
      (2) $xy(1+x+2y)$
      (3) $(a-b)(a-b-c)$
      (4) $(a-b)(ab+2a+b)$

(1) $x(y-2)-3(2-y)=x(y-2)+3(y-2)$
$$=(y-2)(x+3)$$
(2) $xy+x^2y+2xy^2=xy+xy\times x+xy\times2y$
$$=xy(1+x+2y)$$
(3) $(a-b)^2-ac+bc=(a-b)^2-c(a-b)$
$$=(a-b)(a-b-c)$$
(4) $a^2b+(a-b)(2a+b)-ab^2$
$$=a^2b-ab^2+(a-b)(2a+b)$$
$$=ab(a-b)+(a-b)(2a+b)$$
$$=(a-b)(ab+2a+b)$$

01-2 답 (1) $(x-y)(a-b)$ (2) $y(x+1)(y^2+1)$
      (3) $(b+1)(a+1)$ (4) $(b-1)(a-1)$

식을 변형하여 공통인수로 묶어준다.
(1) $ax+by-ay-bx=ax-ay-bx+by$
$$=a(x-y)-b(x-y)$$
$$=(x-y)(a-b)$$
(2) $xy^3+xy+y+y^3=(x+1)y^3+(x+1)y$
$$=(x+1)(y^3+y)$$
$$=y(x+1)(y^2+1)$$
(3) $ab+a+b+1=(ab+a)+(b+1)$
$$=a(b+1)+(b+1)$$
$$=(b+1)(a+1)$$
(4) $ab-a-b+1=(ab-a)-(b-1)$
$$=a(b-1)-(b-1)$$
$$=(b-1)(a-1)$$

01-3 답 $a=c$인 이등변삼각형

$ac^3+abc^2-a^2bc-a^2c^2=ac(c^2+bc-ab-ac)$
$$=ac\{c(c-a)+b(c-a)\}$$
$$=ac(c-a)(c+b)=0$$

a, b, c는 삼각형의 세 변의 길이이므로

$ac>0$, $c+b>0$ $\therefore c-a=0$, 즉 $a=c$

따라서 삼각형 ABC는 $a=c$인 이등변삼각형이다.

예제 02　이차식의 인수분해　　　93쪽

02-1　답 (1) $(4x+5)^2$　　(2) $(7x+2)(x-1)$
　　　　　　(3) $2b(3x+y)^2$　　(4) $(2x+3y)(4x-y)$

(1) $16x^2+40x+25=(4x)^2+2\times4x\times5+5^2$
$$=(4x+5)^2$$
(2) $7x^2-5x-2=(7x+2)(x-1)$
(3) $18bx^2+12bxy+2by^2$
$$=2b(9x^2+6xy+y^2)$$
$$=2b\{(3x)^2+2\times3x\times y+y^2\}$$
$$=2b(3x+y)^2$$
(4) $8x^2+10xy-3y^2=(2x+3y)(4x-y)$

02-2　답 (1) $(x-2a)(x-3b)$
　　　　　　(2) $(6x-b)(2x-a)$
　　　　　　(3) $(x+2)\left(x+\dfrac{1}{2}\right)$
　　　　　　(4) $(3x-4)\left(x-\dfrac{1}{2}\right)$

(1) $x^2-(2a+3b)x+6ab=(x-2a)(x-3b)$
(2) $12x^2-2(3a+b)x+ab=12x^2-(6a+2b)x+ab$
$$=(6x-b)(2x-a)$$
(3) $x^2+\dfrac{5}{2}x+1=x^2+\left(2+\dfrac{1}{2}\right)x+2\times\dfrac{1}{2}$
$$=(x+2)\left(x+\dfrac{1}{2}\right)$$
(4) $3x^2-\dfrac{11}{2}x+2$
$$=3x^2-\left(4+\dfrac{3}{2}\right)x+(-4)\times\left(-\dfrac{1}{2}\right)$$
$$=(3x-4)\left(x-\dfrac{1}{2}\right)$$

02-3　답 (1) $(x-y-2)(2x+y-3)$
　　　　　　(2) $(x-y+3)(2x+y+2)$

(1) $2x^2-(y+7)x-(y-3)(y+2)$
$$=\{x-(y+2)\}\{2x+(y-3)\}$$
$$=(x-y-2)(2x+y-3)$$
(2) $2x^2+(8-y)x-(y^2-y-6)$
$$=2x^2+(8-y)x-(y-3)(y+2)$$
$$=\{x-(y-3)\}\{2x+(y+2)\}$$
$$=(x-y+3)(2x+y+2)$$

예제 03　A^2-B^2 꼴의 인수분해　　　95쪽

03-1　답 (1) $(a+2b+c)(a-c)$
　　　　　　(2) $(a^2+4)(2+a)(2-a)$
　　　　　　(3) $(x+y+2z)(x+y-2z)$
　　　　　　(4) $(a-b)(x+3y)(x-3y)$

(1) $(a+b)^2-(b+c)^2$
$$=\{(a+b)+(b+c)\}\{(a+b)-(b+c)\}$$
$$=(a+2b+c)(a-c)$$
(2) $16-a^4=4^2-(a^2)^2$
$$=(4+a^2)(4-a^2)$$
$$=(a^2+4)(2+a)(2-a)$$
(3) $x^2+2xy+y^2-4z^2=(x+y)^2-(2z)^2$
$$=(x+y+2z)(x+y-2z)$$
(4) $x^2(a-b)+9y^2(b-a)$
$$=x^2(a-b)-9y^2(a-b)$$
$$=(a-b)(x^2-9y^2)$$
$$=(a-b)\{x^2-(3y)^2\}$$
$$=(a-b)(x+3y)(x-3y)$$

03-2　답 (1) $(x^2+3x+4)(x^2-3x+4)$
　　　　　　(2) $(x^2+2xy+4y^2)(x^2-2xy+4y^2)$

(1) $x^4-x^2+16=(x^4+8x^2+16)-9x^2$
$$=(x^2+4)^2-(3x)^2$$
$$=(x^2+3x+4)(x^2-3x+4)$$
(2) $x^4+4x^2y^2+16y^4$
$$=x^4+8x^2y^2+16y^4-4x^2y^2$$
$$=(x^2+4y^2)^2-(2xy)^2$$
$$=(x^2+2xy+4y^2)(x^2-2xy+4y^2)$$

03-3　답 ㄴ, ㄹ

$x^4+4=(x^4+4x^2+4)-4x^2$
$$=(x^2+2)^2-(2x)^2$$
$$=(x^2+2x+2)(x^2-2x+2)$$

따라서 x^4+4의 인수인 것은 ㄴ, ㄹ이다.

04-1 답 (1) $(x-4)(x^2+4x+16)$
　　　(2) $(2a+bc^2)(4a^2-2abc^2+b^2c^4)$
　　　(3) $(a-b+c)$
　　　　　$(a^2+b^2+c^2-2ab+bc-ca)$
　　　(4) $(2x-3y)^3$

(1) $x^3-64=x^3-4^3$
　　　　　$=(x-4)(x^2+x\times4+4^2)$
　　　　　$=(x-4)(x^2+4x+16)$

(2) $8a^3+b^3c^6$
　　$=(2a)^3+(bc^2)^3$
　　$=(2a+bc^2)\{(2a)^2-2a\times bc^2+(bc^2)^2\}$
　　$=(2a+bc^2)(4a^2-2abc^2+b^2c^4)$

(3) $(a-b)^3+c^3$
　　$=\{(a-b)+c\}\{(a-b)^2-(a-b)c+c^2\}$
　　$=(a-b+c)(a^2+b^2+c^2-2ab+bc-ca)$

(4) $8x^3-36x^2y+54xy^2-27y^3$
　　$=(2x)^3-3\times(2x)^2\times3y+3\times2x\times(3y)^2-(3y)^3$
　　$=(2x-3y)^3$

04-2 답 (1) $(2x+y-3z)$
　　　　　$(4x^2+y^2+9z^2-2xy+3yz+6zx)$
　　　(2) $(a+2b+1)$
　　　　　$(a^2+4b^2+1-2ab-2b-a)$

(1) $8x^3+y^3-27z^3+18xyz$
　　$=(2x)^3+y^3+(-3z)^3-3\times2x\times y\times(-3z)$
　　$=(2x+y-3z)(4x^2+y^2+9z^2$
　　　　　　　　　　　　$-2xy+3yz+6zx)$

(2) $a^3+8b^3-6ab+1$
　　$=a^3+(2b)^3+1^3-3\times a\times2b\times1$
　　$=(a+2b+1)(a^2+4b^2+1-2ab-2b-a)$

04-3 답 ㄱ, ㄹ
$x^6+1=(x^2)^3+1^3$
　　　$=(x^2+1)\{(x^2)^2-x^2\times1+1^2\}$
　　　$=(x^2+1)(x^4-x^2+1)$
따라서 x^6+1의 인수인 것은 ㄱ, ㄹ이다.

1 답 (1) $(x^2+3x+5)(x^2+3x-3)$
　　　(2) $(x^2+5x+8)(x^2+5x-2)$

(1) $x^2+3x=X$로 놓으면
　　$(x^2+3x)(x^2+3x+2)-15$
　　$=X(X+2)-15$
　　$=X^2+2X-15$
　　$=(X+5)(X-3)$
　　$=(x^2+3x+5)(x^2+3x-3)$

(2) $x^2+5x=X$로 놓으면
　　$(x^2+5x+4)(x^2+5x+2)-24$
　　$=(X+4)(X+2)-24$
　　$=X^2+6X-16$
　　$=(X+8)(X-2)$
　　$=(x^2+5x+8)(x^2+5x-2)$

2 답 (1) $(x+1)(x-1)(x+3)(x-3)$
　　　(2) $(x^2+x-4)(x^2-x-4)$

(1) $x^2=X$로 놓으면
　　$x^4-10x^2+9=X^2-10X+9$
　　　　　　　　$=(X-1)(X-9)$
　　　　　　　　$=(x^2-1)(x^2-9)$
　　　　　　　　$=(x+1)(x-1)(x+3)(x-3)$

(2) $x^4-9x^2+16=x^4-8x^2+16-x^2$
　　　　　　　　$=(x^2-4)^2-x^2$
　　　　　　　　$=(x^2+x-4)(x^2-x-4)$

3 답 (1) $(y+a)(x+y-a)$
　　　(2) $(x+y+1)(x+y+3)$

(1) 차수가 가장 낮은 문자 x에 대하여 내림차순으로
　　정리하면
　　$xy+y^2+ax-a^2=(y+a)x+y^2-a^2$
　　　　　　　　　$=(y+a)x+(y+a)(y-a)$
　　　　　　　　　$=(y+a)(x+y-a)$

(2) 두 문자 x, y의 차수가 같으므로 문자 x에 대하여
　　내림차순으로 정리하면
　　$x^2+y^2+2xy+4x+4y+3$
　　$=x^2+(2y+4)x+y^2+4y+3$
　　$=x^2+(2y+4)x+(y+1)(y+3)$
　　$=\{x+(y+1)\}\{x+(y+3)\}$
　　$=(x+y+1)(x+y+3)$

4 답 ㈎ 0 ㈏ 1 ㈐ 2 ㈑ -3 ㈒ $(x-1)^2(x+3)$

$f(x)=x^3+x^2-5x+3$이라고 하면 $f(1)=\boxed{0}$이므로 $x-1$은 $f(x)$의 인수이다.

따라서 조립제법을 이용하여 인수분해하면

$$\boxed{1}\ \begin{array}{r|rrrr} & 1 & 1 & -5 & 3 \\ & & \boxed{1} & \boxed{2} & \boxed{-3} \\ \hline & 1 & \boxed{2} & \boxed{-3} & 0 \end{array}$$

$$\therefore f(x)=(x-\boxed{1})(x^2+\boxed{2}x+\boxed{-3})$$
$$=(x-1)(x+3)(x-1)$$
$$=\boxed{(x-1)^2(x+3)}$$

05-1 답 (1) $(2x+3)(2x-3)(x^2+4)$
　　　　(2) $(x^2+3x+4)(x^2+3x-2)$
　　　　(3) $(3x-3y-z)^2$
　　　　(4) $(x^2+x-7)^2$

(1) $x^2=X$로 놓으면
$$4x^4+7x^2-36$$
$$=4X^2+7X-36$$
$$=(4X-9)(X+4)$$
$$=(4x^2-9)(x^2+4)$$
$$=(2x+3)(2x-3)(x^2+4)$$

(2) $x^2+3x=X$로 놓으면
$$(x^2+3x-4)(x^2+3x+6)+16$$
$$=(X-4)(X+6)+16$$
$$=X^2+2X-8$$
$$=(X+4)(X-2)$$
$$=(x^2+3x+4)(x^2+3x-2)$$

(3) $x-y=X$로 놓으면
$$9(x-y)^2-6(x-y)z+z^2$$
$$=9X^2-6Xz+z^2$$
$$=(3X-z)^2$$
$$=(3x-3y-z)^2$$

(4) $(x-1)(x-3)(x+2)(x+4)+25$
$$=\{(x-1)(x+2)\}\{(x-3)(x+4)\}+25$$
$$=(x^2+x-2)(x^2+x-12)+25$$
$x^2+x=X$로 놓으면
$$(x^2+x-2)(x^2+x-12)+25$$
$$=(X-2)(X-12)+25$$

$$=X^2-14X+49$$
$$=(X-7)^2$$
$$=(x^2+x-7)^2$$

⊕ 보충 설명

(1)의 경우 치환하지 않고 바로 x^2에 대한 이차식으로 생각하여 인수분해할 수 있다.
$$4x^4+7x^2-36=(4x^2-9)(x^2+4)$$
$$=(2x+3)(2x-3)(x^2+4)$$

05-2 답 ②

$x^2+x=X$로 놓으면
$$(x^2+x)^2-8(x^2+x)+12$$
$$=X^2-8X+12$$
$$=(X-6)(X-2)$$
$$=(x^2+x-6)(x^2+x-2)$$
$$=(x+3)(x-2)(x+2)(x-1)$$
$$=(x+2)(x-2)(x+3)(x-1)$$
따라서 $a=3$, $b=-1$ 또는 $a=-1$, $b=3$이므로
$$a+b=2$$

05-3 답 (1) $(x^2-18)(x^2-4x-18)$
　　　　(2) $(x^2+6x+10)(x^2+6x+3)$

(1) $(x+2)(x-3)(x+6)(x-9)+21x^2$
$$=\{(x+2)(x-9)\}\{(x-3)(x+6)\}+21x^2$$
$$=(x^2-7x-18)(x^2+3x-18)+21x^2$$
$x^2-18=X$로 놓으면
$$(x^2-7x-18)(x^2+3x-18)+21x^2$$
$$=(X-7x)(X+3x)+21x^2$$
$$=X^2-4xX-21x^2+21x^2$$
$$=X(X-4x)$$
$$=(x^2-18)(x^2-4x-18)$$

(2) $(x^2+3x+2)(x^2+9x+20)-10$
$$=(x+1)(x+2)(x+4)(x+5)-10$$
$$=\{(x+1)(x+5)\}\{(x+2)(x+4)\}-10$$
$$=(x^2+6x+5)(x^2+6x+8)-10$$
$x^2+6x=X$로 놓으면
$$(x^2+6x+5)(x^2+6x+8)-10$$
$$=(X+5)(X+8)-10$$
$$=X^2+13X+30$$
$$=(X+10)(X+3)$$
$$=(x^2+6x+10)(x^2+6x+3)$$

06-1　답 (1) $-(a-b)(b-c)(c-a)$
　　　　　(2) $(x+2y-3z)^2$

(1) 세 문자 a, b, c의 차수가 모두 같으므로 문자 a에 대하여 내림차순으로 정리한 후 인수분해하면
$$a^2(b-c)+b^2(c-a)+c^2(a-b)$$
$$=a^2b-a^2c+b^2c-ab^2+ac^2-bc^2$$
$$=(b-c)a^2-(b^2-c^2)a+bc(b-c)$$
$$=(b-c)\{a^2-(b+c)a+bc\}$$
$$=(b-c)(a-b)(a-c)$$
$$=-(a-b)(b-c)(c-a)$$

(2) 세 문자 x, y, z의 차수가 모두 같으므로 문자 x에 대하여 내림차순으로 정리한 후 인수분해하면
$$x^2+4xy+4y^2-12yz+9z^2-6zx$$
$$=x^2+2(2y-3z)x+4y^2-12yz+9z^2$$
$$=x^2+2(2y-3z)x+(2y-3z)^2$$
$$=\{x+(2y-3z)\}^2$$
$$=(x+2y-3z)^2$$

다른 풀이

인수분해 공식
$$a^2+b^2+c^2+2ab+2bc+2ca=(a+b+c)^2$$
을 이용하면
(2) $x^2+4xy+4y^2-12yz+9z^2-6zx$
$$=x^2+4y^2+9z^2+4xy-12yz-6zx$$
$$=x^2+(2y)^2+(-3z)^2+2\times x\times 2y$$
$$\qquad\qquad +2\times 2y\times(-3z)+2\times(-3z)\times x$$
$$=(x+2y-3z)^2$$

06-2　답 (1) $(a+b)(b+c)(c+a)$
　　　　　(2) $(a+b+c)(ab+bc+ca)$

세 문자 a, b, c의 차수가 모두 같으므로 문자 a에 대하여 내림차순으로 정리한 후 인수분해하면
(1) $(a+b+c)(ab+bc+ca)-abc$
$$=a^2b+abc+a^2c+ab^2+b^2c+abc$$
$$\qquad\qquad +abc+bc^2+ac^2-abc$$
$$=a^2b+a^2c+ab^2+2abc+ac^2+b^2c+bc^2$$
$$=a^2(b+c)+a(b^2+2bc+c^2)+bc(b+c)$$
$$=(b+c)\{a^2+a(b+c)+bc\}$$
$$=(b+c)(a+b)(a+c)$$
$$=(a+b)(b+c)(c+a)$$

(2) $(a+b)(b+c)(c+a)+abc$
$$=(ab+ac+b^2+bc)(c+a)+abc$$
$$=abc+a^2b+ac^2+a^2c+b^2c+ab^2+bc^2$$
$$\qquad\qquad\qquad\qquad +abc+abc$$
$$=(b+c)a^2+(b^2+3bc+c^2)a+bc(b+c)$$
$$=(b+c)a^2+(b+c)^2a+bc(a+b+c)$$
$$=a(b+c)(a+b+c)+bc(a+b+c)$$
$$=(a+b+c)(ab+bc+ca)$$

06-3　답 $(a+b)(b+c)(c+a)$

세 문자 a, b, c의 차수가 모두 같으므로 문자 a에 대하여 내림차순으로 정리한 후 인수분해하면
$$a(b+c)^2+b(c+a)^2+c(a+b)^2-4abc$$
$$=a(b+c)^2+b(c^2+2ca+a^2)$$
$$\qquad\qquad +c(a^2+2ab+b^2)-4abc$$
$$=(b+c)a^2+(b+c)^2a+bc^2+b^2c$$
$$=(b+c)a^2+(b+c)^2a+bc(b+c)$$
$$=(b+c)\{a^2+(b+c)a+bc\}$$
$$=(b+c)(a+b)(a+c)$$
$$=(a+b)(b+c)(c+a)$$

07-1　답 (1) $(x+1)(x^2-x+3)$
　　　　　(2) $(x-1)(x+1)(x+2)(x+3)$

(1) $f(x)=x^3+2x+3$이라고 하면
$$f(-1)=-1-2+3=0$$
이므로 $x+1$은 $f(x)$의 인수이다.
따라서 조립제법을 이용하여 $f(x)$를 인수분해하면

$$\begin{array}{r|rrrr}
-1 & 1 & 0 & 2 & 3 \\
   &   & -1 & 1 & -3 \\
\hline
   & 1 & -1 & 3 & 0
\end{array}$$

$$\therefore f(x)=(x+1)(x^2-x+3)$$

(2) $f(x)=x^4+5x^3+5x^2-5x-6$이라고 하면
$$f(1)=1+5+5-5-6=0$$
$$f(-1)=1-5+5+5-6=0$$
이므로 $x-1$, $x+1$은 $f(x)$의 인수이다.
따라서 조립제법을 이용하여 $f(x)$를 인수분해하면

$$\begin{array}{r|rrrrr} 1 & 1 & 5 & 5 & -5 & -6 \\ & & 1 & 6 & 11 & 6 \\ \hline -1 & 1 & 6 & 11 & 6 & \boxed{0} \\ & & -1 & -5 & -6 & \\ \hline & 1 & 5 & 6 & \boxed{0} & \end{array}$$

$$\therefore f(x)=(x-1)(x+1)(x^2+5x+6)$$
$$=(x-1)(x+1)(x+2)(x+3)$$

07-2 답 -7

$f(x)=2x^3+x^2+ax+2$라고 하면 $x+2$가 $f(x)$의 인수이므로

$f(-2)=-16+4-2a+2=0$

$-10-2a=0$

$\therefore a=-5$

즉, $f(x)=2x^3+x^2-5x+2$이므로 조립제법을 이용하여 인수분해하면

$$\begin{array}{r|rrrr} -2 & 2 & 1 & -5 & 2 \\ & & -4 & 6 & -2 \\ \hline & 2 & -3 & 1 & \boxed{0} \end{array}$$

$$\therefore f(x)=(x+2)(2x^2-3x+1)$$
$$=(x+2)(2x-1)(x-1)$$

따라서 $b=-1$, $c=-1$이므로

$a+b+c=-5+(-1)+(-1)$
$\qquad =-7$

07-3 답 ㄱ, ㄴ, ㄹ

$f(x)=x^4-4x+3$이라고 하면

$f(1)=1-4+3=0$

이므로 $x-1$은 $f(x)$의 인수이다.

조립제법을 이용하여 $f(x)$를 인수분해하면

$$\begin{array}{r|rrrrr} 1 & 1 & 0 & 0 & -4 & 3 \\ & & 1 & 1 & 1 & -3 \\ \hline & 1 & 1 & 1 & -3 & \boxed{0} \end{array}$$

$$\therefore f(x)=(x-1)(x^3+x^2+x-3)$$

또한 $g(x)=x^3+x^2+x-3$이라고 하면

$g(1)=1+1+1-3=0$

이므로 $x-1$은 $g(x)$의 인수이다.

조립제법을 이용하여 $g(x)$를 인수분해하면

$$\begin{array}{r|rrrr} 1 & 1 & 1 & 1 & -3 \\ & & 1 & 2 & 3 \\ \hline & 1 & 2 & 3 & \boxed{0} \end{array}$$

이므로 $g(x)=(x-1)(x^2+2x+3)$이다.

$\therefore f(x)=(x-1)^2(x^2+2x+3)$

따라서 x^4-4x+3의 인수인 것은 ㄱ, ㄴ, ㄹ이다.

> **● 보충 설명**
>
> 삼차 이상의 다항식 $f(x)$에서 $f(x)=0$을 만족시키는 x의 값을 여러 개 찾을 수 있다면 조립제법을 반복적으로 이용하여 인수분해할 수 있다.

기본 다지기 108쪽 ~ 109쪽

1 ② **2** (1) 5 (2) $\dfrac{99}{100}$

3 (1) $(x+a)\left(x+\dfrac{1}{a}\right)$ (2) $(3x-2a)\left(x-\dfrac{1}{a}\right)$

4 ③ **5** ③ **6** 25 **7** 2

8 (1) 7 (2) 2

9 $a=-3$, $(x-1)(x-2)(2x+3)$ **10** 16

---

1 $a^3-a^2c-ab^2+b^2c$
$=a^2(a-c)-b^2(a-c)$
$=(a-c)(a^2-b^2)$
$=(a-c)(a+b)(a-b)$

따라서 인수인 것은 ② $a-c$이다.

2 (1) $49^2-51^2-99^2+101^2$
$=(49^2-51^2)+(101^2-99^2)$
$=(49+51)(49-51)+(101+99)(101-99)$
$=100\times(-2)+200\times2$
$=200$

200을 소인수분해 하면 $2^3\times5^2$이므로

$a=3$, $b=0$, $c=2$

$\therefore a+b+c=3+0+2=5$

(2) $200=x$로 놓으면

$$a=\dfrac{x^3-1}{(x+1)\times x+1}$$
$$=\dfrac{(x-1)(x^2+x+1)}{x^2+x+1}$$
$$=x-1$$
$$=200-1=199$$

$$\therefore \dfrac{a-1}{a+1}=\dfrac{199-1}{199+1}$$
$$=\dfrac{99}{100}$$

(1) 인수분해 공식 $a^2-b^2=(a+b)(a-b)$를 이용하기 위하여 $(49^2-99^2)+(101^2-51^2)$과 같이 묶을 수도 있지만 계산이 복잡하다.

수의 계산에서 제곱의 차에 의한 인수분해를 할 때에는 a의 값과 b의 값의 차가 크지 않도록 선택한다.

(2) $200^3-1=200^3-1^3$이므로 $x^3-y^3=(x-y)(x^2+xy+y^2)$의 인수분해를 이용하기 위하여 $200=x$로 치환한다.

3 (1) $x^2+\left(a+\dfrac{1}{a}\right)x+1$

$$=x^2+\left(a+\dfrac{1}{a}\right)x+a\times\dfrac{1}{a}$$

$$=(x+a)\left(x+\dfrac{1}{a}\right)$$

(2) $3x^2-\left(2a+\dfrac{3}{a}\right)x+2$

$$=3x^2-\left(2a+\dfrac{3}{a}\right)x+(-2a)\times\left(-\dfrac{1}{a}\right)$$

$$=(3x-2a)\left(x-\dfrac{1}{a}\right)$$

(1)

x		a	→	ax
x		$\dfrac{1}{a}$	→	$\dfrac{1}{a}x$
x^2		1		$\left(a+\dfrac{1}{a}\right)x$

(2)

$3x$		$-2a$	→	$-2ax$
x		$-\dfrac{1}{a}$	→	$-\dfrac{3}{a}x$
$3x^2$		2		$-\left(2a+\dfrac{3}{a}\right)x$

4 x^6-y^6

$$=(x^3)^2-(y^3)^2=(x^3+y^3)(x^3-y^3)$$

$$=(x+y)(x^2-xy+y^2)(x-y)(x^2+xy+y^2)$$

따라서 인수가 아닌 것은 ③ x^2+y^2이다.

$x^6=(x^2)^3$, $y^6=(y^2)^3$이므로 인수분해 공식
$a^3-b^3=(a-b)(a^2+ab+b^2)$,
$(a^4+a^2b^2+b^4)=(a^2+ab+b^2)(a^2-ab+b^2)$을 이용한다.

---

x^6-y^6

$$=(x^2)^3-(y^2)^3$$

$$=(x^2-y^2)(x^4+x^2y^2+y^4)$$

$$=(x+y)(x-y)(x^2+xy+y^2)(x^2-xy+y^2)$$

5 오른쪽 그림과 같이 두 정사각형을 각각 A, B라고 하면 정사각형 A에서 색칠한 부분을 제외한 도형의 넓이는

$(a+y)^2-xy$

정사각형 B에서 색칠한 부분을 제외한 도형의 넓이는

$(a+x)^2-xy$

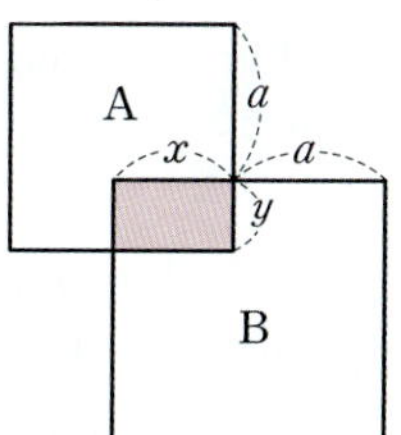

또한 $x>y$에서 $a+x>a+y$이므로

$(a+x)^2-xy>(a+y)^2-xy$

따라서 두 정사각형에서 색칠한 부분을 제외한 두 도형의 넓이의 차는

$$(a+x)^2-xy-\{(a+y)^2-xy\}$$

$$=(a+x)^2-(a+y)^2$$

$$=\{(a+x)+(a+y)\}\{(a+x)-(a+y)\}$$

$$=(2a+x+y)(x-y)$$

어떤 두 수의 차는 음이 아닌 수를 의미하므로 두 수의 대소 관계를 알아야 그 차를 구할 수 있다. 따라서 두 정사각형에서 색칠한 부분을 제외한 두 도형의 넓이의 차를 구하는 문제이므로 두 정사각형의 한 변의 길이의 대소 관계를 알아야 하는데, 이때 $x>y$라는 조건을 이용한다.

6 $x^2=X$로 놓으면

$$x^4-8x^2+16=X^2-8X+16$$

$$=(X-4)^2$$

$$=(x^2-4)^2$$

$$=\{(x+2)(x-2)\}^2$$

$$=(x+2)^2(x-2)^2$$

$a>b$이므로 $a=2$, $b=-2$

$$\therefore \dfrac{100}{a-b}=\dfrac{100}{2-(-2)}=25$$

항등식의 성질을 이용하여 풀어 보자.

$$x^4-8x^2+16=(x+a)^2(x+b)^2$$

이 등식이 x에 대한 항등식이므로 양변에 $x=-a$를 대입하면

$a^4-8a^2+16=0$, $(a^2-4)^2=0$

$a^2=4$ $\quad\therefore a=\pm2$

마찬가지 방법으로 양변에 $x=-b$를 대입하면

$b^2=4$ $\quad\therefore b=\pm2$

$a>b$이므로 $a=2$, $b=-2$

$$\therefore \frac{100}{a-b}=\frac{100}{2-(-2)}=25$$

7 두 문자 x, y의 차수가 같으므로 문자 x에 대하여 내림차순으로 정리한 후 인수분해하면

$2x^2-xy-y^2+3x+3y-2$

$=2x^2-(y-3)x-(y^2-3y+2)$

$=2x^2-(y-3)x-(y-2)(y-1)$

$=(x-y+2)(2x+y-1)$

따라서 $a=-1$, $b=2$, $c=1$이므로

$a+b+c=-1+2+1=2$

➕ 보충 설명

$$
\begin{array}{rccccc}
2x & & (y-1) & \longrightarrow & (y-1)x \\
x & & -(y-2) & \longrightarrow & -2(y-2)x \\
\hline
2x^2 & & -(y-2)(y-1) & & -(y-3)x
\end{array}
$$

8 (1) $f(x)=x^3+5x^2+10x+6$이라고 하면

$f(-1)=-1+5-10+6=0$

이므로 $x+1$은 $f(x)$의 인수이다.

따라서 조립제법을 이용하여 $f(x)$를 인수분해하면

$$
\begin{array}{r|rrrr}
-1 & 1 & 5 & 10 & 6 \\
 & & -1 & -4 & -6 \\
\hline
 & 1 & 4 & 6 & 0
\end{array}
$$

$\therefore f(x)=(x+1)(x^2+4x+6)$

즉, $a=1$, $b=6$이므로 $a+b=1+6=7$

(2) $x(x+1)(x+2)(x+3)-8$

$=\{x(x+3)\}\{(x+1)(x+2)\}-8$

$=(x^2+3x)(x^2+3x+2)-8$

$x^2+3x=X$로 놓으면

$(x^2+3x)(x^2+3x+2)-8$

$=X(X+2)-8$

$=X^2+2X-8$

$=(X-2)(X+4)$

$=(x^2+3x-2)(x^2+3x+4)$

따라서 $a=-2$, $b=4$ 또는 $a=4$, $b=-2$이므로

$a+b=2$

다른 풀이

(1) $x^3+5x^2+10x+6$이 $(x+a)(x^2+4x+b)$로 인수분해되므로 다음과 같이 놓을 수 있다.

$x^3+5x^2+10x+6$

$=(x+a)(x^2+4x+b)$

$=x^3+(a+4)x^2+(4a+b)x+ab$

위의 식은 x에 대한 항등식이므로 계수비교법에 의하여

$a+4=5$, $4a+b=10$

$\therefore a=1$, $b=6$

$\therefore a+b=7$

➕ 보충 설명

(2) 다항식의 인수분해 또는 전개와 관련해서 $(x+a)(x+b)(x+c)(x+d)$ 꼴이 나오면 대부분 일차식을 두 개씩 짝 지어 전개한다. a, b, c, d를 두 개씩 짝 지어 그 합이 같도록 묶으면 전개했을 때 일차항이 같아지므로 공통부분을 찾을 수 있다.

9 $f(x)=2x^3+ax^2-5x+6$이라고 하면 $x-1$은 $f(x)$의 인수이므로

$f(1)=2+a-5+6=0$, $a+3=0$

$\therefore a=-3$

따라서 $f(x)=2x^3-3x^2-5x+6$이므로 조립제법을 이용하여 $f(x)$를 인수분해하면

$$
\begin{array}{r|rrrr}
1 & 2 & -3 & -5 & 6 \\
 & & 2 & -1 & -6 \\
\hline
 & 2 & -1 & -6 & 0
\end{array}
$$

$\therefore f(x)=(x-1)(2x^2-x-6)$

$\qquad\quad =(x-1)(x-2)(2x+3)$

➕ 보충 설명

인수정리에 대하여 잘 알아두자.

다항식 $f(x)$에 대하여

① $f(x)$가 일차식 $x-\alpha$로 나누어떨어지면 $f(\alpha)=0$이다.

② $f(\alpha)=0$이면 $f(x)$는 일차식 $x-\alpha$로 나누어떨어진다.

즉, $f(x)$는 $x-\alpha$를 인수로 가지므로 $f(x)=(x-\alpha)Q(x)$와 같이 나타낸다.

10 $f(x)=x^4-ax+b$라고 하면 $f(x)$가 $(x-2)^2$을 인수로 가지므로

$f(2)=16-2a+b=0$

$\therefore b=2a-16$ $\qquad\qquad\cdots\cdots$ ㉠

따라서 $f(x)=x^4-ax+2a-16$이므로 조립제법을 이용하여 인수분해하면

$$\begin{array}{r|rrrrr} 2 & 1 & 0 & 0 & -a & 2a-16 \\ & & 2 & 4 & 8 & -2a+16 \\ \hline & 1 & 2 & 4 & -a+8 & \boxed{0} \end{array}$$

$\therefore f(x)=(x-2)(x^3+2x^2+4x-a+8)$

$g(x)=x^3+2x^2+4x-a+8$이라고 하면 $f(x)$가 $(x-2)^2$을 인수로 가지므로 $x-2$는 $g(x)$의 인수이다.

즉, $g(2)=8+8+8-a+8=0$이므로

$a=32$

$a=32$를 ㉠에 대입하면 $b=48$

$\therefore b-a=48-32=16$

실력 다지기　　　　　　　　　　　110쪽~111쪽

11 ④　　　**12** ③　　　**13** ③　　　**14** (1) 16　(2) 4

15 $3ab(a+b)$

16 (1) $(ax-1)(bx^2+ax-1)$

　　(2) $3(x-y)(y-z)(z-x)$

　　(3) $3(a+b)(b+c)(c+a)$

17 ㄱ, ㄴ, ㄷ

18 (1) $a=b$인 이등변삼각형

　　(2) 빗변의 길이가 c인 직각삼각형

19 3　　　　**20** $2x^2+3x+1$

11　접근 방법｜다항식 $x^2+(a+1)x+9$가 정수 계수의 일차식을 인수로 가진다는 사실을 이용하여 주어진 다항식이 인수분해되는 모든 경우를 찾도록 한다.

$x^2+(a+1)x+9$가 정수 계수의 두 일차식의 곱으로 인수분해되고, 상수항이 9이므로 가능한 일차식의 곱은 $(x-1)(x-9)$, $(x+1)(x+9)$, $(x-3)^2$, $(x+3)^2$ 의 네 가지 경우가 있다.

각 경우에 대하여 식을 전개했을 때의 x의 계수를 차례대로 살펴보면 -10, 10, -6, 6이므로

$a+1=-10$ 또는 $a+1=10$ 또는

$a+1=-6$ 또는 $a+1=6$

따라서 $a=-11$ 또는 $a=9$ 또는 $a=-7$ 또는 $a=5$ 이므로 모든 정수 a의 값의 합은

$-11+9+(-7)+5=-4$

두 정수 m, n에 대하여

$x^2+(a+1)x+9=(x+m)(x+n)$ $(m\geq n)$

이라고 하면

$m+n=a+1$, $mn=9$

따라서 m, n은 9의 양 또는 음의 약수가 되어야 하므로 가능한 m, n의 값은 다음과 같다.

$$\begin{cases} m=9 \\ n=1 \end{cases}, \begin{cases} m=-1 \\ n=-9 \end{cases}, \begin{cases} m=3 \\ n=3 \end{cases}, \begin{cases} m=-3 \\ n=-3 \end{cases}$$

12　접근 방법｜x에 대하여 내림차순으로 정리한 후 인수분해한다.

두 문자 x, y의 차수가 같으므로 문자 x에 대하여 내림차순으로 정리한 후 인수분해하면

$2x^2-5xy+2y^2+x+y-1$

$=2x^2-(5y-1)x+(2y^2+y-1)$

$=2x^2-(5y-1)x+(2y-1)(y+1)$

$=\{x-(2y-1)\}\{2x-(y+1)\}$

$=(x-2y+1)(2x-y-1)$

따라서 구하는 두 일차식의 합은

$(x-2y+1)+(2x-y-1)=3x-3y$

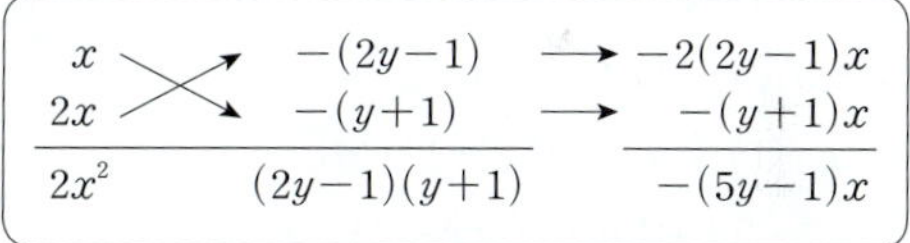

13　접근 방법｜먼저 $x(x-3)$과 $(x-1)(x-2)$를 각각 짝지어 전개한다.

$x(x-1)(x-2)(x-3)-24$

$=\{x(x-3)\}\{(x-1)(x-2)\}-24$

$=(x^2-3x)(x^2-3x+2)-24$

$x^2-3x=X$로 놓으면

$(x^2-3x)(x^2-3x+2)-24$

$=X(X+2)-24$

$=X^2+2X-24$

$=(X+6)(X-4)$

$=(x^2-3x+6)(x^2-3x-4)$

$=(x+1)(x-4)(x^2-3x+6)$

따라서 $Q(x)=x^2-3x+6$이므로

$Q(1)=1-3+6=4$

다른 풀이

항등식의 성질을 이용하여 풀어 보면

$x(x-1)(x-2)(x-3)-24$

$=(x+1)(x-4)Q(x)$

이 식이 x에 대한 항등식이므로 양변에 $x=1$을 대입하면

$-24=-6Q(1)$ $\qquad \therefore Q(1)=4$

14 접근 방법 | (1) $(x+1)(x+3)(x+5)(x+7)$에서 $(x+1)(x+7)$과 $(x+3)(x+5)$를 짝 지어 전개한 다음 치환을 이용하여 인수분해한다.

(2) 마찬가지로 $(x-1)^2$과 $(x-3)(x+1)$을 짝 지어 전개한다.

(1) $(x+1)(x+3)(x+5)(x+7)+a$

$=\{(x+1)(x+7)\}\{(x+3)(x+5)\}+a$

$=(x^2+8x+7)(x^2+8x+15)+a$

$x^2+8x=X$로 놓으면

$(x^2+8x+7)(x^2+8x+15)+a$

$=(X+7)(X+15)+a$

$=X^2+22X+105+a$

$=(X+11)^2-16+a$

$=(x^2+8x+11)^2-16+a$

이 식이 x에 대한 완전제곱식이 되려면

$-16+a=0$ $\qquad \therefore a=16$

(2) $(x-3)(x-1)^2(x+1)+a$

$=(x-1)^2\{(x-3)(x+1)\}+a$

$=(x^2-2x+1)(x^2-2x-3)+a$

$x^2-2x=X$로 놓으면

$(x^2-2x+1)(x^2-2x-3)+a$

$=(X+1)(X-3)+a$

$=X^2-2X-3+a$

$=(X-1)^2-4+a$

$=(x^2-2x-1)^2-4+a$

이 식이 x에 대한 완전제곱식이 되려면

$-4+a=0$ $\qquad \therefore a=4$

⊕ 보충 설명

어떤 다항식의 제곱으로 된 식 또는 이 식에 상수를 곱한 식을 완전제곱식이라고 한다.

15 접근 방법 | 주어진 그림을 이용하여 한 모서리의 길이가 각각 $a+b$, a, b인 정육면체의 부피를 구한다.

한 모서리의 길이가 $a+b$인 정육면체의 부피는

$(a+b)^3$이고, 한 모서리의 길이가 a, b인 정육면체의 부피는 각각 a^3, b^3이므로 남은 부분의 부피는

$(a+b)^3-a^3-b^3=(a^3+3a^2b+3ab^2+b^3)-a^3-b^3$

$\qquad =3a^2b+3ab^2=3ab(a+b)$

⊕ 보충 설명

문제의 그림과 같이 주어진 정육면체의 부피는 $(a+b)^3$이고, 동시에 부피가 각각 a^3, a^2b, ab^2, b^3인 분할된 직육면체 1개, 3개, 3개, 1개를 합한 $a^3+3a^2b+3ab^2+b^3$도 정육면체의 부피가 되므로

$(a+b)^3=a^3+3a^2b+3ab^2+b^3$

16 접근 방법 | (1) 주어진 다항식을 차수가 가장 낮은 문자 b에 대하여 내림차순으로 정리한 후 인수분해한다.

(2) $x-y=A$, $y-z=B$, $z-x=C$로 치환하여 인수분해한다.

(3) $(a+b+c)^3-a^3-b^3-c^3$을 $(a+b+c)^3-a^3$과 $-(b^3+c^3)$으로 나누어 세제곱의 합과 세제곱의 차의 인수분해 공식을 이용한다.

(1) 차수가 가장 낮은 문자 b에 대하여 내림차순으로 정리한 후 인수분해하면

$abx^3-(b-a^2)x^2-2ax+1$

$=ax^3b-x^2b+a^2x^2-2ax+1$

$=x^2(ax-1)b+(ax-1)^2$

$=(ax-1)(bx^2+ax-1)$

(2) $x-y=A$, $y-z=B$, $z-x=C$로 놓으면

$A+B+C=0$이므로 주어진 다항식은

$(x-y)^3+(y-z)^3+(z-x)^3$

$=A^3+B^3+C^3$

$=(A+B+C)(A^2+B^2+C^2-AB-BC-CA)$

$\qquad\qquad\qquad\qquad +3ABC$

$=3ABC$

$=3(x-y)(y-z)(z-x)$

(3) $(a+b+c)^3-a^3-b^3-c^3$

$=\{(a+b+c)^3-a^3\}-(b^3+c^3)$

$=(a+b+c-a)\{(a+b+c)^2+(a+b+c)a+a^2\}$

$\qquad\qquad\qquad -(b+c)(b^2-bc+c^2)$

$=(b+c)\{(a+b+c)^2+(a+b+c)a+a^2$

$\qquad\qquad\qquad -(b^2-bc+c^2)\}$

$=(b+c)(3a^2+3ab+3ac+3bc)$

$=3(b+c)\{a^2+(b+c)a+bc\}$

$=3(b+c)(a+b)(a+c)$

$=3(a+b)(b+c)(c+a)$

$A^3+B^3+C^3$과 관련된 인수분해 공식은 다음의 한 가지이
므로 기억해 두자.
$$A^3+B^3+C^3-3ABC$$
$$=(A+B+C)(A^2+B^2+C^2-AB-BC-CA)$$

17 접근 방법 | 주어진 식을 전개한 다음 a에 대한 내림차순
으로 정리한다.

세 문자 a, b, c의 차수가 모두 같으므로 문자 a에 대
하여 내림차순으로 정리한 후 인수분해하면
$$a^2(b-c)-b^2(a+c)-c^2(a-b)+2abc$$
$$=(b-c)a^2-(b^2+c^2-2bc)a-b^2c+bc^2$$
$$=(b-c)a^2-(b-c)^2a-bc(b-c)$$
$$=(b-c)\{a^2-(b-c)a-bc\}$$
$$=(b-c)(a-b)(a+c)$$
$$=(a-b)(b-c)(c+a)$$
따라서 주어진 다항식의 인수인 것은 ㄱ, ㄴ, ㄷ이다.

➕ 보충 설명

여러 개의 문자를 포함하고, 각 문자에 대한 차수가 모두 같
은 다항식은 어느 한 문자에 대하여 내림차순으로 정리한 후
인수분해한다.

18 접근 방법 | 주어진 등식의 좌변을 정리하여 세 변의 길
이 a, b, c 사이의 관계를 구한다.

(1) $a^3-ab^2-b^2c+a^2c$
$$=a(a^2-b^2)+c(a^2-b^2)$$
$$=(a^2-b^2)(a+c)$$
$$=(a+b)(a-b)(a+c)$$
즉, $(a+b)(a-b)(a+c)=0$에서 a, b, c는 삼각
형의 세 변의 길이이므로 $a+b>0$, $a+c>0$이어
야 한다.
$$\therefore a-b=0, \text{ 즉 } a=b$$
따라서 삼각형 ABC는 $a=b$인 이등변삼각형이다.

(2) $c^3-(a+b)c^2-(a^2+b^2)c+(a+b)(a^2+b^2)$
$$=c^2\{c-(a+b)\}+(a^2+b^2)\{(a+b)-c\}$$
$$=c^2(c-a-b)-(a^2+b^2)(c-a-b)$$
$$=(c-a-b)(c^2-a^2-b^2)$$
즉, $(c-a-b)(c^2-a^2-b^2)=0$에서
$$c-a-b=0 \text{ 또는 } c^2-a^2-b^2=0$$
그런데 a, b, c는 삼각형의 세 변의 길이이므로
$a+b>c$에서

$$c-a-b\neq 0$$
따라서 $c^2-a^2-b^2=0$이므로
$$c^2=a^2+b^2$$
피타고라스 정리에 의하여 삼각형 ABC는 빗변의
길이가 c인 직각삼각형이다.

➕ 보충 설명

(2)에서 $c-a-b=0$이면 $c=a+b$는 삼각형의 세 변이 되
기 위한 조건, 즉 '두 변의 길이의 합은 나머지 한 변의 길이
보다 커야 한다.'를 만족시키지 못하므로 삼각형의 세 변이
될 수 없다. 따라서 $c-a-b\neq 0$이다.

19 접근 방법 | [그림 1]이 나타내는 입체의 부피가 x^3-xy^2
이므로, [그림 2]가 나타내는 부피의 식을 구한 후 인수분해하
여 구하도록 한다.

[그림 2]가 나타내는 입체의 부피는 한 모서리의 길이
가 x인 정육면체의 부피에서 구멍 부분의 부피를 빼면
된다.
구멍 부분의 부피는 밑면이 한 변의 길이가 y인 정사
각형이고 높이가 x인 정사각기둥 3개의 부피에서 중복
된 부분인 한 모서리의 길이가 y인 정육면체의 부피를
두 번 빼면 된다.
따라서 구멍 부분의 부피가 $3xy^2-2y^3$이므로 구하는
입체의 부피는
$$x^3-(3xy^2-2y^3)=x^3-3xy^2+2y^3 \qquad \cdots\cdots ㉠$$
$$x^3-3xy^2+2y^3$$
$$=x^3-y^3-3xy^2+3y^3$$
$$=(x-y)(x^2+xy+y^2)-3y^2(x-y)$$
$$=(x-y)(x^2+xy-2y^2)=(x-y)^2(x+2y)$$
따라서 $a=1$, $b=2$이므로
$$a+b=3$$

다른 풀이

$x=y$일 때 ㉠의 값이 0이 되므로
$x-y$는 $x^3-3xy^2+2y^3$의 인수이다.
조립제법을 이용하여 인수분해하면

$$\begin{array}{r|rrrr} 1 & 1 & 0 & -3 & 2 \\ & & 1 & 1 & -2 \\ \hline & 1 & 1 & -2 & \boxed{0} \end{array}$$

$$\therefore x^3-3xy^2+2y^3=(x-y)(x^2+xy-2y^2)$$
$$=(x-y)^2(x+2y)$$
따라서 $a=1$, $b=2$이므로
$$a+b=3$$

20 **접근 방법 |** 조건 ㈎에 의하여 $f(x)$는 $x+3$을 인수로 가지고, $g(x)$는 $x-2$를 인수로 가진다.

조건 ㈏에서 주어진 사차식을 조립제법을 이용하여 인수분해한 후 두 이차식 $f(x)$, $g(x)$를 각각 구하도록 한다.

조건 ㈎에서 양변에 $x=-3$을 대입하면
$-5 \times f(-3)=0$이므로 인수정리에 의하여 $x+3$은 $f(x)$의 인수이다.

또한 양변에 $x=2$를 대입하면 $0=5 \times g(2)$이므로 인수정리에 의하여 $x-2$는 $g(x)$의 인수이다.

즉, $x+3$, $x-2$는 $f(x)g(x)$의 인수이므로 조건 ㈏에 주어진 다항식을 조립제법을 이용하여 인수분해하면

$$
\begin{array}{r|rrrrr}
-3 & 1 & 3 & -3 & -11 & -6 \\
   &   & -3 & 0 & 9 & 6 \\
\hline
2 & 1 & 0 & -3 & -2 & \;\,0 \\
  &   & 2 & 4 & 2 & \\
\hline
  & 1 & 2 & 1 & \;\,0 &
\end{array}
$$

$\therefore\ x^4+3x^3-3x^2-11x-6$
$\quad =(x+3)(x-2)(x^2+2x+1)$
$\quad =(x+1)^2(x-2)(x+3)$
$\therefore\ f(x)g(x)=(x+1)^2(x-2)(x+3)$

조건 ㈎를 만족시켜야 하므로
$f(x)=(x+1)(x+3)=x^2+4x+3$
$g(x)=(x+1)(x-2)=x^2-x-2$
$\therefore\ f(x)+g(x)=x^2+4x+3+x^2-x-2$
$\qquad\qquad\qquad =2x^2+3x+1$

⊕ 보충 설명

조건 ㈏에서 주어진 사차식부터 먼저 인수분해하지 말고, 조건 ㈎에 의하여 각 다항식의 인수가 되는 일차식을 구한 후 인수분해한다.

기출 다지기　　　　　　　112쪽

21 ④　　**22** ③　　**23** ⑤　　**24** ②　　**25** 20

21 **접근 방법 |** 주어진 다항식에서 $x^2+x=X$로 치환하여 전개하고 다시 인수분해하도록 한다.

$x^2+x=X$로 놓으면
$(x^2+x)(x^2+x+1)-6$
$=X(X+1)-6=X^2+X-6$
$=(X-2)(X+3)=(x^2+x-2)(x^2+x+3)$
$=(x+2)(x-1)(x^2+x+3)$

따라서 $a=1$, $b=3$이므로
$a+b=4$

22 **접근 방법 |** 주어진 다항식에서 일차식 $f(x)$가 $x+1$을 인수로 갖게 된다는 것을 확인하여 $f(x)=k(x+1)$ (k는 0이 아닌 상수)로 놓고 k의 값을 구하도록 한다.

$x^3+1-f(x)=(x+1)(x+a)^2$ 　　$\cdots\cdots$ ㉠
㉠의 양변에 $x=-1$을 대입하면
$(-1)^3+1-f(-1)=0$, $f(-1)=0$
이므로 $x+1$은 $f(x)$의 인수이다.
$f(x)=k(x+1)$ (k는 0이 아닌 상수)로 놓으면
$x^3+1-f(x)=x^3+1-k(x+1)$
$\qquad\qquad =(x+1)(x^2-x+1)-k(x+1)$
$\qquad\qquad =(x+1)(x^2-x+1-k)$ 　　$\cdots\cdots$ ㉡
㉠, ㉡에서 $x^2-x+1-k=(x+a)^2$이므로
$x^2-x+1-k=x^2+2ax+a^2$
$-1=2a$, $1-k=a^2$
$\therefore\ a=-\dfrac{1}{2}$, $k=\dfrac{3}{4}$

따라서 $f(x)=\dfrac{3}{4}(x+1)$이므로

$f(7)=\dfrac{3}{4}\times 8=6$

23 **접근 방법 |** 주어진 다항식을 공통부분이 생기도록 전개하여 공통부분을 X로 놓고, 완전제곱식이 되도록 상수 a의 값을 정하고 인수분해하여 상수 b, c의 값을 정하도록 한다.

$(x-1)(x-4)(x-5)(x-8)+a$
$=\{(x-1)(x-8)\}\{(x-4)(x-5)\}+a$
$=(x^2-9x+8)(x^2-9x+20)+a$
$x^2-9x=X$로 놓으면
$(x^2-9x+8)(x^2-9x+20)+a$
$=(X+8)(X+20)+a$
$=X^2+28X+160+a$
이고 이 식이 완전제곱식이 되려면
$160+a=196$
$\therefore\ a=36$
$X^2+28X+196=(X+14)^2$
$\qquad\qquad\qquad =(x^2-9x+14)^2$
$\qquad\qquad\qquad =\{(x-2)(x-7)\}^2$
$\qquad\qquad\qquad =(x-2)^2(x-7)^2$
따라서 $b=-2$, $c=-7$ 또는 $b=-7$, $c=-2$이므로
$a+b+c=27$

24 **접근 방법** | 주어진 직육면체의 부피를 x에 대한 식으로 나타내어 인수분해한다.

나무 블록의 부피는

$x^2(x+3)-1^3\times2=x^3+3x^2-2$

$f(x)=x^3+3x^2-2$라고 하면

$f(-1)=-1+3-2=0$

이므로 $x+1$은 $f(x)$의 인수이다.

조립제법을 이용하여 인수분해하면

$$\begin{array}{r|rrrr} -1 & 1 & 3 & 0 & -2 \\ & & -1 & -2 & 2 \\ \hline & 1 & 2 & -2 & \,\vrule\; 0 \end{array}$$

$\therefore f(x)=(x+1)(x^2+2x-2)$

따라서 $a=1$, $b=2$, $c=-2$이므로

$a\times b\times c=1\times2\times(-2)=-4$

25 **접근 방법** | n^4+n^2-2를 인수분해하고, $(n-1)(n-2)$의 배수가 되도록 식을 변형하여 나머지 부분의 식에서 배수 관계가 성립함을 이용하여 자연수 n의 최댓값을 구하도록 한다.

n^4+n^2-2

$=(n^2-1)(n^2+2)$

$=(n-1)(n+1)(n^2+2)$

$=(n-1)(n^3+n^2+2n+2)$

$=(n-1)\{(n-2)(n^2+3n+8)+18\}$

$=(n-1)(n-2)(n^2+3n+8)+18(n-1)$ $\cdots\cdots$ ㉠

이때 $(n-1)(n-2)(n^2+3n+8)$이 $(n-1)(n-2)$의 배수이므로 ㉠이 $(n-1)(n-2)$의 배수가 되기 위해서는 $18(n-1)$이 $(n-1)(n-2)$의 배수가 되어야 한다.

즉, $18(n-1)=k(n-1)(n-2)$ (k는 자연수)라고 하면 $\cdots\cdots$ ㉡

(i) $n=1$일 때

  k의 값에 관계없이 ㉠은 $(n-1)(n-2)$의 배수이다.

(ii) $n\neq1$일 때

  ㉡의 양변을 $n-1$로 나누면 $18=k(n-2)$이므로

  $n-2=1,\ 2,\ 3,\ 6,\ 9,\ 18$이고 $n=3,\ 4,\ 5,\ 8,\ 11,\ 20$

따라서 자연수 n의 최댓값은 20이다.

조립제법을 이용하여 n^4+n^2-2를 $(n-1)(n-2)$로 나누면 다음과 같다.

$$\begin{array}{r|rrrrr} 1 & 1 & 0 & 1 & 0 & -2 \\ & & 1 & 1 & 2 & 2 \\ \hline 2 & 1 & 1 & 2 & 2 & \,\vrule\; 0 \\ & & 2 & 6 & 16 & \\ \hline & 1 & 3 & 8 & \,\vrule\; 18 & \end{array}$$

n^4+n^2-2를 $n-1$로 나눈 몫은 n^3+n^2+2n+2, 나머지는 0이므로

$n^4+n^2-2=(n-1)(n^3+n^2+2n+2)$

n^3+n^2+2n+2를 $n-2$로 나눈 몫은 n^2+3n+8, 나머지는 18이므로

n^4+n^2-2

$=(n-1)(n-2)(n^2+3n+8)+18(n-1)$

이때 주어진 조건에서

$(n-1)(n-2)(n^2+3n+8)+18(n-1)$은 $(n-1)(n-2)$의 배수이고,

$(n-1)(n-2)(n^2+3n+8)$이 $(n-1)(n-2)$의 배수이므로 $18(n-1)$도 $(n-1)(n-2)$의 배수가 되어야 한다.

$18(n-1)=k(n-1)(n-2)$ (k는 자연수)라고 하면

$18=k(n-2)$

k가 최솟값을 가질 때 n이 최댓값을 가지므로 $k=1$일 때 n이 최대이다.

따라서 $n-2=18$이므로 $n=20$

Ⅱ. 방정식과 부등식

04. 복소수

1 탭 (1) $\sqrt{3}i$ (2) $3i$ (3) $-2\sqrt{3}i$ (4) $\dfrac{3}{4}i$

(1) $\sqrt{-3}=\sqrt{3}i$

(2) $\sqrt{-9}=\sqrt{9}i=3i$

(3) $-\sqrt{-12}=-\sqrt{12}i=-2\sqrt{3}i$

(4) $\sqrt{-\dfrac{9}{16}}=\sqrt{\dfrac{9}{16}}i=\dfrac{3}{4}i$

2 탭 (1) $5,\ 1$ (2) $-\dfrac{\sqrt{2}}{3},\ -\dfrac{4}{3}$ (3) $-1,\ 0$

3 탭 (1) ㄱ, ㅂ (2) ㄴ, ㄷ, ㄹ, ㅁ
  (3) ㄷ, ㄹ (4) ㄱ, ㄴ, ㄷ, ㄹ, ㅁ, ㅂ

ㄹ. $\sqrt{-4}=\sqrt{4}i=2i$

4 탭 (1) $x=-2,\ y=-2$ (2) $x=3,\ y=-2$
  (3) $x=0,\ y=9$ (4) $x=3,\ y=2$

(1) 복소수가 서로 같을 조건에 의하여
  $x=-2,\ y=-2$

(2) 복소수가 서로 같을 조건에 의하여
  $2x=6,\ y+1=-1$
  $\therefore\ x=3,\ y=-2$

(3) 복소수가 서로 같을 조건에 의하여
  $x=0,\ y=9$

(4) 복소수가 서로 같을 조건에 의하여
  $x-1=2,\ y+3=5$
  $\therefore\ x=3,\ y=2$

5 탭 (1) $3-i$ (2) $1+3i$ (3) -2 (4) $-2i$

01-1 탭 (1) $6i$ (2) -12

(1) $\sqrt{3}\sqrt{-27}+\dfrac{\sqrt{27}}{\sqrt{-3}}=\sqrt{-81}-\sqrt{\dfrac{27}{-3}}$
$\qquad\qquad =\sqrt{-81}-\sqrt{-9}$
$\qquad\qquad =\sqrt{81}i-\sqrt{9}i=9i-3i=6i$

(2) $\sqrt{-3}\sqrt{-27}-\dfrac{\sqrt{-27}}{\sqrt{-3}}$

$=-\sqrt{(-3)\times(-27)}-\sqrt{\dfrac{-27}{-3}}$

$=-\sqrt{81}-\sqrt{9}=-9-3=-12$

다른 풀이

(1) $\sqrt{3}\sqrt{-27}=\sqrt{3}\sqrt{27}i=\sqrt{81}i=9i$

$\dfrac{\sqrt{27}}{\sqrt{-3}}=\dfrac{\sqrt{27}}{\sqrt{3}i}=\dfrac{\sqrt{27}i}{\sqrt{3}i^2}=-\dfrac{\sqrt{27}}{\sqrt{3}}i=-3i$

$\therefore$ (주어진 식)$=9i+(-3i)=6i$

(2) $\sqrt{-3}\sqrt{-27}=\sqrt{3}i\sqrt{27}i=9i^2=-9$

$\dfrac{\sqrt{-27}}{\sqrt{-3}}=\dfrac{\sqrt{27}i}{\sqrt{3}i}=3$

$\therefore$ (주어진 식)$=-9-3=-12$

01-2 탭 ③

$\sqrt{a}\sqrt{b}=-\sqrt{ab}$이므로 $a<0,\ b<0$
따라서 $\sqrt{a}+\sqrt{b}$는 순허수이므로 켤레복소수는
$-(\sqrt{a}+\sqrt{b})=-\sqrt{a}-\sqrt{b}$

⊕ 보충 설명

> $\sqrt{a}$에서 $a<0$이면 $-a>0$이므로 $\sqrt{a}=\sqrt{-a}i$이다.

01-3 탭 ②

$\dfrac{\sqrt{a}}{\sqrt{b}}=-\sqrt{\dfrac{a}{b}}$에서 $a>0,\ b<0$이므로 $a-b>0$

$\therefore\ \sqrt{(a-b)^2}-2|b|=|a-b|-2|b|$
$\qquad\qquad\qquad =a-b+2b$
$\qquad\qquad\qquad =a+b$

⊕ 보충 설명

> $a,\ b$가 실수일 때, 다음이 성립한다.
> ① $\sqrt{a}\sqrt{b}=-\sqrt{ab}$이면
> $a<0,\ b<0$ 또는 $a=0$ 또는 $b=0$
> ② $\dfrac{\sqrt{a}}{\sqrt{b}}=-\sqrt{\dfrac{a}{b}}$이면
> $a>0,\ b<0$ 또는 $a=0,\ b\neq0$

02-1 탭 (1) $x=1,\ y=2$ (2) $x=1,\ y=-4$

(1) $x,\ y$가 실수일 때, $x-y+1,\ 2x+y-4$도 실수이
  므로 복소수가 서로 같을 조건에 의하여

$$x-y+1=0,\ 2x+y-4=0$$

위의 두 식을 연립하여 풀면
$$x=1,\ y=2$$

(2) $x,\ y$가 실수일 때, $x-y,\ 2x+y$도 실수이므로 복소수가 서로 같을 조건에 의하여
$$x-y=5,\ 2x+y=-2$$

위의 두 식을 연립하여 풀면
$$x=1,\ y=-4$$

02-2 답 9

$(3-i)x+(1+3i)y=2+4i$에서
$$(3x+y)+(-x+3y)i=2+4i$$

복소수가 서로 같을 조건에 의하여
$$3x+y=2,\ -x+3y=4$$

위의 두 식을 연립하여 풀면 $x=\dfrac{1}{5},\ y=\dfrac{7}{5}$

$$\therefore\ 10x+5y=10\times\dfrac{1}{5}+5\times\dfrac{7}{5}=9$$

⊕ 보충 설명

> $x,\ y$가 실수이므로 주어진 등식의 양변을 각각 실수부분은 실수부분끼리, 허수부분은 허수부분끼리 정리한 후, 복소수가 서로 같을 조건을 이용한다.

02-3 답 4

$z=m(1+i)-n(1-i)-5i$
$\quad =(m-n)+(m+n-5)i$

$\overline{z}=(m-n)-(m+n-5)i$이므로

$z=\overline{z}$가 되려면 $m+n-5=0$이어야 한다.

즉, $m+n=5$를 만족시키는 두 자연수 $m,\ n$의 모든 순서쌍은 $(1,\ 4),\ (2,\ 3),\ (3,\ 2),\ (4,\ 1)$이므로 모든 순서쌍 $(m,\ n)$의 개수는 4이다.

예제 03 복소수가 실수 또는 순허수가 되는 조건 125쪽

03-1 답 (1) $x=1$ 또는 $x=-1$ (2) $x=0$

(1) z가 실수이면 허수부분이 0이므로 $x^2-1=0$
$$\therefore\ x=1\ 또는\ x=-1$$

(2) z가 순허수이면 실수부분이 0이고 허수부분은 0이 아니어야 한다.

(i) $x^2+x=0$에서 $x(x+1)=0$
$$\therefore\ x=0\ 또는\ x=-1$$

(ii) $x^2-1\neq0,\ (x-1)(x+1)\neq0$
$$\therefore\ x\neq1이고\ x\neq-1$$

(i), (ii)를 동시에 만족시키는 x의 값은 $x=0$

03-2 답 $x=-1$ 또는 $x=2$

$z=(1+i)x^2-ix-2(2+i)=x^2-4+(x^2-x-2)i$

$z=\overline{z}$가 되려면 z는 실수이어야 한다.

z가 실수이면 허수부분이 0이므로
$$x^2-x-2=0,\ (x+1)(x-2)=0$$
$$\therefore\ x=-1\ 또는\ x=2$$

03-3 답 5

$iz-i\overline{z}=0$에서 $i(z-\overline{z})=0$
$$\therefore\ z-\overline{z}=0$$

즉, $z=\overline{z}$이므로 z는 실수이다.

$z=(1+i)x^2-(3+5i)x-4+6i$
$\quad =x^2-3x-4+(x^2-5x+6)i$

에서 허수부분이 0이므로
$$x^2-5x+6=0,\ (x-2)(x-3)=0$$
$$\therefore\ x=2\ 또는\ x=3$$

따라서 모든 실수 x의 합은 $2+3=5$

개념 콕콕 **2 복소수의 연산** 131쪽

1 답 (1) $7-i$ (2) $3i$ (3) $3-3i$ (4) $1-4i$

(1) $(5+2i)+(2-3i)=(5+2)+(2-3)i$
$$=7-i$$

(2) $(2i-3)+(3+i)=(-3+3)+(2+1)i$
$$=3i$$

(3) $(7-2i)-(4+i)=(7-4)+(-2-1)i$
$$=3-3i$$

(4) $(i-2)-(5i-3)=(-2+3)+(1-5)i$
$$=1-4i$$

2 답 (1) 5 (2) $14-5i$ (3) $-13i$ (4) $32+24i$

(1) $(2+i)(2-i)=2^2-i^2=4-(-1)=5$

(2) $(4+i)(3-2i)=12-8i+3i-2i^2$
$$=12-8i+3i+2$$
$$=12-5i+2=14-5i$$

(3) $(2+3i)(-3-2i)=-6-4i-9i-6i^2$
$$=-6-13i+6=-13i$$

(4) $(6+2i)^2=36+24i+4i^2$
$$=36+24i-4=32+24i$$

3 탑 (1) $\dfrac{2}{5}+\dfrac{1}{5}i$ (2) $\dfrac{4}{17}-\dfrac{1}{17}i$

(3) $\dfrac{12}{13}+\dfrac{5}{13}i$ (4) $-\dfrac{3}{5}+\dfrac{1}{5}i$

(1) $\dfrac{1}{2-i}=\dfrac{2+i}{(2-i)(2+i)}=\dfrac{2+i}{4-i^2}$
$$=\dfrac{2+i}{4+1}=\dfrac{2}{5}+\dfrac{1}{5}i$$

(2) $\dfrac{1}{4+i}=\dfrac{4-i}{(4+i)(4-i)}=\dfrac{4-i}{16-i^2}$
$$=\dfrac{4-i}{16+1}=\dfrac{4}{17}-\dfrac{1}{17}i$$

(3) $\dfrac{5+i}{5-i}=\dfrac{(5+i)^2}{(5-i)(5+i)}=\dfrac{25+10i+i^2}{25-i^2}$
$$=\dfrac{25+10i-1}{25+1}$$
$$=\dfrac{12}{13}+\dfrac{5}{13}i$$

(4) $\dfrac{2i}{1-3i}=\dfrac{2i(1+3i)}{(1-3i)(1+3i)}=\dfrac{2i+6i^2}{1-9i^2}$
$$=\dfrac{2i-6}{1+9}$$
$$=-\dfrac{3}{5}+\dfrac{1}{5}i$$

4 탑 (1) $-i$ (2) i (3) i (4) $-i$ (5) $2-2i$ (6) 0

(1) $i^7=i^4\times i^3=1\times(-i)=-i$

(2) $i^{121}=(i^4)^{30}\times i=1\times i=i$

(3) $\dfrac{1}{i^3}=\dfrac{i}{i^3\times i}=\dfrac{i}{i^4}=i$

(4) $(-i)^{21}=-i^{21}=-(i^4)^5\times i=-i$

(5) $i+2i^2+3i^3+4i^4=i-2-3i+4=2-2i$

(6) $\dfrac{1}{i}+\dfrac{1}{i^2}+\dfrac{1}{i^3}+\dfrac{1}{i^4}=\dfrac{1}{i}-1-\dfrac{1}{i}+1=0$

04-1 탑 (1) $-4+3i$ (2) $4-2i$ (3) $5i$ (4) $3-i$

(1) $1+3i+(2+i)(i-2)=1+3i+(2i-4+i^2-2i)$
$$=1+3i+(-5)$$
$$=-4+3i$$

(2) $(2+i)(1-i)-(i-1)=(2-2i+i-i^2)-(i-1)$
$$=3-i-i+1$$
$$=4-2i$$

(3) $(i-1)(1-2i)-\dfrac{5}{1+2i}$
$$=(i-2i^2-1+2i)-\dfrac{5(1-2i)}{(1+2i)(1-2i)}$$
$$=1+3i-\dfrac{5(1-2i)}{1^2-4i^2}$$
$$=1+3i-\dfrac{5(1-2i)}{5}$$
$$=1+3i-1+2i=5i$$

(4) $\dfrac{3-i}{1+i}-\dfrac{5}{i-2}$
$$=\dfrac{(3-i)(1-i)}{(1+i)(1-i)}-\dfrac{5(-2-i)}{(-2+i)(-2-i)}$$
$$=\dfrac{3-3i-i+i^2}{1^2-i^2}-\dfrac{5(-2-i)}{(-2)^2-i^2}$$
$$=\dfrac{2-4i}{2}-\dfrac{5(-2-i)}{5}$$
$$=1-2i-(-2-i)=3-i$$

04-2 탑 (1) 6 (2) $-\dfrac{2}{3}$ (3) -10

$\alpha+\beta=(1+\sqrt{2}i)+(1-\sqrt{2}i)=2$
$\alpha\beta=(1+\sqrt{2}i)(1-\sqrt{2}i)=1^2-2i^2=1-(-2)=3$

(1) $\alpha^2\beta+\alpha\beta^2=\alpha\beta(\alpha+\beta)=3\times2=6$

(2) $\dfrac{\beta}{\alpha}+\dfrac{\alpha}{\beta}=\dfrac{\alpha^2+\beta^2}{\alpha\beta}=\dfrac{\alpha^2+\beta^2}{3}$
$$=\dfrac{(\alpha+\beta)^2-2\alpha\beta}{3}$$
$$=\dfrac{2^2-2\times3}{3}=-\dfrac{2}{3}$$

(3) $\alpha^3+\beta^3=(\alpha+\beta)^3-3\alpha\beta(\alpha+\beta)$
$$=2^3-3\times3\times2=-10$$

04-3 탑 (1) 9 (2) $6+i$

(1) $x=-1+2i$에서 $x+1=2i$
양변을 제곱하면 $x^2+2x+1=-4$
$\therefore x^2=-2x-5$ ⠀⠀⠀⠀⠀ …… ㉠

㉠의 양변에 x를 곱하면
$x^3=-2x^2-5x$
이 식에 ㉠을 대입하면
$x^3=-2(-2x-5)-5x=-x+10$ ⠀⠀ …… ㉡
㉠, ㉡을 주어진 식에 대입하면

$$x^3+x^2+3x+4$$
$$=(-x+10)+(-2x-5)+3x+4$$
$$=(-1-2+3)x+9=9$$

(2) $z-zi=2$에서 $(1-i)z=2$

$$\therefore z=\frac{2}{1-i}=\frac{2(1+i)}{(1-i)(1+i)}=\frac{2+2i}{2}=1+i$$

이때 $z=1+i$에서 $z-1=i$의 양변을 제곱하면

$$z^2-2z+1=-1 \qquad \therefore z^2-2z+2=0$$

$$\therefore z^3-2z^2+3z+5=z(z^2-2z+2)+z+5$$
$$=z+5=1+i+5=6+i$$

➕ 보충 설명

복소수가 주어질 때 식의 값은 $z=a+bi$ (a, b는 실수)에서 $z-a=bi$로 변형한 후 양변을 제곱하여 정리하고, 이를 주어진 식에 대입하여 구한다.

예제 05 켤레복소수와 연산　　135쪽

05-1 답 2

$z=a+bi$ (a, b는 실수)라고 하면 $\bar{z}=a-bi$이므로

$$2z+i\bar{z}=2(a+bi)+i(a-bi)$$
$$=(2a+b)+(a+2b)i$$

따라서 $(2a+b)+(a+2b)i=1-i$이므로

$2a+b=1,\ a+2b=-1$

위의 두 식을 연립하여 풀면

$a=1,\ b=-1$

$$\therefore z=1-i,\ \bar{z}=1+i$$

$$\therefore z\bar{z}=(1-i)(1+i)$$
$$=1^2-i^2=2$$

05-2 답 $1\pm2i$

$z=a+bi$ (a, b는 실수)라고 하면 $\bar{z}=a-bi$이므로

$z+\bar{z}=2,\ z\bar{z}=5$에서

$(a+bi)+(a-bi)=2,\ (a+bi)(a-bi)=5$

$2a=2,\ a^2+b^2=5$

위의 두 식을 연립하여 풀면

$a=1,\ b=\pm2$

$$\therefore z=1\pm2i$$

05-3 답 8

$z=a+bi$ (a, b는 실수)라고 하면 $\bar{z}=a-bi$

조건 (개)에서

$$z+1+2i=a+bi+1+2i$$
$$=(a+1)+(b+2)i$$

는 양의 실수이므로

$a+1>0,\ b+2=0$

$$\therefore a>-1,\ b=-2$$

조건 (내)에서

$$z\bar{z}=(a+bi)(a-bi)=a^2+b^2=20$$

이므로

$a^2+(-2)^2=20,\ a^2=16$

$$\therefore a=4\ (\because a>-1)$$

따라서 $z=4-2i,\ \bar{z}=4+2i$이므로

$$z+\bar{z}=(4-2i)+(4+2i)=8$$

예제 06 복소수의 거듭제곱　　137쪽

06-1 답 (1) 16　(2) -1　(3) $1-i$

(1) $(1-i)^2=1-2i+i^2=-2i$이므로

$$(1-i)^8=\{(1-i)^2\}^4$$
$$=(-2i)^4$$
$$=16i^4=16$$

(2) $\dfrac{1-i}{1+i}=\dfrac{(1-i)(1-i)}{(1+i)(1-i)}=\dfrac{-2i}{2}=-i$이므로

$$\left(\frac{1-i}{1+i}\right)^{18}=(-i)^{18}=i^{18}$$
$$=(i^4)^4\times i^2$$
$$=i^2=-1$$

(3) $i^{3011}=(i^4)^{752}\times i^3$
$$=i^3=-i$$

$i^{3012}=(i^4)^{753}=1$

$$\therefore i^{3011}+i^{3012}=-i+1=1-i$$

06-2 답 ③

$$\left(\frac{1+i}{\sqrt{2}}\right)^2=\frac{(1+i)^2}{2}=\frac{2i}{2}=i$$

$$\left(\frac{1-i}{\sqrt{2}}\right)^2=\frac{(1-i)^2}{2}=\frac{-2i}{2}=-i$$

$$\therefore \left(\frac{1+i}{\sqrt{2}}\right)^{2n}+\left(\frac{1-i}{\sqrt{2}}\right)^{2n}$$

$$=\left\{\left(\frac{1+i}{\sqrt{2}}\right)^2\right\}^n+\left\{\left(\frac{1-i}{\sqrt{2}}\right)^2\right\}^n$$

$$=i^n+(-i)^n$$
$$=i^n-i^n\ (\because n\text{이 홀수})$$
$$=0$$

06-3 [답] 13

자연수 k에 대하여

$$i^n = \begin{cases} i & (n=4k-3) \\ -1 & (n=4k-2) \\ -i & (n=4k-1) \\ 1 & (n=4k) \end{cases}$$

이므로

$$\frac{1}{i} - \frac{1}{i^2} + \frac{1}{i^3} - \frac{1}{i^4} + \cdots + \frac{(-1)^{n+1}}{i^n}$$

$$= -i + 1 + i - 1 + \cdots + \frac{(-1)^{n+1}}{i^n}$$

$$= \begin{cases} -i & (n=4k-3) \\ 1-i & (n=4k-2) \\ 1 & (n=4k-1) \\ 0 & (n=4k) \end{cases}$$

따라서 주어진 등식을 만족시키는 n의 값은 자연수 k에 대하여 $n=4k-2$일 때이다.

n이 50 이하의 자연수이므로

$$0 < 4k-2 \le 50, \ \frac{1}{2} < k \le 13$$

$$\therefore \ k = 1, 2, 3, \cdots, 13$$

따라서 자연수 $n=4k-2$는 2, 6, 10, $\cdots$, 50의 13개이다.

<table>
<tr><td colspan="2">기본 다지기</td><td align="right">138쪽 ~ 139쪽</td></tr>
</table>

1 ①　　**2** (1) ⓒ　(2) ⓒ　　**3** 3　　**4** 13

5 (1) 125　(2) 6　　**6** 2　　**7** -1　　**8** ㄱ, ㄷ

9 ㄷ　　**10** 8

---

1 $\sqrt{-3}\sqrt{-2}\sqrt{2}\sqrt{3} + \dfrac{\sqrt{6}}{\sqrt{-2}}$

$$= \sqrt{3}\,i \times \sqrt{2}\,i \times \sqrt{2} \times \sqrt{3} + \frac{\sqrt{6}}{\sqrt{2}\,i}$$

$$= 6i^2 - \sqrt{3}\,i = -6 - \sqrt{3}\,i$$

➕ 보충 설명

(1) $a < 0$, $b < 0$이면

$$\sqrt{a}\sqrt{b} = -\sqrt{ab}$$

(2) $a > 0$, $b < 0$이면

$$\frac{\sqrt{a}}{\sqrt{b}} = -\sqrt{\frac{a}{b}}$$

임을 이용할 수도 있다.

---

2 (1) $a < 0$, $b < 0$일 때, $\sqrt{ab} = -\sqrt{a}\sqrt{b}$이므로

$$\sqrt{(-1) \times (-1)} = -\sqrt{-1}\sqrt{-1}$$

따라서 등호가 성립하지 않는 곳은 ⓒ이다.

(2) $a > 0$, $b < 0$일 때, $\sqrt{\dfrac{a}{b}} = -\dfrac{\sqrt{a}}{\sqrt{b}}$이므로

$$\sqrt{\frac{1}{-1}} = -\frac{\sqrt{1}}{\sqrt{-1}}$$

따라서 등호가 성립하지 않는 곳은 ⓒ이다.

---

3 z^2이 음의 실수이므로 z는 순허수이다.

$$z = (1+i)x - (3+2i) = (x-3) + (x-2)i$$

이므로 $x-3=0$, $x-2 \ne 0$

$$\therefore \ x = 3$$

➕ 보충 설명

복소수 $z = a + bi$ (a, b는 실수)에 대하여

$$z^2 = (a+bi)^2 = (a^2 - b^2) + 2abi$$

z^2이 음의 실수이려면

$$a^2 - b^2 < 0 \qquad \cdots\cdots \ ㉠$$

$$2ab = 0 \qquad \cdots\cdots \ ㉡$$

㉡에서 $a=0$ 또는 $b=0$

㉠에서

(i) $a=0$이면 $-b^2 < 0$, 즉 $b^2 > 0$이므로 $b \ne 0$이다.

(ii) $b=0$이면 $a^2 < 0$이 되어 모순이다.

(i), (ii)에서 ㉠, ㉡을 모두 만족시키는 조건은

$$a = 0, \ b \ne 0$$

따라서 제곱하여 음의 실수가 되는 복소수는 순허수이다.

---

4 $\dfrac{y+i}{1-i} = \dfrac{(y+i)(1+i)}{(1-i)(1+i)}$

$$= \frac{y + yi + i + i^2}{2}$$

$$= \frac{y-1}{2} + \frac{y+1}{2}i$$

이므로

$$\frac{1}{2} + xi = \frac{y-1}{2} + \frac{y+1}{2}i$$

따라서 복소수가 서로 같을 조건에 의하여

$$\frac{y-1}{2} = \frac{1}{2}, \ \frac{y+1}{2} = x$$

위의 두 식을 연립하여 풀면

$$x = \frac{3}{2}, \ y = 2$$

$$\therefore \ 4x^2 + y^2 = 4 \times \frac{9}{4} + 4 = 13$$

$a+bi=c+di$에서 복소수가 서로 같을 조건을 이용하려면 반드시 a, b, c, d가 실수라는 조건이 있어야 한다.

5 (1) $\dfrac{x}{2-i}+\dfrac{y}{2+i}$

$$=\dfrac{x(2+i)+y(2-i)}{(2-i)(2+i)}$$

$$=\dfrac{(2x+2y)+(x-y)i}{5}$$

이므로

$$\dfrac{(2x+2y)+(x-y)i}{5}=2-3i$$

즉, $(2x+2y)+(x-y)i=10-15i$이므로 복소수가 서로 같을 조건에 의하여

$$2x+2y=10, \ x-y=-15$$

위의 두 식을 연립하여 풀면

$$x=-5, \ y=10$$

$$\therefore \ x^2+y^2=(-5)^2+10^2$$
$$=125$$

(2) $\dfrac{x}{1-i}+\dfrac{y}{1+i}=\dfrac{x(1+i)+y(1-i)}{(1-i)(1+i)}$

$$=\dfrac{(x+y)+(x-y)i}{2}$$

이고

$$\dfrac{3}{i-\sqrt{2}}=\dfrac{3(-\sqrt{2}-i)}{(-\sqrt{2}+i)(-\sqrt{2}-i)}$$

$$=\dfrac{3(-\sqrt{2}-i)}{(-\sqrt{2})^2-i^2}$$

$$=\dfrac{3(-\sqrt{2}-i)}{3}$$

$$=-\sqrt{2}-i$$

이므로

$$\dfrac{(x+y)+(x-y)i}{2}=-\sqrt{2}-i$$

즉, $(x+y)+(x-y)i=-2\sqrt{2}-2i$이므로 복소수가 서로 같을 조건에 의하여

$$x+y=-2\sqrt{2}, \ x-y=-2$$

위의 두 식을 연립하여 풀면

$$x=-\sqrt{2}-1, \ y=-\sqrt{2}+1$$

$$\therefore \ x^2+y^2=(-\sqrt{2}-1)^2+(-\sqrt{2}+1)^2$$
$$=2+2\sqrt{2}+1+2-2\sqrt{2}+1$$
$$=6$$

(1) 등식의 양변에 $(2-i)(2+i)$를 곱하면

$$(2+i)x+(2-i)y=(2-i)(2+i)(2-3i)$$

$$2x+xi+2y-yi=5(2-3i)$$

$$\therefore \ (2x+2y)+(x-y)i=10-15i$$

복소수가 서로 같을 조건에 의하여

$$2x+2y=10, \ x-y=-15$$

위의 두 식을 연립하여 풀면

$$x=-5, \ y=10$$

$$\therefore \ x^2+y^2=(-5)^2+10^2$$
$$=125$$

6 $\alpha+\beta=(-2+i)+(1-2i)=-1-i$

이므로

$$\overline{\alpha+\beta}=-1+i$$

$$\therefore \ \alpha\bar{\alpha}+\alpha\bar{\beta}+\bar{\alpha}\beta+\beta\bar{\beta}=\alpha(\bar{\alpha}+\bar{\beta})+\beta(\bar{\alpha}+\bar{\beta})$$
$$=(\alpha+\beta)(\bar{\alpha}+\bar{\beta})$$
$$=(\alpha+\beta)(\overline{\alpha+\beta})$$
$$=(-1-i)(-1+i)$$
$$=2$$

두 복소수 z_1, z_2의 켤레복소수를 각각 $\overline{z_1}, \overline{z_2}$라고 할 때

(1) $\overline{z_1+z_2}=\overline{z_1}+\overline{z_2}$ (2) $\overline{z_1-z_2}=\overline{z_1}-\overline{z_2}$

(3) $\overline{z_1z_2}=\overline{z_1}\times\overline{z_2}$ (4) $\overline{\left(\dfrac{z_1}{z_2}\right)}=\dfrac{\overline{z_1}}{\overline{z_2}}$ (단, $z_2\neq0$)

7 $z=a+bi$ (a, b는 실수)라고 하면 $\bar{z}=a-bi$이므로

$$(1+i)z+3i\bar{z}=(1+i)(a+bi)+3i(a-bi)$$
$$=a+bi+ai-b+3ai+3b$$
$$=a+2b+(4a+b)i$$

따라서 $a+2b+(4a+b)i=2+i$이므로

$$a+2b=2, \ 4a+b=1$$

위의 두 식을 연립하여 풀면

$$a=0, \ b=1$$

$$\therefore \ z=i, \ \bar{z}=-i$$

$$\therefore \ \dfrac{\bar{z}}{z}=\dfrac{-i}{i}=-1$$

주어진 식에 복소수 z와 $\bar{z}$가 있는 경우에 이를 그대로 두고 계산하면 어렵지만 $z=a+bi, \ \bar{z}=a-bi$ (a, b는 실수)로 놓고 대입하면 식을 쉽게 정리할 수 있다.

8 $z=a+bi$ (a, b는 실수)라고 하면 $\bar{z}=a-bi$

ㄱ. $z\bar{z}=(a+bi)(a-bi)=a^2+b^2$

　　$a^2+b^2=0$이면 $a=b=0$

　　$\therefore z=0$ (참)

ㄴ. $z^2+(\bar{z})^2=(a+bi)^2+(a-bi)^2$

　　　　　　$=a^2+2abi-b^2+a^2-2abi-b^2$

　　　　　　$=2(a^2-b^2)$

　　$2(a^2-b^2)=0$이면

　　$a^2=b^2$

　　$\therefore b=\pm a$

　　$\therefore z=a\pm ai$ (거짓)

ㄷ. $z+\bar{z}=(a+bi)+(a-bi)=2a$

　　$2a=0$이면 $a=0$

　　$\therefore z=bi$

　　$z\ne0$이면 z는 순허수이다. (참)

따라서 옳은 것은 ㄱ, ㄷ이다.

복소수 z에 대하여

(1) $z=\bar{z}$이면 z는 실수이다.

(2) z가 순허수이면 $z=-\bar{z}$이다.

9 ㄱ. $\alpha=2i$이면 $\alpha^2=(2i)^2=-4$이지만 α는 실수가 아니다. (거짓)

ㄴ. $\alpha=1$, $\beta=i$이면 $\alpha^2+\beta^2=1^2+i^2=0$이지만 $\alpha\ne0$, $\beta\ne0$이다. (거짓)

ㄷ. $\alpha=a+bi$, $\beta=c+di$ (a, b, c, d는 실수)라고 하면

$\alpha\beta=(a+bi)(c+di)$

　$=(ac-bd)+(ad+bc)i$

$(ac-bd)+(ad+bc)i=0$이면

$ac-bd=0$　　　　　　 $\cdots\cdots$ ㉠

$ad+bc=0$　　　　　　 $\cdots\cdots$ ㉡

㉠$\times c+$㉡$\times d$에서

$a(c^2+d^2)=0$

$\therefore a=0$ 또는 $c^2+d^2=0$

(i) $a=0$이면 ㉠, ㉡에서

　　$bd=0$, $bc=0$

　　즉, $b=0$ 또는 $c=d=0$

　　$\therefore \alpha=0$ 또는 $\beta=0$

(ii) $c^2+d^2=0$이면 $c=0$, $d=0$

　　$\therefore \beta=0$

(i), (ii)에서 $\alpha\beta=0$이면 $\alpha=0$ 또는 $\beta=0$이다. (참)

따라서 옳은 것은 ㄷ이다.

실수와 복소수의 차이점을 다음과 같이 정리하여 알아 두자.

두 실수 a, b에 대하여
(1) $a\ne b$이면 $a<b$ 또는 $a>b$이다. (참) 　　(즉, 실수에서는 대소 비교를 할 수 있다.)
(2) $a^2+b^2=0$이면 $a=0$이고 $b=0$이다. (참)
(3) $ab=0$이면 $a=0$ 또는 $b=0$이다. (참)

두 복소수 a, b에 대하여
(1) $a\ne b$이면 $a<b$ 또는 $a>b$이다. (거짓) 　　(즉, 복소수에서는 대소 비교를 할 수 없다.)
(2) $a^2+b^2=0$이면 $a=0$이고 $b=0$이다. (거짓)
(3) $ab=0$이면 $a=0$ 또는 $b=0$이다. (참)

10 $i^3=-i$, $i^6=i^4\times i^2=i^2=-1$, $i^9=(i^4)^2\times i=i$

$\therefore \dfrac{1}{i^3}+\dfrac{2}{i^6}+\dfrac{3}{i^9}=\dfrac{1}{-i}+\dfrac{2}{-1}+\dfrac{3}{i}$

　　　　　　　　　　$=i-2-3i$

　　　　　　　　　　$=-2-2i$

따라서 $-2-2i=a+bi$이므로

$a=-2$, $b=-2$

$\therefore a^2+b^2=(-2)^2+(-2)^2=8$

자연수 n에 대하여 i^n의 값은 n을 4로 나눈 나머지에 따라 i, -1, $-i$, 1이 순서대로 반복된다는 것을 잘 알아 둔다.

140쪽~141쪽

11 ②	**12** ④	**13** ③	**14** 4	**15** 17
16 $\pm32i$	**17** 3	**18** 16	**19** 6	**20** 12

11 **접근 방법** | $z=a+bi$ (a, b는 실수)라 하고 주어진 식을 정리하여 복소수가 서로 같을 조건을 이용한다.

$z=a+bi$ (a, b는 실수)라고 하면 $\bar{z}=a-bi$이므로

$(1+i)z+2(1-i)\bar{z}$

$=(1+i)(a+bi)+2(1-i)(a-bi)$

$=a+bi+ai-b+2(a-bi-ai-b)$

$=3(a-b)-(a+b)i$

이고

$z\bar{z}=(a+bi)(a-bi)=a^2+b^2$

이므로

$3(a-b)-(a+b)i=a^2+b^2$

복소수가 서로 같을 조건에 의하여

$3(a-b)=a^2+b^2$ ...... ㉠

$a+b=0$ ...... ㉡

㉡에서 $b=-a$이므로 ㉠에 대입하면

$6a=2a^2,\ 2a^2-6a=0$

$2a(a-3)=0$ $\therefore\ a=0$ 또는 $a=3$

(i) $a=0$이면 ㉡에서 $b=0$이 되어 $z=0$이므로 조건에 맞지 않는다.

(ii) $a=3$이면 ㉡에서 $b=-3$이므로 $z=3-3i$

(i), (ii)에서 $z=3-3i$이므로 구하는 복소수 z의 실수 부분은 3이다.

> **➕ 보충 설명**
>
> 복소수 $z=a+bi$ ($a,\ b$는 실수)와 그 켤레복소수 $\overline{z}=a-bi$를 주어진 식에 대입하여 정리한다.

12 **접근 방법 |** $z+\dfrac{4}{z}$의 허수부분이 0임을 이용한다.

$z=a+bi$ ($a,\ b$는 실수)라고 하면

$$z+\frac{4}{z}=a+bi+\frac{4}{a+bi}$$

$$=a+bi+\frac{4(a-bi)}{(a+bi)(a-bi)}$$

$$=a+bi+\frac{4a-4bi}{a^2+b^2}$$

$$=a+bi+\frac{4a}{a^2+b^2}-\frac{4b}{a^2+b^2}i$$

$$=a+\frac{4a}{a^2+b^2}+b\left(1-\frac{4}{a^2+b^2}\right)i$$

$z+\dfrac{4}{z}$가 실수이므로

$$b\left(1-\frac{4}{a^2+b^2}\right)=0$$

이고 복소수 z는 실수가 아니므로 $b\neq0$

$$\therefore\ 1-\frac{4}{a^2+b^2}=0$$

$$\therefore\ a^2+b^2=4$$

이때 $\overline{z}=a-bi$이므로

$$z\overline{z}=(a+bi)(a-bi)=a^2+b^2=4$$

다른 풀이

$z+\dfrac{4}{z}$가 실수이므로 $z+\dfrac{4}{z}=\overline{\left(z+\dfrac{4}{z}\right)}=\overline{z}+\dfrac{4}{\overline{z}}$에서

$$z-\overline{z}=\frac{4}{\overline{z}}-\frac{4}{z}=\frac{4(z-\overline{z})}{z\overline{z}}$$

$$(z-\overline{z})-\frac{4(z-\overline{z})}{z\overline{z}}=0$$

$$(z-\overline{z})\left(1-\frac{4}{z\overline{z}}\right)=0$$

z는 실수가 아닌 복소수이므로

$$z-\overline{z}\neq0$$

$$\therefore\ 1-\frac{4}{z\overline{z}}=0$$

$$\therefore\ z\overline{z}=4$$

13 **접근 방법 |** 허수단위 i의 거듭제곱 i^n의 값을 간단히 하여 계산한 다음 복소수가 서로 같을 조건을 이용한다.

$i^{11}=(i^4)^2\times i^3=-i,\ i^{21}=(i^4)^5\times i=i,$

$i^{31}=(i^4)^7\times i^3=-i$이므로

$$\frac{1}{i^{11}}+\frac{1}{i^{21}}+\frac{1}{i^{31}}=\frac{1}{-i}+\frac{1}{i}+\frac{1}{-i}$$

$$=\frac{1}{-i}=\frac{i}{-i\times i}=i$$

따라서 $\dfrac{x+yi}{1+2i}=i$이므로

$x+yi=-2+i$

$\therefore\ x=-2,\ y=1$

$\therefore\ x-y=-2-1=-3$

14 **접근 방법 |** $z=a+bi$ ($a,\ b$는 실수)라 하고 z^2과 $\overline{z}$에 대입하여 복소수가 서로 같을 조건을 이용한다.

$z=a+bi$ ($a,\ b$는 실수)라고 하면 $\overline{z}=a-bi$이므로 $z^2=\overline{z}$에서

$(a+bi)^2=a-bi$

$\therefore\ a^2-b^2+2abi=a-bi$

복소수가 서로 같을 조건에 의하여

$a^2-b^2=a$ ...... ㉠

$2ab=-b$ ...... ㉡

㉡에서 $2ab+b=0,\ b(2a+1)=0$이므로

$b=0$ 또는 $a=-\dfrac{1}{2}$

(i) $b=0$을 ㉠에 대입하면

   $a^2-a=0,\ a(a-1)=0$

   $\therefore\ a=0$ 또는 $a=1$

   $\therefore\ z=0$ 또는 $z=1$

(ii) $a=-\dfrac{1}{2}$을 ㉠에 대입하면

   $\dfrac{1}{4}-b^2=-\dfrac{1}{2},\ b^2=\dfrac{3}{4}$

$$\therefore b=\pm\frac{\sqrt{3}}{2}$$

$$\therefore z=-\frac{1}{2}\pm\frac{\sqrt{3}}{2}i$$

따라서 주어진 조건을 만족시키는 복소수 z는

$0,\ 1,\ -\dfrac{1}{2}\pm\dfrac{\sqrt{3}}{2}i$의 4개이다.

$z=a+bi$에서 $b=0$이면 복소수 z는 실수이다. 이때 모든 실수는 복소수이므로 복소수의 개수를 셀 때 주의하도록 한다.

15 접근 방법 | 주어진 복소수의 켤레복소수를 정하고 관계식을 만족시키는 자연수 a, b, c, d의 값을 생각하여 $z_2\overline{z_2}$의 최댓값을 구하도록 한다.

$z_1\overline{z_1}=(a+bi)(a-bi)=a^2+b^2$에서 $a^2+b^2=10$이므로

$a=1,\ b=3$ 또는 $a=3,\ b=1$ ($\because a,\ b$는 자연수)

$(z_1+z_2)(\overline{z_1+z_2})$

$=\{(a+c)+(b+d)i\}\{(a+c)-(b+d)i\}$

$=(a+c)^2+(b+d)^2=41$

(i) $a+c=2$이면 $(b+d)^2=37$

　　이를 만족시키는 자연수 $b+d$는 존재하지 않는다.

(ii) $a+c=3$이면 $(b+d)^2=32$

　　이를 만족시키는 자연수 $b+d$는 존재하지 않는다.

(iii) $a+c=4$이면 $b+d=5$

　　$a=1,\ b=3$일 때, $c=3,\ d=2$

　　$a=3,\ b=1$일 때, $c=1,\ d=4$

(iv) $a+c=5$이면 $b+d=4$

　　$a=1,\ b=3$일 때, $c=4,\ d=1$

　　$a=3,\ b=1$일 때, $c=2,\ d=3$

(v) $a+c=6$이면 $(b+d)^2=5$

　　이를 만족시키는 자연수 $b+d$는 존재하지 않는다.

(vi) $a+c\geq7$이면 $(a+c)^2\geq49$

　　이를 만족시키는 자연수 $b+d$는 존재하지 않는다.

(i)~(vi)에 의하여 $z_2\overline{z_2}=c^2+d^2$의 값은 13 또는 17이므로 $z_2\overline{z_2}$의 최댓값은 17이다.

16 접근 방법 | $z=a+bi$ (a, b는 실수)라 하고 $\overline{z}$를 나타내어 주어진 조건에 맞는 실수 a, b의 값을 각각 구한다.

$z=a+bi$ (a, b는 실수)라고 하면 $\overline{z}=a-bi$이므로

$z^2+(\overline{z})^2=(a+bi)^2+(a-bi)^2$

$\qquad\qquad=2a^2-2b^2$

$z\overline{z}=a^2+b^2$

따라서 $2a^2-2b^2=-24,\ a^2+b^2=20$이므로

$a^2-b^2=-12,\ a^2+b^2=20$

위의 두 식을 연립하여 풀면

$a^2=4,\ b^2=16$

$z^2-(\overline{z})^2=(a+bi)^2-(a-bi)^2=4abi$이고,

$a^2b^2=4\times16=64$에서 $ab=\pm8$

$\therefore z^2-(\overline{z})^2=4abi$

$\qquad\qquad=4\times(\pm8)\times i=\pm32i$

복소수와 그 켤레복소수 사이에는 다음의 관계가 성립한다.

$z=a+bi,\ \overline{z}=a-bi$ (a, b는 실수)일 때

(1) $z\overline{z}=(a+bi)(a-bi)=a^2+b^2$

(2) $z^2+(\overline{z})^2=(a+bi)^2+(a-bi)^2=2a^2-2b^2$

(3) $z^2-(\overline{z})^2=(a+bi)^2-(a-bi)^2=4abi$

17 접근 방법 | 복소수 z의 켤레복소수를 $\overline{z}$라고 할 때, z가 실수이면 $z=\overline{z}$임을 이용한다.

조건 ㈎에서 $(z-\overline{z})i$는 음수이므로

$z-\overline{z}=ai$ $(a>0)$

조건 ㈏에서 $\dfrac{z}{1+z^2}$가 실수이므로

$\dfrac{z}{1+z^2}=\overline{\left(\dfrac{z}{1+z^2}\right)}=\dfrac{\overline{z}}{1+(\overline{z})^2}$에서

$z\{1+(\overline{z})^2\}=\overline{z}(1+z^2)$

$z+z(\overline{z})^2=\overline{z}+z^2\overline{z}$

$z-\overline{z}+z(\overline{z})^2-z^2\overline{z}=0$

$z(1-z\overline{z})-\overline{z}(1-z\overline{z})=0$

$(z-\overline{z})(1-z\overline{z})=0$

$\therefore z\overline{z}=1$ ($\because z-\overline{z}\neq0$) ...... ㉠

$\dfrac{z^2}{1+z}$도 실수이므로

$\dfrac{z^2}{1+z}=\overline{\left(\dfrac{z^2}{1+z}\right)}=\dfrac{(\overline{z})^2}{1+\overline{z}}$에서

$z^2(1+\overline{z})=(\overline{z})^2(1+z)$

$z^2+z^2\overline{z}=(\overline{z})^2+z(\overline{z})^2$

$z^2-(\overline{z})^2+z^2\overline{z}-z(\overline{z})^2=0$

$(z+\overline{z})(z-\overline{z})+z\overline{z}(z-\overline{z})=0$

$(z-\overline{z})(z+\overline{z}+z\overline{z})=0$

$\therefore z+\overline{z}=-z\overline{z}$ ($\because z-\overline{z}\neq0$) ...... ㉡

㉠, ㉡에서

$z\overline{z}=1$이고 $z+\overline{z}=-1$

$\therefore (z+2)(\overline{z}+2)=z\overline{z}+2(z+\overline{z})+4$

$\qquad\qquad=1+2\times(-1)+4=3$

18 **접근 방법** 켤레복소수의 성질 $(\bar{z})^n=\overline{z^n}$를 이용한다.

$z^3=1+i$에서 $z^6=(1+i)^2=2i$

$\therefore (\bar{z})^6=\overline{z^6}=\overline{2i}=-2i$

$\therefore (\bar{z})^{24}=\{(\bar{z})^6\}^4=(-2i)^4=16i^4=16$

⊕ 보충 설명

z가 복소수일 때
$$(\bar{z})^n=\bar{z}\,\bar{z}\cdots\bar{z}=\overline{zz\cdots z}=\overline{z^n}$$
가 성립한다.

19 **접근 방법** $i(1+i)^n$이 양의 실수가 되려면
$(1+i)^n=-ai\ (a>0)$ 꼴이 되어야 한다는 것을 생각하여 거듭제곱을 계산해 본다.

$i(1+i)^n$이 양의 실수가 되기 위해서는
$(1+i)^n=-ai\ (a>0)$ 꼴이어야 한다.

$n=2$일 때, $(1+i)^2=2i$

$n=4$일 때, $(1+i)^4=\{(1+i)^2\}^2=(2i)^2=-4$

$n=6$일 때, $(1+i)^6=(1+i)^4(1+i)^2=-8i$

$\therefore i(1+i)^6=i\times(-8i)=8$

따라서 n의 최솟값은 6이다.

⊕ 보충 설명

n이 홀수인 경우에는 $(1+i)^n$이 순허수가 아니므로 문제에서 원하는 조건을 만족시킬 수 없다. 예를 들어
$n=1$일 때, $(1+i)^1=1+i$
$n=3$일 때, $(1+i)^3=(1+i)^2(1+i)$
$\qquad\qquad\qquad =2i(1+i)=2i-2$
$n=5$일 때, $(1+i)^5=(1+i)^4(1+i)$
$\qquad\qquad\qquad =-4(1+i)=-4-4i$
$\qquad\qquad\vdots$
이다.

20 **접근 방법** $\alpha=\dfrac{3+\sqrt{2}\,i}{\sqrt{2}-3i}$를 간단히 정리한 후

$z=\dfrac{\alpha(1-\bar{\alpha})}{\sqrt{2}}$에 대입하여 $z^n=1$이 되는 최소의 자연수 n을 먼저 구하도록 한다.

$\alpha=\dfrac{3+\sqrt{2}\,i}{\sqrt{2}-3i}=\dfrac{(3+\sqrt{2}\,i)(\sqrt{2}+3i)}{(\sqrt{2}-3i)(\sqrt{2}+3i)}$

$\quad =\dfrac{3\sqrt{2}+9i+2i-3\sqrt{2}}{(\sqrt{2})^2-(3i)^2}=\dfrac{11i}{11}=i$

이고, $\bar{\alpha}=-i$이므로

$z=\dfrac{\alpha(1-\bar{\alpha})}{\sqrt{2}}=\dfrac{i\{1-(-i)\}}{\sqrt{2}}=\dfrac{i(1+i)}{\sqrt{2}}=\dfrac{-1+i}{\sqrt{2}}$

$z^2=\left(\dfrac{-1+i}{\sqrt{2}}\right)^2=\dfrac{-2i}{2}=-i$

즉, $z^4=(z^2)^2=(-i)^2=i^2=-1$이므로

$z^8=(z^4)^2=(-1)^2=1$

따라서 n이 8의 배수일 때 $z^n=1$이므로 구하는 자연수 n은 8, 16, 24, $\cdots$, 96의 12개이다.

⊕ 보충 설명

$n=0, 1, 2, 3, \cdots$일 때
$$i^{4n+1}=i,\ i^{4n+2}=-1,\ i^{4n+3}=-i,\ i^{4n+4}=1$$
이 성립한다.

기출 다지기 142쪽

21 ② **22** 12 **23** ⑤ **24** 6 **25** 150

21 **접근 방법** 복소수의 연산에 의하여 정리하고, 서로 같은 두 복소수의 실수부분과 허수부분이 각각 같음을 이용하여 실수 a, b의 값을 정하도록 한다.

$\dfrac{2a}{1-i}+3i=2+bi$에서

$\dfrac{2a(1+i)}{(1-i)(1+i)}+3i=2+bi$

$a(1+i)+3i=2+bi$

$a+(a+3)i=2+bi$

복소수가 서로 같을 조건에 의하여

$a=2,\ a+3=b$

위의 두 식을 연립하여 풀면 $a=2$, $b=5$

$\therefore a+b=2+5=7$

22 **접근 방법** $z=a+2i$이므로 $\bar{z}=a-2i$임을 이용하여 주어진 관계식에 대입하여 실수 a^2의 값을 구하도록 한다.

$\bar{z}=\dfrac{z^2}{4i}$에서 $4i\bar{z}=z^2$

$z=a+2i$에서 $\bar{z}=a-2i$이므로 $4i\bar{z}=z^2$에 대입하면

$4i(a-2i)=(a+2i)^2,\ 8+4ai=a^2-4+4ai$

복소수가 서로 같을 조건에 의하여

$8=a^2-4\qquad \therefore a^2=12$

23 **접근 방법** 실수의 켤레복소수도 실수임을 알고, 주어진 복소수의 켤레복소수를 구하여 ㄴ, ㄷ의 참, 거짓을 판단하도록 한다.

ㄱ. z^2-z는 실수이므로 $\overline{z^2-z}$도 실수이다. (참)

ㄴ. $z=a+bi\ (b\neq0)$이므로
$\quad z^2-z=a^2+2abi-b^2-a-bi$
$\qquad\quad =(a^2-a-b^2)+(2a-1)bi$

이때 z^2-z가 실수이고, $b\neq0$이므로

$2a-1=0$

$\therefore\ a=\dfrac{1}{2}$

즉, $z=\dfrac{1}{2}+bi$, $\bar{z}=\dfrac{1}{2}-bi$이므로

$z+\bar{z}=1$ (참)

ㄷ. $z=\dfrac{1}{2}+bi$, $\bar{z}=\dfrac{1}{2}-bi$이므로

$z\bar{z}=\left(\dfrac{1}{2}+bi\right)\left(\dfrac{1}{2}-bi\right)=\dfrac{1}{4}+b^2$

이때 $b\neq0$이므로 $z\bar{z}>\dfrac{1}{4}$이다. (참)

따라서 옳은 것은 ㄱ, ㄴ, ㄷ이다.

ㄴ은 다음과 같은 두가지 방법으로 풀 수도 있다.

(1) $\overline{z^2-z}$가 실수이고, $\overline{z^2-z}=(\bar{z})^2-\bar{z}$이므로

$z^2-z=(\bar{z})^2-\bar{z}$

$z^2-z-\{(\bar{z})^2-\bar{z}\}=0$에서 좌변을 인수분해하면

$(z-\bar{z})(z+\bar{z}-1)=0$

이때 z는 실수가 아니므로 $z\neq\bar{z}$

$\therefore\ z+\bar{z}=1$ (참)

(2) $z^2-z=k$ (k는 실수)라고 하면 $(\bar{z})^2-\bar{z}=k$이므로

z, $\bar{z}$는 이차방정식 $x^2-x-k=0$의 두 근이다.

따라서 근과 계수의 관계에 의하여 $z+\bar{z}=1$이다. (참)

24 **접근 방법** 복소수 $z=\dfrac{i-1}{\sqrt{2}}$과 $z+\sqrt{2}=\dfrac{i+1}{\sqrt{2}}$의 거듭제곱을 통해 합이 0이 되는 경우를 찾아서 복소수의 거듭제곱은 순환함을 이용하여 자연수 n의 개수를 구하도록 한다.

자연수 n의 값에 따른 z^n의 값과 $(z+\sqrt{2})^n$의 값을 구하여 $z^n+(z+\sqrt{2})^n=0$이 되는 경우를 찾아보면 아래 표와 같다.

n	z^n	$(z+\sqrt{2})^n$	$z^n+(z+\sqrt{2})^n$
1	$\dfrac{-1+i}{\sqrt{2}}$	$\dfrac{1+i}{\sqrt{2}}$	$\sqrt{2}i$
2	$-i$	i	0
3	$\dfrac{1+i}{\sqrt{2}}$	$\dfrac{-1+i}{\sqrt{2}}$	$\sqrt{2}i$
4	-1	-1	-2
5	$\dfrac{1-i}{\sqrt{2}}$	$\dfrac{-1-i}{\sqrt{2}}$	$-\sqrt{2}i$
6	i	$-i$	0
7	$\dfrac{-1-i}{\sqrt{2}}$	$\dfrac{1-i}{\sqrt{2}}$	$-\sqrt{2}i$
8	1	1	2

$n=2$, 6일 때 $z^n+(z+\sqrt{2})^n=0$이고,

$z^8=1$, $(z+\sqrt{2})^8=1$이므로

$z^2=z^{10}=z^{18}$,

$z^6=z^{14}=z^{22}$,

$(z+\sqrt{2})^2=(z+\sqrt{2})^{10}=(z+\sqrt{2})^{18}$,

$(z+\sqrt{2})^6=(z+\sqrt{2})^{14}=(z+\sqrt{2})^{22}$

따라서 $z^n+(z+\sqrt{2})^n=0$을 만족시키는 25 이하의 자연수 n은 2, 6, 10, 14, 18, 22의 6개이다.

25 **접근 방법** $\left(\dfrac{1}{i}\right)^{2n}=(-i)^{2n}=(-1)^n$이므로 주어진 식의 거듭제곱을 간단히 나타내고 복소수의 거듭제곱은 순환함을 이용하여 순서쌍 (m, n)의 개수를 구하도록 한다.

$\left\{i^n+\left(\dfrac{1}{i}\right)^{2n}\right\}^m=\{i^n+(-i)^{2n}\}^m=\{i^n+(-1)^n\}^m$

$f(n)=i^n+(-1)^n$이라고 하면

(ⅰ) $n=4k-3$ (k는 자연수)일 때,

$f(n)=i-1$이고

$\{f(n)\}^4=-2^2$, $\{f(n)\}^{12}=-2^6$,

$\{f(n)\}^{20}=-2^{10}$, $\cdots$이므로 순서쌍 (m, n)은

$(4, n)$, $(12, n)$, $(20, n)$, $(28, n)$, $(36, n)$, $(44, n)$

의 6가지이다.

이때 50 이하의 자연수 n은 1, 5, 9, $\cdots$, 45, 49의 13개이므로 순서쌍 (m, n)의 개수는

$6\times13=78$

(ⅱ) $n=4k-1$ (k는 자연수)일 때,

$f(n)=-i-1$이고

$\{f(n)\}^4=-2^2$, $\{f(n)\}^{12}=-2^6$,

$\{f(n)\}^{20}=-2^{10}$, $\cdots$이므로 순서쌍 (m, n)은

$(4, n)$, $(12, n)$, $(20, n)$, $(28, n)$, $(36, n)$, $(44, n)$

의 6가지이다.

이때 50 이하의 자연수 n은 3, 7, 11, $\cdots$, 47의 12개이므로 순서쌍 (m, n)의 개수는

$6\times12=72$

(ⅲ) $n=4k-2$, $n=4k$ (k는 자연수)일 때,

$f(n)=0$, $f(n)=2$이므로

$\{f(n)\}^m\geq0$

따라서 주어진 조건을 만족시키는 순서쌍 (m, n)은 존재하지 않는다.

(ⅰ)~(ⅲ)에서 구하는 순서쌍 (m, n)의 개수는

$78+72=150$

05. 이차방정식

1 답 (1) 1 (2) -1

(1) 방정식의 해가 없으려면 $0 \times x = b\,(b \neq 0)$ 꼴이어야 하므로

$(a+1)(a-1)=0$에서 $a=-1$ 또는 $a=1$

$a+1 \neq 0$에서 $a \neq -1$

$\therefore a=1$

(2) 방정식의 해가 무수히 많으려면 $0 \times x = 0$ 꼴이어야 하므로

$(a+1)(a-1)=0$에서 $a=-1$ 또는 $a=1$

$a+1=0$에서 $a=-1$

$\therefore a=-1$

2 답 (1) $x=-4$ 또는 $x=2$

(2) $x=-\dfrac{1}{2}$ 또는 $x=\dfrac{9}{2}$

(1) 절댓값 기호 안의 식의 값이 0이 되는 x의 값 -1을 기준으로 x의 값의 범위를 나눈다.

(i) $x<-1$일 때, $-(x+1)=3$ $\therefore x=-4$

(ii) $x \geq -1$일 때, $x+1=3$ $\therefore x=2$

(i), (ii)에서 주어진 방정식의 해는

$x=-4$ 또는 $x=2$

(2) 절댓값 기호 안의 식의 값이 0이 되는 x의 값 1, 3을 기준으로 x의 값의 범위를 나눈다.

(i) $x<1$일 때,

$|x-1|=-(x-1)$, $|x-3|=-(x-3)$이므로

$-x+1-x+3=5$, $-2x=1$ $\therefore x=-\dfrac{1}{2}$

(ii) $1 \leq x < 3$일 때,

$|x-1|=x-1$, $|x-3|=-(x-3)$이므로

$x-1-x+3=5$

이때 $0 \times x = 3$이므로 이 방정식의 해는 존재하지 않는다.

(iii) $x \geq 3$일 때,

$|x-1|=x-1$, $|x-3|=x-3$이므로

$x-1+x-3=5$, $2x=9$ $\therefore x=\dfrac{9}{2}$

(i)~(iii)에서 주어진 방정식의 해는

$x=-\dfrac{1}{2}$ 또는 $x=\dfrac{9}{2}$

(1) $|x+1|=3$에서 $x+1=\pm 3$

$\therefore x=-4$ 또는 $x=2$

3 답 (1) $x=1$ 또는 $x=4$ (2) $x=-1$ 또는 $x=7$

(3) $x=-\dfrac{3}{4}$ 또는 $x=1$ (4) $x=\dfrac{1}{2}$ 또는 $x=\dfrac{3}{2}$

(1) $x^2-5x+4=0$에서 $(x-1)(x-4)=0$

$\therefore x=1$ 또는 $x=4$

(2) $x^2-6x-7=0$에서 $(x+1)(x-7)=0$

$\therefore x=-1$ 또는 $x=7$

(3) $4x^2-x-3=0$에서 $(4x+3)(x-1)=0$

$\therefore x=-\dfrac{3}{4}$ 또는 $x=1$

(4) $4x^2-8x+3=0$에서 $(2x-1)(2x-3)=0$

$\therefore x=\dfrac{1}{2}$ 또는 $x=\dfrac{3}{2}$

4 답 (1) $x=2$ (중근) (2) $x=-1 \pm \sqrt{3}$

(1) $x^2-4x+4=0$에서 $(x-2)^2=0$

$\therefore x=2$ (중근)

(2) $x^2+2x-2=0$에서 $x^2+2x+1=3$

$(x+1)^2=3$, $x+1=\pm\sqrt{3}$ $\therefore x=-1 \pm \sqrt{3}$

5 답 (1) $x=\dfrac{3\pm\sqrt{5}}{2}$ (실근)

(2) $x=3\pm\sqrt{2}\,i$ (허근)

(3) $x=\dfrac{-5\pm\sqrt{33}}{4}$ (실근)

(4) $x=\dfrac{2\pm\sqrt{5}\,i}{3}$ (허근)

(1) $x^2-3x+1=0$에서 근의 공식을 이용하면

$x=\dfrac{-(-3)\pm\sqrt{(-3)^2-4\times 1\times 1}}{2\times 1}$

$=\dfrac{3\pm\sqrt{5}}{2}$ (실근)

(2) $x^2-2\times 3x+11=0$에서 근의 공식을 이용하면

$x=-(-3)\pm\sqrt{(-3)^2-1\times 11}$

$=3\pm\sqrt{2}\,i$ (허근)

(3) $2x^2+5x-1=0$에서 근의 공식을 이용하면

$x=\dfrac{-5\pm\sqrt{5^2-4\times 2\times(-1)}}{2\times 2}$

$=\dfrac{-5\pm\sqrt{33}}{4}$ (실근)

(4) $3x^2-2\times2x+3=0$에서 근의 공식을 이용하면

$$x=\frac{-(-2)\pm\sqrt{(-2)^2-3\times3}}{3}$$

$$=\frac{2\pm\sqrt{5}\,i}{3}\ (\text{허근})$$

01-1 답 풀이 참조

(1) $ax-a^2=bx-b^2$에서

$ax-bx=a^2-b^2$

$\therefore\ (a-b)x=(a-b)(a+b)$

(i) $a\neq b$일 때, 양변을 $a-b$로 나누면 $x=a+b$

(ii) $a=b$일 때, $0\times x=0$이므로 해가 무수히 많다.

(2) $(a^2+2)x+2=a(3x+1)$에서

$(a^2-3a+2)x=a-2$

$\therefore\ (a-1)(a-2)x=a-2$

(i) $a\neq1$, $a\neq2$일 때, $x=\dfrac{1}{a-1}$

(ii) $a=1$일 때, $0\times x=-1$이므로 해가 없다.

(iii) $a=2$일 때, $0\times x=0$이므로 해가 무수히 많다.

01-2 답 ⑤

$(a-1)(a+3)x=a(4x+a-3)$에서

$(a^2+2a-3)x=4ax+a^2-3a$

$(a^2-2a-3)x=a^2-3a$

$\therefore\ (a+1)(a-3)x=a(a-3)$

(i) $a\neq-1$, $a\neq3$일 때, $x=\dfrac{a}{a+1}$

(ii) $a=-1$일 때, $0\times x=4$이므로 해가 없다.

(iii) $a=3$일 때, $0\times x=0$이므로 해가 무수히 많다.

따라서 해가 무수히 많도록 하는 상수 a의 값은 3이다.

01-3 답 -6

$(k+1)(k-2)x=k^2+k(x+2)+6x$에서

$(k^2-k-2)x=(k+6)x+k^2+2k$

$(k^2-2k-8)x=k^2+2k$

$\therefore\ (k+2)(k-4)x=k(k+2)$

(i) $k=-2$일 때, $0\times x=0$이므로 해가 무수히 많다.

(ii) $k=4$일 때, $0\times x=24$이므로 해가 없다.

(i), (ii)에서 $m=-2$, $n=4$이므로

$m-n=-2-4=-6$

02-1 답 (1) $x=-\sqrt{3}+1$ 또는 $x=\sqrt{3}$

(2) $x=\dfrac{1\pm\sqrt{3}\,i}{2}$

(3) $x=\dfrac{8\pm\sqrt{26}\,i}{3}$

(4) $x=\sqrt{2}\pm\sqrt{5}\,i$

(1) $x^2-x-3+\sqrt{3}=0$에서

$x^2-x-\sqrt{3}(\sqrt{3}-1)=0$

좌변을 인수분해하면

$(x+\sqrt{3}-1)(x-\sqrt{3})=0$

$\therefore\ x=-\sqrt{3}+1$ 또는 $x=\sqrt{3}$

(2) $(3x-1)(2x+1)=(x+3)^2-15$에서

$6x^2+x-1=x^2+6x-6$

$5x^2-5x+5=0$

$x^2-x+1=0$

근의 공식을 이용하면

$$x=\frac{-(-1)\pm\sqrt{(-1)^2-4\times1\times1}}{2\times1}$$

$$=\frac{1\pm\sqrt{3}\,i}{2}$$

(3) 주어진 이차방정식의 양변에 15를 곱하면

$3(x^2-2x)+30=10x$

$3x^2-6x+30=10x$, $3x^2-16x+30=0$

근의 공식을 이용하면

$$x=\frac{-(-8)\pm\sqrt{(-8)^2-3\times30}}{3}$$

$$=\frac{8\pm\sqrt{26}\,i}{3}$$

(4) $x^2-2\times\sqrt{2}\times x+7=0$에서 근의 공식을 이용하면

$x=-(-\sqrt{2})\pm\sqrt{(-\sqrt{2})^2-1\times7}$

$=\sqrt{2}\pm\sqrt{5}\,i$

02-2 답 (1) $x=a$ 또는 $x=-b$

(2) $x=-\dfrac{a-b}{a+b}$ 또는 $x=-1$

(1) $x^2-(a-b)x-ab=0$의 좌변을 인수분해하면

$(x-a)(x+b)=0$

$\therefore\ x=a$ 또는 $x=-b$

(2) $(a+b)x^2+2ax+a-b=0$의 좌변을 인수분해하면

$\{(a+b)x+(a-b)\}(x+1)=0$

$\therefore\ x=-\dfrac{a-b}{a+b}$ 또는 $x=-1$

02-3 답 (1) $x=\sqrt{2}-1$ 또는 $x=\sqrt{2}$

(2) $x=-\sqrt{3}$ 또는 $x=-1$

(1) 주어진 이차방정식의 양변에 $\sqrt{2}-1$을 곱하면
$$(\sqrt{2}+1)(\sqrt{2}-1)x^2$$
$$-(3+\sqrt{2})(\sqrt{2}-1)x+\sqrt{2}(\sqrt{2}-1)=0$$
$$x^2-(2\sqrt{2}-1)x+\sqrt{2}(\sqrt{2}-1)=0$$
좌변을 인수분해하면
$$\{x-(\sqrt{2}-1)\}(x-\sqrt{2})=0$$
$$\therefore x=\sqrt{2}-1 \text{ 또는 } x=\sqrt{2}$$

(2) 주어진 이차방정식의 양변에 $\sqrt{3}+1$을 곱하면
$$(\sqrt{3}-1)(\sqrt{3}+1)x^2+2(\sqrt{3}+1)x$$
$$+(3-\sqrt{3})(\sqrt{3}+1)=0$$
$$2x^2+2(\sqrt{3}+1)x+2\sqrt{3}=0$$
$$x^2+(\sqrt{3}+1)x+\sqrt{3}=0$$
좌변을 인수분해하면
$$(x+\sqrt{3})(x+1)=0$$
$$\therefore x=-\sqrt{3} \text{ 또는 } x=-1$$

⊕ 보충 설명

x^2의 계수가 무리수이면 $(\sqrt{a}+b)(\sqrt{a}-b)=a-b^2$임을 이용하여 계수를 유리화한다.

예제 03 범위를 나누어 푸는 이차방정식 157쪽

03-1 답 (1) $x=-1$ 또는 $x=1$

(2) $x=-5$ 또는 $x=4$

(1) 절댓값 기호 안의 식의 값이 0이 되는 x의 값 0을 기준으로 x의 값의 범위를 나눈다.

(i) $x<0$일 때, $x^2-2x-3=0$
$$(x+1)(x-3)=0$$
$$\therefore x=-1 \text{ 또는 } x=3$$
그런데 $x<0$이므로 $x=-1$

(ii) $x\geq 0$일 때, $x^2+2x-3=0$
$$(x+3)(x-1)=0$$
$$\therefore x=-3 \text{ 또는 } x=1$$
그런데 $x\geq 0$이므로 $x=1$

(i), (ii)에서 구하는 방정식의 해는
$$x=-1 \text{ 또는 } x=1$$

(2) 절댓값 기호 안의 식의 값이 0이 되는 x의 값 1을 기준으로 x의 값의 범위를 나눈다.

(i) $x<1$일 때, $x^2+3(x-1)-7=0$이므로
$$x^2+3x-10=0, \ (x+5)(x-2)=0$$

$$\therefore x=-5 \text{ 또는 } x=2$$
그런데 $x<1$이므로 $x=-5$

(ii) $x\geq 1$일 때, $x^2-3(x-1)-7=0$이므로
$$x^2-3x-4=0, \ (x+1)(x-4)=0$$
$$\therefore x=-1 \text{ 또는 } x=4$$
그런데 $x\geq 1$이므로 $x=4$

(i), (ii)에서 구하는 방정식의 해는
$$x=-5 \text{ 또는 } x=4$$

03-2 답 $2-\sqrt{2}$

절댓값 기호 안의 식의 값이 0이 되는 x의 값 $\dfrac{1}{2}$을 기준으로 x의 값의 범위를 나눈다.

(i) $x<\dfrac{1}{2}$일 때, $x^2-(2x-1)=2$이므로
$$x^2-2x-1=0$$
근의 공식을 이용하면
$$x=-(-1)\pm\sqrt{(-1)^2-1\times(-1)}=1\pm\sqrt{2}$$
그런데 $x<\dfrac{1}{2}$이므로 $x=1-\sqrt{2}$

(ii) $x\geq\dfrac{1}{2}$일 때, $x^2+(2x-1)=2$이므로
$$x^2+2x-3=0, \ (x+3)(x-1)=0$$
$$\therefore x=-3 \text{ 또는 } x=1$$
그런데 $x\geq\dfrac{1}{2}$이므로 $x=1$

(i), (ii)에서 주어진 방정식의 근은
$$x=1-\sqrt{2} \text{ 또는 } x=1$$
따라서 모든 근의 합은
$$(1-\sqrt{2})+1=2-\sqrt{2}$$

03-3 답 $x=\dfrac{\sqrt{2}}{2}$ 또는 $x=1$

(i) $0\leq x<1$일 때, $[x]=0$이므로
$$2x^2-1=0 \text{에서 } x^2=\dfrac{1}{2}$$
$$\therefore x=\pm\dfrac{1}{\sqrt{2}}=\pm\dfrac{\sqrt{2}}{2}$$
그런데 $0\leq x<1$이므로 $x=\dfrac{\sqrt{2}}{2}$

(ii) $1\leq x<2$일 때, $[x]=1$이므로
$$2x^2-2=0 \text{에서 } x^2=1$$
$$\therefore x=\pm 1$$
그런데 $1\leq x<2$이므로 $x=1$

(i), (ii)에서 구하는 방정식의 해는

$$x=\frac{\sqrt{2}}{2} \ \text{또는} \ x=1$$

$n \leq x < n+1$ (n은 정수)일 때, $[x]=n$이므로 주어진 x의 값의 범위 $0 \leq x < 2$를 $0 \leq x < 1$일 때와 $1 \leq x < 2$일 때로 나누어 방정식의 해를 구한다.

예제 04 이차방정식의 활용　　159쪽

04-1　답 2 m

길의 폭을 x m라고 하면 길의 넓이는
$$10x+(10-x)x=20x-x^2$$
이때 남은 꽃밭의 넓이가 $64\ \text{m}^2$이므로
$$100-(20x-x^2)=64,\ x^2-20x+36=0$$
$$(x-2)(x-18)=0$$
$$\therefore\ x=2 \ \text{또는} \ x=18$$
그런데 $0<x<10$이므로 $x=2$
따라서 길의 폭은 2 m이다.

04-2　답 4 m

처음 정사각형 모양의 토지의 한 변의 길이를 x m라고 하면 처음 정사각형 모양의 토지의 넓이는 $x^2\ \text{m}^2$이다. 또한 새로 만들어진 직사각형 모양의 토지의 가로의 길이는 $(x-3)$ m, 세로의 길이는 $(x+4)$ m이므로 직사각형 모양의 토지의 넓이는
$$(x-3)(x+4)\ \text{m}^2$$
이때 새로 만들어진 토지의 넓이가 처음 토지의 넓이보다 반으로 줄었으므로
$$(x-3)(x+4)=\frac{1}{2}x^2,\ 2(x^2+x-12)=x^2$$
$$x^2+2x-24=0,\ (x+6)(x-4)=0$$
$$\therefore\ x=-6 \ \text{또는} \ x=4$$
그런데 $x>3$이므로 $x=4$
따라서 처음 정사각형 모양의 토지의 한 변의 길이는 4 m이다.

04-3　답 $\dfrac{1+\sqrt{5}}{2}$

$\dfrac{b}{a}=\dfrac{a}{a+b}$에서 $\dfrac{a}{b}=\dfrac{a+b}{a}$
$$\therefore\ \frac{a}{b}=1+\frac{b}{a} \qquad\qquad \cdots\cdots\ \text{㉠}$$

$a:b=x:1$에서 $a=bx$, 즉 $\dfrac{a}{b}=x$

$\dfrac{a}{b}=x$를 ㉠에 대입하면
$$x=1+\frac{1}{x}$$
양변에 x를 곱하면
$$x^2=x+1,\ x^2-x-1=0$$
근의 공식을 이용하면
$$x=\frac{-(-1)\pm\sqrt{(-1)^2-4\times1\times(-1)}}{2\times1}$$
$$=\frac{1\pm\sqrt{5}}{2}$$

그런데 $x>0$이므로 $x=\dfrac{1+\sqrt{5}}{2}$

개념 콕콕　**2 이차방정식의 판별식**　　161쪽

1　답 (1) 서로 다른 두 허근
　　　　(2) 중근 (서로 같은 두 실근)
　　　　(3) 서로 다른 두 실근
　　　　(4) 중근 (서로 같은 두 실근)

(1) 이차방정식 $x^2-3x+5=0$의 판별식을 D라고 하면
$$D=(-3)^2-4\times1\times5=-11<0$$
따라서 서로 다른 두 허근을 가진다.

(2) 이차방정식 $4x^2+2\times10x+25=0$의 판별식을 D라고 하면
$$\frac{D}{4}=10^2-4\times25=0$$
따라서 중근(서로 같은 두 실근)을 가진다.

(3) 이차방정식 $3x^2-5x+2=0$의 판별식을 D라고 하면
$$D=(-5)^2-4\times3\times2=1>0$$
따라서 서로 다른 두 실근을 가진다.

(4) 이차방정식 $\dfrac{1}{4}x^2-x+1=0$의 판별식을 D라고 하면
$$D=(-1)^2-4\times\frac{1}{4}\times1=0$$
따라서 중근(서로 같은 두 실근)을 가진다.

2　답 (1) 서로 다른 두 허근
　　　　(2) 중근 (서로 같은 두 실근)
　　　　(3) 서로 다른 두 실근

이차방정식 $x^2+ax+9=0$의 판별식을 D라고 하면
$$D=a^2-4\times1\times9=a^2-36 \qquad\qquad \cdots\cdots\ \text{㉠}$$

(1) ㉠에 $a=3$을 대입하면

$$D=3^2-36=-27<0$$

따라서 서로 다른 두 허근을 가진다.

(2) ㉠에 $a=6$을 대입하면

$$D=6^2-36=0$$

따라서 중근(서로 같은 두 실근)을 가진다.

(3) ㉠에 $a=9$를 대입하면

$$D=9^2-36=45>0$$

따라서 서로 다른 두 실근을 가진다.

3　답 (1) $k>2$　(2) $k=2$　(3) $k<2$

이차방정식 $x^2+2\times x+5-2k=0$의 판별식을 D라고 하면

$$\frac{D}{4}=1^2-1\times(5-2k)=2k-4$$

(1) 서로 다른 두 실근을 가져야 하므로

$$\frac{D}{4}=2k-4>0 \qquad \therefore k>2$$

(2) 중근을 가져야 하므로

$$\frac{D}{4}=2k-4=0 \qquad \therefore k=2$$

(3) 서로 다른 두 허근을 가져야 하므로

$$\frac{D}{4}=2k-4<0 \qquad \therefore k<2$$

예제 05　**이차방정식의 근의 판별**　163쪽

05-1　답 (1) $k>1$　(2) $k=1$　(3) $k<1$

주어진 이차방정식의 판별식을 D라고 하면

$$\frac{D}{4}=\{-(k+1)\}^2-1\times(k^2+3)$$
$$=2k-2$$

(1) 서로 다른 두 실근을 가져야 하므로

$$\frac{D}{4}=2k-2>0 \qquad \therefore k>1$$

(2) 중근을 가져야 하므로

$$\frac{D}{4}=2k-2=0 \qquad \therefore k=1$$

(3) 서로 다른 두 허근을 가져야 하므로

$$\frac{D}{4}=2k-2<0 \qquad \therefore k<1$$

05-2　답 (1) 실근 : $k\geq-1$, 허근 : $k<-1$

(2) 실근 : $k\geq-\dfrac{13}{4}$, 허근 : $k<-\dfrac{13}{4}$

(1) 이차방정식 $x^2+4x+3=k$, 즉 $x^2+4x+3-k=0$
의 판별식을 D라고 하면

$$\frac{D}{4}=2^2-1\times(3-k)=k+1$$

(i) 실근을 가져야 하므로

$$\frac{D}{4}=k+1\geq0 \qquad \therefore k\geq-1$$

(ii) 허근을 가져야 하므로

$$\frac{D}{4}=k+1<0 \qquad \therefore k<-1$$

(2) 이차방정식 $(x+3)(x+1)=k-x$, 즉
$x^2+5x+3-k=0$의 판별식을 D라고 하면

$$D=5^2-4\times1\times(3-k)=4k+13$$

(i) 실근을 가져야 하므로

$$D=4k+13\geq0 \qquad \therefore k\geq-\frac{13}{4}$$

(ii) 허근을 가져야 하므로

$$D=4k+13<0 \qquad \therefore k<-\frac{13}{4}$$

05-3　답 6

이차방정식 $x^2-x+7+a=0$이 허근을 가져야 하므로 판별식을 D_1이라고 하면

$$D_1=(-1)^2-4\times1\times(7+a)<0$$
$$-27-4a<0, \ -4a<27$$
$$\therefore a>-\frac{27}{4} \qquad\qquad \cdots\cdots ㉠$$

이차방정식 $x^2+2ax+a^2-a=0$이 허근을 가져야 하므로 판별식을 D_2라고 하면

$$\frac{D_2}{4}=a^2-1\times(a^2-a)<0$$
$$\therefore a<0 \qquad\qquad \cdots\cdots ㉡$$

㉠, ㉡에서 $-\dfrac{27}{4}<a<0$

따라서 구하는 정수 a는 -6, -5, -4, -3, -2, -1의 6개이다.

예제 06　**이차방정식이 중근을 가질 조건**　165쪽

06-1　답 (1) $a=-6$일 때 $x=-\dfrac{1}{2}$,

$a=2$일 때 $x=\dfrac{1}{2}$

(2) 4

(1) 주어진 이차방정식이 중근을 가져야 하므로 판별식을 D라고 하면
$$D=\{-(a+2)\}^2-4\times4\times1=0$$
$$a^2+4a-12=0,\ (a+6)(a-2)=0$$
$$\therefore a=-6\ \text{또는}\ a=2$$
  (i) $a=-6$일 때, $4x^2+4x+1=0$
$$(2x+1)^2=0$$
$$\therefore x=-\frac{1}{2}$$
 (ii) $a=2$일 때, $4x^2-4x+1=0$
$$(2x-1)^2=0$$
$$\therefore x=\frac{1}{2}$$
 (i), (ii)에서
$$a=-6\text{일 때 }x=-\frac{1}{2},\ a=2\text{일 때 }x=\frac{1}{2}$$
(2) 다항식 kx^2+kx+1이 이차식이므로
$$k\neq0 \qquad\qquad \cdots\cdots\ \text{㉠}$$
또한 이 이차식이 완전제곱식이 되려면 이차방정식 $kx^2+kx+1=0$의 판별식을 D라고 할 때,
$$D=k^2-4k=0$$
$$k(k-4)=0$$
$$\therefore k=4\ (\because\ \text{㉠})$$

06-2   답 16

주어진 이차방정식이 중근을 가지므로 판별식을 D라고 하면
$$D=\{-(k-1)\}^2-4(2k+3)=0$$
$$k^2-10k-11=0,\ (k+1)(k-11)=0$$
$$\therefore k=11\ (\because\ k\text{는 양수})$$
$k=11$을 이차방정식 $x^2-(k-1)x+2k+3=0$에 대입하면
$$x^2-10x+25=0,\ (x-5)^2=0$$
$$\therefore x=5$$
따라서 $k=11,\ a=5$이므로
$$k+a=11+5=16$$

06-3   답 -1

주어진 이차방정식이 중근을 가지므로 판별식을 D라고 하면
$$\frac{D}{4}=\{-(m+a)\}^2-(m^2-2m+a^2)=0$$

$$m^2+2ma+a^2-m^2+2m-a^2=0$$
$$2m(a+1)=0$$
이 등식이 m의 값에 관계없이 항상 성립하므로
$$a+1=0 \qquad \therefore a=-1$$

1   답 (1) -2 (2) -2 (3) 8 (4) $2\sqrt{3}$

이차방정식 $x^2+2x-2=0$에서 근과 계수의 관계에 의하여
(1) $\alpha+\beta=-2$
(2) $\alpha\beta=-2$
(3) $\alpha^2+\beta^2=(\alpha+\beta)^2-2\alpha\beta$
$$=(-2)^2-2\times(-2)=8$$
(4) $|\alpha-\beta|=\dfrac{\sqrt{2^2-4\times1\times(-2)}}{|1|}$
$$=\sqrt{12}=2\sqrt{3}$$

다른 풀이

(4) $(\alpha-\beta)^2=(\alpha+\beta)^2-4\alpha\beta=(-2)^2-4\times(-2)=12$
$$\therefore |\alpha-\beta|=\sqrt{12}=2\sqrt{3}$$

2   답 (1) $x^2-6x+1=0$ (2) $x^2-2x+10=0$

(1) $x^2-\{(3+2\sqrt{2})+(3-2\sqrt{2})\}x$
$$+(3+2\sqrt{2})(3-2\sqrt{2})=0$$
$$\therefore x^2-6x+1=0$$
(2) $x^2-\{(1+3i)+(1-3i)\}x+(1+3i)(1-3i)=0$
$$\therefore x^2-2x+10=0$$

3   답 (1) $(x+1-\sqrt{5})(x+1+\sqrt{5})$
(2) $(x+3i)(x-3i)$
(3) $\left(x-\dfrac{3+\sqrt{3}i}{2}\right)\left(x-\dfrac{3-\sqrt{3}i}{2}\right)$
(4) $3\left(x-\dfrac{3+\sqrt{6}}{3}\right)\left(x-\dfrac{3-\sqrt{6}}{3}\right)$

(1) 이차방정식 $x^2+2x-4=0$에서 근의 공식에 의하여
$$x=-1\pm\sqrt{1^2-1\times(-4)}=-1\pm\sqrt{5}$$
$$\therefore x^2+2x-4$$
$$=\{x-(-1+\sqrt{5})\}\{x-(-1-\sqrt{5})\}$$
$$=(x+1-\sqrt{5})(x+1+\sqrt{5})$$
(2) 이차방정식 $x^2+9=0$에서 $x^2=-9$
$$\therefore x=\pm\sqrt{-9}=\pm3i$$

$$\therefore\ x^2+9=\{x-(-3i)\}(x-3i)$$
$$=(x+3i)(x-3i)$$

(3) 이차방정식 $x^2-3x+3=0$에서 근의 공식에 의하여

$$x=\frac{-(-3)\pm\sqrt{(-3)^2-4\times1\times3}}{2\times1}$$

$$=\frac{3\pm\sqrt{3}\,i}{2}$$

$$\therefore\ x^2-3x+3=\left(x-\frac{3+\sqrt{3}\,i}{2}\right)\left(x-\frac{3-\sqrt{3}\,i}{2}\right)$$

(4) 이차방정식 $3x^2-6x+1=0$에서

$$x=\frac{-(-3)\pm\sqrt{(-3)^2-3\times1}}{3}$$

$$=\frac{3\pm\sqrt{6}}{3}$$

$$\therefore\ 3x^2-6x+1=3\left(x-\frac{3+\sqrt{6}}{3}\right)\left(x-\frac{3-\sqrt{6}}{3}\right)$$

➕ 보충 설명

이차방정식 $ax^2+bx+c=0$의 두 근을 α, β라고 하면 $ax^2+bx+c=a(x-\alpha)(x-\beta)$로 인수분해된다.

4 답 (1) $a=-2$, $b=-4$ (2) $a=-6$, $b=13$

(1) a, b가 유리수이고 주어진 이차방정식의 한 근이 $1+\sqrt{5}$이므로 다른 한 근은 $1-\sqrt{5}$이다.
따라서 근과 계수의 관계에 의하여
$$(1+\sqrt{5})+(1-\sqrt{5})=-a$$
$$(1+\sqrt{5})(1-\sqrt{5})=b$$
$$\therefore\ a=-2,\ b=-4$$

(2) a, b가 실수이고 주어진 이차방정식의 한 근이 $3+2i$이므로 다른 한 근은 $3-2i$이다.
따라서 근과 계수의 관계에 의하여
$$(3+2i)+(3-2i)=-a$$
$$(3+2i)(3-2i)=b$$
$$\therefore\ a=-6,\ b=13$$

예제 07   이차방정식의 근과 계수의 관계 (1)   173쪽

07-1 답 (1) -4 (2) 6   (3) 5   (4) 11

이차방정식 $2x^2-4x-1=0$에서 근과 계수의 관계에 의하여

$$\alpha+\beta=-\frac{-4}{2}=2,\ \ \alpha\beta=\frac{-1}{2}=-\frac{1}{2}$$

(1) $\dfrac{1}{\alpha}+\dfrac{1}{\beta}=\dfrac{\alpha+\beta}{\alpha\beta}=\dfrac{2}{-\frac{1}{2}}=-4$

(2) $(\alpha-\beta)^2=(\alpha+\beta)^2-4\alpha\beta$

$$=2^2-4\times\left(-\frac{1}{2}\right)=6$$

(3) $\alpha^2+\beta^2=(\alpha+\beta)^2-2\alpha\beta$

$$=2^2-2\times\left(-\frac{1}{2}\right)=5$$

(4) $\alpha^3+\beta^3=(\alpha+\beta)^3-3\alpha\beta(\alpha+\beta)$

$$=2^3-3\times\left(-\frac{1}{2}\right)\times2=11$$

07-2 답 (1) 5   (2) 89

이차방정식 $x^2-3x+1=0$의 두 근이 α, β이므로

$$\alpha^2-3\alpha+1=0,\ \beta^2-3\beta+1=0 \qquad\cdots\cdots\ \text{㉠}$$

또한 근과 계수의 관계에 의하여

$$\alpha+\beta=-\frac{-3}{1}=3,\ \alpha\beta=\frac{1}{1}=1 \qquad\cdots\cdots\ \text{㉡}$$

(1) $\left(\alpha^2+\dfrac{1}{\beta}\right)\left(\beta^2+\dfrac{1}{\alpha}\right)$

$$=\alpha^2\beta^2+\alpha+\beta+\frac{1}{\alpha\beta}$$

$$=1^2+3+\frac{1}{1}\ (\because\ \text{㉡})$$

$$=5$$

(2) $(\alpha^2+5\alpha+2)(\beta^2+5\beta+2)$

$$=\{(\alpha^2-3\alpha+1)+8\alpha+1\}\times\{(\beta^2-3\beta+1)+8\beta+1\}$$

$$=(8\alpha+1)(8\beta+1)\ (\because\ \text{㉠})$$

$$=64\alpha\beta+8(\alpha+\beta)+1$$

$$=64\times1+8\times3+1\ (\because\ \text{㉡})$$

$$=89$$

07-3 답 5

이차방정식 $x^2-ax+b=0$의 두 근이 α, β이므로 근과 계수의 관계에 의하여

$$\alpha+\beta=a \qquad\cdots\cdots\ \text{㉠}$$

$$\alpha\beta=b \qquad\cdots\cdots\ \text{㉡}$$

또한 이차방정식 $x^2-(2a+1)x+2=0$의 두 근이 $\alpha+\beta$, $\alpha\beta$이므로 근과 계수의 관계에 의하여

$$(\alpha+\beta)+\alpha\beta=2a+1 \qquad\cdots\cdots\ \text{㉢}$$

$$(\alpha+\beta)\alpha\beta=2 \qquad\cdots\cdots\ \text{㉣}$$

㉠, ㉡을 각각 ㉢, ㉣에 대입하면

$$a+b=2a+1,\ ab=2$$

$$\therefore\ a-b=-1,\ ab=2$$

$$\therefore\ a^2+b^2=(a-b)^2+2ab$$

$$=(-1)^2+2\times2=5$$

08-1 답 (1) 7 (2) -1

이차방정식 $x^2+2x-(k+1)=0$의 두 실근을 α, β라고 하면 근과 계수의 관계에 의하여

$\alpha+\beta=-2$, $\alpha\beta=-k-1$

(1) 두 실근의 차가 6이므로

$$|\alpha-\beta|=\sqrt{(\alpha+\beta)^2-4\alpha\beta}$$
$$=\sqrt{(-2)^2-4(-k-1)}=6$$
$$\sqrt{4k+8}=6,\ 4k=28$$
$$\therefore\ k=7$$

(2) 두 실근의 제곱의 합이 4이므로

$$\alpha^2+\beta^2=(\alpha+\beta)^2-2\alpha\beta$$
$$=(-2)^2-2(-k-1)=4$$
$$2k=-2\qquad \therefore\ k=-1$$

08-2 답 ④

이차방정식 $x^2-2kx+k^2-k=0$의 두 실근을 α, β라고 하면 근과 계수의 관계에 의하여

$\alpha+\beta=2k$, $\alpha\beta=k^2-k$

이때 두 실근의 차의 제곱이 12이므로

$$(\alpha-\beta)^2=(\alpha+\beta)^2-4\alpha\beta$$
$$=(2k)^2-4(k^2-k)$$
$$=4k=12$$
$$\therefore\ k=3$$

08-3 답 -1

x에 대한 이차방정식 $x^2+(a^2-a-2)x+a=0$의 두 실근을 α, β라고 하면 절댓값이 서로 같고 부호가 서로 다르므로

$\alpha+\beta=0$, $\alpha\beta<0$

근과 계수의 관계에 의하여

$\alpha+\beta=-(a^2-a-2)=0$, $(a+1)(a-2)=0$

$\therefore\ a=-1$ 또는 $a=2$ $\qquad\cdots\cdots$ ㉠

$\alpha\beta=a<0 \qquad \therefore\ a<0 \qquad\cdots\cdots$ ㉡

㉠, ㉡에서 $a=-1$

⊕ 보충 설명

두 실근의 절댓값이 서로 같고 부호가 서로 다르므로 두 실근을 k, $-k$ $(k\neq0)$라고 할 수 있다.

따라서 두 실근의 합은 $k+(-k)=0$, 두 실근의 곱은 $-k^2<0$이다.

09-1 답 (1) $x^2-2x-7=0$
(2) $x^2-6x+1=0$
(3) $x^2-2x-1=0$

이차방정식 $x^2-2x-1=0$의 두 근이 α, β이므로 근과 계수의 관계에 의하여

$\alpha+\beta=2$, $\alpha\beta=-1$

(1) 두 근 $2\alpha-1$, $2\beta-1$의 합과 곱을 구하면

$$(2\alpha-1)+(2\beta-1)=2(\alpha+\beta)-2$$
$$=2\times2-2=2$$
$$(2\alpha-1)(2\beta-1)=4\alpha\beta-2(\alpha+\beta)+1$$
$$=4\times(-1)-2\times2+1=-7$$

따라서 $2\alpha-1$, $2\beta-1$을 두 근으로 가지고 x^2의 계수가 1인 이차방정식은

$$x^2-2x-7=0$$

(2) 두 근 α^2, β^2의 합과 곱을 구하면

$$\alpha^2+\beta^2=(\alpha+\beta)^2-2\alpha\beta=2^2-2\times(-1)=6$$
$$\alpha^2\beta^2=(\alpha\beta)^2=(-1)^2=1$$

따라서 α^2, β^2을 두 근으로 가지고 x^2의 계수가 1인 이차방정식은

$$x^2-6x+1=0$$

(3) 두 근 $2\alpha+\dfrac{1}{\beta}$, $2\beta+\dfrac{1}{\alpha}$의 합과 곱을 구하면

$$\left(2\alpha+\frac{1}{\beta}\right)+\left(2\beta+\frac{1}{\alpha}\right)=2(\alpha+\beta)+\left(\frac{1}{\alpha}+\frac{1}{\beta}\right)$$
$$=2(\alpha+\beta)+\frac{\alpha+\beta}{\alpha\beta}$$
$$=2\times2+\frac{2}{-1}=2$$
$$\left(2\alpha+\frac{1}{\beta}\right)\left(2\beta+\frac{1}{\alpha}\right)=4\alpha\beta+\frac{1}{\alpha\beta}+4$$
$$=4\times(-1)+\frac{1}{-1}+4=-1$$

따라서 $2\alpha+\dfrac{1}{\beta}$, $2\beta+\dfrac{1}{\alpha}$을 두 근으로 가지고 x^2의 계수가 1인 이차방정식은

$$x^2-2x-1=0$$

09-2 답 ⑤

이차방정식 $x^2+2x+3=0$의 두 근이 α, β이므로 근과 계수의 관계에 의하여

$\alpha+\beta=-2$, $\alpha\beta=3$

두 근 $\alpha+\beta+1$, $\alpha^2+\beta^2$의 합과 곱을 구하면
$$(\alpha+\beta+1)+(\alpha^2+\beta^2)=\alpha+\beta+1+(\alpha+\beta)^2-2\alpha\beta$$
$$=-2+1+(-2)^2-2\times3=-3$$
$$(\alpha+\beta+1)(\alpha^2+\beta^2)=(\alpha+\beta+1)\{(\alpha+\beta)^2-2\alpha\beta\}$$
$$=(-2+1)\times\{(-2)^2-2\times3\}$$
$$=2$$
따라서 $\alpha+\beta+1$, $\alpha^2+\beta^2$을 두 근으로 가지고 x^2의 계수가 1인 이차방정식은
$$x^2+3x+2=0$$

09-3 답 $3x^2+5x-1=0$

이차방정식 $x^2-5x-3=0$의 두 근이 α, $\dfrac{1}{\beta}$이므로 근과 계수의 관계에 의하여
$$\alpha+\dfrac{1}{\beta}=5,\ \dfrac{\alpha}{\beta}=-3$$

두 근 $\dfrac{1}{\alpha}$, β의 합과 곱을 구하면
$$\dfrac{1}{\alpha}+\beta=\dfrac{\beta}{\alpha}\left(\alpha+\dfrac{1}{\beta}\right)=\left(-\dfrac{1}{3}\right)\times5=-\dfrac{5}{3}$$
$$\dfrac{\beta}{\alpha}=-\dfrac{1}{3}$$

따라서 $\dfrac{1}{\alpha}$, β를 두 근으로 가지고 x^2의 계수가 3인 이차방정식은
$$3\left(x^2+\dfrac{5}{3}x-\dfrac{1}{3}\right)=0 \qquad \therefore\ 3x^2+5x-1=0$$

10-1 답 (1) $a=-4$, $b=-1$
(2) $a=-10$, $b=26$

(1) a, b가 유리수이고 주어진 이차방정식의 한 근이 $1-\sqrt{2}$이므로 다른 한 근은 $1+\sqrt{2}$이다.
　근과 계수의 관계에 의하여
$$(1-\sqrt{2})+(1+\sqrt{2})=-\dfrac{a}{2},\ 2=-\dfrac{a}{2}$$
$$\therefore\ a=-4$$
$$(1-\sqrt{2})(1+\sqrt{2})=\dfrac{b-1}{2},\ -1=\dfrac{b-1}{2}$$
$$b-1=-2 \qquad \therefore\ b=-1$$

(2) a, b가 실수이고 주어진 이차방정식의 한 근이 $3+2i$이므로 다른 한 근은 $3-2i$이다.
　근과 계수의 관계에 의하여
$$(3+2i)+(3-2i)=-\dfrac{a-2}{2}$$
$$6=-\dfrac{a-2}{2},\ a-2=-12$$
$$\therefore\ a=-10$$
$$(3+2i)(3-2i)=\dfrac{b}{2},\ 13=\dfrac{b}{2}$$
$$\therefore\ b=26$$

10-2 답 $-\dfrac{5}{2}$

a, b가 실수이고 이차방정식 $x^2-ax+b=0$의 한 근이 $1+2i$이므로 다른 한 근은 $1-2i$이다.
근과 계수의 관계에 의하여
$$(1+2i)+(1-2i)=a \qquad \therefore\ a=2$$
$$(1+2i)(1-2i)=b \qquad \therefore\ b=5$$
따라서 이차방정식 $ax^2+bx+2=0$의 두 근의 합은
$$-\dfrac{b}{a}=-\dfrac{5}{2}$$

10-3 답 48

a, b가 유리수이고 이차방정식 $x^2+ax+b=0$의 한 근이 $3-\sqrt{3}$이므로 다른 한 근은 $3+\sqrt{3}$이다.
근과 계수의 관계에 의하여
$$(3-\sqrt{3})+(3+\sqrt{3})=-a$$
$$\therefore\ a=-6$$
$$(3-\sqrt{3})(3+\sqrt{3})=b$$
$$\therefore\ b=6$$
따라서 이차방정식 $x^2+6x-6=0$의 두 근이 α, β이므로
$$\alpha+\beta=-6,\ \alpha\beta=-6$$
$$\therefore\ \alpha^2+\beta^2=(\alpha+\beta)^2-2\alpha\beta$$
$$=(-6)^2-2\times(-6)=48$$

기본 다지기　180쪽～181쪽

1 ①	**2** $6+5\sqrt{2}$	**3** 10	**4** 6
5 ③	**6** ②	**7** -5	**8** $\dfrac{1}{6}$　**9** 4
10 (1) 30　(2) 9			

1　$x=1$을 $x^2-mx+2m+1=0$에 대입하면
$$1-m+2m+1=0 \qquad \therefore\ m=-2$$
$m=-2$를 주어진 이차방정식에 대입하면

$x^2+2x-3=0$, $(x+3)(x-1)=0$

$\therefore x=-3$ 또는 $x=1$

따라서 구하는 다른 한 근은 -3이다.

$x=a$가 방정식 $f(x)=0$의 근이면 $f(a)=0$이 성립한다.

2 두 변 AB, PQ의 교점을 T, $\overline{AT}=a$, $\overline{TB}=b$라고 하면

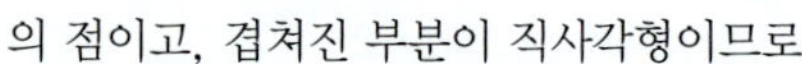

$a+b=10$

$\therefore b=10-a$ $\quad$ ……㉠

이때 점 P가 선분 AC 위의 점이고, 겹쳐진 부분이 직사각형이므로

$\triangle ABC \backsim \triangle ATP$ (AA 닮음)

즉, 삼각형 ATP는 직각이등변삼각형이므로

$\overline{PT}=\overline{AT}=a$

선분 PB가 대각선인 직사각형의 넓이는

$ab=7$, $a(10-a)=7$ ($\because$ ㉠)

$a^2-10a+7=0$

근의 공식을 이용하면

$a=-(-5)\pm\sqrt{(-5)^2-1\times7}$

$\quad =5\pm3\sqrt{2}$

그런데 $\overline{AP}>\overline{PC}$에서 $\overline{AT}>\overline{TB}$이므로

$a>10-a$, $2a>10$ $\quad \therefore a>5$

$\therefore a=5+3\sqrt{2}$

$\therefore \overline{AP}=\sqrt{a^2+a^2}=\sqrt{2}a$

$\qquad =\sqrt{2}(5+3\sqrt{2})=6+5\sqrt{2}$

오른쪽 그림과 같이 직각을 낀 한 변의 길이가 a인 직각이등변삼각형의 빗변의 길이는 $\sqrt{2}a$이다.

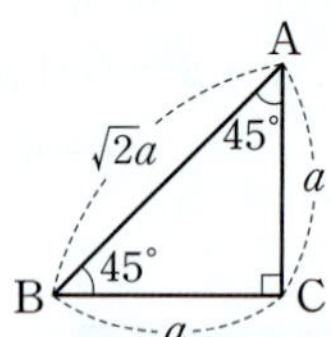

3 x에 대한 이차방정식

$x^2+2(k-1)x+k^2-20=0$

이 서로 다른 두 실근을 가져야 하므로 판별식을 D라고 하면

$\dfrac{D}{4}=(k-1)^2-(k^2-20)>0$

$2k<21$ $\quad \therefore k<\dfrac{21}{2}$

따라서 구하는 자연수 k는 $1, 2, 3, \cdots, 10$의 10개이다.

이차방정식 $ax^2+2b'x+c=0$의 판별식을 D라고 하면 $\dfrac{D}{4}=b'^2-ac$이다.

4 이차방정식 $x^2-2ax+a^2+a+6=0$이 실근을 가져야 하므로 판별식을 D_1이라고 하면

$\dfrac{D_1}{4}=(-a)^2-1\times(a^2+a+6)\geq0$

$-a-6\geq0$ $\quad \therefore a\leq-6$ $\quad$ ……㉠

또한 이차방정식

$x^2-(1-2k)x+k^2+k+3=0$이 허근을 가져야 하므로 판별식을 D_2라고 하면

$D_2=\{-(1-2k)\}^2-4\times1\times(k^2+k+3)<0$

$-8k-11<0$ $\quad \therefore k>-\dfrac{11}{8}$ $\quad$ ……㉡

㉠에서 정수 a의 최댓값은 -6이므로

$M=-6$

㉡에서 정수 k의 최솟값은 -1이므로

$m=-1$

$\therefore Mm=(-6)\times(-1)=6$

이차방정식 $ax^2+bx+c=0$의 판별식을 D라고 하면 $D=b^2-4ac$이다.

5 이차방정식 $x^2-4=a(x-2)$, 즉

$x^2-ax+2a-4=0$

의 판별식을 D라고 하면 중근을 가져야 하므로

$D=(-a)^2-4(2a-4)=0$

$a^2-8a+16=0$, $(a-4)^2=0$

$\therefore a=4$

6 이차방정식 $x^2-5x-2=0$의 두 근이 α, β이므로 근과 계수의 관계에 의하여

$\alpha+\beta=5$, $\alpha\beta=-2$

$\therefore \dfrac{1}{\alpha+1}+\dfrac{1}{\beta+1}=\dfrac{\beta+1+\alpha+1}{(\alpha+1)(\beta+1)}$

$\qquad =\dfrac{(\alpha+\beta)+2}{\alpha\beta+(\alpha+\beta)+1}$

$\qquad =\dfrac{5+2}{-2+5+1}=\dfrac{7}{4}$

이차방정식 $ax^2+bx+c=0$의 두 근을 α, β라고 하면

$\alpha+\beta=-\dfrac{b}{a}$, $\alpha\beta=\dfrac{c}{a}$

7 이차방정식 $3x^2-x+6=0$의 두 근이 α, β이므로 근과 계수의 관계에 의하여

$\alpha+\beta=\dfrac{1}{3}$, $\alpha\beta=2$

두 근 $\dfrac{\alpha}{\alpha-1}$, $\dfrac{\beta}{\beta-1}$의 합과 곱을 구하면

$$\dfrac{\alpha}{\alpha-1}+\dfrac{\beta}{\beta-1}=\dfrac{\alpha(\beta-1)+\beta(\alpha-1)}{(\alpha-1)(\beta-1)}$$

$$=\dfrac{2\alpha\beta-(\alpha+\beta)}{\alpha\beta-(\alpha+\beta)+1}$$

$$=\dfrac{2\times2-\dfrac{1}{3}}{2-\dfrac{1}{3}+1}=\dfrac{11}{8}$$

$$\dfrac{\alpha}{\alpha-1}\times\dfrac{\beta}{\beta-1}=\dfrac{\alpha\beta}{\alpha\beta-(\alpha+\beta)+1}$$

$$=\dfrac{2}{2-\dfrac{1}{3}+1}=\dfrac{3}{4}$$

즉, 두 근의 합과 곱이 각각 $\dfrac{11}{8}$, $\dfrac{3}{4}$이고 x^2의 계수가 1인 이차방정식은

$x^2-\dfrac{11}{8}x+\dfrac{3}{4}=0$

양변에 8을 곱하면

$8x^2-11x+6=0$

따라서 $a=-11$, $b=6$이므로

$a+b=-11+6=-5$

두 근의 합과 곱이 각각 p, q이고 x^2의 계수가 1인 이차방정식은 $x^2-px+q=0$이다.
또한 두 근의 합과 곱이 각각 p, q이고 x^2의 계수가 a인 이차방정식은 $a(x^2-px+q)=0$이다.

8 두 근의 비가 $2:3$이므로 두 근을 2α, 3α $(\alpha\neq0)$ 라고 하면 근과 계수의 관계에 의하여

$2\alpha+3\alpha=5k$

$\therefore \alpha=k$ ...... ㉠

$2\alpha\times3\alpha=k+1$

$\therefore 6\alpha^2=k+1$ ...... ㉡

㉠을 ㉡에 대입하면

$6k^2=k+1$, $6k^2-k-1=0$

$(3k+1)(2k-1)=0$

$\therefore k=-\dfrac{1}{3}$ 또는 $k=\dfrac{1}{2}$

따라서 모든 실수 k의 값의 합은

$-\dfrac{1}{3}+\dfrac{1}{2}=\dfrac{1}{6}$

9 이차방정식 $x^2+(a^2-3a-4)x-a+2=0$의 두 실근을 α, β라고 하면 절댓값이 서로 같고 부호가 서로 다르므로

$\alpha+\beta=0$, $\alpha\beta<0$

근과 계수의 관계에 의하여

$\alpha+\beta=-(a^2-3a-4)=0$, $(a+1)(a-4)=0$

$\therefore a=-1$ 또는 $a=4$ ...... ㉠

$\alpha\beta=-a+2<0$

$\therefore a>2$ ...... ㉡

㉠, ㉡에서 $a=4$

10 (1) a, b가 실수이고 이차방정식 $x^2-ax+5b=0$의 한 근이 $3-4i$이면 다른 한 근은 $3+4i$이다.
근과 계수의 관계에 의하여

$(3-4i)+(3+4i)=a$

$\therefore a=6$

$(3-4i)(3+4i)=5b$

$5b=25$ $\therefore b=5$

$\therefore ab=6\times5=30$

(2) 이차방정식 $x^2+6x+a=0$의 계수가 모두 실수이고 한 근이 $b+\sqrt{3}i$이므로 다른 한 근은 $b-\sqrt{3}i$이다.
근과 계수의 관계에 의하여

$(b+\sqrt{3}i)+(b-\sqrt{3}i)=-6$ ...... ㉠

$(b+\sqrt{3}i)(b-\sqrt{3}i)=a$ ...... ㉡

㉠에서

$2b=-6$ $\therefore b=-3$

$b=-3$을 ㉡에 대입하면

$a=12$

$\therefore a+b=12+(-3)=9$

이차방정식 $ax^2+bx+c=0$에서 a, b, c가 실수일 때, $p+qi$가 한 근이면 다른 한 근은 $p-qi$이다.

(p, q는 실수이고, $q\neq0$, $i=\sqrt{-1}$)

11 $x=1\pm2i$　　**12** (1) -6　(2) 1

13 (1) $x=1+\sqrt{3}$　(2) $x=\dfrac{1+\sqrt{5}}{2}$　　**14** 8

15 $x=1$ 또는 $x=3$　**16** 2　　**17** 4

18 ㄱ, ㄴ, ㄷ　　**19** 6　　**20** 11

11 **접근 방법** ㅣ신원이가 잘못 알고 있는 근의 공식을 이용하여 이차방정식 $x^2+px+q=0$의 근을 구해 본다.

이차방정식 $x^2+px+q=0$에 신원이가 잘못 알고 있는 근의 공식을 이용하면

$$x=\frac{-p\pm\sqrt{p^2-q}}{2}=\frac{2\pm i}{2}$$

이때 p, q가 실수이므로

$-p=2$, $p^2-q=-1$

$\therefore p=-2$, $q=5$

따라서 이차방정식 $x^2-2x+5=0$에서 올바른 근의 공식을 이용하여 근을 구하면

$$x=-(-1)\pm\sqrt{(-1)^2-1\times5}$$
$$=1\pm2i$$

12 **접근 방법** ㅣ(1) $x=\alpha$를 주어진 이차방정식에 대입하여 복소수가 서로 같을 조건을 이용한다.

(2) 주어진 방정식의 실근을 α라 하고, 이를 대입하여 복소수가 서로 같을 조건을 이용한다.

(1) $x=\alpha$를 주어진 이차방정식에 대입하면

$$\alpha^2+4i\alpha+k-12i=0$$

좌변을 실수부분과 허수부분으로 나누어 정리하면

$$(\alpha^2+k)+(4\alpha-12)i=0$$

복소수가 서로 같을 조건에 의하여

$$\alpha^2+k=0,\ 4\alpha-12=0$$

$\therefore \alpha=3$, $k=-9$

$\therefore \alpha+k=3+(-9)=-6$

(2) 주어진 이차방정식의 한 실근을 α라 하고 $x=\alpha$를 주어진 방정식에 대입하면

$$(1+pi)\alpha^2+(1-i)\alpha-6-2i=0$$

좌변을 실수부분과 허수부분으로 나누어 정리하면

$$(\alpha^2+\alpha-6)+(p\alpha^2-\alpha-2)i=0$$

복소수가 서로 같을 조건에 의하여

$$\alpha^2+\alpha-6=0 \quad\cdots\cdots ㉠$$
$$p\alpha^2-\alpha-2=0 \quad\cdots\cdots ㉡$$

㉠에서 $(\alpha+3)(\alpha-2)=0$이므로

$\alpha=-3$ 또는 $\alpha=2$

이것을 ㉡에 각각 대입하면

$\alpha=-3$일 때, $9p+3-2=0$

$\therefore p=-\dfrac{1}{9}$

$\alpha=2$일 때, $4p-2-2=0$

$\therefore p=1$

그런데 p는 양의 실수이므로 구하는 p의 값은 1이다.

⊕ 보충 설명

실수 a, b에 대하여 $a+bi=0$이면 $a=0$, $b=0$이다.
$$(i=\sqrt{-1})$$

13 **접근 방법** ㅣ(1) x의 값의 범위가 주어져 있으므로 $[x]$의 값에 따라 x의 값의 범위를 나누어 이차방정식을 푼다.

(2) 가우스 기호 안의 값이 x^2일 때에는 $[x^2]$의 값이 달라지는 것을 기준으로 범위를 나누어 푼다.

(1) (i) $1<x<2$일 때, $[x]=1$이므로

$$x^2-x-2=0,\ (x+1)(x-2)=0$$

$\therefore x=-1$ 또는 $x=2$

그런데 $1<x<2$이므로 해가 없다.

(ii) $2\le x<3$일 때, $[x]=2$이므로

$x^2-2x-2=0$이고 근의 공식에 의하여

$$x=1\pm\sqrt{3}$$

그런데 $2\le x<3$이므로

$$x=1+\sqrt{3}$$

(i), (ii)에서 $x=1+\sqrt{3}$

(2) $1<x<2$에서 $1<x^2<4$이므로 $[x^2]$의 값이 달라지는 x의 값을 기준으로 x의 값의 범위를 나누면

(i) $1<x<\sqrt{2}$, 즉 $1<x^2<2$일 때, $[x^2]=1$이므로

$$x^2-x=0,\ x(x-1)=0$$

$\therefore x=0$ 또는 $x=1$

그런데 $1<x<\sqrt{2}$이므로 해가 없다.

(ii) $\sqrt{2}\le x<\sqrt{3}$, 즉 $2\le x^2<3$일 때, $[x^2]=2$이므로

$$x^2-x-1=0$$

$\therefore x=\dfrac{1\pm\sqrt{5}}{2}$

그런데 $\sqrt{2}\le x<\sqrt{3}$이므로

$$x=\dfrac{1+\sqrt{5}}{2}$$

(iii) $\sqrt{3}\le x<2$, 즉 $3\le x^2<4$일 때, $[x^2]=3$이므로

$$x^2-x-2=0,\ (x+1)(x-2)=0$$

$$\therefore x=-1 \text{ 또는 } x=2$$

그런데 $\sqrt{3} \leq x < 2$이므로 해가 없다.

(i)~(iii)에서 $x=\dfrac{1+\sqrt{5}}{2}$

⊕ 보충 설명

가우스 기호가 포함된 방정식은 범위를 나누어 해를 구한다.
$[x]=n$ (n은 정수)을 만족시키는 x의 값의 범위는

$$n \leq x < n+1 \qquad \cdots\cdots \text{㉠}$$

이므로 x의 값의 범위를 ㉠과 같이 나누어 푼다.
이때 구한 해가 해당 범위에 포함될 때에만 방정식의 해가 된다.

14 **접근 방법** 이차식이 완전제곱식이 되려면 이차방정식의 판별식 $D=0$이어야 한다. 주어진 이차식은 x의 계수가 짝수이므로 $\dfrac{D}{4}$를 이용한다.

주어진 이차방정식의 판별식을 D라고 하면

$$\dfrac{D}{4}=(m-a+2)^2-(m^2+a^2+2b)=0$$
$$-2am+4m-4a-2b+4=0$$
$$(-2a+4)m+(-4a-2b+4)=0$$

이 등식이 실수 m의 값에 관계없이 항상 성립하므로
$$-2a+4=0,$$
$$-4a-2b+4=0$$
위의 두 식을 연립하여 풀면
$$a=2, \ b=-2$$
$$\therefore a^2+b^2=2^2+(-2)^2=8$$

⊕ 보충 설명

실수 m의 값에 관계없이 항상 성립하는 등식은 m에 대한 항등식이다.
따라서 $pm+q=0$이 m에 대한 항등식이면 $p=0$, $q=0$임을 이용한다.

15 **접근 방법** 신이는 x의 계수를 바르게 보고 풀었고, 원이는 상수항을 바르게 보고 풀었음을 이용한다.

신이와 원이가 푼 이차방정식을 $x^2+ax+b=0$이라고 하면 신이는 x의 계수를 바르게 보고 풀었으므로 근과 계수의 관계에 의하여

$$-a=-2+6=4$$
$$\therefore a=-4$$

또한 원이는 상수항을 바르게 보고 풀었으므로 근과 계수의 관계에 의하여
$$b=(-1+\sqrt{2}i)(-1-\sqrt{2}i)=3$$
$a=-4$, $b=3$을 $x^2+ax+b=0$에 대입하면
$$x^2-4x+3=0$$
$$(x-1)(x-3)=0$$
$$\therefore x=1 \text{ 또는 } x=3$$

16 **접근 방법** 이차방정식 $f(x)=0$의 두 근이 α, β이면 $f(\alpha)=0$, $f(\beta)=0$이 성립함을 이용한다.

이차방정식 $f(x)=0$의 두 근이 α, β이므로
$$f(\alpha)=0, \ f(\beta)=0$$
즉, $f(2x-1)=0$이려면
$$2x-1=\alpha \text{ 또는 } 2x-1=\beta$$
$$\therefore x=\dfrac{\alpha+1}{2} \text{ 또는 } x=\dfrac{\beta+1}{2}$$
따라서 이차방정식 $f(2x-1)=0$의 두 근의 곱은
$$\dfrac{\alpha+1}{2} \times \dfrac{\beta+1}{2}=\dfrac{\alpha\beta+(\alpha+\beta)+1}{4}$$
$$=\dfrac{6+1+1}{4}=2$$

다른 풀이

이차방정식 $f(x)=0$의 두 근이 α, β이면
$$f(x)=a(x-\alpha)(x-\beta)=0 \ (a \neq 0)$$
$$\therefore f(2x-1)$$
$$=a(2x-1-\alpha)(2x-1-\beta)$$
$$=a\{4x^2-2(\alpha+\beta+2)x+(\alpha\beta+\alpha+\beta+1)\}$$
$$=a(4x^2-6x+8) \ (\because \alpha+\beta=1, \ \alpha\beta=6)$$
따라서 근과 계수의 관계에 의하여 이차방정식 $f(2x-1)=0$의 두 근의 곱은 2이다.

17 **접근 방법** 이차방정식의 근은 이차방정식에 대입했을 때 성립함을 뜻하는 것이므로 주어진 식을 잘 변형하여 두 근의 합을 구하도록 한다.

이차방정식 $f(2x-1)=1$의 두 근이 α, β이므로
$$f(2\alpha-1)=1, \ f(2\beta-1)=1$$
즉, $f(3x)=1$이려면
$$3x=2\alpha-1 \text{ 또는 } 3x=2\beta-1$$
$$\therefore x=\dfrac{2\alpha-1}{3} \text{ 또는 } x=\dfrac{2\beta-1}{3}$$

따라서 $\alpha+\beta=7$이므로 $f(3x)=1$의 두 근의 합은

$$\frac{2\alpha-1}{3}+\frac{2\beta-1}{3}=\frac{2(\alpha+\beta)-2}{3}$$
$$=\frac{14-2}{3}=4$$

18 **접근 방법** | 주어진 이차방정식의 두 근을 α, β라 하고 근과 계수의 관계를 이용하여 관계식을 구한 후, 1과 자기 자신만을 약수로 가지는 소수의 성질을 이용한다.

주어진 이차방정식의 두 근을 α, β라고 하면 근과 계수의 관계에 의하여

$\alpha+\beta=a$, $\alpha\beta=b$

그런데 $\alpha\beta=b$에서 b는 소수이고 주어진 이차방정식이 서로 다른 양의 정수근을 가지므로 두 근은 1과 b이다.

즉, $\alpha+\beta=1+b=a$이므로

$a-b=1$

이때 a, b가 모두 소수이고, 두 소수의 차가 1이 되는 것은 2와 3뿐이므로

$a=3$, $b=2$

ㄱ. 두 근은 1과 2이므로 두 근의 차는 1, 즉 홀수이다.
　　(참)

ㄴ. 두 근은 1과 2이므로 적어도 한 근은 소수이다.
　　(참)

ㄷ. $a+b=3+2=5$이므로 소수이다. (참)

따라서 옳은 것은 ㄱ, ㄴ, ㄷ이다.

⊕ 보충 설명

소수를 2부터 차례대로 나열해 보면

2, 3, 5, 7, 11, 13, 17, …

따라서 두 소수의 차가 1이 되는 것은 2와 3뿐이다.

19 **접근 방법** | 주어진 이차방정식의 계수가 유리수이고 한 근이 $4+\sqrt{10}$이므로 다른 한 근은 $4-\sqrt{10}$이다.

p, q가 유리수이면 p^2+q, p^2q-10도 유리수이므로 이차방정식 $x^2-(p^2+q)x+p^2q-10=0$의 한 근이 $4+\sqrt{10}$이면 다른 한 근은 $4-\sqrt{10}$이다.

근과 계수의 관계에 의하여

$(4+\sqrt{10})+(4-\sqrt{10})=p^2+q$

$p^2+q=8$

$\therefore p^2=8-q$ 　　　　　 …… ㉠

$(4+\sqrt{10})(4-\sqrt{10})=p^2q-10$

$\therefore p^2q=16$ 　　　　　 …… ㉡

㉠을 ㉡에 대입하면

$(8-q)q=16$

$q^2-8q+16=0$, $(q-4)^2=0$

$\therefore q=4$

$q=4$를 ㉡에 대입하면

$p^2=4$

$\therefore p=2 \; (\because p>0)$

$\therefore p+q=2+4=6$

⊕ 보충 설명

p, q가 유리수이면 p^2+q, p^2q-10도 유리수이므로 주어진 이차방정식은 모든 계수가 유리수이다. 따라서 켤레근을 가진다.

20 **접근 방법** | 계수가 실수인 이차방정식의 한 근이 허수이면 다른 한 근은 허수부분의 부호만 다른 허수임을 이용한다.

이차방정식 $x^2+ax+b=0$ (a, b는 실수)의 한 근을 $\alpha=p+qi$ (p, q는 실수, $q\neq0$)라고 하면 $\overline{\alpha}=p-qi$도 근이다.

근과 계수의 관계에 의하여

$\alpha+\overline{\alpha}=-a$, $\alpha\overline{\alpha}=b$ 　　　　　 …… ㉠

또한 a, b가 실수이고 이차방정식 $x^2-bx+a=0$의 한 근이 $\alpha+1$이므로 $\overline{\alpha+1}=\overline{\alpha}+1$도 근이다.

근과 계수의 관계에 의하여

$(\alpha+1)+(\overline{\alpha}+1)=b$, $(\alpha+1)(\overline{\alpha}+1)=a$ 　…… ㉡

㉠, ㉡에서

$(\alpha+1)+(\overline{\alpha}+1)=(\alpha+\overline{\alpha})+2=-a+2=b$

$\therefore a+b=2$ 　　　　　 …… ㉢

$(\alpha+1)(\overline{\alpha}+1)=\alpha\overline{\alpha}+(\alpha+\overline{\alpha})+1=b-a+1=a$

$\therefore 2a-b=1$ 　　　　　 …… ㉣

㉢, ㉣을 연립하여 풀면

$a=1$, $b=1$

$\therefore 10a+b=10+1=11$

⊕ 보충 설명

복소수 z_1, z_2와 그 켤레복소수 $\overline{z_1}$, $\overline{z_2}$에 대하여 다음이 성립한다.

(1) $\overline{z_1+z_2}=\overline{z_1}+\overline{z_2}$

(2) $\overline{z_1-z_2}=\overline{z_1}-\overline{z_2}$

(3) $\overline{z_1z_2}=\overline{z_1}\times\overline{z_2}$

(4) $\overline{\left(\dfrac{z_1}{z_2}\right)}=\dfrac{\overline{z_1}}{\overline{z_2}}$ (단, $z_2\neq0$)

21 ①	**22** ②	**23** 120	**24** 10	**25** 6

21 접근 방법 | x에 대한 이차방정식이 중근을 가지므로 판별식 $D=0$임을 이용하고, m의 값에 관계없이 성립해야 함을 이용하여 상수 a, b의 값을 정하도록 한다.

주어진 이차방정식이 중근을 가지므로 판별식을 D라고 하면

$$\frac{D}{4}=(m+a)^2-(m^2+m+b)=0$$

이 식을 m에 대하여 정리하면

$$(2a-1)m+a^2-b=0$$

실수 m의 값에 관계없이 등식이 항상 성립하므로

$$2a-1=0,\ a^2-b=0$$

$$\therefore a=\frac{1}{2},\ b=\frac{1}{4}$$

$$\therefore 12(a+b)=12\times\left(\frac{1}{2}+\frac{1}{4}\right)=9$$

22 접근 방법 | 이차방정식이 k의 값에 관계없이 항상 1을 근으로 가지므로 주어진 이차방정식에 $x=1$을 대입하고, 항등식임을 이용하여 p, q의 값을 정하도록 한다.

주어진 방정식이 실수 k의 값에 관계없이 항상 1을 근으로 가지므로 $x=1$을 대입하면

$$1+k(2p-3)-(p^2-2)k+q+2=0$$

$-(p^2-2p+1)k+q+3=0$이 실수 k에 대한 항등식이므로

$$p^2-2p+1=0,\ q+3=0에서$$

$$p=1,\ q=-3$$

$$\therefore p+q=-2$$

23 접근 방법 | 이차방정식의 근과 계수의 관계와 곱셈 공식을 이용하여 조건을 만족시키는 자연수의 순서쌍의 개수를 구한다.

근과 계수의 관계에 의하여 $\alpha+\beta=-2a$, $\alpha\beta=-b$이므로

$$(\alpha-\beta)^2=(\alpha+\beta)^2-4\alpha\beta$$
$$=(-2a)^2+4b$$
$$=4a^2+4b$$

즉, $|\alpha-\beta|=2\sqrt{a^2+b}<12$ (a, b는 자연수)이므로

$$a^2+b<36$$

(i) $a=1$일 때, $b<35$이므로 순서쌍 $(a,\ b)$는

$(1,\ 1),\ (1,\ 2),\ \cdots,\ (1,\ 34)$로 개수는 34이다.

(ii) $a=2$일 때, $b<32$이므로 순서쌍 $(a,\ b)$는

$(2,\ 1),\ (2,\ 2),\ \cdots,\ (2,\ 31)$로 개수는 31이다.

(iii) $a=3$일 때, $b<27$이므로 순서쌍 $(a,\ b)$는

$(3,\ 1),\ (3,\ 2),\ \cdots,\ (3,\ 26)$으로 개수는 26이다.

(iv) $a=4$일 때, $b<20$이므로 순서쌍 $(a,\ b)$는

$(4,\ 1),\ (4,\ 2),\ \cdots,\ (4,\ 19)$로 개수는 19이다.

(v) $a=5$일 때, $b<11$이므로 순서쌍 $(a,\ b)$는

$(5,\ 1),\ (5,\ 2),\ \cdots,\ (5,\ 10)$으로 개수는 10이다.

(i)~(v)에서 구하는 순서쌍 $(a,\ b)$의 개수는

$$34+31+26+19+10=120$$

24 접근 방법 | 이차방정식의 근과 계수의 관계를 이용하여 관계식을 찾아서 상수 p, q의 값을 정하도록 한다.

α, β가 이차방정식 $x^2+x+1=0$의 두 근이므로

$$\alpha^2+\alpha+1=0 \qquad\qquad \cdots\cdots\ \bigcirc$$

근과 계수의 관계에 의하여

$$\alpha+\beta=-1,\ \alpha\beta=1$$

$\alpha+1=-\beta$이므로 ㉠에 대입하면 $\alpha^2=\beta$

같은 방법으로 $\beta^2=\alpha$

$$f(\alpha^2)=f(\beta)=-4\alpha=4\beta+4,$$
$$f(\beta^2)=f(\alpha)=-4\beta=4\alpha+4$$

이므로

$$f(\beta)-4\beta-4=0,\ f(\alpha)-4\alpha-4=0$$

이때 이차방정식 $f(x)-4x-4=0$의 두 근이 α, β이고 $f(x)$의 최고차항의 계수가 1이므로

$$f(x)-4x-4=(x-\alpha)(x-\beta)=x^2+x+1$$

$$\therefore f(x)=x^2+5x+5$$

따라서 $p=5$, $q=5$이므로

$$p+q=10$$

다른 풀이

α, β가 이차방정식 $x^2+x+1=0$의 두 근이므로

$\alpha^3=1$이고 $\alpha^2=\beta$

$$f(\alpha^2)=\alpha^4+p\alpha^2+q=-4\alpha,\ p\beta+q=-5\alpha \quad\cdots\cdots\ \bigcirc$$
$$f(\beta^2)=\beta^4+p\beta^2+q=-4\beta,\ p\alpha+q=-5\beta \quad\cdots\cdots\ \bigcirc\!\!\bigcirc$$

㉠+㉡을 하면

$$p(\alpha+\beta)+2q=-5(\alpha+\beta)에서$$

$$-p+2q=5\ (\because\ \alpha+\beta=-1) \qquad\cdots\cdots\ \textcircled{c}$$

㉡-㉠을 하면

$$p(\alpha-\beta)=5(\alpha-\beta)에서$$

$$p=5\ (\because\ \alpha\neq\beta) \qquad\qquad\cdots\cdots\ \textcircled{e}$$

이때 $\alpha+\beta=-1$, $\alpha\neq\beta$이므로

ⓒ, ㉣을 연립하여 풀면 $p=5$, $q=5$이므로

$p+q=10$

25 **접근 방법 |** 이차방정식의 근과 계수의 관계를 이용하여 관계식을 찾고, 주어진 조건을 만족시키는 자연수 n의 값을 정한다.

이차방정식 $x^2+ax+b=0$의 서로 다른 두 근이 α, β이므로 근과 계수의 관계에 의하여

$$\alpha+\beta=-a \qquad \cdots\cdots ㉠$$
$$\alpha\beta=b \qquad \cdots\cdots ㉡$$

이차방정식 $x^2+3ax+3b=0$의 서로 다른 두 근이 $\alpha+2$, $\beta+2$이므로 근과 계수의 관계에 의하여

$$(\alpha+2)+(\beta+2)=-3a, \ \alpha+\beta+4=-3a$$
$$-a+4=-3a \ (\because ㉠)$$
$$\therefore \ a=-2$$
$$(\alpha+2)(\beta+2)=3b, \ \alpha\beta+2(\alpha+\beta)+4=3b$$
$$b+2\times2+4=3b \ (\because ㉠, ㉡)$$
$$\therefore \ b=4$$

즉, 이차방정식 $x^2-2x+4=0$의 서로 다른 두 근이 α, β이고, $\alpha+\beta=2$, $\alpha\beta=4$이므로

$\alpha^2-2\alpha+4=0$에서

$$(\alpha+2)(\alpha^2-2\alpha+4)=0$$
$$\alpha^3+8=0 \qquad \therefore \ \alpha^3=-8$$

$\beta^2-2\beta+4=0$에서

$$(\beta+2)(\beta^2-2\beta+4)=0$$
$$\beta^3+8=0 \qquad \therefore \ \beta^3=-8$$

조건 ㈎에서 $n=1, 2, 3, \cdots$일 때

$$\alpha+\beta=2$$
$$\alpha^2+\beta^2=(\alpha+\beta)^2-2\alpha\beta$$
$$\qquad\quad =2^2-2\times4=-4$$
$$\alpha^3+\beta^3=(-8)+(-8)=-16$$
$$\alpha^4+\beta^4=\alpha^3\times\alpha+\beta^3\times\beta$$
$$\qquad\quad =-8(\alpha+\beta)=-16$$
$$\alpha^5+\beta^5=\alpha^3\times\alpha^2+\beta^3\times\beta^2$$
$$\qquad\quad =-8(\alpha^2+\beta^2)=32$$
$$\alpha^6+\beta^6=(\alpha^3)^2+(\beta^3)^2$$
$$\qquad\quad =(-8)^2+(-8)^2=128$$
$$\alpha^7+\beta^7=(\alpha^3)^2\times\alpha+(\beta^3)^2\times\beta$$
$$\qquad\quad =64(\alpha+\beta)=128$$

따라서 $\alpha^6+\beta^6=\alpha^7+\beta^7=128$이므로 조건을 만족시키는 자연수 n의 최솟값은 6이다.

06. 이차방정식과 이차함수

1　**답** (1) 꼭짓점의 좌표 : $(1, -2)$, 축의 방정식 : $x=1$

(2) 꼭짓점의 좌표 : $\left(-\dfrac{1}{2}, 1\right)$,

축의 방정식 : $x=-\dfrac{1}{2}$

(3) 꼭짓점의 좌표 : $(2, -2)$,

축의 방정식 : $x=2$

(1) $y=3x^2-6x+1$
$$=3(x^2-2x)+1$$
$$=3(x^2-2x+1-1)+1$$
$$=3(x-1)^2-2$$

따라서 그래프의 꼭짓점의 좌표는 $(1, -2)$, 축의 방정식은 $x=1$이다.

(2) $y=-x^2-x+\dfrac{3}{4}$

$$=-(x^2+x)+\dfrac{3}{4}$$
$$=-\left(x^2+x+\dfrac{1}{4}-\dfrac{1}{4}\right)+\dfrac{3}{4}$$
$$=-\left(x+\dfrac{1}{2}\right)^2+1$$

따라서 그래프의 꼭짓점의 좌표는 $\left(-\dfrac{1}{2}, 1\right)$, 축의

방정식은 $x=-\dfrac{1}{2}$이다.

(3) $y=\dfrac{1}{3}x^2-\dfrac{4}{3}x-\dfrac{2}{3}$

$$=\dfrac{1}{3}(x^2-4x)-\dfrac{2}{3}$$
$$=\dfrac{1}{3}(x^2-4x+4-4)-\dfrac{2}{3}$$
$$=\dfrac{1}{3}(x-2)^2-2$$

따라서 그래프의 꼭짓점의 좌표는 $(2, -2)$, 축의 방정식은 $x=2$이다.

2　**답** $y=-2(x+3)^2+1$

이차함수 $y=-2x^2$의 그래프를 x축의 방향으로 -3만큼, y축의 방향으로 1만큼 평행이동한 그래프의 식은

$$y=-2(x+3)^2+1$$

3 답 (1) $y=3x^2+2$　(2) $y=2x^2+4x+3$

(1) 이차함수의 그래프의 꼭짓점이 점 $(0, 2)$이므로 이차함수의 식은
$$y=ax^2+2$$
이 이차함수의 그래프가 점 $(1, 5)$를 지나므로
$$5=a+2 \quad \therefore a=3$$
따라서 구하는 이차함수의 식은
$$y=3x^2+2$$

(2) 이차함수의 그래프의 꼭짓점이 점 $(-1, 1)$이므로 이차함수의 식은
$$y=a(x+1)^2+1$$
이 이차함수의 그래프가 점 $(0, 3)$을 지나므로
$$3=a+1 \quad \therefore a=2$$
따라서 구하는 이차함수의 식은
$$y=2(x+1)^2+1$$
$$\therefore y=2x^2+4x+3$$

4 답 (1) $a>0$, $b<0$, $c>0$　(2) $a<0$, $b<0$, $c>0$

이차함수 $y=ax^2+bx+c$의 그래프는 직선 $x=-\dfrac{b}{2a}$를 축으로 하고, 점 $(0, c)$를 지난다.

(1) 그래프가 아래로 볼록하므로
$$a>0$$
그래프의 축이 y축의 오른쪽에 있으므로
$$-\frac{b}{2a}>0 \quad \therefore b<0 \ (\because a>0)$$
그래프와 y축의 교점의 y좌표가 양수이므로 $c>0$

(2) 그래프가 위로 볼록하므로
$$a<0$$
그래프의 축이 y축의 왼쪽에 있으므로
$$-\frac{b}{2a}<0 \quad \therefore b<0 \ (\because a<0)$$
그래프와 y축의 교점의 y좌표가 양수이므로 $c>0$

01-1 답 (1) $y=-2x^2-4x+1$
　　　　(2) $y=-x^2-x+2$
　　　　(3) $y=x^2+4x+3$

(1) 그래프의 꼭짓점의 좌표가 $(-1, 3)$이므로 이차함수의 식을

$$y=a(x+1)^2+3$$
이라고 하면 이 이차함수의 그래프의 y절편이 1, 즉 그래프가 점 $(0, 1)$을 지나므로
$$1=a+3 \quad \therefore a=-2$$
따라서 구하는 이차함수의 식은
$$y=-2(x+1)^2+3=-2x^2-4x+1$$

(2) 그래프가 두 점 $(-2, 0)$, $(1, 0)$을 지나므로 이차함수의 식을
$$y=a(x+2)(x-1)$$
이라고 하면 이 이차함수의 그래프가 점 $(-1, 2)$를 지나므로
$$2=-2a \quad \therefore a=-1$$
따라서 구하는 이차함수의 식은
$$y=-(x+2)(x-1)=-x^2-x+2$$

(3) 그래프의 축의 방정식이 $x=-2$이므로 이차함수의 식을
$$y=a(x+2)^2+b$$
라고 하면 이 이차함수의 그래프가 두 점 $(-3, 0)$, $(1, 8)$을 지나므로
$$0=a+b, \ 8=9a+b$$
위의 두 식을 연립하여 풀면 $a=1$, $b=-1$
따라서 구하는 이차함수의 식은
$$y=(x+2)^2-1=x^2+4x+3$$

01-2 답 ③

그래프의 꼭짓점의 좌표가 $(2, -1)$이므로 이차함수의 식을
$$y=a(x-2)^2-1$$
이라고 하면 이 이차함수의 그래프가 점 $(3, 1)$을 지나므로
$$1=a-1 \quad \therefore a=2$$
$$\therefore y=2(x-2)^2-1=2x^2-8x+7$$
따라서 $a=2$, $b=-8$, $c=7$이므로
$$a+b+c=2+(-8)+7=1$$

01-3 답 $\dfrac{8}{3}$

이차함수 $y=ax^2+bx+c$의 그래프가 x축과 두 점 $B(-1, 0)$, $C(3, 0)$에서 만나므로
$$\begin{aligned} y&=a(x+1)(x-3)\\ &=a(x^2-2x-3)\\ &=ax^2-2ax-3a \end{aligned}$$

점 A의 y좌표는 이 이차함수의 그래프의 y절편이므로 $-3a$이다.

삼각형 ABC의 넓이가 4이므로

$$\frac{1}{2}\times 4\times(-3a)=4 \qquad \therefore a=-\frac{2}{3}$$

$$\therefore y=-\frac{2}{3}(x+1)(x-3)$$

$$=-\frac{2}{3}x^2+\frac{4}{3}x+2$$

따라서 $a=-\dfrac{2}{3}$, $b=\dfrac{4}{3}$, $c=2$이므로

$$a+b+c=-\frac{2}{3}+\frac{4}{3}+2=\frac{8}{3}$$

예제 02 이차함수의 계수의 부호　195쪽

02-1 답 (1) $a<0$　(2) $b<0$　(3) $c<0$
　　　　　(4) $a+b+c<0$　(5) $a-2b+4c>0$

(1) 그래프가 위로 볼록하므로 $a<0$

(2) 축이 y축의 왼쪽에 있으므로 $-\dfrac{b}{2a}<0$

　　그런데 $a<0$이므로 $b<0$

(3) y절편이 0보다 작으므로 $c<0$

(4) $x=1$일 때, $y<0$이므로 $a+b+c<0$

(5) $x=-\dfrac{1}{2}$일 때, $y>0$이므로 $\dfrac{1}{4}a-\dfrac{1}{2}b+c>0$

　　$\therefore a-2b+4c>0$

02-2 답 ⑤

이차함수 $y=ax^2+bx+c$의 그래프에서

(i) 그래프가 아래로 볼록하므로 $a>0$

(ii) 축이 y축의 왼쪽에 있으므로 $-\dfrac{b}{2a}<0$

　　그런데 $a>0$이므로 $b>0$

(iii) y절편이 0이므로 $c=0$

따라서 함수 $y=cx^2-bx+a$, 즉 $y=-bx+a$의 그래프는 직선이고, 기울기 $-b$는 음수, y절편 a는 양수이므로 구하는 그래프의 개형은 ⑤와 같다.

02-3 답 2

(i) 그래프가 위로 볼록하므로 $a<0$

(ii) 축이 y축의 오른쪽에 있으므로

　　$-\dfrac{-2(a+1)}{2a}>0$, $\dfrac{a+1}{a}>0$

그런데 $a<0$이므로 $a+1<0$

　$\therefore a<-1$

(iii) y절편이 0보다 크므로 $a+4>0$

　$\therefore a>-4$

(i)~(iii)에서 정수 a는 -3, -2의 2개이다.

개념 콕콕 **2 이차방정식과 이차함수**　199쪽

1 답 (1) 0, 3　(2) $-\dfrac{1}{2}$

(1) $y=x^2-3x$에서 $y=0$이면

　　$x^2-3x=0$

　　$x(x-3)=0$

　　$\therefore x=0$ 또는 $x=3$

　　따라서 이차함수 $y=x^2-3x$의 그래프와 x축의 교점의 x좌표는 0, 3이다.

(2) $y=4x^2+4x+1$에서 $y=0$이면

　　$4x^2+4x+1=0$

　　$(2x+1)^2=0$

　　$\therefore x=-\dfrac{1}{2}$ (중근)

　　따라서 이차함수 $y=4x^2+4x+1$의 그래프와 x축의 교점의 x좌표는 $-\dfrac{1}{2}$이다.

2 답 (1) 2　(2) 1　(3) 0

(1) 이차방정식 $-2x^2+5x+2=0$의 판별식을 D라고 하면

　　$D=5^2-4\times(-2)\times2=41>0$

　　이므로 이차방정식 $-2x^2+5x+2=0$은 서로 다른 두 실근을 가진다.

　　따라서 이차함수 $y=-2x^2+5x+2$의 그래프는 x축과 서로 다른 두 점에서 만나므로 교점은 2개이다.

(2) 이차방정식 $-2x^2+8x-8=0$의 판별식을 D라고 하면

　　$\dfrac{D}{4}=4^2-(-2)\times(-8)=0$

　　이므로 이차방정식 $-2x^2+8x-8=0$은 중근을 가진다.

　　따라서 이차함수 $y=-2x^2+8x-8$의 그래프는 x축과 한 점에서 만나므로 교점은 1개이다.

(3) 이차방정식 $3x^2-6x+7=0$의 판별식을 D라고 하면

$$\frac{D}{4}=(-3)^2-3\times7=-12<0$$

이므로 이차방정식 $3x^2-6x+7=0$은 서로 다른 두 허근을 가진다.

따라서 이차함수 $y=3x^2-6x+7$의 그래프는 x축과 만나지 않으므로 교점은 0개이다.

3 답 (1) 2 (2) 1, 3

(1) $x^2-2x+5=2x+1$에서

$$x^2-4x+4=0$$
$$(x-2)^2=0$$
$$\therefore x=2$$

따라서 이차함수 $y=x^2-2x+5$의 그래프와 직선 $y=2x+1$의 교점의 x좌표는 2이다.

(2) $-x^2+3x+1=-x+4$에서

$$x^2-4x+3=0$$
$$(x-1)(x-3)=0$$
$$\therefore x=1 \text{ 또는 } x=3$$

따라서 이차함수 $y=-x^2+3x+1$의 그래프와 직선 $y=-x+4$의 교점의 x좌표는 1, 3이다.

4 답 (1) 서로 다른 두 점에서 만난다.
    (2) 만나지 않는다.
    (3) 한 점에서 만난다. (접한다.)

(1) 이차방정식 $x^2+x+1=-x+2$, 즉 $x^2+2x-1=0$의 판별식을 D라고 하면

$$\frac{D}{4}=1^2-1\times(-1)=2>0$$

이므로 이차함수 $y=x^2+x+1$의 그래프와 직선 $y=-x+2$는 서로 다른 두 점에서 만난다.

(2) 이차방정식 $x^2+x+1=-2x-7$, 즉 $x^2+3x+8=0$의 판별식을 D라고 하면

$$D=3^2-4\times1\times8=-23<0$$

이므로 이차함수 $y=x^2+x+1$의 그래프와 직선 $y=-2x-7$은 만나지 않는다.

(3) 이차방정식 $x^2+x+1=5x-3$, 즉 $x^2-4x+4=0$의 판별식을 D라고 하면

$$\frac{D}{4}=(-2)^2-1\times4=0$$

이므로 이차함수 $y=x^2+x+1$의 그래프와 직선 $y=5x-3$은 한 점에서 만난다. (접한다.)

03-1 답 (1) $k<\dfrac{1}{2}$ (2) $k=\dfrac{1}{2}$ (3) $k>\dfrac{1}{2}$

이차방정식 $-x^2+2(k-1)x-k^2=0$의 판별식을 D라고 하면

$$\frac{D}{4}=(k-1)^2-(-1)\times(-k^2)=-2k+1$$

(1) 서로 다른 두 점에서 만나려면 $\dfrac{D}{4}>0$이어야 하므로

$$-2k+1>0 \qquad \therefore k<\frac{1}{2}$$

(2) 접하려면 $\dfrac{D}{4}=0$이어야 하므로

$$-2k+1=0 \qquad \therefore k=\frac{1}{2}$$

(3) 만나지 않으려면 $\dfrac{D}{4}<0$이어야 하므로

$$-2k+1<0 \qquad \therefore k>\frac{1}{2}$$

03-2 답 4

이차함수 $y=x^2-4x+a$의 그래프가 점 $(1,\ b)$를 지나므로

$$b=1-4+a$$
$$\therefore b=a-3 \qquad\qquad \cdots\cdots ㉠$$

이차함수 $y=x^2-4x+a$의 그래프가 x축에 접하므로 이차방정식 $x^2-4x+a=0$의 판별식을 D라고 하면

$$\frac{D}{4}=(-2)^2-1\times a=0$$
$$4-a=0$$
$$\therefore a=4$$

$a=4$를 ㉠에 대입하면 $b=1$

$$\therefore ab=4\times1=4$$

03-3 답 10

이차함수 $y=x^2-ax+9$의 그래프와 x축이 만나는 두 점의 x좌표를 각각 α, β라고 하면 α, β는 x에 대한 이차방정식 $x^2-ax+9=0$의 두 실근이므로 근과 계수의 관계에 의하여

$$\alpha+\beta=a,\ \alpha\beta=9$$

이때 $|\alpha-\beta|=8$이므로 양변을 제곱하면

$$(\alpha-\beta)^2=64$$이고,

$$(\alpha-\beta)^2=(\alpha+\beta)^2-4\alpha\beta=64$$

$a^2-4\times 9=64,\ a^2=100$

$\therefore\ a=\pm 10$

따라서 구하는 양수 a의 값은 10이다.

04-1   답 (1) $k>-6$ (2) $k=-6$ (3) $k<-6$

이차방정식 $x^2-2x=2(x+1)+k$, 즉

$x^2-4x-k-2=0$의 판별식을 D라고 하면

$$\frac{D}{4}=(-2)^2-1\times(-k-2)=k+6$$

(1) 서로 다른 두 점에서 만나려면 $\dfrac{D}{4}>0$이어야 하므로

$\quad k+6>0 \qquad \therefore\ k>-6$

(2) 접하려면 $\dfrac{D}{4}=0$이어야 하므로

$\quad k+6=0 \qquad \therefore\ k=-6$

(3) 만나지 않으려면 $\dfrac{D}{4}<0$이어야 하므로

$\quad k+6<0 \qquad \therefore\ k<-6$

04-2   답 $a=-\dfrac{5}{4},\ b=-5$

이차함수 $y=x^2$의 그래프를 x축의 방향으로 $\dfrac{1}{2}$만큼,

y축의 방향으로 a만큼 평행이동한 그래프의 식은

$$y=\left(x-\frac{1}{2}\right)^2+a$$

이 이차함수의 그래프가 점 $(3,\ 5)$를 지나므로

$5=\left(\dfrac{5}{2}\right)^2+a \qquad \therefore\ a=-\dfrac{5}{4}$

따라서 이차함수 $y=\left(x-\dfrac{1}{2}\right)^2-\dfrac{5}{4}$의 그래프가 직선

$y=3x+b$에 접하므로 이차방정식

$\left(x-\dfrac{1}{2}\right)^2-\dfrac{5}{4}=3x+b$, 즉 $x^2-4x-1-b=0$의 판별

식을 D라고 하면

$$\frac{D}{4}=(-2)^2-1\times(-1-b)=0$$

$b+5=0 \qquad \therefore\ b=-5$

04-3   답 4

이차방정식 $x^2+ax=bx+(b-2)^2$, 즉

$x^2+(a-b)x-(b-2)^2=0$의 판별식을 D라고 하면

$D=(a-b)^2-4\times 1\times\{-(b-2)^2\}=0$

$(a-b)^2+4(b-2)^2=0$

$a,\ b$는 실수이므로

$a-b=0,\ b-2=0$

$\therefore\ a=2,\ b=2$

$\therefore\ a+b=2+2=4$

두 실수 A, B에 대하여 $A^2+B^2=0$이면 $A=0$, $B=0$이
성립한다.

05-1   답 2

주어진 조건을 만족시키는 이차함수를

$f(x)=a(x+3)(x-1)\ (a>0)$

이라고 하면 방정식 $f(x-2)=0$에서

$a(x+1)(x-3)=0$

$\therefore\ x=-1$ 또는 $x=3$

따라서 방정식 $f(x-2)=0$의 모든 실근의 합은

$-1+3=2$

05-2   답 16

이차함수 $y=x^2+ax+48$의 그래프와 직선 $y=mx$

의 두 교점 A, B의 x좌표는 이차방정식

$x^2+ax+48=mx$, 즉

$x^2+(a-m)x+48=0$　　　　　……㉠

의 두 실근과 같다.

이때 점 B의 x좌표를 α라고 하면 ㉠의 두 근은 3, α이

므로 근과 계수의 관계에 의하여 두 근의 곱은

$3\alpha=48 \qquad \therefore\ \alpha=16$

따라서 구하는 점 B의 x좌표는 16이다.

05-3   답 29

이차함수 $y=x^2+ax+b$의 그래프는 직선 $y=2x+3$

과 서로 다른 두 점에서 만나므로 이차방정식

$x^2+ax+b=2x+3$, 즉 $x^2+(a-2)x+b-3=0$은

서로 다른 두 실근을 가진다.

이때 이차방정식 $x^2+(a-2)x+b-3=0$의 계수가

모두 유리수이고 한 근이 $2+\sqrt{2}$이므로 다른 한 근은

$2-\sqrt{2}$이다.

따라서 근과 계수의 관계에 의하여
$(2+\sqrt{2})+(2-\sqrt{2})=-(a-2),$
$(2+\sqrt{2})(2-\sqrt{2})=b-3$
이므로
$4=-a+2,\ 2=b-3$
$\therefore a=-2,\ b=5$
$\therefore a^2+b^2=(-2)^2+5^2=29$

1 답 (1) 최솟값 : 0, 최댓값 : 없다.
　(2) 최댓값 : 0, 최솟값 : 없다.
　(3) 최솟값 : 0, 최댓값 : 없다.
　(4) 최댓값 : 0, 최솟값 : 없다.
　(5) 최댓값 : 1, 최솟값 : 없다.
　(6) 최솟값 : 6, 최댓값 : 없다.

(3) 이차함수 $y=2(x-1)^2$의 그래프는 점 $(1,\ 0)$을 꼭짓점으로 하고 아래로 볼록한 포물선이다. 따라서 이 함수는 $x=1$에서 최솟값 0을 가지고, 최댓값은 없다.

(4) 이차함수 $y=-(x+6)^2$의 그래프는 점 $(-6,\ 0)$을 꼭짓점으로 하고 위로 볼록한 포물선이다. 따라서 이 함수는 $x=-6$에서 최댓값 0을 가지고, 최솟값은 없다.

(5) 이차함수 $y=-3x^2+1$의 그래프는 점 $(0,\ 1)$을 꼭짓점으로 하고 위로 볼록한 포물선이다. 따라서 이 함수는 $x=0$에서 최댓값 1을 가지고, 최솟값은 없다.

(6) 이차함수 $y=x^2+6$의 그래프는 점 $(0,\ 6)$을 꼭짓점으로 하고 아래로 볼록한 포물선이다. 따라서 이 함수는 $x=0$에서 최솟값 6을 가지고, 최댓값은 없다.

2 답 (1) 최솟값 : 2, 최댓값 : 없다.
　(2) 최댓값 : -7, 최솟값 : 없다.
　(3) 최솟값 : 3, 최댓값 : 없다.
　(4) 최댓값 : $-\dfrac{1}{2}$, 최솟값 : 없다.

(1) 이차함수 $y=(x-5)^2+2$의 그래프는 점 $(5,\ 2)$를 꼭짓점으로 하고 아래로 볼록한 포물선이다. 따라서 이 함수는 $x=5$에서 최솟값 2를 가지고, 최댓값은 없다.

(2) 이차함수 $y=-3(x+4)^2-7$의 그래프는 점 $(-4,\ -7)$을 꼭짓점으로 하고 위로 볼록한 포물선이다.
따라서 이 함수는 $x=-4$에서 최댓값 -7을 가지고, 최솟값은 없다.

(3) $y=x^2+2x+4$
　$=x^2+2x+1-1+4$
　$=(x+1)^2+3$
이차함수 $y=(x+1)^2+3$의 그래프는 점 $(-1,\ 3)$을 꼭짓점으로 하고 아래로 볼록한 포물선이다.
따라서 이 함수는 $x=-1$에서 최솟값 3을 가지고, 최댓값은 없다.

(4) $y=-\dfrac{1}{2}x^2+x-1=-\dfrac{1}{2}(x^2-2x)-1$
　　$=-\dfrac{1}{2}(x^2-2x+1-1)-1$
　　$=-\dfrac{1}{2}(x-1)^2-\dfrac{1}{2}$
이차함수 $y=-\dfrac{1}{2}(x-1)^2-\dfrac{1}{2}$의 그래프는
점 $\left(1,\ -\dfrac{1}{2}\right)$을 꼭짓점으로 하고 위로 볼록한 포물선이다.
따라서 이 함수는 $x=1$에서 최댓값 $-\dfrac{1}{2}$을 가지고, 최솟값은 없다.

3 답 $p=3,\ q=6$
이차함수 $y=5(x-p)^2+q$의 그래프는 점 $(p,\ q)$를 꼭짓점으로 하고 아래로 볼록한 포물선이다. 따라서 이 함수는 $x=p$에서 최솟값 q를 가진다.
$\therefore p=3,\ q=6$

4 답 (1) 최댓값 : 6, 최솟값 : -3
　(2) 최댓값 : 6, 최솟값 : 0
　(3) 최댓값 : 2, 최솟값 : -7

(1) $0\leq x\leq5$에서 이차함수 $y=(x-2)^2-3$의 그래프는 오른쪽 그림과 같다.
따라서 $0\leq x\leq5$일 때, 이차함수 $y=(x-2)^2-3$은 $x=2$에서 최솟값 -3, $x=5$에서 최댓값 6을 가진다.

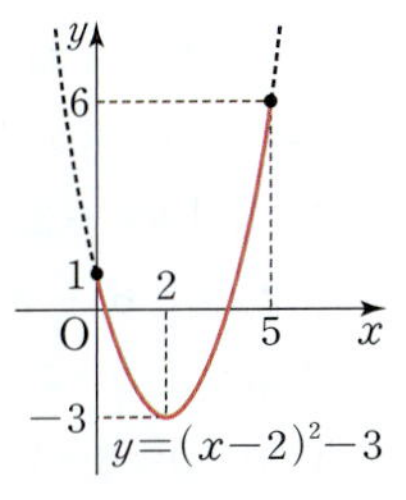

(2) $y=x^2-x=\left(x-\dfrac{1}{2}\right)^2-\dfrac{1}{4}$

이므로 $1\le x\le 3$에서 이차
함수 $y=x^2-x$의 그래프는
오른쪽 그림과 같다.
따라서 $1\le x\le 3$일 때, 이
차함수 $y=x^2-x$는 $x=1$
에서 최솟값 0, $x=3$에서 최댓값 6을 가진다.

(3) $y=-x^2+4x-2$
$\quad =-(x-2)^2+2$
이므로 $-1\le x\le 2$에서
이차함수
$y=-x^2+4x-2$의 그래
프는 오른쪽 그림과 같다.
따라서 $-1\le x\le 2$일 때, 이차함수
$y=-x^2+4x-2$는 $x=2$에서 최댓값 2, $x=-1$
에서 최솟값 -7을 가진다.

이차함수의 최대, 최소   211쪽

06-1 답 (1) $\dfrac{11}{4}$ (2) -1

(1) 주어진 이차함수가 $x=b$에서 최솟값 $\dfrac{7}{8}$을 가지므로

$$y=2(x-b)^2+\dfrac{7}{8}$$
$$=2(x^2-2bx+b^2)+\dfrac{7}{8}$$
$$=2x^2-4bx+2b^2+\dfrac{7}{8}$$

이 식이 $y=2x^2-3x+a$와 같으므로

$$-4b=-3,\ 2b^2+\dfrac{7}{8}=a$$
$$b=\dfrac{3}{4},\ \dfrac{9}{8}+\dfrac{7}{8}=a \qquad \therefore a=2$$
$$\therefore a+b=2+\dfrac{3}{4}=\dfrac{11}{4}$$

(2) 주어진 이차함수가 $x=-1$에서 최댓값 b를 가지므로
$$y=-3(x+1)^2+b$$
$$=-3(x^2+2x+1)+b$$
$$=-3x^2-6x-3+b$$
이 식이 $y=-3x^2-2ax+1$과 같으므로
$$-2a=-6,\ -3+b=1$$
$$\therefore a=3,\ b=4$$
$$\therefore a-b=3-4=-1$$

06-2 답 2

$$y=2x^2-8x+k$$
$$=2(x^2-4x+4-4)+k$$
$$=2(x-2)^2-8+k$$
따라서 이차함수 $y=2x^2-8x+k$는 $x=2$에서
최솟값 $-8+k$를 가지므로
$$-8+k=-6 \qquad \therefore k=2$$

06-3 답 -5

$$f(x)=-2x^2+4ax+8a+3$$
$$=-2(x^2-2ax+a^2-a^2)+8a+3$$
$$=-2(x-a)^2+2a^2+8a+3$$
이므로 이차함수 $f(x)$는 $x=a$에서 최댓값
$2a^2+8a+3$을 가진다.
$$\therefore g(a)=2a^2+8a+3$$
$$=2(a^2+4a+4-4)+3$$
$$=2(a+2)^2-5$$
따라서 $g(a)$는 $a=-2$에서 최솟값 -5를 가진다.

제한된 범위에서의 이차함수의 최대, 최소 (1)   213쪽

07-1 답 (1) 최댓값 : 5, 최솟값 : -3
        (2) 최댓값 : 0, 최솟값 : -6

(1) $f(x)=2x^2+4x-1$이라고 하면
$$f(x)=2x^2+4x-1=2(x+1)^2-3$$
$-2\le x\le 1$에서 이차함수
$y=f(x)$의 그래프는 오른쪽
그림과 같다.
따라서 $x=1$에서 최댓값 5,
$x=-1$에서 최솟값 -3을
가진다.

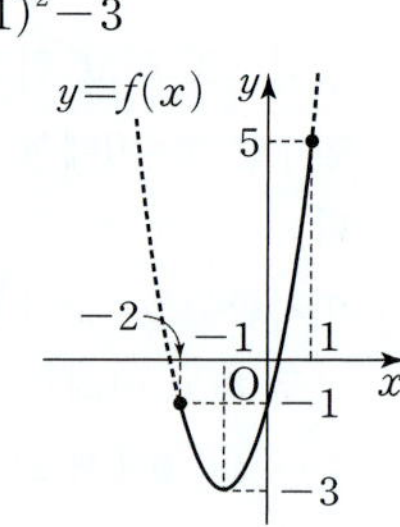

(2) $f(x)=-x^2+x$라고 하면
$$f(x)=-x^2+x$$
$$=-\left(x-\dfrac{1}{2}\right)^2+\dfrac{1}{4}$$

$1\le x\le 3$에서 이차함수
$y=f(x)$의 그래프는 오른
쪽 그림과 같다.
따라서 $x=1$에서 최댓값 0,
$x=3$에서 최솟값 -6을 가
진다.

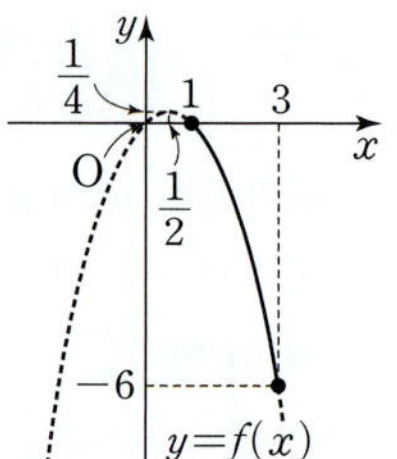

07-2 답 ③

$f(x)=-2x^2+8x+a$
$\qquad =-2(x-2)^2+a+8$

$-1\leq x\leq 3$은 축 $x=2$를 포함하고 x^2의 계수가 음수
이므로 이차함수 $f(x)$는 $x=2$에서 최댓값을 가진다.

즉, $f(2)=a+8=5$

$\therefore a=-3$

$f(x)=-2(x-2)^2+5$이므로
$-1\leq x\leq 3$에서 이차함수
$y=f(x)$의 그래프는 오른쪽 그
림과 같다.

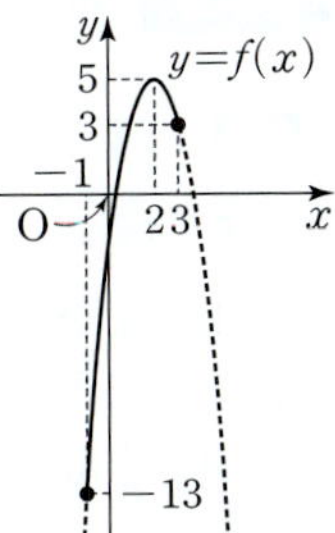

따라서 함수 $f(x)$는 $x=-1$에
서 최소값 -13을 가진다.

07-3 답 10

$f(x)=x^2-4x+k$라고 하면

$f(x)=x^2-4x+k$
$\qquad =(x-2)^2+k-4$

$a>2$이므로 $1\leq x\leq a$는 축 $x=2$를 포함하고 x^2의 계
수가 양수이므로 $x=2$에서 최솟값을 가진다. 즉,

$f(2)=k-4=1$

$\therefore k=5$

따라서 $f(x)=(x-2)^2+1$이고, $f(1)=2$이므로
$x=a$에서 최댓값 10을 가진다.

$f(a)=(a-2)^2+1=10$

$a^2-4a-5=0$

$(a+1)(a-5)=0$

$\therefore a=5\;(\because a>2)$

$\therefore a+k=5+5=10$

예제 08　제한된 범위에서의 이차함수의 최대, 최소 (2)　215쪽

08-1 답 8

$f(x)=x^2-6x+2t=(x-3)^2+2t-9$에서 축이
$x=3$이고, 주어진 범위가 $0\leq x\leq t$이므로 양수 t의 범
위를 구분하여 최댓값과 최솟값의 합 $g(t)$를 구한 후 t
의 값을 구하면 다음과 같다.

(i) $0<t<3$일 때, 주어진 범위 $0\leq x\leq t$에 축 $x=3$이
　포함되지 않으므로

　　함수 $f(x)$의 최댓값은 $f(0)=2t$, 최솟값은

$f(t)=t^2-4t$

$g(t)=t^2-2t$이므로

$t^2-2t=39$

$t^2-2t-39=0$

$\therefore t=1\pm2\sqrt{10}$

그런데 $0<t<3$이어야 하므로 조건을 만족시키는
t는 없다.

(ii) $3\leq t\leq 6$일 때, 주어진 범위 $0\leq x\leq t$에 축 $x=3$이
　포함되므로

　　함수 $f(x)$의 최댓값은 $f(0)=2t$, 최솟값은

$f(3)=2t-9$

$g(t)=4t-9$이므로 $4t-9=39$

$\therefore t=12$

그런데 $3\leq t\leq 6$이어야 하므로 조건을 만족시키는
t는 없다.

(iii) $t>6$일 때, 주어진 범위 $0\leq x\leq t$에 축 $x=3$이 포
　함되므로

　　함수 $f(x)$의 최댓값은 $f(t)=t^2-4t$, 최솟값은

$f(3)=2t-9$

$g(t)=t^2-2t-9$이므로

$t^2-2t-9=39$

$t^2-2t-48=0$

$(t+6)(t-8)=0$

$\therefore t=-6$ 또는 $t=8$

그런데 $t>6$이어야 하므로 $t=8$

(i)~(iii)에서 양수 t의 값은 8이다.

08-2 답 17

$f(x)=x^2-6x+5=(x-3)^2-4$에서 축이 $x=3$이
고, 주어진 범위가 $t\leq x\leq t+1$이므로 t의 범위를 구
분하여 최댓값 $g(t)$를 구하면 다음과 같다.

(i) $t+\dfrac{1}{2}\leq 3$, 즉 $t\leq\dfrac{5}{2}$일 때

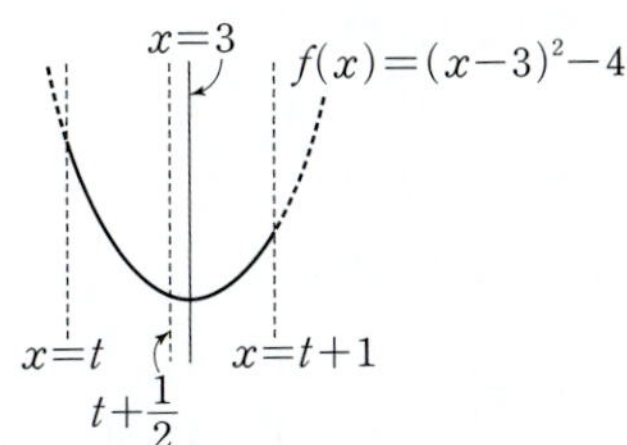

$g(t)=f(t)$
$\qquad =t^2-6t+5$
$\qquad =(t-1)(t-5)$

(ii) $t+\dfrac{1}{2}>3$, 즉 $t>\dfrac{5}{2}$일 때

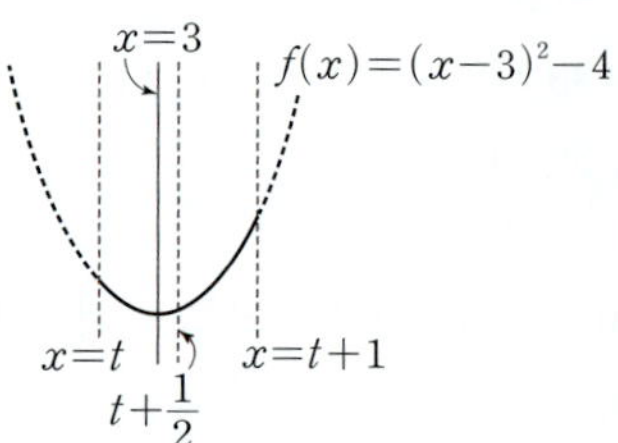

$$g(t)=f(t+1)$$
$$=(t-2)^2-4$$
$$=t(t-4)$$

(i), (ii)에서

$$g(t)=\begin{cases}(t-1)(t-5) & \left(t\leq\dfrac{5}{2}\right)\\[2mm] t(t-4) & \left(t>\dfrac{5}{2}\right)\end{cases}$$

이므로 그래프는 오른쪽 그림
과 같다.

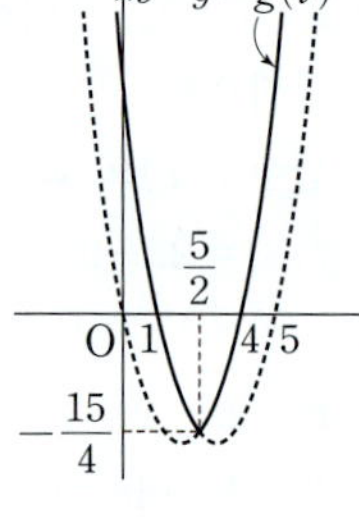

따라서 $g(t)=0$을 만족시키는
실수 t는 $t=1$ 또는 $t=4$이므
로 $\alpha=1$, $\beta=4$ 또는 $\alpha=4$,
$\beta=1$

$\therefore \alpha^2+\beta^2=17$

08-3 답 8

조건 (내)에서 $f(x)$는 $f(2)$를 최댓값으로 가지는 이차
함수이므로
$$f(x)=a(x-2)^2+b \ (a<0)$$
조건 (개)에서
$$f(0)=4a+b=0,\ b=-4a$$
$$\therefore f(x)=a\{(x-2)^2-4\}$$
이때 제한된 범위 $t-2\leq x\leq t$에서 이차함수 $f(x)$의
그래프의 축 $x=2$에서 멀리 떨어진 값에서 최솟값을
가지게 되므로
(i) $t-1<2$, 즉 $t<3$일 때,
$$g(t)=f(t-2)=a\{(t-4)^2-4\}$$
(ii) $t-1\geq2$, 즉 $t\geq3$일 때,
$$g(t)=f(t)=a\{(t-2)^2-4\}$$
(i), (ii)에서 $g(t)=\begin{cases}a\{(t-4)^2-4\} & (t<3)\\[1mm] a\{(t-2)^2-4\} & (t\geq3)\end{cases}$
이때 $a<0$이므로 $g(t)$는 $t=3$에서 최댓값을 가진다.
$g(3)=-3a=3$, $a=-1$이므로
$$f(x)=-(x-2)^2+4$$

$$g(t)=\begin{cases}-(t-4)^2+4 & (t<3)\\[1mm] -(t-2)^2+4 & (t\geq3)\end{cases}$$
따라서 $f(1)=3$, $g(1)=-5$이므로
$$f(1)-g(1)=3-(-5)=8$$

09-1 답 $5000\ \mathrm{m}^2$

오른쪽 그림과 같이 가축
우리의 가장 큰 직사각형의
가로의 길이를 $x\,\mathrm{m}$, 세로
의 길이를 $y\,\mathrm{m}$라고 하면

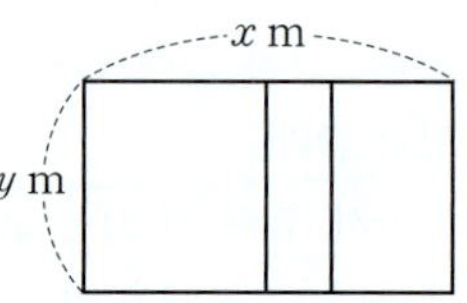

$$2x+4y=400$$
$$\therefore y=100-\dfrac{1}{2}x$$
가로와 세로의 길이는 각각 양수이므로
$$x>0,\ 100-\dfrac{1}{2}x>0$$
$$\therefore 0<x<200$$
가축우리의 전체 넓이를 $S\,\mathrm{m}^2$라고 하면
$$S=xy=x\left(100-\dfrac{1}{2}x\right)$$
$$=-\dfrac{1}{2}x^2+100x$$
$$=-\dfrac{1}{2}(x-100)^2+5000$$
따라서 S는 $x=100$일 때, 최댓값 5000을 가지므로
가축우리의 전체 넓이의 최댓값은 $5000\ \mathrm{m}^2$이다.

09-2 답 $30\ \mathrm{m}$

오른쪽 그림과 같이 정사각
형 영역의 한 변의 길이를
$x\,\mathrm{m}$, 왼쪽 직사각형 영역
의 가로의 길이를 $y\,\mathrm{m}$라고
하면

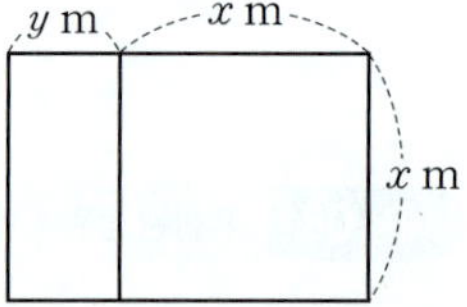

$$5x+2y=180$$
$$\therefore y=90-\dfrac{5}{2}x$$
가로와 세로의 길이는 각각 양수이므로
$$x>0,\ 90-\dfrac{5}{2}x>0$$
$$\therefore 0<x<36$$
두 영역의 넓이의 총합을 $S\,\mathrm{m}^2$라고 하면

$$S=x^2+xy$$

$$=x^2+x\left(90-\frac{5}{2}x\right)$$

$$=-\frac{3}{2}x^2+90x$$

$$=-\frac{3}{2}(x-30)^2+1350$$

따라서 S는 $x=30$일 때, 최댓값 1350을 가지므로 두 개의 영역의 넓이의 합이 최대가 되도록 하는 정사각형 영역의 한 변의 길이는 30 m이다.

09-3 답 $\dfrac{16}{3}$

오른쪽 그림과 같이 $\overline{BQ}=x\ (0<x<2\sqrt{2})$ 라고 하면 삼각형 PBQ 는 직각이등변삼각형이 므로 $\overline{BP}=\sqrt{2}x$

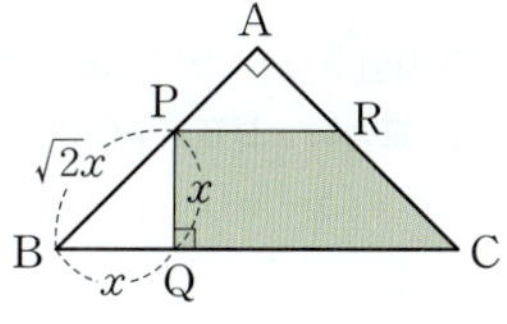

$\overline{AP}=\overline{AB}-\overline{BP}=4-\sqrt{2}x$이고, $\triangle APR$은 $\overline{AP}=\overline{AR}$ 인 직각이등변삼각형이다.

$$\therefore \square PQCR=\triangle ABC-\triangle PBQ-\triangle APR$$

$$=\frac{1}{2}\times4\times4-\frac{1}{2}\times x\times x$$

$$-\frac{1}{2}\times(4-\sqrt{2}x)\times(4-\sqrt{2}x)$$

$$=8-\frac{1}{2}x^2-\frac{1}{2}(16-8\sqrt{2}x+2x^2)$$

$$=-\frac{3}{2}x^2+4\sqrt{2}x$$

$f(x)=-\dfrac{3}{2}x^2+4\sqrt{2}x\ (0<x<2\sqrt{2})$라고 하면

$$f(x)=-\frac{3}{2}\left(x^2-\frac{8\sqrt{2}}{3}x+\frac{32}{9}-\frac{32}{9}\right)$$

$$=-\frac{3}{2}\left(x-\frac{4\sqrt{2}}{3}\right)^2+\frac{16}{3}$$

따라서 $f(x)$는 $x=\dfrac{4\sqrt{2}}{3}$일 때, 최댓값 $\dfrac{16}{3}$을 가지므로

사각형 PQCR의 넓이의 최댓값은 $\dfrac{16}{3}$이다.

<table>
<tr><td colspan="4">기본 다지기   218쪽 ~ 219쪽</td></tr>
<tr><td>1 $f(x)=x^2+2x-8$</td><td></td><td>2 ①</td><td>3 6</td></tr>
<tr><td>4 (1) 4   (2) 8</td><td>5 24</td><td>6 3</td><td>7 $\dfrac{16}{49}$</td></tr>
<tr><td>8 -3</td><td colspan="2">9 (1) 최댓값 : 7, 최솟값 : -2 (2) -3</td><td></td></tr>
<tr><td>10 25 m</td><td></td><td></td><td></td></tr>
</table>

1 이차함수 $y=f(x)$의 그래프가 x축과 두 점 $(-4,\ 0)$, $(2,\ 0)$에서 만나므로 $f(x)=a(x+4)(x-2)$라고 하면

$f(0)=-8,\ -8a=-8 \qquad \therefore a=1$

$\therefore f(x)=(x+4)(x-2)=x^2+2x-8$

> ⊕ **보충 설명**
>
> 이차함수 $y=f(x)$의 그래프가 x축과 두 점 $(\alpha,\ 0)$, $(\beta,\ 0)$에서 만나면 이차방정식 $f(x)=0$의 두 실근이 $\alpha,\ \beta$가 된다. 즉, $f(x)=a(x-\alpha)(x-\beta)\ (a\neq0)$라고 할 수 있다.

2 이차함수 $y=2x^2-8x+6$에 $y=0$을 대입하여 정리하면

$x^2-4x+3=0,\ (x-1)(x-3)=0$

$\therefore x=1$ 또는 $x=3$

$\therefore A(1,\ 0),\ B(3,\ 0)$

또한 $y=2x^2-8x+6=2(x-2)^2-2$이므로 꼭짓점 C의 좌표는 $(2,\ -2)$이다.

따라서 오른쪽 그림에서 삼각형 ACB의 넓이는

$$\frac{1}{2}\times2\times2=2$$

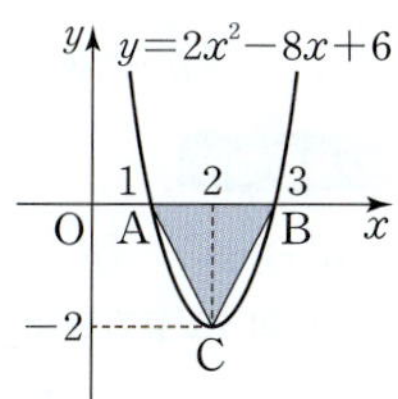

> ⊕ **보충 설명**
>
> 이차함수의 그래프를 그린 후 삼각형을 나타내면 삼각형의 높이가 점 C의 y좌표의 절댓값임을 확인할 수 있다.

3 이차함수 $y=f(x)$의 그래프가 두 점 $(a,\ 0)$, $(b,\ 0)$을 지나므로

$f(x)=k(x-a)(x-b)\ (k\neq0)$라고 하면

$f(2x-3)=0$에서

$k(2x-3-a)(2x-3-b)=0$

이므로 방정식 $f(2x-3)=0$의 두 근은

$$x=\frac{a+3}{2}\ \text{또는}\ x=\frac{b+3}{2}$$

따라서 구하는 두 근의 합은

$$\frac{a+3}{2}+\frac{b+3}{2}=\frac{a+b+6}{2}=6\ (\because a+b=6)$$

> ⊕ **보충 설명**
>
> 이차방정식 $ax^2+bx+c=0$의 두 근을 $\alpha,\ \beta$라고 하면 이차방정식은
> $$ax^2+bx+c=a(x-\alpha)(x-\beta)=0$$
> 과 같이 인수분해된다.

4 (1) 이차함수 $y=x^2-x+5$의 그래프와 직선
$y=-3x+k$가 만난다는 것은 이차함수의 그래프
와 직선이 서로 다른 두 점에서 만나거나 접한다는
뜻이다. 따라서 이차방정식 $x^2-x+5=-3x+k$,
즉 $x^2+2x+5-k=0$의 판별식을 D라고 하면

$$\frac{D}{4}=1^2-(5-k)\geq 0$$

$$k-4\geq 0$$

$$\therefore k\geq 4$$

따라서 자연수 k의 최솟값은 4이다.

(2) 이차방정식 $x^2+ax+3=2x+b$, 즉
$x^2+(a-2)x+3-b=0$의 두 근이 -2, 1이므로
근과 계수의 관계에 의하여

$$-2+1=-a+2$$

$$\therefore a=3$$

$$-2\times 1=3-b$$

$$\therefore b=5$$

$$\therefore a+b=3+5=8$$

이차함수 $y=ax^2+bx+c$의 그래프와 직선 $y=mx+n$의
교점의 x좌표가 α, β이면 이차방정식
$ax^2+bx+c=mx+n$, 즉
$ax^2+(b-m)x+c-n=0$의 두 실근이 α, β이다.

5 이차방정식 $x^2+ax+b=-x+4$, 즉
$x^2+(a+1)x+b-4=0$의 판별식을 D_1이라고 하면
$D_1=(a+1)^2-4\times 1\times(b-4)=0$

$$\therefore a^2+2a-4b+17=0 \qquad \cdots\cdots ㉠$$

또한 이차방정식 $x^2+ax+b=5x+7$, 즉
$x^2+(a-5)x+b-7=0$의 판별식을 D_2라고 하면
$D_2=(a-5)^2-4\times 1\times(b-7)=0$

$$\therefore a^2-10a-4b+53=0 \qquad \cdots\cdots ㉡$$

㉠$-$㉡을 하면 $12a-36=0$ $\qquad \therefore a=3$

$a=3$을 ㉠에 대입하면 $b=8$

$$\therefore ab=3\times 8=24$$

이차함수 $y=ax^2+bx+c$의 그래프와 직선 $y=mx+n$
의 위치 관계는 이차방정식 $ax^2+(b-m)x+c-n=0$의
판별식 D의 부호에 따라 다음과 같이 결정된다.

(ⅰ) $D>0$이면 서로 다른 두 점에서 만난다.

(ⅱ) $D=0$이면 한 점에서 만난다. (접한다.)

(ⅲ) $D<0$이면 만나지 않는다.

6 두 그래프의 교점의 x좌표는 이차방정식
$x^2-x+a=x+2$의 실근이다.

즉, 이차방정식 $x^2-2x+a-2=0$의 한 실근이 3이므
로 $x=3$을 대입하면
$3^2-2\times 3+a-2=0$

$$\therefore a=-1$$

$$\therefore y=-x^2+4x+a$$

$$=-x^2+4x-1$$

$$=-(x-2)^2+3$$

따라서 이차함수 $y=-x^2+4x-1$은 $x=2$에서 최댓
값 3을 가진다.

이차함수 $y=ax^2+bx+c$의 그래프와 직선 $y=mx+n$의
한 교점의 x좌표가 α이면 이차방정식
$ax^2+(b-m)x+c-n=0$의 한 실근이 α이다.

7 두 점 Q, R의 x좌표를 각각 q, r로 놓으면
$Q(q, q^2)$, $R(r, ar^2)$ $(q>0, r>0, r>q)$
두 점 Q, R의 y좌표가 같으므로

$$q^2=ar^2 \qquad \cdots\cdots ㉠$$

한편, $\overline{PQ}=q$, $\overline{QR}=r-q$이고, $\overline{PQ}:\overline{QR}=4:3$이
므로

$$q:(r-q)=4:3$$

$$3q=4(r-q)$$

$$7q=4r$$

$$\therefore r=\frac{7}{4}q \qquad \cdots\cdots ㉡$$

㉡을 ㉠에 대입하면

$$q^2=a\left(\frac{7}{4}q\right)^2=\frac{49}{16}aq^2$$

$$\therefore a=\frac{16}{49} \ (\because q\neq 0)$$

$\overline{PQ}:\overline{QR}=4:3$이므로 점 Q의 x좌표를 q라고 하면

점 R의 x좌표를 $\frac{7}{4}q$라고 할 수 있다.

즉, $Q(q, q^2)$, $R\left(\frac{7}{4}q, a\left(\frac{7}{4}q\right)^2\right)$ $(q>0)$이고, 두 점의

y좌표가 같으므로

$$q^2=a\left(\frac{7}{4}q\right)^2$$

$$\therefore a=\frac{16}{49} \ (\because q\neq 0)$$

8 $f(x)=x^2-2ax=(x-a)^2-a^2$

이때 $a\geq1$이므로 오른쪽 그림과 같이 $-1\leq x\leq1$에서 주어진 이차함수는 $x=-1$일 때 최대가 된다.

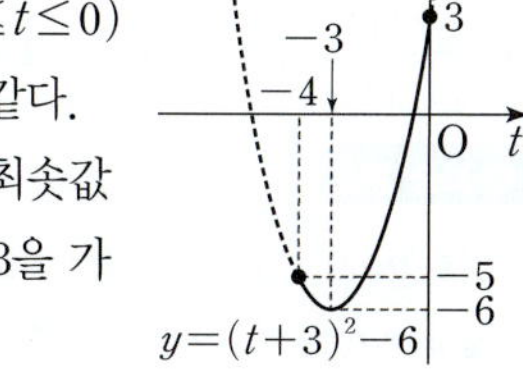

따라서 $f(-1)=5$이므로

$1+2a=5$

$\therefore a=2$

그러므로 함수 $f(x)=(x-2)^2-4$는 $x=1$에서 최솟값 $f(1)=-3$을 가진다.

$a\geq1$이고 $-1\leq x\leq1$이므로 $x=-1$에서 최댓값을 가지고, $x=1$에서 최솟값을 가진다.

---

9 (1) $x^2-2x=t$로 놓으면

$t=x^2-2x$

$\quad=(x-1)^2-1$

이므로 $-1\leq x\leq2$일 때, t는 오른쪽 그림과 같이 $x=-1$에서 최댓값 3, $x=1$에서 최솟값 -1을 가진다.

$\therefore -1\leq t\leq3$

즉, 주어진 함수는

$y=t^2-4t+2$

$\quad=(t-2)^2-2$

$\qquad\qquad(-1\leq t\leq3)$

이므로 그래프는 오른쪽 그림과 같다.

따라서 $t=-1$에서 최댓값 7, $t=2$에서 최솟값 -2를 가진다.

(2) $x^2+4x=t$로 놓으면

$t=x^2+4x$

$\quad=(x+2)^2-4$

이므로 $-2\leq x\leq0$일 때, t는 오른쪽 그림과 같이 $x=0$에서 최댓값 0, $x=-2$에서 최솟값 -4를 가진다.

$\therefore -4\leq t\leq0$

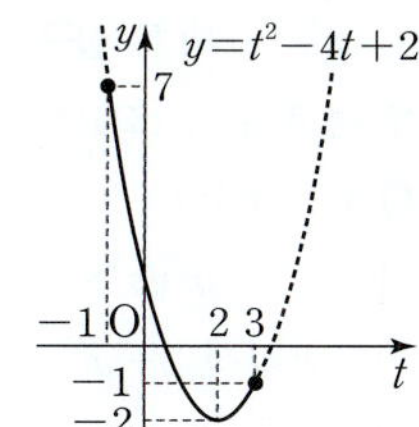

즉, 주어진 함수는

$y=t^2+6t+3$

$\quad=(t+3)^2-6\ (-4\leq t\leq0)$

이므로 오른쪽 그림과 같다.

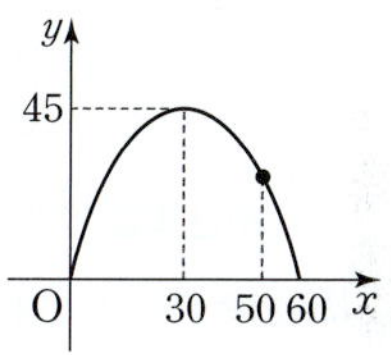

따라서 $t=-3$에서 최솟값 -6, $t=0$에서 최댓값 3을 가진다.

$\therefore 3+(-6)=-3$

(1)에서 x^2-2x를 t로 치환하여 t에 대한 함수의 최댓값과 최솟값을 구할 때, 주어진 x의 값의 범위가 아니라 t의 값의 범위를 구하여 적용해야 함에 주의한다.

---

10 공을 쏘아올린 지점을 원점, 지면을 x축으로 생각하면 공이 떨어진 지점의 좌표는 $(60,\ 0)$이므로 공이 날아가면서 그린 곡선의 함수식은 다음과 같다.

$y=ax(x-60)\ (a<0)$

이때 수직 높이가 $45\,\mathrm{m}$이므로 $x=30$일 때의 함숫값이 45이다. 즉,

$45=a\times30\times(30-60)$

$\therefore a=-\dfrac{1}{20}$

$\therefore y=-\dfrac{1}{20}x(x-60)$

따라서 국기 게양대의 높이는 $x=50$일 때의 함숫값이므로

$y=-\dfrac{1}{20}\times50\times(50-60)$

$\quad=25(\mathrm{m})$

꼭짓점의 좌표가 $(30,\ 45)$이므로

$y=a(x-30)^2+45\ (a<0)$

이 그래프가 원점 $(0,\ 0)$을 지나므로

$0=a\times(-30)^2+45$

$\therefore a=-\dfrac{1}{20}$

$\therefore y=-\dfrac{1}{20}(x-30)^2+45$

따라서 국기 게양대의 높이는 $x=50$일 때의 함숫값이 므로

$$y=-\frac{1}{20}\times(50-30)^2+45=25$$

⊕ 보충 설명

이차함수의 그래프가 원점과 점 $(60, 0)$을 지나므로 함수식을 $y=a(x-0)(x-60)$, 즉 $y=ax(x-60)$ $(a\neq0)$이라고 할 수 있다.

실력 다지기 220쪽 ~ 221쪽

11 ㄱ, ㄴ, ㄷ **12** $6\sqrt{2}$ **13** ① **14** 11

15 $2\sqrt{2}$ **16** $\dfrac{25}{8}$ **17** $-\dfrac{1}{3}$ **18** 35000원

19 12 **20** $9-4\sqrt{5}$

---

11 **접근 방법** 주어진 이차함수의 그래프의 모양과 축의 위치를 이용하여 a, b의 부호를 각각 정하고, $f(2)$의 부호를 정한다. 또한 이차함수의 그래프는 축에 대하여 대칭이라는 것을 이용한다.

ㄱ. 이차함수 $y=f(x)$의 그래프가 위로 볼록한 포물선이므로 $a<0$

축이 y축의 오른쪽에 있으므로

$$-\frac{b}{2a}>0$$

$$\therefore b>0 \ (\because a<0)$$

$$\therefore ab<0 \ (참)$$

ㄴ. $f(x)=ax^2+bx+c$에서

$x=2$일 때, $y>0$이므로

$$4a+2b+c>0 \ (참)$$

ㄷ. 이차함수 $y=f(x)$의 그래프의 축이 직선

$x=\dfrac{-2+5}{2}=\dfrac{3}{2}$이고, 이차함수 $y=f(x)$의 그래프가 점 $(0, c)$를 지나므로 이차함수 $y=f(x)$의 그래프는 점 $(3, c)$를 지난다. (참)

따라서 옳은 것은 ㄱ, ㄴ, ㄷ이다.

⊕ 보충 설명

ㄷ에서 이차함수 $y=f(x)$의 그래프의 축이 직선 $x=\dfrac{3}{2}$이고, 점 $(0, c)$를 지나므로 이차함수의 그래프는 축에 대하여 대칭이라는 점에 의하여 이차함수 $y=f(x)$의 그래프는 점 $(3, c)$를 지난다.

---

12 **접근 방법** 직선이 두 이차함수의 그래프와 모두 접하므로 각각의 판별식을 이용하여 m, n의 값을 각각 구한다.

이차방정식 $x^2-4x+8=mx+n$, 즉

$x^2-(m+4)x+8-n=0$의 판별식을 D_1이라고 하면

$$D_1=\{-(m+4)\}^2-4\times1\times(8-n)=0$$

$$\therefore m^2+8m+4n-16=0 \qquad \cdots\cdots \ ㉠$$

또한 이차방정식 $-x^2+4x-4=mx+n$, 즉

$x^2+(m-4)x+n+4=0$의 판별식을 D_2라고 하면

$$D_2=(m-4)^2-4\times1\times(n+4)=0$$

$$\therefore m^2-8m-4n=0 \qquad \cdots\cdots \ ㉡$$

㉠+㉡에서

$$2m^2-16=0, \ m^2=8$$

$$\therefore m=2\sqrt{2} \ (\because m>0)$$

$m=2\sqrt{2}$를 ㉡에 대입하면

$$(2\sqrt{2})^2-8\times2\sqrt{2}-4n=0$$

$$4n=8-16\sqrt{2}$$

$$\therefore n=2-4\sqrt{2}$$

$$\therefore m-n+2=2\sqrt{2}-(2-4\sqrt{2})+2$$
$$=6\sqrt{2}$$

⊕ 보충 설명

이차함수 $y=ax^2+bx+c$의 그래프와 직선 $y=mx+n$이 접하면 이차방정식 $ax^2+(b-m)x+c-n=0$의 판별식을 D라고 할 때, $D=(b-m)^2-4\times a\times(c-n)=0$이 성립한다.

---

13 **접근 방법** 두 점 A, B의 x좌표는 이차방정식 $2-x^2=kx$의 두 실근이므로 $\overline{OA}:\overline{OB}=1:2$임을 이용하여 두 점 A, B의 x좌표를 나타낸다.

$\overline{OA}:\overline{OB}=1:2$이므로 두 교점 A, B의 x좌표를 각각 a, $-2a$ $(a>0)$로 놓을 수 있다. 이때 a, $-2a$는 이차방정식 $2-x^2=kx$, 즉 $x^2+kx-2=0$의 두 실근이므로 근과 계수의 관계에 의하여

$$a+(-2a)=-k,$$

$$a\times(-2a)=-2$$

$$\therefore a=k, \ a^2=1$$

그런데 $a>0$이므로 $a=1$

$$\therefore k=1$$

⊕ 보충 설명

두 함수식을 연립하여 방정식을 만들었을 때, 그 방정식의 실근은 두 함수의 그래프의 교점의 x좌표와 같다.

14 이차함수 $f(x)$는 $x=3$에서 최댓값을 가지므로 $f(x)=k(x-3)^2+b$ $(k<0)$와 같이 나타낼 수 있다. 이때 이차함수 $y=f(x)$의 그래프가 직선 $y=x+1$과 만나는 두 교점의 x좌표를 이용하여 k, b의 값을 구하고, 이차함수 $y=f(x)$의 그래프와 직선 $y=2x+a$가 한 점에서 만난다는 것을 이용하여 a의 값을 구한다.

이차함수 $f(x)$는 $x=3$에서 최댓값을 가지므로 $f(x)=k(x-3)^2+b$ $(k<0)$라고 하면 이차함수 $y=f(x)$의 그래프가 직선 $y=x+1$과 서로 다른 두 점에서 만나고 두 교점의 x좌표가 각각 -1, 6이므로 이차방정식 $k(x-3)^2+b=x+1$의 두 근이 -1, 6이다.

즉, $k(-1-3)^2+b=-1+1$에서

$16k+b=0$ $\qquad\qquad$ ...... ㉠

$k(6-3)^2+b=6+1$에서

$9k+b=7$ $\qquad\qquad$ ...... ㉡

㉠, ㉡을 연립하여 풀면

$k=-1$, $b=16$

$\therefore f(x)=-(x-3)^2+16$

$\qquad\quad =-x^2+6x+7$

함수 $y=f(x)$의 그래프와 직선 $y=2x+a$는 한 점에서 만나므로 이차방정식 $-x^2+6x+7=2x+a$, 즉 $x^2-4x+a-7=0$의 판별식을 D라고 하면

$$\frac{D}{4}=(-2)^2-1\times(a-7)=0$$

$\therefore a=11$

이차함수 $y=f(x)$의 그래프와 직선 $y=x+1$이 서로 다른 두 점에서 만나고 두 교점의 x좌표는 -1과 6이므로

$f(x)-(x+1)=k(x+1)(x-6)$ $(k\neq0)$

$\therefore f(x)=k(x+1)(x-6)+x+1$

$\qquad\quad =kx^2+(1-5k)x-6k+1$

이때 이차함수 $y=f(x)$의 그래프의 축은 직선 $x=3$이므로

$$-\frac{1-5k}{2k}=3$$

$\therefore k=-1$

$\therefore f(x)=-x^2+6x+7$

15 이차함수 $y=ax^2+bx+c$를 $y=a(x-p)^2+q$ 꼴로 변형하여 최댓값과 최솟값을 각각 구한다.

$f(x)=-2x^2+ax+5$

$\qquad =-2\left(x-\dfrac{a}{4}\right)^2+\dfrac{a^2}{8}+5$

이고 양수 a에 대하여 $-a\leq x\leq a$ 이므로 이차함수 $y=f(x)$의 그 래프의 개형은 오른쪽 그림과 같다.

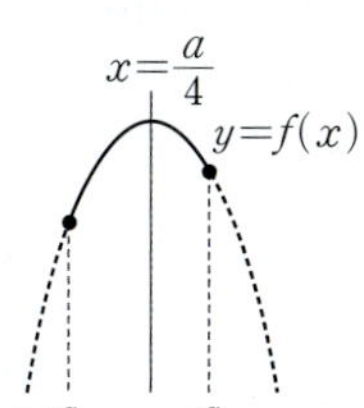

따라서 $x=\dfrac{a}{4}$에서 최댓값 $\dfrac{a^2}{8}+5$,

$x=-a$에서 최솟값 $-3a^2+5$를 가지므로

$$\frac{a^2}{8}+5+(-3a^2+5)=-13$$

$$-\frac{23}{8}a^2+10=-13$$

$a^2=8$

$\therefore a=2\sqrt{2}$ $(\because a>0)$

16 먼저 세 점 A, B, C의 좌표를 각각 구한다. 그 다음 점 $P(a, b)$에서 a의 값의 범위를 구하고 $b=a^2-3a+2$를 $3a+2b+1$에 대입하여 최댓값과 최솟값의 차를 구한다.

이차함수 $y=x^2-3x+2$의 y절편이 2이므로

$A(0, 2)$

또한 이차방정식 $x^2-3x+2=0$에서

$(x-1)(x-2)=0$

$\therefore x=1$ 또는 $x=2$

$\therefore B(1, 0)$, $C(2, 0)$

점 $P(a, b)$는 이차함수 $y=x^2-3x+2$의 그래프 위의 점이므로

$b=a^2-3a+2$ $\qquad\qquad$ ...... ㉠

또한 점 P는 점 A에서 이차함수의 그래프를 따라 점 B를 거쳐 점 C까지 움직이므로

$0\leq a\leq 2$

㉠을 $3a+2b+1$에 대입하면

$3a+2b+1=3a+2(a^2-3a+2)+1$

$\qquad\qquad =2a^2-3a+5$

$\qquad\qquad =2\left(a-\dfrac{3}{4}\right)^2+\dfrac{31}{8}$ $(0\leq a\leq 2)$

따라서 $a=\dfrac{3}{4}$에서 최솟값 $\dfrac{31}{8}$, $a=2$에서 최댓값 7을 가지므로 최댓값과 최솟값의 차는

$$7-\frac{31}{8}=\frac{25}{8}$$

제한된 범위에서 주어진 이차함수의 최댓값과 최솟값은 꼭 짓점의 x좌표와 축에서 보다 멀리 떨어진 값에서의 함숫값 이다.

17 접근 방법 | 이차함수 $y=f(x)$의 그래프의 축의 위치를 기준으로 실수 t의 값의 범위를 구분하여 최솟값을 정하고, 주어진 범위에서의 방정식 $g(t)=5$를 풀도록 한다.

$$f(x)=3x^2-2x+5$$
$$=3\left(x-\frac{1}{3}\right)^2+\frac{14}{3}$$

에서 축의 방정식이 $x=\frac{1}{3}$이고, 주어진 범위가

$t\leq x\leq t+1$이므로 t의 값의 범위를 구분하여 최솟값 $g(t)$를 구한 후 t의 값을 구하면 다음과 같다.

(i) $t+1<\frac{1}{3}$, 즉 $t<-\frac{2}{3}$일 때,

$$g(t)=f(t+1)$$
$$=3(t+1)^2-2(t+1)+5$$
$$=3t^2+4t+6$$

따라서 $g(t)=5$에서

$$3t^2+4t+1=0$$
$$(t+1)(3t+1)=0$$
$$\therefore t=-1\left(\because t<-\frac{2}{3}\right)$$

(ii) $t\leq\frac{1}{3}\leq t+1$, 즉 $-\frac{2}{3}\leq t\leq\frac{1}{3}$일 때,

$$g(t)=\frac{14}{3}$$

$g(t)=5$인 t의 값은 존재하지 않는다.

(iii) $t>\frac{1}{3}$일 때,

$$g(t)=f(t)$$
$$=3t^2-2t+5$$

따라서 $g(t)=5$에서

$$3t^2-2t=0$$
$$t(3t-2)=0$$
$$\therefore t=\frac{2}{3}\left(\because t>\frac{1}{3}\right)$$

(i)~(iii)에서 $g(t)=5$를 만족시키는 모든 실수 t의 값 의 합은

$$-1+\frac{2}{3}=-\frac{1}{3}$$

다음 그림과 같이 축의 위치와 제한된 범위 사이의 관계를 이용하여 $g(t)$를 정한다.

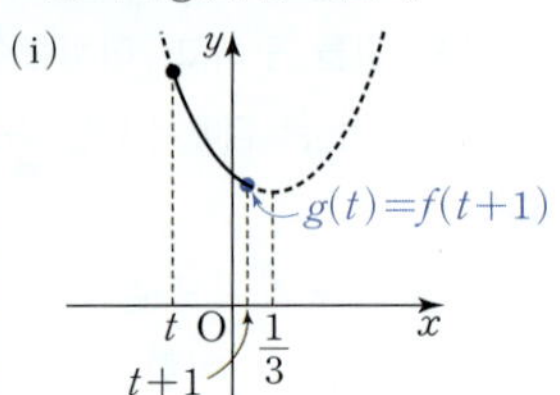

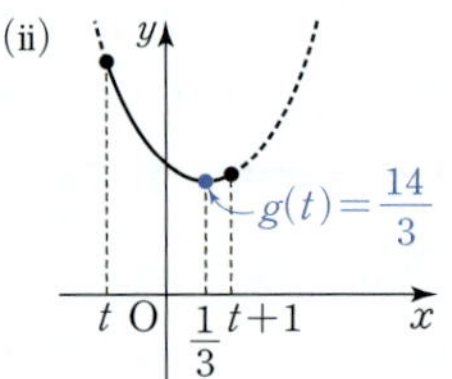

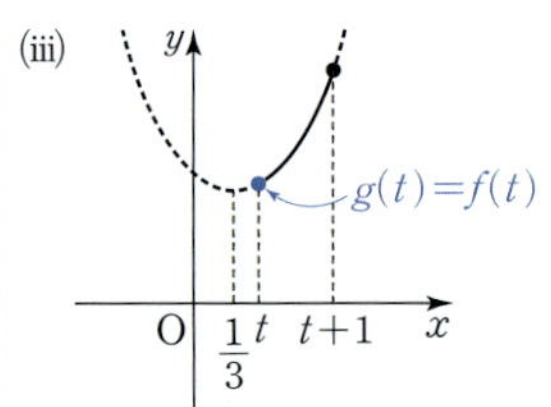

18 접근 방법 | 제품 한 개당 정가를 x원 올리는 경우 제품 의 판매 이익은 (정가)×(판매 개수)−(원가)×(판매 개수) 이므로 식을 세워서 최대가 될 때를 구하도록 한다.

제품 1개당 정가를 x천 원 올리면 1개당 정가는 $(30+x)$천 원이고, 이때의 하루 판매 개수는 $(60-2x)$가 된다.

제품의 판매 이익을 $f(x)$라고 하면

$$f(x)=(정가)\times(판매\ 개수)-(원가)\times(판매\ 개수)$$

이므로

$$f(x)=(30+x)(60-2x)-10(60-2x)$$
$$=-2x^2+20x+1200$$
$$=-2(x-5)^2+1250$$

즉, $x=5$일 때 최댓값을 가진다.

따라서 하루에 최대의 이익을 얻을 수 있는 정가는 $(30+5)$천 원, 즉 35000원이다.

19 접근 방법 | 주어진 그림에서 사다리꼴 ABCD의 높이는 점 C(또는 D)의 y좌표에서 점 A(또는 B)의 y좌표를 뺀 것 이다. 두 점 A, C 중의 어느 한 점의 x좌표를 a로 놓고, 다른 한 점의 x좌표를 a로 나타낼 수 있다. 이때 사다리꼴 ABCD 의 대각선 AC의 길이가 $6\sqrt{5}$임을 이용하여 상수 a의 값을 구 한다.

삼각형 ABC와 삼각형 ACD는 높이가 같고 넓이의
비가 1 : 2이므로 두 삼각형의 밑변의 길이의 비가
1 : 2이다. 즉,

$\overline{AB} : \overline{CD} = 1 : 2$

점 A의 좌표를 $(-a, a^2)$ $(a > 0)$이라고 하면

$C(2a, 4a^2)$이므로

$\overline{AC} = \sqrt{(3a)^2 + (3a^2)^2} = 6\sqrt{5}$

양변을 제곱하여 정리하면

$a^4 + a^2 - 20 = 0,\ (a^2 + 5)(a^2 - 4) = 0$

$(a^2 + 5)(a + 2)(a - 2) = 0$

$\therefore a = 2\ (\because a > 0)$

따라서 두 점 B(2, 4), C(4, 16)이므로 사다리꼴
ABCD의 높이는 $16 - 4 = 12$

이차함수 $y = x^2$의 그래프는 y축에 대하여 대칭이므로 y축
으로부터 두 점 A와 B의 거리, 두 점 C와 D의 거리는 각각
같다. 또한 $\overline{AB} : \overline{CD} = 1 : 2$이므로 y축으로부터 점 A까지
의 거리와 점 C까지의 거리의 비도 1 : 2가 된다.
따라서 점 A의 좌표를 $(-a, a^2)$ $(a > 0)$이라고 하면 점 C
의 좌표는 $(2a, 4a^2)$이다.

20 **접근 방법 |** 점 C의 x좌표를 a라 하고, 정사각형의 각 꼭
짓점의 좌표를 구해 본다.

점 C의 x좌표를 a라고 하면 점 C의 좌표는 (a, a^2)이
다.

그런데 사각형 ABCD가 정사각형이고 두 점 B, D가
직선 $y = x$ 위에 있으므로

$B(a^2, a^2),\ D(a, a),\ A(a^2, a)$

한편, 점 $A(a^2, a)$가 함수 $y = -(x - 1)^2 + 1$의 그래
프 위에 있으므로

$a = -(a^2 - 1)^2 + 1$

$\therefore a^4 - 2a^2 + a = 0$

이 식의 좌변을 인수분해하면

$a^4 - a^2 - a^2 + a = 0$

$a^2(a^2 - 1) - a(a - 1) = 0$

$a^2(a + 1)(a - 1) - a(a - 1) = 0$

$\therefore a(a - 1)(a^2 + a - 1) = 0$

이때 점 B와 점 D는 서로 다른 점이므로

$a \neq 0,\ a \neq 1$

따라서 $a^2 + a - 1 = 0$이므로

$a = \dfrac{-1 + \sqrt{5}}{2}\ (\because a > 0)$

그러므로 정사각형의 한 변의 길이는

$a - a^2 = a - (-a + 1) = 2a - 1 = \sqrt{5} - 2$

이고, 그 넓이는

$(\sqrt{5} - 2)^2 = 5 - 4\sqrt{5} + 4 = 9 - 4\sqrt{5}$

07. 삼차방정식과 사차방정식에서 배우게 되는 인수정리를
이용한 사차방정식의 풀이를 이용하면 방정식
$a^4 - 2a^2 + a = 0$을 더 쉽게 풀 수 있다.

21 ③　　**22** ②　　**23** ④　　**24** 3

21 **접근 방법 |** 점 $(1, 0)$에서 x축과 접하므로 $y = (x - 1)^2$
에서 상수 a, b의 값을 정하고, $y = x^2 + bx + a$에서 $y = 0$일
때의 두 점 사이의 거리를 구하도록 한다.

이차함수 $y = x^2 + ax + b$의 그래프가 점 $(1, 0)$에서 x
축과 접하므로

$y = (x - 1)^2 = x^2 - 2x + 1$

$\therefore a = -2,\ b = 1$

그러므로 이차함수 $y = x^2 + x - 2 = (x + 2)(x - 1)$의
그래프가 x축과 만나는 두 점은

$(-2, 0),\ (1, 0)$

따라서 두 점 사이의 거리는

$1 - (-2) = 3$

22 **접근 방법 |** 점 C의 좌표를 $(\alpha, 0)$이라 하면
$D(\alpha + 6, 0)$이고, 이차방정식 $\dfrac{1}{2}(x - k)^2 = x$의 두 근이 α, $\alpha + 6$
이므로 근과 계수의 관계를 이용하여 상수 k의 값을 정한다.

점 C의 좌표를 $(\alpha, 0)$이라 하
면 선분 CD의 길이는 6이므
로 점 D의 좌표는 $(\alpha + 6, 0)$
직선 $y = x$ 위의 두 점 $A(\alpha, \alpha)$,
$B(\alpha + 6, \alpha + 6)$은 이차함수

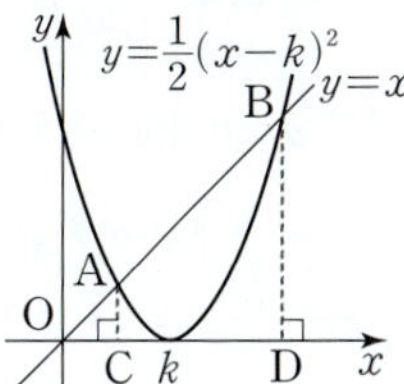

$y = \dfrac{1}{2}(x - k)^2$의 그래프와 직선 $y = x$의 교점이므로

이차방정식 $\dfrac{1}{2}(x - k)^2 = x$

즉, $x^2 - 2(k + 1)x + k^2 = 0$에서 근과 계수의 관계에
의하여

$\alpha+(\alpha+6)=2(k+1)$

$\therefore \alpha=k-2$ $\cdots\cdots$ ㉠

$\alpha(\alpha+6)=k^2$ $\cdots\cdots$ ㉡

㉠을 ㉡에 대입하면

$(k-2)(k+4)=k^2$, $2k-8=0$

$\therefore k=4$

23 **접근 방법** | 주어진 그래프에서 x축과의 교점을 이용하여 식을 세워서 방정식의 근을 구한다.

세 이차함수 $y=f(x)$, $y=g(x)$, $y=h(x)$의 최고차항의 계수의 절댓값이 같으므로 $f(x)$의 최고차항의 계수를 $a\ (a>0)$라고 하면

$f(x)=a(x+1)(x-1)$

$g(x)=-a(x+2)(x-1)$

$h(x)=a(x-1)(x-2)$

$f(x)+g(x)+h(x)$

$=a(x+1)(x-1)-a(x+2)(x-1)$
$\qquad\qquad\qquad\qquad +a(x-1)(x-2)$

$=a(x-1)\{(x+1)-(x+2)+(x-2)\}$

$=a(x-1)(x-3)$

방정식 $f(x)+g(x)+h(x)=0$에서

$a(x-1)(x-3)=0$

$\therefore x=1$ 또는 $x=3$

따라서 모든 근의 합은

$1+3=4$

24 **접근 방법** | 최고차항의 부호와 이차함수의 축의 위치를 생각하여 최댓값을 가질 때의 x의 값을 정한다. 또한, 음의 정수라는 조건에 의해 a, b의 값을 정하고, $f(-2)$의 값을 구하도록 한다.

$f(x)=ax^2+bx+5$

$\qquad =a\left(x+\dfrac{b}{2a}\right)^2-\dfrac{b^2}{4a}+5$

에서 $a<0$이고, 이차함수의 축 $x=-\dfrac{b}{2a}<0$이므로

$1\leq x\leq 2$에서 이차함수 $y=f(x)$는 감소한다.

이차함수 $y=f(x)$는 $x=1$에서 최댓값을 가지므로

$f(1)=a+b+5=3$

$\therefore a+b=-2$

이때 a, b는 음의 정수이므로

$a=-1$, $b=-1$

따라서 $f(x)=-x^2-x+5$이므로

$f(-2)=-4+2+5=3$

07. 삼차방정식과 사차방정식

개념 콕콕 **1 삼차방정식과 사차방정식**   229쪽

1 **답** (1) $x=2$ 또는 $x=-1\pm\sqrt{3}i$

    (2) $x=0$ 또는 $x=-1$ 또는 $x=2$

    (3) $x=\pm2i$ 또는 $x=-2$ 또는 $x=2$

    (4) $x=-3$ 또는 $x=-1$ 또는 $x=1$

(1) $x^3-8=0$의 좌변을 인수분해하면

$\quad (x-2)(x^2+2x+4)=0$

$\quad \therefore x-2=0$ 또는 $x^2+2x+4=0$

$\quad \therefore x=2$ 또는 $x=-1\pm\sqrt{3}i$

(2) $x^3-x^2-2x=0$의 좌변을 인수분해하면

$\quad x(x^2-x-2)=0$, $x(x+1)(x-2)=0$

$\quad \therefore x=0$ 또는 $x=-1$ 또는 $x=2$

(3) $x^4-16=0$의 좌변을 인수분해하면

$\quad (x^2+4)(x^2-4)=0$

$\quad (x^2+4)(x+2)(x-2)=0$

$\quad \therefore x^2+4=0$ 또는 $x+2=0$ 또는 $x-2=0$

$\quad \therefore x=\pm2i$ 또는 $x=-2$ 또는 $x=2$

(4) $x^3+3x^2-x-3=0$의 좌변을 인수분해하면

$\quad x^2(x+3)-(x+3)=0$

$\quad (x+3)(x^2-1)=0$

$\quad (x+3)(x+1)(x-1)=0$

$\quad \therefore x=-3$ 또는 $x=-1$ 또는 $x=1$

2 **답** (1) $x=-1$ (중근) 또는 $x=\dfrac{1}{2}$ (중근)

    (2) $x=1\pm i$ 또는 $x=1\pm\sqrt{2}$

(1) $2x^2+x=X$로 놓으면

$\quad X^2-2X+1=0$

$\quad (X-1)^2=0$ $\therefore X=1$

$\quad X=1$일 때, $2x^2+x=1$에서

$\quad 2x^2+x-1=0$

$\quad (x+1)(2x-1)=0$

$\quad \therefore x=-1$ (중근) 또는 $x=\dfrac{1}{2}$ (중근)

(2) $x^2-2x=X$로 놓으면

$\quad X^2+X-2=0$

$\quad (X+2)(X-1)=0$

$\quad \therefore X=-2$ 또는 $X=1$

$\quad$ (i) $X=-2$일 때, $x^2-2x=-2$에서

$\quad\quad x^2-2x+2=0$ $\therefore x=1\pm i$

(ii) $X=1$일 때, $x^2-2x=1$에서

$\quad x^2-2x-1=0 \qquad \therefore x=1\pm\sqrt{2}$

(i), (ii)에서 $x=1\pm i$ 또는 $x=1\pm\sqrt{2}$

3 답 (1) $x=\pm i$ 또는 $x=\pm 2$

$\quad$ (2) $x=\dfrac{-1\pm\sqrt{7}i}{2}$ 또는 $x=\dfrac{1\pm\sqrt{7}i}{2}$

$\quad$ (3) $x=\dfrac{-3\pm\sqrt{5}}{2}$ 또는 $x=\dfrac{3\pm\sqrt{5}}{2}$

(1) $x^2=X$로 놓으면

$\quad X^2-3X-4=0$

$\quad (X+1)(X-4)=0$

$\quad \therefore X=-1$ 또는 $X=4$

$\quad$ (i) $X=-1$일 때, $x^2=-1$에서 $x=\pm i$

$\quad$ (ii) $X=4$일 때, $x^2=4$에서 $x=\pm 2$

$\quad$ (i), (ii)에서 $x=\pm i$ 또는 $x=\pm 2$

(2) $x^4+3x^2+4=0$에서

$\quad (x^4+4x^2+4)-x^2=0$

$\quad (x^2+2)^2-x^2=0$

$\quad (x^2+x+2)(x^2-x+2)=0$

$\quad \therefore x^2+x+2=0$ 또는 $x^2-x+2=0$

$\quad \therefore x=\dfrac{-1\pm\sqrt{7}i}{2}$ 또는 $x=\dfrac{1\pm\sqrt{7}i}{2}$

(3) $x^4-7x^2+1=0$에서

$\quad (x^4+2x^2+1)-9x^2=0$

$\quad (x^2+1)^2-(3x)^2=0$

$\quad (x^2+3x+1)(x^2-3x+1)=0$

$\quad \therefore x^2+3x+1=0$ 또는 $x^2-3x+1=0$

$\quad \therefore x=\dfrac{-3\pm\sqrt{5}}{2}$ 또는 $x=\dfrac{3\pm\sqrt{5}}{2}$

4 답 (1) $x=1$ 또는 $x=\dfrac{1\pm\sqrt{5}}{2}$

$\quad$ (2) $x=1$ (중근) 또는 $x=-2\pm i$

$\quad$ (3) $x=1$ 또는 $x=2$ 또는 $x=-2$ (중근)

(1) $f(x)=x^3-2x^2+1$이라고 하면

$\quad f(1)=1-2+1=0$

이므로 조립제법을 이용하여 $f(x)$를 인수분해하면

```
1 | 1   -2    0    1
  |       1   -1   -1
  --------------------
    1   -1   -1  |  0
```

$\quad \therefore f(x)=(x-1)(x^2-x-1)$

따라서 주어진 방정식은

$\quad (x-1)(x^2-x-1)=0$

$\quad \therefore x-1=0$ 또는 $x^2-x-1=0$

$\quad \therefore x=1$ 또는 $x=\dfrac{1\pm\sqrt{5}}{2}$

(2) $f(x)=x^4+2x^3-2x^2-6x+5$라고 하면

$\quad f(1)=1+2-2-6+5=0$

이므로 조립제법을 이용하여 $f(x)$를 인수분해하면

```
1 | 1   2   -2   -6    5
  |     1    3    1   -5
  -----------------------
1 | 1   3    1   -5  |  0
  |     1    4    5
  -----------------------
    1   4    5  |  0
```

$\quad \therefore f(x)=(x-1)^2(x^2+4x+5)$

따라서 주어진 방정식은

$\quad (x-1)^2(x^2+4x+5)=0$

$\quad \therefore x-1=0$ 또는 $x^2+4x+5=0$

$\quad \therefore x=1$ (중근) 또는 $x=-2\pm i$

(3) $f(x)=x^4+x^3-6x^2-4x+8$이라고 하면

$\quad f(1)=1+1-6-4+8=0,$

$\quad f(2)=16+8-24-8+8=0$

이므로 조립제법을 이용하여 $f(x)$를 인수분해하면

```
1 | 1   1   -6   -4    8
  |     1    2   -4   -8
  -----------------------
2 | 1   2   -4   -8  |  0
  |     2    8    8
  -----------------------
    1   4    4  |  0
```

$\quad \therefore f(x)=(x-1)(x-2)(x^2+4x+4)$

따라서 주어진 방정식은

$\quad (x-1)(x-2)(x^2+4x+4)=0$

$\quad (x-1)(x-2)(x+2)^2=0$

$\quad \therefore x=1$ 또는 $x=2$ 또는 $x=-2$ (중근)

예제 01 삼차방정식과 사차방정식의 풀이 231쪽

01-1 답 (1) $x=0$ 또는 $x=-3$ 또는 $x=3$

$\quad$ (2) $x=-4$ 또는 $x=2\pm 2\sqrt{3}i$

$\quad$ (3) $x=\pm\dfrac{1}{3}i$ 또는 $x=\pm\dfrac{1}{3}$

$\quad$ (4) $x=\pm 2i$ 또는 $x=\pm 1$

(1) $x^3-9x=0$의 좌변을 인수분해하면

$$x(x^2-9)=0$$
$$x(x+3)(x-3)=0$$
$$\therefore\ x=0\ \text{또는}\ x=-3\ \text{또는}\ x=3$$

(2) $x^3+64=0$의 좌변을 인수분해하면
$$(x+4)(x^2-4x+16)=0$$
$$\therefore\ x+4=0\ \text{또는}\ x^2-4x+16=0$$
$$\therefore\ x=-4\ \text{또는}\ x=2\pm2\sqrt{3}\,i$$

(3) $81x^4-1=0$의 좌변을 인수분해하면
$$(9x^2+1)(9x^2-1)=0$$
$$(9x^2+1)(3x+1)(3x-1)=0$$
$$\therefore\ 9x^2+1=0\ \text{또는}\ 3x+1=0\ \text{또는}\ 3x-1=0$$
$$\therefore\ x=\pm\frac{1}{3}i\ \text{또는}\ x=\pm\frac{1}{3}$$

(4) $x^2=X$로 놓으면
$$X^2+3X-4=0,\ (X+4)(X-1)=0$$
$$\therefore\ X=-4\ \text{또는}\ X=1$$
(ⅰ) $X=-4$일 때, $x^2=-4$이므로 $x=\pm2i$
(ⅱ) $X=1$일 때, $x^2=1$이므로 $x=\pm1$
(ⅰ), (ⅱ)에서 $x=\pm2i$ 또는 $x=\pm1$

01-2 답 (1) $x=-3$ 또는 $x=-1$ 또는 $x=-5$
또는 $x=1$

(2) $x=\dfrac{-3\pm\sqrt{15}\,i}{2}$ 또는 $x=-4$

또는 $x=1$

(1) $x^2+4x=X$로 놓으면
$$X^2-2X-15=0$$
$$(X+3)(X-5)=0$$
$$\therefore\ X=-3\ \text{또는}\ X=5$$
(ⅰ) $X=-3$일 때, $x^2+4x=-3$에서
$$x^2+4x+3=0$$
$$(x+3)(x+1)=0$$
$$\therefore\ x=-3\ \text{또는}\ x=-1$$
(ⅱ) $X=5$일 때, $x^2+4x=5$에서
$$x^2+4x-5=0$$
$$(x+5)(x-1)=0$$
$$\therefore\ x=-5\ \text{또는}\ x=1$$
(ⅰ), (ⅱ)에서
$$x=-3\ \text{또는}\ x=-1\ \text{또는}\ x=-5\ \text{또는}\ x=1$$
(2) $x(x+1)(x+2)(x+3)=24$에서
$$\{x(x+3)\}\{(x+1)(x+2)\}=24$$
$$(x^2+3x)(x^2+3x+2)-24=0$$
$x^2+3x=X$로 놓으면

$$X(X+2)-24=0,\ X^2+2X-24=0$$
$$(X+6)(X-4)=0$$
$$\therefore\ X=-6\ \text{또는}\ X=4$$
(ⅰ) $X=-6$일 때, $x^2+3x=-6$에서
$$x^2+3x+6=0$$
$$\therefore\ x=\frac{-3\pm\sqrt{15}\,i}{2}$$
(ⅱ) $X=4$일 때, $x^2+3x=4$에서
$$x^2+3x-4=0,\ (x+4)(x-1)=0$$
$$\therefore\ x=-4\ \text{또는}\ x=1$$
(ⅰ), (ⅱ)에서
$$x=\frac{-3\pm\sqrt{15}\,i}{2}\ \text{또는}\ x=-4\ \text{또는}\ x=1$$

01-3 답 (1) $x=-1\pm i$ 또는 $x=1\pm i$
(2) $x=\dfrac{-1\pm\sqrt{3}\,i}{2}$ 또는 $x=\dfrac{1\pm\sqrt{3}\,i}{2}$

(1) $x^4+4=0$에서 $x^4+4x^2+4-4x^2=0$
$$(x^2+2)^2-(2x)^2=0$$
$$(x^2+2x+2)(x^2-2x+2)=0$$
$$\therefore\ x^2+2x+2=0\ \text{또는}\ x^2-2x+2=0$$
$$\therefore\ x=-1\pm i\ \text{또는}\ x=1\pm i$$
(2) $x^4+x^2+1=0$에서 $x^4+2x^2+1-x^2=0$
$$(x^2+1)^2-x^2=0,\ (x^2+x+1)(x^2-x+1)=0$$
$$\therefore\ x^2+x+1=0\ \text{또는}\ x^2-x+1=0$$
$$\therefore\ x=\frac{-1\pm\sqrt{3}\,i}{2}\ \text{또는}\ x=\frac{1\pm\sqrt{3}\,i}{2}$$

예제 02 인수정리를 이용한 삼 · 사차방정식의 풀이 233쪽

02-1 답 (1) $x=2$ 또는 $x=1\pm\sqrt{2}$
(2) $x=1$ (중근) 또는 $x=-1\pm\sqrt{2}\,i$

(3) $x=-2$ 또는 $x=-\dfrac{1}{2}$ 또는 $x=3$

(4) $x=1$ 또는 $x=-1$ 또는 $x=\dfrac{1}{2}$

또는 $x=2$

(1) $f(x)=x^3-4x^2+3x+2$라고 하면
$$f(2)=8-16+6+2=0$$
이므로 조립제법을 이용하여 $f(x)$를 인수분해하면

```
2 | 1   -4    3    2
  |       2   -4   -2
  ---------------------
    1   -2   -1  |  0
```

$$\therefore\ f(x)=(x-2)(x^2-2x-1)$$

따라서 주어진 방정식은

$(x-2)(x^2-2x-1)=0$

$\therefore\ x-2=0$ 또는 $x^2-2x-1=0$

$\therefore\ x=2$ 또는 $x=1\pm\sqrt{2}$

(2) $f(x)=x^4-4x+3$이라고 하면

$f(1)=1-4+3=0$

이므로 조립제법을 이용하여 $f(x)$를 인수분해하면

```
1 | 1    0    0   -4    3
  |      1    1    1   -3
1 | 1    1    1   -3  | 0
  |      1    2    3
    1    2    3  | 0
```

$\therefore\ f(x)=(x-1)^2(x^2+2x+3)$

따라서 주어진 방정식은

$(x-1)^2(x^2+2x+3)=0$

$\therefore\ x-1=0$ 또는 $x^2+2x+3=0$

$\therefore\ x=1\ (중근)$ 또는 $x=-1\pm\sqrt{2}i$

(3) $f(x)=2x^3-x^2-13x-6$이라고 하면

$f(-2)=-16-4+26-6=0$

이므로 조립제법을 이용하여 $f(x)$를 인수분해하면

```
-2 | 2   -1   -13   -6
   |     -4    10    6
     2   -5   -3  | 0
```

$\therefore\ f(x)=(x+2)(2x^2-5x-3)$

따라서 주어진 방정식은

$(x+2)(2x^2-5x-3)=0$

$(x+2)(2x+1)(x-3)=0$

$\therefore\ x=-2$ 또는 $x=-\dfrac{1}{2}$ 또는 $x=3$

(4) $f(x)=2x^4-5x^3+5x-2$라고 하면

$f(1)=2-5+5-2=0,$

$f(-1)=2+5-5-2=0$

이므로 조립제법을 이용하여 $f(x)$를 인수분해하면

```
 1 | 2   -5    0    5   -2
   |      2   -3   -3    2
-1 | 2   -3   -3    2  | 0
   |     -2    5   -2
     2   -5    2  | 0
```

$\therefore\ f(x)=(x-1)(x+1)(2x^2-5x+2)$

따라서 주어진 방정식은

$(x-1)(x+1)(2x^2-5x+2)=0$

$(x-1)(x+1)(2x-1)(x-2)=0$

$\therefore\ x=1$ 또는 $x=-1$ 또는 $x=\dfrac{1}{2}$ 또는 $x=2$

02-2 탑 (1) -6 (2) -3

(1) $f(x)=x^3-2x^2-5x+6$이라고 하면

$f(1)=1-2-5+6=0$

이므로 조립제법을 이용하여 $f(x)$를 인수분해하면

```
1 | 1   -2   -5    6
  |      1   -1   -6
    1   -1   -6  | 0
```

$\therefore\ f(x)=(x-1)(x^2-x-6)$

즉, 주어진 방정식은

$(x-1)(x^2-x-6)=0$

$(x-1)(x+2)(x-3)=0$

$\therefore\ x=1$ 또는 $x=-2$ 또는 $x=3$

따라서 가장 큰 근은 3, 가장 작은 근은 -2이므로 구하는 곱은 $3\times(-2)=-6$

(2) $f(x)=x^4-5x^3+5x^2+5x-6$이라고 하면

$f(1)=1-5+5+5-6=0,$

$f(-1)=1+5+5-5-6=0$

이므로 조립제법을 이용하여 $f(x)$를 인수분해하면

```
 1 | 1   -5    5    5   -6
   |      1   -4    1    6
-1 | 1   -4    1    6  | 0
   |     -1    5   -6
     1   -5    6  | 0
```

$\therefore\ f(x)=(x-1)(x+1)(x^2-5x+6)$

즉, 주어진 방정식은

$(x-1)(x+1)(x-2)(x-3)=0$

$\therefore\ x=1$ 또는 $x=-1$ 또는 $x=2$ 또는 $x=3$

따라서 가장 큰 근은 3, 가장 작은 근은 -1이므로 구하는 곱은 $3\times(-1)=-3$

02-3 탑 $-2,\ 2$

$x=1$을 주어진 방정식에 대입하면

$1+a+(a+3)+16+b=0$

$\therefore\ 2a+b=-20$ $\qquad\cdots\cdots\ \text{㉠}$

$x=3$을 주어진 방정식에 대입하면

$81+27a+9(a+3)+48+b=0$

$\therefore\ 36a+b=-156$ $\qquad\cdots\cdots\ \text{㉡}$

㉠, ㉡을 연립하여 풀면 $a=-4,\ b=-12$

즉, $x^4-4x^3-x^2+16x-12=0$의 두 근이 1, 3이므로 조립제법을 이용하여 좌변을 인수분해하면

$$\begin{array}{r|rrrrr}
1 & 1 & -4 & -1 & 16 & -12 \\
  &   & 1 & -3 & -4 & 12 \\
\hline
3 & 1 & -3 & -4 & 12 & \;\;0 \\
  &   & 3 & 0 & -12 & \\
\hline
  & 1 & 0 & -4 & \;\;0 &
\end{array}$$

$\therefore (x-1)(x-3)(x^2-4)=0$

$\therefore (x-1)(x-3)(x+2)(x-2)=0$

따라서 나머지 두 근은 -2, 2이다.

03-1 답 $x=-2\pm\sqrt{3}$ 또는 $x=\dfrac{1\pm\sqrt{3}\,i}{2}$

$x^4+3x^3-2x^2+3x+1=0$에서 $x\neq0$이므로 양변을 x^2으로 나누면

$$x^2+3x-2+\frac{3}{x}+\frac{1}{x^2}=0$$

$$\left(x^2+\frac{1}{x^2}\right)+3\left(x+\frac{1}{x}\right)-2=0$$

$$\left(x+\frac{1}{x}\right)^2+3\left(x+\frac{1}{x}\right)-4=0$$

$x+\dfrac{1}{x}=X$로 놓으면

$X^2+3X-4=0$, $(X+4)(X-1)=0$

$\therefore X=-4$ 또는 $X=1$

(i) $X=-4$일 때, $x+\dfrac{1}{x}=-4$이므로

　$x^2+4x+1=0$　$\therefore x=-2\pm\sqrt{3}$

(ii) $X=1$일 때, $x+\dfrac{1}{x}=1$이므로

　$x^2-x+1=0$　$\therefore x=\dfrac{1\pm\sqrt{3}\,i}{2}$

(i), (ii)에서 $x=-2\pm\sqrt{3}$ 또는 $x=\dfrac{1\pm\sqrt{3}\,i}{2}$

03-2 답 $\dfrac{5}{2}$

$4x^4-8x^3+3x^2-8x+4=0$에서 $x\neq0$이므로 양변을 x^2으로 나누면

$$4x^2-8x+3-\frac{8}{x}+\frac{4}{x^2}=0$$

$$4\left(x^2+\frac{1}{x^2}\right)-8\left(x+\frac{1}{x}\right)+3=0$$

$$\therefore 4\left(x+\frac{1}{x}\right)^2-8\left(x+\frac{1}{x}\right)-5=0$$

$x+\dfrac{1}{x}=X$로 놓으면

$4X^2-8X-5=0$, $(2X+1)(2X-5)=0$

$\therefore X=-\dfrac{1}{2}$ 또는 $X=\dfrac{5}{2}$

(i) $X=-\dfrac{1}{2}$일 때, $x+\dfrac{1}{x}=-\dfrac{1}{2}$이므로

　$2x^2+x+2=0$

　이 방정식의 판별식을 D라고 하면

　$D=1^2-4\times2\times2=-15<0$

　따라서 이 방정식은 허근을 가진다.

(ii) $X=\dfrac{5}{2}$일 때, $x+\dfrac{1}{x}=\dfrac{5}{2}$이므로

　$2x^2-5x+2=0$, $(2x-1)(x-2)=0$

　$\therefore x=\dfrac{1}{2}$ 또는 $x=2$

(i), (ii)에서 주어진 방정식의 실근은 $\dfrac{1}{2}$과 2이므로 구하는 모든 실근의 합은

$$\frac{1}{2}+2=\frac{5}{2}$$

03-3 답 -3

$f(x)=x^5+3x^4+x^3+x^2+3x+1$이라고 하면

$f(-1)=-1+3-1+1-3+1=0$

이므로 조립제법을 이용하여 $f(x)$를 인수분해하면

$$\begin{array}{r|rrrrrr}
-1 & 1 & 3 & 1 & 1 & 3 & 1 \\
   &   & -1 & -2 & 1 & -2 & -1 \\
\hline
   & 1 & 2 & -1 & 2 & 1 & \;\;0
\end{array}$$

$\therefore f(x)=(x+1)(x^4+2x^3-x^2+2x+1)$

따라서 주어진 방정식은

$(x+1)(x^4+2x^3-x^2+2x+1)=0$

$\therefore x=-1$ 또는 $x^4+2x^3-x^2+2x+1=0$

(i) $x=-1$일 때,

　$x^2+3x=1-3=-2$

(ii) $x^4+2x^3-x^2+2x+1=0$일 때,

　$x\neq0$이므로 양변을 x^2으로 나누면

　$x^2+2x-1+\dfrac{2}{x}+\dfrac{1}{x^2}=0$

　$\left(x^2+\dfrac{1}{x^2}\right)+2\left(x+\dfrac{1}{x}\right)-1=0$

　$\therefore \left(x+\dfrac{1}{x}\right)^2+2\left(x+\dfrac{1}{x}\right)-3=0$

$x+\dfrac{1}{x}=X$로 놓으면

$X^2+2X-3=0$

$(X+3)(X-1)=0$

$\therefore X=-3$ 또는 $X=1$

ⓐ $X=-3$일 때, $x+\dfrac{1}{x}=-3$이므로

$x^2+3x+1=0$

이 방정식의 판별식을 D_1이라고 하면

$D_1=3^2-4\times1\times1=5>0$

따라서 이 방정식은 실근을 가진다.

$\therefore x^2+3x=-1$

ⓑ $X=1$일 때, $x+\dfrac{1}{x}=1$이므로

$x^2-x+1=0$

이 방정식의 판별식을 D_2라고 하면

$D_2=(-1)^2-4\times1\times1=-3<0$

따라서 이 방정식은 허근을 가진다.

(i), (ii)에서 x^2+3x의 값은 -2, -1이므로 구하는 합은

$-2+(-1)=-3$

1 답 (1) -2 (2) 3 (3) 5

삼차방정식의 근과 계수의 관계에 의하여

(1) $\alpha+\beta+\gamma=-\dfrac{2}{1}=-2$

(2) $\alpha\beta+\beta\gamma+\gamma\alpha=\dfrac{3}{1}=3$

(3) $\alpha\beta\gamma=-\dfrac{-5}{1}=5$

2 답 (1) $x^3-4x^2+2x+4=0$

(2) $x^3-5x^2+9x-5=0$

(1) 세 수 2, $1+\sqrt{3}$, $1-\sqrt{3}$이 근이므로

(세 근의 합)$=2+(1+\sqrt{3})+(1-\sqrt{3})=4$

(두 근끼리의 곱의 합)

$=2(1+\sqrt{3})+(1+\sqrt{3})(1-\sqrt{3})+(1-\sqrt{3})\times2$

$=2$

(세 근의 곱)$=2(1+\sqrt{3})(1-\sqrt{3})=-4$

따라서 구하는 삼차방정식은

$x^3-4x^2+2x+4=0$

(2) 세 수 1, $2+i$, $2-i$가 근이므로

(세 근의 합)$=1+(2+i)+(2-i)=5$

(두 근끼리의 곱의 합)

$=1\times(2+i)+(2+i)(2-i)+(2-i)\times1=9$

(세 근의 곱)$=1\times(2+i)(2-i)=5$

따라서 구하는 삼차방정식은

$x^3-5x^2+9x-5=0$

3 답 $a=-5$, $b=-2$

a, b가 유리수이고 주어진 방정식의 한 근이 $1+\sqrt{2}$이므로 $1-\sqrt{2}$도 근이다.

따라서 주어진 방정식의 세 근이 -2, $1+\sqrt{2}$, $1-\sqrt{2}$이므로 삼차방정식의 근과 계수의 관계에 의하여

$-2(1+\sqrt{2})+(1+\sqrt{2})(1-\sqrt{2})+(1-\sqrt{2})\times(-2)$

$=a$

$\therefore a=-5$

$-2(1+\sqrt{2})(1-\sqrt{2})=-b$

$\therefore b=-2$

4 답 $a=-4$, $b=6$, $c=-4$

a, b, c가 실수이고 주어진 방정식의 한 근이 $1+i$이므로 $1-i$도 근이다.

따라서 주어진 방정식의 세 근이 2, $1+i$, $1-i$이므로 삼차방정식의 근과 계수의 관계에 의하여

$2+(1+i)+(1-i)=-a$

$\therefore a=-4$

$2(1+i)+(1+i)(1-i)+(1-i)\times2=b$

$\therefore b=6$

$2(1+i)(1-i)=-c$

$\therefore c=-4$

5 답 (1) 0 (2) -1 (3) -1

방정식 $x^3=1$, 즉 $x^3-1=0$의 좌변을 인수분해하면

$(x-1)(x^2+x+1)=0$이므로 ω, $\overline{\omega}$는 이차방정식

$x^2+x+1=0$의 두 허근이다.

따라서 이차방정식의 근과 계수의 관계에 의하여

$\omega+\overline{\omega}=-1$, $\omega\overline{\omega}=1$

(1) ω는 $x^2+x+1=0$의 한 근이므로

$\omega^2+\omega+1=0$, $\omega^2=-\omega-1$

$\therefore \omega^2-\overline{\omega}=-\omega-1-\overline{\omega}=-(\omega+\overline{\omega})-1$

$=-(-1)-1=0$

(2) $\omega^2+\omega+1=0$이므로 양변을 ω로 나누면

$$\omega+1+\frac{1}{\omega}=0$$

$$\therefore \omega+\frac{1}{\omega}=-1$$

(3) $\omega^3=1$, $\omega^2+\omega+1=0$이므로

$$\omega^5+\omega^4=\omega^3\times\omega^2+\omega^3\times\omega$$
$$=\omega^2+\omega=-1$$

04-1　답 (1) $\dfrac{5}{3}$　(2) 1　(3) -1

삼차방정식의 근과 계수의 관계에 의하여
$$\alpha+\beta+\gamma=3,\ \alpha\beta+\beta\gamma+\gamma\alpha=5,\ \alpha\beta\gamma=3$$

(1) $\dfrac{1}{\alpha}+\dfrac{1}{\beta}+\dfrac{1}{\gamma}=\dfrac{\alpha\beta+\beta\gamma+\gamma\alpha}{\alpha\beta\gamma}=\dfrac{5}{3}$

(2) $\dfrac{1}{\alpha\beta}+\dfrac{1}{\beta\gamma}+\dfrac{1}{\gamma\alpha}=\dfrac{\alpha+\beta+\gamma}{\alpha\beta\gamma}=\dfrac{3}{3}=1$

(3) $\alpha^2+\beta^2+\gamma^2=(\alpha+\beta+\gamma)^2-2(\alpha\beta+\beta\gamma+\gamma\alpha)$
$$=3^2-2\times5=-1$$

04-2　답 (1) 6　(2) 14

삼차방정식의 근과 계수의 관계에 의하여
$$\alpha+\beta+\gamma=4,\ \alpha\beta+\beta\gamma+\gamma\alpha=3,\ \alpha\beta\gamma=-2$$
(1) $(1+\alpha)(1+\beta)(1+\gamma)$
$$=1+(\alpha+\beta+\gamma)+(\alpha\beta+\beta\gamma+\gamma\alpha)+\alpha\beta\gamma$$
$$=1+4+3+(-2)=6$$
(2) $\alpha+\beta+\gamma=4$에서
$$\alpha+\beta=4-\gamma,\ \beta+\gamma=4-\alpha,\ \gamma+\alpha=4-\beta$$
이므로
$$(\alpha+\beta)(\beta+\gamma)(\gamma+\alpha)$$
$$=(4-\gamma)(4-\alpha)(4-\beta)$$
$$=64-16(\alpha+\beta+\gamma)+4(\alpha\beta+\beta\gamma+\gamma\alpha)-\alpha\beta\gamma$$
$$=64-16\times4+4\times3-(-2)=14$$

04-3　답 (1) -6　(2) 18

삼차방정식의 근과 계수의 관계에 의하여
$$\alpha+\beta+\gamma=0,\ \alpha\beta+\beta\gamma+\gamma\alpha=-3,\ \alpha\beta\gamma=-2$$
(1) $\alpha^3+\beta^3+\gamma^3$
$$=(\alpha+\beta+\gamma)(\alpha^2+\beta^2+\gamma^2-\alpha\beta-\beta\gamma-\gamma\alpha)+3\alpha\beta\gamma$$
$$=3\alpha\beta\gamma$$
$$=3\times(-2)=-6$$

(2) $\alpha^2+\beta^2+\gamma^2=(\alpha+\beta+\gamma)^2-2(\alpha\beta+\beta\gamma+\gamma\alpha)$
$$=0^2-2\times(-3)=6$$
이므로
$$\alpha^4+\beta^4+\gamma^4$$
$$=(\alpha^2+\beta^2+\gamma^2)^2-2(\alpha^2\beta^2+\beta^2\gamma^2+\gamma^2\alpha^2)$$
$$=(\alpha^2+\beta^2+\gamma^2)^2$$
$$\qquad-2\{(\alpha\beta+\beta\gamma+\gamma\alpha)^2-2\alpha\beta\gamma(\alpha+\beta+\gamma)\}$$
$$=6^2-2\{(-3)^2-2\times(-2)\times0\}$$
$$=18$$

다른 풀이

삼차방정식 $x^3-3x+2=0$의 세 근이 α, β, γ이므로
$$\alpha^3-3\alpha+2=0\text{에서 }\alpha^3=3\alpha-2$$
$$\beta^3-3\beta+2=0\text{에서 }\beta^3=3\beta-2$$
$$\gamma^3-3\gamma+2=0\text{에서 }\gamma^3=3\gamma-2$$
(1) $\alpha^3+\beta^3+\gamma^3=3(\alpha+\beta+\gamma)-6=3\times0-6=-6$
(2) $\alpha^4+\beta^4+\gamma^4=\alpha(3\alpha-2)+\beta(3\beta-2)+\gamma(3\gamma-2)$
$$=3(\alpha^2+\beta^2+\gamma^2)-2(\alpha+\beta+\gamma)$$
$$=3\times6-2\times0=18$$

05-1　답 $x^3-3x^2-x+5=0$

삼차방정식 $4x^3-12x^2+8x+1=0$의 세 근이 α, β, γ이므로 삼차방정식의 근과 계수의 관계에 의하여
$$\alpha+\beta+\gamma=-\frac{-12}{4}=3$$

$$\alpha\beta+\beta\gamma+\gamma\alpha=\frac{8}{4}=2$$

$$\alpha\beta\gamma=-\frac{1}{4}$$

구하는 삼차방정식의 세 근이 $2\alpha-1$, $2\beta-1$, $2\gamma-1$이므로
$$(2\alpha-1)+(2\beta-1)+(2\gamma-1)=2(\alpha+\beta+\gamma)-3$$
$$=2\times3-3=3$$
$$(2\alpha-1)(2\beta-1)+(2\beta-1)(2\gamma-1)$$
$$\qquad\qquad+(2\gamma-1)(2\alpha-1)$$
$$=4(\alpha\beta+\beta\gamma+\gamma\alpha)-4(\alpha+\beta+\gamma)+3$$
$$=4\times2-4\times3+3=-1$$
$$(2\alpha-1)(2\beta-1)(2\gamma-1)$$
$$=8\alpha\beta\gamma-4(\alpha\beta+\beta\gamma+\gamma\alpha)+2(\alpha+\beta+\gamma)-1$$
$$=8\times\left(-\frac{1}{4}\right)-4\times2+2\times3-1=-5$$

따라서 $2\alpha-1$, $2\beta-1$, $2\gamma-1$을 세 근으로 가지고 x^3의 계수가 1인 삼차방정식은
$$x^3-3x^2-x+5=0$$

05-2 답 ④

삼차방정식 $x^3-3x^2+2x+1=0$의 세 근이 α, β, γ이므로 삼차방정식의 근과 계수의 관계에 의하여
$$\alpha+\beta+\gamma=3,\ \alpha\beta+\beta\gamma+\gamma\alpha=2,\ \alpha\beta\gamma=-1$$
구하는 삼차방정식의 세 근이 $\dfrac{1}{\alpha}$, $\dfrac{1}{\beta}$, $\dfrac{1}{\gamma}$이므로
$$\frac{1}{\alpha}+\frac{1}{\beta}+\frac{1}{\gamma}=\frac{\alpha\beta+\beta\gamma+\gamma\alpha}{\alpha\beta\gamma}$$
$$=\frac{2}{-1}=-2$$
$$\frac{1}{\alpha}\times\frac{1}{\beta}+\frac{1}{\beta}\times\frac{1}{\gamma}+\frac{1}{\gamma}\times\frac{1}{\alpha}=\frac{\alpha+\beta+\gamma}{\alpha\beta\gamma}$$
$$=\frac{3}{-1}=-3$$
$$\frac{1}{\alpha}\times\frac{1}{\beta}\times\frac{1}{\gamma}=\frac{1}{\alpha\beta\gamma}=\frac{1}{-1}=-1$$
따라서 $\dfrac{1}{\alpha}$, $\dfrac{1}{\beta}$, $\dfrac{1}{\gamma}$을 세 근으로 가지고 x^3의 계수가 1인 삼차방정식은
$$x^3+2x^2-3x+1=0$$

05-3 답 34

a, b가 실수이고 주어진 방정식의 한 근이 $1+\sqrt{2}i$이므로 $1-\sqrt{2}i$도 근이다.
나머지 한 근을 γ라고 하면 삼차방정식의 근과 계수의 관계에 의하여
$$(1+\sqrt{2}i)+(1-\sqrt{2}i)+\gamma=-a \qquad \cdots\cdots\ ㉠$$
$$(1+\sqrt{2}i)(1-\sqrt{2}i)+(1-\sqrt{2}i)\gamma+\gamma(1+\sqrt{2}i)$$
$$=b \qquad \cdots\cdots\ ㉡$$
$$(1+\sqrt{2}i)(1-\sqrt{2}i)\gamma=3 \qquad \cdots\cdots\ ㉢$$
㉢에서 $\gamma=1$이므로 ㉠, ㉡에 각각 대입하여 정리하면
$$a=-3,\ b=5$$
$$\therefore a^2+b^2=(-3)^2+5^2=34$$

06-1 답 (1) -3 (2) 1

$x^3+1=0$, 즉 $(x+1)(x^2-x+1)=0$의 한 허근이 ω이므로

$\omega^3=-1$, $\omega^2-\omega+1=0$
(1) $\omega^2-\omega+1=0$에서
$$1-\omega=-\omega^2,\ 1+\omega^2=\omega,\ \omega-\omega^2=1$$
$$\therefore\ \frac{\omega^2}{1-\omega}+\frac{1+\omega^2}{\omega^4}+\frac{\omega^3}{\omega-\omega^2}$$
$$=\frac{\omega^2}{-\omega^2}+\frac{\omega}{-\omega}+\frac{-1}{1}$$
$$=-1+(-1)+(-1)=-3$$
(2) $1-\omega+\omega^2-\omega^3+\cdots+\omega^{14}-\omega^{15}$
$$=(1-\omega+\omega^2)-(\omega^3-\omega^4+\omega^5)+\cdots$$
$$+(\omega^{12}-\omega^{13}+\omega^{14})-\omega^{15}$$
$$=(1-\omega+\omega^2)-\omega^3(1-\omega+\omega^2)+\cdots$$
$$+\omega^{12}(1-\omega+\omega^2)-(\omega^3)^5$$
$$=-(\omega^3)^5$$
$$=-(-1)^5=1$$

06-2 답 ㄱ, ㄴ, ㄹ, ㅁ

$x^3+1=0$에서 $(x+1)(x^2-x+1)=0$
따라서 두 허근 ω, $\overline{\omega}$는 방정식 $x^2-x+1=0$의 두 근이다.

ㄱ. ω는 $x^2-x+1=0$의 근이므로
$$\omega^2-\omega+1=0\ (참)$$

ㄴ. $x^2-x+1=0$에서 이차방정식의 근과 계수의 관계에 의하여
$$\omega+\overline{\omega}=1\ (참)$$

ㄷ. $x^2-x+1=0$에서 이차방정식의 근과 계수의 관계에 의하여
$$\omega\overline{\omega}=1\ (거짓)$$

ㄹ. ㄱ과 ㄴ에서 $\omega^2=\omega-1$, $\overline{\omega}=-\omega+1$이므로
$$\omega^2=-\overline{\omega}\ (참)$$

ㅁ. ω, $\overline{\omega}$는 $x^3=-1$의 근이므로
$$\omega^3=-1,\ \overline{\omega}^3=-1$$
$$\therefore\ \omega^3+\overline{\omega}^3=-1+(-1)=-2\ (참)$$

ㅂ. $\omega^3=-1$, $\overline{\omega}^3=-1$이므로
$$\omega^5+\overline{\omega}^5=\omega^3\times\omega^2+\overline{\omega}^3\times\overline{\omega}^2$$
$$=-(\omega^2+\overline{\omega}^2)$$
ㄹ에서 $\omega^2=-\overline{\omega}$이고, 마찬가지 방법으로
$$\overline{\omega}^2=-\omega$$
또한 ㄴ에서 $\omega+\overline{\omega}=1$이므로
$$\omega^5+\overline{\omega}^5=-(\omega^2+\overline{\omega}^2)$$
$$=\overline{\omega}+\omega$$
$$=1\ (거짓)$$
따라서 옳은 것은 ㄱ, ㄴ, ㄹ, ㅁ이다.

06-3　답 36

$x^3+1=0$, 즉 $(x+1)(x^2-x+1)=0$의 한 허근이 ω이므로

$\omega^3=-1,\ \omega^2-\omega+1=0$

$\omega^2-\omega+1=0$의 양변을 ω로 나누면

$\omega-1+\dfrac{1}{\omega}=0$　　$\therefore\ \omega+\dfrac{1}{\omega}=1$

$\therefore\ \omega^2+\dfrac{1}{\omega^2}=\left(\omega+\dfrac{1}{\omega}\right)^2-2=1^2-2=-1$

또한 $\omega^3=-1$이므로

$\omega^3+\dfrac{1}{\omega^3}=-1+\dfrac{1}{-1}=-2$

한편, $\omega^4=\omega^3\times\omega=-\omega$, $\dfrac{1}{\omega^4}=-\dfrac{1}{\omega}$이므로 주어진 식은 차수가 4차 이상인 식에서는 부호만 바뀌면서

$\left(\omega+\dfrac{1}{\omega}\right)^2+\left(\omega^2+\dfrac{1}{\omega^2}\right)^2+\left(\omega^3+\dfrac{1}{\omega^3}\right)^2$

이 반복되고, 부호도 제곱에 의하여 모두 양으로 바뀐다.
따라서 주어진 식은

$6\left\{\left(\omega+\dfrac{1}{\omega}\right)^2+\left(\omega^2+\dfrac{1}{\omega^2}\right)^2+\left(\omega^3+\dfrac{1}{\omega^3}\right)^2\right\}$

$=6\{1^2+(-1)^2+(-2)^2\}=36$

기본 다지기　　　246쪽 ~ 247쪽

1 ③	**2** ③	**3** 2 cm 또는 $(5-\sqrt{10}\,)$ cm
4 1	**5** 26	**6** $a=-14,\ b=56$　**7** -3
8 5	**9** 3	**10** (1) $\dfrac{1}{8}$　(2) 15

1 주어진 방정식에서

$\{(x^2+2x)+3\}\{(x^2+2x)-2\}+4=0$

$(x^2+2x)^2+(x^2+2x)-2=0$

$(x^2+2x+2)(x^2+2x-1)=0$

$\therefore\ x^2+2x+2=0$ 또는 $x^2+2x-1=0$

(i) 이차방정식 $x^2+2x+2=0$의 판별식을 D_1이라고 하면

$\dfrac{D_1}{4}=1^2-1\times2=-1<0$

이므로 이차방정식 $x^2+2x+2=0$은 서로 다른 두 허근을 가진다.
따라서 이차방정식 $x^2+2x+2=0$은 두 허근 γ, δ를 가지므로 근과 계수의 관계에 의하여

$\gamma\delta=2$

(ii) 이차방정식 $x^2+2x-1=0$의 판별식을 D_2라고 하면

$\dfrac{D_2}{4}=1^2-1\times(-1)=2>0$

이므로 이차방정식 $x^2+2x-1=0$은 서로 다른 두 실근을 가진다.
따라서 이차방정식 $x^2+2x-1=0$은 두 실근 α, β를 가지므로 근과 계수의 관계에 의하여

$\alpha+\beta=-2$

(i), (ii)에 의하여 $\alpha+\beta+\gamma\delta=-2+2=0$

➕ 보충 설명

> 다항식 $(x^2+2x+3)(x^2+2x-2)+4$의 인수분해 과정이 어렵다면 공통부분 x^2+2x를 X로 치환하여 인수분해한다.

2 주어진 방정식에 $x=2$를 대입하면

$8-16+6+a=0$　　$\therefore\ a=2$

즉, $f(x)=x^3-4x^2+3x+2$라고 하면 $f(2)=0$이므로 조립제법을 이용하여 $f(x)$를 인수분해하면

$$
\begin{array}{r|rrr|r}
2 & 1 & -4 & 3 & 2 \\
  &   & 2 & -4 & -2 \\
\hline
  & 1 & -2 & -1 & 0 \\
\end{array}
$$

$\therefore\ f(x)=(x-2)(x^2-2x-1)$

따라서 주어진 방정식은

$(x-2)(x^2-2x-1)=0$

$\therefore\ x=2$ 또는 $x^2-2x-1=0$

그러므로 나머지 두 근은 이차방정식 $x^2-2x-1=0$의 근이므로 근과 계수의 관계에 의하여 구하는 두 근의 곱은 -1이다.

➕ 보충 설명

> $x=p$가 방정식 $f(x)=0$의 근이면 $f(p)=0$이 성립한다.

3 잘라 낸 정사각형의 한 변의 길이를 x cm라고 하면 뚜껑이 없는 직육면체 모양의 상자의 가로의 길이는 $(14-2x)$cm, 세로의 길이는 $(10-2x)$cm, 높이는 x cm이므로

$14-2x>0,\ 10-2x>0,\ x>0$

$\therefore\ 0<x<5$　　　　$\cdots\cdots$ ㉠

직육면체의 부피를 구하면

$(14-2x)(10-2x)x=120$

$x(x-7)(x-5)=30$

$\therefore\ x^3-12x^2+35x-30=0$　　　$\cdots\cdots$ ㉡

$f(x)=x^3-12x^2+35x-30$이라고 하면
$f(2)=8-48+70-30=0$
이므로 조립제법을 이용하여 $f(x)$를 인수분해하면

$$\begin{array}{r|rrrr}
2 & 1 & -12 & 35 & -30 \\
  &   & 2 & -20 & 30 \\
\hline
  & 1 & -10 & 15 & 0
\end{array}$$

$f(x)=(x-2)(x^2-10x+15)$
따라서 방정식 ㉡은
$(x-2)(x^2-10x+15)=0$
$\therefore\ x-2=0$ 또는 $x^2-10x+15=0$
$\therefore\ x=2$ 또는 $x=5\pm\sqrt{10}$ $\qquad$ …… ㉢
㉠, ㉢에서 $x=2$ 또는 $x=5-\sqrt{10}$
따라서 잘라 낸 정사각형의 한 변의 길이는 $2\,\mathrm{cm}$ 또는
$(5-\sqrt{10}\,)\,\mathrm{cm}$이다.

> **⊕ 보충 설명**
>
> 풀이에서 ㉠의 조건을 빠뜨리기 쉽다.
> 직육면체의 세 모서리의 길이는 모두 양수이어야 함에 주의
> 한다.

4 $x^4+5x^3-4x^2+5x+1=0$에서 $x\neq0$이므로 양변
을 x^2으로 나누면

$$x^2+5x-4+\frac{5}{x}+\frac{1}{x^2}=0$$

$$\therefore\ \left(x+\frac{1}{x}\right)^2+5\left(x+\frac{1}{x}\right)-6=0$$

$x+\dfrac{1}{x}=X$로 놓으면

$X^2+5X-6=0,\ (X+6)(X-1)=0$

$\therefore\ X=-6$ 또는 $X=1$

(ⅰ) $X=-6$일 때, $x+\dfrac{1}{x}=-6$이므로

$\quad x^2+6x+1=0$ $\qquad$ …… ㉠

$\quad$㉠의 판별식을 D_1이라고 하면

$$\quad \frac{D_1}{4}=3^2-1\times1=8>0$$

$\quad$이므로 이 방정식은 서로 다른 두 실근을 가진다.

(ⅱ) $X=1$일 때, $x+\dfrac{1}{x}=1$이므로

$\quad x^2-x+1=0$ $\qquad$ …… ㉡

$\quad$㉡의 판별식을 D_2라고 하면

$\quad D_2=(-1)^2-4\times1\times1=-3<0$

$\quad$이므로 이 방정식은 서로 다른 두 허근을 가진다.

(ⅰ), (ⅱ)에서 α는 방정식 ㉡의 한 허근이므로 $\alpha+\dfrac{1}{\alpha}=1$

5 삼차방정식의 근과 계수의 관계에 의하여
$\alpha+\beta+\gamma=-2,\ \alpha\beta+\beta\gamma+\gamma\alpha=3,\ \alpha\beta\gamma=-4$
$\therefore\ (2-\alpha)(2-\beta)(2-\gamma)$
$\quad=8-4(\alpha+\beta+\gamma)+2(\alpha\beta+\beta\gamma+\gamma\alpha)-\alpha\beta\gamma$
$\quad=8-4\times(-2)+2\times3-(-4)$
$\quad=26$

삼차방정식 $x^3+2x^2+3x+4=0$의 세 근이 α, β, γ이
므로
$x^3+2x^2+3x+4=(x-\alpha)(x-\beta)(x-\gamma)$
이 식은 항등식이므로 양변에 $x=2$를 대입하면
$(2-\alpha)(2-\beta)(2-\gamma)=2^3+2\times2^2+3\times2+4=26$

6 삼차방정식 $x^3+ax^2+bx-64=0$의 세 근의 비
가 $1:2:4$이므로 세 근을 $k,\ 2k,\ 4k$라고 하면 삼차
방정식의 근과 계수의 관계에 의하여
$k+2k+4k=-a,\ a=-7k$ $\qquad$ …… ㉠
$k\times2k+2k\times4k+4k\times k=b,\ b=14k^2$ $\qquad$ …… ㉡
$k\times2k\times4k=64,\ 8k^3=64$
이때 a가 실수이면 k도 실수이므로
$k^3=8,\ k^3-2^3=0$
$(k-2)(k^2+2k+4)=0$
$\therefore\ k=2$
따라서 $k=2$를 ㉠, ㉡에 대입하면
$a=-14,\ b=56$

> **⊕ 보충 설명**
>
> $k^2+2k+4=0$의 판별식을 D라고 하면
> $\dfrac{D}{4}=1^2-1\times4=-3<0$이므로 서로 다른 두 허근을 가진다.
> 이때 k는 실수이므로 이 방정식의 해가 아님을 알 수 있다.

7 주어진 삼차방정식의 계수가 모두 유리수이므로
$-1+\sqrt{3}$이 근이면 $-1-\sqrt{3}$도 근이다.
나머지 한 근을 γ라고 하면 삼차방정식의 근과 계수의
관계에 의하여
$(-1+\sqrt{3})+(-1-\sqrt{3})+\gamma=-a$ $\qquad$ …… ㉠
$(-1+\sqrt{3})(-1-\sqrt{3})+(-1-\sqrt{3})\gamma$
$\qquad\qquad +\gamma(-1+\sqrt{3})=b$ $\qquad$ …… ㉡
$(-1+\sqrt{3})(-1-\sqrt{3})\gamma=-2$ $\qquad$ …… ㉢
㉢에서 $\gamma=1$이므로 ㉠, ㉡에 각각 대입하여 정리하면

$a=1$, $b=-4$

$\therefore a+b=1+(-4)=-3$

두 수 $-1+\sqrt{3}$, $-1-\sqrt{3}$에 대하여
$(-1+\sqrt{3})+(-1-\sqrt{3})=-2$
$(-1+\sqrt{3})(-1-\sqrt{3})=-2$
이므로 두 수 $-1+\sqrt{3}$, $-1-\sqrt{3}$을 근으로 하고 x^2의 계수가 1인 이차방정식은 $x^2+2x-2=0$이다.
따라서 다항식 x^2+2x-2는 다항식
x^3+ax^2+bx+2의 인수이므로
$x^3+ax^2+bx+2=(x^2+2x-2)(x-k)$ (k는 실수)
임을 이용하여 a, b의 값을 각각 구할 수도 있다.

8 주어진 삼차방정식의 계수가 모두 실수이므로 $1+i$가 근이면 $1-i$도 근이다.

따라서 삼차방정식 $x^3-5x^2+ax+b=0$의 세 근이 $1+i$, $1-i$, k이므로 삼차방정식의 근과 계수의 관계에 의하여

$(1+i)+(1-i)+k=5$ $\qquad$ …… ㉠

$(1+i)(1-i)+(1-i)k+k(1+i)=a$ $\qquad$ …… ㉡

$(1+i)(1-i)k=-b$ $\qquad$ …… ㉢

㉠에서 $2+k=5$ $\qquad \therefore k=3$

$k=3$을 ㉡, ㉢에 각각 대입하여 정리하면

$a=8$, $b=-6$

$\therefore a+b+k=8+(-6)+3=5$

계수가 실수인 삼차방정식의 한 근이 $p+qi$이면 $p-qi$도 근이다. (p, q는 실수, $q\neq0$, $i=\sqrt{-1}$)

9 $x^3+1=0$, 즉 $(x+1)(x^2-x+1)=0$의 한 허근이 ω이므로

$\omega^3=-1$, $\omega^2-\omega+1=0$, $\omega^2=\omega-1$

$\therefore \omega^6+\omega^5-\omega^4+\omega^3-\omega^2$

$=(\omega^3)^2+\omega^3\times\omega^2-\omega^3\times\omega+\omega^3-\omega^2$

$=1-\omega^2+\omega-1-\omega^2=-2\omega^2+\omega$

$=-2(\omega-1)+\omega=2-\omega$

따라서 $2-\omega=a+b\omega$이고 a, b는 실수이므로

$a=2$, $b=-1$

$\therefore a-b=2-(-1)=3$

10 $x^3-1=0$, 즉 $(x-1)(x^2+x+1)=0$의 한 허근이 ω이므로

$\omega^3=1$, $\omega^2+\omega+1=0$

(1) $1+\omega=-\omega^2$, $1+\omega^2=-\omega$, $1+\omega^3=2$

$1+\omega^4=1+\omega=-\omega^2$, $1+\omega^5=1+\omega^2=-\omega$,

$1+\omega^6=2$

$1+\omega^7=1+\omega=-\omega^2$, $1+\omega^8=1+\omega^2=-\omega$,

$1+\omega^9=1+1=2$

$\therefore \dfrac{1}{(1+\omega)(1+\omega^2)(1+\omega^3)\times\cdots\times(1+\omega^8)(1+\omega^9)}$

$=\dfrac{1}{(-\omega^2)\times(-\omega)\times2\times(-\omega^2)\times(-\omega)\times2\times(-\omega^2)\times(-\omega)\times2}$

$=\dfrac{1}{(2\omega^3)^3}$

$=\dfrac{1}{2^3}=\dfrac{1}{8}$

(2) $\dfrac{1}{\omega+1}=\dfrac{1}{\omega^4+1}=\dfrac{1}{\omega^7+1}=\cdots=\dfrac{1}{\omega^{28}+1}$

$\dfrac{1}{\omega^2+1}=\dfrac{1}{\omega^5+1}=\dfrac{1}{\omega^8+1}=\cdots=\dfrac{1}{\omega^{29}+1}$

$\dfrac{1}{\omega^3+1}=\dfrac{1}{\omega^6+1}=\dfrac{1}{\omega^9+1}=\cdots=\dfrac{1}{\omega^{30}+1}$

따라서 구하는 식의 값은

$\dfrac{1}{\omega+1}+\dfrac{1}{\omega^2+1}+\dfrac{1}{\omega^3+1}+\cdots+\dfrac{1}{\omega^{30}+1}$

$=10\left(\dfrac{1}{\omega+1}+\dfrac{1}{\omega^2+1}+\dfrac{1}{\omega^3+1}\right)$

$=10\left(\dfrac{\omega^3}{-\omega^2}+\dfrac{\omega^3}{-\omega}+\dfrac{1}{1+1}\right)$

$=10\left(-\omega-\omega^2+\dfrac{1}{2}\right)$

$=10\left(1+\dfrac{1}{2}\right)=15$

$\omega^3=1$이므로 3개의 값이 반복된다. 따라서 가장 처음의 세 개의 항의 합 $\dfrac{1}{\omega+1}+\dfrac{1}{\omega^2+1}+\dfrac{1}{\omega^3+1}$에 10을 곱하면 구하는 식의 값이 나오게 된다.

실력 다지기 248쪽 ~ 249쪽

11 ① **12** 18 **13** 2 **14** 7

15 (1) -5, 4 (2) -8, 0, 1 **16** ㄱ, ㄴ **17** 13

18 19 **19** ② **20** -3

11 **접근 방법** | 조립제법을 이용하여 주어진 방정식의 좌변을 인수분해하고, α, β, γ의 관계식을 구하여 해결한다.

$f(x)=x^3+2x^2+3x+2$라고 하면
$f(-1)=-1+2-3+2=0$이므로 조립제법을 이용하여 $f(x)$를 인수분해하면

$$-1 \,\big|\, \begin{array}{cccc} 1 & 2 & 3 & 2 \\ & -1 & -1 & -2 \\ \hline 1 & 1 & 2 & 0 \end{array}$$

$\therefore f(x)=(x+1)(x^2+x+2)$

따라서 주어진 방정식은
$(x+1)(x^2+x+2)=0$
주어진 삼차방정식의 세 근이 α, β, γ이므로 $\alpha=-1$
이라고 하면 β, γ는 $x^2+x+2=0$의 근이다.
$\beta^2+\beta+2=0$에서 $\beta^2+\beta+1=-1$
$\gamma^2+\gamma+2=0$에서 $\gamma^2+\gamma+1=-1$
$\therefore (\alpha^2+\alpha+1)(\beta^2+\beta+1)(\gamma^2+\gamma+1)$
$\quad =\{(-1)^2+(-1)+1\}\times(-1)\times(-1)=1$

12 접근 방법 | 주어진 방정식의 좌변을 전개한 뒤 다시 인수분해하여 방정식을 푼다. 이때 좌변의 항을 두 개씩 묶고 전개하여 치환할 수 있는 형태로 바꿔 준다.

$\{(x+1)(x+3)\}(x+2)^2=20$에서
$(x^2+4x+3)(x^2+4x+4)-20=0$
$x^2+4x=X$로 놓으면
$(X+3)(X+4)-20=0$
$X^2+7X-8=0,\ (X+8)(X-1)=0$
$\therefore X=-8$ 또는 $X=1$
(i) $X=-8$일 때, $x^2+4x=-8$, 즉 $x^2+4x+8=0$의
판별식을 D_1이라고 하면
$$\frac{D_1}{4}=2^2-1\times8=-4<0$$
이므로 방정식 $x^2+4x+8=0$은 서로 다른 두 허근을 가진다.
(ii) $X=1$일 때, $x^2+4x=1$, 즉 $x^2+4x-1=0$의 판별식을 D_2라고 하면
$$\frac{D_2}{4}=2^2-1\times(-1)=5>0$$
이므로 방정식 $x^2+4x-1=0$은 서로 다른 두 실근을 가진다.
(i), (ii)에서 α, β는 $x^2+4x-1=0$의 두 근이므로 이차방정식의 근과 계수의 관계에 의하여
$\alpha+\beta=-4,\ \alpha\beta=-1$
$\therefore \alpha^2+\beta^2=(\alpha+\beta)^2-2\alpha\beta$
$\qquad\qquad =(-4)^2-2\times(-1)=18$

계수가 실수인 이차방정식 $ax^2+bx+c=0$의 판별식을
$D=b^2-4ac$라고 할 때
(i) $D>0$이면 서로 다른 두 실근을 가진다.
(ii) $D=0$이면 중근을 가진다.
(iii) $D<0$이면 서로 다른 두 허근을 가진다.

13 접근 방법 | $a+b=x$로 놓고 곱셈 공식의 변형
$a^3+b^3=(a+b)^3-3ab(a+b)$를 이용하여 x에 대한 삼차방정식을 세운 후 이 삼차방정식의 실근을 구한다.

$a^3+b^3=(7+5\sqrt{2})+(7-5\sqrt{2})=14$
$a^3b^3=(7+5\sqrt{2})(7-5\sqrt{2})$
$\qquad =49-50=-1$
$\therefore ab=-1\ (\because a,\ b$는 실수$)$
이를 $a^3+b^3=(a+b)^3-3ab(a+b)$에 대입하면
$14=(a+b)^3+3(a+b)$
$a+b=x$로 놓으면
$x^3+3x-14=0$ $\qquad\qquad\cdots\cdots$ ㉠
$f(x)=x^3+3x-14$라고 하면
$f(2)=8+6-14=0$
이므로 조립제법을 이용하여 $f(x)$를 인수분해하면

$$2 \,\big|\, \begin{array}{cccc} 1 & 0 & 3 & -14 \\ & 2 & 4 & 14 \\ \hline 1 & 2 & 7 & 0 \end{array}$$

$\therefore f(x)=(x-2)(x^2+2x+7)$
따라서 삼차방정식 ㉠은
$(x-2)(x^2+2x+7)=0$
$\therefore x-2=0$ 또는 $x^2+2x+7=0$
$\therefore x=2$ 또는 $x=-1\pm\sqrt{6}\,i$
$\therefore a+b=2$ 또는 $a+b=-1\pm\sqrt{6}\,i$
그런데 a, b는 실수이므로
$a+b=2$

14 접근 방법 | 사차방정식의 좌변이 두 이차식의 곱으로 인수분해될 때, 두 이차방정식이 각각 실근, 허근을 가지도록 하는 k의 값을 구한다.

$(x^2+kx+1)(x^2+kx+6)+4=0$
$x^2+kx=X$로 놓으면
$(X+1)(X+6)+4=0$
$X^2+7X+10=0$
$(X+2)(X+5)=0$
$(x^2+kx+2)(x^2+kx+5)=0$

두 이차방정식 $x^2+kx+2=0$, $x^2+kx+5=0$의 판별식을 각각 D_1, D_2라고 하면
$D_1=k^2-8$, $D_2=k^2-20$
사차방정식 $(x^2+kx+1)(x^2+kx+6)+4=0$이 실근과 허근을 모두 가지려면
(ⅰ) $D_1<0$, $D_2\geq0$일 때, $k^2<8$, $k^2\geq20$을 만족시키는 자연수 k는 존재하지 않는다.
(ⅱ) $D_1\geq0$, $D_2<0$일 때, $8\leq k^2<20$을 만족시키는 자연수 k의 값은 3, 4이다.
(ⅰ), (ⅱ)에서 사차방정식
$(x^2+kx+1)(x^2+kx+6)+4=0$이 실근과 허근을 모두 갖도록 하는 모든 자연수 k의 값의 합은 $3+4=7$

15 접근 방법 | 조립제법을 이용하여 방정식의 좌변을 일차식과 이차식의 곱으로 인수분해하고 중근을 가질 조건을 생각해 본다.

(1) $f(x)=x^3+3x^2+(a-4)x-a$라고 하면
$f(1)=1+3+a-4-a=0$
이므로 조립제법을 이용하여 $f(x)$를 인수분해하면

$$\begin{array}{r|rrrr} 1 & 1 & 3 & a-4 & -a \\ & & 1 & 4 & a \\ \hline & 1 & 4 & a & 0 \end{array}$$

$\therefore f(x)=(x-1)(x^2+4x+a)$
이때 방정식 $f(x)=0$이 중근을 가지려면
(ⅰ) $x^2+4x+a=0$이 $x=1$을 근으로 가질 때
$1^2+4\times1+a=0$　$\therefore a=-5$
(ⅱ) $x^2+4x+a=0$이 중근을 가질 때
방정식 $x^2+4x+a=0$의 판별식을 D라고 하면
$\dfrac{D}{4}=2^2-1\times a=0$　$\therefore a=4$
(ⅰ), (ⅱ)에서 구하는 상수 a의 값은 -5, 4이다.

(2) $f(x)=2x^3-(a+2)x^2+a$라고 하면
$f(1)=2-(a+2)+a=0$
이므로 조립제법을 이용하여 $f(x)$를 인수분해하면

$$\begin{array}{r|rrrr} 1 & 2 & -(a+2) & 0 & a \\ & & 2 & -a & -a \\ \hline & 2 & -a & -a & 0 \end{array}$$

$\therefore f(x)=(x-1)(2x^2-ax-a)$
이때 방정식 $f(x)=0$이 중근을 가지려면
(ⅰ) $2x^2-ax-a=0$이 $x=1$을 근으로 가질 때
$2-a-a=0$　$\therefore a=1$
(ⅱ) $2x^2-ax-a=0$이 중근을 가질 때
방정식 $2x^2-ax-a=0$의 판별식을 D라고 하면

$D=(-a)^2-4\times2\times(-a)=0$
$a^2+8a=0$, $a(a+8)=0$
$\therefore a=0$ 또는 $a=-8$
(ⅰ), (ⅱ)에서 구하는 상수 a의 값은 -8, 0, 1이다.

> **⊕ 보충 설명**
>
> 삼차방정식 $f(x)=0$의 한 근이 p이면
> $f(x)=(x-p)Q(x)$ ($Q(x)$는 이차식)로 나타낼 수 있다.
> 이때 $f(x)=0$이 중근을 가지려면 $Q(x)=0$이 $x=p$를 근으로 가지거나 $Q(x)=0$이 중근을 가져야 한다.

16 접근 방법 | 주어진 사차방정식에서 $x^2=t$로 치환하면 이차방정식 $t^2-2at+b=0$이 되므로 주어진 사차방정식이 서로 다른 네 실근을 가지기 위해서는 이차방정식 $t^2-2at+b=0$이 서로 다른 두 개의 양의 실근을 가져야 한다.

$x^2=t$로 놓으면
$t^2-2at+b=0$　　……　㉠
이차방정식 ㉠이 서로 다른 두 양의 실근을 가져야 하므로 판별식을 D라고 하면
$\dfrac{D}{4}=a^2-b>0$　　……　㉡
이차방정식 ㉠의 서로 다른 두 근이 모두 양수이므로 근과 계수의 관계에 의하여
(두 근의 합)$=2a>0$　　……　㉢
(두 근의 곱)$=b>0$　　……　㉣
ㄱ. ㉡에서 $a^2>b$ (참)
ㄴ. ㉢, ㉣에서 $a>0$, $b>0$ (참)
ㄷ. 이차방정식 $t^2-2at+b=0$이 서로 다른 두 양의 실근 1, 2를 가진다고 하면 사차방정식
$x^4-2ax^2+b=0$은 서로 다른 네 실근 ±1, $\pm\sqrt{2}$를 가지므로 $x=1$을 $x^4-2ax^2+b=0$에 대입하면
$1-2a+b=0$ (거짓)
따라서 옳은 것은 ㄱ, ㄴ이다.

> **⊕ 보충 설명**
>
> $x^4-2ax^2+b=0$에서 $x^2=t$로 치환한 이차방정식
> $t^2-2at+b=0$의 두 근을 α, β라고 하면
> $x^2=\alpha$ 또는 $x^2=\beta$
> $\therefore x=\pm\sqrt{\alpha}$ 또는 $x=\pm\sqrt{\beta}$
> 따라서 위의 네 값이 서로 다른 네 개의 실수가 되려면 $\alpha\neq\beta$이고 $\alpha>0$, $\beta>0$이어야 한다.

17 접근 방법 | 주어진 방정식의 계수가 모두 유리수이므로 $-1+\sqrt{2}$가 근이면 $-1-\sqrt{2}$도 근이다.

주어진 방정식의 계수가 모두 유리수이므로 $-1+\sqrt{2}$가 근이면 $-1-\sqrt{2}$도 근이다.

$f(x)=x^4+5x^3+ax^2+bx-5$라고 하면
$(x+1-\sqrt{2})(x+1+\sqrt{2})=x^2+2x-1$
이므로 x^2+2x-1은 $f(x)$의 인수이다.

$x^4+5x^3+ax^2+bx-5=(x^2+2x-1)(x^2+cx+5)$
(c는 상수)라고 하면
$x^4+5x^3+ax^2+bx-5$
$=x^4+(2+c)x^3+(4+2c)x^2+(10-c)x-5$
양변의 계수를 비교하면
$2+c=5$, $4+2c=a$, $10-c=b$
$\therefore a=10$, $b=7$, $c=3$
$\therefore 2a-b=2\times10-7=13$

⊕ 보충 설명

$x=-1+\sqrt{2}$에서 $x+1=\sqrt{2}$이므로 양변을 제곱하여 정리하면 $x^2+2x-1=0$이 된다. 이러한 방법으로 사차식의 인수를 찾을 수도 있다.

18 **접근 방법 l** 삼차방정식 $f(x)-3=0$의 서로 다른 세 근이 α, β, γ이므로 근과 계수의 관계와 곱셈 공식의 변형 $\alpha^2+\beta^2+\gamma^2=(\alpha+\beta+\gamma)^2-2(\alpha\beta+\beta\gamma+\gamma\alpha)$에 의하여 값을 정하도록 한다.

$f(\alpha)-3=f(\beta)-3=f(\gamma)-3=0$이므로 α, β, γ는 삼차방정식 $f(x)-3=0$, 즉 $x^3-5x^2+3x-7=0$의 세 근이다.

따라서 삼차방정식의 근과 계수의 관계에 의하여
$\alpha+\beta+\gamma=5$, $\alpha\beta+\beta\gamma+\gamma\alpha=3$
$\therefore \alpha^2+\beta^2+\gamma^2=(\alpha+\beta+\gamma)^2-2(\alpha\beta+\beta\gamma+\gamma\alpha)$
$\qquad\qquad\qquad=5^2-2\times3$
$\qquad\qquad\qquad=19$

19 **접근 방법 l** 이차방정식 $x^2-ax+b=0$의 한 근이 2ω이고 a, b가 실수이므로 다른 한 근은 $\overline{2\omega}=2\overline{\omega}$이다. 이 두 근에 대하여 근과 계수의 관계를 적용해 본다.

$x^3-1=0$, 즉 $(x-1)(x^2+x+1)=0$이므로 ω는 $x^2+x+1=0$의 한 허근이고, ω의 켤레복소수인 $\overline{\omega}$도 $x^2+x+1=0$의 근이다.

이차방정식의 근과 계수의 관계에 의하여
$\omega+\overline{\omega}=-1$, $\omega\overline{\omega}=1$ $\qquad\qquad$ ...... ㉠

한편, 이차방정식 $x^2-ax+b=0$의 한 근이 2ω이고 a, b가 실수이므로 다른 한 근은 $2\overline{\omega}$이다.

따라서 이차방정식의 근과 계수의 관계에 의하여

$a=2\omega+2\overline{\omega}=2(\omega+\overline{\omega})=2\times(-1)=-2$ ($\because$ ㉠)
$b=2\omega\times2\overline{\omega}=4\omega\overline{\omega}=4\times1=4$ ($\because$ ㉠)
$\therefore a+b=-2+4=2$

⊕ 보충 설명

$x^2+x+1=0$은 계수가 실수인 이차방정식이므로 $x^2+x+1=0$의 한 허근을 ω라고 하면 다른 한 근은 $\overline{\omega}$이다.

20 **접근 방법 l** $x+\dfrac{1}{x}=-1$의 양변에 x를 곱하여 정리하면

$x^2+x+1=0$이고, 다시 양변에 $x-1$을 곱하면
$(x-1)(x^2+x+1)=0$, $x^3-1=0$ $\qquad \therefore x^3=1$
따라서 $x^3=1$, $x^2+x+1=0$임을 이용하여 $P(1)$, $P(2)$, $P(3)$, ···의 값을 구해 본다.

$x+\dfrac{1}{x}=-1$의 양변에 x를 곱하여 정리하면

$x^2+x+1=0$이므로
$(x-1)(x^2+x+1)=0$, $x^3-1=0$ $\qquad \therefore x^3=1$
$\therefore P(n)=(x^2+x)^n+(x^2+1)^n+(x+1)^n$
$\qquad\qquad=(-1)^n+(-x)^n+(-x^2)^n$

따라서
$P(1)=-1-x-x^2=0$
$P(2)=1+x^2+x^4=1+x^2+x=0$
$P(3)=-1-x^3-x^6=-1-1-1=-3$
$P(4)=1+x^4+x^8=1+x+x^2=0$
$P(5)=-1-x^5-x^{10}=-1-x^2-x=0$
$P(6)=1+x^6+x^{12}=1+1+1=3$
$\qquad \vdots$

자연수 k에 대하여
$n=6k-3$이면 $P(n)=-3$
$n=6k$이면 $P(n)=3$
$n\neq6k-3$이고 $n\neq6k$이면 $P(n)=0$
그런데 $999=6\times167-3$이므로
$P(999)=-3$
$\therefore P(1)+P(2)+P(3)+\cdots+P(999)$
$\quad=0+0+(-3)+0+0+3+\cdots+0+0+(-3)$
$\quad=-3$

⊕ 보충 설명

$P(1)$, $P(2)$, $P(3)$, ···의 값은 6개의 값 0, 0, -3, 0, 0, 3이 반복되고 0, 0, -3, 0, 0, 3의 총합은 0이다.
따라서 $P(1)$부터 $P(999)$까지의 합을 구할 때, 6의 배수인 $P(996)$까지의 총합은 0이 되고 나머지 세 항은 0, 0, -3이 되므로 구하는 값은 -3이다.

21 ①   **22** ②   **23** 164   **24** ⑤

21 **접근 방법** | 주어진 삼차방정식의 한 근이 1임을 이용하여 상수 k의 값을 정하고 나머지 두 근 α, β를 구하도록 한다.

삼차방정식 $x^3+(k+1)x^2+(4k-3)x+k+7=0$의 한 근이 1이므로

$1+(k+1)+(4k-3)+k+7=0$

$6k+6=0$ $\therefore k=-1$

삼차방정식 $x^3-7x+6=0$의 좌변을 조립제법을 이용하여 인수분해하면

$$
\begin{array}{r|rrrr}
1 & 1 & 0 & -7 & 6 \\
 & & 1 & 1 & -6 \\
\hline
 & 1 & 1 & -6 & 0 \\
\end{array}
$$

$(x-1)(x^2+x-6)=0$

$(x-1)(x-2)(x+3)=0$

$\therefore x=1$ 또는 $x=2$ 또는 $x=-3$

$\therefore |\alpha-\beta|=5$

22 **접근 방법** | 주어진 삼차방정식에 $x=1$을 대입하면 성립하므로 주어진 삼차식은 $x-1$을 인수로 갖는다. 따라서 인수분해한 후 이차방정식의 두 근이 z, $\bar{z}$임을 이용하여 상수 k의 값을 구한다.

주어진 삼차방정식의 계수가 모두 실수이므로 한 허근이 z이면 켤레복소수 $\bar{z}$도 주어진 삼차방정식의 근이다.

$f(x)=x^3+(k-1)x^2-k$라고 하면

$f(1)=1+(k-1)-k=0$

이므로 조립제법을 이용하여 $f(x)$를 인수분해하면

$$
\begin{array}{r|rrrr}
1 & 1 & k-1 & 0 & -k \\
 & & 1 & k & k \\
\hline
 & 1 & k & k & 0 \\
\end{array}
$$

$\therefore f(x)=(x-1)(x^2+kx+k)$

따라서 주어진 삼차방정식은

$(x-1)(x^2+kx+k)=0$

이므로 두 허근 z, $\bar{z}$는 이차방정식 $x^2+kx+k=0$의 두 근이다.

근과 계수의 관계에 의하여

$z+\bar{z}=-k=-2$ $\therefore k=2$

＋ 보충 설명

> 조건에 주어진 두 수가 켤레복소수인 경우에는 두 수의 합과 곱을 구하는 것이 편리할 때가 많다.

23 **접근 방법** | 두 선분 AB, CD의 중점이 각각 두 원 C_1, C_2의 중심이고, 반지름의 길이를 r이라 하여 사각형 ABCD의 넓이와 둘레의 길이를 각각 구한다. 이때 관계식을 만족시키는 r의 값을 정하여 $\overline{BD}^2$의 값을 구한다.

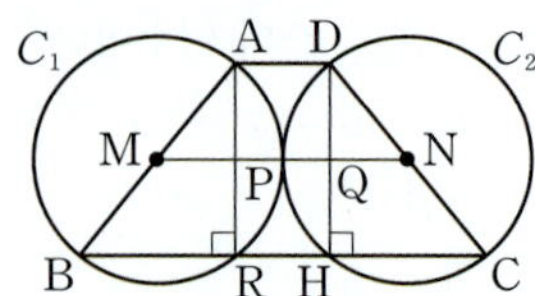

선분 AB를 지름으로 하는 원을 C_1이라 하고 선분 CD를 지름으로 하는 원을 C_2라 하자.

두 선분 AB, CD의 중점을 각각 M, N이라고 하면 두 점 M, N은 각각 두 원 C_1, C_2의 중심이다.

$\overline{AB}=\overline{CD}$이므로 두 원 C_1, C_2의 반지름의 길이가 서로 같고 원 C_1과 원 C_2는 오직 한 점에서 만나므로 원 C_1과 원 C_2가 만나는 점은 선분 MN의 중점이다.

선분 MN의 중점을 P, 점 D에서 선분 BC에 내린 수선의 발을 H, 선분 DH와 선분 MN이 만나는 점을 Q라고 하자.

두 원 C_1, C_2의 반지름의 길이를 r이라고 하면

$\overline{QN}=\overline{PN}-\overline{PQ}=r-2$에서

$\overline{HC}=2\times\overline{QN}=2r-4$이므로

$\overline{DH}^2=\overline{CD}^2-\overline{HC}^2$

$\qquad =(2r)^2-(2r-4)^2$

$\qquad =16r-16$ …… ㉠

점 A에서 선분 BC에 내린 수선의 발을 R이라고 하면

$\overline{BR}=\overline{HC}=2r-4$, $\overline{RH}=4$이므로

$\overline{BC}=\overline{BR}+\overline{RH}+\overline{HC}$

$\qquad =(2r-4)+4+(2r-4)$

$\qquad =4r-4$ …… ㉡

㉠, ㉡에서

$$S^2=\left\{\frac{1}{2}\times(\overline{BC}+\overline{AD})\times\overline{DH}\right\}^2$$

$$\quad =\frac{1}{4}\times(\overline{BC}+\overline{AD})^2\times\overline{DH}^2$$

$$\quad =\frac{1}{4}\times\{(4r-4)+4\}^2\times(16r-16)$$

$$\quad =64r^2(r-1)$$

$l=\overline{AB}+\overline{BC}+\overline{CD}+\overline{AD}$

$\quad =2r+(4r-4)+2r+4$

$\quad =8r$

$S^2+8l=6720$에서

$64r^2(r-1)+64r=6720$

$r^3-r^2+r-105=0$

조립제법을 이용하여 좌변을 인수분해하면

$$\begin{array}{r|rrrr} 5 & 1 & -1 & 1 & -105 \\ & & 5 & 20 & 105 \\ \hline & 1 & 4 & 21 & 0 \end{array}$$

$\therefore (r-5)(r^2+4r+21)=0$

$\therefore r=5$ 또는 $r^2+4r+21=0$

이차방정식 $r^2+4r+21=0$의 판별식을 D라고 하면

$$\frac{D}{4}=2^2-21=-17<0$$

이므로 $r^2+4r+21=0$을 만족시키는 실수 r의 값은 존재하지 않는다.

따라서 $r=5$이므로

$\overline{BH}=\overline{BR}+\overline{RH}$

$\quad\quad =2r-4+4=2r=10$

$\overline{DH}^2=16r-16=16\times5-16=64$

$\therefore \overline{BD}^2=\overline{BH}^2+\overline{DH}^2$

$\quad\quad\quad =10^2+64=164$

24 접근 방법 삼차방정식 $x^3=1$의 한 허근이 ω이므로 다른 한 허근은 $\overline{\omega}$가 됨을 이용하여 참, 거짓을 판단하도록 한다.

삼차방정식 $x^3=1$의 한 허근이 ω이므로

$x^3-1=0$, 즉 $(x-1)(x^2+x+1)=0$에서

$\omega^3=1$, $\omega^2+\omega+1=0$

ω의 켤레복소수 $\overline{\omega}$는 $x^3=1$의 다른 한 허근이므로

$\overline{\omega}^3=1$, $\overline{\omega}^2+\overline{\omega}+1=0$, $\omega+\overline{\omega}=-1$, $\omega\overline{\omega}=1$

ㄱ. $\overline{\omega}^3=1$ (참)

ㄴ. $\dfrac{1}{\omega}+\left(\dfrac{1}{\omega}\right)^2=\dfrac{\omega+1}{\omega^2}=\dfrac{-\omega^2}{\omega^2}=-1$

$\dfrac{1}{\overline{\omega}}+\left(\dfrac{1}{\overline{\omega}}\right)^2=\dfrac{\overline{\omega}+1}{\overline{\omega}^2}=\dfrac{-\overline{\omega}^2}{\overline{\omega}^2}=-1$

$\therefore \dfrac{1}{\omega}+\left(\dfrac{1}{\omega}\right)^2=\dfrac{1}{\overline{\omega}}+\left(\dfrac{1}{\overline{\omega}}\right)^2$ (참)

ㄷ. $(-\omega-1)^n=(\omega^2)^n$

$\left(\dfrac{\overline{\omega}}{\omega+\overline{\omega}}\right)^n=(-\overline{\omega})^n=\left(-\dfrac{1}{\omega}\right)^n$

$\quad\quad\quad\quad =(-1)^n\times\left(\dfrac{1}{\omega}\right)^n$

$\quad\quad\quad\quad =(-1)^n\times(\omega^2)^n$

$(-\omega-1)^n=\left(\dfrac{\overline{\omega}}{\omega+\overline{\omega}}\right)^n$을 만족시키는 n은

$(\omega^2)^n=(-1)^n\times(\omega^2)^n$, $1=(-1)^n$

을 만족시키므로 n은 짝수이다.

그러므로 100 이하의 짝수 n의 개수는 50이다. (참)

따라서 옳은 것은 ㄱ, ㄴ, ㄷ이다.

08. 연립방정식

개념 콕콕 **1 연립이차방정식** 259쪽

1 답 (1) $x=3$, $y=-1$　(2) $x=3$, $y=2$

(1) $\begin{cases} x-y=4 & \cdots\cdots ㉠ \\ x+2y=1 & \cdots\cdots ㉡ \end{cases}$

㉠－㉡을 하면

$-3y=3$　$\therefore y=-1$

$y=-1$을 ㉠에 대입하면 $x=3$

$\therefore x=3$, $y=-1$

(2) $\begin{cases} 3x+y=11 & \cdots\cdots ㉠ \\ 2x-y=4 & \cdots\cdots ㉡ \end{cases}$

㉠＋㉡을 하면

$5x=15$　$\therefore x=3$

$x=3$을 ㉠에 대입하면 $y=2$

$\therefore x=3$, $y=2$

2 답 2

연립방정식의 해가 없으려면

$\dfrac{1}{a}=\dfrac{1}{2}\neq\dfrac{2}{3}$, $\dfrac{1}{a}=\dfrac{1}{2}$　$\therefore a=2$

3 답 (1) $\begin{cases} x=-2 \\ y=-3 \end{cases}$ 또는 $\begin{cases} x=3 \\ y=2 \end{cases}$

(2) $\begin{cases} x=-1 \\ y=5 \end{cases}$ 또는 $\begin{cases} x=5 \\ y=-1 \end{cases}$

(1) $x-y=1$에서 $y=x-1$　$\cdots\cdots ㉠$

㉠을 $x^2+y^2=13$에 대입하면

$x^2+(x-1)^2=13$

$2x^2-2x-12=0$, $x^2-x-6=0$

$(x+2)(x-3)=0$

$\therefore x=-2$ 또는 $x=3$

$x=-2$를 ㉠에 대입하면 $y=-3$

$x=3$을 ㉠에 대입하면 $y=2$

따라서 구하는 해는

$\begin{cases} x=-2 \\ y=-3 \end{cases}$ 또는 $\begin{cases} x=3 \\ y=2 \end{cases}$

(2) $x+y=4$에서 $y=-x+4$　$\cdots\cdots ㉠$

㉠을 $x^2+xy+y^2=21$에 대입하면

$x^2+x(-x+4)+(-x+4)^2=21$

$x^2-4x-5=0$, $(x+1)(x-5)=0$

$$\therefore x=-1 \text{ 또는 } x=5$$

$x=-1$을 ㉠에 대입하면 $y=5$

$x=5$를 ㉠에 대입하면 $y=-1$

따라서 구하는 해는

$$\begin{cases} x=-1 \\ y=5 \end{cases} \text{ 또는 } \begin{cases} x=5 \\ y=-1 \end{cases}$$

4 답 $\begin{cases} x=-\sqrt{3} \\ y=\sqrt{3} \end{cases}$ 또는 $\begin{cases} x=\sqrt{3} \\ y=-\sqrt{3} \end{cases}$

또는 $\begin{cases} x=2 \\ y=1 \end{cases}$ 또는 $\begin{cases} x=-2 \\ y=-1 \end{cases}$

$x^2-xy-2y^2=0$에서 $(x+y)(x-2y)=0$

$$\therefore x=-y \text{ 또는 } x=2y$$

(ⅰ) $x=-y$를 $2x^2+y^2=9$에 대입하면

$3y^2=9,\ y^2=3 \qquad \therefore y=\pm\sqrt{3}$

$x=-y$이므로 $x=\mp\sqrt{3},\ y=\pm\sqrt{3}$ (복부호동순)

(ⅱ) $x=2y$를 $2x^2+y^2=9$에 대입하면

$9y^2=9,\ y^2=1 \qquad \therefore y=\pm1$

$x=2y$이므로 $x=\pm2,\ y=\pm1$ (복부호동순)

(ⅰ), (ⅱ)에서 구하는 해는

$$\begin{cases} x=-\sqrt{3} \\ y=\sqrt{3} \end{cases} \text{ 또는 } \begin{cases} x=\sqrt{3} \\ y=-\sqrt{3} \end{cases}$$

또는 $\begin{cases} x=2 \\ y=1 \end{cases}$ 또는 $\begin{cases} x=-2 \\ y=-1 \end{cases}$

5 답 (1) $\begin{cases} x=3 \\ y=4 \end{cases}$ 또는 $\begin{cases} x=4 \\ y=3 \end{cases}$

(2) $\begin{cases} x=1 \\ y=3 \end{cases}$ 또는 $\begin{cases} x=3 \\ y=1 \end{cases}$

(1) $x,\ y$는 이차방정식 $t^2-7t+12=0$의 두 근이므로

$(t-3)(t-4)=0 \qquad \therefore t=3 \text{ 또는 } t=4$

따라서 구하는 해는

$$\begin{cases} x=3 \\ y=4 \end{cases} \text{ 또는 } \begin{cases} x=4 \\ y=3 \end{cases}$$

(2) $x^2+y^2=(x+y)^2-2xy=16-2xy$이므로

$16-2xy=10 \qquad \therefore xy=3$

즉, $x+y=4,\ xy=3$이므로 $x,\ y$는 이차방정식

$t^2-4t+3=0$의 두 근이다.

$$\therefore (t-1)(t-3)=0$$

$$\therefore t=1 \text{ 또는 } t=3$$

따라서 구하는 해는

$$\begin{cases} x=1 \\ y=3 \end{cases} \text{ 또는 } \begin{cases} x=3 \\ y=1 \end{cases}$$

01-1 답 (1) 2   (2) -1

$$\begin{cases} ax+y=-3 & \cdots\cdots ㉠ \\ 2x+(a-1)y=6 & \cdots\cdots ㉡ \end{cases}$$

㉡$\times a-$㉠$\times2$를 하면

$(a^2-a-2)y=6(a+1)$

$$\therefore (a+1)(a-2)y=6(a+1)$$

(1) $a=2$일 때, $0\times y=18$이므로 해가 없다.

(2) $a=-1$일 때, $0\times y=0$이므로 해가 무수히 많다.

다른 풀이

연립방정식 $\begin{cases} ax+y=-3 \\ 2x+(a-1)y=6 \end{cases}$ 에서

(1) 해가 없으려면 $\dfrac{a}{2}=\dfrac{1}{a-1}\neq\dfrac{-3}{6}$이어야 하므로

$\dfrac{a}{2}=\dfrac{1}{a-1}$에서 $a(a-1)=2$

$a^2-a-2=0,\ (a+1)(a-2)=0$

$\therefore a=-1 \text{ 또는 } a=2 \qquad\qquad \cdots\cdots ㉠$

$\dfrac{1}{a-1}\neq\dfrac{-3}{6}$에서 $a-1\neq-2$

$\therefore a\neq-1 \qquad\qquad\qquad\qquad \cdots\cdots ㉡$

㉠, ㉡에서 $a=2$

(2) 해가 무수히 많으려면 $\dfrac{a}{2}=\dfrac{1}{a-1}=\dfrac{-3}{6}$이어야 하

므로

$\dfrac{a}{2}=\dfrac{1}{a-1}$에서 $a=-1 \text{ 또는 } a=2 \quad \cdots\cdots ㉠$

$\dfrac{1}{a-1}=\dfrac{-3}{6}$에서 $a=-1 \qquad\qquad \cdots\cdots ㉡$

㉠, ㉡에서 $a=-1$

01-2 답 (ⅰ) $a=\pm1$일 때, 해가 무수히 많다.

(ⅱ) $a\neq\pm1$일 때, $x=a,\ y=0$

$$\begin{cases} ax+y=a^2 & \cdots\cdots ㉠ \\ x+ay=a & \cdots\cdots ㉡ \end{cases}$$

㉠$\times a-$㉡을 하면

$(a^2-1)x=a^3-a$

$$\therefore (a+1)(a-1)x=a(a+1)(a-1)$$

(i) $a=-1$일 때, $0\times x=0$이므로 해가 무수히 많다.

(ii) $a=1$일 때, $0\times x=0$이므로 해가 무수히 많다.

(iii) $a\neq\pm1$일 때, $x=a$

$x=a$를 ㉠에 대입하면

$a^2+y=a^2$

$\therefore y=0$

$\therefore x=a,\ y=0$

01-3 **답** $a=\dfrac{1}{2},\ b=5$

$\begin{cases} ax-y=1 \\ x-y=3 \end{cases}$, $\begin{cases} x+y=b \\ 3x+y=13 \end{cases}$ 이 같은 해를 가져야 하므로

$x-y=3,\ 3x+y=13$을 연립하여 풀면

$x=4,\ y=1$

$x=4,\ y=1$을 $ax-y=1,\ x+y=b$에 각각 대입하면

$4a-1=1,\ 4+1=b$

$\therefore a=\dfrac{1}{2},\ b=5$

02-1 **답** (1) $\begin{cases} x=-2 \\ y=-4 \end{cases}$ 또는 $\begin{cases} x=4 \\ y=2 \end{cases}$

(2) $\begin{cases} x=-3 \\ y=-1 \end{cases}$ 또는 $\begin{cases} x=1 \\ y=3 \end{cases}$

(1) $x-y=2$에서 $y=x-2$ …… ㉠

㉠을 $x^2+y^2=20$에 대입하면

$x^2+(x-2)^2=20,\ 2x^2-4x-16=0$

$x^2-2x-8=0,\ (x+2)(x-4)=0$

$\therefore x=-2$ 또는 $x=4$

$x=-2$를 ㉠에 대입하면 $y=-4$

$x=4$를 ㉠에 대입하면 $y=2$

따라서 구하는 해는

$\begin{cases} x=-2 \\ y=-4 \end{cases}$ 또는 $\begin{cases} x=4 \\ y=2 \end{cases}$

(2) $y-x=2$에서 $y=x+2$ …… ㉠

㉠을 $x^2-3xy+y^2=1$에 대입하면

$x^2-3x(x+2)+(x+2)^2=1$

$x^2+2x-3=0,\ (x+3)(x-1)=0$

$\therefore x=-3$ 또는 $x=1$

$x=-3$을 ㉠에 대입하면 $y=-1$

$x=1$을 ㉠에 대입하면 $y=3$

따라서 구하는 해는 $\begin{cases} x=-3 \\ y=-1 \end{cases}$ 또는 $\begin{cases} x=1 \\ y=3 \end{cases}$

02-2 **답** 21

$x+2y=3$에서 $x=3-2y$ …… ㉠

㉠을 $x^2+xy-y^2=1$에 대입하면

$(3-2y)^2+(3-2y)y-y^2=1,\ y^2-9y+8=0$

$(y-1)(y-8)=0$ $\therefore y=1$ 또는 $y=8$

$y=1$을 ㉠에 대입하면 $x=1$

$y=8$을 ㉠에 대입하면 $x=-13$

따라서 연립방정식의 해는 $\begin{cases} x=1 \\ y=1 \end{cases}$ 또는 $\begin{cases} x=-13 \\ y=8 \end{cases}$이므로

$y-x$의 최댓값은 $8-(-13)=21$

02-3 **답** $6\sqrt{2}$

$-2x+y=a$에서 $y=2x+a$ …… ㉠

㉠을 $2x^2+y^2=24$에 대입하면

$2x^2+(2x+a)^2=24$

$6x^2+4ax+a^2-24=0$ …… ㉡

주어진 연립방정식이 오직 한 쌍의 해를 가지려면 이차방정식 ㉡이 중근을 가져야 하므로 이 이차방정식의 판별식을 D라고 하면

$\dfrac{D}{4}=(2a)^2-6\times(a^2-24)=0$

$2a^2-144=0,\ a^2=72$

$\therefore a=6\sqrt{2}\ (\because a>0)$

03-1 **답** (1) $\begin{cases} x=2 \\ y=4 \end{cases}$ 또는 $\begin{cases} x=-2 \\ y=-4 \end{cases}$

또는 $\begin{cases} x=-2\sqrt{6} \\ y=\sqrt{6} \end{cases}$ 또는 $\begin{cases} x=2\sqrt{6} \\ y=-\sqrt{6} \end{cases}$

(2) $\begin{cases} x=-4 \\ y=2 \end{cases}$ 또는 $\begin{cases} x=4 \\ y=-2 \end{cases}$

또는 $\begin{cases} x=1 \\ y=1 \end{cases}$ 또는 $\begin{cases} x=-1 \\ y=-1 \end{cases}$

(1) $2x^2+3xy-2y^2=0$의 좌변을 인수분해하면

$(2x-y)(x+2y)=0$

$\therefore y=2x$ 또는 $x=-2y$

(ⅰ) $y=2x$를 $x^2+xy=12$에 대입하면

$$x^2+2x^2=12$$

$$x^2=4 \quad \therefore x=\pm2$$

$y=2x$이므로 $x=\pm2$, $y=\pm4$ (복부호동순)

(ⅱ) $x=-2y$를 $x^2+xy=12$에 대입하면

$$4y^2-2y^2=12$$

$$y^2=6 \quad \therefore y=\pm\sqrt{6}$$

$x=-2y$이므로

$$x=\mp2\sqrt{6}, \ y=\pm\sqrt{6} \ (복부호동순)$$

(ⅰ), (ⅱ)에서 구하는 해는

$$\begin{cases} x=2 \\ y=4 \end{cases} 또는 \begin{cases} x=-2 \\ y=-4 \end{cases}$$

$$또는 \begin{cases} x=-2\sqrt{6} \\ y=\sqrt{6} \end{cases} 또는 \begin{cases} x=2\sqrt{6} \\ y=-\sqrt{6} \end{cases}$$

(2) $x^2+xy-2y^2=0$의 좌변을 인수분해하면

$$(x+2y)(x-y)=0$$

$$\therefore x=-2y 또는 x=y$$

(ⅰ) $x=-2y$를 $x^2+2xy+y^2=4$에 대입하면

$$4y^2-4y^2+y^2=4$$

$$y^2=4 \quad \therefore y=\pm2$$

$x=-2y$이므로 $x=\mp4$, $y=\pm2$ (복부호동순)

(ⅱ) $x=y$를 $x^2+2xy+y^2=4$에 대입하면

$$y^2+2y^2+y^2=4$$

$$y^2=1 \quad \therefore y=\pm1$$

$x=y$이므로 $x=\pm1$, $y=\pm1$ (복부호동순)

(ⅰ), (ⅱ)에서 구하는 해는

$$\begin{cases} x=-4 \\ y=2 \end{cases} 또는 \begin{cases} x=4 \\ y=-2 \end{cases}$$

$$또는 \begin{cases} x=1 \\ y=1 \end{cases} 또는 \begin{cases} x=-1 \\ y=-1 \end{cases}$$

03-2 답 4

$2x^2-xy-y^2=0$의 좌변을 인수분해하면

$$(2x+y)(x-y)=0$$

$$\therefore y=-2x 또는 y=x$$

(ⅰ) $y=-2x$를 $x^2-xy+y^2=4$에 대입하면

$$x^2+2x^2+4x^2=4, \ x^2=\frac{4}{7}$$

$$\therefore x=\pm\frac{2\sqrt{7}}{7}$$

$y=-2x$이므로 $x=\pm\dfrac{2\sqrt{7}}{7}$,

$$y=\mp\frac{4\sqrt{7}}{7} \ (복부호동순)$$

(ⅱ) $y=x$를 $x^2-xy+y^2=4$에 대입하면

$$x^2-x^2+x^2=4, \ x^2=4 \quad \therefore x=\pm2$$

$y=x$이므로 $x=\pm2$, $y=\pm2$ (복부호동순)

(ⅰ), (ⅱ)에서 x, y는 자연수이므로 $x=2$, $y=2$

$$\therefore xy=2\times2=4$$

03-3 답 (1) $\begin{cases} x=1 \\ y=2 \end{cases}$ 또는 $\begin{cases} x=-1 \\ y=-2 \end{cases}$

$$또는 \begin{cases} x=\sqrt{3} \\ y=\sqrt{3} \end{cases} 또는 \begin{cases} x=-\sqrt{3} \\ y=-\sqrt{3} \end{cases}$$

$$(2) \begin{cases} x=-2 \\ y=1 \end{cases} 또는 \begin{cases} x=2 \\ y=-1 \end{cases}$$

(1) $\begin{cases} x^2-xy+y^2=3 & \cdots\cdots ㉠ \\ 4x^2-7xy+y^2=-6 & \cdots\cdots ㉡ \end{cases}$

$㉠\times2+㉡$을 하면

$$6x^2-9xy+3y^2=0$$

$$2x^2-3xy+y^2=0, \ (2x-y)(x-y)=0$$

$$\therefore y=2x 또는 y=x$$

(ⅰ) $y=2x$를 ㉠에 대입하면

$$x^2-2x^2+4x^2=3$$

$$x^2=1 \quad \therefore x=\pm1$$

$y=2x$이므로 $x=\pm1$, $y=\pm2$ (복부호동순)

(ⅱ) $y=x$를 ㉠에 대입하면

$$x^2-x^2+x^2=3$$

$$x^2=3 \quad \therefore x=\pm\sqrt{3}$$

$y=x$이므로 $x=\pm\sqrt{3}$, $y=\pm\sqrt{3}$ (복부호동순)

(ⅰ), (ⅱ)에서 구하는 해는

$$\begin{cases} x=1 \\ y=2 \end{cases} 또는 \begin{cases} x=-1 \\ y=-2 \end{cases}$$

$$또는 \begin{cases} x=\sqrt{3} \\ y=\sqrt{3} \end{cases} 또는 \begin{cases} x=-\sqrt{3} \\ y=-\sqrt{3} \end{cases}$$

(2) $\begin{cases} x^2-2xy-3y^2=5 & \cdots\cdots ㉠ \\ 2x^2+3xy+y^2=3 & \cdots\cdots ㉡ \end{cases}$

$㉠\times3-㉡\times5$를 하면

$$-7x^2-21xy-14y^2=0$$

$$x^2+3xy+2y^2=0, \ (x+2y)(x+y)=0$$

$$\therefore x=-2y 또는 x=-y$$

(ⅰ) $x=-2y$를 ㉠에 대입하면

$$4y^2+4y^2-3y^2=5, \ y^2=1 \quad \therefore y=\pm1$$

$x=-2y$이므로 $x=\mp2$, $y=\pm1$ (복부호동순)

(ii) $x=-y$를 ㉠에 대입하면

$y^2+2y^2-3y^2=5$에서 $0\times y^2=5$이므로 이 식을 만족시키는 y의 값은 없다.

(i), (ii)에서 구하는 해는

$\begin{cases} x=-2 \\ y=1 \end{cases}$ 또는 $\begin{cases} x=2 \\ y=-1 \end{cases}$

참고 이 문제는 교과서에서 다루지는 않지만 익혀 두면 실전에 유용한 문제입니다.

04-1 답 (1) $\begin{cases} x=4 \\ y=5 \end{cases}$ 또는 $\begin{cases} x=5 \\ y=4 \end{cases}$

또는 $\begin{cases} x=-5 \\ y=-4 \end{cases}$ 또는 $\begin{cases} x=-4 \\ y=-5 \end{cases}$

(2) $\begin{cases} x=-3 \\ y=1 \end{cases}$ 또는 $\begin{cases} x=1 \\ y=-3 \end{cases}$

또는 $\begin{cases} x=1 \\ y=3 \end{cases}$ 또는 $\begin{cases} x=3 \\ y=1 \end{cases}$

(1) $x+y=a$, $xy=b$로 놓으면 주어진 연립방정식은

$\begin{cases} a^2-2b=41 & \cdots\cdots\ ㉠ \\ b=20 & \cdots\cdots\ ㉡ \end{cases}$

㉡을 ㉠에 대입하면 $a^2-40=41$, $a^2=81$

$\therefore a=\pm9$

(i) $a=9$, $b=20$, 즉 $x+y=9$, $xy=20$일 때, x, y는 t에 대한 이차방정식 $t^2-9t+20=0$의 두 근이다.

$(t-4)(t-5)=0$

$\therefore t=4$ 또는 $t=5$

$\therefore \begin{cases} x=4 \\ y=5 \end{cases}$ 또는 $\begin{cases} x=5 \\ y=4 \end{cases}$

(ii) $a=-9$, $b=20$, 즉 $x+y=-9$, $xy=20$일 때, x, y는 t에 대한 이차방정식 $t^2+9t+20=0$의 두 근이다.

$(t+5)(t+4)=0$

$\therefore t=-5$ 또는 $t=-4$

$\therefore \begin{cases} x=-5 \\ y=-4 \end{cases}$ 또는 $\begin{cases} x=-4 \\ y=-5 \end{cases}$

(i), (ii)에서 구하는 해는

$\begin{cases} x=4 \\ y=5 \end{cases}$ 또는 $\begin{cases} x=5 \\ y=4 \end{cases}$ 또는 $\begin{cases} x=-5 \\ y=-4 \end{cases}$ 또는 $\begin{cases} x=-4 \\ y=-5 \end{cases}$

(2) $x+y=a$, $xy=b$로 놓으면 주어진 연립방정식은

$\begin{cases} a^2-2b=10 & \cdots\cdots\ ㉠ \\ a-b=1 & \cdots\cdots\ ㉡ \end{cases}$

㉡에서 $b=a-1$이므로 ㉠에 대입하여 정리하면

$a^2-2a-8=0$, $(a+2)(a-4)=0$

$\therefore a=-2$ 또는 $a=4$

$a=-2$를 ㉡에 대입하면 $b=-3$

$a=4$를 ㉡에 대입하면 $b=3$

(i) $a=-2$, $b=-3$, 즉 $x+y=-2$, $xy=-3$일 때, x, y는 t에 대한 이차방정식 $t^2+2t-3=0$의 두 근이다.

$(t+3)(t-1)=0$

$\therefore t=-3$ 또는 $t=1$

$\therefore \begin{cases} x=-3 \\ y=1 \end{cases}$ 또는 $\begin{cases} x=1 \\ y=-3 \end{cases}$

(ii) $a=4$, $b=3$, 즉 $x+y=4$, $xy=3$일 때, x, y는 t에 대한 이차방정식 $t^2-4t+3=0$의 두 근이다.

$(t-1)(t-3)=0$

$\therefore t=1$ 또는 $t=3$

$\therefore \begin{cases} x=1 \\ y=3 \end{cases}$ 또는 $\begin{cases} x=3 \\ y=1 \end{cases}$

(i), (ii)에서 구하는 해는

$\begin{cases} x=-3 \\ y=1 \end{cases}$ 또는 $\begin{cases} x=1 \\ y=-3 \end{cases}$ 또는 $\begin{cases} x=1 \\ y=3 \end{cases}$ 또는 $\begin{cases} x=3 \\ y=1 \end{cases}$

04-2 답 10

$x+y=a$, $xy=b$로 놓으면 주어진 연립방정식은

$\begin{cases} b+a=-1 & \cdots\cdots\ ㉠ \\ a^2-2b=17 & \cdots\cdots\ ㉡ \end{cases}$

㉠에서 $b=-a-1$이므로 ㉡에 대입하여 정리하면

$a^2+2a-15=0$, $(a+5)(a-3)=0$

$\therefore a=-5$ 또는 $a=3$

$a=-5$를 ㉠에 대입하면 $b=4$

$a=3$을 ㉠에 대입하면 $b=-4$

(i) $a=-5$, $b=4$, 즉 $x+y=-5$, $xy=4$일 때, x, y는 t에 대한 이차방정식 $t^2+5t+4=0$의 두 근이다.

$(t+4)(t+1)=0$

$\therefore t=-4$ 또는 $t=-1$

$\therefore \begin{cases} x=-4 \\ y=-1 \end{cases}$ 또는 $\begin{cases} x=-1 \\ y=-4 \end{cases}$

(ii) $a=3$, $b=-4$, 즉 $x+y=3$, $xy=-4$일 때,
x, y는 t에 대한 이차방정식 $t^2-3t-4=0$의 두
근이다.
$(t+1)(t-4)=0$
$\therefore t=-1$ 또는 $t=4$
$\therefore \begin{cases} x=-1 \\ y=4 \end{cases}$ 또는 $\begin{cases} x=4 \\ y=-1 \end{cases}$

(i), (ii)에서 구하는 해는
$\begin{cases} x=-4 \\ y=-1 \end{cases}$ 또는 $\begin{cases} x=-1 \\ y=-4 \end{cases}$

또는 $\begin{cases} x=-1 \\ y=4 \end{cases}$ 또는 $\begin{cases} x=4 \\ y=-1 \end{cases}$

따라서 $x-y$의 최댓값 $M=4-(-1)=5$, 최솟값
$m=-1-4=-5$이므로
$M-m=5-(-5)=10$

04-3 답 2

주어진 연립방정식을 변형하면
$\begin{cases} xy+2(x+y)=0 \\ \dfrac{x^2+y^2}{xy}=-\dfrac{5}{2} \end{cases}$ 에서

$\begin{cases} xy+2(x+y)=0 \\ \dfrac{(x+y)^2-2xy}{xy}=-\dfrac{5}{2} \end{cases}$

$x+y=a$, $xy=b$로 놓으면 이 연립방정식은
$\begin{cases} b+2a=0 & \cdots\cdots ㉠ \\ \dfrac{a^2-2b}{b}=-\dfrac{5}{2} & \cdots\cdots ㉡ \end{cases}$

㉠에서 $b=-2a$이므로 ㉡에 대입하여 정리하면
$a^2-a=0$, $a(a-1)=0$
$\therefore a=0$ 또는 $a=1$
$a=0$을 ㉠에 대입하면 $b=0$
$a=1$을 ㉠에 대입하면 $b=-2$
그런데 $xy\neq0$에서 $b\neq0$이므로
$a=1$, $b=-2$
$\therefore x+y=1$, $xy=-2$
따라서 x, y는 t에 대한 이차방정식 $t^2-t-2=0$의
두 근이므로
$(t+1)(t-2)=0$
$\therefore t=-1$ 또는 $t=2$
그러므로 구하는 실수 x, y의 순서쌍 (x, y)는
$(-1, 2)$, $(2, -1)$의 2개이다.

1 답 $(1, 8)$, $(2, 6)$, $(3, 4)$, $(4, 2)$

$2x+y=10$에서 $y=-2x+10$
그런데 x, y가 자연수이므로
$y=-2x+10>0$ $\therefore x<5$
따라서 $x=1$일 때 $y=8$, $x=2$일 때 $y=6$, $x=3$일 때
$y=4$, $x=4$일 때 $y=2$이므로 구하는 순서쌍 (x, y)는
$(1, 8)$, $(2, 6)$, $(3, 4)$, $(4, 2)$

2 답 $(2, 5)$, $(4, 3)$, $(0, -1)$, $(-2, 1)$

x, y가 정수이므로 $x-1$, $y-2$도 정수이고 3의 약수
이다.
따라서 $x-1$, $y-2$의 값은 다음과 같다.

$x-1$	1	3	-1	-3
$y-2$	3	1	-3	-1

x	2	4	0	-2
y	5	3	-1	1

즉, 구하는 순서쌍 (x, y)는
$(2, 5)$, $(4, 3)$, $(0, -1)$, $(-2, 1)$

3 답 $\begin{cases} x=0 \\ y=-1 \end{cases}$ 또는 $\begin{cases} x=-2 \\ y=-3 \end{cases}$

$xy+2x+y+1=0$에서
$x(y+2)+(y+2)=1$
$\therefore (x+1)(y+2)=1$
x, y가 정수이므로 $x+1$, $y+2$도 정수이고 1의 약수
이다.
따라서 $x+1$, $y+2$의 값은 다음과 같다.

$x+1$	1	-1
$y+2$	1	-1

x	0	-2
y	-1	-3

즉, 구하는 방정식의 해는
$\begin{cases} x=0 \\ y=-1 \end{cases}$ 또는 $\begin{cases} x=-2 \\ y=-3 \end{cases}$

4 답 $x=1$, $y=-2$

$x^2+y^2-2x+4y+5=0$에서
$(x^2-2x+1)+(y^2+4y+4)=0$
$\therefore (x-1)^2+(y+2)^2=0$
x, y가 실수이므로 $x-1$, $y+2$도 실수이다.
따라서 $x-1=0$, $y+2=0$이므로
$x=1$, $y=-2$

5 답 $m=-4$, 공통근 : $x=2$

주어진 두 이차방정식의 공통근을 α라고 하면

$$\begin{cases} \alpha^2+(m+4)\alpha-4=0 & \cdots\cdots \ \unicode{x2971} \\ \alpha^2+(m+1)\alpha+2=0 & \cdots\cdots \ \unicode{x2972} \end{cases}$$

$\unicode{x2971}-\unicode{x2972}$을 하면

$3\alpha-6=0$ $\therefore \alpha=2$

$\alpha=2$를 $\unicode{x2971}$에 대입하면

$4+2(m+4)-4=0,\ 2m=-8$

$\therefore m=-4$

따라서 $m=-4$이고, 이때의 공통근은 $x=2$이다.

05-1 답 (1) $\begin{cases} x=2 \\ y=7 \end{cases}$ 또는 $\begin{cases} x=7 \\ y=2 \end{cases}$

또는 $\begin{cases} x=3 \\ y=4 \end{cases}$ 또는 $\begin{cases} x=4 \\ y=3 \end{cases}$

(2) $\begin{cases} x=0 \\ y=6 \end{cases}$ 또는 $\begin{cases} x=1 \\ y=4 \end{cases}$ 또는 $\begin{cases} x=3 \\ y=3 \end{cases}$

또는 $\begin{cases} x=-2 \\ y=-2 \end{cases}$ 또는 $\begin{cases} x=-3 \\ y=0 \end{cases}$

또는 $\begin{cases} x=-5 \\ y=1 \end{cases}$

(1) $xy-x-y-5=0$에서

$x(y-1)-(y-1)-6=0$

$\therefore (x-1)(y-1)=6$

x, y가 양의 정수이므로 $x-1$, $y-1$은 $x-1\geq0$, $y-1\geq0$인 정수이고 6의 약수이다.

따라서 $x-1$, $y-1$의 값은 다음과 같다.

$x-1$	1	6	2	3		x	2	7	3	4
$y-1$	6	1	3	2		y	7	2	4	3

즉, 구하는 방정식의 해는

$\begin{cases} x=2 \\ y=7 \end{cases}$ 또는 $\begin{cases} x=7 \\ y=2 \end{cases}$ 또는 $\begin{cases} x=3 \\ y=4 \end{cases}$ 또는 $\begin{cases} x=4 \\ y=3 \end{cases}$

(2) $xy-2x+y-6=0$에서

$x(y-2)+(y-2)-4=0$

$\therefore (x+1)(y-2)=4$

x, y가 정수이므로 $x+1$, $y-2$는 정수이고 4의 약수이다.

따라서 $x+1$, $y-2$의 값은 다음과 같다.

$x+1$	1	2	4	-1	-2	-4
$y-2$	4	2	1	-4	-2	-1

x	0	1	3	-2	-3	-5
y	6	4	3	-2	0	1

즉, 구하는 방정식의 해는

$\begin{cases} x=0 \\ y=6 \end{cases}$ 또는 $\begin{cases} x=1 \\ y=4 \end{cases}$ 또는 $\begin{cases} x=3 \\ y=3 \end{cases}$ 또는 $\begin{cases} x=-2 \\ y=-2 \end{cases}$

또는 $\begin{cases} x=-3 \\ y=0 \end{cases}$ 또는 $\begin{cases} x=-5 \\ y=1 \end{cases}$

05-2 답 $\begin{cases} x=6 \\ y=30 \end{cases}$ 또는 $\begin{cases} x=10 \\ y=10 \end{cases}$ 또는 $\begin{cases} x=30 \\ y=6 \end{cases}$

$\dfrac{1}{x}+\dfrac{1}{y}=\dfrac{1}{5}$의 양변에 $5xy$를 곱하면

$5x+5y=xy$

$xy-5x-5y=0$

$x(y-5)-5(y-5)=25$

$\therefore (x-5)(y-5)=25$

x, y가 양의 정수이므로 $x-5$, $y-5$는 $x-5\geq-4$, $y-5\geq-4$인 정수이고 25의 약수이다.

따라서 $x-5$, $y-5$의 값은 다음과 같다.

$x-5$	1	5	25		x	6	10	30
$y-5$	25	5	1		y	30	10	6

즉, 구하는 방정식의 해는

$\begin{cases} x=6 \\ y=30 \end{cases}$ 또는 $\begin{cases} x=10 \\ y=10 \end{cases}$ 또는 $\begin{cases} x=30 \\ y=6 \end{cases}$

05-3 답 $-5,\ 1$

이차방정식 $x^2+ax-a+1=0$의 두 근을 α, β라고 하면 근과 계수의 관계에 의하여

$\alpha+\beta=-a$, $\alpha\beta=-a+1$

이므로 $\alpha\beta=\alpha+\beta+1$

$\alpha(\beta-1)-(\beta-1)=2$

$\therefore (\alpha-1)(\beta-1)=2$

α, β는 정수이므로 $\alpha-1$, $\beta-1$은 정수이고 2의 약수이다.

따라서 $\alpha-1$, $\beta-1$의 값은 다음과 같다.

$\alpha-1$	1	2	-1	-2		α	2	3	0	-1
$\beta-1$	2	1	-2	-1		β	3	2	-1	0

즉, 방정식의 해는 $\begin{cases} \alpha=2 \\ \beta=3 \end{cases}$ 또는 $\begin{cases} \alpha=3 \\ \beta=2 \end{cases}$ 또는 $\begin{cases} \alpha=0 \\ \beta=-1 \end{cases}$

또는 $\begin{cases} \alpha=-1 \\ \beta=0 \end{cases}$

따라서 $a=-(\alpha+\beta)$이므로 $a=-5$ 또는 $a=1$

06-1 답 (1) $x=1$, $y=-3$ (2) $x=2$, $y=2$

(1) $2x^2+y^2-4x+6y+11=0$에서
$2(x^2-2x+1)+(y^2+6y+9)=0$
$\therefore 2(x-1)^2+(y+3)^2=0$
x, y가 실수이므로 $x-1$, $y+3$도 실수이다.
따라서 $x-1=0$, $y+3=0$이므로
$x=1$, $y=-3$

(2) $2x^2+3y^2-4xy-4y+4=0$에서
$2(x^2-2xy+y^2)+(y^2-4y+4)=0$
$\therefore 2(x-y)^2+(y-2)^2=0$
x, y가 실수이므로 $x-y$, $y-2$도 실수이다.
따라서 $x-y=0$, $y-2=0$이므로
$x=2$, $y=2$

06-2 답 1

$4x^2+4y^2+4xy-6y+3=0$에서
$(4x^2+4xy+y^2)+3(y^2-2y+1)=0$
$\therefore (2x+y)^2+3(y-1)^2=0$
x, y가 실수이므로 $2x+y$, $y-1$도 실수이다.
따라서 $2x+y=0$, $y-1=0$이므로
$x=-\dfrac{1}{2}$, $y=1$

$\therefore 4x+3y=4\times\left(-\dfrac{1}{2}\right)+3\times 1=1$

06-3 답 32

$x^2y^2-16xy+x^2+16y^2+16=0$에서
$(x^2y^2-8xy+16)+(x^2-8xy+16y^2)=0$
$\therefore (xy-4)^2+(x-4y)^2=0$
x, y가 실수이므로 $xy-4$, $x-4y$도 실수이다.
따라서 $xy-4=0$에서 $xy=4$, $x-4y=0$이므로
$x^2+16y^2=(x-4y)^2+8xy=0+8\times 4=32$

다른 풀이

$x^2y^2-16xy+x^2+16y^2+16=0$에서
$(xy-4)^2+(x-4y)^2=0$

x, y가 실수이므로 $xy-4$, $x-4y$도 실수이다.
따라서 $xy-4=0$, $x-4y=0$이므로
$xy=4$, $x=4y$
$x=4y$를 $xy=4$에 대입하면
$4y^2=4$, $y^2=1$ $\therefore y=\pm 1$
이를 $x=4y$에 대입하면 $x=\pm 4$
$\therefore x=\pm 4$, $y=\pm 1$ (복부호동순)
$\therefore x^2+16y^2=16+16\times 1=32$

07-1 답 $m=1$, 공통근 : $x=1$

주어진 두 이차방정식의 공통근을 α라고 하면
$\begin{cases} \alpha^2+4m\alpha-5=0 & \cdots\cdots \text{㉠} \\ \alpha^2+m\alpha+3m-5=0 & \cdots\cdots \text{㉡} \end{cases}$
㉠$-$㉡을 하면 $3m\alpha-3m=0$
$3m(\alpha-1)=0$ $\therefore m=0$ 또는 $\alpha=1$
(i) $m=0$일 때, 두 이차방정식이 $x^2-5=0$으로 일치
하므로 공통근이 2개 존재한다.
(ii) $\alpha=1$일 때, $\alpha=1$을 ㉠에 대입하면
$1+4m-5=0$ $\therefore m=1$
(i), (ii)에서 $m=1$이고, 이때의 공통근은 $x=1$이다.

07-2 답 -2

주어진 두 이차방정식의 공통근을 α라고 하면
$\begin{cases} \alpha^2+(m-1)\alpha+2m=0 & \cdots\cdots \text{㉠} \\ \alpha^2-(m-3)\alpha-2m=0 & \cdots\cdots \text{㉡} \end{cases}$
㉠$+$㉡을 하면 $2\alpha^2+2\alpha=0$
$2\alpha(\alpha+1)=0$ $\therefore \alpha=0$ 또는 $\alpha=-1$
그런데 공통근이 0이 아니므로 $\alpha=-1$
따라서 $\alpha=-1$을 ㉠에 대입하면
$1-m+1+2m=0$ $\therefore m=-2$

07-3 답 $a=-\dfrac{9}{4}$, $b=\dfrac{9}{4}$

$f(x)=x^3+x^2-5x+3$이라고 하면 $f(1)=0$이므로
조립제법을 이용하여 $f(x)$를 인수분해하면

```
1 │ 1   1   -5    3
  │     1    2   -3
    ─────────────────
    1   2   -3  │  0
```

$\therefore f(x)=(x-1)(x^2+2x-3)$

따라서 방정식 $x^3+x^2-5x+3=0$은
$(x-1)(x^2+2x-3)=0$
$(x-1)(x+3)(x-1)=0$, $(x-1)^2(x+3)=0$
$\therefore x=1$ 또는 $x=-3$
(i) 공통근이 $x=1$일 때,
　나머지 두 방정식에 $x=1$을 대입하면
　$1+2+a+b=0$, $1+b+a=0$
　$\therefore a+b=-3$, $a+b=-1$
　위의 두 식을 동시에 만족시키는 a, b의 값은 없다.
(ii) 공통근이 $x=-3$일 때,
　나머지 두 방정식에 $x=-3$을 대입하면
　$-27+18-3a+b=0$, $9-3b+a=0$
　$\therefore -3a+b=9$, $a-3b=-9$
　위의 두 식을 연립하여 풀면
　$a=-\dfrac{9}{4}$, $b=\dfrac{9}{4}$

(i), (ii)에서 $a=-\dfrac{9}{4}$, $b=\dfrac{9}{4}$

기본 다지기　　　　　　278쪽 ～ 279쪽

1 ①　　**2** ②　　**3** 25　　**4** ④　　**5** 21

6 10　　**7** ③　　**8** 13

9 (1) $x=-1$, $y=\dfrac{1}{2}$　　(2) $x=-1$, $y=-1$

10 $a=-1$, 공통근 : $x=-1$

1 $\begin{cases} 3x+ay=-3 & \cdots\cdots\ \bigcirc \\ (a+1)x+2y=2 & \cdots\cdots\ \bigcirc\!\!\!\!\bigcirc \end{cases}$

$\bigcirc\!\!\!\!\bigcirc \times a - \bigcirc \times 2$를 하면
$(a^2+a-6)x=2a+6$
$\therefore (a+3)(a-2)x=2(a+3)$

(i) $a=-3$일 때, $0\times x=0$이므로 해가 무수히 많다.
　$\therefore m=-3$

(ii) $a=2$일 때, $0\times x=10$이므로 해가 없다.
　$\therefore n=2$

(i), (ii)에서 $m=-3$, $n=2$이므로
$m-n=-3-2=-5$

다른 풀이

주어진 연립방정식의 해가 무수히 많으려면

$\dfrac{3}{a+1}=\dfrac{a}{2}=\dfrac{-3}{2}$　　　$\therefore a=-3$

해가 존재하지 않으려면

$\dfrac{3}{a+1}=\dfrac{a}{2}\neq\dfrac{-3}{2}$　　　$\therefore a=2$

따라서 $m=-3$, $n=2$이므로 $m-n=-5$

2 주어진 두 연립방정식의 해는 연립방정식
$\begin{cases} x+y=4 \\ x^2+y^2=26 \end{cases}$ 의 해이다.

$x+y=4$에서 $y=-x+4$　　　　　$\cdots\cdots\ \bigcirc$
$\bigcirc$을 $x^2+y^2=26$에 대입하면
$x^2+(-x+4)^2=26$, $2x^2-8x-10=0$
$x^2-4x-5=0$, $(x+1)(x-5)=0$
$\therefore x=-1$ 또는 $x=5$
$x=-1$을 $\bigcirc$에 대입하면 $y=5$
$x=5$를 $\bigcirc$에 대입하면 $y=-1$
따라서 연립방정식의 해는
$\begin{cases} x=-1 \\ y=5 \end{cases}$ 또는 $\begin{cases} x=5 \\ y=-1 \end{cases}$

(i) $x=-1$, $y=5$를 $ax-y=1$, $2x-y=b$에 각각 대입하면
　$-a-5=1$, $-2-5=b$
　$\therefore a=-6$, $b=-7$

(ii) $x=5$, $y=-1$을 $ax-y=1$, $2x-y=b$에 각각 대입하면
　$5a+1=1$, $10+1=b$
　$\therefore a=0$, $b=11$

(i), (ii)에서 $a-b$의 최댓값은
$-6-(-7)=1$

3 두 정사각형의 둘레의 길이의 합은
$4(a+b)=160$　　　$\therefore a+b=40$
두 정사각형의 넓이의 합은
$a^2+b^2=850$

연립방정식 $\begin{cases} a+b=40 & \cdots\cdots\ \bigcirc \\ a^2+b^2=850 & \cdots\cdots\ \bigcirc\!\!\!\!\bigcirc \end{cases}$ 에서

$\bigcirc$을 정리하면 $b=40-a$이므로 이를 $\bigcirc\!\!\!\!\bigcirc$에 대입하면
$a^2+(40-a)^2=850$, $2a^2-80a+750=0$
$a^2-40a+375=0$, $(a-15)(a-25)=0$
$\therefore a=15$ 또는 $a=25$
$a=15$를 $\bigcirc$에 대입하면 $b=25$

$a=25$를 ㉠에 대입하면 $b=15$

그런데 $a>b$이므로 $a=25$, $b=15$

따라서 구하는 a의 값은 25이다.

연립방정식 $\begin{cases} a+b=40 \\ a^2+b^2=850 \end{cases}$ 에서 곱셈 공식의 변형

$a^2+b^2=(a+b)^2-2ab$를 이용하면

$850=40^2-2ab$ $\quad \therefore ab=375$

따라서 $a+b=40$, $ab=375$일 때, a, b는 t에 대한 이차방정식 $t^2-40t+375=0$의 두 근임을 이용하여 a, b의 값을 구할 수도 있다.

---

4 $x^2-4xy+3y^2=0$의 좌변을 인수분해하면

$(x-y)(x-3y)=0$

$\therefore x=y$ 또는 $x=3y$

(i) $x=y$를 $2x^2+xy+3y^2=24$에 대입하면

$2y^2+y^2+3y^2=24$

$6y^2=24$, $y^2=4$ $\quad \therefore y=\pm 2$

$x=y$이므로 $x=\pm 2$, $y=\pm 2$ (복부호동순)

(ii) $x=3y$를 $2x^2+xy+3y^2=24$에 대입하면

$18y^2+3y^2+3y^2=24$

$24y^2=24$, $y^2=1$ $\quad \therefore y=\pm 1$

$x=3y$이므로 $x=\pm 3$, $y=\pm 1$ (복부호동순)

(i), (ii)에서 xy의 최댓값은

$2\times 2=(-2)\times(-2)=4$

$px^2+qxy+ry^2=0$ 꼴을 포함한 연립방정식은 일반적으로 인수분해가 가능한 경우가 대부분이다.

---

5 주어진 두 연립방정식의 해는 연립방정식

$\begin{cases} x+y=-3 \\ xy=-4 \end{cases}$ 의 해이다.

즉, x, y는 t에 대한 이차방정식 $t^2+3t-4=0$의 해이므로

$(t+4)(t-1)=0$

$\therefore t=-4$ 또는 $t=1$

따라서 연립방정식의 해는

$\begin{cases} x=-4 \\ y=1 \end{cases}$ 또는 $\begin{cases} x=1 \\ y=-4 \end{cases}$

(i) $x=-4$, $y=1$을 $x^2+y^2=a$, $bx+ay=1$에 각각 대입하면

$16+1=a$, $-4b+a=1$

$\therefore a=17$, $b=4$

(ii) $x=1$, $y=-4$를 $x^2+y^2=a$, $bx+ay=1$에 각각 대입하면

$1+16=a$, $b-4a=1$

$\therefore a=17$, $b=69$

(i), (ii)에서 $a=17$, $b=4$ ($\because a>b$)

$\therefore a+b=17+4=21$

연립방정식 $\begin{cases} x+y=p \\ xy=q \end{cases}$ 의 해는 t에 대한 이차방정식 $t^2-pt+q=0$의 두 근과 같다.

---

6 $x+y=a$, $xy=b$로 놓으면

$x^2+y^2=(x+y)^2-2xy$

이므로 주어진 연립방정식은

$\begin{cases} a+b+5=0 & \cdots\cdots ㉠ \\ a^2-b=7 & \cdots\cdots ㉡ \end{cases}$

㉠에서 $b=-a-5$이므로 ㉡에 대입하면

$a^2-(-a-5)=7$, $a^2+a-2=0$

$(a+2)(a-1)=0$ $\quad \therefore a=-2$ 또는 $a=1$

$a=-2$를 ㉠에 대입하면 $b=-3$

$a=1$을 ㉠에 대입하면 $b=-6$

(i) $a=-2$, $b=-3$, 즉 $x+y=-2$, $xy=-3$일 때, x, y는 t에 대한 이차방정식 $t^2+2t-3=0$의 두 근이다.

$(t+3)(t-1)=0$ $\quad \therefore t=-3$ 또는 $t=1$

$\therefore \begin{cases} x=-3 \\ y=1 \end{cases}$ 또는 $\begin{cases} x=1 \\ y=-3 \end{cases}$

(ii) $a=1$, $b=-6$, 즉 $x+y=1$, $xy=-6$일 때, x, y는 t에 대한 이차방정식 $t^2-t-6=0$의 두 근이다.

$(t+2)(t-3)=0$ $\quad \therefore t=-2$ 또는 $t=3$

$\therefore \begin{cases} x=-2 \\ y=3 \end{cases}$ 또는 $\begin{cases} x=3 \\ y=-2 \end{cases}$

(i), (ii)에서 구하는 연립방정식의 해는

$\begin{cases} x=-3 \\ y=1 \end{cases}$ 또는 $\begin{cases} x=1 \\ y=-3 \end{cases}$

또는 $\begin{cases} x=-2 \\ y=3 \end{cases}$ 또는 $\begin{cases} x=3 \\ y=-2 \end{cases}$

따라서 $x-3y$는 $x=1$, $y=-3$일 때 최대이므로 구하

는 최댓값은
$$1-3\times(-3)=10$$

7 $\dfrac{1}{x}+\dfrac{1}{y}=\dfrac{2}{5}$의 양변에 $5xy$를 곱하면

$5x+5y=2xy$, $2xy-5x-5y=0$

$2x(2y-5)-5(2y-5)=25$

$\therefore (2x-5)(2y-5)=25$

x, y가 양의 정수이므로 $2x-5$, $2y-5$는

$2x-5\geq-3$, $2y-5\geq-3$인 정수이고 25의 약수이다.

따라서 $2x-5$, $2y-5$의 값은 다음과 같다.

$2x-5$	1	5	25
$2y-5$	25	5	1

➡

x	3	5	15
y	15	5	3

그러므로 구하는 순서쌍 $(x,\ y)$는 $(3,\ 15)$, $(5,\ 5)$, $(15,\ 3)$의 3개이다.

x, y가 양의 정수이고 a가 홀수인 소수일 때, $\dfrac{1}{x}+\dfrac{1}{y}=\dfrac{2}{a}$

에서 $a(x+y)=2xy$이므로

$4xy-2a(x+y)+a^2=a^2$, $(2x-a)(2y-a)=a^2$

a^2의 양의 약수는 1, a, a^2이고, x, y는 양의 정수이므로 순서쌍 $(2x-a, 2y-a)$는

$(1, a^2)$, (a, a), $(a^2, 1)$

즉, 순서쌍 (x, y)는

$\left(\dfrac{a+1}{2}, \dfrac{a^2+a}{2}\right)$, (a, a), $\left(\dfrac{a^2+a}{2}, \dfrac{a+1}{2}\right)$

여기서 $a+1$, $a^2+a=a(a+1)$은 a가 홀수일 때, 모두 짝수이므로 $\dfrac{a+1}{2}$, $\dfrac{a^2+a}{2}$는 모두 자연수이다. 따라서 구하는 순서쌍 (x, y)의 개수는 항상 3이다.

8 주어진 이차방정식의 두 근을 α, β라고 하면 근과 계수의 관계에 의하여

$\alpha+\beta=m+5$ $\qquad\qquad$ …… ㉠

$\alpha\beta=-m-1$ $\qquad\qquad$ …… ㉡

㉠+㉡을 하면

$\alpha\beta+\alpha+\beta=4$, $\alpha(\beta+1)+(\beta+1)=5$

$\therefore (\alpha+1)(\beta+1)=5$

α, β가 정수이므로 $\alpha+1$, $\beta+1$도 정수이고 5의 약수이다.

따라서 $\alpha+1$, $\beta+1$의 값은 다음과 같다.

$\alpha+1$	1	5	-1	-5
$\beta+1$	5	1	-5	-1

➡

α	0	4	-2	-6
β	4	0	-6	-2

이때 $\alpha+\beta=4$ 또는 $\alpha+\beta=-8$이므로 각각 ㉠에 대입하면

$m=-1$ 또는 $m=-13$

따라서 구하는 모든 m의 값의 곱은

$(-1)\times(-13)=13$

$xy+ax+by=c$ $(a, b, c$는 상수$)$ 꼴의 부정방정식은 $(x+b)(y+a)=c+ab$로 변형할 수 있다.

9 (1) $2x^2+4y^2+4xy+2x+1=0$에서

$(x^2+4xy+4y^2)+(x^2+2x+1)=0$

$\therefore (x+2y)^2+(x+1)^2=0$

x, y가 실수이므로 $x+2y$, $x+1$도 실수이다.

따라서 $x+2y=0$, $x+1=0$이므로

$x=-1$, $y=\dfrac{1}{2}$

(2) $2x^2+2xy+5y^2+6x+12y+9=0$의 좌변을 y에 대하여 내림차순으로 정리하면

$5y^2+2(x+6)y+(2x^2+6x+9)=0$ $\qquad$ …… ㉠

y가 실수이므로 이차방정식 ㉠의 판별식을 D라고 하면

$$\frac{D}{4}=(x+6)^2-5\times(2x^2+6x+9)\geq0$$

$-9x^2-18x-9\geq0$

$x^2+2x+1\leq0$, $(x+1)^2\leq0$

x도 실수이므로

$(x+1)^2=0$

$\therefore x=-1$

$x=-1$을 ㉠에 대입하면

$5y^2+10y+5=0$, $y^2+2y+1=0$

$(y+1)^2=0$

$\therefore y=-1$

두 실수 A, B에 대하여 $A^2\geq0$, $B^2\geq0$이므로 $A^2+B^2=0$을 만족시키면 $A=B=0$이다.

10 주어진 두 이차방정식의 공통근을 α라고 하면

$\begin{cases} \alpha^2+a\alpha-2=0 & \cdots\cdots ㉠ \\ \alpha^2+2\alpha-a=0 & \cdots\cdots ㉡ \end{cases}$

㉠-㉡을 하면

$(a-2)\alpha+(a-2)=0$

$(a-2)(\alpha+1)=0$

$\therefore a=2$ 또는 $\alpha=-1$

(i) $a=2$일 때, 두 이차방정식이 $x^2+2x-2=0$으로
일치하므로 공통근이 2개 존재한다.

(ii) $\alpha=-1$일 때, $\alpha=-1$을 ㉠에 대입하면

$1-a-2=0$

$\therefore a=-1$

(i), (ii)에서 $a=-1$이고, 이때의 공통근은 $x=-1$이다.

실력 다지기

280쪽 ~ 281쪽

11 ④	**12** ①	**13** $-\dfrac{2}{3}\leq a\leq 2$	**14** $x=5$
15 4	**16** 8	**17** $\dfrac{1}{4}$	**18** 1	**19** 4
20 $-\dfrac{40}{7}$			

11 접근 방법 | $x+y$의 값이 주어져 있으므로 xy의 값을 구한 다음 x, y를 두 근으로 하는 이차방정식이 실근을 가질 조건을 이용한다.

$\dfrac{1}{x}+\dfrac{1}{y}=1$에서 $\dfrac{x+y}{xy}=\dfrac{a}{xy}=1$

$\therefore xy=a$

$x+y=a$, $xy=a$이므로 x, y는 t에 대한 이차방정식 $t^2-at+a=0$의 두 근이고 이 방정식이 실근을 가져야 하므로 판별식을 D라고 하면

$D=a^2-4\times 1\times a\geq 0$

$a(a-4)\geq 0$

$\therefore a\geq 4 \ (\because a>0)$

따라서 a의 최솟값은 4이다.

12 접근 방법 | x, y의 대소 관계에 의하여 $\max\{x,\,y\}$와 $\min\{x,\,y\}$의 값이 달라진다. 따라서 $x\geq y$인 경우와 $x<y$인 경우로 나누어 주어진 연립방정식을 푼다.

(i) $x\geq y$인 경우

$\max\{x,\,y\}=x$, $\min\{x,\,y\}=y$이므로

$\begin{cases} x=x^2+y^2 & \cdots\cdots ㉠ \\ y=x+2y-2 & \cdots\cdots ㉡ \end{cases}$

㉡에서 $y=-x+2$이므로 ㉠에 대입하면

$2x^2-5x+4=0$

이차방정식 $2x^2-5x+4=0$의 판별식을 D라고 하면

$D=(-5)^2-4\times 2\times 4=-7<0$

이므로 허근을 가진다. 따라서 이 식을 만족시키는 실수 x는 존재하지 않는다.

(ii) $x<y$인 경우

$\max\{x,\,y\}=y$, $\min\{x,\,y\}=x$이므로

$\begin{cases} y=x^2+y^2 & \cdots\cdots ㉢ \\ x=x+2y-2 & \cdots\cdots ㉣ \end{cases}$

㉣에서 $y=1$이므로 ㉢에 대입하면

$x^2=0 \qquad \therefore x=0$

(i), (ii)에서 $a=0$, $b=1$이므로

$a+b=0+1=1$

13 접근 방법 | $x+y+a=2$를 x 또는 y에 대한 식으로 바꾸어 $x^2+y^2+a^2=4$에 대입하면 x 또는 y에 대한 이차방정식을 얻는다. 이때 이차방정식이 실근을 가지기 위한 판별식의 조건을 적용해 본다.

$x+y+a=2$에서

$y=2-a-x \qquad \cdots\cdots ㉠$

㉠을 $x^2+y^2+a^2=4$에 대입하면

$x^2+(2-a-x)^2+a^2=4$

$x^2+(a-2)x+a^2-2a=0 \qquad \cdots\cdots ㉡$

x가 실수이므로 이차방정식 ㉡의 판별식을 D라고 하면

$D=(a-2)^2-4\times 1\times(a^2-2a)\geq 0$

$-3a^2+4a+4\geq 0$

$3a^2-4a-4\leq 0$, $(3a+2)(a-2)\leq 0$

$\therefore -\dfrac{2}{3}\leq a\leq 2$

이차방정식 $ax^2+bx+c=0$이 실근을 가지기 위해서는 판별식을 D라고 할 때 $D=b^2-4ac\geq0$이어야 한다.

14 **접근 방법|** 주어진 이차방정식의 두 근을 α, β라 하고 근과 계수의 관계를 적용한 다음 m을 소거하면 α, β에 대한 부정방정식을 얻을 수 있다.

이차방정식 $x^2-mx+3-2m=0$의 양의 정수해를 α라 하고, 나머지 한 근을 β라고 하면 근과 계수의 관계에 의하여

$$\alpha+\beta=m \qquad\qquad \cdots\cdots \text{㉠}$$
$$\alpha\beta=3-2m \qquad\qquad \cdots\cdots \text{㉡}$$

㉠을 ㉡에 대입하면

$$\alpha\beta=3-2(\alpha+\beta)$$
$$\alpha\beta+2\alpha+2\beta=3$$
$$\alpha(\beta+2)+2(\beta+2)=7$$
$$\therefore (\alpha+2)(\beta+2)=7$$

그런데 α는 양의 정수이므로

$$\alpha+2=7,\ \beta+2=1$$
$$\therefore \alpha=5,\ \beta=-1$$

따라서 주어진 이차방정식의 양의 정수해는

$$x=5$$

$xy+ax+by=c$ (a, b, c는 상수) 꼴의 부정방정식은 $(x+b)(y+a)=c+ab$로 변형할 수 있다.

15 **접근 방법|** 주어진 등식을 변형하여 한 문자에 대하여 나타낸 후 m, n이 자연수가 되기 위한 조건을 찾아본다.

$mn-8m+7n=200$에서

$$n(m+7)=8m+200$$
$$n=\frac{8m+200}{m+7}=8+\frac{144}{m+7}$$
$$\therefore n-8=\frac{144}{m+7} \qquad\qquad \cdots\cdots \text{㉠}$$

이때 $n-8$은 정수이므로 $m+7$은 144의 약수이다.
즉, $m+7$의 값은 1, 2, 3, 4, 6, 8, 9, 12, 16, 18, 24, 36, 48, 72, 144이다.
그런데 $1\leq m\leq20$, $1\leq n\leq20$이므로
$m+7=12$, 16, 18, 24이고,
이때 $n-8=12$, 9, 8, 6

$$\therefore \begin{cases} m=5 \\ n=20 \end{cases}, \begin{cases} m=9 \\ n=17 \end{cases}, \begin{cases} m=11 \\ n=16 \end{cases}, \begin{cases} m=17 \\ n=14 \end{cases}$$

따라서 구하는 순서쌍 (m, n)은
$(5, 20)$, $(9, 17)$, $(11, 16)$, $(17, 14)$
의 4개이다.

주어진 등식 $mn-8m+7n=200$을 $(m+7)(n-8)=144$로 변형한 후 $m+7$이 144의 약수가 될 조건을 적용하여 답을 구할 수도 있다.

16 **접근 방법|** 주어진 방정식을 $x(x-1)+y(y-1)=2$로 변형시킨 후 $x(x-1)$, $y(y-1)$의 두 값에 대한 조건을 생각해 본다.

$x^2+y^2=x+y+2$에서

$$x(x-1)+y(y-1)=2$$

한편, 모든 실수 k에 대하여

$$k(k-1)=\left(k-\frac{1}{2}\right)^2-\frac{1}{4}\geq-\frac{1}{4}$$

이므로 정수 x, y에 대하여

$$x(x-1)\geq0,\ y(y-1)\geq0$$

또한 $x(x-1)$, $y(y-1)$은 연속한 두 정수의 곱이므로 2의 배수이다.
따라서 두 정수 x, y에 대하여 방정식
$x(x-1)+y(y-1)=2$를 만족시키는 경우는
$x(x-1)=2$, $y(y-1)=0$ 또는
$x(x-1)=0$, $y(y-1)=2$이다.

(i) $x(x-1)=2$, $y(y-1)=0$일 때,
$$x^2-x-2=0,\ (x+1)(x-2)=0$$
$$\therefore x=-1 \text{ 또는 } x=2$$
$$y(y-1)=0$$
$$\therefore y=0 \text{ 또는 } y=1$$

(ii) $x(x-1)=0$, $y(y-1)=2$일 때,
$$x(x-1)=0$$
$$\therefore x=0 \text{ 또는 } x=1$$
$$y^2-y-2=0,\ (y+1)(y-2)=0$$
$$\therefore y=-1 \text{ 또는 } y=2$$

(i), (ii)에서 구하는 정수 x, y의 순서쌍 (x, y)는
$(-1, 0)$, $(-1, 1)$, $(2, 0)$, $(2, 1)$, $(0, -1)$,
$(0, 2)$, $(1, -1)$, $(1, 2)$
의 8개이다.

● 보충 설명

연속하는 두 개의 정수는 '짝수, 홀수'이거나 '홀수, 짝수'이다. 따라서 연속하는 두 정수의 곱은 짝수, 즉 2의 배수가 된다. 한편, 0은 모든 수의 배수이므로 0도 2의 배수이다.

17 접근 방법 | 공통근 α를 대입하여 두 식의 차를 구하면 α의 값을 찾을 수 있다. 그 다음 나머지 한 근을 각각 β, γ라 하고 근과 계수의 관계를 이용한다.

공통근이 α이므로

$$\begin{cases} \alpha^2+a\alpha+b=0 & \cdots\cdots ㉠ \\ \alpha^2+b\alpha+a=0 & \cdots\cdots ㉡ \end{cases}$$

㉠−㉡을 하면

$(a-b)\alpha+b-a=0,\ (a-b)(\alpha-1)=0$

$\therefore a=b$ 또는 $\alpha=1$

$a=b$이면 두 방정식이 일치하므로 $\alpha=1$

따라서 $x^2+ax+b=0$, $x^2+bx+a=0$의 공통근이 아닌 다른 한 근을 각각 β, γ라고 하면 두 이차방정식에서 각각 근과 계수의 관계에 의하여

$1\times\beta=b,\ 1\times\gamma=a$

$\therefore \beta=b,\ \gamma=a$

즉, $\beta:\gamma=b:a=3:5$이므로

$3a=5b \qquad\qquad \cdots\cdots ㉢$

한편, ㉠에 $\alpha=1$을 대입하면

$a+b+1=0 \qquad\qquad \cdots\cdots ㉣$

㉢, ㉣을 연립하여 풀면

$a=-\dfrac{5}{8},\ b=-\dfrac{3}{8}$

$\therefore |a-b|=\left|-\dfrac{5}{8}-\left(-\dfrac{3}{8}\right)\right|=\dfrac{1}{4}$

● 보충 설명

$a:b=5:3$이므로 $a=5k$, $b=3k$ $(k\neq0)$로 놓을 수 있다. 이를 $a+b+1=0$에 대입하면

$5k+3k+1=0 \qquad \therefore k=-\dfrac{1}{8}$

$\therefore a=-\dfrac{5}{8},\ b=-\dfrac{3}{8}$

18 접근 방법 | 오직 하나의 공통근을 α라 하고, 두 이차방정식에 대입한 후 두 식의 차를 구해 본다.

주어진 두 이차방정식의 공통근을 α라고 하면

$$\begin{cases} \alpha^2+m^2\alpha+n^2-2m=0 & \cdots\cdots ㉠ \\ \alpha^2-2m\alpha+m^2+n^2=0 & \cdots\cdots ㉡ \end{cases}$$

㉠−㉡을 하면

$(m^2+2m)\alpha-(m^2+2m)=0$

$(m^2+2m)(\alpha-1)=0$

$\therefore m^2+2m=0$ 또는 $\alpha=1$

(i) $m^2+2m=0$일 때, 두 이차방정식이 일치하므로 공통근이 2개 존재한다.

(ii) $\alpha=1$일 때, $\alpha=1$을 ㉠에 대입하면

$\quad 1+m^2+n^2-2m=0$

$\quad (m-1)^2+n^2=0$

그런데 m, n은 실수이므로

$\quad m=1,\ n=0$

(i), (ii)에서 $m+n=1+0=1$

● 보충 설명

$m^2+2m=0$이면 $m^2=-2m$이고, 이를 방정식

$x^2+m^2x+n^2-2m=0$에 대입하면

$x^2-2mx+n^2+m^2=0$

따라서 $m^2+2m=0$이면 주어진 두 이차방정식은 일치한다.

19 접근 방법 | $f(x)=ax^2+bx+c$ (a, b, c는 정수)로 놓고 조건에 맞게 α, β를 대입한 후 두 식의 차를 구해 본다.

$f(x)=ax^2+bx+c$ (a, b, c는 정수)라고 하면

$f(\alpha)-1=a\alpha^2+b\alpha+c-1=0 \qquad \cdots\cdots ㉠$

$f(\beta)+1=a\beta^2+b\beta+c+1=0 \qquad \cdots\cdots ㉡$

㉠−㉡을 하면

$a(\alpha^2-\beta^2)+b(\alpha-\beta)-2=0$

$\therefore (\alpha-\beta)\{a(\alpha+\beta)+b\}=2$

a, b, α, β가 정수이므로 $\alpha-\beta$와 $a(\alpha+\beta)+b$는 정수이다.

따라서 $\alpha-\beta$는 2의 약수이므로 $\alpha-\beta=\pm2$, ±1의 4개이다.

● 보충 설명

a, b, α, β가 정수이면 $\alpha-\beta$와 $a(\alpha+\beta)+b$도 모두 정수이다.

20 접근 방법 | 두 방정식의 두 공통근을 a, b, 서로 다른 나머지 근을 c, d라 하고, 근과 계수의 관계를 적용해 본다.

$x^3+10x^2+mx-12=0$의 세 근을 a, b, c라고 하면 근과 계수의 관계에 의하여

$a+b+c=-10 \qquad\qquad \cdots\cdots ㉠$

$abc=12 \qquad\qquad \cdots\cdots ㉡$

$x^3+2x^2+nx+2=0$의 세 근을 a, b, d라고 하면 근과 계수의 관계에 의하여

$$a+b+d=-2 \qquad\qquad \cdots\cdots\; \textcircled{\scriptsize ㄷ}$$
$$abd=-2 \qquad\qquad\quad \cdots\cdots\; \textcircled{\scriptsize ㄹ}$$

$\textcircled{\scriptsize ㄱ}-\textcircled{\scriptsize ㄷ}$을 하면

$$c-d=-8 \qquad\qquad\quad \cdots\cdots\; \textcircled{\scriptsize ㅁ}$$

$\textcircled{\scriptsize ㄴ}\div\textcircled{\scriptsize ㄹ}$을 하면

$$\frac{c}{d}=-6,\ \ \text{즉}\ \ c=-6d \qquad \cdots\cdots\; \textcircled{\scriptsize ㅂ}$$

$\textcircled{\scriptsize ㅂ}$을 $\textcircled{\scriptsize ㅁ}$에 대입하면

$$-6d-d=-8$$

$$\therefore d=\frac{8}{7}$$

$d=\dfrac{8}{7}$을 $\textcircled{\scriptsize ㅂ}$에 대입하면

$$c=(-6)\times\frac{8}{7}=-\frac{48}{7}$$

따라서 공통근이 아닌 나머지 두 근의 합은

$$c+d=-\frac{48}{7}+\frac{8}{7}=-\frac{40}{7}$$

➕ 보충 설명

일반적인 공통근 문제이면 두 개의 공통근을 $\alpha,\ \beta$로 놓고 대입하여 두 식의 차로부터 공통근을 찾겠지만, 나머지 두 근의 합에 관한 문제이므로 공통근을 찾지 않더라도 근과 계수의 관계를 이용하여 답을 구할 수 있다.

기출 다지기   282쪽

21 ②   **22** ②   **23** 25   **24** ②

21 **접근 방법 |** 두 연립방정식에서 미지수 $a,\ b$가 없는 방정식만의 연립방정식을 풀어 $a,\ b$의 값을 정하도록 한다.

주어진 두 연립방정식의 해는 연립방정식

$$\begin{cases} x^2-y^2=-1 \\ 2x+2y=1 \end{cases}$$ 의 해와 같다.

$2x+2y=1$에서 $x+y=\dfrac{1}{2}$ $\qquad \cdots\cdots\; \textcircled{\scriptsize ㄱ}$

$x^2-y^2=-1$, 즉 $(x+y)(x-y)=-1$에 $\textcircled{\scriptsize ㄱ}$을 대입하면

$$\frac{1}{2}(x-y)=-1$$

$$\therefore x-y=-2 \qquad\qquad \cdots\cdots\; \textcircled{\scriptsize ㄴ}$$

$\textcircled{\scriptsize ㄱ}$, $\textcircled{\scriptsize ㄴ}$을 연립하여 풀면

$$x=-\frac{3}{4},\ y=\frac{5}{4}$$

$x=-\dfrac{3}{4},\ y=\dfrac{5}{4}$를 $3x+y=a$에 대입하면

$$a=-1$$

$x=-\dfrac{3}{4},\ y=\dfrac{5}{4}$를 $x-y=b$에 대입하면

$$b=-2$$

$$\therefore ab=(-1)\times(-2)=2$$

22 **접근 방법 |** 주어진 연립방정식에서 일차식 $y=-2x+1$을 이차식에 대입하여 정리하고, 오직 한 쌍의 해를 가지려면 이 이차방정식이 중근을 가져야 함을 이용하여 양수 k의 값을 정하도록 한다.

$$\begin{cases} 2x+y=1 \qquad\qquad \cdots\cdots\; \textcircled{\scriptsize ㄱ} \\ x^2-ky=-6 \qquad\quad\ \cdots\cdots\; \textcircled{\scriptsize ㄴ} \end{cases}$$

$\textcircled{\scriptsize ㄱ}$에서 $y=-2x+1$을 $\textcircled{\scriptsize ㄴ}$에 대입하면

$$x^2-k(-2x+1)=-6,\ x^2+2kx+6-k=0$$

연립방정식이 오직 한 쌍의 해를 가지므로 이차방정식 $x^2+2kx+6-k=0$의 판별식을 D라고 하면

$$\frac{D}{4}=k^2-(6-k)=0$$

$$k^2+k-6=0,\ (k-2)(k+3)=0$$

$$\therefore k=2\ \text{또는}\ k=-3$$

그런데 k가 양수이므로 $k=2$

23 **접근 방법 |** 주어진 두 번째 식에서 $x+y=t$로 놓고, 이차방정식을 푼다. 이때 이 값을 첫 번째 식에 대입하여 연립방정식을 풀어 $x,\ y$의 값을 구한다.

$$\begin{cases} x^2-y^2=6 \qquad\qquad\qquad \cdots\cdots\; \textcircled{\scriptsize ㄱ} \\ (x+y)^2-2(x+y)=3 \qquad \cdots\cdots\; \textcircled{\scriptsize ㄴ} \end{cases}$$

$\textcircled{\scriptsize ㄴ}$에서 $x+y=t$라고 하면

$$t^2-2t-3=0,\ (t-3)(t+1)=0$$

$$\therefore t=3\ \text{또는}\ t=-1$$

$$\therefore x+y=3\ \text{또는}\ x+y=-1$$

이때 $x,\ y$는 양수이므로

$$x+y=3 \qquad\qquad\qquad \cdots\cdots\; \textcircled{\scriptsize ㄷ}$$

$\textcircled{\scriptsize ㄱ}$의 좌변을 인수분해하면

$$(x+y)(x-y)=6$$

$\textcircled{\scriptsize ㄷ}$을 대입하면 $3(x-y)=6$

$$\therefore x-y=2 \qquad\qquad\qquad \cdots\cdots\; \textcircled{\scriptsize ㄹ}$$

$\textcircled{\scriptsize ㄷ}$, $\textcircled{\scriptsize ㄹ}$을 연립하여 풀면

$$x=\frac{5}{2},\ y=\frac{1}{2}$$

$$\therefore 20xy=20\times\frac{5}{2}\times\frac{1}{2}=25$$

$$\begin{cases} x^2-y^2=6 & \cdots\cdots\ \text{㉠}\\ (x+y)^2-2(x+y)=3 & \cdots\cdots\ \text{㉡}\end{cases}$$

$x+y=\alpha$, $xy=\beta$라고 하면

$(x-y)^2=(x+y)^2-4xy$이므로

$(x-y)^2=\alpha^2-4\beta$ $\qquad\cdots\cdots$ ㉢

㉡의 식은 $\alpha^2-2\alpha-3=0$, $(\alpha-3)(\alpha+1)=0$

따라서 $\alpha=3$ 또는 $\alpha=-1$이고 x, y는 양수이므로

$\alpha=3$, 즉 $x+y=3$ $\qquad\cdots\cdots$ ㉣

㉣을 ㉢에 대입하면 $(x-y)^2=9-4\beta$

㉠의 양변을 제곱하면 $(x^2-y^2)^2=6^2$

$(x+y)^2(x-y)^2=6^2$ $\qquad\cdots\cdots$ ㉤

㉢, ㉣을 ㉤에 대입하면

$3^2(9-4\beta)=6^2$, $9-4\beta=4$ $\qquad\therefore\ \beta=\dfrac{5}{4}$

즉, $xy=\dfrac{5}{4}$이므로

$20xy=20\times\dfrac{5}{4}=25$

24 **접근 방법** | $\overline{P_1C}=a$, $\overline{CP_2}=b$이고, $\overline{AB}=6$임을 이용하여 관계식을 세우고, 두 반원 O_1과 O_2의 교점을 기준으로 직각삼각형에서 관계식을 세워서 연립방정식으로 풀도록 한다.

$\overline{AB}=\overline{AC}+\overline{CB}$이므로

$6=2a+2b$, $a+b=3$ $\qquad\cdots\cdots$ ㉠

두 반원 O_1과 O_2의 교점을 P_3이라고 하면 그림과 같이 반원에 대한 원주각의 크기는 $90°$이므로 삼각형 $P_1P_2P_3$은 $\angle P_1P_3P_2=90°$인 직각삼각형이다.

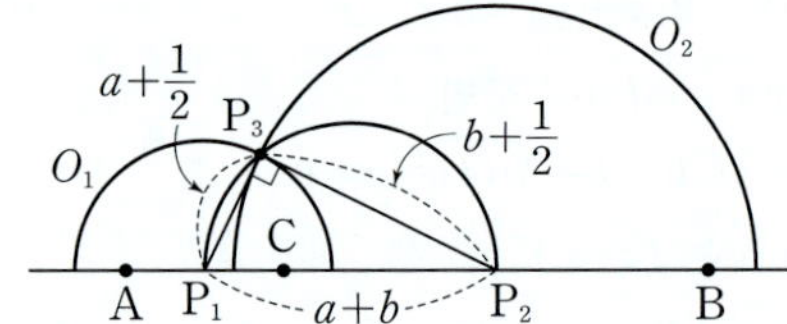

따라서 삼각형 $P_1P_2P_3$에서 피타고라스 정리에 의하여

$(a+b)^2=\left(a+\dfrac{1}{2}\right)^2+\left(b+\dfrac{1}{2}\right)^2$

$a^2+2ab+b^2=a^2+a+\dfrac{1}{4}+b^2+b+\dfrac{1}{4}$

$2ab=a+b+\dfrac{1}{2}$ $\qquad\cdots\cdots$ ㉡

㉠을 ㉡에 대입하면

$2ab=3+\dfrac{1}{2}$

$\therefore\ ab=\dfrac{7}{4}$

09. 여러 가지 부등식

개념 콕콕 **1 연립부등식** 291쪽

1 **답** $a>1$일 때 $x>2$, $a<1$일 때 $x<2$,
$a=1$일 때 해는 없다.

부등식 $ax+2>x+2a$에서

$ax-x>2a-2$ $\qquad\therefore\ (a-1)x>2(a-1)$

(i) $a-1>0$, 즉 $a>1$일 때,

$\quad x>\dfrac{2(a-1)}{a-1}$ $\qquad\therefore\ x>2$

(ii) $a-1<0$, 즉 $a<1$일 때,

$\quad x<\dfrac{2(a-1)}{a-1}$ $\qquad\therefore\ x<2$

(iii) $a-1=0$, 즉 $a=1$일 때,

$\quad 0\times x>0$, 즉 $0>0$이므로 부등식의 해는 없다.

2 **답** (1) $x\geq4$ (2) $4\leq x<5$ (3) 해는 없다.
(4) $x=-1$

(1) $x+2>0$에서 $x>-2$ $\qquad\cdots\cdots$ ㉠
$2x-1\geq x+3$에서 $x\geq4$ $\qquad\cdots\cdots$ ㉡
㉠, ㉡에서 연립부등식의
해는 $x\geq4$

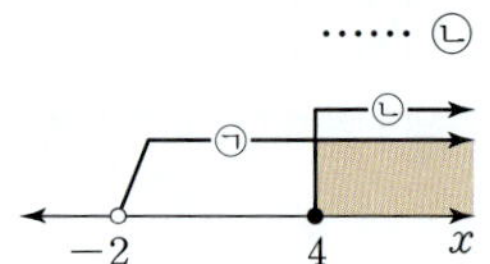

(2) $2x-10<-x+5$에서
$3x<15$ $\qquad\therefore\ x<5$ $\qquad\cdots\cdots$ ㉠
$3x-4\geq x+4$에서 $2x\geq8$ $\qquad\therefore\ x\geq4$ $\qquad\cdots\cdots$ ㉡
㉠, ㉡에서 연립부등식
의 해는 $4\leq x<5$

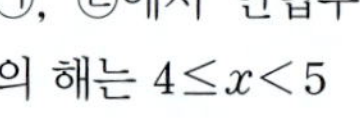

(3) $2x-1\geq x+1$에서 $x\geq2$ $\qquad\cdots\cdots$ ㉠
$x-10\geq4x+8$에서 $-3x\geq18$
$\therefore\ x\leq-6$ $\qquad\cdots\cdots$ ㉡
㉠, ㉡에서 연립부등식의
해는 없다.

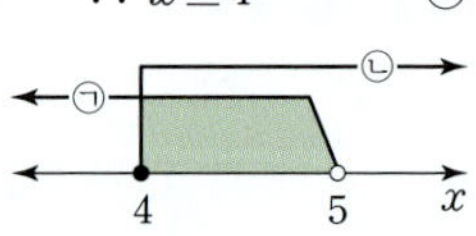

(4) $7x+2\geq4x-1$에서 $3x\geq-3$
$\therefore\ x\geq-1$ $\qquad\cdots\cdots$ ㉠
$3x-1\geq5x+1$에서 $-2x\geq2$
$\therefore\ x\leq-1$ $\qquad\cdots\cdots$ ㉡
㉠, ㉡에서 연립부등식의
해는 $x=-1$

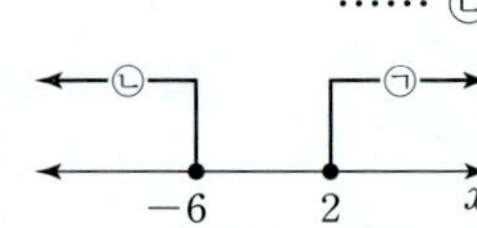

3 답 (1) $-\dfrac{11}{2}<x\le2$ (2) $-4\le x<4$

(1) $-2<\dfrac{2x+5}{3}\le3$의 각 변에 3을 곱하면

$-6<2x+5\le9$

각 변에서 5를 빼면 $-11<2x\le4$

각 변을 2로 나누면 $-\dfrac{11}{2}<x\le2$

(2) 연립부등식 $2x-3\le3x+1<x+9$에서

$\begin{cases} 2x-3\le3x+1 \\ 3x+1<x+9 \end{cases}$ 이므로

$2x-3\le3x+1$을 풀면

$-x\le4$ $\therefore x\ge-4$ ······ ㉠

$3x+1<x+9$를 풀면

$2x<8$ $\therefore x<4$ ······ ㉡

㉠, ㉡에서 연립부등식의

해는 $-4\le x<4$

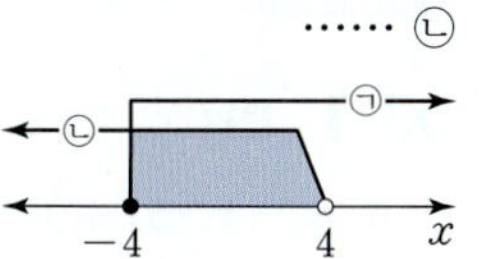

4 답 (1) $-4\le x\le3$ (2) $x<-2$ 또는 $x>8$

(1) $|2x+1|\le7$에서

$-7\le2x+1\le7$, $-8\le2x\le6$

$\therefore -4\le x\le3$

(2) $|x-3|>5$에서

$x-3<-5$ 또는 $x-3>5$

$\therefore x<-2$ 또는 $x>8$

5 답 (1) $x>2$ (2) $x<-2$ 또는 $x>2$

(1) 절댓값 기호 안의 식 $x-4$의 값이 0이 되도록 하는 x의 값, 즉 $x=4$를 기준으로 x의 값의 범위를 나눈다.

(ⅰ) $x<4$일 때,

$|x-4|=-(x-4)$이므로

$-(x-4)<x$, $-x+4<x$

$-2x<-4$ $\therefore x>2$

그런데 $x<4$이므로 $2<x<4$

(ⅱ) $x\ge4$일 때,

$|x-4|=x-4$이므로

$x-4<x$ $\therefore -4<0$

즉, $x\ge4$에서 부등식은 항상 성립한다.

$\therefore x\ge4$

(ⅰ), (ⅱ)에서 주어진 부등식의 해는 $x>2$

(2) 절댓값 기호 안의 식 $x+1$, $x-1$의 값이 0이 되도록 하는 x의 값, 즉 $x=-1$, $x=1$을 기준으로 x의 값의 범위를 나눈다.

(ⅰ) $x<-1$일 때,

$|x+1|=-(x+1)$, $|x-1|=-(x-1)$이므로

$-(x+1)-(x-1)>4$

$-2x>4$ $\therefore x<-2$

그런데 $x<-1$이므로 $x<-2$

(ⅱ) $-1\le x<1$일 때,

$|x+1|=x+1$, $|x-1|=-(x-1)$이므로

$(x+1)-(x-1)>4$

$\therefore 2>4$

즉, $-1\le x<1$에서 부등식의 해는 없다.

(ⅲ) $x\ge1$일 때,

$|x+1|=x+1$, $|x-1|=x-1$이므로

$(x+1)+(x-1)>4$

$2x>4$ $\therefore x>2$

그런데 $x\ge1$이므로 $x>2$

(ⅰ)~(ⅲ)에서 주어진 부등식의 해는

$x<-2$ 또는 $x>2$

01-1 답 $x>-2$

$ax-b>0$, 즉 $ax>b$의 해가 $x<3$이므로

$a<0$ ······ ㉠

$\dfrac{b}{a}=3$ $\therefore b=3a$ ······ ㉡

㉡을 x에 대한 부등식 $bx+(3a+b)<0$에 대입하면

$3ax+(3a+3a)<0$, $3ax<-6a$

$\therefore ax<-2a$

㉠에서 $a<0$이므로 주어진 부등식의 해는

$x>-2$

01-2 답 $x>-3$

$(a+b)x+(a-3b)>0$, 즉 $(a+b)x>-a+3b$의 해가 $x<\dfrac{1}{3}$이므로

$a+b<0$ ······ ㉠

$\dfrac{-a+3b}{a+b}=\dfrac{1}{3}$, $3(-a+3b)=a+b$

$\therefore a=2b$ ······ ㉡

ⓛ을 ㉠에 대입하면 $3b<0$이므로

$b<0$

ⓛ을 x에 대한 부등식 $(a-3b)x+(a-5b)>0$에 대입하여 정리하면

$-bx-3b>0$

$\therefore bx<-3b$

이때 $b<0$이므로 주어진 부등식의 해는

$x>-3$

01-3 답 $a\leq 1$

$a(x-1)-b(x-2)>1$에서

$ax-bx>a-2b+1$

$\therefore (a-b)x>a-2b+1$

이때 해가 존재하지 않으므로

$a-b=0$ ...... ㉠

$a-2b+1\geq 0$ ...... ㉡

㉠에서 $b=a$이고 이것을 ㉡에 대입하면

$a-2a+1\geq 0$

$\therefore a\leq 1$

예제 02　부등식의 사칙연산　295쪽

02-1 답 (1) $4<x+y\leq 9$　(2) $0<x-y\leq 5$
　　　　　(3) $3<xy\leq 18$　(4) $1<\dfrac{x}{y}\leq 6$

(1)
$$\begin{array}{r}3<\ \ x\ \leq 6\\ +)\ 1\leq\ \ y\ \leq 3\\ \hline 4<x+y\leq 9\end{array}$$

(2)
$$\begin{array}{r}3<\ \ x\ \leq 6\\ -)\ 1\leq\ \ y\ \leq 3\\ \hline 0<x-y\leq 5\end{array}$$

(3)
$$\begin{array}{r}3<\ \ x\ \leq 6\\ \times)\ 1\leq\ \ y\ \leq 3\\ \hline 3<\ \ xy\ \leq 18\end{array}$$

(4)
$$\begin{array}{r}3<\ \ x\ \leq 6\\ \div)\ 1\leq\ \ y\ \leq 3\\ \hline 1<\dfrac{x}{y}\leq 6\end{array}$$

02-2 답 (1) $10<xy+2x<36$　(2) $\dfrac{2}{5}<\dfrac{x}{y-2}<4$

$|x-3|\leq 1$에서 $-1\leq x-3\leq 1$이므로

$2\leq x\leq 4$

$|y-5|<2$에서 $-2<y-5<2$이므로

$3<y<7$

(1) $2\leq x\leq 4$이고, $5<y+2<9$이므로

$10<x(y+2)<36$　$\therefore 10<xy+2x<36$

(2) $2\leq x\leq 4$이고 $1<y-2<5$이므로

$$\dfrac{2}{5}<\dfrac{x}{y-2}<4$$

02-3 답 -24

$\dfrac{1}{3}\leq x\leq\dfrac{1}{2}$, $-1\leq y\leq\dfrac{1}{3}$에서 xy의 값은

$x=\dfrac{1}{2}$, $y=-1$일 때 최솟값을 가지고,

$x=\dfrac{1}{2}$, $y=\dfrac{1}{3}$일 때 최댓값을 가지게 되므로

$-\dfrac{1}{2}\leq xy\leq\dfrac{1}{6}$

따라서 $a=-\dfrac{1}{2}$, $b=\dfrac{1}{6}$이므로

$$\dfrac{2}{ab}=2\times\dfrac{1}{a}\times\dfrac{1}{b}=2\times(-2)\times 6=-24$$

예제 03　연립일차부등식　297쪽

03-1 답 (1) $3<x\leq 9$　(2) $2<x\leq 10$

(1) $6(x+1)>5x+9$에서

$6x+6>5x+9$

$\therefore x>3$ ...... ㉠

$\dfrac{x-1}{2}\leq\dfrac{x}{3}+1$에서

$3(x-1)\leq 2x+6$, $3x-3\leq 2x+6$

$\therefore x\leq 9$ ...... ㉡

㉠, ㉡에서 연립부등식의 해는 $3<x\leq 9$

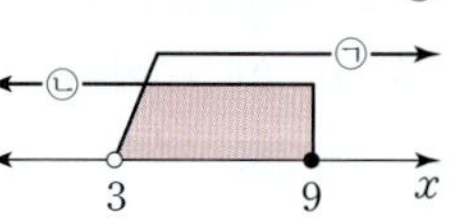

(2) $2(x+1)<4x-2\leq 3(x+1)+5$에서

$\begin{cases}2(x+1)<4x-2\\ 4x-2\leq 3(x+1)+5\end{cases}$ 이므로

$2x+2<4x-2$를 풀면

$-2x<-4$

$\therefore x>2$ ...... ㉠

$4x-2\leq 3x+8$을 풀면

$x\leq 10$ ...... ㉡

㉠, ㉡에서 연립부등식의 해는 $2<x\leq 10$

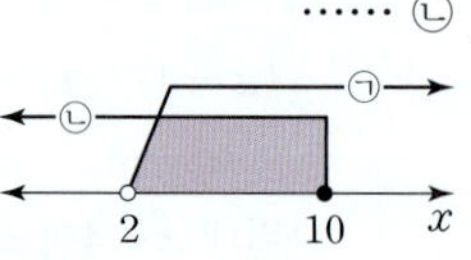

03-2 답 (1) $a=4$, $b=7$　(2) $a=7$, $b=4$

(1) $3x+1>3a-5$에서

$3x>3a-6$

$\therefore x>a-2$ ...... ㉠

$2(x-1)\leq x+5$에서

$2x-2\leq x+5$ $\therefore x\leq 7$ ...... ㉡

주어진 연립부등식의 해가 $2<x\leq b$이므로 ㉠, ㉡

을 수직선 위에 나타내면 다음 그림과 같다.

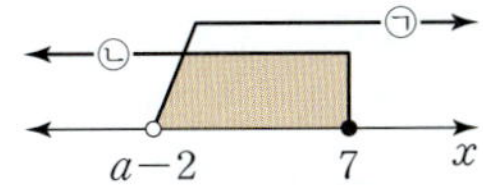

즉, $a-2<x\leq 7$이므로

$a-2=2,\ b=7$ $\therefore a=4,\ b=7$

(2) $2x-3<ax+2$에서 $(2-a)x<5$

그런데 $a>2$에서 $2-a<0$이므로

$x>\dfrac{5}{2-a}$ ...... ㉠

$x+b>2x+1$에서

$-x>1-b$ $\therefore x<b-1$ ...... ㉡

주어진 연립부등식의 해가 $-1<x<3$이므로 ㉠, ㉡을 수직선 위에 나타내면 다음 그림과 같다.

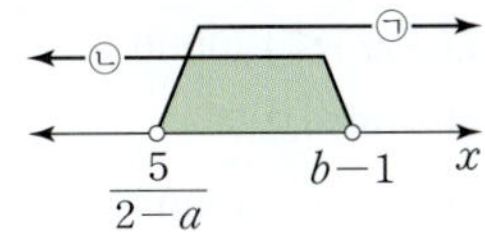

즉, $\dfrac{5}{2-a}<x<b-1$이므로

$\dfrac{5}{2-a}=-1,\ b-1=3$ $\therefore a=7,\ b=4$

03-3 답 ①

$a+4x<2a$에서

$4x<a$ $\therefore x<\dfrac{a}{4}$ ...... ㉠

$3(x+1)\geq x+6$에서

$3x+3\geq x+6,\ 2x\geq 3$ $\therefore x\geq\dfrac{3}{2}$ ...... ㉡

연립부등식의 해가 존재하지 않도록 ㉠, ㉡을 수직선 위에 나타내면 다음 그림과 같다.

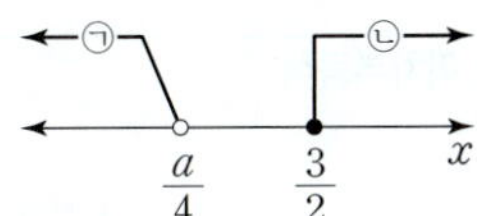

즉, $\dfrac{a}{4}\leq\dfrac{3}{2}$ $\therefore a\leq 6$

따라서 정수 a의 최댓값은 6이다.

예제 04 절댓값 기호를 포함한 부등식 299쪽

04-1 답 (1) $x>\dfrac{1}{4}$ (2) $x<-2$ 또는 $x>2$

(1) (i) $x<3$일 때,

$|x-3|=-(x-3)$이므로

$-2(x-3)<2x+5,\ -2x+6<2x+5$

$4x>1$ $\therefore x>\dfrac{1}{4}$

그런데 $x<3$이므로 $\dfrac{1}{4}<x<3$

(ii) $x\geq 3$일 때,

$|x-3|=x-3$이므로

$2(x-3)<2x+5,\ 2x-6<2x+5$

즉, $0\times x<11$이므로 해는 모든 실수이다.

그런데 $x\geq 3$이므로 $x\geq 3$

(i), (ii)에서 주어진 부등식의 해는

$x>\dfrac{1}{4}$

(2) (i) $x<-1$일 때,

$|x+1|=-(x+1),\ |x-1|=-(x-1)$이므로

$-x-1-x+1>4$

$-2x>4$ $\therefore x<-2$

그런데 $x<-1$이므로 $x<-2$

(ii) $-1\leq x<1$일 때,

$|x+1|=x+1,\ |x-1|=-(x-1)$이므로

$x+1-x+1>4$

즉, $0\times x>2$이므로 해는 없다.

(iii) $x\geq 1$일 때,

$|x+1|=x+1,\ |x-1|=x-1$이므로

$x+1+x-1>4$

$2x>4$ $\therefore x>2$

그런데 $x\geq 1$이므로 $x>2$

(i)~(iii)에서 주어진 부등식의 해는

$x<-2$ 또는 $x>2$

04-2 답 13

$|2x-a|\leq 5$에서

$-5\leq 2x-a\leq 5$

$-5+a\leq 2x\leq 5+a$

$\therefore \dfrac{-5+a}{2}\leq x\leq\dfrac{5+a}{2}$

주어진 부등식의 해가 $1\leq x\leq b$이므로

$\dfrac{-5+a}{2}=1,\ \dfrac{5+a}{2}=b$

$\therefore a=7,\ b=6$

$\therefore a+b=7+6=13$

04-3 답 14

부등식 $||x-2|-1|<3$에서

$-3<|x-2|-1<3$

$-2<|x-2|<4$

그런데 $|x-2|\geq0$이므로

$0\leq|x-2|<4$, 즉 $|x-2|<4$

$-4<x-2<4$　　　$\therefore -2<x<6$

따라서 정수 x는 -1, 0, 1, 2, 3, 4, 5이므로 모든 정수 x의 값의 합은 $-1+0+1+2+3+4+5=14$

05-1 답 $150\,\text{g}$ 이상 $350\,\text{g}$ 이하

두 식품 A, B를 각각 $1\,\text{g}$씩 섭취했을 때 얻을 수 있는 열량과 탄수화물의 양은 다음 표와 같다.

	열량(kcal)	탄수화물(g)
식품 A	$\dfrac{150}{100}$	$\dfrac{6}{100}$
식품 B	$\dfrac{90}{100}$	$\dfrac{2}{100}$

섭취해야 하는 식품 A의 양을 $x\,\text{g}$이라고 하면 섭취해야 하는 식품 B의 양은 $(600-x)\text{g}$이므로

$$\begin{cases} \dfrac{150}{100}x+\dfrac{90}{100}(600-x)\leq750 \\ \dfrac{6}{100}x+\dfrac{2}{100}(600-x)\geq18 \end{cases}$$

즉, $\begin{cases} 15x+9(600-x)\leq7500 \\ 6x+2(600-x)\geq1800 \end{cases}$ 을 풀면

$15x+9(600-x)\leq7500$에서

$15x+5400-9x\leq7500$

$6x\leq2100$　　　$\therefore x\leq350$　　　$\cdots\cdots$ ㉠

$6x+2(600-x)\geq1800$에서

$6x+1200-2x\geq1800$

$4x\geq600$　　　$\therefore x\geq150$　　　$\cdots\cdots$ ㉡

㉠, ㉡에서 연립부등식의 해는 $150\leq x\leq350$

따라서 식품 A를 섭취할 수 있는 양은 $150\,\text{g}$ 이상 $350\,\text{g}$ 이하이다.

05-2 답 7개

과자를 x개 산다고 하면 우유는 $(12-x)$개를 사야 하므로

$$\begin{cases} x>12-x \\ 1500x+800(12-x)\leq14700 \end{cases}$$

$x>12-x$에서

$2x>12$　　　$\therefore x>6$　　　$\cdots\cdots$ ㉠

$1500x+800(12-x)\leq14700$에서

$15x+8(12-x)\leq147$

$15x+96-8x\leq147$

$7x\leq51$　　　$\therefore x\leq\dfrac{51}{7}$　　　$\cdots\cdots$ ㉡

㉠, ㉡에서 연립부등식의 해는 $6<x\leq\dfrac{51}{7}$

이때 x는 자연수이므로 $x=7$

따라서 과자는 7개 사면 된다.

05-3 답 30

두 제품 A, B를 합하여 50개를 만들므로 제품 A의 개수를 x라고 하면 제품 B의 개수는 $50-x$이다.

재료비가 13만 원 이하이므로

$3000x+2000(50-x)\leq130000$

인건비가 14만 원 이하이므로

$2500x+3000(50-x)\leq140000$

연립부등식 $\begin{cases} 3000x+2000(50-x)\leq130000 \\ 2500x+3000(50-x)\leq140000 \end{cases}$ 을 풀면

$3000x+2000(50-x)\leq130000$에서

$3x+2(50-x)\leq130$　　　$\therefore x\leq30$　　　$\cdots\cdots$ ㉠

$2500x+3000(50-x)\leq140000$에서

$25x+30(50-x)\leq1400$

$-5x\leq-100$　　　$\therefore x\geq20$　　　$\cdots\cdots$ ㉡

㉠, ㉡에서 연립부등식의 해는 $20\leq x\leq30$

즉, 제품 A는 최소 20개, 최대 30개를 만들 수 있다.

$\therefore M=30$

1 답 (1) $-1\leq x\leq2$　(2) $x<-1$ 또는 $x>2$

(1) 부등식 $f(x)\leq0$의 해는 $y=f(x)$의 그래프가 x축보다 아래쪽에 있거나 x축과 만나는 부분의 x의 값의 범위이므로

　　$-1\leq x\leq2$

(2) 부등식 $f(x)>0$의 해는 $y=f(x)$의 그래프가 x축보다 위쪽에 있는 부분의 x의 값의 범위이므로

　　$x<-1$ 또는 $x>2$

2 달 (1) $2 \le x \le 8$ (2) $x < -4$ 또는 $x > 5$
    (3) 모든 실수 (4) 해는 없다.

(1) $x^2 - 10x + 16 \le 0$에서
  $(x-2)(x-8) \le 0$
  $\therefore 2 \le x \le 8$

(2) $-x^2 + x + 20 < 0$에서
  $x^2 - x - 20 > 0, \ (x+4)(x-5) > 0$
  $\therefore x < -4$ 또는 $x > 5$

(3) 이차방정식 $2x^2 - 4x + 5 = 0$의 판별식을 D라고 하면
$$\frac{D}{4} = (-2)^2 - 2 \times 5 = -6 < 0$$

이므로 이차함수 $y = 2x^2 - 4x + 5$의 그래프는 오른쪽 그림과 같이 x축과 만나지 않는다. 즉, 이차함수 $y = 2x^2 - 4x + 5$에서 $y \ge 0$인 x의 값의 범위는 모든 실수이므로 이차부등식 $2x^2 - 4x + 5 \ge 0$의 해는 모든 실수이다.

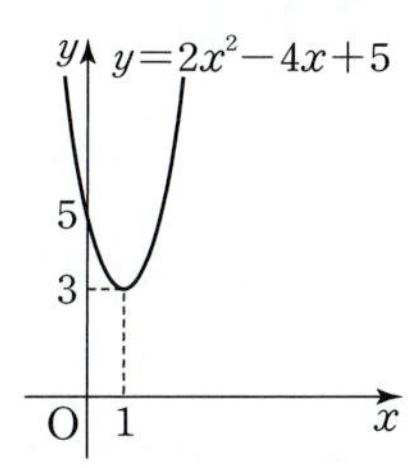

(4) 이차방정식 $x^2 - 6x + 11 = 0$의 판별식을 D라고 하면
$$\frac{D}{4} = (-3)^2 - 1 \times 11 = -2 < 0$$

이므로 이차함수 $y = x^2 - 6x + 11$의 그래프는 오른쪽 그림과 같이 x축과 만나지 않는다. 즉, 이차함수 $y = x^2 - 6x + 11$에서 $y < 0$인 x의 값의 범위는 존재하지 않으므로 이차부등식 $x^2 - 6x + 11 < 0$의 해는 없다.

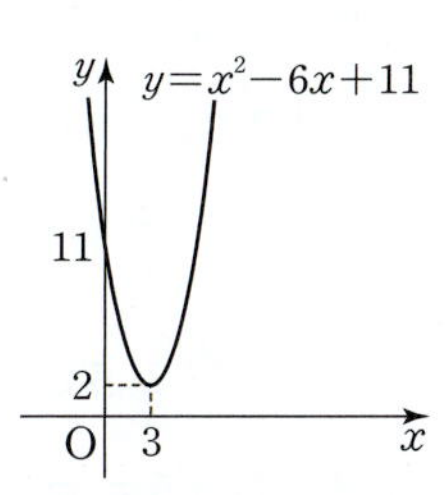

3 달 (1) $-6 \le k \le 6$ (2) $k < -4$

(1) 모든 실수 x에 대하여 부등식 $x^2 + kx + 9 \ge 0$이 성립하려면 이차함수 $y = x^2 + kx + 9$의 그래프가 x축보다 항상 위쪽에 있거나 x축과 접해야 한다. 즉, 그래프가 x축과 만나지 않거나 x축에 접해야 하므로 이차방정식 $x^2 + kx + 9 = 0$의 판별식을 D라고 하면 $D \le 0$이어야 한다.

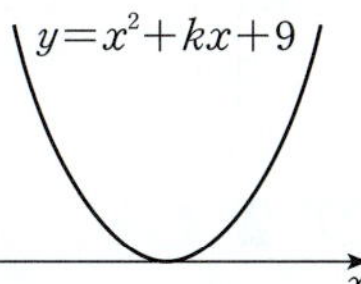

$D = k^2 - 4 \times 9 \le 0, \ k^2 - 36 \le 0$
$(k+6)(k-6) \le 0$ $\therefore -6 \le k \le 6$

(2) 모든 실수 x에 대하여 부등식 $-x^2 + 4x + k < 0$이 성립하려면 이차함수 $y = -x^2 + 4x + k$의 그래프가 x축보다 항상 아래쪽에 있어야 한다. 즉, 그래프가 x축과 만나지 않아야 하므로 이차방정식 $-x^2 + 4x + k = 0$의 판별식을 D라고 하면 $D < 0$이어야 한다.

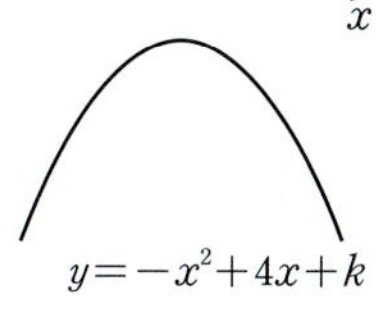

$$\frac{D}{4} = 2^2 - (-1) \times k < 0$$
$4 + k < 0$ $\therefore k < -4$

4 달 (1) $x^2 - 6x + 5 < 0$ (2) $x^2 - 2x - 8 \ge 0$

(1) 해가 $1 < x < 5$이고, x^2의 계수가 1인 이차부등식은
  $(x-1)(x-5) < 0$
  $\therefore x^2 - 6x + 5 < 0$

(2) 해가 $x \le -2$ 또는 $x \ge 4$이고, x^2의 계수가 1인 이차부등식은
  $(x+2)(x-4) \ge 0$
  $\therefore x^2 - 2x - 8 \ge 0$

5 달 $2x^2 - 4x - 30 < 0$

해가 $-3 < x < 5$이고 x^2의 계수가 2인 이차부등식은
$2(x+3)(x-5) < 0$
$\therefore 2x^2 - 4x - 30 < 0$

06-1 달 (1) 해는 없다.　(2) $x = 2$
    (3) $x \ne 2$인 모든 실수　(4) 모든 실수

(1) 이차부등식 $-x^2 + 4x - 4 > 0$의 해는 이차함수 $y = -x^2 + 4x - 4$의 그래프가 x축보다 위쪽에 있는 x의 값의 범위이다.
따라서 주어진 부등식의 해는 없다.

(2) 이차부등식 $-x^2 + 4x - 4 \ge 0$의 해는 $x = 2$

(3) 이차부등식 $-x^2 + 4x - 4 < 0$의 해는 이차함수 $y = -x^2 + 4x - 4$의 그래프가 x축보다 아래쪽에 있는 x의 값의 범위이다.
따라서 주어진 부등식의 해는 $x \ne 2$인 모든 실수이다.

(4) 이차부등식 $-x^2 + 4x - 4 \le 0$의 해는 모든 실수이다.

(1) $-x^2+4x-4>0$의 양변
에 -1을 곱하면
$x^2-4x+4<0$이므로 이
이차부등식의 해는 이차함
수 $y=x^2-4x+4$의 그래
프가 x축보다 아래쪽에
있는 x의 값의 범위이다.

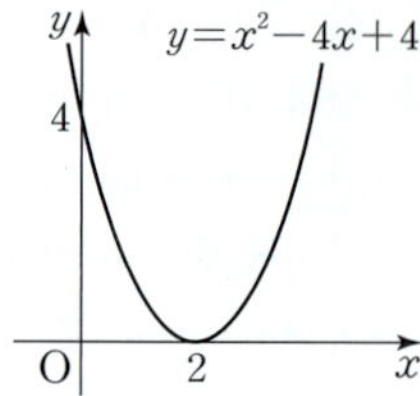

따라서 구하는 부등식의 해는 없다.

(2), (3), (4) 역시 이차부등식의 양변에 -1을 곱해서
해를 구해도 결과는 같다.

06-2 답 $-1<x<2$

부등식
$ax^2+bx+c>mx+n$의
해는 오른쪽 그림에서 이
차함수 $y=ax^2+bx+c$의
그래프가 직선 $y=mx+n$
보다 위쪽에 있는 x의 값
의 범위이다.

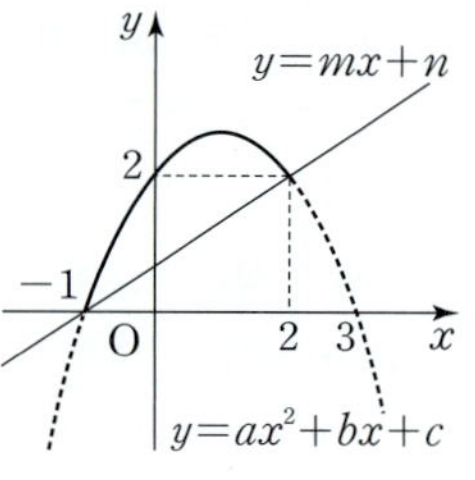

따라서 주어진 부등식의 해는 $-1<x<2$

+ 보충 설명

> 이차함수 $y=ax^2+bx+c$의 그래프가 세 점 $(-1, 0)$,
> $(2, 2)$, $(3, 0)$을 지나고, 직선 $y=mx+n$이 두 점
> $(-1, 0)$, $(2, 2)$를 지나므로 상수 a, b, c, m, n의 값을 각
> 각 구한 다음, 이차부등식 $ax^2+bx+c>mx+n$을 직접
> 풀 수도 있다.
> 그러나 이차함수의 그래프와 직선의 교점의 좌표를 알고 있
> 으므로 그래프를 이용하여 푸는 것이 간단하다.

06-3 답 ⑤

$f(x)g(x)>0$이려면 $f(x)>0$, $g(x)>0$ 또는
$f(x)<0$, $g(x)<0$이어야 한다.

(i) $f(x)>0$, $g(x)>0$을 만족시키는 x의 값의 범위는
두 함수 $y=f(x)$, $y=g(x)$의 그래프가 모두 x축
보다 위쪽에 있는 x의 값의 범위이므로
$1<x<2$

(ii) $f(x)<0$, $g(x)<0$을 만족시키는 x의 값의 범위는
두 함수 $y=f(x)$, $y=g(x)$의 그래프가 모두 x축
보다 아래쪽에 있는 x의 값의 범위이므로
$3<x<4$

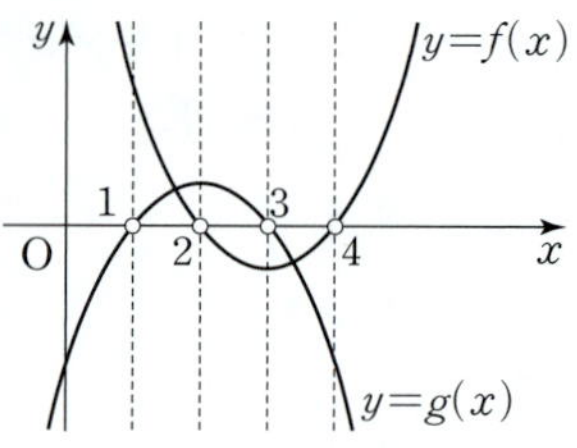

(i), (ii)에서 부등식 $f(x)g(x)>0$의 해는
$1<x<2$ 또는 $3<x<4$

07-1 답 (1) $x<-4$ 또는 $x>\dfrac{3}{2}$

(2) $\dfrac{3-2\sqrt{3}}{3}\leq x\leq\dfrac{3+2\sqrt{3}}{3}$

(3) 모든 실수

(4) $x\neq4$인 모든 실수

(1) $2x^2+5x-12>0$의 좌변을 인수분해하면
$(x+4)(2x-3)>0$
$\therefore x<-4$ 또는 $x>\dfrac{3}{2}$

(2) 이차방정식 $3x^2-6x-1=0$의 해는
$x=\dfrac{3\pm2\sqrt{3}}{3}$
이므로 $3x^2-6x-1\leq0$에서
$3\left(x-\dfrac{3-2\sqrt{3}}{3}\right)\left(x-\dfrac{3+2\sqrt{3}}{3}\right)\leq0$
$\therefore \dfrac{3-2\sqrt{3}}{3}\leq x\leq\dfrac{3+2\sqrt{3}}{3}$

(3) $x^2-4x+5=(x-2)^2+1>0$
따라서 부등식 $x^2-4x+5\geq0$의 해는 모든 실수이
다.

(4) $-x^2+8x-16<0$의 양변에 -1을 곱하면
$x^2-8x+16>0$　　$\therefore (x-4)^2>0$
따라서 $-x^2+8x-16<0$의 해는 $x\neq4$인 모든 실
수이다.

07-2 답 ㄱ, ㄷ, ㄹ

ㄱ. $x^2+x+1=\left(x+\dfrac{1}{2}\right)^2+\dfrac{3}{4}>0$
즉, 부등식 $x^2+x+1>0$의 해는 모든 실수이다.

ㄴ. $4x^2+12x+9=(2x+3)^2\geq0$
즉, 부등식 $4x^2+12x+9>0$의 해는
$x\neq-\dfrac{3}{2}$인 모든 실수이다.

ㄷ. $-9x^2+6x-1\le0$의 양변에 -1을 곱하면
　$9x^2-6x+1\ge0$
　$9x^2-6x+1=(3x-1)^2\ge0$
　즉, 부등식 $-9x^2+6x-1\le0$의 해는 모든 실수
　이다.
ㄹ. $-x^2+x-1\le0$의 양변에 -1을 곱하면
　$x^2-x+1\ge0$
　$x^2-x+1=\left(x-\dfrac{1}{2}\right)^2+\dfrac{3}{4}>0$
　즉, 부등식 $-x^2+x-1\le0$의 해는 모든 실수이다.
따라서 해가 모든 실수인 부등식은 ㄱ, ㄷ, ㄹ이다.

07-3 답 (1) $\begin{cases} a>2 \text{일 때, } 2<x<a \\ a=2 \text{일 때, 해는 없다.} \\ a<2 \text{일 때, } a<x<2 \end{cases}$

(2) $\begin{cases} a>-2 \text{일 때, } x\le-1 \text{ 또는 } x\ge a+1 \\ a=-2 \text{일 때, 모든 실수} \\ a<-2 \text{일 때, } x\le a+1 \text{ 또는 } x\ge-1 \end{cases}$

(1) $x^2-(a+2)x+2a<0$에서
　$(x-a)(x-2)<0$이므로 부등식의 해는
　$\begin{cases} a>2 \text{일 때, } 2<x<a \\ a=2 \text{일 때, 해는 없다.} \\ a<2 \text{일 때, } a<x<2 \end{cases}$

(2) $x^2-ax-a-1\ge0$에서
　$(x+1)\{x-(a+1)\}\ge0$이므로
　(i) $a+1>-1$, 즉 $a>-2$일 때,
　　$x\le-1$ 또는 $x\ge a+1$
　(ii) $a+1=-1$, 즉 $a=-2$일 때,
　　$(x+1)^2\ge0$이므로 해는 모든 실수
　(iii) $a+1<-1$, 즉 $a<-2$일 때,
　　$x\le a+1$ 또는 $x\ge-1$
　(i)~(iii)에서 주어진 부등식의 해는
　$\begin{cases} a>-2 \text{일 때, } x\le-1 \text{ 또는 } x\ge a+1 \\ a=-2 \text{일 때, 모든 실수} \\ a<-2 \text{일 때, } x\le a+1 \text{ 또는 } x\ge-1 \end{cases}$

예제 **08**　해가 주어진 이차부등식　　315쪽

08-1 답 (1) $a=-9$, $b=6$　(2) $a=-1$, $b=6$

(1) 해가 $1\le x\le2$이고 x^2의 계수가 3인 이차부등식은
　$3(x-1)(x-2)\le0$　　∴ $3x^2-9x+6\le0$

이 부등식이 $3x^2+ax+b\le0$과 같으므로
　$a=-9$, $b=6$
(2) 해가 $x<-2$ 또는 $x>3$이고 x^2의 계수가 1인 이차부등식은
　$(x+2)(x-3)>0$
　∴ $x^2-x-6>0$　　　　……　㉠
㉠과 주어진 부등식의 부등호 방향이 다르므로
　$a<0$
㉠의 양변에 a를 곱하면 $ax^2-ax-6a<0$
이 부등식이 $ax^2+x+b<0$과 같으므로
　$-a=1$, $-6a=b$　　∴ $a=-1$, $b=6$

08-2 답 $x\ge5$

해가 $\dfrac{1}{3}<x<2$이고 x^2의 계수가 1인 이차부등식은
　$\left(x-\dfrac{1}{3}\right)(x-2)<0$
　∴ $x^2-\dfrac{7}{3}x+\dfrac{2}{3}<0$　　　　……　㉠
㉠과 주어진 부등식의 부등호 방향이 다르므로
　$a<0$
㉠의 양변에 a를 곱하면 $ax^2-\dfrac{7}{3}ax+\dfrac{2}{3}a>0$
이 부등식이 $ax^2+bx-2>0$과 같으므로
　$-\dfrac{7}{3}a=b$, $\dfrac{2}{3}a=-2$
　∴ $a=-3$, $b=7$
이것을 $(a+b)x+ab+1\ge0$에 대입하면
　$(-3+7)x+(-3)\times7+1\ge0$
　$4x-20\ge0$　　∴ $x\ge5$

08-3 답 14

부등식 $x^2-2x-3>3|x-1|$에서
(i) $x<1$일 때, $x^2-2x-3>-3(x-1)$
　$x^2-2x-3>-3x+3$
　$x^2+x-6>0$, $(x+3)(x-2)>0$
　∴ $x<-3$ 또는 $x>2$
　그런데 $x<1$이므로 $x<-3$
(ii) $x\ge1$일 때, $x^2-2x-3>3(x-1)$
　$x^2-2x-3>3x-3$
　$x^2-5x>0$, $x(x-5)>0$
　∴ $x<0$ 또는 $x>5$
　그런데 $x\ge1$이므로 $x>5$

(ⅰ), (ⅱ)에서 부등식 $x^2-2x-3>3|x-1|$의 해는

$x<-3$ 또는 $x>5$

이때 해가 $x<-3$ 또는 $x>5$이고 x^2의 계수가 1인 이차부등식은

$(x+3)(x-5)>0$

$\therefore x^2-2x-15>0$ $\qquad$ ...... ㉠

㉠과 부등식 $ax^2+2x+b<0$의 부등호 방향이 다르므로 $a<0$

㉠의 양변에 a를 곱하면

$ax^2-2ax-15a<0$

이 부등식이 $ax^2+2x+b<0$과 같으므로

$-2a=2,\ -15a=b$

$\therefore a=-1,\ b=15$

$\therefore a+b=-1+15=14$

09-1　답 (1) $k\leq-3$　(2) $k<-4$

(1) x^2의 계수가 양수이므로 주어진 부등식이 모든 실수 x에 대하여 성립하려면 이차방정식 $3x^2-6x-k=0$의 판별식을 D라고 할 때, $D\leq0$이어야 한다. 즉,

$\dfrac{D}{4}=(-3)^2-3\times(-k)\leq0$

$3k\leq-9$

$\therefore k\leq-3$

(2) (ⅰ) $k=0$일 때,

주어진 부등식은 $4x+3<0$이므로 이 부등식은 $x<-\dfrac{3}{4}$에서만 성립한다. 즉, 이 부등식은 $k=0$일 때 모든 실수 x에 대하여 성립하지 않는다.

(ⅱ) $k\neq0$일 때,

주어진 부등식이 모든 실수 x에 대하여 성립하려면 $k<0$이고 이차방정식 $kx^2+4x+(k+3)=0$의 판별식을 D라고 할 때, $D<0$이어야 한다. 즉,

$\dfrac{D}{4}=2^2-k(k+3)<0$

$-k^2-3k+4<0,\ k^2+3k-4>0$

$(k+4)(k-1)>0$

$\therefore k<-4$ 또는 $k>1$

그런데 $k<0$이므로 $k<-4$

(ⅰ), (ⅱ)에서 $k<-4$

09-2　답 $-4<a\leq0$

x에 대한 부등식 $ax^2+ax-1<0$의 해가 모든 실수이므로 주어진 부등식은 모든 실수 x에 대하여 성립한다.

(ⅰ) $a=0$일 때,

주어진 부등식은 $0\times x^2+0\times x-1<0$이므로 모든 실수 x에 대하여 성립한다.

(ⅱ) $a\neq0$일 때,

모든 실수 x에 대하여 $ax^2+ax-1<0$이 성립하려면 $a<0$이고, 이차방정식 $ax^2+ax-1=0$의 판별식을 D라고 할 때 $D<0$이어야 한다. 즉,

$D=a^2+4a<0$

$a(a+4)<0$

$\therefore -4<a<0$

(ⅰ), (ⅱ)에서 $-4<a\leq0$

09-3　답 $-1\leq a\leq\dfrac{1}{3}$

x에 대한 이차부등식 $x^2-4ax+a^2-2a+1<0$의 해가 존재하지 않으려면 모든 실수 x에 대하여 $x^2-4ax+a^2-2a+1\geq0$이 성립해야 한다.

x^2의 계수가 양수이므로 이차방정식 $x^2-4ax+a^2-2a+1=0$의 판별식을 D라고 하면 $D\leq0$이어야 한다. 즉,

$\dfrac{D}{4}=4a^2-(a^2-2a+1)\leq0$

$3a^2+2a-1\leq0$

$(a+1)(3a-1)\leq0$

$\therefore -1\leq a\leq\dfrac{1}{3}$

10-1　답 $\dfrac{6}{5}$초

공의 지면으로부터의 높이가 9 m 이상인 시간은 $h=-5t^2+14t+1$에서 $h\geq9$이므로

$-5t^2+14t+1\geq9$

$5t^2-14t+8\leq0,\ (5t-4)(t-2)\leq0$

$\therefore \dfrac{4}{5}\leq t\leq2$

따라서 공의 지면으로부터의 높이가 9 m 이상인 시간은 $\dfrac{4}{5}$초에서 2초까지, 즉 $\dfrac{6}{5}$초 동안이다.

10-2 답 10분

x분 후의 초의 길이는 $\left(40-\dfrac{x}{2}\right)$ cm이고, 종이 봉의 길이는 $\left(100-\dfrac{x^2+3x}{2}\right)$ cm이다.

종이 봉의 길이가 초의 길이 이하가 되려면

$$100-\frac{x^2+3x}{2}\leq 40-\frac{x}{2}$$

$$200-x^2-3x\leq 80-x$$

$$x^2+2x-120\geq 0$$

$$(x+12)(x-10)\geq 0$$

$$\therefore x\geq 10\ (\because x\geq 0)$$

따라서 종이 봉의 길이가 초의 길이 이하가 되는 것은 10분 후이다.

10-3 답 4세부터 6세

[방식 A]에 의한 어린이에 대한 적정 투여량이 [방식 B]에 의한 어린이에 대한 적정 투여량 이상이 되어야 하므로

$$\frac{3n-8}{2}y\geq \frac{n(n-1)}{6}y \qquad\cdots\cdots\ \text{㉠}$$

그런데 y는 어른의 적정 투여량이므로 $y>0$

㉠의 양변을 y로 나누면

$$\frac{3n-8}{2}\geq \frac{n(n-1)}{6}$$

$$3(3n-8)\geq n(n-1),\ 9n-24\geq n^2-n$$

$$n^2-10n+24\leq 0,\ (n-4)(n-6)\leq 0$$

$$\therefore 4\leq n\leq 6$$

따라서 구하는 나이는 4세부터 6세까지이다.

323쪽

1 답 (1) $-2<x<1$ (2) $\dfrac{1}{2}<x<1$

(3) $-5\leq x<-3$ 또는 $-2<x\leq 0$

(4) $-2<x\leq 2$ 또는 $3\leq x<4$

(1) $2x+4>x+2$에서 $x>-2$　$\cdots\cdots$ ㉠

$x^2+4x-5<0$에서 $(x+5)(x-1)<0$

$\therefore -5<x<1$　$\cdots\cdots$ ㉡

㉠, ㉡에서 연립부등식의 해는 $-2<x<1$

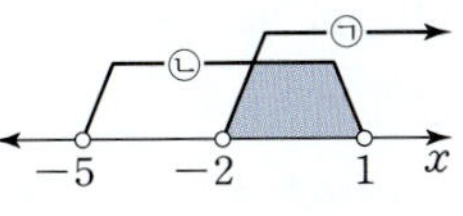

(2) $2x^2+1<3x$에서 $2x^2-3x+1<0$

$(2x-1)(x-1)<0$

$\therefore \dfrac{1}{2}<x<1$　$\cdots\cdots$ ㉠

$4x^2+12x+9\geq 0$에서 $(2x+3)^2\geq 0$

즉, $4x^2+12x+9\geq 0$의 해는 모든 실수이다.

$\cdots\cdots$ ㉡

㉠, ㉡에서 연립부등식의 해는 $\dfrac{1}{2}<x<1$

(3) $-6<x^2+5x\leq 0$에서

$\begin{cases} -6<x^2+5x \\ x^2+5x\leq 0 \end{cases}$, 즉 $\begin{cases} x^2+5x+6>0 \\ x^2+5x\leq 0 \end{cases}$ 이므로

$x^2+5x+6>0$에서 $(x+3)(x+2)>0$

$\therefore x<-3$ 또는 $x>-2$　$\cdots\cdots$ ㉠

$x^2+5x\leq 0$에서 $x(x+5)\leq 0$

$\therefore -5\leq x\leq 0$　$\cdots\cdots$ ㉡

㉠, ㉡에서 연립부등식의 해는 $-5\leq x<-3$ 또는 $-2<x\leq 0$

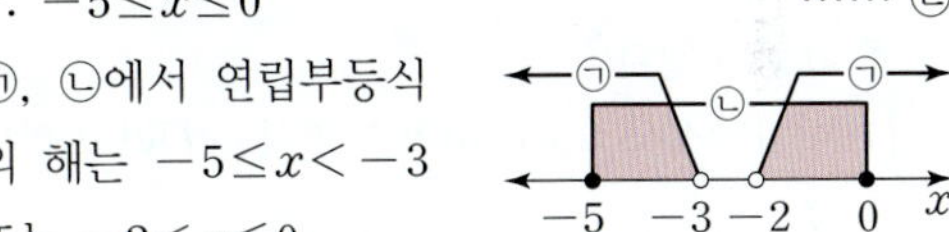

(4) $5x-1\leq x^2+5<2x+13$에서

$\begin{cases} 5x-1\leq x^2+5 \\ x^2+5<2x+13 \end{cases}$, 즉 $\begin{cases} x^2-5x+6\geq 0 \\ x^2-2x-8<0 \end{cases}$ 이므로

$x^2-5x+6\geq 0$을 풀면 $(x-2)(x-3)\geq 0$

$\therefore x\leq 2$ 또는 $x\geq 3$　$\cdots\cdots$ ㉠

$x^2-2x-8<0$을 풀면 $(x+2)(x-4)<0$

$\therefore -2<x<4$　$\cdots\cdots$ ㉡

㉠, ㉡에서 연립부등식의 해는 $-2<x\leq 2$ 또는 $3\leq x<4$

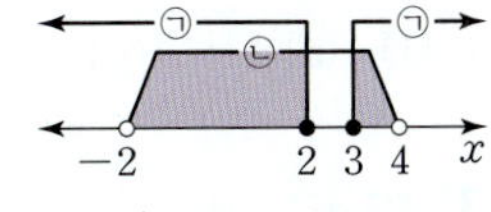

2 답 (1) $1\leq k<2$ (2) $k\leq -2$ (3) $k>2$

이차방정식 $x^2-2kx+2-k=0$의 두 근을 α, β라 하고, 판별식을 D라고 하면

$$\frac{D}{4}=(-k)^2-1\times(2-k)=k^2+k-2=(k+2)(k-1)$$

(1) (i) $\dfrac{D}{4}\geq 0$에서 $(k+2)(k-1)\geq 0$

$\therefore k\leq -2$ 또는 $k\geq 1$　$\cdots\cdots$ ㉠

(ii) $\alpha+\beta=2k>0$에서 $k>0$　$\cdots\cdots$ ㉡

(iii) $\alpha\beta=2-k>0$에서 $k<2$　$\cdots\cdots$ ㉢

㉠, ㉡, ㉢에서 k의 값의 범위는 $1\leq k<2$

(2) (i) $\dfrac{D}{4}\geq0$에서 $(k+2)(k-1)\geq0$

$\qquad \therefore k\leq-2$ 또는 $k\geq1$ $\qquad$ ...... ㉠

(ii) $\alpha+\beta=2k<0$에서 $k<0$ $\qquad$ ...... ㉡

(iii) $\alpha\beta=2-k>0$에서 $k<2$ $\qquad$ ...... ㉢

㉠, ㉡, ㉢에서 k의 값의
범위는 $k\leq-2$

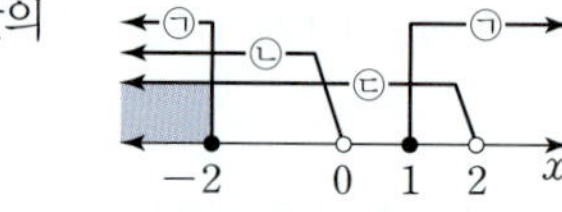

(3) $\alpha\beta=2-k<0$

$\qquad \therefore k>2$

다른 풀이

(1) $f(x)=x^2-2kx+2-k$라
고 하면 이차방정식
$f(x)=0$의 두 근이 모두 0
보다 크므로 이차함수
$y=f(x)$의 그래프는 오른
쪽 그림과 같다.

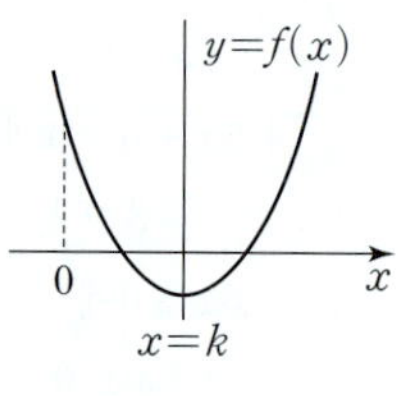

(i) 이차방정식 $f(x)=0$의 판별식을 D라고 하면

$$\dfrac{D}{4}=(-k)^2-1\times(2-k)\geq0$$

$$k^2+k-2\geq0$$

$$(k+2)(k-1)\geq0$$

$$\therefore k\leq-2 \text{ 또는 } k\geq1$$

(ii) 이차함수 $y=f(x)$의 그래프의 축의 방정식이
$x=k$이므로 $k>0$

(iii) $f(0)=2-k>0$

$\qquad \therefore k<2$

(i)~(iii)에서 구하는 k의 값의 범위는 $1\leq k<2$

3 답 $a<-4$

$f(x)=x^2+ax+3$이라고 할
때, 두 근 사이에 3이 존재하
려면 이차함수 $y=f(x)$의 그
래프는 오른쪽 그림과 같아야
하므로

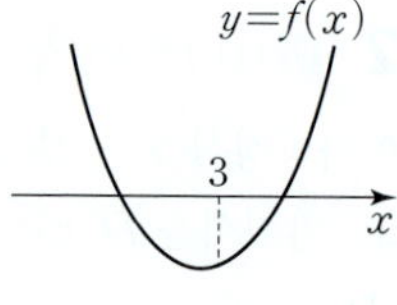

$f(3)=9+3a+3<0$

$3a<-12 \qquad \therefore a<-4$

11-1 답 (1) $-3<x\leq1$
$\qquad\qquad$ (2) $-5<x\leq1-\sqrt{2}$ 또는 $1+\sqrt{2}\leq x<3$

---

(1) $x^2-x-12<0$에서

$\qquad(x+3)(x-4)<0$

$\qquad\therefore -3<x<4$ $\qquad$ ...... ㉠

$x^2-5x+4\geq0$에서

$\qquad(x-1)(x-4)\geq0$

$\qquad\therefore x\leq1$ 또는 $x\geq4$ $\qquad$ ...... ㉡

㉠, ㉡에서 연립부등
식의 해는
$-3<x\leq1$

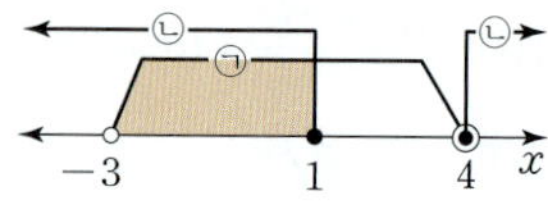

(2) 주어진 부등식에서

$$\begin{cases}2x+1\leq x^2\\ x^2<-2x+15\end{cases}, \text{ 즉 } \begin{cases}x^2-2x-1\geq0\\ x^2+2x-15<0\end{cases}$$

$x^2-2x-1\geq0$에서 이차방정식 $x^2-2x-1=0$의 해
가 $x=1\pm\sqrt{2}$이므로

$x\leq1-\sqrt{2}$ 또는 $x\geq1+\sqrt{2}$ $\qquad$ ...... ㉠

$x^2+2x-15<0$에서

$(x+5)(x-3)<0 \qquad \therefore -5<x<3$ $\qquad$ ...... ㉡

㉠, ㉡에서 연립부등
식의 해는
$-5<x\leq1-\sqrt{2}$
또는 $1+\sqrt{2}\leq x<3$

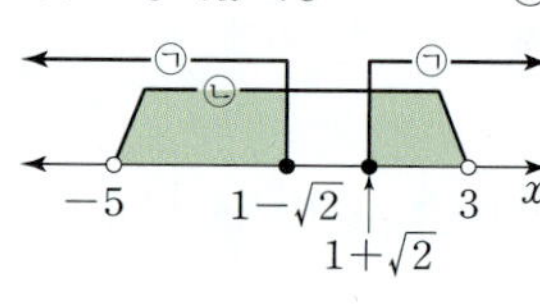

11-2 답 $-1\leq a\leq3$

$x^2-2x-3>0$에서

$(x+1)(x-3)>0$

$\therefore x<-1$ 또는 $x>3$ $\qquad$ ...... ㉠

$x^2-(a+4)x+4a\leq0$에서

$(x-4)(x-a)\leq0$

(i) $a\geq4$이면 해는 $4\leq x\leq a$ $\qquad$ ...... ㉡

(ii) $a<4$이면 해는 $a\leq x\leq4$ $\qquad$ ...... ㉢

(i), (ii)에서의 각 경우에 대하여 ㉠과의 공통부분을 찾
아보면 다음과 같다.

(i)

(ii)

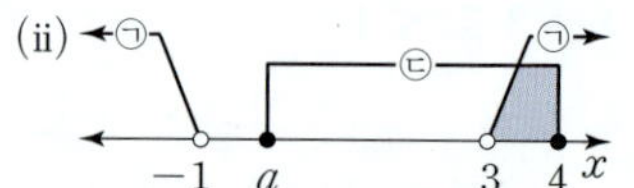

따라서 연립부등식의 해가 $3<x\leq4$가 되려면 실수 a
의 값의 범위는 (ii)와 같아야 하므로 구하는 실수 a의
값의 범위는

$-1\leq a\leq3$

11-3 [답] 13

$x^2-ax+b\leq0$에서 이차방정식 $x^2-ax+b=0$의 두
실근이 α, β $(\alpha<\beta)$이면
$(x-\alpha)(x-\beta)\leq0$
$\therefore \alpha\leq x\leq\beta$　　　$\cdots\cdots$ ㉠
$x^2-x-a>0$에서 이차방정식 $x^2-x-a=0$의 두 실
근이 γ, δ $(\gamma<\delta)$이면
$(x-\gamma)(x-\delta)>0$
$\therefore x<\gamma$ 또는 $x>\delta$　　　$\cdots\cdots$ ㉡

㉠, ㉡의 공통부분이
$2<x\leq3$이려면 오른쪽
그림과 같아야 하므로
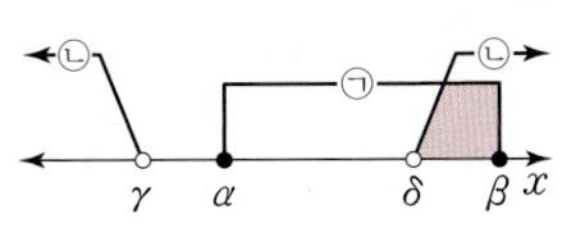
$\delta=2$, $\beta=3$
즉, 이차방정식 $x^2-ax+b=0$에 $x=3$을 대입하면
성립하므로
$9-3a+b=0$　　　$\therefore 3a-b=9$　　　$\cdots\cdots$ ㉢
또한 이차방정식 $x^2-x-a=0$에 $x=2$를 대입하면 성
립하므로
$4-2-a=0$　　　$\therefore a=2$
$a=2$를 ㉢에 대입하면
$b=-3$
$\therefore a^2+b^2=2^2+(-3)^2=13$

예제 12　이차방정식과 이차부등식　　　327쪽

12-1 [답] 30

이차방정식 $x^2-(a-1)x-a+4=0$이 서로 다른 두 실
근을 가지므로 이 이차방정식의 판별식을 D_1이라고 하면
$D_1=\{-(a-1)\}^2-4\times1\times(-a+4)>0$
$a^2+2a-15>0$, $(a+5)(a-3)>0$
$\therefore a<-5$ 또는 $a>3$　　　$\cdots\cdots$ ㉠
이차방정식 $x^2+2(a-2)x+5a+4=0$이 허근을 가
지므로 이 이차방정식의 판별식을 D_2라고 하면
$\dfrac{D_2}{4}=(a-2)^2-1\times(5a+4)<0$
$a^2-9a<0$, $a(a-9)<0$
$\therefore 0<a<9$　　　$\cdots\cdots$ ㉡

㉠, ㉡에서 a의 값의 범
위는
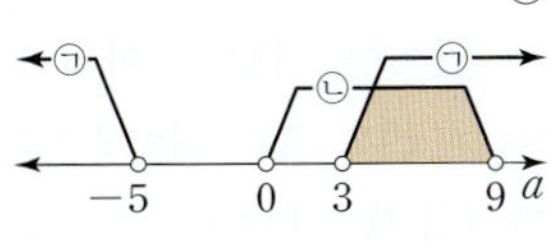
$3<a<9$
따라서 정수 a는 4, 5, 6, 7, 8이므로 구하는 합은
$4+5+6+7+8=30$

12-2 [답] ③

이차방정식 $x^2+2(k-2)x+k^2=0$이 허근을 가지므
로 이 이차방정식의 판별식을 D_1이라고 하면
$\dfrac{D_1}{4}=(k-2)^2-1\times k^2<0$
$-4k+4<0$　　　$\therefore k>1$　　　$\cdots\cdots$ ㉠
이차방정식 $x^2-kx+k=0$이 허근을 가지므로 이 이
차방정식의 판별식을 D_2라고 하면
$D_2=(-k)^2-4\times1\times k<0$
$k^2-4k<0$, $k(k-4)<0$
$\therefore 0<k<4$　　　$\cdots\cdots$ ㉡

㉠, ㉡에서 k의 값의 범위는
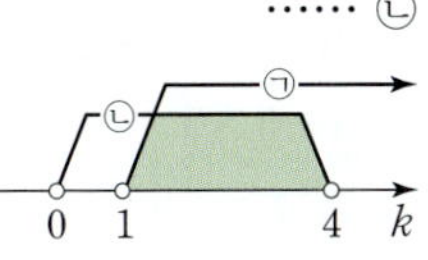
$1<k<4$
따라서 정수 k는 2, 3이므
로 구하는 합은 $2+3=5$

12-3 [답] 48

이차방정식 $x^2-2ax+3a+4=0$이 실근을 가지므로
이 이차방정식의 판별식을 D_1이라고 하면
$\dfrac{D_1}{4}=(-a)^2-1\times(3a+4)\geq0$
$a^2-3a-4\geq0$, $(a+1)(a-4)\geq0$
$\therefore a\leq-1$ 또는 $a\geq4$　　　$\cdots\cdots$ ㉠
이차부등식 $x^2+(a-2)x+a+1\geq0$이 모든 실수 x
에 대하여 성립해야 하므로 이차방정식
$x^2+(a-2)x+a+1=0$의 판별식을 D_2라고 하면
$D_2=(a-2)^2-4\times1\times(a+1)\leq0$
$a^2-8a\leq0$, $a(a-8)\leq0$　　　$\therefore 0\leq a\leq8$　　　$\cdots\cdots$ ㉡

㉠, ㉡에서 a의 값의 범
위는 $4\leq a\leq8$
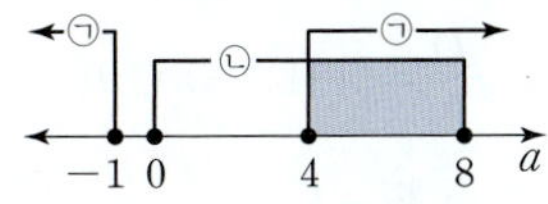
$\therefore m=4$, $M=8$
$\therefore 10m+M=10\times4+8=48$

예제 13　두 근이 k보다 클(작을) 조건　　　329쪽

13-1 [답] $a\geq4$

$f(x)=x^2+2ax+3a+4$라고
하면 주어진 이차방정식
$f(x)=0$의 두 실근이 모두 -1
보다 작으므로 이차함수
$y=f(x)$의 그래프는 오른쪽 그
림과 같다.
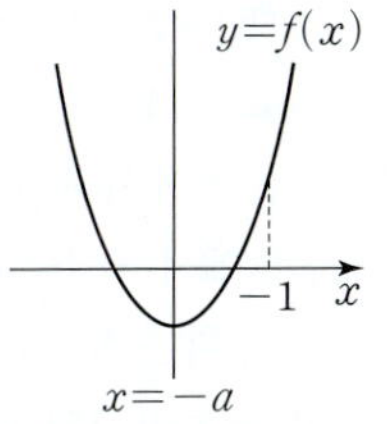

(ⅰ) $f(x)=0$의 판별식을 D라고 하면

$$\frac{D}{4}=a^2-1\times(3a+4)\geq0$$

$$a^2-3a-4\geq0$$

$$(a+1)(a-4)\geq0$$

$$\therefore\ a\leq-1\ \text{또는}\ a\geq4$$

(ⅱ) $y=f(x)$의 그래프의 축의 방정식이

$$x=-\frac{2a}{2\times1}=-a$$이므로

$$-a<-1$$

$$\therefore\ a>1$$

(ⅲ) $f(-1)=1-2a+3a+4>0$에서

$$a+5>0$$

$$\therefore\ a>-5$$

(ⅰ)~(ⅲ)에서 구하는 실수 a의 값의 범위는

$$a\geq4$$

13-2 답 ③

$x^2-4x-5=0$에서 $(x+1)(x-5)=0$

$\therefore\ x=-1$ 또는 $x=5$

이때 $f(x)=x^2-2x+m$이라
고 하면 이차방정식
$f(x)=0$의 두 근이 모두 -1과
5 사이에 있으므로 이차함수
$y=f(x)$의 그래프가 오른쪽 그
림과 같다.

(ⅰ) $f(x)=0$의 판별식을 D라고 하면

$$\frac{D}{4}=(-1)^2-m\geq0$$

$$\therefore\ m\leq1 \qquad\qquad \cdots\cdots\ \bigcirc$$

(ⅱ) $y=f(x)$의 그래프의 축의 방정식이

$$x=-\frac{-2}{2\times1}=1$$

이고, $-1<1<5$이므로 항상 성립한다.

(ⅲ) $f(-1)=(-1)^2-2\times(-1)+m>0$에서

$$m>-3 \qquad\qquad \cdots\cdots\ \bigcirc$$

$$f(5)=5^2-2\times5+m>0$$에서

$$m>-15 \qquad\qquad \cdots\cdots\ \bigcirc$$

$\bigcirc$, $\bigcirc$에서 $m>-3 \qquad \cdots\cdots\ \bigcirc$

$\bigcirc$, $\bigcirc$에서 $-3<m\leq1$이
므로 구하는 정수 m은
$-2,\ -1,\ 0,\ 1$의 4개이다.

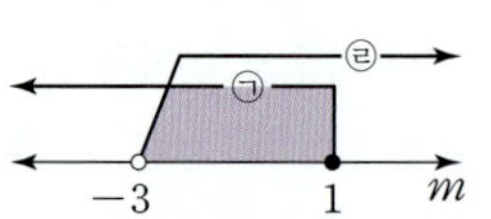

13-3 답 $\dfrac{1}{3}<m\leq1$

$f(x)=2x^2-2(m-1)x+m-1$
이라고 하면 이차방정식 $f(x)=0$
의 두 근이 모두 -1과 1 사이에
있으므로 이차함수 $y=f(x)$의 그
래프는 오른쪽 그림과 같다.

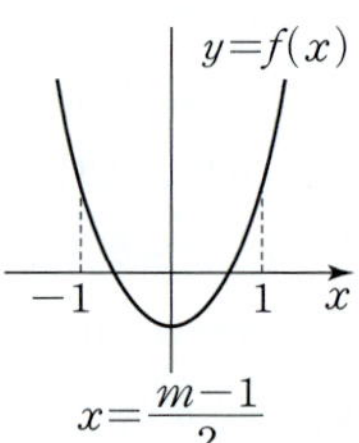

(ⅰ) $f(x)=0$의 판별식을 D라고
하면

$$\frac{D}{4}=\{-(m-1)\}^2-2(m-1)\geq0$$

$$m^2-4m+3\geq0,\ (m-1)(m-3)\geq0$$

$$\therefore\ m\leq1\ \text{또는}\ m\geq3 \qquad \cdots\cdots\ \bigcirc$$

(ⅱ) $y=f(x)$의 그래프의 축의 방정식이

$$x=-\frac{-2(m-1)}{2\times2}=\frac{m-1}{2}$$이므로

$$-1<\frac{m-1}{2}<1,\ -2<m-1<2$$

$$\therefore\ -1<m<3 \qquad\qquad \cdots\cdots\ \bigcirc$$

(ⅲ) $f(-1)=2+2(m-1)+m-1>0$에서

$$3m-1>0$$

$$\therefore\ m>\frac{1}{3} \qquad\qquad \cdots\cdots\ \bigcirc$$

$$f(1)=2-2(m-1)+m-1>0$$에서

$$-m+3>0$$

$$\therefore\ m<3 \qquad\qquad \cdots\cdots\ \bigcirc$$

$\bigcirc$, $\bigcirc$에서 $\dfrac{1}{3}<m<3 \qquad \cdots\cdots\ \bigcirc$

$\bigcirc$, $\bigcirc$, $\bigcirc$에서 m의 값
의 범위는
$$\frac{1}{3}<m\leq1$$

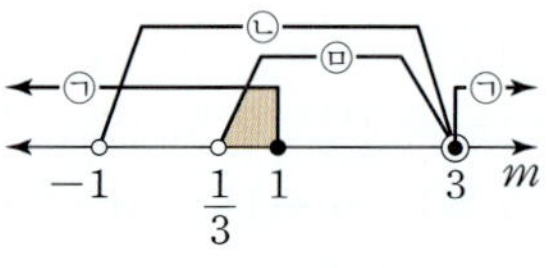

14-1 답 $a<-4$ 또는 $a>2$

$f(x)=x^2+2ax-a^2+7$이라
고 하면 이차방정식
$f(x)=0$의 두 근 사이에 -1
이 있어야 하므로 이차함수
$y=f(x)$의 그래프는 오른쪽 그림과 같다.

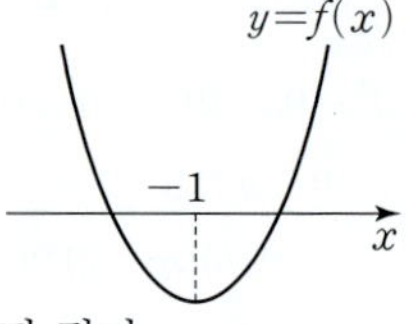

따라서 $f(-1)=1-2a-a^2+7<0$에서

$$a^2+2a-8>0,\ (a+4)(a-2)>0$$

$$\therefore\ a<-4\ \text{또는}\ a>2$$

14-2 답 ⑤

$f(x)=x^2+2ax+a^2-1$이라
고 하면 이차방정식 $f(x)=0$
의 두 근 α, β 사이에 -2가
있고 두 근 모두 1보다 작으므
로 이차함수 $y=f(x)$의 그래
프는 오른쪽 그림과 같다.

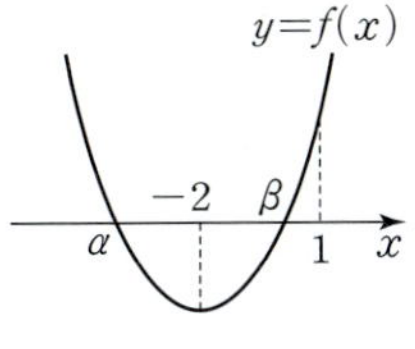

(i) $f(-2)=4-4a+a^2-1<0$에서
$$a^2-4a+3<0$$
$$(a-1)(a-3)<0$$
$$\therefore 1<a<3 \quad\cdots\cdots \text{㉠}$$

(ii) $f(1)=1+2a+a^2-1>0$에서
$$a^2+2a>0$$
$$a(a+2)>0$$
$$\therefore a<-2 \text{ 또는 } a>0 \quad\cdots\cdots \text{㉡}$$

㉠, ㉡에서 실수 a의 값
의 범위는
$$1<a<3$$

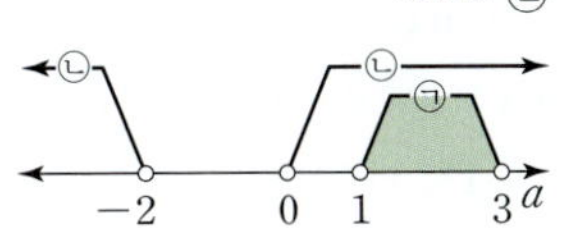

14-3 답 5

$x^2-1\geq0$에서
$$(x+1)(x-1)\geq0$$
$$\therefore x\leq-1 \text{ 또는 } x\geq1$$

이때 $f(x)=x^2-ax+a^2-7$이라고 하면 이차방정식
$f(x)=0$의 두 근의 부호가 서로 다르므로 두 근은 각
각 $x\leq-1$과 $x\geq1$에 있어야 한다.

즉, $f(x)=0$의 두 근을 α, β
$(\alpha<\beta)$라고 하면 이차함수
$y=f(x)$의 그래프는 오른쪽
그림과 같다.

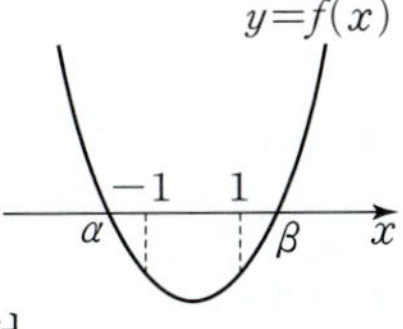

(i) $f(-1)=1+a+a^2-7\leq0$에서
$$a^2+a-6\leq0$$
$$(a+3)(a-2)\leq0$$
$$\therefore -3\leq a\leq2 \quad\cdots\cdots \text{㉠}$$

(ii) $f(1)=1-a+a^2-7\leq0$에서
$$a^2-a-6\leq0$$
$$(a+2)(a-3)\leq0$$
$$\therefore -2\leq a\leq3 \quad\cdots\cdots \text{㉡}$$

㉠, ㉡에서 a의 값의
범위는 $-2\leq a\leq2$이
므로 구하는 정수 a는
$-2, -1, \cdots, 2$의 5개이다.

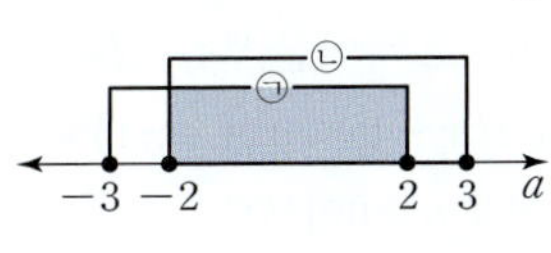

---

1 10	**2** (1) $a=-\dfrac{1}{2}$, $b=\dfrac{3}{2}$ (2) $-\dfrac{2}{5}$
3 (1) -3 (2) 5	**4** 26 **5** ④ **6** ②
7 14 **8** $0\leq a<1$	**9** 9
10 (1) 2 (2) 8	

1 $4(x-2)\leq3x$에서
$$4x-8\leq3x \qquad \therefore x\leq8 \quad\cdots\cdots \text{㉠}$$
$5x\geq4(x+a)$에서
$$5x\geq4x+4a \qquad \therefore x\geq4a \quad\cdots\cdots \text{㉡}$$

연립부등식의 해가 $x=b$
이므로 ㉠, ㉡을 수직선 위
에 나타내면 오른쪽 그림과
같다. 즉, $4a=8 \qquad \therefore a=2$

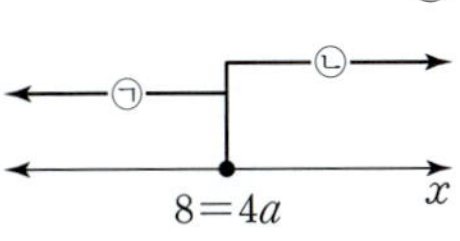

연립부등식의 해는 $x=8$이므로 $b=8$
$$\therefore a+b=2+8=10$$

➕ 보충 설명

연립부등식에서 각 일차부등식의 해를 수직선 위에 나타내
었을 때, 공통부분이 a뿐이면 연립부등식의 해는 $x=a$이다.
$$\begin{cases} x\leq a \\ x\geq a \end{cases}$$

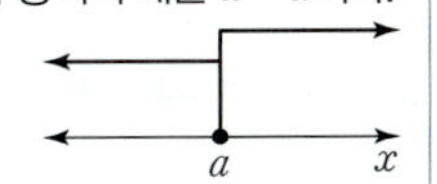

2 (1) $|ax+1|\leq b$에서 해가 존재하므로
$$b\geq0$$
즉, $-b\leq ax+1\leq b$이므로
$$-b-1\leq ax\leq b-1$$
그런데 $a<0$이므로
$$\frac{b-1}{a}\leq x\leq \frac{-b-1}{a}$$
이때 주어진 부등식의 해가 $-1\leq x\leq5$이므로
$$\frac{b-1}{a}=-1, \ \frac{-b-1}{a}=5$$
$$a+b=1, \ 5a+b=-1$$
위의 두 식을 연립하여 풀면
$$a=-\frac{1}{2}, \ b=\frac{3}{2}$$

(2) (i) $x<-1$일 때,
$$2|x-1|=-2(x-1), \ 3|x+1|=-3(x+1)$$
이므로
$$-2(x-1)-3(x+1)<6$$
$$-5x<7 \qquad \therefore x>-\frac{7}{5}$$

그런데 $x<-1$이므로 $-\dfrac{7}{5}<x<-1$

(ii) $-1\le x<1$일 때,

$2|x-1|=-2(x-1)$, $3|x+1|=3(x+1)$이

므로

$-2(x-1)+3(x+1)<6$

$\therefore\ x<1$

그런데 $-1\le x<1$이므로 $-1\le x<1$

(iii) $x\ge 1$일 때,

$2|x-1|=2(x-1)$, $3|x+1|=3(x+1)$이므

로

$2(x-1)+3(x+1)<6$

$5x<5$ $\qquad\therefore\ x<1$

그런데 $x\ge 1$이므로 해는 없다.

(i)~(iii)에서 주어진 부등식의 해는

$$-\dfrac{7}{5}<x<1$$

따라서 $a=-\dfrac{7}{5}$, $b=1$이므로

$$a+b=-\dfrac{7}{5}+1=-\dfrac{2}{5}$$

3 (1) $x^2+2x-4<0$의 해가 $\alpha<x<\beta$이므로 방정식 $x^2+2x-4=0$의 두 근이 α, β이다.

따라서 근과 계수의 관계에 의하여

$\alpha+\beta=-2$, $\alpha\beta=-4$

$$\therefore\ \dfrac{\beta}{\alpha}+\dfrac{\alpha}{\beta}=\dfrac{\beta^2+\alpha^2}{\alpha\beta}$$

$$=\dfrac{(\alpha+\beta)^2-2\alpha\beta}{\alpha\beta}$$

$$=\dfrac{(-2)^2-2\times(-4)}{-4}=-3$$

(2) $x^2-5x+1>0$의 해가 $x<\alpha$ 또는 $x>\beta$이므로

방정식 $x^2-5x+1=0$의 두 근이 α, β이다.

따라서 근과 계수의 관계에 의하여

$\alpha+\beta=5$, $\alpha\beta=1$

$$\therefore\ \dfrac{1}{\alpha}+\dfrac{1}{\beta}=\dfrac{\alpha+\beta}{\alpha\beta}=\dfrac{5}{1}=5$$

다른 풀이

(1) 해가 $\alpha<x<\beta$이고, x^2의 계수가 1인 이차부등식은

$(x-\alpha)(x-\beta)<0$

$\therefore\ x^2-(\alpha+\beta)x+\alpha\beta<0$

이 부등식이 $x^2+2x-4<0$과 같으므로

$\alpha+\beta=-2$, $\alpha\beta=-4$

(2) 해가 $x<\alpha$ 또는 $x>\beta$이고, x^2의 계수가 1인 이차

부등식은

$(x-\alpha)(x-\beta)>0$

$\therefore\ x^2-(\alpha+\beta)x+\alpha\beta>0$

이 부등식이 $x^2-5x+1>0$과 같으므로

$\alpha+\beta=5$, $\alpha\beta=1$

4 해가 $x<2$ 또는 $x>3$이고, x^2의 계수가 1인 이차

부등식은

$(x-2)(x-3)>0$

$\therefore\ x^2-5x+6>0$

이 부등식이 $x^2+ax+b>0$과 같으므로

$a=-5$, $b=6$ $\qquad\qquad\cdots\cdots\ \boxdot$

$\boxdot$을 $x^2+(a-1)x+(b-1)<0$에 대입하면

$x^2-6x+5<0$

$(x-1)(x-5)<0$

$\therefore\ 1<x<5$

따라서 $\alpha=1$, $\beta=5$이므로

$\alpha^2+\beta^2=1^2+5^2=26$

다른 풀이

이차부등식 $x^2+ax+b>0$의 해가 $x<2$ 또는 $x>3$이

므로 이차방정식 $x^2+ax+b=0$의 두 근이 2, 3이다.

근과 계수의 관계에 의하여

$2+3=-a$, $2\times 3=b$

$\therefore\ a=-5$, $b=6$

5 부등식 $g(x)>f(x)$의 해는 $y=g(x)$의 그래프가 $y=f(x)$의 그래프보다 위쪽에 있는 부분의 x의 값의

범위이다.

즉, $x<-3$ 또는 $x>6$

따라서 $\alpha=-3$, $\beta=6$이므로

$\alpha+\beta=-3+6=3$

6 $f(x)=ax(x-1)\ (a>0)$이라고 하면

$f(x+1)=ax(x+1)$

$f(x+2)=a(x+1)(x+2)$

이므로 주어진 부등식은

$ax(x-1)<ax(x+1)<a(x+1)(x+2)$

이때 $a>0$이므로

$x(x-1)<x(x+1)<(x+1)(x+2)$

이 부등식은 $\begin{cases} x(x-1)<x(x+1) \\ x(x+1)<(x+1)(x+2) \end{cases}$ 이므로

$x(x-1)<x(x+1)$에서

$x^2-x<x^2+x$

$-2x<0$ $\qquad \therefore x>0$ $\qquad\qquad$ …… ㉠

$x(x+1)<(x+1)(x+2)$에서

$x^2+x<x^2+3x+2$

$-2x<2$ $\qquad \therefore x>-1$ $\qquad\qquad$ …… ㉡

㉠, ㉡에서 연립부등식의 해는

$x>0$

7 $|2x-1|>1$에서

(i) $x<\dfrac{1}{2}$일 때,

$\quad |2x-1|=-(2x-1)$이므로

$\quad -(2x-1)>1 \qquad \therefore x<0$

$\quad$ 그런데 $x<\dfrac{1}{2}$이므로 $x<0$

(ii) $x\geq\dfrac{1}{2}$일 때,

$\quad |2x-1|=2x-1$이므로

$\quad 2x-1>1 \qquad \therefore x>1$

$\quad$ 그런데 $x\geq\dfrac{1}{2}$이므로 $x>1$

(i), (ii)에서

$x<0$ 또는 $x>1$ $\qquad\qquad$ …… ㉠

$2x^2-11x+5\leq0$에서

$(2x-1)(x-5)\leq0$

$\therefore \dfrac{1}{2}\leq x\leq5$ $\qquad\qquad$ …… ㉡

㉠, ㉡에서 연립부등식의 해는

$1<x\leq5$

따라서 구하는 모든 정수 x의 값의 합은

$2+3+4+5=14$

8 $x^2-2x-3\leq0$에서

$(x+1)(x-3)\leq0$

$\therefore -1\leq x\leq3$ $\qquad\qquad$ …… ㉠

$(x-4)(x-a)<0$에서

(i) $a<4$이면 해는

$\quad a<x<4$ $\qquad\qquad$ …… ㉡

(ii) $a=4$이면

$\quad (x-4)^2<0$이므로 해는 없다.

(iii) $a>4$이면 해는

$\quad 4<x<a$ $\qquad\qquad$ …… ㉢

㉠, ㉡은 공통부분이 존재할 수 있지만 ㉠, ㉢은 공통부분이 존재할 수 없으므로

$a<4$

이때 연립부등식을 만족시키는 정수 x의 개수가 3이 되도록 ㉠, ㉡을 수직선 위에 나타내면 다음 그림과 같다.

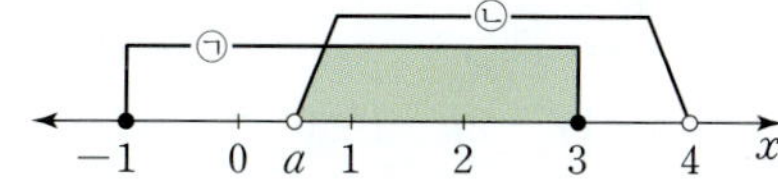

따라서 구하는 실수 a의 값의 범위는

$0\leq a<1$

9 $-x^2+2\leq a\leq3x^2+4$에서

$\begin{cases} -x^2+2\leq a \\ a\leq3x^2+4 \end{cases}$

$-x^2+2\leq a$에서 $x^2\geq2-a$

모든 실수 x에 대하여 $x^2\geq0$이므로 모든 실수 x에 대하여 이 부등식이 성립하려면

$2-a\leq0$

$\therefore a\geq2$ $\qquad\qquad$ …… ㉠

$a\leq3x^2+4$에서 $3x^2\geq a-4$

모든 실수 x에 대하여 $x^2\geq0$이므로 모든 실수 x에 대하여 이 부등식이 성립하려면

$a-4\leq0$

$\therefore a\leq4$ $\qquad\qquad$ …… ㉡

㉠, ㉡에서 $2\leq a\leq4$

따라서 구하는 모든 정수 a의 값의 합은

$2+3+4=9$

10 (1) $x^2-4x-5\leq0$에서

$\quad (x+1)(x-5)\leq0$

$\quad \therefore -1\leq x\leq5$

이때 $f(x)=x^2-2(k-1)x+2k+1$이라 하고,
이차방정식 $f(x)=0$의 두 근을 α, β $(\alpha\leq\beta)$라고
하면 $-1\leq\alpha\leq\beta\leq5$를 만족시켜야 한다.
즉, 이차함수 $y=f(x)$의
그래프는 오른쪽 그림과
같다.

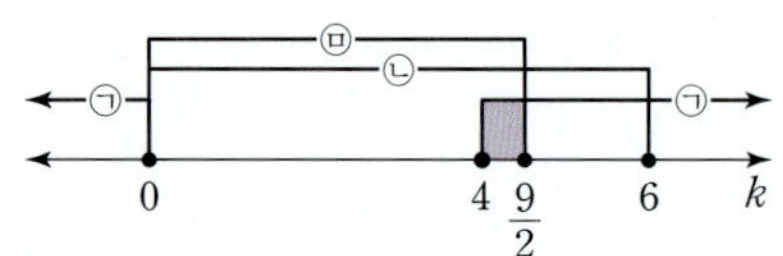

(i) $f(x)=0$의 판별식을 D
라고 하면

$$\frac{D}{4}=(k-1)^2-2k-1\geq0$$

$$k^2-4k\geq0,\ k(k-4)\geq0$$

$$\therefore\ k\leq0\ 또는\ k\geq4 \qquad \cdots\cdots\ \text{㉠}$$

(ii) 이차함수 $y=f(x)$의 그래프의 축의 방정식이
$x=k-1$이므로

$$-1\leq k-1\leq5$$

$$\therefore\ 0\leq k\leq6 \qquad \cdots\cdots\ \text{㉡}$$

(iii) $f(-1)=1+2k-2+2k+1\geq0$

$$4k\geq0$$

$$\therefore\ k\geq0 \qquad \cdots\cdots\ \text{㉢}$$

$$f(5)=25-10k+10+2k+1\geq0$$

$$-8k+36\geq0$$

$$\therefore\ k\leq\frac{9}{2} \qquad \cdots\cdots\ \text{㉣}$$

$$\text{㉢},\ \text{㉣}에서\ 0\leq k\leq\frac{9}{2} \qquad \cdots\cdots\ \text{㉤}$$

㉠, ㉡, ㉤에서 k의 값의 범위는

$$k=0\ 또는\ 4\leq k\leq\frac{9}{2}$$

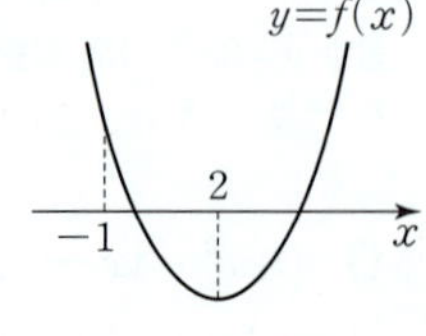

따라서 구하는 정수 k는 0, 4의 2개이다.

(2) $x^2-x-2=0$에서

$$(x+1)(x-2)=0$$

$$\therefore\ x=-1\ 또는\ x=2$$

이차방정식 $x^2-4x+a=0$의 서로 다른 두 실근
중에서 한 근만이 -1과 2 사이에 있어야 한다.
$f(x)=x^2-4x+a$라고 하
면 이차함수 $y=f(x)$의
그래프의 축의 방정식이
$x=2$이므로 이차함수
$y=f(x)$의 그래프는 오른
쪽 그림과 같다.

즉, $f(-1)>0$, $f(2)<0$이므로

$f(-1)>0$에서 $1+4+a>0$

$$\therefore\ a>-5 \qquad \cdots\cdots\ \text{㉠}$$

$f(2)<0$에서 $4-8+a<0$

$$\therefore\ a<4 \qquad \cdots\cdots\ \text{㉡}$$

㉠, ㉡에서 $-5<a<4$

따라서 구하는 정수 a는 -4, -3, -2, -1, 0,
1, 2, 3의 8개이다.

이차방정식 $ax^2+bx+c=0$의 두 근의 존재 범위를 판별하
기 위해서는 다음 세 가지 조건을 확인하도록 한다.
(i) 판별식의 부호
(ii) 축의 위치
(iii) 경곗점에서의 함숫값의 부호

 334쪽 ~ 335쪽

11 $a>8$　**12** ①　　**13** $a\leq-\dfrac{1}{2}$ 또는 $a\geq3$

14 0　　**15** (1) $-1\leq x<1$　(2) $2\leq x<5$

16 -2　**17** (1) 6　(2) $-3\leq a\leq4$

18 (1) $a\geq6$　(2) $2\leq a\leq5$

19 (1) $b\leq-6$ 또는 $b\geq6$　(2) $a<0$ 또는 $a>4$

20 $\dfrac{4}{3}\leq m<2$

11 **접근 방법 |** 연립부등식을 만족시키는 정수 x가 존재하
지 않으려면 두 부등식의 해를 각각 수직선 위에 나타내었을
때 공통부분 안에 정수가 없어야 한다.

$3a-4x\leq2a$에서 $4x\geq a$

$$\therefore\ x\geq\frac{a}{4} \qquad \cdots\cdots\ \text{㉠}$$

$2(x+2)<x+7$에서

$$2x+4<x+7$$

$$\therefore\ x<3 \qquad \cdots\cdots\ \text{㉡}$$

연립부등식을 만족시키는
정수 x가 존재하지 않도록
㉠, ㉡을 수직선 위에 나타
내면 오른쪽 그림과 같다.

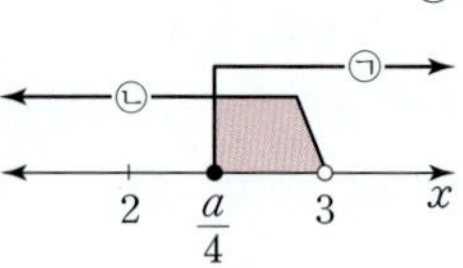

$$2<\frac{a}{4} \qquad \therefore\ a>8$$

연립부등식에서 해가 존재하지 않는 경우
연립부등식에서 각 일차부등식의 해를 수직선 위에 나타내
었을 때, 다음과 같이 공통부분이 없으면 연립부등식의 해는
존재하지 않는다. (단, $a<b$)

(1) $\begin{cases} x\le a & \cdots\cdots\ ㉠ \\ x\ge b & \cdots\cdots\ ㉡ \end{cases}$

(2) $\begin{cases} x<a & \cdots\cdots\ ㉠ \\ x\ge a & \cdots\cdots\ ㉡ \end{cases}$

(3) $\begin{cases} x<a & \cdots\cdots\ ㉠ \\ x>a & \cdots\cdots\ ㉡ \end{cases}$

12 **접근 방법ㅣ** 두 회사 A, B의 월 전화 요금이 같을 때의
통화 수를 p라 하고, a, b의 조건을 찾아낸다.

두 회사 A, B의 월 전화 요금이 같을 때의 통화 수를
p (p는 자연수)라고 하면

$$a+\frac{a}{100}p=b+\frac{2b}{100}p$$

이 식을 p에 대하여 나타내면

$$p=\frac{100(a-b)}{2b-a} \qquad \cdots\cdots\ ㉠$$

이때 p는 자연수이므로

$$p=\frac{100(a-b)}{2b-a}\ge 1$$

만약 $a<b$이면 ㉠의 값이 음수가 되어 $p\ge 1$이라는 조
건을 만족시키지 못하므로 $a>b$이어야 한다.
또한 $2b-a<0$이면 마찬가지로 ㉠의 값이 음수가 되
어 $p\ge 1$이라는 조건을 만족시키지 못하므로
$2b-a>0$, 즉 $a<2b$

$$\therefore\ b<a<2b \qquad \cdots\cdots\ ㉡$$

A 회사의 x통의 월 전화 요금은 $a+\dfrac{a}{100}x$이고,

B 회사의 x통의 월 전화 요금은 $b+\dfrac{2b}{100}x$이므로

$$a+\frac{a}{100}x<b+\frac{2b}{100}x$$

$$\left(\frac{2b}{100}-\frac{a}{100}\right)x>a-b$$

$$\frac{2b-a}{100}x>a-b$$

$$\therefore\ x>\frac{100(a-b)}{2b-a}\ (\because ㉡)$$

$$=\frac{100(b-a)}{a-2b}$$

$b<a$에서 B 회사의 기본요금이 A 회사의 기본요금보다 저
렴하므로 통화 수가 적을 때에는 B 회사의 월 전화 요금이
더 저렴하지만 통화 수가 일정 수준 이상이 되면 추가 요금이
B 회사보다 저렴한 A 회사의 월 전화 요금이 더 저렴해진댓다.

13 **접근 방법ㅣ** 주어진 이차방정식의 근과 계수의 관계에 의
하여 $\alpha+\beta$, $\alpha\beta$의 값을 a로 나타낼 수 있다.

이차방정식 $3x^2+5ax-2a^2=0$의 두 실근이 α, β이
므로 근과 계수의 관계에 의하여

$$\alpha+\beta=-\frac{5}{3}a,\ \alpha\beta=-\frac{2}{3}a^2 \qquad \cdots\cdots\ ㉠$$

$(\alpha-1)(\beta-1)\le 0$에서

$$\alpha\beta-(\alpha+\beta)+1\le 0$$

이므로 ㉠을 각각 대입하면

$$-\frac{2}{3}a^2+\frac{5}{3}a+1\le 0$$

$$2a^2-5a-3\ge 0$$

$$(2a+1)(a-3)\ge 0$$

$$\therefore\ a\le -\frac{1}{2}\ \text{또는}\ a\ge 3$$

14 **접근 방법ㅣ** 조건 ㈎, ㈏의 차이를 잘 구별하여야 한다.
즉, 임의의 실수 x에 대하여 $f(x)\ge g(x)$가 성립한다는 것은
임의의 실수 x에 대하여 $f(x)-g(x)\ge 0$이 성립한다는 뜻이
고, 임의의 두 실수 x_1, x_2에 대하여 $f(x_1)\ge g(x_2)$가 성립한다
는 것은 서로 다른 x의 값에 대해서도 $f(x)\ge g(x)$가 성립한
다는 뜻이다.
예를 들면 $f(5)\ge g(1)$, $f(-2)\ge g(3)$, $f(-3)\ge g(-1)$, $\cdots$
이 모두 성립해야 한다.
따라서 조건 ㈏의 실수 k의 값의 범위는 두 이차함수의 최댓값
과 최솟값을 이용하여 구해야 한다.
두 이차함수 $f(x)=x^2-6x+6$, $g(x)=-x^2-2x+k$
에 대하여 조건 ㈎에서
임의의 실수 x에 대하여 $f(x)\ge g(x)$가 성립한다고
하였으므로

$$x^2-6x+6\ge -x^2-2x+k$$

$$\therefore\ 2x^2-4x+6-k\ge 0$$

임의의 실수 x에 대하여 이 부등식이 항상 성립해야
한다. 즉, 이차방정식 $2x^2-4x+6-k=0$의 판별식을
D라고 하면

$$\frac{D}{4}=(-2)^2-2(6-k)\le 0$$

$2k-8\leq 0$

$\therefore k\leq 4$

즉, 조건 ㈎를 만족시키는 실수 k의 최댓값은

$M=4$

조건 ㈏에서

임의의 두 실수 x_1, x_2에 대하여 $f(x_1)\geq g(x_2)$가 성립한다고 하였으므로 $f(x)$의 최솟값이 $g(x)$의 최댓값보다 크거나 같아야 한다.

즉, $f(x)=(x-3)^2-3$이고,

$g(x)=-(x+1)^2+k+1$이므로

$-3\geq k+1$ $\therefore k\leq -4$

즉, 조건 ㈏를 만족시키는 실수 k의 최댓값은

$N=-4$

$\therefore M+N=4+(-4)=0$

조건 ㈎, ㈏를 만족시키는 두 함수 $y=f(x)$, $y=g(x)$의 그래프를 각각 그림으로 나타내면 다음과 같다.

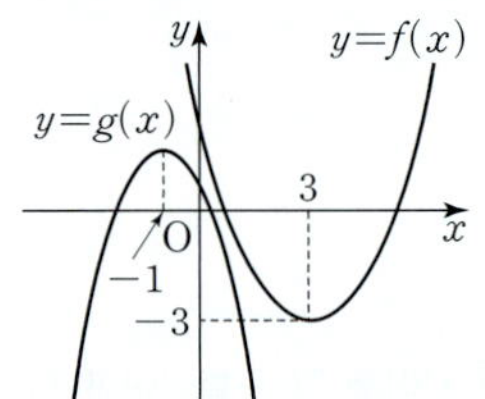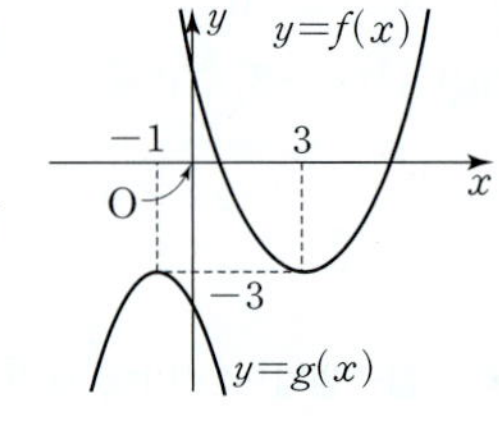

15 접근 방법 | $[x]=t$로 놓고 부등식을 푼 후 다시 $[x]$를 대입한다. 이때 $[x]$의 값은 정수이다.

(1) $[x]^2+[x]-2<0$에서 $[x]=t$로 놓으면

$t^2+t-2<0$, $(t+2)(t-1)<0$

$\therefore -2<t<1$

즉, $-2<[x]<1$이고, $[x]$는 정수이므로

$[x]=-1$, 0

(ⅰ) $[x]=-1$이면 $-1\leq x<0$

(ⅱ) $[x]=0$이면 $0\leq x<1$

(ⅰ), (ⅱ)에서 구하는 x의 값의 범위는

$-1\leq x<1$

(2) $[x]^2-3[x]-4\leq 0$에서 $[x]=t$로 놓으면

$t^2-3t-4\leq 0$, $(t+1)(t-4)\leq 0$

$\therefore -1\leq t\leq 4$

즉, $-1\leq [x]\leq 4$, $[x]$는 정수이므로

(ⅰ) $[x]=-1$이면 $-1\leq x<0$

$\vdots$

(ⅵ) $[x]=4$이면 $4\leq x<5$

(ⅰ)~(ⅵ)에서 $-1\leq x<5$ $\cdots\cdots$ ㉠

$x|x|-4\geq 0$에서

(ⅰ) $x<0$이면

$-x^2-4\geq 0$, $x^2\leq -4$

그런데 $x^2\geq 0$이므로 해가 없다.

(ⅱ) $x\geq 0$이면

$x^2-4\geq 0$, $(x+2)(x-2)\geq 0$

$\therefore x\leq -2$ 또는 $x\geq 2$

그런데 $x\geq 0$이므로 $x\geq 2$

(ⅰ), (ⅱ)에서 $x\geq 2$ $\cdots\cdots$ ㉡

㉠, ㉡에서 $2\leq x<5$

$[x]=n$ (n은 정수)을 만족시키는 x의 값의 범위는
$n\leq x<n+1$

16 접근 방법 | 주어진 x에 대한 이차방정식의 두 실근을 α, β라고 하면 $\alpha\beta<0$, $\alpha+\beta=0$임을 이용하여 실수 k의 값을 정하도록 한다.

x에 대한 이차방정식

$3x^2-(k^2-4k-12)x+k^2+2k-8=0$의 두 실근을 α, β라고 할 때,

(ⅰ) 두 근의 부호가 서로 다르므로

$\alpha\beta=\dfrac{k^2+2k-8}{3}<0$

$k^2+2k-8<0$

$(k+4)(k-2)<0$

$\therefore -4<k<2$

(ⅱ) 두 근의 절댓값이 같으므로

$\alpha+\beta=\dfrac{k^2-4k-12}{3}=0$

$k^2-4k-12=0$

$(k+2)(k-6)=0$

$\therefore k=-2$ 또는 $k=6$

(ⅰ), (ⅱ)에서 $k=-2$

17 접근 방법 | (1) $|a|\geq 0$이므로 이차부등식

$(x+1)(x-|a|)<0$의 해는 $-1<x<|a|$이다.

(2) 두 부등식의 해를 각각 구한 후, 해의 공통부분이 없도록 수직선 위에 나타낸다.

(1) $x^2-3x+2>0$에서
$(x-1)(x-2)>0$
$\therefore\ x<1$ 또는 $x>2$ …… ㉠
$(x+1)(x-|a|)<0$에서
$-1<x<|a|\ (\because\ |a|\geq0)$ …… ㉡
이때 연립부등식을 만족시키는 정수 x가 한 개뿐이므로 ㉠, ㉡을 수직선 위에 나타내면 다음 그림과 같다.

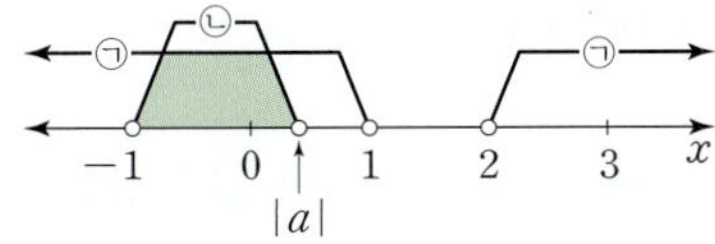

즉, $0<|a|\leq3$이므로
$-3\leq a<0$ 또는 $0<a\leq3$
따라서 구하는 정수 a는
$-3,\ -2,\ -1,\ 1,\ 2,\ 3$
의 6개이다.

(2) $x^2-10x-24>0$에서
$(x+2)(x-12)>0$
$\therefore\ x<-2$ 또는 $x>12$ …… ㉠
$(x+1)(x-a^2+a)<0$에서
$a^2-a=\left(a-\dfrac{1}{2}\right)^2-\dfrac{1}{4}>-1$이므로 부등식
$(x+1)(x-a^2+a)<0$의 해는
$-1<x<a^2-a$ …… ㉡
이때 두 부등식을 동시에 만족시키는 x의 값이 존재하지 않도록 ㉠, ㉡을 수직선 위에 나타내면 다음 그림과 같다.

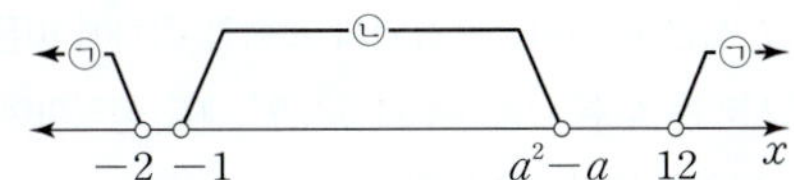

즉, $a^2-a\leq12$이므로
$a^2-a-12\leq0$
$(a+3)(a-4)\leq0$
$\therefore\ -3\leq a\leq4$

(1) $|a|=3$이라고 하더라도 부등식 $(x+1)(x-|a|)<0$의 해가 $-1<x<3$이므로 주어진 연립부등식을 만족시키는 정수는 $x=0$ 한 개뿐이다.

(2) $a^2-a=\left(a-\dfrac{1}{2}\right)^2-\dfrac{1}{4}>-1$이므로 모든 실수 a에 대하여 $-1<a^2-a$가 성립하므로 $-1<a^2-a<12$에서 $a^2-a<12$인 경우만 구하면 된다.

18 **접근 방법** | (1) $-2\leq x\leq4$인 모든 실수 x에 대하여 이차부등식 $-x^2+4x+2a\geq0$이 성립한다는 것은 $-2\leq x\leq4$에서 이차함수 $y=-x^2+4x+2a$의 그래프가 항상 x축보다 위쪽에 있다는 것이다.

(2) 이차부등식 $x^2-3x\leq0$을 만족시키는 x의 값의 범위를 찾은 후, 그 범위에서 이차부등식 $x^2-ax+a-5\leq0$이 성립하도록 하는 실수 a의 값의 범위를 구한다.

(1) $f(x)=-x^2+4x+2a$라고 하면
$f(x)=-(x^2-4x+4)+2a+4$
$\qquad=-(x-2)^2+2a+4$
$-2\leq x\leq4$에서 부등식 $f(x)\geq0$이 항상 성립하려면 함수 $y=f(x)$의 그래프가 다음 그림과 같아야 한다.

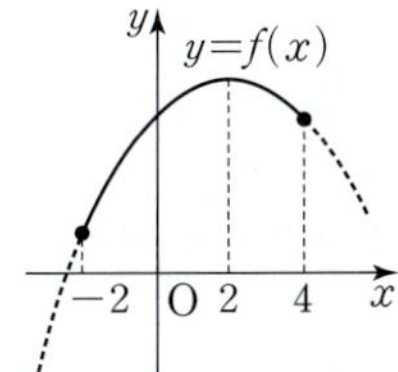

$-2\leq x\leq4$일 때, 함수 $f(x)$는 $x=-2$에서 최소이므로 $f(-2)\geq0$에서
$f(-2)=-4+(-8)+2a\geq0$
$2a\geq12$ $\therefore\ a\geq6$

(2) $x^2-3x\leq0$에서
$x(x-3)\leq0$ $\therefore\ 0\leq x\leq3$
$f(x)=x^2-ax+a-5$라고 할 때, $0\leq x\leq3$에서 부등식 $f(x)\leq0$이 항상 성립하려면 함수 $y=f(x)$의 그래프가 오른쪽 그림과 같아야 한다.

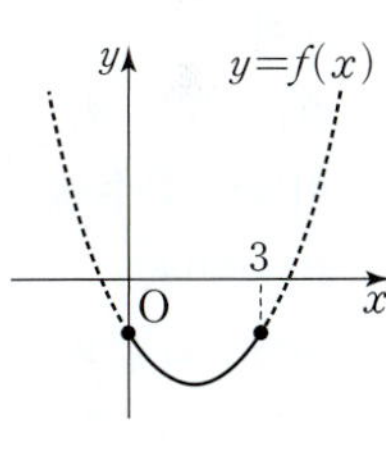

(i) $f(0)=0-0+a-5\leq0$에서
$a-5\leq0$ $\therefore\ a\leq5$ …… ㉠
(ii) $f(3)=9-3a+a-5\leq0$에서
$-2a+4\leq0$ $\therefore\ a\geq2$ …… ㉡
㉠, ㉡에서 구하는 실수 a의 값의 범위는
$2\leq a\leq5$

제한된 범위에서의 이차부등식
(1) $\alpha\leq x\leq\beta$에서 부등식 $f(x)>0$이 항상 성립할 때,
$\alpha\leq x\leq\beta$에서 ($f(x)$의 최솟값)>0
(2) $\alpha\leq x\leq\beta$에서 부등식 $f(x)<0$이 항상 성립할 때,
$\alpha\leq x\leq\beta$에서 ($f(x)$의 최댓값)<0

19 **접근 방법** | (1) 이차부등식이 항상 성립할 조건과 이차방정식의 실근이 존재할 조건을 따져 본다.

(2) $|x|=t$로 놓으면 $t\geq0$이므로 $t\geq0$인 모든 실수 t에 대하여 부등식 $t^2-2at+2a^2-4a>0$이 성립하도록 하는 실수 a의 값의 범위를 구하면 된다.

(1) 이차부등식 $x^2+6x+a\geq0$이 모든 실수 x에 대하여 성립하므로 이차방정식 $x^2+6x+a=0$의 판별식을 D_1이라고 하면

$$\frac{D_1}{4}=9-a\leq0$$

$$\therefore a\geq9 \qquad\qquad \cdots\cdots\ \text{㉠}$$

또한 이차방정식 $ax^2+bx+1=0$을 만족시키는 실수 x가 존재하려면 이 이차방정식의 판별식을 D_2라고 할 때,

$$D_2=b^2-4a\geq0$$

$$\therefore b^2\geq4a \qquad\qquad \cdots\cdots\ \text{㉡}$$

㉠에서 $4a\geq36$이므로 ㉡에서

$$b^2\geq4a\geq36$$

즉, $b^2\geq36$이므로

$$b^2-36\geq0$$

$$(b+6)(b-6)\geq0$$

$$\therefore b\leq-6 \text{ 또는 } b\geq6$$

(2) $|x|=t\ (t\geq0)$로 놓으면 $|x|^2=x^2$이므로

$$t^2-2at+2a^2-4a>0$$

또한 $f(t)=t^2-2at+2a^2-4a\ (t\geq0)$라고 하면

$$f(t)=(t-a)^2+a^2-4a\ (t\geq0)$$

이므로 함수 $y=f(t)$의 그래프의 축의 방정식은 $t=a$이다.

이때 a의 값의 범위에 따라 다음과 같이 두 가지로 나누어 생각할 수 있다.

(i) $a\geq0$일 때,

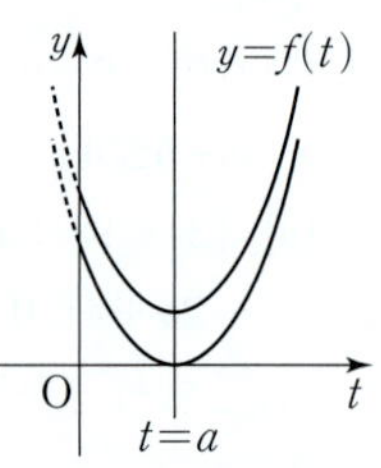

오른쪽 그림과 같이 $t\geq0$에서 이차함수 $y=f(t)$의 그래프가 t축과 만나지 않아야 한다. 즉, 이차방정식 $f(t)=0$의 판별식을 D라고 하면

$$\frac{D}{4}=(-a)^2-1\times(2a^2-4a)<0$$

$$-a^2+4a<0,\ a(a-4)>0$$

$$\therefore a<0 \text{ 또는 } a>4$$

그런데 $a\geq0$이므로

$$a>4 \qquad\qquad \cdots\cdots\ \text{㉠}$$

(ii) $a<0$일 때,

오른쪽 그림과 같이 $t\geq0$에서 이차함수 $y=f(t)$의 함숫값이 항상 양수이어야 한다.

$$f(0)=2a^2-4a>0$$

$$2a(a-2)>0$$

$$\therefore a<0 \text{ 또는 } a>2$$

그런데 $a<0$이므로

$$a<0 \qquad\qquad \cdots\cdots\ \text{㉡}$$

㉠, ㉡에서 구하는 실수 a의 값의 범위는

$$a<0 \text{ 또는 } a>4$$

> **⊕ 보충 설명**
>
> (1) 부등식 $x^2+6x+a\geq0$이 모든 실수 x에 대하여 성립할 때, x^2의 계수가 양수이므로 방정식 $x^2+6x+a=0$의 판별식을 D라고 하면 $D\leq0$이다.
>
> (2) 모든 실수 x에 대하여 $x^2=|x|^2$이 성립한다. 즉, $x^2-2a|x|+2a^2-4a=|x|^2-2a|x|+2a^2-4a$이고, $|x|=t$로 놓으면 $t\geq0$인 모든 실수 t에 대하여 $t^2-2at+2a^2-4a>0$이어야 한다. 이와 같이 치환을 할 때에는 항상 범위를 생각해 주어야 한다.

20 **접근 방법** | $f(x)=0$일 때의 x의 값을 기준으로 범위를 나누어서 함수 $g(x)=\dfrac{|f(x)|}{3}-f(x)$의 그래프를 좌표평면에 나타내고 직선 $y=m(x-2)$와의 교점의 위치에 따른 부등식을 만족시키는 정수 x의 개수가 9가 될 때를 생각하여 양수 m의 값의 범위를 구하도록 한다.

함수 $f(x)=x^2+2x-8$에서 $f(x)=0$일 때,

$$x^2+2x-8=0$$

$$(x+4)(x-2)=0$$

$$\therefore x=-4 \text{ 또는 } x=2$$

따라서 함수 $y=f(x)$의 그래프가 x축과 만나는 점의 x좌표는 -4와 2이다.

부등식 $\dfrac{|f(x)|}{3}-f(x)\geq m(x-2)$에서

$$g(x)=\frac{|f(x)|}{3}-f(x)$$라고 하면

(i) $f(x)\geq0$, 즉 $x\leq-4$ 또는 $x\geq2$일 때,

$$g(x)=\frac{f(x)}{3}-f(x)=-\frac{2}{3}f(x)$$

(ii) $f(x)<0$, 즉 $-4<x<2$일 때,
$$g(x)=-\frac{f(x)}{3}-f(x)=-\frac{4}{3}f(x)$$

(i), (ii)에서
$$g(x)=\frac{|f(x)|}{3}-f(x)$$

$$=\begin{cases}-\dfrac{2}{3}f(x) & (x\le-4 \ \text{또는} \ x\ge2) \\ -\dfrac{4}{3}f(x) & (-4<x<2)\end{cases}$$

한편, 직선 $y=m(x-2)$는 점 $(2,0)$을 지나고 기울기 m이 양수이므로 함수 $y=g(x)$의 그래프와 직선 $y=m(x-2)$를 좌표평면에 나타내면 다음 그림과 같다.

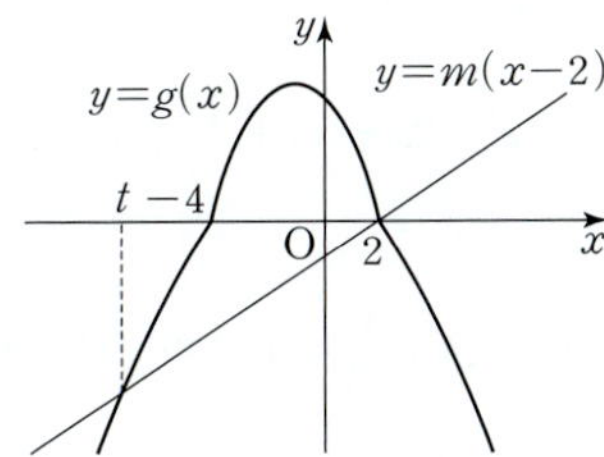

직선 $y=m(x-2)$와 함수 $y=g(x)$의 그래프의 교점의 x좌표를 $t \ (t<-4)$라고 하면 부등식 $g(x)\ge m(x-2)$의 해는 $t\le x\le2$

$t\le x\le2$인 정수 x의 개수가 9가 되려면 실수 t의 값의 범위는 $-7<t\le-6$이고, m의 값의 범위는 직선 $y=m(x-2)$가 점 $(-6, g(-6))$을 지날 때보다 크거나 같고, 점 $(-7, g(-7))$을 지날 때보다 작다.

(i) $t=-6$일 때,
$$g(-6)=-\frac{2}{3}\{(-6)^2+2\times(-6)-8\}$$
$$=-\frac{2}{3}\times16$$
$$=-\frac{32}{3}$$

이므로 $m=\dfrac{0-\left(-\dfrac{32}{3}\right)}{2-(-6)}=\dfrac{4}{3}$

(ii) $t=-7$일 때,
$$g(-7)=-\frac{2}{3}\{(-7)^2+2\times(-7)-8\}$$
$$=-\frac{2}{3}\times27=-18$$

이므로 $m=\dfrac{0-(-18)}{2-(-7)}=2$

(i), (ii)에서 m의 값의 범위는
$$\frac{4}{3}\le m<2$$

21 ④   **22** ④   **23** 15   **24** ⑤

21 **접근 방법 |** 이차부등식의 해가 주어져 있으므로 최고차항의 계수와 이차식의 계수의 비를 이용하여 이차식을 정리하고, 다시 이차부등식의 해를 구하도록 한다.

이차부등식의 해가 $1<x<2$이므로 이차부등식 $(a+b)x^2+(b+c)x+(c+a)>0$에서 $a+b<0$이고 $(x-1)(x-2)<0$, 즉 $x^2-3x+2<0$과 계수의 비가 같다.

$a+b=\dfrac{b+c}{-3}=\dfrac{c+a}{2}=k \ (k<0)$라고 하면

$a+b=k$, $b+c=-3k$, $c+a=2k$

위의 세 식을 연립하여 풀면

$a=3k$, $b=-2k$, $c=-k$

따라서 $ax^2+bx+c>0$은 $3kx^2-2kx-k>0$에서 $k<0$이므로

$$3x^2-2x-1<0$$
$$(3x+1)(x-1)<0$$
$$\therefore \ -\frac{1}{3}<x<1$$

따라서 $\alpha=-\dfrac{1}{3}$, $\beta=1$이므로

$$\alpha+\beta=-\frac{1}{3}+1=\frac{2}{3}$$

22 **접근 방법 |** 주어진 연립부등식을 만족시키는 모든 정수 x의 값의 합이 7이 될 수 있는 정수 k의 값을 구하도록 한다.

$|x-k|\le5$에서
$$-5\le x-k\le5$$
$$\therefore \ k-5\le x\le k+5 \qquad \cdots\cdots \ \text{㉠}$$

$x^2-x-12>0$에서
$$(x+3)(x-4)>0$$
$$\therefore \ x<-3 \ \text{또는} \ x>4 \qquad \cdots\cdots \ \text{㉡}$$

(i) $k+5\le4$, 즉 $k\le-1$일 때,

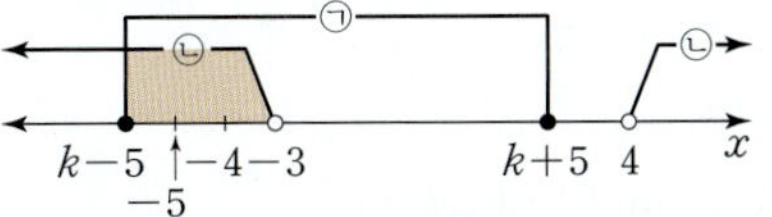

㉠, ㉡을 모두 만족시키는 정수 x는 모두 -3보다 작으므로 그 합은 7보다 작게 되어 조건을 만족시키지 않는다.

(ii) $k-5<-3$이고 $k+5>4$, 즉 $-1<k<2$일 때,

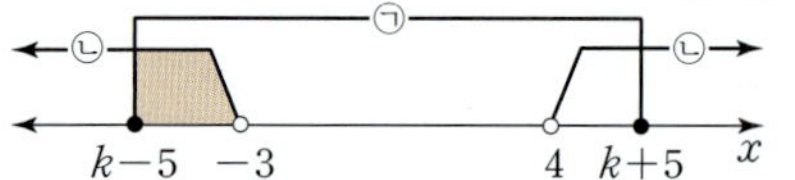

$k=0$이면 ㉠, ㉡을 모두 만족시키는 정수 x는 -5, -4, 5이고 그 합은 -4가 되어 조건을 만족시키지 않는다.

$k=1$이면 ㉠, ㉡을 모두 만족시키는 정수 x는 -4, 5, 6이고 그 합은 7이 되어 조건을 만족시킨다.

(iii) $k-5\geq-3$, 즉 $k\geq2$일 때,

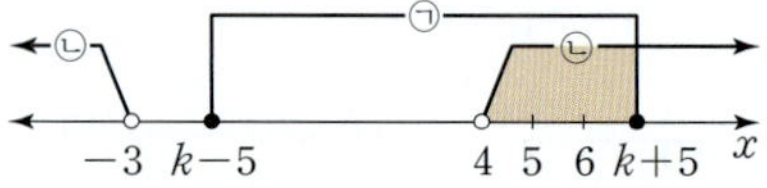

㉠, ㉡을 모두 만족시키는 정수 x는 두 개 이상이고 모두 4보다 크므로 그 합은 7보다 크게 되어 조건을 만족시키지 않는다.

(i)~(iii)에서 $k=1$

23 **접근 방법 |** 사각형 OCBA의 둘레의 길이를 k에 대한 식으로 나타내고 주어진 부등식을 만족시키는 모든 자연수 k의 값의 합을 구하도록 한다.

점 A가 y축 위의 점이므로 점 A의 좌표는 $A(0, k^2+4)$

$-x^2+2kx+k^2+4=k^2+4$에서

$x^2-2kx=0$, $x(x-2k)=0$

$\therefore x=0$ 또는 $x=2k$

점 B와 점 C의 좌표는 각각 $B(2k, k^2+4)$, $C(2k, 0)$

$k>0$이므로

$g(k)=2\times2k+2(k^2+4)=2k^2+4k+8$

$14\leq2k^2+4k+8\leq78$

$7\leq k^2+2k+4\leq39$

(i) $7\leq k^2+2k+4$에서

　$k^2+2k-3\geq0$

　$(k+3)(k-1)\geq0$

　$\therefore k\leq-3$ 또는 $k\geq1$

(ii) $k^2+2k+4\leq39$에서

　$k^2+2k-35\leq0$

　$(k+7)(k-5)\leq0$

　$\therefore -7\leq k\leq5$

(i), (ii)에서

$-7\leq k\leq-3$ 또는 $1\leq k\leq5$

$k>0$이므로 $1\leq k\leq5$

따라서 모든 자연수 k의 값의 합은

$1+2+3+4+5=15$

24 **접근 방법 |** $\dfrac{1-x}{4}=t$라 하고 주어진 해의 범위를 이용하여 t의 값의 범위를 정하고, 이차부등식의 해를 이용하여 이차함수를 구한다. 다시 조건 ㈏에서 항상 성립하는 이차부등식의 원리를 적용하여 $f(3)$의 값의 범위를 정하도록 한다.

조건 ㈎에서 $\dfrac{1-x}{4}=t$라고 하면 $x=1-4t$이고,

부등식 $f\left(\dfrac{1-x}{4}\right)\leq0$의 해가 $-7\leq x\leq9$이므로

$-7\leq1-4t\leq9$에서 $-2\leq t\leq2$

$f(t)=k(t-2)(t+2)$ $(k>0)$에서

$f(x)=k(x-2)(x+2)=k(x^2-4)$ ······ ㉠

조건 ㈏에서 부등식 $f(x)\geq2x-\dfrac{13}{3}$이 항상 성립하므로 이차부등식 $kx^2-2x-4k+\dfrac{13}{3}\geq0$의 해는 모든 실수이다.

방정식 $kx^2-2x-4k+\dfrac{13}{3}=0$의 판별식을 D라고 하면

$\dfrac{D}{4}=1-k\left(-4k+\dfrac{13}{3}\right)$

$\quad\quad=4k^2-\dfrac{13}{3}k+1\leq0$

$12k^2-13k+3\leq0$

$(4k-3)(3k-1)\leq0$

$\therefore \dfrac{1}{3}\leq k\leq\dfrac{3}{4}$ ······ ㉡

㉠에서 $f(3)=5k$이므로

$\dfrac{5}{3}\leq f(3)\leq\dfrac{15}{4}$ $(\because ㉡)$

따라서 $M=\dfrac{15}{4}$, $m=\dfrac{5}{3}$이므로

$M-m=\dfrac{15}{4}-\dfrac{5}{3}=\dfrac{25}{12}$

Ⅲ. 순열과 조합

10. 경우의 수

1　답 7

한국 영화 4편 중 한 편을 선택하는 경우는 4가지이고,
외국 영화 3편 중 한 편을 선택하는 경우는 3가지이다.
따라서 구하는 경우의 수는 합의 법칙에 의하여
$4+3=7$

2　답 6

동전의 앞면을 H, 동전의 뒷면을 T라고 할 때, 앞면이
나온 동전이 1개인 경우를 순서쌍으로 나타내면
$(H, T, T), (T, H, T), (T, T, H)$
의 3가지이고, 뒷면이 나온 동전이 1개인 경우를 순서
쌍으로 나타내면
$(T, H, H), (H, T, H), (H, H, T)$
의 3가지이다.
따라서 구하는 경우의 수는 합의 법칙에 의하여
$3+3=6$

3　답 (1) 5　(2) 7

(1) 1부터 10까지의 자연수 중에서 3의 배수는 3, 6, 9
　의 3개이므로 3의 배수가 적힌 공을 뽑는 경우의 수
　는 3이고, 5의 배수는 5, 10의 2개이므로 5의 배수
　가 적힌 공을 뽑는 경우의 수는 2이다.
　따라서 구하는 경우의 수는 합의 법칙에 의하여
　$3+2=5$
(2) 1부터 10까지의 자연수 중에서 2의 배수는 2, 4,
　6, 8, 10의 5개이므로 2의 배수가 적힌 공을 뽑는
　경우의 수는 5이고, 3의 배수는 3, 6, 9의 3개이므
　로 3의 배수가 적힌 공을 뽑는 경우의 수는 3이다.
　그런데 2와 3의 공배수, 즉 6의 배수인 6이 적힌 공
　을 뽑는 경우가 중복되었으므로 구하는 경우의 수는
　$5+3-1=7$

4　답 (1) 6　(2) 20

(1) 주어진 다항식을 전개하면 a, b에 x, y, z를 각각
　곱하여 하나의 항이 만들어지므로 구하는 항의 개

수는 곱의 법칙에 의하여
$2\times3=6$
(2) 십의 자리의 숫자가 될 수 있는 것은 2, 4, 6, 8의 4개,
　일의 자리의 숫자가 될 수 있는 것은 1, 3, 5, 7, 9
　의 5개이므로 구하는 자연수의 개수는 곱의 법칙에
　의하여
　$4\times5=20$

5　답 (1) 6　(2) 9

(1) 올라가는 등산로를 택하는 방법은 3가지이고, 그
　각각에 대하여 내려오는 등산로를 택하는 방법은
　올라가는 등산로를 제외한 2가지이므로 구하는 방
　법의 수는 곱의 법칙에 의하여
　$3\times2=6$
(2) 올라가는 등산로를 택하는 방법은 3가지이고, 그 각
　각에 대하여 내려오는 등산로를 택하는 방법도 3가
　지이므로 구하는 방법의 수는 곱의 법칙에 의하여
　$3\times3=9$

01-1　답 18

서로 다른 두 개의 주사위를 동시에 던졌을 때 나오는
두 눈의 수의 차는 0부터 5까지이고, 이 중에서 홀수인
경우는 1, 3, 5일 때이다.
서로 다른 두 개의 주사위를 동시에 던져서 나온 두 눈
의 수를 각각 a, b라 하고, 이를 순서쌍 (a, b)로 나타
내어 각 경우의 수를 구하면
(i) 눈의 수의 차가 1인 경우는
　$(1, 2), (2, 3), (3, 4), (4, 5), (5, 6),$
　$(6, 5), (5, 4), (4, 3), (3, 2), (2, 1)$
　의 10가지
(ii) 눈의 수의 차가 3인 경우는
　$(1, 4), (2, 5), (3, 6), (6, 3), (5, 2), (4, 1)$
　의 6가지
(iii) 눈의 수의 차가 5인 경우는
　$(1, 6), (6, 1)$
　의 2가지
(i)~(iii)에서 구하는 경우의 수는
$10+6+2=18$

서로 다른 두 개의 주사위를 동시에 던졌을 때 두 눈의
수의 차가 홀수인 경우는 다음 표에서 색칠한 부분이
므로 18가지이다.

−	1	2	3	4	5	6
1	0	1	2	3	4	5
2	1	0	1	2	3	4
3	2	1	0	1	2	3
4	3	2	1	0	1	2
5	4	3	2	1	0	1
6	5	4	3	2	1	0

01-2 답 ③

1부터 50까지의 자연수를 8로 나누었을 때, 나머지가
홀수인 경우는 나머지가 1, 3, 5, 7일 때이다.

(i) 나머지가 1인 경우는

　1, 9, 17, 25, 33, 41, 49

　의 7가지

(ii) 나머지가 3인 경우는

　3, 11, 19, 27, 35, 43

　의 6가지

(iii) 나머지가 5인 경우는

　5, 13, 21, 29, 37, 45

　의 6가지

(iv) 나머지가 7인 경우는

　7, 15, 23, 31, 39, 47

　의 6가지

(i)~(iv)에서 나머지가 홀수인 자연수의 개수는

$7+6+6+6=25$

01-3 답 (1) 9　(2) 25

(1) 서로 다른 세 개의 주사위를 동시에 던졌을 때 나
　온 눈의 수를 각각 a, b, c라 하고, 이를 순서쌍
　(a, b, c)로 나타내어 $abc=20$이 되게 하는 각 경
　우의 수를 구하면

　(i) $a=1$, $bc=20$인 경우는

　　$(1, 4, 5)$, $(1, 5, 4)$

　　의 2가지

　(ii) $a=2$, $bc=10$인 경우는

　　$(2, 2, 5)$, $(2, 5, 2)$

　　의 2가지

　(iii) $a=4$, $bc=5$인 경우는

　　$(4, 1, 5)$, $(4, 5, 1)$

　　의 2가지

　(iv) $a=5$, $bc=4$인 경우는

　　$(5, 1, 4)$, $(5, 2, 2)$, $(5, 4, 1)$

　　의 3가지

　(i)~(iv)에서 구하는 경우의 수는

　$2+2+2+3=9$

(2) 서로 다른 세 개의 주사위를 동시에 던졌을 때 나
　온 눈의 수를 각각 a, b, c라 하고, 이를 순서쌍
　(a, b, c)로 나타내어 $a+b+c=9$가 되게 하는 각
　경우의 수를 구하면

　(i) $a=1$, $b+c=8$인 경우는

　　$(1, 2, 6)$, $(1, 3, 5)$, $(1, 4, 4)$, $(1, 5, 3)$,
　　$(1, 6, 2)$

　　의 5가지

　(ii) $a=2$, $b+c=7$인 경우는

　　$(2, 1, 6)$, $(2, 2, 5)$, $(2, 3, 4)$, $(2, 4, 3)$,
　　$(2, 5, 2)$, $(2, 6, 1)$

　　의 6가지

　(iii) $a=3$, $b+c=6$인 경우는

　　$(3, 1, 5)$, $(3, 2, 4)$, $(3, 3, 3)$, $(3, 4, 2)$,
　　$(3, 5, 1)$

　　의 5가지

　(iv) $a=4$, $b+c=5$인 경우는

　　$(4, 1, 4)$, $(4, 2, 3)$, $(4, 3, 2)$, $(4, 4, 1)$

　　의 4가지

　(v) $a=5$, $b+c=4$인 경우는

　　$(5, 1, 3)$, $(5, 2, 2)$, $(5, 3, 1)$

　　의 3가지

　(vi) $a=6$, $b+c=3$인 경우는

　　$(6, 1, 2)$, $(6, 2, 1)$

　　의 2가지

　(i)~(vi)에서 구하는 경우의 수는

　$5+6+5+4+3+2=25$

02-1 답 45

십의 자리 숫자와 일의 자리 숫자의 합이 짝수인 경우
는 두 수가 모두 짝수이거나 모두 홀수인 경우이다.

(ⅰ) (짝수)+(짝수)인 경우
십의 자리에 올 수 있는 숫자는 2, 4, 6, 8의 4개이고, 그 각각에 대하여 일의 자리에 올 수 있는 숫자는 0, 2, 4, 6, 8의 5개이므로
$4\times5=20$
(ⅱ) (홀수)+(홀수)인 경우
십의 자리에 올 수 있는 숫자는 1, 3, 5, 7, 9의 5개이고, 그 각각에 대하여 일의 자리에 올 수 있는 숫자는 1, 3, 5, 7, 9의 5개이므로
$5\times5=25$
(ⅰ), (ⅱ)에서 구하는 자연수의 개수는 $20+25=45$

⊕ 보충 설명

두 사건 A, B가 일어나는 상황에 따라 합의 법칙과 곱의 법칙을 이용하는 것이 달라지므로 주어진 상황을 먼저 파악하는 것이 중요하다.

일어나는 상황	선택의 경우	적용 법칙
A 또는 B, A이거나 B, A 혹은 B	A 또는 B 중 하나의 사건만 선택	합의 법칙
A 그리고 B, A이고 B, A와 B가 동시에, A와 B가 잇달아(연이어)	사건 A의 각 경우에 대하여 사건 B의 모든 경우를 연결해서 선택	곱의 법칙

02-2 답 64

세 수의 곱이 홀수인 경우는 세 수 모두 홀수일 때이다.
1부터 7까지의 자연수 중에서 홀수는 1, 3, 5, 7의 4개이고, 세 상자 A, B, C에서 홀수가 적힌 카드를 꺼내는 경우의 수는 각각 4이다.
따라서 구하는 경우의 수는
$4\times4\times4=64$

02-3 답 (1) 108 (2) 189

(1) 세 눈의 수의 합이 짝수인 경우는 세 눈의 수 중 하나만 짝수이거나 모두 짝수일 때이다. 주사위를 던졌을 때 짝수인 눈이 나오는 경우는 2, 4, 6의 3가지, 홀수인 눈이 나오는 경우는 1, 3, 5의 3가지이므로
(ⅰ) 세 눈의 수 중 하나만 짝수인 경우
세 주사위에서 나오는 눈의 수를 순서쌍으로 나타내면
(짝수, 홀수, 홀수), (홀수, 짝수, 홀수), (홀수, 홀수, 짝수)
의 3가지이고, 각 경우에 대하여 경우의 수는
$3\times3\times3=27$
이므로 세 눈의 수 중 하나만 짝수인 경우의 수는
$3\times27=81$
(ⅱ) 세 눈의 수 모두 짝수인 경우
$3\times3\times3=27$
(ⅰ), (ⅱ)에서 구하는 경우의 수는
$81+27=108$

(2) 세 눈의 수의 곱이 짝수인 경우는 세 눈의 수 중 적어도 하나가 짝수일 때이다.
즉, 세 눈의 수의 곱이 짝수인 경우의 수는 전체의 경우의 수에서 세 눈의 수의 곱이 홀수인 경우의 수를 뺀 것과 같다.
서로 다른 세 주사위를 동시에 던졌을 때 나오는 전체 경우의 수는
$6\times6\times6=216$
이고, 주사위를 동시에 던졌을 때 홀수인 눈이 나오는 경우는 1, 3, 5의 3가지이므로 세 눈의 수의 곱이 홀수인 경우의 수는
$3\times3\times3=27$
따라서 구하는 경우의 수는
$216-27=189$

예제 03 도로망에서의 경우의 수 349쪽

03-1 답 12

A 산에서 B 산으로 가는 방법은
A 산 → 편의점 → B 산, A 산 → 학교 → B 산
의 2가지가 있으므로
(ⅰ) A 산 → 편의점 → B 산인 경우
A 산 → 편의점으로 가는 방법의 수는 3이고, 그 각각에 대하여 편의점 → B 산으로 가는 방법의 수는 2이므로
$3\times2=6$
(ⅱ) A 산 → 학교 → B 산인 경우
A 산 → 학교로 가는 방법의 수는 2이고, 그 각각에 대하여 학교 → B 산으로 가는 방법의 수는 3이므로
$2\times3=6$

(ⅰ), (ⅱ)에서 구하는 방법의 수는

$6+6=12$

03-2 답 24

A 지점에서 출발하여 B 지점과 C 지점을 반드시 한 번씩 지나서 다시 A 지점으로 돌아오는 방법은

$A \rightarrow B \rightarrow C \rightarrow A$,

$A \rightarrow C \rightarrow B \rightarrow A$

의 2가지가 있으므로

(ⅰ) $A \rightarrow B \rightarrow C \rightarrow A$인 경우

　　$A \rightarrow B$로 가는 방법의 수는 2, $B \rightarrow C$로 가는 방법의 수는 3, $C \rightarrow A$로 가는 방법의 수는 2이므로

　　$2 \times 3 \times 2 = 12$

(ⅱ) $A \rightarrow C \rightarrow B \rightarrow A$인 경우

　　$A \rightarrow C$로 가는 방법의 수는 2, $C \rightarrow B$로 가는 방법의 수는 3, $B \rightarrow A$로 가는 방법의 수는 2이므로

　　$2 \times 3 \times 2 = 12$

(ⅰ), (ⅱ)에서 구하는 방법의 수는

$12+12=24$

03-3 답 ①

A 도시에서 출발하여 세 도시 B, C, D 중 두 도시를 지나서 다시 A 도시로 돌아오는 방법은

$A \rightarrow B \rightarrow C \rightarrow A$,

$A \rightarrow C \rightarrow B \rightarrow A$,

$A \rightarrow C \rightarrow D \rightarrow A$,

$A \rightarrow D \rightarrow C \rightarrow A$

의 4가지가 있으므로

(ⅰ) $A \rightarrow B \rightarrow C \rightarrow A$인 경우

　　$A \rightarrow B$로 가는 방법의 수는 4, $B \rightarrow C$로 가는 방법의 수는 2, $C \rightarrow A$로 가는 방법의 수는 2이므로

　　$4 \times 2 \times 2 = 16$

(ⅱ) $A \rightarrow C \rightarrow B \rightarrow A$인 경우

　　$A \rightarrow C$로 가는 방법의 수는 2, $C \rightarrow B$로 가는 방법의 수는 2, $B \rightarrow A$로 가는 방법의 수는 4이므로

　　$2 \times 2 \times 4 = 16$

(ⅲ) $A \rightarrow C \rightarrow D \rightarrow A$인 경우

　　$A \rightarrow C$로 가는 방법의 수는 2, $C \rightarrow D$로 가는 방법의 수는 3, $D \rightarrow A$로 가는 방법의 수는 2이므로

　　$2 \times 3 \times 2 = 12$

(ⅳ) $A \rightarrow D \rightarrow C \rightarrow A$인 경우

　　$A \rightarrow D$로 가는 방법의 수는 2, $D \rightarrow C$로 가는 방법의 수는 3, $C \rightarrow A$로 가는 방법의 수는 2이므로

　　$2 \times 3 \times 2 = 12$

(ⅰ)~(ⅳ)에서 구하는 방법의 수는

$16+16+12+12=56$

04-1 답 (1) 30　(2) 2418

(1) $720 = 2^4 \times 3^2 \times 5$이므로 720의 양의 약수는

　　$(2^4$의 양의 약수$) \times (3^2$의 양의 약수$)$

　　　　　　　　　　　$\times (5$의 양의 약수$)$

　　이다.

　　이때 2^4, 3^2, 5의 각각의 양의 약수 중 하나를 택하는 방법의 수는 각각 5, 3, 2이므로 720의 양의 약수의 개수는

　　$5 \times 3 \times 2 = 30$

(2) 720의 양의 약수의 총합은

　　$(1+2+2^2+2^3+2^4) \times (1+3+3^2) \times (1+5)$

　　이므로

　　$31 \times 13 \times 6 = 2418$

⊕ 보충 설명

소인수분해를 이용하여 약수 구하기

자연수 A가 $A = a^m \times b^n$ (a, b는 서로 다른 소수, m, n은 자연수)으로 소인수분해 될 때,

(1) A의 양의 약수 : a^m의 약수와 b^n의 약수를 곱해서 구한다.

(2) A의 양의 약수의 개수 : $(m+1)(n+1)$

(3) A의 양의 약수의 총합

　: $(1+a+\cdots+a^m)(1+b+\cdots+b^n)$

04-2 답 12

두 수 216과 360의 양의 공약수는 두 수의 최대공약수의 양의 약수와 같다.

216과 360을 각각 소인수분해 하면

$216 = 2^3 \times 3^3$

$360 = 2^3 \times 3^2 \times 5$

이므로 216과 360의 최대공약수는

$2^3 \times 3^2 = 72$

이때 두 수 216과 360의 양의 공약수의 개수는 두 수의 최대공약수 72의 양의 약수의 개수와 같다.

$72=2^3\times3^2$의 양의 약수는

$(2^3$의 양의 약수$)\times(3^2$의 양의 약수$)$

이므로 2^3의 양의 약수 중 하나를 택하는 방법의 수는 4이고, 그 각각에 대하여 3^2의 양의 약수 중 하나를 택하는 방법의 수는 3이다.

따라서 구하는 공약수의 개수는

$4\times3=12$

⊕ 보충 설명

(1) 공약수와 최대공약수
 ① 공약수 : 두 개 이상의 자연수의 공통인 약수
 ② 최대공약수 : 공약수 중 가장 큰 수
 ③ 서로소 : 최대공약수가 1인 두 자연수
 ④ 두 개 이상의 자연수의 공약수는 그 수들의 최대공약수의 약수이며, 공약수의 개수는 최대공약수의 약수의 개수와 같다.

(2) 공배수와 최소공배수
 ① 공배수 : 두 개 이상의 자연수의 공통인 배수
 ② 최소공배수 : 공배수 중 가장 작은 수
 ③ 두 개 이상의 자연수의 공배수는 그 수들의 최소공배수의 배수이다.

04-3 답 ③

980을 소인수분해 하면

$980=2^2\times5\times7^2$

짝수는 2를 소인수로 가지므로 980의 양의 약수 중 짝수의 개수는 $2\times5\times7^2$의 양의 약수의 개수와 같다.

$\therefore p=(1+1)\times(1+1)\times(2+1)=2\times2\times3=12$

7의 배수는 7을 소인수로 가지므로 980의 양의 약수 중 7의 배수의 개수는 $2^2\times5\times7$의 양의 약수의 개수와 같다.

$\therefore q=(2+1)\times(1+1)\times(1+1)=3\times2\times2=12$

$\therefore p+q=12+12=24$

예제 05 부정방정식의 해의 개수   353쪽

05-1 답 7

$x,\ y,\ z$가 자연수이므로

$x\geq1,\ y\geq1,\ z\geq1$

주어진 방정식에서 z의 계수가 가장 크므로 z가 될 수 있는 자연수를 구해 보면

$3z<12$에서 $z<4$

$z=1,\ 2,\ 3$

(i) $z=1$일 때,

　$x+2y=9$이므로 순서쌍 $(x,\ y,\ z)$는

　$(7,\ 1,\ 1),\ (5,\ 2,\ 1),\ (3,\ 3,\ 1),\ (1,\ 4,\ 1)$

　의 4개

(ii) $z=2$일 때,

　$x+2y=6$이므로 순서쌍 $(x,\ y,\ z)$는

　$(4,\ 1,\ 2),\ (2,\ 2,\ 2)$

　의 2개

(iii) $z=3$일 때,

　$x+2y=3$이므로 순서쌍 $(x,\ y,\ z)$는

　$(1,\ 1,\ 3)$

　의 1개

(i)~(iii)에서 구하는 순서쌍 $(x,\ y,\ z)$의 개수는

$4+2+1=7$

05-2 답 ③

$x,\ y,\ z$가 음이 아닌 정수이므로

$x\geq0,\ y\geq0,\ z\geq0$

주어진 방정식에서 $y,\ z$의 계수가 크므로 $y,\ z$ 중에서 z가 될 수 있는 수를 구해 보면

$2z\leq8$에서 $z\leq4$

$\therefore z=0,\ 1,\ 2,\ 3,\ 4$

(i) $z=0$일 때,

　$x+2y=8$이므로 순서쌍 $(x,\ y,\ z)$는

　$(8,\ 0,\ 0),\ (6,\ 1,\ 0),\ (4,\ 2,\ 0),\ (2,\ 3,\ 0),\ (0,\ 4,\ 0)$

　의 5개

(ii) $z=1$일 때,

　$x+2y=6$이므로 순서쌍 $(x,\ y,\ z)$는

　$(6,\ 0,\ 1),\ (4,\ 1,\ 1),\ (2,\ 2,\ 1),\ (0,\ 3,\ 1)$

　의 4개

(iii) $z=2$일 때,

　$x+2y=4$이므로 순서쌍 $(x,\ y,\ z)$는

　$(4,\ 0,\ 2),\ (2,\ 1,\ 2),\ (0,\ 2,\ 2)$

　의 3개

(iv) $z=3$일 때,

　$x+2y=2$이므로 순서쌍 $(x,\ y,\ z)$는

　$(2,\ 0,\ 3),\ (0,\ 1,\ 3)$

　의 2개

(v) $z=4$일 때,

　$x+2y=0$이므로 순서쌍 $(x,\ y,\ z)$는

　$(0,\ 0,\ 4)$

　의 1개

(i)~(v)에서 구하는 순서쌍 $(x,\ y,\ z)$의 개수는
$5+4+3+2+1=15$

05-3 답 (1) 5 (2) 15

(1) x, y가 자연수이므로
  $x\geq1$, $y\geq1$
  (i) $y=1$일 때,
    $x+3\leq7$ $\therefore x\leq4$
    즉, 순서쌍 $(x,\ y)$는
    $(1,\ 1),\ (2,\ 1),\ (3,\ 1),\ (4,\ 1)$
    의 4개
  (ii) $y=2$일 때,
    $x+6\leq7$ $\therefore x\leq1$
    즉, 순서쌍 $(x,\ y)$는 $(1,\ 2)$
    의 1개
  (i), (ii)에서 구하는 순서쌍 $(x,\ y)$의 개수는
  $4+1=5$

(2) x, y가 자연수이므로
  $x\geq1$, $y\geq1$
  (i) $x=1$일 때,
    $2\leq1+y\leq6$ $\therefore 1\leq y\leq5$
    즉, 순서쌍 $(x,\ y)$는
    $(1,\ 1),\ (1,\ 2),\ (1,\ 3),\ (1,\ 4),\ (1,\ 5)$
    의 5개
  (ii) $x=2$일 때,
    $2\leq2+y\leq6,\ 0\leq y\leq4$
    $\therefore 1\leq y\leq4\ (\because y\geq1)$
    즉, 순서쌍 $(x,\ y)$는
    $(2,\ 1),\ (2,\ 2),\ (2,\ 3),\ (2,\ 4)$
    의 4개
  (iii) $x=3$일 때,
    $2\leq3+y\leq6,\ -1\leq y\leq3$
    $\therefore 1\leq y\leq3\ (\because y\geq1)$
    즉, 순서쌍 $(x,\ y)$는
    $(3,\ 1),\ (3,\ 2),\ (3,\ 3)$
    의 3개
  (iv) $x=4$일 때,
    $2\leq4+y\leq6,\ -2\leq y\leq2$
    $\therefore 1\leq y\leq2\ (\because y\geq1)$
    즉, 순서쌍 $(x,\ y)$는
    $(4,\ 1),\ (4,\ 2)$
    의 2개

  (v) $x=5$일 때,
    $2\leq5+y\leq6,\ -3\leq y\leq1$
    $\therefore y=1\ (\because y\geq1)$
    즉, 순서쌍 $(x,\ y)$는
    $(5,\ 1)$
    의 1개
  (i)~(v)에서 구하는 순서쌍 $(x,\ y)$의 개수는
  $5+4+3+2+1=15$

06-1 답 (1) 59 (2) 35

(1) 10원짜리 동전 2개로 지불할 수 있는 방법은
  0개, 1개, 2개
  의 3가지
  50원짜리 동전 3개로 지불할 수 있는 방법은
  0개, 1개, 2개, 3개
  의 4가지
  100원짜리 동전 4개로 지불할 수 있는 방법은
  0개, 1개, 2개, 3개, 4개
  의 5가지
  이때 0원을 지불하는 것은 제외해야 하므로 지불할 수 있는 방법의 수는
  $3\times4\times5-1=59$

(2) 50원짜리 동전 2개로 지불할 수 있는 금액과 100원짜리 동전 1개로 지불할 수 있는 금액이 같으므로 100원짜리 동전 4개를 50원짜리 동전 8개로 바꾸어서 생각하면 구하는 금액의 수는 10원짜리 동전 2개, 50원짜리 동전 11개로 지불할 수 있는 금액의 수와 같다.
  10원짜리 동전 2개로 지불할 수 있는 금액은
  0원, 10원, 20원
  의 3가지
  50원짜리 동전 11개로 지불할 수 있는 금액은
  0원, 50원, 100원, ⋯, 550원
  의 12가지
  이때 0원을 지불하는 것을 제외해야 하므로 지불할 수 있는 금액의 수는
  $3\times12-1=35$

06-2 답 (1) 209 (2) 93

(1) 1000원짜리 지폐 6장으로 지불할 수 있는 방법은

0장, 1장, 2장, 3장, 4장, 5장, 6장

의 7가지

5000원짜리 지폐 4장으로 지불할 수 있는 방법은

0장, 1장, 2장, 3장, 4장

의 5가지

10000원짜리 지폐 2장으로 지불할 수 있는 방법은

0장, 1장, 2장

의 3가지

50000원짜리 지폐 1장으로 지불할 수 있는 방법은

0장, 1장

의 2가지

이때 0원을 지불하는 것은 제외해야 하므로 지불할 수 있는 방법의 수는

$7 \times 5 \times 3 \times 2 - 1 = 209$

(2) 5000원짜리 지폐 2장으로 지불할 수 있는 금액과 10000원짜리 지폐 1장으로 지불할 수 있는 금액이 같으므로 10000원짜리 지폐 2장을 5000원짜리 지폐 4장으로 바꾸어 생각하면 구하는 금액의 수는 1000원짜리 지폐 6장, 5000원짜리 지폐 8장, 50000원짜리 지폐 1장으로 지불할 수 있는 금액의 수와 같다.

그런데 1000원짜리 지폐 5장으로 지불할 수 있는 금액과 5000원짜리 지폐 1장으로 지불할 수 있는 금액도 같으므로 5000원짜리 지폐 8장도 1000원짜리 지폐 40장으로 바꾸어 생각하면 구하는 금액의 수는 1000원짜리 지폐 46장, 50000원짜리 지폐 1장으로 지불할 수 있는 금액의 수와 같다.

1000원짜리 지폐 46장으로 지불할 수 있는 금액은

0원, 1000원, ⋯, 46000원

의 47가지

50000원짜리 지폐 1장으로 지불할 수 있는 금액은

0원, 50000원

의 2가지

이때 0원을 지불하는 것을 제외해야 하므로 지불할 수 있는 금액의 수는

$47 \times 2 - 1 = 93$

06-3 답 2

25000원을 지불하기 위하여 1000원, 5000원, 10000원짜리 지폐를 각각 x장, y장, z장 사용한다고 하면

$1000x + 5000y + 10000z = 25000$

$\therefore x + 5y + 10z = 25$ ⋯⋯ ㉠

그런데 세 종류의 지폐를 최소한 한 장씩은 사용해야 하므로

$x \geq 1,\ y \geq 1,\ z \geq 1$

방정식 ㉠에서 z의 계수가 가장 크므로 z가 될 수 있는 자연수를 구해 보면

$10z < 25$

$\therefore z = 1,\ 2$

(i) $z = 1$일 때,

㉠에서 $x + 5y = 15$이므로 순서쌍 $(x,\ y,\ z)$는

$(10,\ 1,\ 1),\ (5,\ 2,\ 1)$

의 2개

(ii) $z = 2$일 때,

㉠에서 $x + 5y = 5$이므로 이 방정식을 만족시키는 자연수 $x,\ y$는 존재하지 않는다.

(i), (ii)에서 구하는 방법의 수는 2이다.

07-1 답 540

(i) 영역 A에 칠할 수 있는 색은 5가지

(ii) 영역 B에 칠할 수 있는 색은 영역 A에 칠한 색을 제외한 4가지

(iii) 영역 C에 칠할 수 있는 색은 두 영역 A, B에 칠한 색을 제외한 3가지

(iv) 영역 D에 칠할 수 있는 색은 두 영역 A, C에 칠한 색을 제외한 3가지

(v) 영역 E에 칠할 수 있는 색은 두 영역 A, D에 칠한 색을 제외한 3가지

(i)~(v)에서 구하는 방법의 수는

$5 \times 4 \times 3 \times 3 \times 3 = 540$

07-2 답 ②

5개의 구역을 오른쪽 그림과 같이 차례대로 A, B, C, D, E라고 하면 가장 많은 구역과 인접한 B 구역부터 색을 칠할 수 있다.

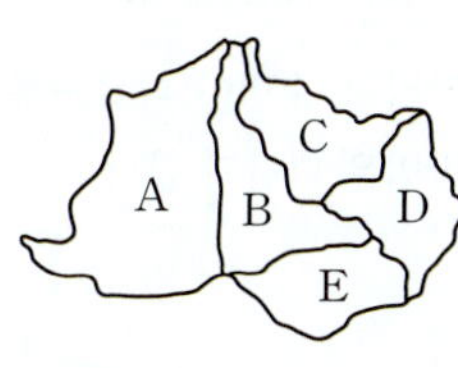

(i) B 구역에 칠할 수 있는 색은 4가지

(ii) A 구역에 칠할 수 있는 색은 B 구역에 칠한 색을 제외한 3가지

(iii) C 구역에 칠할 수 있는 색은 B 구역에 칠한 색을 제외한 3가지

(ⅳ) D 구역에 칠할 수 있는 색은 B, C 구역에 칠한 색
    을 제외한 2가지
(ⅴ) E 구역에 칠할 수 있는 색은 B, D 구역에 칠한 색
    을 제외한 2가지
(ⅰ)~(ⅴ)에서 구하는 방법의 수는
$4 \times 3 \times 3 \times 2 \times 2 = 144$

07-3 답 84

(ⅰ) 영역 A와 영역 D에 같은 색을 칠하는 경우
    영역 A에 칠할 수 있는 색은 4가지, 영역 D에 칠할
    수 있는 색은 영역 A에 칠한 색과 같은 색이므로 1
    가지, 영역 B에 칠할 수 있는 색은 영역 A(D)에
    칠한 색을 제외한 3가지, 영역 C에 칠할 수 있는 색
    은 영역 A(D)에 칠한 색을 제외한 3가지이므로 칠
    하는 방법의 수는
    $4 \times 1 \times 3 \times 3 = 36$
(ⅱ) 영역 A와 영역 D에 다른 색을 칠하는 경우
    영역 A에 칠할 수 있는 색은 4가지, 영역 D에 칠할
    수 있는 색은 영역 A에 칠한 색과 다른 색이므로 3
    가지, 영역 B에 칠할 수 있는 색은 두 영역 A, D에
    칠한 색을 제외한 2가지, 영역 C에 칠할 수 있는 색
    은 두 영역 A, D에 칠한 색을 제외한 2가지이므로
    칠하는 방법의 수는
    $4 \times 3 \times 2 \times 2 = 48$
(ⅰ), (ⅱ)에서 구하는 방법의 수는
$36 + 48 = 84$

08-1 답 9

등번호가 1, 2, 3, 4인 선수들을 각각 $\boxed{1}$, $\boxed{2}$, $\boxed{3}$,
$\boxed{4}$ 라 하고, 네 명의 선수 모두 자신의 등번호와 이어
달리기 순번이 다르도록 이어달리기 순번을 결정하는
방법은 다음과 같다.

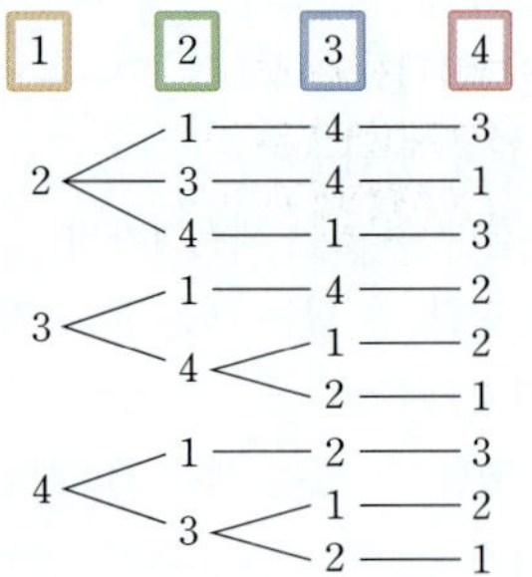

따라서 구하는 방법의 수는 9이다.

08-2 답 13

규칙 ㈎, ㈏, ㈐를 만족시키는 세 자리 자연수의 수형
도를 작성하면 다음과 같다.
(ⅰ) 세 자리 자연수가 1로 시작되는 경우

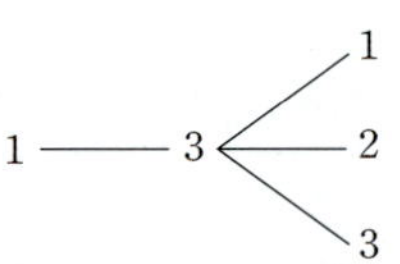

(ⅱ) 세 자리 자연수가 2로 시작되는 경우

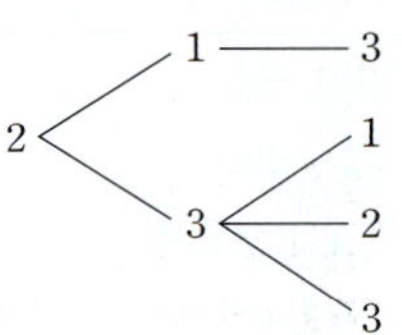

(ⅲ) 세 자리 자연수가 3으로 시작되는 경우

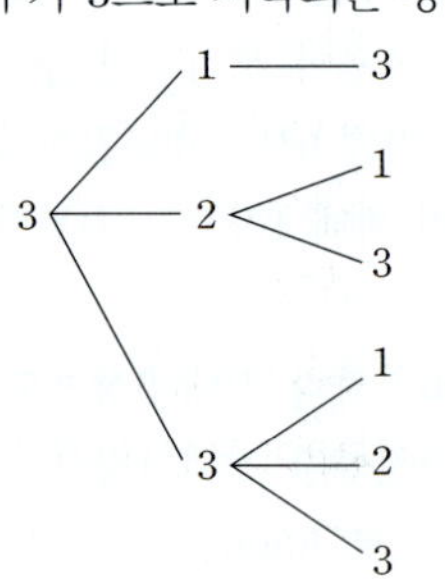

(ⅰ)~(ⅲ)에서 구하는 경우의 수는
$3 + 4 + 6 = 13$

08-3 답 44

$(a_1-1)(a_2-2)(a_3-3)(a_4-4)(a_5-5) \neq 0$이 성립
하려면
$a_1 \neq 1$, $a_2 \neq 2$, $a_3 \neq 3$, $a_4 \neq 4$, $a_5 \neq 5$
를 만족시켜야 한다.
$a_1 \neq 1$이므로
$a_1 = 2$ 또는 $a_1 = 3$ 또는 $a_1 = 4$ 또는 $a_1 = 5$
이어야 한다.
이때 $a_1 = 2$인 경우에
$a_2 \neq 2$, $a_3 \neq 3$, $a_4 \neq 4$, $a_5 \neq 5$
이므로
$a_2 = 1$ 또는 $a_2 = 3$ 또는 $a_2 = 4$ 또는 $a_2 = 5$가 될 수 있
으므로 그 각각의 경우에 대하여 a_3, a_4, a_5를 구해 보
면 다음과 같다.

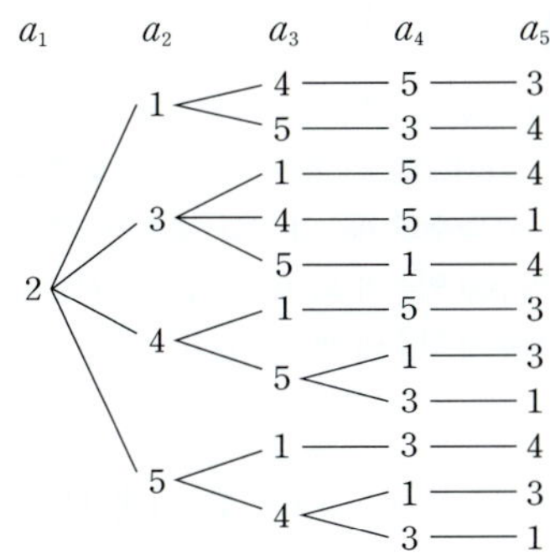

이때 경우의 수는 11이고, $a_1=3$, 4, 5일 때에도 경우의 수는 각각 11이므로 구하는 경우의 수는
$$11 \times 4 = 44$$

1 3으로 나누어떨어지고, 5로는 나누어떨어지지 않는 자연수의 개수를 구해야 하므로 3의 배수 중에서 3과 5의 최소공배수인 15의 배수를 제외해야 한다.
3의 배수는
$$3 \times 1, 3 \times 2, 3 \times 3, \cdots, 3 \times 33$$
의 33개
15의 배수는
$$15 \times 1, 15 \times 2, 15 \times 3, \cdots, 15 \times 6$$
의 6개
따라서 구하는 자연수의 개수는
$$33 - 6 = 27$$

⊕ 보충 설명

자연수 중에서 자연수 a의 배수 또는 자연수 b의 배수의 개수는
(자연수 a의 배수의 개수)+(자연수 b의 배수의 개수)
$-$ (a와 b의 공배수의 개수)

2 정사면체의 밑면에 나오는 수를 차례로 x, y, z라고 하면
(i) $xyz=2$일 때, 순서쌍 (x, y, z)는
$$(1, 1, 2), (1, 2, 1), (2, 1, 1)$$
의 3가지

(ii) $xyz=4$일 때, 순서쌍 (x, y, z)는
$$(1, 1, 4), (1, 4, 1), (4, 1, 1),$$
$$(1, 2, 2), (2, 1, 2), (2, 2, 1)$$
의 6가지
(i), (ii)는 동시에 일어나지 않으므로 구하는 경우의 수는
$$3 + 6 = 9$$

3 홀수가 되려면 일의 자리에 올 수 있는 숫자는 1, 3, 5의 3개이다.
백의 자리에 올 수 있는 숫자는 일의 자리의 숫자와 0을 제외한 4개이다.
십의 자리에 올 수 있는 숫자는 백의 자리의 숫자와 일의 자리의 숫자를 제외한 4개이다.
따라서 구하는 홀수의 개수는
$$3 \times 4 \times 4 = 48$$

⊕ 보충 설명

n자리 자연수를 만들 때, 0은 최고 자리의 숫자가 될 수 없음에 주의한다.

4 A 지점을 출발하여 D 지점으로 가는 방법은
A → B → D, A → C → D, A → B → C → D,
A → C → B → D의 4가지가 있으므로
(i) A → B → D인 경우
A → B로 가는 방법의 수는 3, B → D로 가는 방법의 수는 3이므로
$$3 \times 3 = 9$$
(ii) A → C → D인 경우
A → C로 가는 방법의 수는 2, C → D로 가는 방법의 수는 3이므로
$$2 \times 3 = 6$$
(iii) A → B → C → D인 경우
A → B로 가는 방법의 수는 3, B → C로 가는 방법의 수는 1, C → D로 가는 방법의 수는 3이므로
$$3 \times 1 \times 3 = 9$$
(iv) A → C → B → D인 경우
A → C로 가는 방법의 수는 2, C → B로 가는 방법의 수는 1, B → D로 가는 방법의 수는 3이므로
$$2 \times 1 \times 3 = 6$$
(i)~(iv)에서 구하는 방법의 수는
$$9 + 6 + 9 + 6 = 30$$

합의 법칙과 곱의 법칙

(1) 두 사건 A, B가 동시에 일어나지 않는 경우

   (i) 사건 A를 선택하면 사건 B를 선택할 수 없는 경우

      (또는 사건 B를 선택하면 사건 A를 선택할 수 없는 경우)

   (ii) 두 사건 A, B 중 어느 하나만 일어나도 문제에서 제시된 결과를 만족시키는 경우

   (i), (ii)에서 합의 법칙을 이용한다.

   [예] 위의 풀이에서 A → B → D, A → C → D, A → B → C → D, A → C → B → D의 4가지 경로는 동시에 일어나지 않는 사건이다.

(2) 두 사건 A, B가 동시에 (연속하여) 일어나는 경우

   (i) 사건 A를 선택하면 사건 B도 선택해야 하는 경우

      (또는 사건 B를 선택하면 사건 A도 선택해야 하는 경우)

   (ii) 두 사건 A, B가 동시에 일어나야만 문제에서 제시된 결과를 만족시키는 경우

   (i), (ii)에서 곱의 법칙을 이용한다.

   [예] 위의 풀이에서 (i)의 경우에 A → B로 가는 방법 3가지와 B → D로 가는 방법 3가지는 연속하여 일어나는 사건이다.

---

5 A 지점에서 B 지점으로 가는 방법의 수는

$3 \times 5 \times 7 = 105$

B 지점에서 P 지점을 지나 A 지점으로 오는 방법의 수는

$7 \times 1 \times 3 = 21$

따라서 구하는 방법의 수는

$105 \times 21 = 2205$

6 (1) $10 = 2 \times 5$이므로 $2^2 \times 3^3 \times 5^5$의 양의 약수 중 10의 배수는

$2 \times 3^3 \times 5^4$의 양의 약수의 개수와 같다.

따라서 구하는 양의 약수의 개수는

$(1+1) \times (3+1) \times (4+1) = 2 \times 4 \times 5$
$$= 40$$

(2) 2250을 소인수분해 하면

$2250 = 2 \times 3^2 \times 5^3$

홀수는 2를 소인수로 가지지 않으므로 2250의 양의 약수 중 홀수의 개수는 $3^2 \times 5^3$의 양의 약수의 개수와 같다.

따라서 2250의 양의 약수 중 홀수의 개수는

$(2+1) \times (3+1) = 3 \times 4 = 12$

---

(2)에서 양의 약수 중 짝수의 개수를 구하는 경우, 짝수는 2를 소인수로 가지므로 2250의 양의 약수 중 짝수의 개수는 $3^2 \times 5^3$의 양의 약수의 개수와 같다. 홀수인 약수 각각에 2를 곱한 것이 짝수인 약수가 되므로 이 문제에서는 홀수인 약수의 개수와 짝수인 약수의 개수가 같다.

---

7 (1) $(a+b+c)(p+q+r)$을 전개하는 것은 a, b, c 각각에 대하여 p, q, r을 택하는 것과 같으므로 항의 개수는

$3 \times 3 = 9$

$(a+b)(s+t)$를 전개하는 것은 a, b 각각에 대하여 s, t를 택하는 것과 같으므로 항의 개수는

$2 \times 2 = 4$

따라서 구하는 항의 개수는

$9 + 4 = 13$

(2) $(p-q)^3$을 전개하면

$p^3 - 3p^2q + 3pq^2 - q^3$

이때 다항식 $(x+y+z^2)(p^3 - 3p^2q + 3pq^2 - q^3)$에서 곱해지는 각 항은 모두 서로 다른 문자로 이루어져 있으므로 동류항이 없다.

따라서 구하는 항의 개수는

$3 \times 4 = 12$

주어진 문제에서는 동류항이 없으므로 곱의 법칙을 이용하여 항의 개수를 구한 후 합의 법칙을 이용하였지만 동류항이 있는 경우에는 동류항을 고려하여 항의 개수를 세어야 함에 주의한다.

---

8 100원짜리 동전 3개를 50원짜리 동전 6개로 바꾸어 생각하면 구하는 금액의 수는 10원짜리 동전 4개, 50원짜리 동전 9개, 500원짜리 동전 4개로 지불할 수 있는 금액의 수와 같다.

10원짜리 동전 4개로 지불할 수 있는 금액은

0원, 10원, 20원, 30원, 40원

의 5가지

50원짜리 동전 9개로 지불할 수 있는 금액은

0원, 50원, …, 450원

의 10가지

500원짜리 동전 4개로 지불할 수 있는 금액은

0원, 500원, 1000원, 1500원, 2000원

의 5가지

이때 0원을 지불하는 것을 제외해야 하므로 지불할 수 있는 금액의 수는

$5 \times 10 \times 5 - 1 = 249$

＋ 보충 설명

x원짜리 동전 n개로 지불하는 방법은 0개, 1개, 2개, $\cdots$, n개의 $(n+1)$가지이다.

지불하는 금액의 수를 구할 때에는 x원짜리 동전 $m\,(m \leq n)$개로 지불하는 금액과 y원짜리 동전 1개로 지불하는 금액이 같으면 y원짜리 동전을 x원짜리 동전으로 바꾸어 생각한다.

9 주어진 그림에서

(i) 영역 A에 칠할 수 있는 색은 4가지

(ii) 영역 B에 칠할 수 있는 색은 영역 A에 칠한 색을 제외한 3가지

(iii) 영역 C에 칠할 수 있는 색은 영역 B에 칠한 색을 제외한 3가지

(iv) 영역 D에 칠할 수 있는 색은 영역 C에 칠한 색을 제외한 3가지

(v) 영역 E에 칠할 수 있는 색은 영역 D에 칠한 색을 제외한 3가지

(i)~(v)에서 구하는 방법의 수는

$4 \times 3 \times 3 \times 3 \times 3 = 324$

10 모든 차량은 주차 구역 내에서 직진만 가능하므로 막혀 있지 않은 쪽에 있는 두 대의 차량 A, B가 먼저 빠져나가야 한다. 차량 C보다 차량 A가, 차량 D보다 차량 B가 먼저 빠져나오도록 차량이 빠져나오는 순서를 정하는 방법은 다음과 같다.

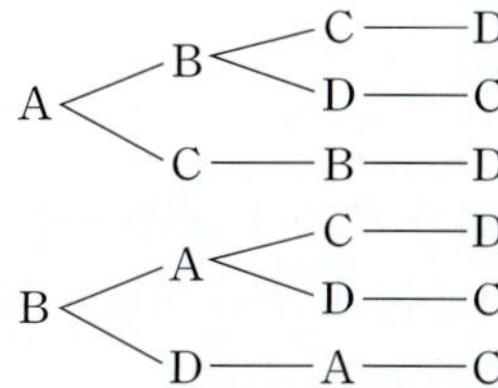

따라서 구하는 방법의 수는 6이다.

실력 다지기 362쪽 ~ 363쪽

11 ②	**12** ⑤	**13** 144	**14** ③	**15** 23
16 4	**17** ⑤	**18** 30	**19** 16	**20** 11

11 **접근 방법** | 100과 서로소인 자연수는 100과의 최대공약수가 1인 자연수이다.

100을 소인수분해 하면

$100 = 2^2 \times 5^2$

이때 100의 소인수가 2, 5이므로 100과 서로소인 자연수는 2의 배수도 아니고 5의 배수도 아닌 수이다.

즉, 100과 서로소인 자연수는 1부터 100까지의 자연수 중에서 2의 배수 또는 5의 배수인 자연수를 제외한 것이다.

2의 배수는

$2 \times 1,\ 2 \times 2,\ 2 \times 3,\ \cdots,\ 2 \times 50$

의 50개

5의 배수는

$5 \times 1,\ 5 \times 2,\ 5 \times 3,\ \cdots,\ 5 \times 20$

의 20개

이때 2와 5의 최소공배수인 10의 배수는

$10 \times 1,\ 10 \times 2,\ 10 \times 3,\ \cdots,\ 10 \times 10$

의 10개이므로 2의 배수 또는 5의 배수인 자연수의 개수는

$50 + 20 - 10 = 60$

따라서 구하는 자연수의 개수는

$100 - 60 = 40$

12 **접근 방법** | 어느 한 숫자가 0인 경우와 그렇지 않은 경우로 나누어 생각해 본다. 모두 0이 아닌 경우 두 숫자의 합에 따라 경우를 나누어 생각해 본다.

세 자리 자연수를 $100a + 10b + c$라고 하자.

(단, $1 \leq a \leq 9$, $0 \leq b \leq 9$, $0 \leq c \leq 9$인 정수이다.)

(i) b, c 중 하나가 0인 경우

　나머지 두 수가 같으면 되므로

　$9 \times 2 = 18$

(ii) a, b, c가 모두 0이 아닌 경우

　$a = b + c$이면

　$a = 2$일 때, (b, c)는 $(1, 1)$의 1가지

　$a = 3$일 때, (b, c)는 $(1, 2)$, $(2, 1)$의 2가지

　$a = 4$일 때, (b, c)는 $(1, 3)$, $(2, 2)$, $(3, 1)$의 3가지

　　　$\vdots$

　$a = 9$일 때, (b, c)는 $(1, 8)$, $(2, 7)$, $(3, 6)$, $(4, 5)$, $\cdots$, $(8, 1)$의 8가지

　즉, $a = b + c$를 만족시키는 순서쌍 (a, b, c)의 개수는

　$1 + 2 + \cdots + 8 = 36$

또한 $b=a+c$와 $c=a+b$의 경우도 같은 방법으로
구하면 각각 36가지이므로

$$36 \times 3 = 108$$

(i), (ii)에서 구하는 자연수의 개수는

$$18 + 108 = 126$$

13 **접근 방법** | 백의 자리의 숫자가 홀수 또는 짝수인 경우
로 나누어 생각해 본다.

100부터 500까지의 홀수이므로 일의 자리의 숫자에
올 수 있는 숫자는 1, 3, 5, 7, 9의 5가지이고 백의 자
리의 숫자에 올 수 있는 숫자는 1, 2, 3, 4의 4가지이다.

(i) 일의 자리의 숫자에 1 또는 3이 오는 경우

백의 자리에 올 수 있는 숫자는 1, 2, 3, 4 중에서
일의 자리의 숫자를 제외한 3가지이고, 십의 자리
에 올 수 있는 숫자는 0, 1, 2, $\cdots$, 9 중에서 일의
자리의 숫자와 백의 자리의 숫자를 제외한 8가지이
므로

$$2 \times 3 \times 8 = 48$$

(ii) 일의 자리의 숫자에 5 또는 7 또는 9가 오는 경우

백의 자리에 올 수 있는 숫자는 1, 2, 3, 4의 4가지
이고, 십의 자리에 올 수 있는 숫자는 0, 1, 2, $\cdots$,
9 중에서 일의 자리의 숫자와 백의 자리의 숫자를
제외한 8가지이므로

$$3 \times 4 \times 8 = 96$$

(i), (ii)에서 구하는 경우의 수는

$$48 + 96 = 144$$

14 **접근 방법** | A, B, C 사이는 각각 한 번씩만 지나갈 수
있음을 이용한다. 이때 A → B → C → A의 경우와
A → C → B → A의 경우의 수가 같음을 이용한다.

(i) A → B → C → A의 경우

B 지점에서 세 곡선 부분을 그리는 순서를 정하는
방법의 수는

$$3 \times 2 \times 1 = 6$$

그 각각에 대하여 곡선 부분을 그리는 방법의 수는

$$2 \times 2 \times 2 = 8$$

이므로 B 지점에서 곡선 부분을 그리는 방법의 수는

$$6 \times 8 = 48$$

C 지점에서 곡선 부분을 그리는 방법의 수는 2
따라서 경우의 수는

$$48 \times 2 = 96$$

(ii) A → C → B → A의 경우도 같은 방법으로 구하
면 경우의 수는 96

(i), (ii)에서 구하는 경우의 수는

$$96 + 96 = 192$$

15 **접근 방법** | 주어진 숫자가 각각 하나씩 적힌 7장의 카드
중에서 2장 이상을 뽑아 카드에 적힌 숫자끼리 곱해서 만들 수
있는 자연수의 개수는 카드에 적힌 숫자를 인수로 가지는 자연
수의 개수라고 생각할 수 있다.

주어진 숫자가 각각 하나씩 적힌 7장의 카드 중에서 2
장 이상 뽑아 카드에 적힌 숫자끼리 곱해서 만들 수 있
는 자연수는 카드에 적힌 모든 숫자를 곱하여 만든 자
연수의 양의 약수 중에서 1을 제외한 것과 같다.

숫자 1이 적힌 카드는 1장, 숫자 2가 적힌 카드는 3장,
숫자 3이 적힌 카드는 2장, 숫자 5가 적힌 카드는 1장
이므로 자연수 $1 \times 2^3 \times 3^2 \times 5$의 양의 약수를 구하면

$$(2^3 \text{의 양의 약수}) \times (3^2 \text{의 양의 약수}) \times (5 \text{의 양의 약수})$$

이때 2^3, 3^2, 5의 각각의 양의 약수 중 하나를 택하는
방법의 수는 각각 4, 3, 2이므로 양의 약수의 개수는

$$4 \times 3 \times 2 = 24$$

따라서 구하는 서로 다른 자연수의 개수는

$$24 - 1 = 23$$

16 **접근 방법** | 서로소는 최대공약수가 1인 두 자연수이므로
먼저 450을 소인수분해 한 다음 최대공약수가 1인 두 자연수로
나타내어 본다.

450을 소인수분해 하면

$$450 = 2 \times 3^2 \times 5^2$$

이므로

$$450 = A \times B \ (A \text{와} \ B \text{는 서로소인 자연수})$$

라고 하면 두 자연수 A, B가 서로소이므로 두 수 A,
B의 최대공약수가 1이어야 한다.

즉, A를 기준으로 소인수로 2, 3, 5를 각각 하나씩 선
택하거나 선택하지 않는 2가지 방법이 있으므로 A를
만드는 방법의 수는

$$2 \times 2 \times 2 = 8$$

그런데 이것은 $A=1$, $B=450$인 경우와
$A=450$, $B=1$인 경우를 모두 포함하므로 구하는 방
법의 수는

$$8 \times \frac{1}{2} = 4$$

만약 문제에서 $12 = a \times b$ (a와 b는 서로소인 자연수)라 하
고 (a, b)의 순서쌍의 개수를 구하여
$(1, 12), (12, 1), (3, 4), (4, 3)$
의 4라고 하였다면 450을 서로소인 두 자연수의 곱으로 나
타낼 수 있는 방법의 수는 처음에 구한 8이 된다. 하지만 여
기서는 1×12와 12×1을 같은 방법으로 생각하였으므로
$\dfrac{1}{2}$을 곱해야 한다.

17 **접근 방법** | 영역을 구분하여 생각하기 편하도록 5개의
영역을 각각 A, B, C, D, E라 하고 빨간색, 노란색, 파란색의
3가지 색을 차례대로 칠하는 방법의 수를 구한다.

5개의 영역을 오른쪽 그림과 같이 차
례대로 A, B, C, D, E라고 하면 가
장 많은 영역과 인접한 영역 B에 칠
할 수 있는 색은 빨간색, 노란색, 파
란색의 3가지, 영역 A에 칠할 수 있
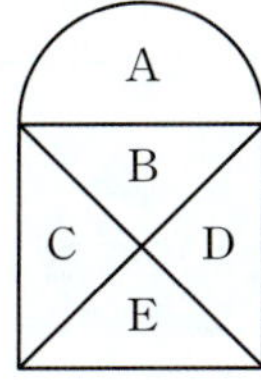
는 색은 영역 B에 칠한 색을 제외한 2가지이므로 두
영역 A, B에 칠하는 방법의 수는

$3 \times 2 = 6$

(i) 영역 C와 영역 D에 같은 색을 칠하는 경우
  영역 C에 칠할 수 있는 색은 영역 B에 칠한 색을
  제외한 2가지, 영역 D에 칠할 수 있는 색은 영역 C
  에 칠한 색과 같은 색이므로 1가지, 영역 E에 칠할
  수 있는 색은 영역 C(D)에 칠한 색을 제외한 2가
  지이므로 세 영역 C, D, E에 칠하는 방법의 수는
  $2 \times 1 \times 2 = 4$

(ii) 영역 C와 영역 D에 다른 색을 칠하는 경우
  영역 C에 칠할 수 있는 색은 2가지, 영역 D에 칠할
  수 있는 색은 영역 C에 칠한 색과 다른 색이므로 두
  영역 B, C에 칠한 색을 제외한 1가지, 영역 E에 칠
  할 수 있는 색은 두 영역 C, D에 칠한 색을 제외한
  1가지이므로 세 영역 C, D, E에 칠하는 방법의 수는
  $2 \times 1 \times 1 = 2$

(i), (ii)에서 구하는 방법의 수는
$6 \times (4+2) = 36$

뒤의 **11. 순열**, **12. 조합** 단원에서 배우는 순열과 조합
을 이용하여 다음과 같이 생각할 수도 있다.

(i) 3가지 색을 모두 사용하는 경우
  ㉠ 3개의 영역 A, B, E에 모두 다른 색을 칠한다
    고 생각하면 남은 두 영역 C, D는 반드시 영역
    A와 같은 색을 칠해야 한다.
  ㉡ 3개의 영역 A, B, E에서 두 영역 A, E에 같은
    색을 칠한다고 생각하면 남은 두 영역 C, D는
    반드시 두 영역 B, E에 칠하고 남은 하나의 색
    을 칠해야 한다.
  ㉢ 3개의 영역 A, B, E에서 두 영역 B, E에 같은
    색을 칠한다고 생각하면 세 번째 색은 두 영역
    C, D 중에 하나의 영역에 칠하거나 두 영역 모
    두에 칠해야 한다.

(ii) 2가지 색만 사용하는 경우
  3가지 색 중에서 2가지 색을 뽑아서 세 영역 A, C,
  D에 같은 색을 칠하고 남은 두 영역 B, E에 같은
  색을 칠하면 된다.

(i), (ii)에서 구한 경우의 수를 더한다.

18 **접근 방법** | 맨 위의 사다리꼴과 맨 아래의 사다리꼴에
서로 다른 색을 칠하는 방법의 수를 먼저 구한 다음, 나머지 가
운데 세 사다리꼴에 색을 칠하는 방법을 생각해 본다.

맨 위와 맨 아래 사다리꼴에 서로 다른 색을 칠해야 하
므로 서로 다른 3가지 색을 각각 A, B, C라고 할 때,
3가지 색 A, B, C를 맨 위와 맨 아래 사다리꼴에 칠
하는 방법의 수는

$3 \times 2 = 6$

맨 위와 맨 아래 사다리꼴에 A와 B를 각각 칠했을 때
가운데 세 사다리꼴에 색을 칠하는 방법은 다음과 같
이 5가지이다.

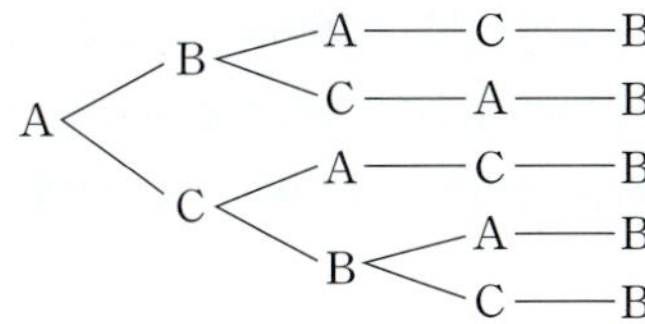

따라서 구하는 방법의 수는
$6 \times 5 = 30$

맨 위의 사다리꼴에 색 A를 칠했을 때 나머지 사다리
꼴에 색을 칠하는 방법의 수와 맨 위의 사다리꼴에 색
B 또는 색 C를 칠했을 때 나머지 사다리꼴에 색을 칠
하는 방법의 수는 같다.

즉, 맨 위의 사다리꼴에 색 A를 칠했을 때 나머지 사다리꼴에 색을 칠하는 방법의 수(㉠)를 구한 다음 3을 곱하면 구하는 방법의 수와 같다.

또한 맨 위와 두 번째의 사다리꼴에 각각 A, B를 칠했을 때 나머지 사다리꼴에 색을 칠하는 방법의 수와 각각 A, C를 칠했을 때 나머지 사다리꼴에 색을 칠하는 방법의 수는 같다.

즉, 맨 위와 두 번째의 사다리꼴에 각각 A, B를 칠했을 때 나머지 사다리꼴에 색을 칠하는 방법의 수(㉡)를 구한 다음 2를 곱하면 ㉠과 같으므로 ㉡에 6을 곱하면 구하는 방법의 수와 같다.

맨 위와 두 번째의 사다리꼴에 각각 A, B를 칠했을 때 나머지 사다리꼴에 색을 칠하는 방법의 수는 다음과 같이 5(㉡)이다.

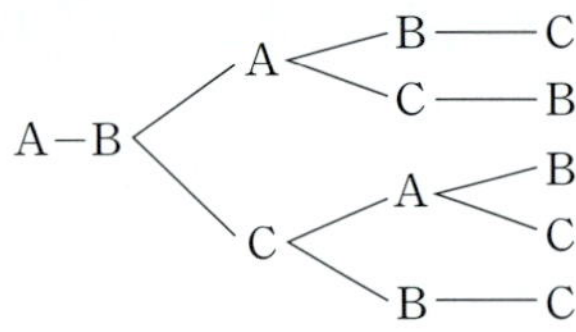

따라서 구하는 방법의 수는 $5 \times 6 = 30$

19 **접근 방법** | 가운데 섬과 연결된 다리의 개수를 기준으로 나누어 생각해 본다.

가운데 섬을 기준으로 나머지 3개의 섬과 연결된 다리의 개수가 각각 1개, 2개, 3개일 때로 나누면

(i) 가운데 섬과 연결된 다리가 1개일 때,

  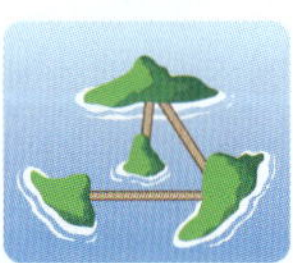

다리를 연결한 섬을 선택하는 방법은 3가지이고, 이 각각에 대하여 위의 그림과 같이 남은 2개의 다리를 건설하는 방법이 3가지이므로 방법의 수는
$3 \times 3 = 9$

(ii) 가운데 섬과 연결된 다리가 2개일 때,

다리를 연결한 섬을 선택하는 방법은 3가지이고, 이 각각에 대하여 위의 그림과 같이 남은 1개의 다리를 건설하는 방법이 2가지이므로 방법의 수는
$3 \times 2 = 6$

(iii) 가운데 섬과 연결된 다리가 3개일 때,

위의 그림과 같이 1가지뿐이다.

(i)~(iii)에서 구하는 방법의 수는 $9 + 6 + 1 = 16$

다른 풀이

뒤의 **11. 순열**, **12. 조합** 단원에서 배우는 순열과 조합을 이용하여 다음과 같이 생각할 수도 있다.

4개의 섬 중 어느 2개의 섬을 다리로 연결하는 방법의 수를 구하면 6이다. ⋯⋯⋯★

이 6개의 다리 중에서 임의의 3개를 선택하는 경우의 수는 20이다. ⋯⋯⋯★

그중에서 4개의 섬이 다리로 모두 연결되지 않은 경우는 다음 그림과 같이 4가지이다.

따라서 구하는 방법의 수는 $20 - 4 = 16$

(위의 ★ 표시가 된 경우의 수를 구하는 방법은 순열과 조합에서 자세하게 다룬다.)

20 **접근 방법** | 규칙성을 찾기 어려우므로 주어진 조건을 만족시키는 표를 그려서 방법의 수를 구한다.

방과 후 수업을 듣는 방법은
(1교시, 2교시, 3교시), (1교시, 2교시, 4교시),
(1교시, 3교시, 4교시), (2교시, 3교시, 4교시)
의 4가지가 있다.

각 경우에 따라 수업을 듣는 방법을 표로 그려 보면 다음과 같다.

1교시	2교시	3교시
국	영	수
수	국	영
	영	국

1교시	2교시	4교시
국	영	수
수	국	영

1교시	3교시	4교시
국	수	영
	영	수
수	국	영

2교시	3교시	4교시
국	수	영
	영	수
영	국	수

따라서 구하는 방법의 수는
$3 + 2 + 3 + 3 = 11$

국어를 1교시 또는 2교시 또는 3교시에 수강할 수 있으므로

(i) 국어를 1교시에 수강하는 경우

수학을 3교시 또는 4교시에 수강하고, 영어를 국어와 수학을 수강하는 시간을 제외한 나머지 시간 중에 수강하면 되므로 방법의 수는

$$2 \times 2 = 4$$

(ii) 국어를 2교시에 수강하는 경우

영어를 3교시 또는 4교시에 수강하고, 수학을 국어와 영어를 수강하는 시간을 제외한 나머지 시간 중에 수강하면 되므로 방법의 수는

$$2 \times 2 = 4$$

(iii) 국어를 3교시에 수강하는 경우

㉠ 수학을 1교시에 수강하는 경우

영어를 2교시 또는 4교시에 수강하면 되므로 방법의 수는 2가지이다.

㉡ 수학을 4교시에 수강하는 경우

영어를 2교시에 수강하면 되므로 방법의 수는 1가지이다.

㉠, ㉡에서 방법의 수는 $2+1=3$

(i)~(iii)에서 구하는 방법의 수는

$$4+4+3=11$$

기출 다지기   364쪽

21 ③   **22** ②   **23** ③   **24** 160

21 **접근 방법** | 윗면에서 꼭짓점을 1개 선택하는 경우와 2개 선택하는 경우로 나누어 생각해 본다.

(i) 윗면에서 꼭짓점 1개를 선택하면 아랫면에서 꼭짓점 2개에 의해 결정되는 합동인 정삼각형의 밑변은 1가지뿐이다.

$$A \to \overline{FH},\ B \to \overline{EG},\ C \to \overline{FH},\ D \to \overline{EG}$$

즉, 합동인 정삼각형을 만드는 방법의 수는 4

(ii) 아랫면에서 꼭짓점 1개를 선택하면 윗면에서 꼭짓점 2개에 의해 결정되는 합동인 정삼각형의 밑변은 1가지뿐이다.

$$E \to \overline{BD},\ F \to \overline{AC},\ G \to \overline{BD},\ H \to \overline{AC}$$

즉, 합동인 정삼각형을 만드는 방법의 수는 4

(i), (ii)에서 합동인 정삼각형을 만드는 방법의 수는

$$4+4=8$$

22 **접근 방법** | HT를 하나의 문자로 생각하고, 나머지 두 문자를 정해지지 않은 상태로 나열한다. 이때 정해지지 않은 두 문자가 이웃하는 경우와 이웃하지 않는 경우로 나누어 생각해 본다.

2개의 HT와 2개의 □를 나열할 때, 2개의 □가 이웃하는 경우와 이웃하지 않는 경우로 나눌 수 있다.

(i) HT가 2번 나오고 2개의 □가 이웃하는 경우

HTHT□□, HT□□HT, □□HTHT이고 그 각각에 대하여 □□에는 HT를 제외한 HH, TH, TT의 3가지가 들어갈 수 있으므로 경우의 수는

$$3 \times 3 = 9$$

(ii) HT가 2번 나오고 2개의 □가 이웃하지 않는 경우

□HT□HT, □HTHT□, HT□HT□이고 그 각각에 대하여 2개의 □에 H와 T가 모두 들어갈 수 있으므로 경우의 수는 $2 \times 2 = 4$

따라서 경우의 수는

$$3 \times 4 = 12$$

(i), (ii)에서 모든 경우의 수는

$$9+12=21$$

23 **접근 방법** | 1과 6이 적힌 정사각형을 칠하고, 가장 많은 정사각형과 인접한 2 또는 5가 적힌 정사각형을 칠한 다음 순서대로 나머지 정사각형을 칠한다.

1이 적힌 정사각형과 6이 적힌 정사각형에 같은 색을 칠해야 하고, 변을 공유하는 두 정사각형에는 서로 다른 색을 칠하므로 1, 6, 2, 3, 5, 4가 적힌 정사각형의 순서대로 색을 칠한다고 생각하자.

서로 다른 4가지 색의 일부 또는 전부를 사용하여 색을 칠하므로 1이 적힌 정사각형에 칠할 수 있는 색은 4가지

6이 적힌 정사각형에는 1이 적힌 정사각형에 칠한 색과 같은 색을 칠해야 하므로 칠할 수 있는 색은 1가지

2가 적힌 정사각형에 칠할 수 있는 색은 1이 적힌 정사각형에 칠한 색을 제외한 3가지

3이 적힌 정사각형에 칠할 수 있는 색은 2, 6이 적힌 정사각형에 칠한 색을 제외한 2가지

5가 적힌 정사각형에 칠할 수 있는 색은 2, 6이 적힌 정사각형에 칠한 색을 제외한 2가지

4가 적힌 정사각형에 칠할 수 있는 색은 1, 5가 적힌 정사각형에 칠한 색을 제외한 2가지

따라서 조건을 만족시키도록 색을 칠하는 경우의 수는

$$4 \times 1 \times 3 \times 2 \times 2 \times 2 = 96$$

24 접근 방법 | 여학생이 앉을 수 있는 자리는 남학생이 앉는 자리의 바로 옆자리이다. 즉, 남학생이 앉는 자리를 정하면 여학생의 자리를 정할 수 있다.

10개의 자리 중에 첫 번째 남학생이 자리를 선택하는 방법의 수는 10

이때 남학생 1명과 여학생 1명이 짝을 지어 2명씩 같은 줄에 앉아야 하므로 두 번째 남학생은 첫 번째 남학생이 앉은 자리와 그 옆자리를 제외한 나머지 8개의 자리에 앉을 수 있다.

또, 이 각각의 경우에 대하여 두 남학생의 옆자리에 두 여학생이 앉는 방법의 수는 2

따라서 구하는 방법의 수는

$10 \times 8 \times 2 = 160$

다른 풀이

뒤의 **11. 순열**, **12. 조합** 단원에서 배우는 순열과 조합을 이용하여 다음과 같이 생각할 수도 있다.

놀이 기구의 좌석을 다음과 같이 나타내면

A 행				
B 행				

(i) A 행의 좌석에서 2개를 택하여 남학생 두 명을 앉히는 방법의 수를 구한 후 각각의 옆자리에 여학생을 앉히는 방법의 수를 곱한다.

마찬가지로 A 행의 좌석에서 2개를 택하여 여학생 두 명을 앉히는 방법의 수를 구한 후 각각의 옆자리에 남학생을 앉히는 방법의 수를 곱한다.

(ii) 남학생 1명과 여학생 1명을 택하여 A 행의 두 좌석에 앉히는 방법의 수를 구한다. 이때 그 옆자리에 앉는 사람은 주어진 조건에 의하여 자동으로 결정된다.

(i), (ii)에서 구한 방법의 수를 더한다.

11. 순열

개념 콕콕 **1 순열** 373쪽

1 답 (1) 210 (2) 120 (3) 6

(1) $_7\mathrm{P}_3 = 7 \times 6 \times 5 = 210$

(2) $_5\mathrm{P}_5 = 5 \times 4 \times 3 \times 2 \times 1 = 120$

(3) $_6\mathrm{P}_1 = 6$

2 답 (1) 6 (2) 4

(1) $_n\mathrm{P}_3 = n(n-1)(n-2)$, $_n\mathrm{P}_2 = n(n-1)$이므로

$n(n-1)(n-2) = 4n(n-1)$

한편, $n \geq 2$에서 $n(n-1) \neq 0$이므로 양변을 $n(n-1)$로 나누면

$n - 2 = 4$ $\therefore n = 6$

(2) $9 \times _8\mathrm{P}_3 = 9 \times 8 \times 7 \times 6$이므로

$_9\mathrm{P}_r = 9 \times 8 \times 7 \times 6$ $\therefore r = 4$

3 답 (1) 3! (2) 4

(1) $_6\mathrm{P}_3 = \dfrac{6!}{(6-3)!} = \dfrac{6!}{3!}$

$\therefore \square = 3!$

(2) $_9\mathrm{P}_\square = \dfrac{9!}{(9-\square)!} = \dfrac{9!}{5!}$이므로

$9 - \square = 5$ $\therefore \square = 4$

4 답 (1) 9 (2) 5 (3) 2 (4) 0

(1) $_n\mathrm{P}_2 = n(n-1)$이므로

$n(n-1) = 72 = 9 \times 8$

$\therefore n = 9$

(2) $_n\mathrm{P}_n = n!$이므로 $120 = 5 \times 4 \times 3 \times 2 \times 1$에서

$n! = 5 \times 4 \times 3 \times 2 \times 1$

$\therefore n = 5$

(3) $_7\mathrm{P}_2 = 42 = 7 \times 6$이므로

$r = 2$

(4) $_6\mathrm{P}_0 = 1$이므로 $r = 0$

5 답 (1) 120 (2) 24 (3) 210

(1) 6개의 숫자 중에 서로 다른 3개의 숫자를 택하는 순열의 수와 같으므로

$_6\mathrm{P}_3 = 6 \times 5 \times 4 = 120$

(2) $4! = 4 \times 3 \times 2 \times 1 = 24$

(3) 7명의 학생 중에서 3명을 택하는 순열의 수와 같으
므로

$$_7P_3=7\times6\times5=210$$

6 답 (1) 36 (2) 72

(1) 여자 3명을 한 사람으로 보고, 3명을 일렬로 세우는
방법의 수는 3!

그 각각에 대하여 여자 3명의 자리를 바꾸어 일렬
로 세우는 방법의 수는 3!이므로 구하는 방법의 수
는 3!×3!=6×6=36

(2) 여자 3명을 일렬로 세우는 방법의 수는 3!

그 각각에 대하여 여자들 사이사이와 양 끝에 남자
2명을 세우는 방법의 수는 $_4P_2$이므로 구하는 방법
의 수는

$$3!\times{}_4P_2=6\times12=72$$

다른 풀이

(2) 전체 경우의 수는 5!이고, 남자 2명이 이웃하게 서
는 방법의 수는 4!×2!이므로 구하는 방법의 수는

$$5!-4!\times2!=120-48=72$$

예제 01 조건에 맞게 문자 나열하기 375쪽

01-1 답 (1) 1440 (2) 1440 (3) 21600

(1) r과 d를 제외한 나머지 6개의 문자 w, o, l, c, u,
p를 일렬로 나열하는 경우의 수는

$$6!=6\times5\times4\times3\times2\times1=720$$

이때 r과 d의 위치를 바꾸는 경우의 수는

$$2!=2$$

따라서 구하는 경우의 수는

$$720\times2=1440$$

(2) 양 끝에 오는 모음을 먼저 나열한 다음 나머지 문자
를 나열한다.

모음 o, u가 양 끝에 오는 경우의 수는

$$2!=2\times1=2$$

양 끝에 오는 2개의 문자를 제외한 나머지 6개의 문
자를 일렬로 나열하는 경우의 수는

$$6!=6\times5\times4\times3\times2\times1=720$$

따라서 구하는 경우의 수는

$$2\times720=1440$$

(3) 양 끝에 오는 자음을 먼저 나열한 다음 나머지 문자
를 나열한다.

양 끝에 자음 w, r, l, d, c, p 중 2개가 오는 경우
의 수는

$$_6P_2=6\times5=30$$

양 끝에 오는 2개의 문자를 제외한 나머지 6개의 문
자를 일렬로 나열하는 경우의 수는

$$6!=6\times5\times4\times3\times2\times1=720$$

따라서 구하는 경우의 수는

$$30\times720=21600$$

01-2 답 ⑤

양 끝에 오는 문자를 먼저 나열한 다음 나머지 문자를
나열한다.

양 끝에 문자 a, b, c 중 2개가 오는 경우의 수는

$$_3P_2=3\times2=6$$

숫자 1, 2, 3, 4 중에서 서로 다른 3개의 숫자를 뽑아
일렬로 나열하는 경우의 수는

$$_4P_3=4\times3\times2=24$$

따라서 구하는 경우의 수는

$$6\times24=144$$

01-3 답 720

1□□□2를 한 묶음으로 생각하여 나머지 2개의 숫
자와 함께 3개의 숫자를 나열하는 경우의 수는

$$3!=3\times2\times1=6$$

1과 2 사이의 □□□에 3개의 숫자를 나열하는 경우
의 수는

$$_5P_3=5\times4\times3=60$$

이때 1과 2의 위치를 바꾸는 경우의 수는

$$2!=2$$

따라서 구하는 경우의 수는

$$6\times60\times2=720$$

예제 02 자연수의 개수에 대한 순열 377쪽

02-1 답 (1) 600 (2) 300

(1) 십만의 자리에 올 수 있
는 숫자는 0을 제외한 1,
2, 3, 4, 5의 5개이다.

십만 만 천 백 십 일
↑ ↑ ↑ ↑ ↑ ↑
5 × 5 × 4 × 3 × 2 × 1

각각의 경우에 대하여 나머지 자리에는 십만의 자
리에 온 숫자를 제외한 나머지 5개의 숫자를 나열
하면 되므로

$_5\mathrm{P}_5=5\times4\times3\times2\times1=120$

따라서 구하는 여섯 자리 자연수의 개수는

$5\times120=600$

(2) 천의 자리에 올 수 있는 숫자는 0을 제외한 1, 2, 3, 4, 5의 5개 이다.

천	백	십	일

$5\times5\times4\times3$

각각의 경우에 대하여 나머지 자리에는 천의 자리에 온 숫자를 제외한 나머지 5개의 숫자 중에서 서로 다른 3개의 숫자를 택하여 나열하면 되므로

$_5\mathrm{P}_3=5\times4\times3=60$

따라서 구하는 네 자리 자연수의 개수는

$5\times60=300$

02-2 답 (1) 36 (2) 36

(1) 3200보다 큰 자연수는

$32\square\square$, $34\square\square$, $4\square\square\square$

의 3가지 경우로 나누어 생각할 수 있다.

(i) $32\square\square$ 꼴인 경우

0, 1, 4의 3개의 숫자 중에서 서로 다른 2개의 숫자를 택하여 나열하면 되므로

$_3\mathrm{P}_2=3\times2=6$

(ii) $34\square\square$ 꼴인 경우

0, 1, 2의 3개의 숫자 중에서 서로 다른 2개의 숫자를 택하여 나열하면 되므로

$_3\mathrm{P}_2=3\times2=6$

(iii) $4\square\square\square$ 꼴인 경우

0, 1, 2, 3의 4개의 숫자 중에서 서로 다른 3개의 숫자를 택하여 나열하면 되므로

$_4\mathrm{P}_3=4\times3\times2=24$

(i)~(iii)에서 구하는 자연수의 개수는

$6+6+24=36$

(2) 네 자리 자연수가 홀수이려면 일의 자리의 숫자가 1 또는 3이어야 한다.

천의 자리에 올 수 있는 숫자는 0과 일의 자리에 온 숫자를 제외한 3개이다.

각각의 경우에 대하여 백의 자리, 십의 자리에는 천의 자리와 일의 자리에 온 숫자를 제외한 나머지 3개의 숫자 중에서 서로 다른 2개의 숫자를 택하여 나열하면 되므로 구하는 홀수의 개수는

$2\times3\times_3\mathrm{P}_2=2\times3\times3\times2=36$

02-3 답 99

네 자리 자연수가 짝수가 되려면 일의 자리의 숫자가 0 또는 2 또는 4이어야 하므로 4100보다 작은 짝수는

$1\square\square\boxed{짝}$, $2\square\square\boxed{짝}$, $3\square\square\boxed{짝}$, $40\square2$

의 4가지 경우로 나누어 생각할 수 있다.

(i) $1\square\square\boxed{짝}$ 또는 $3\square\square\boxed{짝}$ 꼴인 경우

일의 자리에 올 수 있는 숫자는 0, 2, 4의 3개, 백의 자리와 십의 자리에는 천의 자리와 일의 자리에 온 숫자를 제외한 나머지 4개 중에서 서로 다른 2개의 숫자를 택하여 나열하면 되므로

$2\times3\times_4\mathrm{P}_2=2\times3\times4\times3=72$

(ii) $2\square\square\boxed{짝}$ 꼴인 경우

일의 자리에 올 수 있는 숫자는 0, 4의 2개, 백의 자리와 십의 자리에는 천의 자리와 일의 자리에 온 숫자를 제외한 나머지 4개 중에서 서로 다른 2개의 숫자를 택하여 나열하면 되므로

$2\times_4\mathrm{P}_2=2\times4\times3=24$

(iii) $40\square2$ 꼴인 경우

십의 자리에 올 수 있는 숫자는 4, 0, 2를 제외한 나머지 3개의 숫자 중에 1개이므로 $_3\mathrm{P}_1=3$

(i)~(iii)에서 구하는 자연수의 개수는

$72+24+3=99$

예제 03 **자연수의 개수에 대한 순열 : 배수판정법** 379쪽

03-1 답 36

5의 배수인 자연수가 되려면 일의 자리의 숫자가 0 또는 5이어야 한다.

(i) 일의 자리의 숫자가 0인 경우

만들 수 있는 세 자리 자연수의 개수는 0을 제외한 5개의 숫자 중에 서로 다른 2개의 숫자를 택하여 나열하는 방법의 수와 같으므로

$_5\mathrm{P}_2=5\times4=20$

(ii) 일의 자리의 숫자가 5인 경우

백의 자리에 올 수 있는 숫자는 0과 5를 제외한 4개, 십의 자리에 올 수 있는 숫자는 백의 자리와 일의 자리에 온 숫자를 제외한 4개이므로

$4\times4=16$

(i), (ii)에서 구하는 5의 배수의 개수는

$20+16=36$

세 자리 자연수 N의 백의 자리의 숫자를 x, 십의 자리의 숫자를 y, 일의 자리의 숫자를 z라고 하면
$N=100x+10y+z=5(20x+2y)+z$
이므로 z가 0 또는 5의 배수이면 N도 5의 배수임을 알 수 있다.

03-2 답 ⑤

2의 배수인 자연수가 되려면 일의 자리의 숫자가 0 또는 2 또는 4이어야 하고, 9의 배수인 자연수가 되려면 각 자리의 숫자의 합이 9의 배수이어야 한다.

(i) 일의 자리의 숫자가 0인 경우

만들 수 있는 네 자리 자연수의 개수는 0을 제외한 5개의 숫자 중에 서로 다른 3개의 숫자를 택하여 나열하는 방법의 수와 같으므로
$_5P_3=5\times4\times3=60$

(ii) 일의 자리의 숫자가 2 또는 4인 경우

천의 자리에 올 수 있는 숫자는 0과 일의 자리에 온 숫자를 제외한 4개, 백의 자리, 십의 자리에는 천의 자리와 일의 자리에 온 숫자를 제외한 나머지 4개의 숫자 중에서 서로 다른 2개의 숫자를 택하여 나열하면 되므로
$4\times{}_4P_2=4\times4\times3=48$
즉, 일의 자리의 숫자가 2 또는 4인 네 자리 자연수의 개수는
$2\times48=96$

(i), (ii)에서 2의 배수인 네 자리 자연수의 개수는
$60+96=156$

또한 6개의 숫자 0, 1, 2, 3, 4, 5 중에서 서로 다른 4개의 숫자를 택했을 때, 그 합이 9의 배수가 되는 경우는 (0, 1, 3, 5), (0, 2, 3, 4)의 2가지이다.

(0, 1, 3, 5) 또는 (0, 2, 3, 4)로 만들 수 있는 네 자리 자연수의 개수를 구해 보면 천의 자리에 올 수 있는 숫자는 0을 제외한 3개, 백의 자리, 십의 자리, 일의 자리에는 나머지 3개의 숫자를 나열하면 되므로
$2\times3\times3!=36$

이때 (0, 1, 3, 5) 또는 (0, 2, 3, 4)로 만들 수 있는 9의 배수인 네 자리 자연수의 개수에는 2의 배수, 즉 18의 배수의 개수도 포함되어 있다.

(iii) (0, 1, 3, 5) 또는 (0, 2, 3, 4)로 만들 수 있는 네 자리 자연수에서 일의 자리의 숫자가 0인 경우

천의 자리, 백의 자리, 십의 자리에 0을 제외한 3개

의 숫자를 나열하는 방법의 수와 같으므로
$2\times3!=12$

(iv) (0, 2, 3, 4)로 만들 수 있는 네 자리 자연수에서 일의 자리의 숫자가 2 또는 4인 경우

천의 자리에 올 수 있는 숫자는 0과 일의 자리에 온 숫자를 제외한 2개, 백의 자리, 십의 자리에는 나머지 2개의 숫자를 나열하면 되므로
$2\times2\times2!=8$

(iii), (iv)에서 18의 배수인 네 자리 자연수의 개수는
$12+8=20$

따라서 구하는 2의 배수 또는 9의 배수인 네 자리 자연수의 개수는
$156+36-20=172$

03-3 답 (1) 15 (2) 13

(1) 4의 배수인 자연수가 되려면 백의 자리의 숫자에 관계없이 끝의 두 자리의 수가 4의 배수여야 한다.
즉, 5개의 숫자 0, 1, 2, 3, 4 중에서 서로 다른 3개의 숫자를 택하여 만든 세 자리 자연수가 4의 배수인 경우는 □04, □12, □20, □24, □32, □40 꼴의 6가지이다.

(i) □04 또는 □20 또는 □40 꼴인 경우

백의 자리에는 나머지 3개의 숫자 중 하나가 올 수 있으므로
$3\times3=9$

(ii) □12 또는 □24 또는 □32 꼴인 경우

백의 자리에는 0을 제외한 2개의 숫자 중 하나가 올 수 있으므로
$3\times2=6$

(i), (ii)에서 구하는 4의 배수의 개수는
$9+6=15$

(2) 6의 배수인 자연수가 되려면 2의 배수이면서 동시에 3의 배수이어야 하므로 각 자리의 숫자의 합이 3의 배수인 것 중에서 일의 자리의 숫자가 0 또는 2 또는 4이어야 한다. 5개의 숫자 0, 1, 2, 3, 4 중에서 서로 다른 3개를 택하여 그 합이 3의 배수가 되는 경우는
(0, 1, 2), (0, 2, 4), (1, 2, 3), (2, 3, 4)
의 4가지이다.

(i) (0, 1, 2)로 만들 수 있는 2의 배수의 개수

ⓐ □□0 꼴인 경우
$2!=2\times1=2$

ⓑ □□2 꼴인 경우

$1 \times 1 = 1$

ⓐ, ⓑ에서 $2+1=3$

(ii) $(0, 2, 4)$로 만들 수 있는 2의 배수의 개수

ⓐ □□0 꼴인 경우

$2! = 2 \times 1 = 2$

ⓑ □□2 또는 □□4 꼴인 경우

$2 \times 1 \times 1 = 2$

ⓐ, ⓑ에서 $2+2=4$

(iii) $(1, 2, 3)$으로 만들 수 있는 2의 배수의 개수

□□2 꼴인 경우이므로

$2! = 2 \times 1 = 2$

(iv) $(2, 3, 4)$로 만들 수 있는 2의 배수의 개수

□□2 또는 □□4 꼴인 경우이므로

$2 \times 2! = 2 \times 2 \times 1 = 4$

(i)~(iv)에서 구하는 6의 배수의 개수는

$3+4+2+4=13$

04-1　답 (1) 2880　(2) 4320

(1) 야구 선수 5명을 한 묶음으로 생각하여 한 사람으로 보면 농구 선수 3명과 함께 모두 4명이다.

4명을 일렬로 세우는 방법의 수는

$4! = 4 \times 3 \times 2 \times 1 = 24$

그 각각에 대하여 야구 선수 5명이 자리를 바꾸는 방법의 수는

$5! = 5 \times 4 \times 3 \times 2 \times 1 = 120$

따라서 구하는 방법의 수는

$24 \times 120 = 2880$

(2) 농구 선수 3명을 한 묶음으로 생각하여 한 사람으로 보면 야구 선수 5명과 함께 모두 6명이다.

6명을 일렬로 세우는 방법의 수는

$6! = 6 \times 5 \times 4 \times 3 \times 2 \times 1 = 720$

그 각각에 대하여 농구 선수 3명이 자리를 바꾸는 방법의 수는

$3! = 3 \times 2 \times 1 = 6$

따라서 구하는 방법의 수는

$720 \times 6 = 4320$

04-2　답 ③

1학년 학생 2명, 2학년 학생 2명, 3학년 학생 2명을

각각 한 묶음으로 생각하여 각각 한 사람으로

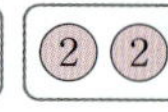

보면 3명을 일렬로 세우는 방법의 수는

$3! = 3 \times 2 \times 1 = 6$

그 각각에 대하여 같은 학년의 학생끼리 자리를 바꾸는 방법의 수는

$2! \times 2! \times 2! = 2 \times 2 \times 2 = 8$

따라서 구하는 방법의 수는

$6 \times 8 = 48$

04-3　답 72

(i) a와 b가 이웃하는 경우

a와 b를 한 묶음으로 생각하여 한 문자로 보면 4개의 문자를 나열하는 방법의 수는

$4! = 4 \times 3 \times 2 \times 1 = 24$

그 각각에 대하여 a, b의 자리를 바꾸는 방법의 수는

$2! = 2$

즉, a와 b가 이웃하게 나열하는 방법의 수는

$24 \times 2 = 48$

(ii) c와 d가 이웃하는 경우

(i)과 마찬가지 방법으로 c와 d가 이웃하게 나열하는 방법의 수는 48이다.

(iii) a와 b, c와 d가 동시에 이웃하는 경우

a와 b, c와 d를 각각 한 묶음으로 생각하여 2개의 문자로 보면 남은 문자 e와 함께 모두 3개이다.

3개의 문자를 나열하는 방법의 수는

$3! = 3 \times 2 = 6$

그 각각에 대하여 a와 b, c와 d가 서로 자리를 바꾸는 방법의 수는

$2! \times 2! = 2 \times 2 = 4$

즉, a와 b, c와 d가 동시에 이웃하게 나열하는 방법의 수는 $6 \times 4 = 24$

(i)~(iii)에서 구하는 방법의 수는

$48 + 48 - 24 = 72$

05-1　답 (1) 43200　(2) 2880

(1) 영어책 5권을 일렬로 꽂는 방법의 수는

$5! = 5 \times 4 \times 3 \times 2 \times 1 = 120$

영어책 사이사이와 양 끝의 6개의 자리에 수학책 4
권을 꽂는 방법의 수는
$_6P_4=6\times5\times4\times3=360$
따라서 구하는 방법의 수는
$120\times360=43200$

(2) 수학책 4권을 일렬로 꽂는 방법의 수는
$4!=4\times3\times2\times1=24$
수학책 사이사이와 양 끝의 5개의 자리에 영어책 5
권을 꽂는 방법의 수는
$5!=5\times4\times3\times2\times1=120$
따라서 구하는 방법의 수는
$24\times120=2880$

05-2 [답] ③

7개의 문자 m, a, c, h, i, n, e 중에서 모음 a, i, e를
제외한 4개의 자음 m, c, h, n을 일렬로 나열하는 방
법의 수는
$4!=4\times3\times2\times1=24$
자음 사이사이와 양 끝의 5개의 자리에 모음 3개를 나
열하는 방법의 수는
$_5P_3=5\times4\times3=60$
따라서 구하는 방법의 수는
$24\times60=1440$

05-3 [답] 60

7개의 의자 중에 3개의 의자에만 학생이 앉으므로 빈
의자 4개는 서로 이웃해도 된다.
즉, 4개의 빈 의자 사이사이와 양 끝의 5개의 자리에
학생들이 앉을 의자 3개를 놓으면 되므로 방법의 수는
$_5P_3=5\times4\times3=60$

06-1 [답] (1) 960　(2) 4320

(1) f와 n을 제외한 나머지 5개의 문자 중에서 2개의
문자를 택하여 f와 n 사이에 나열하는 방법의 수는
$_5P_2=5\times4=20$
f□□n을 한 묶음으로 생각하여 하나의 문자로 보
면 4개의 문자를 나열하는 방법의 수는
$4!=4\times3\times2\times1=24$
f와 n의 자리를 바꾸는 방법의 수는
$2!=2$

따라서 구하는 방법의 수는
$20\times24\times2=960$

(2) 다음 그림과 같이 적어도 한쪽 끝에 자음이 오도록
나열하는 방법의 수는 전체 방법의 수에서 양 끝에
모음만 오도록 나열하는 방법의 수를 빼면 된다.

7개의 문자를 일렬로 나열하는 방법의 수는
$7!$
양 끝에 모음인 i, e, a 중에서 2개를 나열하는 방
법의 수는
$_3P_2=3\times2=6$
가운데에 나머지 5개의 문자를 나열하는 방법의 수는
$5!$
따라서 구하는 방법의 수는
$7!-6\times5!=5!\times(7\times6-6)$
$$=120\times36=4320$$

06-2 [답] ②

smile에서 모음은 i, e이고, 자음은 s, m, l이므로 두
모음 사이에 적어도 하나의 자음이 들어가도록 나열하
는 방법의 수는 전체 경우의 수에서 i, e 사이에 자음
이 없도록 나열하는 방법, 즉 i, e가 이웃하게 나열하
는 방법의 수를 뺀 것과 같다.
5개의 문자를 일렬로 나열하는 방법의 수는
$5!$
이때 두 모음 i, e가 서로 이웃하도록 5개의 문자를 나
열하는 방법의 수는
$4!\times2!$
따라서 구하는 방법의 수는
$5!-4!\times2!=4!\times(5-2)$
$$=24\times3=72$$

06-3 [답] 3

서로 다른 7개의 알파벳을 일렬로 나열하는 방법의 수는
$7!$
이때 모음의 개수를 n이라고 하면 양 끝에 모두 모음
이 오도록 나열하는 방법의 수는 n개의 모음 중에 2개
를 택하여 양 끝에 나열하는 방법의 수와 나머지 5개의

문자를 나열하는 방법의 수를 곱한 것과 같으므로

$_n\mathrm{P}_2 \times 5!$

따라서 적어도 한쪽 끝에 자음이 오도록 나열하는 방법의 수는

$7! - _n\mathrm{P}_2 \times 5! = 3600$

$7 \times 6 - _n\mathrm{P}_2 = 30$

$_n\mathrm{P}_2 = 12$

$n(n-1) = 4 \times 3$ $\therefore n = 4$

따라서 모음의 개수가 4이므로 자음의 개수는

$7 - 4 = 3$

07-1　답 (1) 421　(2) cdbfea

(1) dceabf보다 앞에 위치하는 문자열의 개수를 차례대로 구하면 다음과 같다.

  (ⅰ) a□□□□□ 꼴인 문자열의 개수는

    $5! = 5 \times 4 \times 3 \times 2 \times 1 = 120$

  (ⅱ) b□□□□□ 꼴인 문자열의 개수는

    $5! = 5 \times 4 \times 3 \times 2 \times 1 = 120$

  (ⅲ) c□□□□□ 꼴인 문자열의 개수는

    $5! = 5 \times 4 \times 3 \times 2 \times 1 = 120$

  (ⅳ) da□□□□ 꼴인 문자열의 개수는

    $4! = 4 \times 3 \times 2 \times 1 = 24$

  (ⅴ) db□□□□ 꼴인 문자열의 개수는

    $4! = 4 \times 3 \times 2 \times 1 = 24$

  (ⅵ) dca□□□ 꼴인 문자열의 개수는

    $3! = 3 \times 2 \times 1 = 6$

  (ⅶ) dcb□□□ 꼴인 문자열의 개수는

    $3! = 3 \times 2 \times 1 = 6$

  (ⅰ)~(ⅶ)에서

$120 + 120 + 120 + 24 + 24 + 6 + 6 = 420$

이므로 dceabf는 421번째의 문자열이다.

(2) (ⅰ) a□□□□□ 꼴인 문자열의 개수는

    $5! = 5 \times 4 \times 3 \times 2 \times 1 = 120$

  (ⅱ) b□□□□□ 꼴인 문자열의 개수는

    $5! = 5 \times 4 \times 3 \times 2 \times 1 = 120$

  (ⅲ) ca□□□□ 꼴인 문자열의 개수는

    $4! = 4 \times 3 \times 2 \times 1 = 24$

  (ⅳ) cb□□□□ 꼴인 문자열의 개수는

    $4! = 4 \times 3 \times 2 \times 1 = 24$

  (ⅴ) cda□□□ 꼴인 문자열의 개수는

    $3! = 3 \times 2 \times 1 = 6$

  (ⅵ) cdb□□□ 꼴인 문자열의 개수는

    $3! = 3 \times 2 \times 1 = 6$

(ⅰ)~(ⅵ)에서 a□□□□□ 꼴인 문자열부터 cdb□□□ 꼴인 문자열까지의 총 개수는

$120 + 120 + 24 + 24 + 6 + 6 = 300$

따라서 300번째에 오는 문자열은 cdb□□□ 꼴인 문자열 중 가장 마지막 문자열인 cdbfea이다.

07-2　답 ③

N, A, T, U, R, E의 6개의 문자를 사전식으로 나열하면 A, E, N, R, T, U의 순이다.

NATURE보다 앞에 위치하는 문자열의 개수를 차례대로 구하면 다음과 같다.

  (ⅰ) A□□□□□ 꼴인 문자열의 개수는

    $5! = 5 \times 4 \times 3 \times 2 \times 1 = 120$

  (ⅱ) E□□□□□ 꼴인 문자열의 개수는

    $5! = 5 \times 4 \times 3 \times 2 \times 1 = 120$

  (ⅲ) NAE□□□ 꼴인 문자열의 개수는

    $3! = 3 \times 2 \times 1 = 6$

  (ⅳ) NAR□□□ 꼴인 문자열의 개수는

    $3! = 3 \times 2 \times 1 = 6$

  (ⅴ) NATE□□ 꼴인 문자열의 개수는

    $2! = 2$

  (ⅵ) NATR□□ 꼴인 문자열의 개수는

    $2! = 2$

(ⅰ)~(ⅵ)에서

$120 + 120 + 6 + 6 + 2 + 2 = 256$

이고, 257번째부터 NATU로 시작되는데 NATUER 다음에 NATURE이므로 NATURE는 258번째에 오는 문자열이다.

07-3　답 363

412536보다 작은 자연수의 개수를 구해 보면

1□□□□□ 꼴인 자연수의 개수는

$5! = 5 \times 4 \times 3 \times 2 \times 1 = 120$

2□□□□□ 꼴인 자연수의 개수는

$5! = 5 \times 4 \times 3 \times 2 \times 1 = 120$

3□□□□□ 꼴인 자연수의 개수는

$5! = 5 \times 4 \times 3 \times 2 \times 1 = 120$

이때 십만의 자리의 숫자가 4인 자연수를 작은 수부터 차례대로 나열하면 412356, 412365, 412536이므로 412536은 십만의 자리의 숫자가 4인 자연수 중 3번째의 수이다.

$$\therefore n=120+120+120+3=363$$

1 (1) $_{2n}P_3=2n(2n-1)(2n-2)$, $_nP_2=n(n-1)$ 이므로 주어진 등식은

$$2n(2n-1)(2n-2)=44n(n-1)$$
$$4n(2n-1)(n-1)=44n(n-1)$$

한편, $n\geq2$에서 $n(n-1)\neq0$이므로 양변을 $4n(n-1)$로 나누면

$$2n-1=11 \qquad \therefore n=6$$

(2) 서로 다른 n개의 문자를 일렬로 나열하는 방법의 수는 $n!$이므로

$$n!=120=5! \qquad \therefore n=5$$

계승을 이용하여 $_5P_3=\dfrac{5!}{(5-3)!}$과 같이 계산할 수도 있지만 $_5P_3$은 서로 다른 5개 중에서 서로 다른 3개를 뽑아 나열하는 순열의 수이므로 5부터 시작하여 하나씩 작아지는 수를 3개 곱하여 $_5P_3=5\times4\times3$으로 계산하는 것이 조금 더 간단하다.

따라서 위의 (1)에서 $_{2n}P_3=2n(2n-1)(2n-2)$, $_nP_2=n(n-1)$로 나타내면 계산이 훨씬 간단하다.

2 구하는 자연수의 개수는 1, 2, 3, 4, 5, 6의 6개의 숫자 중에서 서로 다른 5개의 숫자를 택하여 나열할 때 1과 3 사이에 2개 또는 3개의 숫자가 있도록 나열하는 방법의 수와 같다.

(i) 1과 3 사이에 2개의 숫자가 있도록 나열하는 방법
1과 3 사이에 들어갈 2개의 숫자를 택하여 나열하는 방법의 수는

$$_4P_2=4\times3=12$$

1과 3의 자리를 바꾸는 방법의 수는

$$2!=2$$

나머지 2개의 숫자 중 하나를 택하는 방법의 수는

$$_2P_1=2$$

5개의 숫자 중에서 1과 3 및 그 사이의 2개의 숫자를 한 묶음으로 생각하여 나열하는 방법의 수는

$$2!=2$$

이므로 구하는 방법의 수는

$$12\times2\times2\times2=96$$

(ii) 1과 3 사이에 3개의 숫자가 있도록 나열하는 방법
1과 3 사이에 들어갈 3개의 숫자를 택하여 나열하는 방법의 수는

$$_4P_3=4\times3\times2=24$$

1과 3의 자리를 바꾸는 방법의 수는

$$2!=2$$

이므로 구하는 방법의 수는

$$24\times2=48$$

(i), (ii)에서 구하는 자연수의 개수는

$$96+48=144$$

3 0, 1, 2, 3, $\cdots$, 9의 10개의 숫자에서 서로 다른 3개의 숫자를 택하는 순열의 수는

$$_{10}P_3=720$$

백의 자리에는 0이 오고, 십의 자리와 일의 자리에는 0을 제외한 9개의 숫자에서 서로 다른 2개의 숫자를 택하는 순열의 수는

$$_9P_2=72$$

따라서 서로 다른 숫자로 이루어진 세 자리 자연수의 개수는

$$720-72=648$$

4 일의 자리의 숫자와 백의 자리의 숫자가 모두 3의 배수인 경우는

$$\square\square\square3\square6, \quad \square\square\square6\square3$$

꼴의 2가지이다.

그 각각에 대하여 나머지 네 자리에 1, 2, 4, 5의 숫자를 배열하는 방법의 수는

$$4!=4\times3\times2\times1=24$$

따라서 구하는 자연수의 개수는

$$2\times24=48$$

3의 배수가 3, 6의 2개이므로 2개의 숫자를 나열하는 방법의 수를 먼저 구한 다음 나머지 자리에 4개의 숫자를 나열한다.

5 1, 2, 4, 6, 8, 9의 6개의 숫자를 합이 같은 두 개의 묶음으로 나누려면 모든 수의 합이 30이므로 각 묶음에 속해 있는 세 수의 합이 15이어야 한다.

이때 각 묶음에 속해 있는 세 수의 합이 15인 경우는 $(1, 6, 8)$, $(2, 4, 9)$의 1가지뿐이다.

1, 6, 8의 세 개의 숫자를 하나의 가로줄에 나열하는 경우의 수는 $3!=6$

2, 4, 9의 세 개의 숫자를 하나의 가로줄에 나열하는 경우의 수는 $3!=6$

이때 윗줄과 아랫줄에 써넣는 묶음의 위치를 서로 바꿀 수 있으므로 구하는 경우의 수는

$6\times6\times2=72$

6 (i) A와 B가 2인용 소파에 앉는 경우

A와 B가 2인용 소파에서 자리를 바꾸어 앉는 방법의 수는

$2!=2$

A와 B를 제외한 나머지 3명이 3인용 소파에서 자리를 바꾸어 앉는 방법의 수는

$3!=6$

∴ $2\times6=12$

(ii) A와 B가 3인용 소파에 이웃하여 앉는 경우

A와 B를 제외한 3명 중 3인용 의자에 앉는 한 명을 택하는 방법의 수는 3

A와 B가 3인용 소파에서 이웃하여 앉는 방법의 수는

$2\times2!=4$

나머지 2명이 2인용 소파에서 자리를 바꾸어 앉는 방법의 수는

$2!=2$

∴ $3\times4\times2=24$

(i), (ii)에서 구하는 방법의 수는

$12+24=36$

7 ○를 어른, ●를 어린이라고 하면 어른과 어린이의 자리를 다음과 같이 나타낼 수 있다.

○●○●○● 또는 ●○●○●○

○에 어른 3명이 서는 방법의 수는 $3!=6$

●에 어린이 3명이 서는 방법의 수는 $3!=6$

따라서 구하는 방법의 수는

$2\times6\times6=72$

어른 3명을 한 줄로 세우는 방법의 수는 $3!=6$

어린이 3명을 한 줄로 세우는 방법의 수는 $3!=6$

어른과 어린이를 교대로 섞는 방법의 수는 2

따라서 구하는 방법의 수는

$6\times6\times2=72$

8 남학생 2명을 뽑고, 그 학생들이 양 끝에 서는 방법의 수는

$_4P_2=4\times3=12$

또한 여학생 3명끼리는 서로 이웃하게 서야 하므로 여학생 3명을 한 묶음으로 생각하여 한 사람으로 보면 양 끝에 서는 남학생 2명을 제외한 나머지 남학생 2명과 함께 3명이다.

3명을 일렬로 세우는 방법의 수는

$3!=6$

그 각각에 대하여 여학생 3명이 자리를 바꾸는 방법의 수는

$3!=6$

따라서 구하는 방법의 수는

$12\times6\times6=432$

⊕ 보충 설명

이웃하는 것이 있는 순열의 수는 이웃하는 것을 한 묶음으로 생각하여 일렬로 나열하는 방법의 수를 구한 다음, 이웃하는 것끼리 자리를 바꾸는 방법의 수를 곱하여 구한다.

9 배우 4명이 상을 받는 순서를 정하는 방법의 수는

$4!=4\times3\times2\times1=24$

배우 4명의 순서의 사이사이와 양 끝의 5개의 순서에 가수 3명의 순서를 정하는 방법의 수는

$_5P_3=5\times4\times3=60$

따라서 구하는 방법의 수는

$24\times60=1440$

10 (i) 1□□ 꼴인 자연수의 개수

1을 제외한 0부터 9까지의 숫자 중에서 2개를 택하여 나열하면 되므로

$_9P_2=9\times8=72$

(ii) 2□□ 꼴인 자연수의 개수

2를 제외한 0부터 9까지의 숫자 중에서 2개를 택하여 나열하면 되므로

$_9P_2=9\times8=72$

(iii) 3□□ 꼴인 자연수의 개수

3을 제외한 0부터 9까지의 숫자 중에서 2개를 택하여 나열하면 되므로

$_9P_2=9\times8=72$

(iv) 40□ 꼴인 자연수의 개수

0과 4를 제외한 0부터 9까지의 숫자 중 하나가 오면 되므로 8

(i)~(iv)에서

$72+72+72+8=224$

이고 41□ 꼴인 자연수를 작은 수부터 차례대로 나열하면 410, 412, 413, 415, 416, 417, 418, 419이므로 419는 41□ 꼴인 자연수 중 8번째의 수이다.

따라서 $224+8=232$이므로 419는 232번째에 오는 수이다.

11 **접근 방법** | 5개의 자리 중에서 2개의 자리에 d, e를 나열하면 c는 남은 3개의 자리 중 항상 가운데에 있어야 한다. 즉, c의 자리는 정해졌으므로 남은 2개의 자리에 a, b를 나열하면 된다.

5개의 자리 중에서 2개의 자리에 d, e를 나열하는 방법의 수는

$_5P_2=5\times4=20$

나머지 3개의 자리 중에서 가운데에는 c를 놓고, 나머지 2개의 자리에 a, b를 나열하는 방법의 수는

$2!=2$

따라서 구하는 방법의 수는

$20\times2=40$

다른 풀이

(i) a와 b 사이에 c만 있는 경우

a, b, c를 한 문자로 생각하여 나열하면 되므로

$2!\times3!=12$

(ii) a와 b 사이에 c와 다른 문자 하나가 있는 경우

a, b, c와 다른 문자 하나를 한 문자로 생각하여 나열하면 되므로

$2\times2!\times2!\times2!=16$

(iii) a와 b가 양 끝에 있는 경우

$2!\times3!=12$

(i)~(iii)에서 구하는 방법의 수는

$12+16+12=40$

12 **접근 방법** | 빈칸에 3의 배수를 배열할 수 있는 위치를 찾아 경우의 수를 구하고 나머지 위치에 3의 배수가 아닌 자연수를 하나씩 배열하는 경우의 수를 구한다.

오른쪽 그림과 같이 빈칸을 각각 ⓐ, ⓑ, …, ⓖ라고 하면 같은 줄(가로, 세로, 대각선)에 3의 배수가 1개 이하가 되도록 3의 배수를 배열할 수 있는 위치는

ⓐ	ⓑ	ⓒ
ⓓ	2	ⓔ
ⓕ	ⓖ	7

(ⓐ, ⓖ, ⓔ), (ⓒ, ⓓ, ⓖ), (ⓑ, ⓔ, ⓕ)

의 3가지 경우이고, 이 위치에 3의 배수 3, 6, 9를 각각 하나씩 배열하는 경우의 수는

$3!=6$

그 각각에 대하여 나머지 빈칸에 3의 배수가 아닌 자연수 1, 4, 5, 8을 각각 하나씩 배열하는 경우의 수는

$4!=24$

따라서 구하는 경우의 수는

$3\times6\times24=432$

⊕ 보충 설명

전체 경우의 수에서 같은 줄(가로, 세로, 대각선)에 3의 배수를 2개 이상 배열하는 경우의 수를 빼는 방법도 있다. 하지만 그 경우가 다양하기 때문에 모든 경우를 생각하지 못하고 빠뜨리는 실수를 하기 쉽다. 따라서 같은 줄(가로, 세로, 대각선)에 3의 배수가 1개 이하가 되도록 배열하는 경우를 먼저 생각하는 것이다.

13 **접근 방법** | (1) 맨 앞 자리에는 0이 올 수 없다는 점에 주의한다.

(2) 문자 T가 반드시 포함되어야 하므로 전체 암호의 개수에서 문자 T가 한 번도 포함되지 않은 암호의 개수를 빼면 된다.

(1) 백의 자리에 올 수 있는 숫자는 0을 제외한 1, 2, 3, 4, 5의 5개이다.

이때 숫자를 중복하여 사용할 수 있으므로 십의 자리와 일의 자리에 올 수 있는 숫자는 각각 0, 1, 2, 3, 4, 5의 6개이다.

따라서 구하는 자연수의 개수는

$5\times6\times6=180$

(2) T, I, G, E, R의 5개의 문자 중 세 개의 문자로 이루어진 암호를 만들 때, 문자 T가 반드시 포함되어 있는 암호의 개수는 전체 암호의 개수에서 문자 T가 한 번도 사용되지 않은 암호의 개수를 제외한 것과 같다. 하나의 문자를 한 번씩 이용할 수 있으므로 만들 수 있는 암호의 총 개수는

$_5P_3 = 5 \times 4 \times 3 = 60$

이때 문자 T를 제외한 I, G, E, R의 네 개의 문자로 만들 수 있는 암호의 개수는

$_4P_3 = 4 \times 3 \times 2 = 24$

따라서 구하는 암호의 개수는

$60 - 24 = 36$

(2)에서 중복을 허용하면 다음과 같이 구할 수 있다.

$(5 \times 5 \times 5) - (4 \times 4 \times 4) = 61$

14 **접근 방법** | 두 도시 C, E를 직접 연결하는 도로망을 제외하고 나머지 도시들은 서로 직접 연결되어 있으므로 6개의 도시를 이동하는 방법의 수는 6개의 문자 A, B, C, D, E, F를 일렬로 나열할 때, C와 E가 이웃하지 않도록 나열하는 방법의 수와 같다.

A, B, C, D, E, F의 6개의 도시 중 두 도시 C, E를 제외하고 모든 도시는 서로 직접 연결되어 있으므로 B 도시를 출발하여 6개의 도시를 차례대로 이동하는 방법의 수는 6개의 문자 A, B, C, D, E, F를 일렬로 나열할 때 B가 맨 처음에 오고, C와 E가 이웃하지 않도록 나열하는 방법의 수와 같다.

B, C, E를 제외한 3개의 문자 A, D, F를 일렬로 나열하는 방법의 수는

$3! = 6$

A, D, F의 사이사이와 양 끝의 4개의 자리 중에 C와 E를 나열하는 방법의 수는

$_4P_2 = 4 \times 3 = 12$

따라서 구하는 방법의 수는

$6 \times 12 = 72$

15 **접근 방법** | 어린이가 어른과 같은 줄에 앉아야 하므로 어른 2명이 앞줄과 뒷줄에 각각 한 명씩 앉아야 함에 유의한다.

어른 2명은 반드시 앞줄과 뒷줄에 한 명씩 앉아야 하므로 앞줄 또는 뒷줄에 앉는 어른을 결정하는 방법의 수는 $2!$

앞줄에 앉는 어른이 두 자리 중 하나를 택하는 방법의 수는 2

뒷줄에 앉는 어른이 세 자리 중 하나를 택하는 방법의 수는 3

즉, 어른 2명이 놀이 기구 의자에 앉는 방법의 수는

$2 \times 2 \times 3 = 12$

어린이 3명이 나머지 3개의 자리에 앉는 방법의 수는

$3! = 6$

따라서 구하는 경우의 수는

$12 \times 6 = 72$

어른이 2명, 어린이가 3명이고 어린이가 어른과 반드시 같은 줄에 앉아야 하므로 어른은 반드시 앞줄에 한 명, 뒷줄에 한 명 앉아야 한다. 즉, 전체 방법의 수에서 어린이끼리 앞줄에 앉거나 뒷줄에 앉는 방법의 수를 빼면 된다.

어른 2명, 어린이 3명이 앉는 전체 방법의 수는

$5! = 120$

어린이 중 2명이 앞줄에 앉는 방법의 수는

$_3P_2 \times 3! = 36$

어린이끼리 뒷줄에 앉는 방법의 수는

$2! \times 3! = 12$

따라서 구하는 방법의 수는

$120 - 36 - 12 = 72$

16 **접근 방법** | 전체 방법의 수에서 혼성으로 구성된 팀이 1개 이하가 들어가는 방법의 수를 빼면 된다.

전체 6개의 팀을 나열하는 방법의 수는

$6! = 720$

(i) 남학생으로 구성된 2개의 팀 사이에 혼성으로 구성된 팀이 들어가지 않는 경우
남학생으로 구성된 2개의 팀이 이웃하는 방법의 수이므로

$2 \times 5! = 240$

(ii) 남학생으로 구성된 2개의 팀 사이에 혼성으로 구성된 팀이 1개 들어가는 경우
남학생으로 구성된 2개의 팀과 혼성으로 구성된 1개의 팀을 한 팀으로 생각하여 나열하는 방법의 수이므로

$4 \times 4! \times 2! = 192$

(i), (ii)에서 구하는 방법의 수는

$720 - 240 - 192 = 288$

17 **접근 방법** 1부터 9까지의 자연수 중에서 5가 가로줄과 세로줄에 동시에 있으므로 5를 제외한 1부터 9까지의 자연수를 합이 같은 두 개의 묶음으로 나누고, 각 묶음을 가로줄과 세로줄에 나열하면 된다. 이때 1과 2의 위치는 이미 정해져 있으므로 서로 다른 묶음이어야 한다.

5를 제외한 1부터 9까지의 자연수의 합이 40이므로 5를 제외한 1부터 9까지의 자연수를 합이 같은 두 개의 묶음으로 나누려면 5를 제외한 각 묶음에 속해 있는 나머지 네 수의 합이 각각 20이어야 한다.

그런데 1과 2의 위치는 이미 정해져 있으므로 오른쪽 그림의 가로줄의 세 칸(색칠한 부분)에 써넣는 세 수의 합은 19이어야 하고, 세로줄의 세 칸에 써넣는 세 수의 합은 18이어야 한다.

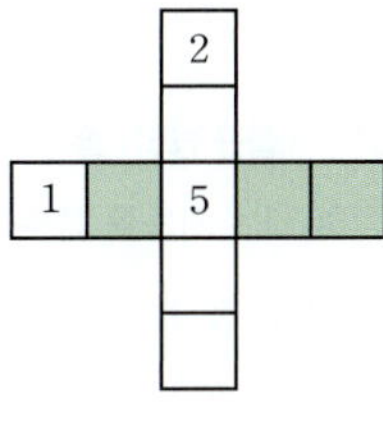

3, 4, 6, 7, 8, 9 중에서 세 수의 합이 19와 18이 되도록 두 묶음으로 나누는 경우를 생각하면

$(9, 7, 3)$과 $(8, 6, 4)$

$(9, 6, 4)$와 $(8, 7, 3)$

$(8, 7, 4)$와 $(9, 6, 3)$

의 3가지이다.

따라서 각 묶음을 가로줄과 세로줄에 각각 나열하는 방법은 3!이므로 구하는 경우의 수는

$3 \times 3! \times 3! = 108$

⊕ 보충 설명

3, 4, 6, 7, 8, 9 중에서 세 수의 합이 19가 되는 경우와 18이 되는 경우를 생각할 때에는 가장 먼저 생각하는 수를 큰 수부터 생각하여 그 다음에 오는 수를 줄여 나가는 것이 간단하다.

예를 들어 세 수의 합이 19가 되는 경우를 찾을 때 $(3, \square, \triangle)$ 중에서 $\square$, $\triangle$에 들어가는 수를 생각하는 것보다 $(9, \bigstar, \bigcirc)$ 중에서 $\bigstar$, $\bigcirc$에 들어가는 수를 생각하는 것이 더 간단하다.

18 **접근 방법** (호랑이, 사자)를 이웃하지 않게 넣는 경우의 수를 생각할 때에는 호랑이와 사자를 넣는 우리를 서로 바꿀 수 있음에 주의한다.

(호랑이, 사자)를 이웃하지 않게 우리에 넣는 방법은

$(\langle 1 \rangle, \langle 3 \rangle), (\langle 1 \rangle, \langle 5 \rangle), (\langle 1 \rangle, \langle 6 \rangle)$

$(\langle 2 \rangle, \langle 4 \rangle), (\langle 2 \rangle, \langle 6 \rangle), (\langle 3 \rangle, \langle 4 \rangle)$

$(\langle 3 \rangle, \langle 5 \rangle), (\langle 3 \rangle, \langle 6 \rangle), (\langle 5 \rangle, \langle 6 \rangle)$

의 9가지이다.

이때 호랑이와 사자를 넣는 우리를 서로 바꾸는 방법의 수는 $2! = 2$

나머지 4개의 우리에 남은 동물을 넣는 방법의 수는 $4! = 24$

따라서 구하는 방법의 수는

$9 \times 2 \times 24 = 432$

다른 풀이

각 우리를 이웃하는 우리의 개수에 따라 분류하여 구할 수도 있다.

(i) 호랑이를 $\langle 1 \rangle$번 우리 또는 $\langle 5 \rangle$번 우리에 넣는 경우

각 우리에 이웃하는 우리가 2개이므로 사자를 넣을 수 있는 방법의 수는 3이고, 나머지 4개의 우리에 남은 동물을 넣는 방법의 수는 4!이므로

$2 \times 3 \times 4! = 144$

(ii) 호랑이를 $\langle 2 \rangle$번 우리 또는 $\langle 4 \rangle$번 우리에 넣는 경우

각 우리에 이웃하는 우리가 3개이므로 사자를 넣을 수 있는 방법의 수는 2이고, 나머지 4개의 우리에 남은 동물을 넣는 방법의 수는 4!이므로

$2 \times 2 \times 4! = 96$

(iii) 호랑이를 $\langle 3 \rangle$번 우리 또는 $\langle 6 \rangle$번 우리에 넣는 경우

각 우리에 이웃하는 우리는 1개이므로 사자를 넣을 수 있는 방법의 수는 4이고, 나머지 4개의 우리에 남은 동물을 넣는 방법의 수는 4!이므로

$2 \times 4 \times 4! = 192$

(i)~(iii)에서 구하는 방법의 수는

$144 + 96 + 192 = 432$

19 **접근 방법** 1이 포함되는 개수에 따라 나누어 생각해 보면 된다.

(i) 1이 1개 포함되는 경우

$1\square\triangle$, $\square 1\triangle$, $\square\triangle 1$ 꼴의 세 자리 자연수의 개수는

$3 \times {}_4\mathrm{P}_2 = 36$

(ii) 1이 2개 포함되는 경우

$11\square$, $1\square 1$, $\square 11$ 꼴의 세 자리 자연수의 개수는

$3 \times 4 = 12$

(iii) 1이 3개 포함되는 경우

111뿐이므로 세 자리 자연수의 개수는 1

(i)~(iii)에서 구하는 세 자리 자연수의 개수는
$36+12+1=49$

20 접근 방법 | 1부터 999까지의 자연수는 0부터 9까지의
정수 중에서 3개를 중복을 허용하여 택하여 나열한 수에서 0을
제외한 것과 같다.
(1) □□□ 꼴에서 가장 왼쪽에 0이 오는 수는 두 자리 자연수
로, 0이 연속하여 두 번 오는 수는 한 자리 자연수로 생각할 수
있다.
(2) 0이 최고 자리에 오는 경우는 0이 있는 자연수가 아니므로
두 자리 자연수, 세 자리 자연수의 2가지 경우로 나누어 구한다.

(1) 1부터 999까지의 자연수는 0부터 9까지의 자연수
　　중에서 3개를 중복을 허용하여 택하여 나열한 수에
　　서 0을 제외한 것과 같으므로 자연수를 □□□의
　　세 자리가 있는 꼴로 생각하면
　　(i) 숫자 1이 한 번 나오는 자연수
　　　　세 자리 중 한 자리에 1이 오는 경우는 3가지이
　　　　고, 나머지 두 자리에는 1을 제외한 0부터 9까
　　　　지의 숫자가 올 수 있으므로 1이 한 번 나오는
　　　　자연수의 개수는
　　　　$3 \times 9 \times 9 = 243$
　　(ii) 숫자 1이 두 번 나오는 자연수
　　　　세 자리 중 두 자리에 1이 오는 경우는
　　　　□11, 1□1, 11□
　　　　꼴의 3가지이고, 나머지 한 자리에는 1을 제외
　　　　한 0부터 9까지의 숫자가 올 수 있으므로 1이
　　　　두 번 나오는 자연수의 개수는
　　　　$3 \times 9 = 27$
　　(iii) 숫자 1이 세 번 나오는 자연수
　　　　111의 1개이다.
　　(i)~(iii)에서 구하는 숫자 1의 개수는
　　$1 \times 243 + 2 \times 27 + 3 \times 1 = 300$
(2)(i) 두 자리 자연수에서 0이 나오는 경우
　　　　일의 자리의 숫자가 0이고, 십의 자리에는 1부
　　　　터 9까지의 숫자가 올 수 있으므로 0이 한 번 나
　　　　오는 두 자리 자연수의 개수는 9이다.
　　(ii) 세 자리 자연수에서 0이 나오는 경우
　　　　ⓐ 0이 한 번 나오는 경우
　　　　　　□□0, □0□ 꼴의 2가지이고, 나머지 두
　　　　　　자리에는 각각 1부터 9까지의 숫자가 올 수
　　　　　　있으므로 자연수의 개수는
　　　　　　$2 \times 9 \times 9 = 162$

　　　　ⓑ 0이 두 번 나오는 경우
　　　　　　□00 꼴인 경우뿐이고 백의 자리에 1부터 9
　　　　　　까지의 숫자가 올 수 있으므로 자연수의 개수
　　　　　　는 9
　　　(i), (ii)에서 구하는 숫자 0의 개수는
　　　$1 \times 9 + 1 \times 162 + 2 \times 9 = 189$

21 접근 방법 | 홀수가 적혀 있는 카드부터 나열한 후, 짝수가
적혀 있는 카드를 홀수 사이사이와 양 끝 자리 중에 나열한다.

먼저 1, 3, 5가 적혀 있는 카드를 나열하는 경우의 수는
$3! = 6$
1, 3, 5가 적혀 있는 세 장의 카드의 사이사이와 양 끝
의 네 곳 중에서 두 곳을 선택하여 2, 4가 적혀 있는 카
드를 하나씩 나열하는 경우의 수는
$_4\mathrm{P}_2 = 4 \times 3 = 12$
따라서 구하는 경우의 수는
$6 \times 12 = 72$

다른 풀이

5장의 카드를 모두 일렬로 나열하는 경우의 수는
$5! = 120$
2, 4가 적혀 있는 두 장의 카드를 한 묶음으로 생각하
여 이 묶음과 1, 3, 5가 적혀 있는 카드를 일렬로 나열
하는 경우의 수는 $4! = 24$
그 각각에 대하여 2, 4가 적혀 있는 카드를 나열하는
경우의 수는 $2! = 2$
이므로 짝수가 적혀 있는 카드끼리 서로 이웃하도록
나열하는 경우의 수는
$24 \times 2 = 48$
따라서 짝수가 적혀 있는 카드끼리 서로 이웃하지 않
도록 나열하는 경우의 수는
$120 - 48 = 72$

22 접근 방법 | A, B를 우선 앉히고, 나머지 세 명을 앉힌
다.

A, B가 앉는 줄을 선택하는 경우의 수는 2, 한 줄에
놓인 3개의 좌석에서 2개의 좌석을 택하여 앉는 경우
의 수는
$_3\mathrm{P}_2 = 3 \times 2 = 6$

그러므로 A, B가 같은 줄의 좌석에 앉는 경우의 수는

$2 \times 6 = 12$

나머지 세 명이 맞은편 줄의 좌석에 앉는 경우의 수는

$3! = 6$

따라서 구하는 경우의 수는

$12 \times 6 = 72$

23 접근 방법 | 2학년 학생이 먼저 앉은 후, 1학년 학생이 사이사이에 앉도록 한다. 이때 1학년 학생이 양 끝에 갈 수 없음에 주의한다.

조건 (나)에서 2학년 학생 4명 중에서 2명이 양 끝에 있는 의자에 앉는 경우의 수는

$_4P_2 = 4 \times 3 = 12$

그 각각에 대하여 1학년 학생이 앉을 수 있는 의자를 ①, 2학년 학생이 앉을 수 있는 의자를 ②라고 할 때, 조건 (가)를 만족시키도록 나머지 4명의 학생이 4개의 의자에 앉는 경우는

①②①②, ①②②①, ②①②①

의 3가지이다.

1학년 학생 2명과 2학년 학생 2명이 의자에 앉는 경우의 수는

$2! \times 2! = 4$

따라서 구하는 경우의 수는

$12 \times 3 \times 4 = 144$

먼저 2학년 학생 4명이 일렬로 앉은 후 1학년 학생 2명이 조건을 만족시키도록 앉는 경우를 생각하자.

2학년 학생 4명이 일렬로 앉는 경우의 수는

$4! = 4 \times 3 \times 2 \times 1 = 24$

이때 2학년 학생을 ②라고 하면

②∨②∨②∨②

그 각각에 대하여 두 조건 (가), (나)를 만족시키려면 1학년 학생 2명은 ∨ 표시된 3곳 중에서 2곳을 택하여 앉아야 하므로 1학년 학생이 앉는 경우의 수는

$_3P_2 = 3 \times 2 = 6$

따라서 구하는 경우의 수는

$24 \times 6 = 144$

24 접근 방법 | 빈 의자를 포함하여 남학생과 빈 의자를 나열한다. 이후 사이사이와 양 끝에 여학생을 나열하면 여학생은 이웃하지 않게 앉게 된다.

빈 의자를 포함하여 남학생 3명과 빈 의자 1개를 나열하는 경우의 수는

$4! = 24$

두 학생 사이에 빈 의자가 있는 경우는 이웃하지 않는 것으로 생각하므로 빈 의자는 남학생이 앉은 경우와 마찬가지로 두 여학생을 이웃하지 않게 한다.

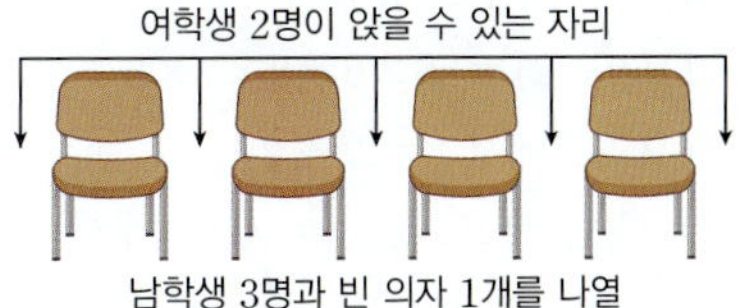

4개의 자리 사이사이와 양 끝에 여학생이 앉는 경우의 수는

$_5P_2 = 5 \times 4 = 20$

따라서 구하는 경우의 수는

$24 \times 20 = 480$

여학생 2명과 남학생 3명이 모두 의자 6개에 앉는 경우의 수는

$_6P_5 = 6 \times 5 \times 4 \times 3 \times 2 = 720$

여학생이 이웃하여 앉는 경우의 수는 여학생 2명을 한 묶음으로 하여 1명으로 보고 4명과 빈 의자 1개를 나열하고 여학생은 자리를 바꿀 수 있으므로

$5! \times 2! = 240$

따라서 구하는 경우의 수는

$720 - 240 = 480$

12. 조합

1 **답** (1) 8   (2) 5

(1) $_n\mathrm{C}_3=\dfrac{_n\mathrm{P}_3}{3!}=\dfrac{n(n-1)(n-2)}{3\times2\times1}=56$

$\quad n(n-1)(n-2)=56\times6=8\times7\times6 \qquad \therefore n=8$

(2) (i) $_7\mathrm{C}_r=_7\mathrm{C}_{2r-2}$에서 $r=2r-2 \qquad \therefore r=2$

   (ii) $_7\mathrm{C}_r=_7\mathrm{C}_{7-r}$이므로 $_7\mathrm{C}_{7-r}=_7\mathrm{C}_{2r-2}$에서

$\qquad 7-r=2r-2,\ 3r=9 \qquad \therefore r=3$

   (i), (ii)에서 모든 r의 값의 합은

$\qquad 2+3=5$

2 **답** 300

남자 6명 중에서 3명을 뽑는 방법의 수는 $_6\mathrm{C}_3$이고, 여자 6명 중에서 2명을 뽑는 방법의 수는 $_6\mathrm{C}_2$이다.
따라서 곱의 법칙에 의하여 구하는 방법의 수는

$_6\mathrm{C}_3\times_6\mathrm{C}_2=\dfrac{6\times5\times4}{3\times2\times1}\times\dfrac{6\times5}{2\times1}=20\times15=300$

3 **답** 15

서로 다른 빨간색 공 3개와 서로 다른 파란색 공 4개가 들어 있는 상자에서 빨간색 공 2개를 꺼내는 방법의 수는
$a=_3\mathrm{C}_2=_3\mathrm{C}_1=3$
빨간색 공과 파란색 공을 각각 한 개씩 꺼내는 방법의 수는
$b=_3\mathrm{C}_1\times_4\mathrm{C}_1=3\times4=12$
$\therefore a+b=15$

4 **답** 20

8개의 꼭짓점 중에서 2개를 택하는 방법의 수에서 변의 개수를 빼면 되므로

$_8\mathrm{C}_2-8=\dfrac{8\times7}{2\times1}-8=28-8=20$

다른 풀이

정팔각형의 한 꼭짓점에서 양 옆의 꼭짓점을 제외한 다른 5개의 꼭짓점을 이으면 5개의 대각선이 만들어지므로
$8\times5=40$

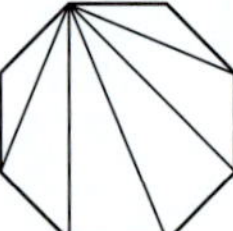

이 각각의 경우에 대하여 2개씩 같은 것이 생기므로 구하는 대각선의 개수는

$\dfrac{40}{2}=20$

5 **답** 52

8개의 점 중에서 3개의 점을 택하는 방법의 수는

$_8\mathrm{C}_3=\dfrac{8\times7\times6}{3\times2\times1}=56$

이 중에서 일직선 위에 있는 4개의 점 중에서 3개를 택하는 경우에는 삼각형을 만들 수 없고, 이때의 방법의 수는

$_4\mathrm{C}_3=_4\mathrm{C}_1=4$

따라서 구하는 삼각형의 개수는

$56-4=52$

6 **답** (1) 10   (2) 10

5개의 점 중 어느 세 점도 일직선 위에 있지 않으므로
(1) 만들 수 있는 서로 다른 직선의 개수는

$\quad _5\mathrm{C}_2=\dfrac{5\times4}{2\times1}=10$

(2) 만들 수 있는 삼각형의 개수는

$\quad _5\mathrm{C}_3=_5\mathrm{C}_2=\dfrac{5\times4}{2\times1}=10$

01-1 **답** (1) 60   (2) 121   (3) 120

(1) 남자 4명 중에서 2명을 뽑는 방법의 수는

$\quad _4\mathrm{C}_2=\dfrac{4\times3}{2\times1}=6$

여자 5명 중에서 2명을 뽑는 방법의 수는

$\quad _5\mathrm{C}_2=\dfrac{5\times4}{2\times1}=10$

따라서 구하는 방법의 수는

$\quad 6\times10=60$

(2) 전체 9명 중에서 4명의 위원을 뽑는 방법의 수는

$\quad _9\mathrm{C}_4=\dfrac{9\times8\times7\times6}{4\times3\times2\times1}=126$

여자만 4명을 뽑는 방법의 수는

$\quad _5\mathrm{C}_4=_5\mathrm{C}_1=5$

따라서 구하는 방법의 수는

$\quad 126-5=121$

(3) 전체 9명 중에서 4명의 위원을 뽑는 방법의 수는

$\quad _9\mathrm{C}_4=\dfrac{9\times8\times7\times6}{4\times3\times2\times1}=126$

남자만 4명을 뽑는 방법의 수는

$_4C_4=1$

여자만 4명을 뽑는 방법의 수는

$_5C_4=_5C_1=5$

따라서 구하는 방법의 수는

$126-(1+5)=120$

(2)와 (3)에서 전체 경우를 분류하여 해당하는 경우의 수를 모두 구해서 더해도 결과는 같다. 즉, (3)에서

(i) 남자 1명, 여자 3명을 뽑는 방법의 수는

$\quad _4C_1\times_5C_3=_4C_1\times_5C_2=4\times10=40$

(ii) 남자 2명, 여자 2명을 뽑는 방법의 수는

$\quad _4C_2\times_5C_2=6\times10=60$

(iii) 남자 3명, 여자 1명을 뽑는 방법의 수는

$\quad _4C_3\times_5C_1=_4C_1\times_5C_1=4\times5=20$

(i)~(iii)에서 남자 1명, 여자 1명이 반드시 포함되도록 하는 방법의 수는 $40+60+20=120$

(3)에서 남자 1명, 여자 1명이 반드시 포함되도록 하는 것은 특정한 남자나 여자가 아니라 4명의 위원 중에 반드시 남자, 여자 각각 1명씩 포함되어야 한다는 것을 뜻한다.

01-2 답 5명

8명의 학생 중에서 2명의 위원을 뽑는 방법의 수는

$_8C_2=\dfrac{8\times7}{2\times1}=28$

남학생을 n명이라고 하면 남학생만 2명을 뽑는 방법의 수는

$_nC_2$

여학생이 적어도 한 명은 포함되도록 뽑는 방법의 수는

$28-_nC_2=18,\ _nC_2=10$

$\dfrac{n(n-1)}{2\times1}=10$

$n^2-n-20=0,\ (n+4)(n-5)=0$

$\therefore n=5\ (\because n>0)$

따라서 남학생은 5명이다.

01-3 답 ②

각 업종별로 적어도 하나의 회사를 택해야 하므로 3개의 업종 중 어느 한 업종에는 2개의 회사를 택하여 입사 원서를 내야 한다. 즉, 다음 세 가지의 경우로 나누어 생각해 보면

(i) 증권 회사에 2개, 통신 회사에 1개, 건설 회사에 1개

의 원서를 내는 방법의 수는

$\quad _3C_2\times_3C_1\times_4C_1=3\times3\times4=36$

(ii) 증권 회사에 1개, 통신 회사에 2개, 건설 회사에 1개의 원서를 내는 방법의 수는

$\quad _3C_1\times_3C_2\times_4C_1=3\times3\times4=36$

(iii) 증권 회사에 1개, 통신 회사에 1개, 건설 회사에 2개의 원서를 내는 방법의 수는

$\quad _3C_1\times_3C_1\times_4C_2=3\times3\times6=54$

(i)~(iii)에서 구하는 방법의 수는 $36+36+54=126$

02-1 답 (1) 28　(2) 112　(3) 70

(1) 은지와 재욱이를 모두 뽑는 경우이므로 은지와 재욱이를 미리 뽑았다고 생각하고 나머지 8명 중에서 2명을 뽑는 방법의 수와 같다.

따라서 구하는 방법의 수는

$_8C_2=\dfrac{8\times7}{2\times1}=28$

(2) (i) 은지를 뽑고 재욱이를 뽑지 않는 방법의 수는 은지와 재욱이를 제외한 8명 중에서 3명을 뽑는 방법의 수와 같으므로

$\quad _8C_3=\dfrac{8\times7\times6}{3\times2\times1}=56$

(ii) 재욱이를 뽑고 은지를 뽑지 않는 방법의 수는 은지와 재욱이를 제외한 8명 중에서 3명을 뽑는 방법의 수와 같으므로

$\quad _8C_3=\dfrac{8\times7\times6}{3\times2\times1}=56$

(i), (ii)에서 은지와 재욱 중 1명만 뽑는 방법의 수는

$56+56=112$

(3) 은지와 재욱이를 모두 뽑지 않는 경우이므로 은지와 재욱이를 제외한 8명 중에서 4명을 뽑는 방법의 수와 같다.

따라서 구하는 방법의 수는

$_8C_4=\dfrac{8\times7\times6\times5}{4\times3\times2\times1}=70$

(2) 은지와 재욱 중 1명을 뽑는 방법의 수는

$_2C_1=2$

은지와 재욱이를 제외한 나머지 8명 중에서 3명을 뽑는 방법의 수는

$$_8C_3=\frac{8\times7\times6}{3\times2\times1}=56$$

따라서 구하는 방법의 수는

$$2\times56=112$$

02-2 답 (1) 480 (2) 720

7명 중에서 특정한 2명이 포함되도록 5명을 뽑는 방법의 수는 특정한 2명이 이미 뽑혔다고 생각하고, 나머지 5명 중에서 3명을 뽑는 방법의 수와 같으므로

$$_5C_3={}_5C_2=\frac{5\times4}{2\times1}=10$$

(1) 뽑은 5명을 일렬로 세울 때, 특정한 2명을 이웃하도록 세우는 방법의 수는

$$4!\times2!=24\times2=48$$

따라서 구하는 방법의 수는

$$10\times48=480$$

(2) 특정한 2명을 제외한 나머지 3명을 일렬로 세우는 방법의 수는 $3!$이고, 이 3명의 사이사이와 양 끝의 4개의 자리 중 2개의 자리에 특정한 2명을 세우는 방법의 수가 $_4P_2$이다.

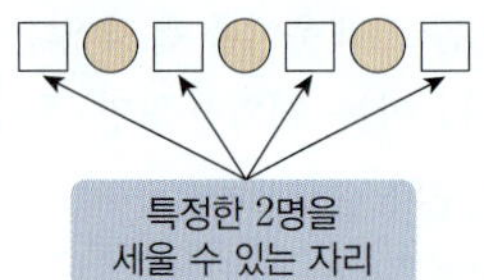

따라서 구하는 방법의 수는

$$10\times3!\times{}_4P_2=10\times6\times12=720$$

➕ 보충 설명

특정한 사람이라는 것은 **02-1**처럼 이미 정해져 있는 것이므로 특정한 사람을 뽑는 경우의 수를 생각할 필요는 없다.

02-3 답 20

1부터 10까지의 자연수 중 홀수인 소수는 3, 5, 7이고, 짝수인 소수는 2이다. 즉, 다음 그림과 같이 2가 적혀 있는 구슬은 뽑지 않고, 3, 5, 7이 적혀 있는 구슬 3개는 모두 뽑는 경우의 수는 2, 3, 5, 7을 제외한 나머지 서로 다른 구슬 6개 중에서 3개를 뽑는 경우의 수와 같다.

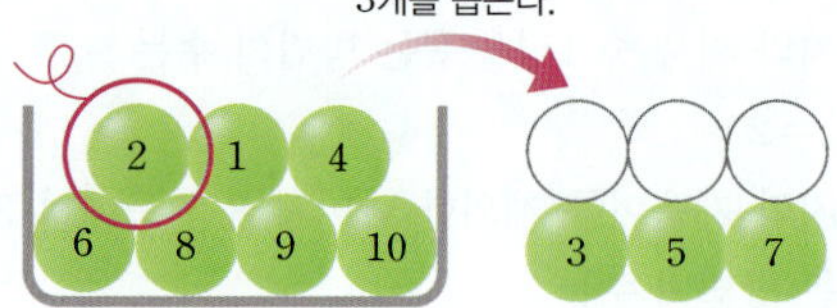

따라서 구하는 경우의 수는

$$_6C_3=\frac{6\times5\times4}{3\times2\times1}=20$$

03-1 답 (1) 180 (2) 41

(1) 10개의 프로 축구팀이 서로 한 번씩 경기를 하는 방법의 수는 10개의 팀 중에서 2개의 팀을 택하는 방법의 수와 같으므로

$$_{10}C_2=\frac{10\times9}{2\times1}=45$$

이때 각 팀은 다른 모든 팀과 각각 4번씩 경기를 치르므로 구하는 전체 경기 수는

$$45\times4=180$$

(2) 참석한 회원을 n명이라고 하면 n명이 서로 한 번씩 악수하는 방법의 수는 n명 중에서 2명을 택하는 방법의 수와 같으므로

$$_nC_2=\frac{n(n-1)}{2\times1}=820$$
$$n^2-n-1640=0$$
$$(n+40)(n-41)=0$$
$$\therefore n=41\ (\because n\geq2)$$

따라서 참석한 회원의 수는 41이다.

03-2 답 ④

8명이 서로 한 번씩 악수를 하는 방법의 수는

$$_8C_2=\frac{8\times7}{2\times1}=28$$

이때 4쌍의 부부가 부부끼리 서로 악수를 하는 방법의 수를 제외해야 하므로 구하는 악수의 총 횟수는

$$28-4=24$$

03-3 답 ②

이 회사의 지점을 ●으로 나타내면 다음 그림과 같이 두 지점, 세 지점, 네 지점 사이의 통신망은 각각 1가지, 3가지, 6가지임을 알 수 있다.

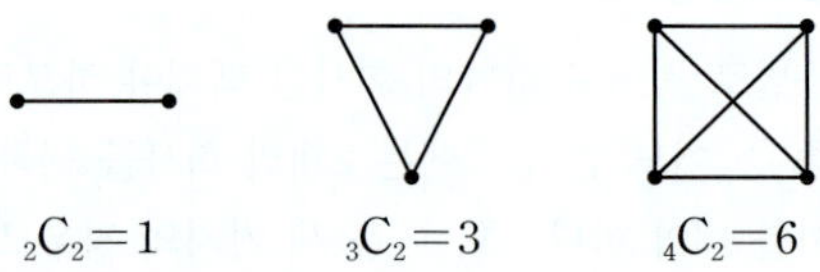

$_2C_2=1$, $_3C_2=3$, $_4C_2=6$이므로 이 회사의 지점의 총 개수를 n이라고 하면

$$_n\mathrm{C}_2=\frac{n(n-1)}{2\times1}=780$$

$$n^2-n-1560=0$$

$$(n+39)(n-40)=0$$

$$\therefore n=40\ (\because n\geq2)$$

따라서 지점의 총 개수는 40이다.

예제 04 **크기순으로 나열하는 방법의 수**   413쪽

04-1 답 (1) 20 (2) 56

(1) $a\neq0$이므로 $1\leq a<b<c$이다.

즉, 6개의 숫자 1, 2, 3, 4, 5, 6 중에서 서로 다른 3개를 택하기만 하면 된다.

따라서 구하는 자연수의 개수는

$$_6\mathrm{C}_3=\frac{6\times5\times4}{3\times2\times1}=20$$

(2) $b\geq c$는 $b>c$ 또는 $b=c$를 뜻하므로

(ⅰ) $a>b>c$일 때,

7개의 숫자 0, 1, 2, 3, 4, 5, 6 중에서 서로 다른 3개를 택하기만 하면 되므로

$$_7\mathrm{C}_3=\frac{7\times6\times5}{3\times2\times1}=35$$

(ⅱ) $a>b=c$일 때,

7개의 숫자 0, 1, 2, 3, 4, 5, 6 중에서 서로 다른 2개를 택하기만 하면 되므로

$$_7\mathrm{C}_2=\frac{7\times6}{2\times1}=21$$

(ⅰ), (ⅱ)에서 구하는 자연수의 개수는

$$35+21=56$$

04-2 답 16

세 자리 자연수가 500보다 크고 700보다 작으므로

$a=5$ 또는 $a=6$

(ⅰ) $a=5$일 때,

$c<b<a$에서 $c<b<5$이므로 4개의 숫자 1, 2, 3, 4 중에서 서로 다른 2개를 택하기만 하면 된다.

$$_4\mathrm{C}_2=\frac{4\times3}{2\times1}=6$$

(ⅱ) $a=6$일 때,

$c<b<a$에서 $c<b<6$이므로 5개의 숫자 1, 2, 3, 4, 5 중에서 서로 다른 2개를 택하기만 하면 된다.

$$_5\mathrm{C}_2=\frac{5\times4}{2\times1}=10$$

(ⅰ), (ⅱ)에서 구하는 모든 자연수의 개수는

$$6+10=16$$

04-3 답 ④

6개의 자연수 중에서 3개를 택하여 $a_1>a_3>a_5$를 만족시키도록 a_1, a_3, a_5를 정하는 방법의 수는

$$_6\mathrm{C}_3=\frac{6\times5\times4}{3\times2\times1}=20$$

나머지 3개의 숫자 중에서 2개를 택하여 $a_2>a_4$를 만족시키도록 a_2, a_4를 정하는 방법의 수는

$$_3\mathrm{C}_2={}_3\mathrm{C}_1=3$$

또한 마지막에 남은 1개의 숫자를 a_6으로 놓으면 된다.

따라서 구하는 순서쌍의 개수는

$$20\times3\times1=60$$

예제 05 **나머지가 같은 수를 이용한 경우의 수**   415쪽

05-1 답 45

1부터 20까지의 자연수 중에서 4로 나눈 나머지가 0, 1, 2, 3인 수들의 모임을 각각 A_0, A_1, A_2, A_3이라고 하면

A_0 : 4, 8, 12, 16, 20

A_1 : 1, 5, 9, 13, 17

A_2 : 2, 6, 10, 14, 18

A_3 : 3, 7, 11, 15, 19

이때 두 수의 합이 4의 배수가 되는 경우는 다음과 같이 세 가지 경우가 있다.

(ⅰ) (모임 A_0에 속하는 수)＋(모임 A_0에 속하는 수)인 경우

$$_5\mathrm{C}_2=\frac{5\times4}{2\times1}=10$$

(ⅱ) (모임 A_1에 속하는 수)＋(모임 A_3에 속하는 수)인 경우

$$_5\mathrm{C}_1\times{}_5\mathrm{C}_1=5\times5=25$$

(ⅲ) (모임 A_2에 속하는 수)＋(모임 A_2에 속하는 수)인 경우

$$_5\mathrm{C}_2=\frac{5\times4}{2\times1}=10$$

(ⅰ)～(ⅲ)에서 구하는 경우의 수는

$$10+25+10=45$$

(ii)에서 두 모임 A_1, A_3에 속하는 임의의 수를 각각 p, q라고 하면
$p=4\triangle+1$, $q=4\heartsuit+3$ ($\triangle$, $\heartsuit$는 0 또는 자연수)
두 수 p, q의 합은
$p+q=(4\triangle+1)+(4\heartsuit+3)=4(\triangle+\heartsuit+1)$
이때 $\triangle+\heartsuit+1$은 자연수이므로 $p+q$는 4의 배수이다.
또한 정수를 자연수 n으로 나눈 나머지에 의하여
nq, $nq+1$, $nq+2$, $\cdots$, $nq+(n-1)$ (q는 정수)
과 같이 분류하면 모든 정수를 이 중에서 어느 하나의 꼴로 나타낼 수 있다.

05-2 답 30

다음 표와 같이 2의 거듭제곱의 지수가 짝수일 때에는 3으로 나눈 나머지가 1이고, 홀수일 때에는 3으로 나눈 나머지가 2이다.

2^1 / 2	2^2 / 1	2^3 / 2	2^4 / 1	2^5 / 2
2^6 / 1	2^7 / 2	2^8 / 1	2^9 / 2	2^{10} / 1
2^{11} / 2	2^{12} / 1	2^{13} / 2	2^{14} / 1	2^{15} / 2

이때 각 가로줄에서 한 개씩 임의로 선택한 세 수의 합이 3의 배수인 경우는 다음과 같이 두 가지 경우가 있다.

(i) 각 가로줄에서 선택한 세 수를 3으로 나눈 나머지의 합이 3일 때,

각 가로줄에서 선택한 세 수를 3으로 나눈 나머지가 모두 1이어야 하므로
$$_2C_1\times{}_3C_1\times{}_2C_1=2\times3\times2=12$$

(ii) 각 가로줄에서 선택한 세 수를 3으로 나눈 나머지의 합이 6일 때,

각 가로줄에서 선택한 세 수를 3으로 나눈 나머지가 모두 2이어야 하므로
$$_3C_1\times{}_2C_1\times{}_3C_1=3\times2\times3=18$$

(i), (ii)에서 구하는 경우의 수는 $12+18=30$

05-3 답 ③

각 가로줄에서 한 개씩 임의로 선택한 세 수의 곱을 3으로 나눈 나머지가 1인 경우는 다음과 같이 두 가지 경우가 있다.

(i) 각 가로줄에서 선택한 세 수를 3으로 나눈 나머지의 곱이 1일 때,

각 가로줄에서 선택한 세 수를 3으로 나눈 나머지가 모두 1이어야 하므로
$$_1C_1\times{}_2C_1\times{}_1C_1=1\times2\times1=2$$

(ii) 각 가로줄에서 선택한 세 수를 3으로 나눈 나머지의 곱이 4일 때,

첫째 줄, 둘째 줄, 셋째 줄에서 선택한 수를 3으로 나눈 나머지를 각각 a, b, c라고 하면 $abc=4$가 되어야 한다.

ⓐ $a=2$, $b=2$, $c=1$일 때, $_2C_1\times{}_1C_1\times{}_1C_1=2$
ⓑ $a=2$, $b=1$, $c=2$일 때, $_2C_1\times{}_2C_1\times{}_2C_1=8$
ⓒ $a=1$, $b=2$, $c=2$일 때, $_1C_1\times{}_1C_1\times{}_2C_1=2$

ⓐ, ⓑ, ⓒ에 의하여 각 가로줄에서 선택한 세 수를 3으로 나눈 나머지의 곱이 4인 경우의 수는
$$2+8+2=12$$

(i), (ii)에서 구하는 경우의 수는 $2+12=14$

각 가로줄에서 한 개씩 임의로 선택한 세 수의 곱을 3으로 나눈 나머지가 1이 되는 경우는 택한 세 수의 지수의 합이 짝수일 때이다.

즉, 각 가로줄에서 선택한 수의 지수를
(첫째 줄, 둘째 줄, 셋째 줄)의 순서쌍으로 나타냈을 때,

(i) (짝수, 짝수, 짝수)인 경우의 수는 $1\times2\times1=2$
(ii) (짝수, 홀수, 홀수)인 경우의 수는 $1\times1\times2=2$
(iii) (홀수, 짝수, 홀수)인 경우의 수는 $2\times2\times2=8$
(iv) (홀수, 홀수, 짝수)인 경우의 수는 $2\times1\times1=2$

(i)~(iv)에서 구하는 경우의 수는 $2+2+8+2=14$

06-1 답 (1) 52 (2) 412

(1) 15개의 점 중에서 2개를 택하는 방법의 수는
$$_{15}C_2=\frac{15\times14}{2\times1}=105$$

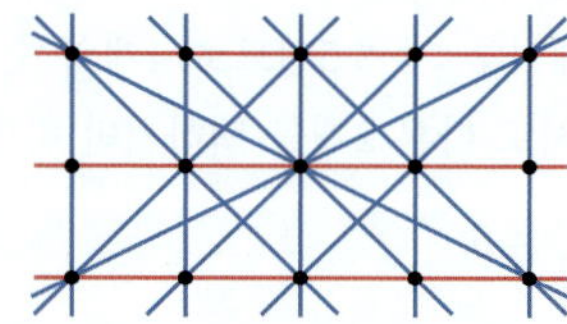

(i) 일직선 위에 3개의 점이 있을 때, 2개를 택하는 방법의 수는
$$_3C_2={}_3C_1=3$$
이때 3개의 점이 있는 직선은 13개이다.

(ii) 일직선 위에 5개의 점이 있을 때, 2개를 택하는
방법의 수는

$$_5C_2=\frac{5\times4}{2\times1}=10$$

이때 5개의 점이 있는 직선은 3개이다.

(i), (ii)에서 일직선 위에 있는 점으로 만들 수 있는
직선은 1개뿐이므로 구하는 직선의 개수는

$$105-(3\times13+10\times3)+13+3=52$$

(2) 15개의 점 중에서 3개를 택하는 방법의 수는

$$_{15}C_3=\frac{15\times14\times13}{3\times2\times1}=455$$

(i) 일직선 위에 3개의 점이 있을 때, 3개를 택하는
방법의 수는

$$_3C_3=1$$

이때 3개의 점이 있는 직선은 13개이다.

(ii) 일직선 위에 5개의 점이 있을 때, 3개를 택하는
방법의 수는

$$_5C_3=_5C_2=\frac{5\times4}{2\times1}=10$$

이때 5개의 점이 있는 직선은 3개이다.

(i), (ii)에서 일직선 위에 있는 3개의 점으로는 삼
각형을 만들 수 없으므로 구하는 삼각형의 개수는

$$455-(1\times13+10\times3)=412$$

06-2 🔲 (1) 93 (2) 120

(1) (i) 직선의 개수

9개의 점 중에서 2개를 택하는 방법의 수는

$$_9C_2=\frac{9\times8}{2\times1}=36$$

일직선 위에 4개의 점이 있을 때, 2개를 택하는
방법의 수는

$$_4C_2=\frac{4\times3}{2\times1}=6$$

이때 4개의 점이 있는 직선은 3개이고, 일직선
위에 있는 점으로 만들 수 있는 직선은 1개뿐이
므로 구하는 직선의 개수는

$$36-6\times3+3=21$$

(ii) 삼각형의 개수

9개의 점 중에서 3개를 택하는 방법의 수는

$$_9C_3=\frac{9\times8\times7}{3\times2\times1}=84$$

일직선 위에 4개의 점이 있을 때, 3개를 택하는
방법의 수는

$$_4C_3=_4C_1=4$$

이때 4개의 점이 있는 직선은 3개이고, 4개의
점으로는 삼각형을 만들 수 없으므로 구하는 삼
각형의 개수는

$$84-4\times3=72$$

(i), (ii)에서 $21+72=93$

(2) (i) 직선의 개수

10개의 점 중에서 2개를 택하는 방법의 수는

$$_{10}C_2=\frac{10\times9}{2\times1}=45$$

일직선 위에 4개의 점이 있을 때, 2개를 택하는
방법의 수는

$$_4C_2=\frac{4\times3}{2\times1}=6$$

이때 4개의 점이 있는 직선은 5개이고, 일직선
위에 있는 점으로 만들 수 있는 직선은 1개뿐이
므로 구하는 직선의 개수는

$$45-6\times5+5=20$$

(ii) 삼각형의 개수

10개의 점 중에서 3개를 택하는 방법의 수는

$$_{10}C_3=\frac{10\times9\times8}{3\times2\times1}=120$$

일직선 위에 4개의 점이 있을 때, 3개를 택하는
방법의 수는

$$_4C_3=_4C_1=4$$

이때 4개의 점이 있는 직선은 5개이고, 4개의
점으로는 삼각형을 만들 수 없으므로 구하는 삼
각형의 개수는

$$120-4\times5=100$$

(i), (ii)에서 $20+100=120$

06-3 🔲 ④

20개의 점 중 어느 세 점도 일직선 위에 있지 않다면
직선의 개수는

$$_{20}C_2=\frac{20\times19}{2\times1}=190$$

이때 어느 특정한 세 점이 일직선 위에 있다면 이 세
점으로는 직선이 1개만 만들어지므로 세 점이 일직선
위에 있지 않은 경우에 만들 수 있는 직선보다 2개가
적다.

주어진 조건에서 서로 다른 직선의 개수가 188이므로
20개의 점 중에서 특정한 세 점은 일직선 위에 있다.

따라서 구하는 삼각형의 개수는

$$_{20}C_3-_3C_3=\frac{20\times19\times18}{3\times2\times1}-1=1140-1=1139$$

07-1   답 (1) 56   (2) 24   (3) 24   (4) 8

(1) 8개의 점 중에서 어느 세 점도 일직선 위에 있지 않
으므로 구하는 삼각형의 개수는

$$_8C_3 = \frac{8 \times 7 \times 6}{3 \times 2 \times 1} = 56$$

(2) 오른쪽 그림과 같이 지름
$\overline{P_1P_5}$의 좌우로 만들 수 있
는 직각삼각형의 개수는
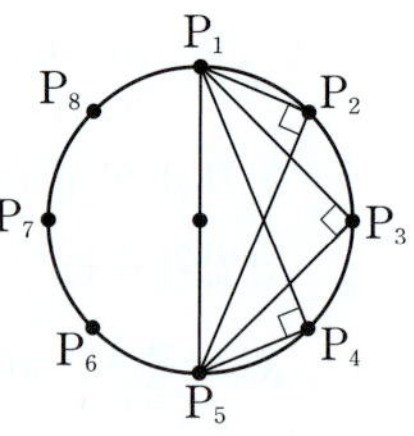
$$_3C_1 + _3C_1 = 3 + 3 = 6$$
원의 지름은 $\overline{P_1P_5}$,
$\overline{P_2P_6}$, $\overline{P_3P_7}$, $\overline{P_4P_8}$의 4개
이므로 구하는 직각삼각형의 개수는
$$6 \times 4 = 24$$

(3) 오른쪽 그림과 같이 지름
$\overline{P_1P_5}$를 기준으로 생각해 보
자.
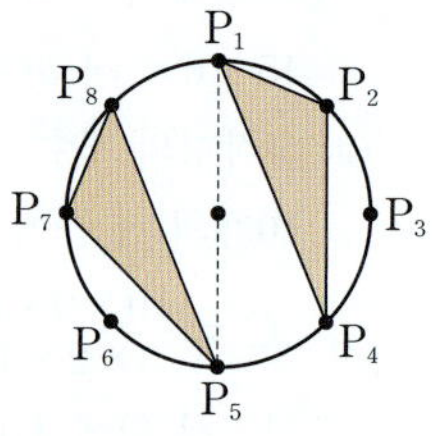
먼저 점 P_1과 점 P_1의 시계
방향에 있는 3개의 점 P_2,
P_3, P_4 중에서 2개를 택하
여 만들 수 있는 둔각삼각형의 개수는
$$_3C_2 = _3C_1 = 3$$
점 P_5와 점 P_5의 시계 방향에 있는 3개의 점 P_6,
P_7, P_8 중에서 2개를 택하여 만들 수 있는 둔각삼각
형의 개수는
$$_3C_2 = _3C_1 = 3$$
따라서 원의 지름은 $\overline{P_1P_5}$, $\overline{P_2P_6}$, $\overline{P_3P_7}$, $\overline{P_4P_8}$의 4
개이므로 구하는 둔각삼각형의 개수는
$$(3+3) \times 4 = 6 \times 4 = 24$$

(4) 임의의 삼각형은 예각삼각형, 직각삼각형, 둔각삼
각형 중 하나이므로 구하는 예각삼각형의 개수는
전체 삼각형의 개수에서 직각삼각형과 둔각삼각형
의 개수를 뺀 것과 같다. 즉,
$$56 - 24 - 24 = 8$$

07-2   답 (1) 52   (2) 40

(1) 정십이각형의 꼭짓점은 원주를 12등분한 점과 같으
므로 그 점을 각각 P_1, P_2, P_3, $\cdots$, P_{12}라고 하면 이
등변삼각형의 성질에 의하여 한 점을 꼭지각으로
잡고, 두 밑각의 크기가 같도록 다른 두 점을 잡아
이등변삼각형을 만들 수 있다.

즉, 오른쪽 그림과 같이 점
P_1을 꼭지각으로 하는 이
등변삼각형의 개수는 5이
다.
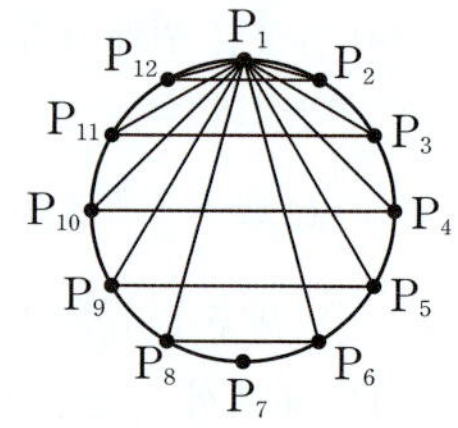
이때 이등변삼각형의 꼭지
각이 될 수 있는 점은 P_1,
P_2, $\cdots$, P_{12}의 12개이므로 만들 수 있는 이등변삼
각형의 개수는
$$5 \times 12 = 60$$
이때 4개의 삼각형 $\triangle P_1P_5P_9$, $\triangle P_2P_6P_{10}$,
$\triangle P_3P_7P_{11}$, $\triangle P_4P_8P_{12}$는 정삼각형이므로 세 점 모
두 꼭지각이 될 수 있다.
따라서 이등변삼각형의 개수는
$$60 - 3 \times 4 + 4 = 52$$

(2) 정십각형의 꼭짓점은 원주를 10등분한 점과 같으
므로 그 점을 각각 P_1, P_2, P_3, $\cdots$, P_{10}이라고 하면
이등변삼각형의 성질에 의하여 한 점을 꼭지각으로
잡고, 두 밑각의 크기가 같도록 다른 두 점을 잡아
이등변삼각형을 만들 수 있다.

즉, 오른쪽 그림과 같이 점
P_1을 꼭지각으로 하는 이등
변삼각형의 개수는 4이다.
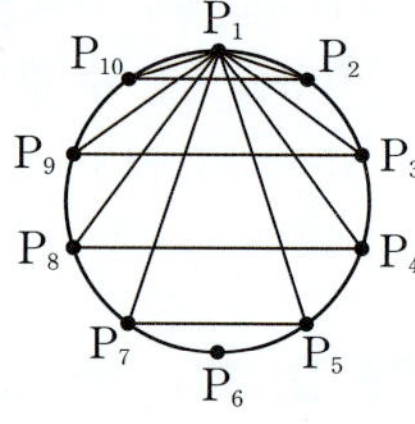
따라서 이등변삼각형의 꼭
지각이 될 수 있는 점은 P_1,
P_2, P_3, $\cdots$, P_{10}의 10개이
므로 구하는 이등변삼각형의 개수는
$$4 \times 10 = 40$$

> 참고 원에 내접하는 정삼각형은 원주를 삼등분하므로 정십
> 각형의 꼭짓점 중에서 3개의 점을 연결하여 정삼각형을 만
> 들 수 없다.

07-3   답 ④

반원 위에 주어진 8개의 점으로 만들 수 있는 삼각형의
개수는
$$_8C_3 - _3C_3 = \frac{8 \times 7 \times 6}{3 \times 2 \times 1} - 1 = 55$$
지름을 빗변으로 하는 직각삼각형의 개수는
$$_5C_1 = 5$$
다음 그림과 같이 점 O를 한 꼭짓점으로 하고 직각을
낀 두 변의 길이가 반지름의 길이와 같은 직각이등변
삼각형의 개수는 4이다.

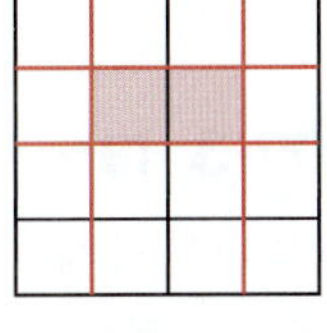

따라서 구하는 직각삼각형이 아닌 삼각형의 개수는
$$55-(5+4)=46$$

08-1　답 (1) 100　(2) 30

(1) 오른쪽 그림과 같이 가로 방향의 선 중에서 2개, 세로 방향의 선 중에서 2개를 택하면 한 개의 직사각형이 결정되므로 구하는 직사각형의 개수는

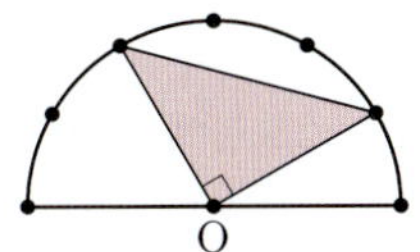

$$_5C_2 \times {}_5C_2 = \frac{5\times4}{2\times1} \times \frac{5\times4}{2\times1} = 10\times10 = 100$$

(2) 다음 그림과 같이 정사각형의 크기에 따라 직접 세어 보면

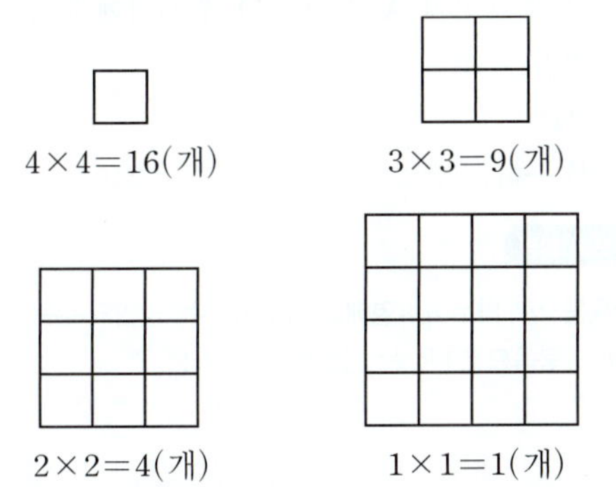

$4\times4=16$(개)　$3\times3=9$(개)

$2\times2=4$(개)　$1\times1=1$(개)

따라서 구하는 정사각형의 개수는
$$16+9+4+1=30$$

⊕ 보충 설명

> (2)에서 정사각형의 각 변을 4등분했을 때, 만들어지는 정사각형의 개수는
> $$4^2+3^2+2^2+1^2=30$$
> 같은 방법으로 정사각형의 각 변을 10등분했을 때, 만들어지는 정사각형의 개수는
> $$10^2+9^2+\cdots+1^2=385$$

08-2　답 ⑤

점 사이의 간격을 1이라고 하면

(i) □$P_1P_2P_6P_5$와 같이 한 변의 길이가 1인 정사각형은 9개

(ii) □$P_1P_3P_{11}P_9$와 같이 한 변의 길이가 2인 정사각형은 4개

(iii) □$P_1P_4P_{16}P_{13}$과 같이 한 변의 길이가 3인 정사각형은 1개

(iv) □$P_2P_7P_{10}P_5$와 같이 한 변의 길이가 $\sqrt{2}$인 정사각형은 4개([그림 1])

(v) □$P_2P_8P_{15}P_9$와 같이 한 변의 길이가 $\sqrt{5}$인 정사각형은 2개([그림 2])

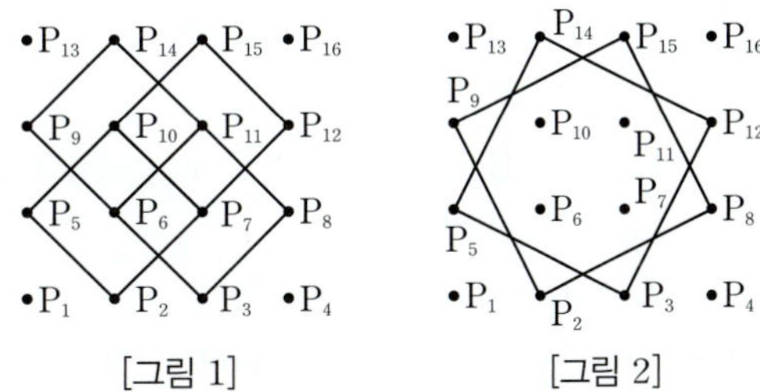

[그림 1]　　　[그림 2]

(i)~(v)에서 구하는 정사각형의 개수는
$$9+4+1+4+2=20$$

08-3　답 87

주어진 도형에서 만들어지는 사각형의 개수는 [그림 1]과 [그림 2]의 도형에서 만들어지는 사각형의 개수를 더하고 중복된 [그림 3]의 도형에서 만들어지는 사각형의 개수를 빼면 된다.

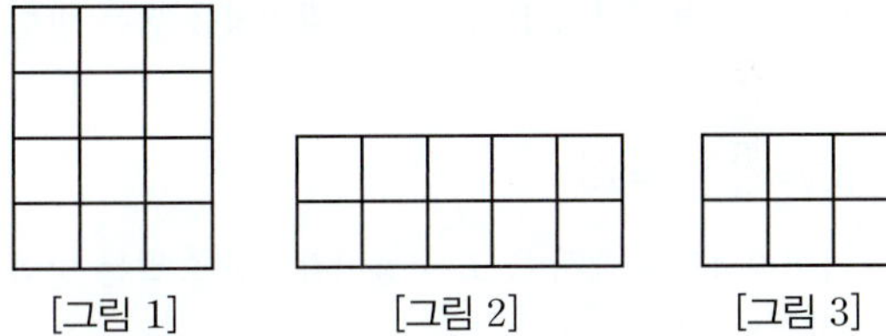

[그림 1]　　　[그림 2]　　　[그림 3]

(i) [그림 1]과 같은 도형에서 만들어지는 사각형의 개수는
$$_5C_2 \times {}_4C_2 = \frac{5\times4}{2\times1} \times \frac{4\times3}{2\times1} = 10\times6 = 60$$

(ii) [그림 2]와 같은 도형에서 만들어지는 사각형의 개수는
$$_3C_2 \times {}_6C_2 = {}_3C_1 \times {}_6C_2 = 3\times\frac{6\times5}{2\times1} = 3\times15 = 45$$

(iii) [그림 3]과 같은 도형에서 만들어지는 사각형의 개수는
$$_3C_2 \times {}_4C_2 = {}_3C_1 \times {}_4C_2 = 3\times\frac{4\times3}{2\times1} = 3\times6 = 18$$

(i)~(iii)에서 구하는 사각형의 개수는
$$60+45-18=87$$

09-1 답 (1) 560 (2) 280 (3) 2520 (4) 105

(1) 8명의 학생 중에서 A 조에 들어갈 3명을 뽑는 방법
의 수는

$$_8C_3=\frac{8\times7\times6}{3\times2\times1}=56$$

나머지 5명 중에서 B 조에 들어갈 3명을 뽑는 방법
의 수는

$$_5C_3=\frac{5\times4\times3}{3\times2\times1}=10$$

따라서 A 조와 B 조가 정해지면 C 조는 저절로 결
정되므로 구하는 방법의 수는

$$_8C_3\times{_5C_3}\times{_2C_2}=56\times10\times1=560$$

(2) 세 팀으로 나누는 방법의 수를 x라고 하면 그 각각
에 대하여 2명이 들어 있는 팀이 C 팀이 될 때, 3
명, 3명이 들어 있는 팀을 각각 A, B에 배정하는
방법의 수가 2!이므로 곱의 법칙에 의하여

$$x\times2!={_8C_3}\times{_5C_3}\times{_2C_2}=560$$

따라서 구하는 방법의 수는

$$x=560\times\frac{1}{2!}=280$$

(3) 8명의 학생 중에서 A 조에 들어갈 2명을 뽑는 방법
의 수는

$$_8C_2=\frac{8\times7}{2\times1}=28$$

나머지 6명 중에서 B 조에 들어갈 2명을 뽑는 방법
의 수는

$$_6C_2=\frac{6\times5}{2\times1}=15$$

나머지 4명 중에서 C 조에 들어갈 2명을 뽑는 방법
의 수는

$$_4C_2=\frac{4\times3}{2\times1}=6$$

따라서 A 조, B 조, C 조가 정해지면 D 조는 저절
로 결정되므로 구하는 방법의 수는

$$_8C_2\times{_6C_2}\times{_4C_2}\times{_2C_2}=28\times15\times6\times1=2520$$

(4) 네 팀으로 나누는 방법의 수를 x라고 하면 그 각각
에 대하여 2명씩 들어 있는 네 팀을 각각 A, B, C,
D에 배정하는 방법의 수가 4!이므로 곱의 법칙에
의하여

$$x\times4!={_8C_2}\times{_6C_2}\times{_4C_2}\times{_2C_2}=2520$$

따라서 구하는 방법의 수는

$$x=2520\times\frac{1}{4!}=105$$

09-2 답 ④

여학생 5명을 1호실, 2호실에 각각 3명, 2명으로 배정
하는 방법의 수는

$$_5C_3\times{_2C_2}={_5C_2}\times{_2C_2}=\frac{5\times4}{2\times1}\times1=10$$

남학생 6명을 3호실, 4호실에 각각 3명씩 배정하는 방
법의 수는

$$\left(_6C_3\times{_3C_3}\times\frac{1}{2!}\right)\times2!=\frac{6\times5\times4}{3\times2\times1}\times1\times\frac{1}{2}\times2=20$$

따라서 구하는 방법의 수는

$$10\times20=200$$

09-3 답 ③

서로 다른 5개의 선물을 2개, 1개, 1개, 1개로 나누는
방법의 수는

$$_5C_2\times{_3C_1}\times{_2C_1}\times{_1C_1}\times\frac{1}{3!}$$
$$=\frac{5\times4}{2\times1}\times3\times2\times1\times\frac{1}{3\times2\times1}=10$$

그 각각에 대하여 A, B, C, D 네 사람에게 나누어 주
는 방법의 수는

$$4!=24$$

따라서 구하는 방법의 수는 $10\times24=240$

> **⊕ 보충 설명**
>
> n묶음으로 나누어 n명에게 나누어 주는 방법의 수는
> ➡ (n묶음으로 나누는 방법의 수)$\times n!$

10-1 답 (1) 3 (2) 45

(1) 4개의 팀을 2개, 2개의 두 조로 나누면 되므로 구하
는 방법의 수는

$$_4C_2\times{_2C_2}\times\frac{1}{2!}=\frac{4\times3}{2\times1}\times1\times\frac{1}{2}=3$$

(2) 6개의 팀을 4개, 2개의 두 조로 나누고, 다시 4개의
팀을 2개, 2개의 두 조로 나누면 되므로 구하는 방
법의 수는

$$\left(_6C_4\times{_2C_2}\right)\times\left(_4C_2\times{_2C_2}\times\frac{1}{2!}\right)$$
$$=\left(_6C_2\times1\right)\times\left(_4C_2\times1\times\frac{1}{2}\right)$$
$$=\left(\frac{6\times5}{2\times1}\times1\right)\times\left(\frac{4\times3}{2\times1}\times1\times\frac{1}{2}\right)=45$$

10-2 답 (1) 12 (2) 9

(1) 1반과 2반이 1회전에서 맞붙는 방법은 다음 그림과
같이 1가지 방법밖에 없다.

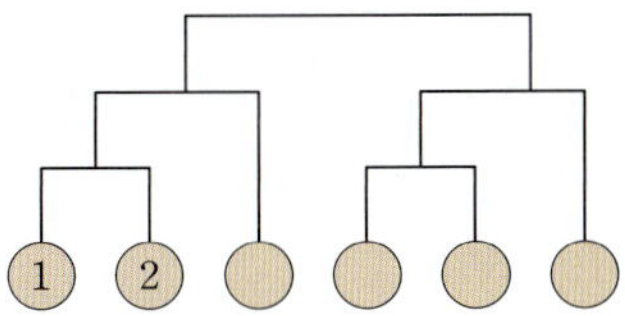

이때 나머지 4개의 학급을 1반, 2반과 한 조가 될
한 개의 반과 다른 조에 속할 세 개의 반으로 나누
는 방법의 수는

$$_4C_1 \times {}_3C_3 = 4 \times 1 = 4$$

그 각각에 대하여 세 개의 반 중 부전승으로 올라가
는 한 개의 반을 뽑는 방법의 수는

$$_3C_1 = 3$$

따라서 구하는 방법의 수는

$$4 \times 3 = 12$$

(2) 1반과 2반이 1회전에서 맞붙는 방법은 다음과 같이
두 가지 경우가 있다.

(ⅰ) 1반과 2반 모두 4개의 반의 조에 있는 경우

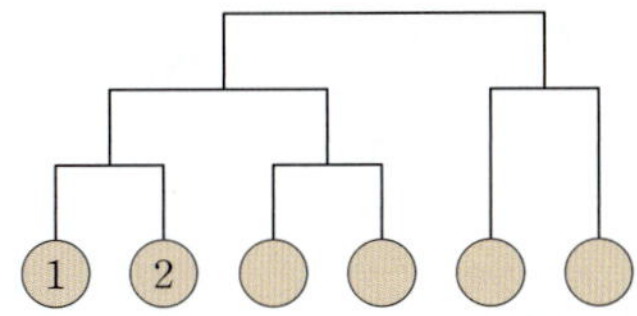

나머지 4개의 학급을 1반, 2반과 한 조가 될 두
개의 반과 다른 조에 속할 두 개의 반으로 나누
면 되므로 구하는 방법의 수는

$$_4C_2 \times {}_2C_2 = \frac{4 \times 3}{2 \times 1} \times 1 = 6$$

(ⅱ) 1반과 2반 모두 2개의 반의 조에 있는 경우

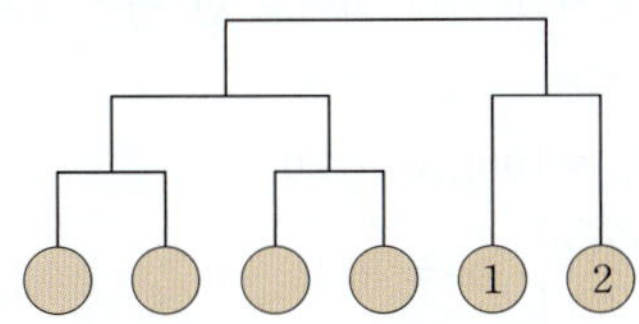

나머지 4개의 학급을 두 개의 반씩 두 조로 나누
면 되므로 구하는 방법의 수는

$$_4C_2 \times {}_2C_2 \times \frac{1}{2!} = \frac{4 \times 3}{2 \times 1} \times 1 \times \frac{1}{2} = 3$$

(ⅰ), (ⅱ)에서 구하는 방법의 수는

$$6 + 3 = 9$$

10-3 답 ③

대진표를 작성하는 방법의 수는 먼저 7명을 4명, 3명

의 두 조로 나눈 후, 4명을 다시 2명, 2명의 두 조로 나
누고 3명 중 부전승으로 올라가는 1명을 택하는 방법
의 수와 같으므로

$$({}_7C_4 \times {}_3C_3) \times \left({}_4C_2 \times {}_2C_2 \times \frac{1}{2!}\right) \times {}_3C_1$$

$$= ({}_7C_3 \times {}_3C_3) \times \left({}_4C_2 \times 1 \times \frac{1}{2}\right) \times 3$$

$$= \left(\frac{7 \times 6 \times 5}{3 \times 2 \times 1} \times 1\right) \times \left(\frac{4 \times 3}{2 \times 1} \times 1 \times \frac{1}{2}\right) \times 3$$

$$= (35 \times 1) \times \left(6 \times 1 \times \frac{1}{2}\right) \times 3$$

$$= 315$$

창희와 경도가 준결승 이전에 만나는 방법은 다음과
같이 두 가지 경우가 있다.

(ⅰ) 창희와 경도 모두 4명의 조 중 같은 조에 있는 경우

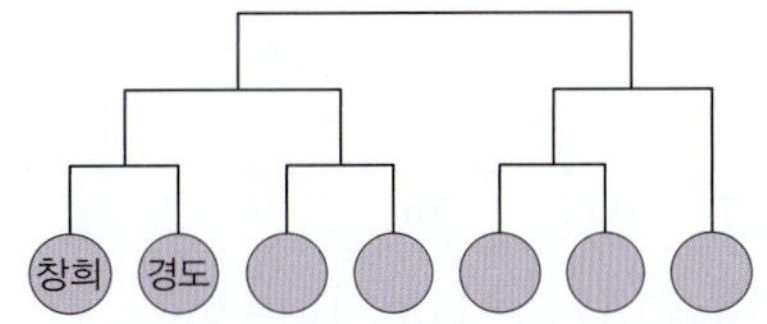

창희, 경도를 제외한 나머지 5명의 선수를 2명,
3명의 두 조로 나눈 후, 3명 중 부전승으로 올라가
는 1명을 택하는 방법의 수와 같으므로

$$({}_5C_2 \times {}_3C_3) \times {}_3C_1 = \left(\frac{5 \times 4}{2 \times 1} \times 1\right) \times 3$$

$$= 30$$

(ⅱ) 창희와 경도 모두 3명의 조 중 같은 조에 있는 경우

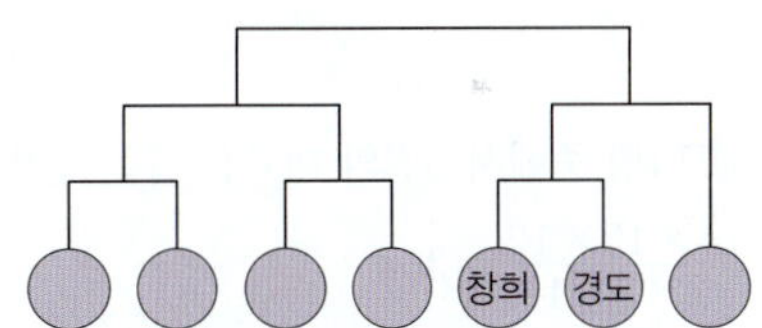

창희와 경도를 제외한 나머지 5명의 선수를 4명, 1
명의 두 조로 나눈 후, 4명을 다시 2명, 2명의 두
조로 나누는 방법의 수와 같으므로

$$({}_5C_4 \times {}_1C_1) \times \left({}_4C_2 \times {}_2C_2 \times \frac{1}{2!}\right)$$

$$= ({}_5C_1 \times 1) \times \left({}_4C_2 \times 1 \times \frac{1}{2}\right)$$

$$= (5 \times 1) \times \left(\frac{4 \times 3}{2 \times 1} \times 1 \times \frac{1}{2}\right)$$

$$= 5 \times 3 = 15$$

(ⅰ), (ⅱ)에서 창희와 경도가 준결승 이전에 만나는 방법
의 수는

$$30 + 15 = 45$$

따라서 구하는 방법의 수는

$$315 - 45 = 270$$

기본 다지기

1 (1) 5　(2) 풀이 참조　　**2** ⑤　　**3** 55

4 32　**5** 6명　**6** 180　**7** 40

8 (1) 60　(2) 110　**9** ④　　**10** ②

1 (1) $_{n+2}C_3 = 7{}_nC_4$ 에서

$$\frac{(n+2)(n+1)n}{3\times 2\times 1} = 7 \times \frac{n(n-1)(n-2)(n-3)}{4\times 3\times 2\times 1}$$

$n \geq 4$ 이므로 양변을 n 으로 나누어 정리하면

$$4(n+2)(n+1) = 7(n-1)(n-2)(n-3)$$

$$4n^2 + 12n + 8 = 7n^3 - 42n^2 + 77n - 42$$

$$\therefore 7n^3 - 46n^2 + 65n - 50 = 0$$

조립제법을 이용하여 좌변을 인수분해하면

```
5 | 7   -46    65   -50
  |      35   -55    50
    7   -11    10  |  0
```

$$\therefore (n-5)(7n^2 - 11n + 10) = 0$$

$$\therefore n = 5 \ (\because n \text{은 자연수})$$

(2) $n \times {}_{n-1}C_{r-1} = n \times \dfrac{(n-1)!}{(r-1)!(n-r)!}$

$$= \frac{n!}{(r-1)!(n-r)!}$$

$$= r \times \frac{n!}{r!(n-r)!}$$

$$= r \times {}_nC_r$$

2 전체 14명 중에서 3명의 대표를 뽑는 방법의 수는

$${}_{14}C_3 = \frac{14\times 13\times 12}{3\times 2\times 1} = 364$$

야구 선수만 3명을 뽑는 방법의 수는

$${}_9C_3 = \frac{9\times 8\times 7}{3\times 2\times 1} = 84$$

농구 선수만 3명을 뽑는 방법의 수는

$${}_5C_3 = {}_5C_2 = \frac{5\times 4}{2\times 1} = 10$$

따라서 구하는 방법의 수는

$$364 - (84 + 10) = 270$$

⊕ 보충 설명

> 사건 A가 적어도 한 번 일어나는 경우의 수는 전체 경우의 수에서 사건 A가 일어나지 않는 경우의 수를 빼서 구한다.

3 (i) 남자 1명, 여자 1명을 선택하는 방법의 수는

$${}_5C_1 \times {}_3C_1 = 5\times 3 = 15$$

(ii) 남자 2명, 여자 2명을 선택하는 방법의 수는

$${}_5C_2 \times {}_3C_2 = \frac{5\times 4}{2\times 1} \times \frac{3\times 2}{2\times 1} = 10\times 3 = 30$$

(iii) 남자 3명, 여자 3명을 선택하는 방법의 수는

$${}_5C_3 \times {}_3C_3 = {}_5C_2 \times 1 = \frac{5\times 4}{2\times 1}\times 1 = 10$$

(i)~(iii)에서 구하는 방법의 수는

$$15 + 30 + 10 = 55$$

4 5개의 서로 다른 알사탕과 5개의 똑같은 박하사탕 중에서 5개를 택하는 방법으로 알사탕 $k\ (k=0,\ 1,\ 2,\ 3,\ 4,\ 5)$개와 박하사탕 $(5-k)$개를 택하면 된다.

알사탕 k개를 택하는 방법의 수는

$${}_5C_k\ (k=0,\ 1,\ 2,\ 3,\ 4,\ 5)$$

박하사탕 $(5-k)$개를 택하는 방법의 수는

$$1$$

따라서 구하는 방법의 수는

$${}_5C_0\times 1 + {}_5C_1\times 1 + {}_5C_2\times 1 + {}_5C_3\times 1 + {}_5C_4\times 1 + {}_5C_5\times 1$$

$$= {}_5C_0 + {}_5C_1 + {}_5C_2 + {}_5C_3 + {}_5C_4 + {}_5C_5$$

$$= 1 + 5 + \frac{5\times 4}{2\times 1} + \frac{5\times 4}{2\times 1} + 5 + 1$$

$$= 1 + 5 + 10 + 10 + 5 + 1 = 32$$

5 10명의 회원 중에서 3명의 대표를 뽑는 방법의 수는

$${}_{10}C_3 = \frac{10\times 9\times 8}{3\times 2\times 1} = 120$$

여자 회원을 n명이라고 하면 여자 회원만 3명을 뽑는 방법의 수는

$${}_nC_3$$

따라서 남자 회원이 적어도 한 명은 포함되도록 뽑는 방법의 수는

$$120 - {}_nC_3 = 100,\ {}_nC_3 = 20$$

$$\frac{n(n-1)(n-2)}{3\times 2\times 1} = 20$$

$$n(n-1)(n-2) = 6\times 5\times 4$$

$$\therefore n = 6$$

따라서 여자 회원은 6명이다.

6 8명 중에서 특정한 2명을 포함하여 4명을 뽑는 방법의 수는 나머지 6명 중에서 2명을 뽑는 방법의 수와 같으므로

$${}_6C_2 = \frac{6\times 5}{2\times 1} = 15$$

뽑은 4명을 일렬로 세울 때, 특정한 2명을 이웃하도록
세우는 방법의 수는

$3! \times 2! = 6 \times 2 = 12$

따라서 구하는 방법의 수는

$15 \times 12 = 180$

3!은 특정한 2명을 묶어서 한 사람으로 생각하여 3명을 일
렬로 세우는 방법의 수를 의미한다.
또한 특정한 2명이 자리를 바꾸는 방법의 수가 2!이다.

7 서로 다른 3개의 주사위를 던져서 나오는 눈의 수
가 x, y, z이고 $x > y$, $x > z$, $y \neq z$이므로 x, y, z는
서로 다른 수이다.

1부터 6까지의 자연수 중에서 서로 다른 3개의 수를
뽑는 방법의 수는

$$_6C_3 = \frac{6 \times 5 \times 4}{3 \times 2 \times 1} = 20$$

이 세 자연수 중에서 가장 큰 수가 x이고, 나머지 두
수가 y, z이므로

$x > y > z$ 또는 $x > z > y$

의 2가지 경우가 있다.

따라서 구하는 순서쌍의 개수는

$20 \times 2 = 40$

8 (1) 세 수의 합이 짝수가 되려면 세 수 모두 짝수이
거나 세 수 중 하나는 짝수이고 나머지 두 수는 홀
수이다.

(i) 세 수 모두 짝수를 뽑는 방법의 수는

$$_5C_3 = {_5C_2} = \frac{5 \times 4}{2 \times 1} = 10$$

(ii) 세 수 중 하나는 짝수를 뽑고 나머지 두 수는 홀
수를 뽑는 방법의 수는

$$_5C_1 \times {_5C_2} = 5 \times \frac{5 \times 4}{2 \times 1} = 50$$

(i), (ii)에서 구하는 방법의 수는

$10 + 50 = 60$

(2) 10개의 수 중에서 3개의 수를 뽑는 방법의 수는

$$_{10}C_3 = \frac{10 \times 9 \times 8}{3 \times 2 \times 1} = 120$$

세 수의 곱이 홀수인 경우는 세 수가 모두 홀수일
때이므로 그 방법의 수는

$$_5C_3 = {_5C_2} = \frac{5 \times 4}{2 \times 1} = 10$$

따라서 구하는 방법의 수는

$120 - 10 = 110$

(2) 세 수의 곱이 짝수가 되도록 뽑는 방법은 다음과 같
이 3가지 경우가 있다.

(i) 세 수 모두 짝수를 뽑는 경우

$$_5C_3 = {_5C_2} = \frac{5 \times 4}{2 \times 1} = 10$$

(ii) 세 수 중 하나는 홀수를 뽑고 나머지 두 수는 짝
수를 뽑는 경우

$$_5C_1 \times {_5C_2} = 5 \times \frac{5 \times 4}{2 \times 1} = 50$$

(iii) 세 수 중 하나는 짝수를 뽑고 나머지 두 수는 홀
수를 뽑는 경우

$$_5C_1 \times {_5C_2} = 5 \times \frac{5 \times 4}{2 \times 1} = 50$$

(i)～(iii)에서 구하는 방법의 수는

$10 + 50 + 50 = 110$

9 1부터 9까지의 자연수 중에서 서로 다른 세 수를
뽑을 때, 5는 반드시 뽑아야 한다.

또한 5를 제외한 8개의 자연수 중에서 나머지 두 수를
뽑을 때, 적어도 하나의 짝수를 뽑아야 한다.

이 경우의 수는 전체 경우의 수에서 둘 다 홀수를 뽑는
경우의 수를 빼면 되므로

$$_8C_2 - {_4C_2} = \frac{8 \times 7}{2 \times 1} - \frac{4 \times 3}{2 \times 1} = 28 - 6 = 22$$

또한 뽑힌 3개의 자연수를 이용하여 만들 수 있는 세
자리 자연수의 개수는

$3! = 6$

따라서 구하는 자연수의 개수는

$22 \times 6 = 132$

(i) 짝수 2, 4, 6, 8 중에서 2개를 뽑고, 뽑은 두 수와 5
를 나열하여 만들 수 있는 세 자리 자연수의 개수는

$$_4C_2 \times 3! = \frac{4 \times 3}{2 \times 1} \times 6 = 36$$

(ii) 짝수 2, 4, 6, 8 중에서 1개, 5를 제외한 홀수 1, 3,
7, 9 중에서 1개와 5를 나열하여 만들 수 있는 세
자리 자연수의 개수는

$$_4C_1 \times {_4C_1} \times 3! = 4 \times 4 \times 6 = 96$$

(i), (ii)에서 구하는 자연수의 개수는

$36 + 96 = 132$

10 8개의 팀을 4개, 4개의 두 조로 나누는 방법의 수는

$$_8C_4 \times {}_4C_4 \times \frac{1}{2!} = \frac{8 \times 7 \times 6 \times 5}{4 \times 3 \times 2 \times 1} \times 1 \times \frac{1}{2} = 35$$

4개의 팀을 다시 2개, 2개의 두 조로 나누는 방법의 수는

$$_4C_2 \times {}_2C_2 \times \frac{1}{2!} = \frac{4 \times 3}{2 \times 1} \times 1 \times \frac{1}{2} = 3$$

따라서 구하는 방법의 수는

$$35 \times 3 \times 3 = 315$$

11 **접근 방법** | 여학생 2명이 모두 선생님 2명 사이에 앉아야 하므로 선생님 2명, 여학생 2명이 앉을 자리를 뽑는 방법의 수를 먼저 생각하면 된다.

7개의 자리 중에서 선생님 2명, 여학생 2명이 앉을 자리를 뽑는 방법의 수는 7개의 자리 중에서 4개의 자리를 택하는 방법의 수와 같으므로

$$_7C_4 = {}_7C_3 = \frac{7 \times 6 \times 5}{3 \times 2 \times 1} = 35$$

그 각각에 대하여

선생님 / 여학생 / 여학생 / 선생님

과 같이 여학생 2명이 모두 선생님 2명 사이에 앉는 방법의 수는

$$2! \times 2! = 2 \times 2 = 4$$

남은 3개의 자리에 남학생 3명이 앉는 방법의 수는

$$3! = 6$$

따라서 구하는 방법의 수는

$$35 \times 4 \times 6 = 840$$

12 **접근 방법** | -1과 1은 곱한 값의 절댓값에는 영향을 주지 않고 부호에만 영향을 준다. 따라서 $x_1 \times x_2 \times x_3 \times \cdots \times x_6$의 값이 4이려면 2를 몇 번 곱해야 하는지 생각하면 된다.

$x_1 \times x_2 \times x_3 \times \cdots \times x_6 = 4$가 성립하려면 $x_i \, (i=1, 2, 3, \cdots, 6)$ 중에서 2개는 2의 값을 가지고 나머지 4개는 -1, 1 중 한 값을 가지면 된다.

이때 나머지 4개의 x_i 중에서 3개가 각각 -1, 1 중 어느 하나의 값을 가지면 마지막 남은 x_i는 전체의 곱이

4가 되도록 -1 또는 1의 값을 가지면 된다.

2의 값을 가지는 2개의 x_i를 택하는 방법의 수는

$$_6C_2 = \frac{6 \times 5}{2 \times 1} = 15$$

3개의 x_i가 -1 또는 1의 값을 가지는 방법의 수는

$$2 \times 2 \times 2 = 8$$

따라서 구하는 해의 개수는

$$15 \times 8 = 120$$

13 **접근 방법** | 각 조마다 4개의 지역에서 1명씩 뽑는다. 이때 세 조끼리 구별되지 않으므로 3!로 나누어야 함에 주의한다.

12명을 4명씩 A, B, C의 세 조로 나눈다고 하자.

4개의 지역에서 A 조에 속하는 사원을 각각 1명씩 뽑는 방법의 수는

$$_3C_1 \times {}_3C_1 \times {}_3C_1 \times {}_3C_1 = 81$$

같은 방법으로 4개 지역의 남은 사람들 중에서 B 조, C 조에 속하는 사원을 뽑는 방법의 수는 각각

$$_2C_1 \times {}_2C_1 \times {}_2C_1 \times {}_2C_1 = 16$$

$$_1C_1 \times {}_1C_1 \times {}_1C_1 \times {}_1C_1 = 1$$

따라서 세 조 A, B, C는 서로 구별되지 않으므로 구하는 경우의 수는

$$81 \times 16 \times 1 \times \frac{1}{3!} = 216$$

14 **접근 방법** | 일단 2개씩 택하여 3개의 조로 만든 후 합의 크기에 따라 배열하면 된다. 이때 3개의 조로 만든 후에 크기에 따라 배열하는 것이므로 나열하는 방법은 1가지뿐이라는 것을 기억해야 한다.

$2^1 + 2^2 + 2^3 + 2^4 + 2^5 < 2^6$이므로

2^1, 2^2, 2^3, 2^4, 2^5, 2^6에서 가장 큰 수인 2^6은 다음과 같이 3열에 위치해야 한다.

	1열	2열	3열
1행	①	②	2^6
2행	③	④	⑤

⑤에 위치할 수 있는 수는 2^6을 제외한 나머지 수 중 어떤 수가 위치해도 되므로 5개이다.

또한 같은 방법으로 ②의 위치에 넣을 수 있는 수는 나머지 4개 중 가장 큰 수가 위치해야 하므로 ④의 위치에 올 수 있는 수는 나머지 3개이다.

마지막으로 나머지 두 개의 수를 1열에 위치하도록 하면 된다.

이와 같이 수를 배열한 후 1행과 2행의 수를 바꾸는 방법은 각 열마다 2가지씩 있으므로 구하는 방법의 수는
$$5 \times 3 \times 1 \times 2 \times 2 \times 2 = 120$$

15 **접근 방법** | 가로 방향 또는 세로 방향에 있는 점을 꼭짓점으로 하는 경우와 대각선 방향에 있는 점을 꼭짓점으로 하는 경우로 나누어 구한다.

(i) 가로 또는 세로 방향으로 삼각형의 밑변을 잡는 경우

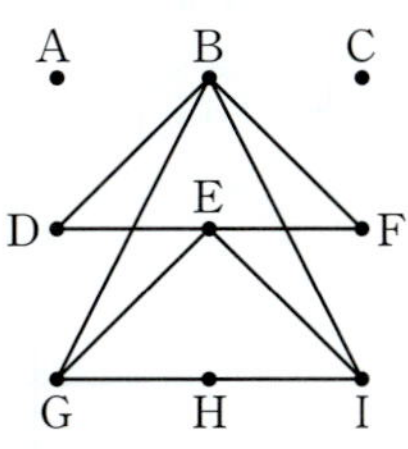

오른쪽 그림과 같이 삼각형의 밑변이 선분 DF일 때, 꼭짓점 B를 택하면 이등변삼각형이 되고 삼각형의 밑변이 선분 GI일 때, 두 꼭짓점 B, E를 택하면 각각 이등변삼각형이 된다. 즉, 이등변삼각형은 △BDF, △BGI, △EGI의 3개이다. 이때 네 방향에 같은 모양이 존재하므로 $3 \times 4 = 12$

(ii) 대각선 방향으로 삼각형의 밑변을 잡는 경우

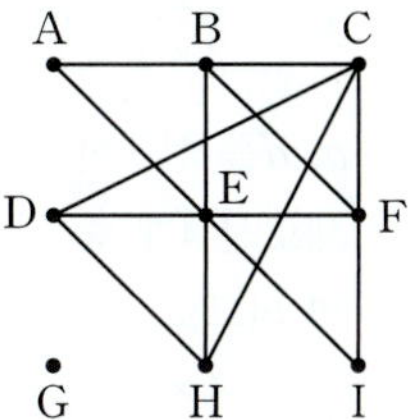

오른쪽 그림과 같이 삼각형의 밑변이 선분 DH일 때, 두 꼭짓점 C, E를 택하면 각각 이등변삼각형이 되고 삼각형의 밑변이 선분 AE일 때 꼭짓점 B, 삼각형의 밑변이 선분 EI일 때 꼭짓점 F, 삼각형의 밑변이 선분 AI일 때 꼭짓점 C, 삼각형의 밑변이 선분 BF일 때 꼭짓점 C를 택하면 각각 이등변삼각형이 된다. 즉, 이등변삼각형은 △CDH, △EDH, △BAE, △FEI, △CAI, △CBF의 6개이다.

이때 네 방향에 같은 모양이 존재하므로 $6 \times 4 = 24$

(i), (ii)에서 구하는 이등변삼각형의 개수는
$$12 + 24 = 36$$

⊕ 보충 설명

삼각형의 밑변을 기준으로 하여 꼭짓점을 셀 때에는 중복되거나 빠뜨리는 삼각형이 없도록 주의한다.

16 **접근 방법** | (2) 삼각형의 개수가 최대가 되려면 점 A를 포함한 세 점 이상을 지나는 직선의 개수가 최소가 되어야 함을 이용한다.

(1) 점 A가 1행 1열에 위치할 때, 다음 그림과 같다.

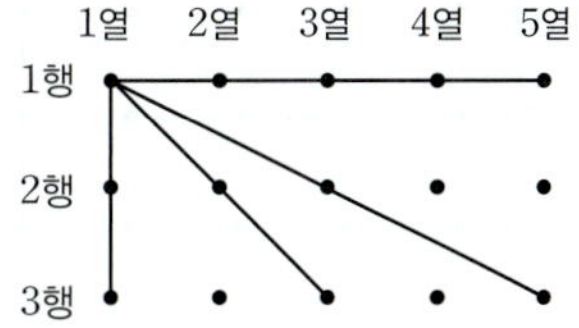

나머지 14개의 점에서 점 2개를 택하는 경우의 수는
$$_{14}C_2 = \frac{14 \times 13}{2 \times 1} = 91$$

(i) 일직선 위의 4개의 점에서 2개를 택하는 경우의 수는
$$_{4}C_2 = \frac{4 \times 3}{2 \times 1} = 6$$

(ii) 일직선 위의 2개의 점에서 2개를 택하는 경우가 3개 있으므로 그 경우의 수는
$$_{2}C_2 \times 3 = 1 \times 3 = 3$$

(i), (ii)에서 만들 수 있는 삼각형의 개수는
$$a = 91 - (6 + 3) = 82$$

또, 점 A가 2행 3열에 위치할 때, 다음 그림과 같다.

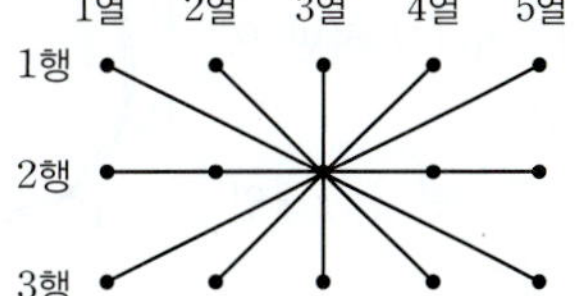

나머지 14개의 점에서 점 2개를 택하는 경우의 수는
$$_{14}C_2 = \frac{14 \times 13}{2 \times 1} = 91$$

(iii) 일직선 위의 4개의 점에서 2개를 택하는 경우의 수는
$$_{4}C_2 = \frac{4 \times 3}{2 \times 1} = 6$$

(iv) 일직선 위의 2개의 점에서 2개를 택하는 경우가 5개 있으므로 그 경우의 수는
$$_{2}C_2 \times 5 = 1 \times 5 = 5$$

(iii), (iv)에서 만들 수 있는 삼각형의 개수는
$$b = 91 - (6 + 5) = 80$$
$$\therefore a - b = 82 - 80 = 2$$

(2) 삼각형의 개수가 최대가 되려면 점 A를 포함한 세 점 이상을 지나는 직선의 개수가 최소가 되어야 한다.

따라서 다음 그림과 같이 점 A가 2행 1열 또는 2행 5열에 위치할 때, 삼각형의 개수는 최대가 된다.

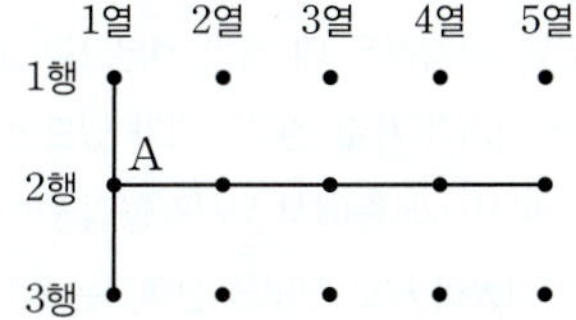

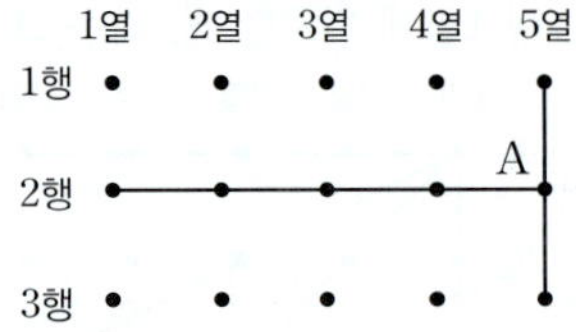

$$\therefore d=2$$

이때 점 A를 포함한 세 점으로 만들 수 있는 삼각형의 개수는

$$c={}_{14}C_2-({}_4C_2+1)$$
$$=\frac{14\times13}{2\times1}-\left(\frac{4\times3}{2\times1}+1\right)$$
$$=91-(6+1)=84$$
$$\therefore c+d=84+2=86$$

17 **접근 방법** | 원에 내접하는 십각형을 직접 그려서 생각한다.

원에 내접하는 십각형의 꼭짓점을 시계 방향으로 각각 P_1, P_2, P_3, $\cdots$, P_{10}이라고 하면 오른쪽 그림과 같다.

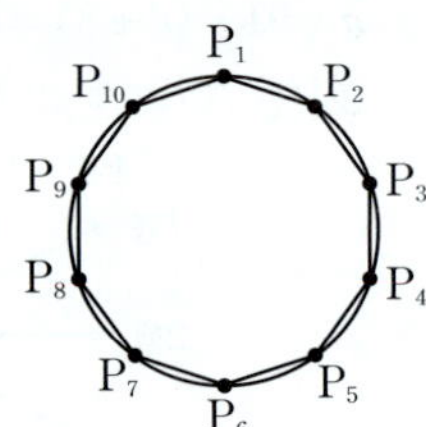

(i) 십각형과 공통변이 1개인 삼각형의 개수

선분 P_1P_2를 공통인 한 변으로 하는 삼각형의 꼭짓점이 될 수 있는 점은 P_4, P_5, P_6, P_7, P_8, P_9의 6개이다.

이때 십각형과 1개의 공통변이 될 수 있는 선분은 $\overline{P_1P_2}$, $\overline{P_2P_3}$, $\overline{P_3P_4}$, $\cdots$, $\overline{P_{10}P_1}$의 10개이다.

따라서 구하는 삼각형의 개수는

$$6\times10=60$$

(ii) 십각형과 공통변이 2개인 삼각형의 개수

십각형과 공통변이 2개인 삼각형은

$\triangle P_1P_2P_3$, $\triangle P_2P_3P_4$, $\triangle P_3P_4P_5$, $\triangle P_4P_5P_6$,
$\triangle P_5P_6P_7$, $\triangle P_6P_7P_8$, $\triangle P_7P_8P_9$, $\triangle P_8P_9P_{10}$,
$\triangle P_9P_{10}P_1$, $\triangle P_1P_2P_{10}$의 10개이다.

(i), (ii)에서 구하는 삼각형의 개수는

$$60+10=70$$

18 **접근 방법** | 사각형은 네 개의 선분으로 둘러싸인 도형이므로 가로 선분 2개와 세로 선분 2개가 있으면 사각형을 만들 수 있다. 즉, 가로선 4개 중에서 직사각형의 윗변과 아랫변을 선택한 후에 직사각형의 세로 선분을 선택하는 방법을 생각한다.

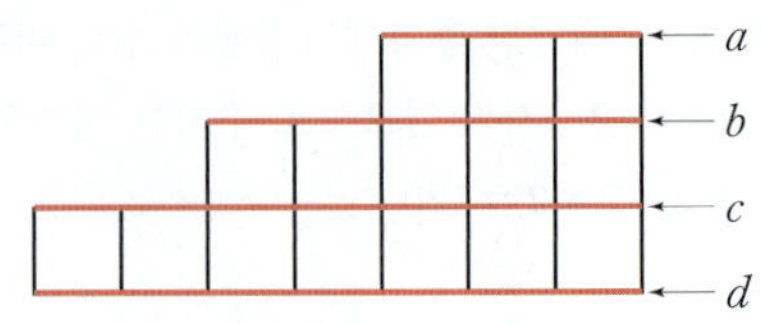

가로선 4개 중에서 직사각형의 윗변과 아랫변을 선택하는 경우를 나누면 다음과 같다.

(i) a, b를 선택한 경우

다음 그림과 같이 세로선 4개 중 직사각형의 세로 선분 2개를 선택하면 되므로

$$_4C_2=\frac{4\times3}{2\times1}=6$$

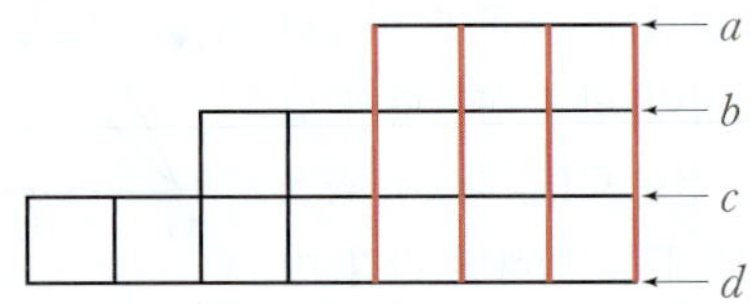

(ii) a, c를 선택한 경우

세로선 4개 중 직사각형의 세로 선분 2개를 선택하면 되므로

$$_4C_2=\frac{4\times3}{2\times1}=6$$

(iii) a, d를 선택한 경우

세로선 4개 중 직사각형의 세로 선분 2개를 선택하면 되므로

$$_4C_2=\frac{4\times3}{2\times1}=6$$

(iv) b, c를 선택한 경우

세로선 6개 중 직사각형의 세로 선분 2개를 선택하면 되므로

$$_6C_2=\frac{6\times5}{2\times1}=15$$

(v) b, d를 선택한 경우

세로선 6개 중 직사각형의 세로 선분 2개를 선택하면 되므로

$$_6C_2=\frac{6\times5}{2\times1}=15$$

(vi) c, d를 선택한 경우

세로선 8개 중 직사각형의 세로 선분 2개를 선택하면 되므로

$$_8C_2=\frac{8\times7}{2\times1}=28$$

(i)~(vi)에서 구하는 직사각형의 개수는

$$6+6+6+15+15+28=76$$

19 **접근 방법** | 5개의 공을 몇 개씩 나누어 상자에 담을지 먼저 결정한다. 그 후, 어느 상자에 몇 개를 담을지 결정하고, 필요한 경우 어느 공을 담을지도 결정해야 한다.

(1) 서로 다른 5개의 공을 3개의 상자 A, B, C에 빈 상자가 없도록 나누어 담는 방법은 다음과 같이 두 가지가 있다.

  (i) 서로 다른 5개의 공을 3개, 1개, 1개로 나누어 세 상자 A, B, C에 담는 방법의 수는
$$\left({}_5C_3 \times {}_2C_1 \times {}_1C_1 \times \frac{1}{2!}\right) \times 3!$$
$$=\left(\frac{5 \times 4 \times 3}{3 \times 2 \times 1} \times 2 \times 1 \times \frac{1}{2}\right) \times 3 \times 2 \times 1$$
$$=60$$

  (ii) 서로 다른 5개의 공을 2개, 2개, 1개로 나누어 세 상자 A, B, C에 담는 방법의 수는
$$\left({}_5C_2 \times {}_3C_2 \times {}_1C_1 \times \frac{1}{2!}\right) \times 3!$$
$$=\left(\frac{5 \times 4}{2 \times 1} \times 3 \times 1 \times \frac{1}{2}\right) \times 3 \times 2 \times 1$$
$$=90$$

  (i), (ii)에서 구하는 방법의 수는
$$60+90=150$$

(2) 서로 같은 5개의 공을 3개의 상자 A, B, C에 빈 상자가 없도록 나누어 담는 방법은 다음과 같이 두 가지가 있다.

  (i) 서로 같은 5개의 공을 3개, 1개, 1개로 나누어 세 상자 A, B, C에 담는 방법의 수는
$$\frac{3!}{2!}=3$$

  (ii) 서로 같은 5개의 공을 2개, 2개, 1개로 나누어 세 상자 A, B, C에 담는 방법의 수는
$$\frac{3!}{2!}=3$$

  (i), (ii)에서 구하는 방법의 수는 $3+3=6$

다른 풀이

(2) 서로 같은 공 5개를 세 부분으로 나누면 되므로 다음과 같이 공과 공 사이의 4개의 구분선 중 2개를 택하면 된다.

○ | ○ | ○ | ○ | ○

따라서 구하는 방법의 수는 ${}_4C_2=6$

20 **접근 방법** | 제일 위의 자리부터 아래로 회원을 결정한다. 이때 조건에 의해 좌우를 바꾸어도 같은 비상연락망이 될 수 있음에 유의한다.

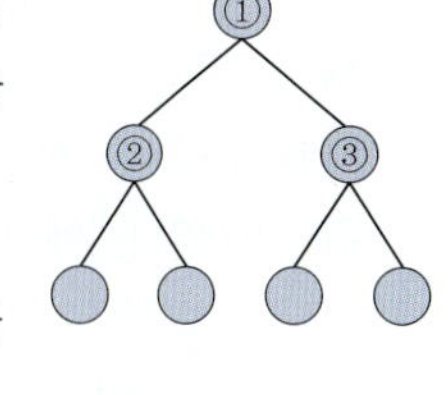

오른쪽 그림과 같은 비상연락망에서 ①의 자리에 회원을 놓는 방법의 수는
$${}_7C_1=7$$
나머지 6명을 3명, 3명으로 나누는 방법의 수는
$${}_6C_3 \times {}_3C_3 \times \frac{1}{2!}=\frac{6 \times 5 \times 4}{3 \times 2 \times 1} \times 1 \times \frac{1}{2}=10$$

다시 3명 중 한 명을 선택하여 ②의 자리에 회원을 놓는 방법의 수는
$${}_3C_1=3$$
같은 방법으로 ③의 자리에 회원을 놓는 방법의 수도
$${}_3C_1=3$$
따라서 구하는 방법의 수는
$$7 \times 10 \times 3 \times 3=630$$

<table>
<tr><td colspan="4">기출 다지기</td><td align="right">430쪽</td></tr>
<tr><td>21 ⑤</td><td>22 ②</td><td>23 ⑤</td><td>24 16</td><td></td></tr>
</table>

21 **접근 방법** | 1을 먼저 나열한 후, 사이에 0을 최대 1개씩 넣는다. 이때 만들어진 수가 자연수여야 하므로 첫 자리에 0이 올 수 없다.

자연수의 첫 자릿수는 0이 될 수 없으므로 1이다.
1□1□1□1□1□1□
1의 사이사이와 오른쪽 끝의 6개의 빈 자리에 3개의 0을 넣으면 0끼리는 어느 것도 이웃하지 않는 아홉 자리 자연수를 만들 수 있다.
따라서 구하는 자연수의 개수는
$${}_6C_3=\frac{6 \times 5 \times 4}{3 \times 2 \times 1}=20$$

22 **접근 방법** | 첫째 자리 문자가 a인지 b인지에 따라 경우를 나눈다. a는 이웃해도 되므로 a를 먼저 나열한 후, 사이에 b를 최대 1개씩 넣는다.

a를 먼저 나열하고 다음에 b를 나열한다.

(i) 첫째 자리 문자가 b, 마지막 자리 문자가 a인 경우
($ba\square a\square a\square a\square a\square a\square a$)
8개의 a를 나열하는 경우의 수는 1이다.
위의 7개의 □에서 3개를 뽑아 b를 넣는 경우의 수는
$${}_7C_3=\frac{7 \times 6 \times 5}{3 \times 2 \times 1}=35$$

(ii) 첫째 자리 문자가 a인 경우

$(a\square a\square a\square a\square a\square a\square a\square a\square)$

8개의 a를 나열하는 경우의 수는 1이다.

위의 8개의 $\square$에서 4개를 뽑아 b를 넣는 경우의 수는

$$_8C_4=\frac{8\times7\times6\times5}{4\times3\times2\times1}=70$$

(i), (ii)에서 구하는 문자열의 개수는

$$35+70=105$$

23 그릇 A에 담는 과일의 개수는 정해져 있으므로 3개의 과일을 그릇 B, C에 담는 경우의 수를 구한다.

(i) 그릇 B에만 3개의 과일을 담는 경우

5개의 과일 중 3개의 과일을 그릇 B에 담는 경우의 수는

$$_5C_3={_5}C_2$$
$$=\frac{5\times4}{2\times1}=10$$

(ii) 그릇 B에 2개, 그릇 C에 1개의 과일을 담는 경우

5개의 과일 중 2개를 골라 그릇 B에 담고, 남은 3개 중 1개의 과일을 그릇 C에 담는 경우의 수는

$$_5C_2\times{_3}C_1=10\times3$$
$$=30$$

(iii) 그릇 B에 1개, 그릇 C에 2개의 과일을 담는 경우

5개의 과일 중 1개를 골라 그릇 B에 담고, 남은 4개의 중 2개의 과일을 그릇 C에 담는 경우의 수는

$$_5C_1\times{_4}C_2=5\times\frac{4\times3}{2\times1}$$
$$=5\times6=30$$

(iv) 그릇 C에만 3개의 과일을 담는 경우

5개의 과일 중 3개의 과일을 그릇 C에 담는 경우의 수는

$$_5C_3={_5}C_2$$
$$=\frac{5\times4}{2\times1}=10$$

(i)~(iv)에서 구하는 경우의 수는

$$10+30+30+10=80$$

24 같은 종류의 인형은 각각 2개씩 있으므로 5개의 인형을 선택하면 세 종류 또는 네 종류의 인형을 선택하는 경우로 나누어 생각해야 한다.

5개의 인형을 선택하려면 세 종류 이상의 인형을 선택해야 한다.

(i) 서로 다른 세 종류의 인형을 각각 1개, 2개, 2개 선택하는 경우

서로 다른 네 종류의 인형 중에서 세 종류의 인형을 선택하는 경우의 수는

$$_4C_3={_4}C_1=4$$

그 각각에 대하여 세 종류의 인형 중에서 1개를 선택하는 인형의 종류를 정하면 남은 두 종류의 인형은 각각 2개씩 선택하면 되므로 이때의 경우의 수는

$$_3C_1=3$$

따라서 이 경우의 수는

$$4\times3=12$$

(ii) 서로 다른 네 종류의 인형을 각각 1개, 1개, 1개, 2개 선택하는 경우

서로 다른 네 종류의 인형 중에서 2개를 선택하는 인형의 종류를 정하면 남은 세 종류의 인형은 각각 1개씩 선택하면 되므로 이때의 경우의 수는

$$_4C_1=4$$

(i), (ii)에서 구하는 경우의 수는

$$12+4=16$$

Ⅳ. 행렬

13. 행렬과 그 연산

1 답 (1) 3 (2) -2 (3) 1 (4) 4

행렬 A의 (i, j) 성분, 즉 a_{ij}는 제 i행과 제 j열이 만나는 곳에 위치한 성분이므로

(1) $(1, 3)$ 성분은 3이다.

(2) a_{23}은 $(2, 3)$ 성분이므로 -2이다.

(3) $(3, 2)$ 성분은 1이다.

(4) a_{22}는 $(2, 2)$ 성분이므로 4이다.

2 답 $A=\begin{pmatrix} 1 & 2 & 3 \\ 2 & 3 & 4 \end{pmatrix}$

2×3 행렬 A의 성분을 차례대로 구하면

$a_{11}=1+1-1=1, \ a_{12}=1+2-1=2,$

$a_{13}=1+3-1=3, \ a_{21}=2+1-1=2,$

$a_{22}=2+2-1=3, \ a_{23}=2+3-1=4$

$\therefore A=\begin{pmatrix} 1 & 2 & 3 \\ 2 & 3 & 4 \end{pmatrix}$

3 답 6

$a_{ij}=2i-j \ (i=1, 2, \ j=1, 2)$에서

$a_{11}=2\times1-1=1, \ a_{12}=2\times1-2=0,$

$a_{21}=2\times2-1=3, \ a_{22}=2\times2-2=2$

$\therefore A=\begin{pmatrix} 1 & 0 \\ 3 & 2 \end{pmatrix}$

따라서 행렬 A의 모든 성분의 합은

$1+0+3+2=6$

4 답 (1) $x=4, y=-4$ (2) $x=3, y=0$
　　　(3) $x=1, y=-2$ (4) $x=2, y=1$

두 행렬이 서로 같을 조건에 의하여

(1) $2x-3=5, \ -y+2=6$

　　$\therefore x=4, y=-4$

(2) $2x-y=6, \ x+y=3$

　　두 식을 연립하여 풀면 $x=3, y=0$

(3) $x+y=-1, \ 4=2x-y$

　　즉, $x+y=-1, \ 2x-y=4$

　　두 식을 연립하여 풀면 $x=1, y=-2$

(4) $x+1=3, \ x-y=1, \ 2x+y=5, \ 2y=2$

　　$\therefore x=2, y=1$

01-1 답 16

2×3 행렬 A의 성분을 차례대로 구하면

$a_{11}=1\times1-1=0, \ a_{12}=1+2-1=2,$

$a_{13}=1+3-1=3, \ a_{21}=2+1+1=4,$

$a_{22}=2\times2-1=3, \ a_{23}=2+3-1=4$

따라서 행렬 $A=\begin{pmatrix} 0 & 2 & 3 \\ 4 & 3 & 4 \end{pmatrix}$의 모든 성분의 합은

$0+2+3+4+3+4=16$

01-2 답 ②

제 1행의 성분의 합은

$(1^2+1)+(1^2+2)+(1^2+3)=1^2\times3+(1+2+3)$

제 2행의 성분의 합은

$(2^2+1)+(2^2+2)+(2^2+3)=2^2\times3+(1+2+3)$

제 3행의 성분의 합은

$(3^2+1)+(3^2+2)+(3^2+3)=3^2\times3+(1+2+3)$

따라서 모든 성분의 합은

$\{(1^2+2^2+3^2)+(1+2+3)\}\times3=60$

01-3 답 $A=\begin{pmatrix} 1 & 3 \\ 2 & 0 \end{pmatrix}$

(ⅰ) 1 지점에서 1 지점으로 가는 코스는 a뿐이므로

　　$a_{11}=1$

(ⅱ) 1 지점에서 2 지점으로 가는 코스는 b, c, d이므로

　　$a_{12}=3$

(ⅲ) 2 지점에서 1 지점으로 가는 코스는 e, f이므로

　　$a_{21}=2$

(ⅳ) 2 지점에서 2 지점으로 가는 코스는 없으므로

　　$a_{22}=0$

(ⅰ)~(ⅳ)에서

$A=\begin{pmatrix} 1 & 3 \\ 2 & 0 \end{pmatrix}$

02-1 답 (1) $a=2, b=1$ (2) $a=-2, b=3$

(1) 두 행렬이 서로 같을 조건에 의하여

$$2a=4 \qquad \cdots\cdots ㉠$$
$$-b=-1 \qquad \cdots\cdots ㉡$$

㉠에서 $a=2$, ㉡에서 $b=1$

(2) 두 행렬이 서로 같을 조건에 의하여

$$a^2=4 \qquad \cdots\cdots ㉠$$
$$ab=-6 \qquad \cdots\cdots ㉡$$
$$b^2=9 \qquad \cdots\cdots ㉢$$
$$a+b=1 \qquad \cdots\cdots ㉣$$

㉠, ㉡, ㉢에서

$a=2$, $b=-3$ 또는 $a=-2$, $b=3$

이때 ㉣에서 $a+b=1$이므로

$a=-2$, $b=3$

02-2 답 ③

두 행렬이 서로 같을 조건에 의하여

$$2a=4 \qquad \cdots\cdots ㉠$$
$$c^2-ac=3 \qquad \cdots\cdots ㉡$$
$$b+1=0 \qquad \cdots\cdots ㉢$$
$$c^2+5b=4c \qquad \cdots\cdots ㉣$$

㉠에서 $a=2$, ㉢에서 $b=-1$

㉡, ㉣에 $a=2$, $b=-1$을 대입하면

$$c^2-2c-3=0,\ (c-3)(c+1)=0$$
$$\therefore c=3 \text{ 또는 } c=-1$$
$$c^2-4c-5=0,\ (c-5)(c+1)=0$$
$$\therefore c=5 \text{ 또는 } c=-1$$

따라서 $c=-1$이므로

$$a+b+c=2+(-1)+(-1)=0$$

02-3 답 730

두 행렬이 서로 같을 조건에 의하여

$$x^2=a \qquad \cdots\cdots ㉠$$
$$-3=xy \qquad \cdots\cdots ㉡$$
$$-2=x+y \qquad \cdots\cdots ㉢$$
$$y^2=b \qquad \cdots\cdots ㉣$$

㉠, ㉣에서

$$a+b=x^2+y^2=(x+y)^2-2xy$$
$$=(-2)^2-2\times(-3)=10 \ (\because ㉢, ㉡)$$
$$ab=x^2y^2=(xy)^2=(-3)^2=9 \ (\because ㉡)$$
$$\therefore a^3+b^3=(a+b)^3-3ab(a+b)$$
$$=10^3-3\times9\times10$$
$$=1000-270=730$$

1 답 $\begin{pmatrix} 5 & -3 \\ 2 & 6 \end{pmatrix}$

$B=X-A$에서 $X=A+B$

$$\therefore X=\begin{pmatrix} 2 & 0 \\ -2 & 4 \end{pmatrix}+\begin{pmatrix} 3 & -3 \\ 4 & 2 \end{pmatrix}=\begin{pmatrix} 5 & -3 \\ 2 & 6 \end{pmatrix}$$

2 답 (1) $\begin{pmatrix} 2 & 2 \\ 3 & -7 \end{pmatrix}$ (2) $\begin{pmatrix} 11 & 6 \\ -1 & -6 \end{pmatrix}$

(1) $2(A-B)+3B=2A-2B+3B$
$$=2A+B$$
$$=2\begin{pmatrix} -1 & 0 \\ 2 & -3 \end{pmatrix}+\begin{pmatrix} 4 & 2 \\ -1 & -1 \end{pmatrix}$$
$$=\begin{pmatrix} -2 & 0 \\ 4 & -6 \end{pmatrix}+\begin{pmatrix} 4 & 2 \\ -1 & -1 \end{pmatrix}$$
$$=\begin{pmatrix} 2 & 2 \\ 3 & -7 \end{pmatrix}$$

(2) $2(A+B)-(A-B)$
$$=2A+2B-A+B$$
$$=A+3B$$
$$=\begin{pmatrix} -1 & 0 \\ 2 & -3 \end{pmatrix}+3\begin{pmatrix} 4 & 2 \\ -1 & -1 \end{pmatrix}$$
$$=\begin{pmatrix} -1 & 0 \\ 2 & -3 \end{pmatrix}+\begin{pmatrix} 12 & 6 \\ -3 & -3 \end{pmatrix}$$
$$=\begin{pmatrix} 11 & 6 \\ -1 & -6 \end{pmatrix}$$

3 답 $\begin{pmatrix} 1 & 1 \\ 4 & 0 \end{pmatrix}$

$$2(3A-B)-5A=6A-2B-5A$$
$$=A-2B$$
$$=\begin{pmatrix} 5 & 7 \\ 6 & 8 \end{pmatrix}-2\begin{pmatrix} 2 & 3 \\ 1 & 4 \end{pmatrix}$$
$$=\begin{pmatrix} 5 & 7 \\ 6 & 8 \end{pmatrix}-\begin{pmatrix} 4 & 6 \\ 2 & 8 \end{pmatrix}$$
$$=\begin{pmatrix} 1 & 1 \\ 4 & 0 \end{pmatrix}$$

03-1 답 (1) $\begin{pmatrix} 2 & 1 \\ 0 & -1 \end{pmatrix}$

(2) $X=\begin{pmatrix} 9 & 10 \\ -4 & 14 \end{pmatrix}$, $Y=\begin{pmatrix} 1 & -2 \\ 0 & -2 \end{pmatrix}$

(1) $3(X+A)=2(A+B)$를 X에 대하여 정리하면

$3X+3A=2A+2B$

$\therefore X=\dfrac{1}{3}(-A+2B)$

$=\dfrac{1}{3}\left\{-\begin{pmatrix}2&3\\4&1\end{pmatrix}+2\begin{pmatrix}4&3\\2&-1\end{pmatrix}\right\}$

$=\dfrac{1}{3}\begin{pmatrix}6&3\\0&-3\end{pmatrix}$

$=\begin{pmatrix}2&1\\0&-1\end{pmatrix}$

(2) $\begin{cases}X-Y=4A & \cdots\cdots\ \unicode{x1D7D9}\\X+3Y=4B & \cdots\cdots\ \unicode{x1D7DA}\end{cases}$

$\unicode{x1D7DA}-\unicode{x1D7D9}$을 하면

$4Y=4B-4A$

$\therefore Y=B-A$

$=\begin{pmatrix}3&1\\-1&2\end{pmatrix}-\begin{pmatrix}2&3\\-1&4\end{pmatrix}=\begin{pmatrix}1&-2\\0&-2\end{pmatrix}$

이때 $\unicode{x1D7D9}$에서

$X=4A+Y$

$=4\begin{pmatrix}2&3\\-1&4\end{pmatrix}+\begin{pmatrix}1&-2\\0&-2\end{pmatrix}=\begin{pmatrix}9&10\\-4&14\end{pmatrix}$

03-2 답 ④

$2(3X-2B)+A=4X-A$에서

$6X-4B+A=4X-A$

$2X=-2A+4B$

$\therefore X=-A+2B$

$=-\begin{pmatrix}4&2\\-3&0\end{pmatrix}+2\begin{pmatrix}3&0\\-1&2\end{pmatrix}=\begin{pmatrix}2&-2\\1&4\end{pmatrix}$

따라서 행렬 X의 모든 성분의 합은

$2+(-2)+1+4=5$

03-3 답 1

$xA+yB=C$에 A, B, C를 대입하면

$x\begin{pmatrix}2&1\\1&0\end{pmatrix}+y\begin{pmatrix}4&5\\2&3\end{pmatrix}=\begin{pmatrix}-2&-7\\-1&-6\end{pmatrix}$

$\begin{pmatrix}2x+4y&x+5y\\x+2y&3y\end{pmatrix}=\begin{pmatrix}-2&-7\\-1&-6\end{pmatrix}$

두 행렬이 서로 같을 조건에 의하여

$2x+4y=-2$, $3y=-6$

$\therefore x=3$, $y=-2$

$\therefore x+y=3+(-2)=1$

1　답 $AB:3\times3$ 행렬, $BA:2\times2$ 행렬,

$\quad CB:2\times3$ 행렬

$AB:3\times2$ 행렬과 2×3 행렬의 곱으로 3×3 행렬이다.

$BA:2\times3$ 행렬과 3×2 행렬의 곱으로 2×2 행렬이다.

$BC:2\times3$ 행렬과 2×2 행렬의 곱셈이므로 계산할 수 없다.

$CB:2\times2$ 행렬과 2×3 행렬의 곱으로 2×3 행렬이다.

$CA:2\times2$ 행렬과 3×2 행렬의 곱셈이므로 계산할 수 없다.

2　답 (1) $\begin{pmatrix}19&-1\\26&-4\end{pmatrix}$　(2) $\begin{pmatrix}10&1\\2&3\end{pmatrix}$

(1) $\begin{pmatrix}3&1\\2&4\end{pmatrix}\begin{pmatrix}1&2\\5&-4\end{pmatrix}+\begin{pmatrix}3&1\\2&4\end{pmatrix}\begin{pmatrix}4&-2\\-1&3\end{pmatrix}$

$=\begin{pmatrix}3&1\\2&4\end{pmatrix}\left\{\begin{pmatrix}1&2\\5&-4\end{pmatrix}+\begin{pmatrix}4&-2\\-1&3\end{pmatrix}\right\}$

$=\begin{pmatrix}3&1\\2&4\end{pmatrix}\begin{pmatrix}5&0\\4&-1\end{pmatrix}=\begin{pmatrix}19&-1\\26&-4\end{pmatrix}$

(2) $\begin{pmatrix}1&1\\0&1\end{pmatrix}\begin{pmatrix}1&-2\\3&1\end{pmatrix}+\begin{pmatrix}0&2\\-1&0\end{pmatrix}\begin{pmatrix}1&-2\\3&1\end{pmatrix}$

$=\left\{\begin{pmatrix}1&1\\0&1\end{pmatrix}+\begin{pmatrix}0&2\\-1&0\end{pmatrix}\right\}\begin{pmatrix}1&-2\\3&1\end{pmatrix}$

$=\begin{pmatrix}1&3\\-1&1\end{pmatrix}\begin{pmatrix}1&-2\\3&1\end{pmatrix}=\begin{pmatrix}10&1\\2&3\end{pmatrix}$

3　답 (1) $\begin{pmatrix}-1&-2\\0&1\end{pmatrix}$　(2) $\begin{pmatrix}-6&16\\0&0\end{pmatrix}$

(1) $(3A)B-A(2B)=3AB-2AB=AB$

$=\begin{pmatrix}1&-2\\0&1\end{pmatrix}\begin{pmatrix}-1&0\\0&1\end{pmatrix}$

$=\begin{pmatrix}-1&-2\\0&1\end{pmatrix}$

(2) $(BC)A-A(CA)=BCA-ACA$

$\qquad\qquad\qquad=(B-A)CA$

$B-A=\begin{pmatrix}-1&0\\0&1\end{pmatrix}-\begin{pmatrix}1&-2\\0&1\end{pmatrix}=\begin{pmatrix}-2&2\\0&0\end{pmatrix}$

$CA=\begin{pmatrix}1&1\\-2&3\end{pmatrix}\begin{pmatrix}1&-2\\0&1\end{pmatrix}=\begin{pmatrix}1&-1\\-2&7\end{pmatrix}$

$\therefore (B-A)CA=\begin{pmatrix}-2&2\\0&0\end{pmatrix}\begin{pmatrix}1&-1\\-2&7\end{pmatrix}$

$=\begin{pmatrix}-6&16\\0&0\end{pmatrix}$

4 답 (1) $\begin{pmatrix} 1 & 0 \\ 4 & 1 \end{pmatrix}$ (2) $\begin{pmatrix} 1 & 0 \\ 6 & 1 \end{pmatrix}$ (3) $\begin{pmatrix} 1 & 0 \\ 8 & 1 \end{pmatrix}$

(1) $A^2 = AA = \begin{pmatrix} 1 & 0 \\ 2 & 1 \end{pmatrix}\begin{pmatrix} 1 & 0 \\ 2 & 1 \end{pmatrix} = \begin{pmatrix} 1 & 0 \\ 4 & 1 \end{pmatrix}$

(2) $A^3 = A^2 A = \begin{pmatrix} 1 & 0 \\ 4 & 1 \end{pmatrix}\begin{pmatrix} 1 & 0 \\ 2 & 1 \end{pmatrix} = \begin{pmatrix} 1 & 0 \\ 6 & 1 \end{pmatrix}$

(3) $A^4 = A^3 A = \begin{pmatrix} 1 & 0 \\ 6 & 1 \end{pmatrix}\begin{pmatrix} 1 & 0 \\ 2 & 1 \end{pmatrix} = \begin{pmatrix} 1 & 0 \\ 8 & 1 \end{pmatrix}$

5 답 5

$AB = \begin{pmatrix} 0 & 1 \\ 1 & 0 \end{pmatrix}\begin{pmatrix} a & b \\ 2 & 3 \end{pmatrix} = \begin{pmatrix} 2 & 3 \\ a & b \end{pmatrix}$

$BA = \begin{pmatrix} a & b \\ 2 & 3 \end{pmatrix}\begin{pmatrix} 0 & 1 \\ 1 & 0 \end{pmatrix} = \begin{pmatrix} b & a \\ 3 & 2 \end{pmatrix}$

$AB = BA$에서

$a = 3$, $b = 2$

$\therefore a + b = 3 + 2 = 5$

04-1 답 (1) $\begin{pmatrix} 1 & 3 \\ -9 & 1 \end{pmatrix}$ (2) $\begin{pmatrix} 1 & 3 \\ -9 & 1 \end{pmatrix}$ (3) $\begin{pmatrix} 0 & 0 \\ 0 & 0 \end{pmatrix}$

(1) $AB = \begin{pmatrix} 2 & -1 \\ 3 & 2 \end{pmatrix}\begin{pmatrix} -1 & 1 \\ -3 & -1 \end{pmatrix}$

$= \begin{pmatrix} -2+3 & 2+1 \\ -3-6 & 3-2 \end{pmatrix} = \begin{pmatrix} 1 & 3 \\ -9 & 1 \end{pmatrix}$

(2) $BA = \begin{pmatrix} -1 & 1 \\ -3 & -1 \end{pmatrix}\begin{pmatrix} 2 & -1 \\ 3 & 2 \end{pmatrix}$

$= \begin{pmatrix} -2+3 & 1+2 \\ -6-3 & 3-2 \end{pmatrix} = \begin{pmatrix} 1 & 3 \\ -9 & 1 \end{pmatrix}$

(3) $AB - BA = \begin{pmatrix} 1 & 3 \\ -9 & 1 \end{pmatrix} - \begin{pmatrix} 1 & 3 \\ -9 & 1 \end{pmatrix} = \begin{pmatrix} 0 & 0 \\ 0 & 0 \end{pmatrix}$

04-2 답 4

$(A+B) + (A-B) = 2A$이므로

$2A = \begin{pmatrix} 2 & 0 \\ 2 & -2 \end{pmatrix} + \begin{pmatrix} 2 & 2 \\ -2 & 4 \end{pmatrix} = \begin{pmatrix} 4 & 2 \\ 0 & 2 \end{pmatrix}$

$\therefore A = \begin{pmatrix} 2 & 1 \\ 0 & 1 \end{pmatrix}$

$(A+B) - (A-B) = 2B$이므로

$2B = \begin{pmatrix} 2 & 0 \\ 2 & -2 \end{pmatrix} - \begin{pmatrix} 2 & 2 \\ -2 & 4 \end{pmatrix} = \begin{pmatrix} 0 & -2 \\ 4 & -6 \end{pmatrix}$

$\therefore B = \begin{pmatrix} 0 & -1 \\ 2 & -3 \end{pmatrix}$

$\therefore A^2 + AB = \begin{pmatrix} 2 & 1 \\ 0 & 1 \end{pmatrix}\begin{pmatrix} 2 & 1 \\ 0 & 1 \end{pmatrix} + \begin{pmatrix} 2 & 1 \\ 0 & 1 \end{pmatrix}\begin{pmatrix} 0 & -1 \\ 2 & -3 \end{pmatrix}$

$= \begin{pmatrix} 4 & 3 \\ 0 & 1 \end{pmatrix} + \begin{pmatrix} 2 & -5 \\ 2 & -3 \end{pmatrix} = \begin{pmatrix} 6 & -2 \\ 2 & -2 \end{pmatrix}$

따라서 행렬 $A^2 + AB$의 모든 성분의 합은

$6 + (-2) + 2 + (-2) = 4$

다른 풀이

$A + B = \begin{pmatrix} 2 & 0 \\ 2 & -2 \end{pmatrix}$, $A - B = \begin{pmatrix} 2 & 2 \\ -2 & 4 \end{pmatrix}$에서

$2A = (A+B) + (A-B)$

$= \begin{pmatrix} 2 & 0 \\ 2 & -2 \end{pmatrix} + \begin{pmatrix} 2 & 2 \\ -2 & 4 \end{pmatrix} = \begin{pmatrix} 4 & 2 \\ 0 & 2 \end{pmatrix}$

$\therefore A = \begin{pmatrix} 2 & 1 \\ 0 & 1 \end{pmatrix}$

$\therefore A^2 + AB = A(A+B) = \begin{pmatrix} 2 & 1 \\ 0 & 1 \end{pmatrix}\begin{pmatrix} 2 & 0 \\ 2 & -2 \end{pmatrix}$

$= \begin{pmatrix} 6 & -2 \\ 2 & -2 \end{pmatrix}$

04-3 답 7

$(A-B)^2 = A^2 - AB - BA + B^2$이므로

$AB + BA = A^2 + B^2 - (A-B)^2$

$= \begin{pmatrix} 5 & 1 \\ 2 & 1 \end{pmatrix} - \begin{pmatrix} 4 & 2 \\ 2 & 3 \end{pmatrix} = \begin{pmatrix} 1 & -1 \\ 0 & -2 \end{pmatrix}$

$\therefore (A+B)^2 = A^2 + B^2 + AB + BA$

$= \begin{pmatrix} 5 & 1 \\ 2 & 1 \end{pmatrix} + \begin{pmatrix} 1 & -1 \\ 0 & -2 \end{pmatrix} = \begin{pmatrix} 6 & 0 \\ 2 & -1 \end{pmatrix}$

따라서 행렬 $(A+B)^2$의 모든 성분의 합은

$6 + 0 + 2 + (-1) = 7$

05-1 답 3

두 행렬 $A = \begin{pmatrix} 1 & 2 \\ 2 & 3 \end{pmatrix}$, $B = \begin{pmatrix} 1 & 1 \\ x & y \end{pmatrix}$에 대하여

$AB = \begin{pmatrix} 1 & 2 \\ 2 & 3 \end{pmatrix}\begin{pmatrix} 1 & 1 \\ x & y \end{pmatrix} = \begin{pmatrix} 1+2x & 1+2y \\ 2+3x & 2+3y \end{pmatrix}$

$BA = \begin{pmatrix} 1 & 1 \\ x & y \end{pmatrix}\begin{pmatrix} 1 & 2 \\ 2 & 3 \end{pmatrix} = \begin{pmatrix} 3 & 5 \\ x+2y & 2x+3y \end{pmatrix}$

이때 $AB = BA$이므로

$\begin{pmatrix} 1+2x & 1+2y \\ 2+3x & 2+3y \end{pmatrix} = \begin{pmatrix} 3 & 5 \\ x+2y & 2x+3y \end{pmatrix}$

두 행렬이 서로 같을 조건에 의하여

$1+2x=3$, $1+2y=5$,

$2+3x=x+2y$, $2+3y=2x+3y$

위의 식을 연립하여 풀면

$x=1$, $y=2$

$\therefore x+y=1+2=3$

05-2 답 -18

주어진 조건에서 $(A+B)^2=A^2+2AB+B^2$이므로

$(A+B)^2=A^2+AB+BA+B^2$

$\qquad\quad\;\; =A^2+2AB+B^2$

$\therefore AB=BA$ $\qquad\qquad\qquad$ …… ㉠

두 행렬 $A=\begin{pmatrix} a & -1 \\ 2 & 3 \end{pmatrix}$, $B=\begin{pmatrix} 2 & b \\ 1 & -1 \end{pmatrix}$에 대하여

$AB=\begin{pmatrix} a & -1 \\ 2 & 3 \end{pmatrix}\begin{pmatrix} 2 & b \\ 1 & -1 \end{pmatrix}=\begin{pmatrix} 2a-1 & ab+1 \\ 7 & 2b-3 \end{pmatrix}$

$BA=\begin{pmatrix} 2 & b \\ 1 & -1 \end{pmatrix}\begin{pmatrix} a & -1 \\ 2 & 3 \end{pmatrix}=\begin{pmatrix} 2a+2b & -2+3b \\ a-2 & -4 \end{pmatrix}$

㉠에서 $AB=BA$이므로

$\begin{pmatrix} 2a-1 & ab+1 \\ 7 & 2b-3 \end{pmatrix}=\begin{pmatrix} 2a+2b & -2+3b \\ a-2 & -4 \end{pmatrix}$

두 행렬이 서로 같을 조건에 의하여

$2a-1=2a+2b$, $ab+1=-2+3b$

$7=a-2$, $2b-3=-4$

위의 식을 연립하여 풀면 $a=9$, $b=-\dfrac{1}{2}$

$\therefore \dfrac{a}{b}=\dfrac{9}{-\dfrac{1}{2}}=-18$

05-3 답 ②

두 행렬 $A=\begin{pmatrix} a & 1 \\ 2 & 0 \end{pmatrix}$, $B=\begin{pmatrix} 0 & 1 \\ b & 0 \end{pmatrix}$에 대하여

$AB=\begin{pmatrix} a & 1 \\ 2 & 0 \end{pmatrix}\begin{pmatrix} 0 & 1 \\ b & 0 \end{pmatrix}=\begin{pmatrix} b & a \\ 0 & 2 \end{pmatrix}$

$BA=\begin{pmatrix} 0 & 1 \\ b & 0 \end{pmatrix}\begin{pmatrix} a & 1 \\ 2 & 0 \end{pmatrix}=\begin{pmatrix} 2 & 0 \\ ab & b \end{pmatrix}$

이때 $AB=BA$이므로 두 행렬이 서로 같을 조건에 의하여

$a=0$, $b=2$

$\therefore A=B=\begin{pmatrix} 0 & 1 \\ 2 & 0 \end{pmatrix}$

따라서 $A^2=B^2=\begin{pmatrix} 0 & 1 \\ 2 & 0 \end{pmatrix}\begin{pmatrix} 0 & 1 \\ 2 & 0 \end{pmatrix}=\begin{pmatrix} 2 & 0 \\ 0 & 2 \end{pmatrix}=2E$

이므로

$A^2B^3=A^2B^2B=(2E)(2E)B=4B$

수의 곱셈과 행렬의 곱셈의 차이점을 비교하면 다음과 같다.

실수	행렬
$ab=ba$	$AB\neq BA$
$ab=0$이면 $a=0$ 또는 $b=0$	$AB=O$이지만 $A=O$ 또는 $B=O$가 아닐 수 있다.
$ab=ac\;(a\neq 0)$이면 $b=c$	$AB=AC\;(A\neq O)$이지만 $B\neq C$일 수 있다.
$(a+b)^2=a^2+2ab+b^2$	$(A+B)^2$ $=A^2+AB+BA+B^2$
$(a+b)(a-b)=a^2-b^2$	$(A+B)(A-B)$ $=A^2-AB+BA-B^2$

06-1 답 (1) -3 (2) $\begin{pmatrix} 2^{10} & 0 \\ 0 & 1 \end{pmatrix}$

(1) 행렬 A의 거듭제곱을 차례대로 구하면

$A^2=\begin{pmatrix} -1 & -3 \\ 1 & 2 \end{pmatrix}\begin{pmatrix} -1 & -3 \\ 1 & 2 \end{pmatrix}=\begin{pmatrix} -2 & -3 \\ 1 & 1 \end{pmatrix}$

$A^3=A^2A=\begin{pmatrix} -2 & -3 \\ 1 & 1 \end{pmatrix}\begin{pmatrix} -1 & -3 \\ 1 & 2 \end{pmatrix}$

$\qquad\;\; =\begin{pmatrix} -1 & 0 \\ 0 & -1 \end{pmatrix}=-E$

이때 $20=3\times 6+2$에서

$A^{20}=(A^3)^6A^2=(-E)^6A^2=EA^2$

$\qquad\; =A^2=\begin{pmatrix} -2 & -3 \\ 1 & 1 \end{pmatrix}$

따라서 A^{20}의 모든 성분의 합은

$(-2)+(-3)+1+1=-3$

(2) $B^2=\begin{pmatrix} 2 & 0 \\ 0 & 1 \end{pmatrix}\begin{pmatrix} 2 & 0 \\ 0 & 1 \end{pmatrix}=\begin{pmatrix} 2^2 & 0 \\ 0 & 1 \end{pmatrix}$

$B^3=B^2B=\begin{pmatrix} 2^2 & 0 \\ 0 & 1 \end{pmatrix}\begin{pmatrix} 2 & 0 \\ 0 & 1 \end{pmatrix}=\begin{pmatrix} 2^3 & 0 \\ 0 & 1 \end{pmatrix}$

$\qquad\qquad\qquad\vdots$

따라서 자연수 n에 대하여

$B^n=\begin{pmatrix} 2^n & 0 \\ 0 & 1 \end{pmatrix}$

$\therefore B^{10}=\begin{pmatrix} 2^{10} & 0 \\ 0 & 1 \end{pmatrix}$

06-2 답 66

행렬 $A=\begin{pmatrix} 1 & 0 \\ 3 & 1 \end{pmatrix}$의 거듭제곱을 차례대로 구하면

$$A^2=\begin{pmatrix} 1 & 0 \\ 3 & 1 \end{pmatrix}\begin{pmatrix} 1 & 0 \\ 3 & 1 \end{pmatrix}=\begin{pmatrix} 1 & 0 \\ 6 & 1 \end{pmatrix}$$

$$A^3=A^2A=\begin{pmatrix} 1 & 0 \\ 6 & 1 \end{pmatrix}\begin{pmatrix} 1 & 0 \\ 3 & 1 \end{pmatrix}=\begin{pmatrix} 1 & 0 \\ 9 & 1 \end{pmatrix}$$

$$\vdots$$

따라서 자연수 n에 대하여

$$A^n=\begin{pmatrix} 1 & 0 \\ 3n & 1 \end{pmatrix}$$

이때 A^n의 모든 성분의 합이 200이므로

$$3n+2=200$$

$$\therefore n=66$$

06-3 답 6

$A=\begin{pmatrix} 4 & 5 \\ -3 & -4 \end{pmatrix}$에 대하여

$$A^2=\begin{pmatrix} 4 & 5 \\ -3 & -4 \end{pmatrix}\begin{pmatrix} 4 & 5 \\ -3 & -4 \end{pmatrix}=\begin{pmatrix} 1 & 0 \\ 0 & 1 \end{pmatrix}=E$$

$$\therefore A^{11}+A^{12}+A^{13}+A^{14}+A^{15}+A^{16}$$

$$=(A^2)^5A+(A^2)^6+(A^2)^6A+(A^2)^7$$
$$+(A^2)^7A+(A^2)^8$$

$$=EA+E+EA+E+EA+E$$

$$=3A+3E$$

$$=aA+bE$$

따라서 $a=3$, $b=3$이므로

$$a+b=3+3=6$$

예제 07　행렬의 곱셈의 활용　　463쪽

07-1 답 ④

행렬 XY의 $(2, 2)$ 성분은

$$cf+dh$$

이때

$cf=($B 제품을 생산하는 데 필요한 원료 P의 양$)$
$\qquad\qquad\times($을 회사에서의 원료 P의 공급 가격$)$

$dh=($B 제품을 생산하는 데 필요한 원료 Q의 양$)$
$\qquad\qquad\times($을 회사에서의 원료 Q의 공급 가격$)$

따라서

$($원료의 양$)\times($단위량에 대한 공급 가격$)$
$=($생산 비용$)$

이므로 $cf+dh$는 을 회사로부터 원료를 공급받아 B 제품을 생산하는 데 필요한 총비용을 나타낸다.

07-2 답 ③

$A=\begin{pmatrix} a_{11} & a_{12} \\ a_{21} & a_{22} \end{pmatrix}$, $B=\begin{pmatrix} b_{11} & b_{12} \\ b_{21} & b_{22} \end{pmatrix}$에서

$$AB=\begin{pmatrix} a_{11} & a_{12} \\ a_{21} & a_{22} \end{pmatrix}\begin{pmatrix} b_{11} & b_{12} \\ b_{21} & b_{22} \end{pmatrix}$$

$$=\begin{pmatrix} a_{11}b_{11}+a_{12}b_{21} & a_{11}b_{12}+a_{12}b_{22} \\ a_{21}b_{11}+a_{22}b_{21} & a_{21}b_{12}+a_{22}b_{22} \end{pmatrix}$$

$$=\begin{pmatrix} a & b \\ c & d \end{pmatrix}$$

$$\therefore a=a_{11}b_{11}+a_{12}b_{21}$$
$\qquad\Rightarrow$ 가, 나의 상반기 제조 원가 총액

$$b=a_{11}b_{12}+a_{12}b_{22}$$
$\qquad\Rightarrow$ 가, 나의 하반기 제조 원가 총액

$$c=a_{21}b_{11}+a_{22}b_{21}$$
$\qquad\Rightarrow$ 가, 나의 상반기 판매 가격 총액

$$d=a_{21}b_{12}+a_{22}b_{22}$$
$\qquad\Rightarrow$ 가, 나의 하반기 판매 가격 총액

따라서 $a+b$는 가, 나의 지난 1년 동안 판매된 제품의 제조 원가 총액을 의미하고, $c+d$는 가, 나의 지난 1년 동안 판매된 제품의 판매 가격 총액을 나타낸다.

예제 08　케일리–해밀턴의 정리　　465쪽

08-1 답 19

행렬 $A=\begin{pmatrix} x & -3 \\ 3 & y \end{pmatrix}$에서 케일리–해밀턴의 정리에 의하여

$$A^2-(x+y)A+(xy+9)E=O$$

이때 $A\neq kE$ (k는 실수)이므로

$$A^2-3A+4E=O$$에서

$$x+y=3,\ xy+9=4$$

$$\therefore x+y=3,\ xy=-5$$

$$\therefore x^2+y^2=(x+y)^2-2xy$$
$$=3^2-2\times(-5)=19$$

08-2 답 29

행렬 $A=\begin{pmatrix} 1 & 2 \\ 3 & 4 \end{pmatrix}$에서 케일리–해밀턴의 정리에 의하여

$$A^2-(1+4)A+(1\times4-2\times3)E=O$$

$\therefore A^2 - 5A - 2E = O$

따라서 $p = -5$, $q = -2$이므로

$p^2 + q^2 = (-5)^2 + (-2)^2 = 29$

행렬 $A = \begin{pmatrix} 1 & 2 \\ 3 & 4 \end{pmatrix}$에서

$A^2 = \begin{pmatrix} 1 & 2 \\ 3 & 4 \end{pmatrix}\begin{pmatrix} 1 & 2 \\ 3 & 4 \end{pmatrix} = \begin{pmatrix} 7 & 10 \\ 15 & 22 \end{pmatrix}$

이것을 $A^2 + pA + qE = O$에 대입하여 정리하면

$\begin{pmatrix} 7 & 10 \\ 15 & 22 \end{pmatrix} + p\begin{pmatrix} 1 & 2 \\ 3 & 4 \end{pmatrix} + q\begin{pmatrix} 1 & 0 \\ 0 & 1 \end{pmatrix} = \begin{pmatrix} 0 & 0 \\ 0 & 0 \end{pmatrix}$

$\therefore \begin{pmatrix} p+q+7 & 2p+10 \\ 3p+15 & 4p+q+22 \end{pmatrix} = \begin{pmatrix} 0 & 0 \\ 0 & 0 \end{pmatrix}$

두 행렬이 서로 같을 조건에 의하여

$p+q+7 = 0$, $2p+10 = 0$,

$3p+15 = 0$, $4p+q+22 = 0$

$\therefore p = -5$, $q = -2$

$\therefore p^2 + q^2 = (-5)^2 + (-2)^2 = 29$

08-3 답 $\begin{pmatrix} -3 & 2 \\ -6 & 3 \end{pmatrix}$

행렬 $A = \begin{pmatrix} a & 1 \\ b & 2 \end{pmatrix}$에서 케일리–해밀턴의 정리에 의하여

$A^2 - (a+2)A + (2a-b)E = O$

이때 $A \neq kE$ (k는 실수)이므로

$A^2 - A + E = O$에서

$a+2 = 1$, $2a-b = 1$

$\therefore a = -1$, $b = -3$

$A^2 - A + E = O$의 양변의 왼쪽에 $A+E$를 곱하면

$(A+E)(A^2-A+E) = O$, $A^3 + E = O$

$\therefore A^3 = -E$

이때

$A + A^2 + A^3 + A^4 + A^5 + A^6$

$= A + A^2 + (-E) + (-E)A + (-E)A^2 + (-E)^2$

$= O$

이므로

$A^7 + A^8 + \cdots + A^{12} = O$,

$A^{13} + A^{14} + \cdots + A^{18} = O$

$\therefore X = A^{19} + A^{20}$

$\qquad = A + A^2 = A + (A-E) \; (\because A^2-A+E=O)$

$\qquad = 2A - E$

$\qquad = 2\begin{pmatrix} -1 & 1 \\ -3 & 2 \end{pmatrix} - \begin{pmatrix} 1 & 0 \\ 0 & 1 \end{pmatrix} = \begin{pmatrix} -3 & 2 \\ -6 & 3 \end{pmatrix}$

1 9	**2** ③	**3** 1	**4** 2	**5** 4
6 4	**7** -2	**8** ③	**9** 45	**10** 3200원

1 $a_{11} = 2 \times 1 - 1 = 1$, $a_{12} = k$, $a_{21} = 2 \times 2 - 1 = 3$,

$a_{22} = 2 \times 2 - 2 = 2$이므로

$A = \begin{pmatrix} 1 & k \\ 3 & 2 \end{pmatrix}$

행렬 A의 모든 성분의 합이 15이므로

$1 + k + 3 + 2 = 15 \qquad \therefore k = 9$

2 $A^2 - AB = A(A-B)$

$\qquad = \begin{pmatrix} 9 & 8 \\ 3 & 7 \end{pmatrix}\left\{ \begin{pmatrix} 9 & 8 \\ 3 & 7 \end{pmatrix} - \begin{pmatrix} 7 & 8 \\ 3 & 5 \end{pmatrix}\right\}$

$\qquad = \begin{pmatrix} 9 & 8 \\ 3 & 7 \end{pmatrix}\begin{pmatrix} 2 & 0 \\ 0 & 2 \end{pmatrix} = \begin{pmatrix} 18 & 16 \\ 6 & 14 \end{pmatrix}$

따라서 모든 성분의 합은

$18 + 16 + 6 + 14 = 54$

3 $A = \begin{pmatrix} a & b \\ c & d \end{pmatrix}$, $B = \begin{pmatrix} a-1 & b \\ c & d-1 \end{pmatrix}$에서

$B = A - E$

즉, $A^2 = B^2$에서

$A^2 = (A-E)^2$, $A^2 = A^2 - 2A + E$

따라서 $A = \dfrac{1}{2}E$이므로 행렬 A의 모든 성분의 합은

$\dfrac{1}{2} \times (1+1) = 1$

$A^2 = \begin{pmatrix} a & b \\ c & d \end{pmatrix}\begin{pmatrix} a & b \\ c & d \end{pmatrix} = \begin{pmatrix} a^2+bc & b(a+d) \\ c(a+d) & bc+d^2 \end{pmatrix}$

$B^2 = \begin{pmatrix} a-1 & b \\ c & d-1 \end{pmatrix}\begin{pmatrix} a-1 & b \\ c & d-1 \end{pmatrix}$

$\qquad = \begin{pmatrix} (a-1)^2+bc & b(a+d-2) \\ c(a+d-2) & bc+(d-1)^2 \end{pmatrix}$

이므로 두 행렬이 서로 같을 조건에 의하여

$a^2+bc = (a-1)^2+bc$, $b(a+d) = b(a+d-2)$,

$c(a+d) = c(a+d-2)$, $bc+d^2 = bc+(d-1)^2$

따라서 $a = \dfrac{1}{2}$, $b = 0$, $c = 0$, $d = \dfrac{1}{2}$이므로 행렬 A의

모든 성분의 합은 1이다.

4 두 행렬 $A=\begin{pmatrix} 1 & x \\ 0 & 1 \end{pmatrix}$, $B=\begin{pmatrix} 1 & y \\ 0 & 1 \end{pmatrix}$에 대하여

$$A^2+B^2=\begin{pmatrix} 1 & x \\ 0 & 1 \end{pmatrix}\begin{pmatrix} 1 & x \\ 0 & 1 \end{pmatrix}+\begin{pmatrix} 1 & y \\ 0 & 1 \end{pmatrix}\begin{pmatrix} 1 & y \\ 0 & 1 \end{pmatrix}$$

$$=\begin{pmatrix} 1 & 2x \\ 0 & 1 \end{pmatrix}+\begin{pmatrix} 1 & 2y \\ 0 & 1 \end{pmatrix}$$

$$=\begin{pmatrix} 2 & 2x+2y \\ 0 & 2 \end{pmatrix}$$

$$AB=\begin{pmatrix} 1 & x \\ 0 & 1 \end{pmatrix}\begin{pmatrix} 1 & y \\ 0 & 1 \end{pmatrix}=\begin{pmatrix} 1 & x+y \\ 0 & 1 \end{pmatrix}$$

따라서 $A^2+B^2=2AB$이므로

$k=2$

5 $A+B=\begin{pmatrix} 2 & 1 \\ 1 & 3 \end{pmatrix}$, $A-B=\begin{pmatrix} 0 & 1 \\ -1 & 1 \end{pmatrix}$을

변끼리 더하면

$$2A=\begin{pmatrix} 2 & 1 \\ 1 & 3 \end{pmatrix}+\begin{pmatrix} 0 & 1 \\ -1 & 1 \end{pmatrix}=\begin{pmatrix} 2 & 2 \\ 0 & 4 \end{pmatrix} \quad \therefore A=\begin{pmatrix} 1 & 1 \\ 0 & 2 \end{pmatrix}$$

$$\therefore A^2=\begin{pmatrix} 1 & 1 \\ 0 & 2 \end{pmatrix}\begin{pmatrix} 1 & 1 \\ 0 & 2 \end{pmatrix}=\begin{pmatrix} 1 & 3 \\ 0 & 4 \end{pmatrix}$$

변끼리 빼면

$$2B=\begin{pmatrix} 2 & 1 \\ 1 & 3 \end{pmatrix}-\begin{pmatrix} 0 & 1 \\ -1 & 1 \end{pmatrix}=\begin{pmatrix} 2 & 0 \\ 2 & 2 \end{pmatrix} \quad \therefore B=\begin{pmatrix} 1 & 0 \\ 1 & 1 \end{pmatrix}$$

$$\therefore B^2=\begin{pmatrix} 1 & 0 \\ 1 & 1 \end{pmatrix}\begin{pmatrix} 1 & 0 \\ 1 & 1 \end{pmatrix}=\begin{pmatrix} 1 & 0 \\ 2 & 1 \end{pmatrix}$$

$$\therefore A^2-B^2=\begin{pmatrix} 1 & 3 \\ 0 & 4 \end{pmatrix}-\begin{pmatrix} 1 & 0 \\ 2 & 1 \end{pmatrix}=\begin{pmatrix} 0 & 3 \\ -2 & 3 \end{pmatrix}$$

따라서 A^2-B^2의 모든 성분의 합은

$0+3+(-2)+3=4$

6 $A-B=\begin{pmatrix} 2 & 0 \\ 0 & 2 \end{pmatrix}=2E$에서

$B=A-2E$이므로

$AB=A(A-2E)=A^2-2A$

$BA=(A-2E)A=A^2-2A$

그러므로 $AB=BA$가 성립한다.

$$\therefore (A+B)^2=(A-B)^2+4AB$$

$$=\begin{pmatrix} 2 & 0 \\ 0 & 2 \end{pmatrix}\begin{pmatrix} 2 & 0 \\ 0 & 2 \end{pmatrix}+4\begin{pmatrix} -1 & -1 \\ 1 & -2 \end{pmatrix}$$

$$=\begin{pmatrix} 4 & 0 \\ 0 & 4 \end{pmatrix}+\begin{pmatrix} -4 & -4 \\ 4 & -8 \end{pmatrix}=\begin{pmatrix} 0 & -4 \\ 4 & -4 \end{pmatrix}$$

따라서 행렬 $(A+B)^2$의 $(2, 1)$ 성분은 4이다.

7 $A=\begin{pmatrix} 1 & 1 \\ a & -1 \end{pmatrix}$에 대하여

$$A^2=\begin{pmatrix} 1 & 1 \\ a & -1 \end{pmatrix}\begin{pmatrix} 1 & 1 \\ a & -1 \end{pmatrix}=\begin{pmatrix} a+1 & 0 \\ 0 & a+1 \end{pmatrix}$$

$$=(a+1)E$$

$$A^3=A^2A=\{(a+1)E\}A=(a+1)(EA)$$

$$=(a+1)A$$

$$A^4=A^3A=\{(a+1)A\}A=(a+1)A^2$$

$$=(a+1)\{(a+1)E\}=(a+1)^2E$$

$$A^5=A^4A=\{(a+1)^2E\}A$$

$$=(a+1)^2(EA)=(a+1)^2A$$

$$\vdots$$

$$A^8=(a+1)^4E$$

$$A^9=(a+1)^4A$$

$A^9=A$이므로 $(a+1)^4A=A$

이때 $A\neq O$이므로 $(a+1)^4=1$

$a+1=1$ 또는 $a+1=-1$ ($\because a$는 실수)

$\therefore a=0$ 또는 $a=-2$

따라서 $A^9=A$를 만족시키는 모든 실수 a의 값의 합은

$0+(-2)=-2$

8 $A^2+A+E=O$에서 $A(A^2+A+E)=O$

즉, $A+A^2+A^3=O$

$$\therefore A+A^2+A^3+\cdots+A^{99}$$

$$=(A+A^2+A^3)+A^3(A+A^2+A^3)+\cdots$$

$$+(A^3)^{32}(A+A^2+A^3)$$

$$=O+A^3O+\cdots+(A^3)^{32}O=O$$

9 이차방정식의 근과 계수의 관계에 의하여

$\alpha+\beta=3$, $\alpha\beta=1$ $\qquad\qquad \cdots\cdots$ ㉠

행렬 $A=\begin{pmatrix} \alpha & 1 \\ 1 & \beta \end{pmatrix}$에 대하여

$$A^2=\begin{pmatrix} \alpha & 1 \\ 1 & \beta \end{pmatrix}\begin{pmatrix} \alpha & 1 \\ 1 & \beta \end{pmatrix}$$

$$=\begin{pmatrix} \alpha^2+1 & \alpha+\beta \\ \alpha+\beta & \beta^2+1 \end{pmatrix}=\begin{pmatrix} \alpha^2+1 & 3 \\ 3 & \beta^2+1 \end{pmatrix}$$

$$A^3=A^2A=\begin{pmatrix} \alpha^2+1 & 3 \\ 3 & \beta^2+1 \end{pmatrix}\begin{pmatrix} \alpha & 1 \\ 1 & \beta \end{pmatrix}$$

$$=\begin{pmatrix} \alpha^3+\alpha+3 & \alpha^2+1+3\beta \\ 3\alpha+\beta^2+1 & 3+\beta^3+\beta \end{pmatrix}$$

㉠에서

$$\alpha^2+\beta^2=(\alpha+\beta)^2-2\alpha\beta$$

$$=9-2=7$$

$$\alpha^3+\beta^3=(\alpha+\beta)^3-3\alpha\beta(\alpha+\beta)$$

$$=27-9=18$$

이므로 행렬 A^3의 모든 성분의 합은

$(\alpha^3+\beta^3)+(\alpha^2+\beta^2)+4(\alpha+\beta)+8$

$=18+7+12+8=45$

다른 풀이

이차방정식의 근과 계수의 관계에 의하여

$\alpha+\beta=3,\ \alpha\beta=1$

케일리–해밀턴의 정리에 의하여

$A^2-(\alpha+\beta)A+(\alpha\beta-1)E=O$

$A^2-3A=O \qquad \therefore\ A^2=3A$

$\therefore\ A^3=3A^2=9A=9\begin{pmatrix} \alpha & 1 \\ 1 & \beta \end{pmatrix}=\begin{pmatrix} 9\alpha & 9 \\ 9 & 9\beta \end{pmatrix}$

따라서 A^3의 모든 성분의 합은

$9\alpha+9+9+9\beta=18+9(\alpha+\beta)$

$\qquad\qquad\qquad =18+27=45$

➕ 보충 설명

이차방정식 $ax^2+bx+c=0\ (a\neq0)$의 두 근을 $\alpha,\ \beta$라고 하면

$\alpha+\beta=-\dfrac{b}{a},\ \alpha\beta=\dfrac{c}{a}$

10 [표 1], [표 2]를 각각 행렬 A, B로 나타내고 두 행렬의 곱 AB를 구하면

$AB=\begin{pmatrix} 150 & 300 \\ 200 & 400 \end{pmatrix}\begin{pmatrix} x-2 & x \\ y & 5 \end{pmatrix}$

$=\begin{pmatrix} 150(x-2)+300y & 150x+1500 \\ 200(x-2)+400y & 200x+2000 \end{pmatrix}$

이때 신이가 A 문구점에서 지불한 금액이 2400원이므로

$150(x-2)+300y=2400 \qquad\qquad \cdots\cdots\ \bigcirc$

원이가 A 문구점에서 지불한 금액이 2400원이므로

$150x+1500=2400 \qquad \therefore\ x=6$

$x=6$을 $\bigcirc$에 대입하면

$150\times4+300y=2400 \qquad \therefore\ y=6$

신이가 B 문구점에서 지불한 금액은

$200(x-2)+400y$이므로

$200\times4+400\times6=3200(원)$

실력 다지기

11 **접근 방법** 1 지점에서 어느 한 지점을 거쳐 1 지점으로 돌아오는 방법은 중복 코스를 허락한다고 했으므로

1 지점 → 1 지점 → 1 지점, 1 지점 → 2 지점 → 1 지점

인 두 가지가 있다.

$\begin{cases} 1\ 지점 → 1\ 지점 → 1\ 지점 : 1\times1=1 \\ 1\ 지점 → 2\ 지점 → 1\ 지점 : 1\times2=2 \end{cases}$

$\therefore\ a_{11}=1+2=3$

$\begin{cases} 1\ 지점 → 1\ 지점 → 2\ 지점 : 1\times1=1 \\ 1\ 지점 → 2\ 지점 → 2\ 지점 : 1\times2=2 \end{cases}$

$\therefore\ a_{12}=1+2=3$

$\begin{cases} 2\ 지점 → 1\ 지점 → 1\ 지점 : 2\times1=2 \\ 2\ 지점 → 2\ 지점 → 1\ 지점 : 2\times2=4 \end{cases}$

$\therefore\ a_{21}=2+4=6$

$\begin{cases} 2\ 지점 → 1\ 지점 → 2\ 지점 : 2\times1=2 \\ 2\ 지점 → 2\ 지점 → 2\ 지점 : 2\times2=4 \end{cases}$

$\therefore\ a_{22}=2+4=6$

따라서 구하는 행렬은 $\begin{pmatrix} 3 & 3 \\ 6 & 6 \end{pmatrix}$이다.

➕ 보충 설명

$A=\begin{pmatrix} 1 & 1 \\ 2 & 2 \end{pmatrix}$라고 하면 $A^2=\begin{pmatrix} 1 & 1 \\ 2 & 2 \end{pmatrix}\begin{pmatrix} 1 & 1 \\ 2 & 2 \end{pmatrix}=\begin{pmatrix} 3 & 3 \\ 6 & 6 \end{pmatrix}$

즉, 행렬 A^2에서 $(1, 2)$ 성분은 '1 지점에서 어느 한 지점을 거쳐 2 지점으로 돌아오는 방법의 수'를 나타낸다.

같은 원리로 행렬 A^3에서 $(1, 2)$ 성분은 '1 지점에서 어느 두 지점을 거쳐 2 지점으로 돌아오는 방법의 수'를 나타낸다.

즉, 행렬 $\begin{pmatrix} 1 & 1 \\ 2 & 2 \end{pmatrix}$의 (i, j) 성분은 i 지점에서 j 지점으로 가는 경로의 수를 나타내고, 행렬 $\begin{pmatrix} 1 & 1 \\ 2 & 2 \end{pmatrix}\begin{pmatrix} 1 & 1 \\ 2 & 2 \end{pmatrix}=\begin{pmatrix} 3 & 3 \\ 6 & 6 \end{pmatrix}$의 (i, j) 성분은 i 지점에서 어느 한 지점을 거친 다음 j 지점으로 가는 경로의 수를 나타낸다. 이와 같은 사실은 일반적으로 성립하여 행렬 $\begin{pmatrix} 1 & 1 \\ 2 & 2 \end{pmatrix}^n$의 (i, j) 성분은 i 지점에서 어느 $(n-1)$ 지점을 거친 다음 j 지점으로 가는 경로의 수를 나타낸다.

12 **접근 방법** 행렬 $(n-1 \quad 12-3n)$은 1×2 행렬, 행렬 $\begin{pmatrix} n^2-6n+9 \\ n-1 \end{pmatrix}$은 2×1 행렬이므로 두 행렬의 곱은 1×1 행렬이다.

$(n-1 \quad 12-3n)\begin{pmatrix} n^2-6n+9 \\ n-1 \end{pmatrix}$

$=(n-1)(n^2-6n+9)-3(n-1)(n-4)$

$=(n-1)(n^2-9n+21)$

이때 $(n-1)(n^2-9n+21)$이 소수가 되려면

(i) $n-1=1$이고 $n^2-9n+21$은 소수인 경우

$n=2$일 때, $n^2-9n+21=7$이므로 조건을 만족시킨다.

(ii) $n^2-9n+21=1$이고 $n-1$은 소수인 경우

$n^2-9n+20=0,\ (n-4)(n-5)=0$

$\therefore\ n=4$ 또는 $n=5$

$n=4$일 때, $n-1=3$

$n=5$일 때, $n-1=4$는 소수가 아니다.

(i), (ii)에서 조건을 만족시키는 자연수 n은 2, 4이므로 그 합은

$2+4=6$

⊕ 보충 설명

1보다 큰 자연수 중에서 2, 3, 5, …와 같이 1과 그 자신만을 약수로 가지는 수를 소수(素數)라고 한다.

13 접근 방법 | 행렬 $A=\begin{pmatrix} a & 1 \\ 1 & b \end{pmatrix}$의 세제곱을 구하여

$A^3=\begin{pmatrix} x & 25 \\ 25 & y \end{pmatrix}$와 비교한다.

$A=\begin{pmatrix} a & 1 \\ 1 & b \end{pmatrix}$에서

$A^2=\begin{pmatrix} a & 1 \\ 1 & b \end{pmatrix}\begin{pmatrix} a & 1 \\ 1 & b \end{pmatrix}=\begin{pmatrix} a^2+1 & a+b \\ a+b & b^2+1 \end{pmatrix}$

$A^3=A^2A=\begin{pmatrix} a^2+1 & a+b \\ a+b & b^2+1 \end{pmatrix}\begin{pmatrix} a & 1 \\ 1 & b \end{pmatrix}$

$=\begin{pmatrix} a^3+2a+b & a^2+b^2+ab+1 \\ a^2+b^2+ab+1 & b^3+a+2b \end{pmatrix}$

이때 $A^3=\begin{pmatrix} x & 25 \\ 25 & y \end{pmatrix}$이므로

$a^2+b^2+2=25\ (\because ab=1)$ $\quad \therefore a^2+b^2=23$

$ab=1$이므로

$(a+b)^2=a^2+b^2+2ab=23+2=25$

이때 $a,\ b$는 양수이므로 $a+b=5$

$\therefore\ x+y=(a^3+2a+b)+(b^3+a+2b)$

$=a^3+b^3+3(a+b)$

$=(a+b)(a^2+b^2-ab)+3(a+b)$

$=5\times(23-1)+3\times5=125$

14 접근 방법 | 두 행렬 $A,\ B$의 합을 이용하여 $a,\ b$ 사이의 관계식을 구한 후, $A^2=kE$에서 실수 k를 $a,\ b$를 이용하여 나타내어 본다.

$A+B=O$이므로

$\begin{pmatrix} 1 & a \\ b & -1 \end{pmatrix}+\begin{pmatrix} -1 & b-12 \\ a-12 & 1 \end{pmatrix}=\begin{pmatrix} 0 & 0 \\ 0 & 0 \end{pmatrix}$

$\begin{pmatrix} 0 & a+b-12 \\ a+b-12 & 0 \end{pmatrix}=\begin{pmatrix} 0 & 0 \\ 0 & 0 \end{pmatrix}$

$\therefore\ a+b=12$ $\qquad\qquad \cdots\cdots$ ㉠

한편, $A^2=kE$에서

$\begin{pmatrix} 1 & a \\ b & -1 \end{pmatrix}\begin{pmatrix} 1 & a \\ b & -1 \end{pmatrix}=k\begin{pmatrix} 1 & 0 \\ 0 & 1 \end{pmatrix}$

$\begin{pmatrix} 1+ab & 0 \\ 0 & ab+1 \end{pmatrix}=\begin{pmatrix} k & 0 \\ 0 & k \end{pmatrix}$

$\therefore\ ab+1=k$ $\qquad\qquad \cdots\cdots$ ㉡

㉠, ㉡에서

$k=ab+1=a(12-a)+1=-(a-6)^2+37$

따라서 실수 k의 최댓값은 37이다.

15 접근 방법 | $A+B=AB=2E$를 이용하여 A^5+B^5을 간단히 하는 문제이므로 A의 거듭제곱 $A^2,\ A^3,\ A^5$ 등을 먼저 구한다.

$A+B=2E$의 양변의 왼쪽에 A를 곱하면

$A(A+B)=A(2E),\ A^2+AB=2A$

이때 $AB=2E$이므로

$A^2=2A-2E$

$A^3=AA^2=A(2A-2E)$

$\quad=2A^2-2A$

$\quad=2(2A-2E)-2A$

$\quad=2A-4E$

$\therefore\ A^5=A^2A^3=(2A-2E)(2A-4E)$

$\quad=4A^2-12A+8E$

$\quad=4(2A-2E)-12A+8E$

$\quad=-4A$

같은 방법으로 $B^5=-4B$이므로

$A^5+B^5=-4A-4B$

$\quad=-4(A+B)$

$\quad=-8E$

$\therefore\ k=-8$

⊕ 보충 설명

$A+B=AB=2E$와 같이 두 행렬 $A,\ B$에 대한 식을 변형할 때에는 $A,\ B$ 두 행렬 중 하나를 소거하여 하나의 행렬에 대한 식으로 나타내는 것이 좋다. 위의 문제와 같이 $A+B=2E$의 양변에 A를 곱하여 B를 소거할 수도 있고, $B=2E-A$를 $AB=2E$에 대입하여 B를 소거할 수도 있다.

16 **접근 방법** 행렬 A의 거듭제곱의 합을 구하는 문제이므로 거듭제곱의 규칙을 찾아야 한다. 따라서 $A^\square = kE$가 되는 $\square$의 값을 찾는다. 이때 행렬의 거듭제곱을 더하는 유형은 대부분 적당한 자연수 n에 대하여 $A + A^2 + A^3 + \cdots + A^n = O$가 성립해서 계산이 간단해진다.

$A = \begin{pmatrix} 2 & -3 \\ 1 & -1 \end{pmatrix}$에 대하여

$A^2 = \begin{pmatrix} 2 & -3 \\ 1 & -1 \end{pmatrix}\begin{pmatrix} 2 & -3 \\ 1 & -1 \end{pmatrix} = \begin{pmatrix} 1 & -3 \\ 1 & -2 \end{pmatrix}$

$A^3 = A^2 A = \begin{pmatrix} 1 & -3 \\ 1 & -2 \end{pmatrix}\begin{pmatrix} 2 & -3 \\ 1 & -1 \end{pmatrix}$

$\qquad = \begin{pmatrix} -1 & 0 \\ 0 & -1 \end{pmatrix}$

$\qquad = -E$

$A^4 = A^3 A = (-E)A = -A$

$A^5 = A^4 A = (-A)A = -A^2$

$A^6 = (A^3)^2 = (-E)^2 = E$

$A^7 = A^6 A = EA = A$

$\qquad \vdots$

$\therefore \ A + A^2 + A^3 + A^4 + A^5 + A^6$

$\qquad = A + A^2 + (-E) + (-A) + (-A^2) + E$

$\qquad = O$

이때 $200 = 6 \times 33 + 2$이므로

$B = A + A^2 + A^3 + \cdots + A^{200}$

$\quad = O + O + \cdots + O + A^{199} + A^{200}$

$\quad = A + A^2$

$\quad = \begin{pmatrix} 2 & -3 \\ 1 & -1 \end{pmatrix} + \begin{pmatrix} 1 & -3 \\ 1 & -2 \end{pmatrix} = \begin{pmatrix} 3 & -6 \\ 2 & -3 \end{pmatrix}$

따라서 행렬 B의 모든 성분의 합은

$3 + (-6) + 2 + (-3) = -4$

➕ 보충 설명

$A^3 = -E$에서 $A^6 = E$이므로 A의 거듭제곱은 6을 주기로 반복된다. 따라서 $A + \cdots + A^6$과 $A^7 + \cdots + A^{12}$, $A^{13} + \cdots + A^{18}, \cdots$은 모두 O로 같다.

17 **접근 방법** 행렬의 곱셈에서는 교환법칙이 성립하지 않으므로 곱의 순서와 주어진 조건에 주의하여 참과 거짓을 판별한다.

ㄱ. $A(A+B) = (A-B)B$

$\qquad A^2 + AB = AB - B^2$

$\qquad \therefore \ A^2 + B^2 = O$ (참)

ㄴ. $A = \begin{pmatrix} 0 & 1 \\ 0 & 0 \end{pmatrix}$, $B = \begin{pmatrix} 0 & 0 \\ 1 & 0 \end{pmatrix}$이라고 하면

$A^2 = \begin{pmatrix} 0 & 1 \\ 0 & 0 \end{pmatrix}\begin{pmatrix} 0 & 1 \\ 0 & 0 \end{pmatrix} = \begin{pmatrix} 0 & 0 \\ 0 & 0 \end{pmatrix}$,

$B^2 = \begin{pmatrix} 0 & 0 \\ 1 & 0 \end{pmatrix}\begin{pmatrix} 0 & 0 \\ 1 & 0 \end{pmatrix} = \begin{pmatrix} 0 & 0 \\ 0 & 0 \end{pmatrix}$이므로

$A^2 + B^2 = O$, 즉 $A(A+B) = (A-B)B$이다.

$\hfill (\because \text{ㄱ})$

하지만 $AB = \begin{pmatrix} 0 & 1 \\ 0 & 0 \end{pmatrix}\begin{pmatrix} 0 & 0 \\ 1 & 0 \end{pmatrix} = \begin{pmatrix} 1 & 0 \\ 0 & 0 \end{pmatrix}$이고

$BA = \begin{pmatrix} 0 & 0 \\ 1 & 0 \end{pmatrix}\begin{pmatrix} 0 & 1 \\ 0 & 0 \end{pmatrix} = \begin{pmatrix} 0 & 0 \\ 0 & 1 \end{pmatrix}$이므로

$AB \neq BA$ (거짓)

ㄷ. ㄱ에서 $A^2 + B^2 = O$이므로

$\qquad A^3 B + AB^3 = A(A^2 + B^2)B = AOB = O$ (참)

따라서 옳은 것은 ㄱ, ㄷ이다.

18 **접근 방법** $f(1) + f(2) + \cdots + f(50)$은 행렬 A, B의 거듭제곱의 합의 모든 성분의 합이므로 $A + B = O$, $AB = E$를 연립하여 행렬 A와 행렬 B의 거듭제곱의 규칙성, 즉 $A^2 = \square$, $B^2 = \triangle$을 찾는다.

$f(1) + f(2) + \cdots + f(50)$의 값은 행렬

$(A+B) + (A^2 + B^2) + \cdots + (A^{50} + B^{50})$

$= (A + A^2 + \cdots + A^{50}) + (B + B^2 + \cdots + B^{50})$

$\hfill \cdots\cdots \ \text{㉠}$

의 모든 성분의 합이다.

한편, $A + B = O$, $AB = E$에서

$O = A(A+B) = A^2 + AB = A^2 + E \qquad \therefore \ A^2 = -E$

$A + A^2 + A^3 + A^4 = A + (-E) + (-A) + E = O$

이므로

$A + A^2 + \cdots + A^{50} = A^{49} + A^{50} = A - E \qquad \cdots\cdots \ \text{㉡}$

같은 방법으로 $B^2 = -E$이므로

$B + B^2 + \cdots + B^{50} = B^{49} + B^{50} = B - E \qquad \cdots\cdots \ \text{㉢}$

따라서 ㉠, ㉡, ㉢에서

$(A+B) + \cdots + (A^{50} + B^{50}) = A + B - 2E = -2E$

이므로 구하는 성분의 합은 $(-2) \times (1+1) = -4$

19 **접근 방법** 행렬 $A = \begin{pmatrix} a & b \\ c & d \end{pmatrix}$에서 행렬 A^2을 구하고, $A^2 = E$임을 이용하여 부정방정식을 풀어서 행렬의 개수를 구한다.

행렬 $A = \begin{pmatrix} a & b \\ c & d \end{pmatrix}$에서

$$A^2 = \begin{pmatrix} a & b \\ c & d \end{pmatrix}\begin{pmatrix} a & b \\ c & d \end{pmatrix} = \begin{pmatrix} a^2+bc & ab+bd \\ ac+cd & bc+d^2 \end{pmatrix}$$

(가)에서 $A^2=E$이므로

$a^2+bc=1,\ bc+d^2=1$ $\qquad\qquad$ …… ㉠

$b(a+d)=0,\ c(a+d)=0$ $\qquad\qquad$ …… ㉡

(나)에서 $bc\neq0$이므로 ㉡에서

$a+d=0$, 즉 $d=-a$

㉠에서 $-a^2+1=bc$이고 (나)에서 $0\leq a\leq2$이고 a는 정수이므로 $a=0$, $a=2$일 때, 정수 b, c의 값을 정하면 아래 표와 같다.

a	$d=-a$	$bc=-a^2+1$	b	c
0	0	$bc=1$	1	1
			-1	-1
2	-2	$bc=-3$	1	-3
			3	-1
			-1	3
			-3	1

따라서 구하는 행렬 $\begin{pmatrix} a & b \\ c & d \end{pmatrix}$는 다음과 같이 6개이다.

$$\begin{pmatrix} 0 & 1 \\ 1 & 0 \end{pmatrix},\ \begin{pmatrix} 0 & -1 \\ -1 & 0 \end{pmatrix},\ \begin{pmatrix} 2 & 1 \\ -3 & -2 \end{pmatrix},\ \begin{pmatrix} 2 & 3 \\ -1 & -2 \end{pmatrix},$$

$$\begin{pmatrix} 2 & -1 \\ 3 & -2 \end{pmatrix},\ \begin{pmatrix} 2 & -3 \\ 1 & -2 \end{pmatrix}$$

⊕ 보충 설명

행렬 $A=\begin{pmatrix} a & b \\ c & d \end{pmatrix}$는 케일리-해밀턴의 정리에 의하여

$A^2-(a+d)A+(ad-bc)E=O$

이 식에서 $A^2-E=O$를 빼면

$(a+d)A=(ad-bc+1)E$

(i) $a+d=0$이면 $(ad-bc+1)E=O$이므로

$\quad ad-bc=-1$

$\quad \therefore bc=-a^2+1\ (\because d=-a)$

이때 a가 $0\leq a\leq2$인 정수이므로 정수 b, c, d의 값을 정하면 아래 표와 같다.

a	$d=-a$	$bc=-a^2+1$	b	c
0	0	$bc=1$	1	1
			-1	-1
1	-1	$bc=0$	조건에 맞지 않는다.	
2	-2	$bc=-3$	1	-3
			3	-1
			-1	3
			-3	1

(ii) $a+d\neq0$이면 $A=kE\ (k\neq0$인 실수$)$ 꼴이므로

$\quad A^2-E=O$에 대입하면

$\quad (k^2-1)E=O$에서

$\quad k^2-1=0,\ (k+1)(k-1)=0$

$\quad \therefore k=-1$ 또는 $k=1$

이때 $k=-1$이면 $A=-E=\begin{pmatrix} -1 & 0 \\ 0 & -1 \end{pmatrix}$이고,

$\quad k=1$이면 $A=E=\begin{pmatrix} 1 & 0 \\ 0 & 1 \end{pmatrix}$

이것은 $b=0$, $c=0$이 되어 $bc\neq0$이라는 조건에 맞지 않는다.

(i), (ii)에서 주어진 조건을 만족시키는 행렬

$A=\begin{pmatrix} a & b \\ c & d \end{pmatrix}$의 개수는 6이다.

20 | 행렬 A의 성분이 주어져 있으므로

$A+B=4E$, $AB=E$에서 행렬 B를 소거하여 행렬 A에 대한 이차식을 찾는다. 이때 실수 x, y, z에 대하여 $x^2+y^2+z^2$의 최솟값을 구하는 문제이므로 변수를 하나로 통일해야 한다는 점에 주의한다.

$A+B=4E$, $AB=E$에서

$A(4E-A)=E$

$\therefore A^2-4A+E=O$

$A=\begin{pmatrix} x & y \\ 1 & z \end{pmatrix}$에서

$$A^2=\begin{pmatrix} x & y \\ 1 & z \end{pmatrix}\begin{pmatrix} x & y \\ 1 & z \end{pmatrix} = \begin{pmatrix} x^2+y & xy+yz \\ x+z & y+z^2 \end{pmatrix}$$

이고

$4A=\begin{pmatrix} 4x & 4y \\ 4 & 4z \end{pmatrix}$, $E=\begin{pmatrix} 1 & 0 \\ 0 & 1 \end{pmatrix}$이므로

$$A^2-4A+E=\begin{pmatrix} x^2+y-4x+1 & xy+yz-4y \\ x+z-4 & y+z^2-4z+1 \end{pmatrix}$$
$$=\begin{pmatrix} 0 & 0 \\ 0 & 0 \end{pmatrix}$$

$x^2+y-4x+1=0,\ x+z=4,\ xy+yz-4y=0,$

$y+z^2-4z+1=0$

이므로

$x^2=4x-y-1,\ z^2=4z-y-1$

$\therefore x^2+y^2+z^2=(4x-y-1)+y^2+(4z-y-1)$

$\qquad\qquad\quad =y^2-2y+4(x+z)-2$

$\qquad\qquad\quad =y^2-2y+16-2$

$\qquad\qquad\quad =(y-1)^2+13$

따라서 $x^2+y^2+z^2$의 최솟값은 13이다.

행렬 $A=\begin{pmatrix} x & y \\ 1 & z \end{pmatrix}$는 케일리-해밀턴의 정리에 의하여

$A^2-(x+z)A+(xz-y)E=O$ ······ ㉠

이때 $A+B=4E$, $AB=E$에서

$A(4E-A)=E$

$\therefore A^2-4A+E=O$ ······ ㉡

$A\neq kE$ (k는 실수)이므로 ㉠, ㉡에서

$x+z=4$, $xz-y=1$

$\therefore x^2+y^2+z^2=(x+z)^2-2xz+y^2$

$\qquad\qquad\quad =4^2-2(y+1)+y^2$

$\qquad\qquad\quad =y^2-2y+14$

$\qquad\qquad\quad =(y-1)^2+13$

따라서 $x^2+y^2+z^2$의 최솟값은 13이다.

기출 다지기   470쪽

21 ②   **22** ④   **23** ⑤   **24** 18

21 **접근 방법** | $X=\begin{pmatrix} a & b \\ c & d \end{pmatrix}$라 하고 $2A+X=AB$에 직접 대입해도 정답을 구할 수 있다. 하지만 먼저 $2A+X=AB$를 간단히 하고 대입하면 훨씬 더 간단히 풀 수 있다.

$2A+X=AB$에서

$X=AB-2A$

$\quad =AB-2AE=A(B-2E)$

$\quad =\begin{pmatrix} 1 & 1 \\ 1 & 0 \end{pmatrix}\left\{\begin{pmatrix} 1 & 2 \\ 3 & 4 \end{pmatrix}-2\begin{pmatrix} 1 & 0 \\ 0 & 1 \end{pmatrix}\right\}$

$\quad =\begin{pmatrix} 1 & 1 \\ 1 & 0 \end{pmatrix}\begin{pmatrix} -1 & 2 \\ 3 & 2 \end{pmatrix}=\begin{pmatrix} 2 & 4 \\ -1 & 2 \end{pmatrix}$

$AB-2A$를 $A(B-2E)$로 바꾸는 것을 어려워하는 학생들이 있는데 일반적인 분배법칙과 동일하게 생각하면 된다. 다만 $A(B-2)$와 같이 쓰지 않도록 주의한다. 왜냐하면 B는 행렬이고 2는 수이기 때문이다.

22 **접근 방법** | 성분으로 정의된 이차정사각행렬을 구하고 행렬의 거듭제곱을 이용하여 규칙성을 찾아서 $A+A^2+A^3+\cdots+A^{2010}$을 간단히 하여 $(2, 1)$ 성분을 구한다.

$a_{11}=1-1=0$, $a_{12}=1-2=-1$,

$a_{21}=2-1=1$, $a_{22}=2-2=0$

에서 $A=\begin{pmatrix} 0 & -1 \\ 1 & 0 \end{pmatrix}$이므로

$A^2=\begin{pmatrix} 0 & -1 \\ 1 & 0 \end{pmatrix}\begin{pmatrix} 0 & -1 \\ 1 & 0 \end{pmatrix}=\begin{pmatrix} -1 & 0 \\ 0 & -1 \end{pmatrix}=-E$

$A^3=A^2A=(-E)A=-A$

$A^4=(A^2)^2=(-E)^2=E$

$A^5=A$

$A^6=-E$

$A^7=-A$

$\quad\vdots$

즉, 자연수 n에 대하여

$A^{4n-3}=A$, $A^{4n-2}=-E$, $A^{4n-1}=-A$, $A^{4n}=E$가 성립한다.

$A+A^2+A^3+A^4=A+(-E)+(-A)+E=O$

이므로

$A+A^2+A^3+\cdots+A^{2010}$

$=(A+A^2+A^3+A^4)+\cdots+(A^{2005}+\cdots+A^{2008})$

$\qquad\qquad\qquad\qquad\qquad\quad +A^{2009}+A^{2010}$

$=O+\cdots+O+A+A^2$

$=A-E=\begin{pmatrix} 0 & -1 \\ 1 & 0 \end{pmatrix}-\begin{pmatrix} 1 & 0 \\ 0 & 1 \end{pmatrix}=\begin{pmatrix} -1 & -1 \\ 1 & -1 \end{pmatrix}$

따라서 행렬 $A+A^2+A^3+\cdots+A^{2010}$의 $(2, 1)$ 성분은 1이다.

23 **접근 방법** | ①~⑤의 선택지를 살펴보면 주어진 식을 A 또는 B 등으로 나타내어야 함을 알 수 있고, 주어진 조건 중에서 ㈐의 꼴이 제일 복잡하므로 먼저 정리한다.

조건 ㈐에서

$(E-B)^2=E^2-2B+B^2=E-B$

$\therefore B^2=B$

$\therefore B^3=B^2B=BB=B^2=B$

조건 ㈎, ㈐에 의하여

$BA^3=(BA)A^2=(AB)A^2$

$\qquad =-BA^2=-(BA)A$

$\qquad =-(AB)A=BA$

$\qquad =AB=-B$

$\therefore B^3+2BA^3=B-2B=-B$

24 **접근 방법** | 행렬 A^4+A^5을 두 행렬 A, E로 나타내고 이차정사각행렬 A의 모든 성분의 합이 0임을 이용한다.

$A^2+A^3=-3A-3E$이므로

$A^4+A^5=A^2(A^2+A^3)=A^2(-3A-3E)$

$\qquad\qquad =-3A^3-3A^2=-3(A^2+A^3)$

$\qquad\qquad =-3(-3A-3E)=9A+9E$

$A=\begin{pmatrix} a & b \\ c & d \end{pmatrix}$로 놓으면 $a+b+c+d=0$이므로 행렬

$9A+9E$의 모든 성분의 합은

$$9(a+b+c+d)+9(1+0+0+1)=9\times0+9\times2$$
$$=18$$

$A^2+A^3=-3A-3E$에서

$A^2(A+E)=-3(A+E)$

$\therefore (A+E)(A^2+3E)=O$

이때 행렬의 곱셈에서는 영인자가 존재하므로

$A=-E$ 또는 $A^2=-3E$라고 할 수 없음에 주의한다.